Data Communications

3rd Edition

데이터 통신

Data Communications

3rd Edition

데이터 통신

| 이재광 · 김봉한 편역 |

McGraw Hill

Behrouz A. Forouzan

Data Communications, Third Edition(Brief Version)

1 2 3 4 5 6 7 8 9 10 MHE-KOREA 20 22

Original: Data Communications and Networking, fifth Edition
By Behrouz A. Forouzan
ISBN 978-0-07-337622-6

Korean ISBN 979-11-321-1082-8 93560

Printed in Korea

데이터 통신 3rd Edition

발 행 일 : 2022년 5월 12일
저 자 : Behrouz A. Forouzan
편 역 자 : 이재광, 김봉한
발 행 처 : 맥그로힐에듀케이션코리아 유한회사
발 행 인 : 총텍멩(CHONG TECK MENG)
등록번호 : 제2013-000122호(2012.12.28)
주 소 : 서울시 마포구 양화로 45, 8층 801호
(서교동, 메세나폴리스)
전 화 : (02)325-2351
편집·교정 : (주)우일미디어디지텍
인 쇄 : (주)성신미디어

I S B N : 979-11-321-1082-8

판 매 처 : (주)생능
문 의 : 031)955-0761
정 가 : 35,000원

편역자의 말

현대 사회를 일컬어 고도의 정보화 사회, 유비쿼터스 컴퓨팅 시대, 스마트 사회라고 한다. 정보화 사회에서 가장 중요한 기반 기술은 정보를 전달하는 데이터 통신 기술과 컴퓨터를 이용한 네트워크 시스템이라고 할 수 있다. 그러나 데이터 통신과 네트워킹 기술에 대한 범위가 너무 광범위해서 대학에서 관련 기술에 대한 모든 내용을 효과적으로 교육하기에는 어려움이 많다고 생각하고 있던 차에 Behrouz Forouzan이 쓴 "Data Communications and Networks" 책이 전반적인 내용을 충실히 다루었다고 생각되어 번역하게 되었고, 개정판, 3판, 4판이 나온 후 다시 내용을 보다 충실하게 보완했을 뿐만 아니라 최근에 부각되고 있는 기술들이 포함된 5판이 출간되었다. 그러나, 이 책의 내용이 한 학기에 강의하기에 너무 분량이 많아서 한 학기에 적합하도록 요약했고, 또 필요한 부분에 대해서는 이해를 돕기 위해서 최신 정보를 추가해서 편역하게 되었다.

이 책은 데이터 통신의 기본 개념을 소개한 다음 컴퓨터 통신 구조인 OSI 기본 참조 모델을 기반으로 최하위층인 물리층과 관련된 내용부터 시작해서 데이터 통신의 기반 기술이라고 할 수 있는 데이터 링크층과 관련된 모든 내용을 잘 설명하고 있다. 또, 인터넷에서 사용하는 TCP/IP 프로토콜과 관련된 내용도 포함되었기 때문에 데이터 통신에 필요한 모든 지식을 얻을 수 있으리라 확신한다. 특히, 중요한 내용을 그림을 잘 활용하여 설명했기 때문에 내용을 이해하는 데 많은 도움이 되리라고 믿는다.

이 책은 컴퓨터공학, 전자계산학, 전자공학, 정보통신공학 관련 분야의 학부 교재로 활용될 수 있으며, 데이터 통신과 컴퓨터 네트워크에 관심이 있는 일반 독자들과 관련 기술자들에게도 자습서로 활용될 수 있다고 생각된다. 다만 교재로 사용될 때는 모두 17장으로 되어 있기 때문에 한 학기 동안 강의하기에 적합하게 꾸며져 있다고 생각한다.

이 책을 편역함에 있어 원저의 내용을 최대한 살리도록 노력하였으며, 전문 용어를 우리말로 표기하는 것을 원칙으로 했으나 의미 전달상 필요한 경우에는 원어를 그대로 사용하였다. 나름대로 노력했지만 부족한 점이 많다고 생각되며, 앞으로 보다 나은 책이 될 수 있도록 노력하고자 한다.

끝으로 이 책을 완성하는 데 많은 도움을 준 분들께 고마운 마음을 전하며, 이 책을 출판하여 주신 맥그로힐 코리아와 담당 직원 분들께 감사드린다.

2022년 1월

편역자 대표　이 재광 교수

편역자 소개

이재광

한남대학교 공과대학 컴퓨터공학과 교수

jklee@hnu.kr

김봉한

청주대학교 공과대학 소프트웨어융합학부 디지털보안전공 교수

bhkim@cju.ac.kr

저자 서문

오늘날 데이터 통신과 네트워킹에 관한 기술은 현 시대에서 아마 가장 빠르게 성장하고 있다. 매년 새로운 형태의 소셜 네트워킹 어플리케이션이 등장하는 것이 바로 이러한 주장을 입증하고 있다. 사람들은 매일 인터넷을 점점 더 많이 사용하고 있다. 그들은 최신 뉴스나 날씨 등을 확인하거나 연구, 쇼핑, 항공 예약을 할 때에 인터넷을 사용한다.

이와 같이 인터넷 중심 사회에서, 전문가가 되기 위해서는 인터넷, 인터넷의 일부 혹은 인터넷에 연결된 기관의 네트워크를 관리하고 실행하기 위한 훈련이 필요하다. 이 책은 학생들이 일반적으로 데이터 통신과 네트워킹의 기초와 특히 인터넷에서 사용되는 프로토콜을 이해하는 데 도움이 되도록 기술하였다.

특징

이 책의 주요 목표는 네트워킹의 원리를 가르치는 것이며, 다음과 같은 목표를 통하여 네트워크 원리를 습득하도록 구성되어 있다:

프로토콜 계층화

이 책은 인터넷의 프로토콜 계층화와 TCP/IP 프로토콜 그룹을 이용하여 네트워킹의 원리를 이해하도록 되어있다. 네트워킹 주요 기술 중 일부는 이들 계층에서 중복되기도 하지만, 그 기술만의 특화된 내용이 있다. 이와 같이 주요 원리를 반복하면서 각 계층과 관련하여 이해하는 것이 더 효과적이기 때문에 프로토콜 계층화를 사용하여 네트워크 원리를 이해하는 것이 유용하다. 예를 들어, 주소지정(addressing)은 TCP/IP 관련 프로토콜 그룹에서 4계층에 적용되는 주제이지만, 각 계층은 서로 다른 목적을 위해 서로 다른 주소지정 형식을 사용한다. 뿐만 아니라, 주소지정은 각 계층에서 서로 다른 영역을 갖는다. 또 다른 예제인 프레임 짜기(framing)와 패킷 짜기(packetizing)는 여러 계층에서 반복되지만, 각 계층마다 다른 원리를 적용한다.

상향식 접근

이 책은 상향식 접근하는 방식을 이용한다. TCP/IP 프로토콜의 각 계층은 바로 아래 계층에서 제공하는 서비스들을 통하여 구축된다. 어떤 프로그램이 응용 계층에서 메시지를 어떻게 교환하는지 배우기 전에 비트가 물리층에서 어떻게 이동하는지를 배운다.

5판에서 변화

이번 요약 판에는 변화의 여러 범주를 가지고 있다.

구조 변화

이 책은 여전히 3부로 되어있지만, 내용과 장의 순서가 바뀌었다. 일부 장들은 합쳐졌고, 옮기어졌고, 일부는 새로운 내용이다. 장들의 어떤 부분은 주제가 필요 없어져서 삭제되었다. 다음 그림은 4판과 5판에서 장들의 관계를 보여준다.

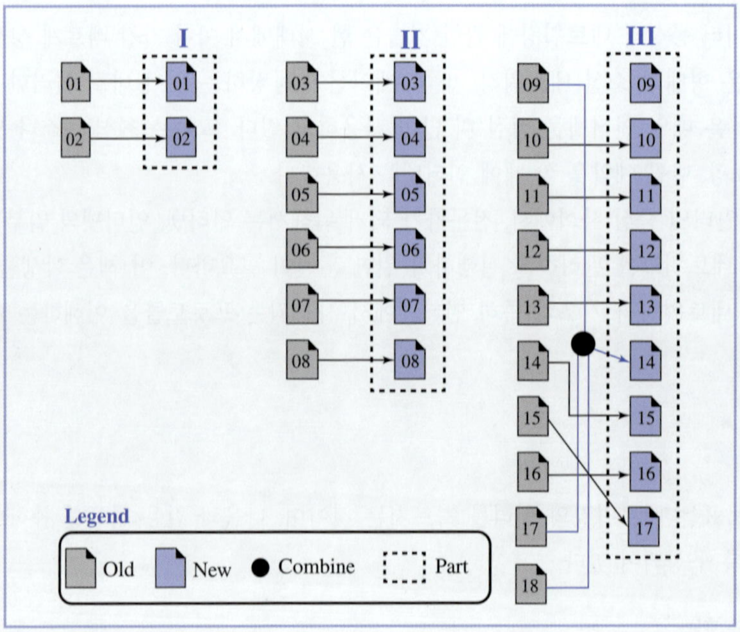

일부 장들은 하나의 장으로 합쳐졌다. 9장, 17장은 하나의 장으로 합쳐졌다. 왜냐하면, 각 장에서 일부 주제가 필요 없게 되어버렸기 때문이다.

일부 장은 순서적으로 더 나은 쪽으로 옮겨졌다. 예를 들면, 15장은 더 많은 주제를 다루기 위해 17장이 되었다.

일부 장은 새로운 것이다. 9장은 데이터 링크층에 대한 소개이다.

새롭게 논의된 주제

각 장의 내용이 갱신되었지만 이 판에서는 일부 새로운 주제도 추가되었다.

10장은 전향 오류 정정(forward error correction)을 포함해서 다루었다.

무선 접속망인 WiMAX를 16장에 추가하였다.

각 장의 끝 부분에 대한 변화

각 장의 끝 부분에 대한 내용이 크게 바뀌었다.

다양한 연습문제를 풀어보도록 하였다. 해당 장들에 많은 새로운 문제들을 제시하였다.

학생들에게 데이터가 동작하는 것을 보이기 위하여 일부 장에 실습 문제를 추가하였다.

학생들에게 일부 문제와 프로토콜이 실제로 동작하는 것을 보이기 위하여 책의 웹 사이트에 애플릿을 게시하였다.

학생들이 문제를 해결하기 위한 프로그램을 작성해 몇 개의 프로그래밍 문제를 제시하였다.

특별한 내용

내용에 맞지 않는 특별한 내용들에 대해서는 책의 볼륨 때문에 계속해서 공부하도록 책의 웹 사이트에 게시하였다.

새로운 구성

이 요약 판은 인터넷 모델의 하위층 구조에 맞추어 3개의 부로 나누었다.

1부: 개요

첫 번째 부는 데이터 통신과 네트워킹의 일반적인 개념을 제공한다. 1장은 책의 나머지 부분에서 필요한 개념들을 다룬다. 2장은 인터넷 모델을 다룬다.

2부: 물리층

두 번째 부는 인터넷 모델의 물리층을 다룬다. 6개의 장으로 되어있다. 3장에서 6장은 물리층의 원격 통신과 관련된 내용을 다룬다. 7장은 물리층에 속한 부분이 아니지만 물리층에 의해 제어되는 전송 매체를 다룬다. 8장은 여러 계층에서 사용되는 교환(switching)을 다룬다.

3부: 데이터 링크층

3부는 인터넷 모델의 데이터 링크층을 다룬다. 9개의 장으로 되어있다. 9장은 데이터 링크층을 소개한다. 10장은 일부 다른 계층에서도 사용할 수 있는 오류 탐지와 교정을 다룬다. 11장과 12장은 데이터 링크층에 있는 두 개의 부계층과 관련된 주제를 다룬다. 13장과 14장은 유선망을 다룬다. 15장과 16장은 무선망을 다룬다. 17장은 네트워크를 보다 크게 또는 가상망으로 만들기 위해 결합할 수 있는 방법을 보여준다.

부록

부록은 이 책에서 논의된 개념을 이해하는 데 필요한 자료들의 빠른 참조나 검토를 제공하기 위한 것이다(http://www.mhhe.com/forouzan에서 온라인으로 이용가능). 참조나 공부하기 위해 사용될 수 있는 8개의 부록이 있다.

부록 A: 유니코드

부록 B: 숫자 시스템

부록 C: 확률 이론

부록 D: 수학적인 개념 고찰

부록 E: 8B/6T 코드

부록 F: 그 밖의 정보

부록 G: 전화의 역사

교수법

이 교재의 다양한 교수법은 학생들이 일반적인 데이터 통신과 네트워킹을 쉽게 이해할 수 있도록 설계되었다.

시각적인 접근

이 교재는 글과 그림을 균형 있게 사용하여 매우 기술적인 내용을 복잡한 수식 없이 전달한다. 설명과 함께 430개 이상의 그림을 통하여 내용을 직관적으로 이해할 수 있는 기회를 제공한다. 그림은 네트워킹 개념을 설명하는 데 특히 중요하다. 많은 학생이 개념을 보다 쉽게 시각적으로 파악할 수 있다.

강조 포인트

본 교재는 중요한 사항을 빨리 참고하고 확인하기 위하여 글상자에 중요한 개념을 반복했다.

예제 및 응용

본 교재는 적절한 위치에 각 장에 소개된 개념을 설명하는 예제를 제시하고 있다. 또한, 학생들에게 학습 동기를 부여하기 위해 각 장마다 몇 가지 실생활에 응용되는 사례를 추가했다.

각 장의 마무리

각 장의 마지막 부분에 다음과 같은 핵심 내용을 제시하였다.

주요 용어

각 장에서 사용되는 새로운 용어는 끝부분에 나와 있으며, 용어의 정의는 용어집에 포함된다.

추천 자료

이 절은 해당 장과 관련된 참조 자료 목록을 제공한다. 참조 자료는 책의 마지막 부분에 있는 참고문헌 절에서 해당 문헌을 빨리 찾는 데 사용할 수 있다.

요약

각 장에서 다루는 주요 내용을 마무리 부분에 요약한다. 요약 자료는 중요한 내용을 모두 한눈에 볼 수 있게 한다.

연습문제

각 장에서는 원리에 대한 개념을 강화하고 학생들의 적응력을 높이기 위한 연습 문제를 제공한다. 연습문제는 객관식, 주관식으로 구성되어 있다. 이 중에서 객관식 문제는 학생들이 개념에 대한 이해도를 확인하는 데 사용할 수 있다.

객관식 문제

이 절에서는 교재에서 설명하는 개념에 대한 간단한 질문이 포함되어 있다. 홀수 질문에 대한 정답은 교재의 웹 사이트에서 학생이 직접 확인할 수 있다. 430개 이상의 질문이 각 장의 마지막 부분에 있다.

주관식 문제

이 절은 각 장에서 설명한 자료의 깊은 이해가 필요한 더 많은 어려운 문제가 포함되어있다. 저자는 학생들이 어려운 문제를 모두 풀어보도록 노력하기를 강력하게 추천한다. 홀수 질문에 대한 정답도 교재의 웹 사이트에서 학생이 직접 확인할 수 있다. 350개 이상의 주관식 문제가 각 장의 마지막 부분에 있다.

시뮬레이션 실험

만약 네트워크의 실제 동작 과정을 분석할 수 있다면 네트워크 개념과 패킷의 흐름과 내용을 더 잘 이해할 수 있다. 대부분 장에서 학생이 실험할 수 있도록 설명한 절을 제공한다. 이 절은 두 부분으로 구성되는데, 애플릿과 실험과제이다.

애플릿

Java 애플릿은 저자에 의해 만들어져 웹 사이트에 게시된 대화식으로 되어있는 실험이다. 이러한 애플릿의 일부는 더 나은 몇 가지 문제에 대한 솔루션을 이해하는 데 사용되며, 다른 애플릿은 네트워크 동작 개념을 더 쉽게 이해하는 데 사용된다.

실험 과제

일부 장에는 와이어샤크(Wireshark) 시뮬레이션 소프트웨어를 사용하는 실험 과제를 포함한다. 와이어샤크를 다운로드하고, 사용하는 방법은 1장에서 제시한다. 일부 다른 장에서 몇 가지 실험과제를 통하여 수신 및 발신 패킷들의 내용을 분석하는 연습을 하게 된다.

프로그래밍 실습

일부 장은 프로그래밍 과제를 포함한다. 프로세스 또는 프로시져에 대한 프로그램을 작성하는 것은 학생들이 미묘한 차이를 명확하게 이해하고 프로세스에 대한 개념을 이해하는 데 도움이 된다. 프로그래밍 과제는 학생들이 각자가 원하는 모든 컴퓨터 언어로 프로그램을 시험할 수 있지만, 해답은 교수용으로 사용할 수 있는 책의 웹 사이트에 자바 언어로 제공되어 있다.

독자

이 책은 대학생과 전문가를 위해 작성되었다. 이 책은 관심 있는 전문가가 자율학습을 위한 가이드로 사용할 수 있다. 그리고 대학생을 위한 교과서로서, 학부 과정에서 한 학기과정으로 사용할 수 있도록 구성하였다. 각 장의 끝에 있는 일부 문제에 대해서는 확률론에 대한 이해가 일부 필요하지만,

책의 내용에 대한 학습은 대학 1학년 과정에서 가르치는 일반적인 수학 지식만으로 충분하다.

교육 자료

이 책을 교육하는 데 필요한 모든 자료는 책 사이트 http://www.mhhe.com/forouzan에서 다운받을 수 있다. 이 사이트에는 다음 내용이 들어있다.

강의자료

이 사이트에는 본 교재를 가르치는 위한 다채로운 애니메이션을 포함한 PowerPoint 강의 자료를 제공한다.

연습문제 해답

모든 문제에 대한 해답은 본 과목을 가르치는 교수가 사용하도록 책의 웹 사이트에서 제공된다.

프로그래밍 과제에 대한 해답

프로그래밍 과제에 대한 해답도 웹 사이트에서 제공된다. 프로그램은 대부분 Java 언어이다.

학생 자료

책에는 학생들을 위한 자료들이 많이 있는데, 책의 웹 사이트 http://www.mhhe.com/forouzan에서 다운로드 받을 수 있다. 이 사이트에는 다음 내용이 들어있다.

객관식 연습문제

각 장의 마지막 부분에 학생들이 풀어볼 수 있는 객관식 연습문제가 있다. 학생들은 객관식 문제를 풀어봄으로써 해당 장에 기술된 내용에 대한 일반적인 이해도를 시험하는 데 도움이 될 수 있다.

홀수 번호 연습문제에 대한 해답

모든 홀수 번호 연습문제에 대한 해답이 학생들을 위해 책의 웹 사이트에서 제공된다.

실습 과제

실습 과제에 대한 설명도 학생 자료에 포함되어있다.

애플릿

각 장에 대한 애플릿이 있다. 애플릿은 일부 예제와 문제들에 대한 해답을 볼 수 있거나 프로토콜의 실제 동작하는 과정을 볼 수 있다. 학생들은 이 애플릿을 동작해 보는 것을 강력하게 추천한다.

추가 자료

학생들은 계속적으로 공부하기 위하여 책의 웹 사이트에 있는 추가 자료에 액세스할 수 있다.

이 책을 사용하는 방법

이 교재의 장들은 학습을 효과적으로 진행하기 위하여 다음과 같이 구성되어 있다.

1부에서 제공되는 내용은 이 책의 나머지 부분을 이해하기 위해서 반드시 필요하다.

2부(물리층)는 책의 나머지 부분을 이해하는 데 반드시 필요하다.

3부는 인터넷 모델을 기반으로 데이터 링크층에 대한 전체적인 개념을 이해하는 것이 요구된다.

웹 사이트

맥그로힐 웹 사이트인 www.mhhe.com/forouzan에는 많은 추가적인 자료들이 들어있다. 학생들이 데이터 통신과 네트워킹을 읽는다면 자기 점검용 객관식 문제를 온라인으로 풀어볼 수 있다. 학생들은 파워포인트 슬라이드를 얻을 수 있고, 책에 있는 애니메이션으로 나타낸 그림들도 얻을 수 있다. 선별된 해답도 웹에서 이용할 수 있다. 학생들에게는 홀수 번호 문제에 대한 해답을 제공하고, 교수들은 전체 해답집을 얻기 위해 패스워드를 사용할 수 있다.

감사의 글

이 책을 개발하기 위해서 많은 사람의 도움이 받았다. 이 책의 발전을 위하여 검수해주신 분들께 감사의 말씀을 드린다.

Tricha Anjalii	Illinois Institute of Technology
Yoris A. Au	University of Texas at San Antonio
Randy J Fortier	University of Windsor
Tirthankar Ghosh	Saint Cloud State University
Lawrence Hill	Rochester Institute of Technology
Ezzat Kirmani	Saint Cloud State University
Robert Koeneke	University of Central Florida
Mike O'Dell	University of Texas at Arlington

McGraw-Hill 직원분들에게 특별한 감사의 말을 전한다. 실력 있는 발행자임을 입증하신 Raghu Srinivasan 씨는 불가능한 일을 가능하게 만들었다. 우수한 편집자이신 Melinda Bilecki 씨는 우리가 필요할 때마다 도움을 주었다. 프로젝트 관리자이신 Jane Mohr 씨는 엄청난 열정과 노력을 통해 우리가 이 일을 마칠 수 있도록 잘 이끌어 주었다. 그리고 총괄 프로젝트 관리자이신 Dheeraj Chahal 와 커버 디자이너이신 Brenda A. Rolwes 씨 그리고 교정을 봐주신 Kathryn DiBernardo 씨에게도 감사를 드린다.

Behrouz A. Forouzan

로스앤젤레스, CA.

상표

이 책에서 몇 가지 상표를 사용하였다. 상표 이름을 언급하면서 상표 기호를 사용하기보다는 권리를 침해할 의도 없이 상표를 그대로 사용했음을 인정한다. 제품 이름, 상표 및 등록 상표는 해당 소유자의 자산이다.

DATA COMMUNICATIONS

차례

PART I

DATA COMMUNICATIONS

개요

책의 1부에서는 데이터 통신과 네트워킹에 관련된 일반적인 개념들을 살펴본다. 1부는 책에 대한 전체 계획을 설명한다. 1부는 독자가 데이터 통신에 대한 공부를 하기 위한 긴 여정의 준비를 위해 2개의 장으로 구성되어 있다.

DATA COMMUNICATIONS

CHAPTER 01

DATA COMMUNICATIONS

개요

최근 데이터 통신과 네트워크 기술의 발전은 우리가 비즈니스를 하고, 일상적인 삶을 살아가는 방식을 바꾸어가고 있다. 비즈니스 분야에서 더욱 빠른 의사결정이 요구되고 있고, 이를 위해서는 정확한 정보에 언제든지 접근하는 것이 가능해야 한다. 컴퓨터 네트워크를 통해 전자우편을 이용하여 유럽에서 온 보고서를 거의 즉시 볼 수 있는데, 일반우편으로 일주일씩이나 기다릴 필요가 있는가? 오늘날의 비즈니스는 컴퓨터 네트워크와 네트워크 간 네트워크에 전적으로 의존하고 있다.

데이터 통신과 네트워킹을 통하여 비즈니스와 개인 통신뿐만 아니라 정치적이고 사회적인 주제에 관한 대화를 나눌 수 있는 많은 응용을 찾을 수 있다. 사람들은 사회적이고 정치적인 의견과 문제점을 표현하기 위하여 전 세계적으로 다른 사람들과 통신하는 방법을 알아야 한다. 전 세계적으로 공동체들은 모든 사람에게 개방적으로 운영되고 있다.

그러나 우리가 전체적인 것을 보다 빨리 이해하는 방법을 알아보기 전에 네트워크가 어떻게 동작하는지, 어떤 유형의 기술을 이용할 수 있는지, 필요한 요구사항을 만족하게 하려면 어떤 것이 최선의 설계인지를 알아야 한다.

이 장은 책의 전체 내용을 쉽게 공부할 수 있는 길을 열어주고자 한다. 5개의 절로 나누어져 있다.

첫 번째 절은 데이터 통신을 소개하고, 구성요소, 데이터 교환 유형을 정의한다. 또한, 서로 다른 데이터 유형을 어떻게 표현하고 데이터가 네트워크를 통하여 어떻게 전달되는지를 설명한다.

두 번째 절은 네트워크를 소개하고, 평가 기준과 구조를 정의한다. 이 책을 통하여 접하게 되는 서로 다른 4가지 네트워크 접속형태를 소개한다.

세 번째 절은 네트워크의 서로 다른 유형인 LAN, WAN, 네트워크 간 네트워크(인터넷: internet)를 설명한다. 세계에서 가장 규모가 큰 인터넷(Internet)도 소개한다. 이 절에서는 규모가 작은 네트워크를 규모가 큰 네트워크로 만들기 위해 어떻게 결합하는가를 보여주기 위하여 교환 개념을 소개한다.

네 번째 절은 인터넷에 대한 간단한 역사를 소개한다. 세 단계로 나누어 초기 역사, 인터넷의 탄생, 오늘날 인터넷과 관련된 주제를 다룬다. 독자가 이 역사에 대한 사전 지식을 가지고 있으면 이 절은 건너뛰어도 좋다.

다섯 번째 절은 표준과 표준화 기구를 다룬다. 이 절은 인터넷 표준과 인터넷 관리를 다룬다. 이들 표준과 조직은 책 전체를 통하여 참조된다.

1.1 데이터 통신

통신한다는 것은 정보를 공유하는 것이다. 이러한 공유는 근거리 또는 원거리일 수 있다. 개인 간에 일어나는 근거리 통신은 대개 얼굴을 마주 보고 하지만, 원거리 통신은 멀리 떨어져서 하게 된다. 전화, 핸드폰, TV를 포함하는 **전기통신**(telecommunication, 혹은 원거리 통신)이라는 용어는 먼 거리에서 행해지는 통신을 의미한다('tele-'는 그리스어로 멀다는 의미이다). **데이터**(data)는 데이터를 만들어 사용하는 사용자 간에 합의된 형태로 표현된 정보를 말한다.

데이터 통신(data communication)은 전선과 같은 특정 형태의 전송 매체를 통해 두 장치 간에 데이터를 교환하는 것이다. 데이터 통신을 하기 위해서 통신장치는 하드웨어(물리적 장치)와 소프트웨어(프로그램)의 조합으로 이루어진다. 따라서 효과적인 데이터 통신 시스템은 전달성, 정확성, 적시성, 파형 난조라는 4가지 기본 특성을 갖는다.

1. **전달성**(delivery). 데이터 통신 시스템은 데이터를 정확한 목적지에 전달해야 한다. 반드시 데이터를 전달하고자 하는 장치나 사용자에게 전달되어야 한다.
2. **정확성**(accuracy). 데이터 통신 시스템은 데이터를 정확하게 전달해야 한다. 전송 도중에 감쇠, 왜곡, 잡음 등으로 내용이 변경된 데이터는 사용할 수 없다.
3. **적시성**(timeliness). 데이터 통신 시스템은 적시에 데이터를 전송해야 한다. 적정시간보다 늦게 전송된 데이터는 쓸모가 없다. 화상이나 오디오 및 음성의 경우 적정시간에 이루어진 전송이란 데이터가 만들어진 그대로, 만든 순서대로, 그리고 과도한 지연 없이 전송된다는 것을 뜻한다. 이와 같은 전송을 실시간(real-time) 전송이라고 한다.
4. **파형 난조**(jitter). 파형 난조(또는 지터)란 패킷 도착 시간이 서로 조금씩 다른 것을 말한다. 음성이나 동영상 패킷이 전달될 때 고르지 않게 전달되는 것이다. 이를테면, 동영상 패킷이 매 30 ms마다 전송된다고 하자. 어떤 패킷은 30 ms 지연되어 전달되고 어떤 패킷은 40 ms 뒤에 전달된다면 동영상 품질이 일정치 못하게 되는 것이다.

1.1.1 구성요소

데이터 통신 시스템은 다섯 가지 구성요소를 갖는다(그림 1.1 참조).

1. **메시지**(message). 메시지는 통신의 대상이 되는 정보, 즉 데이터이다. 텍스트, 숫자, 그림, 소리,

그림 1.1
데이터 통신 시스템의 5가지 구성요소

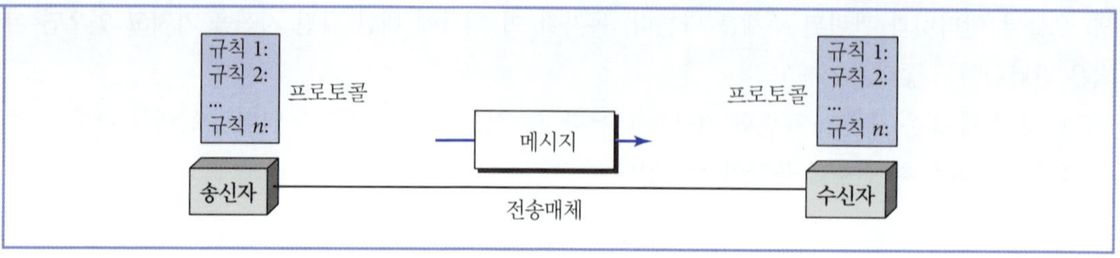

화상, 또는 이들의 조합으로 만들어진다.

2. **송신자**(sender). 송신자는 메시지를 보내는 장치로서 컴퓨터, 전화기, 비디오 카메라 등이 될 수 있다.
3. **수신자**(receiver). 수신자는 메시지를 받는 장치로서 컴퓨터, 전화기, TV 등이 될 수 있다.
4. **전송 매체**(medium). 전송 매체는 메시지가 송신자에서 수신자까지 이동하는 물리적인 경로이다. 전송 매체에는 꼬임쌍선, 동축 케이블, 광섬유 케이블, 공기(무선 전송) 등이 있다.
5. **프로토콜**(protocol). 프로토콜은 데이터 통신을 통제하는 규칙의 집합이다. 프로토콜은 통신하고 있는 장치들 간의 합의된 규칙이다. 프로토콜이 없다면 마치 중국어로 얘기하는 것을 한국 사람이 알아듣지 못하는 것처럼, 통신 장치가 서로 연결되어 있어도 통신이 제대로 이루어지지 않는다.

1.1.2 데이터 표현

오늘날 정보는 문자, 숫자, 화상, 오디오 및 비디오와 같이 다양한 형태로 전달된다.

문자

데이터 통신에 있어서 **문자**(character)는 비트 패턴, 즉 0과 1로 된 비트들의 순서인 비트 패턴으로 표현된다. 서로 다른 비트 패턴을 사용하여 문자 기호들을 표현하도록 설계되었다. 이와 같은 각 비트 패턴의 집합을 **코드**(code)라고 부르며 기호를 표현하는 과정을 **부호화**(coding, 코딩)라고 한다. 오늘날 널리 사용되고 있는 코드는 **유니코드**(Unicode)라고 하는데, 32개의 비트를 사용하여 전 세계의 모든 언어에서 사용되는 부호나 문자를 나타낸다. 미국에서 오래 전에 개발된 ASCII(American Standard Code for Information Interchange)는 현재 유니코드의 처음 127개의 문자에 해당하며, **기본 라틴**(Basic Latin)이라고도 한다. 부록 A는 유니코드의 일부를 포함하고 있다.

숫자

숫자(number) 또한 비트 패턴을 사용하여 나타낸다. 그러나 ASCII와 같은 코드는 숫자를 나타내는 데 사용되지 않는다. 숫자는 곧바로 2진수로 변환될 수 있기 때문이다. 그렇게 하는 이유는 수학적인 연산을 간단하게 하기 위해서이다. 부록 B는 여러 가지 서로 다른 수의 체계를 설명하고 있다.

영상

영상(image, **이미지**, **화상**이라고도 함) 역시 비트 패턴에 의해 표현된다. 가장 간단한 형태의 영상은 **화소**(pixel, 픽셀)라는 작은 점들의 행렬로 구성된다. 화소의 크기는 **해상도**(resolution)에 따라 다르다. 예를 들면, 영상을 1,000개의 화소로 나누거나 10,000개의 화소로 나눌 수 있다. 두 번째 경우가 더 좋은 영상을 표현하지만, 영상을 저장하기 위해 더 많은 메모리가 필요하다.

영상을 화소로 나눈 뒤에, 각 화소에 비트 패턴을 지정한다. 패턴의 크기와 값은 영상에 따라 다르다. 단순히 흑백으로만 구성된 영상이라면 화소 하나를 나타내는 데에는 1비트 패턴이면 충분하다.

만일 단순 흑백 화소가 아니라면, 회색을 나타내기 위해 비트 패턴의 크기가 커져야 한다. 예를 들면, 4단계의 회색을 나타내기 위해서는 2비트 패턴을 사용할 수 있다. 흑색 픽셀은 00, 짙은 회색은 01, 옅은 회색은 10, 흰색은 11로 나타낼 수 있다.

컬러 영상을 나타내는 방법에는 몇 가지가 있다. 한 가지 방법은 **RGB**(red, green, blue)라고 하는데, 그 이유는 각 컬러는 3가지 기본 색상인 빨간색(red), 녹색(green) 및 파란색(blue)의 조합으로 만들어지기 때문이다. 여기에 각 기본 색의 강도를 측정하여 보통 8비트를 사용하여 각 색상별 비트 패턴을 지정한다. 다른 방법으로는 **YCM**이라는 것이 있는데, 이 경우에는 위와는 다른 3가지 색깔인 노란색(yellow), 청록색(cyan), 자홍색(magenta)을 기본 색으로 사용한다.

오디오

오디오(audio)는 소리나 음악을 기록하거나 방송하는 것을 말한다. 음성은 기본적으로 문자, 숫자 또는 화상과 다르다. 오디오는 연속적이지 이산적이지 않다. 목소리나 음악을 마이크로폰을 사용하여 전기 신호로 바꿀 때에도 연속 신호를 사용한다.

비디오

비디오(video, 또는 **동영상**)는 그림이나 영화 같은 것을 기록하거나 방송하는 것을 말한다. 동영상은 연속적인 개체(예: TV 카메라에 의해서)로 만들 수도 있고, 각각은 이산적인 개체이지만 여러 화상을 합해서 움직이는 느낌을 갖도록 만들 수 있다.

1.1.3 데이터 전송 방식

데이터 전송 방식(transmission mode)는 연결된 두 장치 간에 데이터를 전송할 때에 신호가 전달되는 방향을 기준으로 구분된다. 전송 방향에 따라 구분하면 단방향과 양방향으로 나뉘고, 양방향 전송 방식은 다시 반이중과 전이중으로 나뉜다(그림 1.2 참조).

단방향

단방향 방식(simplex mode)에서 통신은 일방통행로처럼 한 방향으로만 일어난다. 하나의 링크에 연결되어 있는 두 장치 간에 한쪽은 전송만 할 수 있고, 다른 쪽은 수신만 할 수 있다(그림 1.3a 참조).

우리가 흔히 접하는 자판과 모니터는 단방향 장치의 예이다. 즉, 자판은 입력만, 모니터는 출

그림 1.2
데이터 전송 방식

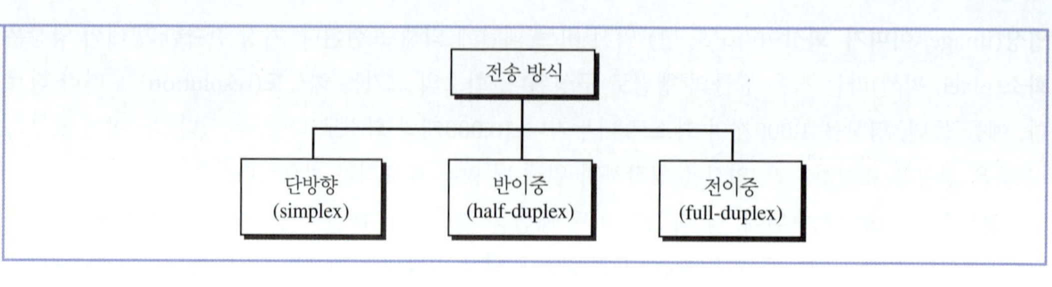

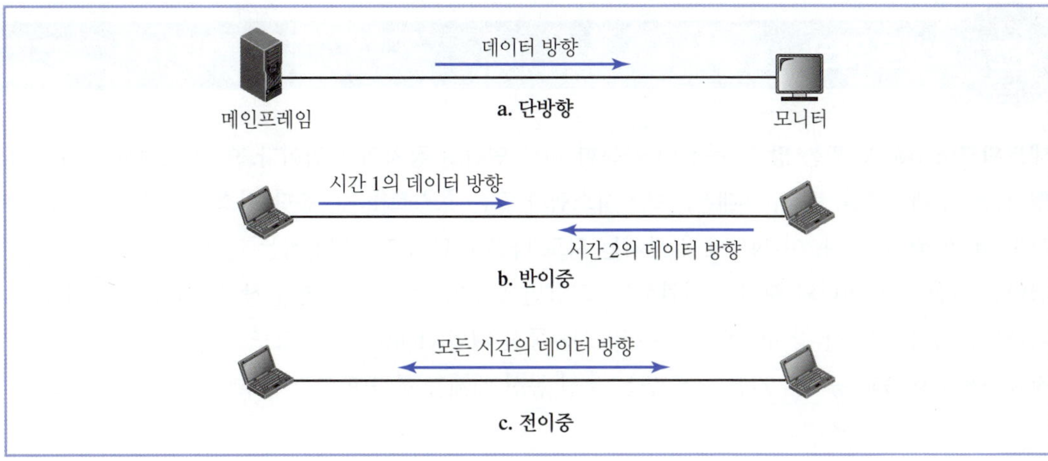

그림 1.3
데이터 전송 방식(단방향, 반이중, 전이중)

력만 할 수 있다. 단방향 방식은 데이터를 한 방향으로 전송하는 데 채널의 전체 용량을 사용할 수 있다.

반이중

반이중 방식(half-duplex mode)에서 각 지국은 송신과 수신이 가능하지만, 동시에는 할 수 없다. 한 장치가 송신하면 다른 장치는 수신만 할 수 있고, 그 역도 마찬가지이다(그림 1.3b 참조).

반이중 방식은 양방향으로 통행이 가능한 외길과 같다. 차들이 한쪽 방향으로 이동하면 다른 방향의 차들은 기다려야 한다. 반이중 전송방식에서 채널의 전체 용량은 전송하는 장치가 전부 사용한다. 워키토키와 생활 무전기(citizens band, 시민 밴드)는 반이중 시스템의 예이다.

반이중 방식은 동시에 양방향으로 통신이 필요하지 않은 경우에 사용된다. 채널의 전체 용량은 각 방향에 대해 전부 사용될 수 있다.

전이중

전이중 방식(full-duplex mode)에서는 양쪽 지국이 동시에 송신과 수신을 할 수 있다(그림 1.3c 참조).

전이중 방식은 동시에 양방향으로 통행이 가능한 2차선 도로와 같다. 전이중 방식에서 신호는 링크의 용량을 공유해서 양방향으로 전달된다. 이러한 공유는 각 링크가 물리적으로 분리된 서로 다른 2개의 전송 통로(하나는 송신용이고 다른 하나는 수신용)를 갖게 하거나, 채널의 전송 용량을 반으로 나누어 서로 반대 방향으로 통신하는 방법으로 이루어질 수 있다.

전이중 방식의 대표적인 예는 전화망이다. 두 사람이 전화를 이용하여 통화할 때, 동시에 말하고 들을 수 있다. 전이중 방식은 통신이 항상 양방향으로 이루어질 때 사용된다. 그러나 채널의 용량은 양방향으로 나누어서 사용해야 한다.

1.2 네트워크

네트워크(network, 또는 **망**)는 통신이 가능한 서로 연결된 장치의 모임이다. 이 정의에서 장치는 대형 컴퓨터, 데스크톱, 랩톱, 휴대폰, 보안 시스템과 같은 **호스트**[host, **종단 시스템**(end system)이라고도 함]가 될 수 있다. 이 정의에서 장치는 서로 다른 네트워크를 연결하는 라우터, 장치를 서로 연결하는 교환기, 데이터의 형태를 변환하는 모뎀(변복조기) 등과 같은 **연결 장치**(connecting device)가 될 수 있다. 이러한 장치를 연결하는 링크를 통신 **채널**(channel)이라고도 한다. 네트워크에서 이 장치들은 케이블과 공기와 같은 유선 또는 무선 통신 매체를 통하여 연결된다.

1.2.1 네트워크 평가기준

효과적이고 효율적인 네트워크가 되기 위해서는 몇 가지 평가기준(criteria)에 부합되어야 한다. 그 중에서도 가장 중요한 것은 성능과 신뢰성 및 보안이다(그림 1.4 참조).

그림 1.4
네트워크 평가기준

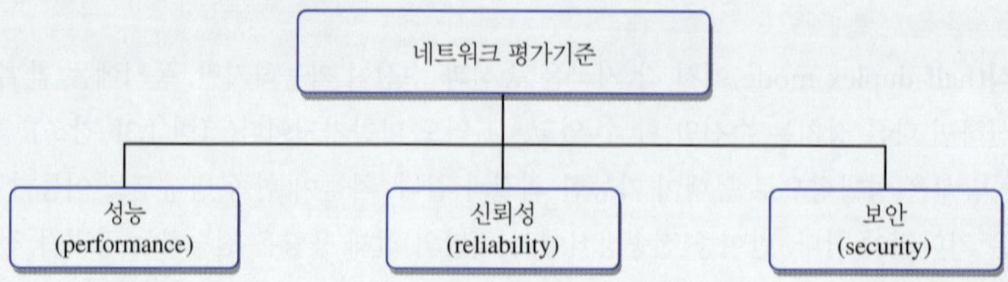

성능

성능(performance)은 전달 시간이나 응답 시간을 측정하는 등 여러 가지 방법으로 측정할 수 있다. 전달 시간(transit time)은 메시지가 한 장치에서 다른 장치로 이동하는 데에 걸리는 시간이며, 응답 시간(response time)은 요청과 응답에 걸리는 시간이다. 네트워크의 성능은 사용자 수, 전송 매체의 유형, 연결된 하드웨어의 성능, 소프트웨어의 효율성 등을 포함한 여러 요인에 따라 다를 수 있다.

성능은 흔히 **처리율**(throughput, 또는 **처리량**)과 **지연**(delay)이라는 두 가지 척도로 평가된다. 보통은 지연은 적어야 하고 처리율은 높아야 한다. 그러나 이 두 가지 척도는 보통 서로 상반된다. 네트워크를 통해 더 많은 데이터를 보낸다면, 처리율은 높아지지만, 네트워크에서 트래픽의 혼잡으로 인하여 지연 시간이 길어질 수 있다.

신뢰성

네트워크의 정확성과 함께 네트워크의 **신뢰성**(reliability)은 고장의 빈도수와 고장이 나서 링크를 복구하는 데 걸리는 시간, 그리고 재난 발생 시 네트워크의 안전성 등에 의해 측정된다.

보안

네트워크 **보안**(security) 시스템은 불법적인 접근으로부터 데이터 보호, 손상으로부터 데이터 보호, 개발, 정책 구현, 침해나 데이터 손실로부터 복구 절차 등을 포함한다.

1.2.2 물리적인 구조

네트워크에 대해 논의하기 전에 몇 가지 네트워크 요소에 대해 정의할 필요가 있다.

연결 유형

네트워크는 링크를 통하여 2개 이상의 장치가 연결된 것이다. 링크는 한 장치에서 다른 장치로 데이터를 전달하는 통신 통로이다. 시각적인 이해를 위해 두 지점을 잇는 하나의 선을 상상하면 된다. 통신을 하려면 두 장치는 동시에 같은 링크에 연결되어 있어야 한다. **연결 유형**(type of connection)에는 점-대-점과 다중점 방식이 있다(그림 1.5 참조).

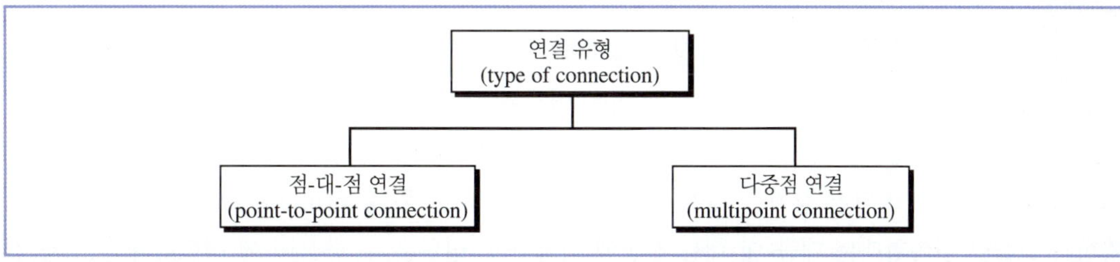

그림 1.5
연결 유형

점-대-점

점-대-점 연결(point-to-point connection)은 두 장치 간의 전용 링크를 제공한다. 채널의 전체 용량은 두 장치 간의 전송을 위해서만 사용된다. 대부분 점-대-점 연결은 양쪽 끝에 연결된 케이블이나 전선을 사용한다. 그러나 마이크로웨이브나 인공위성 연결과 같은 방식도 가능하다(그림 1.6a 참조). 적외선 리모컨으로 텔레비전 채널을 바꿀 때, 텔레비전 제어 시스템과 리모컨 간에는 점-대-점 연결이 이루어진다.

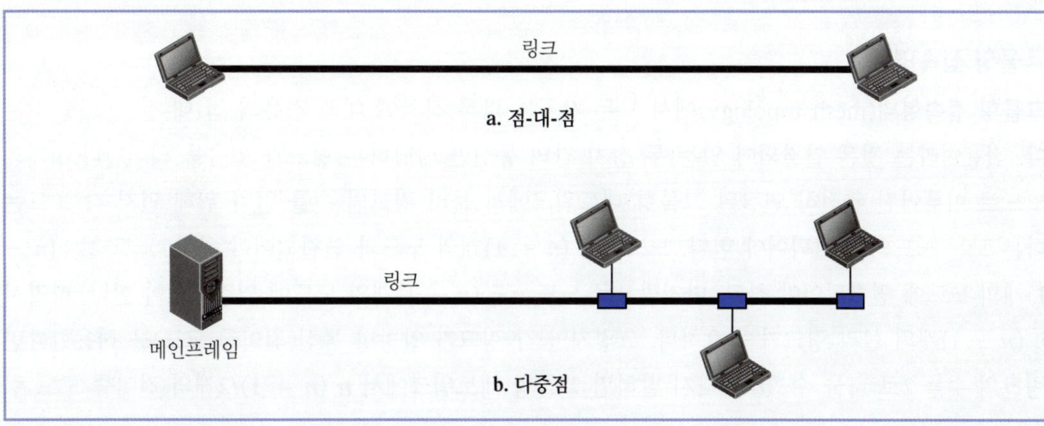

그림 1.6
연결 유형: 점-대-점과 다중점

다중점

다중점 연결[multipoint connection, **멀티드롭**(multidrop)이라고도 한다]은 3개 이상의 특정 장치가 하나의 링크를 공유하는 방식이다(그림 1.6b 참조).

다중점 환경에서 채널의 용량은 공간적, 혹은 시간적으로 공유된다. 여러 장치가 동시에 링크를 사용한다면, 이는 회선의 **공간적 공유**이다. 만일 사용자가 순서에 따라 링크를 사용한다면, 이는 회선의 **시간적 공유**이다.

물리적인 접속형태

물리적인 접속형태(physical topology, **토폴로지**라고도 함)라는 용어는 네트워크에서 컴퓨터의 위치나 컴퓨터의 케이블 연결 등의 물리적인, 혹은 논리적인 배치 방식을 말한다. 2개 이상의 장치가 하나의 링크에 연결되며, 2개 이상의 링크로 하나의 접속형태를 이룬다. 네트워크의 접속형태는 링크와 연결된 장치[항상 **노드**(node)라고 함] 간의 관계에 대한 기하학적 표현이다. 기본적인 접속형태에는 그물형(mesh), 성형(star, 스타형이라고도 함), 버스형(bus), 링형(ring)이라는 네 가지가 있다(그림 1.7 참조).

이 기본적인 접속형태는 네트워크상의 장치에 대한 물리적인 배열보다는 상호 연결 방법을 나타낸다. 접속형태를 선택할 때 고려해야 할 점은 연결된 장치간의 상대적인 관계이다. 두 가지 관계가 있을 수 있는데, 장치들이 동등하게 링크를 공유하는 **대등-대-대등**(peer-to-peer) 관계이고, 한 장치는 전송을 제어하고 다른 장치는 제어 장치를 통해 전송하는 **주-종**(primary-secondary) 관계이다. 링형과 그물형 접속형태는 대등-대-대등 전송에 적합하고, 성형은 주-종 전송에 적합하다. 버스형 접속형태는 두 가지 모두 적합하다.

그림 1.7
접속형태 분류

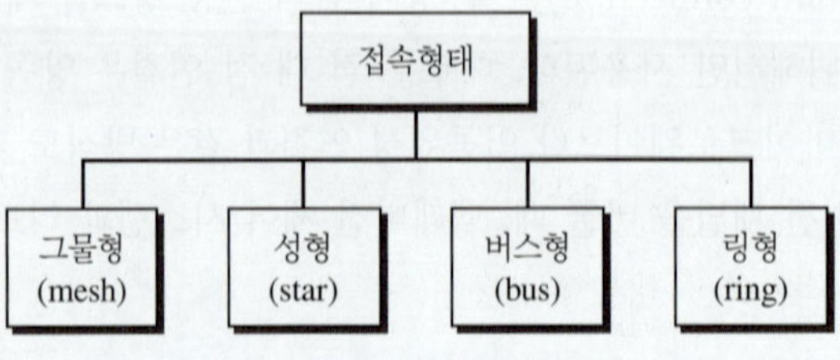

그물형 접속형태

그물형 접속형태(mesh topology)에서 모든 장치는 다른 장치에 대해 전용의 점-대-점 링크를 갖는다. 전용이라는 것은 연결되어 있는 두 장치 간의 통신만 담당하는 링크가 있음을 의미한다. n개의 노드로 이루어진 완전히 연결된 그물형 네트워크에서 물리 링크의 수를 알기 위해 먼저 각 노드는 다른 모든 노드와 연결되어야 한다. 노드 1은 $(n - 1)$개의 노드와 연결되어야 하고, 노드 2는 $(n - 1)$개의 노드에 연결되어야 하고, 마지막으로 노드 n도 $(n - 1)$개의 노드에 연결되어야 한다. 따라서 $n (n - 1)$개의 물리 링크가 필요하다. 그렇지만 각 링크가 양방향 통신(전이중 모드)을 허용한다면 링크의 수를 2로 나눌 수 있다. 다시 말하면 그물형 네트워크에서 $\mathbf{n (n - 1)/2}$개의 전이중 모드 링

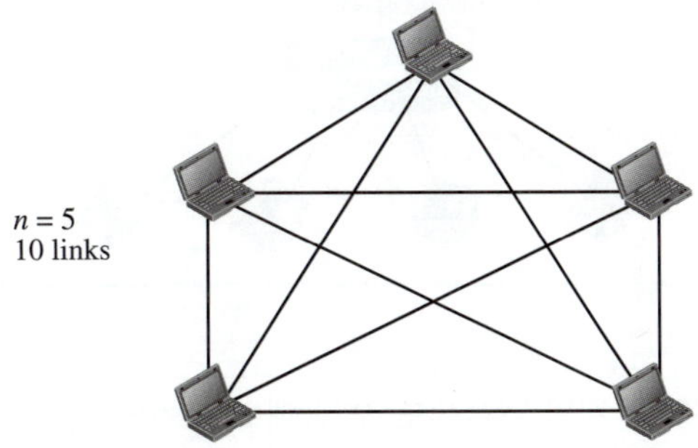

그림 1.8
완전히 연결된 그물형 접속형태(5개의 장치)

크가 필요하다고 말할 수 있다. 이와 같이 많은 링크를 수용하기 위해서는 네트워크상의 모든 장치는 $(n-1)$개의 입출력(I/O) 포트를 가지고 있어야 한다(그림 1.8 참조).

그물형은 다른 접속형태에 비해 몇 가지 장점을 가지고 있다. 첫째로, 전용 링크의 사용은 각 연결 회선이 원하는 자료의 전송을 보장해주기 때문에 많은 장치가 공유하는 링크에서 발생할 수 있는 통신량 문제를 없애준다. 둘째로, 그물형 접속형태는 안전성이 높다. 한 링크가 고장이 나더라도 전체 시스템에는 큰 문제가 되지 않는다. 또 하나의 장점은 프라이버시와 보안이다. 모든 메시지는 전용선으로 보내지기 때문에 원하는 수신자만 받을 수 있다. 물리적인 경계선 자체가 다른 사용자가 메시지에 접근하는 것을 막아준다. 끝으로, 점-대-점 연결은 결함의 식별과 분리가 비교적 쉽고 전송 시 문제가 있다고 생각되는 링크를 피해 경로를 설정할 수 있다. 이 접속형태에서 네트워크 관리자는 결함이 발생한 정확한 위치를 발견하고 그 원인과 해결책을 쉽게 찾을 수 있다.

반면, 그물형의 주요 단점은 케이블의 양과 요구되는 I/O 포트 수이다. 첫째로, 모든 장치가 다른 모든 장치와 연결하기 때문에 설치와 재구성이 어렵다. 둘째로, 실제 필요한 전선의 용적이 벽 속이나 천장, 바닥 아래 등 전선을 수용할 수 있는 공간보다도 더 커질 수 있다. 끝으로, 각 링크와 연결되는 하드웨어(I/O 포트와 전선)에 엄청난 비용이 들 수 있다. 그래서 그물형 접속형태는 대개 제한적으로 구현된다. 예를 들면, 여러 가지 접속형태를 포함할 수 있는 혼합형 네트워크의 중앙 컴퓨터들을 연결하는 중추 네트워크에서 그물형 접속형태를 찾아볼 수 있다.

그물형을 사용하는 실제 예로는 전화국들 사이의 연결인데, 각 지역국은 다른 모든 지역국과 연결되어 있어야 한다.

성형(스타형) 접속형태

성형 접속형태(star topology, 또는 **스타형**)에서 각 장치는 일반적으로 **허브**(hub)라 불리는 중앙 제어장치(central controller)와 전용 점-대-점 링크를 갖는다. 각 장치는 서로 직접 연결되어 있지 않다. 그물형 접속형태와는 달리 성형 접속형태에서는 각 장치 간의 직접적인 통신을 할 수 없으며, 제어장치가 교환 역할을 한다. 만약 어떤 장치가 다른 장치에 데이터를 보내려면 그 데이터를 먼저 제어장치에 보내고, 제어장치는 그 데이터를 연결되어 있는 다른 장치로 중계해준다(그림 1.9 참조).

성형 접속형태는 그물형 접속형태보다 비용이 적게 든다. 성형에서 각 장치는 다른 장치와 연결하기 위해 1개의 링크와 1개의 I/O 포트만 필요하다. 따라서 설치와 재구성도 쉽다. 설치에 필요한

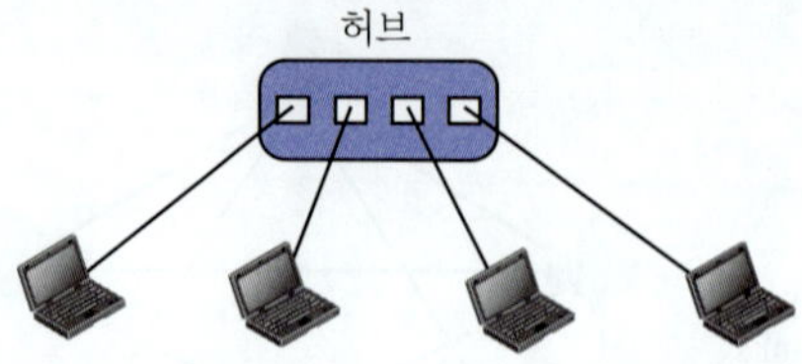

그림 1.9
4개의 지국을 연결한 성형 접속형태

케이블의 양이 적으며, 이동과 삭제의 경우에도 오직 해당 장치와 허브 간의 연결 한 가지에만 영향을 미친다.

다른 장점으로는 안전성을 들 수 있다. 만약 한 링크가 끊어져서 작동하지 않으면 오직 해당 링크만 영향을 받고, 다른 링크들은 아무런 영향을 받지 않는다. 이러한 점은 결함의 식별과 분리를 쉽게 해준다. 동작하고 있는 한, 허브는 링크에 발생한 문제들을 점검하고 결함이 발견된 링크를 우회하는 역할을 한다.

스타형의 큰 단점은 전체 접속형태가 허브라는 단일 장치에 좌우된다는 것이다. 허브가 망가지면 전체 시스템이 고장난다.

이렇듯 성형이 그물형보다 적은 케이블을 필요로 함에도 불구하고, 각 노드가 중앙 허브와 연결되어 있어야 한다는 이유로 인해 일부 다른 접속형태(링형, 버스형과 같은)보다 많은 케이블 연결이 필요하다.

성형은 13장에서 보게 되듯이 근거리 통신망(LAN)에서 사용된다. 고속 LAN은 흔히 중앙 허브에 연결된 성형 접속형태를 사용한다.

버스형 접속형태

앞에서 설명한 접속형태는 모두 점-대-점 연결을 갖는다. 반면 **버스형 접속형태**(bus topology)는 다중점 형태로써, 하나의 긴 케이블이 네트워크상의 모든 장치를 연결하는 **백본**(backbone, 또는 **중추**) 네트워크 역할을 한다(그림 1.10 참조).

노드는 **탭**(tap)과 **유도선**(drop line)에 의해 버스에 연결된다. 유도선은 주 케이블과 장치를 연결하는 선이며, 탭은 주 케이블의 연결 장치나 회선의 금속심에 연결하기 위해 케이블의 피복에 구멍을 낸 것이다. 신호가 중추 네트워크를 따라 이동할 때 그 에너지의 일부는 열로 변환되므로, 신호는 멀리 이동할수록 점점 약해진다. 이러한 이유로 인해 버스가 수용할 수 있는 탭의 수와 탭 간의 거리는 제한된다.

버스형 접속형태의 장점은 설치하기 쉽다는 것이다. 중추 케이블은 가장 효과적으로 설치될 수 있고, 다양한 길이의 유도선에 의해 노드에 연결된다. 그래서 버스형은 그물형, 성형, 트리형 접속형

그림 1.10
3개의 지국이 연결된 버스형 접속형태

태보다 적은 양의 케이블을 사용한다. 예를 들면, 성형에서는 같은 공간에 있는 4개의 네트워크 장치가 각 허브까지 도달하기 위해 각각의 케이블을 필요로 하지만 버스형에서는 이러한 중복이 필요 없다. 중추 케이블이 전체적으로 설치되어 있으므로 각 유도선은 가장 가까운 중추 케이블과 연결되기만 하면 된다.

이 접속형태의 단점은 재구성이나 결함분리가 어렵다는 데 있다. 버스형은 보통 설치시점에 최고의 효율성을 갖도록 설계되므로 새로운 장치를 추가하는 것이 어려워질 수 있다. 탭에서 일어나는 신호의 반사는 신호의 질을 저하시키는 원인이 될 수 있다. 이러한 저하는 주어진 길이의 케이블에 연결되는 장치 간의 간격과 수를 제한함으로써 조절될 수 있다. 그러므로 새로운 장치를 추가하기 위해서는 중추 케이블의 교체나 변경이 필요하다.

또한 버스 케이블의 결함이나 파손은 모든 전송을 중단하게 한다. 끊어진 쪽에 있는 장치 간의 전송도 할 수 없는데, 이는 손상된 지역이 신호를 반사시켜 발생된 곳으로 돌아가게 함으로써 양방향으로 잡음이 일어나기 때문이다.

버스형은 초기 근거리 통신망의 설계에 사용된 최초의 접속형태 중 하나이다. 전형적인 이더넷 LAN은 버스형을 사용할 수 있지만, 13장에서 살펴보는 몇 가지 이유로 인해 지금은 많이 사용되고 있지 않다.

링형 접속형태

링형 접속형태(ring topology)에서 각 장치는 단지 자신의 양쪽에 있는 장치와 전용으로 점-대-점 연결을 이룬다. 신호는 링을 따라 한 방향으로만 목적지에 도달할 때까지 전송된다. 링형 네트워크에 있는 각 장치는 **중계기**(repeater)를 포함한다. 다른 기기가 보낸 신호를 받으면 중계기는 이를 재생하여 전달한다(그림 1.11 참조).

링형은 비교적 설치와 재구성이 쉽다. 각 장치는 바로 이웃하는 장치에만 (물리적이나 논리적으로) 연결되어 있다. 장치를 추가하거나 삭제하기 위해서는 단지 2개의 연결선만 움직이면 되는데, 이때 유일한 제약은 전송매체와 통신량에 대한 고려(링의 최대 길이와 장치의 수)이다. 링형 접속형태에서 결함분리는 매우 간단하다. 링형에서는 일반적으로 신호가 항상 순환되므로, 만약 한 장치가 특정한 시간 내에 신호를 받지 못하면 경보를 보낼 수 있다. 경보는 네트워크 운영자에게 문제점과 발생위치를 알려준다.

하지만 단방향 전송은 단점이 될 수 있다. 단순 링형에서 링의 결함(네트워크 내 한 장치가 사용

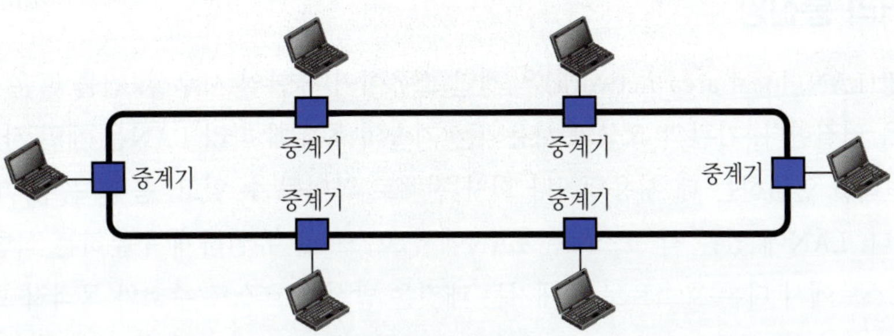

그림 1.11
6개의 지국이 연결된 링형 접속형태

불가능한 경우)은 전체 네트워크를 사용할 수 없게 한다. 이러한 약점은 이중 링을 사용하거나 결함이 있는 지점을 단절시킬 수 있는 교환기를 사용하여 해결할 수 있다.

링형 접속형태는 IBM이 근거리 통신망인 토큰 링을 소개했을 때는 널리 사용되었었다. 오늘날은 고속 LAN에 대한 요구로 인해 이 접속형태가 많이 사용되고 있지 않다.

혼합형 접속형태

네트워크는 **혼합형 접속형태**(hybrid topology 또는 **하이브리드형**)가 될 수 있다. 예를 들면, 그림 1.12에서 보는 것처럼 중앙 허브를 사용하여 성형을 만들고 각 가지는 여러 개의 지국이 연결되는 버스형으로 할 수 있다.

그림 1.12 혼합형 접속형태: 3개의 버스형 네트워크를 갖는 성형 백본

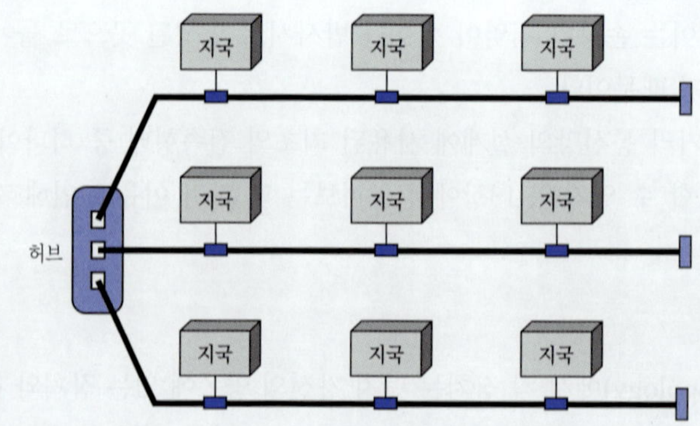

1.3 네트워크 유형

앞 절에서 네트워크에 대한 정의를 설명한 후에 물리적인 구조를 살펴보았다. 이 절에서는 오늘날 전 세계적으로 접하는 네트워크의 서로 다른 유형을 살펴보고자 한다. 네트워크에 대한 유형을 구분하기 위한 기준은 매우 어렵고 때론 혼동되기도 한다. 먼저, 이 구분을 만들기 위하여 크기, 지리적인 범위, 소유권과 같은 몇 가지 기준을 사용한다. 네트워크의 두 가지 유형인 LAN과 WAN을 설명한 후에, 네트워크 간 네트워크를 구성하기 위해 네트워크들을 연결하는 데 사용되는 교환기를 살펴본다.

1.3.1 근거리 통신망

근거리 통신망(LAN, local area network)은 개인 소유이거나 단일 사무실, 건물 혹은 학교 등에 있는 호스트들을 연결한다. 기관의 요구와 사용되는 기술의 종류에 따라 LAN은 개인 사무실에서 2대의 PC와 프린터를 연결하는 데 사용되거나 회사 전체로 확대될 수 있고, 음성, 음향, 비디오 장치를 포함할 수 있다. LAN에 있는 각 호스트는 LAN에서 호스트를 유일하게 구분하는 식별자인 주소를 갖는다. 한 호스트에서 다른 호스트로 보내지는 패킷은 발신지 호스트 주소와 목적지 호스트 주소를

같이 보낸다.

과거에 네트워크에 있는 모든 호스트는 한 호스트에서 다른 호스트로 보낸 패킷을 모든 호스트가 받을 수 있는 공통 케이블을 통하여 연결되었다. 해당 수신자는 패킷을 받고, 다른 호스트들은 패킷을 폐기한다. 오늘날 대부분의 LAN은 패킷의 목적지 주소를 인식할 수 있고, 다른 모든 호스트에게 보내지 않고 해당 목적지로만 패킷을 전달하는 성능이 좋은 교환기를 사용한다. 교환기는 LAN에서 트래픽을 조절하고, 서로 같은 발신지와 목적지가 아니라면 같은 시간에 한 쌍 이상이 통신이 가능하도록 해준다. LAN에 대한 앞의 정의가 LAN에서 최소 또는 최대 호스트의 수를 지정하지 않는다. 그림 1.13은 공통 케이블을 이용한 LAN(과거)과 교환기를 이용한 LAN(현재)을 보여준다.

LAN은 책의 3부에서 더 자세하게 설명한다.

LAN을 독립해서 사용할 때(오늘날에는 거의 없음) 호스트들 간에 자원을 공유하도록 설계하였다. 간단하게 살펴본 것처럼 오늘날 LAN은 서로 연결되어 있고, 보다 넓은 범위의 통신을 만들기 위해 WAN(뒤에서 설명)에 연결되어 있다.

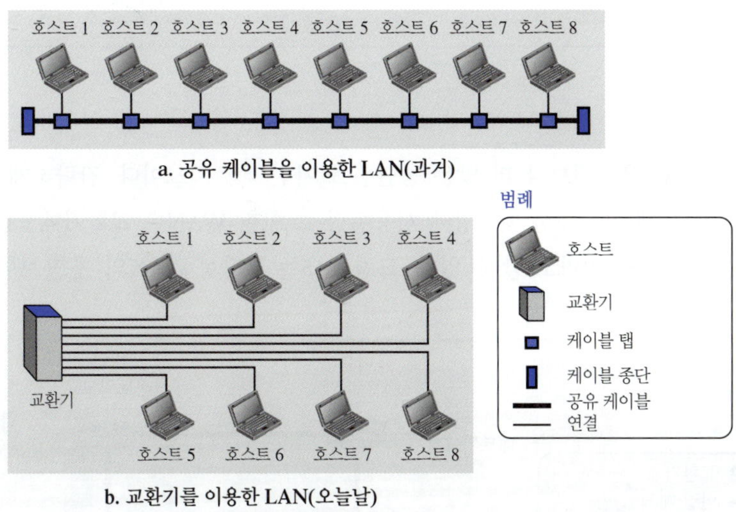

그림 1.13
과거와 오늘날의 독립형 LAN

1.3.2 광역 통신망

광역 통신망(WAN, wide area network)도 통신이 가능한 장치들의 상호 연결이다. 그러나 LAN과 WAN 사이에는 몇 가지 차이점이 있다. LAN은 일반적으로 제한된 크기의 작은 사무실 건물 또는 캠퍼스에 사용되지만, WAN은 넓은 지리적인 영역을 갖는 도시나 주, 국가, 또는 전 세계에 사용된다. LAN은 호스트 간에 상호 연결을 하고, WAN은 교환기, 라우터 또는 모뎀과 같은 연결 장치를 사용하여 서로 연결한다. LAN은 일반적으로 개인이 사적으로 활용하는 경우 사용하지만, WAN은 일반적으로 통신 회사가 만들고 이를 임대하기 위한 목적으로 사용한다. 한 기관이 소유하고 관리되면서 그 기관에 의해서만 사용하는 WAN을 **사설망**(private network)이라고 한다. 그러나 한 기업이 소유하지만 일반인들에게 "빌려주는" 망을 **공중망**(public network)이라고 한다. 대표적인 예로 전화망을 들 수 있는데 미국의 경우 AT&T, Sprint, MCI 등이 있고 한국에는 한국통신(KT), SK텔레컴, LG유플러스 등이 사용자들에게 통신 서비스를 제공하고 요금을 받는 기업들이다. 오늘날 WAN의 서로 다른 두 가지 예인 점-대-점 WAN과 교환형 WAN을 살펴본다.

점-대-점 WAN

점-대-점(point-to-point) WAN은 전송 매체(케이블 또는 공기)를 통해 두 통신 장치를 연결하는 네트워크이다. 이 방식은 서로 간의 네트워크를 어떻게 연결하는지 학습할 때 이와 같은 WAN의 예를 살펴볼 수 있을 것이다. 가정의 컴퓨터를 전화선을 통해 인터넷에 연결하는 예가 대표적이라 할 수 있다. 그림 1.14는 점-대-점 WAN의 예를 보여준다.

그림 1.14
점-대-점 WAN

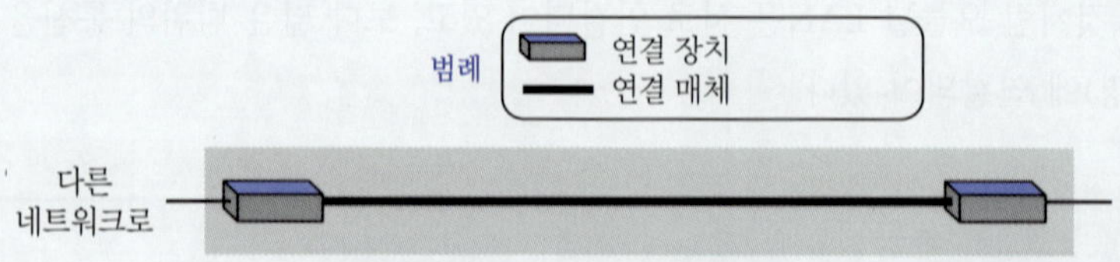

교환형 WAN

교환형(switched) WAN은 2개보다 더 많은 종단점을 가진 네트워크이다. 간략하게 살펴볼 교환형 WAN은, 오늘날 전 세계적인 통신 백본망에 사용된다. 교환형 WAN은 교환기에 의해 연결된 여러 개의 점-대-점 WAN의 조합이라고 할 수 있다. 그림 1.15는 교환형 WAN의 예를 보여준다.

그림 1.15
교환형 WAN

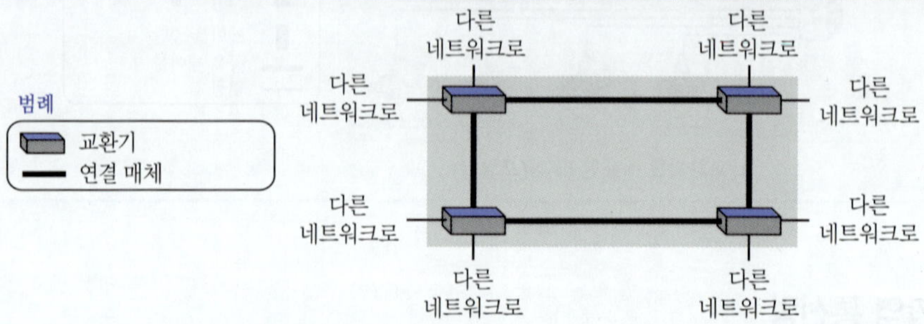

WAN은 책의 2부에서 자세하게 설명한다.

네트워크 간 연결

오늘날, LAN이나 WAN이 독립적으로 분리되어 있는 것은 매우 드문 경우이며, 일반적으로 이들은 서로 연결되어 있다. 2개 이상의 네트워크가 연결될 경우, **인터넷**(internet) 또는 **네트워크 간 연결**

(internetwork)을 구성한다. 예를 들어, 한 기관이 하나는 서울에 또 다른 하나는 대전에 서로 다른 2개의 사무실을 가지고 있다고 가정한다. 각 사무실에는 모든 직원이 서로 통신할 수 있도록 LAN을 보유하고 있다. 서로 다른 사무실에서 직원 간의 통신을 가능하도록 만들기 위하여 통신사업자와 같은 네트워크 서비스 제공업체로부터 점-대-점 WAN을 임대하고 두 사무실의 LAN을 연결한다. 그러면 이 회사는 네트워크 간 연결 또는 사설 인터넷(소문자 i)을 보유하게 되었으며, 사무실 간의 통신이 가능하다. 그림 1.16은 위와 같은 경우의 인터넷을 보여주고 있다.

그림 1.16
2개의 LAN과 하나의 점-대-점 WAN으로 구성된 네트워크 간 연결

서울의 사무실에 있는 호스트가 같은 사무실의 다른 호스트에게 메시지를 보낼 때 라우터는 그 메시지를 차단하지만 교환기가 이 메시지를 목적지로 전송한다. 반면에 서울에 있는 호스트가 대전에 있는 호스트에게 메시지를 전송할 때, 라우터 R1은 패킷을 R2에게 경로 지정하여 패킷이 목적지에 도달하게 한다.

그림 1.17은 여러 개의 LAN과 WAN이 연결된 또 하나의 인터넷을 보여준다. WAN의 한 형태로 4개의 교환기로 구성된 교환형 WAN도 보여주고 있다.

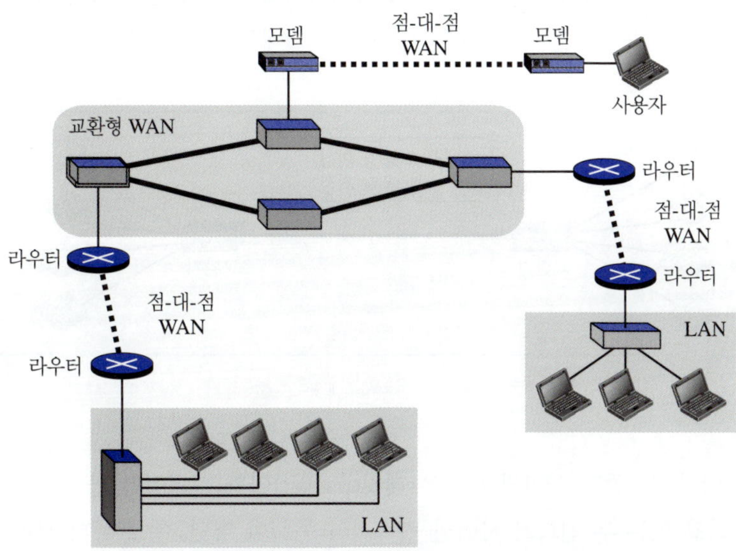

그림 1.17
4개의 WAN과 3개의 LAN으로 이루어진 혼합형 네트워크

1.3.3 교환

인터넷은 **교환기**(switch, **스위치**)가 적어도 2개의 링크를 연결하는 **교환형 네트워크**(switched network, 또는 **교환망**)이다. 교환기는 필요할 때 한쪽 링크에서 다른 쪽 링크로 데이터를 포워딩해야 한다. 교환형 네트워크의 가장 일반적인 유형은 회선 교환망과 패킷 교환망이다. 이 두 방식에 대해서 살펴본다.

회선-교환망

회선-교환망(circuit-switched network)에서는 두 종단 시스템 사이에 **회선**(circuit)이라는 전용선이 항상 이용된다. 교환기는 단지 이 회선을 활성화 또는 비활성화할 수 있다. 그림 1.18은 각 종단에 4개의 전화가 연결되어 있는 단순한 교환형 네트워크를 보여주고 있다. 오늘날 일부 전화망은 패킷 교환망이지만, 과거에는 전화망이 회선 교환으로 일반적이었기 때문에 우리는 종단 시스템으로 컴퓨터 대신 전화기를 이용해 왔다.

그림 1.18에서, 각 종단에 있는 4개의 전화기는 교환기에 연결되어 있다. 교환기는 한쪽 종단의 전화기를 다른 쪽 종단의 전화기와 연결시켜 준다. 두 교환기를 연결하는 굵은 선은 동시에 4개의 음성 통신을 전달할 수 있는 대용량의 통신 회선이다. 이 용량은 전화기 쌍에 의해 나누어진다. 이 예에서 쓰인 교환기들은 포워딩만 할 뿐 저장은 하지 못한다.

이제 두 가지 경우에 대해 살펴보자. 하나는 모든 전화기가 사용되고 있는 경우이다. 한쪽 종단의 4명의 사용자가 다른 쪽 종단의 4명의 사용자와 전화 통화를 한다. 굵은 회선의 용량이 모두 이용된다. 두 번째 경우는 한쪽 종단에 있는 한 전화기만 다른 쪽 종단의 한 전화기와 연결되어 있는 경우이다. 굵은 회선 용량의 1/4만 이용된다. 이것이 의미하는 것은, 회선-교환망은 용량이 모두 이용될 때만 효율적이라는 것이다. 거의 대부분의 시간 동안은 굵은 회선의 일부 용량만 이용되므로 비효율적이다. 우리가 굵은 회선 용량을 각 음성 연결의 4배로 한 이유는 한쪽 종단의 모든 전화기가 다른 쪽 종단의 모든 전화기와 연결되어야 할 때 통신이 실패하지 않게 하기 위해서이다.

그림 1.18
회선-교환망

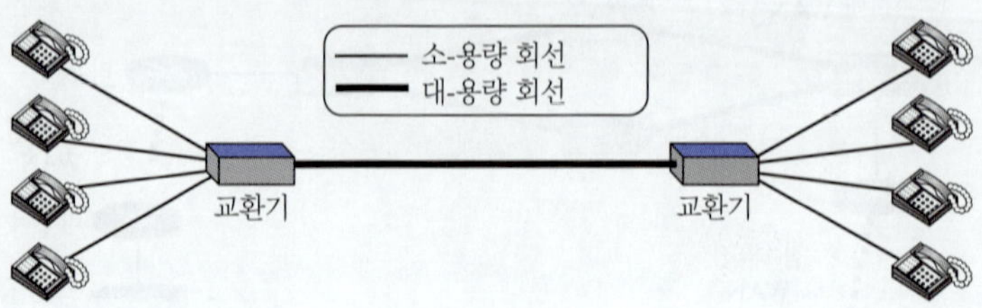

패킷-교환망

컴퓨터 네트워크에서, 두 종단 사이의 통신은 **패킷**(packet)이라는 데이터 블록에 의해 이루어진다. 즉, 우리는 사용되고 있는 두 전화기 사이의 연속적인 통신이 아닌, 두 컴퓨터 사이의 개별적인 데이터 패킷 교환에 대해 살펴볼 것이다. 이것은 교환기가 포워딩과 저장을 할 수 있게 해주는데, 이는 패킷이 저장된 후 나중에 포워딩될 수 있는 독립체이기 때문이다. 그림 1.19는 한쪽 종단의 4대의 컴퓨터를 다른 쪽 종단의 4대의 컴퓨터와 연결시켜 주는 작은 **패킷-교환망**(packet-switched network)의 모습을 보여주고 있다.

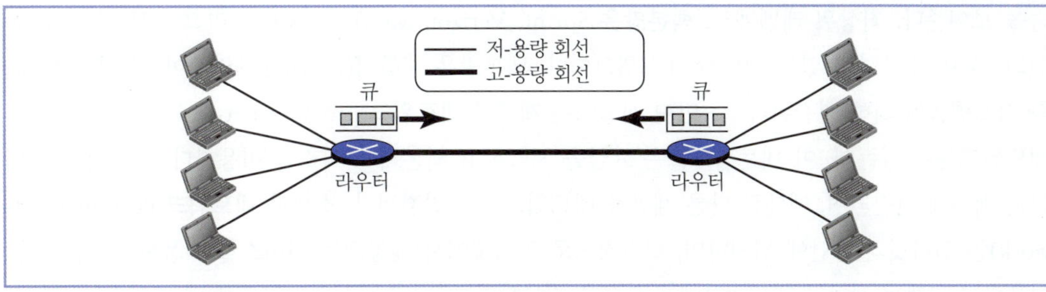

그림 1.19
패킷 교환망

패킷-교환망에서 라우터는 패킷을 저장하고 포워딩하기 위한 **큐**(queue)를 갖는다. 이제 굵은 선의 용량이 컴퓨터와 라우터 사이의 데이터 회선 용량의 두 배라고 가정해 보자. 오직 두 컴퓨터(각 종단에 하나의 컴퓨터)만이 서로 통신한다면, 패킷은 기다릴 필요가 없다. 하지만 굵은 선의 용량이 모두 사용되고 있을 때 라우터에 패킷들이 도착한다면, 이 패킷들은 저장된 후 도착한 순서대로 포워딩되어야 한다. 이 두 가지의 단순한 예는 패킷-교환망이 회선-교환망보다 더 효율적이지만, 패킷이 지연될 수 있다는 것을 보여준다.

1.3.4 인터넷

이미 논의했듯이, **인터넷**(internet, 소문자 i로 시작)은 서로 통신할 수 있는 둘 또는 그 이상의 네트워크 집합이다. 그중 가장 대표적인 것이 **인터넷**(Internet, 대문자 I로 시작)으로 수천 개의 상호 연결되어 있는 네트워크들로 이루어져 있다. 그림 1.20은 인터넷의 개념적인 모습(기하학적인 모습이 아닌)을 보여준다.

그림은 여러 개의 백본망, 제공자 네트워크, 그리고 소비자 네트워크들로 이루어진 인터넷의 모

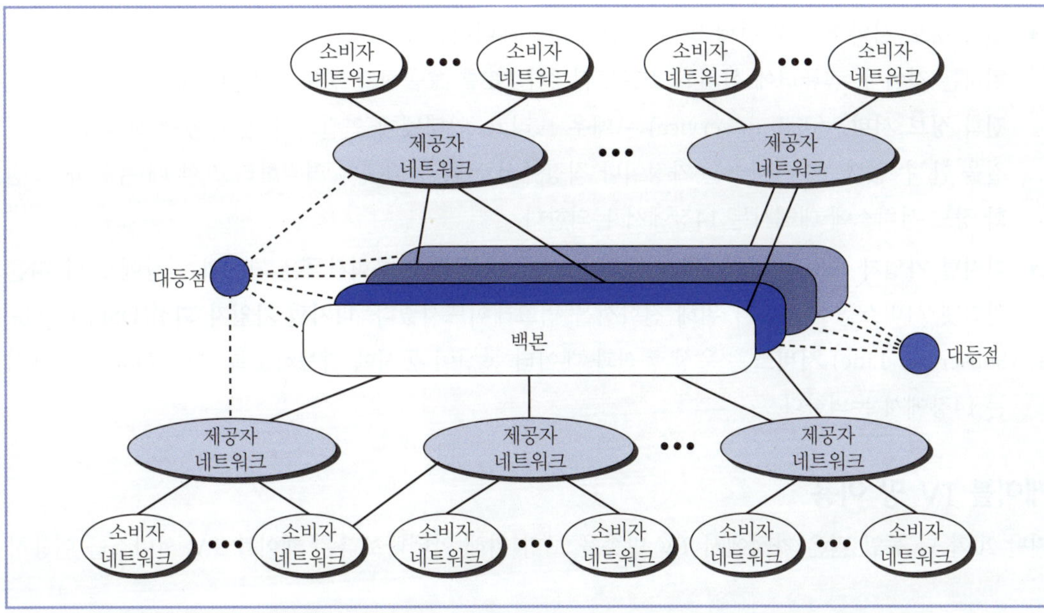

그림 1.20
오늘날의 인터넷

습을 보여준다. 최상위 레벨에서, **백본망**은 Sprint, Verizon(MCI), AT&T, 그리고 NTT와 같은 통신회사들이 소유하고 있는 거대한 네트워크이다. 백본망은 **대등점**(peering point)이라는 복잡한 교환 시스템들에 의해 연결된다. 두 번째 레벨에는 **제공자 네트워크**(provider network)라는 보다 작은 네트워크들이 있는데, 이 네트워크들은 요금을 지불하고 백본의 서비스를 이용한다. 제공자 네트워크는 백본에 연결되며, 때때로 다른 제공자 네트워크와도 연결된다. **소비자 네트워크**(customer network)는 인터넷의 종단에 위치하며, 실질적으로 인터넷에서 제공되는 서비스를 이용한다. 서비스를 이용하기 위해서 제공자 네트워크에게 요금을 지불한다.

백본과 제공자 네트워크는 **인터넷 서비스 제공자**(ISP, Internet Service Provider)라고도 불린다. 백본은 주로 국제(international) 인터넷 서비스 제공자라고 불리고, 제공자 네트워크는 주로 국가(national) 또는 지구(regional) 인터넷 서비스 제공자라고 불린다.

1.3.5 인터넷 접속

오늘날의 인터넷은 네트워크 간 상호 연결이며, 사용자들이 그 일부가 되게 한다. 하지만 사용자들은 물리적으로 ISP에게 연결되어야 한다. 이런 물리적 연결은 보통 점-대-점 WAN에 의해 이루어진다. 이 절에서 어떻게 이러한 연결이 이루어지는지 간단하게 살펴보고, 자세한 사항은 14장과 16장에서 다루도록 한다.

전화망 이용

오늘날 대부분의 가정과 직장에서는 **전화망**(telephone network)과 연결되어 전화 서비스를 이용한다. 대부분의 전화망이 인터넷에 연결되어 있기 때문에, 가정이나 직장에서 인터넷에 연결하기 위한 한 가지 방법은, 가정 또는 직장과 전화국 사이의 음성 회선을 점-대-점 WAN으로 바꾸는 것이다. 이것은 두 가지 방법으로 이루어질 수 있다.

- **전화 정보 서비스.** 첫 번째 방법은 전화선에 데이터를 음성으로 바꾸어 줄 수 있는 모뎀을 설치하는 것이다. 컴퓨터에 설치된 소프트웨어가 ISP를 호출하고 전화 연결처럼 만든다. 불행히도, **전화 정보 서비스**(dial-up service)는 매우 느리고, 인터넷에 연결되어 있는 동안 전화(음성) 연결을 할 수 없다. 이 서비스는 가정이나 직장에서 가끔 인터넷에 연결하려고 할 때 유용하다. 전화 정보 서비스에 대해서는 14장에서 논의한다.
- **디지털 가입자 회선 서비스.** 인터넷의 출현으로, 몇몇 전화회사들은 가정과 직장에 보다 빠른 인터넷 서비스를 제공하기 위해 전화선을 업그레이드시켰다. **디지털 가입자 회선**(DSL, Digital Subscriber Line) **서비스**는 음성 통신과 데이터 통신이 동시에 가능하도록 한다. DSL에 대해서는 14장에서 논의한다.

케이블 TV 망 이용

지난 20여 년 동안 많은 가정에서 TV 방송을 보기 위해 안테나보다는 케이블 TV 서비스를 이용하기 시작했다. 케이블 회사들은 자신의 **케이블망**(cable network)을 업그레이드하여 인터넷에 연결하였다. 가정이나 직장에서는 이러한 서비스를 이용하여 인터넷에 연결될 수 있다. 이러한 서비스는 보다 빠른 연결을 제공하지만, 같은 케이블을 이용하는 이용자의 수에 따라 속도가 변한다. 케이블망에 대해서는 14장에서 논의한다.

무선망 이용

무선(wireless) 연결성은 최근에 들어 대중화되고 있다. 가정과 직장에서는 무선과 유선 연결을 결합하여 인터넷에 접속할 수 있다. 무선 WAN 접속이 성장함에 따라, 가정이나 직장에서 무선 WAN을 통해 인터넷에 연결될 수 있게 되었다. 무선 접속에 대해서는 16장에서 논의한다.

인터넷에 직접 연결

큰 기관이나 회사들은 그 자체가 하나의 지역(local) ISP가 되어 인터넷에 연결될 수 있다. 이것은 기관이나 회사가 서비스 제공자로부터 고속 WAN을 임대하여 스스로 지구(regional) ISP에 연결할 때 이루어진다. 예를 들어, 여러 개의 캠퍼스를 갖고 있는 규모가 큰 대학에서는 네트워크 간 네트워크를 만들어 그것을 인터넷에 연결할 수 있다.

1.4 인터넷 역사

지금까지 인터넷과 인터넷 프로토콜의 개요를 살펴보았으니, 이제 간략한 인터넷의 역사를 소개하도록 한다. 이 간략한 역사는 어떻게 인터넷이 40년도 채 되지 않아 사설 네트워크에서 전 세계적인 네트워크로 발전될 수 있었는지를 잘 이해할 수 있게 해줄 것이다.

1.4.1 초기의 역사

1960년도 이전에 전신(telegraph)과 전화망 같은 몇몇 통신망이 있었다. 이들 네트워크들은 그 당시에 고정 전송률 통신에 적합하였다. 이것은 두 사용자 사이에 연결이 생성된 후에 부호화된 메시지(telegraphy) 또는 음성(telephony)이 교환될 수 있다는 것을 의미한다. 반면에 컴퓨터 네트워크는 버스트 데이터(burst data)를 처리할 수 있어야 한다. 이것은 서로 다른 시간에 다양한 전송률로 수신된 데이터를 의미한다. 전 세계는 패킷 교환 방식이 발명되기까지 기다려야 했다.

패킷-교환망의 탄생

버스트 트래픽을 위한 패킷 교환 이론은 1961년 MIT의 클라인락(Leonard Kleinrock)에 의해 처음 발표되었다. 같은 시기에, 랜드(Rand) 연구소의 배런(Paul Baran)과 영국 국립물리연구소의 데이비스(Donald Davies)는 패킷-교환망에 대한 몇 개의 논문을 발표하였다.

ARPANET

1960년대 중반에 연구 기관들의 대형 컴퓨터들은 독립 실행형 장비였다. 제조업자가 서로 다른 컴퓨터와는 통신을 할 수 없었다. 미 국방성(DOD, Department of Defense)의 **ARPA**(Advanced Research Project Agency)는 연구원들이 비용도 줄이고, 중복 연구가 이루어지지 않도록 연구 내용을 공유할 수 있도록 하기 위하여 컴퓨터를 서로 연결하는 방법을 연구하는 데 관심을 갖게 되었다.

1967년 ACM(Association for Computing Machinery) 모임에서 **ARPA**는 컴퓨터를 연결한 소형 네트워크인 **ARPANET**에 대한 아이디어를 제안하였다. 이 아이디어는 각 호스트 컴퓨터(반드시 같은 제조업자가 아닌)를 **IMP**(Interface Message Processor)라는 특정 컴퓨터에 연결하는 것이었다. 그런 다음 IMP들을 서로 연결하였다. 각 IMP는 연결된 호스트뿐만 아니라 다른 IMP와 통신할 수 있는 기능을 가지고 있었다.

1969년에 ARPANET은 IMP를 통하여 4개의 노드인 LA에 있는 캘리포니아 주립대학(UCLA)과 산타바바라에 있는 캘리포니아 주립대학(UCSB), 스탠포드연구소(SRI), 그리고 유타대학(University of Utah)을 연결하여 네트워크를 구성하였다. NCP(Network Control Protocol)라는 소프트웨어가 호스트들 간 통신을 제공하였다.

1.4.2 인터넷의 탄생

1972년에 ARPANET 그룹의 일원인 빈 서프(Vint Cerf)와 밥 칸(Bob Kahn)은 **네트워크 상호연결 프로젝트**(Internetting Project)에 일을 하고 있었다. 이들은 어떤 네트워크에 있는 모든 호스트가 다른 네트워크에 있는 호스트들과 통신할 수 있도록 하기 위해서 서로 다른 네트워크를 연결하고자 하였는데, 이는 다양한 패킷 길이와 인터페이스, 그리고 다양한 전송 속도뿐만 아니라 서로 다른 신뢰성 요구 등 해결해야 할 많은 문제점들이 있었다. 서프와 칸은 하나의 네트워크에서 다른 네트워크로 패킷을 전송하는 중계 하드웨어 역할을 하는 **게이트웨이**(gateway)라는 장비를 고안하였다.

TCP/IP

1973년 서프와 칸은 논문에서 종단-대-종단 패킷 전달을 위한 프로토콜을 제안하였다. 이것은 NCP의 새로운 버전이었다. 이 논문에는 TCP 캡슐화, 게이트웨이 기능, 데이터그램과 같은 개념이 포함되었다. 가장 급진적인 아이디어는 오류 정정 임무를 IMP에서 호스트로 옮기는 것이었다. 이러한 ARPA 인터넷은 ARPANET에 대한 책임이 DCA(Defense Communication Agency)로 넘어간 이후부터 주요 통신 수단이 되었다.

1977년 10월에 3개의 서로 다른 네트워크(ARPANET, 패킷 라디오, 패킷 위성)로 구성된 인터넷이 성공적으로 시연되었다. 이때부터 네트워크 간 통신이 가능하게 되었다. 그리고, 관계자들은 TCP를 2개의 프로토콜인 **TCP**(Transmission Control Protocol)와 **IP**(Internet Protocol)로 나누기로 결정하였다. TCP는 세그먼트, 재조립, 오류 검출 등과 같은 상위 수준의 기능에 대한 책임을 맡고, IP는 데이터그램 라우팅을 처리하도록 하였다. 이때부터 네트워크 간 연결 프로토콜은 TCP/IP로 알려지게 되었다.

1981년에 DARPA 계약에 따라서 UC 버클리 대학은 TCP/IP를 포함시키기 위해서 유닉스 운영체제를 수정하였다. 많은 사람들이 사용하는 운영체제에 네트워크 소프트웨어를 포함시키자 네트워킹에 대한 인기가 높아지게 되었다. 버클리 유닉스의 개방형 구현(특정 제조업자에 한정되지 않은)은 모든 제조업자에게 기본적인 작업 코드를 제공하였다.

1983년에 관계자들은 원래의 ARPANET 프로토콜을 폐지하였고, TCP/IP가 ARPANET에 대한 공식적인 프로토콜이 되었다. 다른 네트워크상에 있는 컴퓨터에 접속하기 위하여 인터넷을 사용하는 사람은 반드시 TCP/IP를 실행시켜야 하였다.

MILNET

1983년에 ARPANET은 군사용을 위한 **MILNET**(Military Network)과 군사용이 아닌 ARPANET이라는 2개의 네트워크로 나누어졌다.

CSNET

인터넷 역사에서 또 하나의 이정표는 1981년에 탄생한 CSNET이다. **CSNET**(Computer Science Network)은 NSF(National Science Foundation)에 의해서 지원된 네트워크로서 네트워크 통신에 관심이 있지만 DARPA에 동참하지 않아서 ARPANET에 접속할 수 없는 대학들에 의해서 제안되었다. CSNET은 비교적 저렴한 네트워크여서 여분의 링크가 거의 없고 전송 속도가 느렸다.

1980년대 중반에 대부분의 전산학과가 있는 미국 대학들은 CSNET에 속해 있었다. 그 밖의 여러 연구소와 회사들도 자체적인 네트워크를 구성하였고, 상호 연결을 위해 TCP/IP를 사용하였다. **인터넷**(Internet)이란 용어는 정부 지원으로 연결된 네트워크로 생각하였으나 이제는 TCP/IP 프로토콜을 사용하여 연결된 네트워크를 의미한다.

NSFNET

CSNET의 성공에 힘입어 1986년 NSF는 **NSFNET**을 지원하였는데, 이는 미국에 산재된 5개의 슈퍼컴퓨터를 1.544 Mbps 통신 속도를 갖는 T1 라인으로 연결하는 백본(backbone)으로 미국 전역에 대한 연결을 제공하였다. 1990년 ARPANET은 공식적으로 없어지고 NSFNET으로 대체되었다. 1995년에 NSFNET은 원래 의도였던 연구용 네트워크로 바뀌었다.

ANSNET

1991년에 미국 정부는 NSFNET이 인터넷 트래픽의 급격한 증가를 지원할 수 없다고 판단하였다. 3개의 회사인 IBM, Merit 그리고 MCI사는 **ANSNET**(Advanced Networks and Services Network)이라는 새로운 고속 인터넷 백본을 구축하기 위해 ANS(Advanced Network & Service)라는 비영리 기관을 구성하여 부족한 부분을 보완하였다.

1.4.3 오늘의 인터넷

오늘날 우리는 기반구조(infrastructure)와 새로운 응용들의 빠른 성장을 목격하고 있다. 오늘날의 인터넷은 전 세계에 서비스를 제공하는 기반 네트워크이다. 인터넷을 이렇게 유명하게 만든 것은 바로 새로운 응용들의 발명이다.

월드 와이드 웹

1990년대에 월드 와이드 웹(WWW, World Wide Web)이 나타남으로써 인터넷 응용의 새로운 변화를 가져왔다. 웹은 유럽입자물리연구소(CERN)에 있는 팀 버너스리(Tim Berners-Lee)에 의해 개발되었다. 이 발명으로 인터넷에 상업적인 응용이 더해지게 되었다.

멀티미디어

Voice over IP(telephony), Video over IP(Skype), View sharing(YouTube), 그리고 Television over IP(PPLive)와 같은 멀티미디어 응용의 최근 발전들은 사용자의 수와 각 사용자들이 네트워크를 사용하는 시간을 증가시켰다.

대등-대-대등 응용

대등-대-대등(peer-to-peer) 네트워킹 또한 많은 잠재성을 가진 새로운 통신 분야이다.

1.5 프로토콜과 표준

이 절에서는 널리 사용되는 두 가지 용어인 프로토콜과 표준에 대해 알아본다. 인터넷에 대한 논의에서 우리는 종종 프로토콜과 표준의 인용 또는 관리 단체 등을 볼 수 있다. 이 절에서 프로토콜과 표준, 그리고 관리 조직에 친숙하지 않은 독자들을 위해 소개한다. 먼저, 규칙(rule)과 유사한 뜻으로 사용되는 **프로토콜**(protocol)을 정의한다. 그 후에 합의된 규칙인 **표준**(standard)에 대해 논의한다.

만약 독자가 이들과 친숙하다면 이 절을 넘어가도 좋다.

1.5.1 프로토콜

컴퓨터 네트워크에서 통신은 서로 다른 시스템에 있는 **개체**(entity) 간에 이루어진다. 개체는 정보를 송신하거나 수신하는 기능을 담당하는 실제적인 주체이다. 그 예로는 응용 프로그램, 파일 전송 패키지, 브라우저(browser), 데이터베이스 관리 시스템(DBMS), 전자우편 소프트웨어 등이 있다. 시스템은 한 개 이상의 개체를 포함하고 있는 물리적인 객체를 말한다. 예로는 컴퓨터, 서버, 교환기, 라우터 등이 있다.

그러나, 통신을 수행하는 개체는 비트 스트림을 보내기만 하면 상대방이 알아들을 수 있는 것은 아니다. 통신을 하기 위해서 개체들은 프로토콜에 합의해야 한다. 프로토콜은 통신을 제어하는 규칙들의 집합이다. 프로토콜은 무엇을, 어떻게, 언제 통신할 것인지를 정해야 한다. 프로토콜의 주요 요소는 구문과 의미, 그리고 타이밍이다(그림 1.21 참조).

- **구문**(syntax) 구문은 '무엇을(what)'에 해당하는 것으로 구문 요소에는 데이터 구조나 형식, 부호화, 크기 등을 포함하여 데이터가 어떤 순서로 표현되는가에 관한 내용이다. 간단한 예를 들면, 어떤 프로토콜에서 데이터의 처음 8비트는 송신자 주소, 두 번째 8비트는 수신자 주소를 의미하고, 나머지는 메시지를 의미한다.
- **의미**(semantics) 의미는 '어떻게(How)'에 해당하는 것으로 데이터의 특정 형태를 어떻게 해석하고, 그 해석에 따라 어떤 동작을 취할 것인가 등 전송 제어 및 오류 처리를 위한 제어 정보 등을 포함한다. 예를 들면, 주소는 선택할 경로 또는 메시지의 최종 목적지를 지정한다.
- **타이밍**(timing) 타이밍은 '언제(when)'에 해당하는 요소로 언제 데이터를 전송해야 할 것인가와 얼마나 빠른 속도로 전송할 것인가와 같은 내용을 포함한다. 예를 들면, 송신자가 100 Mbps의 속도로 데이터를 전송하는 데 비해 수신자는 단지 1 Mbps의 속도로 처리한다면 수신자가 감당할 수 없을 정도로 데이터가 전송되어 대부분의 데이터를 잃어버리게 될 것이다.

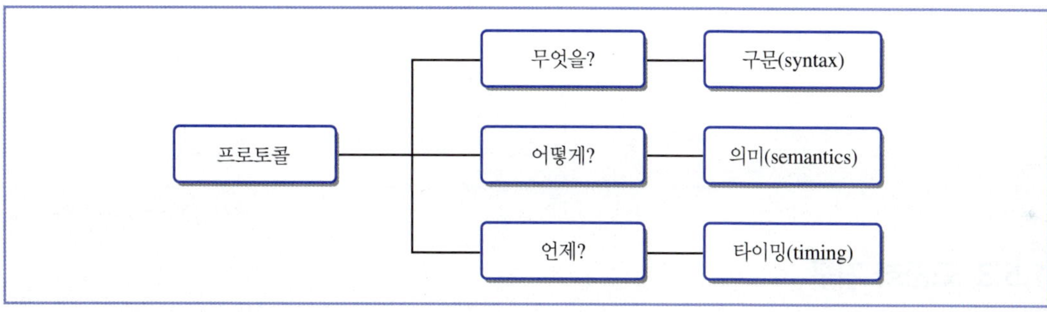

그림 1.21 프로토콜의 주요 요소

1.5.2 표준

국제 표준화 기구인 ISO에서는 **표준**(standard)이란 '사회 이익 증진을 목적으로 과학기술 및 경험의 종합적인 결론이나 이해 관계자의 협력과 모든 의견, 대다수의 승인에 의해서 작성된 기술 규격서(technical specification) 또는 그 외의 문서로서 국가, 지역 또는 국제 레벨에서 인정된 단체에 의해서 승인된 것이다'라고 정의하고 있다. 오늘날과 같이 개방적이고 경쟁적인 시장과 국제 통신에 있어서 제조업자, 판매업자, 정부기관, 그 밖의 서비스 제공자에게 상호 연동성을 보장하는 것은 매우 중요한 일이다. 따라서 이러한 표준에 준해서 만들어진 제품들은 비록 제조업체가 서로 다를지라도 다른 부가적인 장비 없이 서로 통신이 가능할 뿐만 아니라 제품에 대해 자유 경쟁 시장을 형성함으로써 생산성 향상에도 영향을 끼칠 것이다. 또한 정확하고 효율적인 통신을 위해서는 여러 가지 동기화해야 할 요인이 많기 때문에 네트워크의 노드 간에 여러 가지 조정이 필요하다. 따라서 데이터 통신에는 다양한 표준이 존재하며, 이러한 표준은 국내 및 국제 데이터 및 전기통신 기술의 상호 연동성을 보장하기 위해서 필수적이다.

데이터 통신 표준은 **사실**(De facto, by fact라는 의미) **표준**과 **법률**(De jure, by law라는 의미) **표준**으로 구분된다(그림 1.22 참조). 법률 표준은 공식적인 권위를 인정받은 단체 혹은 기관에서 제정된 표준이다. 사실 표준은 권위를 인정받은 단체 혹은 기관에 의해서 승인되지는 않았지만 일반에 널리 사용되는 표준이다. 사실 표준은 신제품이나 신기술의 기능을 규정하는 제조업체에 의해 만들어진다.

사실 표준은 다시 두 가지 종류로 나눌 수 있는데, 이는 **특허**(proprietary) 표준과 **비특허**(non-proprietary) 표준이다. 특허 표준은 원래 자기 제품의 기본 원리를 영리 기관이 창안한 것이다. 창안한 회사가 독점적으로 권리를 소유하고 있기 때문에 특허 표준이라고 한다. 이러한 표준을 **폐쇄**(closed) **표준**이라고도 하는데, 이는 다른 회사의 제품과 호환이 되지 않기 때문이다. 비특허 표준은 원래 집단이나 위원회에서 개발하여 공개 영역(public domain)에 공개한 표준으로, 서로 다른 시스템과의 통신을 개방하므로 개방(open) 표준이라고도 한다.

그림 1.22
표준의 분류

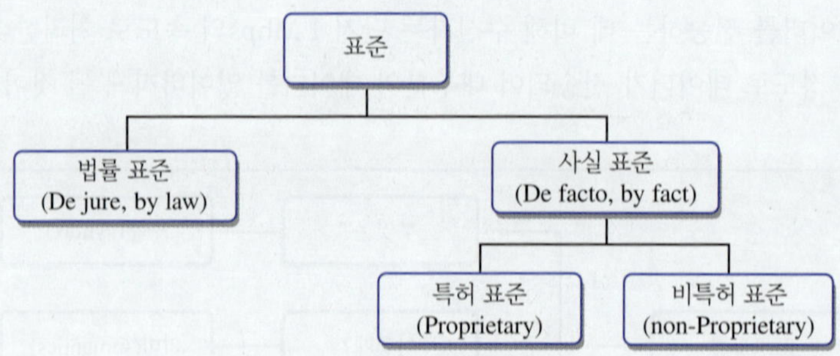

1.5.3 표준화 기구

이 절에서는 데이터 통신 및 네트워크와 관련된 권위 있는 표준화 기구와 단체를 살펴본다. 국제적으로 표준을 제정하는 기관과 표준안을 살펴보면 다음과 같다.

국제 표준화 기구

국제 표준화 기구(ISO, Organization for Standardization)는 1946년 10월에 25명의 국제표준단체 대표자들이 참석한 런던 회의에서 논의된 결과로 1947년에 창설되었다. 현재 전 세계 각국의 표준 제정 위원회에서 선정된 위원들로 구성된 다국적 기구이며, 범세계적인 국제 표준 협의를 위한 임의 기구이다. 현재 전 세계 165개국의 국가표준단체로 구성되어 있으며, 이들 중 정회원 117개국과 준회원 48개국, 간행물구독회원 9개국 등이 있으며, 상호 호환성, 품질 개선, 생산성 향상, 가격 저하를 위한 모델을 제공함으로써 국가간 상품과 서비스 교환을 촉진하는 것을 목표로 하고 있다. ISO는 과학, 기술, 경제 분야의 협력 증진을 위한 적극적인 활동을 하고 있다. 특히, 정보 기술 분야에 있어서는 ISO/IEC JTC 1(International Organization for Standardization/International Electrotechnical Commission Joint Technical Commission 1)에서 관련된 모든 업무를 담당하고 있다. 이 책에서는 ISO의 정보 기술 분야의 노력이 주 관심 대상이 되며, ISO의 노력의 결과로 네트워크 통신의 개방 시스템 상호 연결(OSI, Open Systems Interconnection) 모델이 만들어졌다(참조: www.iso.ch). 우리나라는 1963년 정회원으로 가입되어 활동하고 있다.

국제 전기통신 연합

국제 전기통신 연합(ITU, International Telecommunication Union, 국제 전기통신 연합)은 1947년 UN 산하기관으로 창설되어 1953년부터 1993년까지는 CCITT(Consultative Committee for International Telegraphy and Telephony)라는 이름으로 표준화 활동을 해왔다. CCITT는 전기 통신 일반 및 전화와 데이터 통신 시스템의 표준 제정에 헌신하였다. 1993년에 국제 전기 통신 연합-전기통신 표준 영역(ITU-T, Telecommunication Standard Sector)으로 이름을 바꾸었다. 2011년 1월 현재 192개 회원국이 참여하고 있으며, 우리나라는 1952년 ITU에 가입하였다.

ITU는 3개의 중요한 섹터[(Radiocommunication(ITU-R), Standardization(ITU-T), Development(ITU-D)]로 구성되어 표준화 활동을 하고 있다. 이 중 ITU-T는 전화 전송, 전화 교환, 신호방법 등에 관한 여러 표준을 권고하고 있다. 4년마다 총회를 개최하여 권고집을 발간하고 있는데, 그때마다 표지색을 다르게 발행하여 표지색에 따라 발행 연도를 알 수 있게 되어있다.

ITU-T 표준 중 데이터 통신과 관련된 것으로는 전화선을 이용한 데이터 전송을 규정한 V 시리즈(V.32, V.33, V.42 등)와 공중 디지털망을 통한 전송을 규정한 X 시리즈(X.25, X.400, X.500 등), 전자 우편과 디렉토리 서비스(directory service), 국제 디지털 망을 규정한 디지털 종합 정보 통신망(ISDN, Integrated Services Digital Network), ISDN을 확장한 광대역 ISDN 등이 있다(참조: www.itu.int).

미국 국립 표준원

미국 국립 표준원(ANSI, American National Standards Institute)은 미국의 표준안을 제정하는 사단법인으로서 ISO의 미국 대표단체이다. ANSI의 모든 활동은 미국 및 미국 시민의 복리증진을 위해서 수행된다. ANSI는 미국 내 임의 표준의 국가 조정 기구로서 역할을 하며, 나아가 미국의 경제증진 방안으로 표준을 채택하고, 공공의 이익에 참여하여 보호할 것을 기구의 목표로 명시하고 있다. ANSI의 구성원은 전문 학회, 산업 협회, 정부 및 규제 기관, 소비자 단체 등을 포함하고 있다.

ANSI는 ITU-T에 제안서를 제출하며, ISO에서 미국을 대표하는 투표권을 가진 단체이다. 주요 규격 작성기관이 제정한 규격 중 미국 전체에 중요하다고 생각되는 것에 ANSI의 규격번호를 부여되며 ANSI 표준으로 제정하고 있다. 대표적인 표준으로는 ASCII(American Standard Code for Information Interchange)가 있다(참조: www.ansi.org).

전기 전자 공학자 협회

IEEE(Institute of Electrical and Electronics Engineers)는 1984년에 설립된 미국 전기학회(AIEE, American Institute of Electrical Engineers)와 1912년에 설립된 무선학회(IRE, Institute of Radio Engineers)가 1963년에 현재의 명칭과 조직으로 합병하여 설립된 미국 최대의 학회로서 미국뿐만 아니라 전 세계 각국의 학자들과 전문기술자들로 구성된 세계 최대 규모의 전기, 전자, 전기통신, 컴

퓨터 분야의 전문 공학 학회이다. 국제적인 규모로서 IEEE는 전기 공학, 전자 공학, 무선 공학, 컴퓨터공학 및 공학의 제반 관련 분야의 학술 증진, 창안, 제품 품질의 제고를 목표로 하고 있다. IEEE 설립 목표의 하나는 컴퓨터와 통신의 국제 표준을 개발하고 채택하는 것을 감시하는 것이다. IEEE에는 근거리 통신망(LAN, Local Area Network) 특별 위원회가 있으며, 위원회에서 만든 802 프로젝트(즉, 802.1부터 802.17까지)가 있다. IEEE 표준은 ANSI/IEEE 표준이 되고, 이는 그대로 ISO 표준 등 국제 표준으로 채택되기도 한다(참조: www.ieee.org).

미국 전자 산업 협회

ANSI와 함께 **전자 산업 협회**(EIA, Electronic Industries Association)는 미국의 전자기기 제조업체를 대표하는 단체로서 1924년에 RMA(Radio Manufacture Association)으로 창설되어, 1957년에 EIA로 개칭되어 전자기기 관련 산업을 촉진하기 위해 설립된 비영리 기관이다. EIA는 여러 분야의 표준화와 표준화 보급 활동을 전개하고 있는데, 정보 통신 분야에서는 데이터 통신의 물리적인 연결 인터페이스와 신호 체계 규격을 규정하는 등의 중요한 일을 해왔다. 특히, 단말장치와 모뎀간의 인터페이스를 규정한 RS-232-C 등이 유명하다. RS-232-C는 현재 ANSI/EIA 232-D로 개정되었고, 이외에도 EIA-449, EIA-530 등이 있다(참조: www.eia.org).

미국 국립 표준 기술원

미국 국립 표준 기술원(NIST, National Institute Standards and Technology)는 미국 상무부에서 1901년에 창설된 미국 표준기관으로서 경제 분야의 보안을 강화하고 삶의 질을 개선하는 방법으로 측정 과학, 표준 및 기술을 발전하여 미국의 혁신과 산업경쟁력을 촉진하는 것을 목표로 하고 있다. 여기서는 미연방정부에서 구입하는 장비에 대해 FIPS(Federal Information Processing Standards)라는 정보처리 표준안을 발간하고 있다. 데이터 암호 표준으로 가장 널리 사용되고 있는 DES(Data Encryption Standard)도 여기서 제정된 표준 규격이다(참조: www.nist.gov).

포럼

정보통신 기술은 표준화 기구에서 표준을 제정하는 데 따른 시간이 필요함에 따라 발전속도를 따라가기가 어려운 실정에 있다. 일반적으로 표준화 기구에서 활동하는 위원회는 절차가 까다로운 기구로서 표준 제정이 상당히 느리게 진행된다. 따라서 현재 사용 중인 모델과 합의를 수용하고 표준화 작업을 촉진하기 위하여 특정 집단들은 관련 법인 대표로 구성된 **포럼**(forum, 또는 **협의회**)을 구성하여 운영하고 있다. 협의회는 기업과 대학, 사용자와 공동 작업을 하여 신기술을 시험하고, 평가하며, 표준을 제정한다. 특정 분야의 기술에만 전념함으로써 포럼은 정보통신 분야의 신기술 사용과 채택을 가속화할 수 있다. 포럼에서 내린 결론은 표준화 기구에 제출된다. 현재 가장 많이 알려진 포럼으로는 광대역(Broadband) 포럼과 인터넷(Internet) 포럼이 있다.

광대역 포럼

기업, 서비스 제공업체, 네트워크 통신장비업체 등 200여 개 이상의 기관으로 구성된 **광대역 포럼**

(BBF, Broadband Forum)은 DSL(Digital Subscriber Line) 포럼, ATM(Asynchronous Transfer Mode) 포럼, 프레임 중계(Frame Relay) 포럼, IP(Internet Protocol)/MPLS(Multiprotocol Label Switching) 포럼 등이 통합되어 운영되고 있다(참조: www.broadband-forum.org).

인터넷 협회와 인터넷 공학 전문팀

인터넷 협회(Internet Society)와 **인터넷 공학 전문팀**(Internet Engineering Task Force)의 주 업무는 인터넷 통신의 성장과 진화를 촉진시키는 것이다. 인터넷 협회는 TCP/IP 프로토콜을 개선하는 것을 포함하여 사용자 문제들을 집중적으로 다룬다. 특히, IETF는 인터넷 표준안을 제정하는 기술 위원회로서 여러 개의 영역(area)으로 구성되며, 각 영역은 한 명 이상의 영역 의장에 의해 운영되고 있다. 각 영역은 여러 개의 작업반(working group)으로 구성되어 작업반 단위로 표준 및 절차에 관한 협의가 이루어진다. IETF는 매년 3회의 회의를 통해 인터넷 관련 기술을 논의하며, 일반적으로 전자우편을 통하여 의견교환 및 수렴이 이루어지므로 표준화 절차가 매우 빠른 장점을 가지고 있다(참조: www.isoc.org 또는 www.ietf.org).

월드 와이드 웹 컨소시엄

월드 와이드 웹 컨소시엄(W3C, World Wide Web Consortium)은 팀 버너스 리(Tim Berners-Lee)를 중심으로 MIT의 컴퓨터 과학기술 실험실에서 이 컨소시엄을 창설하였다. 이는 새로운 표준에 대해 상호 운용성을 제공하기 위해 설립되었다. 설립취지는 웹의 지속적인 성장을 도모하는 프로토콜과 가이드라인을 개발하여 월드 와이드 웹의 모든 잠재력을 이끌어내는 것이다. 즉, 가장 기본적인 웹 기술은 상호간의 호환성이 있어야 한다는 것과 어떤 소프트웨어나 하드웨어에서 웹에 접근할 수 있어야 한다는 것이다. W3C는 전 세계적으로 지역 사무소가 개설되어 있다(참조: www.w3c.org).

개방형 모바일 연합

개방형 모바일 연합(OMA, Open Mobile Alliance)은 여러 컴퓨터 네트워킹과 무선 기술들의 여러 포럼을 하나의 공식기관으로 만들기 위해 설립되었다. 주요 임무는 모바일 및 IoT(Internet of Things) 분야의 응용 프로토콜을 위한 단일화된 표준을 제공하기 위한 것이다(참조: www.omaspecworks.org)

1.5.4 인터넷 표준

인터넷 표준(Internet Standard)은 인터넷을 이용하여 작업하는 사람들에 의해 완전한 시험을 거쳐서 사용되는 규격이다. 이것은 반드시 지켜야 하는 협약된 규약이다. 이러한 규격은 인터넷 표준 상태에 따라 완성되는 처리 절차가 있다. 이는 인터넷 초안(Internet Draft)으로 시작된다. 인터넷 초안은 공식적이 아닌 상태에서 6개월 정도의 유효기간을 갖는 작업 문서이다. 인터넷 관련 기관들로부터 받은 권고안에 따라서 초안은 RFC(Request For Comment)로 발간된다. 각 RFC는 편집되어 문서번호가 지정되고, 관심 있는 모든 사람이 이용할 수 있도록 만들어진다. RFC는 완성 단계를 거친 후 요구 수준에 따라 분류된다.

완성 단계

RFC는 유효기간 동안 6개의 **완성 단계**(maturity levels)를 거치게 되는데, 이는 제안 표준, 드래프트 표준, 인터넷 표준, 기록 단계, 실험 단계, 정보 제공 중의 하나로 지정된다(그림 1.23 참조).

- **제안 표준** 제안 표준(proposed standard)은 인터넷 공동체를 통하여 많은 노력과 충분한 논의를 거친 안정된 규격이다. 이 단계에서 규격은 여러 그룹들에 의해 시험을 거쳐서 구현된다.
- **드래프트 표준** 제안 표준은 적어도 2번의 독자적인 성공과 상호 운용성이 이루어져야만 드래프트 표준(draft standard) 상태로 넘어간다. 드래프트 표준 단계에서 문제점이 발생하면 수정이 되고, 문제점이 없으면 통상적으로 인터넷 표준으로 넘어간다.
- **인터넷 표준** 드래프트 표준에서 구현이 완전하게 이루어지면 인터넷 표준(internet standard)이 된다.
- **기록 단계** 기록 단계(historic) RFC는 역사적인 면에서 중요한 의미를 갖는다. 이 RFC는 최종 규격에 의해 대치되었거나, 인터넷 표준이 되기 위해 필요한 단계를 통과하지 못한 것이다.
- **실험 단계** 실험 단계(experimental)로 분류된 RFC에는 인터넷 운영에는 영향을 주지 않고 실험적인 상황과 관련된 작업을 나타낸다. 이러한 RFC는 인터넷 서비스 기능으로 구현되지 않을 수 있다.
- **정보 제공** 정보 제공(informational)으로 분류되는 RFC는 인터넷과 관련된 일반적이면서 역사적인 튜토리얼 정보가 들어 있다. 이것은 항상 인터넷 관련 기관이 아닌 제조업체 같은 곳에서 작성한다.

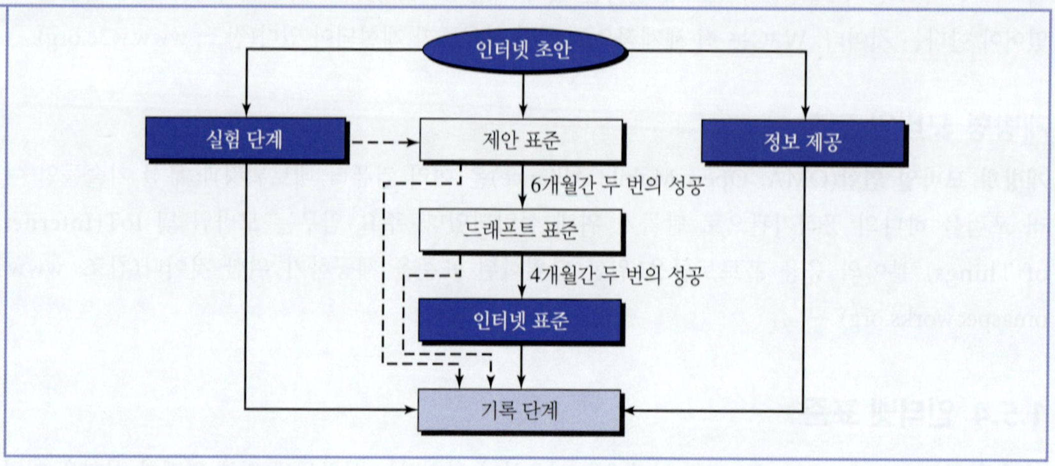

그림 1.23
RFC 완성 단계

요구 수준

RFC는 5개의 요구 수준(requirement levels), 즉 요구, 권고, 선택, 사용 제한, 미권고로 분류된다.

- **요구** 모든 인터넷 시스템에서 최소한의 적합성이 구현되면 요구(required) RFC가 된다. 예를 들면 IP와 ICMP이 요구 프로토콜들이다.

- **권고** 권고(recommended) 등급의 RFC는 최소한의 적합성이 요구되지 않으며, 유용성이 있기 때문에 권고된 것이다. 예를 들면 FTP와 TELNET이 권고 프로토콜이다.
- **선택** 선택(elective) 등급의 RFC는 요구되지 않고 권고되지도 않은 것이다. 그러나 시스템에 유익할 경우에는 사용할 수 있다.
- **사용 제한** 사용 제한(limited use) 등급의 RFC는 제한된 상황에서만 사용될 수 있다. 대부분의 실험적인 RFC가 이 분류에 속한다.
- **미권고** 미권고(not recommended) 등급의 RFC는 일반적인 용도에 적합하지 않은 것이다. 보통 기록 RFC가 이 분류에 속한다.

RFC는 http://www.rfc-editor.org에서 찾을 수 있다.

1.5.5 인터넷 관리

초기 연구 영역에서 주로 이용되던 인터넷은 발전을 거듭하여 상업적인 분야에 활용되면서 많은 사용자가 생기게 되었다. 인터넷에 필요한 주요 사항을 조정하는 여러 그룹들이 인터넷 성장과 발전을 유도해 가고 있다. 부록 G에는 이들 그룹의 주소와 전자우편 주소, 전화번호가 있다. 그림 1.24는 인터넷 관리를 담당하는 일반적인 조직을 나타낸다.

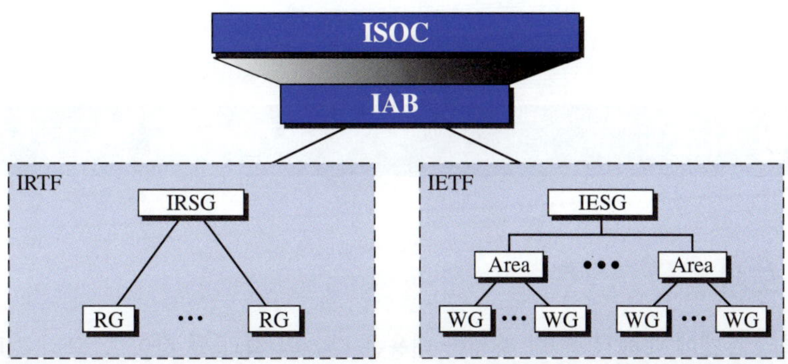

그림 1.24
인터넷 관리 조직

ISOC

ISOC(Internet Society)는 1992년에 국제적인 비영리단체로 인터넷 표준 제정을 지원하기 위해 결성되었다. 이를 위하여 ISOC는 IAB, IETF, IRTF, 그리고 IANA(다음 절 참조)와 같은 행정상의 다른 인터넷 단체에 대한 관리와 지원을 계속하고 있다. 또 ISOC는 인터넷과 관련된 학술적인 활동과 연구를 담당하고 있다.

IAB

IAB(Internet Architecture Board)는 ISOC를 위한 기술적인 자문위원회이다. IAB의 주요 목적은 TCP/IP 프로토콜 그룹의 지속적인 개발을 감독하는 것과 인터넷 공동체의 연구원에게 기술적인 조언을 제공하는 것이다. 이를 위하여 IAB는 IETF(Internet Engineering Task Force)와 IRTF(Internet Research Task Force)라는 조직을 통하여 이러한 작업을 수행한다. IAB의 또 다른 역할은 이 장의 앞에서 설명한 RFC에 대한 편집 관리이다. 또한 IAB는 인터넷과 다른 표준 기관 및 포럼 사이의 대외적인 접촉을 담당한다.

IETF

IETF(Internet Engineering Task Force)는 IESG(Internet Engineering Steering Group)에 의해 관리되는 작업 그룹의 포럼이다. IETF는 운영상의 문제점을 파악하고, 이러한 문제점에 대한 해결책을 제공하는 책임을 맡고 있다. 또한, IETF는 인터넷 표준과 같은 계획한 규격을 개발하고 검토한다. 작업 그룹은 영역(area)별로 나누어져 있고, 각 영역은 특정 주제를 맡아서 작업한다. 현재는 7개의 영역으로 나누어져 있는데, 각 영역은 응용과 실시간(application and real-time), 일반(general), 인터넷(internet), 라우팅(routing), 운영과 관리(operations and management), 전송(transport), 보안(security)이다.

IRTF

IRTF(Internet Research Task Force)는 IRSG(Internet Research Steering Group)에 의해서 관리되는 작업 그룹의 포럼이다. IRTF는 인터넷 프로토콜과 응용, 구조, 기술과 관련된 장기 연구주제를 중점적으로 다루고 있다.

1.6 추천 자료

1.6.1 추천 도서

이 장에서 설명된 주제에 대해서 좀 더 자세한 내용은 다음의 책과 웹 사이트, 그리고 RFC를 참고하기 바란다. 괄호에 들어가 있는 항목은 책의 뒷부분의 참고문헌에 있다.

참고문헌

이 장에서 다룬 개요 내용에 대해서는 [Sta 04], [PD 03]에서 찾을 수 있다. [Tan 03]은 표준에 대해서도 잘 설명되어 있다.

1.6.2 중요 용어

Advanced Network Services Network(ANSNET)

Advanced Research Projects Agency(ARPA)

Advanced Research Projects Agency Network(ARPANET)

American Standard Code for Information Interchange (ASCII)
audio
backbone
Basic Latin
bus topology
circuit-switched network
code
Computer Science Network(CSNET)
data
data communications
delay
full-duplex mode
half-duplex mode
hub
image
internet
Internet
Internet Architecture Board(IAB)
Internet draft
Internet Engineering Task Force(IETF)
Internet Research Task Force(IRTF)
Internet Service Provider(ISP)
Internet Society(ISOC)
Internet standard
internetwork
local area network(LAN)
mesh topology
message
Military Network(MILNET)
multipoint or multidrop connection
National Science Foundation Network(NSFNET)
network
node
packet
packet-switched network
performance
physical topology
point-to-point connection
protocol
Request for Comment(RFC)
RGB
ring topology
simplex mode
star topology
switched network
TCP/IP protocol suite
telecommunication
throughput
Transmission Control Protocol/Internet Protocol(TCP/IP)
transmission medium
Unicode
video
wide area network(WAN)
YCM

1.6.3 요약

- 데이터 통신은 전송 매체를 통하여 하나의 장치에서 다른 장치로 데이터의 전송이다. 데이터 통신 시스템은 정확하게 적절한 시간에 정확한 목적지에 데이터를 전송해야 한다. 데이터 통신 시스템을 구성하는 다섯 가지 구성요소는 메시지, 송신자, 수신자, 전송 매체, 프로토콜이다. 문자, 숫자, 영상, 오디오, 동영상은 정보의 서로 다른 형태이다. 두 장치 간에 데이터 전송 방식은 3가지 방법 중 하나일 수 있는데, 이는 단방향, 반이중, 전이중이다.
- 네트워크는 매체 링크에 의해 연결되어 있는 통신 장치의 묶음이다. 점-대-점 연결에서 2개의 장치는 전용 링크에 의해 연결된다. 다중점 연결에서는 3개 또는 그 이상의 장치가 링크를 공유한다. 접속형태는 네트워크의 물리적 또는 논리적 배치를 나타낸다. 장치들은 그물형, 성형, 버스형, 링형 접속형태로 배치될 수 있다.
- 네트워크는 근거리 통신망과 광역 통신망으로 분류할 수 있다. LAN은 빌딩, 공장, 캠퍼스, 가까운 빌딩 간에 구축되어 있는 데이터 통신 시스템이다. WAN은 주, 국가, 전 세계에 걸쳐 연결되어 있는 데이터 통신 시스템이다. 인터넷(소문자 i)은 네트워크들의 네트워크이다. 인터넷(대문자 I)은 여러 개별 네트워크들의 집합이다.
- 인터넷의 역사는 버스티(bursty) 트래픽을 위한 패킷 교환 이론으로 시작되었다. ARPA는 연구자 자신들이 연구한 내용을 서로 공유하기 위하여 컴퓨터를 연결하는 방법을 찾는 데 관심을 갖게 되었는데, 그 결과 ARPANET이 탄생되었다. 인터넷의 탄생은 서프와 칸이 하나의 네트워크에서 다른 네트워크로 데이터를 전송하기 위하여 중계 하드웨어로서 역할을 하는 게이트웨이

(gateway)라는 장치를 개발함으로써 탄생되었다. TCP/IP 프로토콜 그룹은 오늘날 인터넷이 생겨나게 된 길을 개척한 것이었다. 멀티미디어, 대등-대-대등 통신을 이용할 수 있게 해준 WWW의 발명은 인터넷에 큰 도움을 주었다.

- 인터넷 표준은 충분한 시험을 거친 규격이다. 인터넷 초안은 공식적인 상태가 아닌 6개월간의 유지기간을 갖는 작업 중인 문서이다. 초안은 RFC로 발간된다. RFC들은 완성단계를 거쳐 요구단계에 따라 분류된다.
- 인터넷 관리기관은 인터넷에 속해 있다. ISOC는 인터넷에 관련된 연구와 학술 활동을 증진시킨다. IAB는 ISOC의 기술 자문위원회이다. IETF는 운영상의 문제점을 확인하고, 이 문제점에 대한 해결책을 제안하는 책임이 있는 작업그룹의 포럼이다. IRTF는 장기 연구주제에 중점을 둔 작업그룹의 포럼이다.
- 프로토콜은 데이터 통신을 통제하는 규칙들의 모임으로, 프로토콜의 주된 요소는 구문, 의미, 타이밍이다.
- 표준은 서로 다른 제조업체에 의해 만들어진 제품이 함께 동작하기 위해 반드시 필요하다.
- ISO, ITU-T, ANSI, IEEE, EIA는 표준기구들이다.
- 협의회(포럼)는 신기술을 시험 · 평가하고, 표준화하기 위해 여러 기업의 대표들로 구성된다.

1.7 연습문제

1.7.1 객관식

1. 근거리 통신망(LAN)은 ____________로 정의된다.
   a. 네트워크의 기하학적 크기
   b. 네트워크의 최대 호스트의 수
   c. 네트워크의 최대 호스트의 수 그리고/또는 네트워크의 기하학적 크기
   d. 네트워크의 접속형태

2. 광역 통신망이 포괄할 수 있는 가장 큰 지역은 ________이다.
   a. 마을　　b. 주
   c. 국가　　d. 세계

3. 제안 표준은 적어도 2개의 성공적인 시도 후 ________ 표준 상태로 올라간다.
   a. 정보 제공　　b. 기록 단계
   c. 드래프트　　d. 정답 없음

4. 다음 중 데이터 통신 시스템의 구성요소로 맞는 것은?
   a. 메시지　　b. 송신자
   c. 전송 매체　　d. 모두 정답

5. 다음 중 데이터 통신 시스템의 특성으로 맞는 것은?
   a. 전달성　　b. 정확성
   c. 지터(jitter)　　d. 모두 정답

6. ____________ 전송방식에서 데이터는 항상 한 방향으로만 전달된다.
   a. 단방향　　b. 반이중
   c. 전이중　　d. 정답 없음

7. ____________ 전송방식에서 데이터는 항상 양방향으로만 전달된다.

a. 단방향 b. 반이중
c. 전이중 d. 정답 없음

8. 다음 중 네트워크 평가기준으로 맞는 것은?

a. 성능 b. 신뢰성
c. 보안 d. 모두 정답

9. ____________ 통신에서 매체는 장치들 사이에 회선을 공유한다.

a. 점-대-점 b. 다중점
c. 그물형 d. 성형

10. ____________ 통신에서 통신 매체는 전용선이다.

a. 점-대-점 b. 다중점
c. 버스형 d. 정답 없음

11. 6대의 컴퓨터로 이루어진 서로 완전히 연결된 그물형 접속형태는 몇 개의 링크가 필요한가?

a. 6 b. 36
c. 15 d. 32

12. 6대의 컴퓨터로 이루어진 성형 접속형태는 몇 개의 링크가 필요한가?

a. 6 b. 1
c. 5 d. 3

13. RFC는 모든 인터넷 시스템으로 구현되어야 한다면 ____________(으)로 분류된다.

a. 요구(required) b. 선택(elective)
c. 권고(recommended) d. 정답 없음

14. 원래 ARPANET에서 ____________은(는) 직접 서로 연결되었다.

a. 인터페이스 메시지 처리기(IMP)
b. 호스트 컴퓨터
c. 네트워크
d. 라우터

15. ____________은(는) 보안 기능이 없는 회선으로 미국 내의 전산학과가 개설된 대학들을 연결하기 위해 구성되었다.

a. ARPANET b. CSNET
c. NSFNET d. ANSNET

16. 현재 ____________은(는) 인터넷 도메인 이름과 주소의 관리에 대한 책임이 있다.

a. NIC b. ICANN
c. ISOC d. IEFE

17. 다음 중 데이터 통신 시스템의 구성요소가 아닌 것은?

a. 메시지 b. 송신자
c. 전송매체 d. 표준

18. 데이터 통신 시스템에서 ____________은 메시지가 전달되는 물리적인 경로이다.

a. 프로토콜 b. 전송 매체
c. 신호 d. 메시지

19. 데이터 통신 시스템에서 전송되는 정보를 ____________라고 한다.

a. 전송 매체 b. 프로토콜
c. 메시지 d. 문서

20. 컴퓨터 본체와 키보드(자판) 사이의 통신은 ____________ 통신이다.

a. 단방향 b. 반이중
c. 전이중 d. 자동

21. 텔레비전 방송은 ____________ 전송의 예이다.

a. 단방향 b. 반이중
c. 전이중 d. 자동

22. ____________ 전송에서는 채널 용량은 항상 통신하는 두 장치에 의해 공유된다.

a. 단방향 b. 반이중
c. 전이중 d. 반-단방향

23. 데이터 전송 방식에서 두 장치 간에 데이터 흐름 방향은 ____________ 방식으로 일어날 수 있다.

a. 단방향 b. 반이중
c. 전이중 d. 모두 정답

24. ____________ 전송 방식에서 데이터는 항상 한 방향으로만 전달된다.

a. 단방향 b. 반이중
c. 전이중 d. 정답 없음

25. ____________ 전송 방식에서 데이터는 항상 동시에 양방향으로 전달된다.
a. 단방향 b. 반이중
c. 전이중 d. 정답 없음

26. 통신 시스템이 고장 난 이후의 네트워크 복구 시간은 네트워크의 ____________을 나타내는 측정치이다.
a. 성능 b. 신뢰성
c. 보안 d. 가능성

27. 권한을 가지지 않은 사용자는 네트워크 __________ 문제이다.
a. 성능 b. 신뢰성
c. 보안 d. 가능성

28. 다음 중 네트워크 평가기준이 아닌 것은?
a. 성능 b. 신뢰성
c. 보안 d. 속도

29. 회선 구성(Line Configuration)에서 __________ 연결은 두 장치 사이에 전용 회선을 제공한다.
a. 점-대-점 b. 다중점
c. 일차 d. 이차

30. 회선 구성에서 __________ 연결에서는 둘 또는 그 이상의 장치가 하나의 회선을 공유한다.
a. 점-대-점 b. 다중점
c. 일차 d. 이차

31. __________ 연결에서 오직 두 개의 장치만이 전용 링크에 의해 연결된다.
a. 다중점 b. 점-대-점
c. a와 b d. 정답 없음

32. __________ 연결에서 세 개 또는 그 이상의 장치가 회선을 공유한다.
a. 다중점 b. 점-대-점
c. a와 b d. 정답 없음

33. ____________ 통신에서 전송매체는 장치들 사이에 회선을 공유한다.
a. 점-대-점 b. 다중점
c. 그물형 d. 정답 없음

34. ____________ 통신에서 전송 매체는 전용선이다.
a. 점-대-점 b. 다중점
c. 버스형 d. 정답 없음

35. 다음 중 어느 접속형태가 중앙 제어 장치 또는 허브를 요구하는가?
a. 그물형 b. 성형
c. 버스형 d. 링형

36. 다음 중 어느 접속형태가 다중점 연결을 요구하는가?
a. 그물형 b. 성형
c. 버스형 d. 링형

37. 데이터 통신 장치들은 __________ 접속형태로 연결될 수 있다.
a. 그물형 b. 버스형
c. 링형 d. 모두 정답

38. ____________ 은 네트워크의 물리적 또는 논리적인 구성을 말한다.
a. 데이터 흐름 b. 운영 모드
c. 접속형태 d. 프로토콜

39. ____________ 은 한 개의 건물, 공장 또는 캠퍼스 안에서나 또는 건물 사이에서 사용되는 데이터 통신 시스템이다.
a. MAN b. LAN
c. WAN d. 정답 없음

40. ____________ 은 국가 간 또는 전 세계를 연결하는 데이터 통신 시스템이다.
a. MAN b. LAN
c. WAN d. 정답 없음

41. 광역 통신망(WAN)이 담당할 수 있는 가장 큰 지역은 ____________ 이다.
a. 도시 b. 도
c. 국가 d. 전 세계

42. 원래의 ARPANET에서는 ____________ 는 직접 연결되었다.

a. IMP b. 호스트 컴퓨터
c. 네트워크 d. 라우터

43. 다음 중 세계 최초의 네트워크는?
a. CSNET b. NSFNET
c. ANSNET d. ARPANET

44. 인터넷 서비스 제공업자에는 __________가 있다.
a. 지역(local)
b. 지구(region)
c. 국가(national) 및 국제(international)
d. 모두 정답

45. 프로토콜에서 ___________은 데이터가 어떤 순서로 표현되는지에 대한 데이터의 구조 또는 형식을 규정한다.
a. 의미(semantic) b. 구문(syntax)
c. 타이밍(timing) d. 순서(sequence)

46. 프로토콜에서 ___________은 특정 패턴이 어떻게 해석되어야 하는지를 규정하고 그 해석에 따라 어떤 동작이 취해져야 하는지를 규정한다.
a. 의미 b. 구문
c. 타이밍 d. 순서

47. 프로토콜에서 ___________은 언제 데이터가 보내져야 되고 얼마나 빠르게 보내져야 되는지의 두 가지 특성을 지칭한다.
a. 의미 b. 구문
c. 타이밍 d. 순서

48. ___________은 데이터 통신을 관장하는 일련의 규칙이다.
a. 협의체 b. 프로토콜
c. 표준 d. 정답 없음

49. 다음 중 어떤 표준기관이 미국의 통신 분야에 있어 국내 및 국제 교역에 대한 권한이 있는가?
a. ITU-T b. IEEE
c. FCC d. ISOC

50. ___________들은 기업과 대학, 사용자와 공동 작업을 통하여 새로운 기술을 신속히 시험하고 평가하고 표준화하는 기관이다.
a. 협의체(포럼) b. 법률 기구
c. 표준화 기구 d. 위 모두

51. 다음 중 물리적인 연결에 대한 인터페이스와 전기 신호 규격을 개발하는 표준기관은?
a. EIA b. ITU-T
c. ANSI d. ISO

52. ___________은 현재 인터넷(Internet)의 프로토콜 집합이다.
a. TCP/IP b. NCP
c. UNIX d. ACM

53. 원래 ARPANET에서 ___________은(는) 직접 서로 연결되었다.
a. 인터페이스 메시지 처리기(IMP)
b. 라우터
c. 네트워크
d. 호스트 컴퓨터

54. 다음 중 전세계 각국의 학자들과 전문기술자들로 구성된 세계 최대 규모의 전기, 전자, 전기통신, 컴퓨터 분야의 전문 공학 학회로서 LAN 표준 개발로 알려진 기구는?
a. EIA b. ITU-T
c. ANSI d. IEEE

1.7.2 주관식

Q-1 데이터 통신 시스템의 다섯 가지 구성요소에 대해 설명하라.

Q-2 효율적이고 효과적인 네트워크를 위해 필요한 세 가지 평가기준(Criteria)은 무엇인가?

Q-3 점-대-점(Point-to-Point) 연결에 비해 다중점(Multipoint) 연결의 장점은 무엇인가?

Q-4 회선 구성(또는 연결 유형)의 두 가지 유형은 무엇인가?

Q-5 4가지 기본 네트워크 접속형태를 회선 구성에 따라 분류하라.

Q-6 반이중(Half-Duplex) 방식과 전이중(Full-Duplex) 방식의 차이는 무엇인가?

Q-7 4가지 기본 접속형태(topology)를 열거하고 각 방식의 장점을 기술하라.

Q-8 *n*개의 장치가 있는 네트워크에서 그물형, 링형, 버스형 그리고 성형 접속형태에 대해 각각 요구되는 케이블의 수는?

Q-9 데이터 통신 시스템에서 LAN이나 WAN으로 결정짓는 요소들은 무엇인가?

Q-10 인터넷(internet)과 인터넷(Internet)은 어떻게 서로 다른가?

Q-11 통신 시스템에서 왜 프로토콜(Protocol)이 필요한가?

Q-12 LAN의 (그림 1.13b) 링크 계층 교환기에서 호스트 1은 호스트 3에게 메시지를 전달하려 한다. 링크 계층 교환기를 통해 통신을 하는데, 교환기는 주소를 가질 필요가 있는가? 그 이유를 설명하라.

Q-13 만약 각 LAN이 다른 LAN들과 직접 통신해야 한다면 점-대-점(point-to-point) WAN에서는 몇 개의 연결(*n*개의 LAN)이 필요한가?

Q-14 지역 전화기를 사용하여 친구와 통화를 할 때, 회선-교환망(circuit-switched network)과 패킷-교환망(packet-switched network) 중 어느 것을 사용하는가?

Q-15 가입자가 전화 정보(dial-up) 서비스 또는 디지털 가입자 회선(DSL) 서비스를 이용하여 인터넷에 접속하려 할 때, 전화 회사의 역할은 무엇인가?

Q-16 이 장에서 양방향(bidirectional) 통신을 만들기 위해 필요한 프로토콜 계층화에 대해 논의했던 첫 원칙은 무엇인가?

Q-17 인터넷 초안(Internet Draft)과 제안 표준(Proposal Standard) 간의 차이를 설명하라.

Q-18 요구(Required) RFC와 권고(Recommended) RFC 간의 차이를 설명하라.

Q-19 IETF와 IRTF 임무 간의 차이를 설명하라.

Q-20 왜 표준(Standard)이 필요한가?

Q-21 성형 백본과 3개의 링형 네트워크를 연결한 혼합형 접속형태를 그림으로 그려라.

Q-22 링형 백본과 2개의 버스 네트워크를 연결한 혼합형 접속형태를 그림으로 그려라.

1.8 시뮬레이션 실험

1.8.1 애플릿

네트워크 프로토콜을 보여주기 위한 방법은 실제 또는 시각적으로 몇 가지 예에 대해 대화형 애니메이션을 이용한 해결책이다. 이 책에서는 이 장에서 논의한 주된 개념 몇 가지를 보여주기 위해 몇 개의 Java 애플릿(applet)을 만들었다. 이 애플릿은 웹 사이트에 있으므로 실제 프로토콜을 이해하기 위해서는 다운받아 실행해 보기를 강력히 추천한다. 그렇지만 애플릿은 전부가 아니라 일부 장에 대해서만 만들어져 있다.

1.8.2 실습 과제

네트워크와 네트워크 장비를 이용한 실습은 두 가지 방법을 사용할 수 있다. 첫 번째 방법은 독립된 네트워킹 실습실을 만들고 각 장에서 논의된 주제를 실습할 소프트웨어와 네트워크 하드웨어를 사용한다. 우리는 인터넷을 구성할 수 있고 호스트 간 패킷을 송수신할 수 있다. 패킷 흐름의 관찰과 성능 측정이 가능하다. 비록 이 방법이 두 번째 방법보다 더 효과적이고 더 교육적이지만, 구현하는데 비용이 많이 들며 모든 기관에서 이러한 광범위한 실습실을 투자할 준비가 되어 있는 것은 아니다.

두 번째 방법에서 우리는 가상의 실습실을 위해 세상에서 가장 큰 네트워크인 인터넷을 사용한다. 인터넷을 사용하여 패킷을 송수신할 수 있다. 무료이면서 다운로드 가능한 소프트웨어를 통해 패킷 교환을 실습하고 결과를 추출할 수 있다. 네트워킹의 이론적 측면들이 실제 어떻게 구현이 되는지 보기 위해 패킷을 분석할 수 있다. 비록 두 번째 방법은 인터넷이 어떻게 행해지는지 보기 위해 패킷 경로를 변경하거나 제어할 수 없으므로 첫 번째 방법만큼 효과적이지는 않지만, 구현에 있어 더 저렴한 것은 확실하다. 오직 PC 또는 노트북을 사용하여 구현할 수 있기 때문에 물리적인 네트워킹 실습실이 필요 없다. 요구되는 소프트웨어 또한 무료로 다운로드가 가능하다.

윈도우와 유닉스 OS에서 컴퓨터와 인터넷 간 교환된 패킷을 캡처하고 추적하며 분석하는 것이 허용된 많은 프로그램과 유틸리티가 있다. 이들 중 Wireshark와 Ping Plotter 같은 것은 네트워크 관리 명령 유틸리티인 tracert, nslookup, dig, ipconfig, ifconfig와 같은 그래픽 사용자 인터페이스(GUI)를 가지고 있다. 이들 프로그램이나 유틸리티들은 네트워크 관리나 교육용을 위한 유용한 툴이 될 수 있다.

이 책에서는 비록 경우에 따라 다른 툴을 사용하기도 하지만, 실습 과제를 위해 거의 모든 부분에서 Wireshark를 사용한다. Wireshark는 네트워크 인터페이스로부터 실시간으로 패킷 데이터를 추출할 수 있으며, 그 패킷들의 세부적인 프로토콜 정보를 분석할 수 있다. 그러나 Wireshark는 수동적인 분석기에 속한다. Wireshark는 네트워크에 패킷을 전송하는 일이 없고, 다른 능동적 연산을 수행하는 등의 조절 기능 없이 네트워크로부터 오고/가는 패킷을 캡처해서 분석하는 일만 수행한다. Wireshark는 또한 침입 탐지 툴도 아니다. 어떤 네트워크 침투에도 경고가 주어지지 않는다. 그럼에도 불구하고 네트워크 관리자나 네트워크 보안 공학도에게 이 툴은 네트워크 문제점을 파악하기 위해 네트워크 내부에서 어떤 일이 일어났는지를 발견하는 데 도움이 된다. 추가로 Wireshark를 사용하여 프로토콜 구현 및 디버깅하는 프로토콜 개발자나 컴퓨터 네트워킹에서 실시간으로 프로토콜 동작을 세세하게 확인하며 학습하는 학생에게 필수적인 툴이다.

실습 1-1 이 실습 과제에서 우리는 어떻게 Wireshark를 다운로드하여 설치하는지를 배운다. 다운로드와 설치법에 대한 지침은 1장 실습 과제의 1.2에 있다. 또한 이 문서에는 소프트웨어가 가지고 있는 일반적인 아이디어와 이 툴의 윈도우 형식, 그리고 사용법이 설명되어 있다. 이 실습의 내용은 학생들이 이후에 배울 내용에서 수행할 실습 과제를 Wireshark를 통해 해결하는 데 준비 단계가 될 것이다.

1장 실습 과제

이 책의 여러 장에 걸쳐 실습 과제가 주어져 있다. 물리층에 대해서는 실습 과제가 없다. 우리는 비트들을 캡처하기 위해 **와이어샤크**(Wireshark)와 같은 표준 패킷 스니퍼(packet sniffer)를 사용할 수 없다. 우리는 일반적으로 관리자로서 역할을 허가받지 않았기 때문에 관리 패킷을 파악할 수 없다. 이 문서에서는 패킷 스니핑에 대한 개요와 와이어샤크 소프트웨어를 소개하고, 실습 보고서에 대해 설명하고, 마지막으로 첫 번째 실습 과제에서 무엇을 할 것인지 이야기할 것이다.

1.1 패킷 스니핑

실습 과제의 목적은 호스트에서 보내고 받은 패킷을 캡처하고 분석함으로써 네트워킹 개념에 대해 깊은 이해를 얻을 수 있는 방법을 보여주는 것이다. 이를 위한 한 가지 방법은 **패킷 스니퍼**(packet sniffer)를 이용하는 것이다. 패킷 스니퍼는 분석이 필요한 패킷을 응용과 함께 병렬로 실행할 수 있는 소프트웨어이다. 그렇지만, 패킷 스니퍼를 실행하기 전에 패킷이라는 용어를 해석할 필요가 있다. 이 책의 1장에서 설명한 것처럼 인터넷을 통한 통신은 다섯 개의 계층을 통하여 이루어진다. 우리는 4개의 계층인 응용, 전송, 네트워크, 데이터 링크층에서 패킷을 분석할 수 있다. 물리층에서는 패킷 교환이 없다. 이 계층에서 통신은 비트들로 이루어진다.

TCP/IP 프로토콜 그룹의 상위 4개의 각 계층에서 패킷을 분석하는 것이 유용하지만 패킷 스니퍼 소프트웨어는 이들 각 계층에서 패킷을 캡처하도록 설계되었는가? 이 질문에 대한 대답은 책에 있는 그림 2.8에서 찾을 수 있다(캡슐화-역캡슐화). 호스트에서 나가는 상황에서는 상위 계층에서 생성된 패킷은 프레임으로 캡슐화된다(데이터 링크층에서). 호스트로 들어오는 상황에서는 어떤 계층에서 사용되는 패킷은 수신된 프레임으로부터 역캡슐화된다. 이것은 나가고 들어오는 패킷만 캡처하는 것이 필요하다는 것을 의미한다. 패킷 스니퍼 소프트웨어는 이들 프레임으로부터 분석하고자 하는 계층의 패킷을 추출할 수 있다. 이 때문에, 패킷 스니퍼 소프트웨어는 보통 두 가지 구성요소를 갖는데, 이는 **패킷 캡처기**(packet capturer)와 **패킷 분석기**(packet analyzer)이다. 패킷 캡처기는 데이터 링크층에서 들어오고 나가는 모든 패킷의 복사본을 캡처하여 패킷 분석기로 보낸다. 그러면 패킷 분석기는 서로 다른 헤더와 분석을 위한 최종 메시지를 추출할 수 있다.

우리의 논의를 계속하기 전에 분명하게 짚고 넘어갈 점이 있다. 이 책에 있는 그림 2.8에서 응용층에서 캡슐화를 시작하고 역캡슐화를 끝내는 것을 보여주지만 인터넷에서 패킷은 데이터 링크층 위에 어떤 계층에든 속할 수 있다. 이어지는 장에서 보겠지만 전송층 프로토콜이나 네트워크층 프로

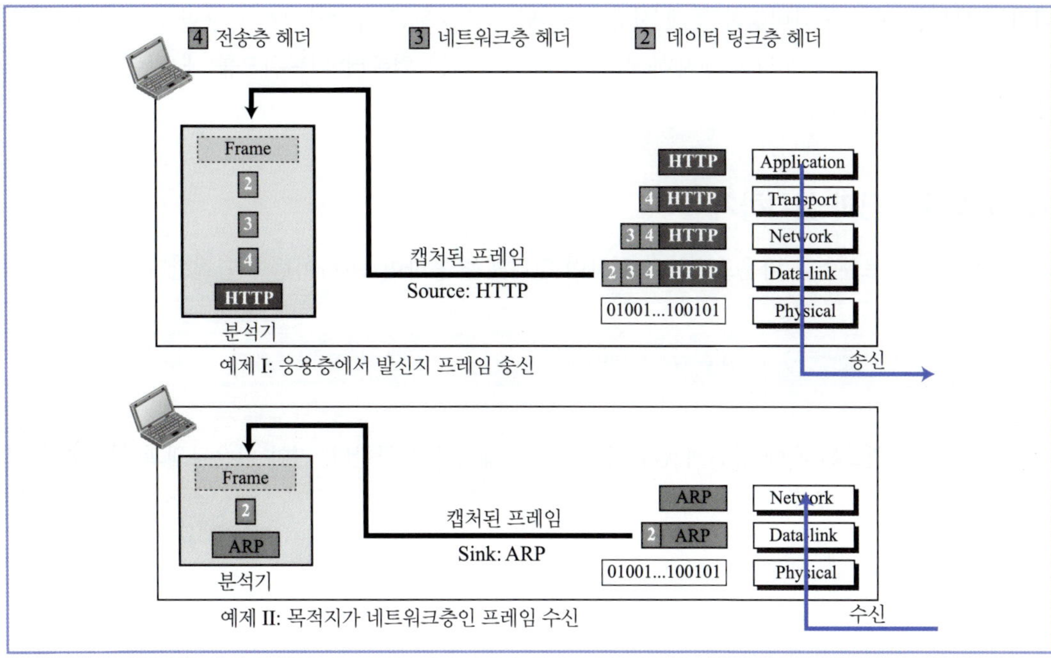

실습 그림 1.1
패킷 스니퍼에서 패킷 캡처기와 분석기의 역할

토콜도 패킷을 교환할 필요가 있다. 이들 모든 패킷은 프레임으로 캡슐화되고 프레임으로부터 역캡슐화된다. 패킷 스니퍼는 들어오고 나가는 패킷을 캡처해서 통신에 사용되는 모든 프로토콜의 헤더를 보여준다. 패킷의 **발신지**(source, **소스**)나 **최종 목적지**(sink, **싱크**)는 절대로 응용층만이 아니다. 실습 그림 1.1은 두 가지 예를 보여준다.

예제 I에서는 나가는 프레임을 캡처했다. 프레임의 소스는 응용층의 HTTP 프로토콜이다. 프레임의 복사본은 분석기로 보내진다. 분석기는 프레임에 있는 일반적인 정보인 헤더 2, 3, 4와 분석을 위한 HTTP 메시지를 추출한다. 예제 II에서 들어오는 프레임을 캡처했다. 싱크(최종 목적지)는 네트워크층에 있는 ARP 프로토콜이다(9장에서 설명됨). 프레임의 복사본은 분석기로 보내진다. 분석기는 헤더에 있는 일반적인 정보인 헤더 2와 분석을 위한 ARP 메시지를 추출한다.

1.2 와이어샤크

이 장과 다른 장의 실습 과제에서 와이어샤크(Wireshark)라는 패킷 스니퍼를 사용한다. 와이어샤크(이전에는 EYHEREAL로 알려짐)는 유닉스 계열(Unix, Linux, Mac OS X, BSD, Solaris)과 윈도우즈 운영체제에서 이용할 수 있는 무료 패킷 스니퍼/분석기이다. 이것은 네트워크 인터페이스로부터 패킷을 캡처하여, 이를 상세한 프로토콜 정보와 함께 보여준다. 그렇지만 와이어샤크는 수동 분석기이다. 패킷을 처리하지 않고 패킷을 캡처만 한다. 이는 네트워크로 패킷을 보내거나 다른 동적인 운영을 하지 않는다. 와이어샤크는 침입-탐지 도구도 아니다. 이것은 어떤 네트워크 침입에 대해 경고도 주지 않는다. 그럼에도 불구하고, 네트워크 관리자가 네트워크 내부에서 진행되고 있는 것을 파악하는 것과 문제점 해결에 도움을 줄 수 있다. 네트워크 관리자에게는 반드시 필요한 도구일 뿐만 아니라 프로토콜 구현을 디버깅하는 데 사용할 수 있는 프로토콜 개발자에게 유용한 도구이다. 또한, 실시간으로 프로토콜의 동작을 상세하게 보는 데 사용하는 컴퓨터 네트워크를 배우는 학생들에게 매우 교육적인 도구이다.

1.2.1 다운로딩과 설치하기

와이어샤크 소프트웨어를 다운로드하기 위하여 인터넷을 통하여 웹 사이트에 연결한다.

http://www.wireshark.org/download.html

다운로딩이 완료된 후에 당신의 컴퓨터에 소프트웨어를 설치한다. 만약 다운로딩과 설치에 문제가 있으면 보다 더 자세한 정보에 대해 다음 사이트를 참조할 수 있다.

http://wiki.wireshark.org/CaptureSetup

1.2.2 메인 윈도우

와이어샤크 메인 윈도우는 실습 그림 1.2에 나타난 것처럼 다른 GUI 도구와 비슷하다.

와이어샤크 윈도우는 7개의 섹션(title bar, menu bar, filter bar, packet list pane, packet detail pane, packet byte pane, status bar)으로 되어 있다. 우리는 각 섹션의 기능에 대해 간략하게 살펴본다.

실습 그림 1.2
와이어샤크의 메인 윈도우

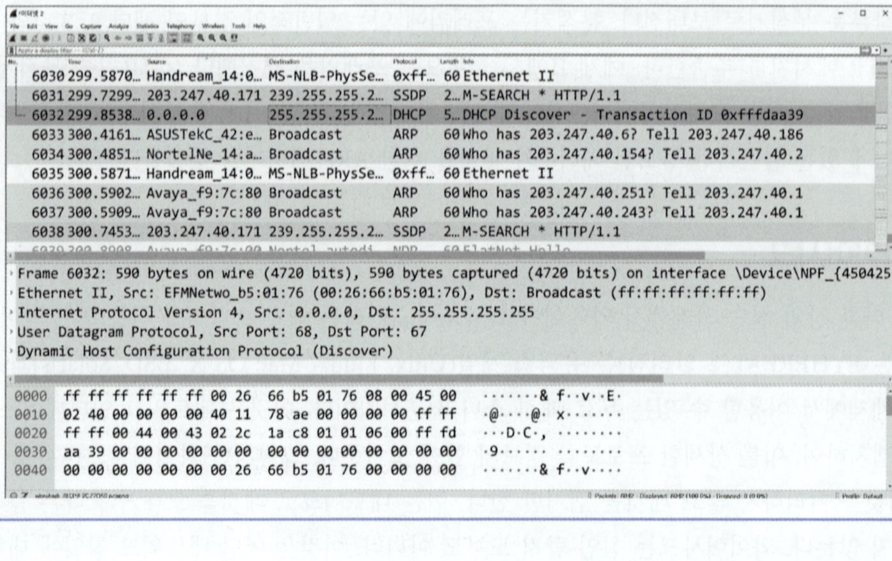

Title Bar

타이틀 바는 윈도우의 제목, 닫기, 아이콘 최대화, 아이콘 최소화를 보여준다.

Menu Bar

메뉴 바는 다른 대부분의 GUI에 있는 것처럼 내림 메뉴와 툴 바로 되어 있다. 우리는 실습 과제에서 이들 메뉴들을 이용할 것이다. 우리는 저장과 프린팅과 같은 파일 자체에 대한 동작을 수행하기 위하여 **File** 메뉴를 사용할 수 있다. **Capture** 메뉴는 시작하고 프레임을 캡처하기 위해 사용한다. **View** 메뉴는 윈도우에서 일부 섹션을 보이거나 감추는 데 사용된다.

Filter Bar

필터 바는 나머지 부분이 감춰져 있는 패킷을 디스플레이해 준다. 이 문서에서 보겠지만 프레임 캡처를 시작할 때, 와이어샤크는 모든 발신지와 목적지 프로토콜의 들어오고 나가는 프레임을 캡처하고 분석한다. 예를 들면, 네트워크층에서 ARP 프로토콜이나 응용층에서 HTTP에서 보내거나 수신된 패킷만 분석하기를 원할 수 있다. 이것은 패킷 스니핑 방법으로 필터링을 호출한 것이다. 패킷이 캡처된 후에 소문자로 프로토콜의 이름을 입력할 수 있고, **Apply**를 클릭한다.

Packet List Pane

Packet List Pane은 각 캡처된 패킷(실제 프레임)에 대한 온-라인 요약을 디스플레이한다. 요약은 패킷(프레임) 번호(패킷의 일부가 아닌 와이어샤크에 의해 추가됨), 패킷이 캡처된 시간, 패킷의 발신지와 목적지 IP 주소(네트워크층), 패킷 발신지와 목적지 프로토콜, 패킷 내용에 대한 추가적인 정보를 포함한다. 다시 말하면, 이 Pane은 분석을 위해 패킷 분석기로 보내지는 캡처된 프레임을 보여준다.

Packet Detail Pane

Packet Detail Pane은 각 프레임에 대한 상세한 분석을 보여준다(실습 그림 1.3 참조). 정보는 분석을 위한 Packet List Pane에서 프레임 중 선택한 하나의 프레임으로 제한된다. 이것은 packet list pane에서 해당하는 프레임을 클릭하면 된다. Packet list pane에서 밝은 부분의 프레임을 클릭하면 packet detail pane에서 프레임의 상세한 내용을 보여준다. 각 프레임에 대해 이 pane에 나타난 정보는 트리 구조로 되어 있다. 그렇지만, 트리의 각 맨 위 가지는 GUI 트리에서 공통으로 한 라인만큼 보여준다. 라인의 맨 왼쪽 부분에 있는 > 박스를 클릭하면(∨ 기호로 바뀜) 가지가 확장되어 세부 정보가 나타나고, ∨ 기호를 클릭하면 다시 > 기호로 바꾸면서 가지가 안 나타난다. 분석기는 먼저 데이터 링크층(프레임)에 대한 일반적인 정보를 보여준다는 것을 주목하라. 그런 다음 데이터 링크층에서부터(H2), 소스나 싱크 프로토콜까지 각 헤더에 들어 있는 정보를 보여준다. 마지막으로 소스나 싱크 프로토콜에 있는 전체 메시지를 보여준다. 실습 그림 1.3은 프레임에서 사용된 모든 프레임의 이름과 일반 정보(중간, 소스나 싱크)를 보여준다.

Packet byte pane

Packet byte pane은 16진 형식과 ASCII 형식으로 현재의 프레임(packet list pane에서 선택된)의 전

실습 그림 1.3
Packet detail pane

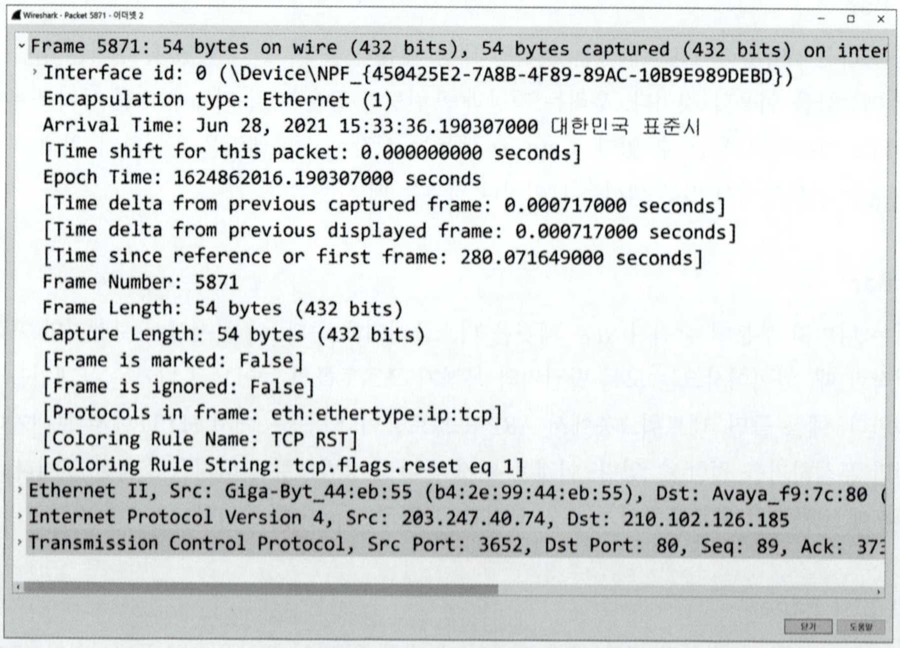

체 내용을 보여준다. 왼쪽 필드에 있는 숫자는 패킷 데이터에서의 옵셋을 나타내고, 패킷의 16진 덤프는 중앙 필드에 나타나고, 해당하는 ASCII 문자는 오른쪽 필드에 나타난다. 만약에 packet detail pane에 있는 어떤 라인의 바이트가 필요하면 packet detail pane에 있는 라인을 클릭하고 바이트 내용이 밝아지게 될 것이다. 실습 그림 1.4는 packet byte pane의 예를 보여주고 있다. 이것은 프레임에 있는 모든 바이트를 보여주지만 packet detail pane절에서 밝게 나타나는 프로토콜 헤더에 있는 바이트를 선택할 수 있다.

실습 그림 1.4
Packet byte pane

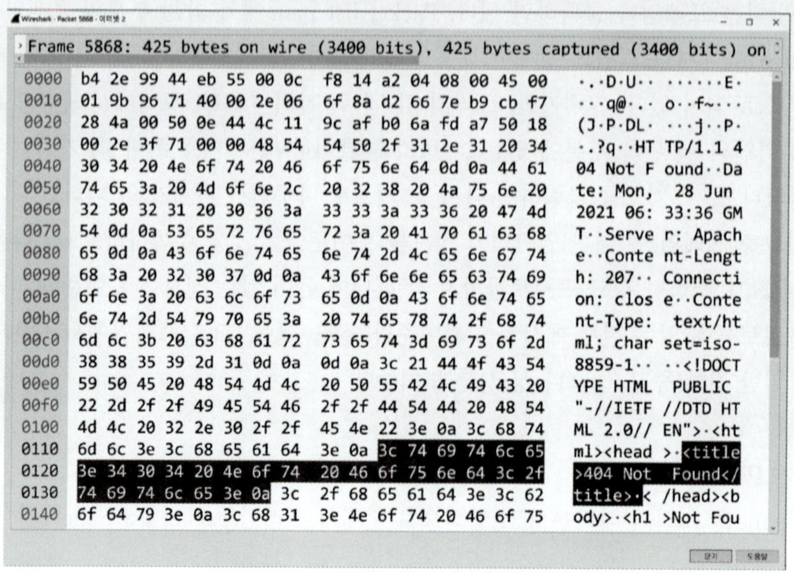

Status Bar

윈도우(맨 아래)의 마지막 섹션은 현재 프로토콜, 캡처된 패킷 수 등을 보여주는 status bar이다.

1.2.3 와이어샤크로 작업하기

이 실습과 다른 실습에서 와이어샤크를 이용하여 작업할 때 반복해야 할 필요가 있는 동작이 있다. 이것을 다시 이야기해야 하는 불편을 피하기 위하여 이 동작에 대한 상세한 내용을 설명한다.

캡처 시작하기

캡처를 시작하기 위해서 내림 메뉴에서 Capture를 선택하고 와이어샤크 capture options dialog box를 열기 위해 Options를 클릭한다(실습 그림 1.5 참조).

사용자는 capture options dialog box에서 기본 설정 값을 사용하는 것이 가장 좋다. 혹 수정이 필요하면 해당 기본 설정 값을 변경하면 된다.

기본 설장 값을 사용한다면 바로 Start를 클릭하면 와이어샤크는 사용자의 컴퓨터와 네트워크 간에 교환되는 패킷을 캡처하기 시작한다. 만약 얼마 후에 와이어샤크가 패킷을 캡처하지 않으면 문제가 생긴 것이다. 가능한 이유와 문제점 해결을 확인하라.

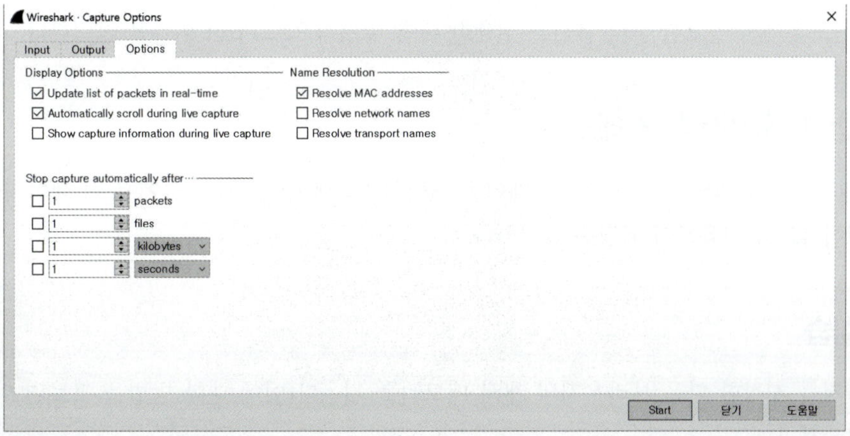

실습 그림 1.5 Capture option dialog box

캡처 종료하기

보고서에 필요한 모든 패킷(프레임)을 캡처했다고 생각되면 캡처를 종료할 수 있다. 이를 위해서는 Capture 풀다운 메뉴를 사용하여 stop을 클릭한다. 와이어샤크는 프레임 캡처를 종료한다.

캡처한 파일 저장하기

캡처를 종료한 후에 나중에 사용하기 위해 캡처한 파일을 저장할 수 있다.

1.2.4 들어오고 나가는 프레임들

우리가 캡처한 파일 목록을 살펴보면 어느 프레임이 나가고(outgoing) 들어오는(incoming) 것인지 알고 싶을 때가 있다. 이것은 packet list pane에 있는 프레임에서 찾아 알 수 있다. packet list pane은 프레임의 발신지와 목적지 주소를 보여준다(네트워크층에서 생성되어 삽입된). 만약에 발신지 주소가 사용자가 사용하고 있는 호스트의 주소라면(캡처를 시작할 때 Capture window에 나타남) 프레임은 외부로 나가는 프레임이다. 목적지가 사용자의 호스트 주소라면 프레임은 외부에서 들어온 프레임이다.

1.2.5 실습-보고서 양식

각 장에서 보다 쉽고 일정한 관찰 보고서를 만들기 위해 각 실습 과제에 대한 보고서 양식을 만들었다. 각 장에는 해당 장의 실험 실습 수만큼 실험 보고서 양식이 있다. 각 실험 보고서 양식은 학생이 작성해서 제출하도록 아래아한글 문서로 준비하였다.

1.2.6 캡처된 정보 출력하기

각 실험 실습 과제에 대한 문서를 지원하기 위해 캡처된 정보를 출력할 필요가 있다. 이를 위해서는 packet detailed pane에서 패킷을 선택하고 확대한 다음, File 메뉴에서 Print를 선택해서, 와이어샤크 print 윈도우에서 필요한 출력 옵션을 선택한 다음 마지막으로 Print 버튼을 클릭한다.

1.3 실험-1: 와이어샤크 테스팅

이 장의 실험 실습은 와이어샤크 소프트웨어의 워밍업 테스팅이다. 이 실습에서 웹 페이지를 검색한 다음 와이어샤크를 이용하여 패킷을 캡처한다.

1.3.1 실습

웹 브라우저를 시작한 다음 브라우저의 캐시 메모리를 지운다(이에 대한 방법을 모르면 아래 웹 사이트를 이용하라).

http://www.wikihow.com/Clear=Your-Browser's-Cache

와이어샤크를 실행하고 캡처를 시작한다. 발신지나 목적지 프로토콜이 HTTP인 프레임만 캡처하려면 filter box를 이용한다.

이제 브라우저로 돌아가서 자주 이용하는 웹 사이트를 접속한다.

캡처를 종료하고 캡처된 파일을 저장한다.

문제

소스 프로토콜이 HTTP인 첫 번째 프레임을 이용하여, 실험-실습 보고서에 있는 다음 질문에 답하라.

1. 프레임은 들어오는(incoming) 프레임인가? 나가는(outgoing) 프레임인가?
2. 프레임에 있는 네트워크층 헤더의 발신지 IP 주소는 무엇인가?
3. 프레임에 있는 네트워크층 헤더의 목적지 IP 주소는 무엇인가?
4. 전체 프레임에 있는 총 바이트 수는 얼마인가?
5. 이더넷(데이터 링크층) 헤더에 있는 바이트 수는 얼마인가?
6. IP 헤더에 있는 바이트 수는 얼마인가?
7. TCP 헤더에 있는 바이트 수는 얼마인가?
8. 메시지(응용층)의 총 바이트 수는 얼마인가?

1.3.2 제출할 문서

다음 문서를 제출하라.

1. 문제에 대한 답이 들어 있는 실험-실습 보고서
2. 캡처된 정보 출력물

Lab1-1 실험-실습 보고서: 와이어샤크 시험하기

성명:	학번:	제출 날짜:
Part I		
1	프레임은 들어오는 프레임인가? 나가는 프레임인가?	
2	프레임에 있는 네트워크층 헤더의 발신지 IP 주소는 무엇인가?	
3	프레임에 있는 네트워크층 헤더의 목적지 IP 주소는 무엇인가?	
4	전체 프레임에 있는 총 바이트 수는 얼마인가?	
5	이더넷(데이터 링크층) 헤더에 있는 바이트 수는 얼마인가?	
6	IP 헤더에 있는 바이트 수는 얼마인가?	
7	TCP 헤더에 있는 바이트 수는 얼마인가?	
8	메시지(응용층)의 총 바이트 수는 얼마인가?	

객관식 홀수 번 문제 정답

1. ⓐ 3. ⓒ 5. ⓓ 7. ⓒ 9. ⓑ 11. ⓒ 13. ⓐ 15. ⓑ 17. ⓓ 19. ⓒ 21. ⓐ 23. ⓓ 25. ⓒ 27. ⓒ 29. ⓐ 31. ⓑ 33. ⓑ 35. ⓑ 37. ⓓ 39. ⓑ 41. ⓓ 43. ⓓ 45. ⓑ 47. ⓒ 49. ⓒ 51. ⓐ 53. ⓐ

CHAPTER 02 네트워크 모델

두 번째 장은 책의 나머지 부분에 대한 준비이다. 이 장에서는 먼저 일반적인 네트워크 모델에 대한 개념과 특별한 TCP/IP 프로토콜 그룹을 살펴본다.

두 가지 모델인 TCP/IP 프로토콜 그룹과 OSI 모델은 컴퓨터 네트워크 운영을 규정하기 위해 개발하였다. 이 장에서는 먼저 일반적인 주제인 두 모델에서 사용한 프로토콜 계층화에 대해서 살펴본다. 그런 다음 이 책의 기반이 되는 TCP/IP 프로토콜 그룹에 대해 집중적으로 살펴본다. 그리고 OSI 모델은 TCP/IP 프로토콜 그룹과 비교를 위해 간단하게 살펴본다.

첫 번째 절은 두 가지 시나리오에서 사용한 프로토콜 계층화 개념을 소개한다. 또한 프로토콜 계층화를 기반으로 하는 두 가지 원리를 설명한다. 첫 번째 원리는 각 계층 또는 층은 2개의 마주하는 임무를 갖는다는 것이다. 두 번째 원리는 대응하는 계층은 동일해야 한다는 것이다. 이 절은 프로토콜 계층화에서 2개의 동일한 계층 간에 논리적인 연결에 대해 간략하게 설명하고 마치게 된다. 이 책 전체를 통하여 논리적인 연결과 물리적인 연결을 구분할 수 있어야 한다.

두 번째 절은 TCP/IP 프로토콜 그룹의 5개의 계층을 살펴본다. 5개의 계층(물리, 데이터-링크, 네트워크, 전송, 응용)에서 패킷이 각각 어떻게 이름 지어졌는지 살펴본다. 또한 각 계층에서 사용하는 주소지정 메커니즘에 대해서도 설명한다. 이 절은 TCP/IP 프로토콜의 각 계층에 대한 소개이다.

세 번째 절은 OSI 모델의 간략한 설명이다. 이 모델은 실제적으로 구현되지 못했지만 모델의 간략한 설명과 TCP/IP 프로토콜 그룹과의 비교는 TCP/IP 프로토콜을 잘 이해하는 데 유용할 수 있다. 이 절에서 OSI 모델이 실패한 이유도 간단하게 설명한다.

2.1 프로토콜 계층화

1장에서 **프로토콜**(protocol)이란 용어를 설명하였다. 데이터 통신과 네트워킹에서 프로토콜은 송신자와 수신자, 그리고 모든 중간 장치들이 효과적으로 통신하기 위하여 따라야 하는 규칙이라고 정의하였다. 통신이 간단할 때는 단지 간단하게 하나의 프로토콜이 필요할 수 있다. 통신이 복잡할 때는 각 계층마다 프로토콜이 필요한 경우처럼, 또는 **프로토콜 계층화**(protocol layering)로 서로 다른 계층 간에 임무를 나눌 수 있다.

2.1.1 시나리오

프로토콜 계층화가 필요하다는 것을 더 잘 이해하기 위하여 두 가지 간단한 시나리오를 살펴보자.

첫 번째 시나리오

첫 번째 시나리오에서 통신은 한 계층에서만 일어날 수 있는 간단한 것이다. 마리아(Maria)와 앤(Ann)은 서로 공통적인 생각을 가진 이웃이다. 마리아와 앤 간의 통신은 그림 2.1에 나타난 것처럼 면-대-면(face-to-face)으로 한 계층에서만 일어난다.

이 간단한 시나리오에서도 따라야 하는 규칙이 있음을 볼 수 있다. 첫 번째, 마리아와 앤은 서로 만날 때 인사해야 한다는 것을 알고 있다. 두 번째, 이들은 친구 간에 사용하는 단어를 제한해야 하는 것을 알고 있다. 세 번째, 각 당사자는 상대방이 말할 때는 자신이 말하는 것을 자제해야 한다는 것을 알고 있다. 네 번째, 각 당사자는 서로 간의 대화가 독백이 아니라 대화식이 되어야 한다는 것을 알고 있다. 즉, 양쪽 모두 주제에 대해 이야기할 기회를 가져야 한다. 다섯 번째, 그들은 서로 헤어질 때 기분 좋은 단어를 교환해야 한다.

우리는 마리아와 앤 사이에 사용된 프로토콜이 강의실에서 교수와 학생들 사이의 통신과는 다르다는 것을 알 수 있다. 강의실에서 통신은 거의 독백에 가깝다. 교수는 학생이 질문하기 전까지 대부분의 시간을 혼자 이야기하는데, 학생이 질문할 경우에 프로토콜은 학생이 손을 들어 질문을 해도 좋다는 허락을 받을 때까지 기다리도록 지시한다. 이 경우에 통신은 보통 형식적이고 교육에 관한 주제로 제한된다.

그림 2.1
단일-계층 프로토콜

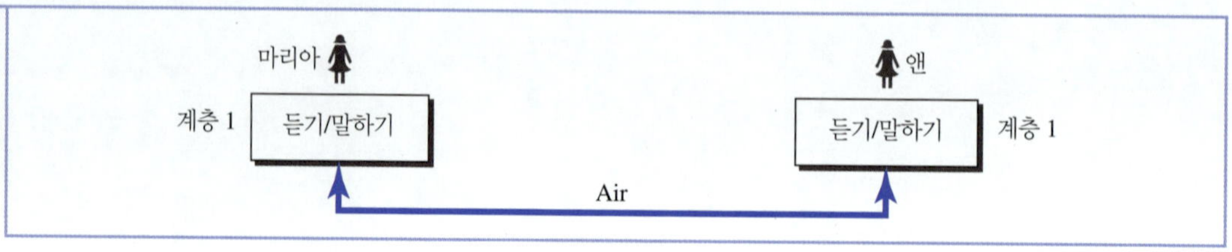

두 번째 시나리오

두 번째 시나리오에서, 앤은 회사에서 더 높은 직책을 맡게 되어, 마리아로부터 멀리 떨어진 도시의 지부로 옮기게 되었다고 가정하자. 두 친구는 그들이 퇴직했을 때 새롭게 사업을 시작하기 위한 새로운 프로젝트를 구상하기 위해 계속해서 서로 통신하고 아이디어를 교환하기로 했다. 그들은 우체국을 통해 편지를 이용하여 대화를 계속하기로 결정하였다. 하지만 그들은 편지가 중간에 가로채어 다른 사람이 그들의 아이디어를 도용하지 않기를 원했다. 그들은 **암/복호화**(encrypt/decrypt) 기술을 사용하기로 동의하였다. 편지의 송신자는 중간에 편지를 가로챈 사람이 편지의 내용을 이해하지 못하도록 편지 내용을 암호화한다. 편지의 수신자는 원래의 내용을 얻기 위해 복호화한다. 암/복호화 방법에 대해서는 지금은 마리아와 앤이 사용하는 기법은 복호화하기 위한 키(key)가 없을 경우 복호화하기 어렵다고 가정한다. 이제 우리는 마리아와 앤 사이의 통신은 그림 2.2와 같이 세 계층에서 발생한다고 말할 수 있다. 앤과 마리아는 각 계층에서 작업을 처리하기 위한 기계(또는 로봇)를 가지고 있다고 가정한다.

마리아가 첫 번째 문자를 앤에게 전송한다고 가정하자. 마리아는 마치 그녀의 얘기를 듣고 있는 앤에게 얘기하는 것처럼 세 번째 계층의 기계에게 얘기를 한다. 그 세 번째 계층의 기계는 마리아가 하는 말을 듣고 두 번째 계층의 기계에게 보내질 평문(영어로 작성된 편지)을 생성한다. 두 번째 계층의 기계는 그 **평문**(plaintext)을 받아 암호화하여, 첫 번째 계층의 기계에게 보낼 **암호문**(ciphertext)을 만든다. 로봇으로 추측되는 첫 번째 계층의 기계는 암호문을 받아, 봉투에 담아 송신자와 수신자의 주소를 추가하여 편지를 보낸다.

앤이 있는 곳에서, 첫 번째 계층의 기계는 앤의 편지함에서 편지를 꺼내, 송신 주소로부터 마리아가 보낸 편지임을 알게 된다. 기계는 봉투에서 암호문을 꺼내어 두 번째 계층의 기계에게 전달한다. 두 번째 계층의 기계는 메시지를 복호화하여 평문을 만들고, 그 평문을 세 번째 계층의 기계에게 전달한다. 세 번째 계층의 기계는 평문을 받아 마치 마리아가 말하는 것처럼 읽는다.

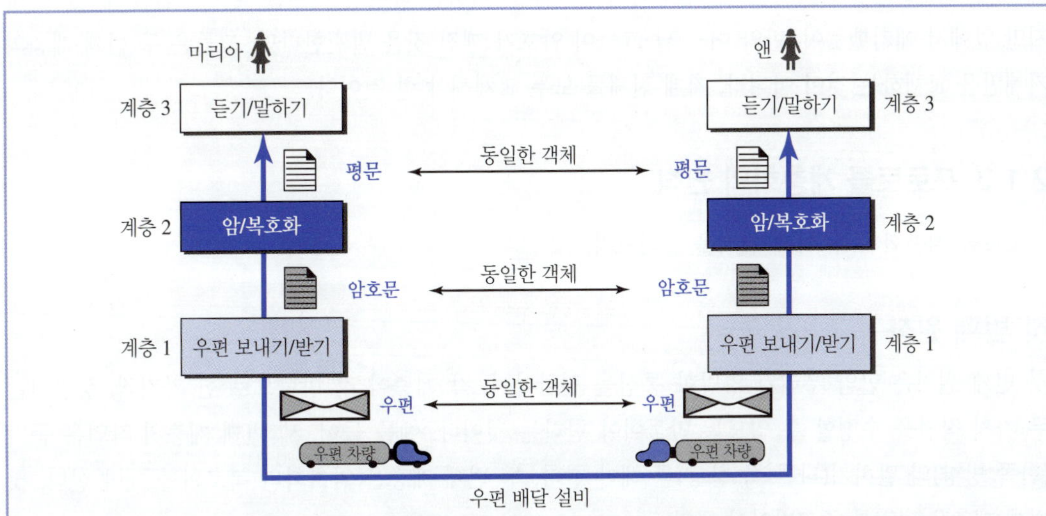

그림 2.2
세-계층 프로토콜

프로토콜 계층화는 복잡한 작업을 여러 개의 작고 단순한 작업으로 나눌 수 있게 해준다. 예를 들어 그림 2.2에서, 3개의 기계가 하는 일을 모두 할 수 있는 하나의 기계만을 이용할 수도 있다. 하지만, 만약 마리아와 앤이 그 기계에 의해서 이루어지는 암/복호화가 그들의 비밀을 보호하는 데에 충분치 못하다고 생각되면, 그들은 그 기계 전체를 바꾸어야 한다. 하지만 현재의 상황에서는 단지 두 번째 계층의 기계만 바꾸면 된다. 나머지 두 기계는 똑같이 유지된다. 이것을 **모듈성**(modularity)이라고 한다. 이 경우의 모듈성은 독립된 계층들을 의미한다. 하나의 계층(모듈)은 입력과 출력을 갖고, 어떻게 입력이 출력으로 바뀌는지 신경 쓸 필요 없는 블랙박스로 정의된다. 만약 두 기계가 같은 입력에 대하여 같은 출력을 제공한다면, 서로가 서로를 대체할 수 있다. 예를 들어, 앤과 마리아가 두 번째 계층의 기계를 서로 다른 제조업자에게 살 수 있다. 두 기계가 같은 평문에 대해 같은 암호문을 만들고, 같은 암호문에 대해 같은 평문을 만든다면, 그 기계들은 사용할 수 있다.

프로토콜 계층화의 장점 중 하나는 우리가 서비스 구현에 대해 분리할 수 있게 해 준다는 점이다. 어느 한 계층은 하위 계층으로부터 서비스를 받아서, 상위 계층에게 서비스를 제공해야 한다. 우리는 그 계층이 어떻게 구현되는지에 대해서는 신경 쓸 필요가 없다. 예를 들어, 마리아는 첫 번째 계층의 기계(또는 로봇)를 사지 않을 수도 있다. 그녀 스스로가 그 일을 할 수도 있다. 마리아가 첫 번째 계층에서 양방향으로 제공하는 작업을 스스로 처리할 수 있다면, 통신 시스템은 정상적으로 동작한다.

우리의 간단한 예에서는 드러나지 않지만, 인터넷에서 프로토콜 계층화에 대해 논의할 때 드러나는 프로토콜 계층화의 또 다른 장점은, 통신은 두 종단 시스템에서만 일어나지 않다는 점이다. 전체 계층이 아닌 단 몇 개의 계층만을 갖는 중간 시스템도 있다. 만약 우리가 프로토콜 계층화를 사용하지 않는다면, 각각의 중간 시스템을 종단 시스템만큼이나 복잡하게 만들어야 할 것이고, 이는 전체 시스템 비용을 증가시킬 것이다.

프로토콜 계층화의 단점은 있을까? 일부 사람들은 하나의 단순한 계층을 사용하는 것이 일을 쉽게 만든다고 주장할 수 있다. 이는 각 계층이 상위 계층과 하위 계층에게 서비스를 제공할 필요가 없다. 예를 들어, 앤과 마리아는 세 가지 작업을 모두 처리하는 하나의 기계를 찾거나 만들 수 있다. 하지만 앞에서 얘기했듯이, 만약 어느 날 그들이 암호가 깨진 것을 발견한다면, 그들은 두 번째 계층의 기계만을 교체하는 것이 아니라, 기계 전체를 모두 교체해야 할 것이다.

2.1.2 프로토콜 계층화의 원칙

프로토콜 계층화의 두 가지 원칙을 살펴보자.

첫 번째 원칙

첫 번째 원칙은 만약 우리가 양방향 통신을 원한다면, 각 계층이 각 방향으로 한 가지씩, 상반되는 두 가지 작업을 수행할 수 있도록 만들어야 한다는 것이다. 예를 들어, 세 번째 계층의 작업은 듣기(한쪽 방향)와 말하기(다른 쪽 방향)를 해야 한다. 두 번째 계층은 암호화와 복호화를 해야 한다. 첫 번째 계층은 편지를 주고받아야 한다.

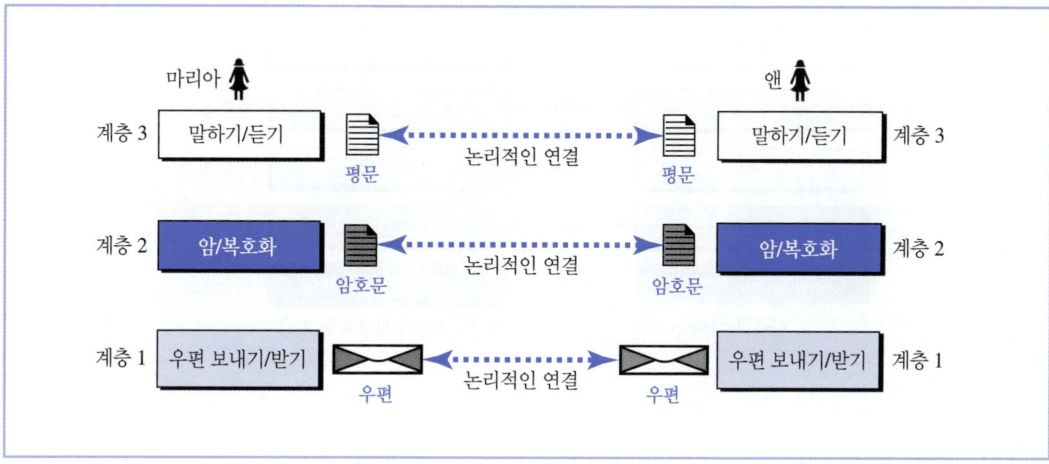

그림 2.3
대등한 계층 간의 논리적 연결

두 번째 원칙

우리가 프로토콜 계층화에서 따라야 할 두 번째 중요한 원칙은 양측의 각 계층에 있는 객체는 서로 동일해야 한다는 점이다. 예를 들어, 양측에 있는 3계층의 객체는 모두 평문이어야 한다. 양측에 있는 2계층의 객체는 모두 암호문이어야 한다. 양측에 있는 1계층의 객체는 모두 편지의 일부이어야 한다.

2.1.3 논리적인 연결

위의 두 원칙을 따른 후에, 그림 2.3과 같이 각 계층 간의 논리적인 연결에 대해 생각해 볼 수 있다. 이것은 계층-대-계층 통신을 갖는다는 것을 의미한다. 마리아와 앤은 각 계층에 그 계층에서 생성된 객체가 통과할 수 있는 논리적인 연결이 있다고 생각할 수 있다. 논리적인 연결에 대한 개념이 우리가 데이터 통신에서 만나게 될 계층화 작업에 대해 더 잘 이해할 수 있도록 돕는다는 것을 알게 될 것이다.

2.2 TCP/IP 프로토콜 그룹

이제 두 번째 시나리오에서 프로토콜 계층화의 개념과 계층 간의 논리적인 통신에 대해 알게 되어, **TCP/IP(Transmission Control Protocol/Internet Protocol)**를 시작할 수 있다. TCP/IP는 현재의 인터넷에서 사용하는 프로토콜 그룹(여러 계층에서 조직된 프로토콜 집합)이다. 그것은 상호 작용하는 모듈로 이루어진 계층적 프로토콜인데, 각 모듈은 특정한 기능을 제공한다. **계층적**(hierarchical)이라는 말은 각 상위 계층 프로토콜은 1개 이상의 하위 계층 프로토콜로부터 제공되는 서비스를 지원받는다는 의미이다. 원래 TCP/IP 프로토콜 그룹은 하드웨어에 설치된 4개의 소프트웨어 계층으로 정의되었다. 하지만 현재 TCP/IP는 5계층 모델로 간주된다. 그림 2.4는 이 두 가지 형태를 보여준다.

그림 2.4
TCP/IP 프로토콜 그룹의 계층들

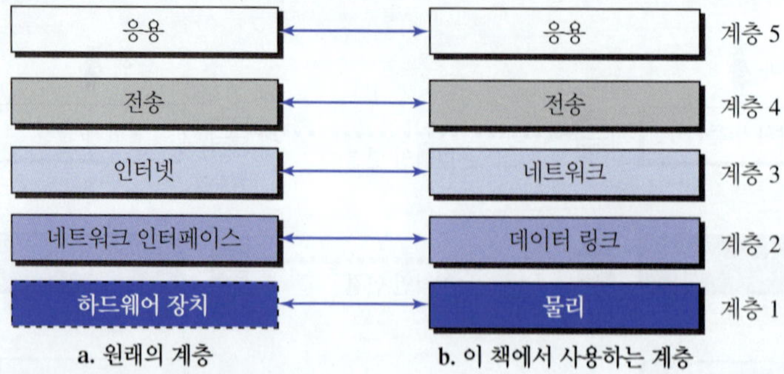

2.2.1 계층 구조

TCP/IP 프로토콜 그룹의 계층들이 어떻게 두 호스트 간의 통신에 관련되어 있는지 보여주기 위해 링크층 교환기를 갖는 3개의 LAN(링크)으로 이루어진 작은 인터넷을 사용한다고 가정한다. 또한 이 링크들은 그림 2.5에 나타난 것처럼 하나의 라우터에 연결되어 있다고 가정한다.

컴퓨터 A는 컴퓨터 B와 통신을 한다고 가정하자. 그림에서 보듯이, 이 통신은 5개의 통신 장치, 즉 발신지 호스트(컴퓨터 A), 링크 1의 링크층 교환기, 라우터, 링크 2의 링크층 교환기, 그리고 목적지 호스트(컴퓨터 B)를 갖는다. 각 장치는 인터넷에서 역할에 따라 계층들과 관련된다. 두 호스트는 5개 계층과 모두 관련이 있다. 발신지 호스트는 응용층에서 메시지를 생성하고 그것을 하위 계층으로 보냄으로써 메시지가 물리적으로 목적지 호스트로 보내진다. 목적지 호스트는 물리층에서 수신하여 그것을 여러 계층을 거쳐 응용층으로 전달한다.

라우터는 단 3개의 계층과 관련이 있다. 라우터가 오직 라우팅을 위해서만 이용된다면, 전송층

그림 2.5
인터넷을 통한 통신

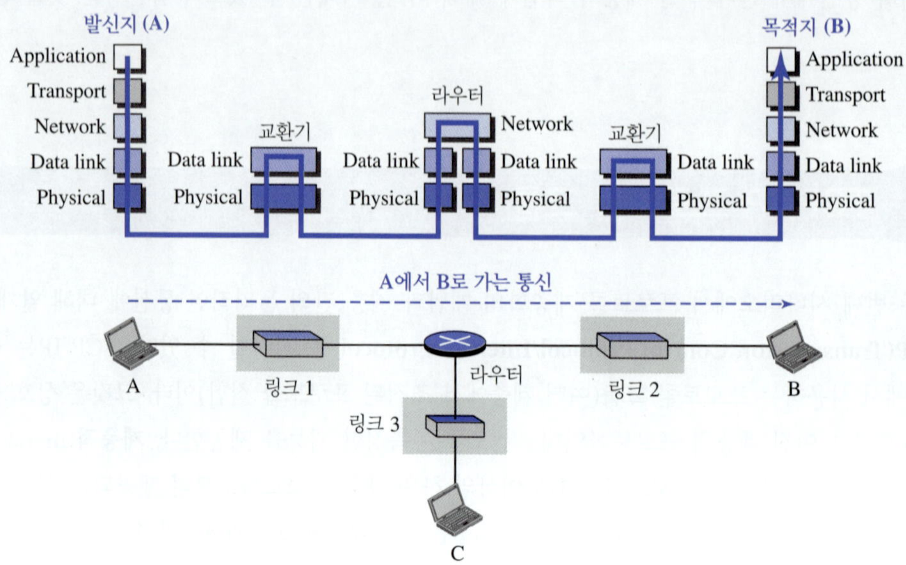

과 응용층을 갖지 않는다. 비록 라우터가 항상 하나의 네트워크층과 관련되지만, 라우터가 *n*개의 링크와 연결되어 있다면, *n*개의 링크층, 물리층과 관련된다. 그 이유는 각 링크는 자신의 데이터 링크 또는 물리 프로토콜을 사용할 수 있기 때문이다. 예를 들어, 그림 2.5에서 라우터는 3개의 링크와 연결되어 있지만, 발신지 A에서 목적지 B로 전달되는 메시지는 2개의 링크와 연관되어 있다. 각 링크는 서로 다른 링크층과 물리층 프로토콜을 사용할 수 있다; 라우터는 한 프로토콜 쌍 기반의 링크 1로부터 패킷을 받아서, 다른 프로토콜 쌍을 사용하는 링크 2에게 패킷을 전해야 한다.

하지만 링크 내의 링크층 교환기는 단 2개의 계층인 데이터 링크층과 물리층과 관련된다. 아래의 그림에 있는 각 교환기는 2개의 서로 다른 연결을 갖지만, 이 연결들은 같은 링크 안에서 하나의 프로토콜 집합만 사용한다. 링크층 교환기는 라우터와는 달리 오직 하나의 데이터 링크층과 하나의 물리층과 관련된다는 것을 의미한다.

2.2.2 TCP/IP 프로토콜 그룹의 계층

위의 소개가 끝났으니, TCP/IP 프로토콜 그룹의 계층들의 기능과 역할에 대해서 간단하게 살펴보겠다. 각 계층의 역할에 대해 더 잘 이해하기 위해서, 계층 간의 논리적인 연결에 대해서 생각해야 한다. 그림 2.6은 단순한 인터넷에서 논리적인 연결의 모습을 보여준다.

논리적인 연결을 사용하는 것은 우리가 각 계층의 임무에 대해 생각하는 것을 쉽게 해준다. 그림에서 보여주듯이 응용층, 전송층, 네트워크층의 임무는 **종단-대-종단**(end-to-end)이다. 하지만 데이터 링크층과 물리층의 임무는 **홉-대-홉**(hop-to-hop)이며, 여기서 홉은 호스트 또는 라우터를 말한다. 다시 말해서, 최상위 세 계층의 임무를 갖는 영역은 인터넷이고, 그 아래 두 계층의 임무를 갖는 영역은 링크이다.

논리적인 연결에 대해 생각해 보기 위한 다른 방법은 각 계층에서 만들어지는 데이터 단위에 대해 생각해 보는 것이다. 최상위 세 계층에서는 데이터 단위(패킷)가 라우터나 링크층 교환기에 의해

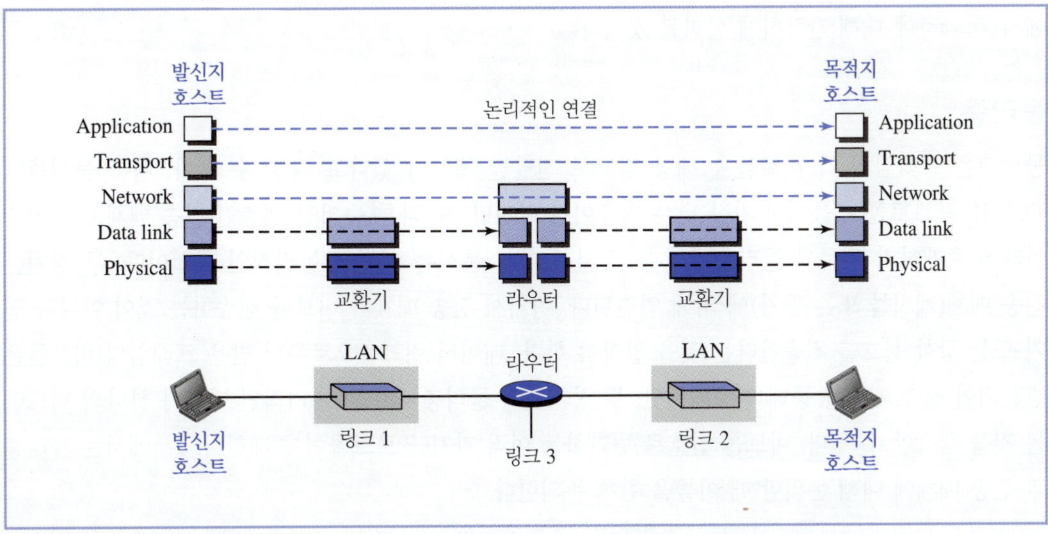

그림 2.6
TCP/IP 프로토콜 그룹 계층 간의 논리적인 연결

그림 2.7
TCP/IP 프로토콜 그룹 내의 동일한 객체들

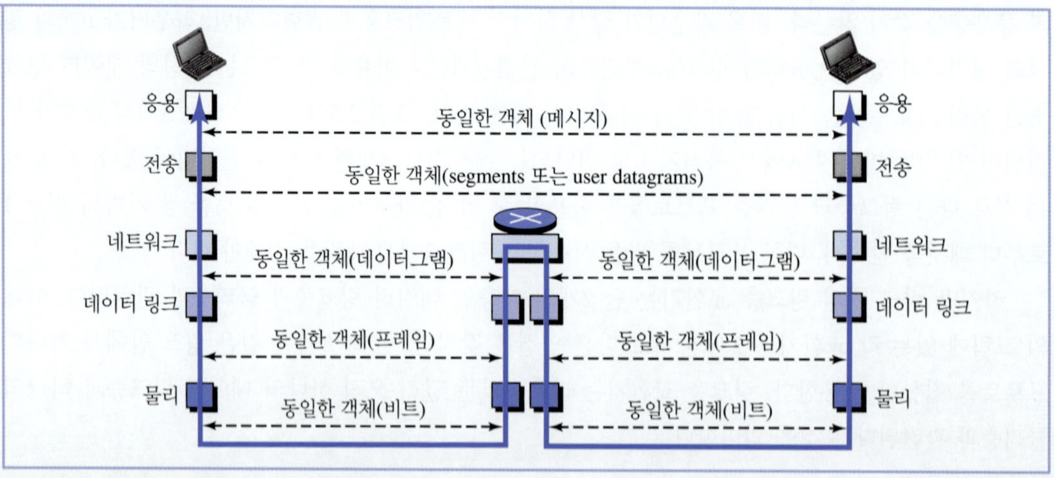

변하지 않아야 한다. 그 아래 두 계층에서는 호스트에 의해 생성된 패킷이 링크층 교환기가 아닌 오직 라우터에서만 변한다.

그림 2.7은 프로토콜 계층화에 대해 이전에 논의한 두 번째 원칙을 보여준다. 각 장치의 각 계층 아래에 있는 동일한 **객체**(objects)들을 보여준다.

비록 네트워크층에서 논리적인 연결이 두 호스트 사이에 이루어지지만, 우리가 이 상황에서 말할 수 있는 오직 한 가지는 두 홉 사이에 동일한 객체가 존재한다는 것이다. 왜냐하면 라우터는 네트워크층으로부터 받은 패킷을 **단편화**(fragmentation)한 후 받은 양보다 더 많은 패킷을 전송할 수도 있기 때문이다(9장의 단편화 참조). 우리는 이 점을 주목해야 한다. 또한 두 홉 사이의 링크가 그 객체를 변화시키지 않는다는 것에 주목해야 한다.

2.2.3 각 계층에 대한 설명

논리적 통신의 개념을 이해했다면 각 계층의 역할에 대해 간략하게 논의할 준비가 된 것이다. 이 장에서 각 계층에 대해 간략하게 살펴볼 것이다.

물리층

물리층은 프레임의 각 비트들을 해당 링크로 전달할 책임이 있다고 말할 수 있다. 비록 물리층이 TCP/IP 프로토콜 그룹에서 가장 낮은 계층이긴 하지만, 또 다른 숨겨진 계층인 전송 매체가 물리층 아래에 존재하기 때문에 물리층에서 두 장치 사이의 통신은 여전히 논리적인 통신이다. 두 장치는 전송 매체(케이블 또는 공기)에 의해 연결된다. 여기서 전송 매체가 비트를 전송하는 것이 아니라 전기 또는 광학 신호를 전송한다는 것을 알아야 한다. 데이터 링크층으로부터 받은 프레임의 비트들은 변환되어 전송 매체를 통해 전송되지만, 두 장치에서 물리층 사이의 논리적인 단위가 하나의 비트라는 것을 생각할 수 있다. 비트를 신호로 변환하는 여러 가지 프로토콜이 존재한다. 2부에서는 물리층과 전송 매체에 대해 논의할 때 이들을 함께 논의한다.

데이터 링크층

지금까지 인터넷이 라우터들에 의해 연결된 여러 개의 링크(LAN들과 WAN들)로 구성되어 있다는 것을 살펴보았다. **데이터그램**(datagram)이 호스트로부터 목적지까지 전달될 수 있는 중첩되는 여러 개의 링크 쌍이 존재할 수 있으며, 라우터들은 최상의 링크를 선택할 책임이 있다. 그러나 일단 전송할 다음 링크가 라우터에 의해 결정되면 데이터 링크층은 데이터그램을 받아 해당 링크로 전송할 책임이 있다. 그 링크는 링크층 교환기를 가진 유선 LAN, 무선 LAN, 유선 WAN, 또는 무선 WAN이 될 수 있다. 또한 링크 유형마다 서로 다른 프로토콜을 가질 수 있다. 각 상황에서 데이터 링크층은 그 링크를 통해 패킷을 전달하는 책임이 있다.

TCP/IP는 데이터 링크층을 위해 어떤 특정 프로토콜을 정의하지는 않는다. TCP/IP는 모든 표준과 적절한 프로토콜을 지원한다. 데이터그램을 받을 수 있고 그것을 링크를 통해 전달할 수 있다면 어떤 프로토콜이라도 네트워크층을 위해서는 충분하다. 데이터 링크층은 데이터그램을 받아서 **프레임**(frame)이라는 패킷으로 캡슐화한다.

각 링크층 프로토콜은 각각 서로 다른 서비스를 제공할 수도 있다. 어떤 링크층 프로토콜은 완벽한 오류 검출과 정정을 제공하고, 또 어떤 프로토콜은 오직 오류 정정만을 제공한다. 13장과 14장에서 유선 링크를, 15장에서는 무선 링크에 대해 논의한다.

네트워크층

네트워크층은 발신지 컴퓨터와 목적지 컴퓨터 사이의 연결을 생성하기 위한 책임을 가진다. 네트워크층의 통신은 **호스트-대-호스트**(host-to-host)이다. 그러나 발신지로부터 목적지까지 여러 라우터가 존재할 수 있기 때문에 경로상의 라우터들은 각 패킷을 위한 최적의 경로를 선택할 책임을 가진다. 네트워크층은 호스트-대-호스트 통신과 가능한 경로를 통해 패킷을 라우팅하기 위한 책임을 가지고 있다. 우리는 왜 네트워크층이 필요한지 다시 생각해 볼 필요가 있다. 라우팅 책임을 전송층에 추가하고 이 계층을 없앨 수도 있었다. 이전에 언급한 것과 같이, 한 가지 이유는 서로 다른 계층 사이의 작업 분리이며, 두 번째 이유는 라우터는 응용층과 전송층을 필요로 하지 않는다는 것이다. 작업의 분리는 우리가 라우터 상에서 더 적은 프로토콜을 사용할 수 있게 해준다.

인터넷에서 네트워크층은 주요 프로토콜로서 네트워크층에서 데이터그램이라는 패킷의 형식을 정의하는 **인터넷 프로토콜**(IP, Internet Protocol)을 포함한다. IP는 또한 이 계층에서 사용되는 주소의 구조와 형식을 정의한다. IP는 또한 패킷을 발신지로부터 목적지까지 라우팅(경로지정)할 책임이 있으며, 이는 해당 경로에 있는 다음 라우터에 데이터그램을 포워딩(forwarding)하는 각 라우터에 의해 수행된다.

IP는 흐름 제어, 오류 제어, 혼잡 제어 서비스를 제공하지 않는 **비연결형**(connectionless) 프로토콜이다. 이것이 의미하는 것은 하나의 응용이 이들 서비스를 필요로 한다면 그 응용은 오직 전송층 프로토콜을 통해 중계해야 한다는 것이다. 네트워크층은 또한 **일-대-일**(unicast, one-to-one)과 **일-대-다**(multicast, one-to-many) 라우팅 프로토콜을 포함한다. 비록 라우팅 프로토콜이 라우팅에 참여하는 것은 아니지만 (라우팅 프로토콜은 IP의 책임이다) 라우팅 프로세스를 수행하는 라우터를 돕기 위해 포워딩 테이블을 생성한다.

네트워크층은 또한 IP의 전달과 라우팅 작업을 도와주는 보조 프로토콜을 가지고 있다. **인터넷 제어 메시지 프로토콜**(ICMP, Internet Control Message Protocol)은 IP가 패킷을 라우팅할 때 생길 수 있는 몇몇 문제들을 보고하도록 도와준다. **인터넷 그룹 관리 프로토콜**(IGMP, Internet Group Management Protocol)은 IP가 멀티캐스팅(multicasting)을 수행하도록 도와주는 또 다른 프로토콜이다. **동적 호스트 설정 프로토콜**(DHCP, Dynamic Host Configuration Protocol)은 IP가 호스트를 위한 네트워크층 주소를 획득할 수 있게 해준다. **주소 변환 프로토콜**(ARP, Address Resolution Protocol)은 IP를 도와 네트워크층 주소가 주어졌을 때 호스트나 라우터의 링크층 주소를 찾아주는 프로토콜이다. ARP는 9장에서 설명한다.

전송층

전송층의 논리적인 연결 또한 **종단-대-종단**(end-to-end)이다. 발신지 호스트의 전송층은 응용층으로부터 메시지를 받아 전송층 패킷으로 캡슐화한 후(다른 프로토콜에서는 **세그먼트**(segment) 또는 **데이터그램**(datagram)이라 부른다), 목적지 호스트의 전송층에 논리적인 연결(가상의)을 통해 전송한다. 다시 말해서 전송층은 발신지 호스트에서 동작하는 응용으로부터 메시지를 받는 것과 그것을 목적지 호스트의 대응하는 응용에 전송하는 일을 하는, 즉 응용층에 서비스를 제공하기 위한 책임이 있는 것이다. 이미 종단-대-종단의 응용층을 가지고 있음에도 불구하고 왜 종단-대-종단 전송층을 필요로 하는지에 대해 질문하는 사람도 있을 것이다. 그 이유는 이전에 언급한 것과 같이, 작업과 역할의 분리이다. 전송층은 반드시 응용층으로부터 독립적이어야 한다. 또한, 우리는 전송층이 하나 이상의 프로토콜을 가지고 있다는 것을 알게 될 것이다. 이것은 각 응용의 요구사항에 가장 부합하는 프로토콜을 사용할 수 있다는 것을 의미한다.

이와 같이 인터넷에는 여러 개의 전송층 프로토콜들이 존재하며, 각각은 구체적인 작업을 위해 설계되어 있다. 주로 사용되는 프로토콜인 **전송 제어 프로토콜**(TCP, Transmission Control Protocol)은 데이터를 전송하기 전에 먼저 두 호스트의 전송층 사이에 논리적인 연결을 설정하는 **연결형**(connection-oriented) 프로토콜이다. 이 프로토콜은 바이트들의 스트림 전송을 위해 두 TCP 사이에서 논리적인 파이프를 생성한다. TCP는 흐름 제어(목적지가 전송되는 데이터의 양을 감당할 수 없는 경우를 방지하기 위해 발신지 호스트의 데이터 송신율과 목적지 호스트의 데이터 수신율을 맞춤), 오류 제어(오류 없이 목적지에 세그먼트들이 도달하고 훼손된 세그먼트들의 재전송을 보장하기 위해), 그리고 네트워크의 혼잡으로 인한 세그먼트들의 손실을 줄이기 위해 혼잡 제어를 제공한다. 또 다른 일반적인 프로토콜 중 하나인 **사용자 데이터그램 프로토콜**(UDP, User Datagram Protocol)은 처음에 논리적인 연결을 설정하지 않고 사용자 데이터그램을 전송하는 **비연결형**(connectionless) 프로토콜이다. UDP에서 각 사용자 데이터그램은 이전이나 다음 데이터그램과는 관련이 없는 독립적인 하나의 개체이다(이 용어의 의미는 비연결형임을 뜻한다). UDP는 흐름 제어, 오류 제어, 또는 혼잡 제어를 제공하지 않는 간단한 프로토콜이다. 이러한 단순성은 적은 양의 오버헤드를 의미하며, 패킷이 훼손되거나 손실되었을 때 짧은 메시지의 전송을 필요로 하고 TCP와 관련된 패킷의 재전송을 감당할 수 없는 응용에 적합하다. 새로운 프로토콜인 **스트림 제어 전송 프로토콜**(SCTP, Stream

Control Transport Protocol)은 하루가 다르게 증가하는 멀티미디어를 위한 새로운 응용들을 위해 설계되었다.

응용층

그림 2.6에서 보는 바와 같이, 두 계층 사이의 논리적인 연결은 종단-대-종단이다. 두 응용층은 두 계층 사이에 마치 다리가 있는 것처럼 서로 **메시지**(message)를 교환한다. 그러나 우리는 그 통신이 모든 계층을 통과해서 이루어진다는 사실을 알아야 한다.

응용층의 통신은 두 프로세스 사이에 이루어진다(이 계층에서 동작하는 2개의 프로그램). 통신을 위해 하나의 프로세스는 다른 프로세스에 요청 메시지를 전송하고 응답 메시지를 수신한다. 프로세스 간 통신(process-to-process communication)은 응용층의 역할이다. 인터넷의 응용층은 미리 정의된 많은 프로토콜을 포함한다. 그러나 사용자 또한 두 호스트에서 동작하는 한 쌍의 프로세스를 만드는 것이 가능하다.

하이퍼텍스트 전송 프로토콜(HTTP, Hypertext Transfer Protocol)은 월드 와이드 웹(WWW, Word Wide Web)에 접속하기 위한 수단이다. **단순 우편 전달 프로토콜**(SMTP, Simple Mail Transfer Protocol)은 전자우편(e-mail, electronic mail) 서비스에 주로 사용되는 프로토콜이다. 파일 전송 프로토콜(FTP, File Transfer Protocol)은 하나의 호스트에서 또 다른 호스트로 파일을 전송하기 위해 사용되어진다. 텔넷(TELNET, Terminal Network)과 보안 쉘(SSH, Secure Shell)은 사이트에 원격으로 접속하기 위해 사용된다. **단순 망 관리 프로토콜**(SNMP, Simple Network Management Protocol)은 전역 또는 지역 레벨의 인터넷을 관리하기 위해 사용된다. **도메인 이름 시스템**(DNS, Domain Name System)은 컴퓨터의 네트워크층 주소를 찾기 위해 다른 프로토콜들에 의해 사용된다. **인터넷 그룹 관리 프로토콜**(IGMP, Internet Group Management Protocol)은 그룹 멤버를 수집하기 위해 사용된다.

2.2.4 캡슐화와 역캡슐화

인터넷에서 프로토콜 계층화를 할 때 중요한 개념 중 하나가 바로 캡슐화(encapsulation)/역캡슐화(decapsulation)이다. 그림 2.8은 그림 2.5의 작은 인터넷에 대한 이 개념을 보여준다.

링크층 교환기들에서는 캡슐화/역캡슐화가 일어나지 않기 때문에 이들 장치를 위한 계층들을 나타내지 않았다. 그림 2.8은 발신지 호스트에서 캡슐화, 목적지 호스트에서 역캡슐화, 그리고 라우터에서 캡슐화와 역캡슐화를 보여준다.

발신지 호스트에서 캡슐화

발신지에서는 오직 캡슐화만을 수행한다.

1. 응용층에서 교환되는 데이터는 메시지로 불린다. 메시지(message)는 주로 어떤 헤더(header)나 트레일러(trailer)를 포함하지는 않지만, 만약 포함되더라도 이 전체를 메시지라고 부른다. 이 메시지는 전송층에 전송된다.

그림 2.8
캡슐화/역캡슐화

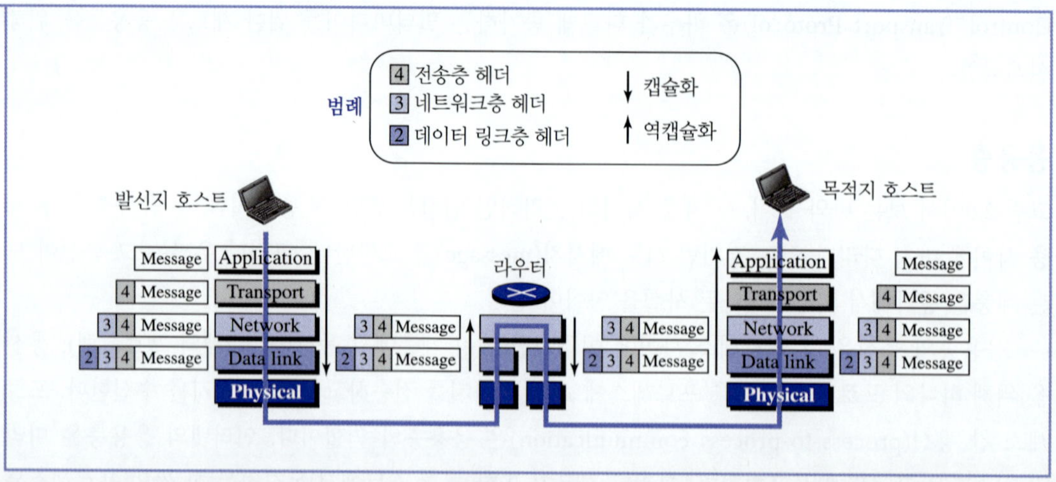

2. 전송층은 메시지를 전송층이 반드시 처리해야 하는 페이로드(payload)로 받는다. 전송층은 전송층 헤더를 페이로드에 붙이는데, 이것은 통신을 원하는 발신지와 목적지의 응용 식별자와 흐름 제어, 오류 제어, 또는 혼잡 제어에 필요한 정보를 포함해서 메시지의 종단-대-종단 전송을 위해 필요한 추가적인 정보들을 포함한다. 이러한 과정의 결과물은 **세그먼트**(segment, TCP에서) 또는 **사용자 데이터그램**(user datagram, UDP에서)이라 불리는 전송층 패킷(transport-layer packet)이다. 그런 다음에 전송층은 이 패킷을 네트워크층에 보낸다.
3. 네트워크층은 전송층 패킷을 데이터 또는 페이로드로 받아 자신의 헤더를 페이로드에 추가한다. 헤더는 발신지와 목적지 주소와 헤더의 오류검사, 단편화 정보 등을 위해 사용되는 추가적인 정보들을 포함한다. 이 과정의 결과물은 **데이터그램**(datagram)이라는 네트워크층 패킷(network-layer packet)이다. 그런 다음 네트워크층은 패킷을 데이터 링크층에 보낸다.
4. 데이터 링크층은 네트워크층 패킷을 데이터 또는 페이로드로 받아서 호스트 또는 다음 홉(router)의 링크층 주소를 포함하는 자신의 헤더를 추가한다. 이 과정의 결과물은 **프레임**(frame)이라 불리는 링크층 패킷(link-layer packet)이다. 프레임은 전송을 위해 물리층에 보내진다.

라우터에서 역캡슐화와 캡슐화

라우터의 경우 라우터가 2개 또는 그 이상의 링크들과 연결되어 있기 때문에 역캡슐화와 캡슐화가 모두 일어난다.

1. 데이터 링크층에 일련의 비트들이 전송된 후에 이 계층은 프레임으로부터 데이터그램을 역캡슐화하고 그것을 네트워크층에 보낸다.
2. 네트워크층은 오직 데이터그램 헤더에서 발신지와 목적지 주소를 조사하고 데이터그램이 전송될 다음 홉을 찾기 위해 포워딩 테이블을 조사한다. 데이터그램의 내용은 만약 길이가 다음 홉을 통과하기에 너무 커서 단편화할 필요가 생기지 않는 이상 라우터의 네트워크층에 의해 변경되어서는 안 된다. 후에 그 데이터그램은 다음 링크의 데이터 링크층에 보내어진다.

3. 다음 링크의 데이터 링크층은 프레임에서 그 데이터그램을 캡슐화하고 전송을 위해 그것을 물리층에 보낸다.

목적지 호스트에서 역캡슐화

목적지 호스트에서 각 계층은 메시지가 응용층에 도달할 때까지 수신된 패킷을 역캡슐화하고, 페이로드를 떼어내어 그것을 한 단계 높은 프로토콜 계층에 전송하는 역할만을 수행한다. 호스트에서 역캡슐화가 오류 검사를 포함하는 것은 반드시 필요하다고 말할 수 있다.

2.2.5 주소지정

인터넷에서 프로토콜 계층화와 관련된 또 다른 개념인 **주소지정**(addressing)에 대해 아는 것은 매우 중요한 일이다. 이전에 언급한 것과 같이, 우리는 이 모델에서 양 계층 간에 논리적인 연결을 갖는다. 2개의 당사자를 포함하는 모든 통신은 발신지 주소와 목적지 주소라는 2개의 주소를 필요로 한다.

비록 우리가 보기엔 필요한 주소 쌍의 개수가 한 계층에 한 쌍씩 5쌍인 것처럼 보이지만 사실 물리층은 주소를 필요로 하지 않기 때문에 주로 4쌍의 주소만을 가진다. 물리층에서 데이터 교환 단위는 비트이므로 이것은 절대로 주소를 가질 수 없다. 그림 2.9는 각 계층의 주소지정을 나타내고 있다.

그림 2.9에서 볼 수 있는 바와 같이, "계층", "그 계층의 주소", "그 계층의 패킷 이름" 사이에는 관계가 존재한다. 응용층에서 우리는 someorg.com과 같은 서비스를 제공하는 사이트 이름, 또는 somebody@coldmail.com과 같은 전자우편 주소를 이용한다. 전송층에서 사용하는 주소는 포트 번호(port number)라고 하는데, 이 번호는 발신지와 목적지의 응용을 나타낸다. 포트 번호는 동시에 동작하는 여러 개의 프로그램을 구분하기 위한 주소이다. 네트워크층에서 주소는 전역적으로 전체 인터넷을 범위로 갖는다. 하나의 네트워크 주소는 인터넷에 접속하는 장치를 유일하게 정의하는 주소이다. 때때로 MAC 주소로 불리는 링크층 주소는 지역적으로 정의된 주소이며, 이 주소는 네트워크에서(LAN 또는 WAN) 특정 호스트 또는 라우터를 정의한다. 우리는 이들 주소들을 이후의 장들에서 다시 설명할 것이다.

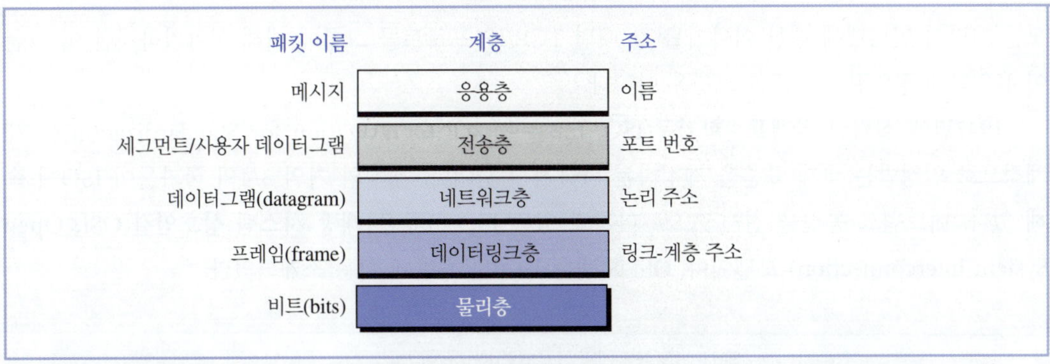

그림 2.9 TCP/IP 프로토콜 그룹에서 주소지정

그림 2.10
다중화와 역다중화

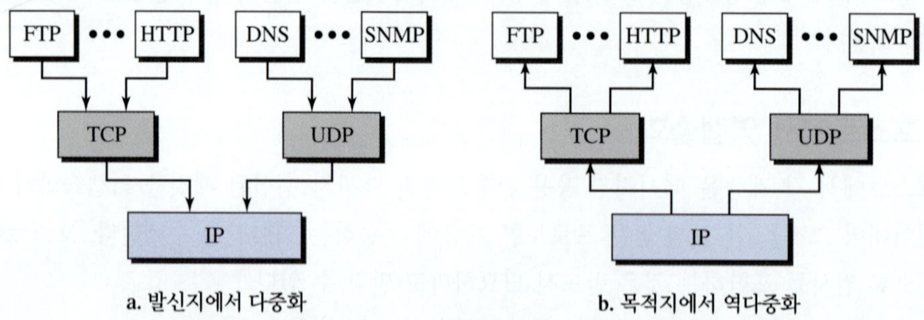

2.2.6 다중화와 역다중화

TCP/IP 프로토콜 그룹은 몇몇 계층에서 여러 개의 프로토콜을 사용하기 때문에 발신지에서는 다중화(multiplexing), 목적지에서는 역다중화(demultiplexing)를 가진다고 말할 수 있다. 이 경우에 다중화가 의미하는 것은 상위 계층 프로토콜로부터 오는 여러 개의 패킷을 한 계층에서 하나의 프로토콜로 캡슐화할 수 있다는 것이다(한 번에 하나씩). 역다중화가 의미하는 것은 하나의 프로토콜은 역캡슐화를 할 수 있고 패킷을 여러 개의 다음 상위 계층 프로토콜로 전송할 수 있다는 것이다(한 번에 하나씩). 그림 2.10은 3개의 상위 계층에서 다중화와 역다중화의 개념을 보인다.

다중화와 역다중화를 가능하게 하기 위해 프로토콜은 캡슐화된 패킷이 어느 프로토콜에 속하는지 식별하기 위한 필드를 헤더에 포함해야 한다. 전송층의 경우 UDP 또는 TCP 중 어느 하나는 여러 개의 응용층 프로토콜로부터 하나의 메시지를 받을 수 있다. 네트워크층에서 IP는 TCP로부터 세그먼트 또는 UDP로부터 사용자 데이터그램을 받을 수 있다. IP는 또한 ICMP, IGMP, 그리고 그 외의 프로토콜로부터 패킷을 받을 수 있다. 데이터 링크층의 경우 프레임은 IP 또는 ARP(9장 참조)와 같은 다른 프로토콜로부터 오는 페이로드를 전송할 것이다.

2.3 OSI 모델

모든 사람이 인터넷에 대한 이야기를 할 때면 TCP/IP 프로토콜 그룹에 대해 이야기하지만 이 그룹이 유일하게 정의된 프로토콜 그룹은 아니다.

1947년에 설립된 **국제표준화기구**(ISO, International Organization for Standardization)는 세계적으로 인정받는 국제 표준을 제정하는 다국적 기관이다. 세계의 거의 3/4의 국가들이 ISO에 속해 있다. 네트워크 통신을 전체적으로 다루고 있는 ISO 표준은 **개방 시스템 상호연결**(OSI, Open System Interconnection) 모델이다. OSI 모델은 1970년 후반에 처음 소개되었다.

ISO는 기구이고, OSI는 모델이다.

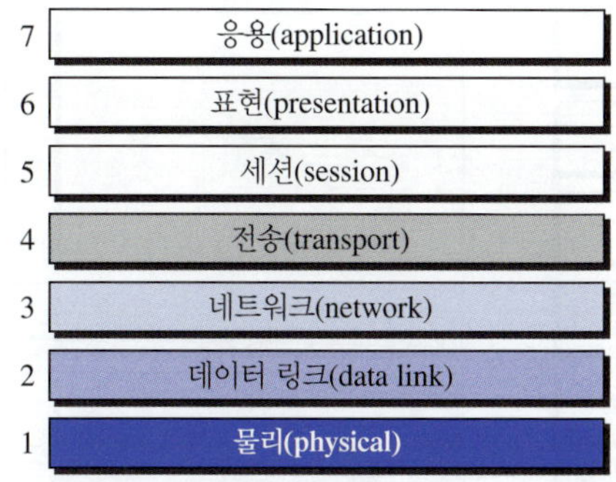

그림 2.11 OSI 모델

개방 시스템(open system)은 기반 구조와 관계없이 서로 다른 시스템 간의 통신을 제공하는 프로토콜의 집합이다. OSI 모델은 하드웨어나 소프트웨어 기반의 논리적인 변화에 대한 요구 없이 서로 다른 시스템 간의 통신을 원활하게 하는 데 그 목적이 있다. OSI 모델은 프로토콜이 아니다. 유연하고 안전하며, 상호 연동이 가능한 네트워크 구조를 이해하고 설계하기 위한 모델이다. OSI 모델은 OSI 스택(Stack)에 있는 프로토콜의 생성에 기초가 된다.

OSI 모델은 모든 종류의 컴퓨터 시스템 간 통신을 가능하게 하는 네트워크 시스템 설계를 위한 계층 구조이다. 이 모델은 서로 연관된 7개의 계층으로 구성되어 있고, 각 계층에는 네트워크를 통해 정보를 전송하는 일련의 과정이 규정되어 있다(그림 2.11 참조).

2.3.1 OSI 대 TCP/IP

두 모델을 비교할 때 2개의 계층인 세션(session)과 표현(presentation)층이 TCP/IP 프로토콜 그룹에는 없다는 것을 알 수 있다. 이들 두 계층은 OSI 모델의 발표 후 TCP/IP 프로토콜 그룹에 추가되지 않았다. 그림 2.12와 같이 TCP/IP 그룹의 응용층은 OSI 모델의 3개 계층의 결합으로 여겨진다.

이 결정에 대한 두 가지 이유가 거론되었다. 첫 번째, TCP/IP는 하나 이상의 전송층 프로토콜을 가지고 있다. 세션층의 일부 기능은 몇몇 전송층 프로토콜에서 가능하다. 두 번째, 응용층이 단순히 소프트웨어의 한 부분만은 아니다. 많은 응용이 이 계층에서 개발될 수 있다. 만약 세션 그리고 표현층에서 언급된 기능 중 몇 개가 특정 응용에서 필요로 한다면, 그것은 소프트웨어의 한 부분으로 개발될 수 있다.

2.3.2 OSI 모델의 실패

OSI 모델은 TCP/IP 프로토콜 그룹 이후에 나타났다. 대부분의 전문가는 처음에는 흥분했고 OSI 모델에 의해 TCP/IP 모델은 모두 대체될 것이라 생각했다. 이러한 일이 일어나지 않은 몇 가지 이유가 있지만 우리는 이 분야의 모든 전문가에 의해 동의된 세 가지 이유만 설명한다. 첫 번째, OSI는 TCP/IP가 완전히 자리 잡고, 많은 돈과 시간이 TCP/IP 그룹을 위해 투자되고 난 후에 완성되었다. 다른 모델로 변경하는 것은 많은 비용이 든다. 두 번째, OSI 모델의 일부 계층은 완전히 정의되지 않

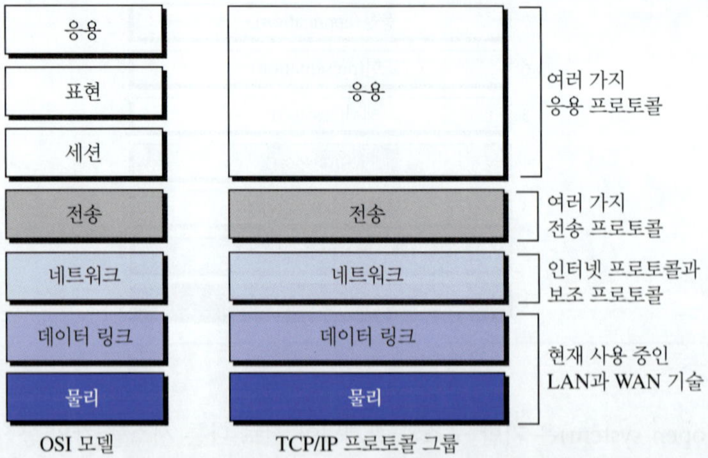

그림 2.12
TCP/IP와 OSI 모델

았다. 예를 들어 표현층과 세션층에 의해 제공된 서비스들이 문서에 기술되었다 하더라도 이들 두 계층에 대한 실제 프로토콜은 완전히 정의되거나 기술되지 않았다. 그리고 대응하는 소프트웨어가 완전히 개발되지도 않았다. 세 번째, OSI가 다른 응용의 협회에 의해 구현되었을 때 그것은 TCP/IP 프로토콜에서 OSI 모델로 전환하기 위해 인터넷 당국을 끌어들이기 위한 충분히 높은 수준의 성능을 보여주지 못했다.

2.4 추천 자료

2.4.1 추천 도서

이 장에서 설명된 주제에 대해서 좀 더 자세한 내용은 다음의 책과 웹 사이트, 그리고 RFC를 참고하기 바란다. 괄호에 들어가 있는 항목은 책의 뒷부분에 있는 참고문헌에 있다.

참고문헌

[Seg 98], [Lei et al. 98], [Kle 04], [Cer 89], [Jen et al. 86]을 포함한 여러 책과 논문은 인터넷 역사에 대해 아주 쉽게 잘 설명되어 있다.

RFC들

특별하게 2개의 RFC가 TCP/IP 그룹을 논의한다. RFC 791(IP)와 RFC 817(TCP). 뒷 장들에서 각 계층의 각 프로토콜과 관련된 RFC들을 언급한다.

2.4.2 중요 용어

International Standards Organization(ISO)

Open System Interconnection(OSI) model

protocol layering

2.4.3 요약

프로토콜은 데이터 통신을 제어하는 규칙의 모음이다. 프로토콜 계층화에서 우리는 양방향 통신을 제공하기 위해서 두 가지 원칙을 따라야 한다. 첫 번째, 각 계층은 두 가지 반대되는 작업을 수행해야 한다. 두 번째, 양측의 각 계층 아래의 두 객체는 반드시 동일해야 한다. 프로토콜 계층화에서는 논리적인 연결과 물리적인 연결을 구분하는 것이 필요하다. 같은 계층에 있는 2개의 프로토콜은 논리적인 연결이다. 물리적인 연결은 물리층을 통해서만 가능하다.

TCP/IP는 5개의 계층들(물리층, 데이터 링크층, 네트워크층, 전송층, 응용층)로 이루어진 계층적 프로토콜 그룹이다. 물리층은 물리적인 매체를 통하여 비트 스트림을 전달하는 데 필요한 기능들을 수행한다. 데이터 링크층은 하나의 지국에서 다음 지국까지 오류 없이 데이터 단위를 전달하는 책임을 갖는다. 네트워크층은 다중 네트워크 링크를 통하여 패킷의 발신지-대-목적지 전달을 담당한다. 전송층은 전체 메시지의 프로세스-대-프로세스 전달을 담당한다. 응용층은 사용자에게 네트워크 접속을 가능하게 한다.

인터넷에서 TCP/IP 프로토콜에 따라 4개의 주소 레벨[물리(링크) 주소, 논리(IP) 주소, 포트 주소, 특수 주소]이 사용된다. 링크 주소로 알려진 물리 주소는 LAN이나 WAN에서 지정된 노드의 주소이다. IP 주소는 인터넷에서 호스트를 유일하게 지정한다. 포트 주소는 호스트에서 프로세스를 구분한다. 특수 주소는 사용자에게 편리한 주소이다.

프로토콜 계층화를 규정하는 또 다른 모델은 개방 시스템 상호접속(Open System Interconnection, OSI) 모델이다. OSI 모델에 있는 세션층과 표현층은 TCP/IP 프로토콜 그룹에는 없다. 이 두 계층은 OSI 모델이 출간된 후에 TCP/IP 프로토콜 그룹에 추가되지 않았다. 그룹에 있는 응용층은 OSI 모델에 있는 3계층의 조합이라고 생각할 수 있다. OSI 모델은 TCP/IP 프로토콜 그룹으로 대체되지 못했는데, 이는 TCP/IP가 완전하게 구현되었을 때에 OSI 모델에 있는 일부 계층은 완전하게 구현되지 못하였다.

2.5 연습문제

2.5.1 객관식

1. TCP/IP 프로토콜 그룹은 ________ 개의 계층으로 구성되어 있다.
   a. 2 b. 3
   c. 5 d. 6

2. 라우터는 TCP/IP 프로토콜 그룹의 ________ 계층을 포함하고 있다.
   a. 2 b. 3
   c. 4 d. 5

3. 링크 계층 교환기는 TCP/IP 프로토콜 그룹의 ________ 계층에 속해 있다.
   a. 2 b. 3
   c. 4 d. 5

4. TCP/IP 프로토콜 그룹에서 다음 중 응용층 프로토콜은?
   a. 사용자 데이터그램 프로토콜(UDP)
   b. 인터넷 프로토콜(IP)
   c. 파일 전송 프로토콜(FTP)
   d. 전송 제어 프로토콜(TCP)

5. TCP/IP 프로토콜 그룹에서 다음 중 전송층 프로토콜은?
   a. 인터넷 제어 메시지 프로토콜(ICMP)
   b. 인터넷 프로토콜(IP)
   c. 주소 변환 프로토콜(ARP)
   d. 전송 제어 프로토콜(TCP)

6. TCP/IP 프로토콜 그룹에서 다음 중 네트워크층 프로토콜은?
   a. 스트림 제어 전송 프로토콜(SCTP)
   b. 보안 쉘(SSH)
   c. 인터넷 프로토콜(IP)
   d. 사용자 데이터그램 프로토콜(UDP)

7. TCP/IP 프로토콜 그룹에서 전송층 패킷은 ________ (이)라 불린다.
   a. 메시지
   b. 데이터그램
   c. 세그먼트 또는 사용자 데이터그램
   d. 프레임

8. TCP/IP 프로토콜 그룹에서 ________ 계층은 하나의 홉(노드)에서 다음 홉으로 프레임 전달에 대한 책임이 있다.
   a. 물리 b. 데이터 링크
   c. 전송 d. 네트워크

9. TCP/IP 프로토콜 그룹에서 물리층은 물리적인 매체를 통해 ________의 전달에 책임이 있다.
   a. 프로그램 b. 대화(dialog)
   c. 프로토콜 d. 비트

10. TCP/IP 프로토콜 그룹에서 포트 번호는 ________ 에서 사용하는 식별자이다.
    a. 응용층 b. 전송층
    c. 네트워크층 d. 물리층

11. TCP/IP 프로토콜 그룹에서 논리 주소는 ________ 에서 사용하는 식별자이다.
    a. 네트워크층 b. 전송층
    c. 데이터 링크층 d. 응용층

12. ________ 계층은 하나의 프로세스에서 다른 프로세스로 메시지 전송에 대한 책임이 있다.
    a. 물리 b. 전송
    c. 네트워크 d. 응용

13. 인터넷 프로토콜(IP)는 ________ 프로토콜이다.
    a. 신뢰성이 있는 b. 연결형
    c. 신뢰성이 있고 연결형 d. 신뢰성이 없는

14. TCP/IP 프로토콜 그룹에서 응용층은 일반적으로 OSI 모델에서 ________ 계층의 조합으로 간주한다.

a. 응용, 표현, 세션
b. 응용, 전송, 네트워크
c. 응용, 데이터 링크, 물리
d. 네트워크, 데이터 링크, 물리

15. TCP/IP에서 응용층에 있는 메시지는 __________ 계층의 패킷에 캡슐화된다.
a. 네트워크 b. 전송
c. 데이터 링크 d. 물리

16. TCP/IP에서 전송층에 있는 메시지는 __________ 계층의 패킷에 캡슐화된다.
a. 네트워크 b. 전송
c. 데이터 링크 d. 물리

17. TCP/IP에서 네트워크층에 있는 메시지는 __________ 계층의 패킷으로부터 역캡슐화된다.
a. 네트워크 b. 전송
c. 데이터 링크 d. 물리

18. TCP/IP에서 전송층에 있는 메시지는 __________ 계층의 패킷으로부터 역캡슐화된다.
a. 네트워크 b. 전송
c. 데이터 링크 d. 물리

19. TCP/IP에서 네트워크층 개체의 논리적인 연결은 또 다른 __________ 계층의 개체와 이루어진다.
a. 네트워크 b. 전송
c. 데이터 링크 d. 물리

20. TCP/IP에서 데이터 링크층 개체의 논리적인 연결은 또 다른 __________ 계층의 개체와 이루어진다.
a. 네트워크 b. 전송
c. 데이터 링크 d. 물리

21. TCP/IP에서 3계층의 패킷은 __________ 계층의 데이터와 __________ 계층의 헤더를 전달한다.
a. 3; 3 b. 3; 4
c. 4; 3 d. 4; 4

2.5.2 주관식

Q-1 이 장에서 양방향(bidirectional) 통신을 만들기 위해 필요로 하는 프로토콜 계층화에 대해 논의했던 첫 원칙은 무엇인가?

Q-2 TCP/IP 프로토콜 중 어떤 계층들이 링크층 교환기에 포함되는가?

Q-3 1개의 라우터가 3개의 링크(네트워크)에 연결되어 있다. 다음 각 계층에는 얼마나 많은 라우터들이 관련되어 있는가?
a. 물리층
b. 데이터 링크층
c. 네트워크층

Q-4 TCP/IP 프로토콜에서 응용층의 논리적인 연결을 생각할 때 송신자와 수신자 입장에서 동일한 객체는 무엇인가?

Q-5 어떤 호스트가 TCP/IP 프로토콜을 이용하여 다른 호스트와 통신을 수행한다. 다음 각 계층에서 송수신된 데이터 단위는 무엇인가?
a. 응용층
b. 네트워크층
c. 데이터 링크층

Q-6 다음 데이터 단위 중 어떤 것이 프레임에 캡슐화되는가?

a. 사용자 데이터그램

b. 데이터그램

c. 세그먼트

Q-7 다음 데이터 단위 중 어떤 것이 사용자 다이어그램으로부터 역캡슐화가 된 것인가?

a. 데이터그램

b. 세그먼트

c. 메시지

Q-8 다음 데이터 단위 중 어느 것이 4계층으로부터 헤더가 추가된 응용층 메시지를 갖는가?

a. 프레임

b. 데이터그램

c. 비트

Q-9 이 장에서 언급한 응용층 프로토콜의 몇 가지를 나열하라.

Q-10 만약 포트 번호가 16비트(2바이트)라면, TCP/IP 프로토콜의 전송층에서 최소 헤더 크기는 얼마인가?

Q-11 다음 계층에서 사용되는 주소(식별자)의 유형은 무엇인가?

a. 응용층

b. 네트워크층

c. 데이터 링크층

Q-12 전송층의 응용층 메시지에 대한 다중화(multiplex)와 역다중화(demultiplex)를 언급할 때, 전송층 프로토콜의 한 패킷이 응용층으로부터 몇 개의 메시지를 결합할 수 있음을 의미하는가? 이유를 설명하라.

Q-13 응용층에서 다중화/역다중화 서비스가 왜 언급되지 않는지 설명할 수 있는가?

Q-14 각 호스트의 연결을 위해 2개의 독립된 호스트를 함께 연결하고자 한다고 가정하자. 두 호스트 간 링크층 교환기가 필요한가? 설명하라.

Q-15 만약 발신지 호스트와 목적지 호스트 사이에 단일 경로가 있다면, 두 호스트 사이에 라우터가 필요한가?

객관식 홀수 번 문제 정답

1. ⓒ 3. ⓐ 5. ⓓ 7. ⓒ 9. ⓓ 11. ⓐ 13. ⓓ 15. ⓑ 17. ⓒ 19. ⓐ 21. ⓒ

PART II

DATA COMMUNICATIONS

물리층

이 책의 2부에서는 물리층을 연결하는 전송 매체를 포함한 물리층에 대해 설명한다. 2부는 6개의 장으로 되어 있다. 첫 번째 장은 물리층에 포함된 개체들을 소개한다. 다음 2개의 장은 전송에 대해 다룬다. 이어지는 장은 이용 가능한 대역폭을 이용하는 방법을 다룬다. 그 다음 장은 전부 전송 매체에 대해 다룬다. 마지막으로 8장은 모든 계층에서 일어날 수 있는 교환을 다루는데, 2부에서는 주제에 대해 소개만 하도록 한다.

DATA COMMUNICATIONS

CHAPTER 03

물리층 개요

물리층의 주요 기능은 전송 매체를 통하여 전자기 신호 형태로 데이터를 전달하는 것이다. 당신이 다른 컴퓨터로부터 수치 통계를 수집하든지, 디자인 워크스테이션을 이용하여 애니메이션 형태의 그림을 보낸다든지, 멀리 떨어져 있는 제어 센터에 벨을 울리게 한다든지 하는 모든 것이 네트워크 연결을 통한 **데이터**(data) 전송으로 이루어지는 것이다.

일반적으로 사람이나 응용에서 이용할 수 있는 데이터는 네트워크를 통하여 전송될 수 있는 형태가 아니다. 예를 들면, 사진은 먼저 전송 매체를 통하여 전달할 수 있는 형태로 바꾸어야 한다. 전송 매체는 물리 경로를 따라 에너지를 전달하는 작업을 한다. 전송을 위해서 데이터는 **신호**(signal)로 바꾸는 것이 필요하다.

이 장은 6개의 절로 나뉘었다.

첫 번째 절은 데이터와 신호가 아날로그나 디지털일 수 있다는 것을 보여준다. 아날로그는 **개체**(entity)가 연속적이고 디지털은 이산적이라고 할 수 있다.

두 번째 절은 데이터 통신에 사용할 수 있는 주기 아날로그 신호를 보여준다. 이 절은 단순 신호와 복합 신호를 설명한다. 아날로그 신호의 속성인 주기, 주파수, 위상도 설명한다.

세 번째 절은 데이터 통신에 사용하는 비주기 디지털 신호를 보여준다. 비트 전송률과 비트 길이와 같은 디지털 신호의 속성도 다룬다. 또, 디지털 데이터를 어떻게 아날로그 신호를 이용하여 보낼 수 있는지 보여준다. **베이스밴드**(baseband, 기저대역)와 **브로드밴드**(broadband, 광대역)도 이 절에서 설명한다.

네 번째 절은 전송 장애를 설명한다. 감쇠, 일그러짐, 잡음이 어떻게 신호 장애를 일으킬 수 있는지 보여준다.

다섯 번째 절은 데이터 전송률 제한에 대해 설명한다. 이용 가능한 채널을 통하여 얼마나 많은 비트를 보낼 수 있는지를 설명한다. 잡음 없는 채널과 잡음 있는 채널의 데이터 전송률도 조사해 보고 비교한다.

여섯 번째 절은 데이터 전송 성능을 설명한다. 대역폭, 처리율, 지연, 파형 난조를 포함해서 여러 가지 채널 측정도 알아본다. 성능은 여러 개의 장에서 다룰 주제이다.

3.1 데이터와 신호

그림 3.1은 연구기관에서 작업하는 과학자들의 시나리오를 보여준다. 스카이 연구소는 온라인 서점인 과학서점으로부터 연구와 관련된 책을 주문하려고 한다.

한쪽 과학자가 작업하는 컴퓨터인 앨리스와 온라인 서비스를 제공하는 컴퓨터인 밥 사이에 5개의 계층의 통신을 생각할 수 있다. 응용, 전송, 네트워크, 데이터 링크층에서 이루어지는 통신은 논리적(logical)이고 물리층 통신은 물리적(physical)이다. 간단하게 호스트-대-라우터, 라우터-대-라우터, 라우터-대-호스트만을 보는데, 교환기도 물리적인 통신에 포함되어 있다.

앨리스와 밥은 데이터(data)를 교환하지만 물리층 통신은 신호(signal)의 교환을 의미한다. 일반적으로 사람이 이용하는 데이터나 응용은 네트워크를 통하여 전송될 수 있는 형태가 아니다. 예를 들면, 사진은 먼저 전송 매체가 받아들일 수 있는 형태로 변환되어야 한다. 전송매체는 물리적인 경

그림 3.1
물리층 통신

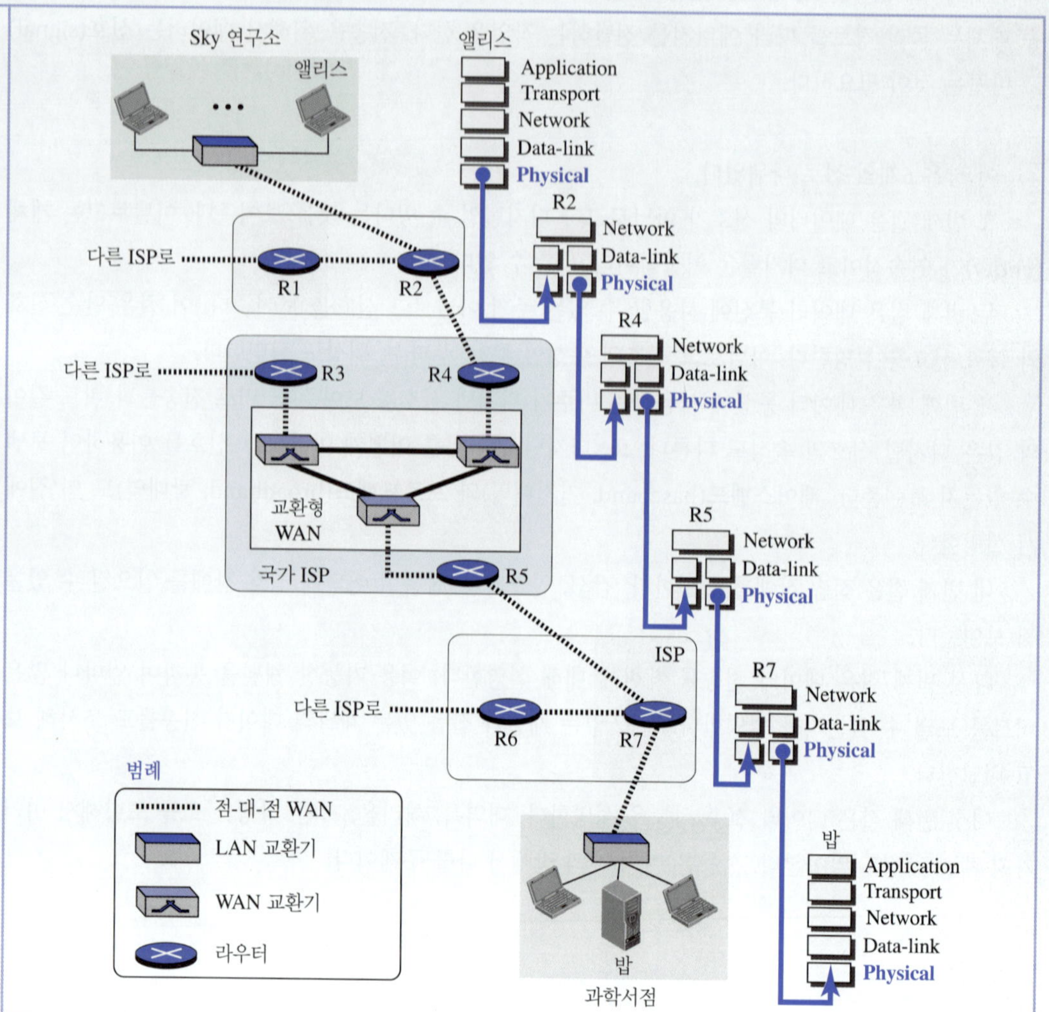

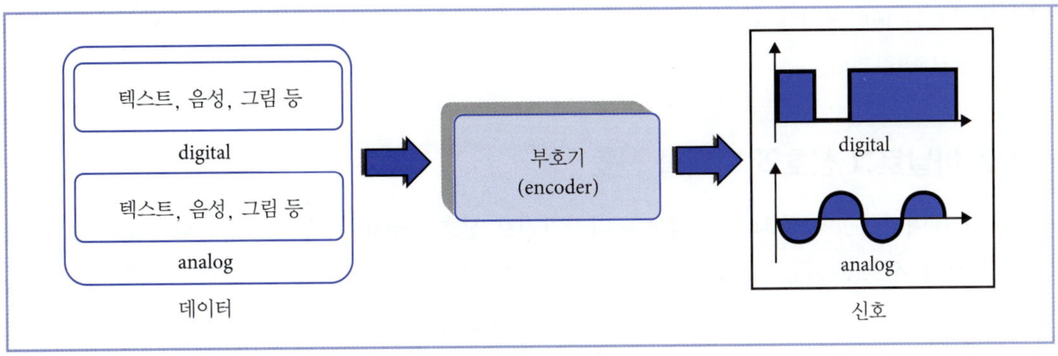

그림 3.2
정보의 신호로 변환

로를 따라 에너지를 전도하는 방식으로 동작한다. 따라서 1과 0의 데이터 흐름은 전자기 신호 형태의 에너지로 변환되어야 한다(그림 3.2 참조). 데이터와 데이터를 표현하는 신호는 아날로그(analog) 또는 디지털(digital) 형태일 수 있다.

3.1.1 아날로그 데이터와 디지털 데이터

데이터는 아날로그나 디지털이 될 수 있다. **아날로그 데이터**(analog data)란 연속적인 정보를 말하며 **디지털 데이터**(digital data)는 이산적인 값을 갖는 정보를 말한다. 예를 들면, 아날로그 시계는 연속적인 형태로 정보를 알려주는 시간, 분 및 초침을 가지고 있다. 반면에 시간과 분을 알려주는 디지털 시계는 3:22에서 3:23으로 갑자기 바뀐다(그림 3.3 참조).

사람의 목소리에 의해 만들어지는 음성과 같은 아날로그 데이터는 연속적인 값을 갖는다. 누군가가 말을 했을 때 아날로그 파가 공기 중에 만들어진다. 이 파는 마이크로폰에 의해 포착되어 아날로그 신호로 변환되기 위해 **표본 채집**(sampling, 샘플링)되어 디지털 신호로 변환된다.

디지털 데이터는 이산적인 값을 갖는다. 디지털 데이터의 한 예는 0과 1의 형태로 컴퓨터의 기억장치에 저장되는 데이터이다. 이들 데이터는 전송매체를 통하여 전송되기 위해서 디지털 신호나 변조되어 아날로그 신호로 변환된다.

디지털 데이터는 이산 값을 갖는다. 디지털 데이터의 한 예는 0과 1의 형태로 컴퓨터의 기억장

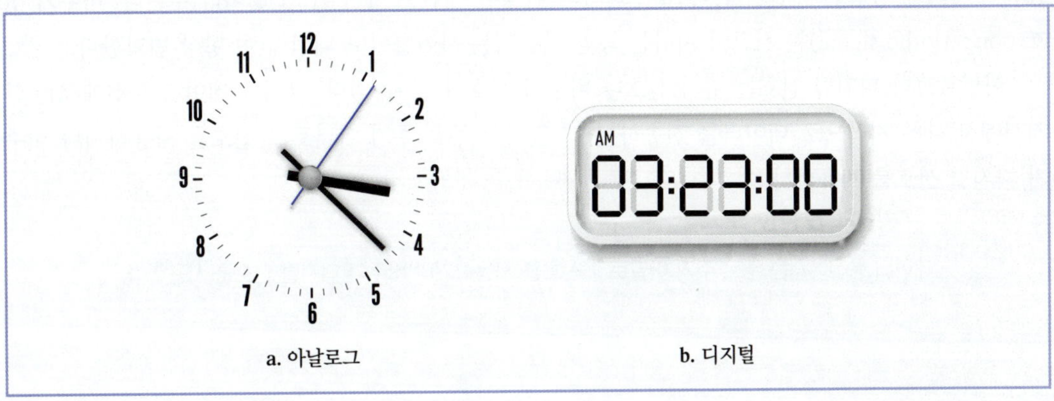

그림 3.3
아날로그 시계와
디지털 시계

치에 저장되는 데이터이다. 데이터는 보통 한 장소에서 외부나 내부의 다른 컴퓨터로 전송될 때 디지털 신호로 변환된다.

3.1.2 아날로그 신호와 디지털 신호

아날로그 데이터와 디지털 데이터 정보와 마찬가지로 **신호**(signal)도 아날로그나 디지털이 될 수 있다. **아날로그 신호**(analog signal)는 전체 시간 동안 부드럽게 변화하는 연속적인 파형이다. 어떤 파형이 A 값에서 B 값으로 이동한다면, 그 파형은 무한개의 값으로 이루어진 경로를 따라 이동한다. 반면, **디지털 신호**(digital signal)는 이산적이며 1, 0으로 된 제한된 수의 정의된 값만을 가질 수 있다.

신호를 가장 간단하게 보여주는 방법은 수직축을 사용하여 나타내는 것이다. 수직축은 신호의 값이나 세기를, 수평축은 시간의 경과를 나타낸다. 그림 3.4는 아날로그 신호와 디지털 신호를 나타내고 있다. 곡선은 무한히 많은 점을 지나는 아날로그 신호를 나타낸다. 하지만 디지털 신호의 수직선은 값과 값 사이에서 신호의 갑작스런 이동을 보여준다.

그림 3.4
아날로그 신호와 디지털 신호의 비교

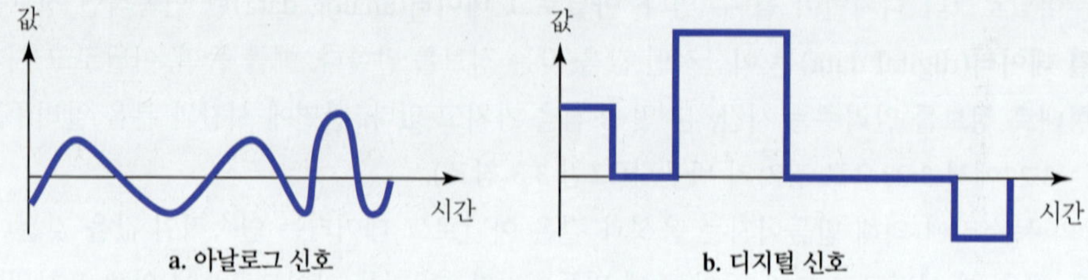

3.1.3 주기 신호와 비주기 신호

아날로그 신호와 디지털 신호 모두 주기(periodic) 혹은 비주기(aperiodic 혹은 nonperiodic)라는 두 가지 형태 중 하나가 될 수 있다.

주기 신호(periodic signal)는 주기라는 측정 가능한 시간 내에 특정 패턴이 만들어지고 난 후에 동일한 주기에 동일한 패턴이 반복된다. 하나의 완성된 패턴은 **사이클**(cycle)이라 부른다. **비주기 신호**(nonperiodic signal)는 시간이 지나는 동안 반복되는 사이클이나 패턴 없이 항상 변화한다.

아날로그나 디지털 신호는 주기 신호나 비주기 신호가 될 수 있다. 그러나 데이터 통신에서는 한 지점에서 다른 지점으로 데이터를 전송하는 데 있어서 주로 주기 아날로그 신호를 사용하거나 비주기 디지털 신호를 사용한다.

데이터 통신에서는 주로 주기 아날로그 신호를 사용하거나 비주기 디지털 신호를 사용한다.

3.2 주기 아날로그 신호

아날로그 신호는 단순 신호와 복합 신호로 나뉜다. **정현파**(sine wave)와 같은 단순 아날로그 신호는 더 이상 단순한 신호로 나뉠 수 없으나, 복합(composite) 아날로그 신호는 여러 개의 정현파로 나뉠 수 있다.

3.2.1 정현파

정현파는 주기 아날로그 신호의 가장 기본적인 형태이다. 단순한 진동 곡선으로 나타낼 수 있는 것처럼, 한 사이클을 진행하는 동안의 변화는 부드럽고 일정하며 연속적이고 흘러가는 듯한 흐름을 갖는다. 그림 3.5는 정현파를 나타내고 있다. 각 사이클은 시간 축 위의 호와 그에 이어지는 시간 축 아래의 호로 구성된다.

부록 E에서 정현파에 대한 수학적 접근 방법을 기술하였다.

정현파는 최대 진폭, 주파수, 위상이라는 세 가지 특성으로 정현파를 나타내게 된다.

최대 진폭

신호의 **최대 진폭**(peak amplitude)은 전송하는 신호의 에너지에 비례하는 가장 큰 세기의 절댓값을 나타낸다. 전기 신호의 경우, 최대 진폭은 흔히 전압으로 측정된다. 그림 3.6은 2개의 신호와 이들의 최대 진폭을 보여준다.

예제 3.1

가정의 전기는 미국의 경우 최대 진폭 155 V에서 170 V의 정현파로 나타낼 수 있다. 그러나 미국 가정의 전압은 110 V에서 120 V로 알려져 있다. 이 차이는 이 전압이 제곱 평균 제곱근(rms, root mean square) 값을 채택하기 때문이다. 신호를 제곱하여 평균 진폭을 계산한다. 최대 진폭은 $2^{1/2} \times$ rms 값과 같다. 국내에서는 220 V 전압을 사용하고 있다.

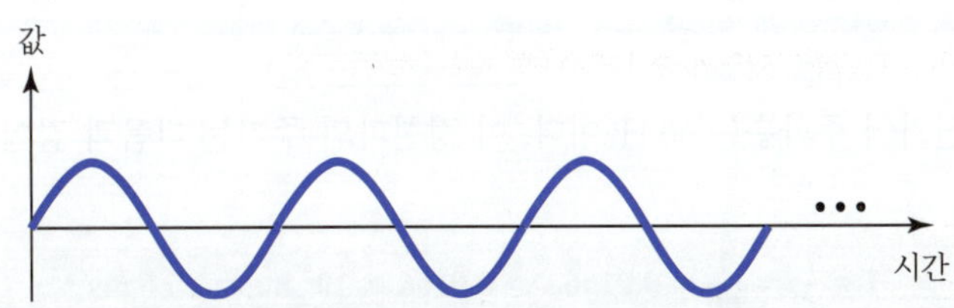

그림 3.5 정현파

그림 3.6
위상과 주파수는 같지만 진폭이 다른 2개의 신호

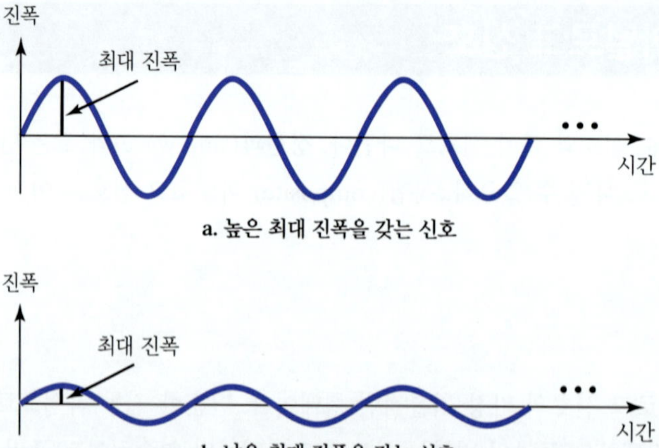

예제 3.2

건전지의 전압은 일정하다. 이 일정한 값은 뒤에서 살펴보겠지만 하나의 정현파로 생각할 수 있다. 예를 들면 AA 건전지의 최대 진폭은 보통 1.5 V이다.

주기와 주파수

주기(period)는 신호가 한 사이클을 완성하는 데 필요한 시간의 양(초 단위)을 나타낸다. **주파수**(frequency)란 1초 동안 생성되는 신호 주기의 수를 말한다. 주기(T)와 주파수(f)는 같은 특성을 두 가지 다른 방법으로 나타낸 것이라는 점에 주목하라. 주기는 주파수의 역이고 주파수는 주기의 역이다.

$$f = \frac{1}{T} \qquad \text{그리고} \qquad T = \frac{1}{f}$$

주파수와 주기는 서로 역이다.

그림 3.7은 2개의 신호와 이들의 주파수를 보여준다. 주기는 공식적으로 초로 나타낸다. 주파수는 공식적으로 매초당 사이클 수인 **헤르츠**(Hertz, Hz)로 나타낸다. 주기와 주파수 단위는 표 3.1에 나타나 있다.

예제 3.3

가정에서 사용하는 전기의 주파수는 60 Hz이다. 이 정현파의 주기는 다음과 같이 정할 수 있다.

$$T = \frac{1}{f} = \frac{1}{60} = 0.0166 \text{ s} = 0.0166 \times 10^3 \text{ ms} = 16.6 \text{ ms}$$

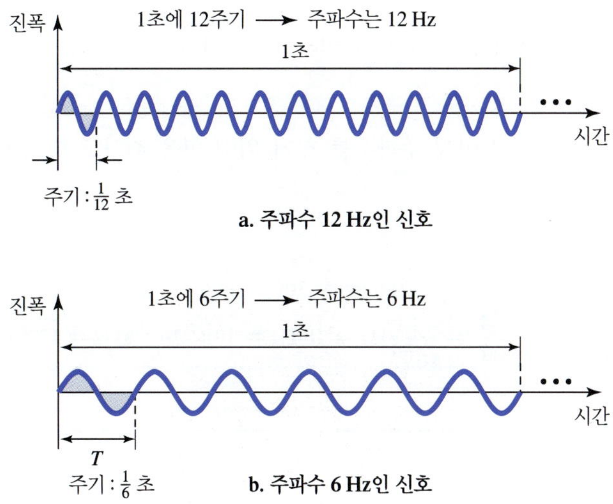

그림 3.7 위상과 진폭은 같지만 주파수가 다른 2개의 신호

표 3.1 주기와 주파수 단위

주기(period)		주파수(frequency)	
단위	같은 의미	단위	같은 의미
Seconds(s)	1 s	Hertz(Hz)	1 Hz
Milliseconds(ms)	10^{-3} s	Kilohertz(kHz)	10^{3} Hz
Microseconds(ms)	10^{-6} s	Megahertz(MHz)	10^{6} Hz
Nanoseconds(ns)	10^{-9} s	Gigahertz(GHz)	10^{9} Hz
Picoseconds(ps)	10^{-12} s	Terahertz(THz)	10^{12} Hz

이는 가정의 전구에 사용하는 전기의 주기는 0.0116초 또는 16.6 ms라는 것을 말한다. 우리의 눈은 이 신호의 진폭 변화를 느낄 만큼 민감하지 않다.

예제 3.4

100 ms의 주기를 마이크로초로 나타내어라.

해답

표 3.1로부터 1 ms(1 ms는 10^{-3} s)와 1초(1 s는 10^{6} μs)에 상응하는 값을 찾아서 대입하면 다음과 같다.

$$100 \text{ ms} = 100 \times 10^{-3} \text{ s} = 100 \times 10^{-3} \times 10^{6} \ \mu\text{s} = 10^{2} \times 10^{-3} \times 10^{6} \ \mu\text{s} = 10^{5} \ \mu\text{s}$$

예제 3.5

한 신호의 주기가 100 ms이다. 이를 주파수로 나타내어라.

해답

먼저 100 ms를 초로 바꾸고 이제 주파수를 찾기 위해 역을 취하고 다시 kHz로 변환하면 다음과 같다(1 Hz = 10^{-3} kHz).

$$100 \text{ ms} = 100 \times 10^{-3} \text{ s} = 10^{-1} \text{ s}$$

$$f = \frac{1}{T} = \frac{1}{10^{-1}} \text{Hz} = 10 \text{ Hz} = 10 \times 10^{-3} \text{ kHz} = 10^{-2} \text{ kHz}$$

주파수에 대해 더 알아보기

우리는 이미 주파수란 시간에 대한 신호의 관계이며, 매초당 완성되는 사이클 수라는 것을 배웠다. 주파수를 관찰하는 다른 방법은 변화율을 측정하는 것이다. 전자기 신호는 진동 파형으로, 평균 에너지 준위의 위아래로 연속적이면서 예측 가능한 방식으로 오르내린다. 한 정현파의 주파수는 그 파형이 가장 낮은 에너지 준위에서 가장 높은 준위로 움직이는 속도이다. 40 Hz 신호의 주파수는 80 Hz 신호의 반으로, 80 Hz 신호에 비해 두 배의 시간이 걸려 한 사이클을 마치며, 따라서 각 사이클이 가장 낮은 전압 준위에서 가장 높은 전압 준위로 바뀌는 데에도 두 배의 시간이 걸린다. 그러므로 주파수는, 비록 초당 사이클(Hz)로 기술되긴 하지만, 시간에 대한 신호의 변화율을 총괄적으로 측정한 것이다.

신호의 값이 짧은 시간에 변화되면 주파수는 높다. 신호의 값이 긴 시간에 변화되면 주파수는 낮다.

> 주파수는 시간에 대한 짧은 기간 내의 변화는 높은 주파수를 의미한다.
> 긴 기간에 걸친 변화는 낮은 주파수를 의미한다.

양 극단

만약 신호가 전혀 변화하지 않는다면? 일정한 전압 준위가 전 시간에 걸쳐 유지된다면? 이러한 경우 주파수는 0이다. 이는 매우 간단한 개념이다. 만약 신호가 전혀 변하지 않는다면 한 사이클도 완성될 수 없을 것이고, 결국 주파수는 0 Hz가 될 것이다.

하지만 만약 신호가 순간적으로 변화한다면? 곧바로 한 준위에서 다른 준위로 뛰어오른다면 어떻겠는가? 그렇다면 주파수는 무한대이다. 달리 얘기하자면, 신호의 변화가 순간적일 때 그 신호의 주기는 0이다. 주파수는 주기의 역이기 때문에, 이 경우에 주파수는 1/0, 즉 무한대이다.

> 만약 신호가 전혀 변화하지 않으면, 주파수는 0이다.
> 신호가 순간적으로 변화하면, 주파수는 무한대이다.

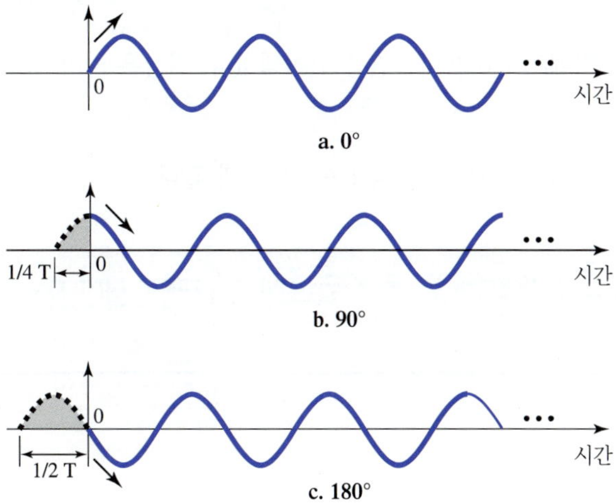

그림 3.8
진폭과 주파수는 같지만 위상이 서로 다른 3개의 정현파

3.2.2 위상

위상(phase)이라는 용어는 시각 0시에 대한 파형의 상대적인 위치를 나타낸다. 만약 시간 축을 따라 앞뒤로 이동하는 파형이 있다면, 위상은 그 이동한 양을 이르며 첫 사이클의 상태를 나타낸다.

> 위상은 시각 0시에 대해 파형의 상대적인 위치를 나타낸다.

위상은 각도나 라디안(360°는 2π rad)으로 측정된다. 360°의 위상 이동은 파형이 시간 축을 따라 완전히 한 주기만큼 이동한 것에 해당한다. 180°의 위상 이동은 반 주기, 90°의 위상 이동은 1/4 주기의 이동에 해당한다(그림 3.8 참조).

그림 3.8을 보면 다음을 알 수 있다.

1. 위상 0°의 정현파는 시간 0에서 진폭 0으로 시작한다. 진폭은 증가한다.
2. 위상 90°의 정현파는 시간 0에서 최대 진폭으로 시작한다. 진폭은 줄어든다.
3. 위상 180°의 정현파는 시간 0에서 진폭 0으로 시작한다. 진폭은 줄어든다.

위상을 보는 다른 방법은 편이(shift) 또는 편심(offset)이다. 다음과 같이 말할 수 있다.

1. 위상 0°의 정현파는 편이되지 않았다.
2. 위상 90°의 정현파는 왼쪽으로 1/4 사이클만큼 편이되었다. 그러나 신호는 시간 0 이전에는 존재하지 않는다는 것을 유의하라.
3. 180° 위상의 정현파는 왼편으로 1/2 사이클만큼 편이되었다. 그러나 신호는 시간 0 이전에는 존재하지 않는다는 것을 유의하라.

예제 3.6

어떤 정현파는 시간 0의 점에서 1/6 사이클만큼 편이되었다. 위상은 얼마인가?

해답

하나의 완전한 원은 360°이다. 그러므로 원의 1/6은 다음과 같다.

$$\frac{1}{6} \times 360 = 60° = 60 \times \frac{2\pi}{360} \text{ rad} = \frac{\pi}{3} \text{ rad} = 1.046 \text{ rad}$$

3.2.3 파장

파장(wavelength)은 전송 매체를 통과하는 신호의 또 다른 특징이다. 파장은 단순 정현파의 주기 또는 주파수를 전송 매체를 통과하는 **전파 속도**(propagation speed)와 연관된다(그림 3.9 참조).

신호의 주파수는 전송 매체와 무관하지만, 파장은 주파수와 전송 매체에 좌우된다. 파장은 모든 신호의 특성이다. 데이터 통신에 있어서 흔히 광섬유를 통해 빛이 전파되는 것을 파장을 사용하여 설명한다. 파장은 단순 신호가 한 주기 동안 진행할 수 있는 거리이다.

파장은 전파 속도와 신호의 주기(period)가 주어지면 계산할 수 있다. 그러나 주파수와 주기는 서로 관련이 있으므로 파장을 λ(람다), 전파 속도를 c(빛의 속도), 주파수를 f라고 하면 다음의 식을 얻는다.

$$\text{Wavelength} = (\text{propagation speed}) \times \text{period} = \frac{\text{propagation speed}}{\text{frequency}}$$

$$\lambda = \frac{c}{f}$$

전자기 신호의 전파 속도는 전송 매체와 신호의 주파수에 좌우된다. 예를 들어 진공에서 빛은 3×10^8 m/s의 속도로 전파한다. 이 속도는 공기 속에서 낮아지며 케이블 속에서는 더욱 낮아진다.

파장은 보통 마이크로미터 단위로 측정된다. 예를 들면 빨간색 빛(주파수 = 4×10^{14})의 파장은 공기 속에서 다음과 같다.

그림 3.9
파장과 주기

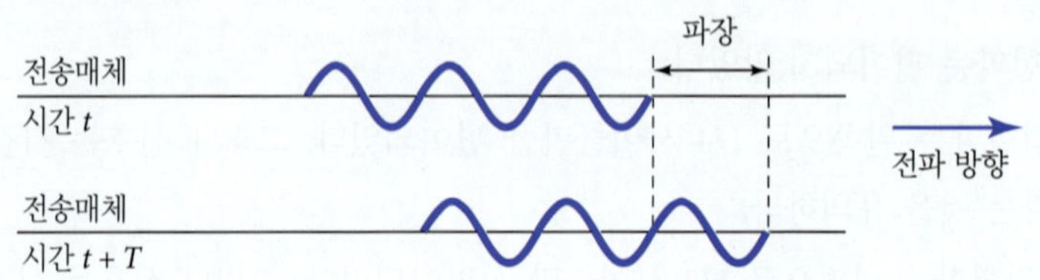

$$\lambda = \frac{c}{f} = \frac{3 \times 10^8}{4 \times 10^{14}} = 0.75 \times 10^{-6} \text{ m} = 0.75 \text{ μm}$$

그러나 동축 또는 광섬유 케이블 속에서는 전파 속도가 낮아지므로 파장은 짧아진다(0.5 μm).

3.2.4 시간 영역과 주파수 영역

정현파는 진폭, 주파수, 위상에 의해 포괄적으로 정의된다. 지금까지는 소위 **시간-영역**(time-domain) 도면을 사용하여 정현파를 나타내었다. 시간 영역 도면은 시간을 고려한 신호의 진폭 변화를 보여준다(이는 진폭-대-시간 도면이다). 위상은 시간 영역 도면에서는 명확하게 측정되지 않는다.

진폭과 주파수 간의 관계를 보여주기 위해서, **주파수-영역**(frequency-domain) 도면이라는 것을 사용할 수 있다. 한 주기 안에서 진폭의 변화는 보여주지 못한다. 그림 3.10은 시간 영역(시간에 대한 순간적인 진폭)과 주파수 영역(주파수에 대한 최대 진폭)을 비교하고 있다.

주파수 영역은 그리기가 쉬우며, 시간 영역 도면에서 찾을 수 있는 정보를 표현할 수 있는 것은 분명하다. 주파수 영역 도면의 장점은 주파수와 최대 진폭을 바로 알 수 있다는 것이다. 완전한 정현파는 **스파이크**(spike) 하나로 나타낸다. 이 스파이크의 위치가 주파수를 알려주며, 그 높이가 최대 진폭이다.

시간 영역에서의 완전한 정현파는 주파수 영역에서는 스파이크 하나로 나타난다.

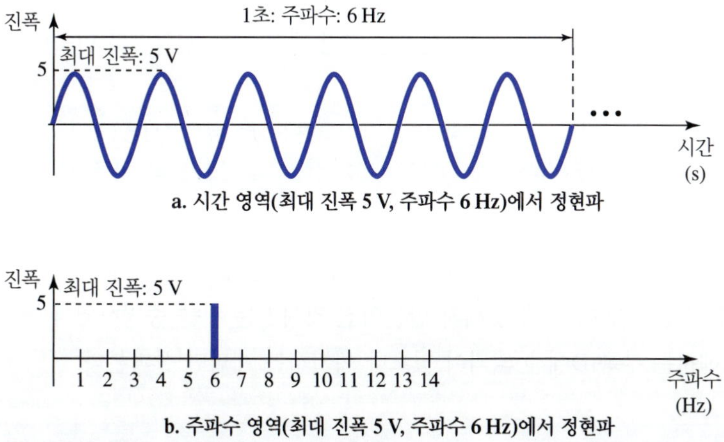

그림 3.10
정현파의 시간 영역과 주파수 영역 도면

예제 3.7

주파수 영역은 2개 이상의 정현파를 다룰 때 더욱 간편하고 유용하다. 예를 들면 그림 3.11은 3개의 정현파를 보여주는데 각각 서로 다른 진폭과 주파수를 가지고 있다. 각 주파수 영역은 3개의 스파이크로 나타낸다.

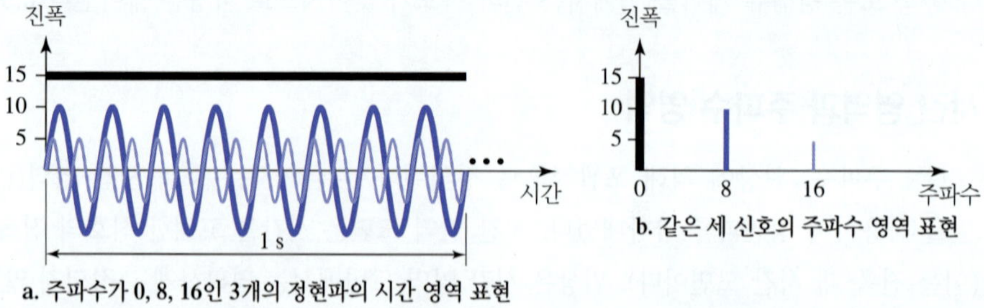

그림 3.11
세 정현파의 시간 영역과 주파수 영역

3.2.5 복합 신호

지금까지는 단순 주기 신호(정현파)를 집중적으로 살펴보았다. 단순 정현파가 어떤 경우에는 매우 유익하지만, 데이터 통신에는 큰 쓸모가 없다. 정현파를 사용하여 한 지점에서 다른 지점으로 에너지를 보낼 수 있다. 이를테면, 전력회사는 가정과 직장에 전기를 공급하기 위해 60 Hz의 주파수를 갖는 정현파를 공급한다. 또는 집안에 도둑이 침입했을 때 보안센터에 정현파를 보내 경보를 울릴 수 있다. 첫 번째 경우에는 정현파가 에너지를 전송하는 것이고, 두 번째 경우는 신호가 위험이 생겼다는 것을 말해주는 데 사용된다.

만일 전화 통화를 하는 데 단일한 정현파를 사용한다면 소음만 들릴 것이다. 아무 의미도 없이 아무 정보도 전송하지 못한다. 4장과 5장에서 논의하겠지만 데이터를 통신하기 위해서는 **복합 신호**(composite signal)를 보내야 한다. 복합 신호는 여러 개의 단순 정현파로 만들어진다.

> 단일 주파수의 정현파는 데이터 통신에는 유용하지 않다.
> 여러 개의 단순 정현파로 만들어진 복합 신호가 필요하다.

1900년대 초기에 프랑스 수학자 푸리에가 복합 신호는 실제로는 서로 다른 주파수, 진폭 및 위상을 갖는 단순 정현파가 여러 개 합해져 만들어진 것이라는 것을 증명하였다. 푸리에 해석(Fourier analysis)에 대해서는 부록 D에 논의되어 있으나 여기서는 개념만 살펴본다.

> 푸리에 해석에 의하면 임의의 복합 신호는 서로 다른 주파수, 진폭, 위상을 갖는
> 단순 정현파들의 조합으로 나타낼 수 있다. 푸리에 해석은 부록 E에 있다.

복합 신호는 주기적일 수도 있고 비주기적일 수도 있다. 주기 복합 신호는 주기들이 정수 값을 갖는 순차적인 단순 정현파로 분해될 수 있다. 비주기 복합 신호는 연속적인 실수 값을 갖는 주파수와 진폭으로 된 무한 개의 정현파로 분해된다.

> 주기 복합 신호를 분해하면 이산 주파수를 갖는 순차적인 정현파들로 나뉘게 된다.
> 비주기 복합 신호를 분해하면 무한개의 연속적인 주파수를 갖는 정현파들로 나뉜다.

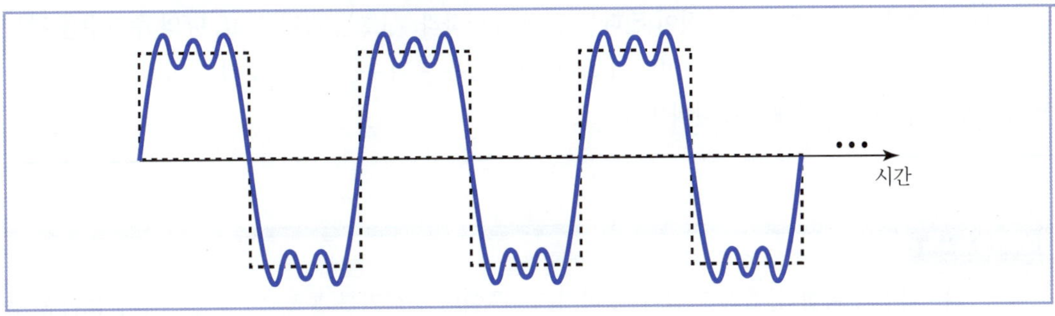

그림 3.12
주기 복합 신호

예제 3.8

그림 3.12는 주파수 f의 복합 신호를 보여준다. 이런 종류의 신호는 데이터 통신에서 보는 전형적인 신호는 아니다. 우리는 이 신호를 3개의 경보(alarm) 신호로 볼 수 있다. 이 신호를 해석하면 신호를 어떻게 분해하는지를 이해할 수 있다.

이 신호를 손으로 여러 개의 정현파 신호로 분해하는 것은 매우 어렵다. 그러나 하드웨어와 소프트웨어로 된 도구가 있으면 이 일을 수행할 수 있다. 어떻게 하는지에 대해서는 논의하지 않기로 한다. 여기서는 오직 결과에만 관심을 둔다. 그림 3.13은 위의 신호를 시간 영역과 주파수 영역으로 분해한 결과이다.

주파수 f의 정현파의 진폭은 복합 신호의 최대 진폭과 거의 같다. 주파수 $3f$의 정현파의 진폭은 첫 번째 정현파의 진폭의 1/3이고, 주파수 $9f$의 정현파의 진폭은 1/9이다. 주파수 f의 정현파의 주파수는 복합 신호의 주파수와 같은데 이를 **기본 주파수**(fundamental frequency) 또는 첫째 **조파**(harmonic)라고 부른다. 주파수 $3f$의 정현파는 기본 주파수의 3배가 되는 주파수를 가지며 제3조파라고 한다. 주파수가 $9f$인 세 번째 정현파는 기본 주파수의 9배가 되는 주파수를 가지며 제9조파라고 부른다.

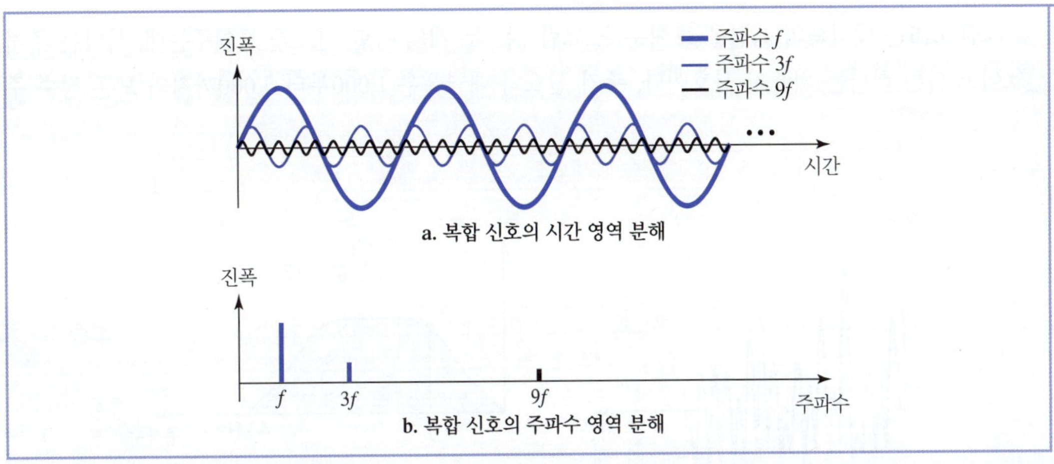

그림 3.13
주기 복합 신호의 시간 영역 및 주파수 영역 분해

신호를 주파수 분해하면 이산적이 된다는 것에 유의하라. 신호는 각각 f, $3f$, $9f$의 주파수를 갖는다. f는 정수이므로 $3f$나 $9f$도 정수이다. $1.2f$나 $2.6f$ 같은 주파수는 없다. 주기 복합 신호의 주파수 영역은 언제나 이산된 막대들로 나타낸다.

예제 3.9

그림 3.14는 비주기 복합 신호의 그림이다. 마이크로폰이나 전화기를 통해 한 말에 의해 만들어진 것일 수 있다. 이 경우에는 복합 신호는 주기적일 수가 없는데 이는 주기적이라면 같은 말을 정확히 같은 목소리 높이로 계속 반복해야 하기 때문이다.

이 복합 신호를 시간 영역으로 나타내면 무한개의 단순 정현파로 나타난다. 비록 인간의 목소리가 내는 주파수의 개수는 무한이지만 그 영역은 제한되어 있다. 보통 사람의 목소리는 0과 4 kHz 사이의 주파수 영역을 갖는다.

신호의 주파수 분해는 연속된 곡선으로 나타난다. 0.0과 4,000.0 사이의 무한개의 주파수로 나타난다. 특정 주파수 f의 진폭을 찾기 위해서는 주파수 f에서 수직선을 그어 곡선과 교차하도록 하면 그 수직선의 높이가 진폭이 된다.

3.2.6 대역폭

복합 신호에 포함된 주파수 영역을 **대역폭**(bandwidth)이라고 한다. 대역폭은 영역이며 보통 두 수의 차이를 일컫는다. 예를 들면, 어느 복합 신호가 주파수 1,000부터 5,000까지를 포함한다면 대역폭은 5,000 − 1,000 또는 4,000이 된다.

> 복합 신호의 대역폭은 신호에 포함된 최고 주파수와 최저 주파수의 차이이다.

그림 3.15는 대역폭의 개념을 보여준다. 그림에는 두 개의 복합 신호를 보여주는데, 하나는 주기 신호이고 다른 하나는 비주기 신호이다. 주기 신호의 대역폭은 1,000부터 5,000까지의 모든 정수 주

그림 3.14
비주기 신호의 시간 영역과 주파수 영역

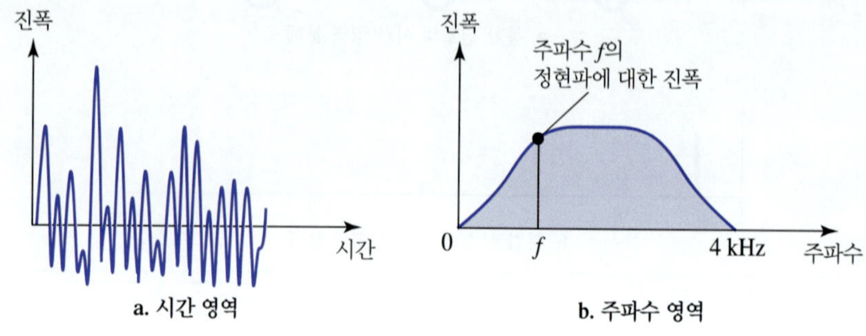

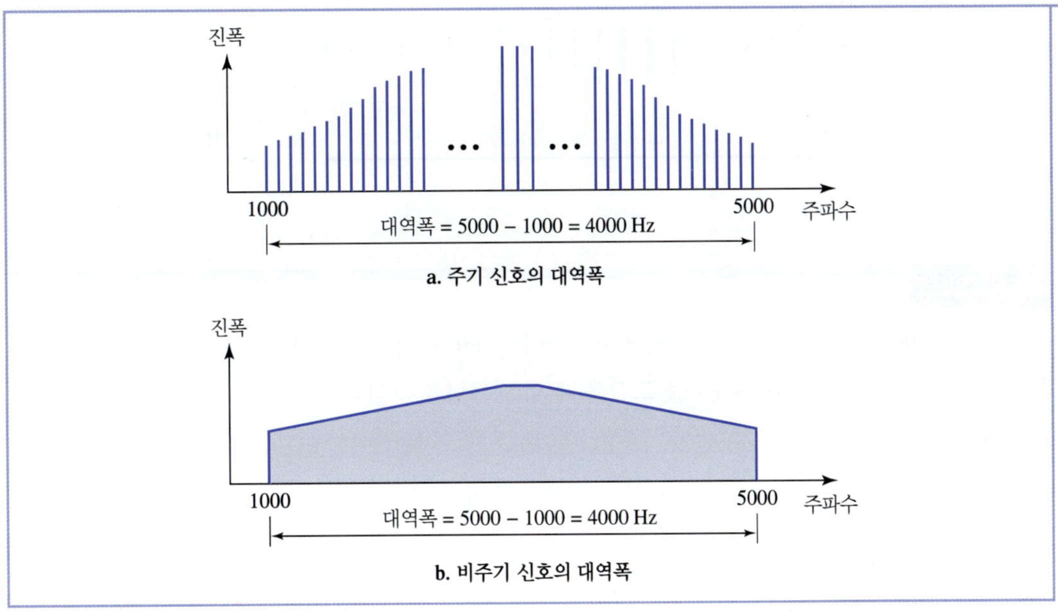

그림 3.15
주기 및 비주기 복합 신호의 대역폭

파수를 포함하고 있다(1,000, 1,001, 1,002, . . .). 비주기 신호의 대역폭도 같은 영역에 있지만 주파수는 연속적이다.

예제 3.10

만약 주기 신호가 주파수 100, 300, 500, 700, 900 Hz를 갖는 5개의 정현파로 분해된다면, 그 대역폭은 얼마인가? 모든 구성요소가 10 V의 최대 진폭을 갖는다고 가정하고 스펙트럼을 그려라.

해답

f_h를 최고 주파수, f_l을 최저 주파수라 하고, B는 대역폭이라 하자.

$$B = f_h - f_l \longrightarrow 20 = 60 - f_l \longrightarrow f_l = 60 - 20 = 40 \text{ Hz}$$

스펙트럼은 주파수 100, 300, 500, 700, 900의 5개 막대만을 가진다(그림 3.16 참조).

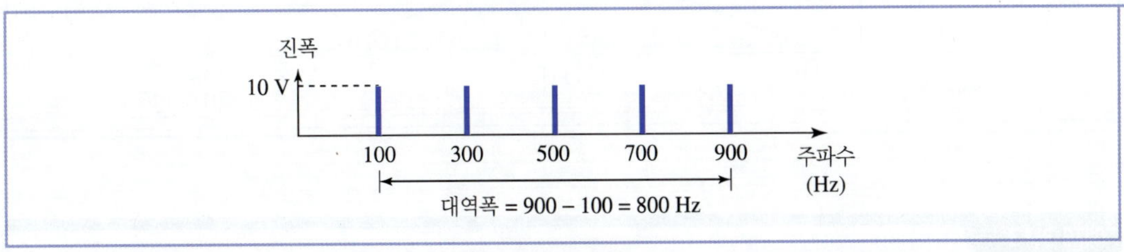

그림 3.16
예제 3.10의 대역폭

그림 3.17
예제 3.11의 대역폭

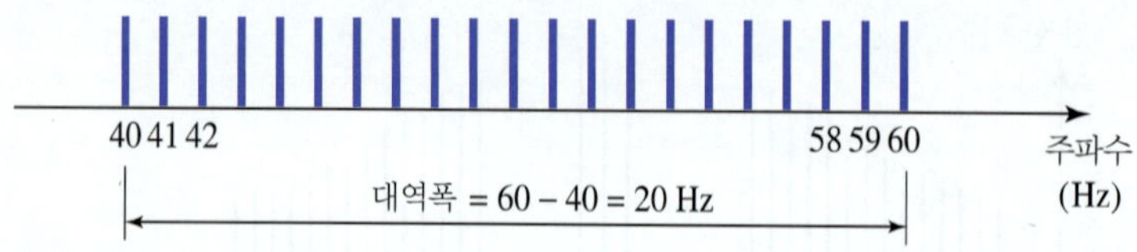

예제 3.11

어떤 신호가 20 Hz의 대역폭을 가지며, 최고 주파수는 60 Hz이다. 가장 낮은 주파수는 얼마인가? 신호가 같은 진폭의 모든 정수 주파수를 포함할 때, 스펙트럼을 그려라.

해답

f_h를 최고 주파수, f_l을 최저 주파수라 하고, B는 대역폭이라 하자.

$$\frac{1}{6} \times 360 = 60° = 60 \times \frac{2\pi}{360} \text{ rad} = \frac{\pi}{3} \text{ rad} = 1.046 \text{ rad}$$

스펙트럼은 모든 정수 주파수를 포함한다. 연속적인 막대들이 이를 보여준다(그림 3.17 참조).

예제 3.12

어느 비주기 복합 신호의 대역폭이 200 kHz이며, 그 중간 지점은 140 kHz이고, 최대 진폭은 20 V이다. 양 극단의 주파수에서 진폭은 0이다. 신호의 주파수 영역을 그려라.

해답

최저 주파수는 40 kHz이며, 최고 주파수는 240 kHz이다. 그림 3.18은 주파수 영역과 대역폭을 보여준다.

그림 3.18
예제 3.12의 대역폭

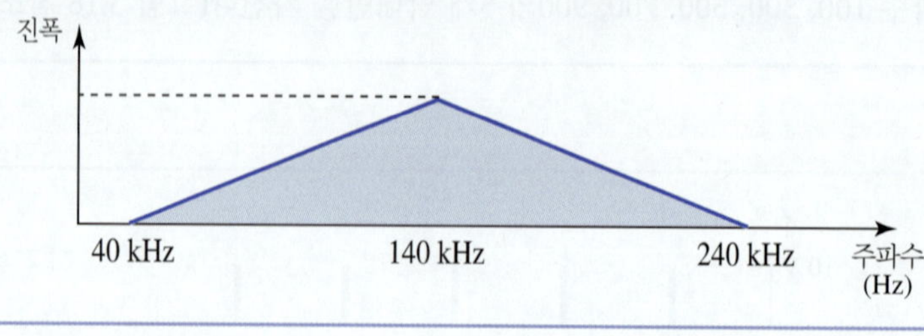

예제 3.13

비주기 복합 신호의 예로 AM 라디오 방송국에서 보내는 신호를 들 수 있다. 미국과 국내에서 각 AM 라디오 방송국은 10 kHz의 대역폭을 할당받는다. 전체 AM 방송을 위해 할당되어 있는 영역은

530부터 1,700 kHz까지이다. 5장에서 각 방송국은 왜 10 kHz를 할당받는지에 대한 이유를 설명할 것이다.

예제 3.14

비주기 복합 신호의 다른 예로는 FM 방송국에서 송출되는 신호를 들 수 있다. 미국과 국내에서 각 FM 방송국에는 200 kHz의 대역폭이 할당되어 있다. 전체 FM 방송에 할당된 주파수 영역은 88부터 108 MHz이다. 5장에서 200 kHz 대역폭에 대해 설명할 것이다.

예제 3.15

비주기 복합 신호의 또 다른 예에 구식 아날로그 흑백 TV 신호를 들 수 있다. TV 화면은 화소(pixel)로 구성되어 있으며, 각 화소는 흰색이나 검은색으로 되어 있다. 화면은 매초 30번 스캔한다(스캔은 실제 매초 60회 진행되지만 30회는 홀수 번째 줄을 30회는 짝수 번째 줄을 스캔하여 이후 서로 겹친다). 해상도 525 × 700(525개의 수직선과 700개의 수평선), 즉 3:4 화면에서는 화면당 367,500개의 화소가 필요하다. 매초 30번씩 스캔하면 매초 367,500 × 30 = 11,025,000번의 화소를 훑는 셈이 된다. 최악의 시나리오는 매 화소마다 흑백으로 바뀌는 것이다. 이 경우에는 한 색은 최대 진폭으로 다른 색은 최소 진폭으로 나타내는 것이다. 각 사이클마다 2개의 화소를 보낼 수 있다. 그러므로 매초 11,025,000/2 = 5,512,500 사이클이 필요하다. 필요한 대역폭은 5.5124 MHz이다. 이러한 최악의 시나리오가 일어날 확률은 낮으며 대역폭의 70% 정도가 필요하다는 가정을 하면 필요한 대역폭은 3.85 MHz이다. 음성 및 동기화 신호가 필요하므로 4 MHz의 대역폭이 각 흑백 채널에 별도로 할당된다. 아날로그 컬러 TV 채널에는 6 MHz의 대역폭이 할당되었다.

3.3 디지털 신호

데이터는 아날로그 신호 외에 디지털 신호에 의해서도 표현될 수 있다. 예를 들어 1은 양 전압으로, 0은 제로 전압으로 부호화될 수 있다. 디지털 신호는 2개보다 더 많은 준위(level)를 가질 수 있다. 이 경우에는 각 준위로 1개보다 많은 비트를 보낼 수 있다. 그림 3.19는 2개의 준위를 사용하는 경우와 4개의 준위를 사용하는 경우를 보여준다.

그림 3.19의 a에서는 준위마다 1비트를 그림 3.19의 b에서는 준위마다 2비트를 보낸다. 일반적으로 신호가 L개의 준위를 가지면 각 준위는 $\log_2 L$개의 비트를 보낸다. 따라서 그림 b에서 $\log_2{}^4$ = 2비트를 보낼 수 있다.

예제 3.16

어느 디지털 신호가 8개의 준위를 가지고 있다. 각 준위당 몇 개의 비트가 필요한가? 다음과 같이 계산할 수 있다. 각 신호 준위는 3비트로 나타낸다.

$$\text{준위당 비트의 수} = \log_2 8 = 3$$

예제 3.17

어느 디지털 신호가 9개의 준위를 갖는다고 한다. 각 준위당 몇 개의 비트가 필요한가? 수식을 사용하여 비트 수를 계산하면 준위당 3.17개의 비트가 필요하다. 그러나 이 답은 실제적이지 못하다. 준위당 비트 수는 정수이어야 하며 2의 지수 승이어야 한다. 이 예에서는 4비트가 하나의 준위를 나타낼 수 있다.

3.3.1 비트율

대부분의 디지털 신호는 비주기적이어서 주기나 주파수를 사용할 수 없다. 주파수 대신 비트율이라는 새로운 용어가 디지털 신호를 기술하는 데 사용된다. **비트율**(bit rate)은 시간당 비트 간격의 개수이다. 이때 비트율은 1초 동안 전송된 비트의 수를 의미하고, 일반적으로 **bps**(bits per second)로 표현된다. 그림 3.19는 두 신호에 대한 비트율을 보여준다.

그림 3.19
디지털 신호: 2개의 준위와 4개의 준위를 갖는 신호

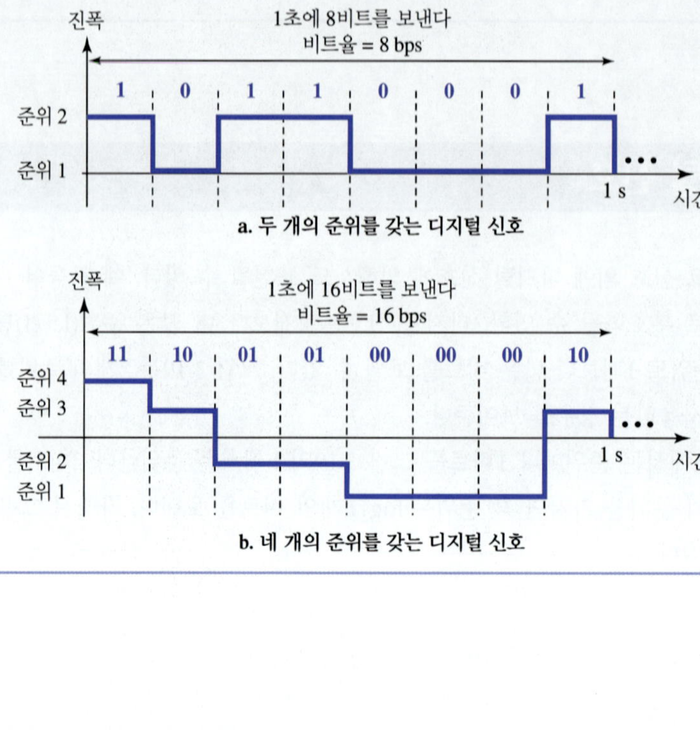

예제 3.18

텍스트 자료를 매초당 100페이지를 다운로드받는다고 하자. 채널당 필요한 대역폭은 얼마인가?

해답

각 페이지는 줄당 80개의 문자로 된 24개의 줄로 되어 있다. 각 문자당 8비트로 나타낸다면 비트율은 다음과 같다.

$$100 \times 24 \times 80 \times 8 = 1{,}536{,}000 \text{ bps} = 1.536 \text{ Mbps}$$

예제 3.19

4장에서 보게 되겠지만 디지털화된 음성 채널은 4 kHz의 아날로그 음성 신호를 디지털화한 것이다. 최고 주파수의 두 배로 신호를 표본 채집해야 한다. 각 표본은 8비트가 필요하다고 하자. 필요한 비트율은 얼마인가?

해답

다음과 같이 비트율을 계산할 수 있다.

$$2 \times 4{,}000 \times 8 = 64{,}000 \text{ bps} = 64 \text{ kbps}$$

예제 3.20

고화질 TV(high definition TV, HDTV)의 비트율은 얼마인가?

해답

HDTV는 고화질 화상 신호를 방송하기 위해 디지털 신호를 사용한다. HDTV 화면은 보통 16 : 9 (4 : 3 대신에)의 광폭 화면 비율을 갖는다. 화면당 1,920 × 1,080개의 화소가 있으며, 매초 30회 스캔한다. 한 화소에는 24비트가 필요하다. 다음과 같이 비트율을 계산할 수 있다.

$$1{,}920 \times 1{,}080 \times 30 \times 24 = 1{,}492{,}992{,}000 \approx 1.5 \text{ Gbps}$$

TV 방송국은 압축을 통해 20 내지 40 Mbps로 비트율로 줄여 보낸다.

3.3.2 비트 길이

전송 매체를 통해 신호가 전송되면서 하나의 사이클이 차지하는 거리인 파장에 대해 논의하였다. 디지털 신호에 대해서도 비슷한 것을 정의할 수 있으며 이는 **비트 길이**(bit length)이다. 비트 길이는 한 비트가 전송 매체에서 차지하는 길이이다.

Bit length = propagation speed × bit duration

3.3.3 복합 아날로그 신호로서 디지털 신호

푸리에 해석을 기반으로(부록 D 참조) 디지털 신호는 복합 신호이다. 다시 말하면, 디지털 신호의 대역폭은 무한대이다. 디지털 신호를 고려해 보면 이와 같은 개념을 직관적으로 알 수 있다. 시간 영역에서 디지털 신호는 수직선과 수평선으로 구성되어 있다. 시간 영역에서 수직선은 무한대의 주파수를 의미하며(시간상의 급작스러운 변화), 수평선은 주파수 0을 의미한다. 주파수 0에서 무한대의 주파수로 (또는 그 역으로) 가는 것은 영역 내에 그 사이의 모든 주파수를 포함한다는 것을 의미한다.

푸리에 해석으로 디지털 신호를 분해할 수 있다. 디지털 신호가 주기적이면, 물론 디지털 통신에서는 드문 일이지만, 분해된 신호는 무한대의 대역폭과 이산 주파수들로 구성된 주파수 영역으로 나타난다. 그림 3.20은 주기 및 비주기 디지털 신호와 대역폭이다.

각 대역폭은 무한이지만 주기 신호는 이산 주파수를, 비주기 신호는 연속 주파수를 갖는 것에 유의하라.

3.3.4 디지털 신호의 전송

앞에서 디지털 신호는 주기적이든 비주기적이든 주파수 0부터 무한대까지에 이르는 복합 신호라는 것을 알았다. 앞으로는 데이터 통신에서 많이 사용하는 비주기 신호만을 다루도록 하자. 근본적인 질문은 지점 A에서 지점 B로 어떻게 디지털 신호를 보낼 것인가이다. 우리는 기저대역 전송 또는 광대역 전송(변조를 사용하여) 방식으로 디지털 신호를 전송할 수 있다.

> 디지털 신호는 무한대 대역폭을 갖는 복합 아날로그 신호이다.

그림 3.20
주기 및 비주기 디지털 신호의 시간과 주파수 영역

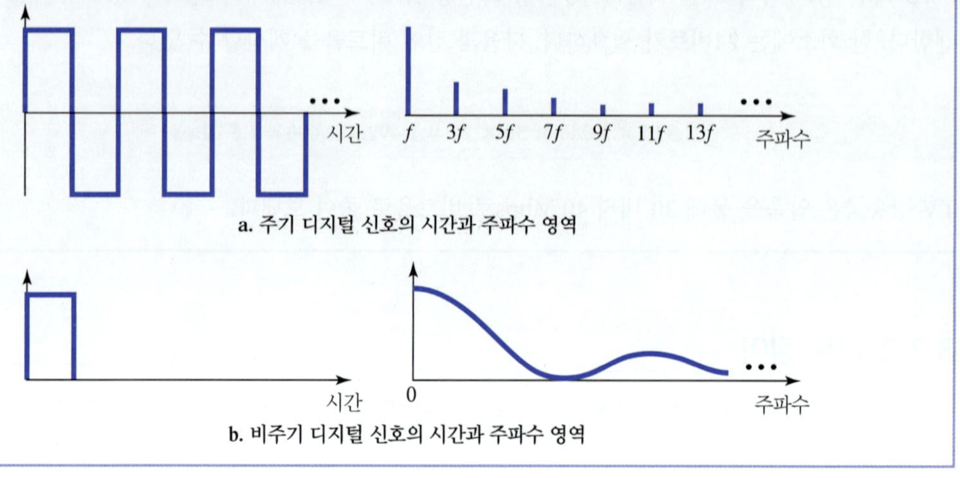

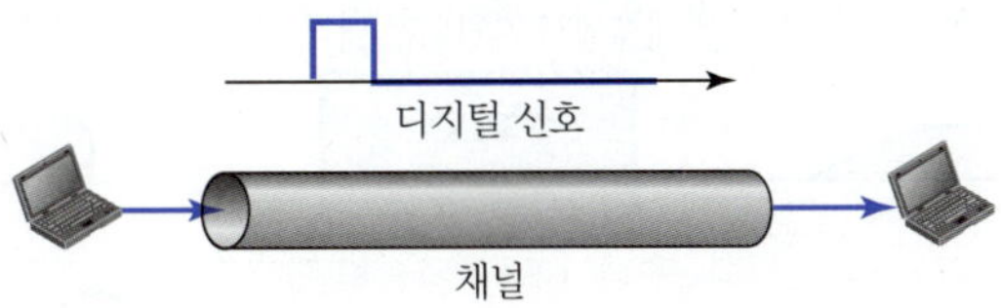

그림 3.21
기저대역 전송

기저대역 전송

기저대역(baseband, 베이스밴드라고도 함) 전송이란 디지털 신호를 아날로그 신호로 바꾸지 않고 있는 그대로 채널을 통해 전송하는 것을 말한다. 그림 3.21은 기저대역 전송을 보여준다.

기저대역 전송을 하기 위해서는 주파수 0부터 시작하는 대역폭을 갖는 **저대역-통과 채널**(low-pass channel)이 필요하다. 이는 오직 하나의 채널만을 위해 전용으로 사용되는 매체가 필요함을 의미한다. 예를 들면, 두 대의 컴퓨터를 연결하는 케이블의 전체 대역폭이 하나의 채널이다. 다른 예로는 여러 컴퓨터를 버스에 연결하는 것으로서, 동시에 2개의 컴퓨터만 통신하도록 하는 것이다. 이 경우에 역시 저대역-통과 채널을 사용하여 기저대역 통신을 하는 것이다. 그림 3.22는 2개의 저대역-통과 채널로서 하나는 좁은 대역폭을 갖고, 다른 하나는 넓은 대역폭을 갖는다. 무한 대역폭을 갖는 저대역-통과 채널이 이상적이지만 실생활에서는 그와 같은 채널은 없다는 것을 기억해야 한다. 그러나 이와 비슷한 채널은 있다.

넓은 대역폭을 갖는 저대역-통과 채널과 제한 대역폭을 갖는 채널에 대한 기저대역 전송을 공부해 보자.

경우 1: 넓은 대역폭을 갖는 저대역-통과 채널

비주기 신호를 수직 성분은 수직 성분 그대로 수평 성분은 수평 성분 그대로 전송하기 위해서는 주파수 0부터 무한대까지의 연속된 전체 스펙트럼을 모두 보내야만 한다. 이는 송신자와 수신자 사이에 무한대의 대역폭을 갖는 전용 회선이 있다면 가능하다. 이는 컴퓨터 내부(예를 들면 CPU와 메모리 사이)에서는 가능하겠지만, 두 장치 사이에서는 불가능하다. 다행히 주파수 경계 지점에서 이 진폭은 매우 작아서 무시할 수 있다. 이는 동축 케이블이나 광섬유 같은 매우 넓은 대역폭을 가진 매

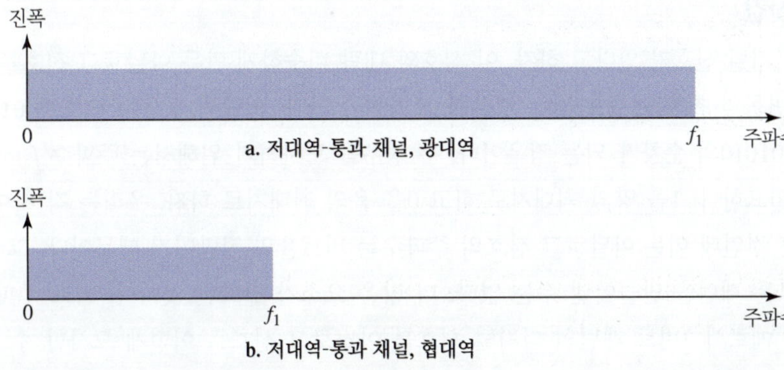

그림 3.22
저대역-통과 채널의 대역폭

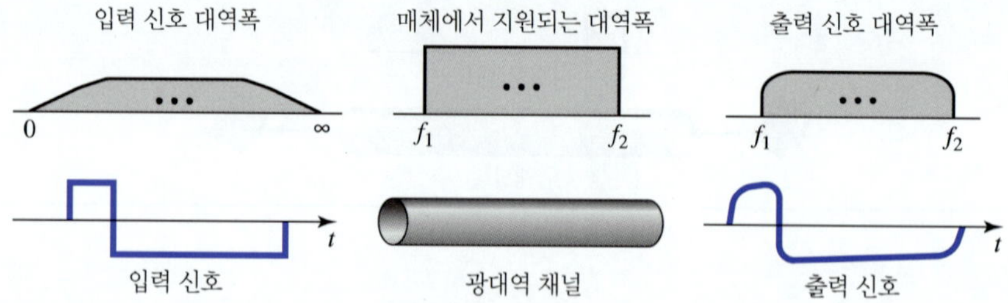

그림 3.23 전용 매체를 사용하는 기저대역 전송

체를 사용하면 그림 3.23에서 보는 것처럼 두 지국 사이에서 매우 높은 정밀도의 통신이 가능하다는 것을 의미한다. f_1은 0에 f_2는 매우 높은 주파수에 근접한다는 것에 유념하라.

비록 출력 신호는 입력 신호의 완전한 복제가 아니라도 수신된 신호로부터 데이터를 추론해 낼 수 있다. 어떤 주파수는 비록 매체에 의해 차단되었지만 심각하지는 않다는 것에 유의하라.

> 디지털 신호의 모양을 유지하는 기저대역 디지털 통신은 무한대 또는 매우 넓은 대역폭을 갖는 저대역-통과 매체를 사용할 때만 가능하다.

예제 3.21

매체 대역폭의 전체를 전용으로 사용하는 채널의 다른 예로 LAN이 있다. 오늘날 사용되는 유선 LAN의 대부분은 두 지국 간 통신에 전용선을 사용한다. 여러 지국이 연결된 버스형 연결에서도 한 번에 두 지국만이 서로에게 통신하며 다른 지국들은 데이터를 보내지 않고 기다리는 것이다. 성형 연결에서도 각 지국과 허브 사이의 연결은 이 두 장치 사이에만 사용되도록 전용된다. 13장에서 LAN을 공부한다.

경우 2: 제한적인 대역폭을 갖는 저대역-통과 채널

제한된 대역폭을 갖는 저대역-통과 채널의 경우에는 디지털 신호와 근사한 모양의 아날로그 신호를 사용한다. 근사 정도는 가용 대역폭에 좌우된다.

대략적인 근삿값

비트율 N의 디지털 신호가 있다고 하자. 이 신호와 대략 비슷하게 만든 아날로그 신호를 전송하려면 디지털 신호 변화의 최대 개수를 갖는 경우를 고려해야 한다. 최악의 경우는 신호가 010101010101이거나 1010101010의 순차가 되는 경우이다. 두 경우를 모사하기 위해서는 주파수 $f = N/2$의 아날로그 신호가 필요하다. 1을 양의 최대치로 하고 0을 음의 최대치로 하자. 우리는 각 사이클마다 2비트를 전송하는 것인데 이는 아날로그 신호의 주파수는 비트율의 절반이기 때문이다. 그러나 이 주파수만으로는 모든 패턴을 만들어낼 수는 없다. 더 많은 요소가 필요한 것이다. 최고 주파수는 $N/2$이다. 이 개념의 예로서 3비트 패턴의 디지털 신호를 아날로그 신호로 어떻게 모사할 수 있는지를 보

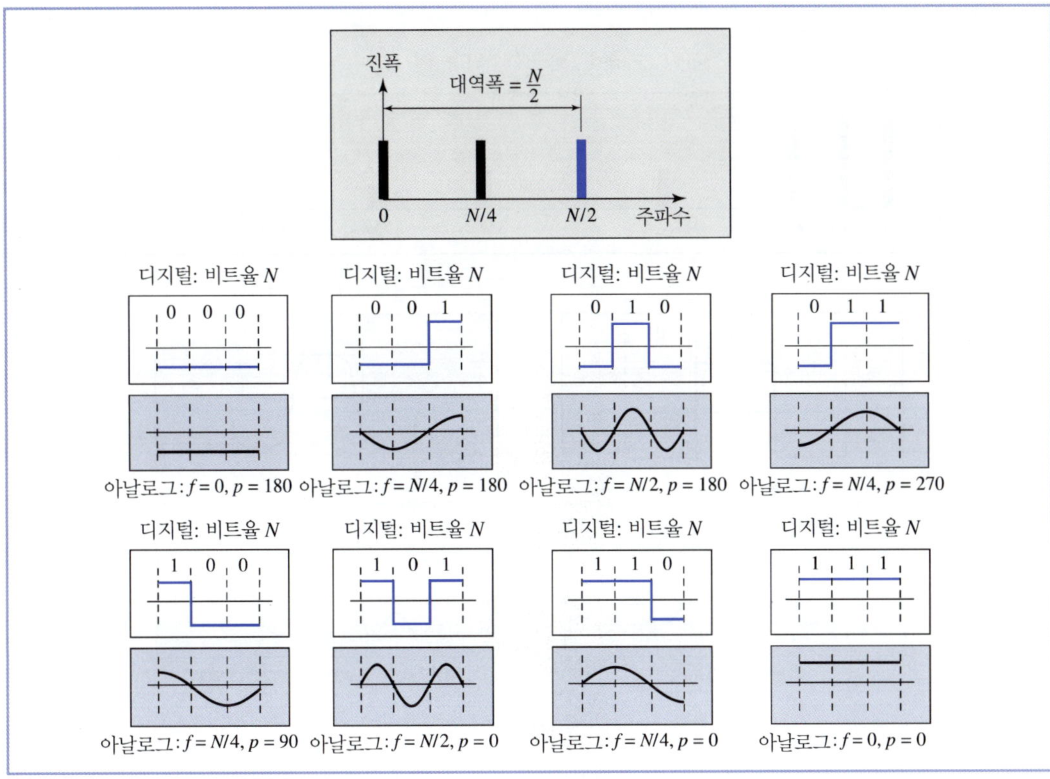

그림 3.24 최악의 경우에 대해 1차 조파를 이용한 디지털 신호의 대략적 근삿값

자. 그림 3.24에 이러한 개념이 있다. 두 가지 유사한 경우(000과 111)에 대해서는 주파수 $f = 0$과 180° 위상의 신호로 000을 나타내고, 주파수 $f = 0$과 0° 위상의 신호로 111을 나타낸다. 두 가지 최악의 경우(010과 101)에 대해서는 주파수 $f = N/2$와 180° 위상과 0° 위상의 아날로그 신호로 모사한다. 나머지 4개의 신호는 주파수 $f = N/4$이고 180° 위상, 270° 위상, 90° 위상, 0° 위상을 갖는 4개의 아날로그 신호로 모사한다. 다시 말하면 주파수 0, $N/4$, $N/2$를 다룰 수 있는 채널이 필요하다. 대략적인 근삿값은 1차 조파인 ($N/2$) 주파수를 사용하는 것이다. 요구 대역폭은 다음과 같다.

$$\textbf{Bandwidth} = \frac{N}{2} - 0 = \frac{N}{2}$$

보다 나은 근삿값

아날로그 신호를 디지털 신호의 모양에 보다 근접하게 하기 위해서는 더 많은 수의 조파가 필요하다. 대역폭을 증가시킬 필요가 있는 것이다. 대역폭을 $3N/2$, $5N/2$, $7N/2$ 식으로 증가시킬 수 있는 것이다. 그림 3.25는 최악 경우의 하나인 010에 대해 이와 같이 증가시킨 효과가 나타나 있다.

각 조파에 대해 최고 주파수 성분만 보인 것이라는 것을 유의하라. 1차, 3차, 5차 조파를 사용하였다. 요구 대역폭은 이제 $5N/2$이며, 이는 최저 주파수 0과 최고 주파수 $5N/2$의 차이인 것이다. 앞에서 강조한 것처럼 요구 대역폭은 비트율에 비례한다.

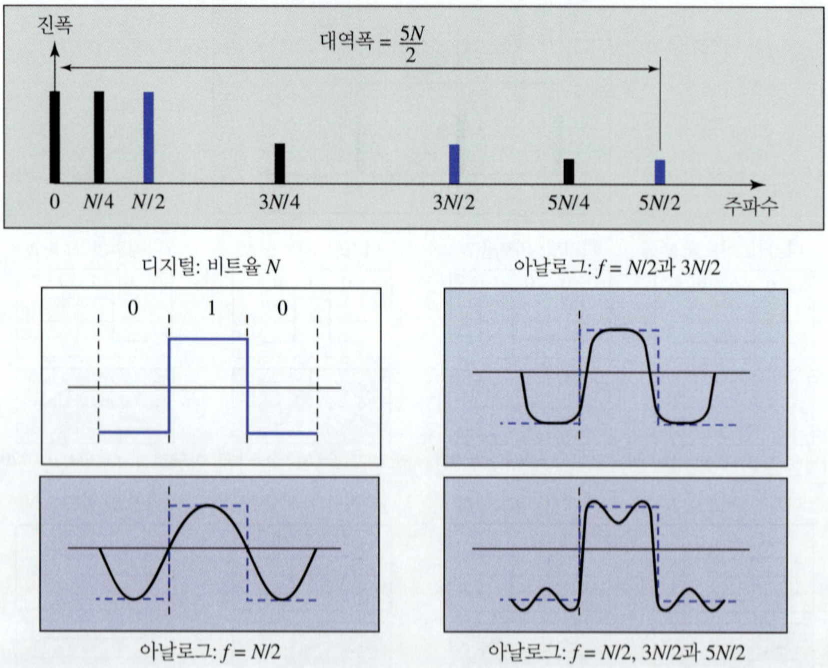

그림 3.25 처음 3개의 조파를 사용한 디지털 신호의 모의화

> 기저대역 전송에서는 요구 대역폭은 비트율에 비례한다.
> 더 빠르게 비트를 전송하기 위해서는 더 많은 대역폭이 필요하다.

이 방법을 사용하여 표 3.2에 여러 비트율의 데이터를 전송하기 위해서 얼마나 넓은 대역폭이 필요한지가 주어져 있다.

표 3.2 요구 대역폭

비트율	조파 1	조파 1, 3	조파 1, 3, 5
n = 1 kbps	B = 500 Hz	B = 1.5 kHz	B = 2.5 kHz
n = 10 kbps	B = 5 kHz	B = 15 kHz	B = 25 kHz
n = 100 kbps	B = 50 kHz	B = 150 kHz	B = 250 kHz

예제 3.22

1 Mbps의 속도로 데이터를 기저대역 통신으로 전송하기 위해 필요한 저대역-통과 채널의 요구 대역폭은 얼마인가?

해답

정확도에 따라 답은 달라진다.

a. 대략적인 근사에 의한 최소한의 대역폭은 B = 비트율/2, 즉 500 kHz이다. 주파수 0부터

500 kHz까지의 대역폭을 갖는 저대역-통과 채널이 필요하다.

b. 보다 나은 결과를 1차 및 3차 조파를 사용하여 달성할 수 있으며, 대역폭은 $B = 3 \times 500$ kHz $= 1.5$ MHz이다.

c. 더 나은 결과는 1차, 3차, 5차 조파를 사용하여 달성할 수 있으며, 대역폭은 $B = 5 \times 500$ kHz $= 2.5$ MHz이다.

예제 3.23

대역폭이 100 kHz인 저대역-통과 채널이 있다. 이 채널의 최대 비트율은 얼마인가?

해답

1차 조파만을 사용할 수 있으면 최대 비트율을 얻을 수 있다. 비트율은 가용 대역폭의 2배, 즉 200 kbps이다.

광대역 전송(변조 이용)

광대역 전송(broadband transmission) 또는 변조는 디지털 신호를 전송하기 위해 아날로그 신호로 변환하는 것을 의미한다. 변조를 하면 **특정 대역 통과 채널**(bandpass channel)을 사용하여 전송할 수 있는데 특정 대역 통과 채널의 대역은 주파수 0부터 시작하지 않는다. 이런 종류의 채널은 저대역-통과 채널보다 더 쉽게 구할 수 있다. 그림 3.26은 특정 대역 통과 채널을 보여준다.

저대역-통과 채널은 낮은 주파수가 0부터 시작하는 특정 대역 통과 채널이라고 볼 수 있다는 것에 유의하라.

그림 3.27은 디지털 신호의 변조를 보여준다. 그림에는 디지털 신호가 복합 아날로그 신호로 변환되었다. 예에서는 단일 주파수를 갖는 아날로그 신호(반송파라고 불린다)를 사용했는데 반송파의 진폭이 디지털 신호와 유사하게 되도록 바뀌었다. 그러나 그 결과 신호는 단일 주파수 신호가 아니라 5장에서 공부하겠지만 복합 신호가 된다. 수신자 쪽에서는 수신된 아날로그 신호가 디지털 신호로 변환되어 그 결과 전송된 원래 신호를 복제해낸다.

> 가용 채널이 특정 대역 통과 채널이라면 채널에 디지털 신호를 직접 보낼 수 없고 전송하기 전에 디지털 신호를 아날로그 신호로 바꾸어야 한다.

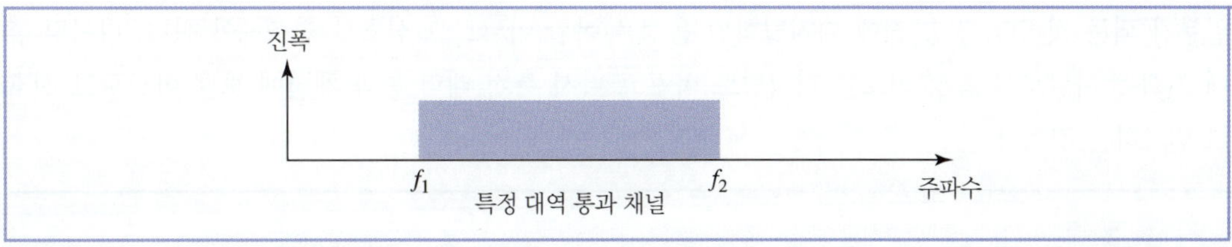

그림 3.26 특정 대역 통과 채널의 대역폭

그림 3.27 특정 대역 통과 채널에서 전송하기 위한 디지털 신호의 변조

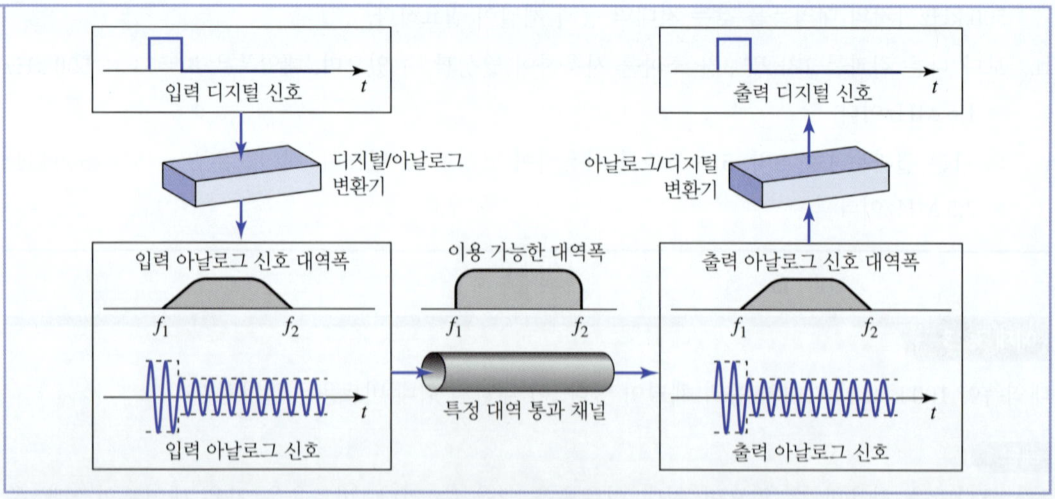

예제 3.24

변조를 사용하는 광대역 전송의 예로는 가입자의 가정과 중앙 전화국을 연결하는 전화선을 통해 컴퓨터의 데이터를 보내는 것이 있다. 이 회선은 제한적인 대역폭(주파수 0부터 4 kHz까지)을 사용하여 음성(아날로그 신호)을 전달하기 위해 설계된 것이다. 비록 이 채널을 저대역-통과 채널로 사용할 수도 있지만 보통 특정 대역 통과 채널로 취급된다. 그러한 이유 하나는 대역폭이 너무 협소해서 이 채널을 저대역-통과 채널로 취급하여 기저대역 전송을 하면 최대 전송률이 8 kbps밖에 안 되기 때문이다. 이에 대한 해법으로 채널을 특정 대역 통과 채널로 보고 디지털 신호를 아날로그 신호로 변환하여 아날로그 신호를 전송하는 것이다. 수신자 쪽에는 디지털 신호를 아날로그 신호로 바꾸는 변환기와 그 역으로 변환하는 변환기를 장착할 수 있다. 이러한 변환기를 **모뎀**(modem, modulator/demodulator)이라고 부르며, 5장에서 논의한다.

예제 3.25

두 번째 예로는 디지털 휴대 전화이다. 더 나은 수신을 위하여 디지털 휴대 전화는 음성 신호를 디지털 신호로 바꾼다(16장 참조). 디지털 휴대 전화 서비스를 제공하는 회사에 할당된 대역은 매우 넓지만 디지털 신호를 변조하지 않고는 전송할 수 없다. 그 이유는 전화 거는 사람과 받는 사람 사이에서는 특정 대역 통과 채널만을 사용해야 하기 때문이다. 예를 들면 가용 대역폭이 W이고 1,000쌍이 동시에 통화할 수 있다면 각 통화에 사용할 수 있는 대역폭은 W/1,000이 되어 전체가 아니라 그 중의 일부가 되는 것이다. 전송 전에 디지털화된 음성을 복합 아날로그 신호로 변조해야 한다. 디지털 휴대 전화는 아날로그 음성 신호를 디지털로 바꾸고 다시 특정 대역 통과 채널에 보낼 아날로그 신호로 변조하는 것이다.

3.4 전송 장애

신호는 완전하지 못한 전송 매체를 통해 전송된다. 즉, 신호가 매체를 통해 전송될 때 장애가 발생한다. 이것은 신호가 매체의 시작과 끝에서 같지 않음을 의미한다. 보내는 것을 그대로 받는 것이 아니다. 보통 감쇠, 일그러짐, 잡음이라는 세 종류의 장애가 발생한다(그림 3.28 참조).

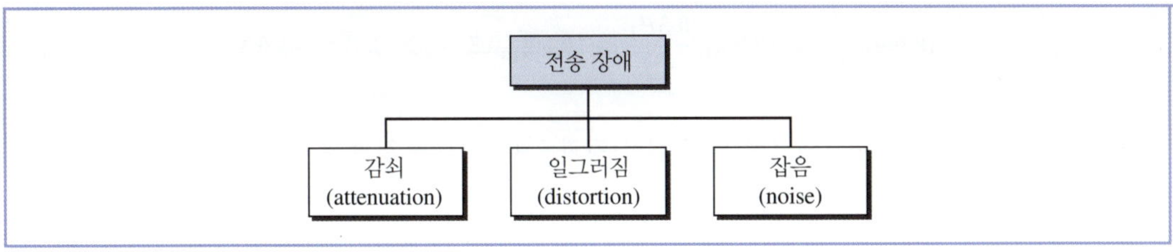

그림 3.28 전송 장애의 원인

3.4.1 감쇠

감쇠(attenuation)는 에너지 손실을 의미한다. 신호(단순 또는 복합)가 매체를 통해 이동할 때 매체의 저항을 이겨내기 위해서는 약간의 에너지가 손실된다. 이로 인해 전기적 신호를 전달하는 전선은 전달 후 뜨거워지거나 따뜻해지게 된다. 신호에서 일부 전기적 에너지가 열로 바뀌는 것이다. 이러한 손실을 줄이기 위해 신호를 증폭시키는 **증폭기**(amplifier)가 사용된다. 그림 3.29는 감쇠와 증폭의 효과를 보여준다.

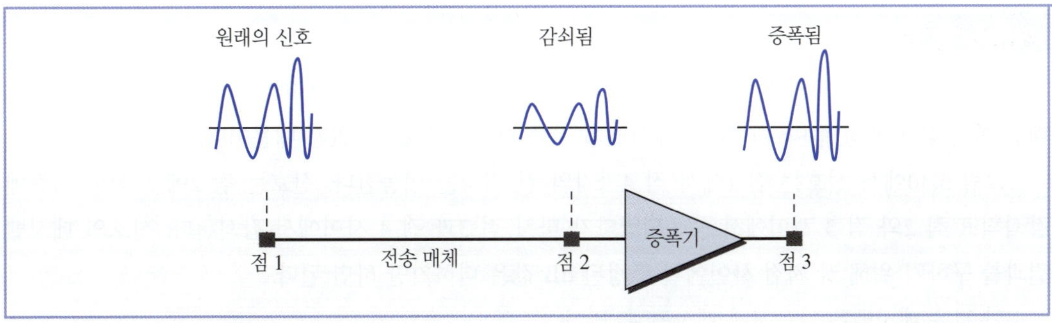

그림 3.29 감쇠

데시벨

신호의 손실된 세기나 획득한 세기를 나타내기 위해, 공학자는 데시벨이라는 개념을 사용한다. **데시벨**(dB, decibel)은 서로 다른 2개의 점에서 두 신호 또는 하나의 신호에 대한 상대적 세기를 측정한다. 데시벨은 신호가 감쇠되면 음수이고, 증폭되면 양수이다.

$$\mathbf{dB} = 10 \log_{10} \frac{P_2}{P_1}$$

변수 P_1과 P_2는 각각 점 1과 점 2에서 신호의 전력이다. 어떤 책에서는 전력 대신에 전압을 사용하여 데시벨을 정의하기도 한다. 그러한 경우에는 전력은 전압의 제곱에 비례하므로 공식은 dB = $20\log_{10}(V_2/V_1)$이다. 이 책에서는 전력을 사용하여 데시벨을 표시한다.

예제 3.26

신호가 전송 매체를 통해 이동하고 있고 전력이 반으로 줄었다고 가정해 보자. 이것은 $P_2 = (1/2)P_1$을 의미한다. 이 경우 감쇠(전력 손실)는 다음과 같이 계산할 수 있다.

$$10 \log_{10} \frac{P_2}{P_1} = 10 \log_{10} \frac{0.5P_1}{P_1} = 10 \log_{10} 0.5 = 10(-0.3) = -3 \text{ dB}$$

−3 dB 또는 3 dB 손실이 전력의 절반을 손실한 것과 같다는 것을 알게 된다.

예제 3.27

신호가 증폭기를 통해 이동하고 전력이 10배 늘었다고 가정해 보자. 이것은 $P_2 = 10P_1$을 의미한다. 이 경우 증폭(전력 증가)은 다음과 같이 계산할 수 있다.

$$10 \log_{10} \frac{P_2}{P_1} = 10 \log_{10} \frac{10P_1}{P_1} = 10 \log_{10} 10 = 10(1) = 10 \text{ dB}$$

예제 3.28

공학자가 신호의 세기 변화를 측정할 때에 데시벨을 사용하는 이유 중 하나는 단지 2개(직렬)의 점 대신 여러 점에 관하여 이야기할 때 데시벨 숫자를 더하거나 뺄 수 있기 때문이다.

그림 3.30에서 신호는 점 1에서 점 4까지의 긴 거리를 이동한다. 신호는 점 2에 도착한 시간에 감쇠되고 점 2와 점 3 사이에서 증폭되었다가 다시 점 3과 점 4 사이에서 감쇠된다. 신호의 데시벨 결과를 구하기 위해 각 지점 사이에서 측정된 dB 값은 더하기만 하면 된다.

이 경우 데시벨은 다음처럼 계산될 수 있다.

그림 3.30
예제 3.28의 데시벨

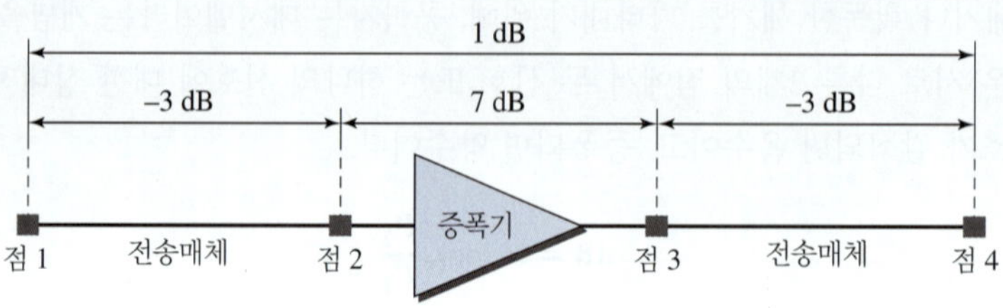

$$dB = -3 + 7 - 3 = +1$$

이것은 신호가 전력을 얻었음을 의미한다.

예제 3.29

때때로 밀리와트 단위로 신호의 전력을 재기 위해 데시벨을 사용하기도 한다. 그런 경우에는 dB_m으로 표시하며 $dB_m = 10\log_{10}P_m$으로 계산하며 여기서 P_m은 밀리와트로 표시된 전력이 된다. 만일 $dB_m = -30$이라면 신호의 전력을 계산하라.

해답

다음과 같이 신호의 전력을 계산할 수 있다.

$$dB_m = 10\log_{10} \longrightarrow dB_m = -30 \longrightarrow \log_{10}P_m = -3 \longrightarrow P_m = 10^{-3}\,mW$$

예제 3.30

케이블에서의 손실은 보통 킬로미터당 데시벨로 정의한다(dB/km). 만일 −0.3 dB/km 케이블의 시작점에서 전력이 2 mW였다면 5 km 뒤에서 신호의 전력은 얼마인가?

해답

케이블에서의 손실은 $5 \times (-0.3) = -1.5$ dB이다. 전력은 다음과 같이 계산할 수 있다.

$$dB = 10\log_{10}(P_2/P_1) = -1.5 \longrightarrow (P_2/P_1) = 10^{-0.15} = 0.71$$

$$P_2 = 0.71P_1 = 0.7 \times 2\,mW = 1.4\,mW$$

3.4.2 일그러짐

일그러짐(distortion)은 신호의 모양이나 형태가 변하는 것을 의미한다. 일그러짐은 반대되는 신호를 발생시키거나 전혀 다른 주파수의 신호를 만든다. 각 신호 요소는 매체를 통과하면서 자신만의 전파 속도(다음 절 참조)를 갖는다. 그러므로 마지막 목적지에 도착할 때는 자신만의 지연을 갖는다. 지연이 주기 기간 동안 정확히 동일하지 않다면 지연의 차이는 위상의 차이를 야기한다. 다시 말하면 수신자의 신호 구성 요소는 송신자가 보낸 신호와는 다른 위상을 갖는다. 그림 3.31은 복합 신호에 대한 일그러짐의 영향을 보여준다.

그림 3.31 일그러짐

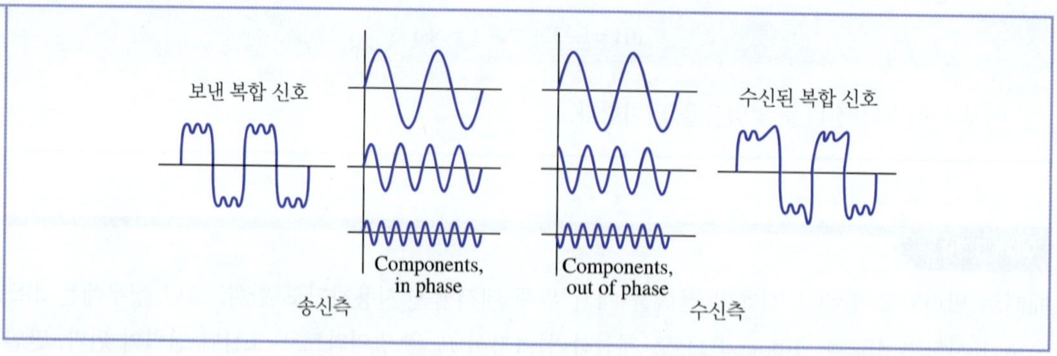

3.4.3 잡음

잡음(noise)은 또 다른 문제이다. 열 잡음, 유도된 잡음, 혼선 그리고 충격 잡음과 같은 여러 형태의 잡음은 신호를 변화시킨다. 열 잡음은 전달자에 의해 보내진 원래의 것이 아닌 임의의 신호가 생성된 전선에 있는 임의의 전자적인 움직임이다. 유도된 잡음은 모터나 기구와 같은 것으로부터 발생한다. 이들 장치는 전송 안테나 역할을 하고, 전송 매체는 수신 안테나 역할을 한다. 혼선은 하나의 전선이 다른 것에 미치는 효과이다. 하나의 전선은 안테나에 보내는 역할을 하고 다른 전선은 안테나로부터 받는 역할을 한다. 충격 잡음은 전기선에서 발생하는 스파이크(매우 짧은 시간 동안 높은 에너지를 갖는 신호)나 빛 등을 말한다. 그림 3.32는 신호에서 잡음의 효과를 보여준다. 오류에 대해서는 10장에서 공부한다.

그림 3.32 잡음

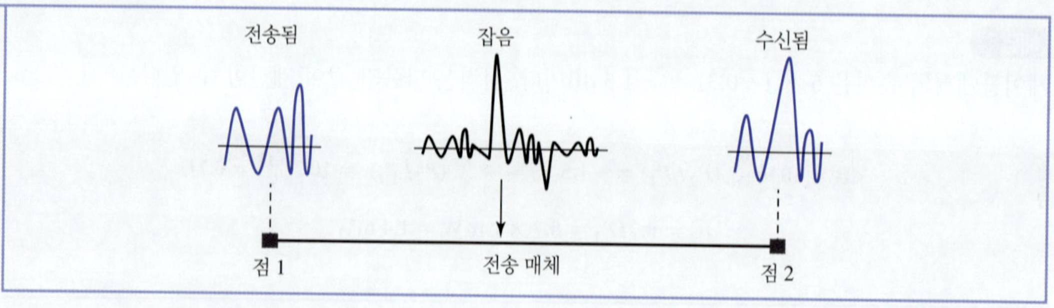

신호-대-잡음 비(SNR)

뒤에 보겠지만 이론적인 비트율의 한계를 알기 위해서는 잡음의 전력에 대한 신호 전력의 비율을 알아야 한다. **신호-대-잡음 비**(SNR, signal-to-noise ratio)는 다음과 같이 정의된다.

$$\text{SNR} = \frac{\text{average signal power}}{\text{average noise power}}$$

우리는 평균 신호 전력과 평균 잡음 전력을 고려해야 하는데 이들의 전력이 시간에 따라 바뀌기 때문이다. 그림 3.33은 SNR에 대한 개념이다.

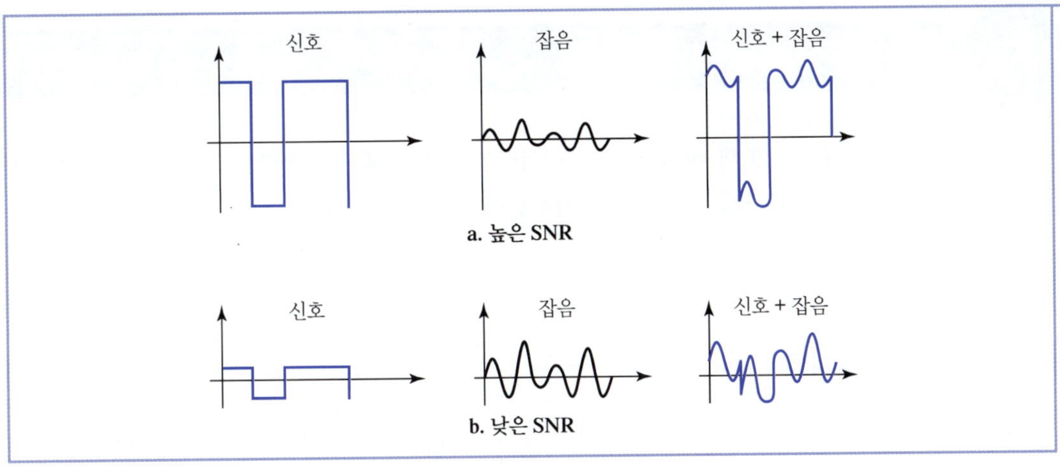

그림 3.33
SNR의 두 경우:
높은 SNR과 낮은 SNR

SNR은 실제로 원하지 않는 것(잡음)에 대한 원하는 것(신호)의 비이다. 높은 SNR은 신호가 잡음에 의해 덜 망가진다는 것을 의미하고, 낮은 SNR은 잡음으로 신호가 더 망가진다는 것을 의미한다.

SNR은 두 전력의 비이므로 흔히 데시벨, SNR_{dB}로 다음과 같이 표시한다.

$$SNR_{dB} = 10 \log_{10} SNR$$

예제 3.31

신호의 전력이 10 mW이고 잡음의 전력이 1 μW이면 SNR 값과 SNR_{dB} 값은 각각 얼마인가?

해답

SNR과 SNR_{dB}의 값은 각각 다음과 같이 계산할 수 있다.

$$SNR = (10{,}000\ \mu w) / (1\ \mu w) = 10{,}000 \qquad SNR_{dB} = 10 \log_{10} 10{,}000 = 10 \log_{10} 10^4 = 40$$

예제 3.32

잡음이 없는 채널의 SNR과 SNR_{dB}는 다음과 같다.

$$SNR = (\text{signal power}) / 0 = \infty \longrightarrow SNR_{dB} = 10 \log_{10} \infty = \infty$$

위의 값들은 실제에서는 결코 달성할 수 없는 이상적인 값일 뿐이다.

것보다 범용적이다. 기저대역은 물론 변조 전송의 경우에도 적용할 수 있다. 또한, 2개 이상의 신호 준위를 사용하는 경우에도 적용할 수 있다.

예제 3.34

2개의 신호 준위를 갖는 신호를 전송하는 3,000 Hz의 대역폭을 갖는 무잡음 채널이 있다. 최대 비트율은 다음과 같이 계산된다.

$$\textbf{Bit Rate} = 2 \times 3{,}000 \times \log_2 2 = 6{,}000 \text{ bps}$$

예제 3.35

4개의 신호 준위(각 준위는 2비트를 나타낸다)를 사용하는 신호를 위의 예제와 동일한 채널을 사용하여 보낸다고 하자. 최대 비트율은 다음과 같이 계산할 수 있다.

$$\textbf{Bit Rate} = 2 \times 3{,}000 \times \log_2 4 = 12{,}000 \text{ bps}$$

예제 3.36

잡음 없는 20 kHz의 대역폭을 갖는 채널을 사용하여 265 kbps의 속도로 데이터를 전송해야 한다. 몇 개의 신호 준위가 필요한가?

해답

나이퀴스트 공식을 다음과 같이 사용할 수 있다.

$$265{,}000 = 2 \times 20{,}000 \times \log_2 L \longrightarrow \log_2 L = 6.625 \longrightarrow L = 2^{6.625} = 98.7 \text{ levels}$$

위 계산 결과는 2의 멱승이 아니므로 신호 준위 개수를 늘리거나 줄여야 한다. 128개의 준위를 사용하면 비트율은 280 kbps이다. 64개의 준위를 사용하면 비트율은 240 kbps이다.

3.5.2 잡음이 있는 채널: 섀넌 용량

실제에서는 무잡음 채널은 없다. 모든 채널은 항상 잡음이 있다. 1944년 클로드 섀넌이 **섀넌 용량**(Shannon capacity)이라는 잡음이 있는 채널의 최대 전송률을 결정하는 수식을 발표하였다.

$$\textbf{Capacity} = \textbf{bandwidth} \times \log_2(1 + \textbf{SNR})$$

이 식에서 대역폭은 채널의 대역폭, SNR은 신호에 대한 잡음 비율, 용량은 bps 단위의 채널 용량(섀넌 용량이라고 불린다)을 가리킨다. 신호-대-잡음 비는 잡음 전력에 대한 신호 전력의 통계적 비율이다. 섀넌 수식에는 신호의 준위 개수가 없다는 것에 주목하라. 이는 몇 개의 준위를 사용하든 채널의 전송 한계 이상의 전송률을 달성할 수는 없다는 것을 말한다. 다시 말하면, 이 수식은 채널의 특성을 정의하는 것이지 전송 방법을 정의하는 것이 아니다.

예제 3.37

신호-대-잡음의 비율 값이 거의 0인, 거의 잡음에 가까운 채널을 생각해 보자. 다시 말해, 잡음이 너무 강해서 신호가 약해진다. 이 채널에 대한 용량을 계산하면 다음과 같다.

$$C = B \log_2 (1 + \text{SNR}) = B \log_2(1 + 0) = B \log_2 1 = B \times 0 = 0$$

이것은 채널의 용량이 0이다. 대역폭은 고려되지 않았다. 다른 말로 하자면 이 채널로는 어떤 데이터도 보낼 수 없다.

예제 3.38

일반 전화선의 이론적인 최고 데이터 전송률을 계산할 수 있다. 전화선은 일반적으로 3,000 Hz (300 Hz에서 3,300 Hz)의 대역폭을 갖는다. 신호-대-잡음 비율이 항상 3,162이다. 이 채널에 대한 용량을 계산하면 다음과 같다.

$$C = B \log_2 (1 + \text{SNR}) = 3{,}000 \log_2(1 + 3162) = 3{,}000 \times 11.62 = 34{,}860 \text{ bps}$$

이는 전화선의 최대 비트율이 34.860 kbps임을 의미한다. 만약 이보다 더 빠르게 데이터를 전송하려 한다면 전화선의 대역폭을 늘리거나 신호-대-잡음의 비율을 높여야 한다.

예제 3.39

신호-대-잡음 비는 보통 데시벨로 표시한다. $\text{SNR}_{\text{dB}} = 36$이고 채널의 대역폭이 2 MHz라고 하자. 이론적인 채널 용량은 다음과 같이 계산할 수 있다.

$$\text{SNR}_{\text{dB}} = 10 \log_{10}\text{SNR} \longrightarrow \text{SNR} = 10^{\text{SNR}_{\text{dB}}/10} \longrightarrow \text{SNR} = 10^{3.6} = 3{,}981$$

$$C = B \log_2(1 + \text{SNR}) = 2 \times 10^6 \times \log_2 3982 = 24 \text{ Mbps}$$

예제 3.40

SNR 값이 매우 높을 때는 SNR + 1이 SNR과 거의 같다고 볼 수 있다. 이러한 경우에는 이론적인 채널 용량은 $C = B \times SNR_{dB}/3$으로 간단히 표시할 수 있다. 예를 들면, 앞의 예의 이론적인 채널 용량은 다음과 같이 계산할 수 있다.

$$C = 2\ \mathrm{MHz} \times (36/3) = 24\ \mathrm{Mbps}$$

3.5.3 두 가지 한계를 사용하기

실제에 있어서는 몇 개의 신호 준위와 어느 정도의 대역폭이 필요한지 알기 위해 두 가지 방법을 모두 사용한다. 예를 들어보자.

예제 3.41

1 MHz의 대역폭을 갖는 채널이 있다. 이 채널의 SNR은 63이다. 적절한 전송률은 얼마이며 신호 준위는 몇 개인가?

해답

우선, 상한을 구하기 위해 섀넌 수식을 사용한다.

$$C = B \log_2(1 + \mathrm{SNR}) = 10^6 \log_2(1 + 63) = 10^6 \log_2 64 = 6\ \mathrm{Mbps}$$

비록 섀넌 수식으로부터 6 Mbps의 전송률을 구했으나 이는 상한일 뿐이다. 더 나은 성능을 위해 조금 낮은 값, 예를 들어 4 Mbps를 택한다. 그 후에 신호의 준위를 구하기 위해 나이퀴스트 공식을 사용한다.

$$4\ \mathrm{Mbps} = 2 \times 1\ \mathrm{MHz} \times \log_2 L \longrightarrow L = 4$$

섀넌 용량은 전송률의 상한 값을 알려주고
나이퀴스트 공식은 몇 개의 신호 준위가 필요한지를 알려준다.

3.6 성능

지금까지는 네트워크를 통해 데이터를 전송하는 도구(신호)와 어떻게 신호가 동작하는지를 논의하였다. 네트워크에서 중요한 문제 중 하나는 네트워크의 성능, 즉 네트워크가 얼마나 좋은가 하는 것이다. 이 절에서는 이어지는 장에서 필요한 용어들을 소개한다.

3.6.1 대역폭

네트워크의 성능을 측정하는 특성 중에 대역폭이 있다. 그러나 이 용어는 두 가지 서로 다른 값을 측정하는 뜻으로 사용될 수 있는데 하나는 Hz를 단위로 하는 대역폭이고, 다른 하나는 초당 비트 수이다.

헤르츠 단위의 대역폭

이미 이 개념을 논의하였다. 헤르츠(Hz) 단위의 대역폭은 복합 신호에 포함된 주파수 영역 또는 채널이 통과시킬 수 있는 주파수 영역을 말한다. 예를 들어 가입자 전화선의 대역폭이 4 kHz라고 하는 식이다.

비트율 단위의 대역폭

대역폭은 채널이나 링크 또는 심지어 네트워크가 통과시킬 수 있는 초당 비트 수를 일컬을 때가 있다. 예를 들어 고속 이더넷(또는 이 네트워크의 링크)이 최대 100 Mbps의 대역폭을 갖는다고 말할 수 있다. 이는 네트워크가 100 Mbps로 전송할 수 있다는 것을 말한다.

관계

헤르츠 단위의 대역폭과 비트율 단위의 대역폭 사이에는 명백한 관련이 있다. 기본적으로 헤르츠 단위의 대역폭이 늘어나면 비트율 단위의 대역폭도 늘어난다. 둘 사이의 관계는 기저대역 전송을 하느냐 변조 전송을 하느냐에 좌우된다. 이 관계에 대해 4장과 5장에서 논의한다.

> 네트워크에서는 대역폭을 두 가지 뜻으로 사용한다.
>
> - 먼저 헤르츠 단위의 대역폭은 복합 신호의 주파수 영역이나 채널이 통과시킬 수 있는 주파수 영역을 말한다.
> - 두 번째로 비트율 단위의 대역폭은 채널 또는 링크의 비트 전송 속도를 말한다.

예제 3.42

가입자 회선의 대역폭은 음성이나 데이터에 대해 4 kHz이다. 이 회선을 사용하여 데이터를 전송하는 경우에는 디지털 신호를 아날로그 신호로 정교하게 바꾸어 최대 56,000 bps의 전송 속도를 가질 수 있다.

예제 3.43

전화 회사가 회선의 품질을 개선하여 8 kHz까지 대역폭을 높인다면 위 예제에서 논의한 같은 기술을 사용하여 최대 112,000 bps의 전송 속도를 낼 수 있다.

3.6.2 처리율

처리율(throughput)은 어떤 지점을 데이터가 얼마나 빠르게 지나가는가를 측정하는 것이다. 얼핏 보면 비트율 단위의 대역폭이나 처리율이 동일해 보이나 둘은 서로 다르다. 어느 링크가 *B* bps의 대역폭을 가질 수 있으나 이 링크를 사용하여 항상 *B*보다 작은 *T* bps의 처리율만 가능한 것이다. 다시 말하면 대역폭은 링크의 잠재 성능 측정치이며, 처리율은 얼마나 빠르게 데이터를 전송할 수 있는지 실제 전송 속도인 것이다. 예를 들면 대역폭 1 Mbps인 링크에 연결된 장치가 오직 200 kbps의 속도로 전송할 수 있는 것이다. 이는 이 링크를 통해서 200 kbps 이상의 속도로 전송할 수 없다는 것을 말한다.

어느 지점에서 다른 지점으로 매분 1,000대의 차량을 통과시키도록 설계된 고속도로를 생각해 보라. 만일 도로에 정체가 생긴다면 이 숫자가 매분 100대로 떨어질 수 있는 것이다. 매분 1,000대가 대역폭이지만 처리율은 매분 100대인 것이다.

예제 3.44

대역폭 10 Mbps의 네트워크가 매분당 평균 길이가 10,000비트인 프레임을 12,000개 통과시킨다. 이 네트워크의 처리율은 얼마인가?

해답

다음과 같이 처리율을 구할 수 있다.

$$\textbf{Throughput} = (12{,}000 \times 10{,}000) / 60 = 2 \text{ Mbps}$$

이 예제에서 처리율은 대역폭의 거의 5분의 1에 그친다.

3.6.3 지연

지연(latency 또는 delay)은 발신지로부터 첫 번째 비트가 목적지를 향해 떠난 후에 온전히 전체 메시지가 모두 목적지에 도착할 때까지 소요된 시간이다. 지연은 전파 시간, 전송 시간, 큐 시간 및 처리 시간이라는 네 가지 요소로 구성된다고 볼 수 있다.

$$\text{지연} = \text{전파 시간} + \text{전송 시간} + \text{큐 시간} + \text{처리 시간}$$

전파 시간

전파 시간(propagation time)은 비트가 발신지로부터 목적지까지 이동하는 데 소요된 시간이다. 전파 시간은 거리를 전파 속도로 나누어 다음과 같이 계산된다.

전파 시간 = 거리 / 전파 속도

전자기 신호의 전파 속도는 매체와 신호의 주파수에 좌우된다. 예를 들면 빛은 진공에서는 3×10^8 m/s의 속도로 전파된다. 그러나 빛은 공기 속에서는 속도가 떨어지며 케이블 속에서는 훨씬 더 떨어진다.

예제 3.45

두 지점 간의 거리가 12,000 km이면 전파 시간은 얼마인가? 전파 속도는 케이블 속에서 2.4×10^8 m/s라고 가정하라.

해답

다음과 같이 전파 시간을 계산할 수 있다.

$$\text{Propagation time} = (12{,}000 \times 1{,}000) / (2.4 \times 10^8) = 50 \text{ ms}$$

이 예제는 발신지로부터 목적지까지 케이블이 있다면 한 비트가 대서양을 50밀리초 만에 건널 수 있다는 것을 보여준다.

전송 시간

데이터 통신에서는 1비트만을 보내는 것이 아니다. 첫 번째 비트는 목적지까지 도달하는 데 전파 시간만큼 걸릴 것이고 마지막 비트도 그만큼 걸릴 것이다. 그러나 첫 번째 비트가 송신자를 떠난 시간과 마지막 비트가 수신자에 도달한 시간의 차이가 있다. 첫 번째 비트가 먼저 떠나 먼저 도착하고 마지막 비트는 뒤에 떠나 뒤에 도착한다. 메시지의 **전송 시간**(transmission time)은 메시지의 길이와 채널의 대역폭에 좌우된다.

전송 시간 = 메시지 길이 / 대역폭

예제 3.46

네트워크의 대역폭이 1 Gbps이면 2.5 KB(킬로바이트)의 메시지(전자우편)의 전파 시간과 전송 시간은 얼마인가? 송신자와 수신자 사이의 거리는 12,000 km이고 빛은 2.4×10^8 m/s의 속도로 전파한다고 가정하라.

해답

다음과 같이 계산할 수 있다.

$$\text{Propagation time} = (12{,}000 \times 1{,}000) / (2.4 \times 10^8) = 50 \text{ ms}$$
$$\text{Transmission time} = (2{,}500 \times 8) / 10^9 = 0.020 \text{ ms}$$

이 경우에 메시지가 짧고 대역폭이 높기 때문에 주요 요소는 전파 시간이지 전송 시간이 아닌 것에 유의하라. 전송 시간은 무시될 수 있다.

예제 3.47

네트워크의 대역폭이 1 Mbps라면 5 Mbyte(영상) 메시지의 전파 시간과 전송 시간은 얼마인가? 송신자와 수신자 사이의 거리는 12,000 km이고 빛은 2.4×10^8 m/s의 속도로 전파된다고 가정하라.

해답

다음과 같이 전파 시간과 전송 시간을 구할 수 있다.

$$\text{Propagation time} = (12{,}000 \times 1{,}000) / (2.4 \times 10^8) = 50 \text{ ms}$$
$$\text{Transmission time} = (5{,}000{,}000 \times 8) / 10^6 = 40 \text{ s}$$

이 경우에는 메시지가 매우 크고 대역폭이 높지 않으므로 주요 요소는 전송 시간이지 전파 시간이 아니다. 전파 시간은 무시될 수 있다.

큐 시간

지연의 세 번째 요소는 **큐 시간**(queueing time)인데, 이는 중계 또는 종단 장치들이 메시지를 처리하기 전까지 메시지를 가지고 있는 시간이다. 큐 시간은 일정하게 정해져 있는 것이 아니라 네트워크의 부하에 따라 바뀐다. 네트워크의 트래픽이 많으면 큐 시간이 길어진다. 라우터와 같은 중계 장치는 메시지를 일단 큐에 저장하고 한 번에 하나씩 처리한다. 메시지가 많으면 각 메시지는 기다려야 한다.

3.6.4 대역폭-지연 곱

대역폭과 지연은 링크의 두 가지 성능 지표이다. 그러나 이 장과 다음 장에서 보게 되듯이 데이터 통신에서 매우 중요한 것은 두 요소의 곱인 **대역폭-지연 곱**(bandwidth-delay product)이다. 이에 대해 두 가지 가상의 예를 사용하여 좀 더 설명해 보자.

- **첫 번째 경우** 그림 3.34는 첫 번째 경우이다. 대역폭 1 bps(실제적이지 않지만 설명의 목적으로 사용한다)의 링크가 있다고 하자. 링크의 지연 시간이 5초(이 역시 실질적이지 않다)라고 가정하자. 대역폭-지연 곱이 이 경우에 무엇을 의미하는지 알아보자. 그림을 보면 이 곱인 1×5는 링크를 채울 수 있는 최대의 비트 개수인 것을 볼 수 있다. 이 예제에서는 링크에는 5개보다 많은

3.5 데이터 전송률의 한계

매우 중요한 질문은 채널을 통해 매초 몇 비트 데이터를 얼마나 빨리 전송할 수 있는가 하는 것이다. 데이터 전송률은 다음의 세 가지 요소에 의해 좌우된다.

1. 가용 대역폭
2. 사용 가능한 신호 준위
3. 채널의 품질(잡음의 정도)

데이터 전송률을 계산할 수 있는 두 가지 이론적 수식이 있는데 하나는 잡음이 없는 채널에서 사용하는 나이퀴스트(Nyquist) 수식이고, 다른 하나는 잡음이 있는 채널에서 사용하는 섀넌(Shannon) 수식이다.

3.5.1 무잡음 채널: 나이퀴스트 비트율

잡음이 없는 채널의 경우에는 **나이퀴스트 비트율**(Nyquist bit rate)이 이론적인 최대 전송률을 정의한다.

$$\textbf{Bit Rate} = \textbf{2} \times \textbf{bandwidth} \times \textbf{log}_2 \boldsymbol{L}$$

이 수식에서 대역폭은 채널의 대역폭이고 L은 데이터를 나타내는 데 사용한 신호 준위의 개수이며 전송률은 매초당 비트 수이다.

공식에 따라 대역폭이 주어지면 임의로 신호 준위의 개수를 늘려서 원하는 비트율을 달성할 수 있을 것으로 생각하기 쉽다. 이론적으로는 맞는 생각이지만 실질적으로는 한계가 있다. 신호 준위의 수를 늘리면 수신자 쪽에 부담을 주는 것이 된다. 신호 준위가 단지 2개이면 수신자는 신호를 0과 1로 쉽게 구별할 수 있다. 신호 준위가 64개라면 수신자는 64개의 서로 다른 신호를 구별하기 위해 매우 정교해야 한다. 다시 말하면 신호 준위를 늘리면 시스템의 신뢰도가 떨어진다.

> 신호 준위를 늘리면 시스템의 신뢰도를 떨어뜨릴 수 있다.

예제 3.33

나이퀴스트 비트율이 직관적으로 기저대역 전송의 비트율과 일치하는가?

해답

오직 2개의 준위만을 사용하면 서로 일치한다. 기저대역 통신에서는 최악의 경우에 대해 1차 조파만을 사용한다면 비트율은 대역폭의 2배와 같다. 그러나 나이퀴스트 공식은 우리가 직관적으로 구한

그림 3.34
첫 번째 경우에서 링크를 비트로 채우기

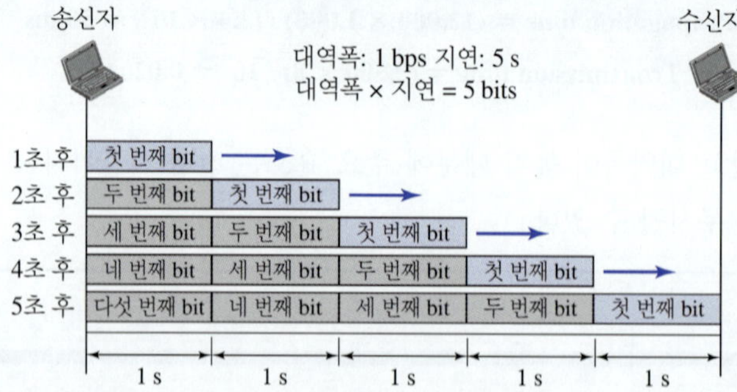

비트가 존재할 수 없다.

- **두 번째 경우** 이제 대역폭이 5 bps인 링크를 가정하자. 그림 3.35는 최대 5 × 5 = 25개의 비트가 회선에 있을 수 있다는 것을 보여준다. 그 이유는 매초 5개의 비트가 회선에 있게 되며 각 비트 시간은 0.20초이기 때문이다.

위의 두 가지 경우에서 보듯이 대역폭과 지연의 곱은 링크를 채울 수 있는 비트의 개수이다. 이 값은 데이터를 모아서 보내고 다음 데이터를 모아서 보내기 전까지 기다려야 한다면 중요한 지표가 된다. 링크의 최대 용량을 이용하기 위해서는 대역폭과 지연 곱의 2배 크기로 데이터를 모아 보내야 하는데 이는 전이중(양방향) 채널을 가득 채워 보낼 때 최대 용량을 사용하는 것이기 때문이다. 송신자는 2×대역폭× 지연만큼의 크기로 데이터를 만들어 보내야 한다. 송신자는 다음 데이터를 보내기 전에 직전에 보낸 데이터의 앞부분에 대해 수신자가 응답할 때까지 기다린다. 2 × 대역폭 × 지연은 링크를 언제든 가득 채울 수 있는 양인 것이다.

> 대역폭-지연 곱은 링크를 채울 수 있는 비트의 수를 의미한다.

그림 3.35
두 번째 경우에서 링크를 비트로 채우기

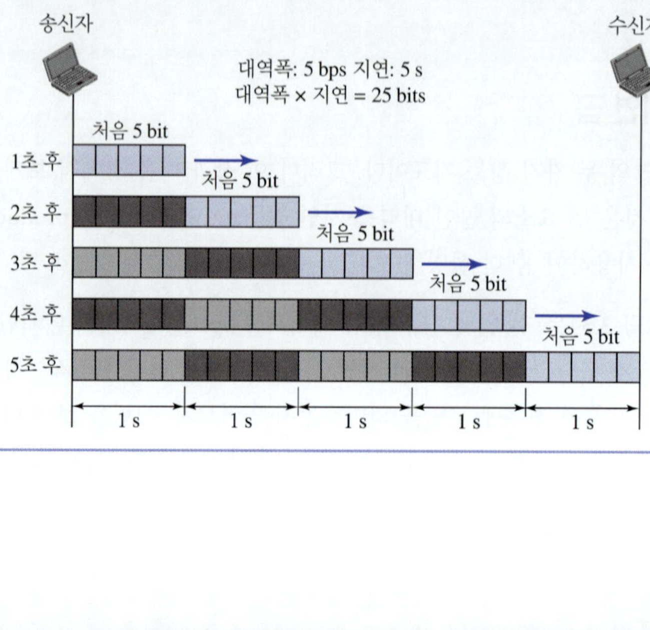

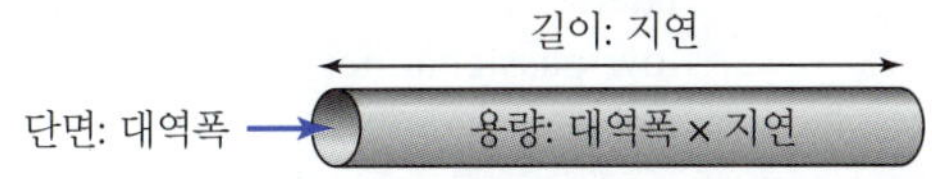

그림 3.36 대역폭-지연 곱의 개념

예제 3.48

링크를 두 지점을 연결한 파이프로 볼 수 있다. 파이프의 단면은 대역폭이고, 파이프의 길이는 지연을 나타낸다고 볼 수 있다. 그림 3.36에서 보듯이 파이프의 용량은 대역폭-지연 곱이다.

3.6.5 파형 난조

지연과 연관된 또 다른 성능은 **파형 난조**(jitter)이다. 파형 난조는 서로 다른 데이터 패킷이 서로 다른 지연 시간을 가지면 생기게 되어 수신자 쪽의 음성이나 화상처럼 시간에 민감한 응용 시스템이 겪는 문제이다. 첫 번째 패킷이 지연이 20 ms이고 두 번째 것은 45 ms이고 세 번째 것은 40 ms라면 이 패킷들을 사용하는 실시간 응용은 파형 난조를 겪는다.

3.7 추천 자료

3.7.1 추천 도서

이 장에서 논의된 주제들을 자세히 보기 위해서 다음 도서를 추천한다. 꺾쇠 안에 있는 내용은 교재의 끝에 있는 참고문헌을 가리킨다.

참고문헌

데이터와 신호는 [Pea 92]에 자세히 기술되어 있다. [Cou 01]은 2장에서 신호에 대해 잘 다루고 있다. 좀 더 어려운 내용은 [Ber 96]에 다루고 있다. [Hsu 03]은 신호에 대해 수학적으로 접근하고 있다. 푸리에 해석은 [Spi 74]에 전체적으로 다루고 있다. 데이터와 신호는 [Sta 04]와 [Tan 03]에서 설명되어 있다.

3.7.2 중요 용어

analog
analog data
analog signal
attenuation
bandpass channel
bandwidth
baseband transmission
bit length
bit rate
bits per second(bps)
broadband transmission
composite signal
cycle
data
decibel(dB)

digital
digital data
digital signal
distortion
Fourier analysis
frequency
frequency-domain
fundamental frequency
harmonic
Hertz(Hz)
jitter
latency
low-pass channel
noise
nonperiodic signal
Nyquist bit rate
peak amplitude
period
periodic signal
phase
processing delay
propagation speed
propagation time
queuing time
Shannon capacity
signal
signal-to-noise ratio(SNR)
sine wave
throughput
time-domain
transmission time
wavelength

3.7.3 요약

- 데이터가 네트워크를 통해 전송되기 위해서는 전자기 신호로 변환되어야 한다. 데이터는 아날로그나 디지털일 수 있다. 아날로그 데이터는 연속적이고 연속적인 값을 갖는다. 디지털 데이터는 이산적인 상태를 가지며 이산적인 값을 갖는다. 신호는 아날로그나 디지털이다. 아날로그 신호는 영역 속에 무한개의 값을 가질 수 있으며 디지털 신호는 제한된 수의 값을 갖는다.
- 데이터 통신에서는 흔히 주기 아날로그 신호와 비주기 디지털 신호를 사용한다. 주파수와 주기는 서로 역이다. 주파수는 시간에 대한 변화율이다. 위상은 시간 0에 대한 파형의 상대적 위치를 나타낸다. 시간 영역에서 완전한 정현파는 주파수 영역에서 1개의 막대로 나타난다.
- 단일-주파수 정현파는 데이터 통신에서 유용하지 않다. 다수의 정현파로 만들어진 복합 신호를 보내야 한다. 푸리에 해석에 의해, 임의의 복합 신호는 정현파의 집합으로 분해될 수 있다. 신호의 대역폭은 신호가 차지하는 주파수의 영역이다. 대역폭은 최고 주파수 성분과 최저 주파수 성분을 찾아 구할 수 있다.
- 디지털 신호는 무한대의 대역폭을 갖는 복합 아날로그 신호이다. 디지털 신호의 모양을 유지하는 디지털 신호의 기저대역 통신은 무한대 또는 매우 넓은 대역폭을 갖는 저대역-통과 채널에서만 가능하다. 가용 채널이 특정 대역 통과 채널이면 디지털 신호를 직접 채널로 전송할 수 없다. 디지털 신호를 전송하기 이전에 아날로그 신호로 변환해야 한다.
- 나이퀴스트 공식은 무잡음 채널의 이론적인 최대 데이터 전송률을 결정한다. 섀넌 용량은 채널에서 이론적으로 최대의 데이터 전송률을 구하는 공식이다. 감쇠, 일그러짐, 잡음은 신호를 손상시킬 수 있다. 감쇠는 매체의 저항으로 인한 신호의 에너지 손실이다. 일그러짐은 신호가 만들어지는 각 주파수의 전파 속도가 달라서 신호가 변화하는 것이다. 잡음은 신호를 교란하는 외부 에너지이다. 대역폭-지연 곱은 링크를 채울 수 있는 비트 개수를 정의한다.

3.8 연습문제

3.8.1 객관식

1. 주파수 영역 도면에서 수평선은 ____________ 이다.
   a. 신호의 진폭　b. 주파수
   c. 위상　d. 시간

2. 시간 영역 도면에서 수평선은 ____________ 이다.
   a. 신호의 진폭　b. 주파수
   c. 위상　d. 시간

3. 데이터를 전송하기 전에 데이터를 ____________ 로 변환해야 한다.
   a. 주기 신호　b. 전자기 신호
   c. 비주기 신호　d. 저주파 정현파

4. 어떤 주기 신호는 0.001초 만에 한 사이클을 완성한다. 주파수는 얼마인가?
   a. 1 Hz　b. 100 Hz
   c. 1 kHz　d. 1 MHz

5. ____________ 데이터는 연속적이고 연속적인 값을 갖는다.
   a. 아날로그　b. 디지털
   c. 아날로그 또는 디지털　d. 정답 없음

6. ____________ 데이터는 이산 상태를 가지며 이산 값을 갖는다.
   a. 아날로그　b. 디지털
   c. 아날로그 또는 디지털　d. 정답 없음

7. ____________ 신호는 시간 간격에서 무한개수의 값을 가질 수 있다.
   a. 아날로그　b. 디지털
   c. 아날로그 또는 디지털　d. 정답 없음

8. ____________ 신호는 시간 간격에서 한정된 수의 값만 가질 수 있다.
   a. 아날로그　b. 디지털
   c. 아날로그 또는 디지털　d. 정답 없음

9. 주파수와 주기는 ____________ .
   a. 서로 역이다　b. 서로 비례한다
   c. 같다　d. 정답 없음

10. ____________ 은 시간에 대한 변화율이다.
    a. 진폭　b. 시간
    c. 주파수　d. 위상

11. ____________ 는 시간 0에 대한 상대적인 파형의 위치를 나타낸다.
    a. 진폭　b. 시간
    c. 주파수　d. 위상

12. 단순 정현파는 ____________ 영역에서는 단 하나의 막대로 나타낼 수 있다.
    a. 진폭　b. 시간
    c. 주파수　d. 위상

13. 주파수가 높아짐에 따라 주기는 ____________ .
    a. 감소한다　b. 증가한다
    c. 그대로다　d. 두 배가 된다

14. ____________ 는 신호가 전송 매체의 저항 때문에 신호의 강도를 잃어버리는 전송 장애의 한 종류이다.
    a. 감쇠　b. 일그러짐
    c. 잡음　d. 데시벨

15. ____________ 은 신호를 구성하는 각 주파수의 전파 속도 차이로 인해 신호의 강도를 잃어버리는 전송 장애의 한 종류이다.
    a. 감쇠　b. 일그러짐
    c. 잡음　d. 데시벨

16. ____________ 는 교차 잡음과 같이 외부 신호로 인해 생기는 전송 장애의 한 종류이다.
    a. 감쇠　b. 일그러짐
    c. 잡음　d. 데시벨

17. 전파 속도를 전파 시간으로 곱하면 ____________을 얻는다.
    a. 처리율
    b. 신호의 파장
    c. 일그러짐 인자
    d. 신호 또는 비트가 이동한 거리

18. 디지털 신호의 기저대역 전송은 ____________ 채널을 사용할 때만 가능하다.
    a. 저대역-통과 b. 특정 대역 통과
    c. 낮은 전송률 d. 높은 전송률

19. 이용 가능한 채널이 ____________ 채널이면 채널에 직접 디지털 신호를 전송할 수 없다.
    a. 저대역-통과 b. 특정 대역 통과
    c. 낮은 전송률 d. 높은 전송률

20. ____________ 채널에서는 나이퀴스트 비트 전송률 공식이 최대 비트 전송률을 결정한다.
    a. 잡음이 있는 b. 잡음이 없는
    c. 특정 대역 통과 d. 저대역-통과

21. ____________ 채널에서 최대 비트 전송률을 알기 위해서는 섀넌 용량을 사용해야 한다.
    a. 잡음이 있는 b. 잡음이 없는
    c. 특정 대역 통과 d. 저대역-통과

22. ____________는 신호를 망가뜨릴 수 있다.
    a. 감쇠 b. 일그러짐
    c. 잡음 d. 모두 정답

23. ____________ 곱은 링크를 채울 수 있는 비트 수를 결정한다.
    a. 대역폭-주기 b. 주파수-진폭
    c. 대역폭-지연 d. 지연-진폭

3.8.2 주관식

Q-1 주기와 주파수의 관계는 무엇인가?

Q-2 신호의 진폭은 무엇을 측정하는가? 신호의 주파수는 무엇을 측정하는가? 신호의 위상은 무엇을 측정하는가?

Q-3 복합 신호는 어떻게 개별적인 주파수로 분해되는가?

Q-4 전송 장애의 세 가지 유형을 기술하라.

Q-5 기저대역 전송과 광대역 전송을 구별하라.

Q-6 저대역-통과 채널과 특정 대역 통과 채널을 구별하라.

Q-7 나이퀴스트 정리와 통신의 관계는 무엇인가?

Q-8 섀넌 용량과 통신의 관계는 무엇인가?

Q-9 광섬유에 사용되는 광신호는 왜 짧은 파장을 갖는가?

Q-10 주파수 영역 도면을 보고 신호가 주기적인지 비주기적인지 알 수 있는가? 설명하라.

Q-11 음성 신호를 주파수 영역 도면으로 나타내면 이산적인가 연속적인가?

Q-12 알람 시스템을 주파수 영역 도면으로 나타내면 이산적인가 연속적인가?

Q-13 마이크로폰에서 음성 신호를 녹음기로 보낸다. 기저대역 전송인가 광대역 전송인가?

Q-14 LAN의 한 지점에서 다른 지점으로 디지털 신호를 보낸다. 기저대역 전송인가 광대역 전송인가?

Q-15 여러 개의 음성 신호를 변조하여 공기를 통해 보낸다. 기저대역 전송인가 광대역 전송인가?

객관식 홀수 번 문제 정답

1. ⓑ 3. ⓑ 5. ⓐ 7. ⓐ 9. ⓐ 11. ⓓ 13. ⓐ 15. ⓑ 17. ⓓ 19. ⓑ 21. ⓐ 23. ⓒ

3.9 시뮬레이션 실험

3.9.1 애플릿

우리는 이 장에서 설명된 주요 개념의 일부를 보여주기 위하여 자바 애플릿을 만들었다. 학생들은 책의 웹 사이트에 있는 이 애플릿들을 실행시켜 보고, 실제 프로토콜을 주의 깊게 살펴보기 바란다.

CHAPTER 04

디지털 전송

컴퓨터 네트워크는 어떤 지점에서 다른 지점으로 정보를 전송하기 위해 설계된 것이다. 이들 정보를 전송하기 위해 디지털 신호나 아날로그 신호로 변환하는 것이 필요하다. 이 장에서는 첫 번째 선택인 디지털 신호로 변환하는 것을 논의하고, 5장에서는 아날로그 신호로 변환하는 것을 논의한다.

3장에서 이미 아날로그 신호를 전송하는 것에 대해 디지털 신호를 전송하는 것에 대한 장점과 단점에 대해 논의하였다. 이 장에서는 데이터를 디지털 방식으로 보내는 방식과 기술을 보여준다. 먼저, 디지털 데이터를 디지털 신호로 바꾸는 기술인 디지털-대-디지털 변환(digital-to-digital conversion)에 대해 살펴본다. 두 번째로, 아날로그 신호를 디지털 신호로 바꾸는 기술인 아날로그-대-디지털 변환(analog-to-digital conversion)에 대해 살펴본다. 마지막으로 전송 방식(transmission mode)에 대해 살펴본다.

이 장은 3개의 절로 나누어져 있다.

첫 번째 절은 디지털-대-디지털 변환에 대해 살펴본다. 회선 부호화는 디지털 데이터를 디지털 신호로 변환하는 데 사용된다. 여러 가지 공통 구조를 살펴본다. 이 절은 또 디지털 데이터를 디지털 신호로 부호화하기 전에 디지털 데이터에서 잉여(또는 중복)를 생성하는 데 사용되는 블록 부호화도 설명한다. 잉여는 원시 오류 검출 도구로 사용된다. 이 절의 마지막 주제는 장거리 통신에서 디지털-대-디지털 변환에 사용되는 스크램블링을 살펴본다.

두 번째 절은 아날로그-대-디지털 변환을 살펴본다. 펄스 코드 변조는 아날로그 신호를 표본 채집하는 데 사용되는 주요 방법으로 설명한다. 델타 변조는 펄스 코드 변조의 효율성을 높이는 데 사용된다.

세 번째 절은 전송 방식을 살펴본다. 데이터를 디지털로 전송하고자 할 때 병렬 또는 직렬 전송을 생각해 볼 수 있다. 병렬 전송은 한 번에 여러 비트를 보내고, 직렬 전송은 한 번에 한 비트를 보낸다.

4.1 디지털-대-디지털 변환

3장에서는 데이터와 신호에 대해 논의하였다. 데이터는 디지털 또는 아날로그일 수 있다고 하였다. 또한, 데이터를 나타내는 신호도 디지털 또는 아날로그일 수 있다고 하였다. 이 절에서는 디지털 데이터를 어떻게 디지털 신호로 나타내는지를 알아본다. 변환에는 세 가지 기술이 있는데, 이는 회선 부호화, 블록 부호화 및 스크램블링(또는 뒤섞기)이다. 회선 부호화는 항상 필요하지만, 블록 부호화나 뒤섞기는 필요할 수도 아닐 수도 있다.

4.1.1 회선 부호화

회선 부호화(line coding, 회선 코딩)는 디지털 데이터를 디지털 신호로 바꾸는 작업이다. 예를 들면, 문자, 숫자, 영상, 오디오 및 비디오 형태의 데이터는 모두 비트의 연속으로 컴퓨터 메모리에 저장되는 것으로 간주한다(1장 참조). 회선 부호화는 일련의 비트들을 디지털 신호로 바꾼다. 전송 측에서는 디지털 데이터가 디지털 신호로 부호화되고 수신 측에서는 디지털 신호를 복호화하여 디지털 데이터를 재생하게 된다. 그림 4.1은 처리 과정을 보여준다.

회선 부호화의 특징

여러 가지 회선 부호화를 논의하기 전에 회선 부호화의 특성을 이해할 필요가 있다.

신호 요소 대 데이터 요소

데이터 요소(data element)와 **신호 요소**(signal element)를 구별해 보자. 데이터 통신의 목적은 데이터 요소를 전송하는 것이다. 데이터 요소는 정보를 표현할 수 있는 가장 작은 개체로서 **비트**(bit)라고 한다. 디지털 데이터 통신에서는 신호 요소가 데이터 요소를 전달한다. 신호 요소란 시간적으로 볼 때 디지털 신호의 가장 짧은 단위이다. 다시 말하자면, 데이터 요소는 보내야 할 것이며, 신호 요소는 보낼 수 있는 것이다. 데이터 요소는 전달되는 것이며, 신호 요소는 전달자인 것이다.

매 신호 요소당 전송되는 데이터 요소의 개수를 r이라고 하자. 그림 4.2에 몇 가지 다른 값의 r에 대한 상황을 보여준다.

그림 4.2a에는 하나의 신호 요소에 의해 1개의 데이터 요소가 전달되는 것을 보여준다($r = 1$).

그림 4.1
회선 부호화와 복호화

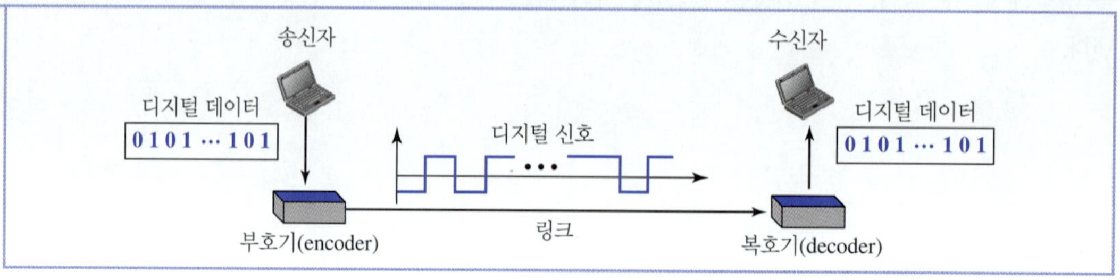

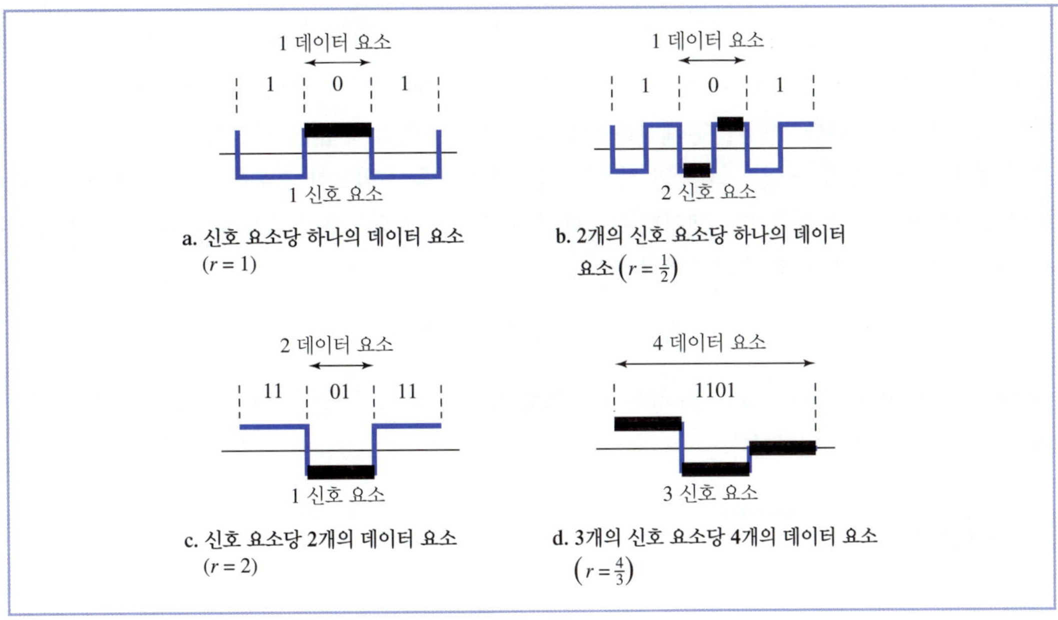

그림 4.2
신호 요소 대 데이터 요소

그림 4.2b는 각 데이터 요소를 전달하기 위해 2개의 신호 요소를 필요로 한다(r = 1/2). 후에 동기화를 보장하기 위해서는 추가적인 신호 요소가 필요함을 보게 될 것이다. 그림 4.2c에서는 1개의 신호 요소가 2개의 데이터 요소를 전달한다(r = 2). 마지막으로 그림 4.2d에서는 3개의 신호 요소에 의해 4비트의 데이터가 전송된다(r = 4/3). 우리가 공부할 모든 회선 부호화에 대해 r 값을 제시할 것이다.

다음 예를 통해 좀 더 쉽게 이해해 보자. 데이터 요소는 한 지점에서 다른 지점으로 이동해야 하는 사람이라고 하자. 신호 요소는 사람을 실어 나르는 차로 볼 수 있다. r = 1인 경우에는 각 사람이 자동차를 운전하는 것으로 보고, $r > 1$인 경우에는 두 사람 이상이 같은 차를 이용해 이동하는 것으로 볼 수 있다. 물론 한 사람이 자동차와 짐차를 같이 몰고 가는 경우(r = 1/2)도 생각할 수 있다.

데이터 전송률 대 신호 전송률

데이터 전송률(data rate, **데이터율**)은 1초당 전송된 데이터 요소의 개수로 정의된다. 단위는 초당 비트 수(bps)이다. **신호 전송률**(signal rate, **신호율**)은 1초당 전송된 신호 요소의 개수이다. 단위는 **보오**(baud)이다. 다른 문헌에는 이를 다른 말로 나타내기도 한다. 데이터 전송률은 경우에 따라 **비트율**(bit rate)이라고도 하며, 신호율은 경우에 따라 **펄스율**(pulse rate), **변조율**(modulation rate), 또는 **보오율**(baud rate)이라고 한다.

데이터 통신의 한 가지 목적은 신호 전송률을 낮추면서 데이터 전송률을 높이는 것이다. 데이터 전송률을 높인다는 것은 전송 속도를 높이는 것이고, 신호율을 낮춘다는 것은 대역폭 요구량을 줄인다는 것이다. 사람과 자동차에 비유하면, 교통 체증을 피하기 위해 적은 수의 차량에 많은 수의 사람을 실어 나르는 것이다. 교통 체계에는 대역폭(bandwidth)이 제한되어 있기 때문이다.

이제 데이터율(N)과 신호율(S) 사이의 관계(비트율과 보오율)를 알아보자. 물론, 그 관계는 r 값에 좌우된다.

$$S = N/r$$

또한, 데이터 패턴에도 좌우된다. 만일 데이터 패턴이 모두 0이거나 1이라면 신호율은 0과 1이 교차하는 데이터율과는 다를 것이다. 관계식을 유도하기 위해서 최악의 경우, 최선의 경우 및 평균의 경우에 대해 정의할 필요가 있다. 최악의 경우는 최대의 신호율이 필요한 경우이다. 최선의 경우는 최소의 신호율이 필요한 경우이다. 데이터 통신에서는 흔히 평균의 경우가 중요하다. 데이터율과 신호율 사이의 관계는 다음과 같이 나타낼 수 있다.

$$S_{ave} = c \times N \times (1/r) \quad \text{baud}$$

위에서 N은 데이터율(bps)이고, c는 경우 요인으로 각 경우에 따라 달라진다. S는 신호 요소의 개수이다. r은 앞서 설명한 인자이다.

예제 4.1

1개의 신호 요소에 1개의 데이터 요소를 전달하고 있다(r = 1). 비트율이 100 kbps이고 c가 0과 1 사이의 값이라면 보오율은 얼마인가?

해답

c 값이 1/2이라고 가정하자. 보오율은 다음과 같다.

$$S = c \times N \times (1 / r) = 1/2 \times 100{,}000 \times (1/1) = 50{,}000 = 50 \text{ kbaud}$$

대역폭

3장에서 정보를 전송하는 디지털 신호는 비주기적이라고 배웠다. 또한, 비주기 신호의 대역폭은 무한대에 걸쳐 연속적이라는 것도 배웠다. 그러나 실제 상황에서 만나는 대부분의 디지털 신호는 한정된 값의 대역폭을 갖는다. 다시 말하면, 대역폭은 이론적으로는 무한대이지만 그중 많은 요소는 진폭이 작아서 무시해도 된다는 것이다. 유효 대역폭은 유한하다. 이제부터 디지털 신호의 대역폭을 논의할 때는 이와 같은 유효 대역폭에 유념해야 한다.

> 실제 디지털 신호의 대역폭은 무한이지만 유효 대역폭은 유한하다.

비트율이 아닌 보오율이 디지털 신호의 요구 대역폭을 결정한다고 볼 수 있다. 자동차로 비유하자면, 자동차 수가 교통량을 결정하는 것이지 사람 수가 결정하는 것은 아니다. 신호가 더 자주 바뀐다는 것은 신호에 더 많은 주파수를 집어넣는 것을 의미한다(주파수는 변화를 의미하고, 변화는 주파수를 의미한다는 것을 기억하라). 대역폭은 필요로 하는 주파수의 영역을 반영한다. 보오율과 대역폭 사이에는 관련이 있다. 대역폭은 복잡한 개념이다. 대역폭의 영역이 어디에 걸쳐 있는지와 최젓값과 최곳값을 알아야 한다. 또한, 각 요소의 진폭은 주요 문제가 된다. 다시 말해, 대역폭의 단순 값이외에 다른 정보가 더 필요하다. 즉, 대역폭의 다이어그램이 필요하다. 이 장에서 논의하는 대부분의 방법에 대해 대역폭을 보일 것이다. 일단, 대역폭은 신호율(보오율)과 비례한다고 할 수 있다. 최소 대역폭은 다음과 같다.

$$B_{min} = c \times N \times (1 / r)$$

채널의 대역폭이 주어진다면 다음과 같이 최대 데이터율을 계산할 수 있다.

$$N_{max} = (1 / c) \times B \times r$$

예제 4.2

채널의 최대 데이터율은 $N_{max} = 2 \times B \times \log_2 L$(나이퀴스트 정리에 의해)이다. 이 식은 위의 N_{max} 식과 일치하는가?

해답

L개의 준위를 갖는 신호는 각 준위마다 $\log_2 L$ 비트를 전달할 수 있다. 각 준위가 1개의 신호 요소에 해당한다고 하고 c = ½로 가정하면 다음과 같은 식을 얻는다.

$$N_{max} = (1/c) \times B \times r = 2 \times B \times \log_2 L$$

기준선 흔들림

디지털 신호를 복호화하면서 수신자는 수신된 신호 세기의 평균을 측정한다. 이 평균치를 기준선(baseline)이라고 한다. 수신되는 신호의 세기는 바로 이 기준선에 비교하여 데이터 요소의 값을 결정하게 된다. 0이나 1이 연속되는 신호는 이 기준선이 흔들릴(wandering) 수 있으며, 그 결과 제대로 복호화하기 힘들게 된다. 좋은 회선 부호화는 기준선이 흔들리지 말아야 한다.

직류 성분

디지털 신호의 전압이 한동안 일정하게 유지되면 스펙트럼은 매우 낮은 주파수를 만들어낸다(푸리에 해석의 결과). 이와 같은 0 주파수 주위에 생기는 주파수를 **직류 성분**(DC component)이라고 하며, 이는 저주파 성분을 통과시키지 못하거나 변압기를 사용하는 시스템에 문제를 일으킨다. 예를 들면, 전화선은 200 Hz 이하의 주파수를 통과시킬 수 없다. 또한, 장거리 회선은 회선의 전기를 분리하기 위해 도중에 변압기를 사용할 수도 있다. 이와 같은 시스템에는 직류 성분이 안 생기는 방법이 필요하다.

자기 동기화

발신자가 보낸 신호를 정확하게 수신하기 위해서는 수신자의 비트 간격은 발신자의 비트 간격과 완전하게 일치해야 한다. 수신자의 시계가 빠르거나 느리면 비트 간격이 서로 맞지 않게 되고 수신자는 발신자가 보내는 신호와 다르게 신호를 인식하게 된다. 그림 4.3은 수신자가 더 짧은 비트 시간을

그림 4.3
동기화 결핍 효과

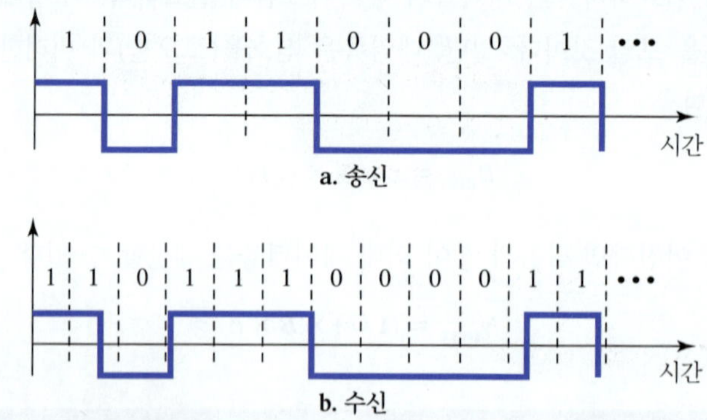

갖는 상황을 보여준다. 발신자는 10110001을 보냈지만 110111000011을 받은 것으로 인식한다(과장된 예임).

자기 동기화(self-synchronization) 디지털 신호는 전송되는 데이터 안에 타이밍 정보를 포함한다. 이는 신호 안에서 전압이 바뀌도록 해서 수신자가 펄스의 시작과 도중 및 끝을 알도록 해주면 가능하다. 만일 수신자의 시계가 동기화되어 있지 않다면 이 바뀌는 전압에 의해 시계를 다시 맞출 수 있다.

예제 4.3

어떤 디지털 전송에서 수신자의 시계가 발신자의 시계보다 0.1% 빠르다고 한다. 만일 데이터 전송률이 1 kbps라면 수신자는 매초 얼마만큼의 추가 비트를 받게 되겠는가? 만일 데이터 전송률이 1 Mbps라면?

해답

1 kbps에서는 수신자는 1,000 bps 대신에 1,001 bps로 수신한다.

1,000 bits sent → 1,001 bits received → 1 extra bps

1 Mbps에서는 수신자는 1,000,000 bps 대신에 1,001,000 bps로 수신한다.

1,000,000 bits sent → 1,001,000 bits received → 1,000 extra bps

내장형 오류 검출

생성된 신호 내부에 오류 검출 기능이 있으면 전송 도중의 오류를 찾아내기 좋을 것이다. 우리가 공부할 대부분의 부호화 방법은 어느 정도 이러한 기능을 가지고 있다.

잡음과 간섭 신호에 대한 내성

또 다른 바람직한 코드의 특성은 잡음이나 방해 신호에 대한 내성이 강해야 한다. 대부분의 부호화 방법은 이러한 능력을 가지고 있다.

복잡도

복잡한 방법은 단순한 방법보다 구현 비용이 더 많이 든다. 예를 들면, 4개의 신호 준위를 사용하는 방법이 2개의 준위를 사용하는 방법보다 해석하기 더 어렵다.

4.1.2 회선 부호화 방식

회선 부호화 방식은 그림 4.4와 같이 다섯 가지 범주로 나눌 수 있다.

각 범주에는 몇 가지 방법이 있다. 우리는 이 책의 나머지를 이해하기 위해 이 절의 모든 방법을 친숙하게 이해할 필요가 있다. 이 절은 이후에 공부하게 될 방법들에 대한 기준으로 볼 수 있다.

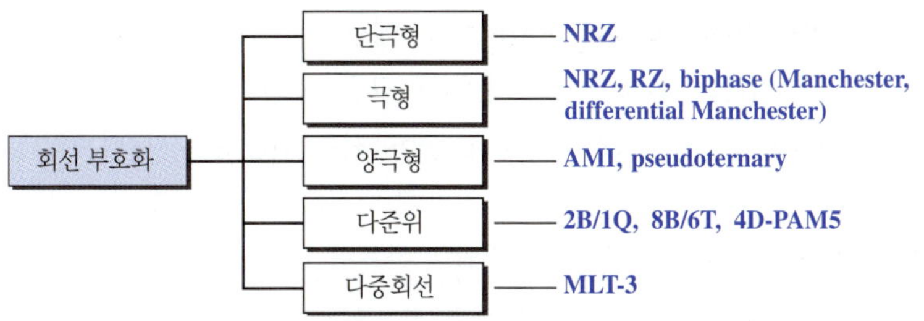

그림 4.4
회선 부호화 방식

단극형

단극형(unipolar) 부호화는 시간 축을 기준으로 전부 위 또는 아래 신호 준위의 값만 이용한다.

단극형 영비복귀(NRZ)

통상, 단극형 부호화 방법은 양 전압은 비트 1을 나타내고 음 전압은 비트 0을 나타내는 영비복귀 방법으로 설계되었다. **영비복귀**(NRZ, non-return-to-zero) 부호화 신호의 준위는 항상 양 또는 음이며, 0이 되지 않으므로 영비복귀라고 한다. 그림 4.5는 단극형 NRZ 방법을 보여준다.

극형 방법(다음 절 참고)에 비해 이 방법은 매우 소모적이다. 곧 보게 되겠지만, 정규화된 전력(단위 회선 저항당 1비트를 보내는 데 소요되는 전력)이 극형 NRZ에 비해 두 배이다. 이와 같은 이유로 인해 오늘날 이 방식은 거의 쓰지 않는다.

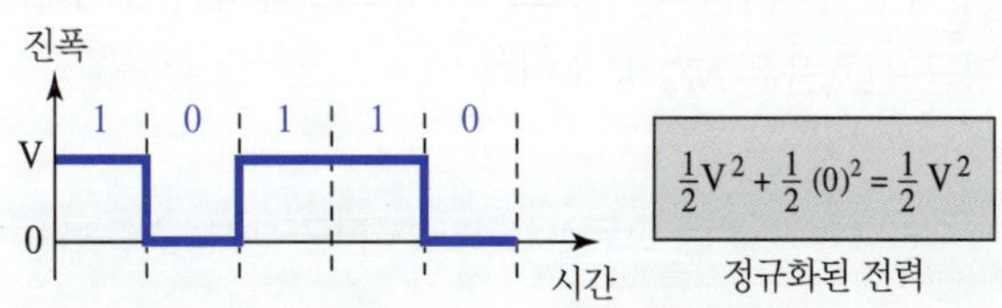

그림 4.5
단극형 NRZ 방식

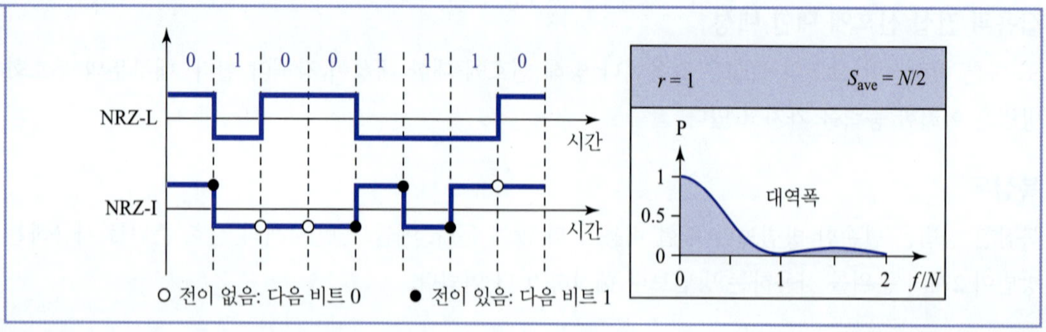

그림 4.6
극형 NRZ-L과 NRZ-I 방식

극형

극형(polar) 부호화에서 전압은 시간 축의 양측을 사용한다. 예를 들면, 0에 대한 전압 준위는 양을 사용하고 1에 대한 전압 준위는 음을 사용한다.

극형 영비복귀(NRZ)

극형 영비복귀(polar NRZ, non-return-to-zero) 부호화에서는 두 가지 준위의 신호를 사용한다. 그림 4.6처럼 NRZ-L과 NRZ-I라는 두 가지 방법이 있다. 그림에는 r 값, 평균 보오율 및 대역폭도 같이 보여주고 있다. 첫 번째 경우인 NRZ-L(NRZ-Level)에서는 전압 준위가 비트의 값을 결정한다. 두 번째 경우인 NRZ-I(NRZ-Invert)의 경우에는 전압에 변화(전이, 반전)가 있거나 없는 것으로 비트의 값을 결정한다. 전압 변화가 없으면 0이고 전압이 바뀌면 1이다.

> NRZ-L에서는 전압 준위가 비트의 값을 결정한다.
> NRZ-I에서는 전압에 변화가 있거나 없는 것으로 비트 값을 결정한다.

이 두 가지 방법을 앞에서 정의한 기준을 기반으로 비교해 보자. 두 가지 모두 기준선 흔들림의 문제는 있으나 NRZ-L이 두 배 더 심하다. NRZ-L에서 연속적으로 0이나 1이 생기면 평균 신호 전력이 일그러지게 된다. 수신자는 비트 값을 구별하기 힘들어질 수 있다. NRZ-I에서는 이러한 문제가 0이 오래 지속되는 경우에만 발생한다. 길게 연속되는 0을 없앨 수만 있다면 기준선 흔들림을 피할 수 있다. 이후 이렇게 되는 방법을 알아볼 것이다.

동기화 문제(송신자와 수신자의 시간이 일치하지 않는 문제)도 두 방법 모두에 존재한다. 이 문제 역시 NRZ-L에서 더 심하다. 연속적인 0이 동기화 문제에 대해 두 방법 모두에서 일어날 수 있지만, 연속적인 1은 NRZ-L에서만 문제가 된다.

NRZ-L의 또 다른 문제는 시스템의 극성이 갑자기 바뀔 때 생긴다. 예를 들면, 꼬임쌍선을 매체로 사용하는 경우 회선의 극성이 바뀌면 0이 1로, 1이 0으로 해석될 것이다. NRZ-I에는 이러한 문제가 없다. 두 방법 모두 평균 신호율은 $N/2$ 보오이다.

> NRZ-L과 NRZ-I는 모두 $N/2$ 보오의 평균 신호율을 갖는다.

대역폭에 대해 논의해 보자. 그림 4.6에 두 가지 경우에 대해 정규화된 대역폭을 보여주고 있다. 수직축은 전류 밀도(대역폭의 1 Hz당 전력)이고 수평축은 주파수를 보여준다. 대역폭 그림에서 보면 이러한 종류의 부호화에는 매우 심각한 문제가 있는 것을 알 수 있다. 전력 밀도의 값이 주파수 0 근처에서 매우 높은 것을 볼 수 있다. 이는 높은 에너지의 직류 성분이 있다는 것을 말하는 것이다. 사실, 대부분의 에너지가 주파수 0과 $N/2$ 사이에 집중되어 있다. 이는 평균 신호율이 $N/2$이지만 에너지는 두 구간에 걸쳐 고르게 분산되어 있지 않다는 것을 말한다.

NRZ-L과 NRZ-I는 모두 직류 성분의 문제가 있다.

예제 4.4

어떤 시스템이 1 Mbps의 속도로 데이터를 전송하기 위해 NRZ-I를 사용한다. 평균 신호율과 최소 대역폭은 얼마인가?

해답

평균 신호율 S = $N/2$ = 500 kbaud이다. 이 신호율에 대한 최소 대역폭은 $B_{min} = S = 500$ kHz이다.

영복귀(RZ)

NRZ의 주 문제는 송신자와 수신자의 시계가 동기화되지 않을 때 생긴다. 수신자는 언제 비트가 종료되고 다음 비트가 시작되는지 알지 못한다. 한 가지 해결책은 세 가지 값, 곧 양, 음, 영을 사용하는 **영복귀**(RZ, return to zero) 부호화이다. RZ에서 신호는 비트와 비트 사이에서 바뀌는 것이 아니라 매 비트 구간 중간에 바뀐다. 그림 4.7을 보면 각 비트 간격의 반이 지나면 신호는 0으로 돌아오는 것을 볼 수 있다. 즉, 비트 1은 양에서 0으로 표현되고 비트 0은 음에서 0으로 표현된다.

RZ 부호화의 주요 단점은 한 비트를 부호화하기 위해서는 두 번의 신호 변화가 필요하므로 너무 많은 대역폭을 차지한다는 것이다. 극성이 갑자기 바뀌면 여전히 문제는 생기지만 직류 성분 문제는 없다. 또 다른 문제는 복잡하다는 것이다. RZ는 3개의 전압 준위를 사용하므로 이 3개의 전압을 만들어 내거나 구별하는 것이 더욱 복잡하다. 이러한 이유에서 이 부호화 방법은 오늘날 사용되지 않는다. 대신에 더 나은 성능의 맨체스터 부호화와 차분 맨체스터 부호화가 사용된다.

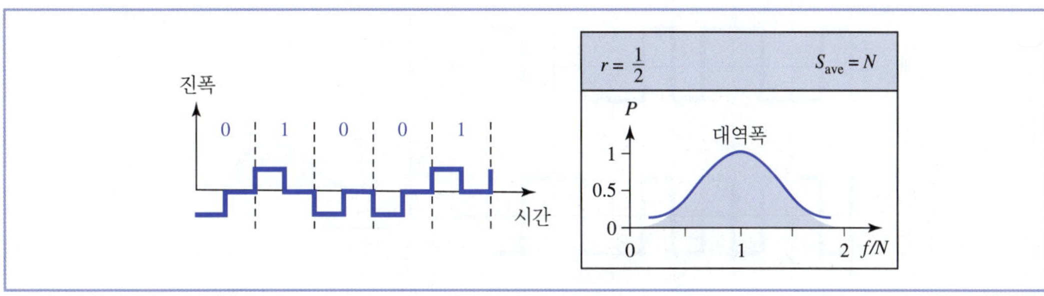

그림 4.7
극형 RZ 방식

양위상(Biphase): 맨체스터와 차분 맨체스터

RZ의 아이디어(비트 중간에 전이)와 NRZ-L의 아이디어가 맨체스터(Manchester) 방식에 합쳐졌다. 맨체스터 부호화에서는 동기화와 비트 표현을 위해 비트 중간 지점에서 신호의 전이를 사용한다. 맨체스터 부호화는 동기화를 달성하는 동시에 해당 비트를 표현하기 위해 각 비트 간격의 중간에 신호를 반전시킨다. 음-대-양 전이는 2진수 1을 나타내고, 양-대-음 전이는 2진수 0을 나타낸다. 두 가지 목적을 위해 한 번의 전이를 사용함으로써 맨체스터 부호화는 오직 두 준위의 진폭만을 사용하여 RZ와 같은 수준의 동기화를 달성한다. **차분 맨체스터**(differential Manchester)는 RZ와 NRZ-I를 섞은 것이다. 차분 맨체스터에서 비트 간격 중간에서 반전은 동기화를 위해 사용되지만, 비트를 식별하는 데에는 비트 간격 시작점에서 전이 여부가 사용된다. 즉, 비트 시작점에 전이가 있는 경우에는 2진수 0을 의미하고 전이가 없는 경우에는 2진수 1을 의미한다. 차분 맨체스터에서 2진수 0을 표현하는 데에는 두 번의 신호 변화가 요구되지만, 2진수 1을 표현하는 데에는 하나만 요구된다. 그림 4.8은 맨체스터와 차분 맨체스터 부호화를 보여준다.

> 맨체스터와 차분 맨체스터에서 비트 간격 중간의 반전은 동기화를 위해 사용된다.

맨체스터 방식은 NRZ-L의 몇 가지 문제를 해소하며, 차분 맨체스터의 경우는 NRZ-I의 문제를 해소했다. 우선, 기준선 흔들림의 문제가 없다. 직류 성분이 없는데 이는 각 비트는 양과 음의 전압이 절반씩 있기 때문이다. 유일한 단점은 신호율이다. 맨체스터와 차분 맨체스터의 신호율은 NRZ의 두 배이다. 그 이유는 각 비트의 중간마다 항상 신호 전이가 있으며 각 비트의 끝에도 전이가 있을 수 있기 때문이다. 그림 4.8에 맨체스터와 차분 맨체스터 부호화가 있다. 이 맨체스터 부호화와 차분 맨체스터 부호화는 **양위상**(biphase) 부호화로 불린다는 것에 유의하라.

> 맨체스터와 차분 맨체스터의 대역폭은 NRZ의 두 배이다.

그림 4.8 극형 양위상(biphase): 맨체스터 및 차분 맨체스터 방식

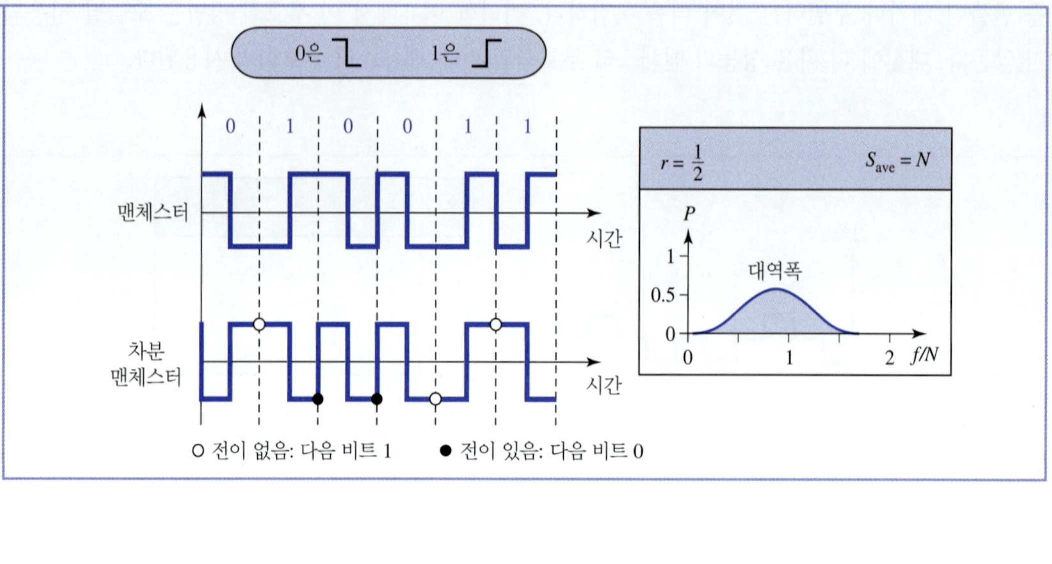

양극형

때로는 **다준위 2진수**(multilevel binary)라고 불리는 **양극형**(bipolar) 부호화는 양, 음 및 영의 세 가지 전압 준위를 사용한다. 전압 준위 0은 하나의 데이터 요소를 표현하고, 양 전압과 음 전압은 교대로 사용되어 다른 하나의 데이터 요소를 표현한다.

> 양극형 부호화에서는 양, 음, 영의 세 가지 준위를 사용한다.

AMI 및 가삼진수

그림 4.9는 양극형 부호화의 두 가지 종류인 AMI와 가삼진수를 보여준다. 흔히 사용되는 양극형 부호화는 양극형 AMI라고 한다. **AMI**(교대 표시 반전, alternate mark inversion)에서 표시(mark)는 전신 분야에서 유래된 것으로, 1을 의미한다. 그래서 AMI는 교대로 반전되는 1을 의미한다. 제로 전압은 2진수 0을 나타내고 2진수 1은 교대로 양과 음 전압에 의해 표현된다. AMI 부호화를 변형한 것이 **가삼진수**(pseudoternary)라고 불리며, 1비트가 전압 준위 0으로 부호화되고 0은 양 전압과 음 전압을 교대로 하며 표현한다.

양극형 방법은 NRZ를 대신하기 위해 개발되었다. 양극형 방식은 NRZ와 동일한 신호율을 갖지만, 직류 전압 성분이 없다. NRZ 방식은 0 주파수 주위에 대부분의 에너지가 집중되어 있으며, 이는 이 0 주파수 근처의 전송에 성능이 낮은 채널에는 적용하기 부적합하다는 것을 의미한다. 양극형의 경우에는 주파수 $N/2$ 부근에 에너지가 집중된다. 그림 4.9는 양극형의 대표적인 에너지 집중 분포를 보여준다.

어째서 양극형에는 직류 성분이 없는지 의아할 것이다. 푸리에 변환을 사용하여 이 질문에 답할 수 있으나 직관적으로도 생각해 볼 수 있다. 만일 긴 연속된 1이 있다면 전압이 음과 양을 교대로 반복하므로 일정하지 않다. 따라서 직류 성분이 없는 것이다. 연속된 0이 길어진다면 전압은 일정하지만 전압이 0 근처가 되며, 이는 직류 성분이 없는 것과 마찬가지 결과를 초래한다. 달리 말하면, 일정하게 0 전압을 생성하는 일련의 신호는 직류 성분이 없다.

AMI는 흔히 장거리 통신에 사용되지만 연속된 0이 길게 지속되는 경우에는 동기화 문제가 발생한다. 이 장의 뒤에서 **뒤섞기**(scrambling, 스크램블링) 기술로 이 문제를 해결하는 것을 배우게 된다.

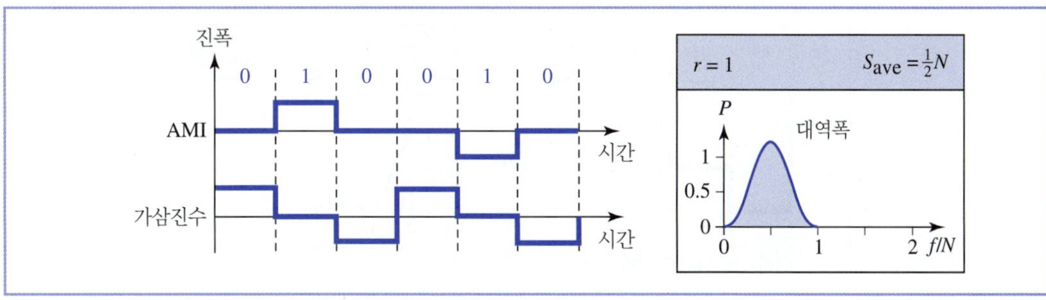

그림 4.9
양극형 방식: AMI 및 가삼진

다준위 방식

데이터율을 높이거나 요구 대역폭을 줄이려는 노력으로 인해 많은 부호화 방식이 만들어졌다. 목표는 n개의 신호 요소 패턴을 사용하여 m개의 데이터 요소의 패턴을 표현함으로써 단위 보오당 비트 수를 증가시키는 것이다. 우리는 2진수를 다루므로 0과 1의 데이터 요소만 있으므로 m개의 데이터 요소로는 2^m개의 데이터 패턴이 생긴다. 또한, 서로 다른 신호 준위를 사용함으로써 서로 다른 신호 요소를 만들어낸다. L개의 서로 다른 준위를 사용한다면 L^n개의 신호 요소를 만들 수 있다. 만일 $2^m = L^n$이라면, 각 데이터 패턴은 하나의 신호 패턴으로 부호화된다. 만일 $2^m < L^n$이라면, 데이터 패턴은 신호 패턴의 일부를 사용하게 된다. 어느 신호 패턴을 사용할 것인지는 기준선 흔들림을 방지하고 동기화를 제공하고, 데이터 전송 중 오류를 검출할 수 있도록 선정된다. $2^m > L^n$인 경우에는 데이터 패턴의 일부는 부호화될 수 없으므로 데이터 부호화가 가능하지 않다.

이와 같은 부호화를 *mBnL*이라고 부르는데, m은 2진수 패턴의 길이를 뜻하고, B는 2진수를 말하며, n은 신호 패턴의 길이를 뜻하고, L은 신호 준위의 수를 말한다. 흔히 L에 숫자 대신에 문자를 사용하는데 2진수의 경우에는 *B*(binary)를, 3진수의 경우에는 *T*(ternary)를 사용하며 4진수의 경우에는 *Q*(quaternary)를 사용한다. 처음 두 문자는 데이터 패턴을 규정하고 뒤의 두 문자는 신호 패턴을 나타낸다.

> *mBnL* 방식에서는 m개의 데이터 패턴이 n개의 신호 패턴으로 부호화되는데 $2^m \le L^n$이다.

2B1Q

가장 먼저 공부할 *mBnL* 방식인 **2B1Q**(2 binary, 1 quaternary)는 크기 2의 데이터 패턴을 사용하며 2개의 비트 패턴을 4개의 전압 준위로 부호화한다. 이와 같은 부호화에서는 $m = 2$, $n = 1$이며 $L = 4$이다. 그림 4.10은 2B1Q 신호의 예를 보여준다.

2B1Q의 평균 신호율은 $S = N/4$이다. 이는 2B1Q를 사용하여 NRZ-L의 경우보다 두 배 빠르게 데이터를 전송할 수 있다는 것을 의미한다. 그러나 2B1Q는 4개의 서로 다른 전압 준위를 사용하므로 수신자가 이 4개의 신호를 구별해 낼 수 있어야 한다. 대역폭이 줄었기 때문이다. 이 방식에서는

그림 4.10
다준위: 2B1Q 방식

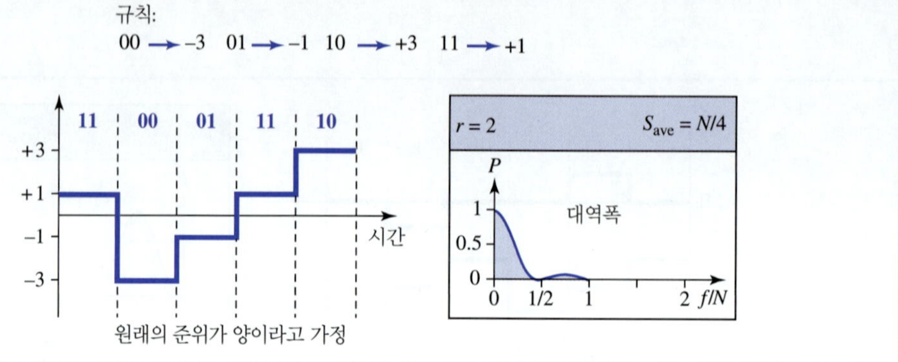

$2^2 = 4^1$이므로 사용하지 않고 남는 신호 패턴은 없다.

2B1Q는 DSL 기술에서 가입자 전화회선을 사용하여 고속 인터넷 접속을 제공하는 데 사용하고 있다(14장 참조).

8B6T

매우 흥미로운 방식으로 **8이진, 6삼진**(8B6T, eight binary, six ternary)이 있다. 13장에서 보겠지만 이 방식은 100BASE-4T 케이블에서 사용한다. 8비트의 패턴을 6개의 신호 요소로 나타내는 것인데 신호는 3개의 준위를 갖는다. 이 방식에서는 $2^8 = 256$개의 데이터 패턴이 있으며, $3^6 = 729$개의 신호 패턴이 있다.

대응 표는 부록 E에 있다. 729 − 256 = 473개의 사용하지 않는 신호 패턴이 생기며, 이 신호들은 동기화나 오류 검출에 사용된다. 일부는 직류 성분 균형을 위해 사용된다. 각 신호 패턴은 0 또는 +1의 직류 값을 갖는다. 이는 가중치가 −1인 신호 패턴은 없다는 것을 말한다. 전체 스트림의 직류 균형을 만들기 위해 송신자는 가중치를 기록해 둔다. 만일 가중치가 1인 연속된 2개의 신호를 만나면 처음 신호는 그대로 보내고 다음 신호는 신호를 반전시켜 −1의 가중치를 갖게 한다.

그림 4.11에는 3개의 신호 패턴으로 부호화된 3개의 데이터 패턴을 예로 보여주고 있다. 그림에는 3개의 가능한 신호 준위가 −, 0, +로 나타나 있다. 처음 8개 비트 패턴인 00010001은 가중치가 0인 신호 패턴 − 0 − 0 + +로 부호화된다. 두 번째 8비트 패턴인 01010011은 가중치가 1인 신호 패턴 − + − + + 0으로 부호화된다. 세 번째 패턴은 가중치가 1인 + − − + 0 +로 부호화된다. 직류 균형을 만들기 위해 송신자는 실제 신호를 반전시킨다. 수신자는 수신된 신호의 가중치가 −1이기 때문에 이것이 반전된 패턴이라는 것을 쉽게 알 수 있다. 따라서 패턴은 복호화되기 전에 다 반전된다.

이 방식의 이론적인 평균 신호율은 $S_{ave} = 1/2 \times N \times 6/8$이지만 실제에서는 최소 대역폭은 $6N/8$에 매우 근접한다.

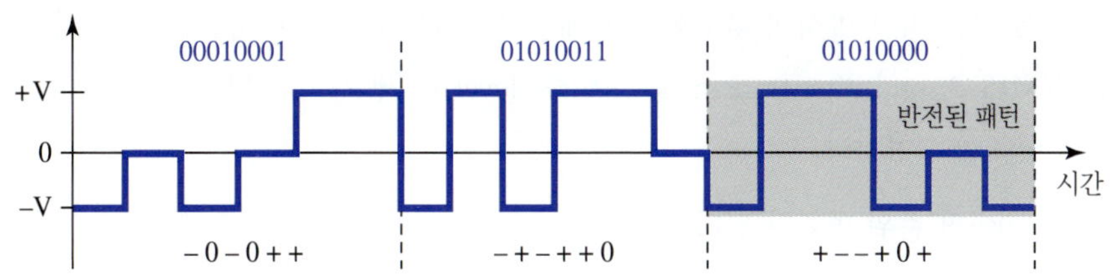

그림 4.11
다준위: 8B6T 방식

4D-PAM5

여기서 다루는 마지막 신호 방식은 **4차원 5-준위 펄스 진폭 변조**(four-dimensional five-level pulse amplitude modulation) 방식이다. 4D는 데이터가 4개의 회선으로 동시에 전송되는 것을 의미한다. 이는 또한 −2, −1, 0, 1, 2와 같은 5개의 전압 준위를 사용한다. 그러나 0 준위는 전진 오류 검출(10장 참조) 목적으로만 사용한다. 만일 코드가 1차원이라면 4개의 준위는 8B4Q와 유사한 방식이 될 것이다. 다시 말해, 8비트 데이터가 4개의 서로 다른 준위로 구성된 하나의 신호 패턴으로 변환된다

그림 4.12
다준위: 4D-PAM5 방식

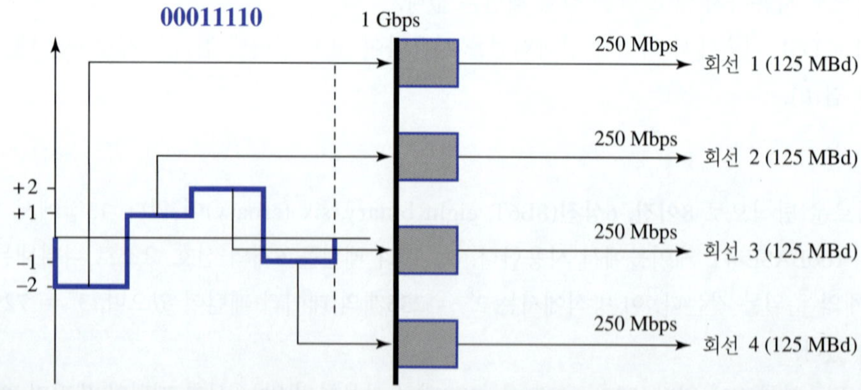

는 말이다. 이 가상의 1차원 방식의 최악의 신호율은 $N \times 4/8$, 즉 $N/2$가 된다.

이 기술은 4개의 채널(4개 회선)을 사용하여 데이터를 전송한다. 이는 신호율이 $N/8$로 낮아질 수 있다는 것을 말하며 이는 상당히 개선된 것이다. 모두 8개의 비트가 2비트씩 각기 1개의 신호 요소를 사용하여 동시에 전선을 통해 보낼 수 있게 된다. 즉, 각기 하나의 신호 그룹을 이루는 4개의 신호 요소들이 4차원(4회선)으로 동시에 전송된다. 그림 4.12는 가상의 1차원과 실제의 4차원 구성을 보여준다. 기가비트 LAN(13장)은 이 기술을 사용하여 각각 125 MB를 전송할 수 있는 4개의 구리선을 사용하여 1 Gbps의 데이터를 전송한다. 이 방식은 전체 2^8개의 데이터 패턴을 각기 $4^4 = 256$개의 신호 패턴을 갖는 4개의 회선에 대응시켜 전송하므로 매우 많은 여분 신호가 생긴다. 여분의 신호 패턴은 오류 검출과 같은 목적에 사용된다.

다중회선 전송: MLT-3

NRZ-I와 차분 맨체스터 방식은 서로 다른 부호화로 구분되지만 2진 데이터를 부호화하기 위해 두 가지 전이(반전 없음, 반전 있음) 규칙을 사용한다. 만일 2개보다 많은 준위의 신호를 사용한다면 2개 이상의 규칙을 갖는 차분 방식의 부호화를 설계할 수 있다. MLT-3이 바로 그중 하나이다. **다중회선 전송 3준위**(MLT-3, multiline transmission three level)는 세 가지 준위 신호(+1, 0, −1)와 다음과 같은 3개의 규칙을 사용한다.

1. 다음 비트가 0이면 준위 변화가 없다.
2. 다음 비트가 1이고, 현재 준위가 0이 아니면 다음 준위는 0이다.
3. 다음 비트가 1이고, 현재 준위가 0이면 다음 준위는 마지막으로 0이 아니었던 준위의 역이 된다.

MLT-3의 행태는 그림 4.13에 있는 상태도로 잘 설명할 수 있다. 3개의 전압 준위(−V, 0, +V)가 3개의 상태로 표시되어 있다. 한 상태(준위)에서 다른 상태로 전이하는 것은 연결선으로 나타난다. 그림 4.13은 MLT-3 신호의 두 가지 예이다.

하나의 비트를 하나의 신호 요소에 대응시키는 MLT-3가 왜 필요한가? 의문이 생길 것이다. 신호율은 NRZ-I와 같으나 더 복잡하다(세 개의 준위와 복잡한 전이 규칙). 그러나 이 방식의 신호 모

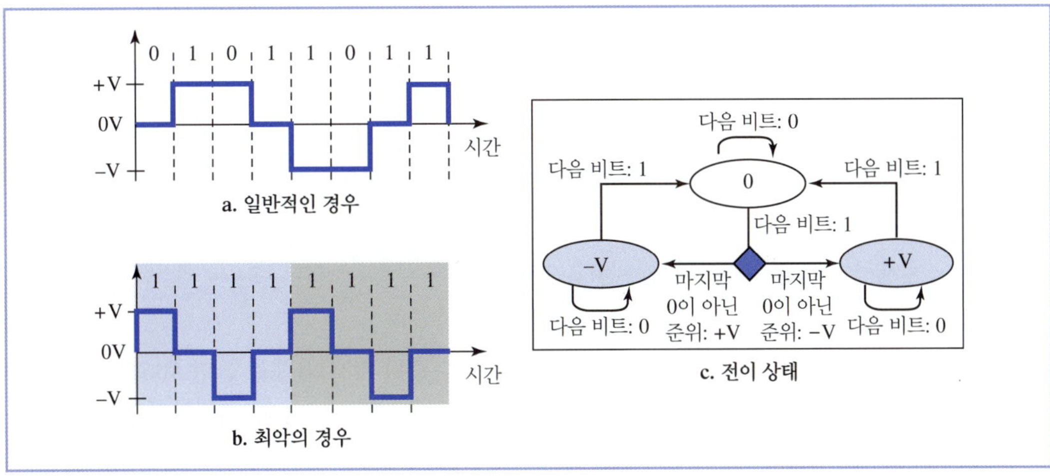

그림 4.13
다중회선 전송:
MLT-3 방식

양이 요구 대역폭을 줄인다는 것을 볼 수 있다. 이 경우 신호 요소 패턴인 +V0 −V0이 매 4비트마다 반복되는 것을 알 수 있다. 이는 비주기 신호를 비트 시간의 4배에 해당하는 주기를 갖는 주기 신호로 바꾼 셈이다. 이 최악의 상황은 비트율의 4분의 1의 주파수를 갖는 아날로그 신호를 대신하여 나타난 것으로 볼 수 있다. 이는 MLT-3 방식이 32 MHz(이 주파수 이상의 주파수는 전자기 방사가 일어난다) 이상의 주파수를 지원하기 어려운 구리선을 따라 100 Mbps의 데이터를 전송하기에 적합한 방식이라는 것을 말해준다. MLT-3와 LAN에 대해서는 13장에서 설명한다.

회선 부호화 요약

표 4.1에 논의되었던 다양한 방식의 특성을 요약해 놓았다.

표 4.1 회선 부호화 요약

범주	부호화 방법	대역폭(평균)	특징
단극형	NRZ	$B = N/2$	비용이 많이 듬, 연속된 0이나 1에 대한 자기 동기화 기능 없음, DC
극형	NRZ-L	$B = N/2$	연속된 0이나 1에 대한 자기 동기화 기능 없음, DC
	NRZ-I	$B = N/2$	연속된 0에 대한 자기 동기화 기능 없음, DC
	양위상	$B = N$	자기 동기화, DC 없음, 고대역폭
양극형	AMI	$B = N/2$	연속된 0에 대한 자기 동기화 기능 없음, DC
다준위	2BIQ	$B = N/4$	길고 같은 이중 비트에 대한 자기 동기화 기능 없음
	8B6T	$B = 3N/4$	자기 동기화, DC 없음
	4D-PAM5	$B = N/8$	자기 동기화, DC 없음
다중회선	MLT-3	$B = N/3$	연속된 0에 대한 자기 동기화 기능 없음

4.1.3 블록 부호화

동기화를 보장하고 오류 검출을 위해서는 잉여 비트가 필요하다. 블록 부호화는 이 잉여를 제공하고 회선 부호화의 성능을 개선할 수 있다. 일반적으로 **블록 부호화**(block coding, **블록 코딩**)는 *m*비트를 *n*비트 블록으로 바꾸는데 여기서 *n*은 *m*보다 크다. 블록 부호화는 *mB/nB* 부호화 기술로 불린다.

> 블록 부호화는 보통 *mB/nB* 부호화로 불리며, 각 *m* 비트 그룹을 *n* 비트 그룹으로 바꾼다.

블록 부호화의 / 표시(예를 들면 4B/5B)는 / 가 없는 다준위 부호화(예를 들면 8B6T)와 블록 부호화를 구분하기 위한 것이다. 블록 부호화는 세 개의 단계인 나누기(division), 대치(substitution), 조합(combination)을 포함한다. 나누기 단계에서는 일련의 비트들을 각각 *m* 비트 블록으로 나눈다. 예를 들면, 4B/5B 부호화에서는 원래의 전체 비트 열을 4비트 그룹으로 나눈다. 블록 부호화의 핵심은 대치 단계에 있다. 이 단계에서는 각 *m* 비트 그룹을 *n* 비트 그룹으로 바꾼다. 예를 들면, 4B/5B 부호화에서는 4비트 그룹을 5비트 그룹으로 바꿔 놓는다. 마지막으로 *n*비트 그룹들을 하나의 스트림으로 조합한다. 새로운 스트림은 원래보다 더 많은 비트를 갖게 된다. 그림 4.14는 이 과정을 보여준다.

4B/5B

4B/5B 부호화는 NRZ-I와 혼합하여 사용하기 위해 고안되었다. NRZ-I는 양위상(biphase) 신호율의 절반인 좋은 신호율을 갖지만 동기화 문제가 있었던 것을 상기하라. 연속되는 긴 0이 수신자 시계의 동기화를 잃어버리게 한다. 한 가지 방법은 NRZ-I 방식으로 변환하기 이전에 연속된 0이 생기지 않도록 비트 스트림을 바꾸는 것이다. 4B/5B 방식은 이 목표에 부합된다. 블록 부호화가 된 스트림은 뒤에서 공부하게 되듯이 연속해서 0이 3개 이상 나타나지 않는다. 수신자 쪽에서는 NRZ-I 부호화된 디지털 신호가 먼저 복호화되고 이후에 추가된 비트를 제거하기 위해 복호화가 진행된다. 그림 4.15는 이러한 개념을 보여준다.

4B/5B에서는 데이터의 각 4비트를 5비트 코드로 바꾼다. 그 중에서 각 코드는 1개보다 많은 0으

그림 4.14
블록 부호화 개념

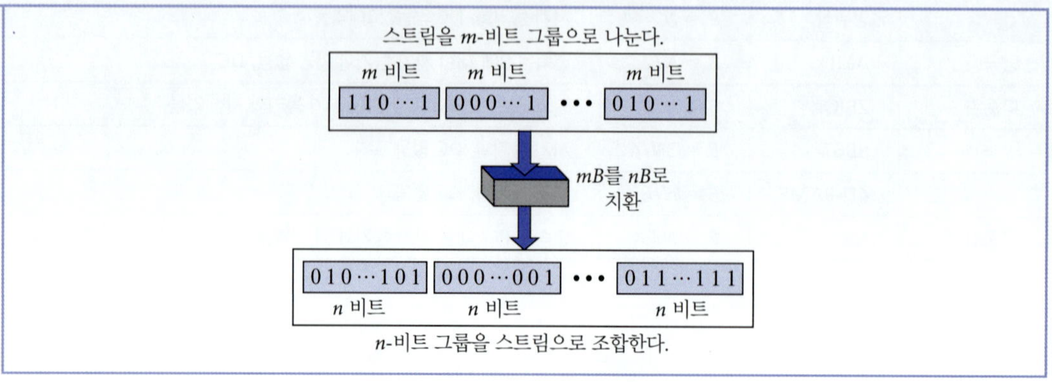

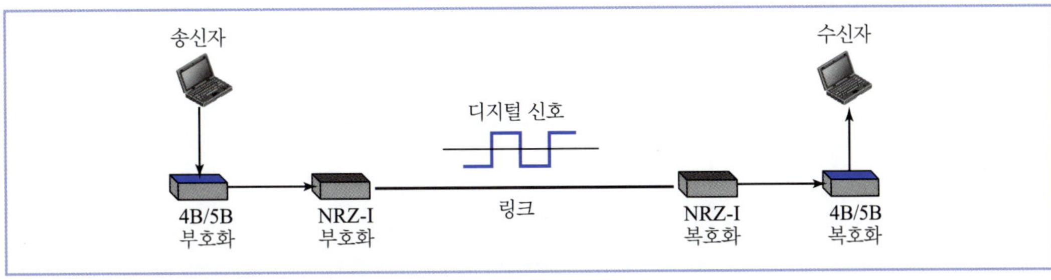

그림 4.15
NRZ-I 회선 부호화 방식과 함께 4B/5B 블록 부호화 사용하기

로 시작하지 않고 2개보다 많은 0으로 끝나지 않는 코드를 채택한다. 그러므로 이 5비트 코드를 보내면 절대로 3개보다 많은 0이 연속되지 않는다. 표 4.2는 4B/5B 부호화 표이다. 처음 두 열은 4비트 그룹을 5비트 그룹에 짝지은 것이다. 4비트 그룹은 모두 16개의 서로 다른 조합이 생기지만 5비트 그룹은 모두 32개의 조합이 생긴다. 따라서 16개의 사용되지 않는 그룹이 있다는 것을 말한다. 이 사용되지 않는 조합 중 일부는 제어 목적으로 사용되는데 어떤 조합은 아예 사용되지 않는다. 사용되지 않는 조합은 일종의 오류 검출을 제공한다. 만일 사용되지 않는 5비트 조합이 전송되었다면 수신자는 전송 도중 무엇인가 오류가 생긴 것을 알게 된다.

그림 4.16은 4B/5B 부호화의 예를 보여준다. 4B/5B 부호화는 동기화 문제를 해소하여 NRZ-I의 한 가지 결점을 해결한다. 그러나 NRZ-I의 신호율을 증가시킨다는 것을 기억해야 한다. 여분의 비트

표 4.2 4B/5B 매핑 부호

데이터 순서	부호화된 순서	제어 순서	부호화된 순서
0000	11110	Q(Quiet)	00000
0001	01001	I(Idle)	11111
0010	10100	H(Halt)	00100
0011	10101	J(Start delimiter)	11000
0100	01010	K(Start delimiter)	10001
0101	01011	T(End delimiter)	01101
0110	01110	S(Set)	11001
0111	01111	R(Reset)	00111
1000	10010		
1001	10011		
1010	10110		
1011	10111		
1100	11010		
1101	11011		
1110	11100		
1111	11101		

그림 4.16
4B/5B 블록 부호화에서 치환

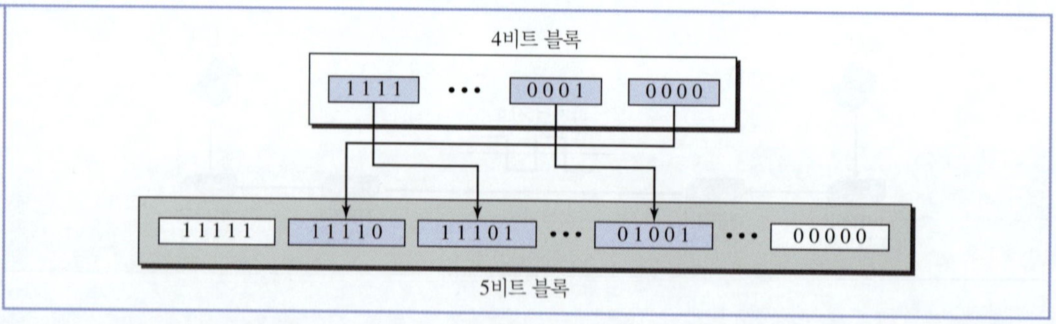

는 20%의 추가 보오율을 더한다. 그러나 그 결과는 여전히 NRZ-I 신호율의 2배를 사용하는 양위상 부호화보다는 적은 값이다. 그러나 4B/5B 블록 부호화는 NRZ-I의 직류 성분 문제를 해결하지 못한다. 직류 성분 때문에 곤란한 경우에는 양위상 부호화나 양극형 부호화를 사용해야 한다.

예제 4.5

1 Mbps의 속도로 데이터를 전송해야 한다. 4B/5B와 NRZ-I를 조합하여 사용하는 경우와 맨체스터 부호화를 사용하는 경우의 각각의 최소 요구 대역폭은 얼마인가?

해답

우선 4B/5B 부호화는 비트율을 1.25 Mbps로 증가시킨다. NRZ-I를 사용하면 최소 요구 대역폭은 $N/2$, 즉 625 kHz이다. 맨체스터 부호화는 최소 1 MHz의 대역폭이 필요하다. 전자의 경우는 낮은 대역폭을 필요로 하지만 직류 성분 문제가 있으며 후자는 높은 대역폭이 필요하나 직류 성분 문제가 없다.

8B/10B

8B/10B는 8비트 그룹이 10비트 그룹으로 바뀌는 것을 제외하고는 4B/5B 부호화와 유사하다. 4B/5B 보다 오류 검출에 있어서 우수하다. 8B/10B 부호화는 그림 4.17에서 보듯이 실제로는 5B/6B와 3B/4B를 합한 것이다.

8비트 블록 앞의 5비트가 5B/6B 부호화 장치에 보내지고 뒤의 3비트가 3B/4B 부호화 장치에 보

그림 4.17
8B/10B 블록 부호화

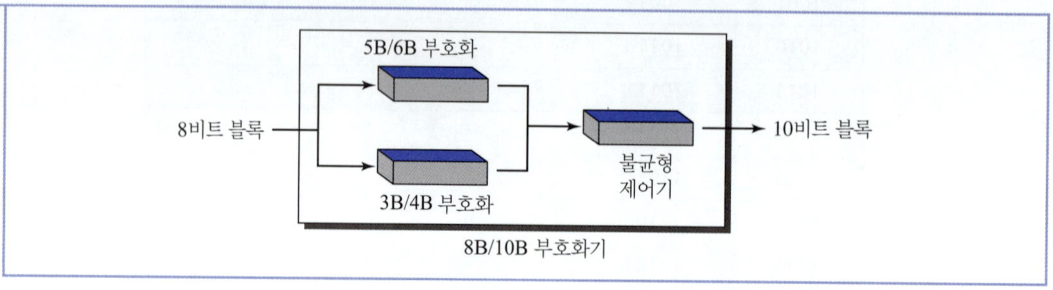

내진다. 이러한 분할은 매핑 테이블을 단순화시키기 위한 것이다. 연속된 긴 0 또는 1을 방지하기 위하여 이 방식은 불균형 제어를 사용하여 1비트들에 비해 지나치게 많은 0비트를 추적하거나 그 역의 상황을 추적한다. 현재 블록의 비트들이 직전 블록의 비트 불균형을 악화시키는 경우에는 현 블록의 각 비트들이 반전된다(0은 1로, 1은 0으로). 이 방식은 $2^{10} - 2^8 = 768$개의 여분 그룹이 생기며, 이 그룹이 비트 불균형 확인과 오류 검출에 사용된다. 일반적으로 더 나은 오류 확인 기능과 향상된 동기화 때문에 4B/5B에 비해 우수하다.

4.1.4 뒤섞기

양위상(biphase) 방식은 LAN 내의 지국들 사이의 전용선 링크에는 적합하지만 장거리 통신에는 적합하지 않은데, 이는 넓은 대역폭을 요구하기 때문이다. 블록 부호화와 NRZ-I를 혼합하여 사용하는 것 또한 직류 성분 문제 때문에 장거리 통신에 적합하지 않다. 반면에, 양극형 AMI 부호화는 좁은 대역폭을 사용하며 직류 성분 문제가 없다. 그러나 길게 연속되는 0들로 인해 동기화 문제가 생긴다. 만일 AMI에서 연속되는 긴 0을 피할 방법을 찾으면 장거리 통신에 사용할 수 있을 것이다. 즉, 비트 수를 증가시키지 않으면서도 동기화를 제공하는 기술을 찾는 셈이다. 다시 말해, 긴 연속된 0을 동기화를 제공하기 위해 다른 준위 신호들로 조합된 신호로 바꾸는 방식을 찾는 것이다. 한 가지 해법이 **뒤섞기**(scrambling, **스크램블링**)라고 불린다. 그림 4.18에 보인 것과 같이 AMI 규칙에 뒤섞기를 포함시키는 것이다. 블록 부호화와는 달리 뒤섞기는 부호화와 동시에 이루어진다. 시스템이 정해진 뒤섞기 규칙에 따라 필요한 비트를 삽입해야 한다. 2개의 흔히 사용하는 뒤섞기 기법에 B8ZS와 HDB3이 있다.

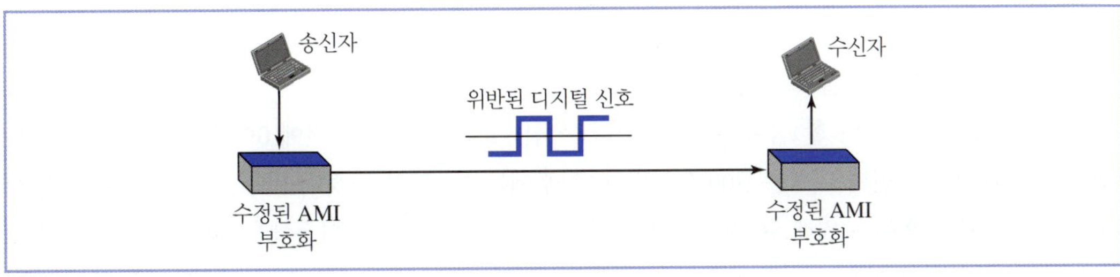

그림 4.18
뒤섞기를 사용한 AMI

양극 8영 대치(B8ZS)

양극 8영 대치(B8ZS, bipolar with 8 zero substitution)는 북미에서 주로 사용된다. 이 기법에서는 8개의 연속된 0 준위 전압이 000VB0VB의 신호로 대치된다. 여기에서 V는 위배(violation)를 말하는데, 이는 AMI의 부호화 규칙을 위배하는 0이 아닌 준위를 말한다. 또한, B는 양극(bipolar)을 말하는데, 이는 AMI 규칙을 따르는 0이 아닌 준위를 말한다. 그림 4.19에 나타나 있는 것처럼 두 가지 경우가 있다.

이 경우의 뒤섞기는 비트율을 바꾸지 않는 것에 유의하라. 또한, 이 기법은 음 준위와 양 준위의 균형을 이루는데, 이는 직류 성분의 균형이 유지된다는 것을 말한다. 이 기법의 대치에 의해 대치 이후에는 AMI 규칙에 따라야 하기 때문에 1의 극성이 바뀔 수 있다는 것에 유의하라.

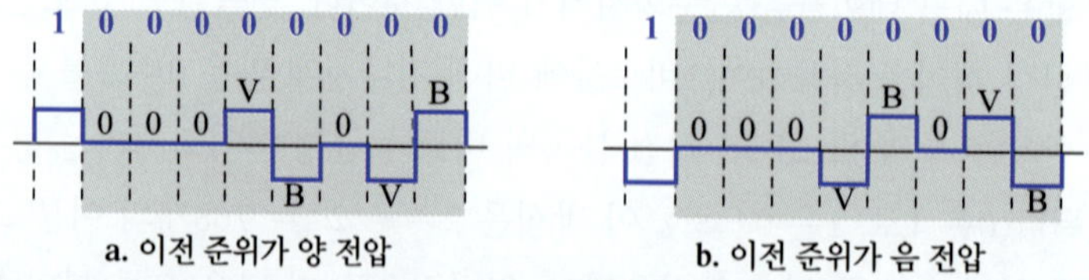

그림 4.19
B8ZS 뒤섞기를 사용한 두 경우

> B8ZS는 8개의 연속된 0을 000VB0VB로 대치한다.

한 가지 더 논의할 가치가 있는 것은 여기서 V나 B 문자는 상대적이라는 것이다. V는 바로 전의 0이 아닌 펄스의 극성과 같음을, B는 바로 전의 0이 아닌 펄스의 극성과 반대임을 의미한다.

고밀도 양극 3영(HDB3)

고밀도 양극 3영(HDB3, high-density bipolar 3-zero)은 흔히 북미 이외의 지역에서 사용된다. B8ZS보다 단순한 기법으로 4개의 연속된 0이 000V나 B00V로 대치된다. 두 가지 다른 대치를 사용하는 이유는 대치 이후에 짝수 개의 0이 아닌 준위의 개수를 유지하기 위한 것이다. 두 가지 대치 법칙은 다음과 같다.

1. 직전 대치 이후에 0이 아닌 펄스의 개수가 홀수인 경우에는, 000V로 대치하는데 이는 전체 0이 아닌 준위의 개수를 짝수로 만든다.
2. 직전 대치 이후에 0이 아닌 펄스의 개수가 짝수인 경우에는, B00V로 대치하는데 이는 전체 0이 아닌 준위의 개수를 짝수로 만든다.

그림 4.20은 이에 대한 예를 보여준다.

여기서 짚고 넘어가야 할 점이 몇 가지 있다. 우선, 첫 번째 대치 이전에 0이 아닌 준위의 개수는 짝수이고 따라서 첫 번째 대치는 B00V가 된다. 이후에는 1비트의 극성이 바뀌는데 이는 AMI 방식에서는 각 대치 이후에는 원래 규칙을 따라야 하기 때문이다. 이 비트 다음에는 000V의 대치가 필요한데 이는 직전 대치 이후에 오직 1개의 0이 아닌 펄스를 갖게 되기 때문이다. 세 번째 대치는 B00V가 되며, 이는 두 번째 대치 이후에는 0이 아닌 준위의 펄스가 없기 때문이다.

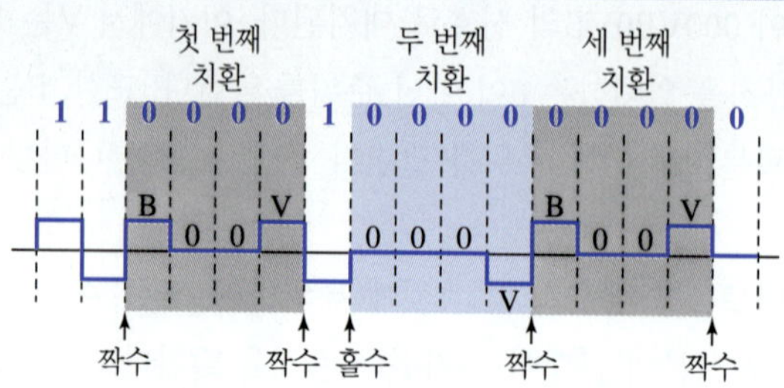

그림 4.20
HDB3 뒤섞기의 다른 경우

HDB3는 연속된 4개의 0을 직전 대치 이후의 0이 아닌
펄스의 개수에 따라 000V나 B00V로 대치한다.

4.2 아날로그-대-디지털 변환

4.1절에서 논의한 기법은 디지털 데이터를 디지털 신호로 바꾸는 데 사용한다. 그러나 우리가 사용하는 데이터는 마이크로폰이나 카메라가 만들어낸 아날로그 신호이다. 예를 들면, 음성이나 음악은 본래 아날로그이어서 음성이나 비디오를 녹화하는 것은 아날로그 전기 신호를 만들어내는 것이다. 3장에서 본 것처럼 아날로그 신호에 비해 디지털 신호가 우수하다. 요즈음의 추세는 아날로그 신호를 디지털 신호로 바꾸는 추세이다. 이 절에서는 두 가지 기법을 논의하는데, 펄스 코드 변조와 델타 변조이다. 디지털 데이터를 만든 이후에는 디지털 데이터를 디지털 신호로 전환하기 위해서는 4.1절에서 논의한 기법 중 하나를 사용하면 된다.

4.2.1 펄스 코드 변조

아날로그 신호를 디지털 데이터로 바꾸기(digitization) 위해 가장 널리 사용되는 기법이 **펄스 코드 변조**(PCM, pulse code modulation)이다. PCM 부호화기는 그림 4.21에 나타난 것처럼 세 과정을 갖는다.

1. 아날로그 신호를 표본 채집한다.
2. 채집된 신호를 계수화한다.
3. 계수화된 값을 비트 스트림으로 부호화한다.

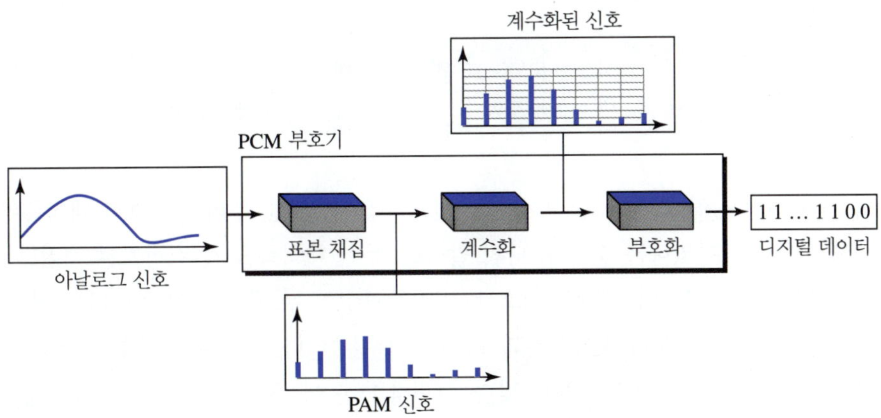

그림 4.21 PCM 부호화기의 구성요소

그림 4.22
3가지 PCM 표본 채집 방법

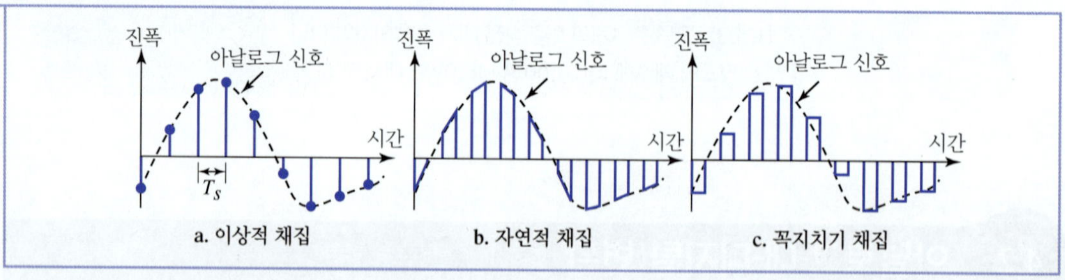

채집

PCM의 첫 단계는 **표본 채집**(sampling, **샘플링**)이다. 아날로그 신호가 매 T_s초마다 채집된다. 여기서 T_s는 채집 기간 또는 채집 주기이다. 채집 주기의 역은 채집률(sample rate) 또는 채집 주파수(sample frequency)라고 하며 f_s로 표시한다. 여기서 $f_s = 1/T_s$이다. 세 가지 채집 방법이 있는데, 그림 4.22처럼 이상적, 자연적 및 꼭지치기가 그것이다.

이상적 채집(ideal sampling)은 아날로그 신호로부터 펄스를 채집한다. 이는 이상적인 방법이지만 구현이 쉽지 않다. 자연적 채집(natural sampling)은 고속 교환기가 채집이 일어나는 짧은 시간 동안만 잠시 켜지게 된다. 그 결과로 아날로그 신호의 모양을 유지하는 일련의 채집량이 생긴다. 가장 흔한 채집 방법은 채집 후 유지(sampling and hold)라고 불리는데, 이는 전기 회로를 사용하여 꼭지치기(flat-top) 채집량을 만들어내게 된다.

채집 과정은 때로 **펄스 진폭 변조**(PAM, pulse amplitude modulation)라고도 불린다. 그러나 이 결과로 생긴 것은 여전히 정숫값이 아닌 값을 갖는 아날로그 신호이다.

표본 채집률

한 가지 고려해야 할 중요한 사항은 채집률 또는 채집 주파수이다. 무슨 제한이 T_s에 가해지는가? 이 질문은 나이퀴스트에 의해 근사하게 해답이 주어졌다. 나이퀴스트 정리(Nuquest theorem)에 따르면, 원래의 아날로그 신호를 재생하기 위한 한 가지 필요조건은 **채집률**(sampling rate)은 최소한 원래 신호가 갖는 최고 주파수의 두 배가 되어야 한다는 것이다.

나이퀴스트 정리에 의하면,
채집률은 최소한 신호에 포함된 최고 주파수의 두 배가 되어야 한다.

여기서 우리는 이 정리에 대해 좀 더 설명할 필요가 있다. 우선, 우리는 신호가 대역폭이 제한적이어야 신호를 채집할 수 있다는 것이다. 다시 말하면, 무한 대역폭을 갖는 신호는 채집할 수 없다. 두 번째로는 채집률은 대역폭이 아니라 최소한 최고 주파수의 두 배가 되어야 한다는 것이다. 아날로그 신호가 저대역-통과 신호라면 대역폭과 최고 주파수는 같다. 아날로그 신호가 특정 대역 통과 신호라면 대역폭 값은 최고 주파수 값보다 낮다. 그림 4.23은 이 두 가지 유형의 신호에 대한 채집률의 값을 보여준다.

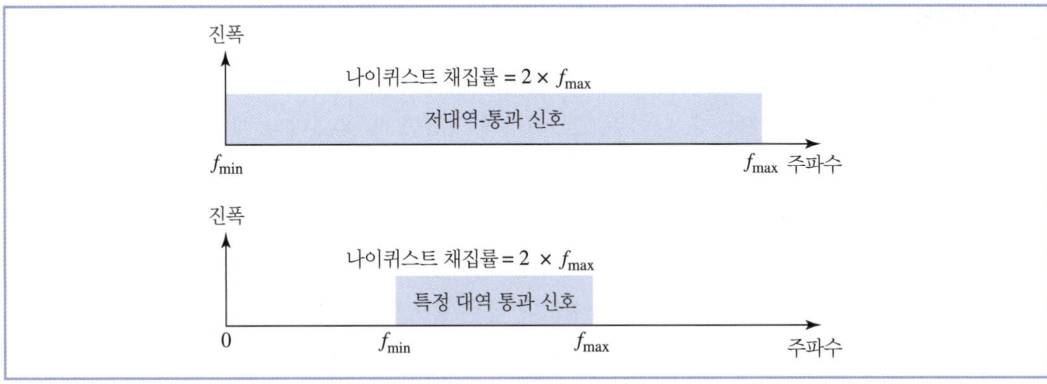

그림 4.23 저대역-통과와 특정 대역 통과 신호의 나이퀴스트 표본 채집률

예제 4.6

나이퀴스트 정리를 직관적으로 이해하기 위해 단순 정현파를 $f_s = 4f$(나이퀴스트 주파수의 2배), $f_s = 2f$ (나이퀴스트 주파수), $f_s = f$(나이퀴스트 주파수의 절반)의 세 가지 채집률로 채집해 보자. 그림 4.24는 각 채집 결과와 그에 따른 재생된 신호를 보여준다.

나이퀴스트 주파수만큼 채집을 하면 원래 정현파의 근사한 결과를 얻는다(그림 4.24a). 그림 4.24b에서 보는 것처럼 그보다 더 많이 채집을 해도 근사한 결과를 얻지만 불필요하다. 나이퀴스트 주파수보다 낮은 채집률(그림 4.24c)로는 원래 신호를 제대로 재생하지 못한다.

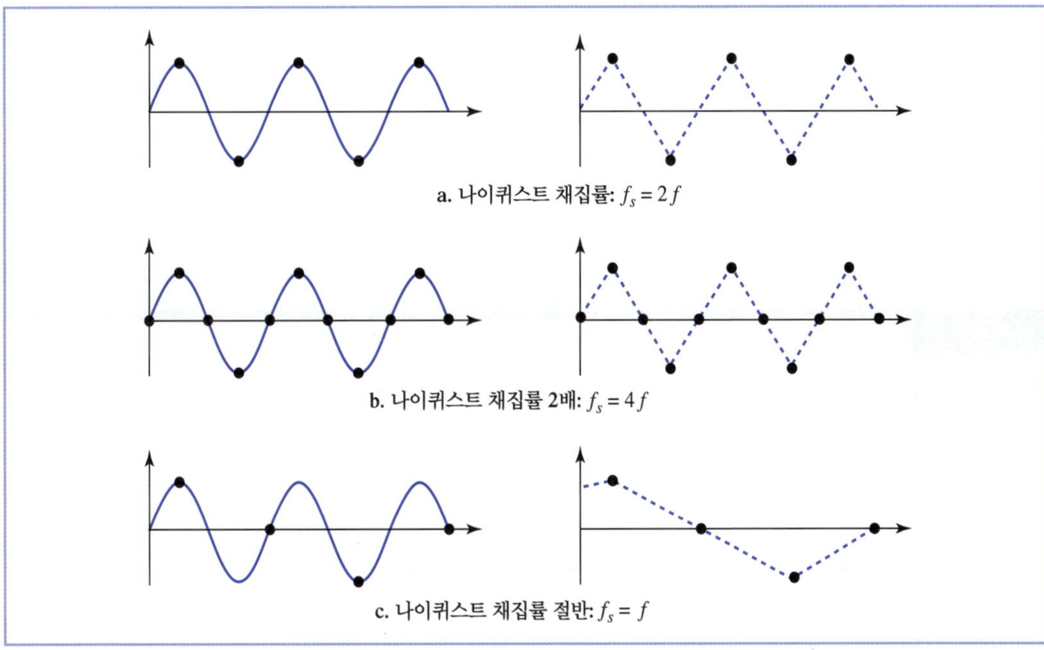

그림 4.24 서로 다른 채집률을 갖는 정현파 신호의 복구

예제 4.7

흥미로운 예제로 시계 바늘과 같은 주기적인 사건을 채집한다면 무슨 일이 벌어지는지 알아보자. 시계의 분침은 60초의 주기를 갖는다. 나이퀴스트 정리에 의하면 매 30초마다 채집해야 한다(T_s = 1/2 T 또는 $f_s = 2f$). 그림 4.25a에는 순서대로 채집된 값이 12, 6, 12, 6, 12와 6으로 주어졌다. 이 값을 수신한 쪽은 시계가 앞으로 가는지 뒤로 가는지 알 수 없다. 그림 4.25b에는 나이퀴스트 주파수의 두 배(매 15초)로 채집을 했다. 채집된 값은 순서대로 12, 3, 6, 9, 12이다. 시계가 앞으로 가는 것을 볼 수 있다. 그림 4.25c에는 나이퀴스트 주파수보다 낮은 속도로 채집을 했다. 채집된 값은 순서대로 12, 9, 6, 3, 12이다. 비록 시계가 앞으로 가고 있지만, 이 값을 수신한 사람은 시계가 거꾸로 가고 있다고 생각하게 된다.

그림 4.25
바늘 하나만을 갖는 시계의 표본 채집

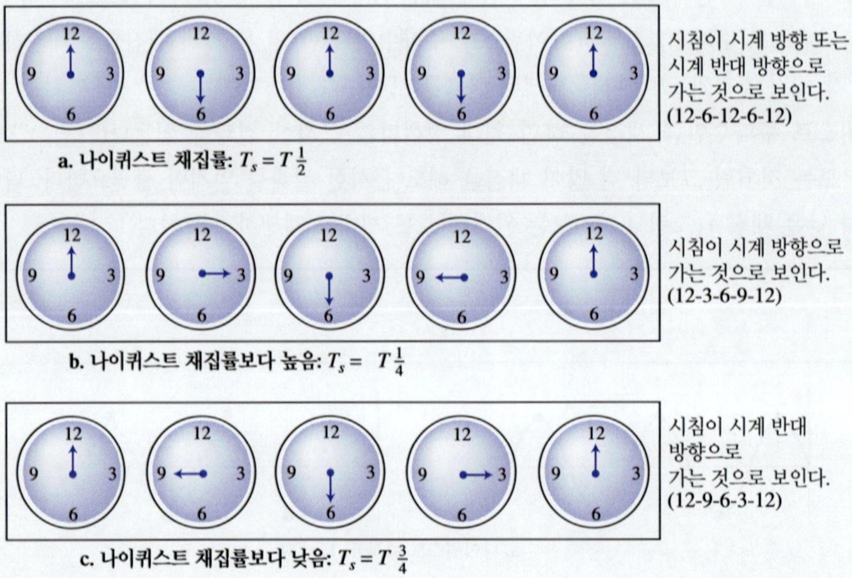

예제 4.8

예제 4.7과 관련된 예로는 영화 속에서 앞으로 가는 자동차 바퀴가 뒤로 돌고 있는 것 같이 보이는 것이다. 이는 낮은 속도로 채집하는 것으로 설명할 수 있다. 영화는 매초 24번씩 장면을 찍는다. 만일 바퀴가 매초 12바퀴 이상의 속도로 도는데 낮은 속도로 채집하게 되면 마치 뒤로 돌고 있는 느낌을 받게 되는 것이다.

예제 4.9

전화 회사는 음성을 최대 4,000 Hz의 주파수를 갖는 것으로 가정하여 계수화한다. 따라서 채집률은 매초 8,000번이다.

예제 4.10

어떤 복합 저대역-통과 신호의 대역폭이 200 kHz이다. 이 신호의 최소 채집률은 얼마인가?

해답

저대역-통과 신호의 대역폭은 0과 f 사이이며, 여기서 f는 신호의 최고 주파수이다. 그러므로 이 신호의 최고 주파수 200 kHz의 두 배의 주파수로 채집할 수 있다. 채집률은 따라서 매초 400,000번이다.

예제 4.11

어떤 복합 특정 대역 통과 신호의 대역폭이 200 kHz이다. 이 신호의 최소 채집률은 얼마인가?

해답

이 경우에는 대역이 어디에서 시작되어 어디에서 끝나는지 알 수 없으므로 최소 채집률을 알 수 없다. 신호의 최고 주파수를 알 수 없기 때문이다.

계수화

채집 결과로 얻는 것은 신호의 최대 진폭과 최소 진폭 사이의 값을 갖는 일련의 진폭 값들이다. 그 진폭 값들은 최솟값과 최댓값 사이의 정수가 아닌 어떤 값을 갖는 무한 집합의 수가 될 수 있다. 이 값들은 부호화 과정에서 사용될 수 없다. 다음은 계수화(quantization) 과정이다.

1. 원래의 아날로그 신호는 V_{min}과 V_{max} 사이의 진폭 값을 순간적으로 갖는다고 가정한다.
2. 전체 영역을 각각 높이 Δ(델타)의 L개의 구간으로 나눈다.

$$\Delta = \frac{V_{max} - V_{min}}{L}$$

3. 각 구간의 중간점에 0부터 $L-1$까지의 계수화된 값을 지정한다.
4. 채집된 신호의 진폭 값을 계수화된 값의 하나로 근삿값을 지정한다.

간단한 예로서, 채집된 신호의 진폭이 -20과 $+20$V 사이에 있다고 하자. 또한, 모두 8개 구간으로 나누기로 하자. 이 예의 경우에는 $\Delta = 5$V이다. 이 예를 그림 4.26에 나타내었다.

편의상 이상적 채집을 사용하여 모두 9개의 표본만을 보였다. 그림에서 각 표본의 위에 있는 값

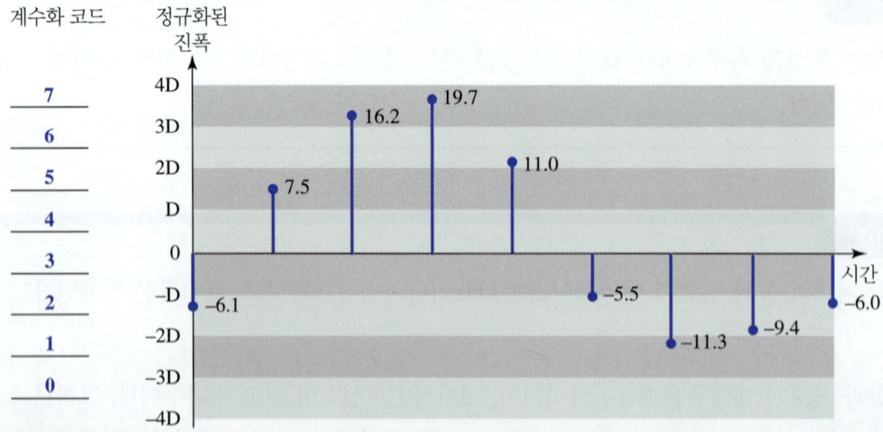

정규화된 PAM 값	–1.22	1.50	3.24	3.94	2.20	–1.10	–2.26	–1.88	–1.20
정규화된 계수 값	–1.50	1.50	3.50	3.50	2.50	–1.50	–2.50	–1.50	–1.50
정규화 오류	–0.38	0	+0.26	–0.44	+0.30	–0.40	–0.24	+0.38	–0.30
계수화 코드	**2**	**5**	**7**	**7**	**6**	**2**	**1**	**2**	**2**
부호화된 워드	**010**	**101**	**111**	**111**	**110**	**010**	**001**	**010**	**010**

그림 4.26
채집된 신호의 계수화와 부호화

은 실제 진폭의 값이다. 표에서 첫 번째 줄은 각 표본의 정규 값(실제 진폭/Δ)이다. 계수화 과정을 통해 각 구간의 중간 값을 계수화 값으로 채택한다. 이는 계수화된 값(두 번째 줄)의 정규 값이 진폭의 정규 값과 다르게 된다는 것을 의미한다. 이 차이를 정규 오차(세 번째 줄)라고 한다. 네 번째 줄은 그림의 왼편에 있는 계수화 준위에 근거하여 각 표본을 부호화한 것이다. 다섯 번째 줄에 있는 부호화된 결과가 변환의 최종 산물이다.

계수화 준위

앞의 예에서 8개의 계수화 준위를 사용하였다. 각 구간의 개수, 즉 준위의 개수는 아날로그 신호의 진폭 구간과 얼마나 정확하게 신호를 복구하는가에 달려 있다. 신호의 진폭이 두 값만을 가진다면 두 준위만 필요하다. 만일 음성처럼 신호가 많은 진폭 값을 갖는 경우에는 더 많은 수의 준위가 필요하다. 음성을 디지털화하는 경우에 L은 통상 256이다. 화상의 경우에는 수천 개가 보통이다. 낮은 값의 L을 선정하면 신호의 진폭 변동이 많아져서 계수화 오차가 더 커진다.

계수화 오차

여기서 한 가지 중요한 문제는 계수화 과정에서 생기는 오차이다(뒤에 고속 모뎀에서 이로 인해 무슨 문제가 생기는지 공부한다). 계수화는 근삿값을 만드는 과정이다. 계수화 장치로 입력되는 것은 실제 값이지만, 출력되는 값은 근삿값이다. 출력되는 값은 구역의 중간 값으로 선택된다. 입력되는 값도 그 구역의 중간 값이라면 계수화 오차는 없지만 그렇지 않은 경우에는 오차가 생긴다. 앞의 예에서는 세 번째 표본의 정규화된 진폭은 3.24이지만 정규화된 계수화 값은 3.50이다. 이는 +0.26만큼의 오차가 생긴 것을 말한다. 어떤 표본이건 오차는 $\Delta/2$ 이하이다. 다시 말하면 $-\Delta/2 \le$ 오차 $\le$

$\Delta/2$이다.

계수화 오차는 신호의 신호-대-잡음 비를 바꾸는데, 이는 섀넌 정리에 의해 전송 대역 상한을 줄이게 되는 것을 의미한다.

신호의 SNR_{dB}에 미치는 계수화 오차(quantization error)의 정도는 계수화 준위의 개수 또는 n_b로 표시되는 표본당 비트 수에 의해 아래 수식으로 표시할 수 있다.

$$\mathbf{SNR_{dB} = 6.02}\boldsymbol{n_b}\mathbf{ + 1.76 \quad dB}$$

예제 4.12

그림 4.26의 예에서 SNR_{dB}는 얼마인가?

해답

계수화를 알기 위해 공식을 이용할 수 있다. 8개의 준위가 있으며 표본당 3비트를 사용한다. 그러므로 $SNR_{dB} = 6.02(3) + 1.76 = 19.82$ dB이다. 준위 개수를 늘리면 SNR 값이 높아진다.

예제 4.13

전화선은 SNR_{dB} 값이 40이 넘어야 한다. 표본당 최소 비트 수는 얼마인가?

해답

다음과 같이 비트 수를 계산할 수 있다.

$$\mathbf{SNR_{dB} = 6.02}\boldsymbol{n_b}\mathbf{ + 1.76 = 40} \quad \rightarrow \quad \boldsymbol{n}\mathbf{ = 6.35}$$

전화 회사는 통상 표본당 7 또는 8개의 비트를 사용한다.

균등 대 비균등 계수화

많은 경우에 아날로그 신호의 순간 값들의 분포는 균일하지 않다. 진폭의 변화가 보통 높은 진폭보다는 낮은 진폭 부근에서 더 잦다. 이런 종류의 응용에는 비균등 구역을 사용하는 것이 더 좋다. 다시 말하면 Δ 값이 일정하지 않게 되는 것이다. 낮은 진폭 값에서는 Δ 값이 크고, 높은 진폭 값 근처에서는 낮다. 비균등 계수화는 축약(companding)과 확장(expanding)이라고 불리는 과정을 거쳐 이루어질 수도 있다. 송신자는 신호 변환 이전에 축약 과정을 거치고 수신자는 변환 이후에 확장 과정을 거친다. 축약이란 큰 진폭 값을 갖는 진폭의 전압을 줄이는 것을 말하고 확장이란 그 반대 과정이다. 축약을 통해 강한 신호에 더 많은 비중을 두고 약한 신호에 비중을 덜 두게 된다. 비균등 계수화를 통해 계수화 오차를 효과적으로 줄일 수 있다는 것이 증명되었다.

부호화

PCM의 마지막 단계는 **부호화**(encoding)이다. 각 표본이 계수화되고 표본당 비트 수가 정해진 이후에는 각 표본이 n_b 비트의 부호로 바뀌는 것이다. 그림 4.26의 마지막 줄에 최종 변환된 부호가 있다. 2의 값을 갖는 계수화된 코드는 010으로 표시되어 있으며, 5는 101로 나머지도 마찬가지 식이다. 각 표본에 할당되는 비트의 수는 계수화 준위의 개수에 의해 정해짐에 유의하라. 계수화 준위 개수가 L이면 비트 수는 $n_b = \log_2 L$이다. 앞의 예에서는 L은 8이며 n_b는 따라서 3이다. 비트율은 다음 식으로부터 구할 수 있다.

$$\textbf{Bit rate} = \textbf{sampling rate} \times \textbf{number of bits per sample} = f_s \times n_b$$

예제 4.14

사람의 목소리를 디지털화하고자 한다. 표본당 8비트라고 가정했을 때, 비트율은 얼마인가?

해답

인간의 목소리는 보통 0에서 4,000 Hz 사이의 주파수를 갖는다. 그러므로 비트율은 다음과 같이 계산될 수 있다.

$$\textbf{Sampling rate} = 4{,}000 \times 2 = 8{,}000 \textbf{ samples/s}$$
$$\textbf{Bit rate} = 8{,}000 \times 8 = 64{,}000 \textbf{ bps} = 64 \textbf{ kbps}$$

원래 신호의 복구

원래 신호를 복구하기 위해서는 PCM 복호기(decoder)가 필요하다. 복호기는 우선 전기 회로를 사용하여 수신된 코드를 다음 펄스까지 일정한 값으로 유지하는 펄스로 변환한다. 계단형의 신호가 만들어지면 저대역-통과 필터를 통과시켜 계단형 신호를 부드러운 아날로그 신호로 바꾼다. 필터는 수신자의 원래 신호의 단절 주파수(cutoff frequency)와 동일한 단절 주파수를 갖는다. 신호가 나이퀴스트 채집률과 동일하거나 크게 채집되었고 충분한 계수화 준위 개수를 사용했다면 원래 신호로 복구될 것이다. 원래 신호의 최대 및 최솟값은 증폭기를 통해 달성할 수 있다. 그림 4.27이 전 과정을 간략히 보여준다.

PCM 대역폭

저대역-통과 신호의 대역폭이 있다고 가정하자. 신호를 디지털로 변환하면 이 디지털 신호를 통과시킬 수 있는 채널의 최소 대역폭은 무엇인가? 회선 부호화를 거친 신호의 최소 대역폭은 $B_{\min} = c \times N \times (1/r)$인 것을 논의했다. 이 식에서 N을 대치하면 다음의 식을 얻는다.

$$B_{\min} = c \times N \times \frac{1}{r} = c \times n_b \times f_s \times \frac{1}{r} = c \times n_b \times 2 \times B_{\text{analog}} \times \frac{1}{r}$$

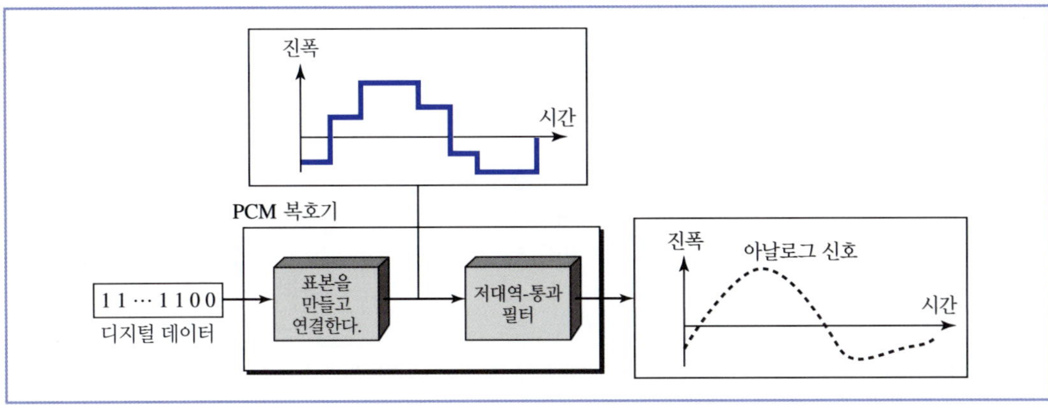

그림 4.27
PCM 복호기의 구성요소

1/r이 1(NRZ 또는 양극 신호의 경우)이고 c = (1/2)(평균의 경우)이면 최소 대역폭은 다음과 같다.

$$B_{\min} = n_b \times B_{\text{analog}}$$

이는 디지털 신호의 최소 대역폭은 아날로그 신호의 대역폭보다 n_b배 크다는 것을 의미한다. 이는 디지털화하는데 치러야 하는 대가이다.

예제 4.15

4 kHz의 저대역-통과 아날로그 신호가 있다. 아날로그 신호를 전송한다면 최소 대역폭 4 kHz의 채널을 사용하면 된다. 표본당 8비트를 사용하여 디지털화하여 전송한다면 최소한 8 × 4 kHz = 32 kHz의 대역폭이 필요하다.

채널의 최대 데이터 전송률

3장에서 채널의 최대 데이터 전송률이 $N_{\max} = 2 \times B \times \log_2 L$이 되는 나이퀴스트 정리에 대해 공부했다. 이 전송률을 다음과 같은 방식으로 추론하여 나이퀴스트의 채집 정리로부터 알아낼 수 있다.

1. 가용 채널이 대역폭 B의 저대역-통과 채널이라고 가정한다.
2. 전송하려고 하는 디지털 데이터가 L개의 준위라 하자. 여기서 각 준위는 신호 요소이다. 이는 곧 $r = 1/\log_2 L$인 것을 의미한다.
3. 먼저 디지털 신호를 저대역-통과 필터를 통과시켜서 B Hz보다 높은 주파수 성분을 없앤다.
4. 필터를 통과한 신호를 아날로그 신호로 취급하여 매초 $2 \times B$번 채집하고 L개의 준위를 사용하여 계수화한다. 신호가 원래 L개의 준위만을 가지고 있으므로 추가적인 계수화 준위는 필요치 않다.
5. 결과적으로 비트율은 $N = f_s \times n_b = 2 \times B \times \log_2 L$이다. 이는 최대 전송 대역폭이며, 경우 요소 c가 증가하면 데이터율은 낮아진다.

$$N_{\max} = 2 \times B \times \log_2 L \quad \text{bps}$$

최소 요구 대역폭

앞의 논의로부터 데이터율과 신호 준위 개수가 정해진 경우에는 최소 요구 대역폭이 다음과 같다는 것을 알 수 있다.

$$B_{\min} = \frac{N}{(2 \times \log_2) L} \quad \text{Hz}$$

4.2.2 델타 변조

PCM은 매우 복잡한 기술이다. PCM의 복잡도를 낮추기 위해 다른 기술들이 개발되었다. 가장 간단한 것에는 **델타 변조**(DM, Delta Modulation)가 있다. PCM은 각 표본 채집 시에 신호의 진폭 값을 찾는 반면에 DM은 직전 표본 값과의 차이 값을 찾는다. 그림 4.28은 이 과정을 보여준다. 이 기법에는 코드를 사용하지 않는 것에 유의하라. 단지 채집할 때마다 비트들을 보낼 뿐이다.

그림 4.28
델타 변조 절차

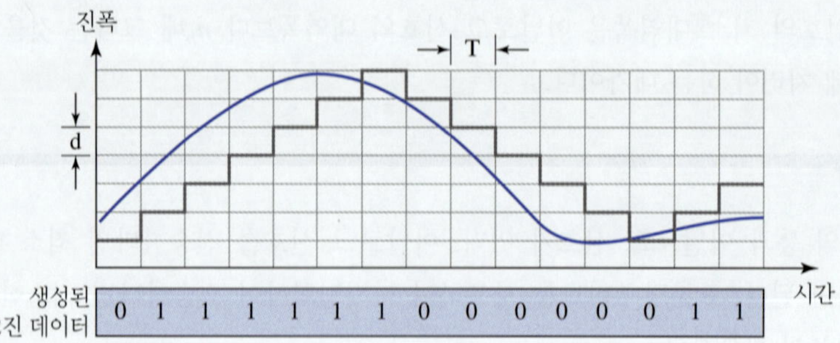

변조기

송신자는 아날로그 신호로부터 비트 스트림을 만들어 보내기 위해 변조기를 사용한다. 이 과정은 델타(δ)라고 불리는 작은 양 또는 음의 차이들을 기록하는 과정이다. 델타가 양이면 1로 기록하고 음이면 0으로 기록한다. 그러나 이 절차는 원래의 아날로그 신호가 기준으로 삼아야 하는 기준 값이 필요하다. 변조기는 계단 모양과 유사한 제2의 신호를 만들게 된다. 이제 차이를 찾는다는 것은 입력 신호를 점진적으로 만든 계단 신호와 비교하는 것이 된다. 그림 4.29는 이 과정을 보여준다.

각 채집 구간마다 변조기는 아날로그 신호의 값과 직전의 계단 신호의 값을 비교한다. 아날로그

그림 4.29
델타 변조 요소

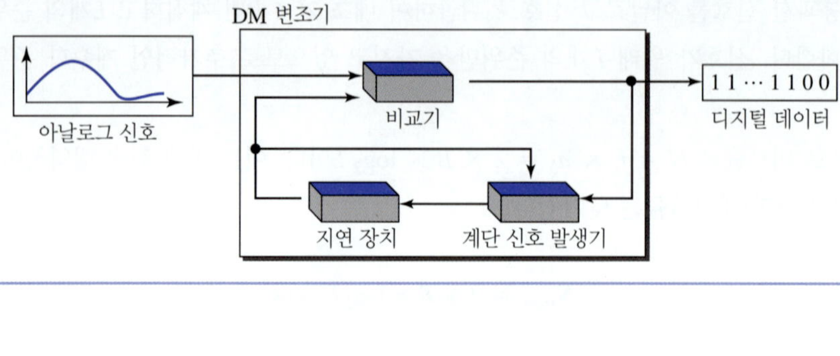

신호가 더 크면 디지털 데이터의 다음 비트는 1이 되고, 그렇지 않으면 0이 된다. 그러나 비교기의 출력은 계단 신호 자체도 만들어낸다. 다음 비트가 1이면 계단 신호 발생기가 δ만큼 올려주게 되고 다음 비트가 0이면 δ만큼 낮춘다. 지연 요소를 사용하여 두 비교 구간 동안 계단 값을 일정하게 유지시킬 필요가 있다는 것을 유의하라.

복조기

복조기는 디지털 신호를 받아서 계단 신호 발생기와 지연 요소를 사용하여 원래의 신호를 재생한다. 그러나 재생된 아날로그 신호는 부드럽게 만들기 위해서 저대역-통과 필터를 거쳐야 한다. 그림 4.30은 이에 대한 그림이다.

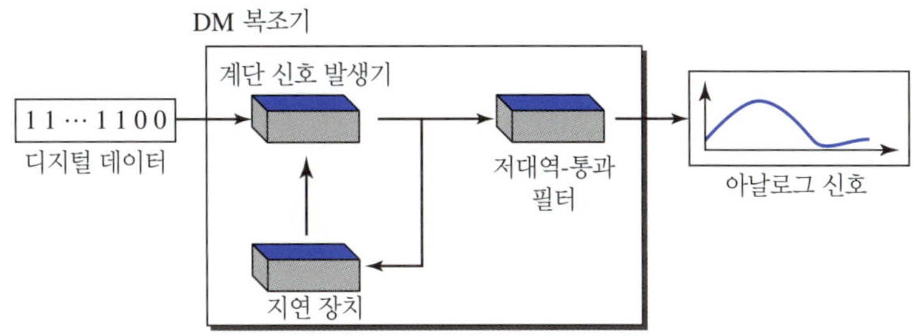

그림 4.30
델타 복조 요소

적응 DM

델타의 값을 고정시키지 않으면 더 나은 성능을 얻을 수 있다. 적응 델타 변조(adaptive delta modulation)의 경우에는 아날로그 신호의 진폭 값에 따라 델타 값이 바뀐다.

계수화 오차

DM이 완전하지 않음은 명백하다. 계수화 오차가 항상 포함된다. 그러나 DM의 계수화 오차는 PCM의 경우보다 매우 적다.

4.3 전송 방식

한 장치에서 다른 장치로 데이터 전송을 고려할 때 주요 관심사는 배선이며, 배선을 고려할 때 주요 관심사는 데이터 스트림이다. 한 번에 한 비트씩 보낼 것인가, 아니면 더 큰 그룹으로 비트들을 묶을 것인가, 또 만일 그렇게 한다면 어떤 방법으로 할 것인가? 링크를 통과하는 2진 데이터 전송은 병렬 방식 혹은 직렬 방식으로 이루어질 수도 있다. 병렬 방식에서는 여러 개의 비트들이 매 클록 펄스(clock pulse)에 따라 함께 보내진다. 또 직렬 방식에서는 매 클록 펄스마다 하나의 비트를 보낸다. 병렬 데이터를 보내기 위해서는 단지 한 가지 방법만이 있는 반면, 직렬 전송을 위해서는 동기식과

그림 4.31
데이터 전송 방식

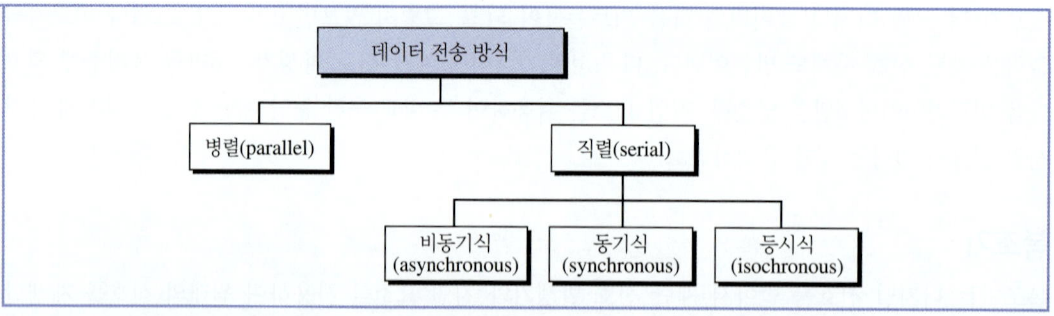

비동기식 및 등시식이라는 세 가지 방법이 있다(그림 4.31 참조).

4.3.1 병렬 전송

1과 0으로 구성된 2진 데이터는 각각 n 비트로 이루어진 그룹으로 조직될 수 있다. 우리가 언어를 문자보다는 단어 형태로 이해하고 사용하는 것처럼 컴퓨터는 비트의 그룹으로 데이터를 생산하고 소비한다. 즉, 한 번에 1개의 비트를 보내는 대신 그룹으로 만들어 n개의 비트 데이터를 보낼 수 있게 된다. 이것을 **병렬 전송**(parallel transmission)이라고 한다.

병렬 전송의 메커니즘은 개념적으로는 간단하다. 동시에 n 비트를 보내기 위해 n개의 전선을 사용하는 것이다. 그런 식으로 각 비트가 고유의 전선을 가지므로, 한 그룹의 모든 n 비트는 매 클록 펄스에 맞춰 한 장치에서 다른 장치로 전송될 수 있다. 그림 4.32는 $n = 8$일 때 병렬 전송이 어떻게 이루어지는지를 보여준다. 통상 이 8개의 전선은 각 끝에 커넥터(연결구)를 가진 케이블로 묶인다.

병렬 전송의 장점은 속도이다. 그 외에 모든 조건이 같다면, 병렬 전송은 직렬 전송의 n배만큼 전송 속도를 증가시킬 수 있다. 그러나 가격이 비싸다는 중대한 단점도 있다. 병렬 전송에서는 단지 데이터의 스트림을 전송하는 데에만 n개의 통신회선(위의 예에서 보인 전선)이 필요하다. 병렬 전송은 이렇듯 비용이 많이 들기 때문에 일반적으로 짧은 거리로 제한된다.

4.3.2 직렬 전송

직렬 전송(serial transmission)에서는 한 비트가 다른 비트 뒤에 오므로, 통신하는 두 장치 간 데이

그림 4.32
병렬 전송

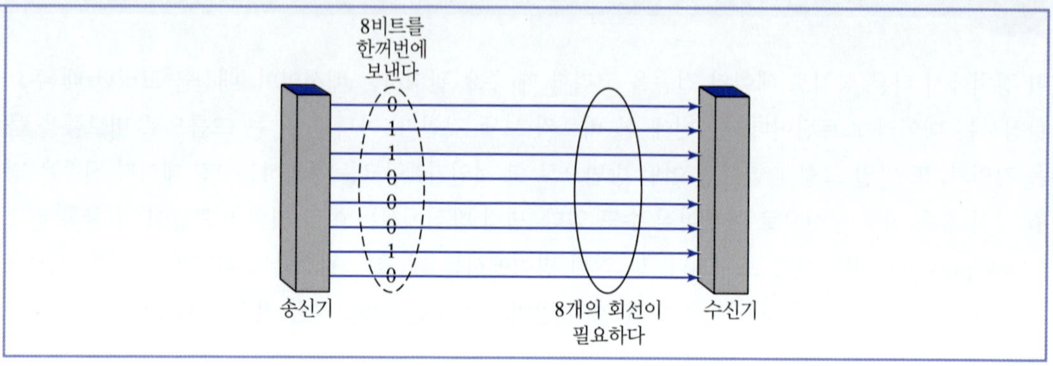

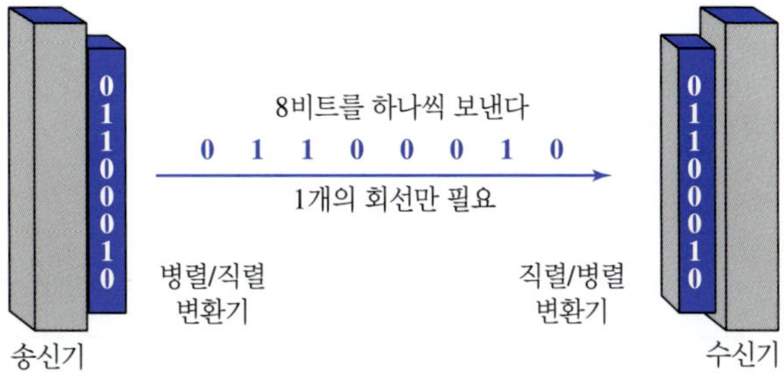

그림 4.33
직렬 전송

터 전송을 위해서는 *n*개의 통신 채널이 아닌 단지 하나의 채널만이 필요하다(그림 4.33 참조).

병렬 전송에 비해 직렬 전송이 갖는 장점은 하나의 통신 채널만을 가지므로 병렬 전송보다 대략 1/*n*가량으로 전송 비용을 줄일 수 있다는 데 있다.

장치 내에서 통신은 병렬이므로, 송신자와 회선 사이(병렬-직렬) 및 회선과 수신자(직렬-병렬) 사이의 인터페이스에서 변환장치가 필요하다.

직렬 전송은 비동기식 또는 동기식 및 등시식이라는 세 가지 방법 중 하나로 이루어진다.

비동기식 전송

비동기식 전송(asynchronous transmission)은 신호의 타이밍이 중요하지 않기 때문에 이처럼 명명되었다. 대신에 정보는 약속된 패턴으로 수신되고 변환된다. 약속된 패턴으로 전송되는 한 수신 장치는 전송된 데이터 리듬에 상관없이 정보를 수신할 수 있다. 패턴은 비트 스트림을 바이트로 그룹 짓는 것에 기초한다. 보통 8비트인 각 그룹은 링크를 따라 한 단위로 전송된다. 송신 시스템은 타이머와는 무관하게 준비만 되었다면 언제든지 링크에 중계되도록 각 그룹을 독립적으로 다룬다.

동기 펄스가 없으면 수신자는 타이밍을 사용하여 다음 그룹이 언제 도착할지 예측할 수 없다. 따라서 수신자에게 새로운 그룹이 도착했음을 알리기 위해서는 별도의 비트가 각 바이트의 시작 부분에 추가된다. 보통 0인 이 비트를 **시작 비트**(start bit)라고 부른다. 수신자에게 바이트가 끝났음을 알려주기 위해서는 1개 이상의 추가 비트를 바이트의 끝에 덧붙여야 한다. 보통은 1인 이러한 비트를 **정지 비트**(stop bit)라고 부른다. 이로 인해 각 바이트는 적어도 10비트 크기로 늘어난다. 그 중에 8개는 정보이고, 2개 이상은 수신기에 보내지는 신호이다. 게다가 전송 도중 각 바이트 사이에는 불규칙하게 지속되는 간격이 생긴다. 이 간격은 휴지(idle) 채널로 나타내거나 추가적인 정지 비트의 스트림으로 나타낼 수 있다.

> 비동기식 전송에서는 시작 부분에 1개의 시작 비트(0)와 각 바이트의 끝에
> 하나 이상의 정지 비트(1)를 보낸다. 각 바이트 간에는 간격이 있을 수 있다.

시작 비트와 정지 비트, 그리고 간격은 수신자에게 각 바이트의 시작과 끝을 알려주고 데이터 스트림과 동기화하도록 한다. 이 경우 바이트 수준에서는 송신자와 수신자가 반드시 동기화되어야 하

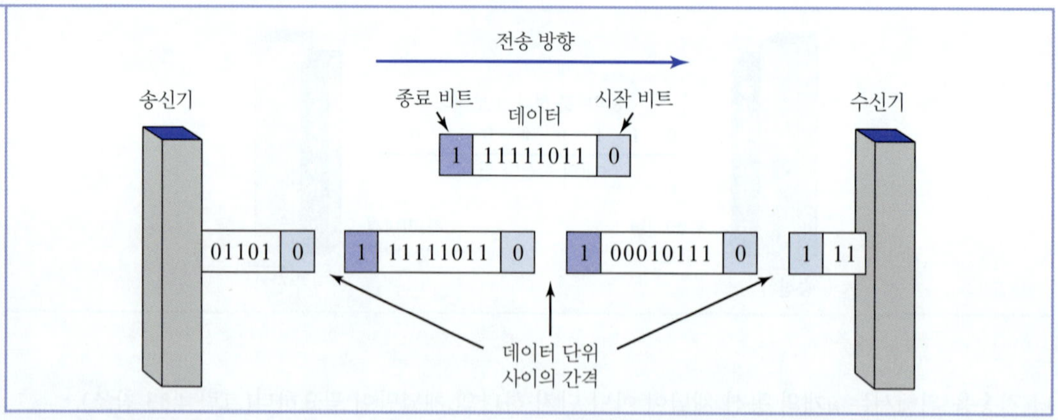

그림 4.34
비동기식 전송

는 것이 아니므로, 이러한 메커니즘을 비동기식이라 부른다. 그러나 각 바이트 안에서 수신자는 들어오는 비트 스트림에 여전히 동기화되어야만 한다. 즉 동기화가 필요하긴 하지만, 이는 단일 바이트가 지속되는 동안만을 위한 것이다. 수신 장치는 각각의 새로운 바이트가 개시될 때마다 다시 동기화된다. 시작 비트를 발견하면 수신자는 타이머를 맞추고 들어오는 대로 비트 수를 세기 시작한다. *n*개의 비트가 들어오고 나면 수신자는 정지 비트를 찾는다. 정지 비트가 발견되면 다음 시작 비트가 발견되기 전까지 수신되는 모든 펄스는 무시된다.

> 여기서 비동기식이란 '바이트 수준에서 비동기'를 의미하지만,
> 비트들은 여전히 동기화되고 비트들의 지속시간은 동일하다.

그림 4.34는 비동기식 전송의 개략적인 그림이다. 이 예에서 시작 비트는 0이고 정지 비트는 1이며, 간격은 추가 정지 비트가 아닌 휴지 회선으로 나타나 있다.

정지 비트와 시작 비트를 추가하고 비트 스트림에 간격을 넣는 것 때문에 비동기식 전송은 이와 같은 제어 정보를 더하지 않는 전송 형태보다 더 느려지게 된다. 그러나 값도 싸고 효과적이기 때문에, 저속 통신 같은 상황에서는 비동기식 전송이 더 선택할 만하다. 예를 들어, 컴퓨터에 터미널을 연결하는 것은 비동기식 전송의 자연스러운 적용의 예이다. 사용자는 한 번에 한 문자씩 자판을 두드리는데, 이는 데이터 처리속도에 비하면 극도로 느린 셈이 되며 동시에 각 문자 사이에 예측할 수 없는 시간 간격을 갖는다.

동기식 전송

동기식 전송(synchronous transmission)에서 비트 스트림은 여러 바이트가 들어 있는 길이가 긴 "프레임"으로 합쳐진다. 그러나 각 바이트는 전송 링크에 바이트와 다음 바이트 사이에 간격 없이 들어온다. 복호화하기 위해 비트 스트림을 바이트로 분리하는 것은 수신자의 몫이다. 다시 말하자면 데이터는 끊이지 않는 1과 0의 문자열로 전송되고, 수신자는 정보를 재구성하기 위해 이 문자열을 바이트나 문자들로 분리한다.

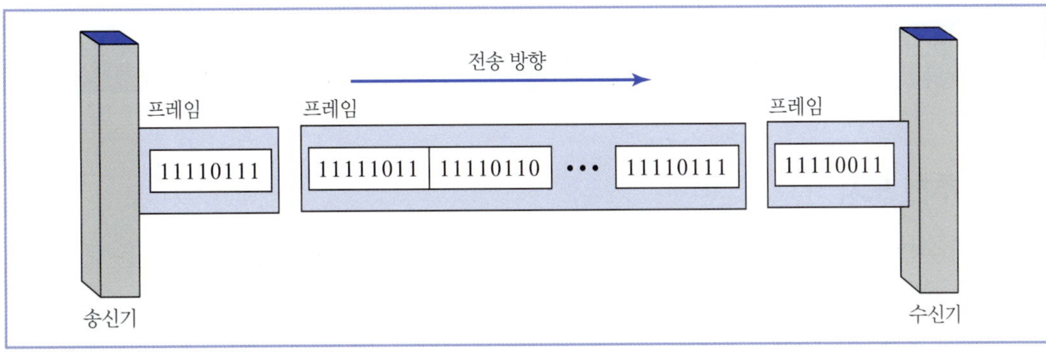

그림 4.35
동기식 전송

> 동기식 전송에서는 시작 비트/정지 비트 및 간격 없이 차례로 비트를 보낸다.
> 비트를 그룹화하는 것은 수신자의 책임이다.

그림 4.35는 동기식 전송의 개략적인 모습을 보여준다. 바이트 사이에는 경계선이 그려져 있다. 그러나 실제로 이 경계선은 존재하지 않으며, 송신자는 하나의 긴 문자열로 데이터를 회선에 보낸다. 만일 송신자가 한 묶음(burst)의 데이터를 보내고 잠시 후 다시 한 묶음의 데이터를 보내려고 한다면, 한 묶음의 데이터들 사이의 간격은 휴지(idle)를 의미하도록 특별히 정해진 순서로 배열된 0과 1로 채워져야만 한다. 수신자는 도착하는 대로 비트들의 수를 세어 이것을 8비트 단위의 그룹으로 나눈다.

간격과 시작 비트/정지 비트를 사용하지 않으므로 수신 장치에는 비트 스트림을 받는 도중에 비트의 동기화를 맞추도록 도와주는 그 어떤 메커니즘도 내장되어 있지 않다. 따라서 타이밍이 매우 중요하게 되며, 이는 수신된 정보의 정확도가 비트가 들어오는 대로 정확히 비트를 셀 수 있는 수신 장치의 능력에 전적으로 의존하기 때문이다.

동기식 전송의 장점은 속도이다. 보내는 쪽에서 넣고 받는 쪽에서 제거해야 할 별도의 비트나 간격이 없기 때문에, 즉 링크를 통해 이동하는 비트 수가 적어지므로 동기식 전송은 비동기식 전송에 비해 더 빠르다. 이러한 이유로 동기식 전송은 한 컴퓨터에서 다른 컴퓨터로 데이터 전송 같은 고속 응용에 더욱 유용하다. 바이트 동기화는 데이터 링크층에서 이루어진다.

여기서 한 가지 강조할 점이 있다. 동기식 전송에는 문자들 사이에 간격이 없지만, 프레임과 프레임 사이에는 일정치 않은 간격이 있을 수 있다.

등시식

실시간 음성이나 화상과 같이 일정치 않은 프레임 사이의 간격이 용납되기 어려운 경우에는 동기식 전송이 적절치 않다. 예를 들어 TV 영상은 매초 30프레임의 속도로 방송되어 같은 속도로 보이게 된다. 각 영상 1개 또는 그 이상의 프레임으로 전송되어 프레임 사이에 지연이 생겨서는 안 된다. 이러한 종류의 응용에서는 문자들 사이의 동기화만으로는 충분치 않고 전체 비트 스트림이 동기화되어야 한다. **등시식 전송**(isochronous transmission)은 정해진 시간에 데이터가 도착하는 것을 보장한다.

4.4 추천 자료

4.4.1 추천 도서

이 장에서 논의된 주제들을 자세히 보기 위해서 다음 도서들을 추천한다. 괄호 안에 있는 내용은 교재의 끝에 있는 참고문헌을 가리킨다.

참고문헌

디지털-대-디지털 변환은 [Pea 92], [Cou 01], [Sta 04]에 설명되어 있다. 표본 채집은 [Pea 92], [Cou 01], [sta 04]에 설명되어 있다. [Hsu 03]은 변조 및 채집에 대해 수학적으로 잘 정리해 놓았다. 더 깊은 내용은 [Ber 96]에서 볼 수 있다.

4.4.2 중요 용어

adaptive delta modulation
alternate mark inversion(AMI)
analog-to-digital conversion
asynchronous transmission
baseline
baseline wandering
baud rate
biphase
bipolar
bipolar with 8-zero substitution(B8ZS)
bit rate
block coding
companding and expanding
data element
data rate
DC component
delta modulation(DM)
differential Manchester
digital-to-digital conversion
digitization
eight binary/ten binary (8B/10B)
eight-binary, six-ternary (8B6T)
four binary/five binary (4B/5B)
four dimensional, five-level pulse amplitude modula-tion(4D-PAM5)
high-density bipolar 3-zero(HDB3)
isochronous transmission
line coding
Manchester
modulation rate
multilevel binary
multiline transmission, three-level(MLT-3)
non-return-to-zero(NRZ)
non-return-to-zero, invert(NRZ-I)
non-return-to-zero, level(NRZ-L)
Nyquist theorem
parallel transmission
polar
pseudoternary
pulse amplitude modulation(PAM)
pulse code modulation(PCM)
pulse rate
quantization
quantization error
return-to-zero(RZ)
sample and hold
sampling
sampling rate
scrambling
self-synchronizing
serial transmission
signal element
signal rate
start bit
stop bit
synchronous transmission
transmission mode
two-binary, one quaternary (2B1Q)
unipolar

4.4.3 요약

- 디지털-대-디지털 변환은 회선 부호화, 블록 부호화, 뒤섞기라는 3가지 기법이 있다. 회선 부호

화는 디지털 데이터를 디지털 신호로 변환하는 과정이다. 회선 부호화 방법은 단극형, 극형, 양극형, 다준위 및 다전이로 나눌 수 있다. 블록 부호화는 중복을 통하여 동기화와 오류 정정을 보장한다. 블록 부호화는 흔히 *mB/nB* 부호화로 불리는데 각 *m*개 비트 그룹을 *n*개 비트 그룹으로 대치하는 것이다. 뒤섞기 기법은 비트 수를 늘리지 않고 동기화를 제공한다. 뒤섞기의 두 가지 흔한 기법은 B8ZS와 HDB3이다.

- 아날로그-대-디지털 변환의 일반적인 기법은 PCM이다. PCM의 첫 단계는 채집이다. 아날로그 신호는 매 Ts마다 채집되는데, T_s는 채집 구간 또는 주기이다. 채집 주기의 역은 채집률 또는 채집 주파수로서 $f_s = 1/T_s$로 표시한다. 이상적, 자연적 및 꼭지치기라는 세 가지 채집 방법이 있다. 나이퀴스트 정리에 의하면 채집률은 원래 신호의 가장 높은 주파수 성분의 2배 이상이어야 한다. PCM의 복잡도를 낮추기 위해 다른 채집 방법들이 개발되었다. 가장 간단한 것으로 델타 변조가 있다. PCM은 각 채집 시의 신호의 진폭 값을 찾지만 DM은 직전 표본과의 차이를 찾는다.
- 병렬로 데이터를 보내는 방법은 한 가지이지만 직렬로 전송하는 방법은 비동기식, 동기식, 등시식이라는 3가지가 있다. 비동기 직렬 전송에서 각 바이트(8개의 비트 모임)는 시작 비트와 정지 비트를 붙여 프레임으로 만들어진다. 각 바이트 사이에는 일정하지 않은 길이의 간격이 있을 수 있다. 동기 직렬 전송에서 비트들은 시작 비트나 정지 비트 및 바이트 사이의 간격도 없이 연속적인 흐름으로 전송된다. 의미 있는 바이트로 비트를 재편성하는 것은 수신자의 책임이다. 등시식 전송에서는 전체 비트 스트림의 동기화를 제공한다. 다시 말하면, 데이터가 정해진 시간에 도달하는 것을 보장한다.

4.5 연습문제

4.5.1 객관식

1. 극형과 양극형 부호화는 ______________ 부호화의 유형이다.
   - **a.** 회선 **b.** 블록
   - **c.** 뒤섞기 **d.** 정답 없음
2. ______________ 변환은 회선 부호화, 블록 부호화 및 뒤섞기 기술을 모두 사용한다.
   - **a.** 아날로그-대-디지털 **b.** 디지털-대-아날로그
   - **c.** 아날로그-대-아날로그 **d.** 디지털-대-디지털
3. ______________ 방식에서는 전압은 음과 양이 된다. 예를 들면 0을 위한 전압은 1을 위한 전압이 음이 되는 경우에는 양이 될 수 있다.
   - **a.** 극형 **b.** 양극형
   - **c.** 단극형 **d.** 모두 정답
4. ______________에서는 전압의 준위가 비트의 값을 결정한다.
   - **a.** NRZ-I **b.** NRZ-L
   - **c.** NRZ-I 또는 NRZ-L **d.** 정답 없음
5. ______________에서는 전압 준위가 변화하거나 변화하지 않는 것으로 비트의 값을 결정한다.
   - **a.** NRZ-I **b.** NRZ-L
   - **c.** NRZ-I 또는 NRZ-L **d.** 정답 없음

6. RZ의 아이디어와 NRZ-L의 아이디어를 합한 것이 ______이다.
   a. 맨체스터 b. 차분 맨체스터
   c. 맨체스터와 차분 맨체스터 d. 정답 없음

7. RZ의 아이디어와 NRZ-I의 아이디어를 합한 것이 ______이다.
   a. 맨체스터 b. 차분 맨체스터
   c. 맨체스터와 차분 맨체스터 d. 정답 없음

8. 맨체스터 부호화와 차분 맨체스터 부호화에서 비트의 중간 지점에서의 전이는 ______에 사용된다.
   a. 비트 전송 b. 보오 전송
   c. 동기화 d. 정답 없음

9. ______ 부호화에서는 양, 영 및 음이라는 3개의 준위를 사용한다.
   a. 단극형 b. 양극형
   c. 극형 d. 정답 없음

10. ______ 방식은 2비트 데이터 크기를 4준위 신호 중 하나에 속하는 2비트 패턴의 1개 신호 요소로 부호화한다.
   a. 4B5B b. 2B1Q
   c. MLT-3 d. 정답 없음

11. ______ 부호화는 각 비트의 중간에서 전이를 갖는다.
   a. RZ b. 맨체스터
   c. 차분 맨체스터 d. 모두 정답

12. ______ 부호화는 각 0비트가 시작할 때 전이를 갖는다.
   a. RZ b. 맨체스터
   c. 차분 맨체스터 d. 모두 정답

13. 다음 중 동기화를 제공하지 않는 부호화 방법은?
   a. NRZ-L b. RZ
   c. NRZ-I d. 맨체스터

14. 다음 중 1을 나타내기 위해 양과 음의 값을 번갈아 사용하는 부호화 방법은?
   a. NRZ-I b. RZ
   c. 맨체스터 d. AMI

15. 블록 부호화는 수신자 측에서 ______와 ______하는 것을 돕는다.
   a. 동기화와 오류 검출 b. 동기화와 감쇠
   c. 오류 검출과 감쇠 d. 오류 검출과 일그러짐

16. ______은 디지털 데이터를 디지털 신호로 변환하는 과정이다.
   a. 블록 부호화 b. 회선 부호화
   c. 뒤섞기 d. 정답 없음

17. ______는 동기화와 오류 검출을 위해 중복 비트를 제공한다.
   a. 블록 부호화 b. 회선 부호화
   c. 회선 또는 블록 부호화 d. 정답 없음

18. ______은 보통 *mB/nB* 부호화로 불리는데 각 *m*개 비트 그룹을 *n*개 비트 그룹으로 대체한다.
   a. 블록 부호화 b. 회선 부호화
   c. 뒤섞기 d. 정답 없음

19. ______은 비트 수를 늘리지 않고 동기화를 제공한다.
   a. 뒤섞기 b. 회선 부호화
   c. 블록 부호화 d. 정답 없음

20. 두 가지 널리 사용되는 뒤섞기에는 ______이 있다.
   a. NRZ와 RZ b. AMI와 NRZ
   c. b8ZS와 HDB3 d. 맨체스터와 차분 맨체스터

21. PCM은 ______ 변환의 예이다.
   a. 디지털-대-디지털 b. 디지털-대-아날로그
   c. 아날로그-대-아날로그 d. 아날로그-대-디지털

22. 아날로그 신호를 디지털 데이터로 변환하는 가장 흔한 기법은 ______(이)라고 불린다.
   a. PAM b. PCM
   c. 표본 채집 d. 정답 없음

23. PCM의 제1단계는 ______이다.
   a. 계수화 b. 변조
   c. 표본 채집 d. 정답 없음

24. ____________은 각 표본의 신호 진폭 값을 찾으며, ____________은 직전 표본 값과의 차이를 찾는다.

a. DM, PCM **b.** PCM, DM
c. DM, CM **d.** 정답 없음

4.5.2 주관식

Q-1 디지털-대-디지털 변환의 세 가지 기법을 기술하라.

Q-2 신호 요소와 데이터 요소의 차이를 설명하라.

Q-3 데이터율과 신호율의 차이를 설명하라.

Q-4 기준선 표류를 정의하고 디지털 전송에서 그 영향을 기술하라.

Q-5 DC의 성분은 무엇이며, 디지털 전송에서의 영향은?

Q-6 자기 동기화 신호의 특징을 기술하라.

Q-7 이 책에서 설명한 5가지 회선 부호화 방식을 적어라.

Q-8 블록 부호화를 정의하고, 그 목적을 기술하라.

Q-9 뒤섞기(scambling)를 정의하고, 그 목적을 기술하라.

Q-10 PCM과 DM을 비교, 설명하라.

Q-11 병렬 전송과 직렬 전송의 차이점은 무엇인가?

Q-12 직렬 전송의 3가지 기법을 적고, 그 차이를 설명하라.

객관식 홀수 번 문제 정답

1. ⓐ 3. ⓐ 5. ⓐ 7. ⓑ 9. ⓑ 11. ⓓ 13. ⓓ 15. ⓐ 17. ⓐ 19. ⓐ 21. ⓓ 23. ⓒ

4.6 시뮬레이션 실험

4.6.1 애플릿

이 장에서 설명된 주요 개념의 일부를 보여주기 위하여 자바 애플릿을 개발하였다. 학생들에게 이 책 웹 사이트에 올라와 있는 애플릿을 실행시켜 보고, 프로토콜을 실제로 살펴보는 것을 강력하게 권한다.

CHAPTER 05 아날로그 전송

3장에서 디지털 전송과 아날로그 전송의 장단점에 대해 논의하였다. 디지털 전송이 매우 바람직하지만 저대역-통과 채널이 필요하였다. 특성상 특정 대역 통과 채널인 경우에는 아날로그 전송 방식이 유일한 방법인 것도 논의하였다. 4장에서 디지털 전송에 대해 논의하였으며, 이 장에서는 아날로그 전송에 대해 논의한다.

디지털 데이터를 특정 대역 통과 아날로그 신호로 변환하는 것을 통상 디지털-대-아날로그 변환이라고 한다. 저대역-통과 아날로그 신호를 특정 대역 통과 아날로그 신호로 변환하는 것을 통상 아날로그-대-아날로그 변환이라고 한다.

이 장에서는 두 가지 변환에 대해 논의한다.

첫 번째 절은 디지털-대-아날로그 변환을 설명한다. 이 절은 특정 대역 통과 채널을 사용할 때 디지털 데이터를 아날로그 신호로 어떻게 바뀌는지를 보여준다. 첫 번째 방법은 진폭 편이 변조(ASK)라고 하는데, 이는 반송파의 진폭이 디지털 데이터에 따라 변화되는 것이다. 두 번째 방법은 반송파의 주파수가 데이터에 따라 변화하는 주파수 편이 변조(FSK)이다. 세 번째 방법은 반송파 신호의 위상이 디지털 데이터를 나타내기 위하여 변경되는 위상 편이 변조(PSK)라고 한다. 구상 진폭 변조(QAM)라는 네 번째 방법은 반송파 신호의 진폭과 위상이 디지털 신호를 나타내기 위하여 변화된다.

두 번째 절은 아날로그-대-아날로그 변환을 설명한다. 이 절은 아날로그 신호가 더 적은 대역폭을 이용하는 새로운 아날로그 신호로 어떻게 변경되는지 설명한다. 변환은 특정 대역 통과 채널을 이용할 수 있을 때만 가능하다. 첫 번째 방법은 진폭 변조(AM)라고 하는데, 반송파의 진폭이 원래의 아날로그 신호에서 변화를 기반으로 변경된다. 두 번째 방법은 주파수 변조(FM)라고 하는데, 신호의 주파수가 원래 아날로그 신호의 변화에 따라 변경된다. 세 번째 방법인 위상 변조(PM)는 반송파 신호의 위상이 원래 신호에서 변화를 보여주기 위하여 변경된다.

5.1 디지털-대-아날로그 변환

디지털-대-아날로그 변환(digital-to-analog conversion)은 디지털 데이터 정보를 기반으로 아날로그 신호의 특성 중 하나를 바꾸는 과정이다. 그림 5.1은 디지털 정보, 디지털-대-아날로그 변조 처리 과정, 그리고 아날로그 신호 결과 사이의 관계를 보여준다.

그림 5.1
디지털-대-아날로그 변환

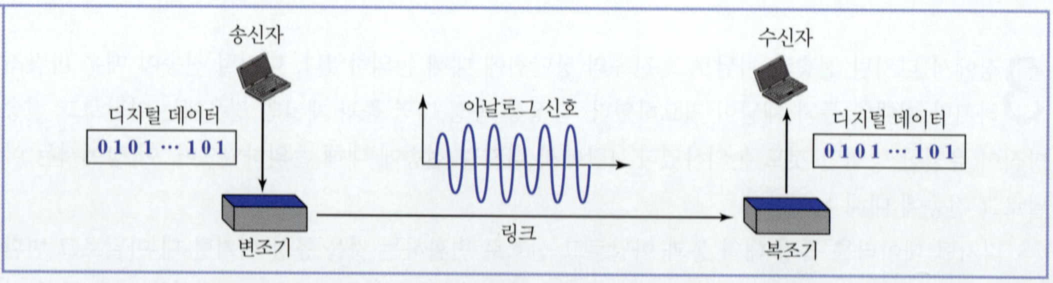

3장에서 논의한 것처럼, 정현파는 진폭(amplitude), 주파수(frequency), 위상(phase)이라는 세 가지 특성으로 정의된다. 세 가지 특성 중 하나를 바꾸면 그 파형의 또 다른 버전이 만들어진다. 따라서 간단한 전자기 신호의 한 가지 특성만을 바꾸어줌으로써 디지털 데이터를 표현할 수 있다. 이러한 방식으로 앞에서 나열된 세 가지 특성은 모두 바꿀 수 있으므로 디지털 데이터를 아날로그 신호로 부호화하는 데에는 최소한 세 가지 메커니즘—**진폭 편이 변조**(ASK, amplitude shift keying), **주파수 편이 변조**(FSK, frequency shift keying) 및 **위상 편이 변조**(PSK, phase shift keying)—이 있다. 마지막으로 **직교 진폭 변조**(QAM, quadrature amplitude modulation)라 불리는, 진폭과 위상을 조합하여 바꾸는 보다 개선된 메커니즘이 있다. QAM은 이 중에서 가장 효과적이며, 현대의 모든 모뎀에서 사용되는 메커니즘이다(그림 5.2 참조).

5.1.1 디지털-대-아날로그 변환의 여러 측면

디지털-대-아날로그 변조의 특정 방법에 대해 논의하기 전에, 비트율과 보오율, 그리고 반송파 신호라는 기본적인 문제들이 정의되어야 한다.

그림 5.2
디지털-대-아날로그 변환 유형

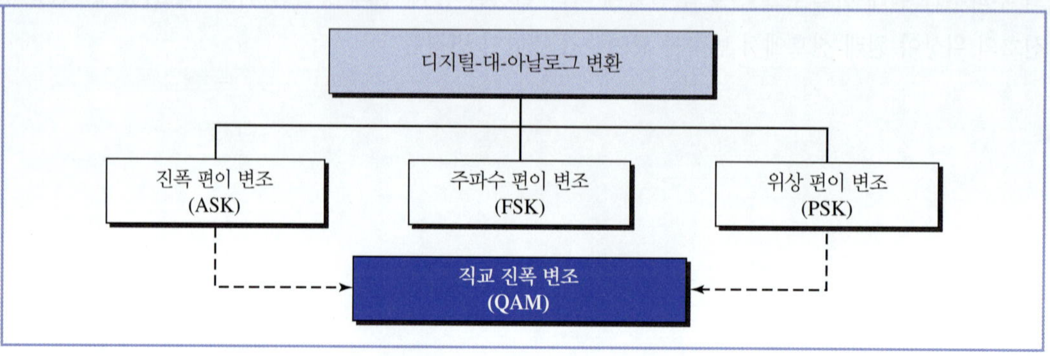

데이터 요소 대 신호 요소

4장에서 데이터 요소 대 신호 요소의 개념에 대해 공부하였다. 데이터 요소의 가장 최소 단위 정보를 비트라고 규정하였다. 또한, 신호 요소를 일정한 고정된 값을 갖는 가장 작은 단위의 신호로 규정하였다. 이 장에서 같은 개념을 사용하되 신호 요소의 특성이 아날로그 전송에서는 조금 다르다는 것을 보게 된다.

데이터 전송률 대 신호 전송률

디지털 전송과 마찬가지로 데이터 전송률(비트 전송률)과 신호 전송률(보오율)을 정의할 수 있다. 이 둘 사이의 관계는 다음과 같다.

$$S = N \times \frac{1}{r} \quad \text{baud}$$

위에서 N은 데이터 전송률(bps)이고 r은 하나의 신호 요소에 전달되는 데이터 요소의 개수이다. 아날로그 전송에서의 r의 값은 $r = \log_2 L$인데 여기서 L은 서로 다른 신호 요소의 개수이다. 비교를 간단히 하기 위해 동일한 용어를 사용한다.

> 비트 전송률은 초당 비트 수이다. 보오율은 초당 신호 단위의 수이다.
> 디지털 데이터의 아날로그 전송의 경우에는 보오율은 비트 전송률과 같거나 적다.

4장의 사용된 유추를 통해 보오율과 비트 전송률의 개념을 분명히 보여줄 수 있다. 운송에서 보오는 자동차와 유사하고, 비트는 승객과 유사하다. 교통량을 줄이기 위해서는 자동차당 승객의 수를 최대로 해야 한다.

예제 5.1

아날로그 신호가 각 신호 요소에 4비트를 전달한다. 초당 1,000개의 신호 요소를 보낸다면 비트 전송률은 얼마인가?

해답

이 경우에는 $r = 4$, $S = 1{,}000$이며 N은 미지수이다. 다음과 같이 N을 구할 수 있다.

$$S = N \times (1/r) \quad \text{or} \quad N = S \times r = 1{,}000 \times 4 = 4{,}000 \text{ bps}$$

예제 5.2

어떤 아날로그 신호의 비트 전송률이 8,000 bps이고 보오율이 1,000보오이다. 각 신호 요소에는 몇 개의 데이터 요소가 전송되는가? 또한, 몇 개의 신호 요소가 필요한가?

해답

이 경우에는 $S = 1{,}000$, $N = 8{,}000$이며 r과 L은 미지수이다. 다음과 같이 먼저 r의 값을 구하고 L의 값을 구한다.

$$S = N \times 1/r \longrightarrow r = N / S = 8{,}000/10{,}000 = 8 \text{ bits/baud}$$
$$r = \log_2 L \longrightarrow L = 2^r = 2^8 = 256$$

대역폭

디지털 데이터의 아날로그 전송에 요구되는 대역폭은 주파수 편이 변조의 경우를 제외하면 신호율에 비례하는데, 주파수 편이 변조의 경우에는 반송파와의 차이가 대역폭에 더해져야 한다. 각 기법의 대역폭에 대해 논의한다.

반송파 신호

아날로그 전송에서 송신 장치는 정보 신호의 기반이 되는 고주파 신호를 생산한다. 이러한 기반 신호를 **반송파 신호**(carrier signal) 또는 **반송 주파수**(carrier frequency)라 부른다. 수신 장치는 송신 장치로부터 받을 반송파 신호의 주파수에 맞추어지도록 조절한다. 디지털 정보는 반송파 신호의 특성(진폭, 주파수, 위상) 중 한 가지 이상을 변화시키는 방식으로 변조된다. 이러한 종류의 변경을 **변조**(modulation), 혹은 **편이 변조**(shift keying)라고 한다.

5.1.2 진폭 편이 변조

진폭 편이 변조(ASK, amplitude shift keying)에서는 신호 요소를 만들어내기 위해 반송파의 진폭을 변경한다. 주파수와 위상은 진폭이 변화하는 동안에도 일정하게 유지된다.

2진 ASK

비록 몇 가지 신호 요소의 준위를 사용할 수 있지만, 보통 2개의 준위를 사용하여 ASK를 구현한다. 이 기법을 **2진 진폭 편이 변조**(Binary ASK, BASK) 또는 **온-오프 편이**(OOK, on-off keying)라고 한다. 한 신호의 최고 진폭은 0이고, 다른 신호의 최고 진폭은 반송파의 진폭이다. 그림 5.3에 2진 ASK의 개념이 나타나 있다.

ASK의 대역폭

그림 5.3에 2진 ASK의 대역폭도 있다. 반송파 주파수는 단지 하나이지만, 변조 과정은 각각 다른 주파수를 가진 간단한 신호들 여러 개가 조합되어 복합 신호를 만든다. 이 신호는 3장에서 논의한 것처럼 연속된 주파수들의 집합으로 되어 있다. 예상하듯이 대역폭은 신호율(보오율)에 비례한다. 그러나 흔히 변조와 필터 과정에 관련되는 d라고 불리는 다른 요소도 관련된다. d의 값은 0과 1 사이이다. 이는 곧 다음과 같이 대역폭을 나타낼 수 있음을 의미하는데, S는 신호율이고 B는 대역폭이다.

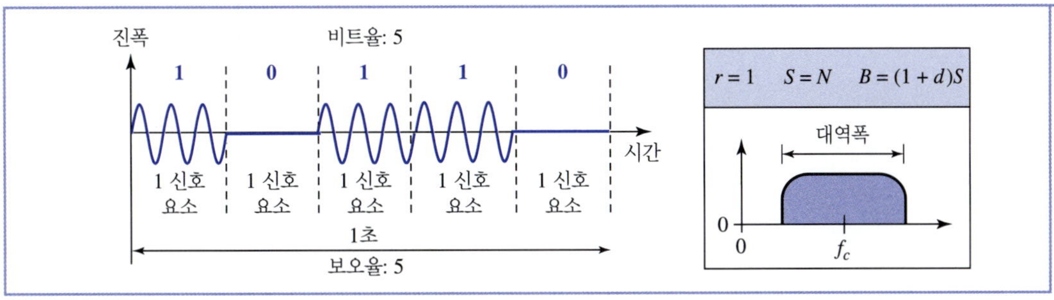

그림 5.3
2진 진폭 편이 변조

$$B = (1 + d) \times S$$

위의 식은 최소 요구 대역폭은 최소 S이고 최대 $2S$라는 것을 보여준다. 여기서 가장 중요한 점은 대역의 위치이다. 대역의 중간점은 반송파 주파수 f_C가 위치한 지점이다. 이는 만일 특정 대역 통과 채널을 사용한다면 변조 신호가 그 대역에 위치하도록 f_C를 선정해야 함을 의미한다. 이는 사실 디지털-대-아날로그 변환의 최대 이점이기도 하다. 변조 신호의 대역을 우리가 원하는 곳으로 옮길 수 있는 것이다.

구현

ASK를 구현하는 것에 대해 완전히 논의하는 것은 이 책의 범위를 벗어난다. 그러나 구현의 간단한 아이디어를 공부하는 것은 개념 자체를 이해하는 데 도움이 된다. 그림 5.4에 어떻게 2진 ASK를 구현할 수 있는지 보여주고 있다.

만일 2진 데이터를 고전압 1 V, 저전압 0 V를 갖는 단극형 NRZ 디지털 신호(4장 참조)로 나타낸다면, NRZ 디지털 신호와 진동기(oscillator)로부터 나오는 반송파 신호를 곱(multiply)해서 구현할 수 있다. NRZ 신호의 진폭이 1이면 반송파의 진폭은 유지되고 NRZ 신호의 진폭이 0이면 반송파 신호의 주파수는 0이다.

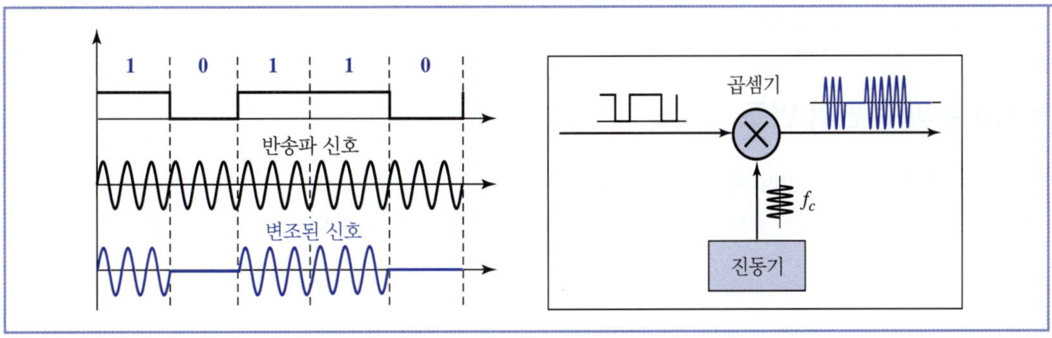

그림 5.4
2진 ASK의 구현

예제 5.3

200 kHz에서부터 300 kHz에 걸치는 100 kHz의 대역을 사용할 수 있다. $d = 1$인 ASK를 사용하는 경우의 반송파의 주파수는 무엇인가?

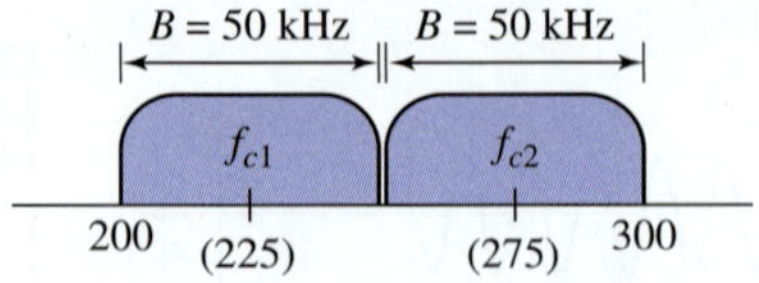

그림 5.5
예제 5.4의 전이중 ASK의 대역폭

해답

대역의 중간 지점은 250 kHz이다. 이는 반송파의 주파수 f_c는 250 kHz인 것을 말한다. 비트율을 구하기 위해 다음 식을 사용할 수 있다.

$$B = (1 + d) \times S = 2 \times N \times (1/r) = 2 \times N = 100 \text{ kHz} \longrightarrow N = 50 \text{ kbps}$$

예제 5.4

데이터 통신에서는 양방향으로 통신하기 위해 보통 전이중 링크를 사용한다. 그림 5.5와 같이 2개의 반송파를 사용하고 2개 구간으로 대역을 나누어야 한다. 그림은 2개 반송파의 위치와 대역폭을 보여주고 있다. 각 방향에 사용 가능한 대역은 이제 50 kHz이며, 각 방향 25 kbps의 데이터 전송률을 제공한다.

다준위 ASK

지금까지는 2개의 진폭만을 사용하는 경우에 대해 논의했다. 2개 이상의 준위를 사용하는 ASK도 있다. 4, 8, 16 또는 그 이상의 준위를 사용하여 동시에 2, 3, 4개 또는 그 이상의 비트를 사용하여 데이터를 변조할 수 있다. 이 경우에는 각각 $r = 2$, $r = 3$, $r = 4$가 된다. 이런 것들은 순수 ASK로 구현되지 않고 뒤에서 배울 QAM으로 구현된다.

5.1.3 주파수 편이 변조

주파수 편이 변조(FSK, frequency shift keying)에서는 데이터를 나타내기 위해 신호의 주파수가 바뀐다. 각 비트의 지속시간 동안 신호의 주파수는 일정하되 다음 데이터 요소가 다른 값을 가지면 주파수가 바뀐다. 최고 진폭과 위상은 일정하게 유지된다.

2진 FSK

2진 FSK(Binary FSK, BFSK)를 보는 한 가지 방법은 2개의 반송파를 생각하는 것이다. 그림 5.6에 2개의 반송파 주파수 f_1과 f_2를 골랐다. 데이터 요소가 0이면 첫 번째 주파수를, 데이터 요소가 1이면 두 번째 것을 사용한다. 그러나 이는 설명을 하기 위한 것이지 실현 가능하지 않은 예이다. 흔히 반송파 주파수들은 매우 높으며 그 차이는 매우 작다.

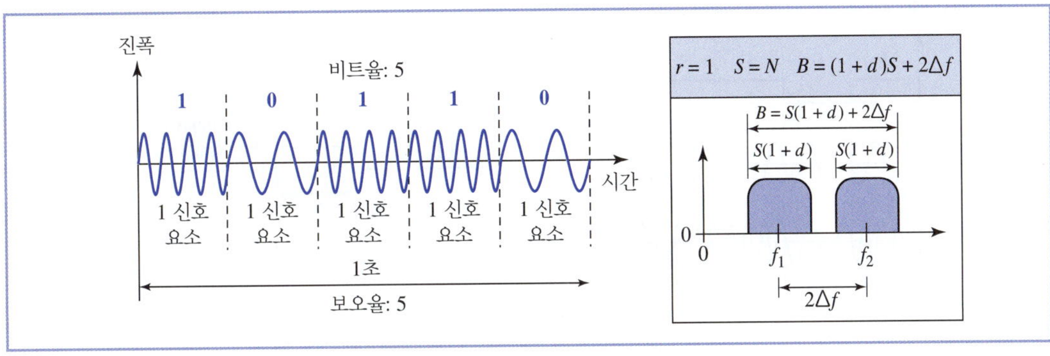

그림 5.6
2진 주파수 편이 변조

그림 5.6에서 보는 것처럼 한 대역폭의 중간점은 f_1이고 다른 대역폭의 중간점은 f_2이다. f_1과 f_2는 두 대역의 중간 지점에서 Δ_f 만큼 떨어져 있다. 두 주파수의 차이는 $2\Delta_f$이다.

BFSK의 대역폭

그림 5.6에는 FSK의 대역폭도 있다. 다시금 반송파는 단순한 정현파이지만 변조로 인해 연속된 주파수의 비주기 복합 신호를 만들어낸다. FSK를 각각 자신의 주파수를 갖는 2개의 ASK 신호로 볼 수 있다. 두 주파수의 차이가 $2\Delta_f$라면 요구 대역폭은 다음과 같다.

$$B = (1 + d) \times S + 2\Delta_f$$

$2\Delta_f$의 최솟값은 무엇이 되어야 하겠는가? 그림 5.6에서는 우리는 $(1 + d)S$보다 큰 값을 골랐다. 적절한 변조와 복조를 거친다면 최솟값은 최소 S이어야 한다는 것을 보일 수 있다.

예제 5.5

100 kHz의 가용 대역이 영역 200 kHz부터 300 kHz에 걸쳐 있다. FSK를 사용하고 $d = 1$이라면 반송파의 주파수와 비트율은 얼마이어야 하겠는가?

해답

이 문제는 예제 5.3과 유사하지만 FSK를 사용해야 한다. 중간점은 250 kHz이다. $2\Delta_f$를 50 kHz가 되도록 하자. 그런 경우에는 다음과 같다.

$$B = (1 + d) \times S + 2\Delta_f = 100 \longrightarrow 2S = 50\text{ kHz} \longrightarrow S = 25\text{ kbaud} \longrightarrow N = 25\text{ kbps}$$

예제 5.3과 비교하면 ASK의 비트율은 50 kbps인데, FSK의 비트율은 25 kbps인 것을 볼 수 있다.

구현

BFSK를 구현하는 것에는 두 가지 방법이 있는데 비연접(noncoherent)과 연접(coherent) 방식이다. 비연접 BFSK의 경우에는 한 신호 요소가 끝나고 다른 신호 요소가 시작될 때 위상 차이가 발생할 수 있다. 연접 BFSK의 경우에는 위상이 두 신호 요소의 경계를 따라 연속된다. 비연접 BFSK는

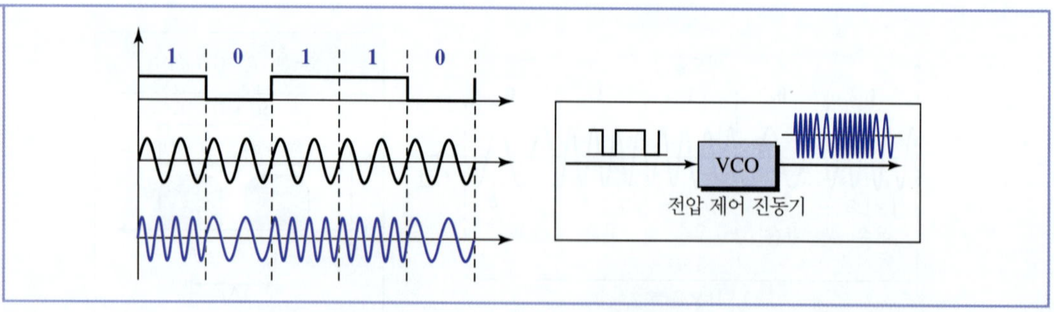

그림 5.7
BFSK의 구현

BFSK를 2개의 반송파를 사용하는 2개의 ASK로 취급할 수 있다. 연접 BFSK는 입력 전압에 따라 주파수를 바꾸는 전압 제어 진동기(voltage-controlled oscillator, VCO)를 사용하여 구현할 수 있다. 그림 5.7에 후자의 구현 아이디어를 보였다. 진동기의 입력은 단극형 NRZ 신호이다. NRZ의 진폭이 0이면 진동기는 정규 주파수를 내고 진폭이 양이면 주파수가 증가한다.

다준위 FSK

다준위(multilevel) 변조는 FSK 기법에서는 드문 일이 아니다. 2개보다 더 많은 주파수를 사용할 수 있다. 예를 들면, f_1, f_2, f_3, f_4의 4개의 주파수를 사용하여 동시에 2개의 비트를 전송할 수 있다. 3개 비트를 동시에 전송하기 위해서는 8개의 주파수를 사용해야 한다. 그러나 주파수는 각각 $2\Delta_f$ 만큼씩 떨어져 있어야 하는 것을 명심하라. 적절한 변조와 복조를 위해서는 $2\Delta_f$의 최소치는 S가 되어야 한다. 또한 $d = 0$인 경우에 대역폭은 다음과 같이 구할 수 있다.

$$B = (1 + d) \times S + (L - 1)2\Delta_f \longrightarrow B = L \times S$$

다준위 FSK가 다른 기술보다 더 많은 대역폭을 사용하는데, 잡음이 심각한 문제가 될 때 사용한다.

예제 5.6

비트율 3 Mbps의 속도로 동시에 3비트를 보내야 한다. 반송파 주파수는 10 MHz이다. 준위의 개수(서로 다른 주파수의 개수)와 보오율과 대역폭을 구하라.

해답

$L = 2^3 = 8$이다. 보오율은 $S = 3\text{ MHz}/3 = 1\text{ Mbaud}$이다. 이는 반송파 주파수는 서로 1 MHz씩 떨어져야 하는($2\Delta_f = 1\text{ MHz}$) 것을 의미한다. 대역폭은 $B = 8 \times 1 = 8\text{ MHz}$이다. 그림 5.8에 각 주파수와 대역을 할당한 그림이 있다.

5.1.4 위상 편이 변조

위상 편이 변조(PSK, phase shift keying)에서는 2개 이상의 서로 다른 신호 요소를 나타내기 위해

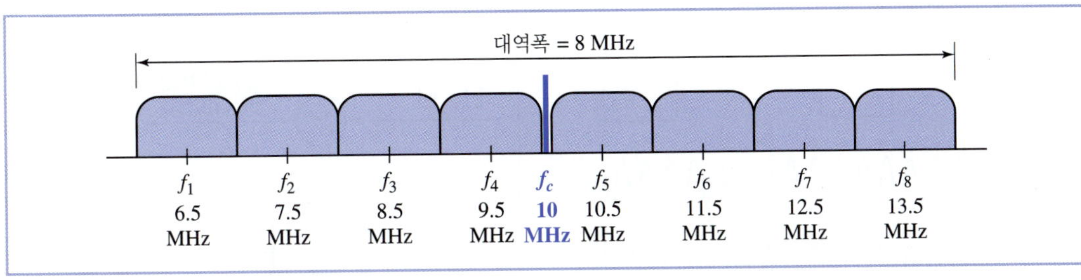

그림 5.8
예제 5.6의 다준위 FSK의 대역폭

신호의 위상이 바뀐다. 위상은 변화하지만, 최대 진폭과 주파수는 일정하게 유지된다. 오늘날 PSK는 ASK나 FSK보다 더 많이 사용되고 있다. 그러나 ASK와 FSK를 혼합한 QAM이 가장 널리 사용되는 것을 곧 공부하게 될 것이다.

2진 PSK

가장 간단한 PSK는 하나는 위상 0°, 다른 하나는 위상 180°의 오직 2개의 신호 요소만을 사용하는 **2진 PSK**(Binary PSK, BPSK)이다. 그림 5.9에 2진 PSK의 개념도가 있다. 2진 PSK는 2진 ASK만큼 간단하지만 한 가지 큰 이점이 있는데 잡음에 더 강하다는 것이다. ASK는 신호의 진폭을 보고 비트를 구분하지만 PSK에서는 위상이다. 잡음에 의해 진폭은 쉽게 바뀌지만, 위상은 바뀌기 어렵다. 다시 말하면, ASK보다 PSK가 잡음에 강하다는 것이다. PSK는 또한 FSK보다 우수한데 2개의 주파수를 사용할 필요가 없기 때문이다.

대역폭

그림 5.9는 BPSK의 대역폭을 보여주고 있다. PSK 전송에 요구되는 최소 대역폭은 2진 ASK 전송에 요구되는 대역폭과 같고 BFSK보다 적다. 2개의 반송파 신호를 구분하기 위해 대역을 낭비하지 않기 때문이다.

구현

BPSK의 구현은 ASK만큼 간편하다. 그 이유는 180°의 위상을 갖는 신호 요소는 0°의 위상을 갖는 신호 요소를 뒤집은 것으로 볼 수 있기 때문이다. 이는 어떻게 BPSK를 구현할 수 있는지 단서를 제공해준다. ASK의 경우와 같은 아이디어를 사용하되 그림 5.10에서 보이는 것처럼 단극형 NRZ 대신

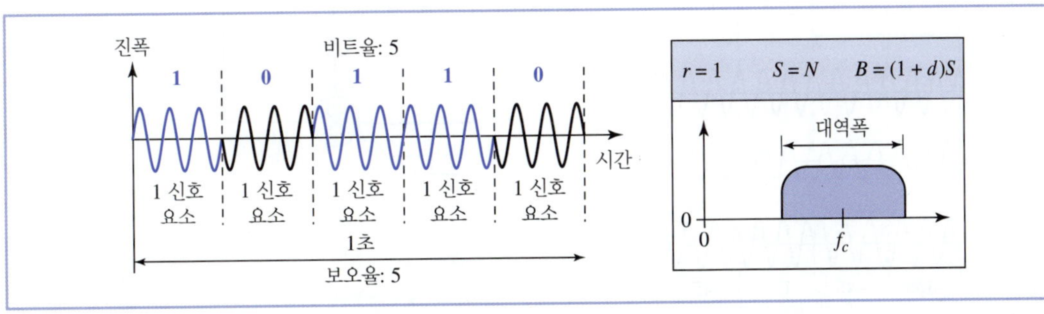

그림 5.9
2진 위상 편이 변조

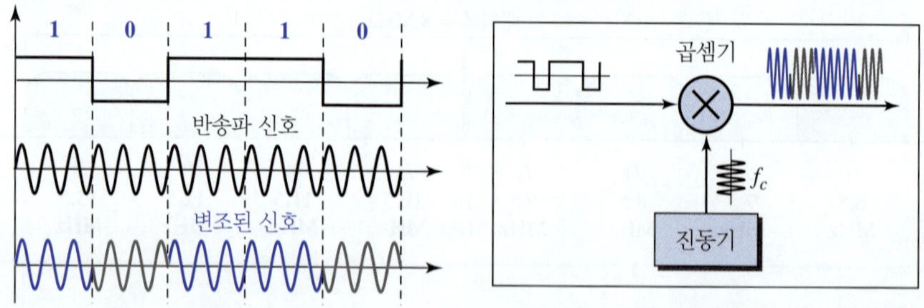

그림 5.10
BPSK의 구현

에 양극형 NRZ를 사용한다. 양극형 NRZ 신호가 반송파 신호에 곱해져서, 비트 1(양 전압)은 위상 0°의 신호로 나타내고, 비트 0(음 전압)은 위상 180°의 신호로 나타난다.

직교 PSK

BPSK가 간단하기 때문에 설계자들은 각 신호 요소마다 동시에 2비트를 사용할 수 있는 방법을 고안하게 되어 보오율과 궁극적으로 요구 대역폭을 감소시켰다. 이 방식을 **직교** PSK(Quadrature PSK, QPSK)라고 부르는데 이는 하나는 동-위상(in-phase)의 것이고, 다른 것은 역-위상(out-of-phase)인 2개의 개별적인 BPSK 변조기를 사용하기 때문이다. 입력 비트는 먼저 직렬-대-병렬 변환을 거쳐 앞선 비트는 첫 번째 변조기로 보내고, 그 다음 비트는 두 번째 변조기로 보낸다. 입력 비트의 신호 길이가 *T*라면, 해당 BPSK로 보내지는 각 비트의 신호 길이는 2*T*가 된다. 이는 각 BPSK로 보내지는 비트 신호는 원래 신호 주파수의 절반이 된다는 것을 의미한다. 그림 5.11은 이 아이디어를 보여준다.

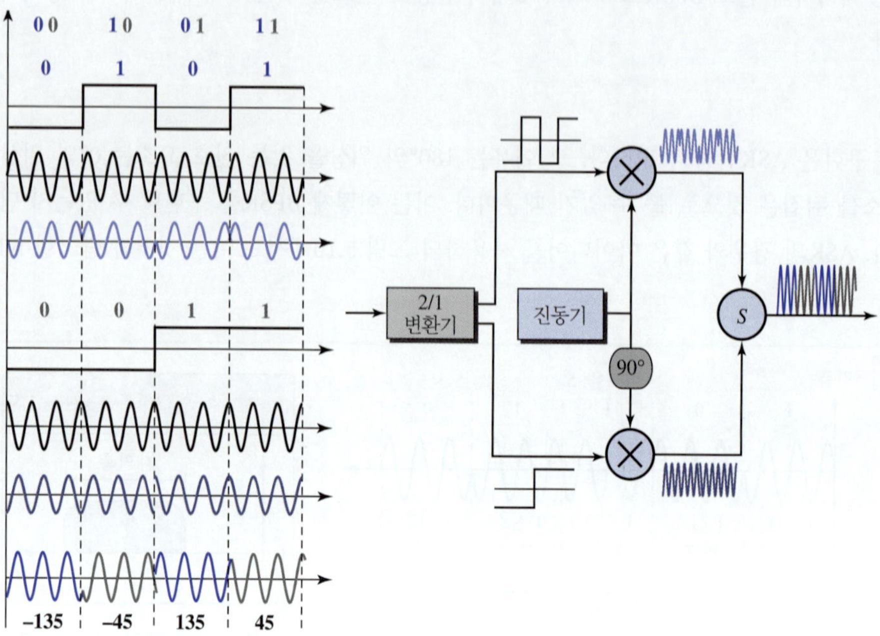

그림 5.11
QPSK와 구현

각 곱하기(multiplier) 장치에 의해 만들어진 두 복합 신호는 같은 주파수를 갖지만 서로 다른 위상의 정현파들이다. 두 신호를 합하게 되면 그 결과는 45°, −45°, 135°, −135°의 4개의 가능한 위상을 갖는 다른 정현파가 된다. 출력 신호에는 모두 4개($L = 4$)의 신호 요소가 생기며, 각 신호 요소당 2비트($r = 2$)를 전송할 수 있게 된다.

예제 5.7

12 Mbps로 전송하는 신호에 대한 QPSK의 대역폭을 구하라. d 값은 0이다.

해답

QPSK에서는 한 신호 요소가 2비트를 전송하므로 $r = 2$이다. 따라서 신호율(보오율) $S = N \times (1/r) = 6$ Mbaud이다. d 값이 0이므로 $B = S = 6$ MHz이다.

성운 그림

성운 그림(constellation diagram)은 특히 2개의 동-위상과 직각위상의 반송파 신호를 사용하는 경우에 신호 요소의 진폭과 위상을 결정하는 데 도움이 된다. 이 그림은 다준위 ASK, PSK, QAM(다음 절 참조)을 다루는 데 편리하다.

그림에는 2개의 축이 있다. 수평선 X축은 동-위상 반송파와 관련되어 있으며, 수직선 Y축은 직각 위상 반송파와 관련되어 있다. 그림의 각 점에 대해 네 가지 정보를 추론할 수 있다. 점을 X축에 투영하면 동-위상 요소의 최대 진폭을 구할 수 있으며, Y축에 투영하면 직각 위상 요소의 최대 진폭을 구한다. 점을 원점과 연결한 선의 길이(벡터)는 신호 요소의 최대 진폭이 되며, X축과 이루는 각은 신호 요소의 위상이다. 우리가 필요한 모든 정보를 성운 그림에서 쉽사리 찾을 수 있다. 그림 5.12는 성운 그림의 예이다.

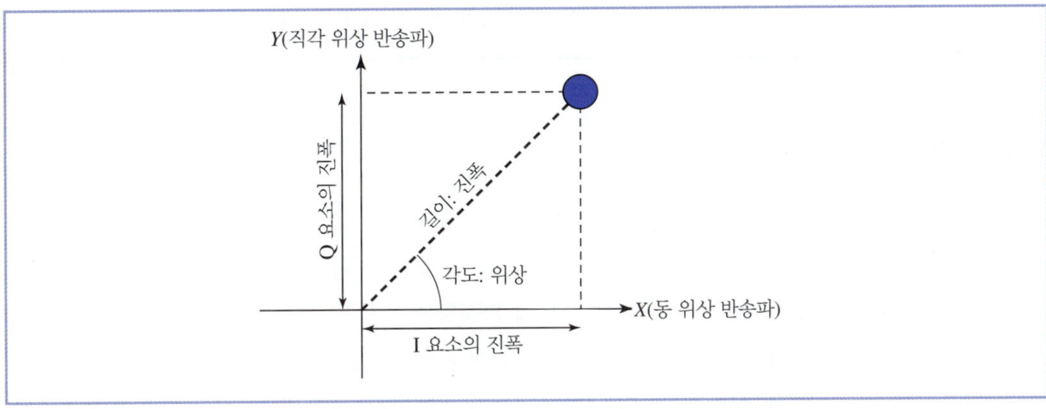

그림 5.12
성운 그림의 개념

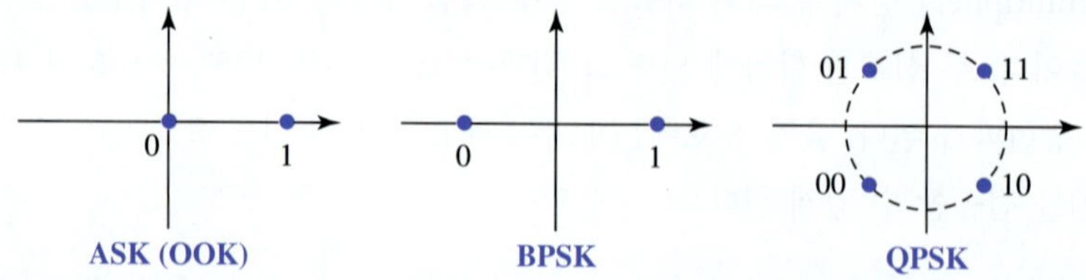

그림 5.13
3개의 성운 그림

예제 5.8

ASK(OOK), BPSK, QPSK의 성운 그림을 그려라.

해답

그림 5.13에 이 3가지에 대한 성운 그림이 있다. 여기서 각 경우에 대해 분석해 보자.

- ASK의 경우에는 동-위상 반송파만 사용한다. 그러므로 두 점은 *X*축 상에 있어야만 한다. 2진수 0은 0 V의 진폭을 가지며 2진수 1은 1 V(예를 들면)의 진폭을 갖는다. 점은 원점과 1이 되는 곳에 위치한다.
- BPSK도 동-위상 반송파 반만을 사용한다. 그러나 변조를 위해 양극형 NRZ 신호를 사용한다. 하나는 진폭이 1이고, 다른 하나는 진폭이 −1이 되는 2개의 신호 요소를 만들어낸다. 이는 다시 말해 BPSK는 진폭이 1 V인 신호 요소와 진폭은 1 V이지만 위상이 180° 다른 신호 요소의 2개 요소를 만든다.
- QPSK는 하나는 동-위상이지만 다른 하나는 직각 위상인 2개의 반송파를 사용한다. 11로 표시되는 점은 각각 진폭이 1인 2개의 신호를 혼합하여 만들어진 신호 요소를 나타낸다. 한 요소는 동-위상 반송파로 나타내고, 다른 요소는 직각 위상 신호로 나타낸다. 두 비트 데이터를 나타내는 최종 신호의 진폭은 $2^{1/2}$이며 위상은 45°이다. 다른 세 점에 대해서도 유사하게 설명할 수 있다. 모든 신호 요소의 진폭은 $2^{1/2}$이지만 각각의 위상은 서로 다르다(45°, 135°, −135°, −45°). 물론 반송파의 진폭을 $1/(2^{1/2})$로 만들어 최종 신호의 진폭이 1 V가 되게 할 수 있다.

5.1.5 직교 진폭 변조

PSK는 위상의 작은 변화를 구분하는 장비의 능력에 의해 제한된다. 이 요인은 잠재적으로 비트율을 제한한다. 지금까지는 부호화하기 위해 정현파의 세 특성 중 하나씩만 변경시켰다. 만약 두 가지를 변경시키면 어떻게 될까? 대역폭의 제한 때문에 FSK와의 조합은 실질적으로 쓸모가 없다. 하지만 ASK와 PSK를 조합한다면 어떨까? 위상을 X만큼 바꾸고 진폭을 Y만큼 바꾸면 X 곱하기 Y만큼의 가능한 변화와 각 변화당 상응하는 수의 비트가 생기게 된다. 이렇게 해서 **직교 진폭 변조**(QAM, quadrature amplitude modulation)가 이루어진다.

직교 진폭 변조(QAM)는 ASK와 PSK를 조합한 것을 의미한다.

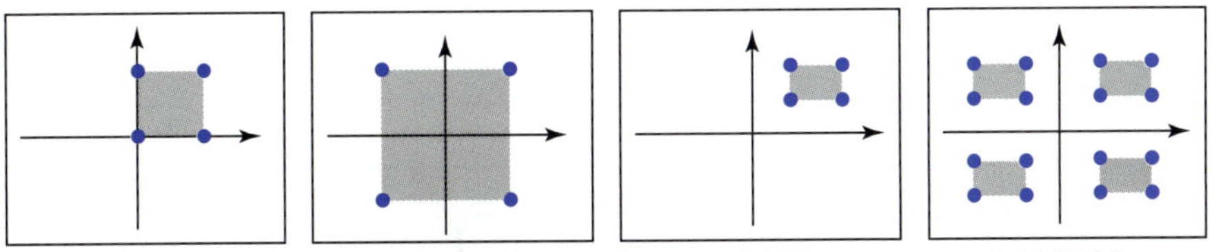

그림 5.14
몇 가지 QAM의 성운 그림

QAM의 가능한 변형은 셀 수 없이 많다. 그림 5.14는 몇 가지 예를 보여준다. 그림 5.14의 a는 각 반송파를 변조하기 위해 단극형 NRZ 신호를 사용하는 4-QAM 방식을 보여준다. 이는 ASK(OOK)에 사용한 것과 동일한 기법이다. 그림 5.14의 b는 양극형 NRZ를 사용하는 다른 4-QAM인데 이는 QPSK와 동일하다. 그림 5.14의 c는 2개의 반송파를 변조하기 위해 양의 준위 2개를 사용하는 4-QAM을 보여준다. 끝으로 그림 5.14의 d는 양의 준위 4개와 음의 준위 4개를 사용하여 모두 8개의 준위를 사용하는 16-QAM의 예를 보여준다.

QAM의 대역폭

QAM 전송에 요구되는 최소 대역폭은 ASK와 PSK 전송에 요구되는 것과 같다. ASK에 비해 우수한 PSK의 장점을 QAM도 그대로 가지고 있다.

5.2 아날로그-대-아날로그 변환

아날로그 신호의 변조 또는 아날로그-대-아날로그 변환은 아날로그 정보를 아날로그 신호로 표현하는 것이다. 어쩌면 왜 아날로그 신호를 변조하는가 하는 의문을 가질 것이다. 이미 아날로그 신호를 왜 변조가 필요한가? 매체가 특정 대역-통과 특성을 갖거나 또는 특정 대역만이 사용 가능한 경우에는 변조가 필요하다. 흔히 볼 수 있는 라디오는 아날로그-대-아날로그 통신의 예이다. 정부가 각 라디오 방송국에 특정 대역폭을 할당한다. 각 방송국에서 만들어진 신호는 모두 같은 영역에 속하는 저대역-통과 신호이다. 서로 다른 방송을 듣기 위해서는 이 저대역 신호들을 서로 다른 대역으로 옮겨야 한다.

아날로그-대-아날로그 변조(analog-to-analog modulation)는 진폭 변조(AM, amplitude modulation), 주파수 변조(FM, frequency modulation), 위상 변조(PM, phase modulation)라는 3가지 방법으로 이루어질 수 있다(그림 5.15 참조).

5.2.1 진폭 변조(AM)

AM(amplitude modulation) 전송에서는 변조 신호의 진폭 변화에 따라 반송파의 진폭이 같이 바뀌는 식으로 변조된다. 반송파의 주파수와 위상은 동일하게 유지되며, 정보의 변화에 따라 진폭만이 변

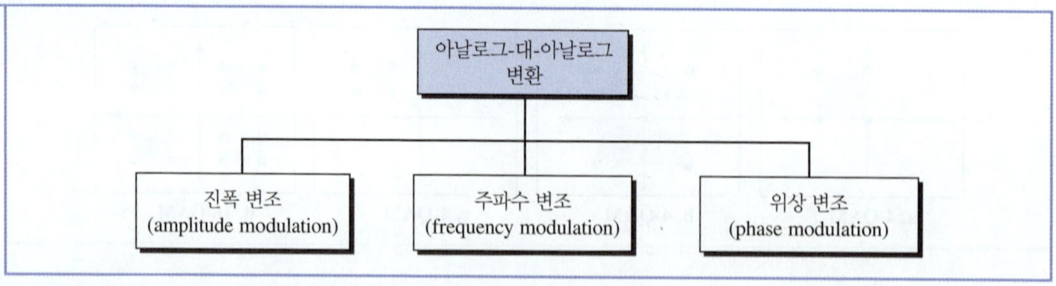

그림 5.15
아날로그-대-아날로그 변환

한다. 그림 5.16은 이러한 개념을 보여준다. 이때 변조 신호는 반송파의 외곽선(envelope)이 된다.

그림 5.16에서 보듯이 AM은 보통 간단한 곱하기 장치로 만들어지는데 이는 반송파의 진폭을 변조되는 신호의 진폭에 따라 바꿔야 하기 때문이다.

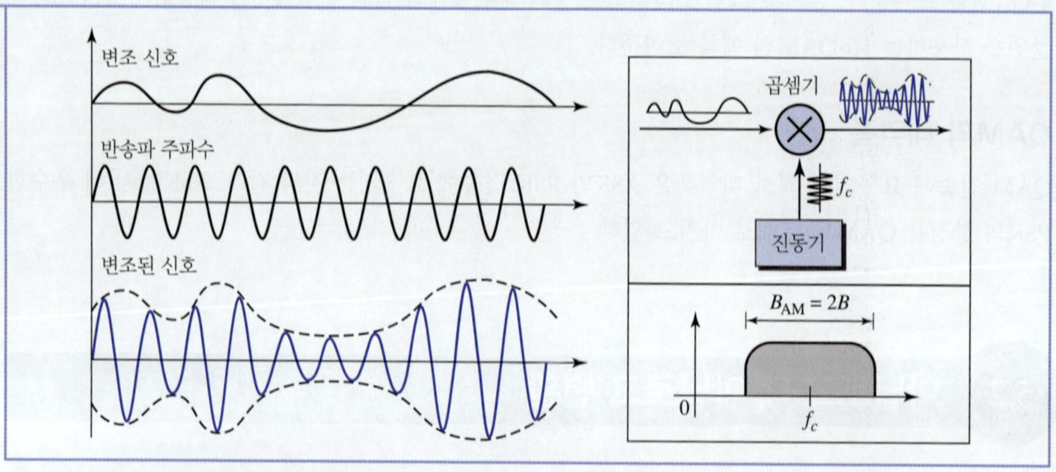

그림 5.16
진폭 변조

AM 대역폭

그림 5.16에 AM 신호의 대역폭이 있다. AM 신호의 대역폭은 변조되는 신호의 대역폭의 두 배와 같고, 반송 주파수를 중심으로 걸쳐 있다. 그러나 반송파 주파수의 상부와 하부의 신호는 정확히 서로 동일한 정보를 전달한다. 이와 같은 이유에서 어떤 경우에는 신호의 절반을 버리고 대역폭의 절반만 사용하여 AM을 구현한다.

AM에 필요한 대역폭은 음성 신호의 대역폭으로부터 추론할 수 있다. $B_{AM} = 2B$

AM 라디오의 표준 대역폭 할당

오디오 신호(음성과 음악)의 대역폭은 보통 5 kHz이다. 그러므로 AM 방송국은 최소한 10 kHz의 대역폭이 필요하다. 실제로, 미국연방통신위원회(FCC)는 각 AM 방송국에 10 kHz씩을 할당하고 있다.

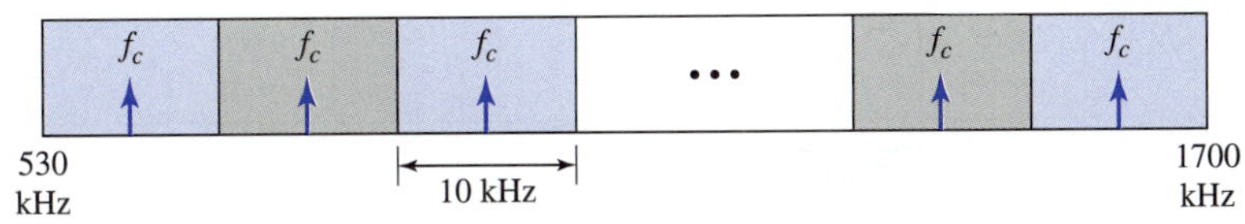

그림 5.17
AM 대역폭 할당

AM 방송국은 530 kHz에서 1,700 kHz(1.7 MHz) 사이의 반송 주파수를 할당받는다. 하지만 각 방송국의 반송파 신호는 간섭을 피하기 위해 양쪽으로 최소한 10 kHz(AM 대역폭)는 떨어져 있어야 한다. 만약 한 방송국이 1,100 kHz의 반송 주파수를 사용한다면, 다음 방송국의 반송 주파수는 1,110 kHz보다 낮은 영역을 차지할 수 없다(그림 5.17 참조).

5.2.2 주파수 변조(FM)

FM(frequency modulation) 전송에서는 반송파 신호의 주파수가 변조 신호의 전압 준위 변화를 따라가도록 변조된다. 반송파 신호의 최고 진폭과 위상은 일정하게 유지되지만, 정보 신호가 변화하는 것에 비례하여 반송파의 주파수가 변화된다. 그림 5.18은 변조 신호와 반송파 신호 및 그 결과로 생성되는 FM 신호 사이의 관계를 보여주고 있다.

그림 5.18에서 보듯이 FM은 보통 FSK의 경우처럼 전압 제어 진동기를 사용하여 구현한다. 진동기의 주파수는 변조되는 신호의 진폭인 전압에 따라 바뀐다.

FM 대역폭

그림 5.18은 FM 신호의 대역폭도 보여주고 있다. 정확하게 실제 대역폭을 계산하는 것은 어렵지만 실제 대역폭은 아날로그 신호의 서너 배가 되거나 $2(1 + \beta)B$가 되는데, 여기서 β는 변조 기술에 따라 다르지만 흔히 4가 되는 값을 갖는다.

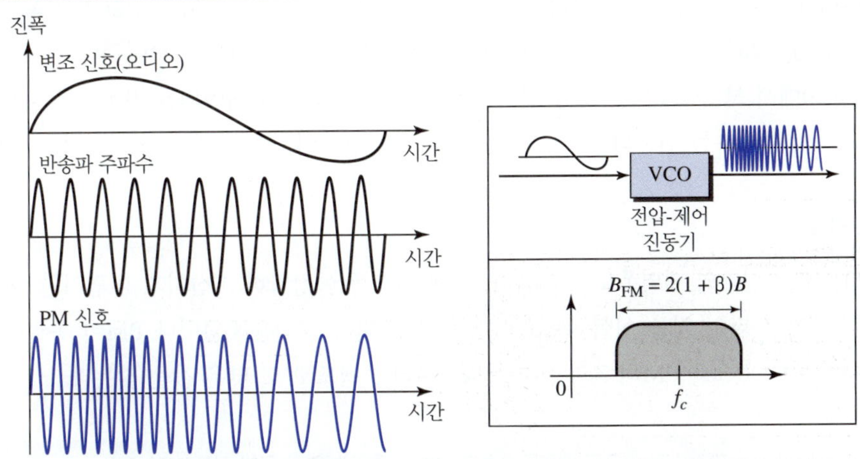

그림 5.18
주파수 변조

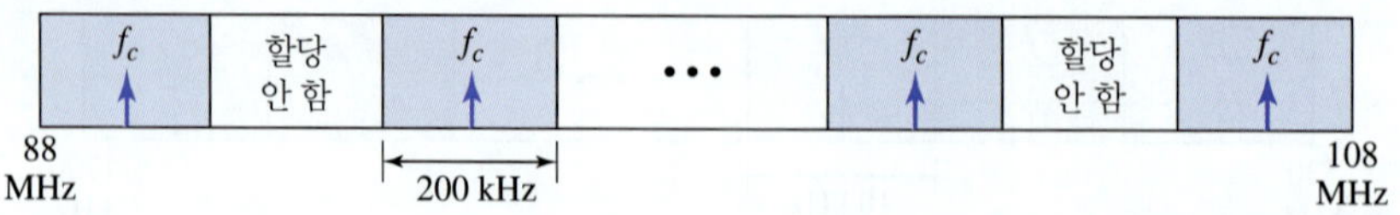

그림 5.19
FM 대역 할당

FM의 전체 요구 대역폭은 음성 신호의 대역으로부터 다음과 같이 구할 수 있다.

$$B_{FM} = 2(1 + \beta)B$$

FM 라디오의 표준 대역폭 할당

스테레오로 방송되는 오디오 신호(음성과 음악)의 대역폭은 거의 15 kHz이다. FCC는 각 방송국에 200 kHz(0.2 MHz)를 할당하고 있다. 이것은 β가 4가 되는 추가 보호 대역을 갖는 것을 의미한다. FM 방송국은 88 MHz에서 108 MHz 사이의 반송 주파수를 할당받는다. 방송국은 대역폭이 겹치지 않게 하기 위해 서로 최소한 200 kHz는 떨어져야 한다. 더 나은 주파수 불간섭을 위해 FCC는 한 지역 내에서는 하나씩 건너뛰어서 주파수를 할당해서 사용할 것을 요구했다. 남은 주파수는 서로 다른 방송국 사이에 간섭을 일으킬 가능성을 없애기 위해 사용하지 않고 남겨놓는다. 88 MHz에서 108 MHz의 범위에서는 한 지역에서 모두 100개의 FM 대역폭이 가능하지만, 그중 50개가 동시에 운영될 수 있다. 그림 5.19는 이러한 개념을 그림으로 보여준다.

5.2.3 위상 변조(PM)

PM(phase modulation) 전송에서는 반송파 신호의 위상이 변조 신호의 전압 준위(진폭)의 변화에 따라 변조된다. 반송파의 최고 진폭과 주파수는 일정하게 유지되지만, 정보 신호의 진폭이 변화함에 따라 반송파의 위상이 비례하여 변한다. 위상 변조에 대한 분석과 최종 결과(변조된 신호)는 주파수 변조의 경우와 비슷하다(부록 E 참조). FM에서는 반송파 주파수의 순간적인 변화는 피변조 신호의 진폭에 비례하지만, PM에서는 반송파 주파수의 순간적인 변화는 변조되는 신호의 진폭의 변화율에 비례한다. 그림 5.20은 변조되는 신호, 반송파 및 결과 PM 신호의 관계를 보여준다.

그림 5.20에서 보듯이 PM은 보통 변화율과 함께 전압에 의해 제어되는 진동기를 사용하여 구현한다. 진동기의 주파수는 변조되는 신호의 진폭이 되는 전압의 변화율에 따라 바뀐다.

PM 대역폭

그림 5.20은 PM 신호의 대역폭도 보여준다. 실제 대역폭은 정확히 계산하기 어렵지만, 아날로그 신호의 서너 배가 된다는 것을 실험적으로 알 수 있다. 비록 공식은 FM이나 PM이 동일한 대역폭을 갖는 것처럼 되어 있으나 PM의 경우에 β는 약 1부터 3 정도로 더 낮은 값을 갖는다.

PM의 전체 요구 대역폭은 변조되는 신호의 대역과 최대 진폭으로부터
다음과 같이 구할 수 있다.

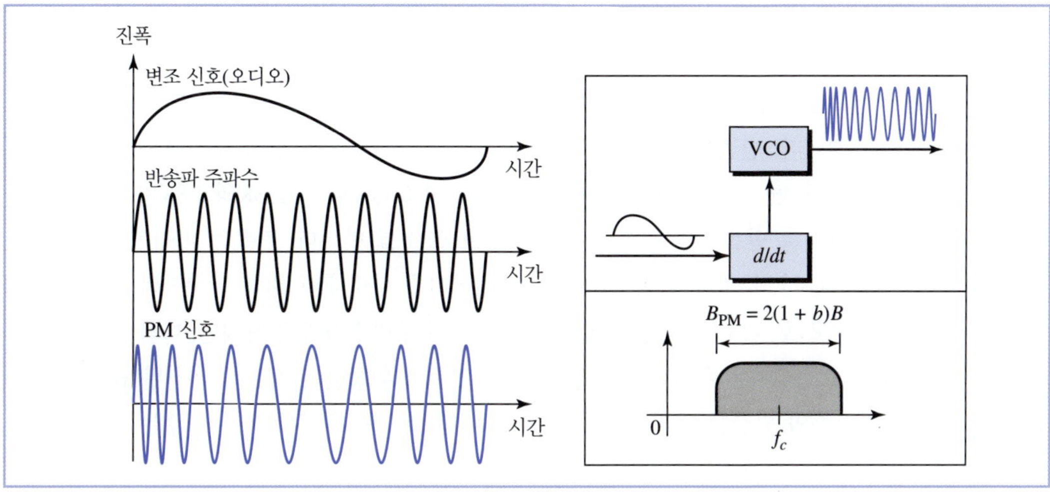

그림 5.20
위상 변조

$$B_{PM} = 2(1 + \beta)B.$$

5.3 추천 자료

5.3.1 추천 도서

본 장에서 논의한 주제들을 자세히 보기 위해서 다음 참고문헌을 추천한다. 괄호 안에 있는 내용은 교재 끝에 있는 참고문헌을 가리킨다.

참고문헌

디지털-대-디지털 변환은 [Pea 92], [Cou 01], [Sta 04]에 논의되어 있다. 아날로그 대 아날로그 변환은 [Pea 92], [Sta 04]와 [Cou 01]의 5장에 논의되어 있다. [Hsu 03]은 이 장에 다룬 내용에 대해 수학적으로 잘 정리해 놓았다. 더 자세한 내용은 [Ber 96]에서 볼 수 있다.

5.3.2 중요 용어

amplitude modulation(AM)
amplitude shift keying(ASK)
analog-to-analog conversion
carrier signal
constellation diagram
digital-to-analog conversion
frequency modulation(FM)
frequency shift keying(FSK)
phase modulation(PM)
phase shift keying(PSK)
quadrature amplitude modulation(QAM)

5.3.3 요약

- 디지털-대-아날로그 변환은 디지털 데이터의 정보에 기반을 두어 아날로그 신호의 특성 중 하나를 변화시키는 것이다. 변환은 여러 가지 방법이 있는데, 이는 진폭 편이 변조(ASK), 주파수 편이 변조(FSK), 위상 편이 변조(PSK)이다. 직교 진폭 변조(QAM)는 ASK와 PSK가 결합되었다. 진폭 편이 변조에서는 반송파의 진폭을 바꾸어 신호 요소를 만든다. 진폭이 바뀌어도 주파수와 위상은 변하지 않는다. 주파수 편이 변조에서는 데이터를 나타내기 위해 반송파의 주파수를 변화시킨다. 하나의 신호 요소 기간 동안에는 변조 신호의 주파수가 일정하지만, 다음 데이터가 바뀌면 다음 신호 요소에서는 주파수가 바뀐다. 최대 진폭과 위상은 일정하게 유지된다. 위상 편이 변조에서는 반송파의 위상을 가지고 신호 요소를 나타낸다. 최대 진폭과 주파수는 일정하게 유지된다. 성운 그림은 특히 2개 이상의 반송파를 사용하는 경우에 신호 요소의 진폭과 위상을 보여준다. 직교 진폭 변조는 ASK와 PSK의 조합이다. QAM은 2개의 반송파를 사용하는데 하나는 동-위상이고, 다른 하나는 직각 위상으로서 각각 다른 진폭 준위를 사용한다. 아날로그-대-아날로그 변환은 아날로그 신호를 사용하여 아날로그 신호를 나타내는 것이다. 매체가 특정 대역-통과 채널이거나 특정 대역-통과 대역만을 사용하는 경우에 변환이 필요하다. 아날로그-대-아날로그 변조는 세 가지 방법을 사용해서 구현될 수 있는데, 이는 진폭 변조(AM), 주파수 변조(FM), 위상 변조(PM)이다. AM 전송에서는 반송파의 진폭이 변조되는 신호의 진폭에 따라 바뀐다. 주파수와 위상은 동일하게 유지되며 입력 정보의 변화에 따라 진폭만이 바뀐다. FM 전송에서는 변조되는 신호의 전압 준위를 따라 주파수가 바뀐다. 최대 진폭과 위상은 동일하게 유지되며, 입력 신호의 진폭이 바뀜에 따라 주파수가 바뀐다. PM 전송에서는 변조되는 신호의 전압 준위를 따라 위상이 바뀐다. 최대 진폭과 주파수는 동일하게 유지되며 입력 신호의 진폭이 바뀜에 따라 위상이 바뀐다.

5.4 연습문제

5.4.1 객관식

1. ASK, FSK 및 QAM은 ____________ 변환의 예이다.
   a. 디지털-대-디지털
   b. 디지털-대-아날로그
   c. 아날로그-대-아날로그
   d. 아날로그-대-디지털

2. AM과 FM은 ____________ 변환의 예이다.
   a. 디지털-대-디지털
   b. 디지털-대-아날로그
   c. 아날로그-대-아날로그
   d. 아날로그-대-디지털

3. QAM에서는 반송파의 ____________이 바뀐다.
   a. 주파수와 진폭
   b. 위상과 주파수
   c. 진폭과 위상
   d. 정답 없음

4. ____________에서는 신호 요소를 만들어 내기 위해 반송파의 진폭이 바뀐다. 주파수와 위상은 변함이 없다.
   a. ASK b. PSK
   c. FSK d. QAM

5. ____________에서는 신호 요소를 만들어 내기 위해 반송파의 주파수가 바뀐다. 최대 진폭과 위상은 변함이 없다.
   a. ASK b. PSK
   c. FSK d. QAM

6. ____________에서는 2개 이상의 서로 다른 신호 요소를 나타내기 위해 반송파의 위상이 바뀐다. 최대 진폭과 주파수는 변함이 없다.
   a. ASK b. PSK
   c. FSK d. QAM

7. 직교 진폭 변조(QAM)는 ____________의 조합이다.
   a. ASK와 FSK b. ASK와 PSK
   c. PSK와 FSK d. 정답 없음

8. ____________는 두 반송파, 즉 하나의 위상 내 신호와 다른 직교 신호를 사용한다.
   a. ASK b. PSK
   c. FSK d. QAM

9. BASK에는 몇 개의 반송파가 사용되는가?
   a. 2 b. 1
   c. 0 d. 정답 없음

10. BFSK에는 몇 개의 반송파가 사용되는가?
   a. 2 b. 1
   c. 0 d. 정답 없음

11. BPSK에는 몇 개의 반송파가 사용되는가?
   a. 2 b. 1
   c. 0 d. 정답 없음

12. 다음 중 아날로그-대-아날로그 변환이 아닌 것은?
   a. AM b. PM
   c. FM d. QAM

13. ____________전송에서는 반송파 신호는 변조되어 진폭이 변조 신호의 진폭에 따라 바뀐다.
   a. AM b. PM
   c. FM d. 정답 없음

14. 디지털 신호의 아날로그 전송에서 보오율은 비트율보다 ____________.
   a. 항상 더 작다 b. 적거나 같다
   c. 항상 더 크다 d. 크거나 같다

15. ASK에서 대역폭은 ____________.
   a. 신호율보다 작다 b. 신호율보다 작거나 크다
   c. 항상 신호율과 같다 d. 신호율의 다섯 배이다

16. 같은 신호율에 대하여, FSK의 대역폭은 보통 ASK의 대역폭보다 ____________.
   a. 더 크다 b. 더 적다
   c. 같다 d. 정답 없음

17. AM 신호의 대역폭은 원래의 아날로그 신호의 대역폭과(의) ____________.
   a. 같다 b. 두 배이다
   c. 세 배이다 d. 정답 없음

18. AM 라디오에서 각 지국에 대해 할당된 대역폭은 ____________kHz이다.
   a. 15 b. 20
   c. 10 d. 정답 없음

19. FM 라디오에서 각 지국에 대해 할당된 대역폭은 ____________kHz이다.
   a. 100 b. 200
   c. 300 d. 정답 없음

5.4.2 주관식

Q-1 아날로그 전송을 설명하라.

Q-2 반송파 신호를 정의하고, 아날로그 전송에서 반송파 신호의 역할을 설명하라.

Q-3 디지털-대-아날로그 변환을 설명하라.

Q-4 다음의 디지털-대-아날로그 변환 기법에서 디지털 신호를 나타내기 위해 아날로그 신호에서 바뀌는 특성은 무엇인가?

a. ASK

b. FSK

c. PSK

d. QAM

Q-5 4가지 디지털-대-아날로그 변환(ASK, FSK, PSK, QAM) 중에 잡음에 가장 약한 것은? 그 이유를 설명하라.

Q-6 성운 그림을 정의하고, 아날로그 전송에서 이의 역할을 설명하라.

Q-7 신호가 성운 그림에 표시될 때 신호의 두 요소는 무엇인가? 수평선에는 어느 요소가 표시되며 수직선에는 어느 요소가 표시되는가?

Q-8 아날로그-대-아날로그 변환을 정의하라.

Q-9 다음의 아날로그-대-아날로그 변환에서 저대역-통과 아날로그 신호를 나타내기 위하여 아날로그 신호의 어느 특성이 변화하는가?

a. AM

b. FM

c. PM

Q-10 세 가지 아날로그-대-아날로그 변환 기법(AM, FM, PM) 중에서 잡음에 가장 강한 것은? 그 이유를 설명하라.

객관식 홀수 번 문제 정답

1. ⓑ 3. ⓒ 5. ⓒ 7. ⓑ 9. ⓐ 11. ⓐ 13. ⓐ 15. ⓑ 17. ⓑ 19. ⓑ

5.5 시뮬레이션 실험

5.5.1 애플릿

이 장에서 설명된 주요 개념의 일부를 보여주기 위하여 몇 가지 자바 애플릿을 개발하였다. 학생들에게 이 책 웹 사이트에 올라와 있는 이 애플릿을 실행시켜 보고, 프로토콜을 실제로 살펴보는 것을 강력하게 권한다.

CHAPTER 06

대역폭 활용: 다중화와 대역 확산

실생활에서 링크는 제한된 대역폭을 가지기 마련이다. 대역폭을 효율적으로 사용하는 방법은 지금까지 그래왔고, 앞으로도 전기 통신의 주요 과제 중 하나일 것이다. 그러나 효율적이라는 의미는 응용마다 다를 것이다. 경우에 따라서는 몇 개의 저-대역폭 채널을 묶어서 하나의 큰 대역폭 채널로 만들 필요가 있다. 때로는 한 채널의 대역폭을 확장하여 사생활 보호나 방해 전파가 없는 채널을 달성하려 할 것이다. 이 장에서는 다중화와 대역 확산이라는 대역폭을 활용하는 두 가지 범주에 대해 공부할 것이다. 다중화에서 우리의 목표는 효율성이며, 여러 개의 채널을 모아 하나의 채널을 만드는 것이다. 대역 확산의 목표는 사생활 보호와 방해 전파 방지이며, 잉여 정보를 삽입하여 채널의 대역폭을 확장함으로써 이러한 목적을 달성한다.

이 장은 2개의 절로 나누어진다.

첫 번째 절은 다중화에 대해서 논의한다. 이 절에서 설명된 첫 번째 방법은 주파수 분할 다중화(FDM)인데, 이는 여러 개의 아날로그 신호를 하나의 아날로그 신호로 조합하는 것을 의미한다. 두 번째 방법은 파장 분할 다중화(WDM)인데, 이는 여러 개의 광학 신호를 하나의 광학 신호로 조합하는 것을 의미한다. 세 번째 방법은 시분할 다중화(TDM)인데, 이는 여러 개의 디지털 신호가 동시에 하나의 채널을 공유하는 것을 허용한다.

두 번째 절은 대역 확산을 설명하는데, 이는 서로 다른 채널을 조합하기 전에 더 안전한 전송 목적을 위해 잉여를 추가하여 신호의 대역폭을 넓힌다. 이 절에서 설명하는 첫 번째 방법은 주파수 도약 대역 확산(FHSS)인데, 이는 서로 다른 변조 주파수를 시간의 서로 다른 주기에 사용한다. 두 번째 방법은 원래 신호에 있는 단일 비트를 전송하기 전에 순서를 바꾸는 직접 순서 대역 확산(DSSS) 방식이다.

6.1 다중화

두 장치를 연결하는 매체의 대역폭이 두 장치가 필요로 하는 대역폭보다 클 경우에는 언제든지 그 링크를 공유할 수 있다. 이처럼 **다중화**(multiplexing)는 단일 링크를 통하여 여러 개의 신호를 동시에 전송할 수 있도록 해주는 기술이다. 데이터 통신과 전기통신이 증가함에 따라 통신량도 증가한다. 이와 같은 통신량 증가에 대처하기 위해 우리는 새로운 채널이 필요할 때마다 개별적인 링크를 계속해서 추가하거나 아니면 더 높은 대역폭 링크를 개설하여 여러 신호를 같이 전달하도록 할 수 있다. 7장에서 설명하겠지만, 오늘날의 통신기술에는 광섬유, 지상 마이크로파, 인공위성 마이크로파 등과 같은 높은 대역폭을 가진 매체가 사용되고 있다. 이들은 평균 전송 신호에 대해 필요한 대역폭보다 더 높은 대역폭을 가지고 있다. 링크의 대역폭이 링크에 연결된 장치들이 필요로 하는 대역폭보다 크다면 여분의 대역폭은 낭비되는 것이다. 효율적인 시스템은 모든 자원의 활용도를 극대화하는데, 대역폭은 데이터 통신에서 가장 중요한 자원 중 하나이다.

다중화된 시스템에서는 n개의 장치가 단일 링크의 대역폭을 공유한다. 그림 6.1은 다중화 시스템의 기본 형식을 보여준다. 왼편에 있는 4개의 장치는 자신들이 전송할 데이터 스트림을 **다중화기**(MUX, multiplexer)로 보내고, 다중화기는 그 스트림들을 1개의 스트림으로 조합하게 된다(다-대-일). 수신 종단은 이 스트림을 **다중 복구기**(DEMUX, demultiplexer)로 보내고, 다중 복구기는 이 스트림을 각 요소 별로 분리하여 각각을 해당 회선으로 보낸다(일-대-다). 그림 6.1에서 링크(link)는 물리적인 경로를, 채널(channel)은 주어진 한 쌍의 장치들 사이의 전송을 위한 하나의 경로를 말한다. 따라서 하나의 경로에는 여러 개(n)의 채널이 있을 수 있다.

신호는 주파수 분할 다중화(FDM)와 시분할 다중화(TDM), 파장 분할 다중화(WDM)라는 세 가지 기본적인 기법을 사용하여 다중화된다. 앞의 두 가지는 아날로그 신호를 위한 것이고, 세 번째 것은 디지털 신호를 위한 것이다(그림 6.2 참조).

어떤 책에서는 반송파 분할 다중 접근(CDMA, carrier division multiple access)을 네 번째 다중화 영역으로 보지만 우리는 CDMA를 접근 방법(12장 참조)의 하나로 다룬다.

6.1.1 주파수 분할 다중화

주파수 분할 다중화(FDM, frequency-division multiplexing)는 전송되어야 하는 신호들의 대역폭을

그림 6.1
하나의 링크를 여러 개의 채널로 나누기

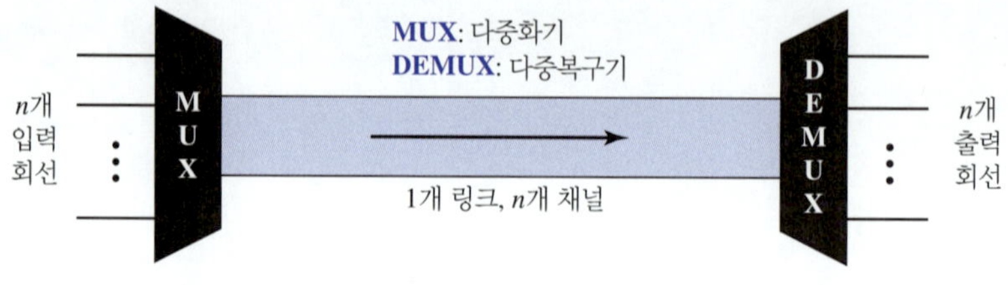

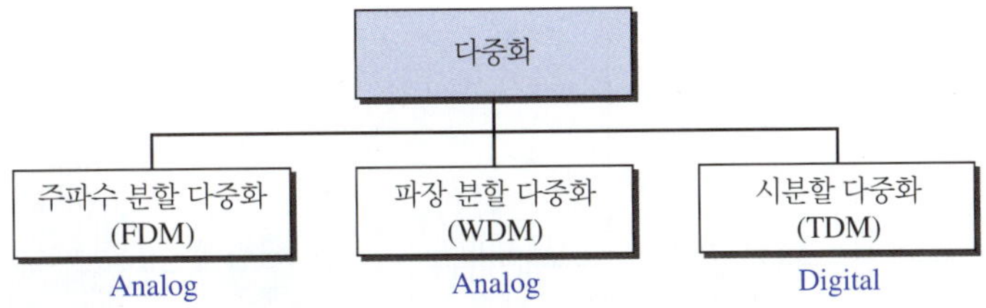

그림 6.2
다중화 범주

합한 것보다 링크의 대역폭이 클 때 적용할 수 있는 아날로그 기술이다. FDM에서는 각 송신 장치로부터 생성된 신호를 각기 다른 반송 주파수로 변조한다. 이 변조 신호들은 링크를 통해 이동할 수 있는 하나의 복합 신호로 합쳐지게 된다. 반송 주파수들은 변조 신호들을 수용할 수 있도록 서로 충분히 떨어져 있다. 이 각각의 대역 범위가 여러 신호들이 이동하는 채널들이다. 채널들은 신호가 겹치지 않게 하기 위해 사용하지 않는 대역폭(보호 대역, guard bands)만큼 서로 떨어져야 한다. 또한, 반송 주파수는 원래 데이터의 주파수와 간섭을 일으키지 않아야 한다. 두 조건 중 어느 것 하나라도 만족하지 못하면 원래의 신호를 복구할 수 없게 된다.

그림 6.3은 FDM의 개념을 보여주고 있다. 그림에서 전송 경로는 세 부분으로 나뉘어 있고, 각각은 하나씩 전송할 수 있는 채널을 나타낸다.

FDM은 아날로그 다중화 기술로 본다. 그러나 FDM을 디지털 신호를 보내는 소스를 조합하는 데 사용할 수 없다는 것은 아니다. 디지털 신호를 아날로그 신호로 변환하여(5장의 기술을 사용) FDM을 사용하여 다중화할 수 있다.

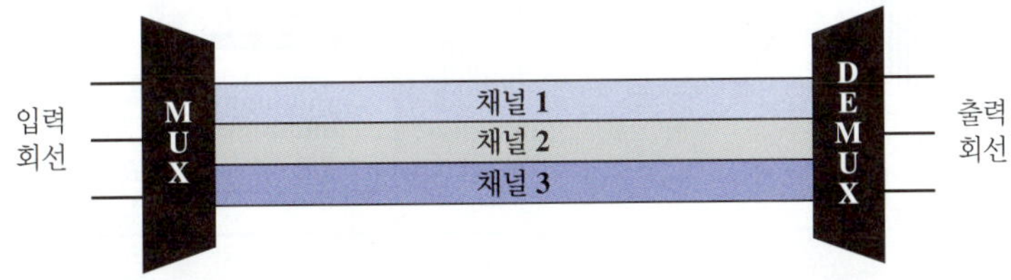

그림 6.3
주파수 분할 다중화

FDM은 아날로그 신호를 조합하는 아날로그 다중화 기술이다.

다중화 과정

그림 6.4에 다중화 처리 과정에 대한 개념적인 설명이 나타나 있다. 각 소스는 유사한 주파수 범위의 신호를 만들어낸다. 이 유사한 신호들은 다중화기 내부에서 각기 서로 다른 반송 주파수로 변조된다 (f_1, f_2 및 f_3). 그 결과 만들어진 변조 신호들은 하나의 복합 신호로 결합되어 이 신호를 수용하기에 충분한 대역폭을 가진 매체 링크를 통해 전송된다.

그림 6.4
주파수 분할 다중화 절차

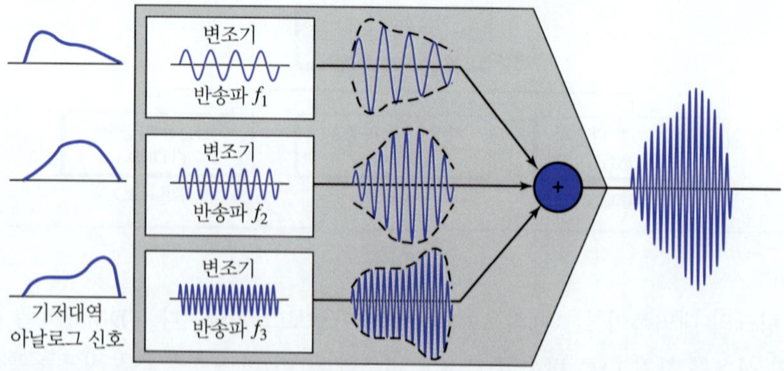

다중화 복구 과정

다중 복구기는 다중화된 신호를 구성요소의 신호들로 분리해내기 위해 일련의 필터들을 사용한다. 각 개별적인 신호를 넘겨받은 복조기는 반송파로부터 신호만 분리하여 수신 장치로 보낸다. 그림 6.5는 FDM 복구(demultiplexing) 과정을 개념적으로 보여준다.

그림 6.5
주파수 분할 다중화 복구 과정

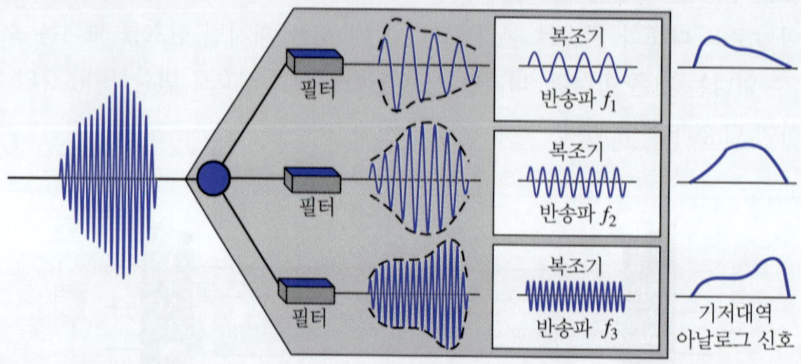

예제 6.1

음성 채널이 4 kHz의 대역폭을 차지한다고 가정하자. 주파수 20 kHz에서부터 32 kHz에 걸친 대역폭을 사용하는 링크를 통해 3개의 음성 채널을 합해서 보낸다고 하자. 주파수 영역을 이용하여 구성을 나타내어라. 보호 대역은 없는 것으로 간주한다.

해답

그림 6.6과 같이 3개의 음성 채널을 서로 다른 대역폭으로 이동(변조)시킨다. 첫 번째 채널에는 20에서 24 kHz의 대역을 사용하고, 두 번째 음성 채널에는 24에서 28 kHz의 대역을, 그리고 세 번째에는 28에서 32 kHz의 대역을 사용한다. 그 후에 그림 6.6에 나타난 것처럼 조합한다. 수신 측에서는 각 채널은 필터를 통하여 각자의 신호를 받는다. 첫 번째 채널은 20부터 24 kHz의 주파수만 통과시키고 나머지는 모두 버리는 필터를 사용한다. 두 번째 채널은 24부터 28 kHz의 주파수만 통과시키는

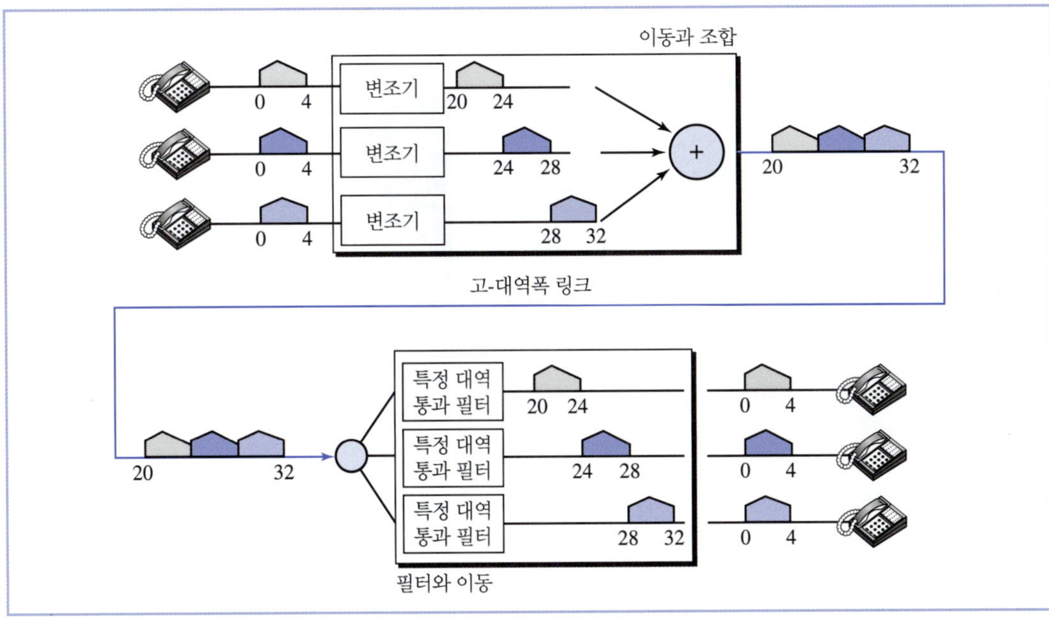

그림 6.6
예제 6.1

필터를, 세 번째 채널은 28에서 32 kHz의 주파수만을 통과시키는 필터를 각각 사용한다. 각 채널은 각 신호의 주파수가 0부터 시작하도록 이동한다.

예제 6.2

각각 100 kHz의 대역폭을 갖는 5개의 채널을 함께 다중화해서 보낸다. 만일 서로 간의 간섭을 피하기 위해 채널 사이에 10 kHz의 보호 대역이 필요하다면 최소 얼마만큼의 대역폭이 필요한가?

해답

5개의 채널의 간섭을 피하기 위해 최소 4개의 보호 대역이 필요하다. 따라서 필요한 대역폭은 그림 6.7에 나타난 것처럼 최소 $5 \times 100 + 4 \times 10 = 540$ kHz이다.

예제 6.3

4개의 디지털 데이터 채널이 1 MHz의 채널을 사용하는 위성을 사용하여 각각 1 Mbps의 전송 속도

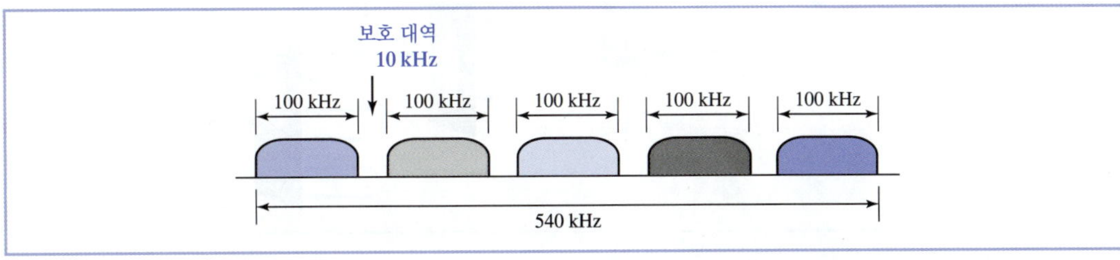

그림 6.7
예제 6.2

그림 6.8
예제 6.3

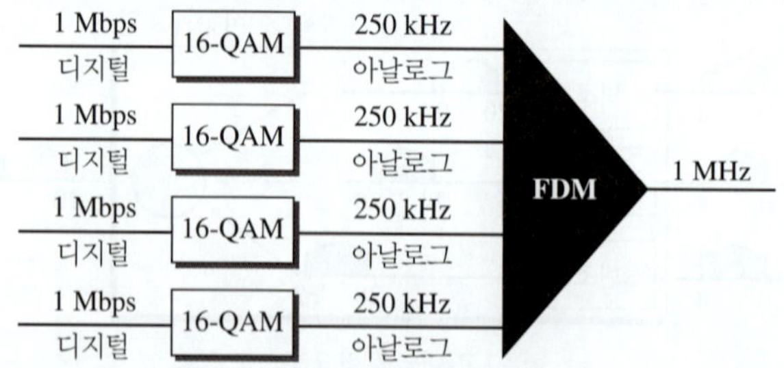

로 전송한다. FDM을 사용하여 적절한 구성을 설계하라.

해답

위성 채널은 아날로그이다. 각각 250 kHz 대역폭을 갖는 4개의 채널로 나눈다. 1 Mbps의 디지털 채널을 4비트가 1Hz에 해당되도록 변조한다. 16-QAM 변조가 한 가지 방법이다. 그림 6.8이 가능한 한 가지 구성을 보여준다.

아날로그 반송파 구조

전화 회사들은 자사 기반구조의 효율성을 극대화하기 위해 전통적으로 낮은 대역폭 회선들을 높은 대역폭 회선들로 다중화해 왔다. 이와 같은 방법으로 많은 교환 회선 또는 전용 회선들이 적은 수의 더 큰 채널로 합쳐질 수 있다. 아날로그 회선에 대해서는 FDM이 사용된다.

AT&T에 의해 사용되는 계층 시스템 중 하나는 그룹, 상위그룹, 주 그룹 및 초대형 그룹으로 구성되어 있다(그림 6.9 참조).

이 아날로그 계층구조(analog hierarchy)에서는 12개의 음성 채널이 1개의 더 높은 대역폭을 갖는 회선으로 다중화되어 **그룹**(group)을 형성한다. 1개의 그룹은 48 kHz의 대역폭을 가지며, 12개의 음성 채널을 지원한다.

그림 6.9
아날로그 계층 구조

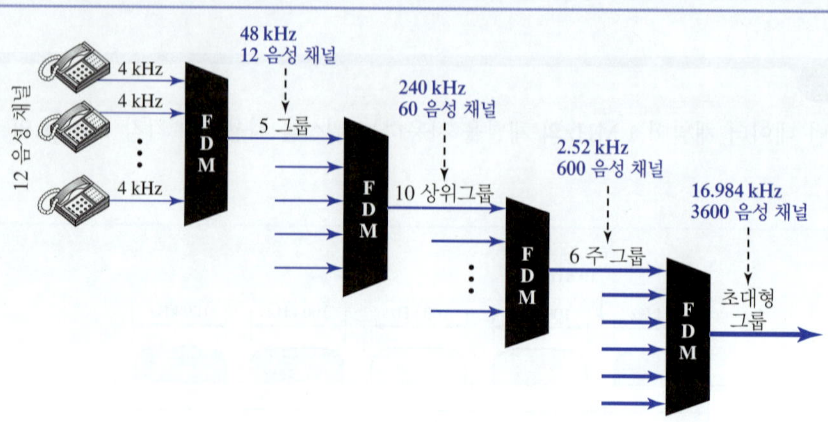

다음 단계로, 총 5개의 그룹이 **상위그룹**(supergroup)이라는 1개의 복합 신호로 다중화된다. 1개의 상위그룹은 240 kHz의 대역폭을 가지고 있으며 60개의 음성 채널을 지원한다. 상위그룹은 5개의 그룹 또는 60개의 독립적인 음성 채널로 만들어진다.

다음 단계에서 10개의 상위그룹이 1개의 **주 그룹**(master group)으로 다중화된다. 1개의 주 그룹은 2.40 MHz의 대역폭을 가져야 하지만 채널 사이의 보호 대역의 필요로 인해 요구 대역폭은 2.52 MHz로 증가한다. 주 그룹은 600개까지의 음성 채널을 지원한다.

마지막으로 6개의 주 그룹이 1개의 **초대형 그룹**(jumbo group)으로 합쳐질 수 있다. 1개의 초대형 그룹은 15.12 MHz(6 × 2.52 MHz)를 가져야 하지만, 주 그룹 사이의 보호대역을 허용하기 위해 16.984 MHz로 늘어난다.

FDM의 다른 응용

FDM의 매우 흔한 응용이 AM과 FM 라디오 방송이다. 라디오는 공기를 전송 매체로 한다. 530에서부터 1,700 kHz까지의 특별한 대역이 AM 방송에 할당되어 있다. 모든 방송국이 이 대역을 같이 사용해야 한다. 5장에서 논의한 것처럼, 각 AM 방송국은 10 kHz의 대역폭이 필요하다. 각 방송국은 서로 다른 반송파를 사용하는데 이는 방송국이 자기 신호를 이동시키고 다중화시킴을 말한다. 공기 중으로 나가는 신호는 이 모든 신호를 합한 것이다. 수신 장치가 이 모든 신호를 받아서 원하는 것만 걸러내는 것이다. 다중화하지 않는다면 오직 한 방송국만이 공기라는 공유 매체를 통해 방송할 수 있을 것이다. 그러나 여기에 물리적인 다중화 또는 다중화 복구가 있는 것이다. 12장에서 보게 되듯이 다중화는 데이터 링크층에서 이루어진다.

상황은 FM 방송도 마찬가지다. 그러나 FM은 각 방송국이 200 kHz의 더 넓은 대역폭이 필요하므로 88에서부터 108 MHz의 대역을 사용한다.

또 다른 흔한 FDM 사용은 TV 방송이다. 각 TV 채널은 6 MHz의 대역폭을 가지고 있다.

1세대 이동전화도 FDM 방식을 사용한다(16장 참조). 각 사용자에게는 2개의 30 kHz 대역 중 하나는 발신을 위해 하나는 수신을 위해 할당된다. 3 kHz(300에서 3,300 Hz)의 대역폭을 갖는 음성 신호가 FM을 사용하여 변조된다. 각 FM 신호는 피변조 신호보다 10배 넓은 대역폭인 30 kHz(10 × 3)를 갖는 것에 유의하라. 따라서 지국에 의해 각 사용자에게 60 kHz의 대역폭이 전화를 걸 때 제공되는 것이다.

예제 6.4

고급 이동 전화 시스템(AMPS, Advanced Mobile Phone System)은 2개의 대역을 사용한다. 첫 번째 대역은 824에서 849 MHz까지가 전송에 사용되고, 869에서 894 MHz까지는 수신에 사용된다. 각 사용자는 각 방향으로 30 kHz의 대역폭을 사용한다. 3 kHz의 음성 신호가 FM 변조를 통해 30 kHz의 변조 신호를 만들어낸다. 얼마나 많은 사람이 동시에 이동전화를 사용할 수 있는가?

해답

각 대역은 25 MHz이다. 25 MHz를 30 kHz로 나누면 833.33이 나온다. 실제로는 이 대역을 832개의 채널로 나눈다. 이 중에서 42개의 채널은 제어 목적으로 사용되고 이동전화 사용자들에게는 790개의 채널이 제공된다. 16장에서 AMPS에 대해 자세히 공부한다.

구현

FDM은 매우 손쉽게 구현될 수 있다. 라디오와 TV 방송과 같이 많은 경우에 물리적인 다중화기나 다중화 복구 장치가 필요 없다. 각기 서로 다른 주파수의 반송파를 사용하여 방송하면 다중화가 달성되는 것이다. 이동전화 시스템의 경우에는 지국에서 전화 사용자들에게 반송 주파수를 할당한다. 각 사용자에게 영구적으로 할당할 만큼 충분한 대역폭은 없다. 통화자가 전화를 끊으면 그 대역폭을 다른 통화자에게 할당한다.

6.1.2 파장 분할 다중화

파장 분할 다중화(WDM, wavelength division multiplexing)는 광섬유의 고속 데이터 전송률을 이용하기 위해 설계되었다. 광섬유의 데이터 전송률은 금속 전송 매체에 비해 높다. 광섬유를 단일 회선에만 사용하는 것은 대역폭을 낭비하는 것이다. 다중화를 통하여 하나의 링크에 여러 회선을 연결할 수 있다.

파장 분할 다중화는 다중화와 다중화 복구기가 광섬유 채널을 통해 전송된 빛 신호와 관련된다는 점을 제외하고는 FDM과 개념적으로 같다. 서로 다른 주파수의 신호를 결합하는 개념은 같지만 다른 점은 주파수가 매우 높다는 데 있다.

그림 6.10은 WDM 다중화와 다중화 복구의 개념을 보여주고 있다. 서로 다른 송신 측에서 온 매우 좁은 대역을 가진 빛들이 넓은 대역의 빛을 만들기 위해 결합되고, 수신 측에서는 신호가 다중 복구기에 의해 분리된다.

WDM은 광섬유 신호를 조합하기 위한 아날로그 다중화 기법이다.

한편, WDM은 기술적으로는 매우 복잡하지만, 아이디어는 매우 간단하다. 다중화기에서 다중의 빛 소스들을 하나의 단일 빛으로 결합하고, 다중 복구기를 통하여 그 역도 하고 싶을 것이다.

빛의 결합과 분리는 프리즘에 의해 쉽게 다룰 수 있다. 프리즘은 임계각과 주파수를 기반으로 해서 광선을 휘게 한다는 기본적인 물리학을 생각해 보자. 이러한 기법을 사용해서 다중화기는 각

그림 6.10
파장 분할 다중화

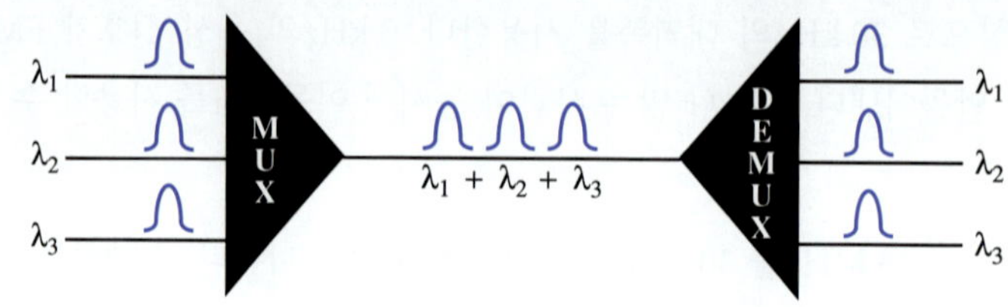

그림 6.11
파장 분할 다중화와 다중화 복구를 위한 프리즘

각 좁은 대역의 주파수를 가진 여러 입력 광선을 넓은 대역폭의 주파수를 가진 하나의 출력 광선으로 결합할 수 있다. 또한, 다중 복구기는 그 역과정을 수행할 수도 있다. 그림 6.11은 그 개념을 보여준다.

WDM을 이용하는 것에는 여러 개의 광섬유가 다중화되고, 다중화 복구가 되는 네트워크인 SONET이 있다. 14장에서 SONET에 대해 살펴볼 것이다.

DWDM[밀집(dense) WDM]이라고 하는 새로운 방식은 채널들을 서로 더 가깝게 붙여서 매우 많은 수의 채널을 다중화할 수 있다. 이렇게 하여 더욱 높은 효율을 얻을 수 있다.

6.1.3 시분할 다중화

시분할 다중화(TDM, time-division multiplexing)는 링크의 높은 대역폭을 여러 연결이 공유할 수 있도록 하는 디지털 처리방식이다. FDM에서처럼 대역폭을 공유하는 것이 아니라 시간을 공유하는 것이다. 그림 6.12는 TDM의 개념을 보여준다. FDM과 마찬가지로 같은 링크가 사용되지만, 링크는 주파수가 아닌 시간별로 구획되었다는 점에 유의하자. 그림을 보면, 1, 2, 3, 4번 신호에 해당하는 부분이 순차적으로 링크를 차지하고 있다.

그림 6.12에서는 오직 다중화에만 관심을 두고 있고 교환에는 관심을 두지 않는 것에 유의하라. 이는 발신지 1로부터 오는 메시지는 목적지가 1, 2, 3, 4 중 무엇이 되었든 그중 하나로만 항상 전달된다는 것을 의미한다. 전달되는 곳은 교환기와 달리 항상 일정하게 정해져 있다.

또한 TDM은 이론적으로 디지털 다중화 기술인 것을 기억해야 한다. 서로 다른 발신지로부터의 디지털 데이터가 하나의 시간 공유 링크로 합쳐지는 것이다. 그러나 그렇다고 해서 발신지가 아날로그 데이터를 보낼 수 없다는 것은 아니어서 아날로그 신호를 채집하여 디지털 데이터로 변환하여 TDM을 사용하여 다중화할 수 있다.

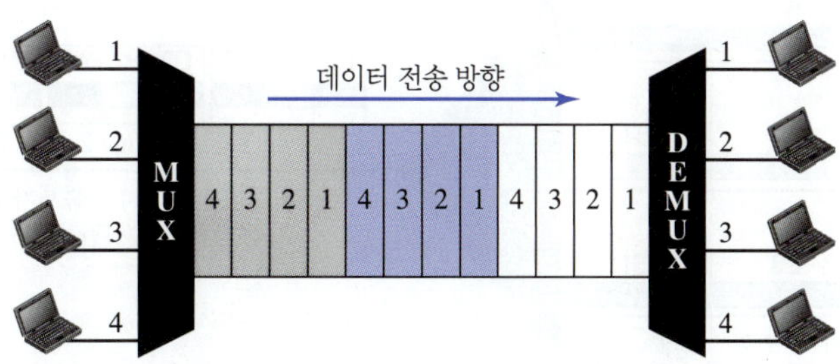

그림 6.12
시분할 다중화

TDM은 여러 개의 저속 채널을 하나의 고속 채널로 조합한 디지털 다중화 기술이다.

TDM은 동기 방식과 통계 방식이라는 두 가지 방식으로 나눌 수 있다. 먼저 **동기식**(synchronous) TDM을 논의하고 그 이후에 **통계식**(statistical) TDM이 어떻게 다른지 보여준다.

동기식 TDM

동기식 TDM에서는 각 입력 연결은 데이터가 없어도 해당 출력 창구를 갖게 된다.

시간 틈새와 프레임

동기식 TDM에서는 각 연결의 데이터 흐름은 개별 단위로 나뉘어 있고, 링크는 각 연결로부터 한 단위 씩 합해서 하나의 프레임(frame)을 만든다. 한 단위의 크기는 1비트가 될 수도 있고, 1바이트 또는 하나의 데이터 블록이 될 수도 있다. 각 입력 단위는 하나의 출력 단위가 되어 하나의 출력 시간 틈새(time slot)를 갖는다. 그러나 출력 시간 틈새 지속시간은 입력 시간 틈새 지속시간보다 n 시간만큼 짧다. 입력 시간 틈새가 T인 경우, 출력 시간 틈새는 T/n이고, 여기서 n은 연결의 수이다. 다시 말하면, 출력 연결의 단위는 더 짧은 지속시간을 가져 더 빠르게 전송되는 것이다. 그림 6.13은 n이 3인 경우의 동기식 TDM의 예를 보여준다.

동기식 TDM에서 각 입력 연결로부터 오는 데이터 단위들은 프레임으로 만들어진다. 만약 n 연결을 가지면 프레임은 n개의 시간 틈새로 나눠고, 각 단위에 하나의 틈새가 할당된다. 입력 단위의 지속시간이 T라면 각 틈새의 지속시간은 T/n이고, 각 프레임의 지속시간은 T이다.

동기 TDM에서 출력 링크의 데이터 전송률은 데이터 흐름을 보장하기 위해서는 각 연결의 데이터 전송률의 최소 n배가 되어야 한다. 그림 6.13에서 링크의 데이터 전송률은 각 연결의 데이터 전송률의 3배이다. 마찬가지로 각 연결 상의 한 단위의 지속시간은 시간 틈새의 지속시간(링크에서 한 단위의 지속시간)의 3배이다.

그림에서는 다중화기를 거치기 전의 데이터는 다중화기를 거친 이후의 데이터 크기의 3배가 되도록 나타내었다. 이는 각 단위의 지속시간이 다중화기를 거치기 전이 거친 후에 비해 3배가 된다는 것을 나타내기 위한 것이다.

그림 6.13
동기식 시분할 다중화

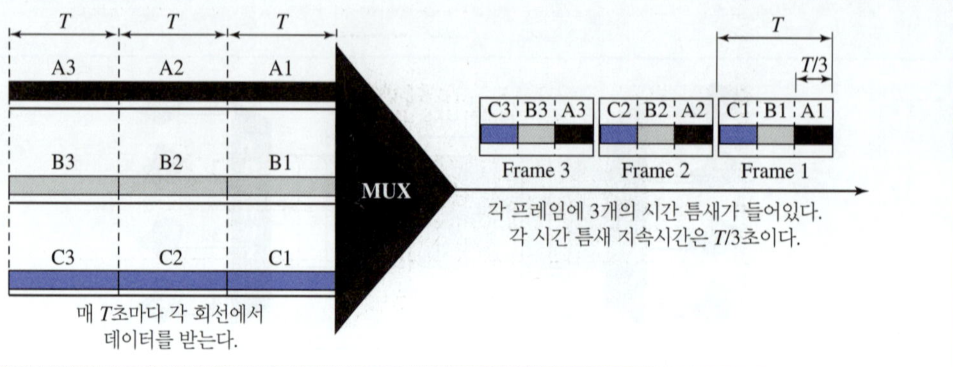

TDM에서는 링크의 데이터 전송률은 *n*배 빠르고, 단위 지속시간은 *n*배 짧다.

시간 틈새들은 프레임으로 만들어진다. 한 프레임은 각 송신 장치에 할당된 1개의 시간 틈새들이 모아져서 구성된다. *n*개의 입력 회선을 가진 시스템에서 각 프레임은 특정 입력 회선으로부터 오는 데이터를 전달하도록 할당된 최소 *n*개의 시간 틈새를 갖는다.

예제 6.5

그림 6.13에서 각 입력 연결의 데이터 전송률은 1 kbps이다. 한 번에 한 비트씩 다중화된다고 하면 (단위는 1비트이다), (1) 각 입력 틈새, (2) 각 출력 틈새, (3) 각 프레임의 지속시간(duration)은 얼마인가?

해답

다음과 같이 답할 수 있다.

1. 각 입력 연결의 데이터 전송률은 1 kbps이다. 이것은 비트 지속시간이 1/1,000 s 또는 1 ms를 의미한다. 입력 시간 틈새 지속시간은 1 ms이다(비트 지속시간과 같음).
2. 각 출력 시간 틈새의 지속시간은 입력 시간 틈새의 1/3이다. 즉, 출력 시간 틈새는 1/3 ms이다.
3. 각 프레임은 3개의 출력 시간 틈새를 전달한다. 그러므로 프레임 지속시간은 3 × 1/3 ms 또는 1 ms이다. 프레임 지속시간은 입력 단위 지속시간과 동일하다.

예제 6.6

그림 6.14는 각 입력에서 오는 데이터와 출력 데이터 스트림을 갖는 동기식 TDM을 보여준다. 데이터 단위는 1비트이다. (1) 입력 비트 지속시간, (2) 출력 비트 지속시간, (3) 출력 비트율, (4) 출력 프레임률을 구하라.

해답

다음과 같이 답할 수 있다.

1. 입력 비트 지속시간은 비트율의 역이므로 1/1 Mbps = 1 μs이다.
2. 출력 비트 지속시간은 입력 비트 지속시간의 1/4이므로 1/4 μs이다.

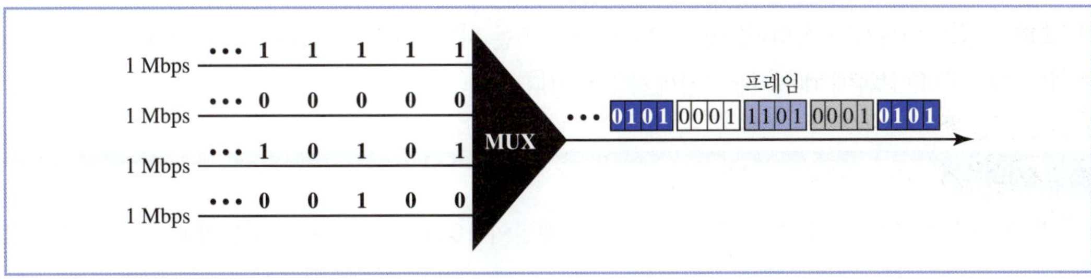

그림 6.14
예제 6.6

3. 출력 비트율은 출력 비트 지속시간의 역이므로 1/1 μs 또는 4 Mbps이다. 이는 출력 비트율이 입력 비트율의 4배라는 점에서부터도 알아낼 수 있다. 따라서 출력 비트율 = 4 × 1 Mbps = 4 Mbps이다.
4. 프레임률은 항상 입력 비트율과 같다. 그러므로 프레임률은 매초 1,000,000 프레임이다. 각 프레임에 4비트를 보내므로 앞의 질문의 답을 프레임률에 프레임당 비트 수를 곱하여 확인할 수 있다.

예제 6.7

4개의 1 kbps 연결이 다중화되고 있다. 각 단위는 1비트이다. (1) 다중화 전의 1비트의 지속시간, (2) 링크의 전송 속도, (3) 시간 틈새의 지속시간, (4) 프레임의 지속시간을 구하라.

해답

다음과 같이 답할 수 있다.

1. 다중화 전의 1비트의 지속시간은 1/1 kbps이므로 0.001 s(1 ms)이다.
2. 링크의 전송 속도는 각 연결에서의 전송 속도의 4배이므로 4 kbps이다.
3. 각 시간 틈새의 지속시간은 다중화 전의 각 비트의 지속시간의 1/4 ms 또는 250 μs이다. 이는 링크의 전송 속도인 4 kbps로부터도 계산할 수 있다. 즉, 비트 지속시간은 데이터율의 역이므로 1/4 kbps인 250 μs이다.
4. 프레임의 지속시간은 항상 다중화 이전의 입력 비트율과 같아서 1 ms이다. 이는 다른 방법으로도 구할 수 있다. 이 경우의 각 프레임은 4개의 시간 틈새를 가지고 있다. 그러므로 프레임의 지속시간은 250 μs의 4배인 1 ms이다.

끼워넣기

TDM은 하나는 다중화기 쪽에서, 다른 하나는 다중화 복구 장치 쪽에서 매우 빠르게 도는 교환기로 표현할 수 있다. 교환기는 서로 같은 속도로 돌지만, 방향은 서로 반대이다. 다중화기 쪽에서는 교환기가 연결 앞에서 열리게 되며, 그 연결이 경로에 한 단위를 전송할 기회를 얻는다. 이 과정을 **끼워넣기**(interleaving)라고 한다. 다중화 복구 쪽에서는 교환기가 연결 앞에서 열리면서 그 연결이 경로로부터 한 단위를 수신할 기회를 얻는다.

그림 6.15는 그림 6.13에 나타난 연결에 대한 끼워넣기 과정을 보여준다. 이 그림에서 연결 경로의 교환은 없고 다중화기 쪽의 첫 번째 연결의 데이터는 다중화 복구 장치 쪽의 첫 번째 연결로 전해진다고 가정한다. 교환에 대해서는 8장에서 논의한다.

예제 6.8

4개의 채널을 TDM을 이용하여 다중화한다. 각 채널이 100 byte/s 속도로 전송하고 각 채널마다 1

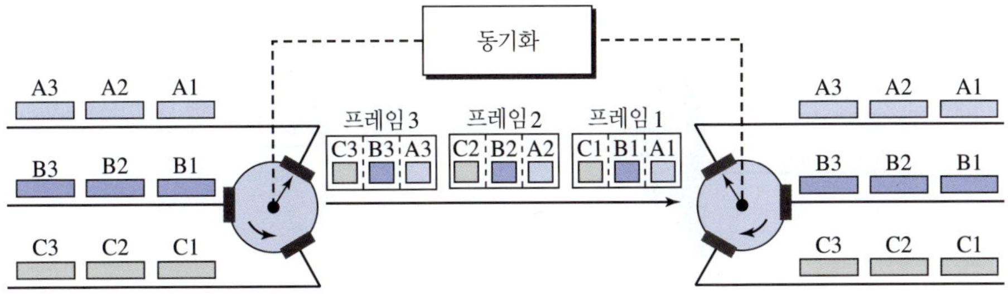

그림 6.15
끼워넣기 (interleaving)

바이트씩 다중화하는 경우에 대해 링크 상에 전달되는 프레임의 크기와 프레임의 지속시간과 프레임 속도와 링크의 비트 전송률을 보여라.

해답

다중화기는 그림 6.16에서 볼 수 있다. 각 프레임은 각 채널로부터 1바이트씩 전송한다. 따라서 프레임의 크기는 4바이트 또는 32비트이다. 각 채널이 매초 100바이트를 전송하며 프레임은 각 채널로부터 1바이트씩 전달하므로 프레임 속도는 매초 100프레임이어야 한다. 그러므로 프레임의 지속시간은 1/100초이다. 링크는 매초 100개의 프레임을 전달하며 각 프레임은 32비트이므로 비트 전송률은 100 × 32 또는 3,200 bps이다. 이 속도는 실제 각 채널의 전송률인 100 × 8 = 800 bps의 4배이다.

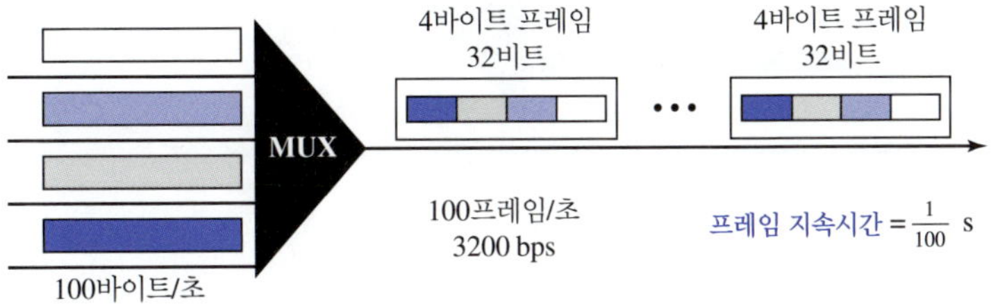

그림 6.16
예제 6.8

예제 6.9

어떤 다중화기가 시간 틈새마다 2비트씩 보내어 4개의 100 kbps 채널을 다중화한다. 임의의 4개의 입력에 대해 해당 출력을 보여라. 프레임 속도는 얼마인가? 프레임 지속시간은 얼마인가? 비트 전송률은 얼마인가? 비트 지속시간은 얼마인가?

해답

그림 6.17은 임의의 입력에 대한 출력을 보여준다. 채널당 2비트씩 포함되므로 링크는 매초 50,000 프레임을 전달한다. 그러므로 프레임 지속시간은 1/50,000초 또는 20마이크로초이다. 프레임 속도는 매초 50,000프레임이며, 각 프레임은 8비트를 보낸다. 비트 전송률은 50,000 × 8 = 400,000비트 또는 400 kbps이다. 비트 지속시간은 1/400,000초 또는 2.5마이크로초이다. 프레임 지속시간은 각 프레임이 8비트를 전달하므로 비트 지속시간의 8배가 됨을 주목하라.

그림 6.17
예제 6.9

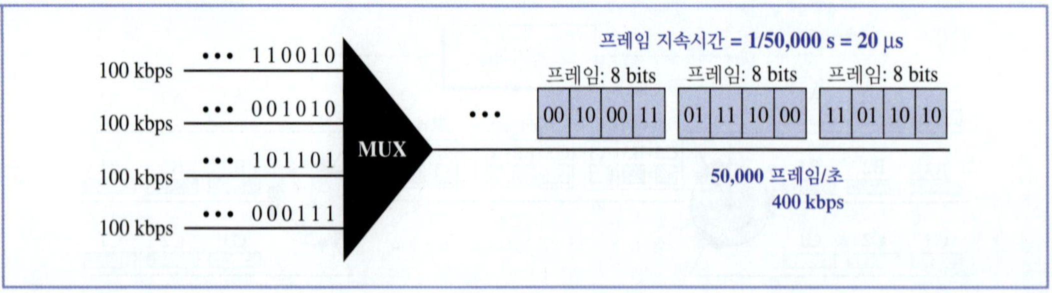

빈 틈새

동기식 TDM은 그렇게 효율적이지 못하다. 발신지가 전송할 데이터가 없으면 출력에서 해당 틈새는 비게 된다. 그림 6.18은 입력 회선 중 하나가 전송할 데이터가 전혀 없으며 남은 입력 회선 하나는 비연속적인 데이터를 갖는 경우를 보여준다.

첫 번째 출력 프레임은 3개의 틈새를 채우게 되고 두 번째 프레임은 2개를 채웠으며 세 번째 프레임은 3개를 채웠다. 어떤 프레임도 다 채우지 못했다. 다음 절에서 통계식 TDM이 이와 같은 빈 틈새를 제거하여 효율을 높이는 것을 볼 것이다.

그림 6.18
빈 틈새

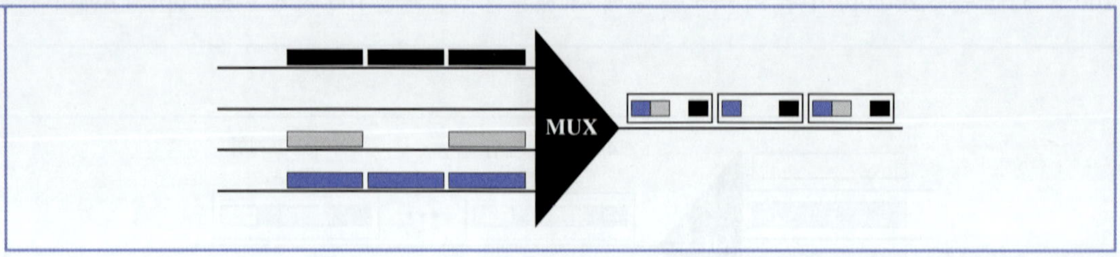

데이터 전송률 관리

TDM의 또 다른 문제는 입력 측의 데이터 전송률이 서로 다른 경우 어떻게 해결하는가 하는 것이다. 지금까지 논의에서는 모든 입력 회선의 데이터 전송률이 같다고 가정하였다. 그러나 데이터 전송률이 동일하지 않다면 3가지 전략 또는 3가지 전략을 조합하여 해결할 수 있다. 이와 같은 3가지 전략은 **다단계 다중화**(multilevel multiplexing), **다중-틈새 할당**(multiple-slot allocation), **펄스 채워넣기**(pulse stuffing)이다.

다단계 다중화 다단계 다중화는 어느 입력의 데이터 전송률이 다른 것들에 비해 정수 배만큼 빠를 때 사용되는 기술이다. 예를 들면, 그림 6.19에는 2개의 20 kbps의 입력과 3개의 40 kbps의 입력이 있다. 처음 2개의 입력을 먼저 다중화하여 다른 3개의 입력과 같은 속도로 만들 수 있다. 두 단계의 다중화로 160 kbps의 출력을 만들 수 있다.

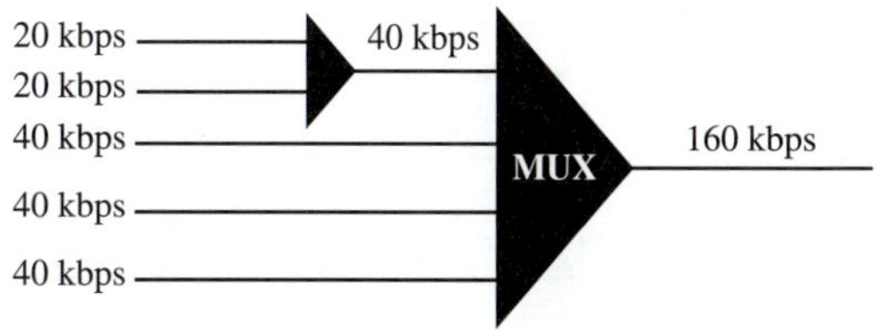

그림 6.19
다단계 다중화

다중-틈새 할당 경우에 따라서는 단일 입력 회선에 1개보다 많은 틈새를 할당하는 것이 효율적이다. 예를 들면, 어떤 입력 회선의 데이터 전송률은 다른 회선의 데이터 전송률의 정수 배가 될 수 있다.

그림 6.20에는 50 kbps의 입력 회선에는 2개의 틈새를 할당하고 있다. 다중화 복구기를 끼워 넣어 하나의 입력 회선으로부터 2개의 출력 회선으로 만든다.

그림 6.20
다중-틈새 할당

펄스 채워넣기 종종 발신지의 비트 전송률이 다른 것들의 정수 배가 되지 않을 수 있다. 그러므로 앞의 두 가지 기법 중 어느 것도 사용할 수 없다. 한 가지 해결책은 가장 높은 데이터율의 입력 회선을 주 데이터율로 하고 그보다 낮은 데이터율의 입력 회선에는 공 비트를 끼워 넣은 것이다. 이렇게 하면 데이터 전송률을 높이게 된다. 이 기술은 **펄스 채워넣기**(pulse stuffing), 비트 패딩(bit padding) 또는 비트 채워넣기(bit stuffing)라고 부른다. 이 개념은 그림 6.21에 나타나 있다. 데이터 전송률 46 kbps의 입력을 50 kbps의 데이터 전송률로 올리기 위해 펄스 채워넣기를 하였다. 이제 다중화가 가능하다.

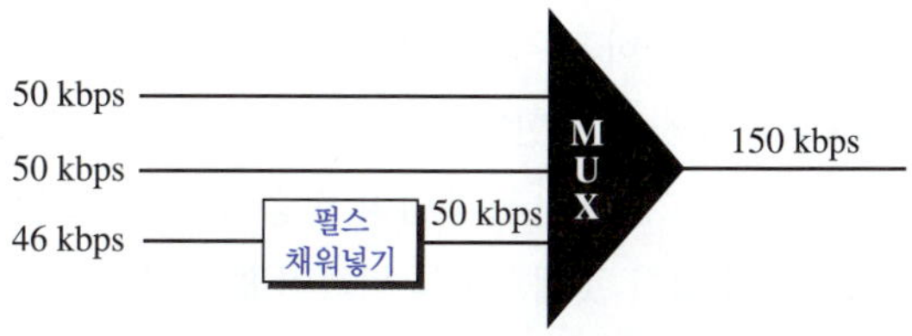

그림 6.21
펄스 채워넣기

프레임 동기화

TDM을 구현하는 것은 FDM을 구현하는 것처럼 쉽지 않다. 다중기와 다중화 복구 장치 사이의 동기를 맞추는 것이 주요 문제가 된다. 다중기와 다중화 복구 장치가 서로 동기를 맞추지 않으면 특정

그림 6.22
프레임 구성 비트

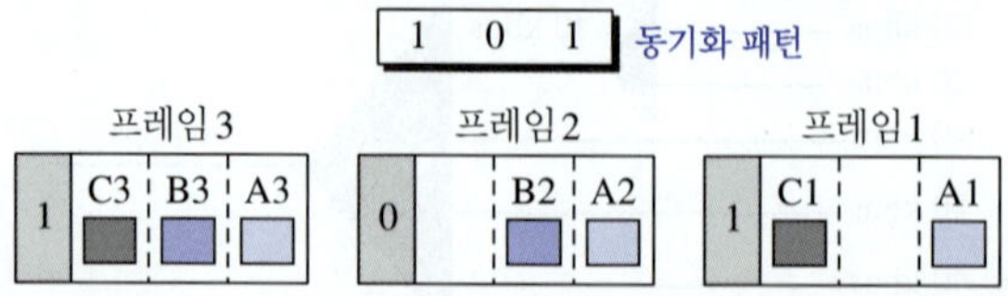

채널의 비트를 잘못된 채널이 받을 수 있는 것이다. 이러한 이유로 인해 보통 1개 또는 그 이상의 비트를 각 프레임의 앞에 끼워 넣는다. 이 비트들을 **프레임 구성 비트**(framing bit)라고 부르는데, 다중화 복구 장치가 들어오는 채널에 동기를 맞추어 시간 틈새를 정확하게 분리해낼 수 있도록 프레임마다 일정 패턴을 따라서 만들어진다. 대부분의 경우에 이 동기 맞추기 정보는 프레임당 1비트로 만드는데 그림 6.22에 나타난 것처럼 0과 1을 반복하여 섞어 쓴다.

예제 6.10

각각 매초 250개의 문자를 생산하는 4개의 채널이 있다. 끼워 넣는 단위가 문자이고 1비트의 동기화 비트가 각 프레임에 더해진다면, (1) 각 채널의 데이터 전송률, (2) 각 채널의 각 문자 지속시간, (3) 프레임 속도, (4) 각 프레임의 지속시간, (5) 각 프레임의 비트 수, (6) 링크의 전송률을 구하라.

해답

다음과 같이 답할 수 있다.

1. 각 채널의 데이터 전송률은 250 × 8 = 2,000 bps = 2 kbps이다.
2. 각 채널은 매초 250개의 문자를 보낸다. 그러므로 문자의 시간은 1/250 s 또는 4 ms이다.
3. 각 프레임은 각 채널로부터 하나의 문자를 받으므로 각 채널로부터의 전송 속도를 유지하기 위해서는 링크는 매초 250개의 프레임을 보내야 한다.
4. 각 프레임의 지속시간은 1/250초 또는 4 ms이다. 각 프레임 지속시간은 각 채널로부터 전송되는 문자의 지속시간과 같다는 것을 주목하라.
5. 각 프레임은 4개의 문자 외에 1비트의 동기화 비트를 보낸다. 이는 각 프레임은 4 × 8 + 1 = 33비트를 전달한다는 것을 말한다.
6. 링크는 매초 250개의 프레임을 전송하고 각 프레임은 33비트를 포함한다. 이는 링크의 전송률은 250 × 33 또는 8,250 bps이라는 것을 말한다. 링크의 비트 전송률이 4개의 채널을 합한 전송률보다 크다는 것을 주목하라. 매초 250개의 프레임이 전송되고 각 프레임은 동기화를 위해 1비트를 추가적으로 전달하므로 전체 합한 것에 250을 더하여 8,250 bps가 나온다.

예제 6.11

100 kbps의 전송률을 갖는 채널과 200 kbps의 전송률을 갖는 채널을 다중화해야 한다. 어떻게 가능하겠는가? 프레임 속도는? 프레임 지속시간은? 링크의 데이터 전송률은 얼마인가?

해답

1개의 시간 틈새를 첫 번째 채널에 할당하고 2개의 틈새를 두 번째 채널에 할당할 수 있다. 각 프레임은 3비트를 전달한다. 첫 번째 채널로부터 1비트를 전달하므로 프레임 속도는 매초 100,000프레임이다. 프레임 지속시간은 1/100,000 또는 10 ms이다. 비트 전송률은 100,000 프레임/s × 3비트/프레임 또는 300 kbps이다. 각 프레임이 첫 번째 채널로부터 1비트씩 전달하므로 첫 번째 채널의 비트 전송률이 유지되는 것을 주목하라. 또한, 두 번째 채널의 비트 전송률도 유지되는데 두 번째 채널로부터는 2비트씩 전달하기 때문이다.

디지털 신호 서비스

전화 회사들은 **디지털 신호 서비스**(digital signal service) 또는 디지털 계층구조(digital hierarchy)라 불리는 디지털 신호의 계층구조를 통하여 TDM을 구현한다. 그림 6.23에 각 단계에서 지원되는 데이터 속도가 나타나 있다.

- **DS-0** 서비스는 64 kbps의 단일 디지털 채널이다.
- **DS-1**은 1.544 Mbps 서비스로, 여기서 1.544 Mbps는 24개의 64 kbps에 8 kbps의 오버헤드를 더한 것이다. DS-1은 1.544 Mbps의 전송을 위한 단일 서비스로 사용되거나 24개의 DS-0 채널을 다중화하는 데 사용될 수 있고, 또는 1.544 Mbps 용량 내에서 사용자가 원하는 임의의 방식으로 조합된 전송을 수행할 수도 있다.
- **DS-2**는 6.312 Mbps 서비스로, 여기서 6.312 Mbps는 96개의 64 kbps에 168 kbps의 오버헤드를 더한 것이다. 6.312 Mbps의 전송을 위한 단일 서비스로 사용되거나 4개의 DS-1 채널 또는 96개의 DS-0 채널 또는 그 이상의 서비스를 조합한 것을 다중화하는 데 사용될 수 있다.
- **DS-3**은 44.376 Mbps 서비스로, 여기서 44.376 Mbps는 672개의 64 kbps에 1.368 Mbps의 오버헤드를 더한 것이다. 44.376 Mbps의 전송을 위한 단일 서비스로 사용되거나, 7개의 DS-2 채널, 28개의 DS-1 채널, 672개의 DS-0 채널, 또는 그 이상의 서비스를 조합한 것을 다중화하는 데 사용될 수 있다.
- **DS-4**는 274.176 Mbps 서비스로, 여기서 274.176 Mbps는 4,032개의 64 kbps에 16.128 Mbps의

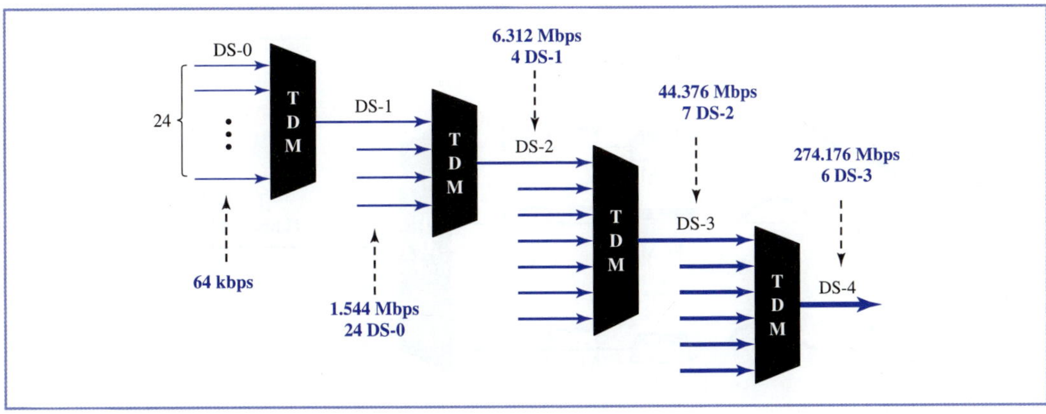

그림 6.23
디지털 계층구조

표 6.1 DS와 T 회선 전송속도

서비스	회선	전송률(Mbps)	음성 채널
DS-1	T-1	1.544	24
DS-2	T-2	6.312	96
DS-3	T-3	44.376	672
DS-4	T-4	274.176	4032

오버헤드를 더한 것이다. 6개의 DS-3 채널, 42개의 DS-2 채널, 168개의 DS-1 채널, 4,032개의 DS-0 채널, 또는 그 이상의 서비스를 조합한 것을 다중화하는 데 사용될 수 있다.

T 회선

DS-0, DS-1 등은 서비스의 이름이다. 이와 같은 서비스를 구축하기 위해 전화 회사는 **T 회선**(T line, T-1에서 T-4까지)을 사용한다. 이들은 DS-1에서 DS-4의 서비스 속도에 정확하게 부합하는 용량을 가진 회선들이다(표 6.1 참조). 지금까지 T-1과 T-3 회선만 상업적으로 이용되고 있다.

T-1은 DS-1을, T-2는 DS-2를 나머지도 마찬가지 방식으로 서비스 회선을 구축하기 위해 사용된다. 표 6.1에서 보듯이 DS-0은 실제로 서비스로 제공되지는 않지만, 참조기준으로 규정되었다.

아날로그 전송용 T 회선

T 회선은 디지털 데이터, 음성, 또는 비디오 신호를 전송하기 위해 설계된 것이다. 하지만 아날로그 신호가 일단 표본 채집된 후, 시분할 다중화된다면 아날로그 전송(일반 전화통화)을 위해서도 사용될 수 있다.

T 회선을 아날로그 전송에 사용할 수 있는 가능성은 전화 회사들에게 새로운 서비스의 길을 활짝 열어주었다. 이전에는, 어떤 기관에서 24개의 독립된 전화회선을 원한다면 회사에서부터 중앙교환국까지 24개의 꼬임쌍선 케이블을 보내야만 했다(10대의 전화기를 책상 위에 올려놓고 바삐 업무를 보는 중역이 나오는 옛날 영화라든가, 혹은 옛날 사무실에 있던 굵고 두꺼운 케이블을 본 기억이 있는가? 그 케이블 안에는 한 다발의 독립회선들이 싸여 있었다). 오늘날에는 바로 그 기관에서 24개 회선을 1개의 T-1 회선으로 묶어 교환국으로 T-1 회선 한 줄만 이어 보내면 된다. 그림 6.24는 24

그림 6.24 전화선을 다중화하는 T-1 회선

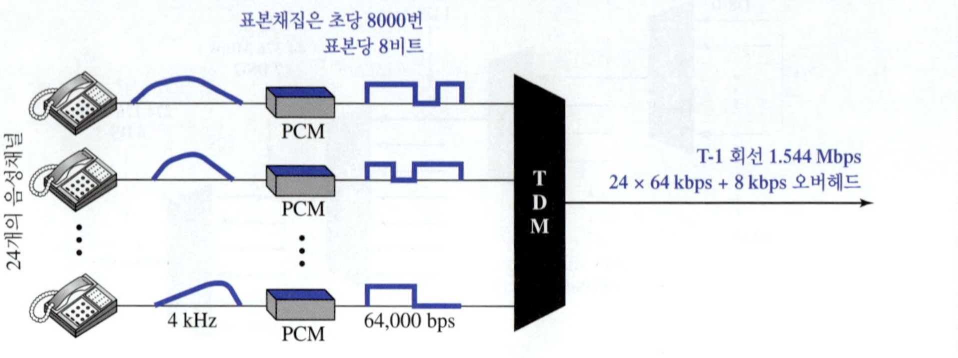

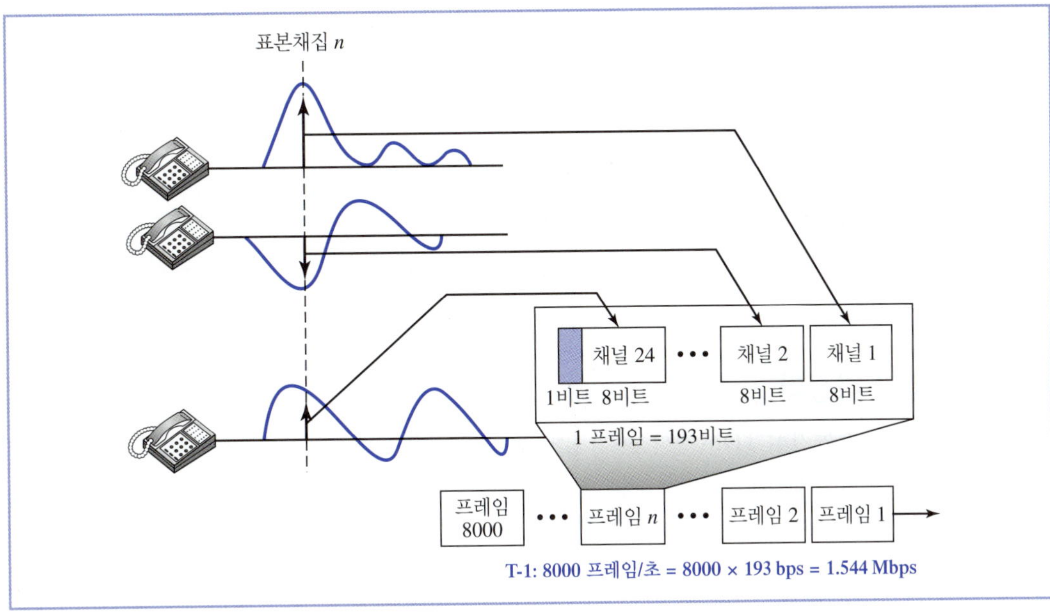

그림 6.25
T-1 프레임 구조

개의 음성 채널이 어떻게 1개의 T-1 회선으로 다중화되는지를 보여준다(PCM 부호화에 대해서는 4장을 참조하라).

T-1 프레임 앞에서 본 것처럼, DS-1에는 8 kbps의 오버헤드가 필요하다. 어떻게 해서 이만큼의 오버헤드가 계산되는지를 알아보기 위해서는, 24-음성-채널 프레임의 형식을 살펴보아야 한다.

T-1 회선에 사용되는 프레임은 보통 각각 8비트로 된 24개의 틈새와 동기화를 위한 여분인 1비트를 더한 193비트(= 24 × 8 + 1)로 되어 있다(그림 6.25 참조).

달리 말하면, 각 틈새는 각 채널로부터 받은 1개씩의 신호 단위가 들어 있으며, 따라서 하나의 프레임 안에 24개의 신호 단위가 차례로 끼워져 있는 것이다. 만일 T-1 회선이 8,000개의 프레임을 전달한다면 데이터 속도는 1.544 Mbps(193 × 8,000 = 1.544 Mbps), 곧 회선의 용량이 된다.

E 회선

유럽은 E **회선**(E line)이라는 T 회선의 변형을 사용한다. 두 시스템은 개념적으로는 똑같으나 용량이 서로 다르다. 표 6.2는 E 회선들과 그 용량을 보여주고 있다.

표 6.2 E 회선 전송속도

회선	전송속도(Mbps)	음성 채널
E-1	2.048	30
E-2	8.448	120
E-3	34.368	480
E-4	139.264	1920

그 밖의 동기식 TDM 응용

일부 2세대 이동전화 회사들은 동기식 TDM을 사용하고 있다. 예를 들면, 앞에서 논의했던 디지털 휴대전화는 여전히 가용 대역을 30 kHz 대역들로 나누어서 TDM을 사용하여 이 대역들을 공유한다. 각 대역에 대해서는 모두 6명의 가입자가 대역을 공유하도록 TDM을 적용한다. 이는 각 30 kHz 대역이 6개의 시간 틈새로 만들어져서 가입자의 계수화된 음성 신호가 시간 틈새에 들어감을 말한다. TDM을 사용함으로써 각 지역의 전화 사용자가 6배로 늘어난 것이다. 16장에서 2세대 이동전화에 대해 논의한다.

통계식 시분할 다중화

앞 절에서 본 것처럼 동기식 TDM에서는 각 입력 회선은 출력 프레임에 예약된 틈새를 가지고 있다. 이로 인해 입력 회선이 데이터가 없는 경우에는 효율이 떨어지게 된다. 통계식(statistical) TDM에서는 대역폭 효율을 높이기 위해 틈새는 동적으로 할당된다. 입력 회선이 전송할 만한 충분한 데이터가 있는 경우에만 출력 프레임의 틈새를 할당받는다. 통계적 다중화에서는 각 프레임의 틈새 수는 입력 회선의 수보다 적다. 다중화기는 각 입력 회선을 돌아가기 방식으로 확인하여 회선에 데이터가 있는 경우에는 틈새를 할당하고 그렇지 않은 경우에는 해당 회선을 건너 뛰어 다음 회선을 확인한다.

그림 6.26은 동기식 및 통계식 TDM의 예를 보여준다. 동기식 TDM에서는 어떤 틈새는 전송할 데이터가 없어서 비게 된다. 그러나 통계식 TDM에서는 입력 회선에 전송할 데이터가 있는 한 빈 틈새는 없다.

주소지정

그림 6.26은 또한 두 가지 TDM 방식의 주요 차이도 보여준다. 동기식 TDM의 출력 틈새는 데이터로만 채워져 있다. 통계식 TDM에서는 각 틈새는 데이터뿐만 아니라 목적지 주소도 필요하다. 동기식 TDM의 경우 주소가 필요 없는데 동기화 및 입력과 출력 사이에 미리 지정된 관계로 인해 주소 역할을 하는 것이다. 예를 들어 입력 1은 항상 출력 2로 가는 식이다. 다중화기와 다중화 복구기

그림 6.26
TDM 틈새 비교

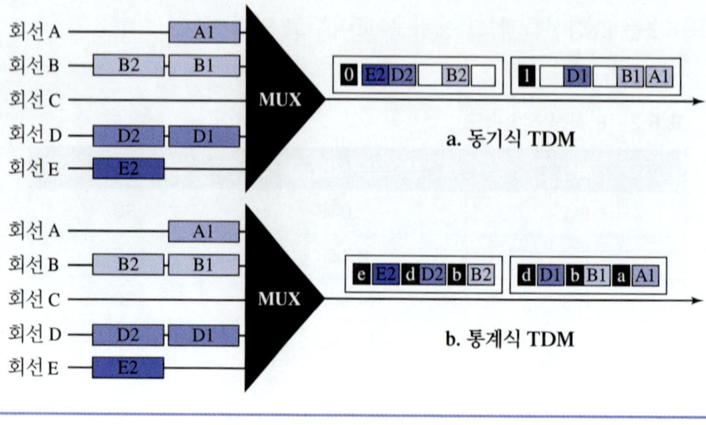

가 동기화되어 있는 한 이는 보장되는 것이다. 통계식 TDM의 경우에는 입력과 출력 사이에 미리 할당되거나 예약된 틈새가 없기 때문에 아무런 관련이 없는 것이다. 전달하기 위해서는 수신받을 곳의 주소를 각 틈새에 넣어 주어야 한다. 가장 간단히 주소를 지정하는 방법으로는 N개의 서로 다른 출력 회선을 지정하기 위해 $n = \log_2 N$의 관계로부터 구한 n개의 비트를 주소로 사용하는 것이다. 예를 들면 8개의 출력 회선에 대해서는 3비트 주소를 사용하는 것이다.

틈새 크기

통계식 TDM에서는 틈새는 데이터 및 주소를 같이 전달하므로 주소에 대한 데이터의 상대적 비율이 전송을 효율적으로 할 만큼 커야 한다. 예를 들면 1비트를 전송하기 위해 3비트 주소를 사용하는 것은 비효율적일 것이다. 이는 300퍼센트의 오버헤드이기 때문이다. 통계식 TDM에서는 통상 데이터는 여러 바이트이고 주소는 몇 바이트 정도가 된다.

필요 없는 동기화 비트

동기식 TDM과 통계식 TDM에는 다른 차이도 있는데 프레임 단계의 차이다. 통계식 TDM의 프레임은 동기화될 필요가 없으므로 동기화 비트가 필요 없다.

대역폭

통계식 TDM에서는 링크의 용량은 각 채널의 용량의 합보다 작다. 통계식 TDM을 설계하는 사람은 각 채널 부하의 통계 값을 기반으로 설계한다. 만일 평균적으로 입력 회선의 x 퍼센트만 채워진다면 링크의 용량은 이를 반영한다. 물론 최고조의 상황에서 어떤 틈새는 기다려야만 한다.

6.2 대역 확산 방식

다중화는 대역폭을 효율적으로 사용하기 위해 몇 개의 발신지 신호를 합하게 되므로 링크의 가용 대역폭은 발신지들이 나누어 쓰게 된다. **대역 확산**(SS, Spread Spectrum) 방식에서도 서로 다른 발신지에서 오는 신호를 합하여 더 큰 대역으로 만들지만, 그 목적은 다소 다르다. 대역 확산은 무선 응용(LAN과 WAN)을 위해 설계되었다. 이와 같은 응용에서는 대역폭의 효율보다 더 문제가 되는 것이 있다. 무선 응용에서는 모든 지국이 공기(또는 진공)를 통신의 매체로 사용한다. 지국들은 이 매체를 도청당하지 않으면서 그리고 악의를 가진 침입자(군사 작전이 한 예임)로 인해 전파 교란이 되지 않도록 하면서 이 매체를 공동으로 사용할 수 있어야 한다.

이와 같은 목적을 달성하기 위해 대역 확산 방식은 여분의 정보를 추가한다. 즉, 각 지국이 필요로 하는 원래의 대역을 확산하는 것이다. 각 지국에 필요한 대역폭을 B라고 하면 대역 확산 방식은 이를 $B_{ss} \gg B$인 B_{ss}로 확장한다. 확산된 대역폭은 더 안전한 통신을 위하여 보호 덮개 속으로 원래의 메시지를 감싸 넣을 수 있도록 해준다. 비유를 들자면 섬세하고 비싼 선물을 보내는 것에 견줄 수 있다. 우리는 선물을 전송 도중에 손상을 입지 않도록 특별히 상자에 포장하며 안전하게 패키지를

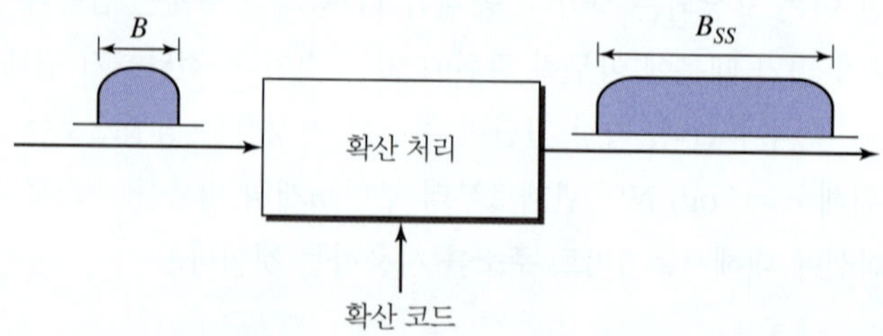

그림 6.27
대역 확산 방식

보낼 수 있도록 더 나은 배달을 사용하는 것이다.

그림 6.27은 대역 확산 방식이다. 대역 확산 방식은 다음의 두 가지 원리를 통해 그 목적을 달성한다.

1. 각 지국에 할당된 대역폭은 필요 대역폭보다 더 크다. 이로 인해 추가 정보를 보낼 수 있다.
2. 원래 대역폭 B를 B_{ss}로 확장하는 것은 원래 신호와 독립적으로 진행되어야 한다. 다시 말하면 확산 과정은 발신지로부터 신호가 생성된 이후에 진행된다.

발신지에서 신호가 생성된 이후에 확산 과정은 확산 코드를 사용하여 대역폭을 확산한다. 그림은 원래의 대역폭 B와 확산된 대역폭 BSS를 보여준다. 확산 코드는 임의로 보이는 일련의 숫자들이지만 실제로는 어떤 패턴이 있다.

대역폭을 확산하는 데는 두 가지 기법이 있는데 **주파수 도약 대역 확산**(FHSS, frequency hopping spread spectrum)과 **직접 순열 대역 확산**(DSSS, direct sequence spread spectrum)이 있다.

6.2.1 주파수 도약 대역 확산

주파수 도약 대역 확산(FHSS) 기법은 발신지 신호로 변조된 M개의 서로 다른 반송파를 사용한다. 어느 순간 신호는 어느 한 반송파로 변조하다가 다른 순간에는 다른 반송파로 변조된다. 한 번에 하나의 반송파를 사용하여 변조가 행해지지만 궁극적으로 M개의 주파수가 사용된다. 확산 이후에 발신지가 차지하는 대역폭은 $B_{FHSS} \gg B$이다.

그림 6.28은 일반적인 FHSS를 보여주고 있다. **의사랜덤 잡음**(PN, pseudorandom noise)이라는 **의사랜덤 코드 생성기**(pseudorandom code generator)가 매 **도약 주기**(hopping period) T_h 동안 k 비트의 패턴을 만들어낸다. 이 해당 도약 주기에 사용될 주파수를 주파수 테이블(frequency table)과 패턴을 사용하여 알아내어 주파수 합성기로 보낸다. 주파수 합성기(frequency synthesizer)는 해당 주파수의 반송파를 생성하며 발신지 신호는 이 반송파를 변조한다.

8개의 도약 주파수를 사용키로 했다고 하자. 이는 실제 응용에 비해서는 매우 적은 숫자이지만 설명하기 위해 예로 든다. 이 경우에는 M은 8이고 k는 3이다. 의사랜덤 코드 생성기는 8개의 서로 다른 3비트 패턴을 만든다. 이들은 8개의 서로 다른 주파수로 주파수 테이블이 만들어진다(그림 6.29 참조).

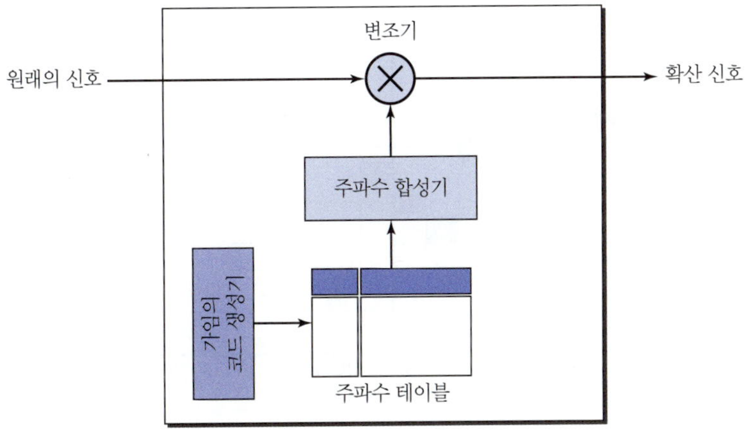

그림 6.28
주파수 도약 대역 확산(FHSS)

이 지국의 패턴은 101, 111, 001, 000, 010, 011, 100이다. 이 패턴은 랜덤하게 8번 뛰고 나면 다시 반복된다는 것에 유의하라. 이는 1번 도약 주기에서 패턴은 101이라는 것을 의미한다. 선택된 주파수는 700 kHz이며 발신지 신호는 이 반송파를 변조한다. 두 번째 k 비트 패턴은 111이며, 이는 900 kHz 반송파를 선택한다. 여덟 번째 패턴은 100이며 주파수는 600 kHz이다. 여덟 번 도약하고 나면 패턴은 다시 101부터 반복된다. 그림 6.30은 신호가 어떻게 반송파와 반송파 사이를 넘나드는지를 보여준다. 여기서는 원래 신호를 위해 필요한 대역폭은 100 kHz라고 가정한다.

이 방식은 앞에서 언급한 목적과 부합함을 알 수 있다. 많은 k 비트 패턴이 있고 도약 주기가 짧다면 송/수신자 사이에서 비밀을 유지할 수 있다. 침입자가 신호를 가로챈다 해도 아주 짧은 기간 동안의 신호만 가로챌 수 있는데 이는 침입자는 다음 번 주파수가 무엇이 될지 패턴을 알 수 없기 때문이다. 이 방식은 또한 방해 전파에도 강하다. 침입자는 어느 한 도약 주파수의 신호를 방해하기 위해 전파 교란을 할 수 있지만 모든 주기에 대해서는 할 수 없다.

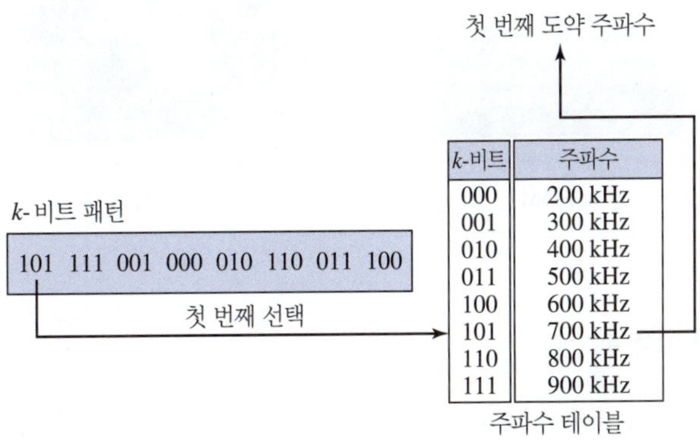

그림 6.29
FHSS에서 주파수 선정

그림 6.30
FHSS 사이클

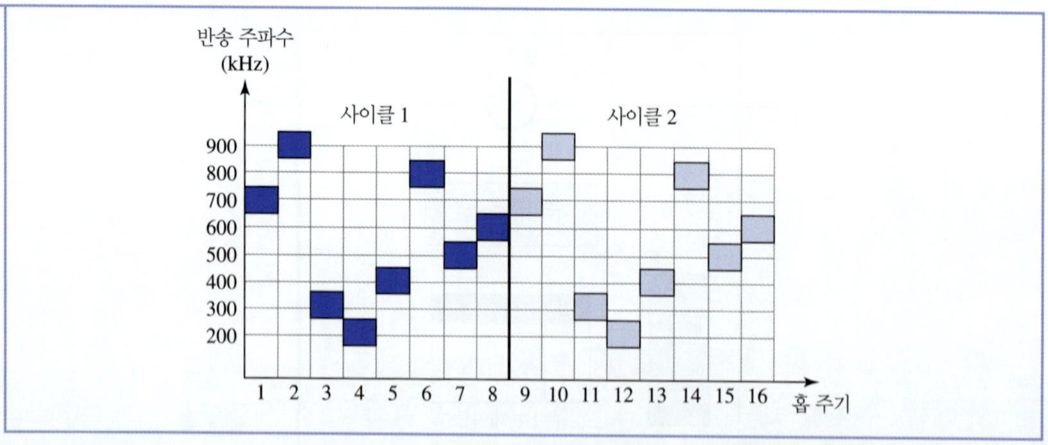

대역폭 공유

도약 주파수의 수가 M이면 동일한 B_{ss} 대역폭을 사용하여 M개의 채널을 다중화할 수 있다. 이는 각 도약 주기 동안에는 각 지국은 어느 주파수 하나만을 사용하며 나머지 $M - 1$개의 지국은 다른 $M - 1$개의 주파수를 사용하기 때문이다. 다시 말하면, 복수 FSK와 같은 적절한 변조 방법을 사용한다면 M개의 서로 다른 지국들이 동일한 B_{ss} 대역폭을 공유한다는 것이다. FHSS는 그림 6.31에 있는 것처럼 FDM과 유사하다.

그림 6.31은 FDM을 사용하는 4개의 채널과 FHSS를 사용하는 4개의 채널을 예로 보여준다. FDM에서는 각 지국은 대역폭의 $1/M$만을 사용하되 고정된 대역을 할당받고, FHSS에서는 각 지국은 $1/M$의 대역폭을 사용하되 매번 도약할 때마다 다른 영역을 사용한다.

그림 6.31
대역폭 공유

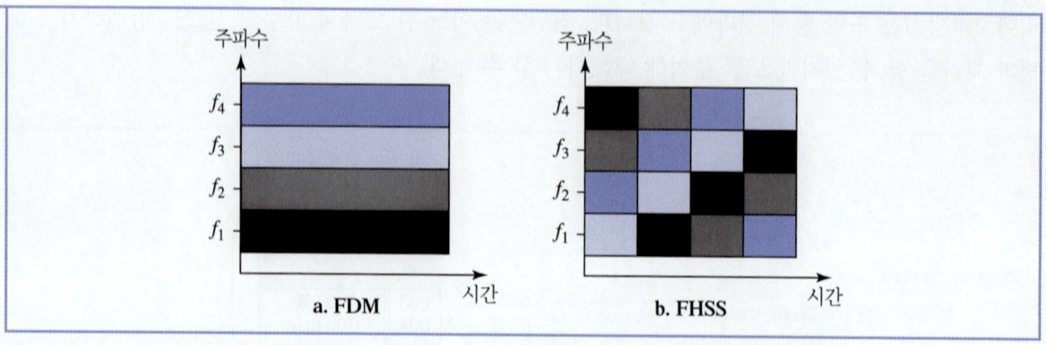

6.2.2 직접 순열 대역 확산

직접 순열 대역 확산(DSSS, direct sequence spread spectrum) 기법은 원래 신호의 대역폭을 확산하지만 그 과정은 다르다. DSSS에서는 각 데이터 비트를 확산 코드를 사용하여 n 비트로 대체한다. 다시 말하면 각 비트에 **칩**(chip)이라 불리는 n 비트의 코드를 지정하는 것인데, 여기서 칩 속도는 데이터 비트율의 n 배이다. 그림 6.32는 DSSS의 개념을 보여준다.

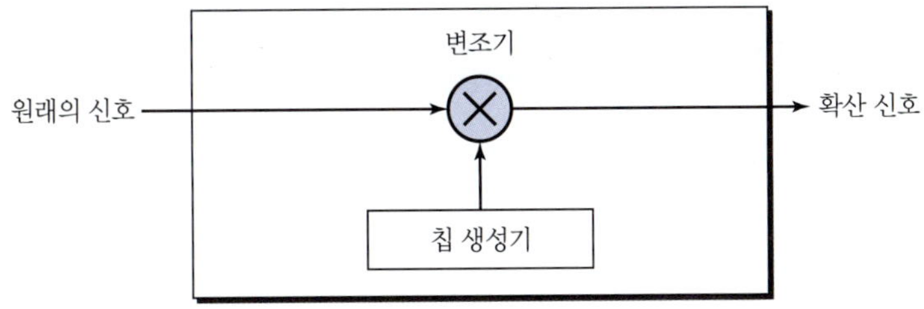

그림 6.32
DSSS

한 예로써 무선 LAN에 사용되는 유명한 **바커 순열**(Barker sequence) 중 n이 11인 경우를 생각하자. 원래의 신호와 칩 생성기의 칩은 극형 NRZ 부호화를 사용한다고 가정하자. 그림 6.33은 칩을 보여주며 확산 신호를 얻기 위해 원래 신호에 칩을 곱한 결과를 보여준다.

그림 6.33에서는 확산 코드는 10110111000(이 예의 경우에)의 패턴으로 되어 있는 11개의 칩이다. 원래 신호율이 N이라면 확산 신호의 전송률은 $11N$이다. 이는 확산 신호의 요구 대역폭은 원래 신호의 대역폭의 11배가 됨을 말한다. 확산 신호는 침입자가 코드를 모르면 통신 비밀을 유지할 수 있다. 또한 각 지국이 서로 다른 코드를 사용하면 서로 방해하지 않으면서 통신할 수 있다.

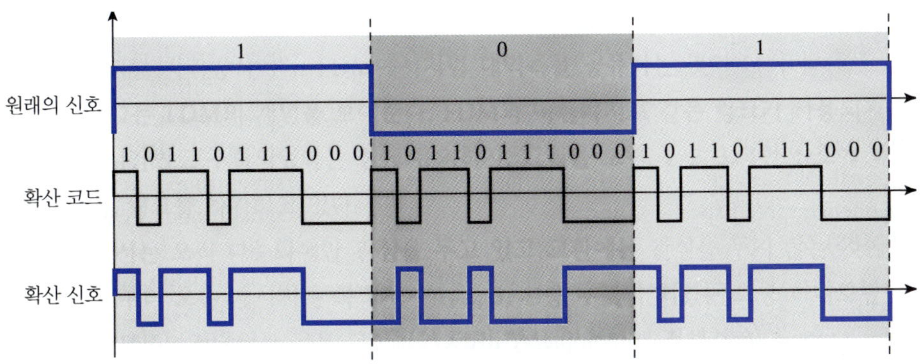

그림 6.33
DSSS 예

대역폭 공유

FHSS의 경우처럼 DSSS에서도 대역폭을 공유할 수 있을까? 그 답은 아닐 수도 그럴 수도 있다. 만일 서로 다른 지국들로부터 확산된 신호를 서로 합한 다음에 다시 분리할 수 없는 확산 코드를 사용하면 대역폭을 공유할 수 없다. 예를 들면 14장에서 보듯이 어떤 무선 LAN은 DSSS를 사용하는데 그 대역폭을 공유할 수 없다. 그러나 만일 신호를 합한 후에 다시 분리할 수 있는 특별한 코드를 사용한다면 대역폭을 공유할 수 있다. 16장에서 보듯이 휴대 전화 시스템에서는 특별한 DSSS 코드를 사용하며 몇몇 사용자들이 동시에 대역폭을 공유할 수 있다.

6.3 추천 자료

6.3.1 추천 도서

본 장에서 논의한 주제들을 자세히 보기 위해서 다음 책을 추천한다. 괄호 안에 있는 내용은 교재 끝에 있는 참고문헌을 가리킨다.

참고문헌

다중화는 [Pea 92]에 잘 기술되어 있다. [Cou 01]은 TDM과 FDM에 대해 훌륭하게 기술하고 있다. 좀 더 진보된 자료는 [Ber 96]에서 볼 수 있다. 다중화는 [Sta 04]에도 논의되어 있다. 대역 확산 방식은 [Cou 01]과 [Sta 04]에서 볼 수 있다.

6.3.2 중요 용어

analog hierarchy
Barker sequence
channel
chip
demultiplexer(DEMUX)
dense WDM(DWDM)
digital signal(DS) service
direct sequence spread spectrum(DSSS)
E line
framing bit
frequency hopping spread spectrum(FHSS)
frequency-division multiplexing(FDM)
group
guard band
hopping period
interleaving
jumbo group
link
master group
multilevel multiplexing
multiple-slot allocation
multiplexer(MUX)
multiplexing
pseudorandom code generator
pseudorandom noise(PN)
pulse stuffing
spread spectrum(SS)
statistical TDM
supergroup
synchronous TDM
T line
time-division multiplexing(TDM)
wavelength-division multiplexing(WDM)

6.3.3 요약

- 대역폭 활용은 특정 목적을 위해 가용 대역을 사용하는 것이다. 효율은 다중화를 통해 얻을 수 있으며 사생활 보호와 교란 방지는 확산을 통해 얻을 수 있다. 다중화란 단일 데이터 링크를 통해 복수의 신호를 동시에 전송하는 것이다. 다중화의 3가지 형식은 주파수 분할 다중화(FDM)와 파장 분할 다중화(WDM) 및 시분할 다중화(TDM)이다. FDM에서는 각 신호가 서로 다른 반송파 주파수를 변조한다. 변조된 반송파는 새로운 신호를 형성하도록 합성되어 링크로 전송된다. 파장 분할 다중화(WDM)는 FDM과 유사한 개념이다. 그렇지만 다중화되는 신호는 빛이다. TDM에서 *n*개의 장치로부터 나온 디지털 신호들이 번갈아가며 끼워 넣어져서 데이터 프레임(비트, 바이트 또는 기타 데이터 단위로)을 형성한다. TDM은 동기식과 통계식 기법으로 나눌

수 있다. 동기식 TDM에서는 각 입력은 전송할 데이터가 없어도 출력의 틈새를 고정적으로 할당받는다. 통계식 TDM에서는 대역폭을 효율적으로 사용하기 위해 틈새는 동적으로 할당된다.

- 대역 확산(SS) 방식에서는 서로 다른 발신지의 신호를 합하여 하나의 더 큰 대역으로 묶는다. 대역 확산 방식은 지국들이 도청을 방지하고 악의의 침입자에 의한 통신 교란을 받지 않으면서 매체를 공유해야 하는 무선 응용에 사용되도록 설계되었다. 주파수 도약 대역 확산(FHSS) 기법은 발신지 신호에 의해 변조되는 *M*개의 서로 다른 반송파를 사용한다. 어느 한 순간 신호는 어느 특정 반송파를 변조하고 다음 순간에는 다른 주파수의 반송파를 변조한다. 직접 순열 대역 확산(DSSS) 기법은 신호의 각 비트를 확산 코드를 사용하여 *n* 비트로 대체한다. 다시 말하면 각 비트는 칩이라고 불리는 *n* 비트의 코드를 할당받는다.

6.4 연습문제

6.4.1 객관식

1. 아날로그 신호를 전송하는 다중화 기술은?
   a. FDM　　b. TDM
   c. WDM　　d. PDM

2. 디지털 신호를 전송하는 다중화 기술은?
   a. FDM　　b. TDM
   c. WDM　　d. PDM

3. 다음 중 각 신호를 서로 다른 반송파로 전달하는 다중화 기술은?
   a. FDM　　b. TDM
   c. WDM　　d. PDM

4. 광선 빔으로 구성된 신호를 사용하는 다중화 기술은?
   a. FDM　　b. TDM
   c. WDM　　d. PDM

5. ____________은 단일 회선을 사용하여 여러 신호를 동시에 전송하는 것을 허용하는 기술들이다.
   a. 다중화 복구　　b. 다중화
   c. 압축　　d. 정답 없음

6. ____________은 광섬유의 높은 대역폭을 이용하기 위해 설계되었다.
   a. FDM　　b. TDM
   c. WDM　　d. 정답 없음

7. ____________은 광신호를 결합하는 아날로그 다중화 기술이다.
   a. FDM　　b. TDM
   c. WDM　　d. 정답 없음

8. ____________은 링크의 높은 대역폭을 공유하기 위해 여러 연결을 허용하는 디지털 처리 절차이다.
   a. FDM　　b. TDM
   c. WDM　　d. 정답 없음

9. ____________을 동기식 및 통계식 기법으로 나눌 수 있다.
   a. FDM　　b. TDM
   c. WDM　　d. 정답 없음

10. ____________ TDM에서는 각 입력 연결은 데이터를 전송하지 않는 경우에도 출력을 할당받고 있다.
    a. 동기식　　b. 통계식
    c. 등시식　　d. 정답 없음

11. ____________ TDM에서는 대역폭 효율을 높이기 위해 틈새가 동적으로 할당된다.
   a. 동기식 b. 통계식
   c. 등시식 d. 정답 없음

12. ____________ 기술은 원시 신호에 의해 변조된 M개의 서로 다른 반송 주파수를 사용한다. 한 순간에는 신호는 어떤 반송파를 변조하고 다음 순간에는 다른 반송파를 변조한다.
   a. FDM b. DSSS
   c. FHSS d. TDM

13. ____________ 기술은 확장 코드를 이용하여 각 데이터 비트를 n개의 비트로 대체하여 신호의 대역폭을 확장한다.
   a. FDM b. DSSS
   c. FHSS d. TDM

14. 그룹, 슈퍼그룹, 주 그룹, 점보 그룹은 ____________에서 사용하는 용어이다.
   a. FDM b. DSSS
   c. FHSS d. TDM

15. 다단계 다중화는 ____________에서 사용하는 전략이다.
   a. FDM b. DSSS
   c. FHSS d. TDM

16. 다중-틈새 할당은 ____________에서 사용하는 기술이다.
   a. FDM b. DSSS
   c. FHSS d. TDM

17. 펄스 채워넣기는 ____________에서 사용하는 전략이다.
   a. FDM b. DSSS
   c. FHSS d. TDM

18. 프레임 동기화는 ____________에서 사용하는 전략이다.
   a. FDM b. DSSS
   c. FHSS d. TDM

19. T-1 회선은 ____________ 프레임을 사용한다.
   a. 6,000 b. 8,000
   c. 10,000 d. 12,000

20. ____________ TDM에서는 주소지정 메커니즘이 필요하다.
   a. 동기식 b. 통계식
   c. 동기식과 통계식 d. 정답 없음

6.4.2 주관식

Q-1 다중화의 목적을 기술하라.

Q-2 이 장에서 공부한 주요 3가지 다중화 기법을 나열하라.

Q-3 다중화에서 채널과 링크를 구분, 설명하라.

Q-4 세 가지 다중화 기법 중 어느 것이 아날로그 신호를 조합하는 데 사용되는가? 디지털 신호를 조합하는 데 사용되는 것은?

Q-5 전화 회사에 의해 사용되는 아날로그 계층을 정의하고, 그 계층의 단계를 나열하라.

Q-6 전화 회사에서 사용하는 디지털 계층을 정의하고, 그 계층의 단계를 나열하라.

Q-7 세 가지 다중화 기법 중 광섬유에 흔히 사용되는 것은? 그 이유를 설명하라.

Q-8 다단계 TDM과 다중 틈새 TDM 및 펄스 채워넣기 TDM을 구분, 설명하라.

Q-9 동기식 TDM과 통계식 TDM을 비교, 설명하라.

Q-10 대역 확산 방식과 그 목적을 정의하라. 두 가지 대역 확산 방식을 나열하라.

Q-11 FHSS를 정의하고, 대역폭 확산을 어떻게 달성하는지 설명하라.

Q-12 DSSS를 정의하고 대역폭 확산을 어떻게 달성하는지 설명하라.

객관식 홀수 번 문제 정답

1. ⓓ 3. ⓐ 5. ⓑ 7. ⓒ 9. ⓑ 11. ⓑ 13. ⓑ 15. ⓓ 17. ⓓ 19. ⓑ

6.5 시뮬레이션 실험

6.5.1 애플릿

이 장에서 설명된 주요 개념의 일부를 보여주기 위하여 자바 애플릿을 개발하였다. 학생들에게 이 책 웹 사이트에 올라와 있는 이 애플릿을 실행시켜 보고, 프로토콜을 실제로 살펴보는 것을 강력하게 권한다.

CHAPTER 07

DATA COMMUNICATIONS

전송 매체

3장에서 6장까지는 물리층과 관련된 많은 주제를 다루었다. 이 장에서는 전송 매체에 대해 다룬다. 신호를 발신지에서 목적지까지 전달하기 위해서는 반드시 전송 매체가 필요하다. 매체는 유선 또는 무선일 수 있다.

이 장은 3개 절로 나뉜다.

첫 번째 절은 전송 매체를 소개하고, 인터넷 모델에서 전송 매체의 위치를 설명한다. 그리고 전송 매체를 2개의 넓은 범주인 유도와 비유도 매체로 분류할 수 있음을 보여준다.

두 번째 절은 유도 매체를 설명한다. 첫 번째 부분은 꼬임쌍선과 이의 특성과 응용을 설명한다. 두 번째 부분은 동축 케이블과 이의 특성 및 응용을 설명한다. 마지막으로 세 번째 부분은 광케이블과 이의 특성 및 응용을 설명한다.

세 번째 절은 비유도 매체를 설명한다. 첫 번째 부분은 라디오파와 그의 특성 및 응용을 설명한다. 두 번째 부분은 마이크로파와 그의 특성 및 응용을 설명한다. 마지막으로 적외선파와 그의 특성 및 응용을 설명한다.

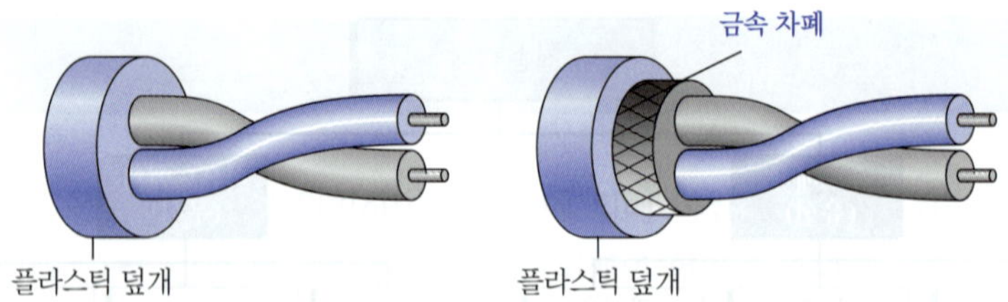

그림 7.4 UTP와 STP 케이블

것이 수신자에게는 차이로 나타난다. 전선을 꼬음으로써 균형이 유지된다. 예를 들면, 첫 꼬임에서 한 전선이 잡음원에 더 가깝고 다른 전선은 멀다면 다음 꼬임에서는 그 반대가 된다. 꼬아 만들기 때문에 각 전선이 외부 영향(잡음과 혼선)에 대해 동일한 영향을 받는다. 이는 두 전선의 차이를 계산하는 수신자는 원치 않는 신호를 받지 않는다는 것을 의미한다. 위 논의로부터 단위 길이당 꼬인 횟수가 전선의 품질을 결정한다는 것을 알 수 있는데 많이 꼬일수록 좋은 품질이 된다.

비차폐 대 차폐 꼬임쌍선 케이블

통신에서 가장 널리 쓰이는 꼬임쌍선 케이블은 **비차폐 꼬임쌍선**(UTP, unshielded twisted pair)이다. IBM은 **차폐 꼬임쌍선**(STP, shielded twisted pair)이라고 하는 꼬임쌍선을 만들었다. STP는 절연된 전도체 쌍을 감싸는 금속 그물 덮개를 가지고 있다. 금속 덮개가 잡음이나 혼선이 파고들지 못하도록 보호하여 전선의 품질을 높이지만 더 부피가 많이 나가고 비싸지게 된다. 그림 7.4에 UTP와 STP의 차이를 보여주고 있다. 우리는 주로 UTP에 대해 논의하는데 STP는 IBM 외에는 별로 사용하지 않기 때문이다.

범주

미국전자산업협회(EIA)는 품질에 따라 UTP 케이블의 등급을 매긴 표준을 개발하였다. 각 범주는 케이블의 품질에 의해 결정되었다. 품질에 따라 가장 낮은 것을 1로, 가장 높은 것을 7로 각각 표시한다. 각각의 EIA 범주는 정해진 용도에 맞게 분류되어 있다. 범주는 표 7.1에 나타나 있다.

표 7.1 비차폐 꼬임쌍선 범주

범주	규격	데이터 전송률(Mbps)	용도
1	전화망에 사용	<0.1	전화
2	T-1 회선에 사용(전화망 + 전산망)	2	T-1 회선
3	LAN에 사용	10	LAN
4	토큰링 망에 사용	20	LAN
5	디지털 전화망 + 전산망	100	LAN
5E	디지털 전화망 + 전산망	125	LAN
6	디지털 전화망 + 전산망	200	LAN
7	디지털 전화망 + 전산망(영상신호 전송)	600	LAN

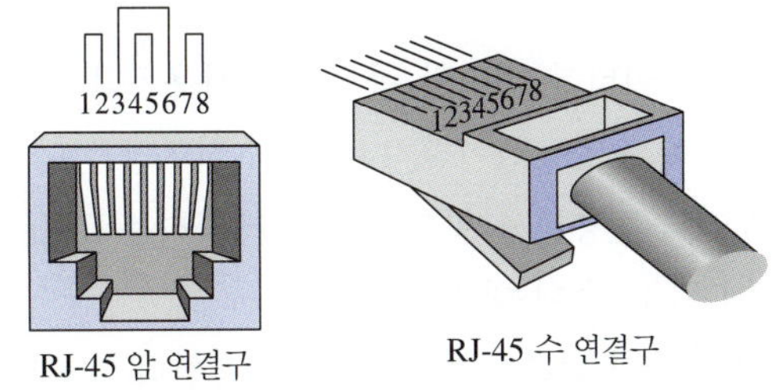

그림 7.5
UTP 연결구

연결구

가장 흔한 UTP 연결구(connector)는 그림 7.5에 있는 **RJ45**(RJ는 registered jack을 뜻한다)이다. RJ45는 열쇠고리가 있는 연결구인데 이는 연결 장치가 오직 한 방향으로만 끼울 수 있게 되어 있기 때문이다.

성능

꼬임쌍선의 성능을 측정하는 한 가지 방법은 주파수와 거리에 대해 감쇠 현상을 비교하는 것이다. 꼬임쌍선은 넓은 영역의 주파수를 통과시킬 수 있다. 그러나 그림 7.6은 주파수가 증가함에 따라 킬로미터당 데시벨(dB/km)로 측정한 감쇠는 주파수가 100 kHz가 넘어서면서 급격히 증가한다. 게이지(gauge)는 전선의 두께를 나타낸다.

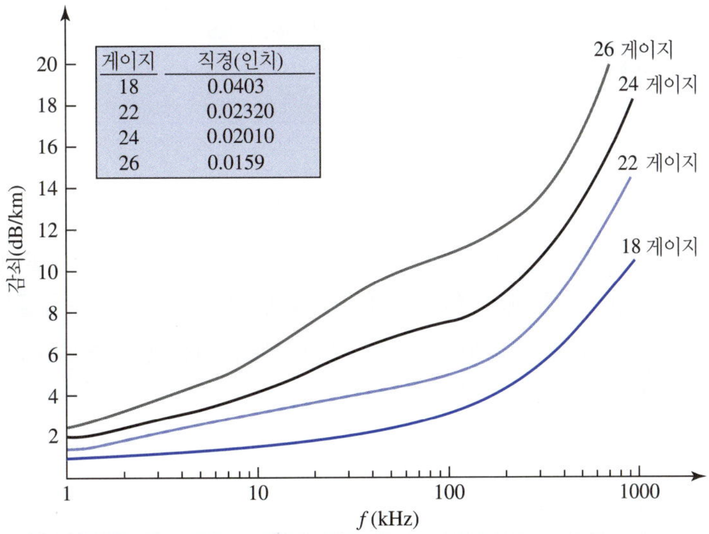

그림 7.6
UTP 성능

응용

꼬임쌍선은 전화에서 음성이나 데이터를 전송할 목적으로 사용된다. 가입자를 중앙 전화국과 연결하는 가입자 회선은 대부분 비차폐 꼬임쌍선이다. 14장에서 전화망을 다룬다.

전화 회사에 의해 고속 데이터 전송률을 위한 연결을 제공하는 DSL 회선도 고대역폭 비차폐 꼬임쌍선을 사용한다. 14장에서 DSL 기술에 대해 논의한다.

10Base-T나 100Base-T와 같은 LAN도 꼬임쌍선을 사용한다. 13장에서 이와 같은 네트워크에 대해 논의한다.

7.2.2 동축 케이블

동축 케이블(coaxial cable 또는 coax)은 꼬임쌍선 케이블보다 더 높은 주파수 영역의 신호를 전달한다. 그 이유 중 하나는 두 매체가 상당히 다르게 구성되어 있기 때문이다. 동축 케이블은 두 가닥의 전선 대신 절연 외피로 덮인 매끈한 원통형이나 노끈처럼 꼬아 만든 전선(주로 구리)으로 된 중심도선을 갖고, 이 중심도선은 다시 금속박이나 꼬인 끈 또는 두 가지의 조합(주로 구리)으로 된 외피 도선으로 덮여 있다. 외부를 금속으로 감싸는 것은 잡음에 대한 차폐장치이자 회로를 완성하는 2차 도선 역할을 한다. 이 외피 도선은 다시 절연 외피로 둘러싸여 있고, 전체 케이블은 플라스틱 피복에 의해 보호된다(그림 7.7 참조).

그림 7.7 동축 케이블

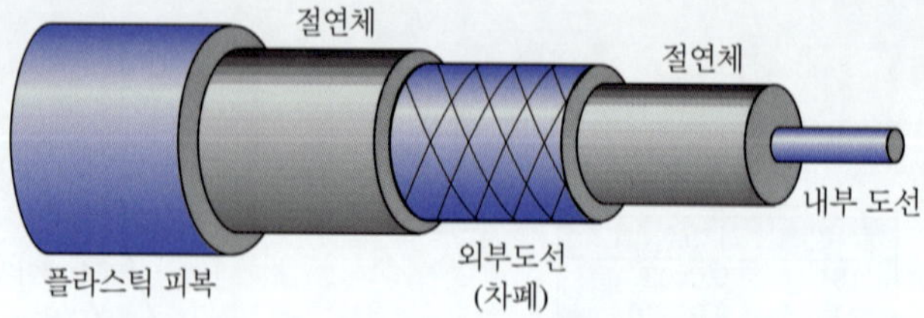

동축 케이블 표준

동축 케이블은 **무선국**(RG, radio government) 등급에 의해 분류되어 있다. 각 RG 등급은 내부 도선의 전선 규격, 내부 절연체의 두께와 종류, 차폐의 구성 및 외피의 크기와 종류를 포함하는 특정한 물리적 규격을 나타낸다. RG 등급에 의해 규정된 각 케이블은 전문적 기능을 달성하기 위해 표 7.2에 보인 것처럼 채택된다.

표 7.2 동축 케이블

범주	임피던스	용도
RG-59	75 Ω	케이블 TV
RG-58	50 Ω	얇은 이더넷
RG-11	50 Ω	굵은 이더넷

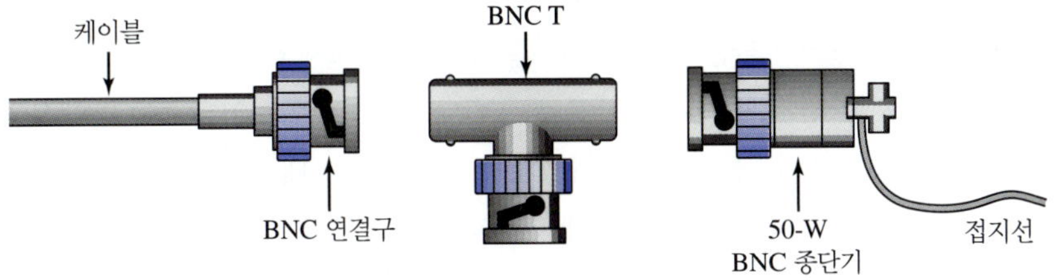

그림 7.8
BNC 연결구

동축 케이블 연결구

동축 케이블을 장비에 연결하기 위해서는 동축 케이블 연결구가 필요하다. 오늘날 가장 널리 사용되는 연결구는 **베이어닛-닐-컨슬만**(Bayonet Neill-Concelman) 또는 BNC라고 하는 연결구이다. 그림 7.8은 이 연결구의 세 가지 종류인 BNC 연결구, BNC T 연결구, BNC 종단기를 보여준다.

BNC 연결구는 TV와 같은 장비에 케이블의 한 끝을 연결하기 위해 쓰인다. BNC T 연결구는 이더넷 네트워크에서 하나의 컴퓨터로부터 다른 장비로 가지치기를 하기 위해 사용된다. BNC 종단기는 신호가 반사되는 것을 방지하기 위해 케이블의 마지막 끝에 사용된다.

성능

꼬임쌍선에서 논의했듯이 동축 케이블의 성능을 측정할 수 있다. 그림 7.9로부터 꼬임쌍선보다 감쇠가 심한 것을 볼 수 있다. 이는 동축 케이블이 훨씬 높은 대역폭을 가지고 있지만, 신호가 급격히 약해져서 자주 재생기를 사용해야 하는 것을 말한다.

응용

단일 동축 케이블로 10,000개의 음성 신호를 보내던 아날로그 전화망에서 동축 케이블을 널리 사용

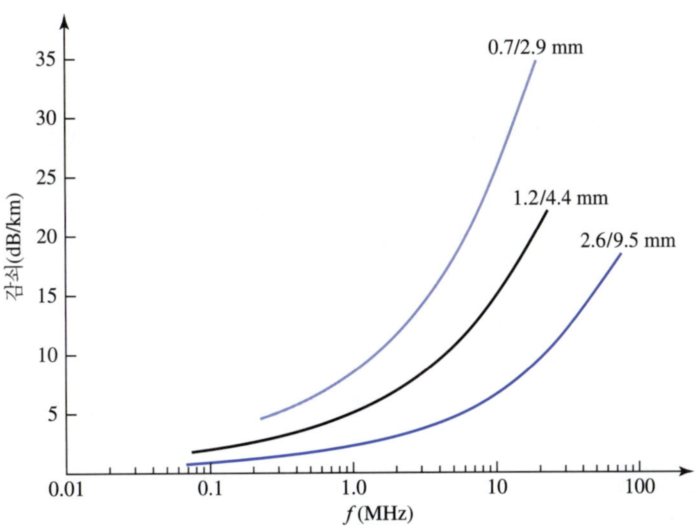

그림 7.9
동축 케이블 성능

하기 시작했다. 후에 단일 케이블로 600 Mbps의 디지털 데이터를 전송하던 디지털 전화망에 사용되었다. 그러나 전화망의 동축 케이블은 오늘날 대부분 광섬유로 교체되었다.

케이블 TV 망(14장 참조)도 동축 케이블을 사용한다. 통상적인 케이블 TV 망에서는 전체 네트워크가 동축 케이블이다. 그러나 나중에는 케이블 TV 사업자들은 대부분의 네트워크를 광섬유로 대체했으며, 혼합 네트워크는 오직 가입자가 소재지인 네트워크 경계에서만 동축 케이블을 사용한다. 케이블 TV는 RG-59 동축 케이블을 사용한다.

동축 케이블을 사용하는 다른 흔한 응용은 전통적인 이더넷 LAN이다(13장 참조). 높은 대역폭과 이에 따른 높은 데이터 전송률로 인해 동축 케이블은 초기 이더넷의 디지털 전송에 채택되었다. 10Base-2 또는 얇은 이더넷은 RG-58 동축 케이블과 BNC 연결구를 사용하여 185 m 범위에서 10 Mbps의 속도로 데이터를 전송한다. 10Base5 또는 굵은 이더넷은 RG-11(굵은 동축 케이블)을 사용하여 5,000 m 범위에서 10 Mbps의 속도로 데이터를 전송한다. 굵은 이더넷은 특별한 연결구를 사용한다.

7.2.3 광섬유 케이블

유리나 플라스틱으로 만드는 **광섬유**(optical fiber)는 빛의 형태로 신호를 전송한다. 광섬유를 이해하기 위해서는 우선 빛의 몇 가지 특성을 알아볼 필요가 있다.

빛은 하나의 균일 물질 내에서는 하나의 직선을 이루며 이동한다. 만약 하나의 물질 속을 이동하던 광선이 갑자기 다른(밀도가 더 높거나 낮은) 물질로 들어가면 속도는 급격히 변하게 되고 방향의 전환을 일어난다. 그림 7.10은 밀도가 높은 물질에서 낮은 물질로 빛이 전파될 때 어떻게 방향이 바뀌는지 보여준다.

그림에서 보는 것처럼 **입사각** I(angle of incidence, 두 물질의 경계면에 수직인 선과 빛이 이루는 각)이 **임계각**(critical angle)보다 작은 경우에 빛은 **굴절**(refract)되어 표면에 가까이 가게 된다. 입사각이 임계각과 같으면 빛은 경계면을 따라 꺾인다. 입사각이 임계각보다 크면 빛은 **반사**(reflect)하여 밀도가 높은 물질로 진행한다. 임계각은 물질의 물리적 성질을 나타내며 물질마다 서로 다른 것에 유의하라.

광섬유는 채널을 통해 빛을 유도하기 위해 반사를 사용한다. 유리나 플라스틱 **중심부**(core)는 더 낮은 밀도의 유리나 **플라스틱 피복**(cladding)으로 둘러싸여 있다. 두 가지 물질의 밀도 차는 중심부를 통해 이동하는 광선이 피복에 굴절되어 들어가지 않고 반사될 정도가 되어야만 한다. 그림 7.11을 참조하라.

그림 7.10
광선의 굴절

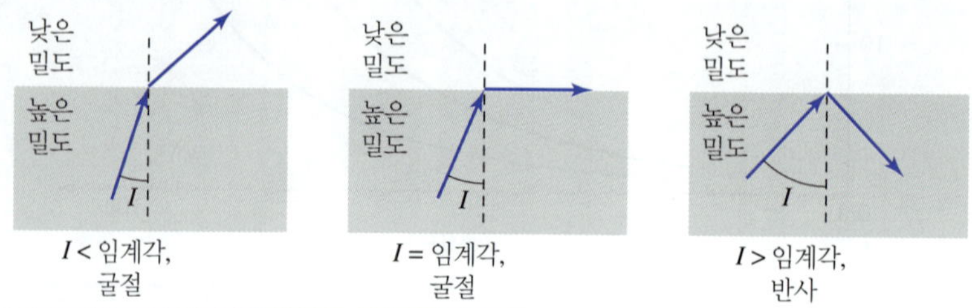

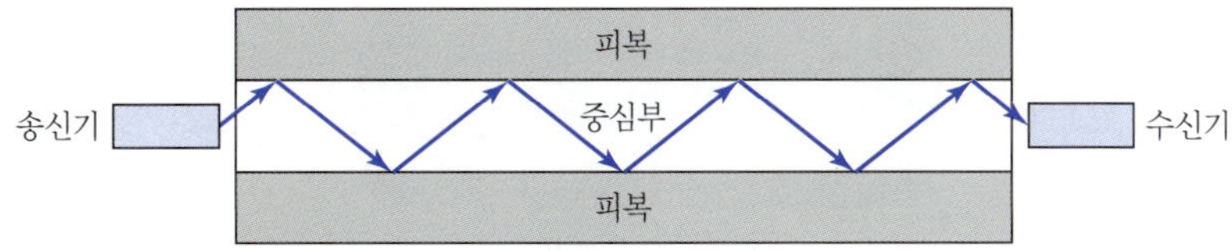

그림 7.11
광섬유

전파 방식

현재의 기술은 광 채널을 따라 전파되는 빛에 대해 다중 모드와 단일 모드라는 두 가지 방식을 지원하는데, 각각은 다른 물리적 특성을 가진 섬유를 필요로 한다. 다중 모드는 다시 단계지수(step-index)와 등급지수(graded-index)라는 두 가지 형태로 구현될 수 있다(그림 7.12 참조).

다중 모드

다중 모드(multimode)는 광원에서 나온 여러 개의 광선이 중심부에서 서로 다른 경로를 가지고 이동하기 때문에 이렇게 이름 붙여졌다. 이러한 광선이 케이블 내에서 움직이는 방법은 그림 7.13과 같이 중심부의 구조에 달려 있다.

다중 모드 단계지수 광섬유(multimode step-index fiber)에서 중심부의 밀도는 가운데에서 모서리까지 일정하게 유지된다. 광선은 중심부와 피복의 경계면에 도달할 때까지 일정한 밀도를 통해 직선으로 움직인다. 경계면에서는 더 낮은 밀도로 급격한 변화가 발생하여 광선이 움직이는 각도가 변경된다. 단계지수(step-index)라는 용어는 이러한 돌발적인 변화에서 유래한다.

다중 모드 등급지수 광섬유(multimode graded-index fiber)라고 불리는 광섬유의 두 번째 유형은 케이블을 통한 신호의 이러한 일그러짐을 감소시킨다. 여기서 지수(index)라는 용어는 굴절지수를 말한다. 위에서 본 것처럼 굴절지수는 밀도와 관련이 있다. 따라서 등급지수 광섬유는 다양한 밀도를 갖는다. 즉, 밀도는 중심부의 가운데에서 가장 높고 바깥으로 갈수록 차츰 낮아진다. 그림 7.13은 변화하는 밀도가 광선의 전파에 미치는 영향을 보여준다.

단일 모드

단일 모드(single mode)는 단계지수 광섬유를 사용하고 광선을 수평에 가까운 작은 영역의 각도로 제한하도록 광원을 고도로 집중시킨다. 단일 모드 광섬유(single mode fiber) 자체는 다중모드 광섬유보다 훨씬 작은 지름을 갖고 상당히 더 낮은 밀도(굴절지수)를 갖도록 만들어진다. 밀도의 감소는

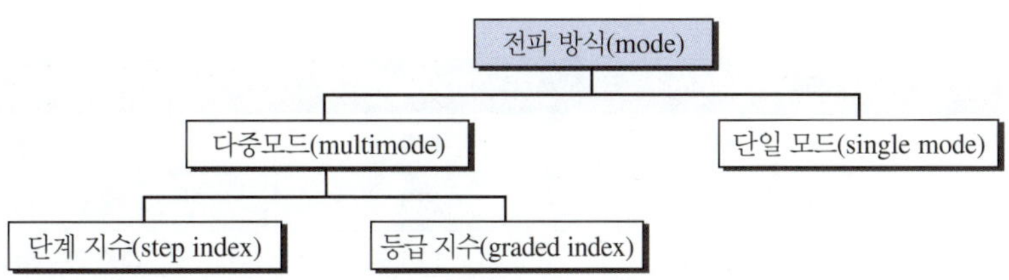

그림 7.12
전파 방식

그림 7.13
모드

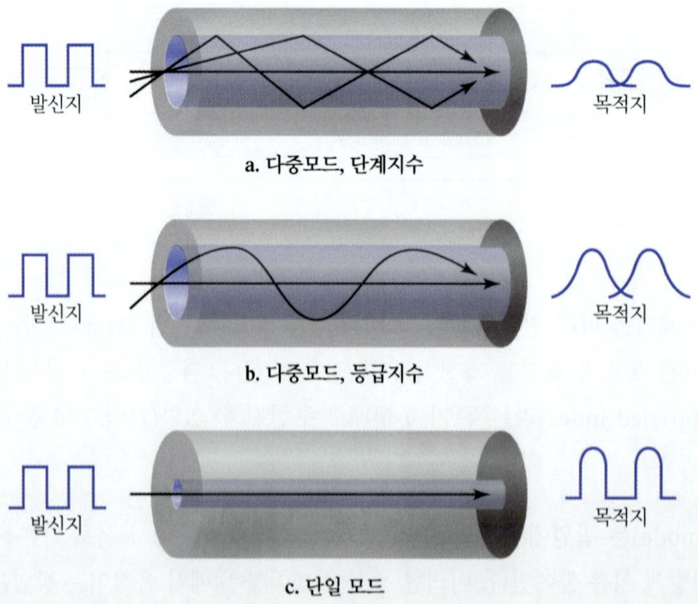

결과적으로 광선의 전파를 거의 수평으로 만드는 90°에 가까운 임계각을 만든다. 이 경우 서로 다른 광선들은 거의 동일하게 전파되며 지연은 무시해도 좋다. 모든 광선은 함께 목적지에 도착해서 신호의 일그러짐 없이 재결합될 수 있다(그림 7.13 참조).

광섬유 크기

광섬유는 중심부의 지름과 피복의 지름의 비율로 정의되는데, 두 가지 모두 마이크론(마이크로미터)으로 표시된다. 일반적인 크기가 표 7.3에 나타나 있다. 마지막에 나열된 크기는 오직 단일 모드에서만 사용된다.

케이블 구성

그림 7.14는 전형적인 광섬유 케이블의 구성을 보여준다. 외부 피복은 테프론(Teflon) 또는 PVC로 되어 있다. 피복 안에는 케이블의 강도를 높이기 위해 케블라(Kevlar) 가닥이 있다. 케블라는 방탄조끼 섬유에 사용되는 강한 물질이다. 케블라 밑에는 광섬유를 완충하기 위한 플라스틱 코팅이 되어

표 7.3 광섬유 유형

유형	중심부(μm)	피복(μm)	모드
50/125	50.0	125	다중모드, 등급지수
62.5/125	62.5	125	다중모드, 등급지수
100/125	100.0	125	다중모드, 등급지수
7/125	7.0	125	단일모드

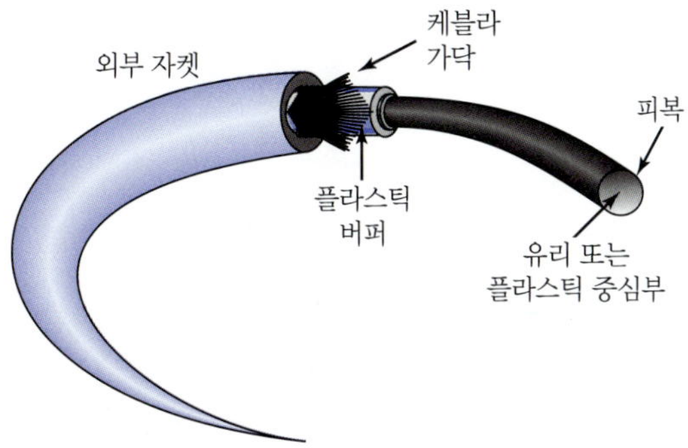

그림 7.14
광섬유 구성

있다. 광섬유는 케이블의 중심에 있으며 중심부와 외피로 구성된다.

광섬유 케이블 연결구

그림 7.15에 보는 것처럼 세 가지 종류의 광섬유용 연결구가 있다.

가입자 채널(SC, subscriber channel) 연결구는 케이블 TV에 사용되는데 밀기/당기기 잠금 시스템을 사용한다. **직립 단자**(ST, straight-tip) 연결구는 케이블을 네트워크에 연결할 때 사용하는데 베이어닛 잠금 시스템을 사용하는 SC보다 신뢰도가 높다. **MT-RJ**는 RJ45와 같은 크기의 연결구이다.

성능

그림 7.16의 파장에 대한 감쇠 그래프는 광섬유 케이블의 매우 흥미로운 현상을 보여준다. 감쇠는 꼬임쌍선이나 동축 케이블에 비해 평탄하다. 광섬유를 사용하게 되면 적은 수(실제로 10배 이상 적은 수)의 재생기가 필요할 정도의 성능을 보인다.

응용

광섬유는 흔히 백본망에 사용되는데 광섬유의 넓은 대역폭이 비용에 있어 효과적이기 때문이다. 오늘날, 파장 분할 다중화(WDM)를 사용하면 1,600 Gbps의 속도로 데이터를 전송할 수 있다. 17장에

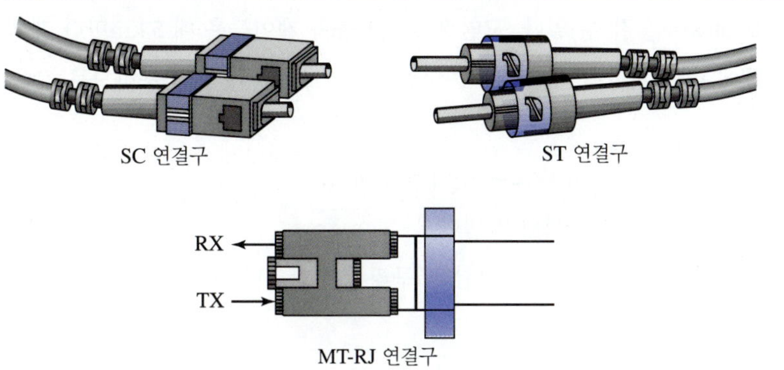

그림 7.15
광섬유 케이블
연결구

그림 7.16
광섬유 성능

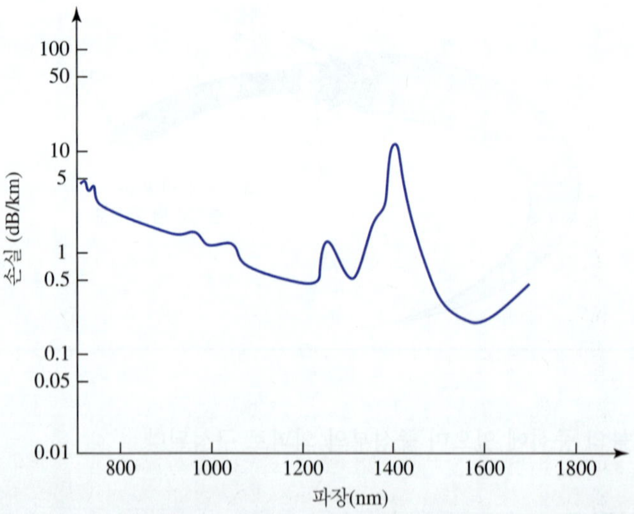

서 다룰 SONET 네트워크가 그와 같은 백본망을 제공한다.

어떤 케이블 TV 회사는 광섬유와 동축 케이블을 섞어서 사용하며, 따라서 혼합 네트워크를 만든다. 광섬유가 백본망을 이루고 동축 케이블이 각 가정에 연결된다. 이는 비용 면에서 효과적인데 가정의 사용자 측에서는 좁은 대역폭만을 필요로 하기 때문이다.

100Base-FX 네트워크(고속 이더넷)나 1000Base-X와 같은 LAN도 광섬유를 사용한다.

광섬유의 장점과 단점

장점

꼬임쌍선 케이블이나 동축 케이블에 비해 광섬유 케이블은 몇 가지 장점이 있다.

- **높은 대역폭** 광섬유 케이블은 꼬임쌍선이나 동축 케이블보다 더 높은 대역폭(따라서 데이터 전송률)을 지원할 수 있다. 현재, 광섬유 케이블 상에서의 데이터 전송률과 대역폭 사용은 매체가 아니라 신호 발생 및 수신 기술에 의해 제한된다.
- **낮은 신호 감쇠** 광섬유의 전송거리는 다른 유도 매체의 전송 거리보다 훨씬 더 길다. 신호는 재생 없이도 50 km를 갈 수 있다. 꼬임쌍선이나 동축 케이블은 매 5 km마다 재생기가 필요하다.
- **전자기 방해에 대한 저항력** 광섬유의 전송이 전기보다는 빛을 사용하므로 잡음은 문제되지 않는다.
- **부식에 대한 저항** 유리는 구리보다 부식에 강하다.
- **경량** 광섬유는 구리 케이블보다 가볍다.
- **도청 방지** 구리선에 비해 도청이 어렵다. 구리선은 안테나 효과를 내기 때문에 도청이 쉽다.

단점

광섬유를 사용하는 데에는 단점도 있다.

- **설치 및 유지보수** 상대적으로 새로운 기술인 광섬유는 설치 및 유지에 전문성이 필요하다.
- **빛의 단방향** 전파 빛은 한 방향으로만 전파된다. 양방향 통신이 필요하면 2개의 섬유가 필요하다.
- **가격** 광섬유 케이블은 값이 비싸다. 높은 대역폭이 요구되는 것이 아니라면 광섬유의 높은 가격이 정당화되기 어렵다.

7.3 비유도 매체: 무선

비유도 매체(unguided media)는 물리적인 도선을 사용하지 않고서 전자기 신호를 전송한다. 흔히 이 유형의 통신을 **무선 통신**(wireless communication)이라고 부른다. 신호는 보통 공기를 통해 방송되며, 따라서 신호를 받을 수 있는 장치를 가진 누구든지 수신할 수 있다.

그림 7.17은 무선 통신을 위해 사용되는 3 kHz에서 900 THz에 걸친 스펙트럼을 보여준다.

비유도 신호는 발신지에서 목적지까지 몇 가지 방식으로 전파될 수 있는데, 그림 7.18처럼 지표, 공중 및 가시선 전파가 그것이다.

지표면 전파(ground propagation)에서 무선파는 지구를 감싸는 대기의 가장 낮은 부분을 통해 이동한다. 가장 낮은 주파수들을 사용하며, 신호는 전송 안테나로부터 모든 방향으로 지표의 굴곡을 따라 퍼진다. 전파 거리는 신호의 전력량에 달려 있다. 더 큰 전력을 가질수록 더 먼 거리까지 전파된다. 지표면 전파는 바닷물 속에서도 일어날 수 있다. **공중 전파**(sky propagation)에서는 높은 주파수의 무선파가 전리층을 향하여 발산되었다가 반사되어 지상으로 되돌아온다. 이러한 종류의 전송은 낮은 출력으로도 원거리 전파를 가능하게 한다. **가시선 전파**(line-of-sight propagation)에서는 초단파의 신호가 안테나에서 안테나로 직선상으로 직접 전송된다. 안테나는 반드시 마주보고 있어야 하며 지구곡률에 영향받지 않을 정도로 충분히 높거나 서로 가까워야 한다. 무선 전송이 완벽하게 한 점으로 모아지지 않기 때문에 가시선 전파는 까다롭다.

라디오파(radio wave)와 마이크로파(microwave)로 정의되는 전자기파 스펙트럼은 대역(band)이라고 불리는 8개의 영역으로 나뉘어 있으며, 각 대역은 정부 공식 기관에 의해 관리되고 있다. 이

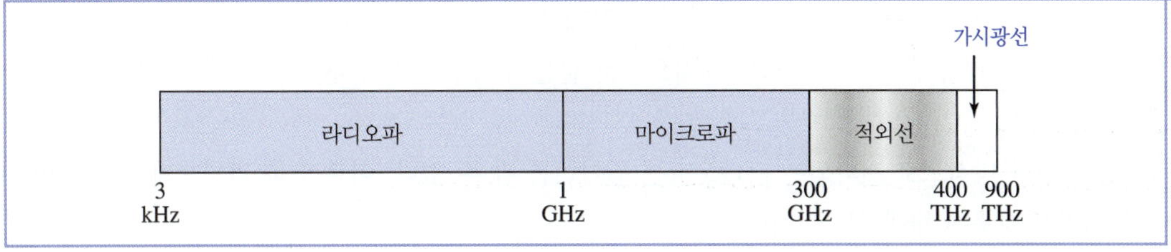

그림 7.17 무선 통신의 전자기 스펙트럼

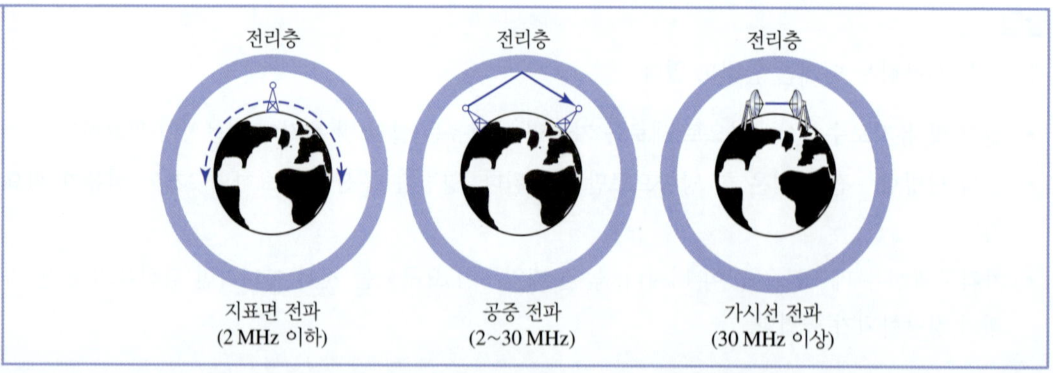

그림 7.18
전파 방법

대역은 초저주파로부터 극고주파까지로 분류되어 있다. 표 7.4는 이 대역들의 목록으로서 영역과 전파 방식 및 응용을 보여준다.

무선 전파는 라디오파, 마이크로파 및 적외선파로 나눌 수 있다.

표 7.4 대역

대역	범위	전파	응용
VLF(초장파)	3~30 kHz	지표면	장거리 무선 항해
LF(장파)	30~300 kHz	지표면	무선 등대와 항해위치확인기
MF(중파)	300 kHz~3 MHz	공중	AM 라디오
HF(단파)	3~30 MHz	공중	시민 대역(CB), 배/항공 통신
VHF(초단파)	30~300 MHz	공중과 가시선	VHF TV, FM 라디오
UHF(극초단파)	300 MHz~3 GHz	가시선	UHF TV, 휴대 전화, 페이징, 인공위성
SHF(마이크로파)	3~30 GHz	가시선	위성통신
EHF(밀리미터파)	30~300 GHz	가시선	레이더, 인공위성

7.3.1 라디오파

라디오파와 마이크로파 사이에는 분명한 경계가 없지만, 3 kHz와 1 GHz 주파수 영역 사이의 전자기파를 대개 **라디오파**(radio wave)라고 부르며, 1 GHz에서 300 GHz 주파수 영역의 파장을 **마이크로파**(micro-wave)라고 부른다. 그러나 주파수 대신에 파의 형태로 더 분명하게 구분할 수 있다.

대부분의 경우 라디오파는 전방향성이다. 안테나가 전파를 방사할 때 모든 방향으로 전파된다. 이는 송신 안테나와 수신 안테나가 일직선에 놓일 필요가 없다는 것을 뜻한다. 송신 안테나는 전파를 보내고 그것을 수신할 수 있는 그 어떤 수신 안테나는 전파를 수신할 수 있다. 전방향성은 단점도 있다. 하나의 안테나에 의해 송신되는 라디오파는 같은 주파수를 사용하는 다른 안테나의 방해를 받을 수 있다.

공중 전파 방식으로 전파되는 라디오파는 원거리를 갈 수 있다. 이로 인해 라디오파가 AM 방송 같은 원거리 방송에 채택되는 것이다.

그림 7.19
전방향 안테나

저주파나 중파의 라디오파는 벽을 통과할 수 있다. 이 특성은 장점도 되고 단점도 된다. 예를 들면 건물 안에서도 AM 방송을 들을 수 있으니 장점이 된다. 또한, 이는 건물 안이나 바깥으로 통신 영역을 구분할 수 없으므로 단점이 되기도 한다. 라디오파의 대역은 마이크로파에 비해 상대적으로 좁아서 1 GHz 아래의 영역이다. 이 대역을 부대역으로 나누게 되면 부대역 역시 좁아서 저속의 데이터 통신만 허용된다.

전체의 대역이 정부 기관(예를 들면 미국의 경우 FCC)에 의해 규제된다. 이 대역의 영역을 사용하기 위해서는 정부의 허가가 필요하다.

전방향 안테나

라디오파는 모든 방향으로 신호를 내보내는 **전방향 안테나**(omnidirectional antennas)를 사용한다. 파장, 세기 및 전송 목적에 따라 몇 가지 종류의 안테나가 있다. 그림 7.19에 전방향 안테나가 있다.

응용

라디오파의 전방향성은 송신자는 하나지만 수신자가 다수인 멀티캐스팅에 적합하다. AM, FM, 텔레비전, 해양 라디오, 무선 전화 및 페이징 시스템은 멀티캐스팅의 예이다.

라디오파는 라디오, 텔레비전, 페이징 시스템과 같은 멀티캐스트 통신에 이용된다.

7.3.2 마이크로파

주파수 1 GHz에서 300 GHz의 전자기파를 마이크로파라고 부른다.

마이크로파는 단방향으로 이동한다. 안테나가 마이크로파를 전송할 때는 매우 집중된 방향으로 초점을 맞추어 보낼 수 있다. 이는 송신 안테나가 수신 안테나와 일렬로 되어야 한다는 것을 의미한다. 이 단방향성은 분명한 이점이 있다. 다음은 마이크로파 전파의 특성이다.

- 마이크로파 전파는 가시선 전파이다. 안테나가 서로 마주 보고 있어야 하므로 멀리 떨어진 두 안테나를 정렬시키기 위해서는 매우 높은 안테나 탑이 필요하다. 지구 곡률이나 다른 방해 요인으로 인해 낮은 안테나 탑으로는 통신하기 어렵다. 장거리 통신에는 흔히 중계기가 필요하다.

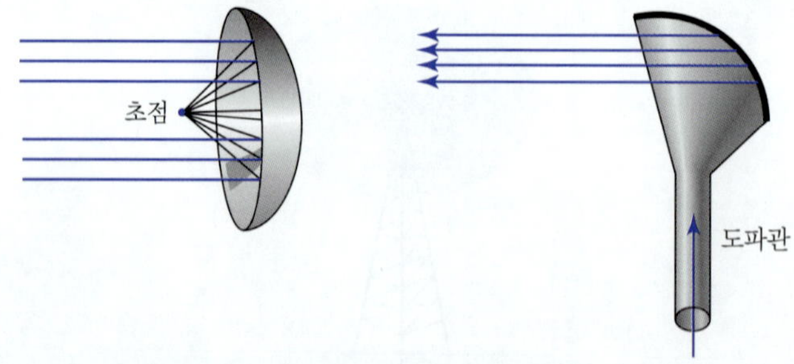

그림 7.20
단방향 안테나

- 매우 높은 주파수의 마이크로파는 벽을 통과하지 못한다. 이 성질은 수신기가 건물 안에 있으면 수신할 수 없다는 단점이 있다.
- 마이크로파의 대역폭은 상대적으로 넓어서 299 GHz나 된다. 그러므로 더 넓은 하부 대역폭을 할당할 수 있으며, 따라서 더 높은 데이터 전송률이 가능하다.
- 대역의 어떤 영역을 사용하기 위해서는 정부 기관의 허가가 필요하다.

단방향 안테나

마이크로파는 한 방향으로만 신호를 보내는 **단방향 안테나**(unidirectional antennas)가 필요하다. 마이크로파 통신을 위해 사용되는 두 가지 안테나로는 포물선 접시 안테나와 혼 안테나가 있다(그림 7.20 참조).

포물선 접시 안테나(parabolic dish antenna)는 포물선 기하학에 기초한다. 즉, 대칭선(line of symme-try, 혹은 line of sight, 가시선)에 병렬인 모든 회선은 초점(focus)이라는 공통 지점에서 교차되는 각도로 곡선을 반사한다. 포물선 접시 안테나는 깔때기처럼 동작해서 넓은 영역의 전파를 받아 하나의 지점으로 향하게 한다. 이 방법은 단일지점 수신기를 사용했을 때보다 더 많은 신호를 복구한다.

외부로 나가는 전송은 접시 안테나를 겨냥한 혼을 통해 방송된다. 마이크로파는 접시에 부딪혀 수신경로의 역방향인 바깥쪽으로 나가게 된다.

혼 안테나(horn antenna)는 거대한 국자처럼 보인다. 외부로 나가는 전송은 자루(손잡이를 닮은)를 따라 위로 방송되고 둥근 상단부에 의해 연속된 좁은 평행광선의 형태로 밖으로 나가게 된다. 수신된 전송은 포물선 접시 안테나와 유사한 방법으로 혼 안테나의 국자 같은 부분에서 모아져서 자루를 따라 아래쪽으로 편향하게 된다.

응용

마이크로파는 단방향성으로 인해 송신자와 수신자 사이의 유니캐스트(unicast, one-to-one) 통신에 매우 유리하다. 휴대 전화에 사용되며(16장), 위성 통신(16장)이나 무선 LAN(15장)에 사용된다.

마이크로파는 휴대 전화, 위성통신 및 무선 LAN 같은 유니캐스트 통신에 사용된다.

7.3.3 적외선파

적외선파(infrared waves)는 주파수 300 GHz에서 400 THz(파장은 1 mm에서 770 nm)의 전자기파로 단거리 통신에 사용된다. 높은 주파수를 갖기 때문에 적외선은 벽을 통과할 수 없다. 이 장점으로 인해 서로 다른 시스템에 의해 방해를 받지 않는다. 즉, 한 방의 단거리 통신 시스템이 다른 방에 영향을 주지 않는다. 우리가 적외선 리모컨을 사용한다고 해서 옆방의 리모컨에 영향을 주지 않는 것이다. 그러나 이 특성 때문에 적외선 통신은 장거리 통신에 적합하지 않다. 추가적으로, 적외선은 건물 밖에서는 사용할 수 없는데 이는 태양 빛이 적외선 통신을 방해하는 적외선을 포함하고 있기 때문이다.

응용

적외선파 대역폭은 거의 400 THz나 되므로 매우 우수한 데이터 통신 잠재력을 가지고 있다. 그와 같이 넓은 대역폭은 매우 높은 데이터 전송률로 디지털 데이터를 전송할 수 있다. **적외선 데이터 협회**(IrDA, Infrared Data Association)는 적외선을 사용하는 것을 지원하는 협회인데 키보드, 마우스, 개인용 컴퓨터 및 프린터에서 통신용으로 사용하는 표준을 제공한다. 예를 들면, 어떤 생산업자는 무선 키보드와 컴퓨터가 통신할 수 있는 **IrDA 포트**를 제공한다. 원래 규정된 데이터 전송률은 8 m까지의 거리 안에서 75 kbps였다. 최근에는 4 Mbps의 데이터 전송률이 규정되었다.

IrDA에 의해 정의된 적외선 신호는 가시선 통신으로서 키보드의 IrDA 포트는 통신하기 위해 컴퓨터를 정확히 가리켜야 한다.

적외선 신호는 가시선 전파를 사용하여 폐쇄된 공간에서 단거리 통신에 사용될 수 있다.

7.4 추천 자료

7.4.1 추천 도서

이 장에서 논의한 주제들을 자세히 보기 위해서 다음 도서와 사이트를 추천한다. 괄호 안에 있는 내용은 교재의 끝에 있는 참고문헌을 가리킨다.

참고문헌

전송 매체는 [GW 04]와 [Sta 04], [Tan 03]에 논의되어 있다. [SSS 05]는 전송 매체에 대해 모두 다루고 있다.

7.4.2 중요 용어

angle of incidence
Bayonet Neill-Concelman (BNC)
cladding
coaxial cable
core
critical angle
electromagnetic spectrum
fiber-optic cable
gauge
ground propagation
guided media
horn antenna
infrared wave
IrDA port
line-of-sight propagation
microwave
MT-RJ
multimode graded-index fiber
multimode step-index fiber
omnidirectional antenna
optical fiber
parabolic dish antenna
Radio Government(RG) rating
radio wave
reflection
refraction
RJ45
shielded twisted-pair(STP)
single-mode fiber
sky propagation
straight-tip(ST) connector
subscriber channel(SC) connector
transmission medium
twisted-pair cable
unguided medium
unidirectional antenna
unshielded twisted-pair(UTP)
wireless communication

7.4.3 요약

- 전송 매체는 실제로 물리층 아래에 위치하며, 물리층에 의해 직접 제어된다. 그래서 전송 매체는 계층 0이라고 말할 수 있다.
- 유도 매체는 하나의 장치로부터 다른 장치로 물리적 도체를 제공한다. 꼬임쌍선 케이블은 서로 꼬인 2개의 절연된 구리선으로 구성된다. 꼬임쌍선 케이블은 음성과 데이터 통신에 사용된다. 동축 케이블은 중앙 도선과 차폐로 구성된다. 동축 케이블은 케이블 TV망과 전통적인 이더넷 LAN에 사용된다. 광섬유 케이블은 피복으로 둘러싸인 유리 또는 플라스틱의 내부 중심부로 구성되고, 전체를 외부 재킷으로 감싼다. 광섬유의 전송은 잡음에 대한 저항력, 낮은 감쇠, 높은 대역폭 용량 때문에 점차 널리 사용되고 있다. 광섬유 케이블은 백본 망, 케이블 TV 망, 고속 이더넷 망에 사용된다.
- 비유도 매체(공기)는 물리적인 도체를 사용하지 않고 전자기파를 전송한다. 무선 데이터는 지표면 전파, 공중 전파, 가시선 전파를 통하여 전달된다. 무선파는 라디오파, 마이크로파, 적외선파로 분류할 수 있다. 라디오파는 전방향성이고, 마이크로파는 단방향이다. 마이크로파는 휴대폰, 인공위성, 무선 LAN 통신에 사용된다. 적외선파는 PC와 주변기기 사이와 같은 단거리 통신에 사용된다. 건물 안에 있는 LAN에도 사용될 수 있다.

7.5 연습문제

7.5.1 객관식

1. 전송 매체는 흔히 ____________의 범주로 구분된다.
   a. 고정 및 비고정　　b. 유도 및 비유도
   c. 확정 및 비확정　　d. 금속 및 비금속

2. 전송 매체는 ____________계층 아래에 위치한다.
   a. 물리　　b. 네트워크
   c. 전송　　d. 응용

3. ____________ 케이블은 내부 구리 중심부와 외피 차단부로 되어 있다.
   a. 꼬임쌍선　　b. 동축
   c. 광섬유　　d. 차폐 꼬임쌍선

4. 광섬유에서는 신호는 ____________파이다.
   a. 빛　　b. 라디오
   c. 적외선　　d. 극저주파

5. 다음 중 유도 매체가 아닌 것은?
   a. 꼬임쌍선　　b. 동축 케이블
   c. 광섬유 케이블　　d. 공기

6. 다음 중 비유도 매체가 아닌 것은?
   a. 꼬임쌍선　　b. 동축 케이블
   c. 광섬유 케이블　　d. 정답 없음

7. 꼬임쌍선에서 꼬임은 ____________을 줄이는 데 도움이 된다.
   a. 길이　　b. 가격
   c. 잡음　　d. 정답 없음

8. 동축 케이블에서 잡음은 ____________에 의해서 감소된다.
   a. 케이블 꼬임　　b. 외부 도체
   c. 내부 도체　　d. 정답 없음

9. UTP와 STP는 ____________ 케이블의 서로 다른 구현이다.
   a. 꼬임쌍선　　b. 동축
   c. 광섬유　　d. 정답 없음

10. RJ-45는 ____________ 케이블링에서 사용되는 연결구의 유형이다.
    a. 꼬임쌍선　　b. 동축
    c. 광섬유　　d. 정답 없음

11. RG 등급은 ____________ 케이블에서 사용된다.
    a. 꼬임쌍선　　b. 동축
    c. 광섬유　　d. 정답 없음

12. SC와 TP는 ____________ 케이블링에서 사용되는 연결구의 두 가지 유형이다.
    a. 꼬임쌍선　　b. 동축
    c. 광섬유　　d. 정답 없음

13. 적외선파는 마이크로파 ____________ 주파수들을 갖는다.
    a. 아래의　　b. 위의
    c. 와 같은　　d. 정답 없음

14. BNC는 ____________ 케이블링에서 사용되는 연결구 유형이다.
    a. 꼬임쌍선　　b. 동축
    c. 광섬유　　d. 정답 없음

7.5.2 주관식

Q-1 OSI 모델과 인터넷 모델에서 전송 매체의 위치는 어디인가?

Q-2 전송 매체에서 두 가지 주요 범주의 이름은?

Q-3 유도 매체와 비유도 매체는 어떻게 다른가?

Q-4 유도 매체의 3가지 주요 클래스는 무엇인가?

Q-5 꼬임쌍선에서 꼬임의 가능은 무엇인가?

Q-6 굴절은 무엇인가? 반사란 무엇인가?

Q-7 광섬유 피복의 목적은 무엇인가?

Q-8 광섬유가 꼬임쌍선이나 동축 케이블보다 좋은 점을 기술하라.

Q-9 공중 전파와 가시선 전파의 차이는 무엇인가?

Q-10 전방향파와 단방향파의 차이는 무엇인가?

객관식 홀수 번 문제 정답

1. ⓑ 3. ⓑ 5. ⓓ 7. ⓒ 9. ⓐ 11. ⓑ 13. ⓑ

CHAPTER 08

교환

교환(switching)은 여러 계층에서 논의할 수 있는 주제이다. 물리층에서, 데이터 링크층에서, 네트워크층에서, 논리적으로 응용층(메시지 교환)에서도 교환을 가질 수 있다. 이 장에서는 물리층과 관련된 마지막 장으로 교환이라는 일반적인 개념을 살펴보고자 한다. 특히, 물리층에서 일어나는 회선 교환을 살펴본다. 그리고 데이터 링크층과 네트워크층에서 일어나는 패킷 교환을 살펴보지만, 이 주제에 대한 상세한 내용은 적절한 장에 이를 때까지 연기하기로 한다. 마지막으로 교환기와 라우터의 물리 구조에 대해 설명한다.

이 장은 4개의 절로 나누어져 있다.

첫 번째 절은 교환을 소개한다. 교환 방법인 회선 교환, 메시지 교환, 패킷 교환을 설명한다. 그런 다음 인터넷 모델의 일부 계층에서 일어날 수 있는 교환 방법을 설명한다.

두 번째 절은 회선 교환망을 설명한다. 먼저 이 유형의 네트워크에서 세 단계를 설명한다. 그런 다음 이 네트워크의 효율성을 설명한다. 이 절은 또 회선 교환망에서 지연을 설명한다.

세 번째 절은 패킷 교환망을 간단하게 설명한다. 먼저, 데이터그램망을 설명하고 이의 특성과 장점을 나열한다. 그런 다음 가상 회선망을 설명하고 이의 특징과 운영을 설명한다.

마지막 절은 교환기의 구조를 설명한다. 먼저, 회선 교환의 구조를 설명한다. 그런 다음 패킷 교환의 구조를 설명한다.

8.1 개요

네트워크는 서로 연결된 장치들의 모임이다. 여러 장치를 보유하고 있을 때는 각 장치 간에 일-대-일 통신이 가능하도록 연결하는 방법을 고려해야 한다. 그 해결책으로 장치들을 각 쌍으로 점-대-점(point-to-point) 링크를 구성하는 그물형 접속형태를 이용하거나, 하나의 중앙장치를 두고 이것과 다른 장치 간에 점-대-점 링크를 구성하는 성형 접속형태를 이용할 수 있다. 그러나 이 방법들이 매우 큰 네트워크에 적용되었을 때에는 비실용적이고 비경제적이다. 링크의 수와 길이에 있어 너무 많은 하부구조를 필요로 하므로 비용 면에서 효율적이지 못하고, 대부분 시간에는 대다수의 링크가 비어 있게 될 것이다. 버스와 같은 다중점 연결에 적용되는 접속형태는 장치 간의 거리와 장치의 전체 수가 매체와 장비의 수용 능력 이상으로 증가되기 때문에 배제되었다.

더 나은 해결책으로 **교환**(switching)을 이용하는 방법이 있다. 교환망은 **교환기**(switch 또는 스위치)라 불리는 상호 연결된 노드의 열들로 구성된다. 교환기란 교환기 간의 연결이 아니라 교환기에 연결된 둘 이상의 장치 사이의 임시적인 연결을 만들 수 있는 하드웨어적이거나 소프트웨어적인 장치이다. 교환 망에서 이 노드 중 몇몇은 통신 장치에 연결되고 나머지는 경로를 지정하기 위해서만 사용된다. 그림 8.1은 간단한 교환망을 보여주고 있다.

종단 시스템(end system)은 각각 A, B, C, D 등으로 표시되어 있으며, 교환기는 I, II, III, IV, V 등으로 나타내져 있다. 각 교환기는 다중 링크로 연결되어 있다.

8.1.1 세 가지 교환 방법

전통적으로 **회선 교환**(circuit switching), **패킷 교환**(packet switching)과 **메시지 교환**(message switch-ing)이라는 세 가지 방식이 사용되었다. 전자의 두 가지가 오늘날 흔히 사용된다. 마지막 방식은 점차 사용되지 않고 있으나 아직까지 응용되고 있다. 따라서 오늘날의 네트워크(망)를 회선 교환망, 패킷 교환망 및 메시지 교환망이라는 세 가지로 분류할 수 있다. 패킷 교환망은 다시 가상 회선망과 데이터그램망으로 분류된다. 그림 8.2를 참조하라. 이 장에서 회선 교환과 패킷 교환에 대해서만 설명한다. 메시지 교환은 개념적이지 실제적이지 않다.

그림 8.1
교환망

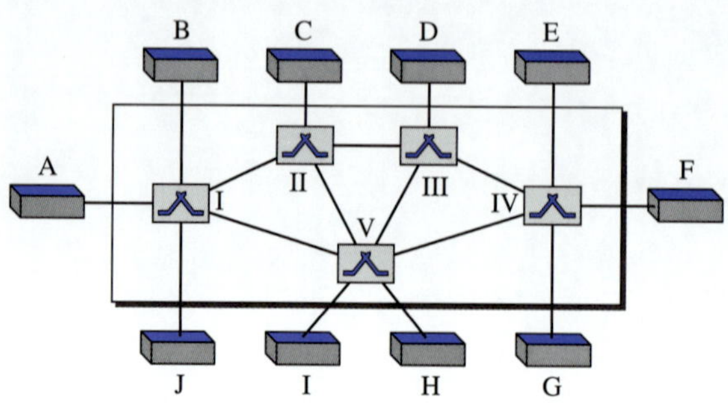

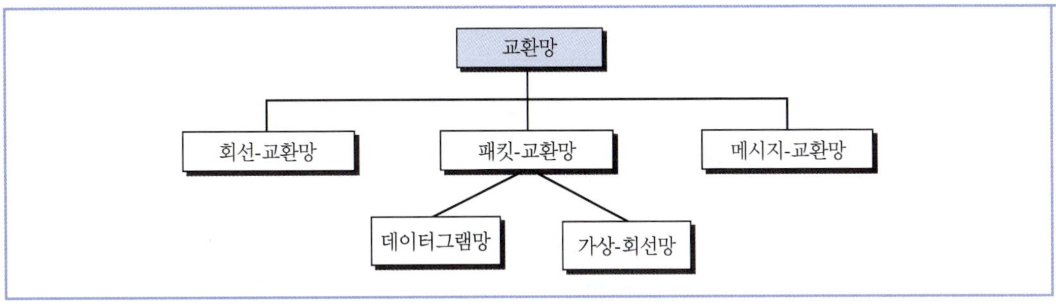

그림 8.2
교환망의 종류

8.1.2 교환과 TCP/IP 계층

교환은 TCP/IP 프로토콜 그룹의 여러 계층에서 일어난다.

물리층에서 교환

물리층에서는 회선 교환만 있을 수 있다. 물리층에서 패킷 교환은 없다. 물리층에서 교환은 신호들을 하나의 경로 또는 또 다른 경로로 전달하는 것을 허용한다.

데이터 링크층에서 교환

데이터 링크층에서는 패킷 교환을 가질 수 있다. 그렇지만 이 경우에 용어 패킷(packet)은 프레임(frame) 또는 셀(cell)을 의미한다. 데이터 링크층에서 패킷 교환은 보통 가상 회선 접근방법을 이용하여 행해진다.

네트워크층에서 교환

네트워크층에서는 패킷 교환을 가질 수 있다. 이 경우에 가상 회선 접근방식과 데이터그램 접근방식을 사용할 수 있다. 현재 인터넷은 데이터그램 접근방식을 사용한다. 그렇지만 경향은 가상-회선 접근방식으로 옮겨가고 있다.

응용층에서 교환

응용층에서는 메시지 교환만 가질 수 있다. 응용층에서 통신은 메시지를 교환해야 일어난다. 개념적으로 전자우편을 이용한 통신이 메시지 교환 통신이라 할 수 있지만 실제로 메시지 교환망이라고 부를 수 있는 네트워크는 볼 수 없다.

8.2 회선-교환망

회선-교환망(circuit-switched network)은 물리 링크로 연결된 일단의 교환기로 이루어진다. 두 지

그림 8.3
간단한 회선-교환망

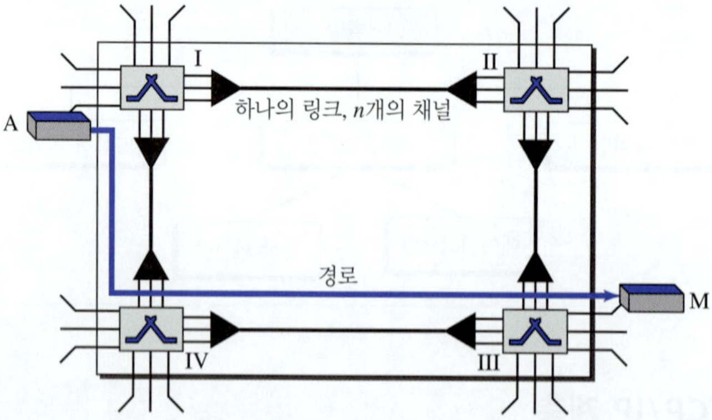

국 사이의 연결은 1개 또는 그 이상의 링크로 만들어진 전용 경로이다. 그러나 각 연결은 각 링크 중 하나의 전용 채널만 사용한다. 6장에서 공부했듯이 각 링크는 보통 FDM이나 TDM 방식으로 n개의 채널로 나뉘게 된다.

> 회선-교환망은 각 링크가 n개 채널로 나뉜 물리 링크로 연결된 교환기의 집합이다.

그림 8.3은 4개의 교환기와 4개의 링크로 구성된 회선-교환망이다. 각 링크는 FDM 또는 TDM을 사용하여 n개의 채널로 나뉘어 있다(그림에서는 n은 3이다). 그림에서는 링크가 여러 개의 채널로 구성되도록 나뉘어 있다는 것을 강조하기 위해 일부러 다중화기(multiplexer) 기호를 사용하였는데, 다중화는 교환기 회로에 포함될 수도 있다.

컴퓨터나 전화 같은 단말 시스템들은 교환기에 직접 연결된다. 그림에서는 편의상 2개의 단말 장치만을 보여주고 있다. 단말 장치 A가 다른 단말 장치 M에게 통신하려고 하면, A는 M은 물론 모든 교환기로부터 연결 요청을 승인받아야 한다. 이 절차를 **연결 설정 단계**(setup phase)라고 부른다. 이 단계에서는 각 링크에 대해 회선(채널)이 전용으로 할당되고 이 회선 또는 채널이 조합되어 전용 통로가 규정된다. 이와 같이 전용 통로를 설정하기 위해 회선이 연결된 다음에 **데이터 전송 단계**(data transfer phase)가 시작된다. 모든 데이터 전송이 완료된 뒤에는 회선은 연결 해제된다.

여기에서 다음과 같은 점을 강조할 필요가 있다.

- 회선 교환은 물리층에서 일어난다.
- 통신 개시 이전에 지국들은 통신 도중에 사용할 자원을 미리 예약해야 한다. 여기서 채널 (FDM의 대역과 TDM의 시간 틈새), 교환기 버퍼, 교환기 처리 시간 및 교환기 입출력 포트 등과 같은 자원은 전체 데이터 전송 시간 동안 **연결 해제 단계**(teardown phase)에 이를 때까지 계속 전용으로 할당되어야 한다.
- 두 지국 사이의 데이터 전송은 패킷으로 나뉘지 않는다. 데이터는 잠시 휴지기는 있을지언정 발신지에서 연속해서 보내고 목적지에서 연속해서 수신하는 흐름이다.

- 데이터 전송과 관련된 주소지정은 별도로 존재하지 않는다. 교환기들은 할당된 대역(FDM) 또는 시간 틈새(TDM)에 따라 데이터 경로를 연결한다. 물론, 뒤에서 논의하듯이 설정 단계에서 종단-대-종단 주소지정이 있다.

> 회선 교환에서는 연결 설정 단계에서 자원 할당이 필요하며, 연결 해제 단계에 들기 전까지는 계속해서 전체 데이터 전송 동안 전용으로 할당되어야 한다.

예제 8.1

간단한 예로서, 작은 지역에서 8개의 전화를 연결하는 회선 교환망을 생각해 보자. 통신은 4 kHz 음성 채널을 사용한다. 각 링크는 링크당 최대 2개의 채널을 사용할 수 있도록 FDM을 사용한다고 하자. 각 링크의 대역폭은 따라서 8 kHz이다. 그림 8.4는 이 상황을 보여주고 있다. 1번 전화는 7번 전화에, 2번은 5번에, 3번은 8번에, 4번은 6번에 연결되어 있다. 물론 새로이 상황이 바뀌면 새로운 연결이 만들어진다. 교환기가 연결을 제어한다.

예제 8.2

다른 예로서, 어느 회사의 두 지점 사이에 컴퓨터를 연결하는 회선 교환망을 생각해 보자. 두 사무실은 통신 서비스 회사로부터 임대한 T-1 회선을 사용하여 서로 연결되어 있다. 이 네트워크는 2개의 4 × 8 (4 입력 8 출력) 교환기가 있다. 각 교환기는 각 사무실의 컴퓨터들 사이의 통신을 위하여 4개의 입력 포트로 4개의 출력 포트가 접속되어 있으며, 나머지 4개의 출력 포트는 두 사무실 사이의 통신에 사용된다. 그림 8.5는 이 상황을 보여주고 있다.

8.2.1 세 단계

회선-교환망에서 실제 통신은 연결 설정, 데이터 전송 및 연결 해제라는 세 단계를 필요로 한다.

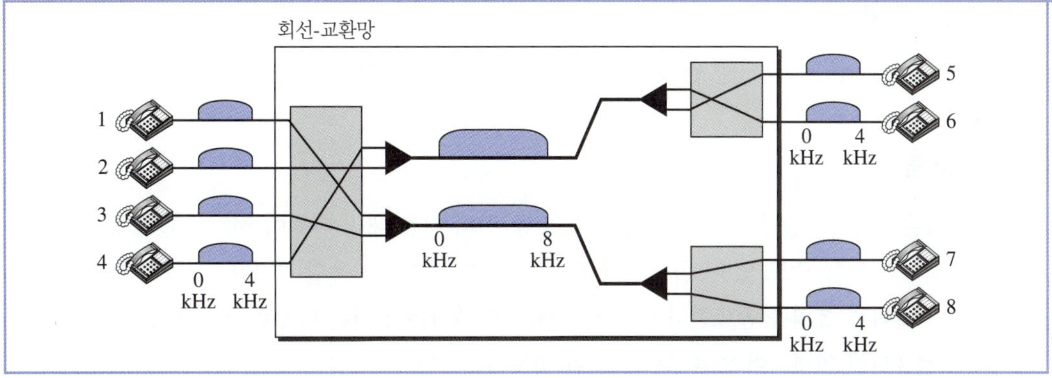

그림 8.4
예제 8.1의
회선-교환망

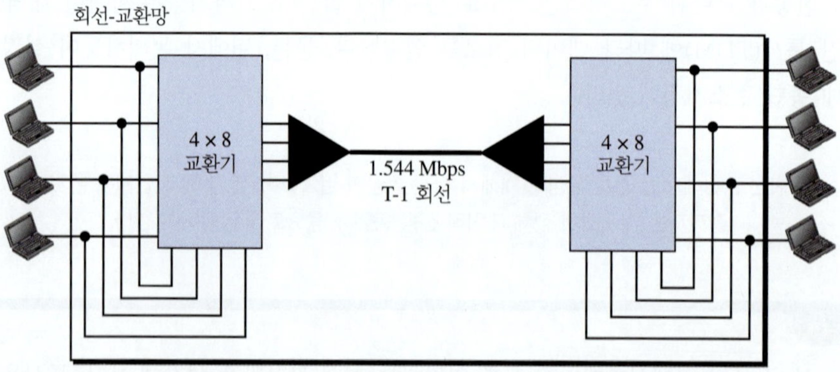

그림 8.5
예제 8.2의
회선-교환망

연결 설정 단계

두 당사자(또는 회의 통화인 경우 다수의 당사자)가 통신하기 전에 전용 회선이 마련되어야 한다. 단말 장치는 보통 교환기의 전용 회선을 통해 연결되므로, 연결 설정이란 교환기 사이에서의 전용 채널을 만드는 것을 말한다. 예를 들면, 그림 8.3에서 A가 M에 연결되기 위해서 A는 교환기 I에게 M의 주소를 주면서 연결을 요청한다. 교환기 I은 이 목적에 부합되는 채널이 자신과 교환기 IV 사이에 있다는 것을 발견하고는 이후 교환기 IV에게 연결 요청을 보내고 교환기 IV는 자신과 교환기 III 사이의 전용 채널을 발견하게 된다. 이제 교환기 III은 단말기 M에게 A가 연결하기를 원한다는 것을 알린다.

연결 설정의 다음 단계로 M의 응답이 반대 방향으로 A에게 전해져야 한다. A가 이 응답을 받은 이후에 연결이 설정된다.

종단-대-종단 주소지정은 두 단말 시스템 사이의 연결을 설정하기 위해 필요하다는 것을 유의하라. 예를 들면 FDM 네트워크에서 전화번호이거나 TDM 네트워크에서 관리자에 의해 지정된 컴퓨터들의 주소가 될 수 있다.

데이터 전송 단계

전용 회선으로 구성된 연결을 설정한 이후에 두 당사자가 데이터를 주고받을 수 있다.

연결 해제 단계

당사자 중 하나가 연결을 끊기를 원하면 자원을 해제하기 위해 교환기로 신호를 보낸다.

8.2.2 효율

회선-교환망은 다른 두 종류의 망에 비해 연결 도중 전체 시간 내내 자원이 전적으로 할당되기 때문에 비효율적이라고 할 수도 있다. 할당된 자원은 다른 연결에는 사용할 수 없다. 전화망에서는 사람들은 대화가 끝나면 통신을 종료한다. 그러나 컴퓨터망에서는 장시간 아무런 통신이 없어도 한 컴퓨터가 다른 컴퓨터에 연결되어 있을 수 있다. 이 경우에는 전용된 자원은 다른 연결을 하지 못하게 되는 것을 말한다.

8.2.3 지연

회선-교환망의 효율이 낮지만 이런 종류의 망에서 지연은 최소한이라고 할 수 있다. 데이터 전송 도중에는 각 교환기에서는 데이터가 지연되지 않는다. 연결 내내 자원이 전적으로 할당되기 때문이다.

그림 8.6은 2개의 교환기가 사용되는 경우에 대해 회선-교환망의 지연에 대한 아이디어를 보여준다.

그림 8.6이 보여주듯이 교환기에서의 대기 시간은 없다. 전체 지연은 연결 설정에 소요되는 시간, 데이터 전송 시간, 연결 해제 시간에 기인한다. 설정에 의한 지연은 발신지 컴퓨터의 요청이 전파되는데 걸리는 지연(첫 번째 회색 상자의 경사), 요청 신호 전송 시간(첫 번째 회색 상자의 높이), 목적지 컴퓨터로부터의 응답이 전파되는 시간(두 번째 회색 상자의 경사) 및 응답이 전송되는데 걸리는 시간(두 번째 회색 상자의 높이)이라는 4가지 요소에 의해 발생한다. 데이터 전송에 기인한 지연은 전파 지연(색칠한 상자의 경사)과 데이터 전송 시간(색칠한 상자의 높이)의 합이다. 세 번째 상자는 회선을 해제하는 데 걸리는 시간이다. 예는 수신자가 연결 해제를 요청하는 경우, 즉 가장 오랜 지연 시간이 발생하는 경우이다.

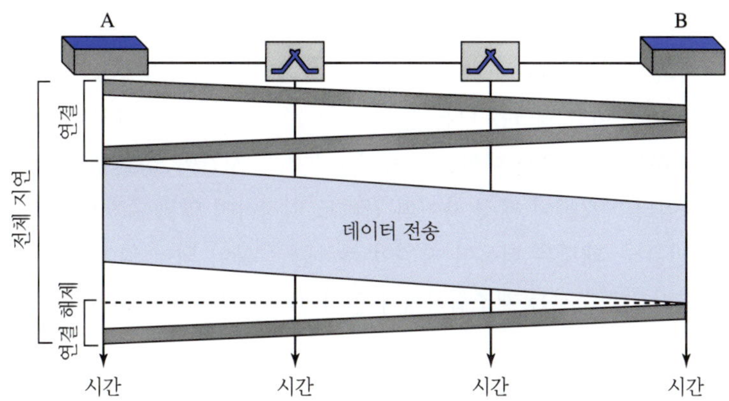

그림 8.6
회선-교환망의 지연

8.3 패킷 교환

데이터 통신에서 하나의 종단 시스템에서 다른 종단 시스템으로 메시지를 보내는 것이 필요하다. 만약에 메시지가 **패킷-교환망**(packet-switched network)을 통해 전달된다면 패킷을 고정 또는 가변 길이로 나누는 것이 필요하다. 패킷의 길이는 네트워크와 해당 프로토콜에 의해 결정된다.

패킷 교환에서 패킷에 대한 자원 할당은 없다. 이는 링크에 대한 예약된 대역폭이 없다는 것이고, 각 패킷에 대한 계획된 처리 시간이 없다는 것을 의미한다. 자원은 요청에 따라 할당된다. 할당은 먼저 오는 것을 먼저 서비스하는 것으로 행해진다. 교환이 패킷을 받을 때 발신지나 목적지에 상관없이 처리 중에 있는 다른 패킷이 있다면 기다려야 한다. 우리의 일상생활에서 다른 시스템처럼 예약

이 없다는 것은 지연이 생긴다는 것이다. 예를 들면 식당에서 예약되어 있지 않으면 기다려야 한다.

> 패킷-교환망에서 예약이 없다. 자원은 요청에 따라 할당된다.

우리는 두 가지 유형의 패킷-교환망을 살펴보는데, 이는 데이터그램망과 가상 회선망이다.

8.3.1 데이터그램망

데이터그램망(datagram network)에서는 각 패킷은 다른 패킷과 무관하게 취급된다. 여러 패킷 중의 하나일지라도 네트워크는 각 패킷을 별개의 것으로 취급한다. 이런 방식의 패킷을 **데이터그램**(datagram)이라고 부른다.

데이터그램 교환은 보통 네트워크층에서 이루어진다. 여기에서는 회선-교환망과 가상회선 교환망과 비교하면서 간단히 데이터그램망을 설명한다.

그림 8.7은 데이터그램 방식으로 어떻게 지국 A로부터 X로 4개의 패킷을 전송하는지를 보여준다. 그림의 교환기는 통상 **라우터**(router)라고 부른다. 이는 그림에서 교환기를 나타내기 위해 다른 기호를 사용한 이유이기도 하다.

이 예에서는 4개의 패킷이 모두 하나의 메시지에 속하지만, 목적지에 도달하기 위해 각기 다른 경로를 거칠 수 있다. 이는 어떤 링크는 다른 발신지에서 온 패킷을 전달하기 위하여 예제의 모든 패킷을 A에서 X로 전송하는 데 필요한 대역을 제공하지 못하는 시간이 있을 수 있기 때문이다. 따라서 이 방식은 전송된 데이터 패킷들이 패킷 사이의 간격도 일정하지 않고 순서대로 목적지에 도착하지 않게 될 수도 있게 만든다. 패킷은 더욱이 자원이 부족한 상황이 되어 잃어버릴 수도 있다. 대부분 프로토콜에서는 데이터그램 순서를 재조립하거나 잃어버린 패킷을 다시 요청하는 것은 상위 계층의 책임이다.

데이터그램망은 종종 **비연결형 망**(connectionless networks)이라고 불린다. 비연결형이라는 용어는 교환기가 연결 상태에 대한 정보를 유지하지 않는다는 것을 말한다. 연결 설정 단계나 연결 해제 단계도 없다. 각 패킷은 교환기에 의해 발신지나 목적지에 상관없이 동일하게 취급된다.

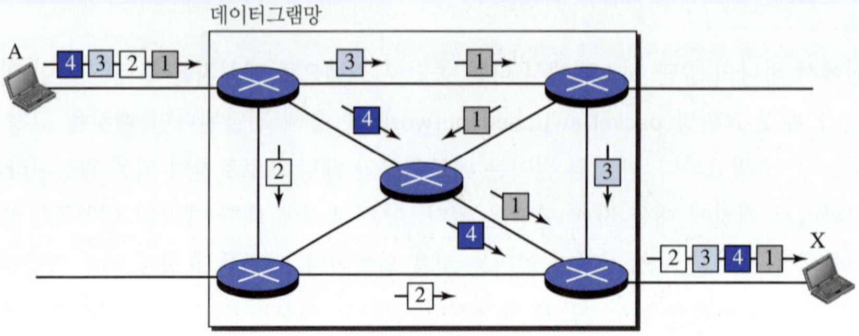

그림 8.7
4개의 교환기 (라우터)가 있는 데이터그램망

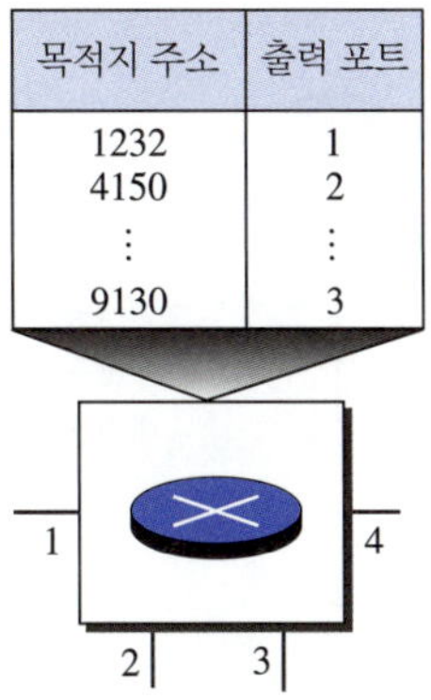

그림 8.8
데이터그램망의 경로지정 표

경로지정 표

연결 설정 단계나 해제 단계가 없다면 데이터그램망에서는 패킷이 어떻게 전달되는 것일까? 이런 종류의 망에서는 각 교환기(패킷 교환기)는 목적지 주소를 기반으로 한 **경로지정 표**(routing table)를 가지고 있다. 경로지정 표는 동적으로 변하며 주기적으로 수정된다. 목적지 주소들과 그에 상응하는 출력 포트가 표에 기록된다. 이는 표의 각 내용이 연결 설정 단계에서 만들어지고 연결 해제 단계에서 없어지는 회선-교환망의 경로지정 표와는 다르다. 그림 8.8은 교환기의 경로지정 표를 보여준다.

데이터그램망의 교환기는 목적지 주소에 기반을 두는 경로지정 표를 가지고 있다.

목적지 주소

데이터그램망의 각 패킷은 다른 정보를 포함하여 목적지 주소가 헤더에 들어 있다. 교환기가 패킷을 받게 되면 목적지 주소를 조사하여 경로지정 표를 참조하여 패킷을 내보낼 출력 포트를 찾게 된다. 이 주소는 가상-회선 교환망의 주소와 달리 패킷이 전달되는 동안 일정하게 남아 있게 된다.

데이터그램망의 헤더에 있는 목적지 주소는 패킷이 전송되는 내내 일정하게 유지된다.

효율

데이터그램망의 효율은 회선-교환망보다 좋은데, 전송해야 할 패킷이 있을 때만 자원을 할당하기 때문이다. 발신지에서 패킷을 보내고 다음 패킷을 보낼 때까지 몇 분의 지연이 생긴다면, 그 기간 동안 자원을 다른 발신지에서 온 패킷에 할당할 수 있는 것이다.

지연

데이터그램망은 가상-회선망보다 지연이 길 수 있다. 연결 설정과 해제 단계가 없지만 각 패킷은 전송되기 전에 교환기에서 대기해야 할지도 모른다. 더욱이 한 메시지의 모든 패킷이 반드시 같은 경로를 따라 전송되지 않으므로 메시지의 패킷마다 지연이 일정하지 않다. 그림 8.9는 데이터그램망에서 하나의 패킷에 대한 지연을 그림으로 나타낸 것이다.

그림 8.9
데이터그램망의 지연

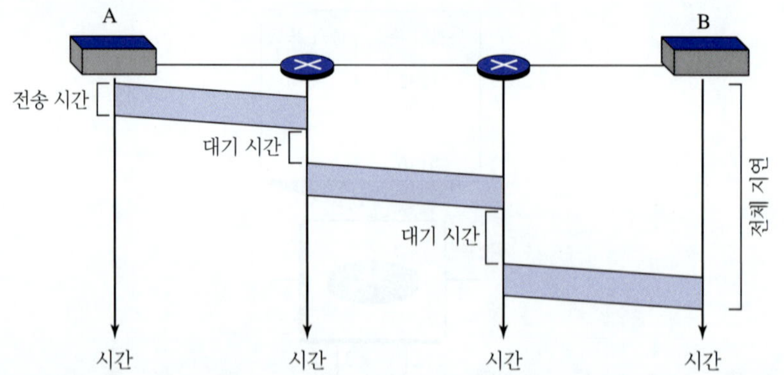

위에서는 패킷이 2개의 교환기를 거쳐 움직인다. 3개의 전송 시간($3T$), 3개의 전파 지연(직선 경사의 3τ) 및 2개의 대기 시간($w_1 + w_2$)이 연루된다. 각 교환기에서 처리 시간은 무시한다. 전체 지연 시간은 다음과 같다.

$$\text{Total delay} = 3T + 3\tau + w_1 + w_2$$

8.3.2 가상-회선망

가상-회선망(virtual-circuit network)은 회선-교환망과 데이터그램망을 섞은 것 같은 것이다. 양자의 특성을 모두 가지고 있다.

1. 회선-교환망처럼 데이터 전송 단계에 추가하여 연결 설정 및 해제 단계가 있다.
2. 회선 교환처럼 자원이 연결 설정 단계에서 할당될 수도 있고 필요에 따라 할당될 수도 있다.
3. 데이터그램망처럼 데이터는 패킷으로 전송되며 각 패킷은 헤더에 주소가 들어 있다. 그러나 헤더의 주소는 최종 종단-대-종단 주소가 아니라 지역 주소이다(주소는 다음 교환기와 패킷이 전송되는 채널이 어떤 것인지를 규정한다). 독자는 혹 도중의 교환기들이 최종 목적지 주소가 없이 패킷을 어디로 보낼지 어떻게 아는지 의문을 가질 것이다. 그에 대한 답은 다음 절에서 가상 회선 식별자를 공부하게 되면 알게 될 것이다.
4. 회선 교환처럼 연결이 설정되고 나면 모든 패킷은 같은 경로를 따라 전송된다.
5. 가상-회선망은 보통 데이터 링크층에서 구현되는 반면에 회선-교환망은 물리층에서 구현되고 데이터그램망은 네트워크층에서 구현된다. 그러나 이것들은 미래에는 바뀔 수 있다.

그림 8.10은 가상-회선망의 예이다. 네트워크에는 발신지에서 목적지로 트래픽을 허용하는 교환기들이 있다. 발신지 또는 목적지는 컴퓨터, 패킷 교환기, 연결기, 또는 네트워크에 접속하는 다른 어떤 장치가 될 수 있다.

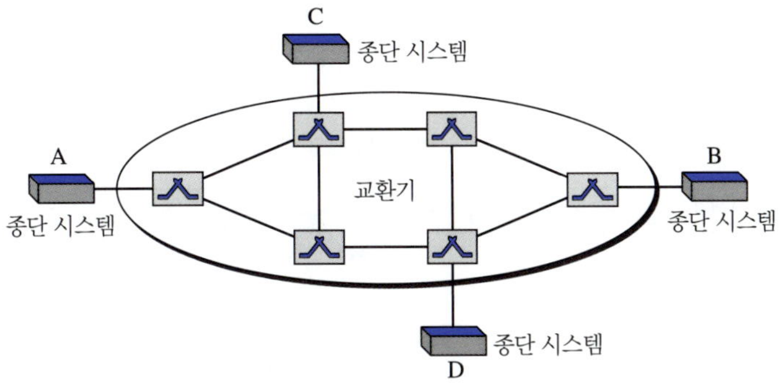

그림 8.10
가상-회선망

주소지정

가상-회선망에서는 두 종류의 주소가 관련되는데 그 하나는 전역(global) 주소이고, 다른 하나는 지역(local) 주소(가상-회선 식별자)이다.

전역 주소

발신지 또는 목적지는 전역 주소가 필요하다. 이 주소는 네트워크 전체 또는 네트워크가 국제적인 규모라면 국제적인 주소가 되어야 한다. 그러나 가상-회선망에서는 전역 주소는 가상-회선 식별자를 생성할 때에만 사용된다.

가상-회선 식별자

데이터 전송에 실제로 사용되는 식별자는 **가상-회선 식별자**(VCI, virtual-circuit identifier)라고 하는데 전역 주소와는 달리 교환기에서만 사용하는 작은 숫자일 뿐이다. 이 식별자는 2개의 교환기 사이에서 교환되는 프레임에 사용된다. 교환기에 프레임이 도달할 때 프레임은 VCI를 가지고 있다. 교환기를 프레임이 떠날 때는 다른 VCI를 갖게 된다. 그림 8.11은 한 프레임의 VCI가 어떻게 교환기를 거치면서 바뀌는지 보여준다.

세 단계

회선-교환망에서처럼 발신지와 목적지는 가상-회선망에서 연결 설정, 데이터 전송, 연결 해제라는 세 단계를 거쳐야 한다. 연결 설정 단계에서는 발신지와 목적지는 전역 주소를 사용하여 도중의 교환기들이 해당 연결에 필요한 연결 표를 만들도록 한다. 연결 해제 단계에서는 발신지와 목적지는 교환기들에게 해당 내용을 표에서 삭제하도록 통보한다. 데이터 전송은 이 두 단계 사이에서 일어난다. 먼저 이해하기 쉬운 데이터 전송 단계를 설명하고 연결 설정 및 해제 단계를 설명한다.

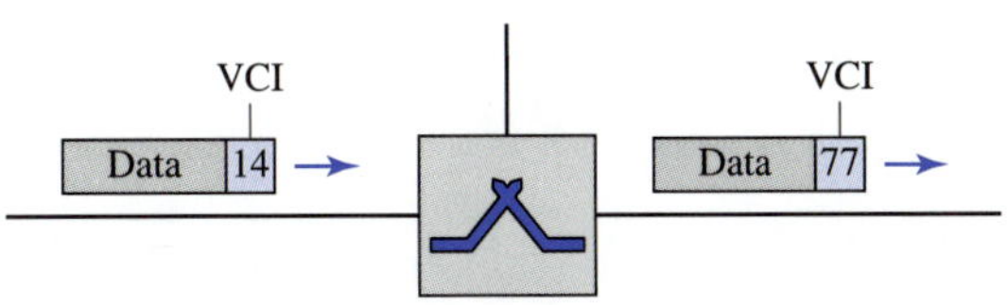

그림 8.11
가상-회선 식별자

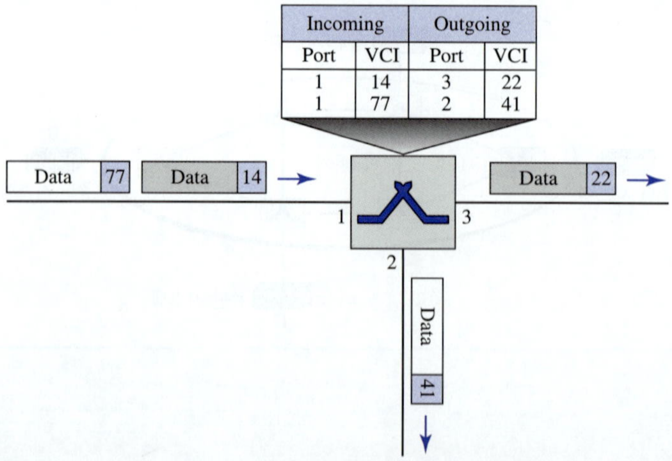

그림 8.12 가상-회선망의 교환기와 표

데이터 전송 단계

발신지에서 목적지로 데이터를 전송하기 위해서는 도중의 모든 교환기는 해당 가상-회선의 내용을 표로 가지고 있어야 한다. 이 표는 기본적으로 간단하게 4개의 열로 되어 있다. 곧 교환기는 이미 생성된 각 가상-회선별로 4가지 정보를 가지게 된다는 것을 말한다. 뒤에 교환기가 어떻게 이 표를 만드는지 보겠지만 일단 교환기들은 모든 진행 중인 가상-회선에 대해 이 표를 가지고 있다고 가정한다. 그림 8.12에 교환기와 해당 표를 보여주고 있다.

그림 8.12는 어떤 프레임의 VCI가 14이고 1번 포트를 통해 들어오는 것을 보여준다. 프레임이 도달하면 교환기는 표로부터 포트 1번 VCI 14번을 찾아 프레임의 VCI를 22로 바꾸어 3번 포트로 내보낸다.

그림 8.13에 프레임이 어떻게 발신지 A로부터 목적지 B에 도달하는지와 그 과정에서 VCI가 어떻게 바뀌는지를 보여주고 있다. 각 교환기는 VCI를 바꾸면서 프레임의 경로를 찾아 보낸다.

데이터 전송 단계는 발신지로부터 마지막 프레임이 목적지로 전송될 때까지 유효하다. 교환기에서 모든 절차는 동일 메시지의 각 프레임에 대해 동일하다. 이 과정에서 발신지와 목적지 사이에 실제 회선이 아닌 가상-회선이 생성된다.

연결 설정 단계

연결 설정 단계에서는 교환기는 가상-회선에 대한 내용을 생성한다. 예를 들면 발신지 A가 B까지 가상-회선을 설정해야 한다고 하자. 연결 설정 요청과 응답의 두 단계가 필요하다.

연결 설정 요청

발신지로부터 목적지로 연결 설정 요청 프레임이 전송된다. 그림 8.14는 이 과정을 보여준다.

a. 발신지 A는 1번 교환기에게 연결 설정 요청 프레임을 보낸다.

b. 1번 교환기는 연결 설정 요청 프레임을 받는다. 교환기는 A로부터 B로 가는 프레임은 3번 포트

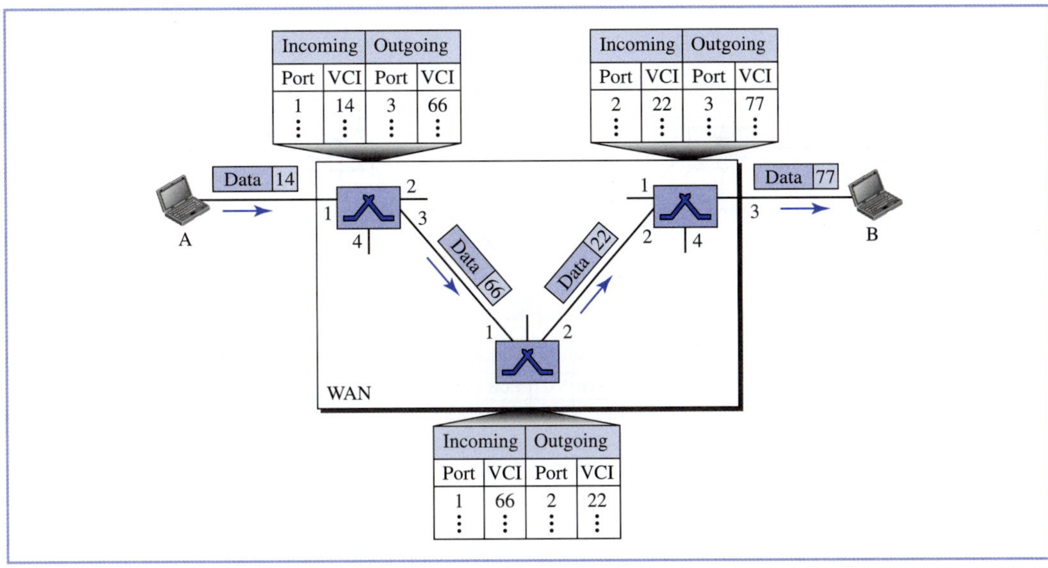

그림 8.13 가상-회선망에서 발신지-대-목적지 데이터 전송

를 통해 간다는 것을 알고 있다. 교환기가 어떻게 이 정보를 알아내는지는 후에 공부할 요점이다. 연결 설정 단계에서 교환기는 패킷 교환기처럼 작동한다. 즉, 교환 표와는 다른 경로지정 표를 가지고 있다. 일단 교환기가 출력 포트에 대해 알고 있다고 가정하자. 교환기는 이 가상-회선에 대한 항목을 교환 표에 추가하지만, 오직 세 열만 채워 넣는다. 교환기는 입력 포트(1)를 지정하고, 가용 입력 VCI(14)를 선택하며, 출력 포트(3)를 선정한다. 아직 출력 VCI 값은 모르는데 응답 단계에서 알게 된다. 이후 교환기는 2번 교환기에게 3번 포트를 통해 프레임을 보낸다.

c. 2번 교환기가 연결 설정 요청 프레임을 접수한다. 같은 과정을 통해 표의 세 열이 채워지는데 예의 경우에는 입력 포트(1), 입력 VCI(66), 출력 포트(2)가 되었다.

d. 3번 교환기가 연결 설정 요청 프레임을 접수한다. 다시금 표의 세 열이 채워지는데 입력 포트(2), 입력 VCI(22), 출력 포트(3)이다.

e. 목적지 B는 연결 설정 요청 프레임을 접수하여 만일 A로부터의 프레임을 받을 준비가 되어 있

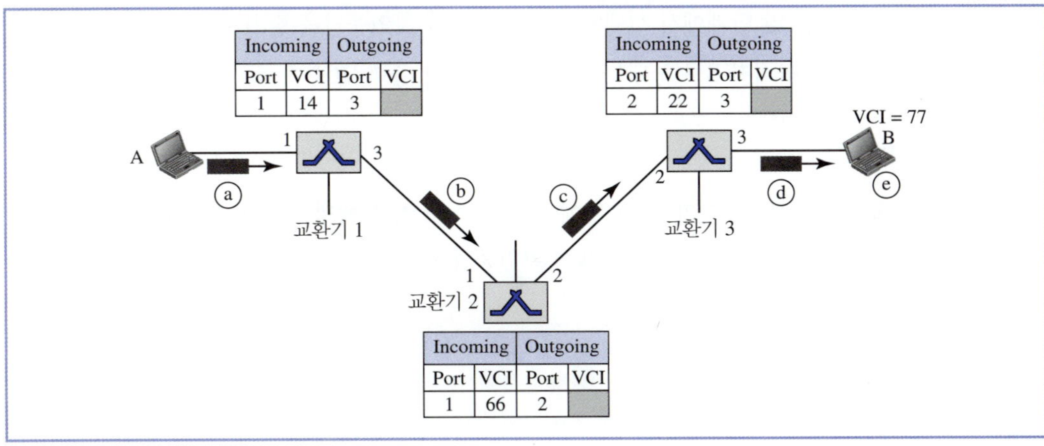

그림 8.14 가상-회선망의 연결 설정 요청

그림 8.15
가상-회선망의 연결 설정 확인응답

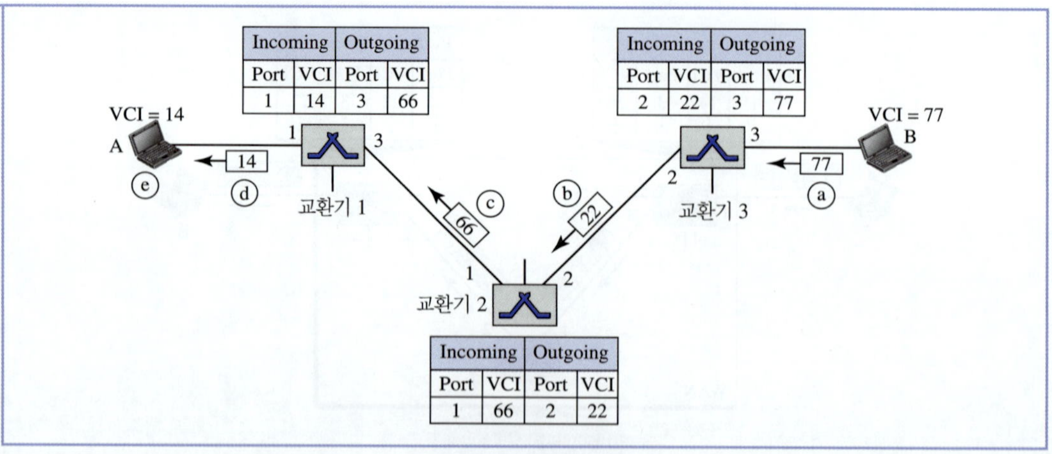

다면 A로부터 입력되는 프레임들에 VCI를 지정한다. 예에서는 77이다. 이 VCI로 하여금 목적지는 이 식별자를 갖는 프레임은 A로부터 오는 것으로 알게 된다.

확인응답

확인응답(acknowledgement) 프레임이라 부르는 특별 프레임이 교환기의 표 내용을 완성한다. 그림 8.15는 이 과정을 보여준다.

a. 목적지는 3번 교환기에 확인응답 프레임을 보낸다. 확인응답은 발신지와 목적지의 전역 주소를 가지고 있어서 교환기는 표의 어떤 내용이 채워져야 하는지를 알게 된다. 프레임은 물론 목적지에 의해 발신지로부터 오는 프레임에 지정한 VCI 77도 들어 있다. 3번 교환기는 이 VCI를 사용하여 표의 출력 VCI 열을 완성한다. 77은 목적지 B에 대해서는 입력 VCI이지만 3번 교환기에 대해서는 출력 VCI인 것에 유념하라.

b. 3번 교환기는 2번 교환기에게 앞 단계에서 선택된 입력 VCI를 포함한 확인응답을 보낸다. 2번 교환기는 이 VCI를 자신의 표의 출력 VCI에 채워 넣는다.

c. 2번 교환기가 전 단계에서 선택된 VCI 값을 포함한 확인응답을 1번 교환기에게 보낸다. 1번 교환기는 이것을 출력 VCI로 표에 넣는다.

d. 끝으로 1번 교환기는 앞 단계에서 선택된 VCI를 포함한 확인응답을 발신지 A에게 보낸다.

e. 발신지는 이 VCI를 목적지 B로 보내는 프레임들에 대한 출력 VCI 번호로 표에 넣는다.

연결 해제 단계

이 단계에서는 모든 프레임을 B에게 보낸 후에 발신지 A가 **연결 해제 요청**(teardown request)이라는 특별 프레임을 보낸다. 목적지 B는 연결 해제 확인응답 프레임으로 응답한다. 모든 교환기는 해당 항목을 표에서 지운다.

효율

앞에서 논의한 것처럼 가상-회선망에서 자원 예약은 연결 설정 단계에서 행해지거나 데이터 전송 단계에서 요구될 수 있다. 앞의 경우에는 각 패킷의 지연은 동일하지만 뒤의 경우에 각 패킷은 서로 다른 지연을 가질 수 있다. 자원 할당이 요구되는 경우라도 가상 회선망은 큰 이점이 있다. 발신지는 실제로 예약하기 전에 자원 가용도를 확인할 수 있다. 식당에서 식사를 하는 가족을 생각해 보자. 식당이 예약을 받지 않는 경우라도 가족은 전화를 해서 얼마나 기다려야 하는지를 알아볼 수 있다. 이렇게 하면 가족이 시간과 노력을 절감할 수 있다.

> 가상-회선망에서 동일한 발신지와 목적지에 속한 모든 패킷은 동일한 경로를 거치지만 패킷들은 자원 할당이 요구대로 되더라도 서로 다른 지연을 가지고 목적지에 도착할 수 있다.

가상-회선망에서 지연

가상-회선망에서 연결 설정을 위해 한 차례의 지연이 있고, 연결 해제를 위해 또 한 차례의 지연이 있다. 연결 설정 단계에서 자원이 할당된다면 각 패킷은 기다리는 시간이 없다. 그림 8.16은 가상-회선망에서 두 교환기를 거쳐 지나가는 패킷의 지연을 보여준다.

패킷들은 두 대의 교환기(라우터)를 거쳐 지나간다. 3개의 전송 시간, 3개의 전파 지연 및 데이터 전송 시간, 연결 설정 시간과 해제 시간이 연루되어 있다. 각 교환기에서의 처리 시간은 무시한다. 전체 지연 시간은 다음과 같다.

$$\textbf{Total delay} = 3T + 3\tau + \textbf{setup delay} + \textbf{teardown delay}$$

WAN에서 회선 교환 기술

14장에서 보게 되겠지만 가상-회선망은 프레임 교환이나 ATM 망의 예처럼 교환형 WAN에 사용되고 있다. 이 기술들의 데이터 링크층은 가상-회선 기술에 적절하다.

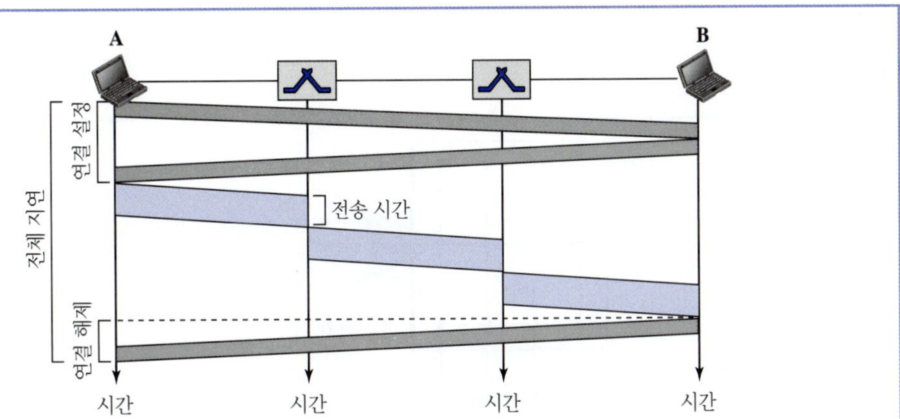

그림 8.16
가상-회선망의 지연

교환형 WAN에서 데이터 링크층의 교환은
일반적으로 가상-회선 기술을 이용하여 구현되어 있다.

8.4 교환기 구조

회선 교환이나 패킷 교환에서는 교환기를 사용한다. 이 절에서는 각 네트워크 종류에서 사용하는 교환기에 대해 논의한다.

8.4.1 회선 교환기 구조

오늘날의 회선 교환은 공간 분할 교환기나 시분할 교환기를 이용할 수 있다.

공간-분할 교환기

공간-분할 교환기(space-division switch)에서 회선 상의 경로는 서로 공간적으로 분리된다. 이 기술은 원래 아날로그 망에서 사용되도록 설계되었지만, 현재는 아날로그 망과 디지털 망에서 모두 사용되고 있으며, 오랜 역사를 통해 여러 방식이 연구되어 왔다.

크로스바 교환기

그림 8.17에서와 같이 **크로스바 교환기**(crossbar switch)는 격자 형태로 n개의 입력과 m개의 출력을 연결하며, 각 **교차점**(crosspoint)에는 전기적인 마이크로스위치(트랜지스터)가 존재한다. 이 설계의 큰 단점은 요구되는 교차점의 수가 많다는 것이다. 크로스바 교환기를 이용해 n개의 입력과 m개의 출력을 연결하기 위해서는 $n \times m$개의 교차점이 요구된다. 예를 들어, 1,000개 입력과 1,000개의 출력을 연결하기 위해서는 1,000,000개의 교차점을 가지는 크로스바가 필요하다. 이러한 요인은 크로스바의 크기를 증대시키기 때문에 크로스바를 비실용적으로 만든다. 또한 실제로 이 교환기는 통계상 교차점의 25% 미만 정도만 주어진 시간에 사용되고 나머지는 사용되지 않기 때문에 비효율적이다.

그림 8.17
3개의 입력과 4개의 출력이 있는 크로스바 교환기

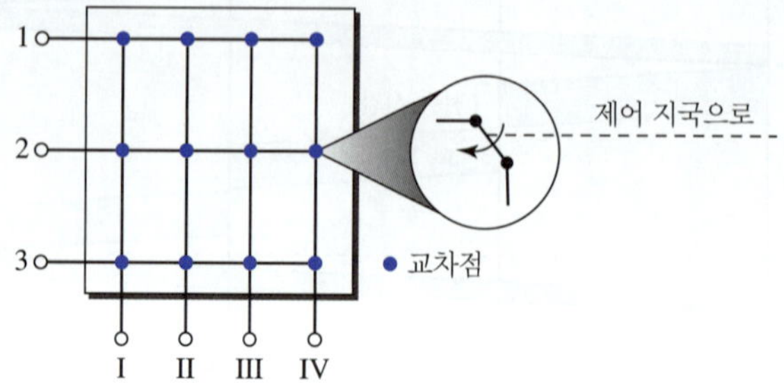

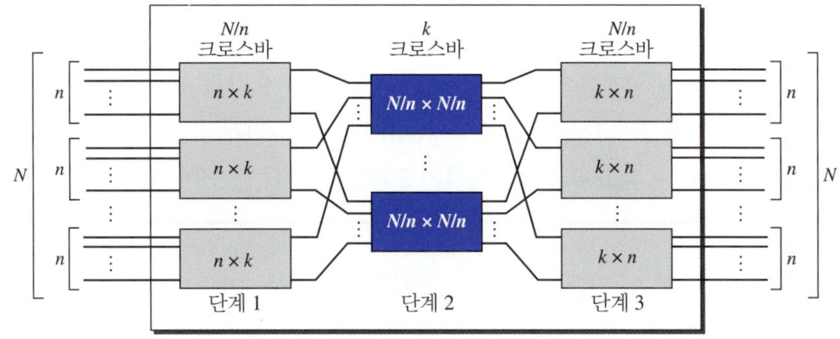

그림 8.18
다단계 교환기

다단계 교환기

크로스바 교환기의 단점을 극복하기 위한 해결책으로 크로스바 교환기를 여러 단계(stage)로 결합한 **다단계 교환기**(multistage switch)를 사용할 수 있다. 다단계 교환에서, 장치는 교환기에 연결되고 이 교환기는 차례차례 다른 교환기에 계층적으로 연결된다(그림 8.18 참조). 다단계 교환기의 설계는 단계의 수와 각 단계에서 요구되는 교환기의 수에 달려 있다. 보통 중간 단계는 처음과 마지막 단계보다는 적은 교환기를 가진다.

3단계 교환기를 설계하기 위해서는 다음 단계를 거친다.

1. N개의 입력 회선을 각각 n개 회선의 그룹으로 나눈다. 각 그룹에 대해 $n \times k$ 크기의 크로스바 하나를 사용한다. 여기서 k는 도중 단계의 크로스바의 개수이다. 다시 말하면 첫 단계는 $n \times k$개의 교차점을 갖는 N/n개의 크로스바가 필요하다.
2. 중간 단계에서 각각의 크기가 $(N/n) \times (N/n)$인 k 크로스바를 사용한다.
3. 세 번째 단계에서는 각각의 크기가 $k \times n$인 N/n 크로스바를 사용한다.

다음과 같이 전체 교차점의 개수가 계산된다.

$$\frac{N}{n}(n \times k) + k\left(\frac{N}{n} \times \frac{N}{n}\right) + \frac{N}{n}(k \times n) = 2kN + k\left(\frac{N}{n}\right)^2$$

3단계 교환기에서는 전체 교차점의 개수는

$$2kN + k\left(\frac{N}{n}\right)^2$$

이고, 이 숫자는 단일 교환기에서 필요한 (N^2)보다 훨씬 적은 숫자이다.

예제 8.3

$k = 4$이고 $n = 20$인 3단계 200 × 200 교환기(N = 200)를 설계하라.

해답

첫 단계에는 N/n, 즉 10개의 크로스바가 필요한데 각각은 20 × 4의 크기이다. 두 번째 단계에는 각각 10 × 10 크기의 크로스바 4개를 필요로 한다. 세 번째 단계에 각각 4 × 20 크기의 10개의 크로스바가 필요하다. 전체 교차점의 개수는 $2kN + k(N/n)^2$, 즉 2,000개가 소요된다. 이는 일단 교환기라면 필요했을 200 × 200 = 40,000개의 교차점의 5%에 해당하는 숫자이다.

예제 8.3의 다단계 교환기는 단점이 있다. 교차점의 감소는 가중한 트래픽 구간에서는 **차단**(blocking)이라 불리는 현상을 일으킨다. 차단이란 가능한 중간 교환기가 모두 사용 중이어서 이용할 수 있는 경로가 없어 하나의 입력이 어느 출력에도 연결되지 못할 때를 말한다. 일단 교환기에서는 차단이 발생하지 않는다. 입력과 출력 간의 결합이 각각 자체의 교차점을 가지기 때문에 항상 경로가 존재하지만(두 입력이 같은 출력과의 연결을 시도하는 경우는 고려하지 않으며, 이때의 경로는 차단되지 않았고 단지 출력이 바쁠 뿐이다), 앞 예에서 언급한 다단계 교환기에서는 첫 단계의 첫 번째 교환기의 20개 입력 중 4개만이 동시에 교환기를 사용할 수 있으며, 두 번째 단계에서는 20개의 입력 중 4개만이 동시에 교환기를 사용할 수 있다. 중간 단계에서 출력의 수가 적다는 점은 이용할 수 있는 링크의 수를 더욱 제한한다.

10,000개의 입력과 출력을 갖는 시스템처럼 큰 시스템에서, 요구되는 교차점의 수를 줄이기 위한 노력은 단계의 수를 증가시킬 수 있다. 그러나 단계의 수가 증가함에 따라 차단의 발생 가능성 또한 증가한다. 자연재해가 발생했을 때 조사를 위한 전화나 친척들을 안심시키기 위한 통화로 시스템의 부하를 급증시켜 전화 시스템상에 차단 현상이 발생하는 것을 경험했을 것이다.

클로스(Clos)는 다단계 교환기에서 차단을 일으키지 않는 조건을 연구하여 다음 수식을 얻었다. 차단이 없는 시스템에서는 중간 단계의 교환기의 수는 최소 $2n - 1$ 이상이어야 한다. 다시 말해, $k \geq 2n - 1$이어야 한다.

교차점의 개수는 일단 교환기의 교차점보다 항상 작다는 것을 유의하라. 이제 클로스의 조건을 사용하여 N 값을 고정하고 교차점의 수를 최소로 만들 필요가 있다. 수식의 유일 변수인 n에 대해 미분 값을 취하여 결과를 0으로 만드는 n 값을 구할 수 있다. 이 n 값은 $(N/2)^{1/2}$ 이상이어야 한다. 이 경우에는 전체 교차점의 개수는 $4N[(2N)^{1/2} - 1]$ 이상이 된다. 다시 말하면 클로스 기준에 의하면 해당 교차점의 최소 수는 $N^{3/2}$에 비례한다.

> 클로스 조건에 의하면: $n = (N/2)^{1/2}$ $k \geq 2n - 1$
> 전체 교차점 수 $\geq 4N[(2N)^{1/2} - 1]$

예제 8.4

앞의 200 × 200 교환기를 클로스 기준을 사용하여 최소 교차점을 갖는 교환기로 새로 설계하라.

해답

$n = (200/2)^{1/2}$, 즉 $n = 10$으로 하자. 여기서 $k = 2n - 1 = 19$가 된다. 첫 번째 단계에서는

200/10, 즉 20개의 크로스바를 갖는데 각각은 19 × 10개의 교차점을 갖는다. 두 번째 단계에서는 각각 10 × 10 교차점을 갖는 19개의 크로스바를 갖는다. 세 번째 단계에서는 각각 19 × 10의 교차점을 갖는 20개의 크로스바를 갖는다. 전체 교차점의 개수는 20(10 × 19) + 19(10 × 10) + 20(19 × 10) = 9,500개이다. 일단계 교환기를 사용하면 200 × 200 = 40,000개의 교차점이 필요하다. 이 세 단계 교환기의 교차점은 일단계 교환기 교차점의 24%에 불과하다. 예제 8.3의 교차점보다는 더 필요하다(5%). 이 추가 교차점이 차단을 방지하기 위해 필요하다.

클로스 기준을 사용하여 최소 교차점 개수를 사용하는 다단계 교환기도 여전히 많은 수의 교차점이 필요하다. 예를 들면 100,000개의 입력과 출력을 갖는 교환기에는 2억 개에 가까운 교차점이 필요하다(100억 개 대신에). 이는 한 도시에서 100,000개의 전화를 연결하기 위해서는 2억 개의 교차점이 필요하다는 것을 말한다. 우리가 차단을 허용하면 이보다 적은 교차점을 사용할 수 있다. 오늘날은 전화 회사는 곧 보게 될 시분할 교환기 또는 시분할 교환기와 공간 분할 교환기를 섞어 사용한다.

시분할 교환기

시분할 교환(time-division switching)은 교환기 안에 시분할 다중화(TDM, time-division multiplexing)를 이용한다. 가장 많이 사용하는 기술은 **시간 틈새 교환**(TSI, time slot interchange)이라고 한다.

시간 틈새 교환(TSI)

그림 8.19는 4개의 입력 회선을 4개의 출력 회선에 연결하는 시스템을 보여주고 있다. 각 입력 회선이 다음 패턴(1 → 3), (2 → 4), (3 → 1), (4 → 2)에 따라 출력 중 하나로 데이터를 보내고자 한다고 가정하자.

그림에는 TDM 다중화기와 TDM 다중 복구기 및 임의 접근 메모리(RAM, random access memory)로 이루어진 TSI를 보여준다. 각 저장소의 크기는 하나의 틈새 크기와 같다. 저장소의 수는 입력의 수(대부분 경우 입력과 출력의 수가 같음)와 같다. RAM은 틈새로부터 들어오는 데이터를 받

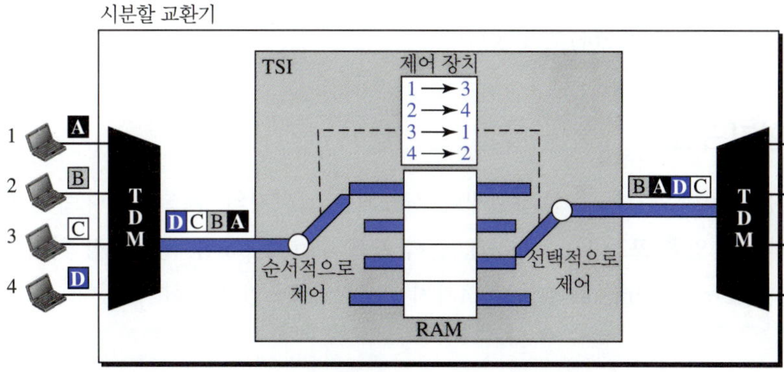

그림 8.19
시간 틈새 교환

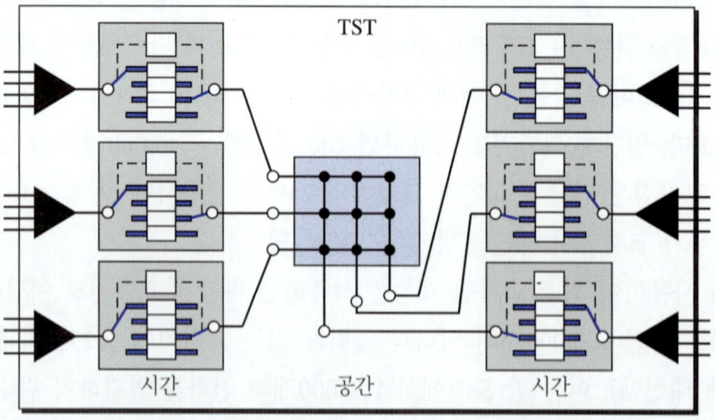

그림 8.20
시간-공간-시간 교환기

은 순서대로 채우고, 틈새는 제어장치에 의해 결정된 순서에 따라 내보낸다.

공간 분할 교환과 시분할 교환의 결합

공간 분할 교환과 시분할 교환을 비교할 때 몇 가지 흥미로운 사실을 발견할 수 있다. 공간 분할 교환기는 순간적이라는 장점을 갖되, 차단이 발생하지 않도록 하기 위해 교차점이 많이 요구된다는 단점도 있다.

한편, 시분할 교환기는 교차점이 필요하지 않은 장점이 있지만, TSI의 경우 각 연결을 처리하는데 지연이 발생한다는 단점이 있다. 각 틈새는 RAM에 의해 저장되고 검색되고 전달되어야 한다.

제3의 선택으로 둘의 장점을 활용하기 위해 공간 분할과 시분할 기술을 결합할 수 있다. 두 가지의 결합은 물리적인 면(교차점의 수)이나 시간적인 면(지연의 양)에서 교환기를 최적화시킨다. 이러한 종류의 다단계 교환기는 **시간-공간-시간**(TST, time-space-time) 교환기로 설계될 수 있다.

그림 8.20은 2개의 시간 단계와 1개의 공간 단계로 구성되고 12개의 입력과 12개의 출력을 가지는 간단한 TST 교환기를 보여주고 있다. 하나의 시분할 교환기를 사용하는 대신, 4개의 입력을 가지는 3개의 그룹으로 나누고 그들을 직접 3개의 TSI에 연결하고 있다. 12개의 입력을 모두 처리하기 위한 이 경우의 평균 지연은 하나의 TSI를 사용하는 경우에 비해 1/3 수준이 된다.

마지막 단계는 첫 번째 단계와 같다. 가능한 모든 입출력 쌍 간의 연결(예를 들면, 첫 번째 그룹의 입력 3과 두 번째 그룹의 출력 7 간의 연결)을 허락하기 위해, 중간 단계는 TSI 그룹을 함께 연결하고 있는 공간 분할 교환기(크로스바)로 구성된다.

8.4.2 패킷 교환기 구조

패킷-교환 망에 사용되는 교환기는 회선-교환망에 사용되는 교환기의 구조와는 다르다. 패킷 교환기는 그림 8.21에서처럼 **입력 포트**(input port), **출력 포트**(output port), **경로지정 처리기**(routing processor) 및 **교환 회로**(switching fabric)라는 4가지 요소로 되어 있다고 할 수 있다.

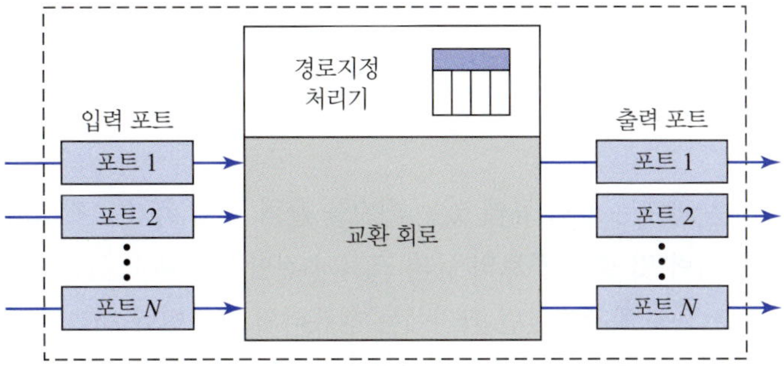

그림 8.21
패킷 교환기 요소

입력 포트

입력 포트는 패킷 교환의 물리 및 데이터 링크 기능을 한다. 수신된 신호로부터 비트를 형성한다. 패킷은 프레임으로부터 벗겨지며 오류가 검출되어 교정된다. 패킷은 이후 네트워크층에 의해 경로를 찾아갈 준비가 된다. 물리층 처리기와 데이터 링크 처리기 이외에도 입력 포트는 교환 회로로 보내지기 전에 패킷을 잠시 붙잡아 두는 버퍼를 가지고 있다. 그림 8.22에 입력 포트의 구조 다이어그램이 있다.

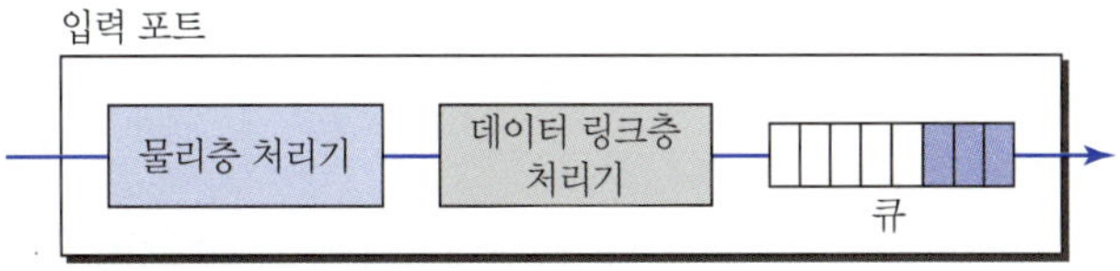

그림 8.22
입력 포트

출력 포트

출력 포트는 순서만 반대일 뿐 입력 포트와 같은 기능을 한다. 우선 출력 패킷이 큐에 채워진 다음에 프레임으로 만들어진 다음에 프레임을 회선에 전송될 신호로 바꾸는 물리층 기능이 적용된다. 그림 8.23은 출력 포트의 구조 다이어그램이다.

경로지정 처리기

경로지정 처리기는 네트워크층의 기능을 수행한다. 목적지 주소는 다음 도착지의 주소와 동시에 패킷을 내보낼 출력 포트의 번호를 찾기 위해 사용된다. 이 동작은 **표 보기**(table lookup)라고도 불리

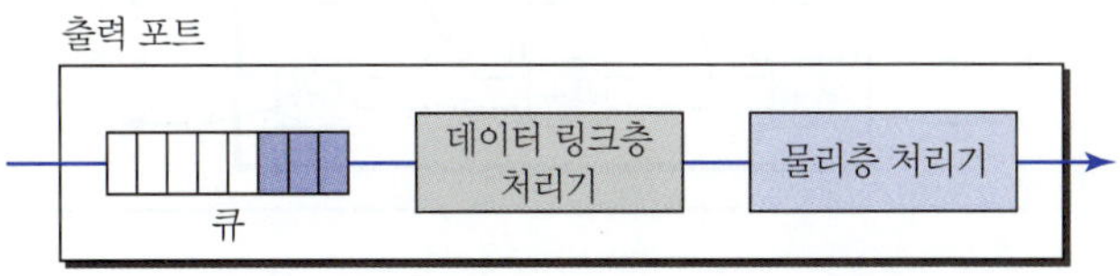

그림 8.23
출력 포트

는데, 왜냐하면 경로지정 처리기는 경로지정 표를 찾기 때문이다. 요즘 패킷 교환기들은 이 과정을 원활히 하고 빨리 처리하기 위해 입력 포트가 대신한다.

교환 회로

패킷 교환의 가장 어려운 과제는 입력 큐에 있는 패킷을 출력 큐에 옮기는 작업이다. 이 작업이 완료되는 데 걸리는 시간이 입력 및 출력 포트의 큐의 크기와 전반적인 패킷 전송 지연에 영향을 미친다. 패킷 교환기가 실제로는 전용 컴퓨터였던 과거에는 컴퓨터의 메모리나 버스가 교환 회로였다. 오늘날은 패킷 교환기는 여러 교환 회로를 사용하는 특별한 장치이다. 이 회로에 대해 간략히 논의한다.

크로스바 교환기

가장 간단한 종류의 회로는 앞에서 논의한 크로스바 교환기이다.

반얀 교환기

크로스바보다 좀 더 현실적인 방법은 반얀 트리에서 이름을 딴 **반얀 교환기**(Banyan Switch)이다. 반얀 교환기는 각 단계에서 2진 스트림으로 대표되는 출력 포트에 기반을 두어 패킷의 경로를 결정하는 마이크로 교환기를 갖는 다단계 교환기이다. *N*개의 입력과 *n*개의 출력을 갖는 경우에 $\log_2 n$개의 단계와 각 단계에 *n*/2개의 마이크로 교환기를 갖게 된다. 1단계에서는 2진 스트링의 최대 자릿수에 기반을 두어 경로를 찾는다. 2단계에서는 두 번째 최대 자릿수에 기반을 두어 경로를 찾으며 나머지도 그와 같은 방식이다. 그림 8.24는 8개의 입력과 8개의 출력을 갖는 반얀 교환기이다. 모두 $\log_2 (8) = 3$개의 중간 단계를 갖는다.

그림 8.25는 어떻게 동작하는지를 보여준다. 그림 8.25a에서는 패킷이 1번 입력 포트에 도달하여 6(이진수 110)번 출력 포트로 가야 한다. 첫 번째 마이크로 교환기 (A-2)는 첫 번째 비트 (1)에 기반을 두어 경로를 지정하고, 두 번째 마이크로 교환기 (B-4)는 두 번째 비트 (1)에 기반을 두어 경로를 지정하며, 세 번째 마이크로 교환기 (C-4)가 마지막 비트에 기반을 두어 경로를 지정한다. 그림 8.25b에는 패킷이 5번 입력 포트에 도착한 패킷을 2(2진수 010)번 출력 포트에 보내야 한다. 첫 번째

그림 8.24
반얀 교환기

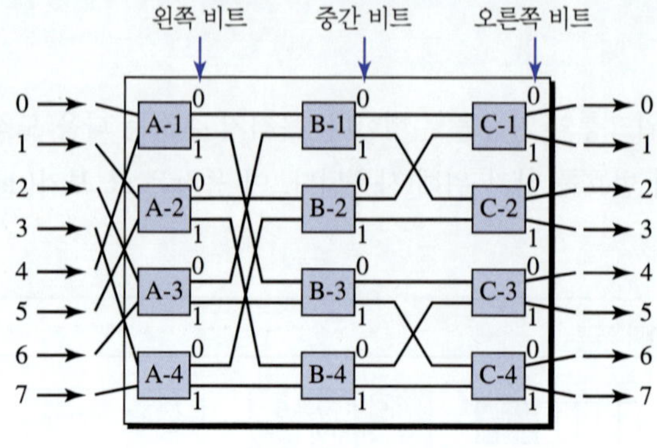

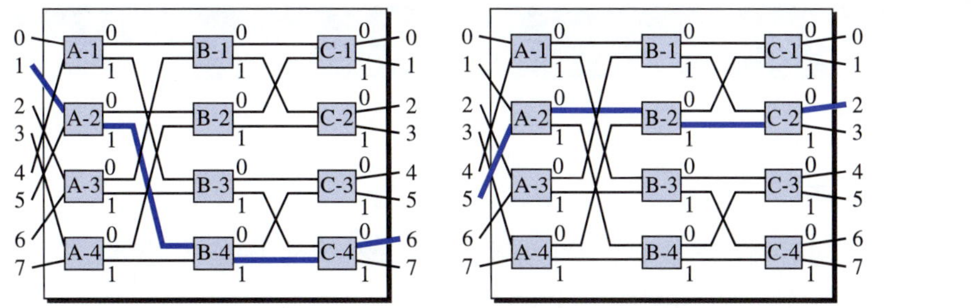

a. 입력 1이 출력 6(110)으로 셀을 보낸다.

b. 입력 5는 출력 2(010)로 셀을 보낸다.

그림 8.25
반얀 교환기에서 경로 찾기 예

마이크로 교환기 (A-2)는 첫 번째 비트 (0)에 기반하여 경로를 지정하고, 두 번째 마이크로 교환기 (B-2)는 두 번째 비트 (1)에 기반을 두어 경로를 지정하며, 세 번째 마이크로 교환기 (C-2)가 마지막 비트 (0)에 기반을 두어 경로를 지정한다.

배처 반얀 교환기

반얀 교환기의 단점은 2개의 패킷이 동일한 출력 포트로 향하지 않는 경우에도 생길 수 있는 내부 충돌이다. 이 문제를 목적지 포트 주소에 기반을 두어 입력 패킷을 정렬하여 해결할 수 있다.

배처(K. E. Batcher)는 반얀 교환기 앞에 놓여 최종 목적지 주소에 따라 입력 패킷을 정렬하는 교환기를 설계하였다. 이 결과로 만들어진 교환기를 **배처 반얀 교환기**(Batcher-Banyan Switch)라 한다. 정렬 교환기는 하드웨어 연합 기법을 사용하는데 세부 사항을 여기서 논의하지는 않는다. 보통 **트랩**(trap)이라고 불리는 하드웨어 장치가 배처 교환기와 반얀 교환기 사이에 놓인다(그림 8.26 참조). 트랩 모듈은 중복 패킷(같은 출력 목적지를 가진 패킷들)이 동시에 반얀 교환기로 전달되지 않도록 해준다. 각 목적지에는 오직 한 번에 하나의 패킷만이 전달되도록 하며, 같은 목적지로 가는 다른 패킷은 다음 순간을 기다려야 한다.

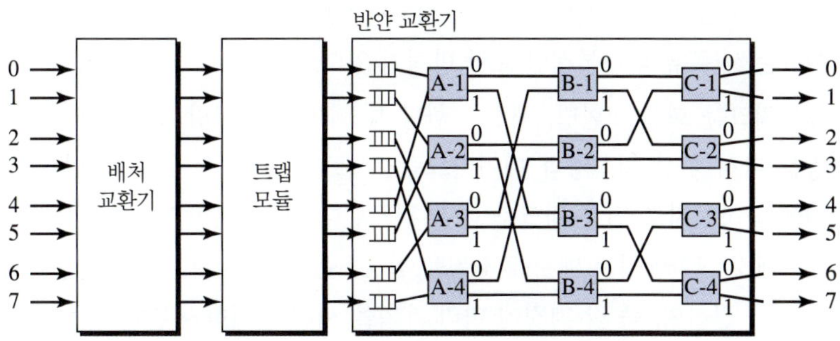

그림 8.26
배처 반얀 교환기

8.5 추천 자료

8.5.1 추천 도서

이 장에서 논의한 주제들을 자세히 보기 위해서 다음 도서와 사이트를 추천한다. 괄호 안에 있는 내용은 교재의 끝에 있는 참고문헌을 가리킨다.

참고문헌

교환에 대해서는 [Sta 04]와 [GW 04]에서 논의하고 있다. 회선 교환은 [BEL 01]에 자세히 논의되어 있다.

8.5.2 중요 용어

banyan switch
Batcher-banyan switch
blocking
circuit switching
circuit-switched network
crossbar switch
crosspoint
data-transfer phase
datagram
datagram network
end system
input port
message switching
multistage switch
output port
packet switching
packet-switched network
routing processor
setup phase
space-division switching
switch
switching
switching fabric
table lookup
teardown phase
time-division switching
time-slot interchange(TSI)
time-space-time(TST) switch
trap
virtual-circuit identifier(VCI)
virtual-circuit network

8.5.3 요약

- 교환망은 교환기가 상호 연결된 노드들로 구성되어 있다. 전통적으로 회선-교환, 패킷-교환과 메시지-교환이라는 세 종류의 기본적인 교환 방식이 있다.
- 오늘날의 네트워크를 회선-교환망, 패킷-교환망 및 메시지-교환망으로 크게 구분할 수 있으며, 패킷-교환망은 다시 가상-회선망과 데이터그램망으로 구분할 수 있다. 회선-교환에서, 패킷은 하나의 장치에서 목적지로 전용 링크를 따라 전달된다. 공간 분할과(또는) 시분할 교환기가 사용될 수 있다. 패킷-교환에서는 패킷에 자원을 할당하는 것은 없다. 이는 각 링크에 예약된 대역폭이 없다는 것을 말하며, 즉 각 패킷에 미리 계획을 세워 처리하지 않는다는 것을 의미한다. 자원은 필요에 따라 할당된다. 데이터그램망에서는 각 패킷은 다른 패킷과 독립적으로 처리된다. 이런 방식의 패킷을 데이터그램이라고 한다. 연결 설정이나 해제 단계가 없다. 가상-회선망은 회선-교환망과 데이터그램망의 혼합이다. 회선-교환은 공간 분할 교환 또는 시분할 교환의 기법을 사용한다. 패킷-교환망의 교환기는 회선-교환망의 교환기와 다른 구조를 갖는다. 패킷-교환

은 입력 포트와 출력 포트, 경로지정 처리기 및 교환 회로라는 4가지 구성요소를 갖는다고 할 수 있다.

8.6 연습문제

8.6.1 객관식

1. 회선-교환은 ____________개의 범주로 나눌 수 있다.
   a. 2 b. 3
   c. 4 d. 정답 없음

2. 패킷-교환은 ____________개의 범주로 나눌 수 있다.
   a. 2 b. 3
   c. 4 d. 정답 없음

3. 회선-교환은 ____________ 계층에서 일어난다.
   a. 데이터 링크 b. 물리
   c. 네트워크 d. 응용

4. 패킷-교환은 보통 ____________ 계층에서 일어난다.
   a. 물리층과 데이터 링크 b. 데이터 링크와 네트워크
   c. 네트워크와 전송 d. 전송과 응용

5. 메시지-교환은 보통 ____________ 계층에서 이용된다.
   a. 물리 b. 데이터 링크
   c. 네트워크 d. 응용

6. 회선-교환망에서는 ____________단계가 필요하다.
   a. 1 b. 2
   c. 3 d. 정답 없음

7. 데이터그램망에서는 ____________단계가 필요하다.
   a. 1 b. 2
   c. 3 d. 정답 없음

8. 가상-회선망에서는 ____________단계가 필요하다.
   a. 1 b. 2
   c. 3 d. 정답 없음

9. ____________망에서는 각 패킷은 다른 패킷들과 독립적으로 취급된다.
   a. 회선-교환 b. 가상-회선
   c. 데이터그램 d. 정답 없음

10. 데이터그램망에서 라우팅 테이블은 패킷에 있는 ____________을 기반으로 한다.
    a. 흐름 레이블 b. 목적지 주소
    c. VCI d. 정답 없음

11. 가상-회선망에서 라우팅 테이블은 패킷에 있는 ____________을 기반으로 한다.
    a. 흐름 레이블 b. 목적지 주소
    c. VCI d. 정답 없음

12. 데이터그램망에서 목적지 주소는 ____________.
    a. 발신지에서 목적지까지 같은 주소로 남아 있다.
    b. 각 교환기에서 변경된다.
    c. 목적지에서 변경된다.
    d. 정답 없음

13. 데이터그램망에서 ____________ 단계가 필요하다.
    a. 연결 해제 b. 연결 설정
    c. 연결 설정과 연결 해제 d. 정답 없음

14. 가상-회선 망에서 ____________ 단계가 필요하다.
    a. 연결 해제 b. 연결 설정
    c. 연결 설정과 연결 해제 d. 정답 없음

15. ____________망에서 메시지에 속하는 모든 패킷은 같은 경로를 따른다.
    a. 데이터그램 b. 가상-회선
    c. 회선-교환 d. 정답 없음

16. ____________망에서 메시지에 속하는 각 패킷은 서로 다른 경로를 따를 수 있다.

a. 데이터그램 b. 가상-회선
c. 회선-교환 d. 정답 없음

8.6.2 주관식

Q-1 교환이 왜 필요한지 설명하고, 교환기를 정의하라.

Q-2 세 가지 전통적인 교환 방식에 대해 설명하라. 오늘날 가장 흔한 것은?

Q-3 패킷-교환에서 이용되는 두 가지 방식은 무엇인가?

Q-4 회선-교환망과 패킷-교환망을 비교, 설명하라.

Q-5 데이터그램망을 이동하는 패킷에서 주소 필드의 역할은 무엇인가?

Q-6 가상-회선망을 이동하는 패킷에서 주소 필드의 역할은 무엇인가?

Q-7 공간 분할 교환기와 시분할 교환기를 비교, 설명하라.

Q-8 TSI는 무엇이며 시분할 교환에서 역할은 무엇인가?

Q-9 회선 교환의 두 가지 주요 범주를 비교, 설명하라.

Q-10 패킷 교환의 4가지 주요 구성요소와 그 기능을 나열하라.

객관식 홀수 번 문제 정답

1. ⓓ 3. ⓐ 5. ⓓ 7. ⓒ 9. ⓒ 11. ⓒ 13. ⓓ 15. ⓑ

8.7 시뮬레이션 실험

8.7.1 애플릿

이 장에서 설명된 주요 개념의 일부를 보여주기 위하여 자바 애플릿을 개발하였다. 학생들에게 이 책 웹 사이트에 올라와 있는 이 애플릿을 실행시켜 보고, 프로토콜을 실제로 살펴보는 것을 강력하게 권한다.

PART III

DATA COMMUNICATIONS

데이터 링크층

DATA COMMUNICATIONS

CHAPTER 09

DATA COMMUNICATIONS

데이터 링크층 개요

TCP/IP 프로토콜 그룹은 데이터 링크층이나 물리층에 대해서는 규정하지 않았다. 이 두 계층은 인터넷에서 연결을 담당한다. 이들 유선망 또는 무선망은 TCP/IP의 상위 세 계층에게 서비스를 제공한다. 이것은 오늘날 시장에 몇 개의 표준 프로토콜로 인해 실마리를 찾을 수 있다. 이러한 이유로 이 책에서는 데이터 링크층을 몇 개의 장으로 나누어 설명한다. 이 장에서는 모든 네트워크와 연관성 있는 데이터 링크층에 대한 일반적인 개념과 공통 주제를 소개한다.

처음 절에서는 데이터 링크층을 소개한다. 이 절은 링크와 노드의 기본 개념을 정의하는 것으로 시작된다. 이 절에서는 데이터 링크층에서 제공하는 서비스를 나열하고 간략하게 설명한다. 다음으로 점-대-점 링크와 브로드캐스트 링크와 같은 두 가지 범주의 링크를 정의한다. 마지막으로 데이터 링크층의 두 개의 부계층에 대해 설명한다. 그리고 다음 몇 개의 장에서 계속 부계층에 대해 설명할 것이다.

두 번째 절에서는 링크 계층 주소지정에 관해 설명한다. 이 절에서 먼저 데이터 링크층에서 주소지정 메커니즘을 뒷받침하는 근거에 관해 설명한다. 그리고 링크 계층 프로토콜에서 사용하는 세 가지 유형의 링크 계층 주소에 관해 설명한다. 이 절은 네트워크층에서 주소를 데이터 링크층의 주소로 바꿔주는 주소 변환 프로토콜(ARP, Address Resolution Protocol)에 관해 설명한다. 이 프로토콜은 네트워크층에서 패킷이 패킷을 캡슐화하는 프레임의 전송을 위해 다음 노드의 링크 계층 주소를 찾을 수 있도록 도와준다. 어떻게 네트워크층이 데이터 링크층 주소를 검색할 수 있게 도와주는지를 보여주기 위해, 각 노드에서 패킷이 인터넷을 통해 전달될 때 어떤 일이 발생하는지를 보여주는 긴 예제가 이번 절에 포함되어 있다.

9.1 개요

인터넷은 라우터나 교환기와 같은 장치들이 연결된 네트워크의 조합이다. 만약 패킷이 호스트에서 다른 호스트로 전달되면, 이것은 이들 네트워크를 통과하는 경로가 필요하다. 그림 9.1은 3장에서 설명한 것과 같은 시나리오를 보여준다. 하지만 이 장에서는 데이터 링크층의 통신에 초점을 맞추고 있다. 데이터 링크층의 통신은 데이터 링크층 사이에서 5개로 분리된 논리적인 연결로 구성되어 있다.

앨리스의 컴퓨터에서 데이터 링크층은 라우터 R2의 데이터 링크층과 통신한다. 라우터 R2의 데이터 링크층은 라우터 R4의 데이터 링크층과 통신한다.

마지막으로 라우터 R7의 데이터 링크층은 밥의 컴퓨터의 데이터 링크층과 통신한다. 발신지나 목적지는 하나의 데이터 링크층이 포함되지만, 라우터는 2개의 데이터 링크층이 포함된다. 그 이유

그림 9.1 데이터 링크층의 통신

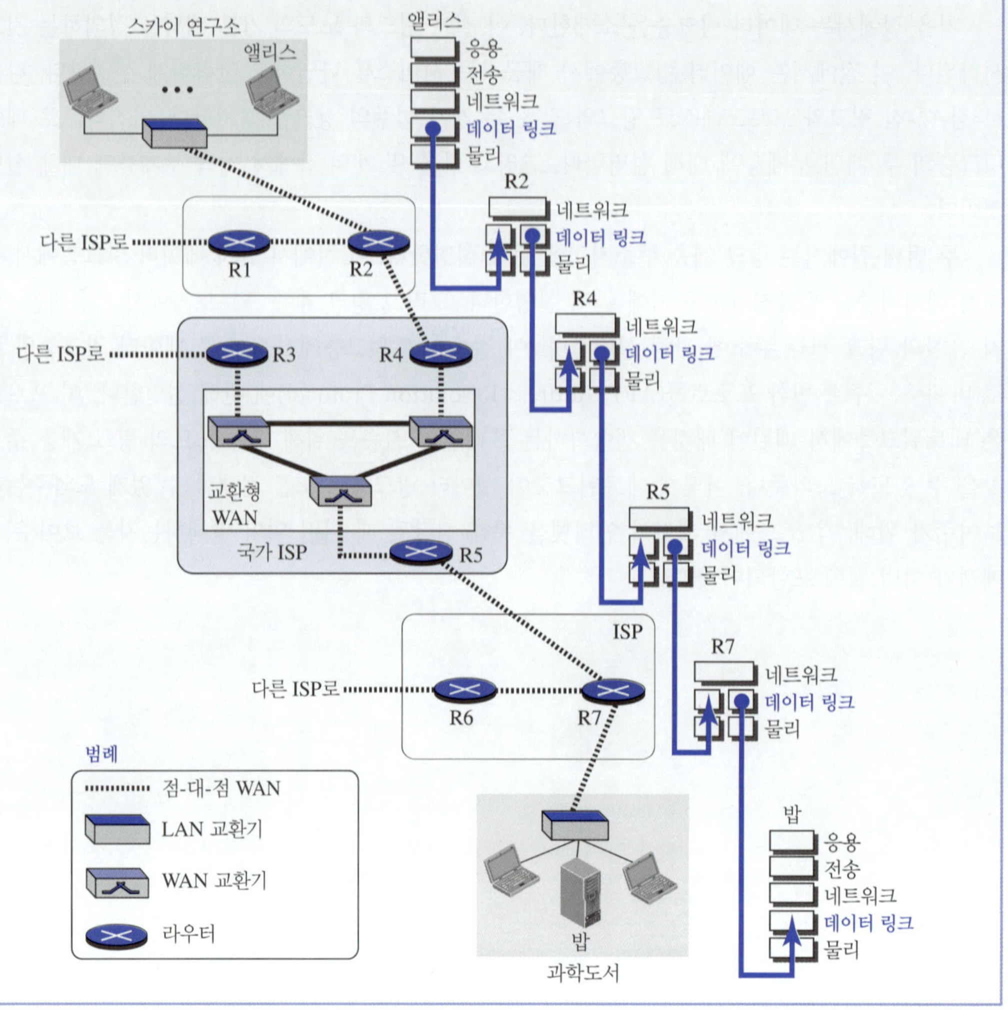

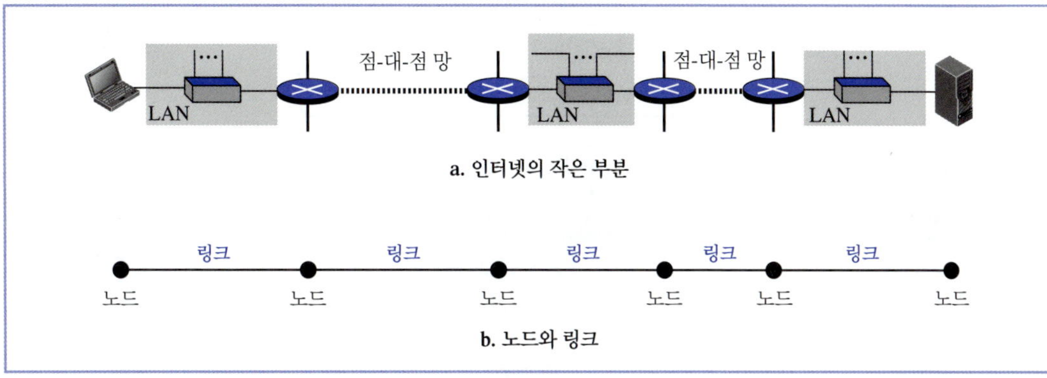

그림 9.2 노드와 링크

는 앨리스와 밥의 컴퓨터는 서로 단일 네트워크를 통해 연결되어 있다. 하지만 각 라우터는 네트워크로부터 입력을 받아서 다른 네트워크로 출력을 보낸다. 물론 교환기 또한 데이터 링크층 통신을 포함하고 있지만, 이 그림에서는 표현하지 않았다는 것을 유념하라.

9.1.1 노드와 링크

데이터 링크층의 통신은 노드-대-노드이다. 인터넷에서 한 지점의 데이터 단위는 다른 지점에 도달하기 위해 LAN과 WAN과 같은 많은 네트워크를 통과하게 된다. 이러한 LAN과 WAN은 라우터를 통해 연결된다. 이것은 2개의 종단 호스트와 라우터를 **노드**(node)로 그리고 두 노드 사이의 네트워크를 **링크**(link)로 나타내는 것이 일반적이다. 그림 9.2는 데이터 단위의 경로가 6개의 노드일 때, 링크와 노드를 간단하게 표현한 것이다.

처음 노드는 발신지 호스트, 마지막 노드는 목적지 호스트이다. 다른 4개의 노드는 라우터를 의미한다. 첫 번째, 세 번째와 다섯 번째 링크는 LAN을 나타내고, 두 번째와 네 번째 링크는 WAN을 나타낸다.

9.1.2 서비스

데이터 링크층은 물리층과 네트워크층 사이에 위치한다. 데이터 링크층은 물리층으로부터 서비스를 제공받아서 네트워크층으로 서비스를 제공한다. 데이터 링크층이 제공하는 서비스에 대해 살펴보자.

데이터 링크층의 책임 범위는 노드-대-노드이다. 패킷이 인터넷에서 전송될 때, 호스트와 라우터와 같은 노드의 데이터 링크층은 경로의 다음 노드까지 데이터그램을 전달해야 하는 책임을 갖는다. 이러한 목적을 위해 전달하는 노드의 데이터 링크층은 네트워크층으로부터 전달받은 데이터그램을 프레임으로 캡슐화해야 한다. 그리고 전달을 받는 노드의 데이터 링크층은 프레임으로부터 데이터그램을 역캡슐화해야 한다. 다시 말해 발신지 호스트의 데이터 링크층은 캡슐화해야 하고, 목적지 호스트의 데이터 링크층은 역캡슐화해야 한다. 하지만 각 중계 노드는 캡슐화와 역캡슐화가 모두 가능해야 한다.

왜 중계 노드에서 캡슐화와 역캡슐화가 필요한지 알아보자. 그 이유는 각 링크가 서로 다른 프

그림 9.3
3개의 노드 간 통신

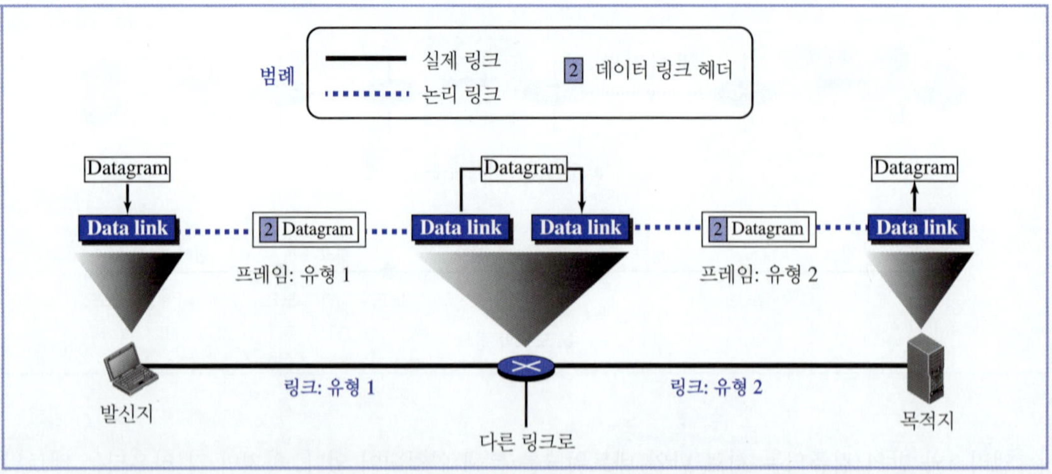

레임 형식을 사용하는 프로토콜을 사용할 수 있기 때문이다. 만약 한 링크와 그 다음 링크가 서로 같은 프로토콜을 사용할지라도, 캡슐화와 역캡슐화는 링크 계층 주소가 보통 서로 다르기 때문에 필요하다. 예를 들어 살펴보자. 한 사람이 자신의 집에서 다른 도시에 있는 친구 집까지 여행을 간다고 가정하자. 여행자는 3개의 이동 수단을 이용할 수 있다. 그녀는 택시를 타고 자기가 살고 있는 도시의 기차역에 갈 수 있다. 그런 다음, 그녀가 살고 있는 도시에서 친구의 집이 있는 다른 도시까지 기차를 타고 갈 수 있다. 마지막으로 기차역에서 택시를 타고 친구 집까지 도착할 수 있다. 이 예제에서는 1개의 발신지 노드와 2개의 중간 노드, 그리고 하나의 목적지 노드를 살펴볼 수 있다. 여행자는 발신지 노드에서 택시를 탈 필요가 있다. 그리고 택시에서 내려 첫 번째 중간 노드인 그녀가 사는 도시의 기차역에서 기차를 탈 수 있다. 그리고 기차에서 내려 두 번째 중간 노드인 그녀의 친구가 사는 도시의 기차역에서 택시를 타고 마지막으로 그녀의 목적지에 도달하면, 택시에서 내릴 수 있다. 캡슐화가 발신지 노드에서 일어난다. 캡슐화와 역캡슐화가 중간 노드에서 일어나고 역캡슐화가 목적지 노드에서 일어난다. 이 예제에서 여행자도 똑같지만, 그녀는 목적지에 도착하기 위해 세 가지 운송 수단을 이용하였다.

그림 9.3은 데이터 링크층에서 이루어지는 캡슐화와 역캡슐화를 보여준다. 좀 더 간단하게 살펴보기 위해, 발신지와 목적지 사이에 오직 하나의 라우터만 있다고 가정하자. 발신지 호스트의 데이터 링크층으로부터 전달받은 데이터그램은 프레임으로 캡슐화된다. 프레임은 논리적으로 발신지 호스트에서 라우터로 전송된다. 프레임은 라우터의 데이터 링크층에서 역캡슐화되고 또 다른 프레임으로 캡슐화된다. 새로운 프레임은 논리적으로 라우터로부터 목적지 호스트로 전송된다. 비록 본 예제에서 라우터에 단지 2개의 데이터 링크층만을 표시하였지만, 실제로 라우터는 3개의 물리 링크와 연결되어 있기 때문에, 3개의 데이터 링크층을 가진다는 것을 기억하자.

위의 그림을 염두에 두고, 데이터 링크층에서 제공하는 서비스를 다음과 같이 정리할 수 있다.

프레임 짜기

데이터 링크층에서 제공하는 첫 번째 서비스는 **프레임 짜기**(framing)이다. 각 노드에서 데이터 링크층은 다음 노드에게 데이터그램을 전송하기 전에 네트워크층에서 전달받은 패킷인 데이터그램을 **프레임**(frame)으로 캡슐화해야 한다. 노드는 또한 논리 채널을 통하여 전달받은 프레임으로부터 데이터그램을 역캡슐화해야 하다. 비록 프레임에 대해 헤더만을 소개하였지만, 다음 장에서 프레임이 헤더와 트레일러를 모두 가지고 있다는 것을 확인할 수 있을 것이다. 서로 다른 데이터 링크층은 프레임 짜기에 대한 서로 다른 형식을 가지고 있다.

데이터 링크층에서 패킷은 일반적으로 프레임(frame)이라 부른다.

흐름 제어

생산자와 소비자가 있다고 하면, **흐름 제어**(flow control)에 대해 고려해야 한다. 만약 생산자가 팔리지 않는 물건을 생산한다면, 물건이 창고에 쌓이게 된다. 링크의 종단에서 전송하는 데이터 링크층을 프레임 생산자, 다른 링크의 종단에서 전송받는 데이터 링크층을 소비자라 할 수 있다. 만약 프레임 생산율이 소비율보다 높으면, 종단에서 전송받는 프레임은 소비될 때까지 버퍼에 저장되어야 한다. 수신 쪽에서 버퍼 크기를 무제한으로 가질 수 없다. 첫 번째 선택은 전달받는 데이터 링크층에서 버퍼가 꽉 차 있다면, 프레임을 폐기시키는 것이다. 두 번째 선택은 전달받는 데이터 링크층에서 전송하는 데이터 링크층으로 전송하는 것을 멈추거나 늦추게 하는 피드백(feedback)을 전송하는 것이다. 서로 다른 데이터 링크층 프로토콜은 서로 다른 흐름 제어 전략을 사용한다.

오류 제어

전송 측 노드에서 데이터 링크층의 프레임은 비트 형태에서 전자기 신호로 변환되어 전송 매체를 통하여 전송된다. 수신 측 노드는 전자기 신호를 전달받아 비트 형태로 변환하여 프레임을 생성하기 위해 재조립한다. 전자기 신호는 오류에 취약하기 때문에, 프레임 또한 오류에 취약하다. 먼저 오류를 검출하는 것이 필요하다. 오류를 검출한 후에 송신자 노드에서 이를 수정하거나 오류를 폐기하고, 송신 노드에게 재전송을 요청해야 한다. 오류 검출과 정정은 모든 계층(노드-대-노드 또는 호스트-대-호스트)에서 중요하기 때문에, **오류 제어**(error control)에 대해서는 10장에서 모두 설명하기로 한다.

혼잡 제어

링크가 프레임의 혼잡으로 인해 프레임 손실이 발생하더라도, 광역 통신망 이외의 대부분의 데이터 링크층 프로토콜은 혼잡을 완화하기 위해 직접 **혼잡 제어**(congestion control)를 사용하지 않는다. 일반적으로 혼잡 제어는 종단-대-종단으로 통신하기 때문에, 네트워크층 또는 전송층의 문제로 생각한다.

9.1.3 두 가지 범주의 링크

두 개의 노드가 케이블이나 공기와 같은 전송 매체를 통해 물리적으로 연결되어 있다 하더라도, 데

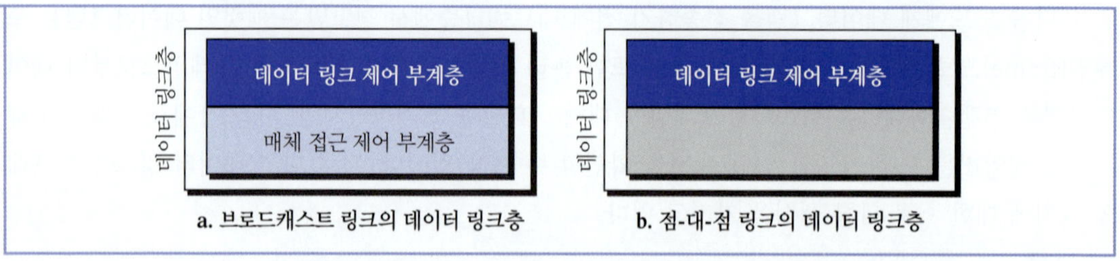

그림 9.4
2개의 부계층으로 나눈 데이터 링크층

이터 링크층은 어떻게 전송 매체를 사용할지를 제어한다는 것을 기억하자. 데이터 링크층은 전송 매체의 모든 성능을 사용하는 **점-대-점**(point-to-point) **링크**가 있고, 링크 성능의 일부를 사용하는 **브로드캐스트**(broadcast) **링크**가 있다. 점-대-점 링크에서 링크는 서로 연결된 2개의 장치가 전용으로 사용한다. 브로드캐스트 링크에서는 링크를 여러 장치들의 쌍이 공유한다. 예를 들어, 두 사람의 친구가 대화하기 위해 전통적인 집 전화를 사용할 때, 이들은 점-대-점 링크를 사용한다. 반면에 두 사람의 친구가 휴대폰을 사용한다면 공기를 여러 휴대폰 사용자가 공유하기 때문에 이들은 브로드캐스트 링크를 사용하고 있다.

9.1.4 두 개의 부계층

링크 계층에서 제공하는 서비스를 기능적으로 이해하기 위해, 이 절에서는 데이터 링크층을 **데이터 링크 제어**(DLC, Data Link Control)와 **매체 접근 제어**(MAC, Media Access Control)라는 2개의 부계층으로 나누어서 살펴보도록 한다. 이 방법은 뒤에서 설명할 LAN 프로토콜이 같은 전략을 사용하기 때문에 일반적이다. 데이터 링크 제어 부계층은 점-대-점과 브로드캐스트 링크와 연관된 모든 사항을 다룬다. 매체 접근 제어 부계층은 단지 브로드캐스트와 관련된 특별한 사항을 다룬다. 다시 말해, 그림 9.4에서 나타난 것처럼, 데이터 링크층은 두 종류의 링크로 나누어 설명할 수 있다.

DLC와 MAC 부계층을 뒤에서 각각 서로 다른 장에서 설명한다. 추가로 데이터 링크층과 다른 계층의 임무인 오류 검출과 오류 정정에 대해서도 별도의 장에서 설명한다.

9.2 링크 계층 주소지정

다음에 설명할 내용은 링크 계층 주소지정이다. 인터넷에서 발신지와 목적지 호스트가 연결된 정확한 지점을 나타내기 위해 네트워크층 식별자로서 IP 주소를 사용한다. 하지만 인터넷과 같은 비연결형(connectionless) 네트워크 간 네트워크에서는 IP 주소만을 사용하여 데이터그램을 목적지까지 전송할 수 없다. 그 이유는 인터넷에서 각 데이터그램은 같은 발신지 호스트에서 같은 목적지 호스트까지 서로 다른 경로를 선택하기 때문이다. 발신지와 목적지 IP 주소는 두 종단을 지정하지만 데이터그램이 경유하는 경로에 대해서는 지정하지 못한다.

데이터그램에서 IP 주소는 변경되지 않는다는 점을 기억하자. 만약 데이터그램에서 목적지 IP

주소가 변경된다면, 패킷은 목적지까지 전달되지 못할 것이다. 만약 데이터그램의 발신지 IP 주소가 변경된다면, 목적지 호스트 또는 라우터가 ICMP를 이용하여 오류 발생과 관련된 보고를 발신지 호스트에게 하기 위해 발신지로 메시지를 전송하더라도 발신지 호스트와 통신할 수 없다.

앞서 설명한 것처럼, 비연결형 네트워크 간 네트워크에서는 두 노드의 링크 계층 주소를 지정하기 위해 다른 주소지정 메커니즘이 필요하다. 링크 계층 주소(link-layer address)는 **링크 주소**(link address), **물리 주소**(physical address) 또는 **MAC 주소**(MAC address)라고 불린다. 이 책에서는 상황에 맞게 용어를 사용할 것이다.

링크는 데이터 링크층에서 제어되기 때문에, 주소는 데이터 링크층에 속할 필요가 있다. 데이터그램이 네트워크층에서 데이터 링크층으로 전달될 때, 데이터그램은 프레임으로 캡슐화되고 두 데이터 링크 주소는 프레임 헤더에 추가된다. 이 2개의 주소는 프레임이 링크에서 다른 링크로 이동할 때마다 변경된다. 그림 9.5는 작은 인터넷에서 개념을 표현한 것이다.

그림 9.5의 인터넷은 3개의 링크와 2개의 라우터로 구성되어 있고 앨리스(발신지)와 밥(목적지)의 호스트로만 이뤄져 있다. 각 호스트는 IP 주소(N)와 링크 계층 주소(L)를 가지고 있다. 라우터는 많은 주소 쌍만큼 다른 라우터와 연결된 여러 개의 링크를 가지고 있다. 그림 9.5에서 각 링크마다 하나씩 총 3개의 프레임을 확인할 수 있다. 각 프레임은 같은 발신지와 목적지 주소(**N_1**과 **N_8**)를 갖는 같은 데이터그램을 포함하고 있다. 하지만 프레임의 링크 계층 주소는 링크에서 링크로 갈 때마다 변경된다. 링크 1에서 링크 계층 주소는 L_1과 L_2이다. 링크 2에서 링크 계층 주소는 L_4와 L_5이다. 링크 3에서는 L_7과 L_8의 링크 주소를 가진다. IP 주소와 링크 계층 주소는 같은 순서가 아니라는 점을 기억하자. IP 주소는 목적지 주소 전에 발신지 주소가 위치한다. 링크 계층 주소는 발신지 주소 앞에 목적지 주소가 위치한다.

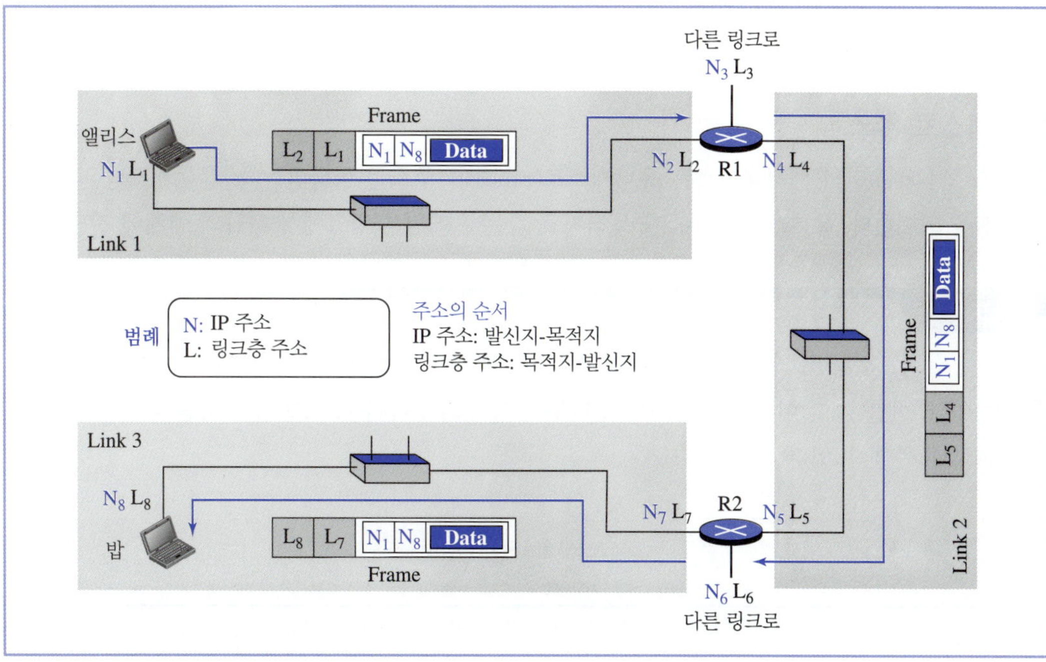

그림 9.5
작은 인터넷에서 IP 주소와 링크 계층 주소

데이터그램과 프레임은 이와 같은 방법으로 설계되었다. 이러한 설계 방법과 관련하여 다음과 같은 의문점을 가질 수 있다.

- 만약 발신지에서 목적지로 전송되는 어떤 데이터그램에서 라우터의 IP 주소가 나타나지 않는다면, 왜 라우터에게 IP 주소를 할당하는가? 대답은 어떤 프로토콜에서는 라우터가 데이터그램의 송신자 또는 수신자 역할을 하기 때문이다. 예를 들어 패킷의 경로를 지정하는 라우팅 프로토콜에서 라우터는 메시지의 송신자 또는 수신자이다. 이 프로토콜에서 통신은 라우터들 사이에 발생한다.
- 왜 각 인터페이스에서는 하나의 IP 주소가 필요하고, 라우터에서는 하나 이상의 IP 주소가 필요한가? 대답은 하나의 인터페이스는 하나의 링크를 사용하여 라우터와 연결한다. 하나의 IP 주소는 인터넷에서 장치가 연결된 어떤 장소를 지정한다. *n*개의 인터페이스를 가진 라우터는 *n*개의 지점을 통해 인터넷과 연결된다. 이것은 길모퉁이에 2개의 문을 가진 집의 상황이다. 각 문은 해당하는 길과 관련된 주소를 가지고 있다.
- 어떻게 패킷에서 발신지와 목적지 IP 주소가 결정되는가? 대답은 호스트는 패킷에서 발신지 IP 주소가 되는 자신의 고유한 IP 주소를 알고 있다. 응용층은 목적지 주소를 찾기 위해 DNS 서비스를 사용하고 패킷에 목적지 주소를 삽입하기 위해 네트워크층으로 전송한다.
- 링크 계층 주소의 크기는 얼마인가? 대답은 링크가 사용하는 프로토콜에 따라 다르다. 비록 인터넷 전체에서 하나의 IP 프로토콜을 사용하지만 서로 다른 링크는 서로 다른 데이터 링크 프로토콜을 사용한다. 이것은 서로 다른 링크 계층 프로토콜을 설명할 때 주소의 크기에 서로 다르다는 것을 나타낸다.

9.2.1 세 가지 유형의 주소

링크 계층 프로토콜은 유니캐스트, 멀티캐스트, 브로드캐스트라는 세 가지 종류의 주소를 지정한다.

유니캐스트 주소

각 호스트나 라우터의 인터페이스는 **유니캐스트**(unicast) **주소**를 할당받는다. 유니캐스팅은 일-대-일 통신을 의미한다. 유니캐스트 주소를 목적지로 갖는 프레임은 링크에서 하나의 개체에 전달된다.

예제 9.1

13장에서 살펴보겠지만, 가장 일반적인 LAN과 이더넷에서 유니캐스트 링크 계층 주소는 48비트(6바이트)이다. 예를 들어 이것을 콜론(:)으로 나누어 12개의 16진수로 표현하면 다음과 같이 링크 계층 주소로 표현할 수 있다.

A2:34:45:11:92:F1

멀티캐스트 주소

어떤 링크 계층 프로토콜은 **멀티캐스트**(multicast) **주소**를 지정한다. 멀티캐스팅은 일-대-다 통신을 의미한다. 그러나 그 범위는 로컬 링크로 제한한다.

예제 9.2

13장에서 살펴보겠지만, 가장 일반적인 LAN과 이더넷에서 멀티캐스트 링크 계층 주소는 48비트(6바이트)이다. 이것은 콜론으로 구분된 12개의 16진수로 표현되어 있다. 그러나 두 번째 수는 16진수로 홀수이어야 한다. 아래 주소는 16진수로 표현된 멀티캐스트 주소를 나타낸다.

A3:34:45:11:92:F1

브로드캐스트 주소

어떤 링크 계층 프로토콜은 **브로드캐스트**(broadcast) **주소**를 지정한다. 브로드캐스트는 일-대-전체 통신을 의미한다. 목적지로 브로드캐스트 주소를 갖는 프레임은 링크 내의 모든 장치로 전달된다.

예제 9.3

13장에서 살펴보겠지만, 가장 일반적인 LAN과 이더넷에서 브로드캐스트 링크 계층 주소는 48비트로 모두 "1"이다. 이것은 콜론으로 구분된 12개의 16진수로 표현된다. 아래 주소는 16진수로 표현된 브로드캐스트 주소를 나타낸다.

FF:FF:FF:FF:FF:FF

9.2.2 주소 변환 프로토콜(ARP)

링크 내에 다른 노드로 전송하기 위해 IP 데이터그램을 가지고 있는 노드는 수신 노드의 IP 주소를 가진다. 발신지 호스트는 디폴트 라우터의 IP 주소를 알고 있다. 경로에서 마지막 라우터를 제외한 각 라우터는 라우터의 전달 테이블에서 다음 라우터의 IP 주소를 얻는다. 마지막 라우터는 목적지 호스트의 IP 주소를 알고 있다. 하지만 다음 노드의 IP 주소는 링크를 통과하는 프레임이 이동하는데 도움이 되지 않는다. 따라서 다음 노드의 링크 계층 주소를 알아야 한다. 이때 **주소 변환 프로토콜**(ARP, Address Resolution Protocol)이 도움이 된다. ARP 프로토콜은 그림 9.6에 나타난 것처럼 네트워크층에서 정의한 보조 프로토콜 중 하나이다. 이것은 네트워크층에 속해 있다. 하지만 이 책에서는 ARP 프로토콜을 이 장에서 소개할 것이다. 왜냐하면, 이 프로토콜은 IP 주소를 지정된 링크 계층 주소에 매핑시키고, 데이터 링크층으로 그것을 전달하기 때문이다.

그림 9.6
TCP/IP 프로토콜에서 ARP의 위치

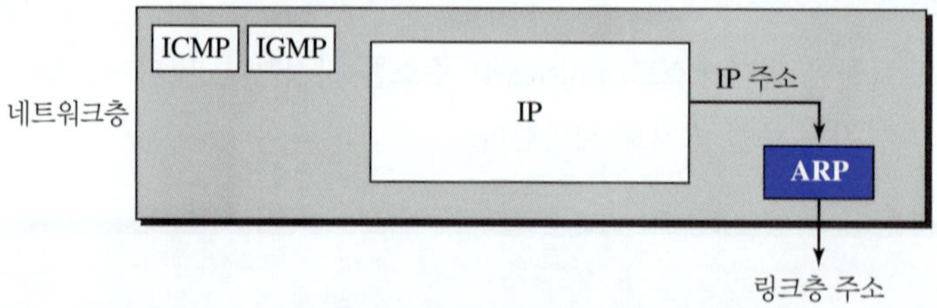

호스트 또는 라우터는 네트워크에서 다른 호스트 또는 라우터의 링크 계층 주소를 찾기 위해 ARP 요청 패킷을 전송한다. 패킷은 전송자의 링크 계층과 IP 주소와 수신자의 IP 주소를 포함한다. 송신자는 수신자의 링크 계층 주소를 알지 못하기 때문에 질의 메시지는 링크 계층 브로드캐스트 주소를 이용하여 링크에 브로드캐스트된다. 이 책에서는 그림 9.7에 있는 각 프로토콜은 나중에 설명하도록 한다.

네트워크에서 각 호스트와 라우터는 ARP 요청 패킷을 전달받고 처리한다. 하지만 해당 수신자는 IP 주소를 인식하고 ARP 응답 패킷을 전송한다. 응답 패킷은 수신자의 IP와 링크 계층 주소를 포함하고 있다. 패킷은 요청 패킷을 보낸 노드로 직접 유니캐스트된다.

그림 9.7에서 왼쪽(A) 시스템은 IP 주소 N2를 갖는 다른 시스템(B)으로 전달해야 할 패킷을 가지고 있다. 시스템 A는 실제로 전달하기 위해 시스템의 데이터 링크층으로 해당 패킷을 전달한다. 하지만 수신자의 물리 주소를 모른다. 이것은 IP 주소 N2를 사용하는 시스템의 물리 주소를 얻기 위

그림 9.7
ARP 동작

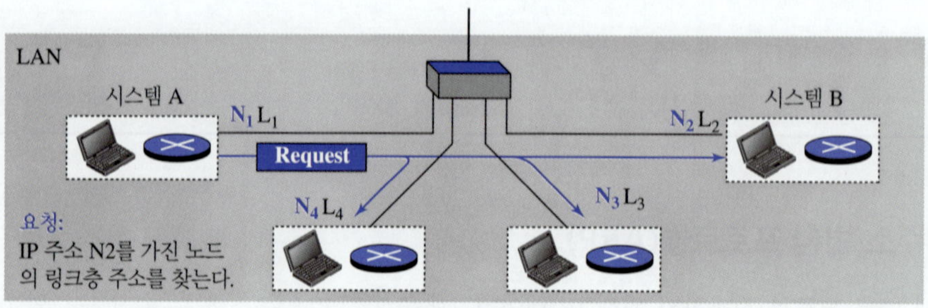

a. ARP 요청은 브로드캐스트

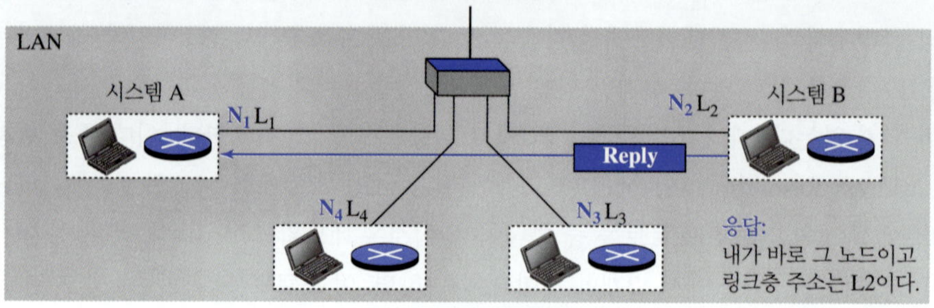

b. ARP 응답은 유니캐스트

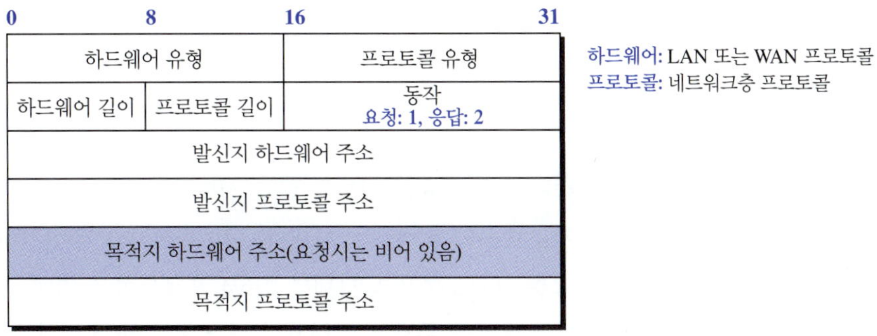

그림 9.8
ARP 패킷

해 ARP 요청 패킷을 브로드캐스트하도록 ARP 프로토콜에 요청함으로써 ARP 서비스를 사용한다.

이 패킷은 물리 네트워크에서 모든 시스템으로 전달된다. 하지만 오직 시스템 B만 그림 9.8b에서 보인 것처럼 요청 메시지에 응답한다. 시스템 B는 자신의 물리 주소를 포함한 ARP 응답 패킷을 전송한다. 이제 시스템 A는 시스템 B로부터 전달받은 물리 주소를 사용하여 목적지까지 모든 패킷을 전달할 수 있다.

캐싱(Caching)

다음과 같은 질문이 있을 수 있다. 만약 시스템 A가 시스템 B의 링크 계층 주소를 찾기 위해 프레임을 브로드캐스트할 수 있다면, 왜 시스템 A는 시스템 B로 브로드캐스트 프레임을 사용하여 데이터그램을 전달하지 않는가? 다시 말하면, 하나의 브로드캐스트 프레임(ARP 요청), 하나의 유니캐스트(ARP 응답), 그리고 또 다른 유니캐스트 프레임(데이터그램을 보내기 위해)을 전송하는 대신에 시스템 A는 데이터그램을 캡슐화하여 네트워크를 통하여 전송한다. 다른 시스템은 메시지를 폐기하지만, 시스템 B는 이것을 전송받은 후 저장한다.

질문에 답변하기 위해, 효율성 측면을 고려해 보자. 시스템 A는 시스템 B로 짧은 시간 주기를 이용하여 하나 이상의 데이터그램을 전송할 것이다. 예를 들어 시스템 B는 긴 전자우편이나 대용량 파일을 전송받을 것이라고 가정하자. 하지만 데이터는 하나의 데이터그램에 넣을 수 없다.

그리고 시스템 A, 시스템 B를 포함하여 20개의 시스템(링크)이 네트워크에 연결되었다고 가정하자. 시스템 A는 시스템 B에게 초당 10개의 데이터그램을 전송할 수 있다고 가정하자.

a. ARP를 사용하지 않고, 시스템 A는 10개의 브로드캐스트 프레임을 전송할 수 있다. 각기 다른 18개 시스템은 프레임을 전송받고, 프레임을 역캡슐화하여 데이터그램을 제거하고 이것을 네트워크층으로 전달한다. 이렇게 처리되고 폐기된 프레임이 180개가 된다는 것을 의미한다.

b. ARP를 사용하면, 시스템 A는 하나의 브로드캐스트 프레임을 전송한다. 각기 다른 18개 시스템은 프레임을 전달받고, 프레임을 역캡슐화한 다음 데이터그램을 제거하고 네트워크층으로 전달한다. 이것은 처리되고 폐기되는 180개의 브로드캐스트 프레임 대신 단지 18개의 브로드캐스트 프레임만 필요하다는 것을 의미한다. 시스템 B가 자신의 데이터 링크 주소와 함께 응답하면 시스템 A는 자신의 캐시 메모리에 링크 계층 주소를 저장할 수 있다. 나머지 9개 프레임은 단지 유

니캐스트된다. 브로드캐스트 프레임을 생성하는 비용이 시간 소비 등으로 비싸기 때문에, 두 번째 방법이 선호된다.

패킷 형식

그림 9.8은 ARP 패킷의 형식을 보여준다. 이름(Name) 필드는 따로 설명이 필요 없다. 하드웨어 유형(hardware type) 필드는 링크 계층 프로토콜의 유형을 나타낸다. 이더넷은 1로 주어진다. 프로토콜 유형(protocol type) 필드는 네트워크층 프로토콜을 나타낸다. IPv4 프로토콜은 $(0800)_{16}$으로 정의되어 있다. 발신지 하드웨어와 발신지 프로토콜 주소는 송신자의 링크 계층과 네트워크층 주소가 정의되어 있는 가변 길이 필드이다. 목적지 하드웨어 주소와 목적지 프로토콜 주소는 수신자의 링크 계층과 네트워크층 주소를 정의한다. ARP 패킷은 데이터 링크 프레임에 캡슐화된다. 프레임은 네트워크층 데이터그램이 아닌 ARP를 포함한 페이로드임을 보여주기 위한 필드가 가지고 있어야 한다.

예제 9.4

IP 주소가 **N1**이고 MAC 주소가 **L1**인 호스트는 IP 주소 **N2**와 물리 주소 **L2**(처음 호스트에게 알려지지 않은)를 가진 다른 호스트로 전송할 패킷을 가지고 있다. 두 호스트는 같은 네트워크에 있다. 그림 9.9는 ARP 요청과 응답 메시지를 보여준다.

그림 9.9 예제 9.4

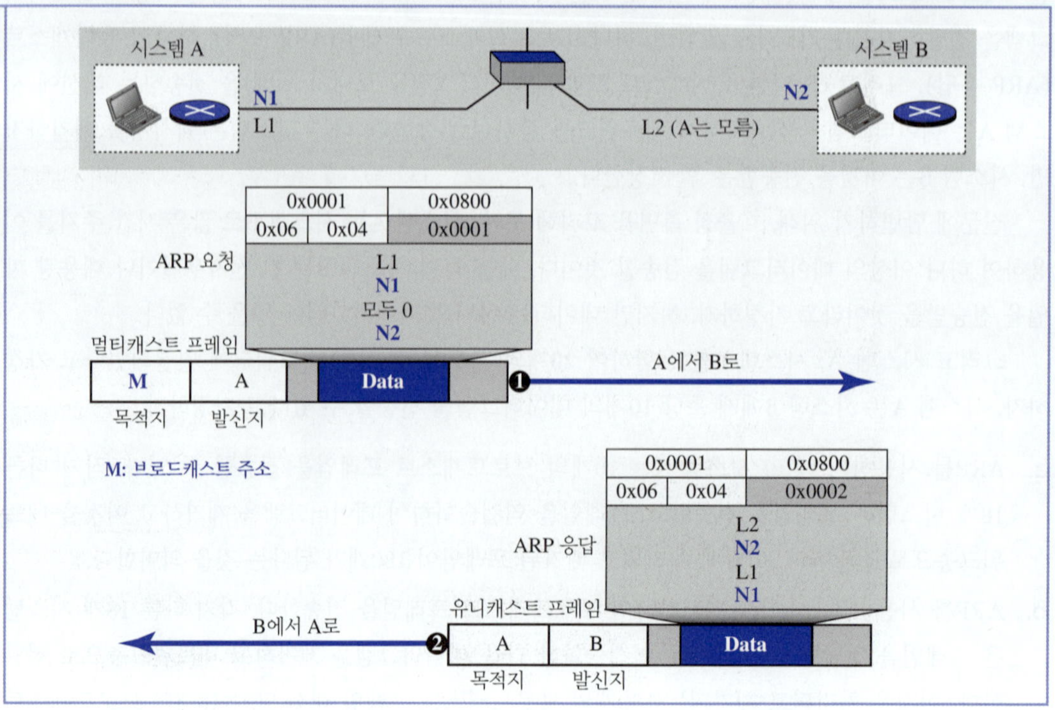

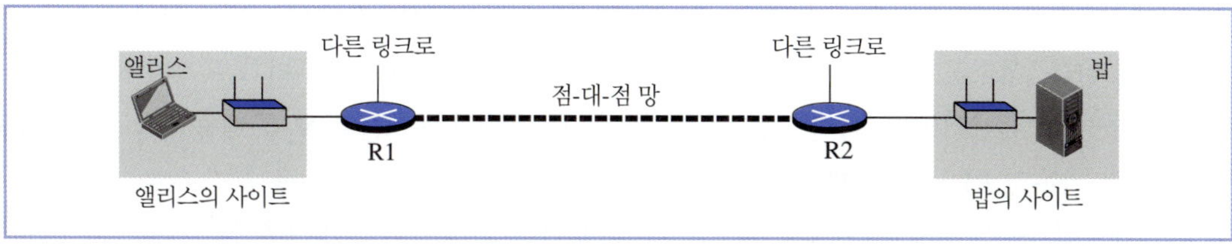

그림 9.10
예제의 인터넷

9.2.3 통신 예제

어떻게 데이터 링크층에서 통신이 이뤄지는지 보여주고 어떻게 링크 계층 주소를 검색하는지 보여주기 위해 간단한 예제를 통해 설명한다. 앨리스가 데이터그램을 인터넷에서 세 노드 건너에 있는 밥에게 전송한다고 가정하자. 어떻게 앨리스는 밥의 네트워크층 주소를 찾을 수 있는가? 이것은 DNS(Domain Name System)를 통하여 알 수 있다. 우선은, 앨리스가 밥의 네트워크층(IP) 주소를 알고 있다고 가정하자. 다시 말해, 각 호스트는 서로의 IP 주소를 알고 있기 때문에, 앨리스의 호스트는 전송할 데이터에 밥의 IP 주소와 앨리스 호스트의 IP 주소를 포함한다. 그림 9.10은 예제에 대한 인터넷의 한 부분을 보여준다.

앨리스 측의 동작

이 책에서는 그림을 쉽게 이해할 수 있도록 기호로 된 주소를 사용하였다. 그림 9.11은 앨리스 쪽에서 어떤 일이 발생하는가를 보여준다.

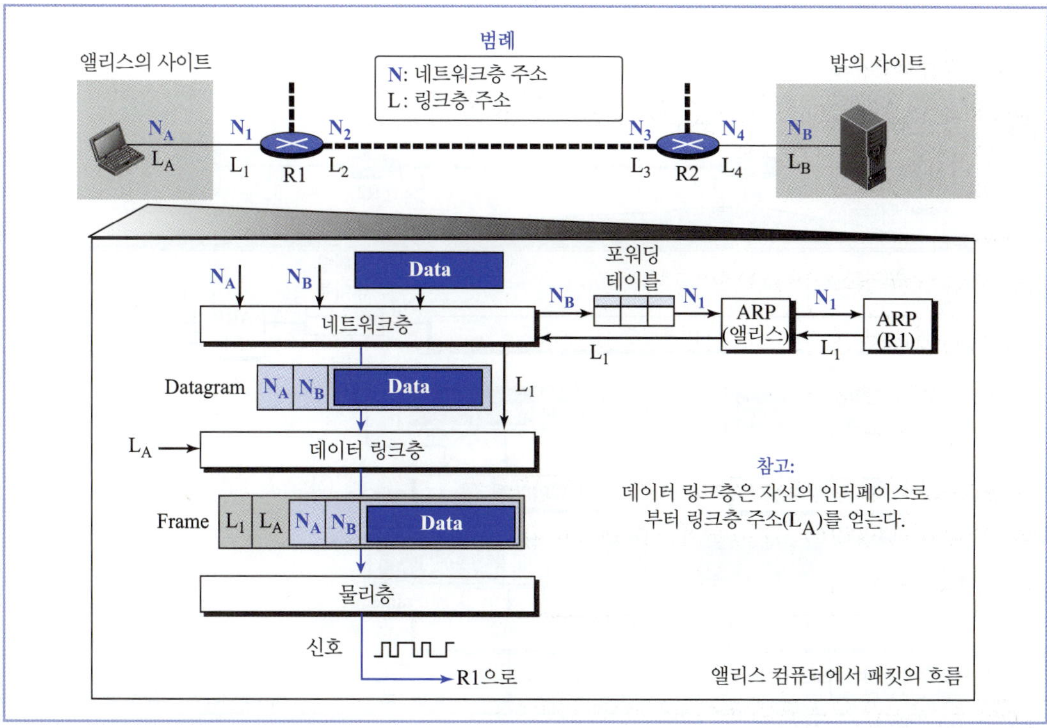

그림 9.11
앨리스 컴퓨터의 패킷 흐름도

네트워크층은 자신에게 주어진 N_A, N_B와 패킷을 알고 있다. 하지만 다음 노드의 링크 계층 주소를 찾아야 한다. 네트워크층은 자신의 라우팅 테이블을 참고하여 어느 라우터가 목적지 N_B를 위한 다음 라우터인지 찾으려 한다(이 경우는 디폴트 라우터). 라우팅 테이블은 N_1을 제공한다. 하지만 네트워크층은 라우터 R1의 링크 계층 주소를 찾아야 한다. 링크 계층 주소 L_1을 찾기 위해 ARP를 사용한다. 네트워크층은 이제 링크 계층 주소를 가진 데이터그램을 데이터 링크층으로 전달할 수 있다.

데이터 링크층은 자신의 링크 계층 주소 N_A를 알고 있다. 그것은 프레임을 생성하고 프레임을 물리층으로 전달한다. 물리층에서 주소는 신호로 바뀌어 매체를 통해 전달된다.

라우터 R1에서 동작

이제 라우터 R1에서 어떤 일이 발생하는지를 살펴보자. 앞에서 살펴본 것과 같이 라우터 R1은 단지 3개의 하위 계층을 가지고 있다. 전달받은 패킷은 이 세 하위 계층을 하부에서 위로 통과하여 다시 아래로 내려간다. 그림 9.12는 이 동작을 보여준다.

패킷이 도착하면, 왼쪽 링크의 물리층은 프레임을 생성하고 이것을 데이터 링크층으로 전달한다. 데이터 링크층은 패킷을 역캡슐화하고 이것을 네트워크층으로 전달한다. 네트워크층은 데이터그램의 네트워크층 주소를 살펴보고, 데이터그램은 IP 주소 N_B를 갖는 장치로 전달해야 된다는 것을 알게 된다. 네트워크층은 N_B로 가는 경로에서 다음 노드(라우터)가 어느 것인지 알기 위해 자신의 라우팅 테이블을 참조한다. 라우팅 테이블은 N_3를 반환한다. 라우터 R2의 IP 주소는 R1과 같은 링크에 있다. 네트워크층은 이제 이 라우터의 링크 계층 주소를 찾기 위해 L_3의 경로를 통해 ARP를 사용한다. 네트워크층은 데이터그램을 오른쪽 링크에 속하는 데이터 링크층으로 전송한다.

그림 9.12
라우터 R1의 흐름도

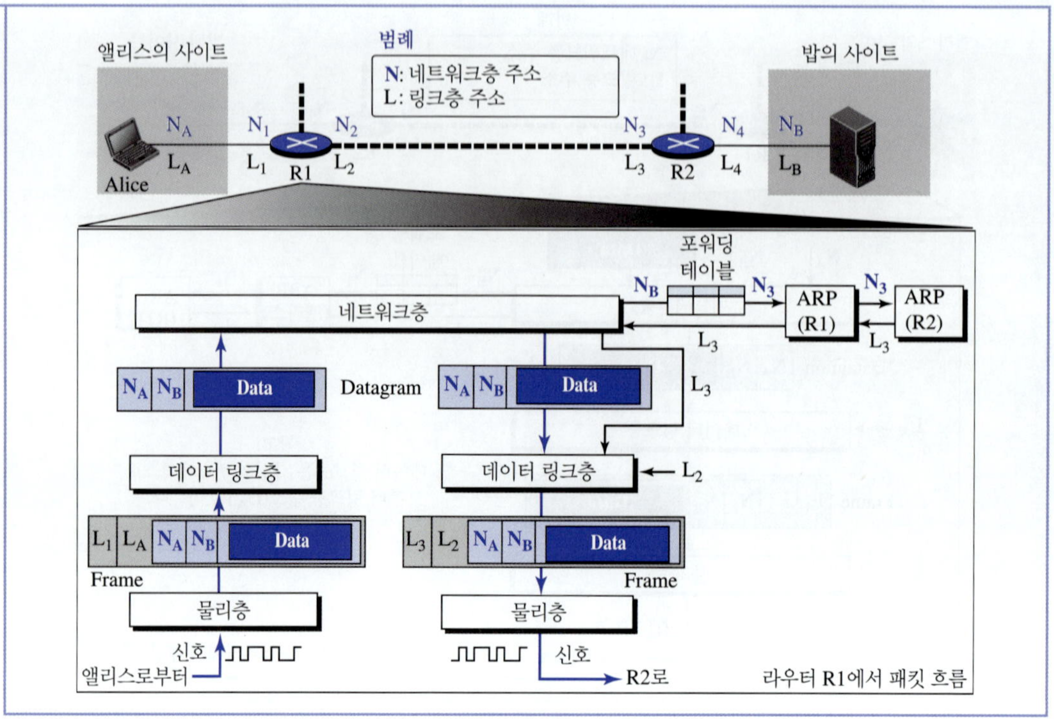

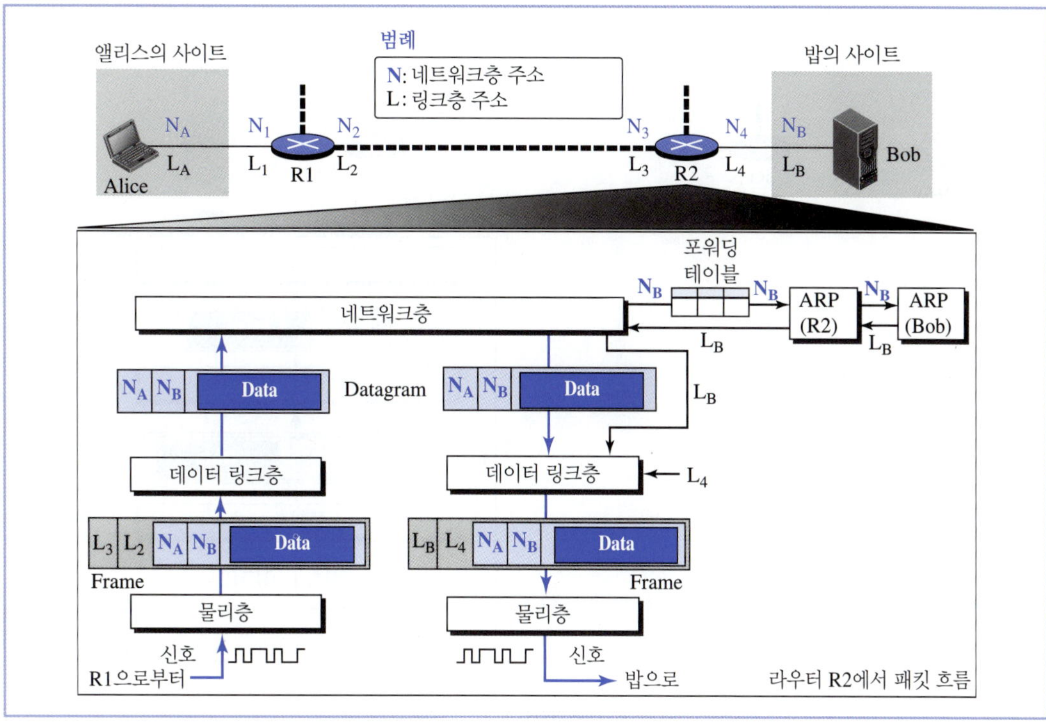

그림 9.13
라우터 R2에서 동작

링크 계층은 데이터그램을 L_3와 자신의 링크 계층 주소인 L_2에 더하여 캡슐화한다. 그리고 프레임을 물리층으로 전송한다. 물리층은 비트를 신호로 바꾸어 전송 매체를 통하여 R2에게 전달한다.

라우터 R2에서 동작

라우터 R2에서 동작은 그림 9.13과 같이 R1과 거의 동일하다.

밥 측의 동작

이제 밥 측에서 어떤 일이 발생하는지를 살펴보도록 한다. 그림 9.14는 어떻게 신호가 밥 측에서 메시지로 변경되는지를 보여준다. 밥 측에서 더 이상 주소 지정과 주소 매핑은 필요하지 않다. 링크로부터 전달된 신호는 프레임으로 변경된다. 프레임은 데이터 링크층으로 전달된다. 거기에서 데이터그램을 역캡슐화하고 네트워크층으로 전송한다. 네트워크층에서는 메시지를 역캡슐화하고 전송층으로 전송한다.

주소의 변화

이번 예제를 통해 발신지와 목적지 네트워크층 주소인 N_A와 N_B가 데이터 전송 도중에 변경되지 않는 것을 보았다. 그러나 라우터 R1과 R2의 네트워크층 주소(N_1, N_2, N_3와 N_4)는 앨리스의 컴퓨터에서 밥의 컴퓨터로 데이터그램을 전송해야 한다.

그림 9.14
밥 측의 동작

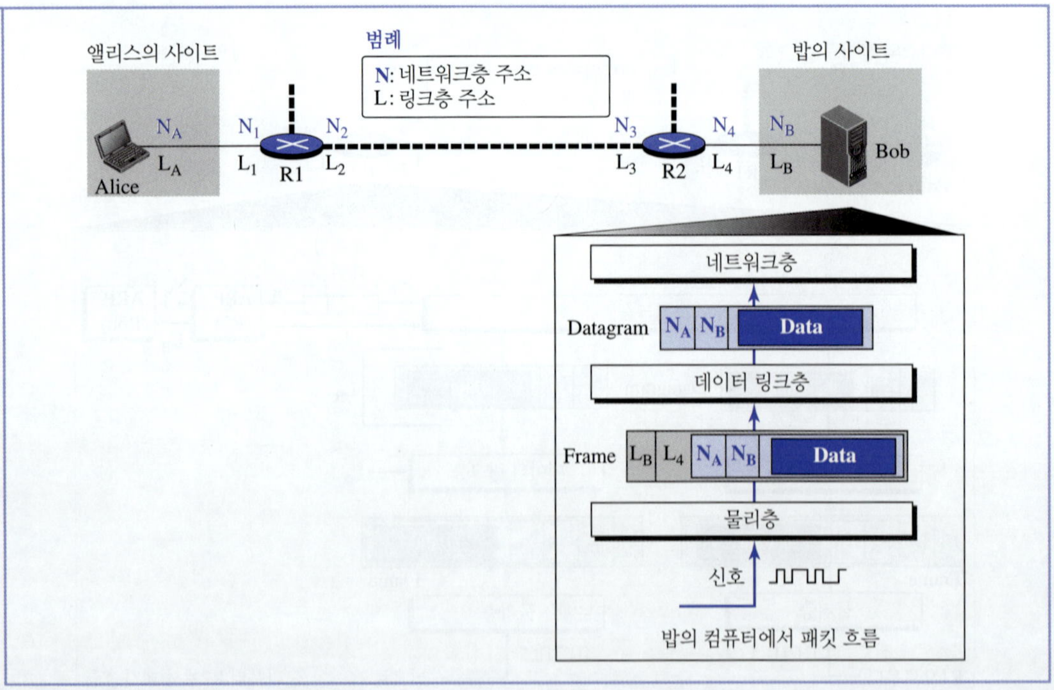

9.3 추천 자료

9.3.1 추천 도서

이 장에서 설명된 주제들의 세부적인 내용은 다음 책을 추천한다. 괄호 안의 항목은 책 끝부분의 참고문헌을 참조하라.

참고문헌

몇몇 책들이 링크 계층에 대해 설명하고 있다. 이 교재에서는 이 책들 중에서 [Ham 80], [Zar 02], [Ror 96], [Tan 03], [GW 04], [For 03], [KMK 04], [Sta 04], [Kes 02], [PD 03], [Kei 02], [Spu 00], [KCK 98], [Sau 98], [Izz 00], [Per 00]과 [WV 00]을 권장한다.

9.3.2 중요 용어

Address Resolution Protocol(ARP)
data link control(DLC)
frame
framing
links
media access control(MAC)
nodes

9.3.3 요약

- 인터넷은 많은 호스트와 네트워크, 그리고 라우터와 같은 연결 장치로 구성되어 있다. 호스트와 연결 장치는 노드이고 네트워크는 링크이다. 발신지 호스트에서 목적지 호스트까지의 인터넷의 경로는 패킷이 경유하는 노드와 링크의 집합이다.
- 데이터 링크층은 프레임을 생성하고 다른 노드로 전달하는 책임을 맡고 있다. 그리고 데이터 링크층은 링크 사이의 혼잡 제어를 담당한다. 링크의 두 종단에 있는 데이터 링크층은 하나의 노드에서 다음 노드로 프레임을 전송하는 것을 담당한다.
- 발신지와 목적지까지 전송에는 많은 링크가 있기 때문에 두 가지 주소지정이 필요하다. 종단-대-종단 주소지정은 발신지와 목적지를 지정한다. 링크 계층 주소지정은 패킷이 지나가는 노드의 주소를 지정한다. 프레임에 모든 노드의 링크 계층 주소를 포함시키는 것을 피하기 위해, ARP는 지정된 링크 계층 주소와 IP 주소를 매핑하는 방법으로 고안되었다. 패킷이 다음 노드로 전송할 준비가 된 노드에 있다면, 라우팅 테이블에서 포워딩할 다음 노드의 IP 주소를 찾고, ARP를 통하여 링크 계층의 주소를 알게 된다.

9.4 연습문제

9.4.1 객관식

1. 데이터 링크층에서 통신은 ____________이다.
   a. 종단-대-종단 b. 노드-대-노드
   c. 프로세스-대-프로세스 d. 정답 없음
2. ____________는 지역 주소이다. 그 범위는 지역 네트워크에 있다.
   a. 링크 계층 주소 b. 논리 주소
   c. 포트 번호 d. 정답 없음
3. 만약 송신자가 호스트이고, 같은 네트워크에 있는 다른 호스트로 패킷을 전송하고자 하면, 물리 주소와 매핑되는 논리 주소는 ____________이다.
   a. 데이터그램 헤더 안에 있는 목적지 IP 주소
   b. 라우팅 테이블에서 찾을 수 있는 라우터의 IP 주소
   c. 발신지 IP 주소
   d. 정답 없음
4. 만약 송신자가 호스트이고 다른 네트워크에 있는 다른 호스트로 패킷을 전송하고자 할 때, 물리 주소와 매핑되는 논리 주소는 ____________이다.
   a. 데이터그램 헤더 안에 있는 목적지 IP 주소
   b. 라우팅 테이블에서 찾을 수 있는 라우터의 IP 주소
   c. 발신지 IP 주소
   d. 정답 없음
5. 송신자는 다른 네트워크에 있는 호스트로 가는 데이터그램을 수신한 라우터이다. 물리 주소와 매핑되는 논리 주소는 ____________이다.
   a. 데이터그램 헤더 안에 있는 목적지 IP 주소
   b. 라우팅 테이블에서 찾을 수 있는 라우터의 IP 주소
   c. 발신지 IP 주소
   d. 정답 없음

6. 송신자는 동일한 네트워크에 있는 호스트로 가는 데이터그램을 수신한 라우터이다. 물리 주소와 매핑되는 논리 주소는 ________이다.
   a. 데이터그램 헤더 안에 있는 목적지 IP 주소
   b. 라우팅 테이블에서 찾을 수 있는 라우터의 IP 주소
   c. 발신지 IP 주소
   d. 정답 없음

7. ARP 응답은 일반적으로 ________이다.
   a. 브로드캐스트 b. 멀티캐스트
   c. 유니캐스트 d. 정답 없음

8. ARP 요청은 일반적으로 ________이다.
   a. 브로드캐스트 b. 멀티캐스트
   c. 유니캐스트 d. 정답 없음

9. 데이터 링크층에서 패킷은 일반적으로 ________라 부른다.
   a. 데이터그램 b. 메시지
   c. 프레임 d. 정답 없음

10. ________ 링크에서 링크는 장치들 사이에서 공유되지 않는다.
   a. 브로드캐스트 b. 점-대-점
   c. 멀티캐스트 d. 정답 없음

11. ________ 링크에서 링크는 장치 사이에서 공유된다.
   a. 브로드캐스트 b. 점-대-점
   c. 유니캐스트 d. 정답 없음

12. 브로드캐스트 링크의 데이터 링크층은 ________의 부계층을 갖는다.
   a. 1개 b. 2개
   c. 없음 d. 정답 없음

13. 점-대-점 링크의 데이터 링크층은 ________의 부계층을 갖는다.
   a. 1개 b. 2개
   c. 없음 d. 정답 없음

14. 매체 접근 제어는 오직 ________ 링크에서 나타난다.
   a. 점-대-점
   b. 멀티캐스트
   c. 점-대-점과 멀티캐스트
   d. 정답 없음

9.4.2 주관식

Q-1 네트워크층의 통신과 데이터 링크층의 통신을 구별하여 설명하라.

Q-2 점-대-점 링크와 브로드캐스트 링크를 구별하여 설명하라.

Q-3 서로 다른 네트워크에 있는 두 개의 호스트가 같은 링크 계층 주소를 가질 수 있는가? 설명하라.

Q-4 ARP의 패킷 크기는 고정되어 있는가? 설명하라.

Q-5 프로토콜이 IPv4이고 하드웨어가 이더넷일 때, ARP 패킷의 크기는 얼마인가?

Q-6 회사의 사설 네트워크와 같은 다른 링크와 연결되지 않은 독립된 링크를 가정하자. 네트워크층과 데이터 링크층에서 주소가 필요한가? 설명하라.

Q-7 그림 9.9에서 왜 ARP 요청 메시지에서 목적지 하드웨어 주소가 모두 0인가?

Q-8 그림 9.9에서 왜 A에서 B로 전달되는 프레임의 목적지 하드웨어 주소가 브로드캐스트 주소인가?

Q-9 그림 9.9에서 시스템 A는 ARP 응답을 전달받았을 때, 어떻게 시스템 B의 링크 계층 주소를 알 수 있는가?

Q-10 이 책에서 링크의 브로드캐스트 주소에 대해 설명했을 때, 브로드캐스트 주소는 링크의 모든 호스트와 라우터에게 메시지를 전달하는 것인가, 아니면 인터넷의 모든 호스트와 라우터에게 메시지를 전달하는 것인가? 다시 말해, 브로드캐스트 주소는 로컬 범위인가, 글로벌 범위인가? 설명하라.

Q-11 호스트 또는 라우터가 백그라운드에 있는 시간 동안에 왜 ARP 프로그램을 수행하는 것이 필요한가?

Q-12 일반적으로 라우터는 왜 하나 이상의 인터페이스를 갖는가?

Q-13 왜 발신지에서 목적지까지 종단-대-종단 주소는 바뀌지 않는 것이 좋은가?

Q-14 라우터가 5개의 링크와 연결되었다면, 라우터는 얼마나 많은 IP 주소와 링크 계층 주소를 갖는가?

9장 실습 과제

이 장을 위한 실습 과제 하나인 Lab9-1을 만들었다. 각 실습을 별도의 양식으로 보고하도록 실험-실습 보고서를 포함하였다. 당신은 와이어샤크 소프트웨어를 설치하고 사용하는 방법을 설명한 1장의 실습 과제를 수행해 본 것으로 간주한다.

이 실습 과제는 네트워크층의 한 부분으로 보조 프로토콜인 ARP에 관한 것이다. 이는 네트워크층과 데이터 링크층의 연결로서 사용된다.

9.1 ARP

이 책에서 살펴본 것처럼 ARP는 라우터나 호스트에 대한 연결을 위한 IP 주소와 데이터 링크 주소를 대응시켜 주는 보조 프로토콜이다. 이 실습에서 ARP 패킷을 추적하고 조사한다.

9.1.1 실습 과제

- 웹 브라우저를 시작하고 브라우저의 캐시 메모리를 지운다. 아직은 웹 사이트에 접속하지 않는다.
- 와이어샤크를 열고 캡처를 시작한다.
- 브라우저로 가서 웹 사이트로부터 어떤 파일을 검색한다. 와이어샤크는 패킷 캡처를 시작한다.
- 와이어샤크 윈도우의 필터 필드에서 arp(소문자)를 입력하고 Apply를 클릭한다.
- 패킷 캡처를 종료하고 캡처한 파일을 저장한다.

Part I: ARP 요청 메시지

packet list pane에서 첫 번째 ARP 요청 패킷을 선택한다. packet detail pane에서 Address Resolution Protocol을 선택한다.

문제

이 책의 그림 9.8 참조와 hexadump를 이용하여 실험-실습 보고서 양식에 있는 다음 질문에 답하라.

1. hexadump로부터 다음을 기술하라.
   a. 하드웨어 유형
   b. 프로토콜 유형
   c. 하드웨어 길이
   d. 프로토콜 길이
   e. 동작(operation) 필드의 값. 이 필드는 무엇을 의미하는가?
   f. 발신지 하드웨어 주소
   g. 목적지 프로토콜 주소
   h. 목적지 하드웨어 주소
   i. 목적지 프로토콜 주소
2. packet detail pane을 이용하여 첫 번째 질문에 대한 당신의 답을 확인하라.
3. 목적지 하드웨어 주소의 유형(유니캐스트, 멀티캐스트, 브로드캐스트)은 무엇인가? 어느 하드웨어 인터페이스가 목적지 주소를 지정하는가?
4. packket byte pane을 확인하면 ARP-request에 0 바이트가 계속 있는 것을 보게 될 것이다. 얼마나 많은 0이 있는가? 이 0들이 있는 이유를 설명하라.

Part II: ARP 응답 메시지

packet list pane에서 첫 번째 ARP reply 패킷을 선택한다. packet detail pane에서 Address Resolution Protocol을 선택한다. 패킷의 haxadump가 packet byte pane에서 밝게 나타날 것이다.

문제

이 책의 그림 9.8을 참조하고 hexadump를 이용하여 실험-실습 보고서 양식에 있는 다음 질문에 답하라.

1. hexadump로부터 다음을 기술하라.
   a. 하드웨어 유형(hardware type)
   b. 프로토콜 유형
   c. 하드웨어 길이
   d. 프로토콜 길이
   e. 동작 코드(operation code)
   f. 발신지 하드웨어 주소
   g. 목적지 프로토콜 주소
   h. 목적지 하드웨어 주소
   i. 목적지 프로토콜 주소
2. packet detail pane을 이용하여 첫 번째 질문에 대한 당신의 답을 확인하라.
3. 목적지 하드웨어 주소의 유형(유니캐스트, 멀티캐스트, 브로드캐스트)은 무엇인가? 어느 하드웨어 인터페이스가 주소를 지정하는가?

9.1.2 제출할 문서

1. 문제에 대한 답이 들어 있는 실험-실습 보고서
2. 캡처된 정보 출력물

Lab9-1 보고서: ARP

성명:		학번:	날짜:
Part I			
1	a. 하드웨어 유형	b. 프로토콜 유형	
	c. 하드웨어 길이	d. 프로토콜 길이	
	e. 동작 코드: 의미:		
	f. 발신지 하드웨어 주소	g. 발신지 IP 주소	
	h. 목적지 하드웨어 주소	i. 목적지 IP 주소	
2	문제 1에 대한 답을 detail packet pane에 있는 정보에서 확인했는가?		
3	목적지 하드웨어 주소의 유형: 어느 인터페이스가 목적지 하드웨어 주소를 지정하는가?		
4	0 바이트의 수: 이유 설명:		

<table>
<tr><th colspan="3">Part II</th></tr>
<tr><td rowspan="5">1</td><td>a. 하드웨어 유형</td><td>b. 프로토콜 유형</td></tr>
<tr><td>c. 하드웨어 길이</td><td>d. 프로토콜 길이</td></tr>
<tr><td colspan="2">e. 동작 코드:</td></tr>
<tr><td>f. 발신지 하드웨어 주소</td><td>g. 발신지 IP 주소</td></tr>
<tr><td>h. 목적지 하드웨어 주소</td><td>i. 목적지 IP 주소</td></tr>
<tr><td>2</td><td colspan="2">질문 1에 대한 답을 detail packet pane에 있는 정보에서 확인했는가?</td></tr>
<tr><td>3</td><td colspan="2">목적지 하드웨어 주소 유형:
어느 인터페이스가 목적지 하드웨어 주소를 지정하는가?</td></tr>
</table>

객관식 홀수 번 문제 정답

1. ⓑ 3. ⓐ 5. ⓑ 7. ⓒ 9. ⓒ 11. ⓐ 13. ⓐ

CHAPTER 10

오류 검출과 오류 정정

네트워크는 한 장치에서 다른 장치로 정확하게 데이터를 전송할 수 있어야 한다. 한 장치에서 수신한 데이터가 다른 장치에 의해 송신된 데이터와 동일하다고 보증할 수 없는 시스템은 본질적으로 쓸모가 없다. 그러나 발신지에서 목적지로 전송되는 데이터는 전송 중에 변경될 수 있다. 신뢰성 있는 시스템은 이러한 **오류**(error)들을 검출하고 정정할 수 있는 기법을 포함하고 있어야 한다.

어떤 응용은 작은 오류는 무시할 수 있다. 예를 들면 오디오나 비디오 전송 시에 발생하는 랜덤한 오류는 무시할 수 있지만, 문자를 보내는 경우에는 높은 수준의 정확도를 기대한다.

데이터 링크층에서 만약 두 노드 사이의 프레임에 오류가 생기면 다른 노드로 이동하기 전에 정정되어야 한다. 그러나 대부분의 링크 계층 프로토콜에서는 단순히 프레임을 폐기하고 상위 계층에서 프레임의 재전송을 처리한다. 하지만 몇몇 멀티미디어 응용은 오류가 발생한 프레임의 정정을 시도한다.

이 장은 4개의 절로 나누어져 있다.

첫 번째 절에서는 오류의 유형, 중복의 개념, 오류 검출과 정정의 구분을 소개한다.

두 번째 절에서는 블록 부호화에 대하여 논의한다. 블록 부호화를 사용하여 오류가 어떻게 검출되는지 설명하고, 해밍 거리에 관해 설명한다.

세 번째 절에서는 순환 코드에 대하여 설명한다. 데이터 링크층에서 매우 일반적인 순환 코드의 한 종류인 CRC에 대하여 설명한다. 이 절에서는 어떻게 CRC가 하드웨어에서 쉽게 구현할 수 있고, 다항식으로 표현되는지에 대하여 보여준다.

네 번째 절에서는 검사합에 대하여 논의한다. 어떻게 검사합이 데이터워드의 집합으로 계산되는지 보여준다. 또한, 통상적인 검사합을 구하는 여러 가지 방법을 제공한다.

10.1 개요

오류 검출 및 오류 정정에 직/간접적으로 관련된 사항들에 대해 먼저 살펴본다.

10.1.1 오류의 유형

전자기 신호가 한 지점에서 다른 지점으로 전달될 때 열, 자기장 및 여러 형태의 전기로부터 예측할 수 없는 간섭(interference)을 받기 쉽다. 이 간섭은 신호의 형태를 바꿀 수 있다. **단일-비트 오류**(single-bit error)는 주어진 데이터 단위(예를 들어 한 바이트의 문자, 또는 패킷) 중 오직 하나의 비트만이 1에서 0 또는 0에서 1로 변경되는 오류를 의미한다. **폭주 오류**(burst error)는 데이터 단위에서 2개 이상의 연속적인 비트들이 1에서 0 또는 0에서 1로 바뀌는 오류를 의미한다. 그림 10.1은 데이터 단위상에서 단일 비트 오류와 폭주 오류의 영향을 보여주고 있다.

폭주 오류는 단일 비트 오류보다는 일어날 가능성이 더 크다. 보통 잡음의 지속기간이 한 비트의 지속기간보다 길어서, 잡음이 데이터에 영향을 미칠 때 비트 집합에 영향을 미침을 의미한다. 영향을 받는 비트의 수는 데이터 전송률과 잡음의 지속기간에 달려 있다. 예를 들어, 1 kbps로 데이터를 전송한다면 1/100초의 잡음은 10개 비트에 영향을 미칠 수 있다. 만약 1 Mbps로 데이터를 전송한다면, 같은 지속기간의 잡음은 10,000개의 비트에 영향을 미칠 수 있다.

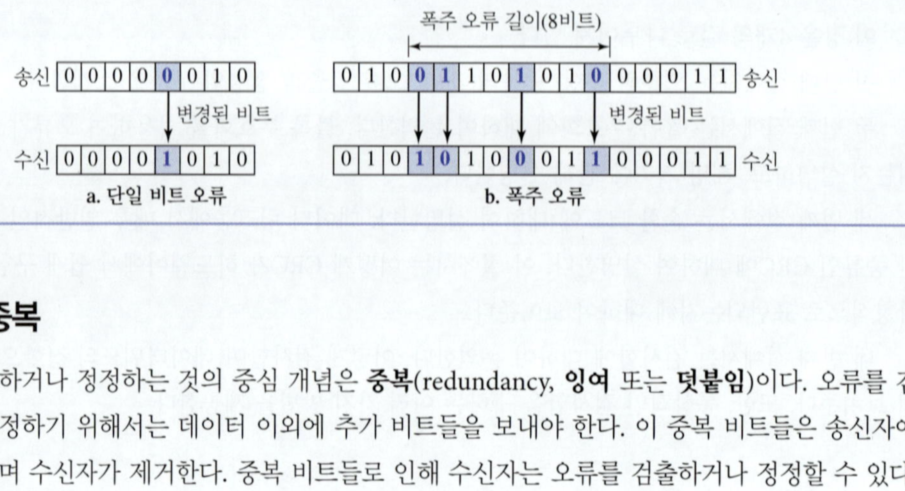

그림 10.1 단일 비트 오류와 폭주 오류

10.1.2 중복

오류를 검출하거나 정정하는 것의 중심 개념은 **중복**(redundancy, **잉여** 또는 **덧붙임**)이다. 오류를 검출하거나 정정하기 위해서는 데이터 이외에 추가 비트들을 보내야 한다. 이 중복 비트들은 송신자에 의해 더해지며 수신자가 제거한다. 중복 비트들로 인해 수신자는 오류를 검출하거나 정정할 수 있다.

10.1.3 검출 대 정정

오류를 정정하는 것은 검출하기보다 훨씬 더 어렵다. **오류 검출**(error detection)에서는 오류가 있는지만 알아내면 된다. 간단히 오류가 '있다', '없다'로 답하면 된다. 오류가 몇 개인지조차 알 필요가 없다. 단일 비트 오류나 폭주 오류나 마찬가지이다. **오류 정정**(error correction)에서는 정확하게 몇 비트가 잘못되었는지 알아야 하며, 더욱이 어디가 잘못되었는지를 알아야 한다. 오류의 개수와 메시지의 크기가 중요한 요소가 된다. 8비트 데이터에 있는 단일 비트 오류를 정정하는 것이라면 8개의 가능한 오류 위치를 고려하면 되지만 같은 크기의 데이터에 있을 수 있는 2비트 오류를 정정하기 위해서는 28개의 가능한 위치를 고려해야 한다. 이렇게 보면 수신자가 1,000비트 데이터에 있는 10개의 오류를 찾는 것이 어려우리라는 것을 알 수 있다.

10.1.4 전진 오류 정정 대 재전송

오류 정정에는 두 가지 방법이 있다. **전진 오류 정정**(forward error correction)은 수신자가 메시지의 중복 비트들을 이용하여 메시지를 추측하려는 과정이다. 뒤에 보겠지만, 오류의 숫자가 적은 경우에 가능한 방법이다. **재전송**(retransmission)에 의한 정정은 수신자가 오류 발생을 검출하여 송신자에게 메시지를 다시 보내 줄 것을 요청하는 기술이다. 재전송은 수신자가 도착한 메시지에 오류가 없다고 믿을 때까지 반복된다(보통 모든 오류를 검출할 수는 없다).

10.1.5 부호화

중복은 여러 가지 부호화 방법을 통해 이루어진다. 송신자는 중복 비트와 실제 데이터 비트들 사이에 어떤 관련을 짓게 하는 과정을 통해 중복 비트들을 보낸다. 수신자는 이 두 종류의 비트들 사이의 관계를 확인하여 오류를 검출하거나 정정한다. 데이터 비트에 대한 중복 비트의 비율과 처리 과정의 안정도가 **부호화**(coding, **코딩**이라고도 함) 기법의 주요 요소가 된다. 그림 10.2는 이러한 부호화의 개념을 보여주고 있다.

부호화 방법은 **블록 부호화**(block coding)와 **컨볼루션 부호화**(convolution coding)라는 두 가지 영역으로 나눌 수 있다. 이 책에서는 블록 부호화만 고려한다. 컨볼루션 부호화는 매우 복잡하며 이 책의 범위를 넘어선다.

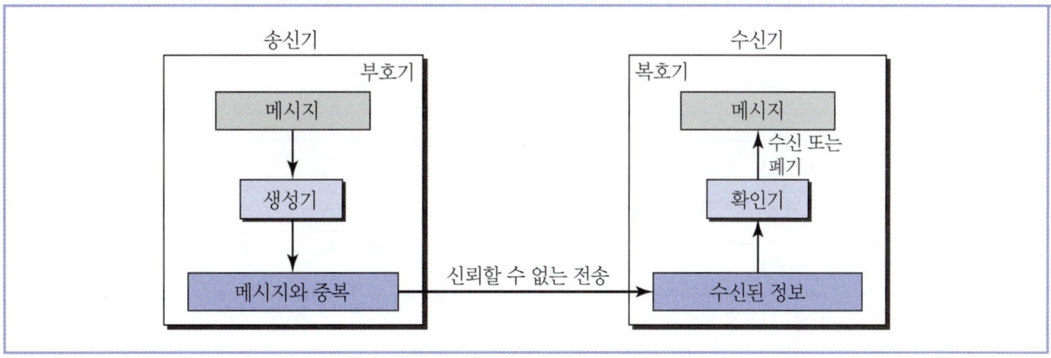

그림 10.2 부호기와 복호기의 구조

모듈러 연산

이 절에서는 컴퓨터 과학 분야에 기본적으로 적용되는 개념이자 오류 검출 및 정정에 적용되는 모듈러 연산의 개념을 살펴보자. 수학적으로 깊이 논의하지는 않지만, 이 장에서 필요한 수준의 개념을 공부한다.

모듈러 연산(modular arithmetic)에서는 제한된 정수만을 사용한다. 먼저 법 *N*(modulus *N*)이라는 상한을 정한다. 그런 후에 0부터 $N - 1$까지 정수만을 사용한다. 이것이 모듈러-*N* 연산이다. 예를 들어 법이 12이면 우리는 0부터 11 까지만 사용한다. 모듈러 연산의 예로 시계를 들 수 있는데 시계는 모듈러-12 연산을 기반으로 한다. 단지 0을 12로 대체했을 뿐이다. 모듈러-*N* 시스템에서는 수가 *N*보다 커지면 *N*으로 나눈 그 나머지를 결과로 사용한다. 음의 값이면 필요한 개수의 *N*을 계속 더하여 양의 값이 되도록 한다. 시계를 다시 생각해 보자. 11시부터 일을 시작하여 5시간이 걸렸다고 하면 군대에서처럼 과제가 16시에 완료되었다고 말하거나 또는 오후 4시에 마쳤다고 (16/12의 나머지는 4이므로) 하는 것이 그 예이다.

> 모듈러-*N* 연산에서는 0부터 $N - 1$까지 정수만을 사용한다.

모듈러 연산에서 덧셈이나 뺄셈은 간단하다. 더할 때 자리 올림 수가 없다. 뺄셈의 경우에도 자리 내림 수가 없다.

모듈러-2 연산

특히 모듈러-2 연산이 중요하다. 이 연산에서는 모듈러 *N*은 2이다. 0과 1만을 사용한다. 이 산술 연산은 매우 간단하다. 다음은 2비트를 더하고 빼는 연산을 보여준다.

adding	$0 + 0 = 0$	$0 + 1 = 1$	$1 + 0 = 1$	$1 + 1 = 0$
substracting	$0 - 0 = 0$	$0 - 1 = 1$	$1 - 0 = 1$	$1 - 1 = 0$

특히 더하는 것이나 빼는 것의 결과가 같다는 것에 유의하라. 이 연산에서는 XOR 연산이 덧셈과 뺄셈을 대신한다. XOR 연산의 결과는 두 비트가 동일할 때는 0이고 서로 다를 때는 1이다. 그림 10.3에 이 연산이 있다.

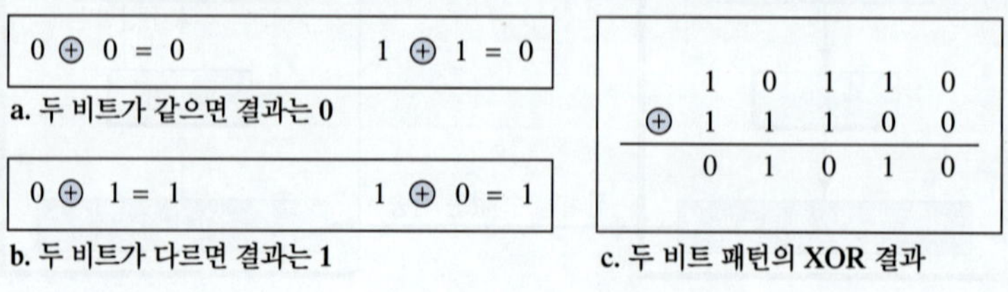

그림 10.3
두 개의 단일 비트 또는 두 비트 패턴의 XOR 연산

그 밖의 모듈러 연산

이 책을 통해 모듈러-*N* 연산도 사용한다. 원리는 같아서 0부터 $N - 1$까지 정수를 사용한다. 법이 2가 아니면 덧셈의 결과와 뺄셈의 결과는 다르다. 결과가 음수이면 N의 배수를 더하여 양수로 만든다.

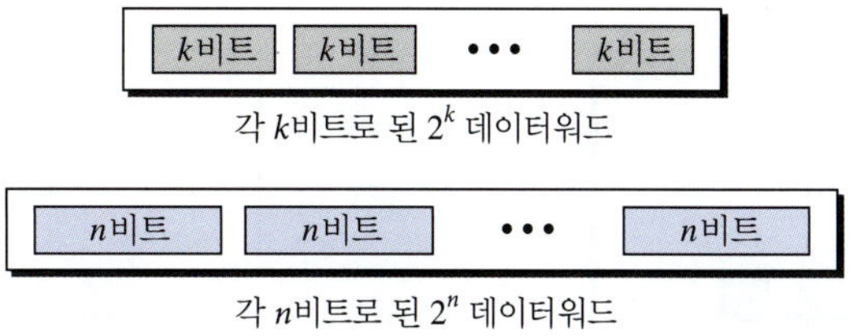

그림 10.4 블록 부호화에서 데이터워드와 코드워드

10.2 블록 부호화

블록 부호화에서는 메시지를 **데이터워드**(dataword)라는 k비트의 블록으로 나눈다. 각 블록에 r개의 중복 비트를 더하여 길이 $n = k + r$이 되도록 한다. 결과로 얻는 n비트 블록은 **코드워드**(codeword)라고 불린다. 어떻게 이 r비트를 구하거나 계산하는지를 알아본다. 일단 일련의 k비트로 된 데이터워드와 n비트로 된 코드워드를 갖는다는 것을 아는 것이 중요하다. k개 비트를 사용하여 2^k개의 데이터워드를 만들 수 있고, n개 비트를 사용해서는 2^n개의 코드워드를 만들 수 있다. $n > k$이므로 가능한 코드워드의 개수가 데이터워드의 개수보다 많다. 블록 부호화 기법은 일-대-일이다. 즉, 동일한 데이터워드는 동일한 코드워드로 부호화된다. 이는 $2^n - 2^k$개의 코드워드는 사용되지 않는다는 것을 말한다. 이러한 코드워드를 무효 또는 위법이라고 말한다. 그림 10.4에는 이러한 상황을 보여주고 있다.

예제 10.1

4장에서 공부한 4B/5B 부호화는 블록 부호화의 좋은 예이다. 이 부호화 방법에서는 $k = 4$이고 $n = 5$이다. 모두 $2^k = 16$개의 데이터워드가 있고 $2^n = 32$개의 코드워드가 있다. 32개의 코드워드 중에서 16개가 메시지 전송에 사용되고 나머지는 다른 목적으로 이용되거나 사용되지 않는다.

다음에 논의할 오류 검출에서 혼란스러운 점은 인식 불가능한 코드의 존재이다. 수신자가 인식 불가능한 코드워드를 수신한다는 것은, 데이터가 전송되는 동안 오류가 발생되었다는 것을 나타내는 것이다.

10.2.1 오류 검출

블록 부호화를 사용하여 어떻게 오류를 찾아낼 수 있을까? 다음 두 조건이 맞는다면 수신자는 원래 코드워드가 바뀐 것을 알 수 있다.

1. 수신자는 유효 코드워드를 찾을 수 있거나 그 목록을 가지고 있다.
2. 원래의 코드워드가 무효 코드워드로 바뀌었다.

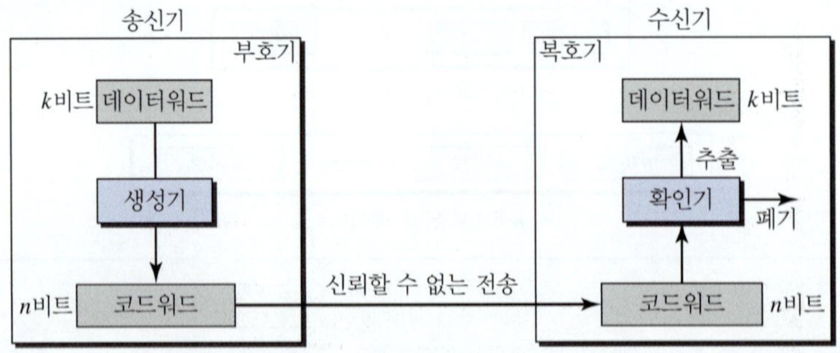

그림 10.5 블록 부호화의 오류 검출 과정

그림 10.5는 오류 검출에서 블록 부호화의 역할을 보여준다. 송신자는 뒤에서 논의할 부호화 규칙과 절차에 따라 데이터워드로부터 코드워드를 생성한다. 수신자에게 전송된 각 코드워드는 변형될 수 있다. 수신된 코드워드가 유효 코드워드와 같으면 받아들여져 코드워드로부터 데이터워드를 추출한다. 수신된 코드워드가 유효하지 않으면 버려진다. 그러나 전송 도중 코드워드가 손상되었으나 수신된 코드워드가 여전히 유효 코드워드 중 하나라면 오류는 검출되지 않은 상태로 남는다. 이 유형의 부호화는 오직 단일 비트 오류만 검출할 수 있다. 둘 또는 그 이상의 오류는 검출하지 못할 수 있다.

예제 10.2

$k = 2$이고 $n = 3$이라고 하자. 표 10.1에 데이터워드와 코드워드가 있다. 나중에 데이터워드로부터 어떻게 코드워드를 만들어내는지 논의한다.

표 10.1 오류 검출(예제 10.2)을 위한 한 가지 코드

데이터워드	코드워드	데이터워드	코드워드
00	000	10	101
01	011	11	110

송신자가 데이터워드 01을 011로 부호화하여 수신자에게 보낸다고 하자. 다음 경우를 생각하라.

1. 수신자가 011을 수신한다. 이는 유효 코드이다. 수신자는 이로부터 데이터워드 01을 추출한다.
2. 코드워드가 전송 도중 손상되어 111이 수신되었다(맨 왼쪽 비트가 바뀌었다). 이는 유효 코드가 아니므로 버려진다.
3. 코드워드가 전송 도중 손상되어 000이 수신되었다(오른쪽 두 비트가 바뀌었다). 이는 유효 코드이다. 수신자는 이로부터 부정확한 데이터워드인 00을 추출한다. 2개 비트가 손상되어 오류를 찾지 못한다.

오류 검출 코드는 찾도록 설계된 오류만을 찾아낸다. 다른 오류는 검출되지 못한다.

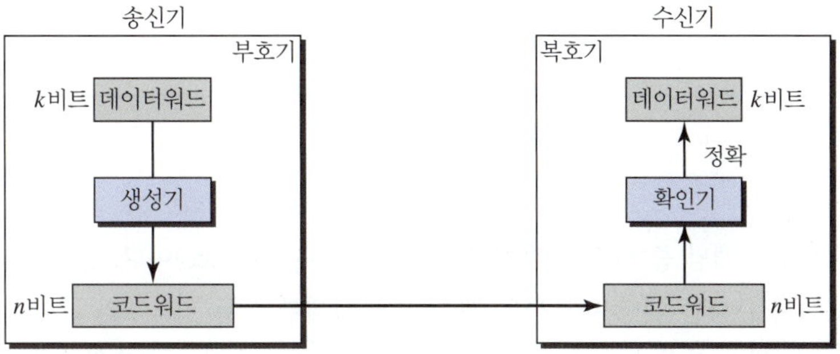

그림 10.6
오류 정정의 부호기 및 복호기의 구조

오류 정정

앞에서 논의한 것처럼 오류 정정은 오류 검출보다 어렵다. 오류 검출의 경우에는 수신자는 단지 수신된 코드워드가 무효하다는 것만 알면 되지만 오류 정정의 경우에는 원래 보내진 코드워드가 무엇인지 알아내거나 추측할 수 있어야 한다. 오류 검출보다는 오류 정정을 하기 위해서는 더 많은 중복 비트가 필요하다고 할 수 있다. 그림 10.6은 오류 정정에서 블록 부호화의 역할을 보여주고 있다. 개념은 오류 검출과 같지만 확인기(checker) 기능이 훨씬 복잡한 것을 볼 수 있다.

예제 10.3

예제 10.2에 더 많은 중복 비트들을 넣어 수신자가 원래 무엇을 보냈는지 모르는 상태에서 오류를 정정할 수 있는지 살펴보자. 2비트 데이터워드에 3비트의 중복 비트를 넣어 5비트 코드워드를 만든다. 나중에 어떻게 중복 비트들을 생성하는지를 논의한다. 일단 오류 정정의 개념에 대해서만 집중한다. 표 10.2에 데이터워드와 코드워드가 있다.

표 10.2 오류 정정(예제 10.3)을 위한 코드 예

데이터워드	코드워드	데이터워드	코드워드
00	00000	10	10101
01	01011	11	11110

데이터워드가 01이라고 하자. 송신자는 표를 보고(또는 알고리즘을 사용하여) 코드워드 01011을 알아낸다. 코드워드가 전송 도중 손상되어 01001이 수신되었다(오른쪽에서 두 번째 비트가 깨졌다). 우선 수신자는 전송받은 코드워드가 표에 없다는 것을 안다. 이는 오류가 발생한 것을 말한다(정정 이전에 먼저 검출이 되어야 한다). 수신자는 오직 1비트가 손상된 것으로 가정하고 다음 전략을 사용하여 올바른 데이터워드를 추정한다.

1. 수신된 코드워드를 표의 첫 번째 코드워드와 비교하여(01001 대 00000), 수신자는 두 코드워드가 두 비트가 다르므로 첫 번째 코드워드를 보낸 것이 아니라고 추정한다.
2. 같은 이유로 원래의 코드워드는 표의 세 번째나 네 번째의 코드워드가 될 수 없다.
3. 따라서 원래의 코드워드는 표의 두 번째 것일 수밖에 없는데 이는 수신된 코드워드와 1비트가

다른 것은 이것뿐이기 때문이다. 수신자는 01001을 01011로 바꾸어 넣고 표로부터 데이터워드가 01인 것을 알게 된다.

해밍 거리

오류 제어를 위한 중심 개념 중 하나는 **해밍 거리**(Hamming distance)이다. 같은 크기의 두 워드 사이의 해밍 거리는 서로 다른 해당 비트들의 개수이다. 이제부터 두 워드 x와 y 사이의 해밍 거리를 $d(x, y)$로 나타낸다. 해밍 거리가 오류 검출에서 중요한 이유는 수신된 코드워드와 송신된 코드워드 사이의 해밍 거리는 전송되는 동안에 오류가 생긴 비트의 수이기 때문이다. 예를 들면, 만약 코드워드 00000이 발신되고, 01101이 수신되었다면, 3개의 비트에 오류가 발생한 것이고 둘 사이의 해밍 거리 $d(00000, 01101) = 3$이다. 다시 말해서, 만약 송신되고 수신된 코드워드 사이의 해밍 거리가 0이 아니면 코드워드가 전송되는 동안에 오류가 발생한 것이다.

해밍 거리는 두 워드에 XOR 연산(⊕)을 행하여 결과로 얻은 값에서 1의 개수를 더해 쉽게 구할 수 있다. 해밍 거리는 항상 0보다 큰 값인 것을 유의하라.

> 두 워드 사이의 해밍 거리는 서로 다른 해당 비트의 개수이다.

예제 10.4

두 워드 사이의 해밍 거리를 알아보자.

1. $d(000, 011)$은 2인데 이는 $(000 \oplus 011)$은 011(2개의 1)이기 때문이다.
2. $d(10101, 11110)$은 3인데 $(10101 \oplus 11110)$은 01011(3개의 1)이기 때문이다.

오류 검출을 위한 최소 해밍 거리

코드워드의 집합에서 **최소 해밍 거리**(minimum Hamming distance)는 모든 가능한 코드워드 쌍 사이의 가장 작은 해밍 거리이다. 이제 모두 s개의 오류를 검출하기 위한 최소 해밍 거리를 알아보자. 전송 도중 s개의 오류가 발생한다면 송신된 코드와 수신된 코드 사이의 해밍 거리는 s이다. 우리의 코드가 s개의 오류를 검출하기 위해서는 최소 해밍 거리가 $s + 1$이 되어야 하는데 이는 손상된 채로 수신된 코드가 유효 코드 중의 하나가 될 수 없게 하기 위해서이다. 다시 말하면 모든 유효 코드 사이의 최소 해밍 거리가 $s + 1$이면 수신된 코드는 다른 유효 코드로 잘못 인식될 수 없기 때문이다. 해밍 거리가 유효 코드로 인식되기 위한 $(s + 1)$이 되지 못하기 때문에 오류를 찾아내게 된다. 여기서 분명히 할 것이 하나 있다. 비록 $d_{min} = s + 1$인 코드는 특별한 경우에는 s개보다 많은 수의 오류가 발생해도 검출할 수 있으나 오직 s개 이하의 오류가 발생한 경우에 오류를 검출할 수 있다는 것을 보장한다는 것이다.

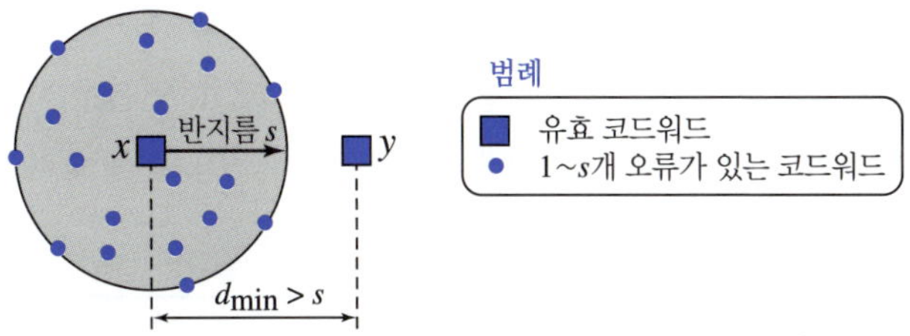

그림 10.7
오류 검출에서 d_{min}을 구하기 위한 기하학적 개념

> s개까지의 오류가 발생해도 오류가 생긴 것을 알아내는 것을 보장하기 위해서는 블록 코드의 최소 해밍 거리는 $d_{min} = s + 1$이어야 한다.

지금까지 설명한 내용을 기하학적으로 표현할 수 있다. 송신된 코드워드 x를 반경 s인 원의 중심에 있다고 보자. 0개에서 s개까지 오류로 만들어진 모든 코드는 원주 상이나 그 내부에 있게 된다. 그 밖의 모든 유효 코드는 그림 10.7에 나타난 것처럼 원주 밖에 있게 된다. 이것은 d_{min}는 반드시 s보다 큰 정수이거나 또는 $d_{min} = s + 1$이라는 것을 의미한다.

예제 10.5

첫 번째 코드 기법(표 10.1)의 최소 해밍 거리는 2이다. 이 코드는 오직 단일 비트 오류를 검출할 수 있다. 예를 들면 세 번째 코드(101)가 전송되었는데 하나의 비트 오류가 발생했다면 수신된 코드는 그 어떤 유효 코드가 일치하지 않는다. 그러나 2개의 오류가 발생했다면 수신된 코드워드는 다른 유효 코드와 일치할 수 있으므로 오류를 알아낼 수 없다.

예제 10.6

코드 기법에서 해밍 거리 $d_{min} = 4$이다. 이 코드는 3개까지의 오류($d = s + 1$ 또는 $s = 3$)를 검출할 수 있다.

선형 블록 코드

오늘날 사용되는 대부분의 블록 코드는 **선형 블록 코드**(linear block code) 중 하나이다. 비선형 블록 코드는 오류 검출이나 정정에 널리 쓰이지 않는데 그 구조가 이론적으로 복잡하고 구현하기 힘들기 때문이다. 우리는 선형 블록 코드에 초점을 두기로 한다. 선형 블록 코드에 대해 정식으로 알기 위해서는 추상 선형 대수학(구체적으로 갈루아체)에 대해 알아야 하는데 이는 이 책의 범위를 벗어난다. 따라서 약식으로 설명하자. 여기서 선형 블록 코드는 두 개의 유효 코드워드가 XOR 연산(모듈러-2 덧셈)을 하면 다른 유효 코드워드가 생성되는 코드이다.

예제 10.7

표 10.1에 사용된 방식은 임의의 코드워드를 다른 코드워드와 XOR 연산을 하면 다른 유효 코드워드가 나오기 때문에 선형 블록 코드이다. 예를 들면, 두 번째 코드워드와 세 번째 코드워드를 XOR하면 네 번째 코드워드가 나온다.

선형 블록 코드의 최소 거리

선형 블록 코드의 최소 해밍 거리는 쉽게 알 수 있다. 최소 해밍 거리는 0이 아닌 가장 적은 수의 1을 가지고 있는 코드워드의 1의 개수이다.

예제 10.8

첫 번째 코드(표 10.1)에서는 0이 아닌 코드워드의 1의 개수는 각각 2, 2 및 2이다. 그러므로 최소 해밍 거리 $d_{min}= 2$이다.

패리티 검사 코드

아마도 가장 익숙한 오류 검출 코드는 **패리티 검사 코드**(parity-check code)일 것이다. 이 코드는 선형 블록 코드이다. 이 코드에서는 k비트 데이터워드를 $n = k + 1$이 되도록 n비트 코드워드로 바꾸는 것이다. 추가된 비트는 **패리티 비트**(parity bit)라고 불리며 전체 코드워드의 1의 개수가 짝수가 되도록 선택한다. 어떤 경우에는 홀수가 되도록 선택되기도 하지만 이 책에서는 짝수의 경우를 사용한다. 이 범주에서 최소해밍 거리 $d_{min} = 2$이며 이는 코드가 단일 비트 오류 검출 코드라는 것을 의미한다. 표 10.1의 코드는 $k = 2$, $n = 3$인 경우의 단순 패리티 검사 코드이다. 표 10.3의 코드 또한 $k = 4$, $n = 5$인 경우의 패리티 검사 코드이다.

표 10.3 단순 패리티 검사 코드 C(5, 4)

데이터워드	코드워드	데이터워드	코드워드
0000	00000	1000	10001
0001	00011	1001	10010
0010	00101	1010	10100
0011	00110	1011	10111
0100	01001	1100	11000
0101	01010	1101	11011
0110	01100	1110	11101
0111	01111	1111	11110

그림 10.8을 통해 가능한 부호기(송신자)와 복호기(수신자)의 구조에 대하여 알 수 있다.

계산은 **모듈러 연산**(modular arithmetic)으로 이루어진다(부록 E 참조). 부호기는 4비트 데이터워드(a_0, a_1, a_2, a_3)의 사본을 받아 패리티 비트 r_0을 생성한다. 데이터워드 비트와 패리티 비트는 5

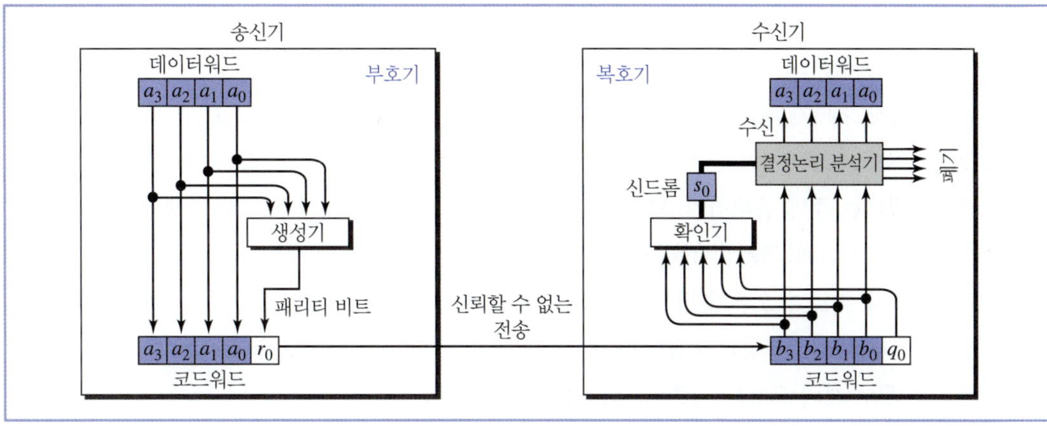

그림 10.8
단순 패리티 검사 코드의 부호기와 복호기

비트 코드워드를 만들어낸다. 추가된 패리티 비트는 전체 코드워드의 1의 개수를 짝수로 만든다. 이는 보통 데이터워드의 4비트를 모듈러 2 연산으로 더해서 찾는다. 그 결괏값이 패리티 비트이다. 다시 말하면,

$$r_0 = a_3 + a_2 + a_1 + a_0 \qquad \text{(modulo-2)}$$

1의 개수가 짝수이면 결과는 0이고 홀수이면 결과는 1이다. 두 경우 모두 코드워드의 전체 1의 개수는 짝수이다.

송신자는 전송 도중 손상된 코드워드를 보낼 수 있다. 수신자는 5비트 워드를 받는다. 수신자 쪽의 검사기가 한 가지만 예외일 뿐 송신자 쪽의 생성기와 동일한 일을 한다. 이번에는 5비트에 대해 덧셈을 하는 것이다. 그 결과를 **신드롬**(syndrome)이라고 부르는데 1비트 값이다. 수신된 워드의 1의 개수가 짝수이면 신드롬은 0이고 아니면 1이다.

$$s_0 = b_3 + b_2 + b_1 + b_0 + q_0 \qquad \text{(modulo-2)}$$

신드롬은 **결정 논리 분석기**(decision logic analyzer)로 보내진다. 신드롬이 0이면 수신된 코드에는 오류가 없는 것이고 데이터 부분이 데이터워드로서 받아들여진다. 신드롬이 1이면 수신된 코드워드의 데이터 부분을 버리게 된다. 데이터워드는 생성되지 않는다.

예제 10.9

어떤 전송 시나리오를 살펴보자. 송신자는 1011의 데이터워드를 보낸다고 하자. 이 데이터워드로부터 생성된 코드워드는 10111이며 이것이 수신자에게 보내진다. 다섯 가지 경우에 대해 조사해 보자.

1. 오류가 발생하지 않았다. 수신된 코드워드는 10111이다. 신드롬은 0이다. 데이터워드 1011이 만들어진다.
2. a_1비트에 손상이 생겨 1개의 비트가 바뀌었다. 수신된 코드워드는 10011이다. 신드롬은 1이다. 데이터워드는 만들어지지 않는다.
3. r_0비트에 손상이 생겨 1개의 비트가 바뀌었다. 수신된 코드워드는 10110이다. 신드롬은 1이다.

데이터워드는 만들어지지 않는다. 데이터비트는 손상되지 않았지만, 코드의 어디가 손상되었는지 알려주지 못하므로 데이터워드를 만들지 못한다.

4. r_0와 a_3비트에 오류가 생겨 해당 비트를 바꾸었다. 수신된 코드워드는 00110이다. 신드롬은 0이다. 데이터워드 0011이 수신자에 의해 만들어졌다. 잘못된 신드롬 값 때문에 잘못된 데이터워드가 만들어졌다는 것에 유의하라. 단순 패리티 확인 코드는 짝수 개의 오류가 발생하면 검출해 내지 못한다. 오류가 서로를 상쇄해서 신드롬 값이 0이 된다.
5. a_3, a_2, a_1의 세 비트가 오류가 발생하여 값이 바뀌었다. 수신된 코드워드는 01011이다. 신드롬은 1이다. 데이터워드는 생성되지 않는다. 이는 단일 비트 오류를 검출토록 보장된 단순 패리티 확인 코드는 홀수 개의 오류도 검출해 내는 것을 보여준다.

단순 패리티 검사 코드는 홀수 개의 오류를 검출한다.

더 나은 방법으로 **2차원 패리티 검사**(two-dimensional parity check)가 있다. 이 방법에서는 데

그림 10.9 2차원 패리티 확인 코드

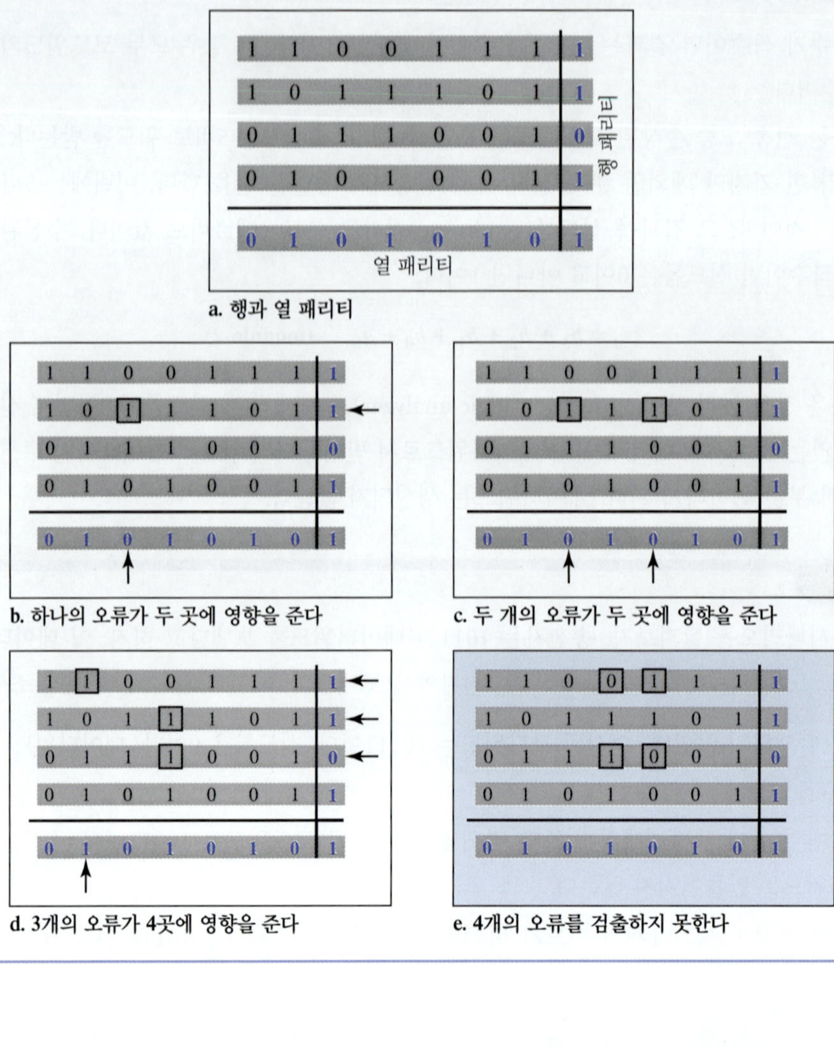

이터워드가 표(행과 열)로 만들어진다. 그림 10.9에는 전송된 5개의 7비트로 된 데이터가 서로 다른 행에 놓여있다. 각 행과 열에 대해 1비트의 패리티 비트가 계산된다. 전체 표를 수신자에게 보내게 되며 수신자는 각 행과 열에 대해 신드롬을 구하게 된다. 그림 10.9에서 보는 것처럼 2차원 패리티 확인 코드는 표의 임의의 위치에서 발생한 세 개까지의 오류를 검출할 수 있다. 그러나 4개의 비트에 영향을 미치는 오류는 검출되지 않는다.

10.3 순환 코드

순환 코드는 하나의 특별한 성질을 갖는 선형 블록 코드이다. **순환 코드**(cyclic code)에서 코드워드를 순환시키면 다른 코드워드를 얻는다. 예를 들면 만일 1011000이 코드워드이면 1개의 비트를 왼쪽으로 이동시켜 얻은 코드워드 0110001도 코드워드이다. 이 경우에는 만일 첫 번째 코드워드의 각 비트를 a_0부터 a_6라고 하고, 두 번째 코드워드의 비트를 b_0부터 b_6라고 하면 다음이 관계를 얻는다.

$$b_1 = a_0 \qquad b_2 = a_1 \qquad b_3 = a_2 \qquad b_4 = a_3 \qquad b_5 = a_4 \qquad b_6 = a_5 \qquad b_0 = a_6$$

맨 오른쪽 등식에서는 첫 번째 워드의 마지막 비트가 두 번째 워드의 첫 번째 비트가 된다.

10.3.1 순환 중복 검사

오류를 정정하기 위한 순환 코드를 만들 수 있다. 그러나 그 이해를 위한 이론적 배경은 이 책의 범주를 벗어난다. 이 절에서는 LAN이나 WAN에서 널리 사용되는 **순환 중복 검사**(CRC, cyclic redundancy check)라고 부르는 순환 코드의 한 범주에 대해 논의한다.

표 10.4는 CRC 코드의 한 예이다. 이 코드는 선형적이고 순환적인 성질을 모두 볼 수 있다.

그림 10.10은 부호기와 복호기의 설계 예이다.

부호기에서는 데이터워드는 k비트(여기서는 4비트)이며, 코드워드는 n비트(여기서는 7비트)이다. 데이터워드의 크기는 $n - k$(여기서는 3비트)개의 0을 워드의 오른편에 더해진다. 이 n비트 결괏

표 10.4 CRC 코드 C(7, 4)

데이터워드	코드워드	데이터워드	코드워드
0000	0000000	1000	1000110
0001	0001101	1001	1001011
0010	0010111	1010	1010001
0011	0011010	1011	1011100
0100	0100011	1100	1100101
0101	0101110	1101	1101000
0110	0110100	1110	1110010
0111	0111001	1111	1111111

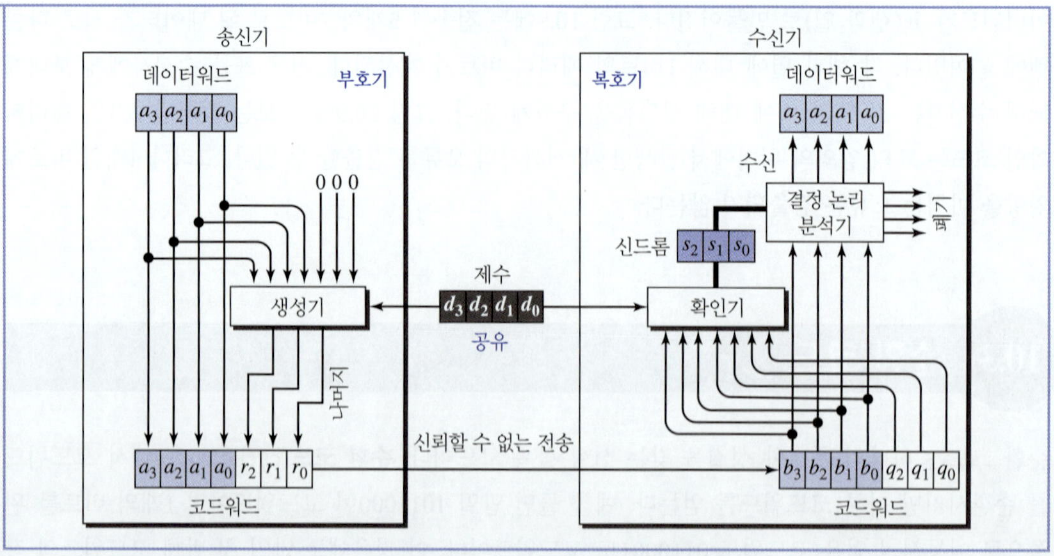

그림 10.10 CRC 부호기와 복호기

값이 생성기로 보내진다. 생성기는 미리 정해진 크기 $n - k + 1$의 나누기 장치를 사용한다. 생성기는 확장된 데이터워드를 나누기 장치(모듈러 2 나누기)로 나눈다. 나눗셈의 결과로 얻는 몫은 버려지고 나머지($r_2r_1r_0$)를 데이터워드에 덧붙여 코드워드를 만든다.

복호기는 손상됐을지 모르는 코드워드를 수신한다. 수신된 n비트의 사본이 검사기에 보내지는데 이 검사기는 코드 생성기와 동일하다. 검사기에 의해 만들어진 나머지가 $n - k$(여기서는 3비트) 비트의 신드롬이 되며 이 **신드롬**(syndrome)이 **결정 논리 분석기**(decision logic analyzer)에 보내진다. 분석기는 간단한 기능을 한다. 신드롬 비트가 모두 0이면 코드워드의 왼편 4개 비트를 데이터워드로서 받아들이며 그렇지 않은 경우에는 4개 비트는 버려진다(오류 발생).

부호기

부호기(encoder)를 자세히 살펴보자. 부호기는 데이터워드를 받아 $n - k$개의 0을 덧붙인다. 그 이후 그림 10.11처럼 나누기 장치로 확장된 데이터워드를 나눈다.

모듈러-2 2진 나눗셈 과정은 10진수의 나눗셈 과정과 동일하다. 그러나 이 장의 앞에서 언급한 것처럼 덧셈과 뺄셈의 결과는 같다. 두 가지 연산 모두 XOR을 사용한다.

10진수 나눗셈과 마찬가지로 그 과정은 한 단계씩 이루어진다. 각 단계마다 제수의 사본이 피제수의 4비트와 XOR된다. XOR 연산의 결과(나머지)는 3비트(본 경우에)인데 다음 1비트를 가져와 4비트를 만든 후에 다음 단계에서 다시 사용된다. 이러한 종류의 나눗셈을 할 때 주의해야 할 것이 있다. 피제수의 맨 왼편의 값이 0이면 원래의 제수를 사용하는 대신에 모두 0인 제수를 사용해야 한다.

더 이상 사용할 비트가 없게 되면 그것이 결괏값이다. 이 3비트 나머지가 **검사 비트**(check bit)(r_2, r_1, r_0)가 된다. 이 결과를 데이터워드의 뒤에 붙인다.

복호기

코드워드는 전송 도중 바뀔 수 있다. **복호기**(decoder)는 부호기와 동일한 나눗셈 연산을 수행한다.

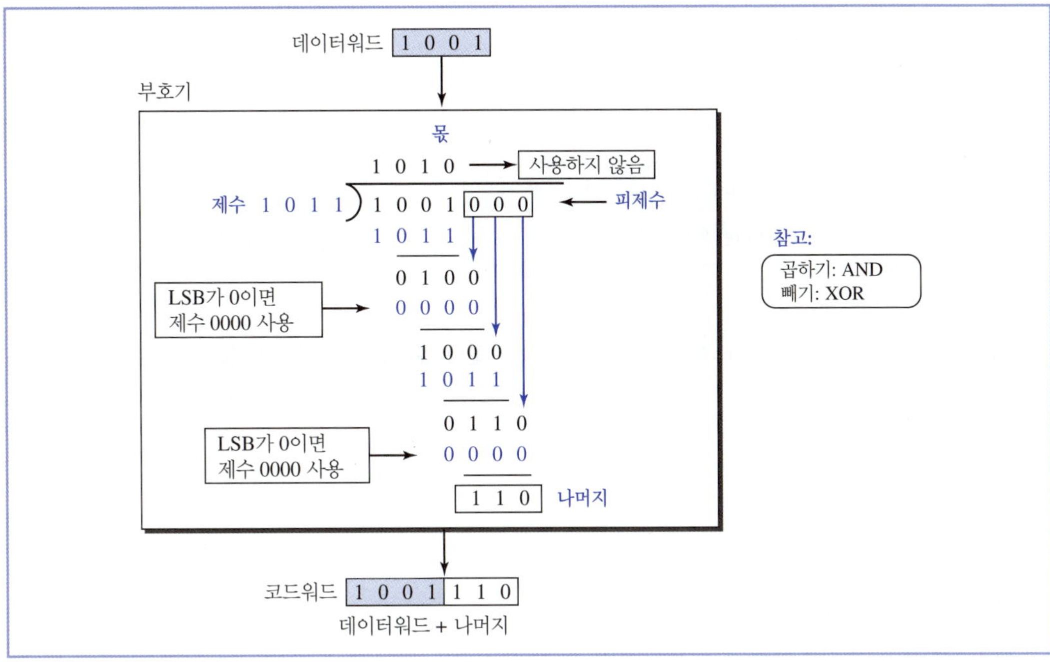

그림 10.11
CRC 부호기의 나눗셈

그 나머지가 신드롬이 된다. 신드롬이 모두 0이면 높은 확률로 오류가 없는 것이고, 데이터워드는 코드워드로부터 분리되어 채택된다. 그렇지 않으면 전체 워드를 버리게 된다. 그림 10.12는 두 가지 경우를 보여주는데 왼편 그림은 오류가 없을 때에 신드롬의 값이 000인 것을 보여준다. 그림의 오른편은 오류가 하나 있는 경우의 신드롬 값을 보여준다. 신드롬은 0이 아닌 011이다.

제수

어떻게 제수 1011이 선택되었는지 궁금할 것이다. 그것은 코드에 따른 예상 기대에 따라 다르다. 우

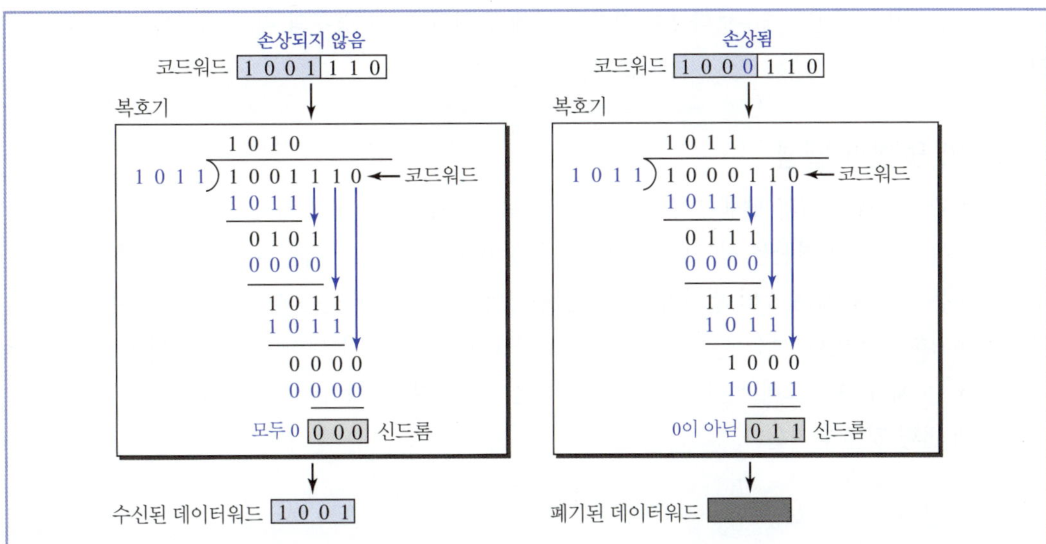

그림 10.12
두 가지 경우의 CRC 복호기의 나눗셈

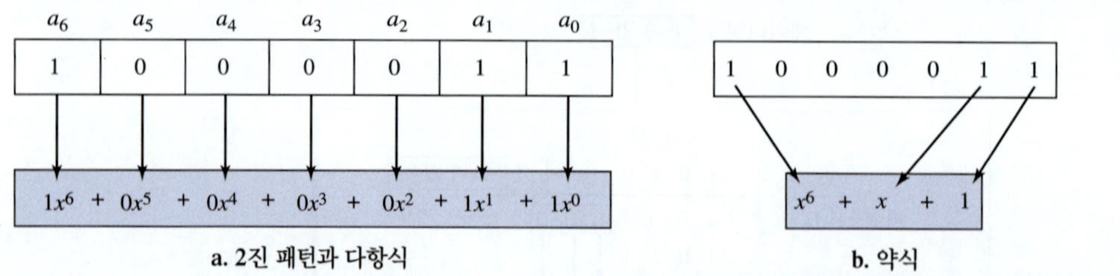

그림 10.13 2진 워드를 표시하는 다항식

리는 다항식들에 대하여 논의한 후 이 장의 뒤에서 몇몇 표준 제수에 대하여 살펴볼 것이다(표 10.5 참조).

10.3.2 다항식

순환 코드를 어떻게 분석할 수 있는지 이해하는 더 나은 방법은 다항식으로 표현하는 것이다. 이 절은 읽지 않아도 무관하다.

0과 1의 패턴은 계수 0과 1의 **다항식**(polynomial)으로 나타낼 수 있다. 각 항의 지수가 각 비트의 자릿수를 나타낸다. 계수는 비트의 값이다. 그림 10.13은 2진 패턴과 다항식 표현이다. 그림 10.13a는 2진 패턴을 다항식으로 표시하는 방법을 보여주고 있으며, 그림 10.13b는 0이 계수인 항을 제거하여 간단하게 다항식을 표시하는 것을 보여주고 있다.

그림 10.13을 보면 금방 이점이 있는 것을 볼 수 있는데 7비트 패턴을 3개의 항목으로 표시할 수 있다. 이러한 이점은 $x^{23} + x^3 + 1$과 같은 다항식을 고려할 때 더욱 분명해진다. 여기서 비트 패턴은 24비트 길이(3개의 1과 21개의 0)가 되는 데 반하여 다항식은 3개의 항목으로 된다.

다항식의 차수

다항식의 차수는 다항식의 최고 지수를 말한다. 예를 들면 다항식 $x^6 + x + 1$의 차수는 6이다. 다항식의 차수는 패턴의 비트 개수보다 1이 적다는 것에 유의하라. 이 경우의 비트 패턴은 7비트를 가지고 있다.

다항식의 덧셈과 뺄셈

수학에서 다항식의 덧셈과 뺄셈은 같은 차수의 항목 계수를 더하거나 빼서 진행한다. 우리의 경우에는 계수는 모듈러 2 연산을 하므로 그 결과는 항상 0이거나 1이다. 이는 두 가지 결과를 초래한다. 우선 더하는 것이나 빼는 것의 결과가 같다. 둘째로 더하거나 빼는 것은 항목을 합하여 같은 차수의 항목을 제거하는 것이다. 예를 들면 $x^5 + x^4 + x^2$과 $x^6 + x^4 + x^2$을 더하면 $x^6 + x^5$만이 남는다. 항목 x^4과 x^2는 제거된다. 그러나 만일 3개의 다항식을 더하는데 x^2 항목이 세 번 더해진다면 2개는 제거하고 세 번째 것은 남겨둔다.

항목의 곱셈과 나눗셈

이 산술에서는 항목의 곱셈은 매우 간단해서 지수를 더하면 된다. 예를 들면 $x^3 \times x^4$은 x^7이다. 나눗셈의 경우에는 첫 번째 항목의 지수에서 두 번째 항목의 지수를 빼면 된다. 예를 들면 x^5/x^2은 x^3이다.

두 다항식의 곱셈

다항식을 다른 다항식으로 곱하는 것은 항목별로 이루어진다. 첫 번째 다항식의 각 항목은 두 번째 식의 모든 항목으로 더해져야 한다. 그 결과는 물론 단순화하여 같은 지수를 갖는 항목들은 제거된다. 다음은 예이다.

$$
\begin{aligned}
(x^5+x^3+x^2+x)(x^2+x+1) &= x^7+x^6+x^5+x^5+x^4+x^3+x^4+x^3+x^2+x^3+x^2+x \\
&= x^7+x^6+x^3+x
\end{aligned}
$$

다항식을 다항식으로 나누기

다항식의 나눗셈은 개념적으로는 부호기에서 논의했던 2진 나눗셈과 동일하다. 피제수의 첫 번째 항목을 제수의 첫 번째 항목으로 나누어 몫의 첫 번째 항목으로 삼는다. 몫의 항목을 제수로 곱하여 피제수로부터 그 결과를 뺀다. 이 과정을 피제수의 차수가 제수의 차수보다 낮아질 때까지 반복한다. 이 장의 뒤에서 나눗셈의 예를 보여줄 것이다.

이동

2진 패턴은 흔히 왼편이나 오른편으로 자주 **이동**(shift)한다. 왼편으로 이동하는 것은 오른쪽 비트에 0을 더하는 것이며 오른편으로 이동하는 것은 오른편 비트를 지우는 것이다. 왼편으로 이동하는 것은 다항식의 각 항목을 x^m으로 곱해서 얻어진다. 여기서 m은 이동된 비트 수이다. 오른편으로 이동하는 것은 다항식의 각 항목을 x^m으로 나누어 얻어진다. 다음은 왼편과 오른편으로 이동하는 것을 보여준다. 다항식 표시에 있어서 음의 지수는 없다는 것에 유의하라.

왼쪽으로 3비트 이동 : 10011 → 10011000	$x^4+x+1 \rightarrow x^7+x^4+x^3$
오른쪽으로 3비트 이동 : 10011 → 10	$x^4+x+1 \rightarrow x$

그림 10.11에서처럼 부호기의 데이터를 확대하는 것은 사실은 왼편으로 비트를 이동하는 것이다. 두 비트 패턴을 합하는 경우는 첫 번째 다항식을 왼편으로 이동하고 두 번째 다항식을 더하는 것이다.

10.3.3 다항식을 사용하는 순환 코드 부호기

이제 다항식 연산에 관해 설명했으므로 데이터워드로부터 코드워드를 생성하는 것을 살펴보자. 그림 10.14는 그림 10.11을 다항식으로 표현한 것이다. 보다시피 절차가 더 간단하다. 데이터워드

그림 10.14
다항식을 사용하는 CRC 나눗셈

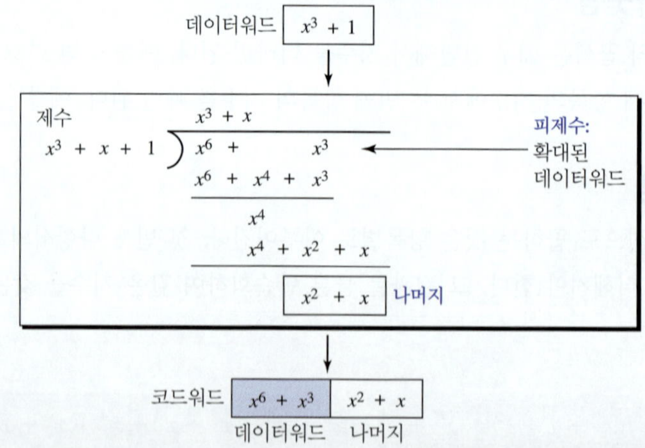

1001은 다항식 $x^3 + 1$로 표현된다. 제수 1011은 $x^3 + x + 1$로 표현된다. 확대 데이터워드를 보기 위해서는 데이터워드를 왼편으로 3비트 이동하였다(x^3으로 곱하기). 결과는 $x^6 + x^3$이다. 나눗셈은 간단하다. 피제수의 첫 번째 항목 x^6을 제수 x^3으로 나눈다. 따라서 몫의 첫 번째 항목은 x^6/x^3, 즉 x^3이다. 그런 후에 x^3을 제수로 곱하고 그 결과를 피제수에서 뺀다. 그 결과는 x^4인데 이는 제수의 차수보다 크므로 나머지의 차수가 제수의 차수보다 낮아질 때까지 나눗셈을 계속한다.

다항식으로 표시하면 이 경우의 나눗셈을 편리하게 나타낼 수 있는데 이는 모두 0인 제수를 사용하는 과정이 여기서는 필요치 않기 때문이다(물론 2진 나눗셈에서도 이 과정은 피할 수는 있다). 다항식 표시에서는 제수를 흔히 **생성 다항식**(generator polynomial) $t(x)$라고 부른다.

> 순환 코드에서 제수는 보통 생성 다항식 또는 생성식이라고 부른다.

표준 다항식

표 10.5는 널리 사용되고 있는 CRC가 채택하고 있는 표준 다항식이다.

표 10.5 표준 다항식

이름	다항식	응용
CRC-8	$x^8 + x^2 + x + 1$ 100000111	ATM 헤더
CRC-10	$x^{10} + x^9 + x^5 + x^4 + x^2 + 1$ 11000110101	ATM AAL
CRC-16	$x^{16} + x^{12} + x^5 + 1$ 10001000000100001	HDLC
CRC-32	$x^{32} + x^{26} + x^{23} + x^{22} + x^{16} + x^{12} + x^{11} + x^{10} + x^8 + x^7 + x^5 + x^4 + x^2 + x + 1$ 100000100110000010001110110110111	LAN

10.3.4 순환 코드의 이점

순환 코드는 단일 비트, 두 비트, 홀수 개의 비트 및 폭주 오류를 검출하는 데 매우 좋은 성능을 갖는다는 것을 알았다. 하드웨어나 소프트웨어로 쉽게 구현할 수 있다. 특히 하드웨어로 구현하면 빠르다. 이로 인해 많은 네트워크에서 순환 코드가 사용된다.

10.3.5 다른 순환 코드

이 절에서 논의한 순환 코드들은 매우 단순하다. 검사 비트나 신드롬을 간단한 산술식으로 계산할 수 있다. 그러나 갈루아 체(Galois field)를 사용하는 추상 대수학에 근거한, 보다 강력한 다항식들이 있다. 이에 대한 논의는 이 책의 범주를 벗어난다. 이러한 코드 중에 리드-솔로몬 코드(Reed-Solomon code)라는 것은 오류의 검출과 정정에 사용된다.

10.3.6 하드웨어 구현

순환 코드의 장점 중 하나는 부호기와 복호기를 간단한 전자 장치를 사용하여 쉽게 만들 수 있다는 것이다. 또한, 하드웨어로 구현하면 검사 비트와 신드롬 비트를 빨리 계산할 수 있다. 이 절에서는 이 과정을 단계별로 설명한다. 그러나 이 절을 읽지 않아도 이 장의 내용을 이해하는 데는 지장이 없다.

제수

우선 제수에 대하여 생각해 보자. 다음과 같은 것을 주목할 필요가 있다.

1. 제수는 피제수 일부와 지속적으로 XOR 연산을 한다.
2. 제수는 미리 정해진 $n - k + 1$비트이거나 모두 0이다. 다시 말하면 이 비트는 데이터워드와 상관없이 항상 일정하다. 앞의 예에서는 제수는 1011이거나 0000이었다. 어느 것을 선택하느냐는 XOR 연산을 수행하는 데 사용되는 피제수의 맨 왼편의 비트 값에 의해 좌우된다.
3. 자세히 보면 피제수의 $n - k$비트만이 XOR 연산에 필요하다. 맨 왼편 비트는 사용할 필요가 없는데 연산의 결과는 그 비트가 무엇이든지 항상 0이기 때문이다. 그 이유는 이 XOR 연산의 입력들은 둘 다 0이거나 1이기 때문이다. 앞의 예에서는 4비트가 아닌 3비트만이 XOR 연산에 사용되었다.

이러한 점을 사용하여 제수의 패턴을 알게 되면 고정된(하드웨어로 된) 나눗셈기를 만들 수 있다. 그림 10.15는 앞의 예에 대한 그 설계 예이다. 연산에 사용되는 XOR 장치도 보여주고 있다.

이 단계에서 사용될 피제수 부위의 맨 왼편 비트가 1이면 제수의 비트($d_2d_1d_0$)는 011이며, 맨 왼편 비트가 0이면 제수는 000이다. 위 설계는 맨 왼편 비트 값에 따라 옳은 것을 선택한다.

확장 데이터워드

그림 10.11에 있는 연필과 종이를 사용한 나눗셈 연산에서는 제수 비트를 각 단계마다 1비트를 오른

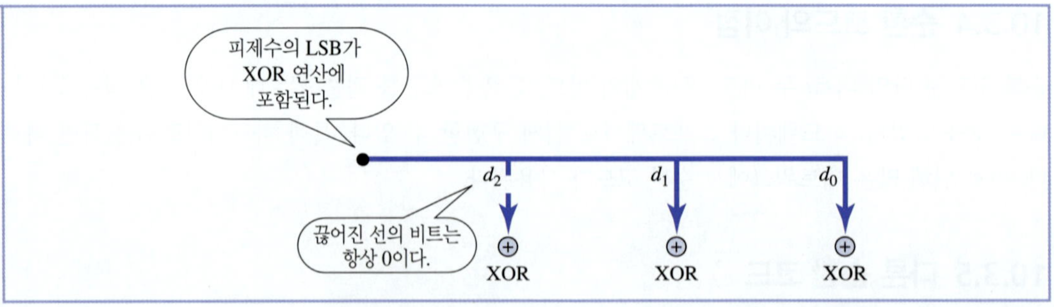

그림 10.15
CRC 나눗셈을 위한 하드웨어 설계

편으로 이동시키고 확장된 데이터워드는 고정시킨 것으로 보여주었다. 이제 제수가 고정되어 있으므로 확장된 데이터워드를 왼편으로 이동시켜야 한다.

나머지

앞의 예에서는 나머지는 3비트(일반적으로 $n-k$)이다. 이 비트들을 저장하기 위하여 3개의 **레지스터**(register, **단일 비트 저장 장치**)를 사용할 수 있다. 나눗셈의 마지막 나머지 값을 알기 위해서는 나눗셈 과정을 수정할 필요가 있다. 다음은 나눗셈 과정을 하드웨어로 시뮬레이션하는 단계별 과정이다.

1. 나머지가 원래는 0이라고 가정한다(우리의 예에서는 000).
2. 매 클릭(확장 데이터워드에서 1비트 도착)마다 다음 두 가지 동작을 반복한다.
   a. 제수를 결정하기 위해 맨 왼편 비트를 사용한다(011 또는 000).
   b. 나머지의 다른 2비트와 확장 데이터워드의 다음 비트(총 3비트)를 제수의 3비트와 XOR 연산을 하여 다음 나머지를 구한다.

그림 10.16은 이 시뮬레이터를 보여준다. 그러나 이것이 마지막 설계가 아니라 더 개선할 수 있다는 것에 유의하라.

각 클록마다 확장 데이터워드의 비트 중 하나가 XOR 연산에 사용된다. 설계를 자세히 보면 7단계가 있는데 연필과 종이로 계산하는 데는 4단계만 있다. 처음 3단계는 모든 단계를 같은 것으로 만들어 각 단계마다 동일하게 단계를 적용하기 위해 필요한 것이었다. 1, 2, 3단계는 처음 3비트를 나머지용 레지스터에 넣기 위한 것이고 4, 5, 6 및 7단계가 실제 나눗셈을 한다. 4부터 7단계의 나머지 레지스터에 있는 값은 연필과 종이로 계산할 때의 나머지와 정확히 일치하는 것에 유의하라. 마지막 나머지도 역시 동일하다.

위의 설계는 설명을 위한 것이다. 실용적으로 하기 위해서는 간단하게 만들어야 한다. 우선 나머지 비트의 중간 값을 보관할 필요가 없이 마지막 값만 보관하면 된다. 따라서 24개의 레지스터 대신에 3개의 레지스터만 필요하다. XOR 연산 이후에 앞의 연산의 나머지의 비트 값들은 필요가 없다. 또한, 21개의 XOR 연산기가 필요하지 않고 2개면 충분한데 이는 한쪽 비트가 0이면 XOR 연산의 결과는 다른 쪽 비트의 값이기 때문이다. 이 다른 비트를 출력 비트로 사용할 수 있다. 이렇게 수정하면 설계는 그림 10.17에 보이는 것처럼 매우 간단해지고 저렴해진다.

그러나 레지스터를 이동 레지스터로 만들어야 한다. 1비트 이동 레지스터는 한 클록 시간 동안

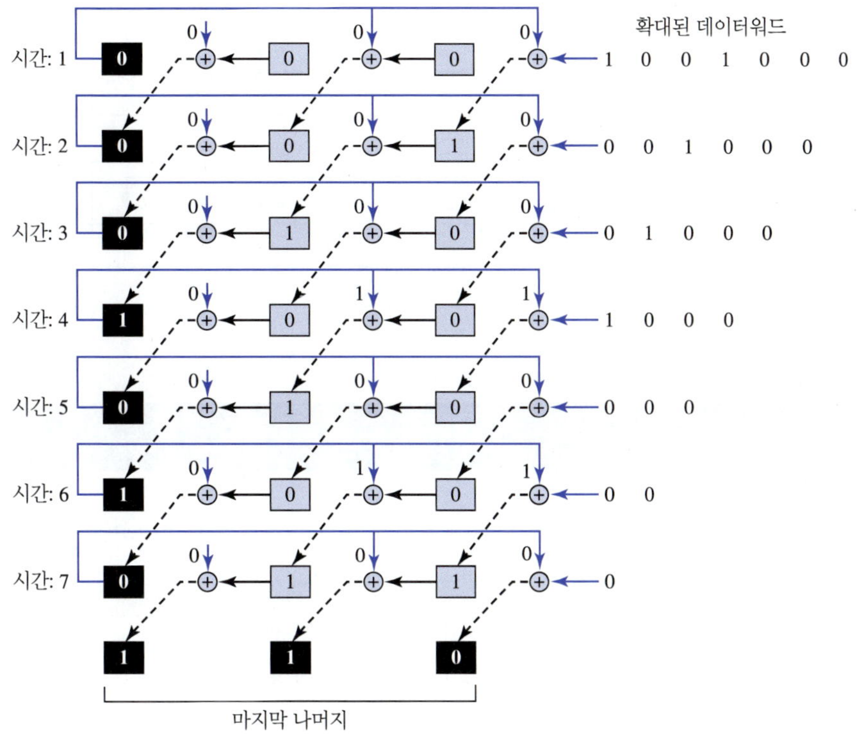

그림 10.16 CRC 부호기의 나눗셈에 대한 시뮬레이션

비트를 유지하는 레지스터이다. 매 클록마다 입력 포트의 비트를 받아서 새로운 비트로 만들어 그 결과를 출력 포트에 보낸다. 그 내용과 출력은 다음 클록 때까지 유효하다. 서너 개의 1비트 이동 레지스터를 함께 엮으면 그 내용이 이동하는 것처럼 보인다.

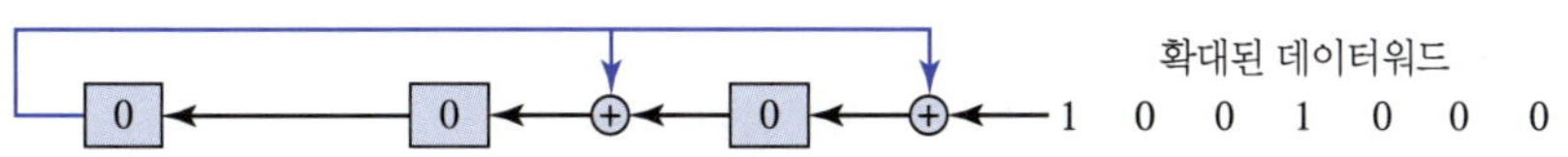

그림 10.17 이동 레지스터를 사용한 CRC 부호기 설계

일반 설계

그림 10.18은 부호기와 복호기의 일반 설계이다.

부호기와 복호기에 모두 $n - k$비트의 이동 레지스터를 사용하고 있는 것에 유의하라. 모두 $n - k$개까지의 XOR 장치를 사용하지만, 제수는 흔히 몇 개의 0을 가지고 있으므로 그만큼 XOR 연산 장치는 필요가 없다. 또한, 데이터워드의 모든 비트를 부호기에 삽입하면 나머지 비트는 모두 0이므로 오른편의 XOR 연산에 아무 영향을 못 미치기 때문에 확장 데이터워드를 사용하는 대신에 원래의 데이터워드만을 사용한 것에도 유의하라. 물론 검사 비트를 만들기 이전에 $n - k$ 단계를 더 진행해야 한다. 이것이 이 설계의 문제점으로 지적받는다. 이 기다리는 시간을 없애는 더 나은 설계가 있지만, 독자에게 연구용으로 남겨둔다. 그러나 복호기에서는 전체 코드워드를 다 입력하여 신드롬 값을 구해야 한다.

그림 10.18
CRC 코드의 부호기와 복호기의 일반적 설계

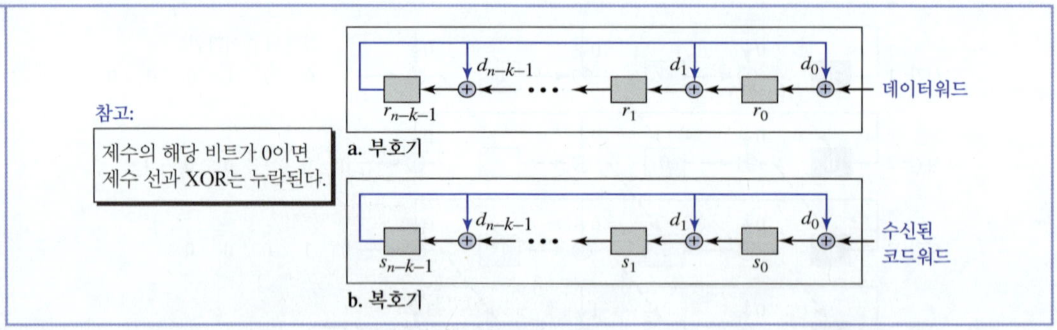

10.4 검사합

검사합(checksum)은 모든 길이의 메시지에 적용시킬 수 있는 오류 검출 기법이다. 인터넷에서 검사합 기술은 대부분 데이터 링크층보다는 네트워크층과 전송층에서 사용된다. 그러나 완전한 오류 검출 기법에 대한 논의를 위해 우리는 이 장에서 검사합에 대하여 논의한다.

발신지에서, 메시지는 먼저 m비트 단위로 나누어진다. **생성기**(generator)는 그 다음 검사합이라는 메시지와 함께 전송되는 별도의 m비트 단위를 생성한다. 목적지에서는 **확인기**(checker)가 메시지와 전송된 검사합을 이용하여 새로운 검사합을 생성한다. 만약 새로운 검사합이 모두 0이면, 메시지는 받아들여진다. 그렇지 않으면, 메시지는 폐기된다(그림 10.19 참조). 실제 구현에서는 검사합 단위가 반드시 메시지의 끝 부분에 추가되는 것은 아니다. 검사합은 메시지의 중간에 추가될 수도 있다.

10.4.1 개념

검사합의 아이디어는 어렵지 않다. 예를 들어 설명하자.

그림 10.19
검사합

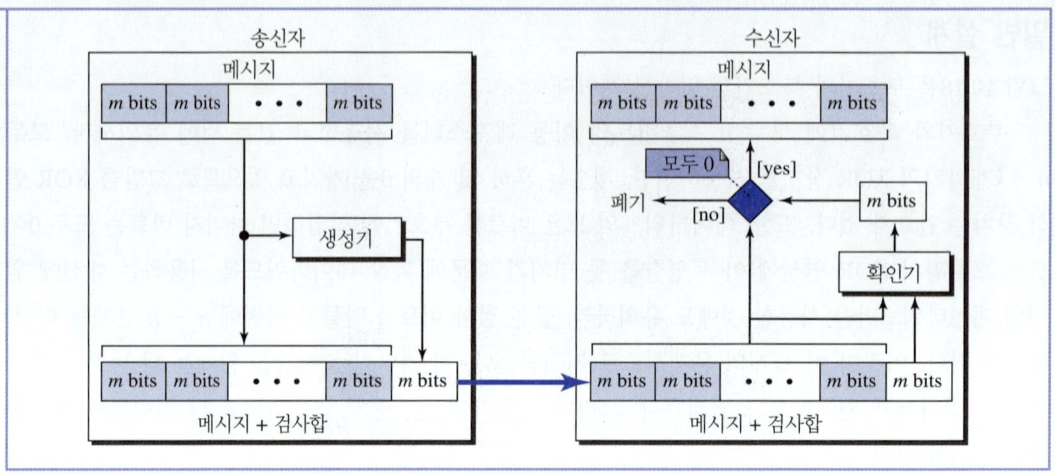

예제 10.10

메시지가 5개의 4비트 수라고 하자. 이 숫자들을 전송하는 것 외에 전체 숫자의 합도 전송한다. 예를 들면 숫자들이 (7, 11, 12, 0, 6)이라면 우리는 (7, 11, 12, 0, 6, 36)을 전송하는데 36은 원래 숫자들의 합이다. 수신자는 5개의 숫자를 합하여 그 결과를 합과 비교한다. 두 값이 같으면 수신자는 오류가 없는 것으로 가정하여 5개의 숫자를 받아들이고 합은 버린다. 그렇지 않으면 오류가 있는 것이어서 데이터를 받아들이지 않는다.

1의 보수의 덧셈

앞의 예는 한 가지 단점이 있다. 검사합을 제외한 모든 데이터는 4비트 워드(15보다 작다)이다. 해결책으로는 **1의 보수**(one's complement) 연산을 사용하는 것이다. 이 연산에서는 0과 $2^m - 1$ 사이의 부호 없는 수를 m비트만을 사용하여 나타낸다. 수가 m비트보다 많으면 왼편의 남는 비트들은 m개의 오른편 비트들에 더해진다.

예제 10.11

이전의 예에서, 10진수 36은 2진수로 $(100100)_2$이다. 아래와 같이 오른쪽 4비트와 나머지 왼쪽 비트를 더해서 4비트의 숫자로 변환한다.

$$(10)_2 + (0100)_2 = (0110)_2 \rightarrow (6)_{10}$$

해답

합으로 36을 전송하는 대신에 6을 전송할 수 있다. (7, 11, 12, 0, 6, 6) 수신자는 처음 5개의 숫자에 1의 보수 연산을 추가할 수 있다. 만약 결과가 6이라면 숫자들은 받아들여지고, 그렇지 않으면 버려진다.

검사합

보수의 합인 검사합을 전송하면 수신자의 작업을 보다 쉽게 만들 수 있다. 1의 보수 연산에서 숫자의 보수는 모든 비트의 보수화 작업을 통해 구할 수 있다(모두 1을 0으로, 0을 1로 바꾼다). 이것은 $2^m - 1$에서 그 수를 빼는 것과 같다. 1의 보수 연산에서 서로의 보수인 양수 0과 음수 0인 두 개의 0이 있다. 양수 0은 모든 m개의 비트가 0이고, 음수 0은 모든 m개의 비트가 1이다($2^m - 1$). 만약 숫자의 보수와 함께 숫자를 추가한다면, 음수 0(모든 비트가 1인 숫자)을 얻게 된다. 수신자가 모든 5개의 숫자를 추가할 때(검사합을 추가한다), 음수 0을 얻게 된다. 수신자는 양수 0을 얻기 위해 결괏값을 다시 보수화할 수 있다.

예제 10.12

예제 10.11에서 검사합의 개념을 사용해 보자. 송신자는 5개의 모든 숫자를 더한 수에 1의 보수화를 해서 6이라는 값을 얻는다. 송신자는 그다음 결괏값에 1의 보수화를 해서 검사합 9를 얻는다. 이는 15 − 6이다. 참고로 $6 = (0110)_2$이고 $9 = (1001)_2$이다. 이 둘은 서로 보수 관계이다. 송신자는 5개의 숫자와 검사합 값을 전송한다(7, 11, 12, 0, 6, 9). 만약 전송 시 데이터의 변경이 없다면, 수신자는 (7, 11, 12, 0, 6, 9)를 전송받고, 이 수들의 1의 보수인 15를 얻게 된다. 송신자는 0을 얻기 위해 보수화한다. 이를 통해 데이터에 오류가 발생되지 않았다는 것을 알 수 있다. 그림 10.20에서 이에 대한 과정을 보여주고 있다.

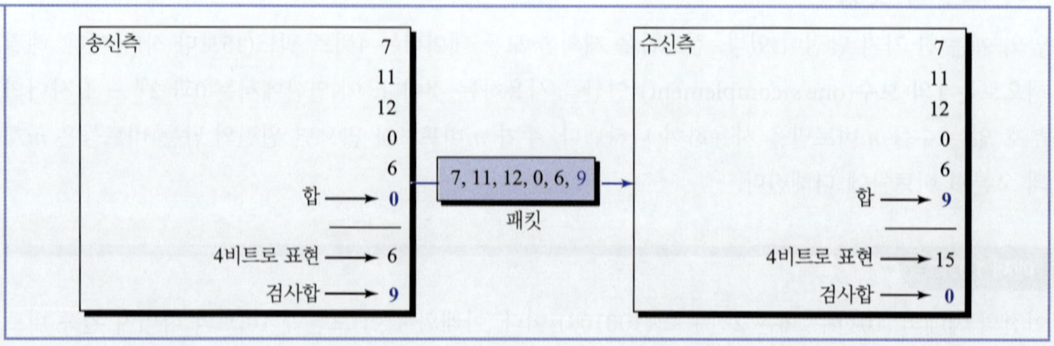

그림 10.20 예제 10.12

인터넷 검사합

통상적으로 인터넷은 16비트 검사합을 사용한다. 송신자와 수신자는 표 10.6과 같은 절차를 따른다. 송신자나 수신자는 다섯 단계를 사용한다.

알고리즘

검사합의 계산 알고리즘을 설명하기 위해 그림 10.21의 흐름도를 사용한다. 이 알고리즘을 기반으로 프로그램을 더 쉽게 구현할 수 있다. 참고로 첫 번째 반복문은 데이터 단위의 합에 2의 보수화를 계산하는 것이다. 두 번째 반복문은 1의 보수화 계산을 시뮬레이션할 수 있는 2의 보수화 계산에서 생성된 추가 비트를 합치는 것이다. 이것은 오늘날 대부분 컴퓨터가 2의 보수 계산을 사용하기 때문에 필요하다.

표 10.6 일반적인 검사합 계산 절차

송신자	수신자
1. 메시지를 16비트 워드로 나눈다.	1. 메시지와 검사합을 전송받는다.
2. 검사합 워드의 값은 처음에 0으로 둔다.	2. 메시지를 16비트 워드로 나눈다.
3. 검사합을 포함한 모든 워드를 1의 보수 연산을 하여 더한다.	3. 모든 워드를 1의 보수 연산을 하여 더한다.
4. 그 합을 보수를 취하여 그 최종값을 검사합으로 한다.	4. 그 합을 보수를 취하여 그 최종값을 새로운 검사합으로 한다.
5. 검사합을 데이터와 함께 보낸다.	5. 검사합의 값이 0이면 메시지를 받고 아니면 폐기한다.

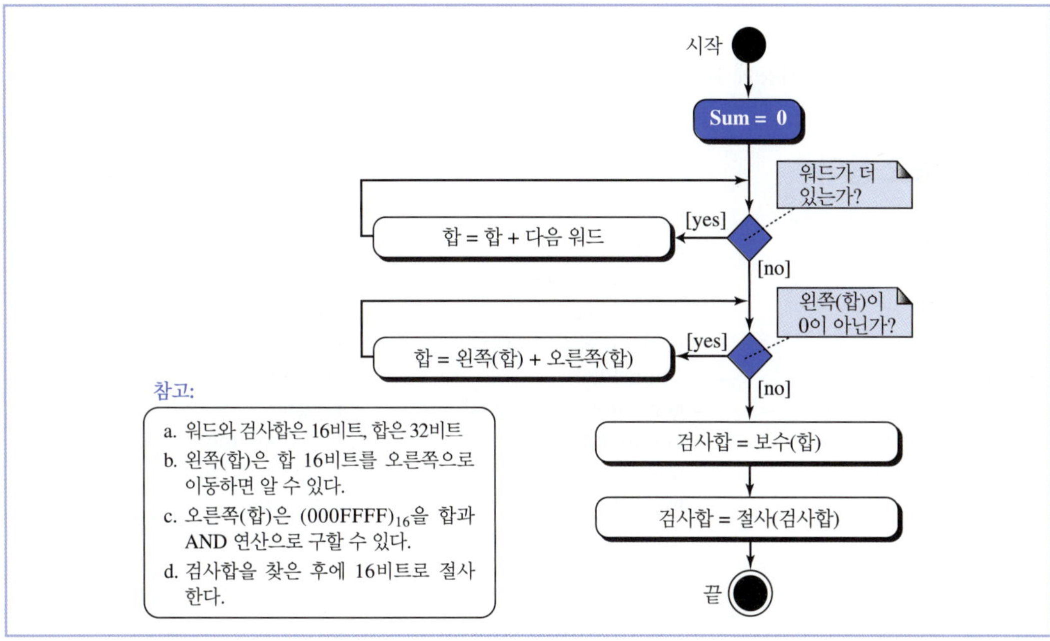

그림 10.21 통상적인 검사합 계산 알고리즘

성능

통상적인 검사합은 임의의 크기의 메시지(경우에 따라 수천 비트)라 하더라도 보통 16비트의 숫자를 만들어 사용한다. 그러나 오류 검출에 있어서 CRC만큼 강력하지 못하다. 예를 들면 한 워드의 값이 증가한 만큼 다른 워드의 값이 감소했다면 이 두 오류는 합과 검사합이 바뀌지 않으므로 검출할 수 없다. 또한, 몇몇 워드의 값이 증가되지만 전체 합과 검사합은 바뀌지 않으며, 따라서 오류를 검출할 수 없다. 플래처와 애들러가 첫 번째 문제점을 해결한 가중 검사합을 제안하였다. 그러나 특별히 새로운 프로토콜의 설계 시에 인터넷에서 추세는 검사합을 CRC로 대체해 가고 있다.

10.6 추천 자료

10.6.1 추천 도서

이 장에서 논의한 주제들을 자세히 보기 위해서 다음 도서와 RFC들을 추천한다. 괄호 안에 있는 내용은 교재 끝에 있는 참고문헌을 가리킨다.

참고문헌

링크 계층 문제에 관한 몇몇 우수한 책들이 있다. 그중에서 [Ham 80], [Zar 02], [Ror 96], [Tan 03], [GW 04], [For 03], [KMK 04], [Sta 04], [Kes 02], [PD 03], [Kei 02], [Spu 00], [KCK 98], [Sau 98], [Izz 00], [Per 00]과 [WV 00]을 추천한다.

RFC

인터넷에서의 검사합의 사용에 대한 논의는 RFC 1141에서 볼 수 있다.

10.6.2 중요 용어

block coding
burst error
check bit
checksum
codeword
convolution coding
cyclic code
cyclic redundancy check(CRC)
dataword
error
error correction
error detection
forward error correction(FEC)
generator polynomial
Hamming distance
interference
linear block code
minimum Hamming distance
modular arithmetic
one's complement
parity-check code
polynomial
redundancy
register
Reed-Solomon code
single-bit error
syndrome

10.6.3 요약

- 데이터는 전송 도중에 손상될 수 있다. 어떤 응용에서는 오류를 검출하고 정정해야 한다. 단일 비트 오류는 오직 하나의 비트만 바뀐 오류이다. 폭주 오류는 2개 이상의 비트가 바뀐 것이다. 오류를 검출하거나 정정하기 위해서는 여분의 중복 비트를 데이터와 함께 보내야 한다. 오류는 재전송으로 교정된다.
- 부호화 방식은 블록 부호화와 컨볼루션 부호화로 나눌 수 있다. 부호화에 있어서 모듈러-2 연산이 필요하다. 이 연산은 매우 간단하여 더하거나 빼는 것의 결과가 같다. 덧셈과 뺄셈은 XOR 연산이다. 블록 부호화에서는 메시지를 각각 k비트의 데이터워드라고 불리는 블록으로 나눈다. 전체가 $n = k + r$ 비트가 되도록 블록에 r개의 중복 비트를 추가한다. 그 결과로 얻은 n비트 블록을 코드워드라고 부른다.

  블록 부호화에서는 다음의 두 조건을 사용하여 오류를 검출한다.

  a. 수신자는 유효 코드워드의 목록을 가지고 있다.

  b. 원래의 코드워드가 무효 코드워드로 바뀌었다.
- 두 워드 사이의 해밍 거리는 서로 다른 해당 비트의 개수이다. 최소 해밍 거리는 워드의 집합 중 가능한 임의의 워드 짝의 해밍 거리 중 가장 작은 것이다. 모든 경우에 s개까지 오류를 검출하는 것을 보장하기 위해서는 블록 코드의 최소 해밍 거리는 $d_{min} = s + 1$이어야 한다. 모든 경우에 있어 t개까지 오류를 정정하는 것을 보장하기 위해서는 블록 코드의 최소 해밍 거리는 $d_{min} = 2t + 1$이어야 한다.
- 선형 블록 코드에서는 임의의 두 코드워드에 대해 XOR 연산을 취하면 다른 유효 코드워드가 된다.
- 단순 패리티 검사 코드는 $d_{min} = 2$이며 $n = k + 1$인 경우에 대해 단일 비트 오류를 검출한다.

패리티 검사는 홀수 개의 오류만을 검출할 수 있다.

- 이 책의 모든 해밍 코드의 $d_{min} = 3$이다. 이 경우의 m과 n 사이의 관계는 $n = 2m - 1$이다.
- 순환 코드는 특별한 성질을 가지고 있는 선형 블록 코드이다. 순환 코드에서는 코드워드를 순환적으로 이동시키면 다른 코드워드가 된다. 순환 중복 검사(CRC)라 불리는 순환 코드는 LAN이나 WAN 같은 네트워크에서 사용된다.
- 0과 1의 패턴은 계수가 0 또는 1인 다항식으로 표시할 수 있다. 통상적으로 인터넷은 16비트 검사합을 사용해 왔는데 1의 보수 연산을 사용하고 있다. 이 연산에서는 0과 $2^n - 1$ 사이의 부호 없는 수를 n개의 비트를 사용하여 표시할 수 있다.

10.7 연습문제

10.7.1 객관식

1. 다음 중 어느 것이 단일 비트 오류에 대해 가장 잘 설명하였는가?
   a. 단일 비트가 바뀌었다.
   b. 매 전송마다 단일 비트가 바뀌었다.
   c. 매 데이터 단위마다 단일 비트가 바뀌었다.
   d. 모두 정답이다.

2. 어떤 오류 검출 방법이 1의 보수 연산을 사용하는가?
   a. 단순 패리티 검사　b. 검사합
   c. 2차원 패리티 검사　d. CRC

3. 어떤 오류 검출 방법이 데이터 단위마다 하나의 중복 비트로 구성되는가?
   a. 2차원 패리티 검사　b. CRC
   c. 단순 패리티 검사　d. 검사합

4. 어떤 오류 검출 방법이 다항식을 포함하는가?
   a. CRC　b. 단순 패리티 검사
   c. 2차원 패리티 검사　d. 검사합

5. 만약 ASCII 문자 G를 전송했는데, 문자 D를 수신하면, 이것은 어떤 종류의 오류인가?
   a. 단일 비트 오류　b. 다중 비트 오류
   c. 폭주 오류　d. 회복가능 오류

6. 만약 ASCII 문자 H를 전송하고, 문자 L을 전달받았다면, 이것은 어떤 종류의 오류인가?
   a. 폭주 오류　b. 회복가능 오류
   c. 단일 비트 오류　d. 다중 비트 오류

7. 순환 중복 검사에서 무엇으로 검사 비트를 만드는가?
   a. 나머지　b. 제수
   c. 몫　d. 피제수

8. CRC에서 데이터워드가 111111, 제수가 1010이고 나머지가 110이라면, 수신자에서 코드워드는 무엇인가?
   a. 111111011　b. 1010110
   c. 111111110　d. 110111111

9. CRC에서 데이터워드가 111111이고 제수가 1010이면, 발신자에서 피제수는 무엇인가?
   a. 1111110000　b. 111111000
   c. 111111　d. 1111111010

10. CRC 생성기에서, ______________는 코드워드를 생성하기 위해 나눗셈 절차 후에 데이터워드를 추가한다.
    a. 0's　b. 1's
    c. 나머지　d. 제수

11. 만약 오류가 검출되지 않았다면, 검사합의 합과 수신자의 데이터는 ____________이다.
    a. −0 b. + 0
    c. 검사합의 보수 d. 데이터워드의 보수

12. CRC에서 송신자의 몫은 ____________.
    a. 수신자에서 피제수가 된다
    b. 수신자에서 제수가 된다
    c. 나머지가 된다
    d. 폐기된다

13. CRC 검사기에서 ____________는 데이터워드가 손상되었다는 것을 의미한다.
    a. 모두 1이거나 모두 0인 문자열
    b. 0이 없는 나머지
    c. 0의 문자열
    d. 정답 없음

14. 10비트 코드워드는 단지 4개의 0을 가지고 있다. 이 코드의 다항식 표현은 얼마나 많은가?
    a. 4 b. 6
    c. 8 d. 정답 없음

15. CRC에서 만약 나머지가 단지 3비트라면, 제수는 ____________ 비트이다.
    a. 3 b. 2
    c. 4 d. 정답 없음

16. 만약 CRC-8을 사용한다면, 제수는 얼마나 많은 비트로 이루어져 있는가?
    a. 9 b. 8
    c. 10 d. 정답 없음

17. 검사합은 ____________ 덧셈을 사용한다.
    a. 1의 보수 b. 2의 보수
    c. 3의 보수 d. 정답 없음

18. 5개의 오류를 검출하기 위해, 코드워드 사이의 해밍 거리는 적어도 ____________이 되어야 한다.
    a. 5 b. 6
    c. 11 d. 정답 없음

19. 5개의 오류를 정정하기 위해, 각 코드워드 사이의 해밍 거리는 적어도 ____________이 되어야 한다.
    a. 5 b. 6
    c. 11 d. 정답 없음

20. 검사합은 오류를 ____________.
    a. 단지 검출할 수 있다 b. 오직 정정할 수 있다
    c. 검출과 정정할 수 있다 d. 정답 없음

21. 다음 중 1의 보수 연산을 사용하는 오류 검출 기법은 무엇인가?
    a. 단순 패리티 검사 b. 2차원 패리티 검사
    c. CRC d. 검사합

22. 다음 중 데이터 단위 당 한 개의 중복 비트를 사용하는 오류 검출 기법은?
    a. 단순 패리티 검사 b. 2차원 패리티 검사
    c. CRC d. 검사합

23. 순환 중복 검사에서 제수는 CRC 보다 ____________.
    a. 크기가 같다 b. 1비트 작다
    c. 1비트 크다 d. 정답 없음

24. ____________오류는 데이터 단위의 두 개 이상의 비트가 바뀌는 것이다.
    a. 이중 비트 b. 폭주
    c. 단일 비트 d. 정답 없음

25. 모듈러-2 연산에서는 ____________은 결과가 같다.
    a. 덧셈과 곱셈 b. 덧셈과 나눗셈
    c. 덧셈과 뺄셈 d. 정답 없음

26. 모듈러-2 연산에서는 ____________연산을 사용하여 덧셈과 뺄셈을 수행한다.
    a. XOR b. OR
    c. AND d. 정답 없음

27. ____________부호화에서는 메시지를 ____________라고 불리는 각각 k 비트 씩의 블록으로 나눈다.
    a. 블록 블록워드 b. 선형 데이터워드
    c. 블록 데이터워드 d. 정답 없음

28. 각 블록에 r개의 중복 비트를 더하여 길이가 $n = k + r$이 되도록 만든다. 그 결과로 얻은 n 비트 블록을 ____________라고 부른다.

a. 데이터워드 b. 블록워드
c. 코드워드 d. 정답 없음

29. 오류 ______은 ______보다 어렵다.
a. 정정, 검출 b. 검출, 정정
c. 생성, 정정 d. 생성, 검출

30. 모듈러-11 연산에서는 ______영역의 정수를 사용한다.
a. 1부터 10 b. 1부터 11
c. 0부터 10 d. 정답 없음

31. 모듈러-2 연산에서는 ______의 정수를 사용한다.
a. 1과 2 b. 0과 2
c. 0과 1 d. 정답 없음

32. 모듈러-2 연산에서 1과 1을 더하면 ______이 된다.
a. 1 b. 2
c. 0 d. 정답 없음

10.7.2 주관식

Q-1 단일 비트 오류와 폭주 오류는 어떻게 다른가?

Q-2 선형 블록 코드란 무엇인가?

Q-3 블록 코드에서 데이터워드는 20비트이고 이에 해당하는 코드워드는 25비트이다. 텍스트에 있는 정의에 따라 k, r, n의 값은 무엇인가? 그리고 각 데이터워드에 추가된 중복 비트는 얼마나 되는가?

Q-4 코드워드에서 각 8비트 데이터워드에 2개의 중복 비트를 추가하였다.
a. 유효 코드워드의 수를 구하라.
b. 유효하지 않는 코드워드의 수를 구하라.

Q-5 최소 해밍 거리란 무엇인가?

Q-6 만약 2비트 오류를 검출하기를 원한다면, 최소 해밍 거리는 얼마가 되어야 하는가?

Q-7 해밍 코드(hamming code)라고 불리는 오류 검출(그리고 정정) 코드의 범주는 $d_{min} = 3$이다. 이 코드는 두 오류를 검출할 수 있다(또는 하나의 단일 오류를 정정한다). 이 코드에서 n, k, r의 값은 $n = 2^r - 1$과 $k = n - r$과 관련이 있다. r이 3일 때 데이터워드와 코드워드의 비트 수를 구하라.

Q-8 CRC에서 데이터워드가 5비트이고 코드워드가 8비트라면, 피제수를 만들기 위해 추가되는 데이터워드는 얼마나 많은 0이 필요한가? 나머지의 크기는 얼마인가? 제수의 크기는 얼마인가?

Q-9 CRC의 다음 생성기(제수) 중 단일 비트 오류 검출을 보장하는 것은?
a. 101
b. 100
c. 1

Q-10 CRC의 다음 생성기(제수) 중 홀수 개의 오류 검출을 보장하는 것은?
a. 01011
b. 11111
c. 00000
d. 11011

Q-11 CRC에서 생성기가 1100101을 선택했을 때, 길이의 폭주 오류를 검출할 확률은 무엇인가?

a. 5?

b. 7?

c. 10?

Q-12 16비트 길이의 데이터 아이템을 전송했다고 가정하자. 만약 2개의 데이터 아이템이 전송 도중 바뀌었다면, 통상적인 검사합은 이 오류를 검출할 수 있는가? 설명하라.

Q-13 검사합의 값이 모두 0이 될 수 있는가? 설명하라.

Q-14 단일 패리티 확인(single parity check)과 2차원 패리티 확인(two dimensional parity check)의 관계는 무엇인가?

Q-15 CRC에 있어서 다음 사항들의 관계를 보여라(크기란 비트의 개수를 말한다).

a. 데이터 워드의 크기와 코드 워드의 크기

b. 제수의 크기와 나머지

c. 다항식의 차수와 제수의 크기

d. 다항식의 차수와 나머지의 크기

Q-16 검사합을 계산에 있어서 데이터 아이템들을 더하는 데 사용하는 연산은 무엇인가?

Q-17 검사합에 의해 검출되지 않는 오류의 종류는 무엇인가?

Q-18 검사합의 값이 모두 0이 될 수 있는가? 설명하라. 그 값이 모두 1이 될 수 있는가? 설명하라.

Q-19 다음 다항식 연산의 결과를 구하라.

a. $(x^3 + x^2 + x + 1) + (x^4 + x^2 + x + 1)$

b. $(x^3 + x^2 + x + 1) + (x^4 + x^2 + x + 1)$

c. $(x^3 + x^2) \times (x^4 + x^2 + x + 1)$

d. $(x^3 + x^2 + x + 1) / (x^2 + 1)$

Q-20 다음 질문에 답하라.

a. 101110의 다항식 표현은?

b. 101110을 왼편으로 세 비트 이동한 결과는?

c. 문제 b를 다항식을 사용하여 구하라.

d. 101110을 오른편으로 4비트 이동한 결과는?

e. 문제 d를 다항식을 사용하여 구하라.

Q-21 짝수 패리티를 가정하여 다음 데이터의 패리티 비트를 구하라.

a. 1001011

b. 0001100

c. 1000000

d. 1110111

Q-22 데이터워드 1010011110과 젯수 10111을 사용하여,

  a. 송신자 사이트에서 코드워드의 생성을 보여라(2진 나눗셈을 사용하여).

  b. 수신자 사이트에서 코드워드를 확인하는 것을 보여라(오류가 없다고 가정하여).

Q-23 위 23번 문제를 다항식을 사용하여 반복하라.

Q-24 송신자가 0x3456, 0xABCC, 0x02BC와 0xEEEE의 4개의 데이터를 보내야 한다. 다음에 답하라.

  a. 송신자 쪽에서의 검사합을 찾아보라.

  b. 오류가 없는 경우에 수신자 쪽에서의 검사합을 찾아보라.

  c. 두 번째 데이터가 0xABCE로 바뀐 경우에 수신자 쪽에서의 검사합은?

  d. 두 번째 데이터가 0xABCE로 세 번째 데이터가 0x02BA로 바뀐 경우에 수신자 쪽에서의 검사합은?

Q-25 이 문제는 검사합의 특별한 경우를 보여준다. 송신자는 0x4567과 0xBA98의 두 데이터를 보낸다. 검사합의 값은 얼마인가?

객관식 홀수 번 문제 정답

1. ⓒ 3. ⓒ 5. ⓒ 7. ⓐ 9. ⓑ 11. ⓐ 13. ⓑ 15. ⓒ 17. ⓐ 19. ⓒ 21. ⓓ 23. ⓒ 25. ⓒ 27. ⓒ 29. ⓐ 31. ⓒ

10.8 시뮬레이션 실험

10.8.1 애플릿

우리는 이 장에서 논의한 몇 가지 주요 개념을 보여주기 위해 자바 애플릿을 제작하였다. 학생들은 이 책의 사이트에서 제공하는 애플릿을 활성화해 보고, 동작할 때의 프로토콜을 주의 깊게 확인할 것을 추천한다.

CHAPTER 11 데이터 링크 제어(DLC)

9장에서 설명한 바와 같이 데이터 링크층은 2개의 부계층으로 나누어져 있다. 이 장에서는 데이터 링크층(DLC)의 상위 부계층에 대하여 논의한다. 하위 부계층인 매체 접근 제어(MAC)는 12장에서 논의할 것이다. 우리는 이미 10장에서 여러 층에서 발생하는 문제인 오류 검출과 정정을 살펴보았다.

이 장은 4개의 절로 나누어져 있다.

첫 번째 절에서는 DLC 부계층에서 제공되는 일반적인 서비스에 대하여 논한다. 처음에 프레임 짜기와 부계층에서 사용되는 두 가지 유형의 프레임에 대하여 설명한다. 두 번째로 흐름 제어와 오류 제어에 대하여 논한다. 마지막으로 DLC 프로토콜은 비연결형과 연결형이 될 수 있다는 것에 관해 설명한다.

두 번째 절에서는 DLC 부계층에서 구현된 몇 가지 간단하고 일반적인 데이터 링크 프로토콜에 대하여 논의한다.

세 번째 절에서는 오늘날 PPP와 이더넷에서 사용되는 모든 공통 데이터 링크 프로토콜의 기초가 되는 프로토콜인 HDLC에 대하여 소개한다. 처음에는 구성 및 전송 모드에 대하여 이야기하고, 그런 다음 프레임 짜기와 이 프로토콜에서 사용되는 세 가지의 다른 프레임 형식들을 설명한다.

네 번째 절에서는 점-대-점 연결을 위한 아주 일반적인 프로토콜인 PPP에 대하여 논의한다. 처음에는 프로토콜에 의해 제공되는 서비스들을 소개한다. 또한, 이 프로토콜의 프레임 형식에 대하여 설명한다. 그런 다음 FSM을 이용한 프로토콜에서 전이 모드에 대해 설명한다. 마지막에는 PPP에서 다중화에 관해 설명한다.

11.1 DLC 서비스

데이터 링크 제어(DLC, data link control)는 링크가 전용 또는 브로드캐스트이거나 상관없이 인접한 두 노드 사이의 통신(노드-대-노드)을 위한 절차를 다룬다. 데이터 링크 제어 기능은 프레임 짜기, 흐름 및 오류 제어를 포함하고 있다. 이 절에서는 우선 프레임 짜기, 즉 물리층에 의해 전송되는 비트들을 어떻게 구성하는가를 살펴본다. 그런 다음 흐름 및 오류 제어를 논의한다.

11.1.1 프레임 짜기

물리층에서 데이터 전송은 발신지에서 목적지로 데이터를 신호 형태로 전송하는 것을 의미한다. 물리층은 송신자와 수신자가 동일한 비트 지속시간과 타이밍을 이용하는 것을 보장하기 위해 비트 동기화를 제공한다. 우리는 이 책의 II부에서 물리층에 대해서 설명하였다.

반면에 데이터 링크층은 비트들을 프레임으로 만들고 각 프레임은 다른 프레임과 구분되도록 해야 한다. 우편 시스템은 일종의 프레임 짜기 예를 수행한다고 할 수 있다. 봉투에 편지를 넣는 간단한 행위로 인해 봉투가 분리 기능을 함으로써 서로 다른 정보가 뒤섞이지 않도록 하는 것이다. 추가로 우편 시스템은 다자간 전송 기능을 하므로 각 봉투는 송신자와 수신자의 주소를 지정한다.

데이터 링크층의 **프레임 짜기**(framing)로 인해 송신자와 수신자의 주소를 넣음으로써 메시지에 대한 발신지와 목적지를 구분한다. 목적지 주소는 패킷이 가야 할 곳을 지정하고, 송신자 주소는 수신자가 잘 받았다는 것을 응답할 수 있도록 도와준다.

전체 메시지를 1개의 프레임에 다 채워 넣을 수도 있지만, 보통은 그렇지 않다. 그 이유 중 하나는 프레임이 매우 커지게 되면 흐름 제어와 오류 제어가 매우 비효율적이 되기 때문이다. 메시지가 매우 큰 프레임 하나에 채워 보내면 한 비트만 오류가 생겨도 전체 프레임을 재전송해야 한다. 메시지를 여러 개의 작은 프레임으로 나누면 단일 비트 오류는 해당 프레임에만 영향을 미친다.

프레임 길이

프레임은 고정 길이가 될 수도 있고 가변 길이가 될 수도 있다. **고정 길이 프레임 짜기**(fixed-size framing)에서는 프레임의 경계가 필요 없는데 이는 길이 자체가 경계 역할을 하기 때문이다. 이 예에는 ATM 광역망을 들 수 있으며 ATM에서는 **셀**(cell)이라는 고정 길이의 프레임을 사용한다. ATM에 대해서는 14장에서 논의한다.

이 장의 주요 논의는 **가변 길이 프레임 짜기**(variable-size framing)에 관한 것으로써 주로 LAN과 관련된 것이다. 가변 길이 프레임 짜기에서는 프레임이 끝나는 곳과 다음 프레임이 시작하는 곳을 지정해야 한다. 역사적으로 문자 중심과 비트 중심이라는 두 가지 방법이 사용되어왔다.

문자 중심 프레임 짜기

문자 중심(또는 바이트 중심) **프레임 짜기**(character-oriented framing)에서 전달될 데이터는 ASCII(부록 A 참조)와 같은 부호화 시스템의 8비트 문자이다. 보통 발신지 주소와 목적지 주소, 그리고

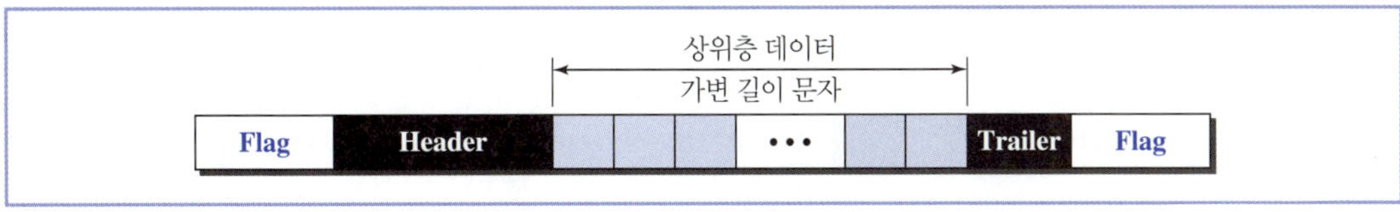

그림 11.1 문자 중심 프로토콜의 프레임

그 밖의 제어 정보가 들어있는 헤더(header)와 오류 검출 또는 정정을 위한 중복 비트가 들어있는 트레일러(trailer) 또한 8비트의 정수배로 되어있다. 프레임을 다음 프레임과 분리하기 위해서는 8비트 **플래그**(flag)가 프레임의 시작과 마지막에 추가된다. 프로토콜에 따라 특수 문자로 구성된 플래그는 프레임의 시작과 마지막을 알린다. 그림 11.1은 문자 중심 프로토콜의 프레임 형식을 보여주고 있다.

문자 중심 프레임 짜기는 데이터 링크층에서 오직 문자열만 교환되었을 때에 인기가 있었다. 문자열 통신에 사용하지 않는 임의의 문자를 플래그로 사용할 수 있었다. 그러나 요즘은 그래프, 오디오 및 비디오와 같은 다른 유형의 데이터도 전송한다. 플래그로 사용하는 패턴이 정보 자체에 들어있을 수 있다. 이런 일이 생기면 수신자는 이 패턴을 보고 프레임의 마지막으로 오인한다. 이 문제를 해결하기 위해 바이트 채우기 전략을 문자 중심 프레임 짜기에 추가하였다. **바이트 채우기**(byte stuffing, 또는 문자 채우기)에서는 데이터 내부에 플래그와 동일한 패턴의 데이터가 생기면 특별한 바이트를 더해 넣는다. 데이터 부분에 추가 바이트를 채워 넣는 것이다. 이러한 바이트를 보통 탈출 문자(ESC, escape character)라고 하며 미리 정해진 비트 패턴을 갖는다. 수신자는 ESC 문자를 보면, 데이터 부분에서 그 문자를 제거하고 다음 문자를 플래그가 아닌 데이터로 취급하는 것이다. 그림 11.2는 그러한 상황을 보여준다.

> 바이트 채우기는 텍스트에 플래그나 탈출 문자가 있을 때마다 여분의 1문자를 추가하는 처리이다.

탈출 문자를 사용하는 바이트 채우기를 하면 프레임의 데이터 부분에 플래그와 같은 패턴의 데이터가 있어도 되지만, 이는 또 다른 문제를 낳는다. 문자열 속에 1개나 그 이상의 탈출 문자가 있고

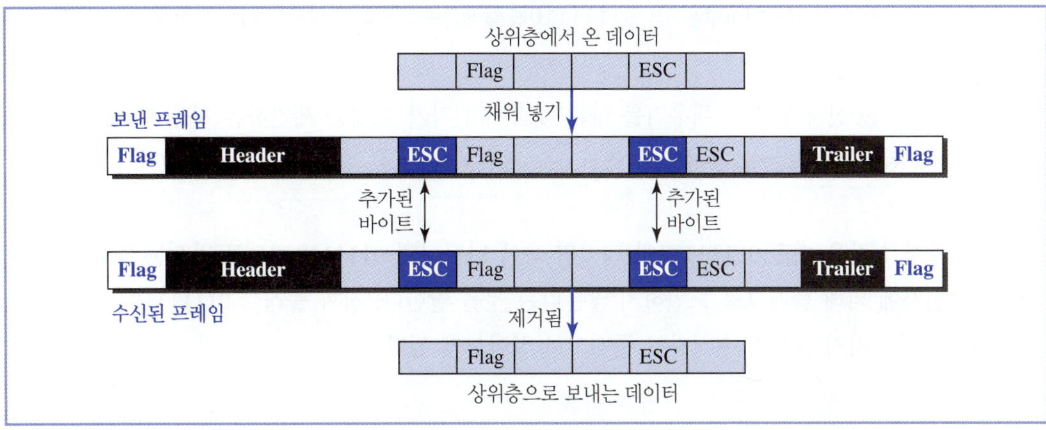

그림 11.2 바이트 채우기와 빼기

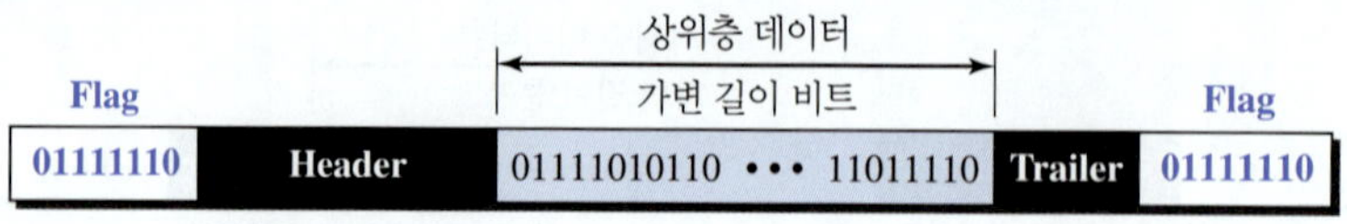

그림 11.3
비트 중심 프로토콜의 프레임

그 뒤에 플래그가 오게 되면 어떻게 되겠는가? 수신자는 탈출 문자는 제거하지만, 플래그를 데이터로 오인할 것이다. 이 문제를 해결하기 위해 문자열의 일부가 되는 탈출 문자 자신을 다른 탈출 문자를 사용하여 표시한다. 다시 말하면 탈출 문자가 문자열의 일부인 경우에는 탈출 문자를 하나 더 추가하여 두 번째 탈출 문자는 문자열의 일부라는 것을 표시한다.

문자 중심 프로토콜에는 통신상 다른 문제도 야기한다. 오늘날 사용하는 유니코드와 같은 범용 코드는 16비트나 32비트 워드를 사용하므로 8비트 문자와는 상충한다. 일반적으로 다음에 논의할 비트 중심 프로토콜로 옮겨가는 추세라고 할 수 있다.

비트 중심 프레임 짜기

비트 중심 프레임 짜기(bit-oriented framing)에서는 프레임의 데이터 부분은 상위 계층에서 문자열, 그래픽, 오디오, 화상 등의 데이터 중 하나로 인식되게 되는 단지 비트열일 뿐이다. 그러나 헤더(그리고 트레일러) 이외에도 프레임을 구분할 경계가 필요하다. 대부분 프로토콜은 01111110의 8비트 패턴의 플래그를 그림 11.3에 있는 것처럼 프레임의 경계로 삼고 있다.

이 플래그는 앞에서 본 것과 동일한 문제를 일으킬 수 있다. 즉, 플래그 패턴이 데이터 속에 나타나면 수신자에게 그것이 프레임의 끝이 아니라는 것을 알릴 필요가 있는 것이다. 이 경우에 1개의 단일 비트(1바이트 대신에)를 채워 넣어서 그 패턴이 플래그처럼 보이지 않도록 만든다. 이 전략을 **비트 채우기**(bit stuffing)라고 한다. 비트 채우기에서는 0과 그 뒤로 연속하는 5개의 1을 만나게 되면 추가로 0을 더해 넣는다. 이 추가로 채워진 비트는 궁극에는 수신자가 데이터에서 제거한다. 여기에서 0 뒤에 5개의 1이 연속되면 그 뒤의 비트 값에 무관하게 0비트를 채운다는 것에 유의하라. 이렇게 하면 플래그 패턴은 데이터 속에서는 나타나지 않는다는 것을 보장한다.

> 비트 채우기는 0 뒤에 연속하는 5개의 1이 있게 되면 0을 추가로 채우는 과정이며,
> 따라서 수신자는 데이터 속의 01111110을 플래그로 오인하지 않도록 하는 것이다.

그림 11.4는 송신자가 비트 채우기를 하는 것과 수신자가 그것을 제거하는 것을 보여준다. 연속하는 5개의 1 뒤에 0이 오는 경우에도 무조건 0을 채우는 것에 유의하라. 이 0은 수신자가 제거할 것이다.

이는 플래그 같은 패턴 01111110이 데이터 속에 나타나면 011111010으로 바뀌는 것을 말하며, 따라서 수신자에 의해 플래그로 오인하지 않는다는 것을 말한다. 진짜 플래그 01111110은 송신자에 의해 비트가 채워지지 않으며 수신자는 플래그로 알아보게 된다.

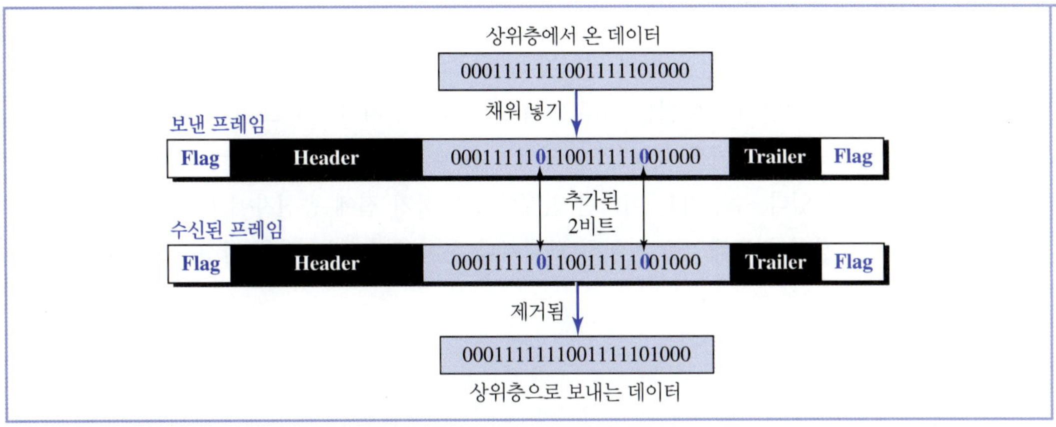

그림 11.4
비트 채우기와 빼기

11.1.2 흐름 제어와 오류 제어

9장에서 흐름 제어와 오류 제어에 대해 간단히 정의하였다. 여기서 이 두 가지 문제를 자세히 기술한다. 데이터 링크 제어 부계층의 책임 중 하나는 흐름 제어와 오류 제어이다.

흐름 제어

개체가 아이템을 생성하고 다른 개체가 그것을 소비할 때마다 생산과 소비 사이의 균형을 맞춰야 한다. 아이템을 소비할 수 있는 것보다 빠르게 생산되면, 소비자는 감당할 수 없게 되고 일부 아이템을 폐기해야 할 수도 있다. 만약 아이템이 소비하는 것보다 더 느리게 생산되면, 소비자는 기다려야만 하고, 시스템은 효율적이지 못하게 된다. 흐름 제어는 첫 번째 문제와 관련이 있다. 소비자 측에서 데이터 아이템의 손실을 예방할 필요가 있다.

데이터 링크층의 통신에서, 송신 노드에서 네트워크 및 데이터 링크층, 그리고 수신 노드에서 네트워크 및 데이터 링크층이라는 4가지 개체에 대해 다룬다. 하나 이상의 생산자 및 소비자와 복잡한 관계를 가질 수 있지만, 네트워크 및 데이터 링크층 사이의 관계를 무시하고 그림 11.5와 같이 두 데이터 링크층 사이에 집중한다.

그림은 송신 노드에서 데이터 링크층이 수신 노드의 데이터 링크층으로 프레임을 보내는 것을 보여준다. 수신 노드가 도착한 프레임과 같은 비율로 패킷을 처리하고 전달하지 못하면, 프레임이 넘쳐나게 된다. 이 경우에서 흐름 제어는 프레임을 보내는 것을 멈추거나 느리게 하도록 수신 노드에서 송신 노드로 피드백할 수 있다.

실제로 흐름 제어는 상대방으로부터 확인응답을 받기 전에 얼마나 많은 데이터를 보낼 수 있는

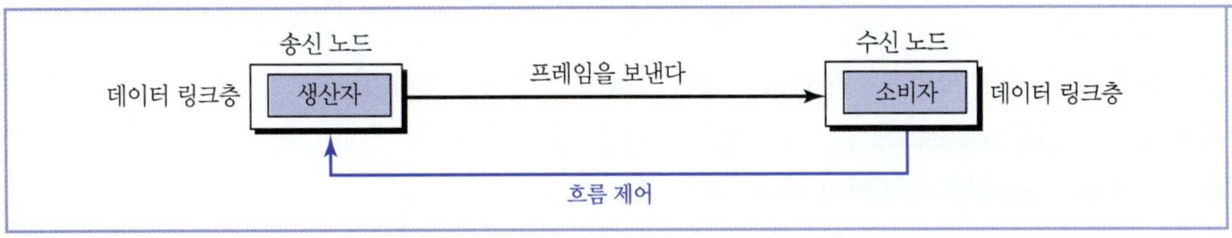

그림 11.5
데이터 링크층에서
흐름 제어

지를 조정하는 것으로서 데이터 링크층의 가장 중요한 임무 중 하나이다. 대부분 프로토콜에서는 흐름 제어는 수신자로부터 확인응답을 받기 전까지 얼마나 많은 데이터를 전송할 수 있는지를 알려주는 일련의 절차이다. 한꺼번에 데이터를 너무 많이 보내서 수신자가 혼란스럽게 해서는 안 된다. 모든 수신 장치는 입력되는 데이터를 처리할 수 있는 속도에 한계가 있으며, 입력되는 데이터를 저장하는 메모리에 한계가 있다. 수신자는 이러한 한계에 도달하기 전에 송신자에게 이것을 알릴 수 있어야 하며 송신하는 장치가 프레임을 천천히 보내거나 잠시 전송하는 것을 멈추도록 할 수 있어야 한다.

버퍼

흐름 제어는 여러 가지 방법으로 구현할 수 있지만, 그 방법 중 하나는 보통 2개의 **버퍼**(buffer)를 두어 하나는 송신 데이터 링크층에서, 다른 하나는 수신 데이터 링크층에서 사용하는 것이다. 버퍼는 송신자 및 수신자에서 패킷을 저장할 수 있는 메모리의 집합이다. 흐름 제어 통신은 소비자에서 생산자로 신호를 보내면 발생한다. 수신 데이터 링크층의 버퍼가 가득 차게 되면, 송신 데이터 링크층이 프레임 전송을 멈추도록 알릴 수 있어야 한다.

예제 11.1

앞에서 논의한 내용은 두 시점에 소비자와 생산자가 통신하는 것을 요구한다. 즉, 버퍼가 가득 차 있을 때와 비어 있을 때이다. 두 당사자가 오직 하나의 틈새를 가진 버퍼를 사용한다면 통신은 더 쉽다. 각 데이터 링크층이 프레임을 저장하는데 하나의 단일 메모리 틈새를 사용한다고 가정하자. 수신 데이터 링크층에서 이 단일 틈새가 비어 있을 때, 그것은 다음 프레임을 보내기 위해 네트워크층으로 알림을 보낸다.

오류 제어

물리층에서 기반 기술을 완전히 신뢰할 수 없어서, 네트워크층에서 손상된 패킷을 수신 노드로 전달하는 것을 방지하기 위해 데이터 링크층에서 오류 제어를 구현해야 한다. 데이터 링크층에서 오류 제어란 기본적으로 오류를 검출하여 재전송하는 것을 말한다. 데이터 링크층에서 오류 제어는 보통 단순하게 구현된다. 오류가 확인된 순간 해당 프레임을 재전송하는 것이다. 이 과정을 **자동 반복 요구**(ARQ, Automatic Repeat Request)라고 한다.

흐름 제어와 오류 제어의 조합

흐름 제어와 오류 제어는 동시에 사용할 수 있다. 간단한 상황에서 흐름 제어를 위해 보내지는 확인응답(acknowledgement)은 손상되지 않은 패킷이 잘 도착했다고 송신자에게 알리기 위한 오류 제어에도 사용할 수 있다. 확인응답이 없다는 것은 전송 프레임에 문제가 있다는 것을 의미한다. 다음 절에서 몇 가지 간단한 프로토콜을 논의하면서 이러한 상황을 보여줄 것이다. 확인응답을 전달하는 프레임은 데이터 프레임과 구별하기 위해 일반적으로 ACK라고 부른다.

11.1.3 비연결형과 연결형

DLC 프로토콜은 비연결형(connectionless)이나 연결형(connection-oriented)일 수 있다. 여기서 이 문제에 대해 간단하게 논의한다.

비연결형 프로토콜

비연결형 프로토콜에서 프레임은 프레임들 사이에 어떠한 관계도 없이(각 프레임은 독립적이다) 하나의 노드에서 다음 노드로 보내진다. **비연결형**(connectionless)이라는 말이 노드들 사이에 물리적인 연결(전송 매체)이 없다는 것을 의미하지 않는다는 것에 유의하라. 이것은 프레임들 사이에 연결이 없다는 것을 의미한다. 프레임은 번호가 매겨지지 않으며 순서도 없다. LAN을 위한 대부분의 데이터 링크 프로토콜들은 비연결형 프로토콜이다.

연결형 프로토콜

연결형(connection-oriented) 프로토콜에서 먼저 두 노드 사이에 논리적인 연결이 설정되어야 한다(연결 설정 단계). 서로 관련이 있는 모든 프레임이 전송된 후에(전송 단계), 논리적인 연결은 종료된다(연결 해제 단계). 이 통신의 유형에서, 프레임은 번호가 매겨지고 순서대로 보내진다. 그들이 순서대로 수신되지 않는 경우, 수신자는 동일한 집합에 속하는 모든 프레임이 수신된 후 네트워크층에 순서대로 제공될 때까지 기다려야 한다. 유선 LAN에서 연결형 프로토콜은 드물다. 하지만 몇 가지 점-대-점 프로토콜, 무선 LAN 및 WAN에서 볼 수 있다.

11.2 데이터 링크층 프로토콜

이제 데이터 링크층이 한 노드에서 다른 노드로 데이터를 보내기 위해 어떻게 프레임 짜기, 흐름 제어와 오류 제어를 수행하는지 살펴보자. 이러한 프로토콜은 보통 프로그램 언어를 사용하여 소프트웨어로 구현된다. 구현 언어에 의존하지 않기 위해 언어 규칙에 구애받지 않고 절차 자체를 설명하기 위해 각 프로토콜을 의사 코드(pseudo code)를 사용하여 설명하도록 한다.

프로토콜을 잡음 없는 채널에서 사용하는 것과 잡음 있는 채널에서 사용하는 것으로 나누어 논의한다. 첫 번째 범주의 프로토콜은 실제로는 사용할 수 없고 단지 잡음이 있는 채널에서 사용할 수 있는 프로토콜을 이해하기 위한 기반으로 이용될 뿐이다. 그림 11.6은 이와 같은 범주를 보여주고 있다.

여기에서 논의하는 프로토콜과 실제 네트워크에서 사용하는 프로토콜 사이에는 차이가 있다. 여기서 논의하는 모든 프로토콜은 한 노드, 즉 송신자는 전송하기만 하고 다른 노드, 즉 수신자는 받기만 하는 단방향 통신을 이용한다. 물론 **확인응답**(ACK, acknowledgment)과 **부정 확인응답**(NAK, negative acknowledgment)과 같은 특별한 프레임은 흐름 제어와 오류 제어 목적으로 반대 방향으

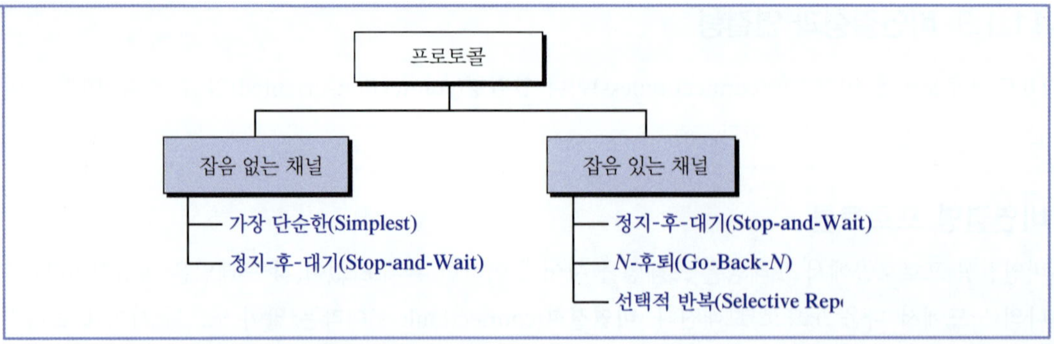

그림 11.6
이 장에서 논의하는 프로토콜의 종류

로 전송되지만, 데이터는 오직 한 방향으로만 전송된다.

실제로 데이터 링크층 프로토콜은 양방향으로 구현되어 데이터는 양방향으로 전송된다. 이러한 프로토콜에서는 ACK와 NAK와 같은 흐름 제어와 오류 제어 정보는 데이터 프레임에 포함되는데 이러한 기술을 **피기배킹**(piggybacking)이라고 한다. 양방향 프로토콜이 단방향 프로토콜보다 더 복잡하므로 여기서는 단방향 프로토콜만을 논의한다. 일단 이것을 이해하면 양방향 프로토콜로 확장할 수 있다. 이것은 연습문제로 남겨둔다.

11.2.1 잡음 없는 채널

우선 프레임 손실도 없고 중복되지도 않으며 손상되지도 않는 이상적인 채널을 가정하자. 이러한 종류의 채널에 대해서는 두 개의 프로토콜을 소개한다. 하나는 흐름 제어를 사용하지 않는 프로토콜이고 다른 하나는 사용하는 것이다. 물론 두 가지 채널은 완벽한 **잡음 없는 채널**(noiseless channel)이기 때문에 오류 제어는 없다.

단순 프로토콜

최초의 프로토콜은 다른 마땅한 이름이 없어서 **단순 프로토콜**(simple protocol)이라고 부르는데 흐름 제어나 오류 제어를 하지 않는 프로토콜이다. 이 장에서 논의할 다른 프로토콜처럼 데이터 프레임은 송신자에서 수신자로 한 방향으로만 이동하는 단방향 프로토콜이다. 수신자는 아주 짧은 시간에 수신하는 임의의 프레임을 처리한다고 가정한다. 수신자의 데이터 링크층은 프레임에서 즉시 헤더를 제거하여 네트워크층으로 데이터를 전달하며 네트워크층 또한 즉시로 패킷을 수신한다. 다시 말하면 수신자는 유입되는 프레임으로 인해 절대로 넘쳐나지 않는다.

설계

이 방식에는 흐름 제어가 필요 없다. 송신자의 데이터 링크층은 네트워크층으로부터 데이터를 받아서 프레임을 만들어 전송한다. 수신자의 데이터 링크층은 물리층으로부터 프레임을 받아서 프레임에서 데이터를 뽑아내어 네트워크층으로 보낸다. 송신자와 수신자의 데이터 링크층은 각자의 네트워크층에 대해 전송 서비스를 제공한다. 데이터 링크층은 물리층에 의해 제공된 비트를 물리적으로

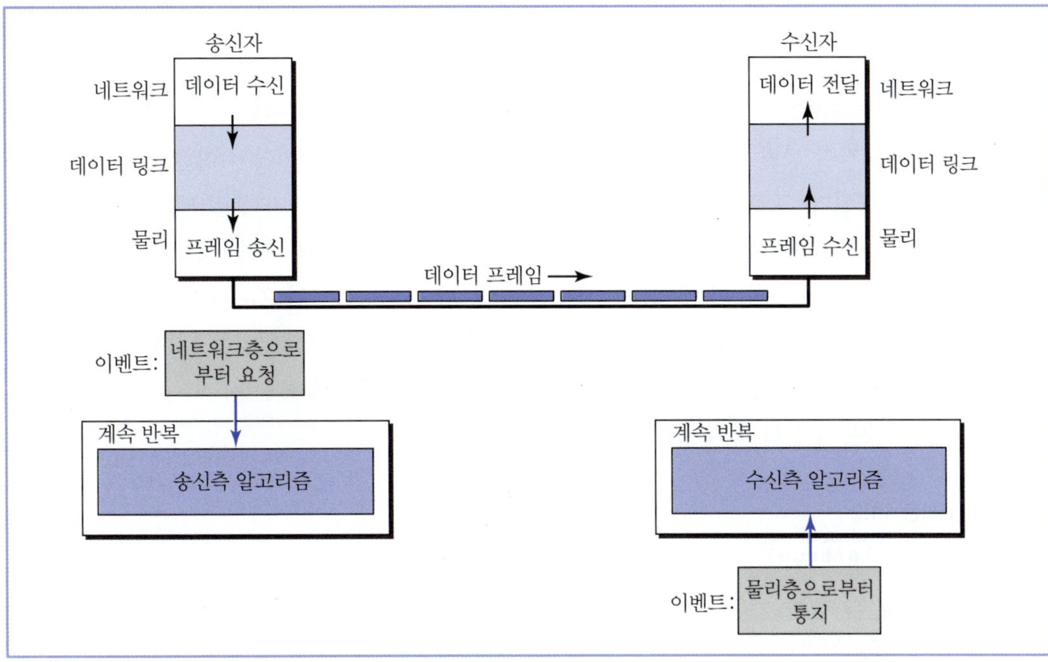

그림 11.7
흐름 제어와 오류 제어가 없는 단순 프로토콜의 설계

전송하는 서비스(신호 보내기, 다중화 등)를 사용한다. 그림 11.7에 이에 대한 설계가 나타나 있다.

양쪽 데이터 링크층이 사용하는 절차를 자세히 살펴볼 필요가 있다. 송신자 쪽은 자신의 네트워크층이 전송할 데이터 패킷이 생길 때까지는 프레임을 전송할 수 없다. 수신자 쪽은 프레임이 도착하기 전까지는 네트워크층에 데이터 패킷을 전달할 수 없다. 프로토콜을 절차로 구현하기 위해서는 프로토콜에 **이벤트**(event, **사건**) 개념을 넣어야 한다. 송신자 쪽에서 절차가 계속 진행되지만, 네트워크층에서 요청이 있기 전에는 아무 일도 일어나지 않는다. 수신자 쪽에도 절차는 계속 진행되지만 물리층으로부터 전달받았다는 통보가 오기 전까지는 아무 일도 일어나지 않는다. 이 두 절차는 모두 언제 해당 이벤트가 생길지 모르기 때문에 계속해서 진행되는 것이다.

알고리즘

알고리즘 11.1은 송신자 쪽의 절차이다.

알고리즘 11.1

```
while(true)                            // 계속 반복
{
  WaitForEvent();                      // 이벤트가 일어날 때까지 대기
  if(Event(RequestToSend))             // 보내는 요청 이벤트 발생
  {
     GetData();
     MakeFrame();
     SendFrame();                      // 프레임 보내기
  }
}
```

분석 이 알고리즘은 무한 루프로 되어있다. 이는 프로그램이 시작되면 3번부터 9번 줄까지의 코드가 무한히 반복되는 것을 의미한다. 이 알고리즘은 이벤트에 의해 진행되는 방식이다. 이 알고리즘은 이벤트가 생길 때까지(줄 4) 기다리고(줄 3) 있다는 것을 의미한다. 이는 3번 줄과 4번 줄을 수행하는 사이가 오랜 시간이 걸릴 수 있다는 것을 말한다. 네트워크층의 요청이라는 이벤트가 생기면 6번부터 8번까지 실행된다. 프로그램은 그 이후 다시 반복되어 다음 이벤트가 생길 때까지 3번의 기다리는 상태에 다시 진입한다. 여기서는 주요 과정에 대해 의사코드를 사용하여 기술하였다. GetData, MakeFrame, SendFrame 모듈의 구체적인 세부 사항은 나타내지 않았다. GetData( )는 네트워크층으로부터 데이터를 받는다. MakeFrame( )은 데이터 패킷에 헤더와 트레일러를 더해서 프레임으로 만들고, SendFrame( )은 전송하기 위해 만들어진 프레임을 물리층으로 보낸다.

알고리즘 11.2는 수신자 쪽의 절차이다.

알고리즘 11.2

```
while(true)                              // 계속 반복
{
  WaitForEvent();                        // 이벤트가 생길 때까지 대기
  if(Event(ArrivalNotification))         //데이터 프레임 도착
  {
     ReceiveFrame();
     ExtractData();
     DeliverData();                      //데이터를 네트워크층으로 전달
  }
}
```

분석 이 알고리즘도 프레임과 데이터 방향이 위로 향한다는 것 이외에 알고리즘 11.1과 동일한 형식으로 되어있다. 여기서 이벤트는 데이터 프레임이 도착하는 것이다. 이벤트가 생기면 데이터 링크층은 ReceiveFrame( ) 과정을 통해 물리층에서 프레임을 받아서 ExtractData( ) 과정을 통해 프레임에서 데이터를 뽑아내어 DeliverData( ) 과정을 통해 데이터를 네트워크층으로 보낸다. 여기서도 알고리즘은 언제 데이터 프레임이 도착할지 알 수 없으므로 알고리즘은 이벤트에 의해 동작한다.

예제 11.2

그림 11.8은 이 프로토콜을 사용하는 통신의 예이다. 매우 간단한 것을 볼 수 있다. 송신자는 일련의 프레임을 수신자와 무관하게 보낸다. 세 개의 프레임을 보내기 위해서는 송신자 쪽에서는 세 개의 이벤트가 발생하고 수신자 쪽에서도 세 개의 이벤트가 발생한다. 데이터 프레임은 경사진 상자로 나타나 있으며 상자의 높이가 처음 비트와 마지막 비트의 전송 시간의 차이를 보여준다.

정지-후-대기 프로토콜

데이터 프레임이 수신자 쪽에서 처리되는 속도보다 빠르게 도착하게 되면 프레임들은 사용되기 전에 저장되어야 한다. 보통 수신자는 충분한 저장 공간이 없으며 특히 여러 곳에서 데이터를 받는 경

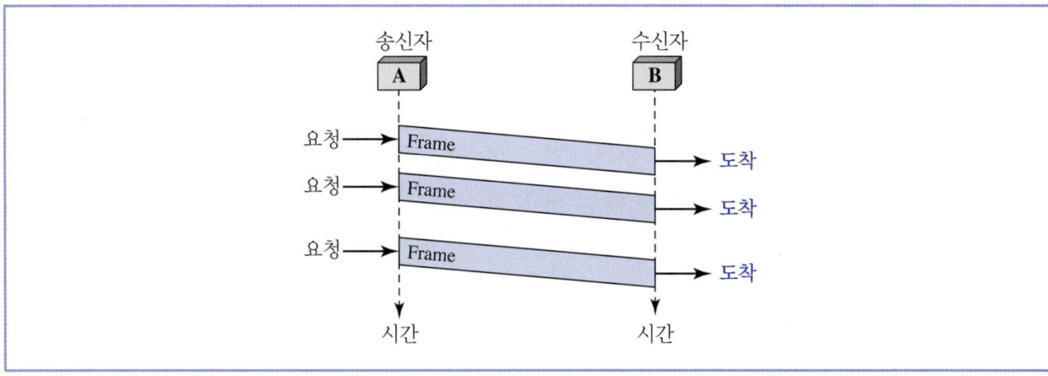

그림 11.8
예제 11.2의 흐름도

우라면 더욱 그렇다. 이로 인해 프레임을 버리게 되거나 서비스를 거부하는 수가 생긴다. 수신자 쪽에서 프레임이 넘쳐나지 않기 위해서는 송신자에게 천천히 보내도록 알려 줄 방도가 필요하다. 수신자의 요청이 송신자에게 전해져야 한다.

우리가 논의할 프로토콜은 송신자가 한 개의 프레임을 전송한 후에 수신자로부터 잘 받았다는 확인응답을 받을 때까지 기다린 후에 다음 프레임을 보내기 때문에 **정지-후-대기 프로토콜**(stop-and-wait protocol)이라고 한다. 데이터 프레임은 단방향이지만 후속 ACK 프레임(단순한 확인응답 토큰)은 반대 방향으로 전달된다. 앞의 프로토콜에 흐름 제어를 추가한 것이다.

설계

그림 11.9는 이에 대한 메커니즘을 보여준다. 이 그림을 그림 11.7과 비교하면 순방향 채널(송신자에

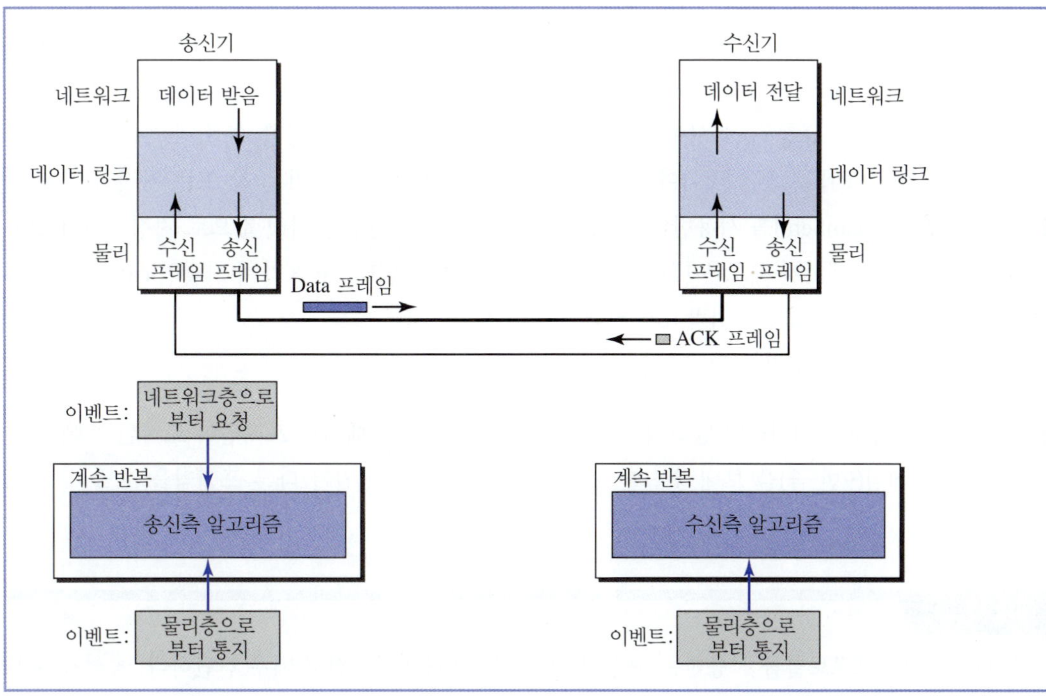

그림 11.9
정지-후-대기 프로토콜의 설계

서 수신자 방향)과 반대 방향 채널의 트래픽을 볼 수 있다. 언제든지 순방향 채널에는 데이터 프레임이 있거나 반대 채널에 확인응답 프레임이 있다. 따라서 반이중 링크가 필요하다.

알고리즘

알고리즘 11.3은 송신자 측의 알고리즘이다.

알고리즘 11.3

```
while(true)                                  //계속 반복
canSend = true                               //첫 번째 프레임을 보내는 것을 허용
{
  WaitForEvent();                            // 이벤트가 발생할 때까지 대기
  if(Event(RequestToSend) AND canSend)
  {
     GetData();
     MakeFrame();
     SendFrame();                            //데이터 프레임을 보낸다
     canSend = false;                        //ACK가 도착될 때까지 보낼 수 없다
  }
  WaitForEvent();                            // 이벤트가 발생할 때까지 대기
  if(Event(ArrivalNotification)              // ACK 도착
   {
     ReceiveFrame();                         //ACK 프레임 수신
     canSend = true;
   }
}
```

분석 여기에는 두 개의 이벤트가 생길 수 있는데 네트워크층의 요청과 물리층의 도착 통지이다. 이 두 이벤트에 대한 응답은 번갈아 가며 생겨야 한다. 다시 말하면 프레임이 전송된 뒤에는 알고리즘은 해당 프레임의 확인응답을 받을 때까지는 네트워크층의 다른 요청을 무시해야 한다. 채널은 오류가 없으며 프레임이 중복되지 않으므로 두 개의 도착 이벤트가 연속으로 생길 수 없다는 것을 안다. 그러나 네트워크층의 요청은 그 사이에 도착 이벤트 없이 연속으로 발생할 수 있다. 어떻게든 데이터 프레임을 즉시 보내는 것을 막아야 한다. 몇 가지 방법이 있지만 우리는 참 또는 거짓의 값을 갖는 단순한 변수인 canSend를 사용한다. 프레임이 전송되면 이 변수는 거짓 값으로 지정되어서 canSend가 참 값이 될 때까지 새로운 네트워크 요청을 전송할 수 없다. ACK가 수신되면 canSend는 다음 프레임을 전송할 수 있도록 허락하기 위해 참 값으로 지정된다.

알고리즘 11.4는 수신자 쪽의 절차를 보여준다.

분석 이는 한 가지를 제외하면 알고리즘 11.2와 매우 유사하다. 데이터 프레임이 도착한 후에 수신자는 ACK 프레임(9번 줄)을 보내 수신한 것을 확인응답하고 송신자가 다른 프레임을 보낼 수 있도록 허락한다.

예제 11.3

그림 11.10은 이 프로토콜을 사용하는 통신의 한 예를 보여준다. 여전히 매우 간단하다. 송신자는 프

알고리즘 11.4

```
while(true)                           //계속 반복
{
  WaitForEvent();                     // 이벤트가 발생할 때까지 대기
  if(Event(ArrivalNotification))      //데이터 프레임 도착
  {
     ReceiveFrame();
     ExtractData();
     Deliver(data);                   //데이터를 네트워크층으로 전달
     SendFrame();                     //프레임 송신
  }
}
```

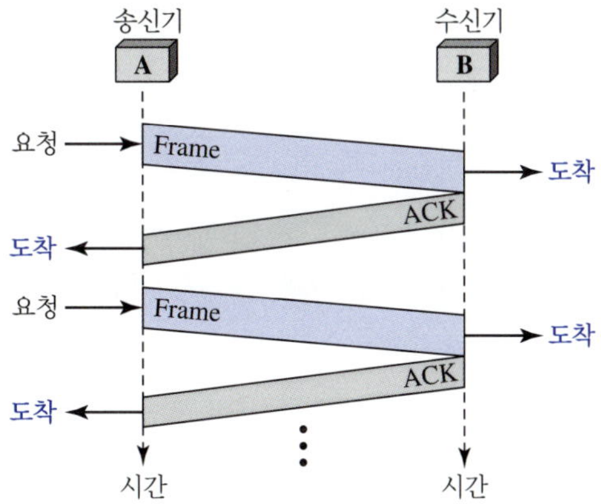

그림 11.10
예제 11.3의 흐름도

레임을 하나 보내고 수신자의 확인응답을 기다린다. ACK가 도달하면 송신자는 다음 프레임을 보낸다. 이 프로토콜에서 두 개의 프레임을 보내는 데는 송신자에게는 4개의 이벤트가 일어나고 수신자에게는 두 개의 이벤트가 일어난다는 것에 유의하라.

11.2.2 잡음 있는 채널

정지-후-대기 프로토콜이 어떻게 흐름 제어를 제공하는지에 대한 아이디어를 제공하지만, 잡음 없는 채널은 존재하지 않는다. 오류를 무시하거나 오류 제어를 프로토콜에 추가해야 한다. 이 절에서는 오류 제어를 사용하는 세 개의 프로토콜을 논의한다.

정지-후-대기 ARQ

첫 번째 프로토콜은 **정지-후-대기 자동 반복 요청**(Stop-and-Wait ARQ, Stop-and-Wait Automatic Repeat Request)라고 하며, 정지-후-대기 프로토콜에 간단한 오류 제어를 추가한 것이다. 이 프로토콜이 어떻게 오류를 검출하고 제어하는지 살펴보자.

손상된 프레임을 검출하여 정정하기 위해서는 데이터 프레임에 중복 비트를 넣어야 한다(10장 참조). 프레임이 수신자에게 도달하면 검사해서 손상된 것이 발견되면 그냥 폐기한다. 이 프로토콜에서 오류 검출은 수신자가 조용히 있는 것에 의해 알게 된다.

손실된 프레임은 손상된 프레임보다 다루기가 어렵다. 앞의 프로토콜에서는 프레임을 식별하는 방법이 없었다. 수신된 프레임은 올바른 프레임일 수도 있고 중복된 것일 수도 있고 또는 순서가 바뀐 프레임일 수도 있다. 해결책은 프레임에 번호를 매기는 것이다. 수신자가 순서가 바뀐 프레임을 수신하게 되면 프레임이 손실되거나 중복된 것이란 것을 알 수 있다.

이 프로토콜에서 손상되고 손실된 프레임은 재전송되어야 한다. 수신자가 오류가 있을 때 응답하지 않으면 송신자는 어떤 프레임을 다시 보낼지 어떻게 알 수 있는가? 이 문제를 해결하기 위해서 송신자는 전송한 프레임의 복사본을 가지고 있다. 동시에 타이머를 가동하기 시작한다. 타이머가 만료되고 전송된 프레임의 ACK가 도착하지 않으면 프레임은 다시 전송되며 복사본은 여전히 보관되고 타이머를 다시 가동한다. 프로토콜은 정지-후-대기 장치를 사용하므로 동일한 프레임의 복사본 몇 개가 네트워크에 있다 해도 단지 한 개의 프레임만 ACK가 오기를 기다린다.

> 정지-후-대기 ARQ에서 오류 제어는 전송된 프레임의 사본을 보관하고 있다가 타이머가 만료되면 해당 프레임을 다시 보내는 것이다.

ACK 프레임도 손상되거나 손실될 수 있으므로 이 또한 중복 비트와 순서 번호가 필요하다. 이 프로토콜의 ACK 프레임은 순서 번호 필드를 가지고 있다. 이 프로토콜에서는 송신자는 손상된 프레임을 간단히 폐기하거나 순서가 바뀐 것들을 무시한다.

순서 번호

논의한 것처럼 프로토콜은 프레임에 번호를 붙여야 하는 것을 분명히 하고 있다. 이는 **순서 번호**(sequence number)를 사용하면 가능하다. 데이터 프레임에 필드를 추가하여 그 프레임의 순서 번호를 넣는다.

한 가지 중요한 것은 순서 번호의 범위이다. 프레임의 길이를 최소화하기 때문에 통신에 적합한 가장 작은 범위를 찾아야 한다. 순서 번호는 물론 다시 순환될 수 있다. 예를 들면 필드가 m 비트라면 순서 번호는 0부터 시작하여 $2^m - 1$까지 간 다음에 다시 처음부터 반복된다.

여기서 순서 번호의 범위가 필요한 이유를 살펴보자. x 를 순서 번호로 사용했다면 그 이후에 필요한 것은 $x + 1$ 뿐이다. $x + 2$는 필요가 없다. 이것을 보기 위해 송신자가 순서 번호를 x로 하여 프레임을 전송했다고 가정하자. 다음의 세 가지가 생길 수 있다.

1. 프레임이 안전하게 수신자에게 도달하여 수신자는 확인응답을 보낸다. 확인응답이 송신자에게 도착하면 송신자는 다음 프레임에 순서 번호 $x+1$을 매겨 전송하게 된다.
2. 프레임이 안전하게 수신자에게 도달하여 수신자가 확인응답을 보냈지만, 이 확인응답 프레임이 손상되거나 손실되었다. 송신자는 시간이 종료(타임아웃)된 다음에 프레임(순서 번호는 x)을 다시 보낸다. 이 프레임은 복제된 것이란 것에 유의하라. 수신자는 이 사실을 알 수 있는데 이는 수

신자는 x +1번 프레임을 기대하고 있는데 x 번 프레임을 받았기 때문이다.

3. 프레임이 손상되거나 수신자에게 도달하지 못해서 송신자는 시간 종료된 후에 다시 프레임(순서 번호 x)을 전송한다.

여기서 수신자는 오직 경우 1과 경우 2를 구분할 필요가 있기 때문에 순서 번호 x와 $x + 1$만 필요한 것을 알 수 있다. 프레임에 순서 번호 $x + 2$를 매길 이유가 없는 것이다. 경우 1에는 x번 프레임과 $x + 1$번 프레임이 이미 확인응답되었고 송/수신자 사이에 이에 대한 모호함이 없기 때문에 다음 프레임은 x를 다시 사용할 수 있다. 경우 2와 3의 경우에는 새 프레임은 $x + 1$이지 $x + 2$가 아니다. 오직 x와 $x + 1$만 필요하다면 $x = 0$으로 $x + 1 = 1$로 할 수 있다. 이는 순서 번호가 0, 1, 0, 1, 0이 반복된다는 것을 말한다. 어디서 많이 본 패턴이 아닌가? 이는 10장에서 본 모듈러-2 연산이다.

> 정지-후-대기 ARQ에서는 프레임에 순서 번호를 부여한다.
> 순서 번호는 모듈러-2 연산을 기반으로 한다.

확인응답 번호

순서 번호가 데이터 프레임은 물론 ACK 프레임에도 적용해야 하므로 다음 관례를 따른다. 즉, 확인응답 번호는 항상 송신자가 다음에 받기를 기대하는 순서 번호를 보낸다. 예를 들면 0번 프레임이 도착했으면 수신자는 1번이 들어있는 확인응답 프레임을 보내서 1번 프레임을 기다리는 것을 알린다. 1번 프레임이 안전하게 도착하면 수신자는 0번을 확인응답으로 보내어 0번 프레임을 기다린다는 것을 알린다.

> 정지-후-대기 ARQ에서는 확인응답 번호는
> 다음에 받기를 기대하는 프레임의 번호를 모듈러-2 연산으로 만들어 보낸다.

설계

그림 11.11은 정지-후--대기 ARQ 프로토콜의 설계이다. 송신 장치는 프레임의 확인응답을 받을 때까지 마지막 프레임의 복사본을 보관하고 있다. 데이터 프레임은 seqNo를 사용하며 ACK 프레임은 ackNo를 사용한다. 송신자는 제어 변수 S_n(송신자, 전송할 다음 프레임)을 사용하여 다음에 전송할 프레임의 순서 번호(0 또는 1)를 설정한다.

수신자는 제어 변수 R_n(수신자, 예상하는 다음 프레임)을 사용하여 다음에 받기를 기대하는 프레임 번호를 설정한다. 프레임이 전송되면 S_n의 값이(모듈러-2 연산에 따라) 증가하는데, 이는 값이 0이었으면 1로 되며, 1이었으면 0이 된다는 것을 말한다. 프레임이 수신되면 R_n의 값이(모듈러-2 연산에 따라) 증가하는데, 이는 값이 0이었으면 1로 되며, 1이었으면 0이 된다는 것을 말한다. 세 개의 이벤트가 송신자 쪽에서 일어날 수 있으며 한 개의 이벤트가 수신자 쪽에서 일어날 수 있다. 변수 S_n 전송되었으나 아직 확인응답을 받지 못한 프레임의 순서 번호에 해당하는 것을 가리키며, 변수 R_n은 다음 번에 기대하는 순서 번호를 가리킨다.

그림 11.11
정지-후-대기 ARQ 프로토콜의 설계

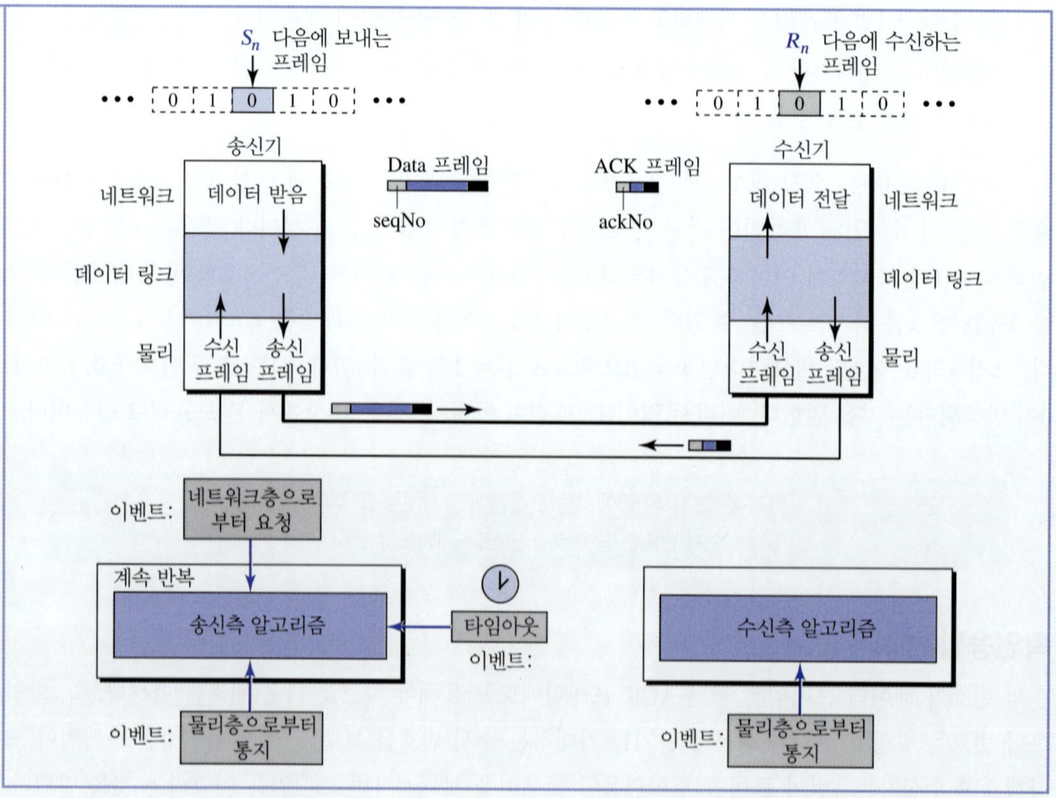

알고리즘

알고리즘 11.5는 송신자를 위한 것이다.

분석 먼저 다음에 보내야 할 프레임의 순서 번호를 가리키는 변수 S_n을 살펴본다. 이 변수는 애초에 한번 초기화 되지만(1번 줄) 프레임이 전송될 때마다 다음 번 전송할 프레임을 준비하면서 증가하게 된다(3번 줄). 그러나 모듈러-2 연산을 사용하므로 순서 번호는 0, 1, 0, 1이 반복된다. 첫 번째 이벤트(SendFrame, StoreFrame, PurgeFrame)의 처리 과정에서는 S_n을 전송해야 할 프레임으로 지정하여 사용하는 것에 유의하라. 프레임이 안전하게 도착한 것을 확인할 때까지는 최소한 이 프레임 하나를 저장할 버퍼가 필요하다. 10번 줄에 프레임을 보내기 이전에 보관하는 것을 볼 수 있다. 이 복사본은 프레임이 손상되거나 손실되었을 때 사용된다. 여전히 canSend 변수를 사용하여 이전 프레임이 제대로 전달되기 이전에 네트워크층이 다음 프레임 전송을 요청하지 못하도록 하고 있다. 프레임이 손상되지 않아서 ACK 프레임의 ackNo가 다음에 전송할 프레임의 순서 번호와 같게 되면 타이머를 멈추고 보관하고 있던 데이터 프레임을 버리게 된다. 그렇지 않은 경우에는 다음 이벤트가 일어날 때까지 기다리면 된다. 각 프레임이 전송되고 나면 타이머가 동작하게 된다. 타이머가 완료되면(28번 줄) 프레임을 다시 전송하고 타이머를 다시 가동시킨다.

알고리즘 11.6은 수신자를 위한 것이다.

알고리즘 11.5 정지-후-대기 ARQ 프로토콜의 송신자 측 알고리즘

```
Sn = 0;                              // Frame 0을 첫번째로 보낸다
canSend = true;                      // 첫 번째 요청 허용
while(true)                          // 계속 반복
{
  WaitForEvent();                    // 이벤트가 발생할 때까지 대기
  if(Event(RequestToSend) AND canSend)
  {
     GetData();
     MakeFrame(Sn);                          //seqNo는 Sn
     StoreFrame(Sn);                         //복사해 둔다
     SendFrame(Sn);
     StartTimer();
     Sn = Sn + 1;
     canSend = false;
  }
  WaitForEvent();                            // 대기
    if(Event(ArrivalNotification)            // ACK 도착
    {
      ReceiveFrame(ackNo);                   //ACK 프레임 수신
      if(not corrupted AND ackNo == Sn)      //정확한 ACK
        {
          Stoptimer();
          PurgeFrame(Sn-1);                  //복사가 필요없음
          canSend = true;
        }
    }

    if(Event(TimeOut)                        // 타이머 만료
    {
     StartTimer();
     ResendFrame(Sn-1);                      //복사해 둔 프레임 재전송
    }
}
```

알고리즘 11.6 정지-후-대기 ARQ 프로토콜의 수신자 측 알고리즘

```
Rn = 0;                        // 첫 번째 도착을 기대하는 0번 프레임
while(true)
{
  WaitForEvent();              // 이벤트가 발생할 때까지 대기
  if(Event(ArrivalNotification))   //데이터 프레임 도착
  {
     ReceiveFrame();
     if(corrupted(frame));
        sleep();
     if(seqNo == Rn)               //올바른 데이터 프레임
     {
      ExtractData();
       DeliverData();              //데이터 전달
       Rn = Rn + 1;
     }
      SendFrame(Rn);               //ACK 보냄
  }
}
```

분석 이 알고리즘은 알고리즘 11.4와 상당히 다른 것을 볼 수 있다. 먼저 손상되어 도착한 모든 데이터 프레임은 버리게 된다. 프레임의 순서 번호가 기대하는 값(R_n)이면 프레임을 받아서 네트워크층으로 전달하고 R_n의 값을 증가시킨다. 그러나 여기에 민감한 점이 하나 있다. 비록 데이터 프레임의 순서 번호가 다음에 기대하는 프레임의 순서 번호와 다르다 해도 ACK를 송신자에게 보낸다. 그러나 이 ACK는 수신한 프레임에 대한 확인응답이 아니라 바로 이전에 받은 프레임에 대한 재확인이다. 이 ACK를 보내는 이유는 이전 ACK가 손실되었을 수 있기 때문이다. 수신자는 복제된 프레임을 보내는 것이다. 재전송된 이 ACK는 타임아웃이 되기 이전에 문제를 해소할 수 있다.

예제 11.4

그림 11.12는 정지-후-대기 ARQ의 예를 보여준다. 0번 프레임이 전송되고 확인응답을 받는다. 1번 프레임이 손실되어 타임아웃 이후에 재전송된다. 재전송된 1번 프레임이 확인응답되고 타이머가 멈춘다. 0번 프레임이 전송되고 확인응답을 받지만, 이 확인응답 프레임이 손실된다. 송신자는 프레임이 또는 확인응답이 손실되었는지 알 수 없어서 타임아웃 후에 0번 프레임을 다시 보내고 이에 대한 확인응답이 도착한다.

그림 11.12
예제 11.4의 흐름도

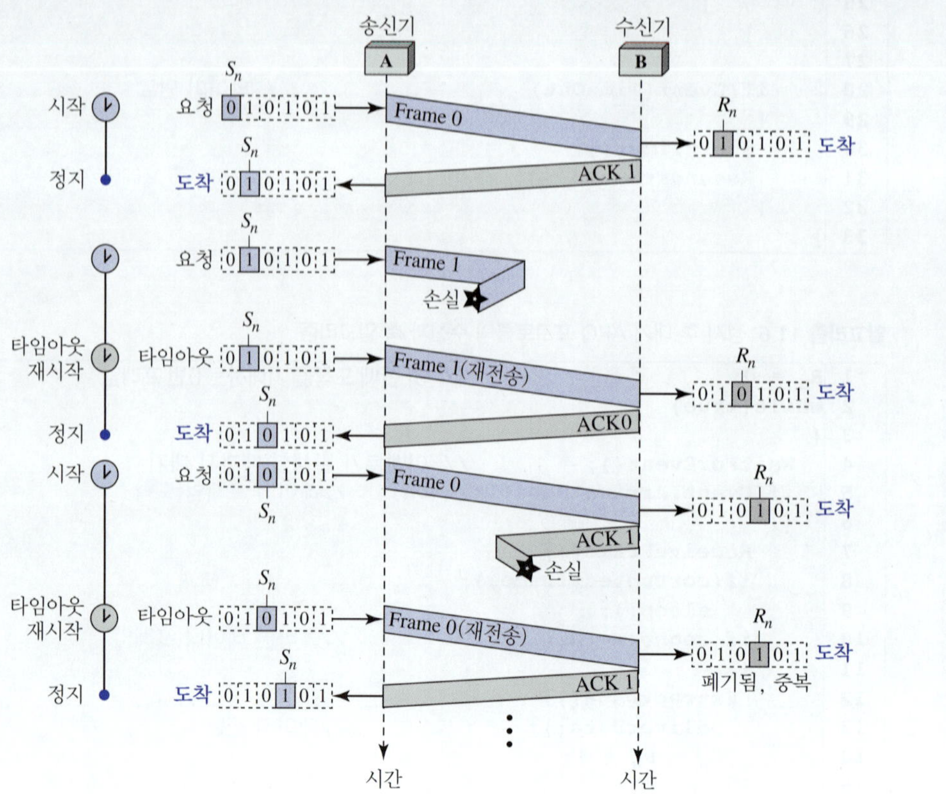

N-복귀 ARQ

전송 효율을 높이기 위해서 확인응답을 기다리는 동안 여러 개의 프레임을 전송할 수 있어야 한다. 다시 말하면 송신자가 확인응답을 기다리는 동안에 한 개 이상의 프레임을 회선에 보내어 채널을 바쁘게 해야 한다. 이 절에서는 이러한 목적을 달성하는 프로토콜 하나를 논의하고 다음 절에서 다른 하나를 논의한다.

첫 번째 프로토콜은 ***N*-복귀 ARQ**(Go-Back-N Automatic Repeat Request)라고 불린다(왜 그런 이름인지는 뒤에서 알게 된다). 이 프로토콜에서는 확인응답을 받기 전에 여러 개의 프레임을 보낼 수 있으며 확인응답이 오기까지 이 프레임의 복사본을 보관한다.

순서 번호

송신하는 지국에서 전송되는 프레임들은 순차적으로 번호가 매겨진다. 그러나 각 프레임의 헤더에 순서 번호를 넣어야 하므로 그 크기에는 제한을 두어야 한다. 헤더에 m 비트를 사용하는 순서 번호를 넣는다면 순서 번호는 0부터 $2^m - 1$이 된다. 예를 들어 m이 4라면 순서 번호는 0부터 15가 된다. 그러나 이 순서 번호를 반복해서 사용할 수 있다. 따라서 순서 번호는 다음과 같다.

0, 1, 2, 3, 4, 5, 6, 7, 8, 9, 10, 11, 12, 13, 14, 15, **0, 1, 2, 3, 4, 5, 6, 7, 8, 9, 10, 11, . . .**

다시 말하면, 순서 번호는 모듈러-2^m라고 한다.

> *N*-복귀 ARQ 프로토콜에서 순서 번호는 모듈러 2^m인데, 여기서 m은 비트 단위의 순서 번호 필드의 길이이다.

미닫이 창

이 프로토콜(그리고 다음 프로토콜)에서 **미닫이 창**(sliding window, **슬라이딩 윈도우**)은 송신자와 수신자에게 필요한 순서 번호의 범위를 지정하는 추상적인 개념이다. 다시 말하면 송신자와 수신자는 사용 가능한 순서 번호의 일부만 사용해야 한다는 것이다. 송신자에게 필요한 범위는 **송신 미닫이 창**(send sliding window)이라고 부르며, 수신자가 필요한 범위는 **수신 미닫이 창**(receive sliding window)이라고 한다. 여기서는 이에 대해 살펴본다.

송신 창은 현재 전송할 수 있는 데이터 프레임의 순서 번호가 들어있는 가상의 상자이다. 각 창의 위치에서 이 순서 번호 중 일부는 이미 전송된 프레임을 나타내고 일부는 보낼 수 있는 프레임을 나타낸다. 창의 최대 길이는 뒤에서 논의하겠지만 $2^m - 1$이다. 이 장에서 창의 길이를 가질 수 있는 최대 값으로 설정하지만 이어지는 장에서 어떤 프로토콜은 가변 길이 창을 갖는다. 그림 11.13은 크기가 15($m = 4$)인 미닫이 창이다.

임의의 순간에 창은 가능한 순서 번호를 4개의 영역으로 나눈다. 첫 번째 영역은 가장 왼편에서 창의 왼편 벽까지 영역으로 이미 확인응답받은 프레임에 속하는 순서 번호들이다. 송신자는 이 프

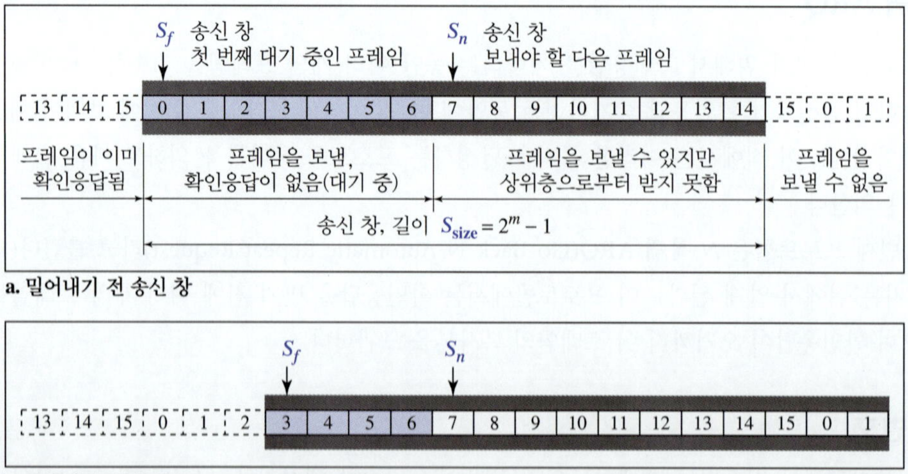

그림 11.13
N-복귀 ARQ의 송신 창

레임들에 대해서는 신경쓰지 않으며 복사본을 갖지 않는다. 두 번째 영역은 그림 11.13a에 색칠되어 있는 부분으로서 전송되었으나 어떤 상태인지 모르는 프레임에 속한 순서 번호의 구간이다. 송신자는 이 프레임들이 수신되었는지 손실되었는지 기다려 보아야 한다. 이를 미해결 프레임이라고 한다. 세 번째 영역은 그림의 흰색으로 되어있는 영역으로 전송될 준비가 되어있으나 아직 네트워크층에서 수신하지 못한 프레임들의 순서 번호 구간이다. 마지막으로 네 번째 영역은 다음에 보겠지만 창이 오른쪽으로 밀려가지 않는 한 전송해서는 안 되는 순서 번호의 구간이다.

창 자체는 추상적인 것으로서 세 개의 변수가 주어진 시간에 대한 크기와 위치를 나타낸다. 이 변수들은 S_f(송신 창, 첫 번째 미해결 프레임), S_n(송신 창, 전송할 다음 프레임) 및 S_{size}(송신 창, 길이)이다. S_f는 첫 번째(가장 오래된) 미해결 프레임의 순서 번호이다. S_n은 다음 번에 전송될 프레임에 붙여질 순서 번호가 들어있다. 끝으로 S_{size}는 창의 길이로서 이 프로토콜에서는 그 길이가 고정되어 있다.

> 송신 창은 세 개의 변수 S_f, S_n, S_{size}를 갖는 길이가 $2^m - 1$인 가상의 상자를 나타내는 추상적인 개념이다.

그림 11.13b는 반대편에서 확인응답이 도착하면 송신 창이 어떻게 오른쪽으로 한 개 또는 몇 개의 틈새를 밀어내는지를 보여준다. 곧 보게 되겠지만 이 프로토콜의 확인응답은 누적해서 나타낸다. 즉, 한 개 이상의 프레임을 하나의 ACK 프레임에 의해 확인응답할 수 있다는 것을 의미한다. 그림 11.13b에서는 0번, 1번, 및 2번 프레임이 확인응답되어 오른쪽으로 세 개의 틈새가 밀려간다. S_f의 값이 이제 3이 되는데 이는 3번 프레임이 첫 번째 미해결 프레임이 되기 때문이다.

> 송신 창은 적합한 확인응답이 도착하면 하나 또는 그 이상의 틈새를 밀어낼 수 있다.

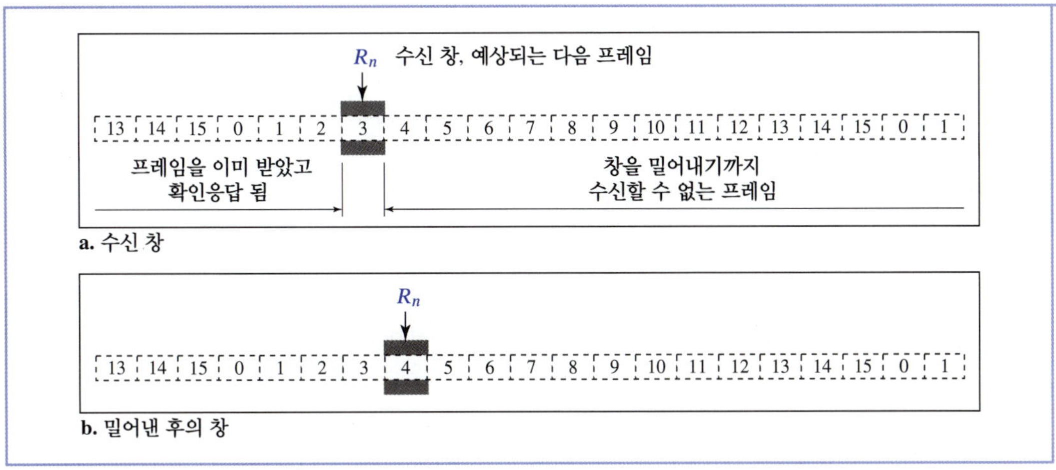

그림 11.14
N-복귀 ARQ의 수신 창

수신 창은 데이터 프레임이 정확하게 수신되었고 정확한 확인응답을 전송했는지를 확인한다. 수신 창의 크기는 항상 1이다. 수신자는 항상 특정 프레임이 도착하기만을 기다린다. 순서가 바뀌어 도착한 프레임은 버려지며 다시 보내야 한다. 그림 11.14는 수신 창을 보여준다.

> 수신 창은 한 개의 변수 R_n을 갖는 크기가 1인 가상 상자를 나타내는 추상적인 개념이다.
> 정확한 프레임이 도착하면 한 번에 한 틈새씩 밀려간다.

이 추상적인 개념을 나타내는 단 한 개의 변수 R_n(수신 창, 예상하는 다음 프레임)만 필요한 것에 유의하라. 이 창의 왼쪽에 있는 순서 번호들은 이미 수신되어 확인응답이 보낸진 프레임이며, 이 창의 오른쪽에 있는 순서 번호는 수신할 수 없는 프레임들이다. 이 두 구역에 속하는 순서 번호를 갖는 프레임은 모두 버려진다. 오직 R_n과 같은 값의 순서 번호를 갖는 프레임만 받고 확인응답을 보낸다.

수신 창도 밀려가지만 한 번에 한 틈새씩 밀린다. 정확한 프레임이 수신되면(그리고 한 번에 한 개만 수신된다) 창은 밀려간다.

타이머

전송된 각 프레임에 대해 타이머가 있을 수 있지만, 이 프로토콜에서는 한 개의 **타이머**(timer)만 사용한다. 그 이유는 첫 번째 미해결 프레임의 타이머가 항상 먼저 만료되므로 타이머가 만료되면 미해결된 모든 프레임을 보낸다.

확인응답

수신자는 프레임이 순서대로 오류 없이 수신되었으면 긍정 **확인응답**(acknowledgement)을 보낸다. 프레임이 손상되었거나 순서가 틀렸으면 수신자는 예상하는 다음 프레임이 도착할 때까지 그 이후로 오는 모든 프레임을 폐기하게 된다. 수신자가 가만히 있으면 송신자 쪽에서 확인응답 받지 않은 프레임들의 타이머가 만료되게 된다. 그러면 송신자가 뒤로 돌아가서 만료된 타이머의 프레임부터 시작하여 모든 프레임을 재전송한다. 수신자는 수신된 각 프레임마다 모두 확인응답하지 않아도 된다. 몇 개의 수신된 프레임에 대해 누적된 확인응답을 보낼 수 있다.

프레임 재전송

타이머가 만료되면 송신자는 미해결 프레임을 모두 다시 전송한다. 예를 들어 6번 프레임을 이미 보냈는데 3번 프레임 타이머가 만료되었다고 하자. 이는 3번 프레임이 아직 확인응답받지 못한 것을 말한다. 송신자는 뒤로 돌아가서 3번, 4번, 5번 및 6번 프레임을 다시 보낸다. 이것이 이 프로토콜을 *N*-복귀 ARQ라고 하는 이유이다.

설계

그림 11.15는 이 프로토콜의 설계를 보여준다. 보다시피 여러 프레임이 순방향으로 전송 중에 있을 수 있으며, 여러 확인응답 프레임이 반대 방향으로 올 수 있다. 이 아이디어는 정지-후-대기 ARQ와 유사하며 차이는 단지 송신 창에 있는 틈새가 남아 있는 만큼 프레임을 전송할 수 있다는 것이다.

그림 11.15
N-복귀 ARQ의 설계

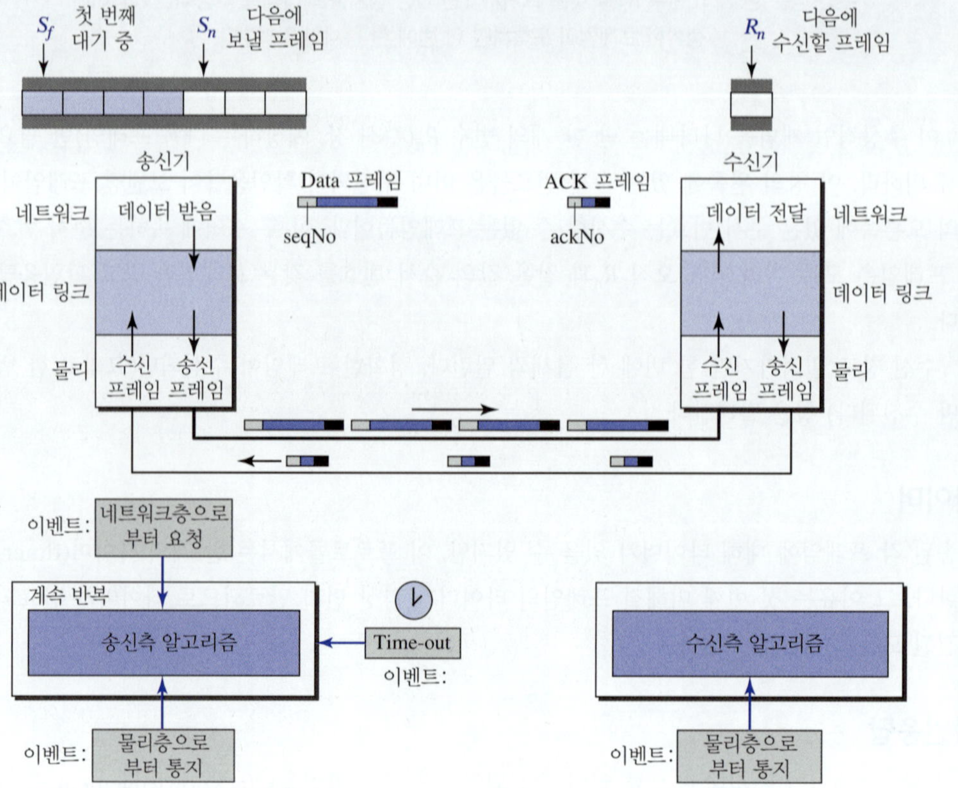

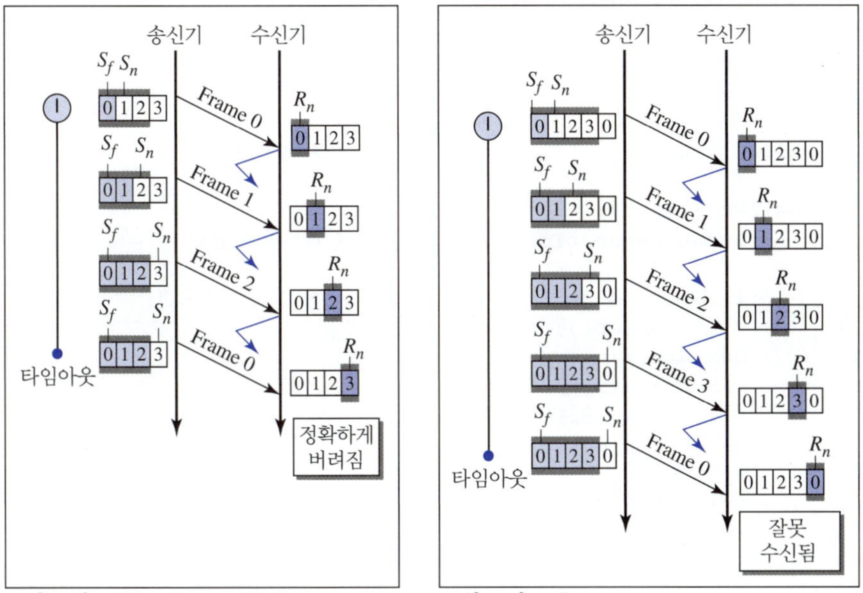

a. 창 크기 < 2^m　　b. 창 크기 = 2^m

그림 11.16 *N*-복귀 ARQ의 창 크기

송신 창 크기

이제 송신 창의 크기가 왜 2^m 보다 작아야 하는지를 살펴보자. 예를 들어 $m = 2$를 선택하면, 창의 크기는 $2^m - 1$ 즉, 3이 된다. 그림 11.16은 크기가 3인 창과 4인 창을 비교한 것이다. 창의 크기가 3(2^2 보다 작다)이고 모든 확인응답이 손실되었다면 0번 프레임의 타이머가 만료되어 세 개의 프레임 모두 다시 전송된다. 수신자는 0번이 아닌 3번 프레임을 기다리고 있어서, 중복 수신된 프레임은 모두 폐기된다. 다른 한편으로 창의 크기가 4이고(2^2와 동일) 4개 프레임에 대한 확인응답이 모두 손실되었다면 송신자는 복제된 0번 프레임을 보낼 것이다. 그러나 이번에는 수신자의 창은 0번 프레임을 기다리고 있으므로 이 복제된 0번 프레임을 새로운 프레임으로 알고 받아들인다. 이것은 오류이다.

> *N*-복귀 ARQ에서 송신 창의 크기는 2^m보다 작아야 하며 수신 창의 크기는 항상 1이다.

알고리즘

알고리즘 11.7은 이 프로토콜에서 송신자에 대한 절차이다.

분석 이 알고리즘은 먼저 3개의 변수를 초기화한다. 정지-후-대기 ARQ와는 달리 이 프로토콜은 다른 이벤트가 발생할 필요 없이 네트워크층으로부터 몇 개의 요청을 수락하는데, 단지 창이 꽉 차지 않는 것만 확인한다(12번 줄). 이 방식에서 창이 꽉 차 있으면 요청은 그냥 무시되고 네트워크층은 다시 시도해야 한다. 어떤 구현에서는 네트워크층은 활성화시키거나 비활성화시키는 방식을 사용하기도 한다. 도착 이벤트의 처리는 이전 프로토콜보다 더 복잡하다. 손상된 ACK를 받으면 그냥

알고리즘 11.7 *N*-복귀 ARQ 송신자 알고리즘

```
Sw = 2^m - 1;
Sf = 0;
Sn = 0;

while (true)                                    //계속 반복
{
 WaitForEvent();
   if(Event(RequestToSend))                     //패킷을 보낸다
   {
      if(Sn-Sf >= Sw)                           //창이 꽉 차있으면
            Sleep();
      GetData();
      MakeFrame(Sn);
      StoreFrame(Sn);
      SendFrame(Sn);
      Sn = Sn + 1;
      if(timer not running)
           StartTimer();
   }

   if(Event(ArrivalNotification))  //ACK 도착
   {
      Receive(ACK);
      if(corrupted(ACK))
           Sleep();
      if((ackNo>Sf)&&(ackNo<=Sn))  //올바른 ACK이면
      While(Sf <= ackNo)
       {
        PurgeFrame(Sf);
        Sf = Sf + 1;
       }
       StopTimer();
   }

   if(Event(TimeOut))                           //타이머 만료
   {
    StartTimer();
    Temp = Sf;
    while(Temp < Sn);
     {
      SendFrame(Sf);
      Sf = Sf + 1;
     }
   }
}
```

무시한다. 만일 ackNo가 미해결 프레임 중 하나에 속하면 버퍼를 비우는 절차를 사용하며 왼편 벽을 오른편으로 밀어낸다. 타임-아웃 이벤트도 더 복잡하다. 먼저 새로운 타이머를 시작한다. 그런 후에 모든 미해결 프레임을 재전송한다.

알고리즘 11.8은 수신자 측의 절차이다.

알고리즘 11.8 *N*-복귀 ARQ 수신자 알고리즘

```
Rn = 0;

while (true)                          //계속 반복
{
  WaitForEvent();

  if(Event(ArrivalNotification)) //데이터 프레임 도착
  {
     Receive(Frame);
     if(corrupted(Frame))
          Sleep();
     if(seqNo == Rn)                  //예상한 프레임이면
     {
       DeliverData();                 //데이터 전달
       Rn = Rn + 1;                   //창을 한 칸 밀어낸다
       SendACK(Rn);
     }
  }
}
```

분석 이 알고리즘은 간단하다. 손상되거나 순서가 바뀐 프레임은 그냥 무시한다. 기대하고 있는 순서 번호의 프레임이 도착하면 데이터를 전달하고 R_n 값을 갱신하고 다음 번에 받기를 기대하는 순서 번호를 나타내는 ackNo를 가진 ACK 프레임을 보낸다.

예제 11.5

그림 11.17은 *N*-복귀 ARQ의 예이다. 이것은 순방향 채널은 안정적이지만 반대 방향 채널은 그렇지 못한 경우의 예이다. 데이터 프레임은 손실되지 않았지만, 일부 ACK 프레임은 지연되고 하나는 손실되었다. 이 예는 또한 확인응답이 지연되거나 손실된 경우에 어떻게 누적 응답이 문제를 해소하는지도 보여준다.

초기화 후에 7개의 송신자 이벤트가 있다. 요청 이벤트들은 네트워크층에서 온 데이터에 의해 동작되며, 도착 이벤트들은 물리층의 확인응답에 의해 동작된다. 여기서 타임-아웃 이벤트는 없는데 이는 모든 미해결 프레임이 타이머가 만료되기 전에 확인응답되기 때문이다. 비록 2번 ACK가 손실되지만 3번 ACK가 2번과 3번 ACK 구실을 하는 것에 유의하라.

4개의 수신자 이벤트가 있는데 모두 물리층에서 프레임이 도착하면 동작한다.

예제 11.6

그림 11.18은 프레임이 손실될 때 무슨 일이 일어나는지 보여준다. 0번, 1번, 2번 및 3번 프레임이 전송되었다. 그러나 1번 프레임이 손실되었다. 수신자는 2번과 3번 프레임을 받았지만, 이들 프레임은 순서가 바뀌어(1번 프레임을 기다리는데) 도착했기 때문에 그냥 버려진다. 송신자는 1번, 2번 및 3번 프레임의 확인응답을 받지 못한다. 결국 타이머가 만료된다. 송신자는 모든 미해결 프레임(1번, 2번

그림 11.17
예제 11.5의 흐름도

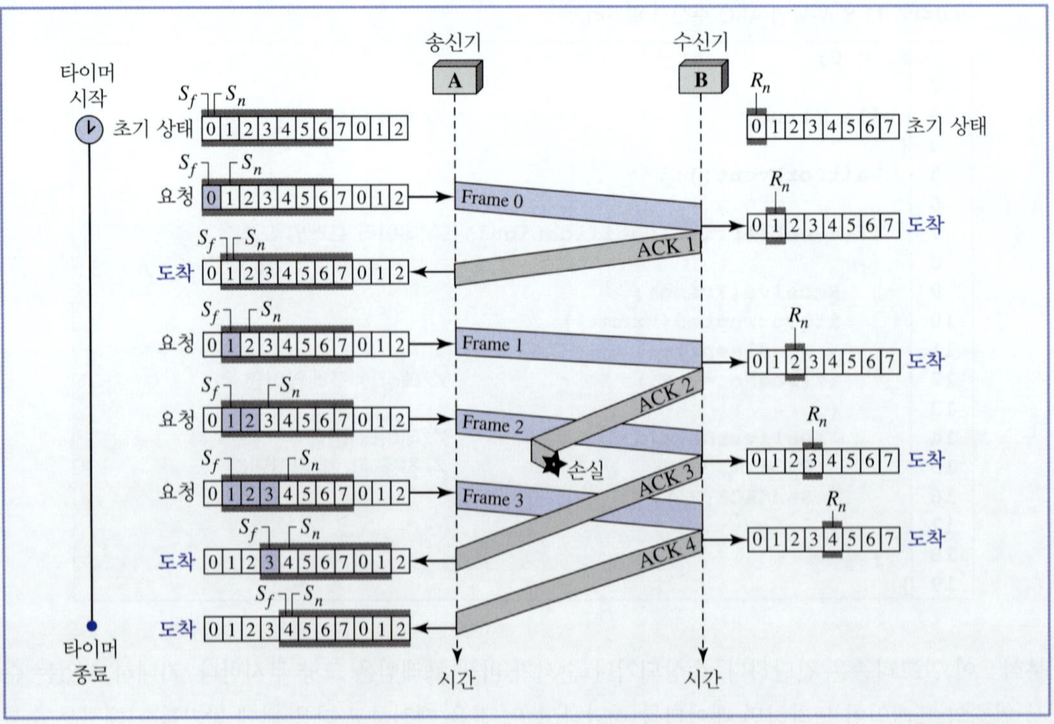

및 3번)을 다시 보낸다. 1번, 2번, 3번 프레임을 다시 보내는 것은 한 개의 이벤트에 대한 응답이라는 것에 유의하라. 송신자가 이 이벤트에 응답할 때는 다른 이벤트에 의해 동작되는 것을 받아들일 수 없다. 이는 2번 ACK가 도착할 때 송신자는 여전히 3번 프레임을 보내는 중이다. 물리층은 이 이벤트가 다 완료되어 데이터 링크층이 다시 휴지 상태에 들어갈 때까지 기다려야 한다. 지연을 나타내기 위해 수직선을 보여주고 있다. 3번 ACK에 대해서도 같은 이야기가 성립하나 3번 ACK가 도착할 때는 송신자는 2번 ACK에 대해 응답하는 중이다. 4번 ACK 도착할 때도 같은 일이 생긴다. 두 번째 타이머가 만료되기 전에 모든 미해결 프레임이 전송되었으며 타이머는 멈추게 된다는 것에 유의하라.

N-복귀 ARQ 대 정지-후-대기 ARQ

N-복귀 ARQ와 정지-후-대기 ARQ 사이에 유사점이 있다는 것을 알 수 있을 것이다. 정지-후-대기 ARQ 프로토콜은 실제로 오직 두 개의 순서 번호와 송신 창의 크기가 1인 *N*-복귀 ARQ라고 할 수 있다. 다시 말하면 $m = 1$, $2^m - 1 = 1$이다. *N*-복귀 ARQ에서는 덧셈은 모듈러-2^m이라고 할 수 있고, 정지-후-대기 ARQ에서는 2 즉, $m = 1$인 경우의 2^m과 같다고 할 수 있다.

> 정지-후-대기 ARQ는 송신 창의 크기가 1인 *N*-복귀 ARQ의 특별한 경우이다.

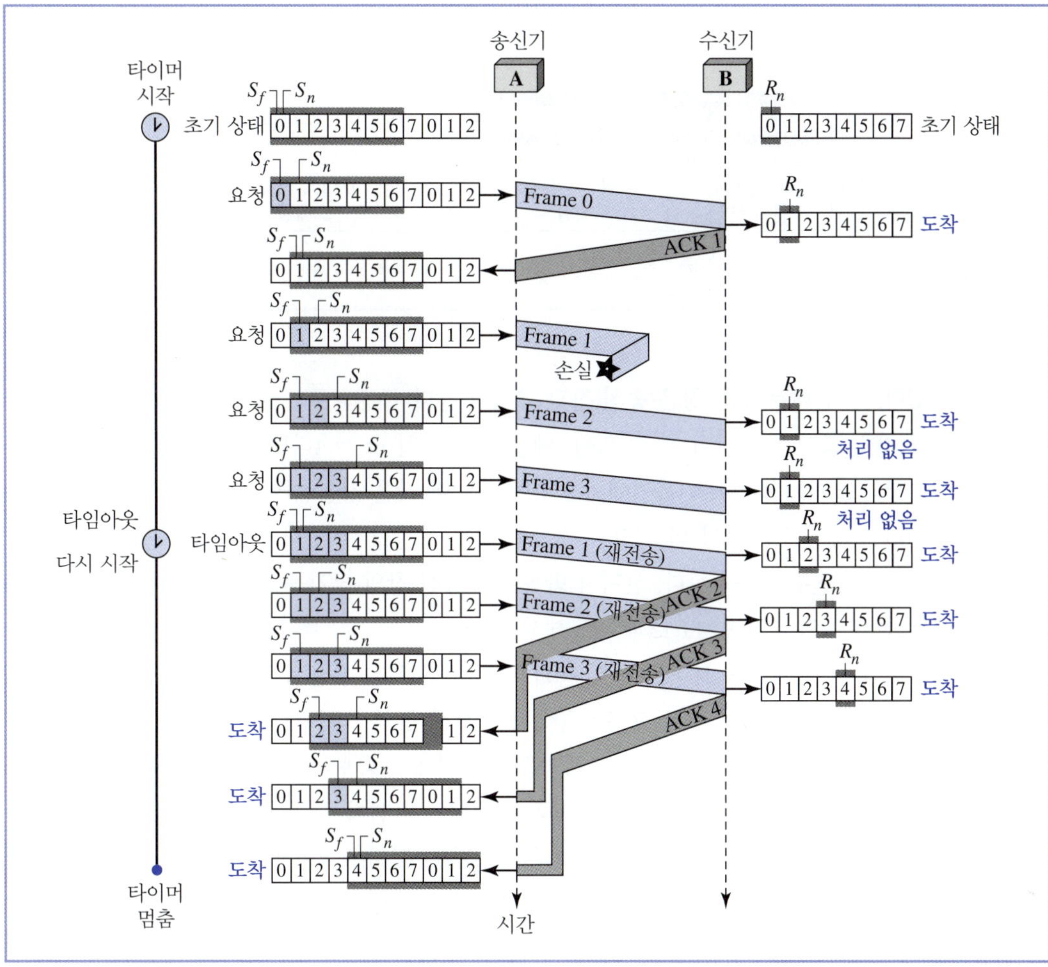

그림 11.18 예제 11.6의 흐름도

선택적 반복 ARQ

N-복귀 ARQ는 수신자 쪽의 과정을 단순화하고 있다. 수신자는 단지 하나의 변수만 관리하며 순서가 뒤바뀌어 도착한 프레임을 저장하는 버퍼가 필요 없다. 그러나 이 프로토콜은 잡음이 있는 링크에서는 매우 비효율적이다. 잡음이 있는 링크에서는 프레임이 손상될 확률이 높아지며 이는 다수의 프레임을 다시 전송하게 되는 것을 의미한다. 이 재전송으로 인해 대역폭을 소모하게 되며 전송 속도가 느려지게 된다. 잡음이 있는 채널에 대해 오직 하나의 프레임이 손상되었는데 전체 *N*개의 프레임을 재전송하는 대신에 오로지 손상된 프레임만 다시 전송하는 방법이 있다, 이 방법을 **선택적 반복 ARQ**(selective repeat ARQ)라고 한다. 이 프로토콜은 잡음이 있는 채널에서 더욱 효율적이지만 수신자 쪽의 절차가 더욱 복잡하다.

창

선택적 반복 프로토콜도 두 개의 창을 사용하는데 송신 창과 수신 창이다. 그러나 이 프로토콜의 창과 앞의 *N*-복귀의 창에는 차이점이 있다. 우선 송신 창의 크기는 훨씬 작아서 2^{m-1}이다. 그 이유는

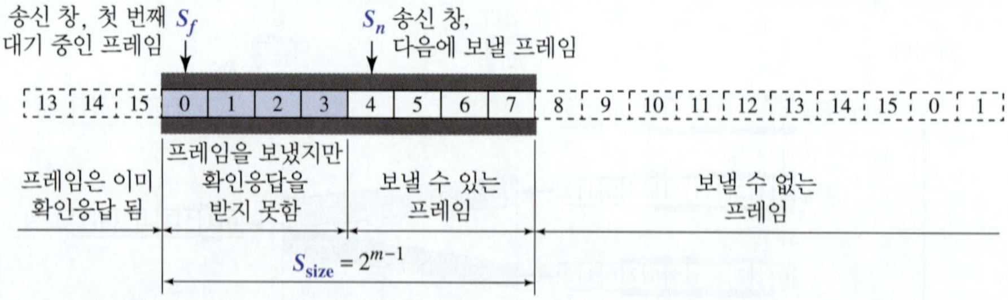

그림 11.19 선택적 반복 ARQ의 송신 창

뒤에 설명하겠다. 두 번째는 수신 창은 송신 창과 크기가 같다.

송신 창의 최대 크기는 2^{m-1}이 될 수 있다. 예를 들면 만일 $m = 4$라면 순서 번호는 0부터 15가 될 수 있으나 창의 크기는 8이다(N-복귀에서는 15였다). 더 작은 창은 파이프를 채운다는 점에서는 더 비효율적이나 복제된 프레임이 더 적다는 것으로 이를 보상할 수 있다. 이 프로토콜은 N-복귀에서 사용한 것과 같은 변수를 사용한다. 선택적 반복에서 송신 창의 크기를 강조하기 위해 그림 11.19에 강조하여 보여주고 있다. 그림 11.13과 비교해서 보라.

선택적 반복의 수신 창은 N-복귀의 수신 창과 완전히 다르다. 우선 수신 창의 크기는 송신 창의 크기와 동일하다 (2^{m-1}). 선택적 반복 프로토콜에서는 수신 창의 크기만큼은 순서가 엇갈려 도착하는 프레임을 수용하여 네트워크층에 보낼 프레임들이 순서대로 확보될 때까지 보관한다. 송신 창과 수신 창의 크기가 같기 때문에 송신 창의 프레임들은 순서가 바뀌어서도 수신자에게 전달될 수 있고 수신자 쪽에서 일단 받아 보관할 수 있다. 그러나 수신자는 절대로 뒤바뀐 순서대로 네트워크층에 데이터를 보내지는 않는다. 그림 11.20은 이 프로토콜의 수신 창을 보여준다. 색깔로 칠해진 창의 내부 틈새들은 순서가 뒤바뀌어 도착한 프레임을 가리키며 다른 이웃 프레임들이 도착할 때까지 기다리고 있다가 나머지들이 도착하면 순서대로 정렬하여 네트워크층에 보내진다.

설계

이 경우의 설계는 N-복귀에서 논의한 것과 어느 정도 유사하지만 그림 11.21에 나타난 것처럼 더 복잡하다.

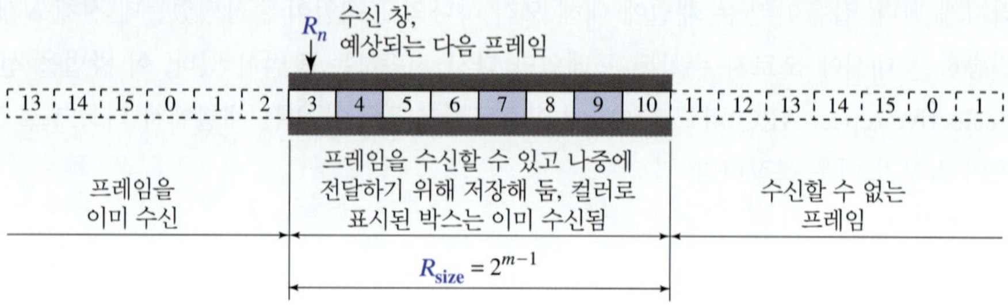

그림 11.20 선택적 반복 ARQ의 수신 창

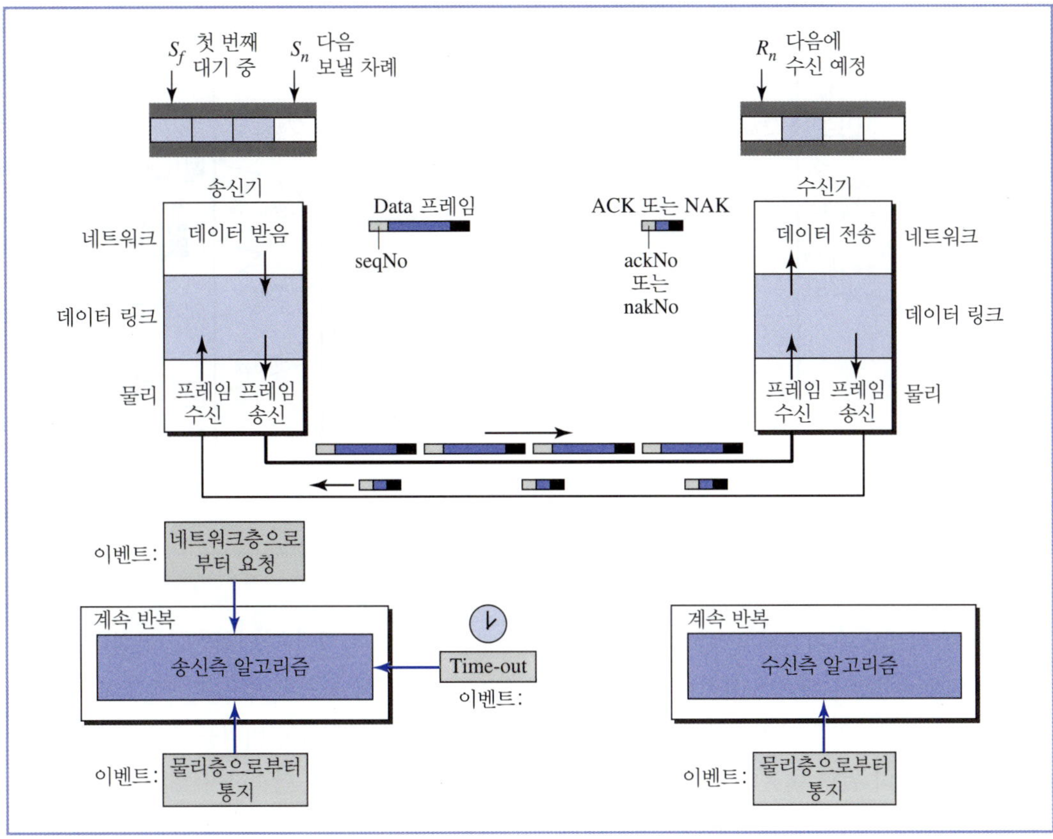

그림 11.21
선택적 반복 ARQ의 설계

창 크기

이제 송신자와 수신자 창의 크기가 왜 최대 2^m의 절반밖에 되지 못하는지를 보여 줄 수 있다. 예를 들면 m = 2를 선택하여 창의 크기를 $2^m/2$ 즉, 2라고 하자. 그림 11.22는 창의 크기가 2인 경우와 3인 경우를 비교하고 있다.

창의 크기가 2이고 모든 확인응답이 손실되었다면 0번 프레임의 타이머가 만료되어 0번 프레임이 재전송될 것이다. 그러나 수신자의 창은 이제 0번 프레임이 아닌 2번 프레임을 기대하고 있으므로 이 중복된 0번 프레임은 올바르게 버려진다. 창의 크기가 3인 경우에 모든 확인응답이 손실되면 송신자는 복제된 0번 프레임을 전송하게 된다. 그러나 이번에는 수신자의 창은 0번 프레임을 기다리고 있으므로 복제된 0번 프레임을 다음 사이클의 새로운 0번 프레임으로 잘못 알고 받게 된다. 이것은 명확하게 오류이다.

> 선택적 반복 ARQ에서는 송신 창과 수신 창의 크기는 최대 2m의 절반이다.

알고리즘

알고리즘 11.9는 송신자의 절차를 보여준다.

그림 11.22 선택적 반복 ARQ의 창 크기

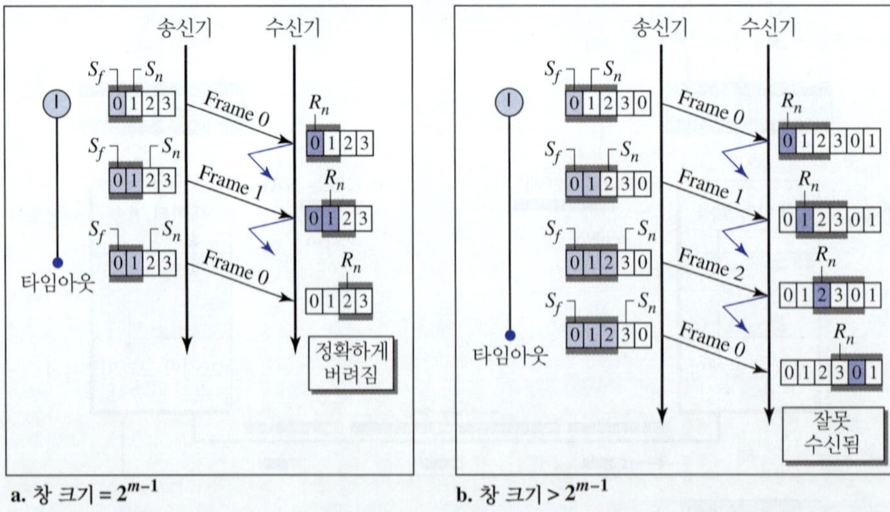

분석 요청 이벤트의 처리는 앞의 프로토콜과 유사하지만 각 프레임마다 타이머가 동작한다는 점이 다르다. 도착 이벤트는 좀 더 복잡하다. ACK 또는 NAK 프레임이 도착할 수 있다. 유효한 NAK가 도착하면 해당 프레임을 재전송한다. 유효한 ACK가 오면 루프를 사용하여 버퍼를 지우고 해당 타이머를 멈추고 창의 왼편 벽을 이동시킨다. 타임-아웃 이벤트는 여기서는 단순하여 해당 타임-아웃된 프레임만 재전송된다.

알고리즘 11.10은 수신자의 절차를 보여준다.

분석 여기서는 더 많은 초기화가 필요하다. 다른 쪽에 NAK를 너무 많이 보내지 않기 위해서 NakSent라는 변수를 사용한다. ACK를 언제 보내야 할지 알기 위해서 AckNeeded 변수를 사용한다. 이 두 가지 변수 모두 거짓 값으로 초기화한다. 또한, 해당 프레임이 도착하여 저장될 때 수신 창의 틈새를 나타내기 위해 일련의 변수들을 사용한다. 손상된 프레임을 받았으나 아직 NAK를 보내지 않았다면 상대방에게 기대하는 프레임을 받지 못했다는 것을 알리기 위해 NAK를 보낸다. 프레임이 손상되지 않고 창 안에 있는 순서 번호를 수신하면 프레임을 보관하고 해당 틈새를 표시한다. R_n부터 시작하여 이어지는 프레임이 다 표시되면 네트워크층으로 데이터들을 보내고 창을 밀어낸다. 그림 11.23은 이와 같은 상황을 보여준다.

예제 11.7

이 예는 1번 프레임이 손실되는 예제 11.3과 유사하다. 선택적 반복이 이 경우에 어떻게 동작하는지를 보여준다. 그림 11.24는 이러한 상황을 보여준다.

주요 차이점 중 하나는 타이머의 개수이다. 여기서는 각 전송되거나 재전송되는 프레임마다 타이머가 필요하며 이는 타이머에 번호(0, 1, 2, 3)를 붙일 필요가 있다는 것을 말한다. 0번 프레임을 위한 타이머는 첫 번째 요청에 따라 시작되지만, 이 프레임의 ACK가 도착하면 멈춘다. 1번 프레임을 위한 타이머는 두 번째 요청에 따라 시작되어 NAK가 도착하면 다시 시작하여 결국 ACK가 도착

알고리즘 11.9 송신자 측 선택적 반복 알고리즘

```
Sw = 2^(m-1) ;
Sf = 0;
Sn = 0;

while (true)                          //계속 반복
{
  WaitForEvent();
  if(Event(RequestToSend))            //패킷을 보낸다
  {
     if(Sn-Sf >= Sw)                  //창이 꽉 차있으면
           Sleep();
     GetData();
     MakeFrame(Sn);
     StoreFrame(Sn);
     SendFrame(Sn);
     Sn = Sn + 1;
     StartTimer(Sn);
  }

  if(Event(ArrivalNotification)) //ACK 도착
  {
     Receive(frame);                  //ACK 또는 NAK 수신
     if(corrupted(frame))
          Sleep();
     if (FrameType == NAK)
        if (nakNo between Sf and Sn)
        {
         resend(nakNo);
         StartTimer(nakNo);
        }
     if (FrameType == ACK)
        if (ackNo between Sf and Sn)
        {
          while(sf < ackNo)
          {
           Purge(sf);
           StopTimer(sf);
           Sf = Sf + 1;
          }
        }
  }

  if(Event(TimeOut(t)))               //타이머 만료
  {
   StartTimer(t);
   SendFrame(t);
  }
}
```

하면 멈춘다. 다른 두 개의 타이머는 해당 프레임이 전송되면서 시작하여 마지막 도착 이벤트 시점에서 멈춘다.

수신자 쪽에서는 프레임을 수신한 것과 네트워크층에 보낸 것을 구별할 필요가 있다. 두 번째 도

알고리즘 11.10 수신자 측 선택적 반복 알고리즘

```
Rn = 0;
NakSent = false;
AckNeeded = false;
Repeat(for all slots)
    Marked(slot) = false;

while (true)                                      //계속 반복
{
  WaitForEvent();

  if(Event(ArrivalNotification))                  /데이터 프레임 도착
  {
     Receive(Frame);
     if(corrupted(Frame))&& (NOT NakSent)
     {
      SendNAK(Rn);
      NakSent = true;
      Sleep();
     }
     if(seqNo <> Rn)&& (NOT NakSent)
     {
      SendNAK(Rn);
      NakSent = true;
      if ((seqNo in window)&&(!Marked(seqNo))
      {
       StoreFrame(seqNo)
       Marked(seqNo)= true;
       while(Marked(Rn))
       {
        DeliverData(Rn);
        Purge(Rn);
        Rn = Rn + 1;
        AckNeeded = true;
       }
        if(AckNeeded);
        {
        SendAck(Rn);
        AckNeeded = false;
        NakSent = false;
        }
      }
     }
  }
}
```

그림 11.23
선택적 반복 ARQ의 데이터 전달

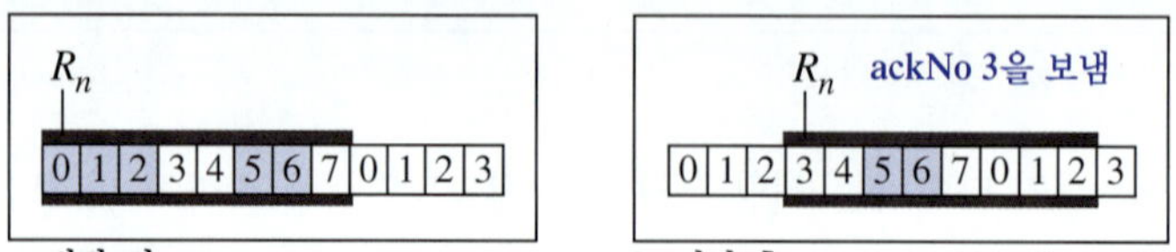

a. 전달 전　　b. 전달 후

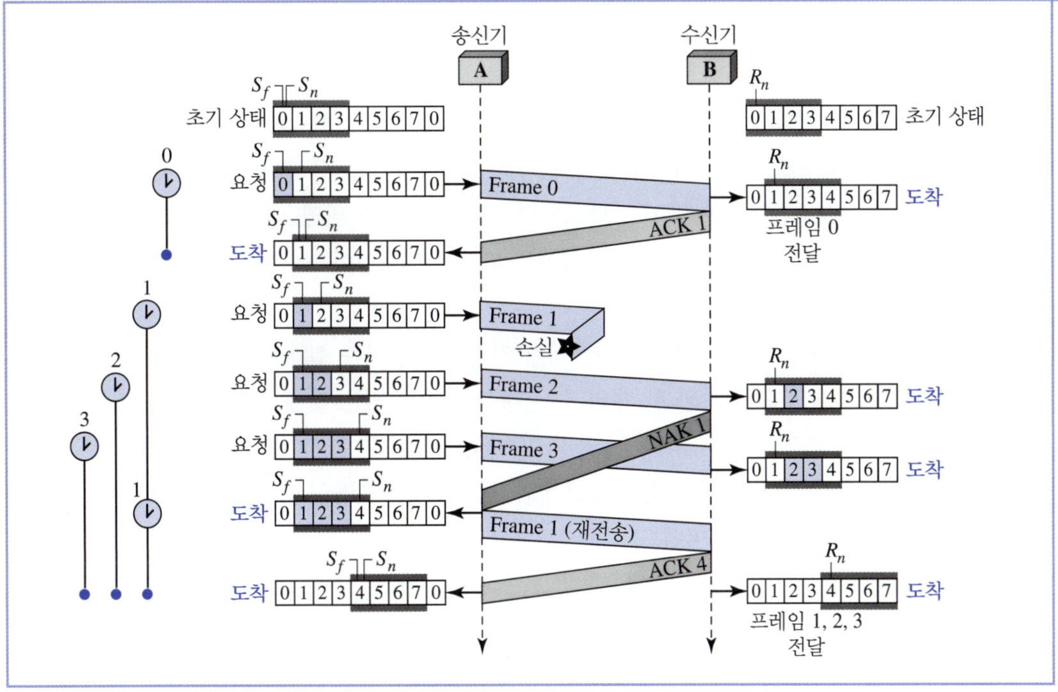

그림 11.24
예제 11.7의 흐름도

착 이벤트에 2번 프레임이 도착하며 이 프레임을 저장하고 표시해 두지만(색칠해 둔 칸) 1번 프레임이 아직 도착하지 않았으므로 네트워크층에 보내지는 않는다. 다음 번 도착에서 3번 프레임이 도착하고 1번 프레임의 복사본이 도착하면 1, 2, 3번 프레임을 네트워크층에 보낼 수 있게 된다. 네트워크층으로 보내기 위한 두 개의 조건이 있다. 우선 일련의 연속된 프레임이 도착해야 한다. 두 번째로 그 일련의 프레임은 창의 시작점에서 시작한다는 것이다. 첫 번째 도착 이후에 오직 하나의 프레임만 있으며 창의 앞에서부터 시작한다. 마지막 도착 이후 세 개의 프레임이 있으며 첫 번째 것이 창의 앞에서부터 시작한다.

또 다른 중요한 점은 두 가지 경우 모두 유사해 보이지만 NAK가 세 번째 도착 이후가 아닌 두 번째 도착 이후에 보내진다는 것이다. 그 이유는 이 프로토콜은 불필요한 NAK와 재전송되는 프레임으로 네트워크가 번잡하지 않도록 하기 때문이다. 두 번째 NAK 또한 송신자로 하여금 1번 프레임을 다시 보내도록 알리기 위해 1번 NAK가 될 수 있으나 이 NAK는 이미 보냈다. 첫 번째 보낸 NAK를 기억하여(nakSent 변수를 사용하여) 프레임 수신으로 인해 창을 밀어내기 전에는 다시 보내지 않는다. NAK는 각 창의 위치마다 한 번만 보내지며 창의 첫 번째 틈새를 지정한다.

다음 요점은 ACK에 관한 것이다. 여기서는 오직 두 개의 ACK만 보낸 것에 유의하라. 첫 번째 ACK는 오직 첫 번째 프레임에 대해서만 확인응답한 것이나 두 번째 것은 세 개의 프레임을 확인응답한다. 선택적 반복에서는 데이터가 네트워크층에 보내지고 나서 ACK가 전송된다. 만일 n개의 프레임이 한꺼번에 보내졌으면 오직 한 개의 ACK를 보내 그 모든 프레임에 대해 확인응답한다.

피기배킹

여기서 논의한 세 개의 프로토콜은 모두 단방향이어서 ACK나 NAK 같은 제어 프레임과는 달리 데이터는 한 방향으로만 전달된다. 실제에서는 데이터 프레임은 보통 노드 A에서 노드 B로 또 노드 B에서 노드 A의 양방향으로 전송된다. 이는 제어 정보 또한 양방향으로 전송되는 것을 말한다. **피기배킹**(piggybacking)라는 기법이 양방향 프로토콜의 효율을 높이기 위해 사용된다. 프레임이 노드 A에서 노드 B로 데이터를 전송할 때 같은 프레임이 노드 B의 프레임이 제대로 도착했는지(또는 손실) 아닌지에 관한 제어 정보도 같이 보낼 수 있다.

그림 11.25에 *N*-복귀 ARQ의 경우에 피키배킹 기법을 사용하는 설계를 보여주고 있다. 각 노드는 두 개의 창, 즉 한 개의 송신 창과 한 개의 수신 창을 가지고 있는 것에 유의하라. 두 개의 타이머도 필요하다. 두 개의 타이머는 요청, 도착 및 타임-아웃이라는 세 가지 유형의 이벤트와 연관된다. 그러나 도착 이벤트는 여기서 보다 복잡하여 프레임이 도착하면 프레임 자체는 물론 제어 정보도 다루어야 한다. 이 모든 것이 도착 이벤트가 생기면 다루어져야 한다. 양 측에서 요청 이벤트는 오직 송신 창만 사용하나 도착 이벤트는 두 개의 창을 모두 사용한다.

피키배킹의 중요한 점 하나는 양쪽 모두 같은 알고리즘을 사용한다는 것이다. 이 알고리즘은 두 개의 도착 이벤트를 한 개로 합하기 때문에 복잡하다. 이에 대해서는 숙제로 남겨둔다.

그림 11.25
N-복귀 ARQ에서 피기배킹 설계

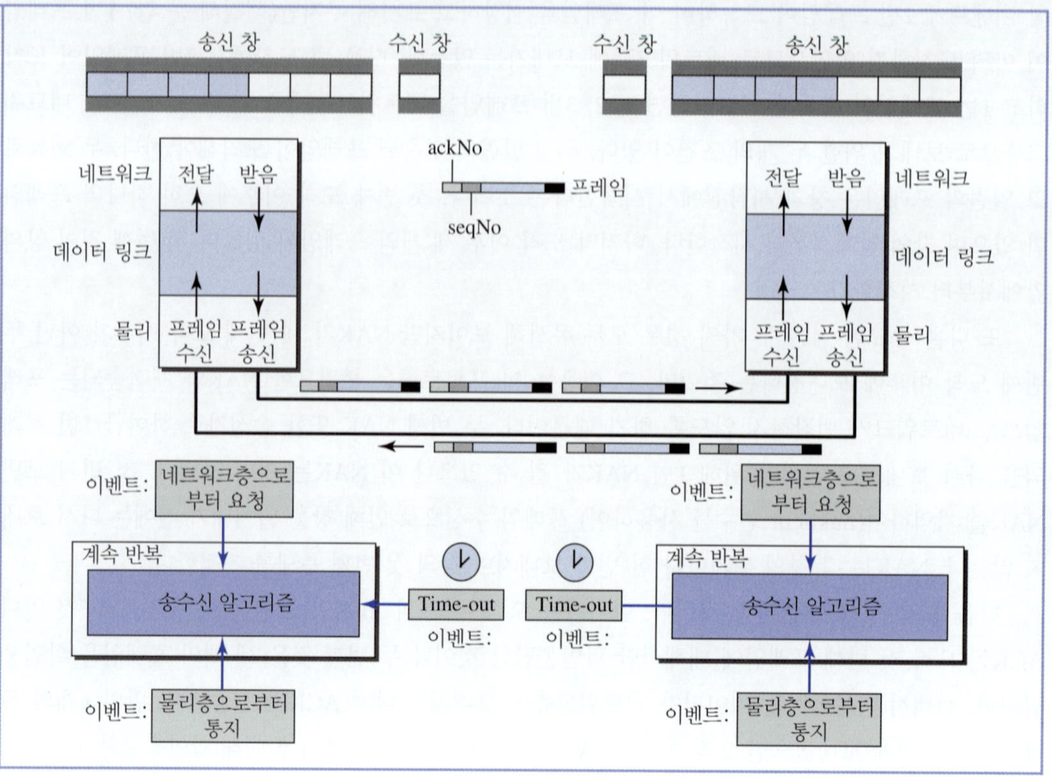

11.3 HDLC

고급 데이터 링크 제어(HDLC, High-level Data Link Control)는 점-대-점과 다중점 링크에서 통신을 위한 비트 중심 프로토콜이다. 이것은 앞서 논의한 정지-후-대기 프로토콜을 구현한다. 이 프로토콜이 실제보다 이론적인 문제가 있지만, 이 프로토콜에 정의된 대부분 개념은 다음에 논의할 PPP나 유선 LAN(13장)에서 논의한 이더넷 프로토콜 또는 무선 LAN(15장)과 같은 다른 실제적인 프로토콜을 위한 기본이다.

11.3.1 구성 및 전송 모드

HDLC는 서로 다른 구성으로 사용되는 **정규 응답 모드**(NRM, normal response mode)와 **비동기 균형 모드**(ABM, asynchronous balanced mode)라는 일반적인 전송 모드를 제공한다. NRM에서는 지국 구성은 비균형적이다. 주국이 하나 있고 여러 개의 종국이 있다. **주국**(primary station)은 명령을 보낼 수 있는데, **종국**(secondary station)은 단지 그에 응답할 뿐이다. NRM은 그림 11.26과 같이 점-대-점 및 다중점 링크에 모두 사용된다.

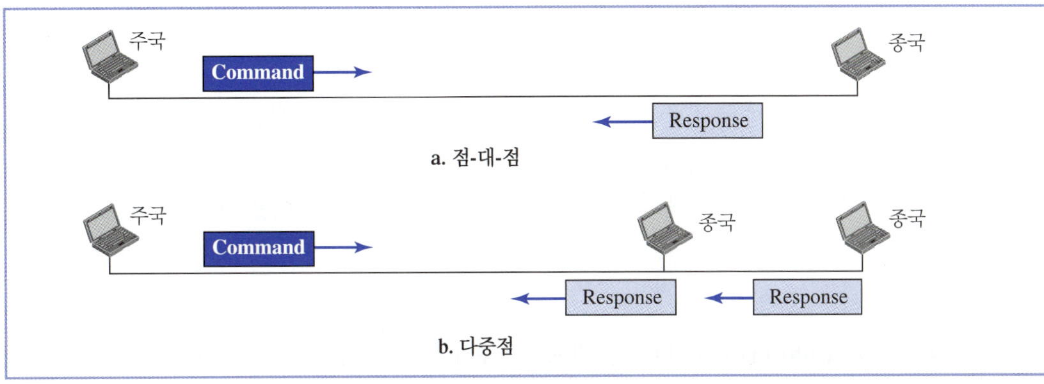

그림 11.26 정규 응답 모드(NRM)

ABM에서는 구성은 균형적이다. 링크는 점-대-점이며, 각 지국은 그림 11.27에 나타난 것처럼 주국이자 종국의 기능을 수행한다. 이것이 요즘 보통 사용되는 모드이다.

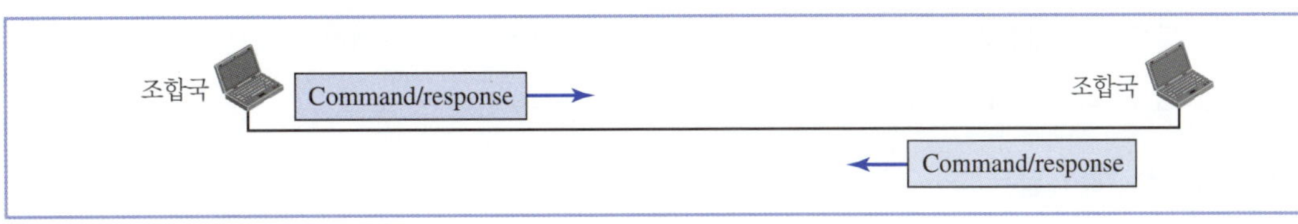

그림 11.27 비동기 균형 모드(ABM)

11.3.2 프레임

통신 모드와 구성의 모든 가능한 선택사항을 지원하는 데 필요한 융통성을 제공하기 위해, HDLC는 **정보 프레임**(**I-프레임**, information frames), **감시 프레임**(**S-프레임**, supervisory frames) 및 **비번호**

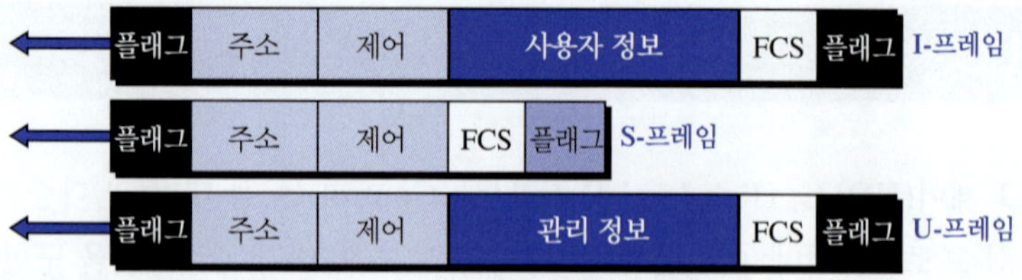

그림 11.28
HDLC 프레임

프레임(**U-프레임**, unnumbered frames)이라는 세 가지 유형의 프레임을 정의한다. 이 세 가지 유형의 프레임은 서로 다른 유형의 메시지 전송을 위한 봉투(envelope)로서 동작한다. I-프레임은 사용자 데이터와 사용자 데이터에 관련된 제어 정보를 전송하는 데 쓰이고(피기배킹), S-프레임은 오직 제어 정보를 전송하는 데 사용되며, U-프레임은 시스템 관리를 위한 것으로 U-프레임으로 전송되는 정보는 링크 자체를 관리할 목적으로 쓰인다.

HDLC의 각 프레임은 그림 11.28과 같이 시작 플래그(beginning flag), 주소 필드, 제어 필드, 정보 필드, 프레임 검사 순서 값(FCS) 필드, 종료 플래그(ending flag) 등 6개의 필드를 포함할 수 있다. 다중 프레임 전송에서 한 프레임의 종료 플래그는 다음 프레임의 시작 플래그를 겸할 수 있다.

이제 각 필드와 여러 프레임 유형에 따라 어떤 기능을 하는지 알아보자.

- **플래그 필드** 이 플래그(flag) 필드는 프레임의 시작과 끝을 인식하고 동기화 패턴 01111110이 들어 있다.
- **주소 필드** 이 필드는 종국의 주소를 가지고 있다. 만약 주국이 프레임을 만들었다면 이 프레임은 목적지 주소를 가지며, 종국이 프레임을 만들었다면 발신지 주소를 가지게 된다. 주소(address) 필드는 네트워크의 필요에 따라 1바이트 또는 몇 바이트의 길이를 가질 수 있다.
- **제어 필드** 제어(control) 필드는 흐름과 오류 제어에 사용되는 1바이트 또는 2바이트이다. 비트의 설명은 다음에 논의한다.
- **정보 필드** 정보(information) 필드는 네트워크층의 사용자 데이터를 포함하거나 관리 정보를 포함한다. 이 필드의 길이는 네트워크마다 다를 수 있다.
- **FCS 필드** 프레임 검사 순서 값(FCS, frame check sequence)은 HDLC의 오류 검출(error detection) 필드이다. 이 필드는 2바이트나 4바이트 CRC를 포함한다.

제어 필드는 프레임의 유형과 기능을 규정한다. 그러므로 좀 더 자세히 이 필드를 살펴보자. 그 형식은 그림 11.29에 보인 것처럼 프레임의 유형에 따라 다르다.

I-프레임에서 제어 필드

I-프레임은 네트워크층으로부터 사용자 데이터를 전달하기 위해 설계되었다. 추가적으로, 흐름 및 오류 제어 정보(피기배킹)를 포함할 수 있다. 제어 필드의 부필드들은 이와 같은 기능을 규정하기 위해 사용된다. 첫 번째 비트는 유형을 나타낸다. 제어 필드의 첫 번째 비트가 0이면 이는 프레임이 I-프레임인 것을 의미한다. 그 다음 3개의 비트는 *N*(*S*)라고 불리는데 프레임의 순서 번호를 나타낸다.

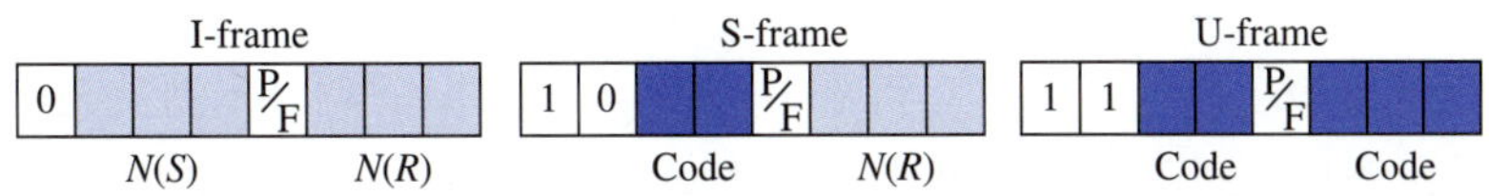

그림 11.29 다양한 프레임 유형에 대한 제어 필드 형식

3개의 비트로 0부터 7까지의 순서 번호를 정의할 수 있다는 것을 유의하라. 마지막 3비트는 *N*(*R*)이라 불리는데 피기배킹할 때 확인응답 번호에 해당한다. *N*(*S*)와 *N*(*R*) 사이의 단일 비트는 P/F 비트라 불린다. P/F 필드는 두 가지 목적으로 쓰이는 단일 비트이다. 이 비트는 1로 설정되었을 때만 의미를 가지며 폴(poll) 또는 파이널(final)을 의미할 수 있다. 이 비트는 프레임이 주국에서 종국으로 보낼 때(주소 필드가 수신기의 주소를 가지고 있을 때)에는 폴을 뜻하며, 프레임이 종국에서 주국으로 보낼 때(주소 필드가 송신기의 주소를 가지고 있을 때)에는 파이널을 의미한다.

S-프레임에서 제어 필드

피기배킹이 불가능하거나 부적절할 때 흐름 제어와 오류 제어를 위해 감시 프레임(S-frame, supervisory frame)이 사용된다. S-프레임에는 정보 필드가 없다. 제어 필드의 처음 2비트가 10이면 이 프레임은 S-프레임이다. *N*(*R*)로 불리는 마지막 3비트는 S-프레임의 유형에 따라, ACK나 NAK에 해당한다. 코드(code)라 불리는 2비트는 S-프레임 자체의 유형을 정의하는 데 사용된다. 이 2비트로 다음의 4가지 유형의 S-프레임을 규정한다.

- **수신 준비**(RR, receive ready)　코드 부필드의 값이 00이면, 이는 RR S-프레임이다. 이 유형의 프레임은 안전하고 온전히 전송된 프레임 또는 일련의 프레임에 대해 확인응답을 한다. 이 경우 *N*(*R*) 필드의 값은 확인응답 번호를 정의한다.
- **수신 불가**(RNR, receive not ready)　코드 부필드의 값이 10이면, 이는 RNR S-프레임이다. 이 유형의 프레임은 추가적인 기능을 갖는 RR 프레임이다. 이는 프레임 또는 여러 프레임을 수신한 것에 대해 확인응답을 보내지만, 수신자가 바빠서 더 이상의 프레임을 받을 수 없다는 것을 알리는 것이다. 이는 송신자에게 속도를 늦추도록 하여 일종의 혼잡 제어를 수행한다. *N*(*R*)의 값은 확인응답 번호이다.
- **거부**(REJ, reject)　코드 부필드의 값이 01이면 이는 REJ S-프레임이다. 이는 NAK 프레임이지만 선택적 거부 ARQ에 사용되었던 것과는 다르다. 이는 N 프레임 후퇴 ARQ에서 사용되어 송신자의 타이머가 다 되기 전에 직전의 프레임이 손실되었거나 손상된 것을 송신자에게 알려서 처리 효율을 높이는 데 사용된다. *N*(*R*)의 값은 NAK 번호이다.
- **선택적 거부**(SREJ, selective reject)　코드 부필드의 값이 11이면 이는 SREJ S-프레임이다. 이는 선택적 거부 ARQ의 NAK이다. HDLC 프로토콜에서는 선택적 반복(selective repeat) 대신에 선택적 거부(selective reject)라고 한다. *N*(*R*)의 값은 NAK 번호이다.

U-프레임에서 제어 필드

비번호 프레임은 서로 연결된 장치들 간에 세션(session) 관리와 제어 정보를 교환하는 용도로 쓰인다. S-프레임과는 달리 U-프레임은 정보 필드를 가지고 있으나, 이 정보 필드는 사용자 데이터가 아니라 시스템 관리 정보를 위해 쓰인다. 그러나 S-프레임과 같이 U-프레임도 제어 필드에 들어 있는 코드에 의해 많은 정보를 전달한다. U-프레임의 코드는 P/F 비트 앞에 있는 2비트와 뒤에 있는 3비트로 구성되어 있다. 이 두 세그먼트(5비트)를 조합하여 총 32가지의 U-프레임을 만들어 사용할 수 있다.

예제 11.8

그림 11.30은 어떻게 U-프레임을 사용하여 연결 설정과 해제를 하는지를 보여준다. 노드 A가 일련의 SABM 프레임을 사용하여 설정을 요청하고 노드 B는 이에 UA 프레임을 사용하여 확인응답을 보내는 것에 유의하라. 이 교환 후에 두 노드들 사이에 데이터 교환이 일어날 수 있다(그림에는 표시되지 않음). 데이터 전달 이후에는 노드 A는 DISC(disconnect) 프레임을 보내 연결을 해제하며 노드 B는 UA(unnumbered acknowledgement) 프레임을 보내 이에 응답한다(비번호 확인응답).

예제 11.9

그림 11.31은 피기배킹을 사용하여 두 가지 교환을 보여준다. 첫 번째 경우는 오류가 발생하지 않을 때이다. 두 번째 경우는 오류가 발생하고 일부 프레임이 폐기되었을 때이다.

그림 11.30
연결 설정과 연결 해제 예

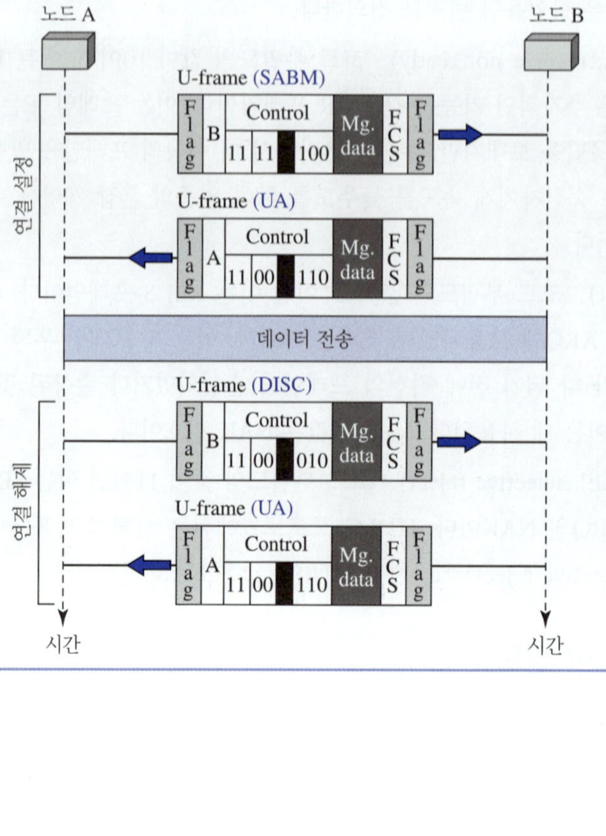

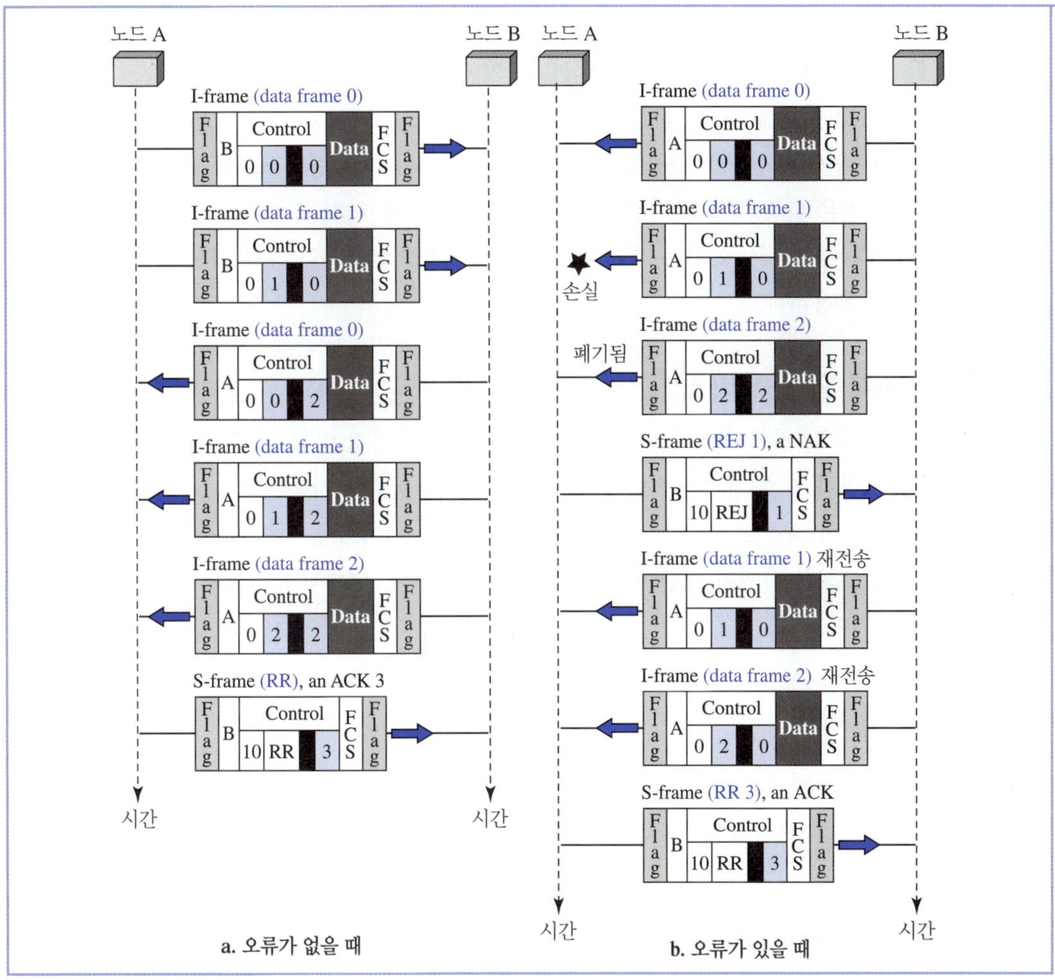

그림 11.31
오류가 있을 때와 없을 때의 피기배킹 예

11.4 점-대-점 프로토콜

점-대-점 접속을 위한 가장 널리 사용되는 프로토콜은 **점-대-점 프로토콜(PPP, Point-to-Point Protocol)**이다. 오늘날 수백만의 인터넷 사용자들은 인터넷 서비스 제공자의 서버에 자신들의 컴퓨터를 PPP를 통해 연결한다. 대부분 사용자는 전통적인 모뎀을 가지고 물리층 서비스를 제공하는 전화선을 통해 인터넷에 연결된다. 그러나 데이터 전송을 제어하고 관리하기 위해서는 데이터 링크층에서 점-대-점 프로토콜이 필요하다. PPP는 현재까지 가장 널리 사용되는 프로토콜이다.

11.4.1 서비스

PPP의 설계자는 PPP를 점-대-점 프로토콜에 적합하게 만들기 위해 여러 가지 서비스를 포함시켰다. 반면에 PPP를 간단히 하기 위해 몇 가지 전통적인 서비스는 무시했다.

PPP가 제공하는 서비스

PPP는 장치들 사이에서 교환될 프레임의 형식을 정의한다. 또한, 두 장치가 어떻게 링크 설정을 교섭하고 데이터를 교환할지를 정의한다. PPP는 여러 네트워크층으로부터 페이로드를 받도록 설계되었다(IP만이 아닌). 인증 또한 프로토콜에 선택적으로 제공된다. 다중링크 PPP(Multilink PPP)로 불리는 PPP의 새 버전은 다중 링크로 연결을 제공한다. PPP의 한 가지 흥미로운 특징은 네트워크 주소 구성을 지원한다는 것이다. 이것은 가정 사용자가 인터넷에 연결하기 위해 임시로 네트워크 주소가 필요할 때 특히 유용하다.

PPP가 제공하지 않는 서비스

PPP는 흐름 제어를 제공하지 않는다. 송신자는 수신자를 생각하지 않고 프레임을 계속 보낼 수 있다. PPP는 매우 간단한 오류 제어를 한다. CRC 필드가 오류 검출에 사용된다. 프레임이 손상되었으면 그냥 폐기하고 상위 계층 프로토콜이 이 문제를 해결해야 한다. 오류 제어를 하지 못하고 순서 번호가 없기 때문에 순서가 바뀌어 패킷이 도달할 수 있다. PPP는 다중점 링크에서 프레임을 다룰 수 있는 주소지정 방법이 없다.

11.4.2 프레임 짜기

PPP는 문자-중심(혹은 바이트-중심) 프레임을 사용한다. 그림 11.32는 PPP 프레임의 형식을 보여준다. 각 필드에 대한 설명은 다음과 같다.

- **플래그** PPP 프레임은 01111110 값을 가진 1바이트 플래그(flag)로 시작하고 끝난다.
- **주소** 이 프로토콜에서 주소(address) 필드는 일정한 값으로 11111111(브로드캐스트 주소)로 설정한다.
- **제어** 이 제어(control) 필드는 HDLC의 U-프레임을 모방한 일정한 값 00000011로 설정한다. 뒤에 논의하겠지만 PPP는 어떤 흐름 제어도 제공하지 않는다. 오류 제어 또한 오류 검출을 위해 제한된다.
- **프로토콜** 프로토콜(protocol) 필드는 데이터 필드에 사용자 데이터 또는 다른 정보가 들어 있는 것을 정의한다. 이 필드는 기본 2바이트를 사용하지만 두 당사자는 단지 1바이트만 사용하도록 동의할 수 있다.
- **페이로드 필드** 이 페이로드(payload) 필드는 곧 논의할 사용자 데이터나 그 밖의 정보들을 전달한다. 데이터 필드는 기본적으로 최대 1,500바이트를 갖는 바이트의 순서이다. 하지만 이는 교

그림 11.32
PPP 프레임 형식

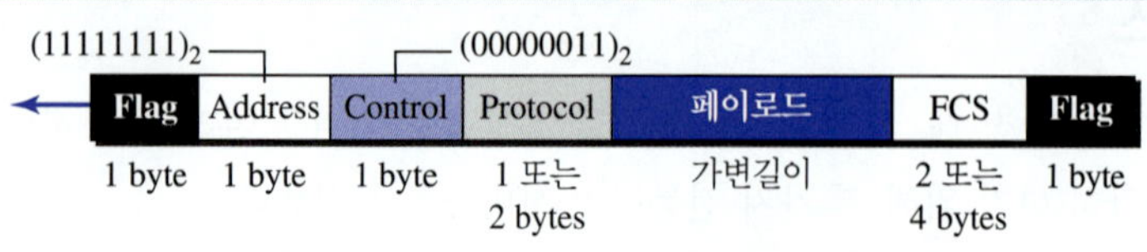

섭하는 동안 바뀔 수 있다. 데이터 필드는 이 필드에 플래그 바이트 패턴이 나타나면 바이트 채우기가 된다. 왜냐하면, 데이터 필드의 크기를 정의하는 필드가 없어서, 크기가 최대 기본값 또는 최대 교섭 값보다 작으면 패딩이 필요하다.

- **FCS** 프레임 검사 순서 값(frame check sequence)은 간단히 2바이트 또는 4바이트 표준 CRC이다.

바이트 채우기

PPP는 바이트 중심 프로토콜이기 때문에, PPP의 플래그가 프레임의 데이터 부분에 나타나면 ESC 문자를 사용하여 표시해야 한다. ESC 바이트는 01111101이며 이는 데이터에 플래그와 같은 패턴이 나타날 때마다 이 추가 바이트를 더하여 수신자가 다음 바이트가 플래그가 아닌 것을 알 수 있게 해 주어야 한다. 즉 ESC 바이트는 또 다른 ESC 바이트로 채우는 것이다.

11.4.3 천이 단계

하나의 PPP 연결이 겪는 단계들은 그림 11.33과 같이 천이 단계(transition phase) 다이어그램으로 보여줄 수 있다. FSM(Finite State Machine)에서 천이 다이어그램은 정지(dead) 상태로 시작한다. 이 상태에서는 (물리층에서) 전송 활동은 없으며 회선이 아무도 사용하지 않는 경우이다. 두 노드 중 하나가 통신을 시작하게 되면 연결은 설정(establish) 상태로 들어간다. 이 상태에서는 양 끝의 단말 간에 옵션에 대해 협상을 한다. 만약 두 단말이 인증(authentication)이 필요하다고 동의하면(예를 들어, 서로 모른다면), 시스템은 인증을 필요로 한다(추가 단계). 그렇지 않으면 단말은 간단히 통신을 시작할 수 있다. 곧 논의될 링크 제어 프로토콜 패킷은 이 목적을 위해 사용된다. 여러 패킷이 여기서 교환된다. 데이터 전송은 열린(open) 상태에서 일어난다. 연결에서 이 상태는 데이터 교환이 진행된다. 연결은 어느 한쪽이 연결을 종료하기 전에는 이 상태로 유지된다. 연결이 종료되면 시스템은 해제(terminate) 상태로 간다. 시스템은 전송(물리층 신호)이 끝날 때까지 이 상태로 남아 있고 후에 시스템은 다시 정지 상태로 이동한다.

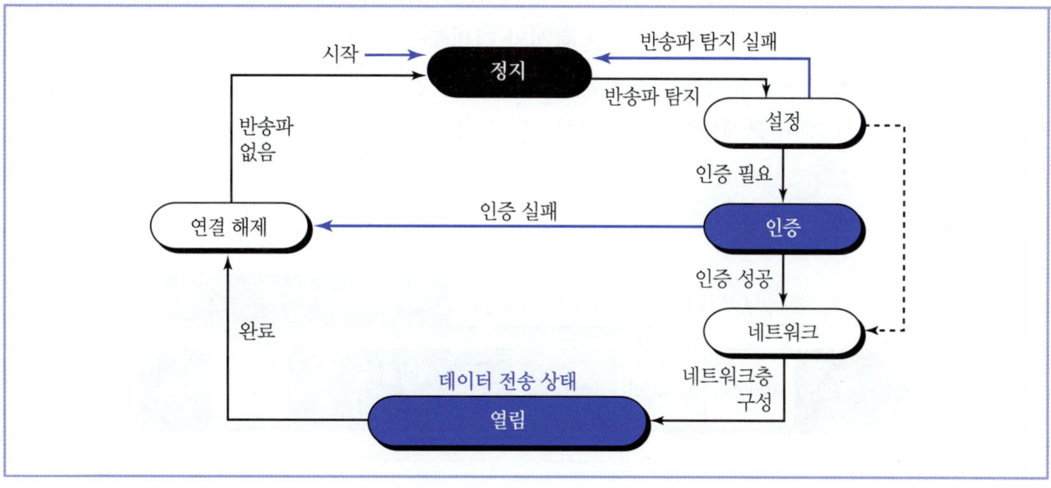

그림 11.33
천이 단계

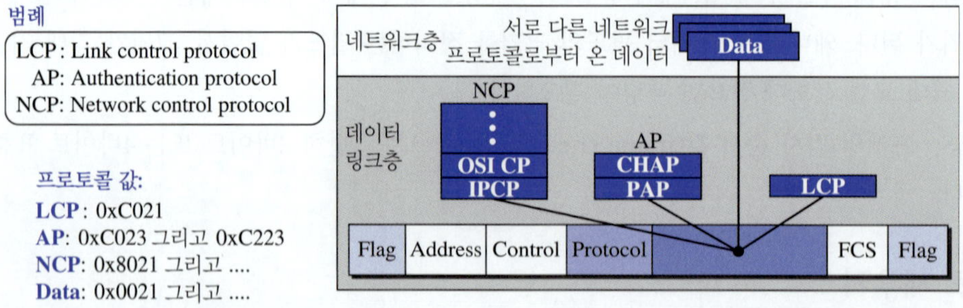

그림 11.34
PPP에서 다중화

11.4.4 다중화

PPP가 비록 데이터 링크층 프로토콜이지만 PPP는 링크를 설정하고 관련 당사자를 인증하며 네트워크층 데이터를 전달하는 등 일련의 다른 프로토콜도 사용한다. 세 종류의 프로토콜이 정의되어 있는데 링크 제어 프로토콜(LCP)과 2개의 인증 프로토콜(AP)과 몇 개의 네트워크 제어 프로토콜(NCP)이 있다. 임의의 순간에 PPP 패킷은 그림 11.34에 보인 것처럼 각 데이터 필드에 데이터를 전달할 수 있다. 오직 하나의 LCP와 2개의 AP, 그리고 여러 개의 NCP가 있는 것에 유의하라. 데이터는 몇 개의 다른 네트워크층에서 들어올 수 있다.

링크 제어 프로토콜

링크 제어 프로토콜(LCP, Link Control Protocol)은 링크의 설정, 유지, 구성과 해제를 담당한다. 또한, 두 단말 간의 선택사항을 결정하기 위한 협상 기능을 제공한다. 링크의 양 단말은 링크가 설정되기 전에 선택사항에 대해 일치해야 한다. 그림 11.33을 참조하라.

모든 LCP 패킷은 16진수 C021로 설정된 프로토콜 필드를 가진 PPP 프레임의 페이로드 필드를 이용하여 전송된다(그림 11.35 참조).

코드(code) 필드는 LCP 패킷의 유형을 정의한다. 표 11.1은 패킷의 11가지 유형을 보여준다.

세 범주의 패킷이 있다. 첫 번째 범주는 처음 4개의 패킷 종류를 구성하는데 설정 상태에서 회선 구성을 위해 사용된다. 두 번째 범주는 5번 및 6번 패킷 종류를 구성하는데 해제 상태에서 연결을 해제하는 데 사용된다. 남은 5개의 패킷은 회선 감시와 디버깅을 위해 사용된다.

ID 필드는 응답과 함께 요청에 부응하는 값을 가지고 있다. 한쪽에서 이 필드에 값을 삽입하면 다른 편의 응답에 그 값이 복제되어 온다. 길이 필드는 LCP 패킷의 전체 길이를 지정한다. 정보 필

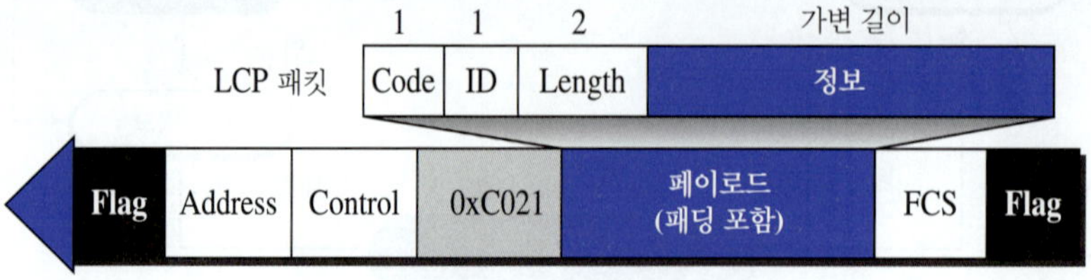

그림 11.35
프레임에 캡슐화된
LCP 패킷

표 11.1 LCP 패킷

코드	패킷 유형	설명
0x01	Configure-request	제안된 옵션과 해당 값의 목록이 들어있다
0x02	Configure-ack	제안된 모드 옵션 수용
0x03	Configure-nak	일부 옵션은 수용할 수 없음을 알린다
0x04	Configure-reject	일부 옵션은 인식할 수 없음을 알린다
0x05	Terminate-request	회선 종료 요청
0x06	Terminate-ack	종료 요청 수용
0x07	Code-reject	알려지지 않은 코드임을 알리다
0x08	Protocol-reject	알려지지 않은 프로토콜을 알린다
0x09	Echo-request	다른 종단이 사용 중인지 확인하기 위한 헬로 메시지 유형
0x0A	Echo-reply	echo-request 메시지에 대한 응답
0x0B	Discard-request	패킷 폐기 요청

표 11.2 일반적인 선택사항

선택사항	기본값
Maximum receive unit (페이로드 필드 길이)	1500
Authentication protocol	없음
Protocol field compression	Off
Address and control field compression	Off

드는 선택사항 등과 같은 정보가 들어 있다.

두 단말 사이에는 협상이 이루어져야 하는 많은 선택사항이 있으며, 선택사항은 구성 패킷(configuration packet)의 정보 필드에 들어 있다. 이 경우 정보 필드는 선택사항 유형, 선택사항 길이 및 선택사항 데이터라는 세 가지 필드로 나뉜다. 표 11.2에 가장 일반적인 선택사항의 일부를 수록하였다.

인증 프로토콜

PPP가 사용자의 인증이 필수적인 전화선 링크를 사용하도록 설계되었기 때문에 인증은 PPP에서 중요한 역할을 하고 있다. **인증**(authentication)이란 자원에 접근하기를 원하는 사용자의 신원을 증명하는 것이다. PPP는 인증을 위해 패스워드 인증 프로토콜과 챌린지 핸드셰이크 인증 프로토콜을 만들었다. 이 프로토콜은 인증 단계 동안 사용된다는 것에 유의하라.

패스워드 인증 프로토콜

패스워드 인증 프로토콜(PAP, Password Authentication Protocol)은 2단계의 처리 과정을 갖는 간단한 인증 절차이다.

그림 11.36
PPP 프레임에 캡슐화된 PAP 패킷

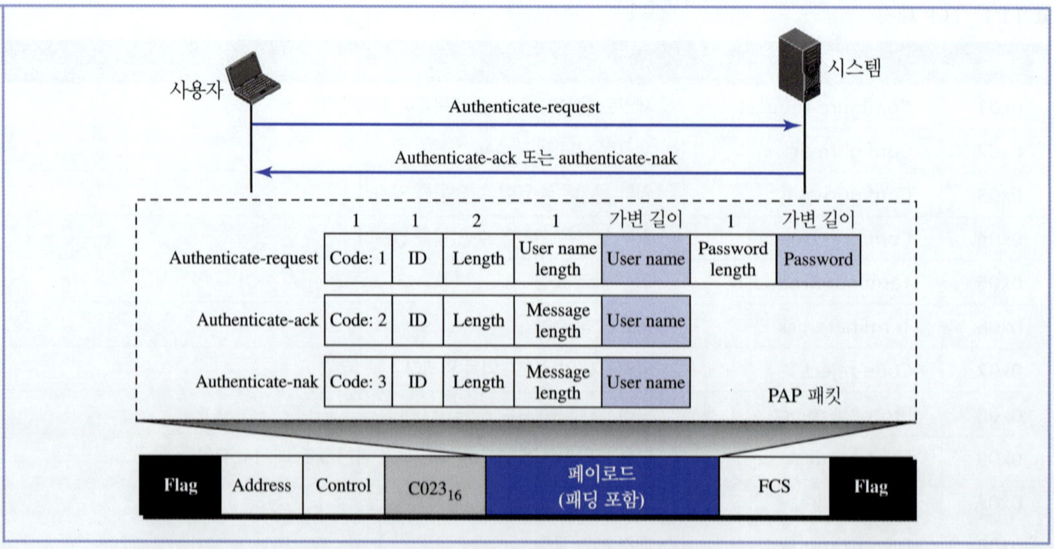

a. 시스템에 접근하기를 원하는 사용자는 인증 식별자(보통은 사용자 이름)와 패스워드를 보낸다.
b. 시스템은 식별자와 패스워드의 유효성을 검사하여 연결을 설정하거나 거부한다.

그림 11.36은 PAP가 사용하는 패킷의 세 가지 유형과 어떻게 이들이 실제적으로 교환되는지를 보여준다. PPP 프레임이 PAP 패킷을 전달하는 경우에는 프로토콜 필드의 값이 0xC023이다. PAP 패킷에는 인증-요청(authenticate-request), 인증-확인응답(authenticate-ack)과 인증-부정응답(authenticate-nak)이라는 세 가지가 있다. 첫 번째 패킷은 사용자가 사용자 이름과 패스워드를 송신하는 데 사용된다. 두 번째는 시스템이 접근을 허용할 때 사용하며 세 번째는 접근을 거부할 때 사용한다.

챌린지 핸드셰이크 인증 프로토콜

챌린지 핸드셰이크 인증 프로토콜(CHAP, Challenge Handshake Authentication Protocol)은 PAP보다 높은 보안을 제공하는 3-방향 핸드셰이크(3-way handshake) 인증 프로토콜이다. 이 방법은 패스워드를 비밀로 하며 절대로 회선 상에 보내지 않는다.

a. 시스템이 보통 몇 개의 바이트인 챌린지 값이 들어 있는 챌린지 패킷을 사용자에게 보낸다.
b. 사용자는 챌린지 값과 사용자의 패스워드를 받아들이는 미리 정의된 함수를 적용하여 결과를 만들어낸다. 사용자는 이 결과를 응답 패킷에 넣고 시스템에게 보낸다.
c. 시스템도 같은 일을 수행한다. 시스템도 사용자의 패스워드(시스템에게 이미 알려진 것)와 챌린지 값을 같은 함수에 적용하여 결괏값을 만든다. 만약 만들어진 결과가 응답 패킷으로 보내진 것과 같으면 접근이 허용되고 아니면 거부된다.

CHAP는 PAP보다 안전하며, 특히 시스템이 계속 챌린지 값을 변경하면 더욱 안전하다. 침입자가 챌린지 값과 결과값을 알게 되더라도 패스워드는 여전히 비밀이다. 그림 11.37은 CHAP 패킷과

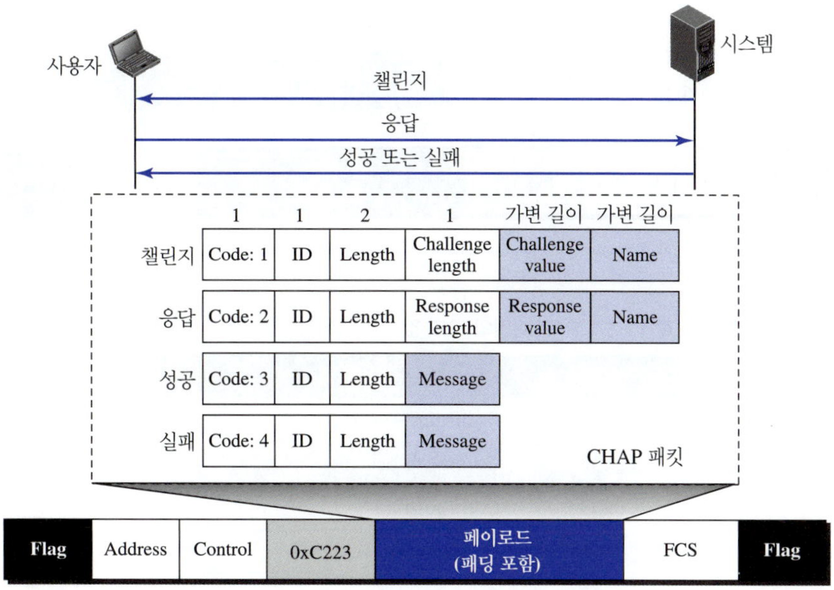

그림 11.37
PPP 프레임에 캡슐화된 CHAP 패킷

어떻게 사용되는지를 보여준다.

CHAP 패킷은 16진수 프로토콜 값 C223을 가지고 PPP 프레임에 캡슐화되어 있다. CHAP 패킷은 챌린지(challenge), 응답(response), 성공(success)과 실패(failure)라는 4가지가 있다. 챌린지 패킷은 시스템이 챌린지 값을 송신하는 데 사용되며 응답 패킷은 사용자가 계산 결과를 돌려보낼 때 사용된다. 성공 패킷은 시스템이 시스템에 접근하는 것을 허용할 때 사용되며 실패 패킷은 접근을 거부할 때 사용된다.

네트워크 제어 프로토콜

PPP는 다중 네트워크층 프로토콜이다. 인터넷, OSI, Xerox, DECnet, AppleTalk, Novel 등에 의해 정의된 프로토콜의 네트워크층 패킷을 전달할 수 있다. 이를 위해 각 네트워크 프로토콜에 대해 특정 NCP를 정의하고 있다. 예를 들면 **IPCP**(Internet Protocol Control Protocol)는 IP 패킷을 전달할 수 있도록 회선을 구성한다. Xerox CP는 Xerox 프로토콜 데이터 패킷 등과 동일하게 한다. 그 어떤 NCP 패킷도 네트워크층 데이터를 전달하지 않는 것에 유의하라. 대신 들어올 데이터를 위해 네트워크층의 회선을 구성할 뿐이다.

인터네트워크 프로토콜 제어 프로토콜

IP 패킷을 위한 네트워크층 연결을 설정 또는 종료하는 패킷의 집합을 **인터네트워크 프로토콜 제어 프로토콜**(IPCP, Internetwork Protocol Control Protocol)이라고 한다. IPCP 패킷의 형식은 그림 11.38에 나타나 있다. 프로토콜 필드의 값(8021)이 IPCP 패킷으로 캡슐화된 패킷을 정의한다는 것에 주의하자.

IPCP 프로토콜은 코드 값으로 구별되는 7가지 패킷을 정의했으며, 이는 표 11.3에 나타나 있다.

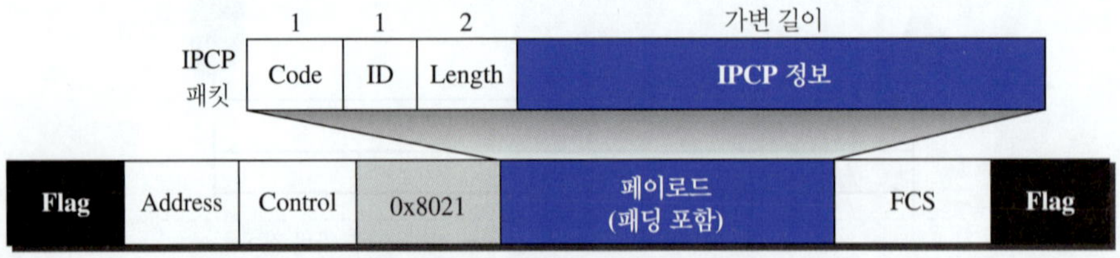

그림 11.38 PPP 프레임에 캡슐화된 IPCP 패킷

표 11.3 IPCP 패킷의 코드 값

코드	IPCP 패킷
0x01	Configure-request
0x02	Configure-ack
0x03	Configure-nak
0x04	Configure-reject
0x05	Terminate-request
0x06	Terminate-ack
0x07	Code-reject

기타 프로토콜

다른 네트워크층 프로토콜을 위해서 서로 다른 NCP 프로토콜이 있다. OSI 네트워크층 제어 프로토콜은 프로토콜 필드 값으로 8023을 사용하며 Xerox NS IDP 제어 프로토콜은 8025를 값으로 갖는다.

네트워크층으로부터 데이터

특정 NCP 프로토콜에 의해 네트워크층 구성을 확인한 후에 사용자는 네트워크층으로부터 데이터 패킷을 교환할 수 있다. 여기에서 서로 다른 네트워크 프로토콜에 대해 서로 다른 프로토콜 필드가 있다. 예를 들면 만일 PPP가 IP 네트워크층으로부터 데이터를 전달하면 필드 값은 0021이다. 만일 PPP가 OSI 네트워크층 프로토콜로부터 데이터를 전달하면 그 값은 0023이다. 그림 11.39에 IP에 대한 프레임을 보여주고 있다.

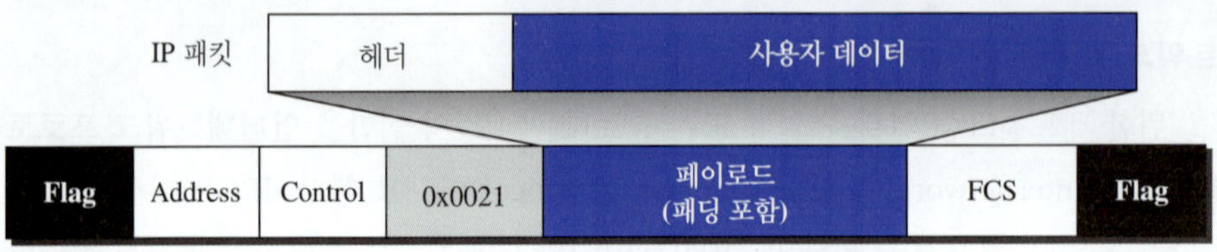

그림 11.39 PPP 프레임에 캡슐화된 IP 데이터그램

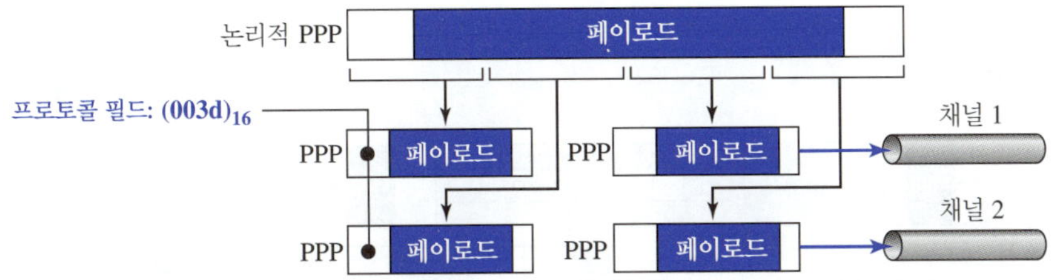

그림 11.40
다중링크 PPP

다중링크 PPP

PPP는 원래 단일 채널 점-대-점 물리 링크를 위해 설계되었다. 단일 점-대-점 회선에서 다중 채널이 가능해짐에 따라 다중회선 PPP가 개발되었다. 이 경우에는 하나의 논리적인 PPP 프레임이 몇 개의 실제 PPP 프레임으로 나뉜다. 논리 프레임의 세그먼트는 그림 11.40에 나타난 것처럼 어떤 한 실제 PPP 프레임의 페이로드로 전달된다. 실제 프레임이 논리적 PPP 프레임의 세그먼트를 전달하는 것을 보이기 위해 프로토콜 필드 값이 $(003d)_{16}$로 설정된다. 이 새로운 개발로 인해 복잡해졌다. 예를 들면 실제 PPP 프레임이 논리적 PPP 프레임의 몇 번째 세그먼트인지를 나타내기 위해 순서 번호가 필요해졌다.

예제 11.10

PPP 연결을 통하여 네트워크층 패킷을 전송할 때 진행되는 과정을 살펴보자. 그림 11.41은 이 진행 상황을 보여준다. 단순화를 위해, 사용자 사이트에서 시스템 사이트로 단방향 데이터 전송을 가정한다(ISP를 통하여 전자우편을 보내는 것과 같은).

처음 두 개의 프레임은 링크 설정을 보여준다. 그림에는 나타나 있지 않지만 두 개의 선택사항이 선택되었다(인증을 위해 PAP를 이용하고 주소 제어 필드를 감추는). 프레임 3과 4는 인증을 위한 것이다. 프레임 5와 6은 IPCP를 이용하여 네트워크 연결을 설정하는 것이다.

다음 여러 개의 프레임은 PPP 프레임에 캡슐화된 IP 패킷을 보여준다. 시스템(수신자)은 여러 가지 네트워크층 프로토콜이 실행 중일 수 있지만, 데이터가 전송되기 전에 사용된 NCP 프로토콜이 IPCP었기 때문에 들어오는 데이터는 IP 프로토콜로 전달해야 한다는 것을 알고 있다.

데이터가 전송된 후에 사용자는 시스템에 의해 확인응답되면 데이터 링크 연결을 종료한다. 물론 사용자나 시스템은 네트워크층 IPCP를 종료하기 위해 선택할 수 있다. 그리고 또 다른 NCP 프로토콜이 실행되기를 원한다면 실행 중인 데이터 링크층의 동작을 유지한다.

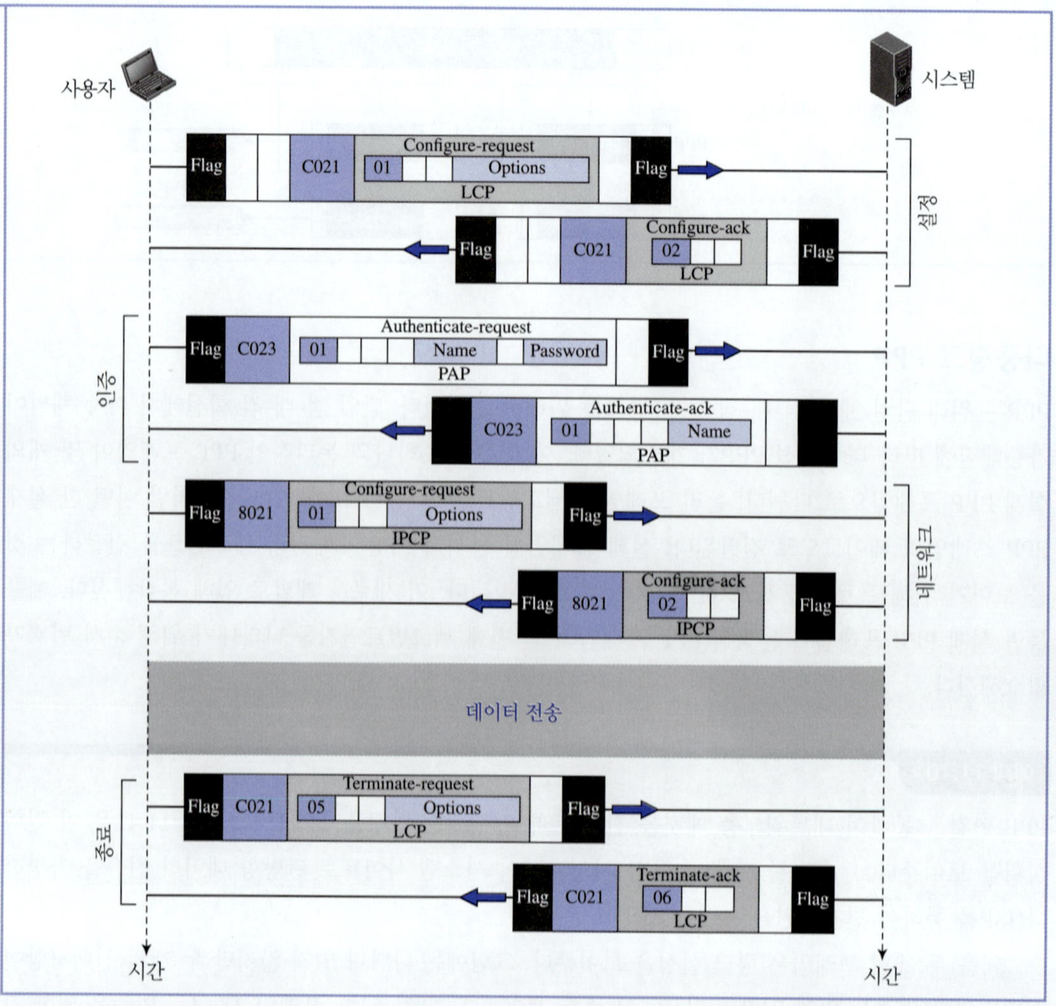

그림 11.41 예제 11.10

11.5 추천 자료

11.5.1 추천 도서

이 장에서 논의한 주제들을 자세히 보기 위해서 다음 도서와 사이트를 추천한다. 괄호 안에 있는 내용은 교재 끝에 있는 참고문헌을 가리킨다.

참고문헌

여러 책은 링크 계층 문제를 논의한다. 그중 [Ham 80], [Zar 02], [Ror 96], [Tan 03], [GW 04], [For 03], [KMK 04], [Sta 04], [Kes 02], [PD 03], [Kei 02], [Spu 00], [KCK 98], [Sau 98], [Izz 00], [Per 00] 그리고 [WV 00]을 추천한다.

11.5.2 중요 용어

acknowledgment number
bit stuffing
byte stuffing
Challenge Handshake Authentication Protocol(CHAP)
data link control(DLC)
finite state machine(FSM)
flag
High-level Data Link Control(HDLC)
Internet Protocol Control Protocol(IPCP)
Link Control Protocol(LCP)
Password Authentication Protocol(PAP)
piggybacking
Point-to-Point Protocol(PPP)
sequence number
Simple Protocol
Stop-and-Wait Protocol

11.5.3 요약

- 데이터 링크 제어는 두 인접하는 노드들 사이의 노드 대 노드 통신의 설계와 절차를 다룬다. 데이터 링크층에서 프레임 짜기는 하나의 패킷을 여러 개로 나눈다. 고정 길이 프레임에서는 프레임의 경계를 정의할 필요가 없으나 가변 길이 프레임에서는 2개의 프레임의 경계를 구분하는 구분자(플래그)가 필요하다. 가변 길이 프레임은 바이트 중심(또는 문자 중심)과 비트 중심의 두 범주의 프로토콜을 사용한다. 바이트 중심 프로토콜에서는 프레임의 데이터 영역은 연속된 바이트이며 비트 중심 프로토콜에서는 프레임의 데이터 영역은 비트의 연속이다. 바이트 중심 프로토콜에서는 바이트 채우기를 사용한다. 비트 중심 프로토콜에서는 비트 채우기를 한다.
- DLC의 다른 임무는 흐름 제어와 오류 제어이다. 데이터 링크층에서 흐름 제어는 노드에 의해 보내진 프레임과 다음 노드에 의해 다룰 수 있는 프레임 사이에 균형을 만드는 것을 의미한다. 데이터 링크층에서 오류 제어는 일반적으로 매우 간단히 구현된다. 손상된 프레임은 조용히 폐기되고 손상되지 않은 프레임은 송신자에게 확인응답을 보내거나 보내지 않고 수락된다.
- DLC 프로토콜은 비연결형 또는 연결형이다. 비연결형 프로토콜에서, 프레임은 프레임 사이에 어떤 관계도 없이 한 노드에서 다음으로 보내진다. 각 프레임은 독립적이다. 연결형 프로토콜에서는, 논리적인 연결은 첫 번째로 데이터 프레임을 보내기 전에 두 노드들 사이에 설정되어야 한다. 모든 연관된 프레임들이 전송된 뒤에, 논리적인 연결은 종료된다.
- 잡음 없는 채널에서는 단순 프로토콜과 정지-후-대기 프로토콜을 논의했다. 앞의 것은 흐름 제어나 오류 제어가 없으며 두 번째 것은 오류 제어가 없다. 단순 프로토콜에서는 송신자는 수신자와 상관없이 프레임을 계속 전송한다. 정지-후-대기 프로토콜에서는 송신자는 프레임을 하나 보낸 후에는 수신자로부터 확인 응답을 받기까지 기다린 후에 다음 프레임을 보낸다.
- 잡음 있는 채널에서는 정지-후-대기 ARQ, *N*-복귀 ARQ 및 선택적 반복 ARQ에 대해 논의하였다. 정지-후-대기 ARQ 프로토콜은 정지-후-대기 프로토콜에 간단한 오류 제어를 더 한 것이다. N-복귀 ARQ에서는 전송의 효율성을 높이기 위해 확인응답을 받기 전에 여러 개의 프레임을 전송할 수 있다. 선택적 반복 ARQ에서는 손상된 프레임만 재전송된다.
- *N*-복귀와 선택적 반복 프로토콜은 모두 미달이 창을 사용한다. *N*-복귀 ARQ에서는 m이 순서 번호를 위한 비트 수라고 하면 송신 창의 크기는 2^m보다 작으며 수신 창의 크기는 항상 1이다.

선택적 반복 ARQ에서는 송신 창과 수신 창의 크기는 최대 2^m의 절반이다.

- 피기배킹(piggybacking)이라는 기술을 사용하여 양방향 프로토콜의 효율성을 향상시킬 수 있다. 프레임이 A에서 B로 데이터를 전송할 때, B에서 프레임에 대한 제어 정보를 전달할 수도 있다. 프레임이 B에서 A로 데이터를 전달할 때, A로부터 프레임에 대한 제어 정보를 전달할 수도 있다.데이터 링크층 프로토콜은 두 노드 사이에 통신을 다루기 위해 설계되었다. 이 장에서는 두 가지 프로토콜을 논의하였다. 단순 프로토콜에서는 흐름과 오류 제어가 없다. 정지-후-대기 프로토콜에서는 흐름과 오류 제어를 모두 하지만 통신은 한 번에 한 프레임이다.
- HDLC는 점-대-점 및 다중점 링크를 위한 비트 중심 프로토콜이다. 이것은 정지-후-대기 프로토콜을 구현한다. 이것은 오늘날 많은 프로토콜의 기본이다. HDLC는 정보 프레임, 감시 프레임 및 비번호 프레임이라는 세 가지 유형을 정의한다. 정보 프레임은 데이터 프레임을 전달하는 데 사용된다. 감시 프레임은 흐름과 오류 제어를 위해 오직 제어 정보를 전송하는 데 사용된다. 비번호 프레임은 시스템 관리를 위해 예약되고 연결형 서비스를 제공한다.
- 점-대-점 통신에서 가장 널리 사용되는 것은 PPP이다. PPP는 오직 한 프레임의 유형을 사용하지만, 연결형 서비스 인증의 종류를 달성하기 위해 서로 다른 페이로드의 다중화를 허용한다. 프레임에서 다른 패킷을 캡슐화하는 것은 PPP가 필요한 서비스를 제공하기 위한 다른 상태로 이동하는 것을 허용한다.

11.6 연습문제

11.6.1 객관식

1. HDLC는 ____________의 줄임말이다.
   a. High-Duplex Line Communication
   b. Half-Duplex Link Combination
   c. High-Level Data Link Control
   d. Host Double-Level Circuit

2. HDLC 프로토콜에서 가장 짧은 프레임은 항상 ________ 프레임이다.
   a. 정보 b. 관리
   c. 감시 d. 정답 없음

3. HDLC에서 프레임의 주소 필드는 ____________ 지국의 주소를 포함한다.
   a. 주국 b. 종국
   c. 제3국 d. 주국 또는 종국

4. HDLC ____________ 필드는 프레임의 처음과 끝을 정의한다.
   a. 제어 b. 플래그
   c. FCS d. 정답 없음

5. 다음 중 모든 HDLC 제어 필드에 있는 것은?
   a. N(R) b. N(S)
   c. 코드 비트 d. P/F 비트

6. PPP 상태 천이 다이어그램에 따르면, 옵션은 ____________ 상태에서 협상된다.
   a. 네트워크 b. 해제
   c. 설정 d. 인증

7. PPP 상태 천이 다이어그램에 따르면, 사용자 식별 확인은 ____________ 상태에서 발생한다.
   a. 네트워크 b. 해제
   c. 설정 d. 인증

8. PPP 프레임에서 ____________ 필드는 데이터 필드의 콘텐츠를 정의한다.
   a. FCS b. 플래그
   c. 제어 d. 프로토콜

9. PPP 프레임에서 ____________ 필드는 HDLC에서 U-프레임의 것과 유사하다.
   a. 플래그 b. 프로토콜
   c. FCS d. 제어

10. PPP 프레임에서 ____________ 필드는 HLC의 브로드캐스트 주소를 나타내기 위해 11111111의 값을 갖는다.
   a. 프로토콜 b. 주소
   c. 제어 d. FCS

11. PPP에서 LCP 패킷의 목적은 무엇인가?
   a. 구성 b. 해제
   c. 옵션 협상 d. 모두 정답

12. PPP 프레임에서 ____________ 필드는 오류 제어를 담당한다.
   a. FCS b. 플래그
   c. 제어 d. 프로토콜

13. CHAP 인증에서 사용자는 시스템으로 전송하는 결과를 만들기 위해, 시스템의 ____________와 자신의 고유한 ____________을 가진다.
   a. 인증 식별자, 패스워드
   b. 패스워드, 인증 식별자
   c. 챌린지 값, 패스워드
   d. 패스워드, 챌린지 값

14. 바이트 채우기에서, 때때로 페이로드에 ____________를 추가할 필요가 있다.
   a. 플래그 바이트 b. ESC 바이트
   c. 널(null) 바이트 d. 정답 없음

15. 비트 채우기에서 때때로 페이로드에 ____________ 비트를 추가할 필요가 있다.
   a. 0의 b. 1의
   c. 0 또는 1의 d. 정답 없음

16. HDLC는 ____________ 중심 프로토콜이다.
   a. 바이트 b. 비트
   c. 바이트 또는 비트 d. 정답 없음

17. PPP는 ____________ 중심 프로토콜이다.
   a. 바이트 b. 비트
   c. 바이트 또는 비트 d. 정답 없음

18. PPP에서 주소 필드는 패킷의 ____________를 정의한다.
   a. 송신자
   b. 수신자
   c. 송신자 또는 수신자 중에 하나
   d. 정답 없음

19. PPP에서 ____________ 필드는 프레임에 캡슐화된 페이로드의 유형을 나타낸다.
   a. 주소 b. 제어
   c. 프로토콜 d. 정답 없음

20. PPP에서 CHAP 프로토콜은 통신에서 패리티를 인증하기 위해 ____________ 단계를 사용한다.
   a. 하나의 b. 2개의
   c. 3개의 d. 정답 없음

21. *N*-복귀 ARQ에서 창의 크기가 63이면 순서 번호의 범위는 무엇인가?
   a. 0부터 63 b. 0부터 64
   c. 1부터 63 d. 1부터 64

22. *N*-복귀 ARQ에서 4, 5, 6번 프레임이 성공적으로 수신되면 수신자는 ____________번 ACK를 송신자에게 보낸다.
   a. 5 b. 6
   c. 7 d. 정답 없음

23. ARQ는 ____________의 약자이다.
   a. Automatic repeat quantization
   b. Automatic repeat request
   c. Automatic retransmission request
   d. Acknowledge repeat request

24. 정지-후-대기 ARQ에서 전송된 10개의 데이터 패킷에 대해서는 ____________개의 확인응답이 필요하다.
 a. 정확히 10 b. 10개 미만
 c. 10개보다 많은 갯수 d. 정답 없음

25. HDLC는 ____________의 약자이다.
 a. High-duplex line communication
 b. High-level data link control
 c. Half-duplex digital link combination
 d. Host double-level circuit

26. 데이터 링크 제어는 ____________통신을 위한 설계와 절차를 다룬다.
 a. 노드-대-노드 b. 호스트-대-호스트
 c. 프로세스-대-프로세스 d. 정답 없음

27. 데이터 링크층에서 ____________는 어느 발신지에서 어느 목적지로 메시지가 가거나 다른 발신지에서 다른 목적지로 가는 메시지를 구별한다.
 a. 디지털화 b. 제어
 c. 프레임 짜기 d. 정답 없음

28. ____________ 프레임 짜기에서는 프레임의 경계를 규정할 필요가 없다.
 a. 고정 크기 b. 가변 크기
 c. 표준 d. 정답 없음

29. ____________ 프레임 짜기에서는 두 프레임 사이의 경계를 규정하기 위한 플래그가 필요하다.
 a. 고정 크기 b. 가변 크기
 c. 표준 d. 정답 없음

30. ____________ 프레임 짜기는 문자 중심과 비트 중심이라는 두 가지 프로토콜 범주를 사용한다.
 a. 고정 크기 b. 가변 크기
 c. 표준 d. 정답 없음

31. ____________ 프로토콜에서는 프레임의 데이터 부분은 문자들의 순열이다.
 a. 비트 중심 b. 문자 중심
 c. a) 또는 b) d. 정답 없음

32. ____________ 프로토콜에서는 프레임의 데이터 부분은 비트들의 순열이다.
 a. 바이트 중심 b. 비트 중심
 c. a 또는 b d. 정답 없음

33. ____________ 프로토콜에서는 ____________을 사용한다.
 a. 문자 중심; 바이트 채우기
 b. 문자 중심; 비트 채우기
 c. 비트 중심; 문자 채우기
 d. 정답 없음

34. 바이트 채우기란 ____________과 같은 패턴의 문자가 프레임의 데이터 부위에 있을 때 특별한 바이트를 더하는 것이다.
 a. 헤더 b. 트레일러
 c. 플래그 d. 정답 없음

35. ____________ 프로토콜에서는 ____________을 사용한다.
 a. 바이트 중심; 비트 채우기
 b. 문자 중심; 비트 채우기
 c. 비트 중심; 비트 채우기
 d. 정답 없음

36. 비트 채우기란 ____________과 같은 패턴의 비트들이 프레임의 데이터 부분에 있을 때 별도의 0을 더하는 것이다.
 a. 헤더 b. 트레일러
 c. 플래그 d. 정답 없음

37. ____________ 제어란 응답을 기다리기 전에 전송자가 얼마만큼의 데이터를 보낼 수 있는가를 제한하는 일련의 절차를 일컫는다.
 a. 흐름 b. 오류
 c. 전송 d. 정답 없음

38. ____________ 제어란 오류 검출과 정정 방법을 일컫는다.
 a. 흐름 b. 오류
 c. 전송 d. 정답 없음

39. 가장 단순한 프로토콜과 정지-후-대기 프로토콜은

__________ 채널을 위한 것이다.

a. 잡음 있는 b. 잡음 없는
c. a 또는 b d. 정답 없음

40. 정지-후-대기 ARQ, *N*-복귀 ARQ 및 선택적 반복 ARQ는 __________ 채널을 위한 것이다.
a. 잡음 있는 b. 잡음 없는
c. a 또는 b d. 정답 없음

41. __________ 프로토콜은 흐름 제어나 오류 제어를 하지 않는다.
a. 정지-후-대기 b. 단순
c. *N*-복귀 d. 선택적 반복

42. __________ 프로토콜은 흐름 제어를 하지만 오류 제어는 하지 않는다.
a. 정지-후-대기 b. 단순
c. *N*-복귀 ARQ d. 선택적 반복 ARQ

43. __________ 프로토콜은 흐름 제어와 오류 제어를 수행한다.
a. 정지-후-대기 b. *N*-복귀 ARQ
c. 선택적 반복 ARQ d. b와 c

44. __________ 프로토콜에서는 송신자는 수신자와 상관없이 프레임을 계속 보낸다.
a. 정지-후-대기 b. 단순
c. *N*-복귀 d. 선택적 반복

45. __________ 프로토콜에서는 송신자는 한 개의 프레임을 보내고 나서 수신자로부터 확인받을 때까지 기다린 후에 다음 프레임을 보낸다.
a. 정지-후-대기 b. 단순
c. *N*-복귀 d. 선택적 반복

46. __________ 프로토콜은 __________ 프로토콜에 단순한 오류 제어를 추가한 것이다.
a. 정지-후-대기 ARQ; 정지-후-대기
b. *N*-복귀 ARQ; 정지-후-대기
c. 선택적 반복 ARQ; *N*-복귀 ARQ
d. 정답 없음

47. __________ 프로토콜에서는 프레임에 대한 확인응답이 오지 않으면 모든 프레임을 다시 전송한다.
a. 정지-후-대기 ARQ b. *N*-복귀 ARQ
c. 선택적 반복 ARQ d. 정답 없음

48. __________ 프로토콜에서는 손상된 프레임만 재전송하여 불필요한 전송을 피한다.
a. 정지-후-대기 ARQ b. *N*-복귀 ARQ
c. 선택적 반복 ARQ d. 정답 없음

49. *N*-복귀와 선택적 반복 프로토콜은 __________ 을 사용한다.
a. 미닫이 프레임 b. 미닫이 창
c. 미닫이 패킷 d. 정답 없음

50. *N*-복귀 ARQ에서는 만일 5가 순서 번호를 위한 비트 수라면 송신 창의 최대 크기는 __________ 이다.
a. 15 b. 16
c. 31 d. 1

51. *N*-복귀 ARQ에서는 만일 5가 순서 번호를 위한 비트 수라면 수신 창의 최대 크기는 __________ 이다.
a. 15 b. 16
c. 31 d. 1

52. 선택적 반복 ARQ에서는 만일 5가 순서 번호를 위한 비트 수라면 송신 창의 최대 크기는 __________ 이다.
a. 15 b. 16
c. 31 d. 1

53. 선택적 반복 ARQ에서는 만일 5가 순서 번호를 위한 비트 수라면 수신 창의 최대 크기는 __________ 이다.
a. 15 b. 16
c. 31 d. 1

54. 고급 데이터 링크 제어(HDLC)는 점-대-점과 다중점 링크에서 통신을 위한 __________ 프로토콜이다.
a. 비트 중심 b. 바이트 중심
c. 문자 중심 d. 정답 없음

55. 점-대-점 접근을 위해 가장 널리 사용되는 프로토콜은 PPP인데, 이는 __________ 프로토콜이다.
a. 비트 중심 b. 바이트 중심
c. 문자 중심 d. 정답 없음

56. ______ 제어란 송신자가 확인응답을 기다리기 전에 전송할 데이터의 양을 제한하기 위한 일련의 절차를 말한다.
   a. 흐름 b. 오류
   c. 전송 d. 정답 없음

57. 데이터 링크층의 ______ 제어는 데이터의 재전송을 말하는 자동 반복 요청에 기초하고 있다.
   a. 흐름 b. 오류
   c. 전송 d. 정답 없음

58. 정지-후-대기 ARQ에서는 프레임에 번호를 매기기 위해 순서 번호를 사용한다. 순서 번호는 ______ 연산에 기초한다.
   a. 모듈러-2 b. 모듈러-4
   c. 모듈러-m d. 정답 없음

59. 정지-후-대기 ARQ에서는 확인응답 번호는 항상 ______ 연산을 사용하여 다음 번에 기대하는 프레임의 순서 번호를 가리킨다.
   a. 모듈러-2 b. 모듈러-4
   c. 모듈러-m d. 정답 없음

60. *N*-복귀 프로토콜에서는 순차 번호 필드의 크기가 8이라면 순차 번호는 ______ 연산으로 표기된다.
   a. 모듈러-2 b. 모듈러-8
   c. 모듈러-256 d. 정답 없음

61. 정지-후-대기 ARQ는 송신 창의 크기가 ______ 인 *N*-복귀 ARQ의 특별한 경우이다.
   a. 2 b. 1
   c. 8 d. 정답 없음

62. ______ 에서는 지국 구성은 비균형적이다. 오직 하나의 주국과 다수의 종국을 갖는다.
   a. ABM b. NRM
   c. ARM d. NBM

63. ______ 에서는 지국 구성은 균형적이다. 링크는 점-대-점이며 각 지국은 주국과 종국의 기능을 한다.
   a. ABM b. NRM
   c. ARM d. NBM

11.6.2 주관식

Q-1 프레임 짜기를 정의하고 그 필요성을 설명하라.

Q-2 가변 길이 프레임을 사용할 때 왜 플래그가 필요한지 설명하라.

Q-3 새로운 문자 중심 프로토콜은 문자 집합으로 16비트 유니코드를 사용한다고 가정하자. 이 프로토콜에서 플래그의 길이는 어떻게 되는가?

Q-4 바이트 중심 프로토콜과 비트 중심 프로토콜을 비교, 설명하라.

Q-5 바이트 채우기와 비트 채우기를 비교, 설명하라.

Q-6 바이트 중심 프로토콜에서 왜 먼저 추가 바이트를 빼고 나서 플래그를 제거하거나 역의 과정을 해야 하는가?

Q-7 비트 중심 프로토콜에서 왜 먼저 추가 비트를 빼고 나서 플래그를 제거하거나 역의 과정을 해야 하는가?

Q-8 흐름 제어와 오류 제어를 비교, 설명하라.

Q-9 정지-후-대기 프로토콜에서, 송신자는 보낼 프레임을 유지하거나 보낸 프레임을 복사하기 위해 오

직 하나의 틈새를 가진다고 가정한다. 만약 이때 네트워크층이 데이터 링크층으로 패킷을 전달하면 무슨 일이 일어나는가?

Q-10 예제 11.4(그림 11.12)에서 얼마나 많은 프레임이 한 번에 전송 중인가?

Q-11 데이터 링크 제어에서 제공하는 서비스를 기술하라.

Q-12 전통적인 이더넷 프로토콜(13장)에서, 프레임은 CRC와 함께 보내진다. 만약 프레임이 손상되면 수신 노드는 이를 폐기한다. 이는 단순 프로토콜 또는 정지-후-대기 프로토콜의 예인가? 설명하라.

Q-13 단순 프로토콜에서는 왜 CRC가 필요 없는지 설명하라.

Q-14 그림 11.12에서 왜 타이머가 수신 측에 없고 송신 측에 필요한지 설명하라.

Q-15 그림 11.9에서 양방향 통신을 하는 데 반드시 두 노드 사이에 별도의 매체가 2개 필요한지 설명하라.

Q-16 피기배킹(piggybacking)을 정의하고, 그 이점을 설명하라.

Q-17 그림 11.28에서 어떤 프레임 유형이 확인응답을 위해 사용되는가?

Q-18 PPP에서 송신 및 수신 노드 대신에 보통 사용자와 시스템에 대해 이야기한다. 그 이유를 설명하라.

Q-19 PPP를 HDLC와 비교, 설명하라.

Q-20 PPP에서 플래그 바이트와 탈출 바이트를 비교하고, 그들이 같은지 설명하라.

Q-21 그림 11.32에서 왜 오직 하나의 주소 필드가 필요한지 설명하라. 왜 주소를 미리 정의된 2진수 값(11111111)으로 설정하는지 설명하라.

Q-22 이 장에서 잡음 없는 채널에서 논의한 두 개의 프로토콜은 무엇인가?

Q-23 이 장에서 잡음 있는 채널에서 논의한 세 개의 프로토콜은 무엇인가?

Q-24 정지-후-대기 ARQ에서 *N*-복귀 ARQ로 발전한 이유를 설명하라.

Q-25 *N*-복귀 ARQ와 선택적 반복 ARQ를 비교, 설명하라.

객관식 홀수 번 문제 정답

1. ⓒ 3. ⓑ 5. ⓓ 7. ⓓ 9. ⓓ 11. ⓒ 13. ⓒ 15. ⓐ 17. ⓐ 19. ⓒ 21. ⓒ 23. ⓑ 25. ⓑ 27. ⓒ 29. ⓑ 31. ⓑ 33. ⓐ 35. ⓒ 37. ⓐ 39. ⓑ 41. ⓑ 43. ⓓ 45. ⓐ 47. ⓑ 49. ⓑ 51. ⓒ 53. ⓑ 55. ⓑ 57. ⓑ 59. ⓐ 61. ⓑ 63. ⓑ

11.7 시뮬레이션 실험

11.7.1 애플릿

이 장에서 논의한 몇 가지 주요 개념을 보여주기 위해 자바 애플릿을 제작하였다. 학생들은 이 책의 사이트에서 제공하는 애플릿을 활성화해 보고, 동작할 때 프로토콜을 주의 깊게 확인할 것을 추천한다.

CHAPTER 12

매체 접근 제어(MAC)

노드나 지국들이 다중점(multipoint) 또는 브로드캐스트(broadcast) 링크라고 부르는 공유 링크를 사용할 때는 링크에 접근하는 것을 조율하기 위한 다중 접근 프로토콜이 필요하다. 매체에 접근하는 것을 제어하는 문제는 국회에서 발언하는 것과 유사하다. 절차에 따라 발언권을 주며 동시에 두 사람이 발언하지 않고 또한 서로 방해하지 않으며 토론을 독점하지 않는 것 등이다. 공유 링크에 접근하기 위한 많은 프로토콜이 만들어졌다. 이 모든 프로토콜은 데이터 링크층에서 **매체 접근 제어**(MAC, media access control)라는 부계층에 속한다. 이들은 그림 12.1과 같이 세 가지 영역으로 나눌 수 있다.

이 장은 세 개의 절로 나뉜다.

첫 번째 절은 임의 접근 프로토콜을 논의한다. 이 절에서 ALOHA, CSMA, CSMA/CD, CSMA/CA라는 4가지 프로토콜을 설명한다. 이 프로토콜은 대부분 다음 장에서 논의할 LAN과 WAN에서 사용된다.

두 번째 절은 제어 접근 프로토콜을 논의한다. 이 절에서 예약, 폴링, 토큰-패싱이라는 3가지 프로토콜을 설명한다. 이 프로토콜의 일부는 LAN에서 사용되지만, 나머지는 사용되지 않는다.

세 번째 절은 채널화 프로토콜을 논의한다. 이 절에서 FDMA, TDMA, CDMA라는 3가지 프로토콜을 설명한다. 이 프로토콜들은 16장에서 논의할 휴대 전화에 사용된다.

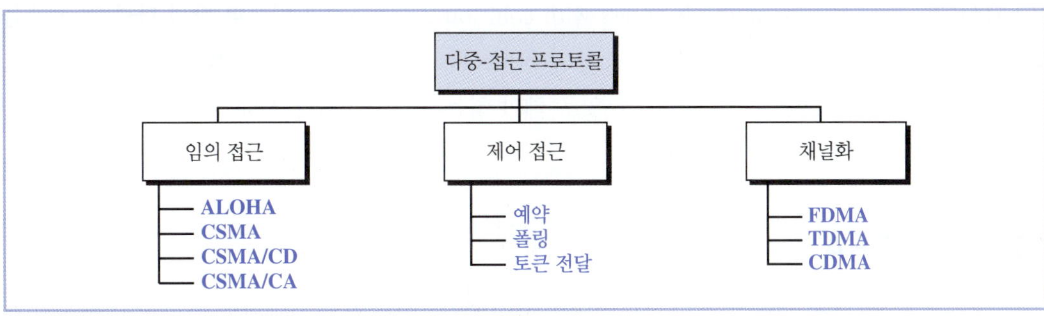

그림 12.1
다중 접근 프로토콜의 분류

12.1 임의 접근

임의 접근(random-access) 또는 **경쟁**(contention) 방식에서는 어떤 지국이 다른 지국보다 우월하지 않으며 다른 지국에 대해 제어할 수 없다. 매 순간 전송할 데이터가 있는 지국은 전송할지 말지를 결정하기 위해 프로토콜에서 정해진 절차를 따른다. 이 결정은 매체의 상태[휴지 상태(idle)이냐 사용 중(busy)이냐]에 좌우된다. 다시 말하면 각 지국은 매체의 상태를 확인하는 것을 포함한 미리 정해진 절차를 따라서 매체 상태에 따라 자신이 전송하고자 할 때 전송할 수 있다.

두 가지 특징 때문에 이 방식에 대한 이름이 붙여졌다. 우선 지국이 전송하기 위한 예정된 시간이 없다. 전송은 지국 사이에서 임의로 이루어진다. 이것이 이 방식을 임의 접근이라 불리는 이유이다. 두 번째로 어느 지국이 다음번에 전송해야 하는지 아무 규칙이 없다. 지국들은 매체에 접근하기 위해 서로 경쟁한다. 이것이 이 방식을 경쟁 방식이라고 부르는 이유이다.

임의 접근 방식에서는 각 지국은 다른 지국의 간섭을 받지 않고 매체에 접근할 권한이 있다. 그러나 2개 이상의 지국이 동시에 전송하려고 하면 접근에 대한 갈등—충돌(collision)—이 벌어지며 프레임은 손상되거나 변형될 수 있다. 이러한 접근 갈등을 없애고 그와 같은 충돌이 생겼을 때 해소하기 위해서 각 지국은 다음 질문에 답하는 절차를 따른다.

- 지국이 언제 매체에 접근할 수 있는가?
- 매체가 사용 중이면 지국은 무엇을 할 수 있는가?
- 지국은 어떻게 전송이 성공하거나 실패했는지 알 수 있는가?
- 접근 갈등이 있을 때 지국은 무엇을 할 수 있는가?

이 장에서 공부할 임의 접근 방식은 ALOHA라고 하는 매우 흥미로운 프로토콜부터 출발하는데 이 프로토콜은 다중 접근(MA, multiple access)이라고 하는 아주 간단한 절차를 사용한다. 이 방식은 후에 매체에 접근하기 전에 매체가 사용 중인지 확인하는 절차를 추가하여 성능을 개선하였다. 이를 반송파 감지 다중 접근이라고 한다. 이 방식은 나중에 **반송파 감지 다중 접근/충돌 검출**(CSMA/CD, carrier sense multiple access with collision detection)과 **반송파 감지 다중 접근/충돌 회피**(CSMA/CA, carrier sense multiple access with collision avoidance)라는 방식으로 발전하였다. CSMA/CD는 충돌이 생겼을 때 지국이 무엇을 해야 하는지를 규정한다. CSMA/CA는 충돌을 피하려고 노력한다.

12.1.1 ALOHA

가장 오래된 임의 매체 접근 방법인 ALOHA는 1970년대 초반 하와이 대학에서 개발되었다. 무선 LAN을 위해 설계되었으나 다른 공유 매체에도 적용할 수 있다.

이 방식에는 원천적으로 충돌이 생길 수 있다는 것은 자명하다. 지국들은 매체를 공유한다. 지국이 데이터를 전송할 때 동시에 다른 지국도 같은 시도를 할 수 있다. 두 지국에서 보내는 데이터는 서로 충돌하여 망가질 수 있다.

순수 ALOHA

원래의 ALOHA 프로토콜은 **순수 ALOHA**(pure ALOHA)라고 불린다. 이는 간단하지만 훌륭한 프로토콜이다. 각 지국은 지국이 전송할 프레임이 있으면 언제든지 전송한다는 것이 아이디어이다. 그러나 오직 하나의 채널만 있으므로 서로 다른 지국에서 전송한 프레임 간에 충돌이 있을 수 있다. 그림 12.2는 순수 ALOHA에서 프레임이 충돌하는 예이다.

모두 4개의 지국(비현실적인 가정)이 공유하는 채널을 차지하려고 서로 경쟁한다. 그림에서는 각 지국이 2개의 프레임을 전송하여 모두 8개의 프레임이 공유 매체상에 있다. 이 중 어떤 프레임은 공유 매체를 서로 차지하려고 경쟁하게 되어 충돌이 생기게 된다. 그림 12.2에는 1번 지국에서 보낸 프레임과 3번 지국이 보낸 프레임인 오직 2개의 프레임만이 살아남는 예를 보여주고 있다. 비록 한 프레임의 한 비트만 다른 프레임의 한 비트하고만 충돌이 생긴다 해도 두 프레임은 모두 못 쓰게 된다는 것이다. 전송 도중 망가진 프레임은 다시 전송해야 한다는 것은 당연하다.

순수 ALOHA 프로토콜은 수신자가 잘 받았다는 확인응답에 의존한다. 지국이 프레임을 전송할 때 송신자는 수신자가 받았다는 확인응답을 해줄 것을 기대한다. 확인응답이 타임아웃 시간이 지날 때까지 오지 않으면 지국은 프레임(또는 확인응답)이 전송 도중 망가진 것으로 간주하여 다시 전송한다.

충돌에는 2개 이상의 지국이 연관된다. 이 지국들이 타임아웃이 지난 다음에 즉시 다시 전송하려 한다면 프레임은 다시 충돌할 것이다. 순수 ALOHA에서는 충돌이 발생하면 각 지국은 임의 시간을 기다리고 난 후에 재전송을 시도하도록 되어 있다. 이 임의 대기 시간으로 인해 더 이상의 충돌이 생기지 않도록 돕는다. 이 시간을 대기 시간(back-off time) T_B이라고 한다.

순수 ALOHA는 재전송된 프레임들로 채널이 막히는 것을 방지하는 두 번째 방법이 있다. 정해진 최대 재전송 회수 K_{max}가 지나면 지국은 전송하는 것을 포기하고 나중에 다시 해야 한다. 그림 12.3에 상기 전략에 기초하는 순수 ALOHA의 절차가 있다.

타임아웃 시간은 최대 가능 왕복 전파 지연과 같은데, 이는 서로 가장 멀리 떨어져 있는 두 지국 사이에서 프레임을 전송하는 데 소요되는 시간의 두 배($2 \times T_p$)가 된다. 대기 시간 T_B는 보통 K(실패한 전송 시도 횟수)에 좌우된다. T_B의 식은 구현에 따라 다르다. 널리 사용되는 수식 중 하나는 **2**

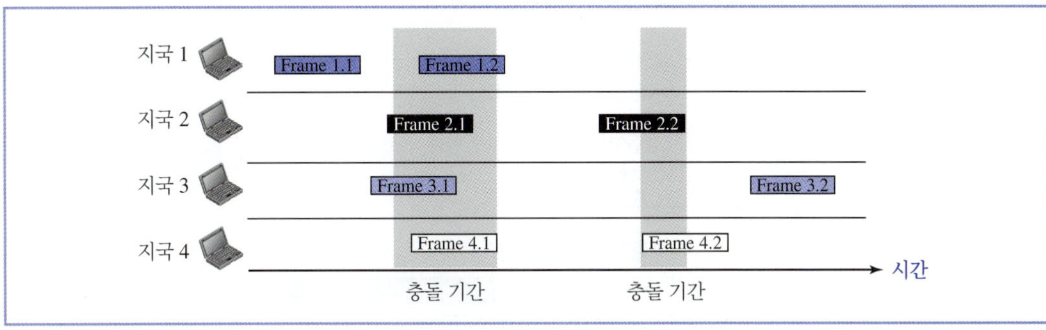

그림 12.2
순수 ALOHA 네트워크의 프레임

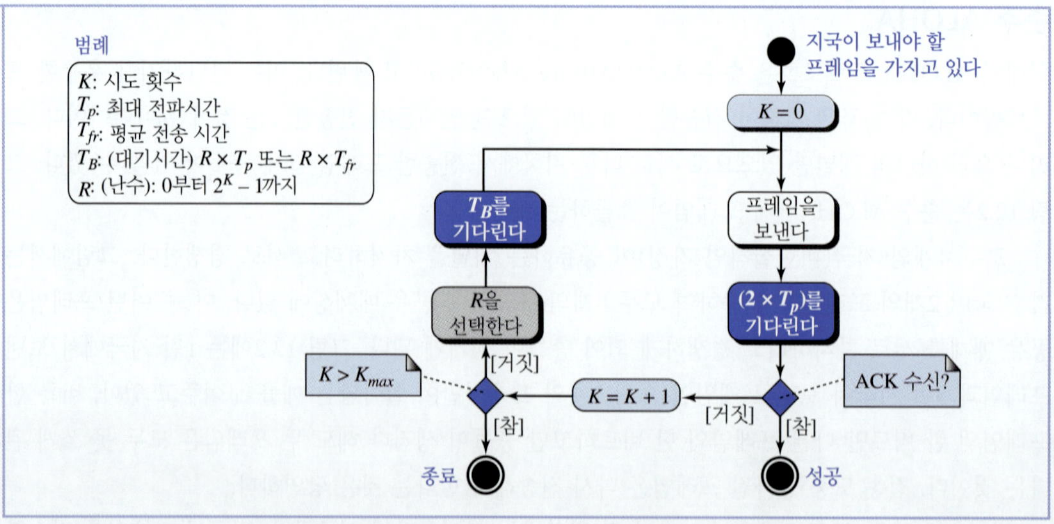

그림 12.3 순수 ALOHA 프로토콜의 절차

진 지수 대기 시간(binary exponential back-off)이다. 이 방식에서는 매 전송마다 0부터 $2^K - 1$ 사이의 숫자가 임의로 선택되어 T_p(최대 전파 시간) 또는 T_{fr}(프레임을 전송하는 데 소요되는 평균 시간)에 곱한 값을 T_B로 사용한다. 이 과정에서 난수의 범위가 충돌이 생길 때마다 늘어난다는 것에 유의하라. K_{max}는 흔히 15로 정해진다.

예제 12.1

무선 ALOHA 네트워크의 지국들은 최대 서로 600km 떨어져 있다. 신호가 3×10^8 m/s의 속도로 전파한다면 $T_p = (600 \times 10^3) / (3 \times 10^8) = 2$ ms이다. $K = 2$인 경우에는 범위는 0, 1, 2, 3이다. 이는 T_B는 난수로 어느 값을 선택하느냐에 따라 0, 2, 4 또는 6 ms 중 하나가 됨을 의미한다.

취약 시간

충돌의 위험이 있는 **취약 시간**(vulnerable time)에 대해 알아보자. 각 지국은 고정 길이의 프레임을 보내며 그 소요 전송 시간은 T_{fr}이라고 가정한다. 그림 12.4에 지국 B의 취약 시간이 그려져 있다.

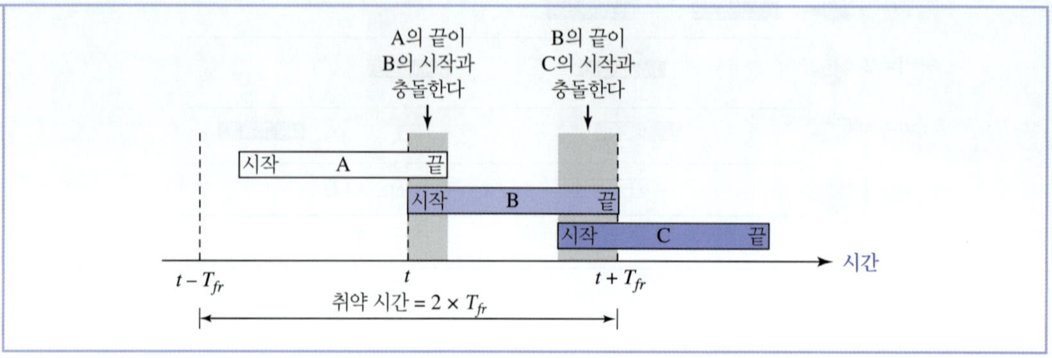

그림 12.4 순수 ALOHA 프로토콜의 취약 시간

지국 B가 시간 t에 프레임을 전송한다. 지국 A가 시간 $t - T_{fr}$ 이후에 프레임을 전송했다고 하자. 이는 지국 A와 B가 전송한 프레임 사이에 충돌이 생기게 된다. 반면에 지국 C가 시간 $t + T_{fr}$ 전에 프레임을 전송한다고 가정하자. 여기서도 지국 B와 C의 프레임들 사이에 충돌이 생기게 된다.

그림 12.4를 보면 순수 ALOHA에서 충돌이 일어날 수 있는 취약 시간은 프레임 전송 시간의 두 배인 것을 알 수 있다.

순수 ALOHA 취약 시간 = $2 \times T_{fr}$

예제 12.2

순수 ALOHA 네트워크는 200비트 프레임을 공유하는 200 kbps 채널을 사용하여 전송한다. 충돌이 안 생기게 하기 위한 조건은 무엇인가?

해답

평균 프레임 전송 시간 T_{fr}은 200 bits/200 kbps, 즉 1 ms이다. 취약 시간은 2×1 ms = 2 ms이다. 이는 특정 지국이 프레임을 전송하기 1 ms 이전부터는 어떤 지국도 전송을 해서는 안 되며, 또한 이 특정 지국이 프레임을 전송하기 시작한 이후 1 ms가 지나기 전에는 다른 지국은 전송해서는 안 된다는 것을 말한다.

처리량

한 프레임 전송 시간 동안에 시스템 전체에서 생성되는 프레임의 평균 개수를 G라고 하자. 순수 ALOHA에서 성공적으로 전송되는 프레임의 평균 개수 $S = G \times e^{-2G}$라는 것을 증명할 수 있다. 따라서 최대 처리량(throughput) S_{max}는 $G = 1/2$일 때, 0.184이다(G에 대한 S의 도함수를 0으로 설정하여 찾을 수 있다. 연습문제 참조). 다시 말하면 한 프레임 전송 시간 동안 프레임 1/2개가 전체 시스템에서 평균적으로 생성되는 경우(즉, 두 프레임 전송 시간 동안에 1개의 프레임이 만들어진다면)에 생성된 프레임의 18.4%가 전송에 성공한다는 것이다. 최대 처리량을 얻기 위해 $G = 1/2$을 기대하는데 취약 시간이 전송 시간의 두 배가 되기 때문이다. 그러므로 이 취약 시간 동안 오직 하나의 지국만이 프레임을 전송한다면 이 프레임은 전송에 성공할 것이다.

> 순수 ALOHA의 처리량 $S = G \times e^{-2G}$
> $G = 1/2$일 때 최대 처리량 $S_{max} = 1/(2e) = 0.184$

예제 12.3

어떤 순수 ALOHA 네트워크가 200 kbps의 공유 채널을 사용하여 200비트의 프레임을 전송한다고 한다. 만일 전체 시스템의 지국들이 다음의 프레임을 생성한다고 하면 처리량은 얼마가 되겠는가?

a. 매초 1,000프레임

b. 매초 500프레임

c. 매초 250프레임

해답

프레임 전송 시간은 200/200 kbps, 즉 1 ms이다.

a. 시스템이 매초 1,000개의 프레임을 만들어낸다면 이는 1 ms마다 1개의 프레임이다. $G = 1$이다. 이 경우에는 $S = G \times e^{-2G}$, 즉 $S = 0.135(13.5\%)$이다. 이는 처리량은 $1{,}000 \times 0.135 = 135$프레임이다. 1,000개 중 135개만 전송에 성공한다.

b. 시스템이 매초 500개의 프레임을 만들어낸다면 이는 1 ms마다 1/2개의 프레임이다. G는 1/2이다. 이 경우에는 $S = G \times e^{-2G}$, 즉 $S = 0.184(18.4\%)$이다. 이는 처리량은 $500 \times 0.184 = 92$프레임이다. 500개 중 92개만 전송에 성공한다. 퍼센트로 보았을 때 이 경우가 최대 처리량의 경우라는 것에 유의하라.

c. 시스템이 매초 250개의 프레임을 만들어낸다면 이는 1 ms마다 1/4개의 프레임이다. G는 1/4이다. 이 경우에는 $S = G \times e^{-2G}$, 즉 $S = 0.152(15.2\%)$이다. 이는 처리량은 $250 \times 0.152 = 38$프레임이다. 250개 중 38개만 전송에 성공한다.

틈새 ALOHA

순수 ALOHA는 $2 \times T_{fr}$의 취약 시간을 갖는다. 이는 언제 지국이 전송할 수 있는지를 규정하는 규칙이 없어서 그렇다. 한 지국이 전송하자마자 다른 지국이 전송하거나 한 지국이 전송을 마치기 직전에 다른 지국이 전송할 수 있기 때문이다. 틈새 ALOHA는 순수 ALOHA의 효율을 높이기 위해 발명되었다.

틈새(slotted) ALOHA에서는 시간을 T_{fr}의 틈새로 나누어 지국은 매 시간 틈새가 시작할 때에 전송하도록 규제한다. 그림 12.5는 틈새 ALOHA에서 생기는 충돌을 보여준다.

지국은 오직 동기화된 시간 틈새가 시작될 때에만 프레임을 전송할 수 있으므로 그 순간을 놓치면 다음 틈새가 시작될 때까지 기다려야 한다. 이는 이 시간 틈새에 이미 전송을 시작한 지국은 프레임 전송을 마친다는 것을 의미한다. 물론 2개의 지국이 동시에 같은 시간 틈새에 전송을 시도하면 충돌이 여전히 생긴다. 그러나 취약 시간은 절반으로 줄어들어서 T_{fr}이 된다. 그림 12.6이 그러한 상황을 보여주고 있다.

그림 12.5
틈새 ALOHA 네트워크의 프레임

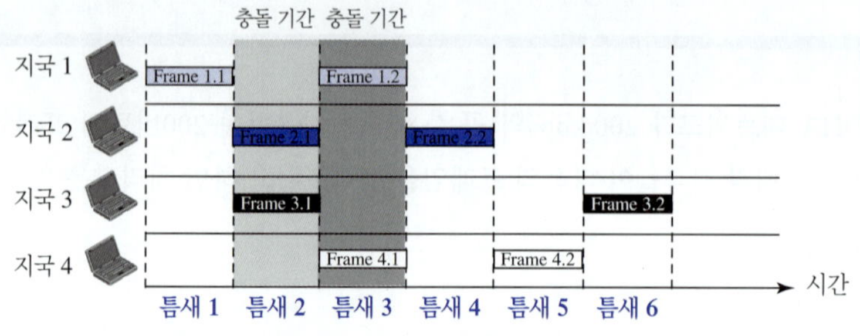

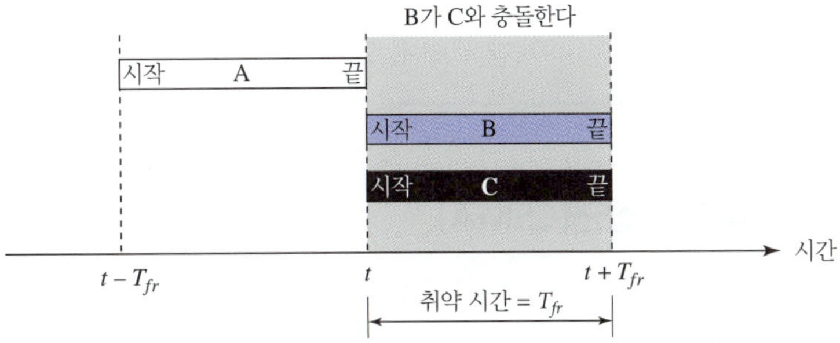

그림 12.6
틈새 ALOHA 프로토콜의 취약 시간

틈새 ALOHA 취약 시간 = T_{fr}

처리량

틈새 ALOHA의 성공적인 전송의 평균 개수는 $S = G \times e^{-G}$인 것을 증명할 수 있다. 최대 처리량 S_{max}는 G가 1일 때로 0.368이다. 다시 말하면 한 프레임 전송 시간 동안에 평균적으로 1개의 프레임이 생성된다면 36.8%의 프레임이 목적지까지 성공적으로 도달한다는 것이다. 최대 처리량을 얻기 위해 $G = 1$을 기대하는데 취약 시간이 전송 시간과 동일하기 때문이다. 그러므로 이 취약 시간 동안 오직 하나의 지국만이 프레임을 생성하면 이 프레임은 성공적으로 목적지에 도달할 수 있다.

> 틈새 ALOHA의 처리량은 $S = G \times e^{-G}$
> 최대 처리량은 $G = 1$일 때 $S_{max} = 0.368$

예제 12.4

어떤 틈새 ALOHA 네트워크가 대역폭 200 kbps의 채널을 공유하여 200비트 프레임을 전송한다고 한다. 시스템 전체에서 다음과 같이 프레임을 생성할 때 그 처리량을 구하라.

a. 매초 1,000프레임

b. 매초 500프레임

c. 매초 250프레임

해답

이 상황은 순수 ALOHA 대신에 틈새 ALOHA를 사용한다는 것을 제외하고는 앞의 예제와 유사하다. 프레임 전송 시간은 200/200 kbps, 즉 1 ms이다.

a. 이 경우에는 G는 1이다. 그러므로 $S = G \times e^{-G}$, 즉 $S = 0.368(36.8\%)$이다. 처리량이 $1{,}000 \times 0.368 = 368$ 프레임이라는 의미다. 1,000개 중 368개만 전송에 성공한다. 이 경우 퍼센트로 보았을 때 최대 처리량의 경우라는 것에 유의하라.

b. 이 경우에는 G는 1/2이다. 그러므로 $S = G \times e^{-G}$, 즉 $S = 0.303(30.3\%)$이다. 처리량이 $500 \times 0.303 = 151$프레임이다. 500개 중 151개만 전송에 성공한다.

c. 이 경우에는 G는 1/4이다. 그러므로 $S = G \times e^{-G}$, 즉 $S = 0.195(19.5\%)$이다. 처리량이 $250 \times 0.195 = 49$프레임이다. 250개 중 49개만 전송에 성공한다.

12.1.2 반송파 감지 다중 접근(CSMA)

충돌의 기회를 최소화하고 성능을 높이기 위하여 CSMA 방법이 개발되었다. 지국이 매체를 사용하려고 시도하기 이전에 매체를 감지하게 되면 충돌의 기회를 줄일 수 있다. **반송파 감지 다중 접근**(CSMA, Carrier Sense Multiple Access)은 각 지국이 전송하기 이전에 먼저 매체에 귀를 기울일 것(또는 매체의 상태를 확인하는 것)을 요구하고 있다. 다시 말하면 CSMA는 "전송 이전에 감지" 또는 "말하기 이전에 듣기" 원칙에 기반을 두고 있다.

CSMA는 충돌의 가능성을 줄일 수는 있으나 완전히 없앨 수는 없다. 그 이유가 CSMA 네트워크의 시공간 모델인 그림 12.7에 나타나 있다. 지국들은 공유 매체에 연결되어 있다.

전파 지연 때문에 충돌의 위험은 여전히 있다. 지국이 프레임을 전송할 때는 그 프레임의 첫 번째 비트가 모든 지국에 도착하여 각 지국이 감지하기까지에는 아무리 짧아도 시간이 걸린다. 다시 말하면 지국이 매체를 감지하여 매체가 휴지 상태에 있다고 감지한다 해도 다른 지국이 전송한 프레임의 첫 번째 비트가 아직 도달 중일 수 있는 것이다.

시간 t_1에서 지국 B가 매체를 감지하여 매체가 휴지 상태에 있다고 판단하여 프레임을 전송한다. 시간 $t_2(t_2 > t_1)$에서 지국 C가 매체를 감지하여 휴지 상태에 있다고 판단하는데 이는 이 시각에 B가 보낸 프레임의 첫 번째 비트가 아직 C에게 도달하지 않았기 때문이다. 지국 C 또한 프레임을 전송한다. 두 신호는 충돌하여 두 프레임 모두 손상된다.

취약 시간

CSMA의 취약 시간은 **전파 시간**(propagation time) T_p이다. 이 시간은 신호가 매체의 한 끝에서 다른 끝으로 전파되는 데 소요되는 시간이다. 지국이 프레임을 전송할 때 다른 지국이 이 시간 동안에 전송을 시도하게 되면 충돌이 생긴다. 그러나 프레임의 첫 번째 비트가 매체의 다른 끝에 도달하게

그림 12.7 CSMA에서 충돌에 대한 시공간 모델

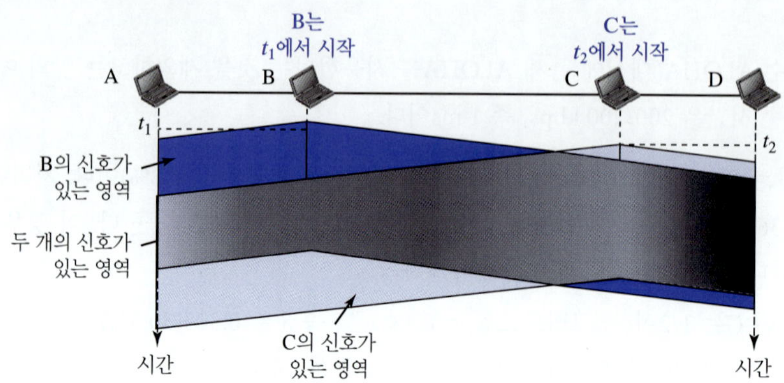

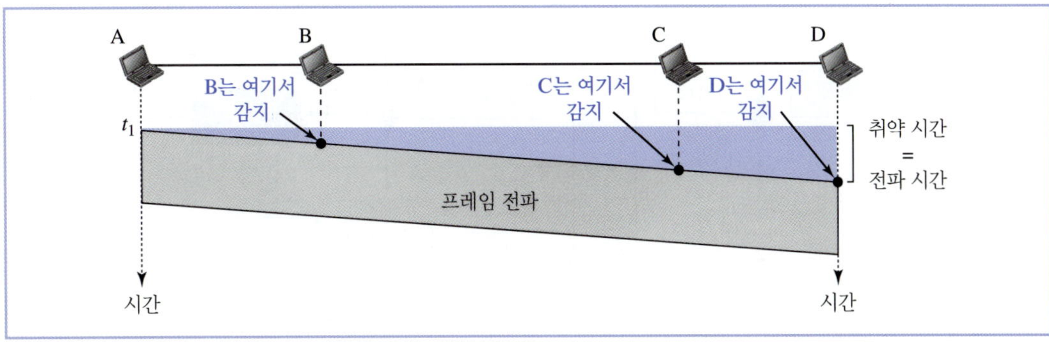

그림 12.8
CSMA의 취약 시간

된다면 각 지국은 이미 이 비트를 감지했을 것이어서 전송하지 않을 것이다. 그림 12.8은 최악의 경우를 보여준다. 맨 왼편의 지국 A가 t_1시각에 프레임을 전송하고 이 프레임은 맨 오른편의 지국 D에 시각 $t_1 + T_p$에 도달한다. 회색으로 표시된 부분이 시간과 공간상의 취약 지역이다.

지속 방식

채널이 사용 중이면 지국은 무엇을 해야 할까? 채널이 휴지 상태이면 무엇을 해야 할까? 이 질문에 답하기 위해 1-지속 방식, 비지속 방식 및 *p*-지속 방식이라는 3가지 방법이 고안되었다. 그림 12.9는 지국이 채널이 사용 중인 것을 감지했을 때 3가지 방식의 동작을 보여준다.

그림 12.10은 3가지 지속 방식의 흐름도를 보여준다.

1-지속 방식

1-지속 방식(1-persistent method)은 간단하고 직선적이다. 이 방식에서는 지국이 회선이 휴지 상태인 것을 감지하게 되면 즉각 프레임을 전송한다(확률 1을 가지고). 이 방식은 2개 이상의 지국이 회선이 휴지 상태인 것을 감지할 것이고, 그럴 때 즉시 프레임을 모두 전송하기 때문에 가장 높은 충돌 위험이 생길 수 있다. 뒤에서 이더넷이 이 방식을 사용하는 것을 보게 될 것이다.

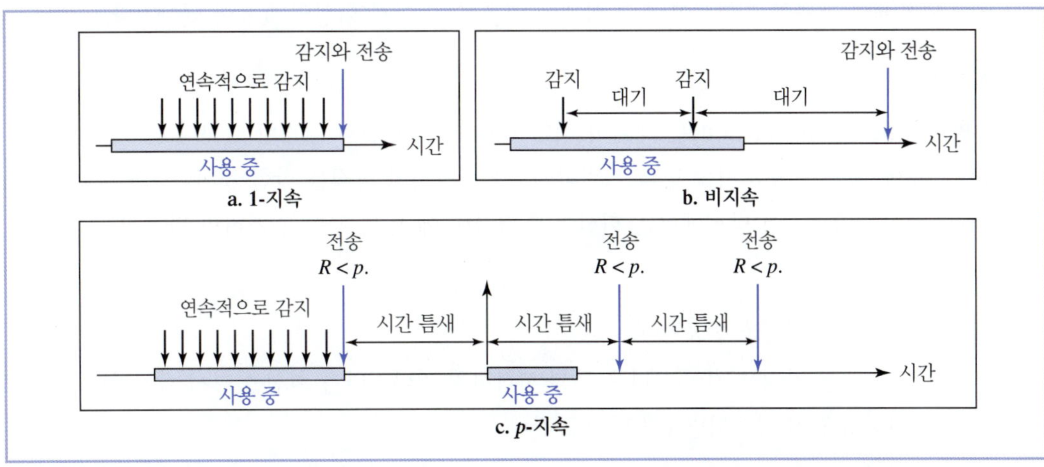

그림 12.9
3가지 지속 방식의 동작

그림 12.10
3가지 지속 방식의 흐름도

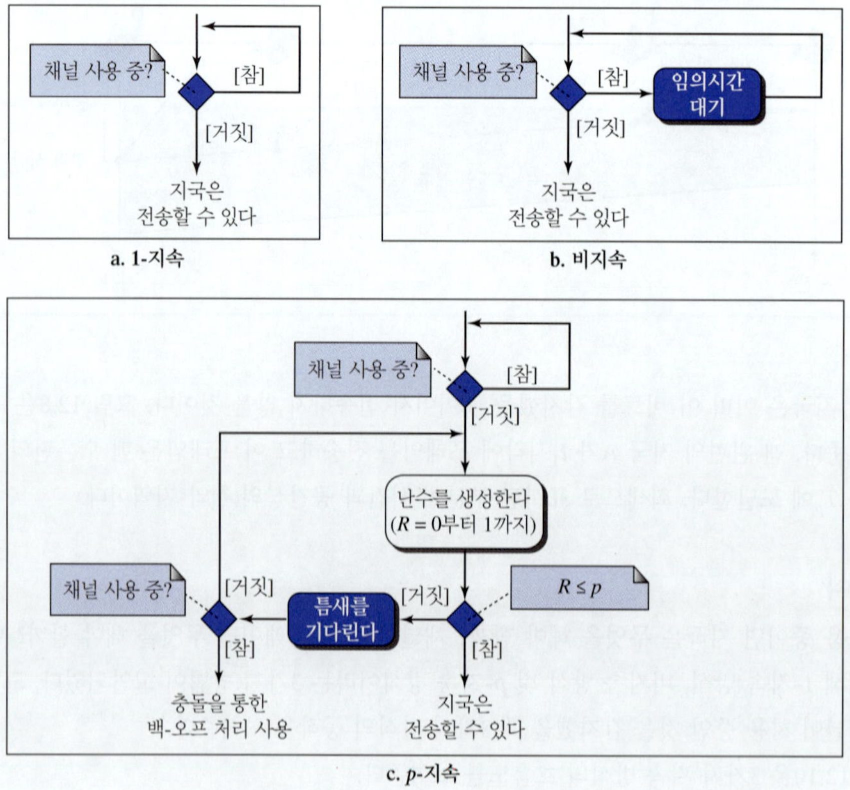

비지속 방식

비지속 방식(nonpersistent method)에서는 전송할 프레임이 있는 지국이 회선을 감지한다. 회선이 휴지 상태에 있으면 즉각 프레임을 보낸다. 만일 회선이 휴지 상태에 있지 않으면 임의 시간을 대기하고 있다가 다시 회선을 감지한다. 비지속 방식은 2개 이상의 지국이 같은 시간을 대기하고 있다가 동시에 전송할 확률이 낮기 때문에 충돌의 위험이 적어진다. 그러나 이 방식은 전송할 프레임이 있는 지국이 있음에도 불구하고 회선이 휴지 상태에 있을 수 있어서 회선의 효율이 낮아진다.

p-지속 방식

***p*-지속 방식**(*p*-persistent method)은 채널이 최대 전파 지연 시간과 같거나 그보다 큰 시간 틈새를 사용하는 경우에 채택된다. *p*-지속 방식은 위의 두 가지 방식의 장점을 합한 것이다. 충돌의 위험을 줄이면서 효율을 높인다. 이 방식에서는 회선이 휴지 상태에 있는 것을 감지하면 다음의 두 단계를 거친다.

1. 확률 p를 가지고 프레임을 전송한다.
2. 확률 $q = 1 - p$를 가지고 지국은 다음 틈새 시작까지 기다리다가 회선을 다시 감지한다.
   a. 만일 회선이 휴지 상태이면 1번 단계로 간다.
   b. 만일 회선이 사용 중이면 충돌이 생긴 것으로 간주하고 대기 절차에 들어간다.

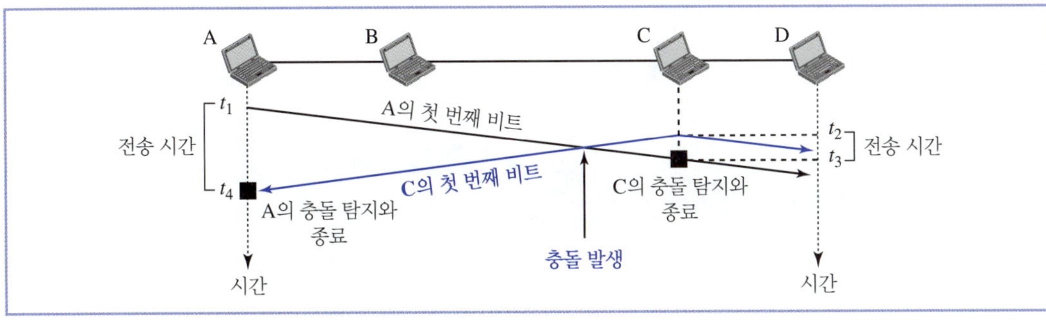

그림 12.11
CSMA/CD에서 첫 번째 비트의 충돌

12.1.3 반송파 감지 다중 접근/충돌 검출(CSMA/CD)

CSMA 방법은 충돌 뒤에 따라야 하는 절차에 대해 말하고 있지 않다. 충돌 검출을 하는 CSMA, 즉 **반송파 감지 다중 접근/충돌 검출**(CSMA/CD, carrier sense multiple access with collision detection)은 충돌을 처리하는 절차를 더한 것이다.

이 방법에서는 지국은 프레임을 전송한 뒤에 전송이 성공적인지 매체를 관찰한다. 성공적이면 지국은 소임을 다한 것이다. 그렇지 않다면 충돌이 생긴 것이며, 프레임은 다시 전송된다.

CSMA/CD를 더 잘 이해하기 위해서 충돌에 연루된 두 지국에 의해 전송된 첫 번째 비트를 들여다보자. 비록 각 지국은 충돌을 감지할 때까지 프레임에 있는 비트들을 계속 보내겠지만 여기서는 첫 번째 비트가 충돌할 때 무슨 일이 벌어지는지를 살펴본다. 그림 12.11에는 지국 A와 C가 충돌에 연루되었다.

시각 t_1에서 지국 A는 자신의 지속 절차에 따라 프레임의 비트들을 전송하기 시작한다. 시각 t_2에서 지국 C는 A가 보낸 프레임의 첫 번째 비트를 아직 감지하지 못한다. 지국 C는 지속 절차를 수행하여 자신의 프레임의 비트들을 전송하는데 그 비트는 왼편과 오른편으로 전파된다. 충돌은 시각 t_2 이후 언젠가 발생한다. 지국 C는 시각 t_3에 A가 보낸 프레임의 첫 번째 비트를 수신하게 되어 충돌을 감지한다. 지국 C는 즉각(또는 잠시 뒤가 될 수 있으나 즉각 한다고 가정한다) 전송하는 것을 멈춘다. 지국 A는 C의 프레임의 첫 번째 비트를 수신한 시각 t_4에서 충돌을 알게 되어 자신도 즉각 전송하던 것을 멈춘다. 그림을 보면 지국 A는 $t_4 - t_1$ 동안 전송하며 C는 $t_3 - t_2$ 동안 전송한다.

이제 두 전송에 대한 시간 구간에 대해 알게 되었으므로 그림 12.12에 좀 더 완전한 그림을 볼 수 있게 되었다.

최소 프레임 길이

CSMA/CD가 동작하기 위해서는 프레임 길이에 제한을 두어야 한다. 프레임의 마지막 비트 보내기를 마치기 전에 송신 지국이 충돌을 감지하면 전송을 멈추어야 한다. 이는 지국이 전체 프레임을 보내고 나면 프레임의 사본을 가지고 있지 않으며, 회선을 관찰하여 충돌이 생겼는지 확인하지 않기 때문이다. 그러므로 프레임 전송 시간 T_{fr}은 최소한 최대 전파 시간 T_p의 2배가 되어야 한다. 그 이유를 이해하기 위해 최악의 시나리오를 생각하자. 충돌에 연루된 두 지국이 서로 떨어질 수 있는 최대 거리만큼 떨어져 있다고 하면 첫 번째 지국의 신호는 두 번째 지국에 도달하기까지 T_p만큼 걸리며,

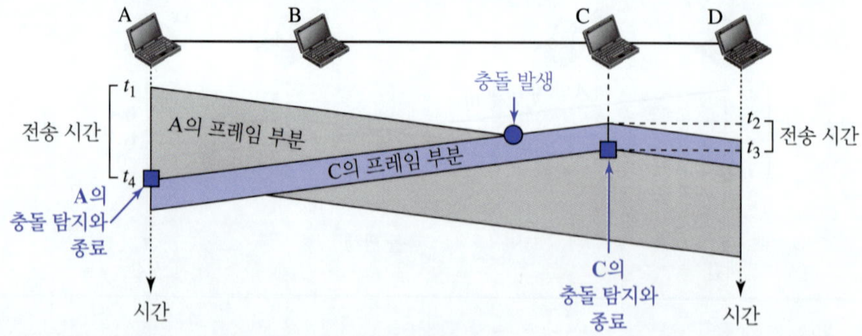

그림 12.12 CSMA/CD에서 충돌과 폐기

충돌의 효과는 다시 T_p만큼 더 걸려 첫 번째 지국에 도달한다. 따라서 첫 번째 지국은 $2T_p$ 이후에도 계속 전송을 하고 있어야만 한다.

예제 12.5

CSMA/CD를 사용하는 네트워크의 대역폭이 10 Mbps이다. 최대 전파 시간(장치에서 지연 시간을 포함하되 충돌을 알리는 데 걸리는 시간을 무시)은 25.6 μs이다. 최소 프레임의 길이는 얼마인가?

해답

최소 프레임 전송 시간은 $T_{fr} = 2 \times T_p = 51.2$ μs이다. 이는 최악의 경우에는 지국이 전송하면서 충돌 여부를 확인하기 위해서는 최소 51.2 μs 동안 기다려야 함을 의미한다. 프레임의 최소 크기는 10 Mbps × 51.2 μs = 512비트, 즉 64바이트이다. 이는 뒤의 장에서 보겠지만 실제로 표준 이더넷 프레임의 최소 길이이다.

절차

이제 그림 12.13의 CSMA/CD 흐름도를 살펴보자. ALOHA 프로토콜과 유사하지만, 차이가 있다.

첫 번째 차이는 지속 과정이 더해진 것이다. 앞에서 논의한 지속 과정(비지속, 1-지속, *p*-지속) 중 하나를 사용하여 프레임을 전송하기 전에 채널을 감지해야 한다. 해당 네모 칸을 그림 12.10에 있는 지속 과정 중 하나로 대체할 수 있다.

두 번째 차이는 프레임 전송이다. ALOHA에서는 전체 프레임을 보내고 나서 응답을 기다린다. CSMA/CD에서는 프레임 전송과 충돌 감지는 연속된 과정이다. 전체 프레임을 보내고 난 후에 충돌했는지 찾는 것이 아니다. 지국은 2개의 다른 포트 혹은 양방향 포트를 사용하여 보내는 것과 받는 것을 연속적으로 동시에 수행한다. 루프를 사용하여 전송이 연속되는 과정을 보였다. 또한, 전송이 종료되었는지 아니면 충돌이 생겼는지를 탐지하기 위해 계속해서 살펴본다. 두 가지 이벤트 중 하나가 생기면 전송이 종료된다. 루프를 나왔을 때 충돌이 감지되지 않았다면 이는 전송이 완료된 것을 의미하여 전체 프레임이 전송된 것이다. 그렇지 않으면, 충돌이 생긴 것이다.

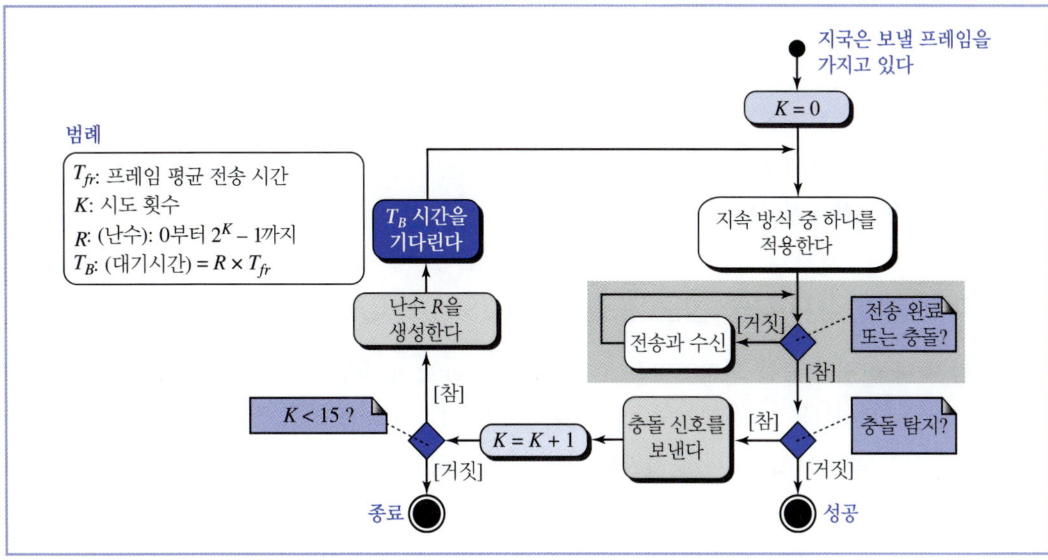

그림 12.13 CSMA/CD의 흐름도

세 번째 차이는 충돌이 생겼을 때 모든 지국이 충돌을 알 수 있도록 짧은 길이의 **충돌 신호**(jamming signal)를 보내어 충돌 사실을 알리는 것이다.

에너지 준위

채널의 **에너지 준위**(energy level)는 0, 정상, 비정상이라는 세 가지가 된다고 말할 수 있다. 0 준위에서 채널은 휴지 상태이다. 정상 준위에서 지국은 채널을 성공적으로 확보하여 프레임을 보낸다. 비정상 준위에서 충돌이 생기며 에너지 준위는 정상 준위의 두 배가 된다. 전송할 프레임이 있거나 프레임을 전송하는 지국은 채널이 사용 중인지 휴지 상태인지 또는 충돌이 생겼는지 결정해야 한다. 그림 12.14는 이 상황을 보여준다.

처리량

CSMA/CD의 처리량(throughput)은 순수 또는 틈새 ALOHA의 처리량보다 크다. 최대 처리량은 서로 다른 G 값에서 나타나며, 지속 방식과 p-지속 방식의 p 값을 기반으로 한다. 1-지속 방식의 경우에는 최대 처리량은 $G = 1$일 때 약 50%이다. 비지속 방식의 경우에는 G 값이 3에서 8인 경우 90%에 육박한다.

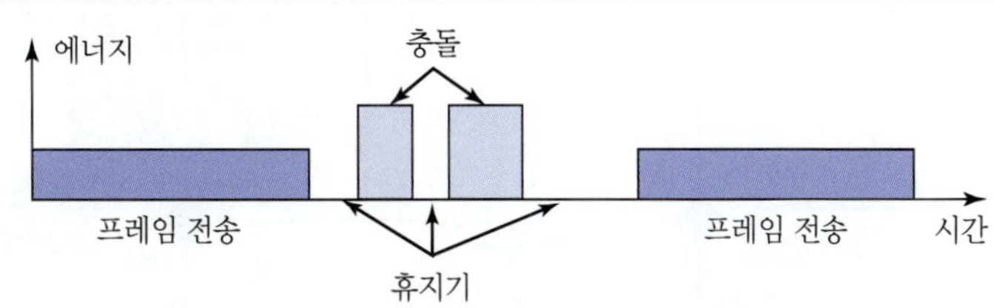

그림 12.14 전송, 휴지, 충돌 시의 에너지 준위

전통적인 이더넷

CSMA/CD를 사용하는 LAN 프로토콜 중 하나는 10 Mbps의 데이터 속도를 가진 전통적인 이더넷이다. 13장에서 이더넷 LAN을 논의하지만, 전통적인 이더넷이 브로드캐스트 LAN이기 때문에, 1-지속 방법을 사용하여 공용 매체에 접근한다는 것을 알아두는 것이 좋다. 최근 이더넷 버전은 CSMA/CD 접근 방법에서 변화를 시도하기 때문에 13장에서 논의한다.

12.1.4 반송파 감지 다중 접근/충돌 회피(CSMA/CA)

반송파 감지 다중 접근/충돌 회피(CSMA/CA, carrier sense multiple access with collision avoidance)은 무선 네트워크를 위해 고안되었다. 충돌은 그림 12.15에 보인 프레임 간 공간과 경쟁 구간 및 확인응답이라는 CSMA/CA의 세 가지 전략에 의해 회피된다. RTS와 CTS 프레임은 다음에 논의한다.

- **프레임 간 공간**(IFS) 우선 채널이 휴지 상태인 것을 알더라도 전송을 늦추어서 충돌을 회피

그림 12.15 CSMA/CA의 흐름도

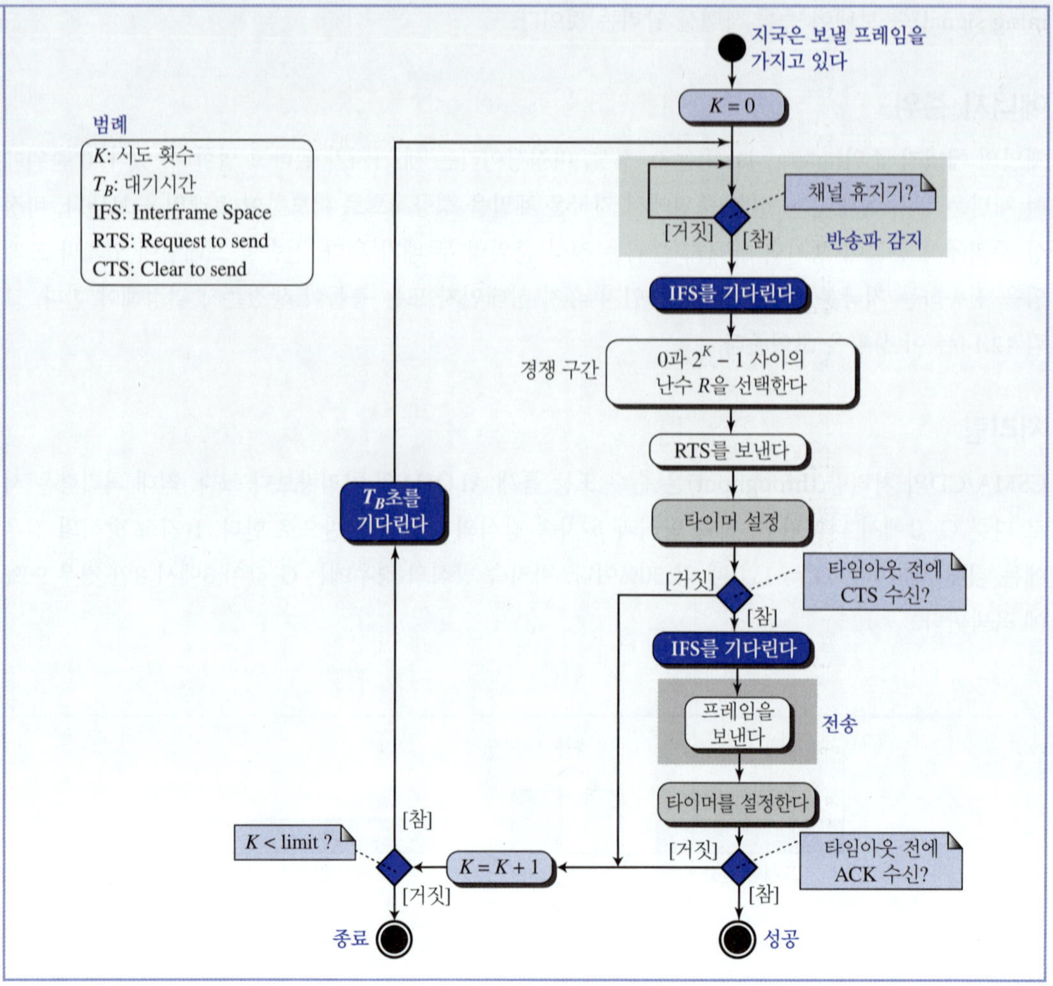

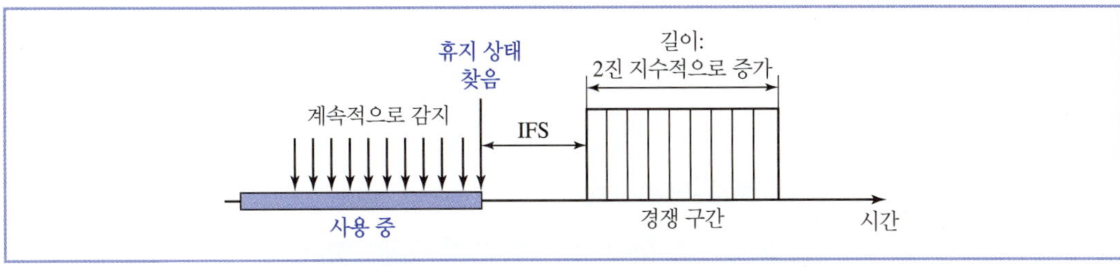

그림 12.16
경쟁 구간

한다. 휴지 상태의 채널이 발견되면 지국은 즉시 전송하지 않는다. 지국은 **프레임 간 공간**(IFS, interframe space)이라고 불리는 일정 시간을 기다린다. 채널을 감지했을 때 채널이 휴지 상태인 것처럼 보일지라도 멀리 떨어진 지국이 이미 전송을 시작했을지 모르는 것이다. 멀리 떨어진 지국의 신호가 아직 도달하지 않을 수 있다. IFS 시간 동안 멀리 떨어진 지국이 보낸 신호의 앞부분이 도달할 수 있도록 여유를 둔다. 만약 IFS 시간 동안에도 휴지 상태이면 지국은 보낼 수 있지만, 아직 경쟁 구간(다음에 설명함)이라 불리는 시간 동안 기다린다. IFS 시간은 지국이나 프레임의 우선순위를 매기는 데에도 사용할 수 있다. 예를 들면 더 짧은 IFS 시간을 갖도록 허락된 지국은 다른 지국에 비해 높은 우선순위를 갖는 셈이다.

- **경쟁 구간** **경쟁 구간**(contention window)은 시간 틈새로 나뉘어 있는 일정 시간이다. 전송할 준비가 되어 있는 지국은 임의의 수를 선택하여 그만큼 기다린다. 이 구간의 틈새 수는 2진 지수 대기 전략에 따라 달라질 수 있다. 이는 처음에는 1개 틈새로 시작하다가 매번 휴지 채널을 발견하지 못할 때마다 두 배씩 틈새를 늘여가는 것을 말한다. 이는 임의의 수만큼 기다리는 것 이외에 p-지속 방식과 유사하다. 경쟁 구간에 대한 흥미로운 것 하나는 지국이 매 시간 틈새 뒤에 채널을 감지해야 한다는 것이다. 그러나 채널이 사용 중인 것을 지국이 감지하면 지국은 이 과정을 다시 시작하는 것이 아니라 단지 타이머를 멈추고 채널이 휴지 상태인 것이 감지되면 그때 다시 타이머를 작동한다. 이로 인해 가장 오래 기다린 지국이 우선순위를 갖게 된다. 그림 12.16을 참조하라.
- **확인응답** 이와 같이 조심하더라도 충돌이 생겨서 데이터가 손상될 수 있다. 더욱이 전송 도중에 데이터가 손상될 수도 있다. 긍정 **확인응답**(acknowledgement)과 타임아웃을 사용하여 수신자가 프레임을 수신했다는 것을 보장할 수 있다.

프레임 교환 타임라인

데이터와 제어 프레임의 교환을 그림 12.17에서 볼 수 있다.

1. 프레임을 전송하기 전에, 발신지 지국은 반송파 주파수로 에너지 준위를 확인하기 위해 매체를 감지한다.
   a. 채널은 채널이 휴지 상태가 될 때까지 대기 시간과 지속 방법을 사용한다.
   b. 지국이 휴지 상태로 발견된 후, 지국은 **DCF 프레임간 공간**(DIFS, DCF interframe space)이라 불리는 시간 동안 대기한 다음, 송신 요청(RTS, request to send)이라 불리는 제어 프

그림 12.17
CSMA/CA와 NAV

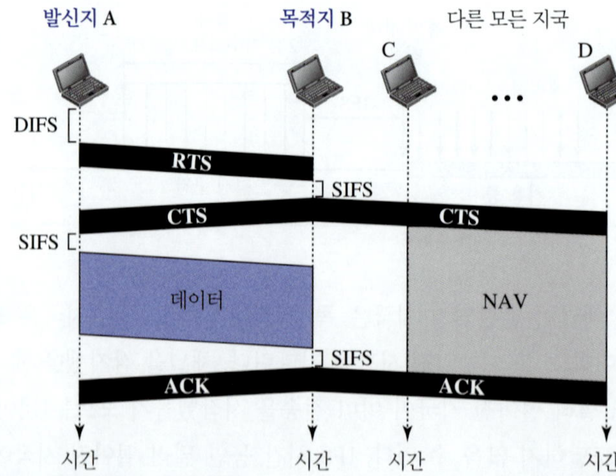

레임을 전송한다.

2. RTS를 수신하고 **짧은 프레임간 공간**(SIFS, short interframe space)이라 불리는 일정 기간을 대기한 후, 목적지 지국은 송신 준비 완료(CTS, clear to send)라 불리는 제어 프레임을 발신지 지국에 보낸다. 이 제어 프레임은 목적지 지국이 데이터를 수신할 준비가 되었음을 나타낸다.
3. 발신지 지국은 시간이 SIFS와 같아질 때까지 대기한 후 데이터를 전송한다.
4. 목적지 지국은 SIFS와 같은 시간의 양을 대기한 후 프레임이 수신되었음을 나타내는 확인응답을 보낸다. 지국이 목적지에서 데이터의 성공적인 도착을 확인할 방법이 없기 때문에 이 프로토콜에서 확인응답이 필요하다. 한편, CSMA/CD 상에서 충돌이 일어나지 않음은 발신지에게 있어 데이터가 도착했다는 것을 의미한다.

네트워크 할당 벡터

만약 어떤 지국이 접근에 성공하게 되었다면, 다른 지국은 어떻게 그들의 데이터 전송을 연기할 수 있을까? 즉, 이 프로토콜의 충돌 방지 측면은 어떻게 달성할까? 키는 NAV라 불리는 기능이다.

지국이 RTS 프레임을 보낼 때, 채널을 점유하는 데 필요한 시간이 포함되어 있다. 이 전송 과정에 영향을 받은 지국들은 **네트워크 할당 벡터**(NAV, network allocation vector)라고 하는 타이머를 생성한다. 네트워크 할당 벡터는 각 지국이 어느 정도의 시간 후에 채널의 유휴 상태를 확인할 수 있는 타이머이다. 지국이 시스템에 접근하고 RTS 프레임을 전송할 때마다 다른 지국은 그들의 NAV를 시작한다. 즉, 각 지국은 물리적 매체가 휴지 상태인지 감지하기 전에 유효 기간이 만료되었는지 그 매체의 NAV를 먼저 확인한다. 그림 12.17은 NAV의 아이디어를 보여준다.

핸드셰이킹 중의 충돌

흔히 **핸드셰이킹 기간**(handshaking period)이라 불리는 RTS 또는 CTS 제어 프레임이 이행되는 시간 동안 충돌이 있는 경우 어떻게 될까? 2개 이상의 지국이 동시에 RTS 프레임을 보내려고 시도할 수 있다. 이러한 제어 프레임이 충돌할 수도 있다. 하지만 충돌 감지에 대한 메커니즘이 없기 때문에, 발신자는 수신자가 보낸 CTS 프레임을 수신하지 못할 경우 충돌이 일어났음을 가정한다. 대기 전략이 사용되고, 발신자는 다시 시도한다.

숨겨진 지국 문제

숨겨진 지국 문제(hidden station problem)에 대한 해결책은 핸드셰이크 프레임(RTS와 CTS)을 사용하는 것이다. 그림 12.17에서 RTS 메시지가 A에서 C가 아닌 B로 도달하는 것을 볼 수 있다. 그러나 B와 C가 A의 범위 내에 있기 때문에, B에서 A로 보내는 데이터 전송의 존속 시간을 포함한 CTS 메시지는 C에 도달한다. 지국 C는 숨겨진 지국이 채널을 사용 중이고, 전송에서 존속 시간이 끝날 때까지 억제하는 것을 알고 있다.

CSMA/CA와 무선 네트워크

CSMA/CA는 대개 무선 네트워크에 사용된다. 그러나 위에 설명한 절차는 숨은 지국과 노출된 지국과 같은 무선 네트워크의 문제를 다루기에는 부족하다. 위 절차에 핸드셰이크 기능을 추가하여 어떻게 그와 같은 문제를 해결할 수 있는지 보게 될 것이다. 15장에서 무선 네트워크에서 사용하는 CSMA/CA를 공부한다.

12.2 제어 접근

제어 접근(controlled access)에서 지국들은 서로 상의하여 어느 지국이 전송할 권리를 갖는지 찾는다. 지국은 다른 지국에 의해 권리를 인정받을 때까지는 전송할 수 없다. 널리 사용되는 3개의 제어 접근 방식을 논의한다.

12.2.1 예약

예약(reservation) 방식에서는 지국은 데이터를 전송하기 전에 예약을 해야 한다. 시간은 구간들로 나뉘게 된다. 각 구간마다 예약 프레임이 그 구간에 전송되는 데이터 프레임의 앞에 놓인다.

모두 N개의 지국이 있다면 예약 프레임에는 정확히 N개의 예약 **미니틈새**(minislot)가 있다. 각 미니틈새는 한 지국에 속한다. 어떤 지국이 데이터 프레임을 보내려고 하면 자신의 미니틈새에 예약을 한다. 예약한 지국은 해당 예약 프레임의 뒤에 자신의 데이터 프레임을 전송할 수 있다.

그림 12.18은 5개의 지국과 5개의 미니틈새 예약 프레임을 보여주고 있다. 첫 번째 구간에서는 1, 3, 4번 지국이 예약하였다. 두 번째 구간에서는 1번 지국이 예약하였다.

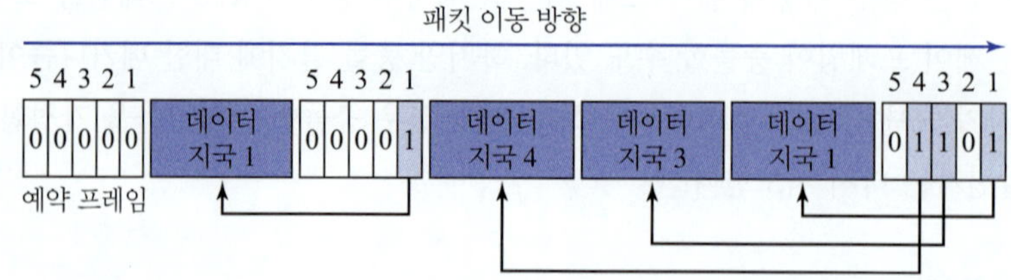

그림 12.18 예약 접근 방법

12.2.2 폴링

폴링(polling)은 지국 중 하나가 **주국**(primary station)이 되고, 다른 지국들은 **종국**(secondary station)이 되는 접속형태에서 동작한다. 궁극적으로는 종국으로 가는 데이터도 모두 주국을 통해서 전달된다. 주국이 링크를 제어하며 종국은 그 지시에 따른다. 어느 시간에 어느 지국이 링크를 사용하느냐 하는 것은 오로지 주국의 결정에 따른다. 그러므로 주국은 항상 모든 세션을 시작하는 지국이다(그림 12.19 참조). 이 방법은 충돌을 방지하기 위해 폴과 선택을 사용한다. 그러나 주국이 실패하면 시스템이 다운되는 단점이 있다.

선택

선택(select) 기능은 주국이 무언가를 보낼 것이 있을 때마다 수행된다. 주국이 링크를 제어한다는 것을 기억하라. 주국이 전송하지도 않고 수신하지도 않으면 주국은 링크가 사용 가능하다는 것을 안다. 보낼 것이 있으면 주국은 그것을 보낸다. 그러나 주국이 모르는 것은 목적지 장치가 수신 준비가 되어 있느냐 하는 것이다. 그래서 주국은 종국이 곧 있을 전송에 대해 알고 있도록 하는 것이고, 종국이 수신 준비가 되어 있는지 그 응답을 받는 것이다. 데이터를 전송하기 이전에 주국은 선택(SEL) 프레임을 전송하며, 그 프레임의 필드 중 하나에 보내려고 의도하는 종국의 주소가 포함된다.

폴

폴(poll) 기능은 주국이 종국들로부터 전송할 데이터를 요청할 때 수행한다. 주국이 데이터를 수신

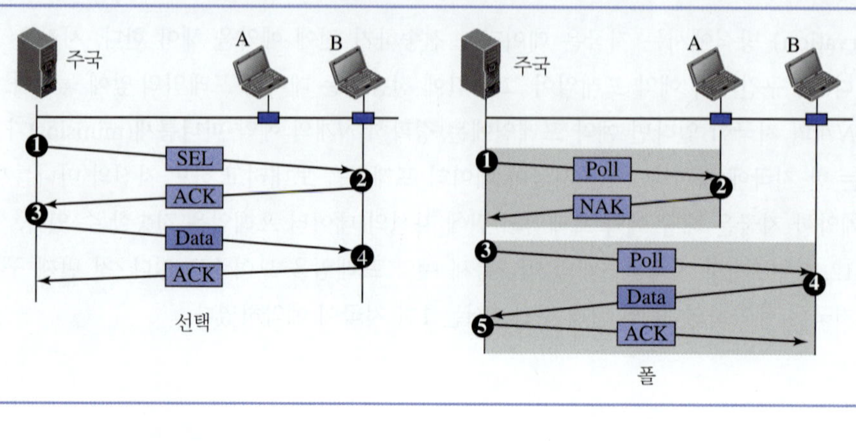

그림 12.19 폴링 접근 방법에서 선택과 폴링

할 준비가 되어 있으면 각 장치에게 보낼 것이 있는지 차례로 물어보는 것이다(폴링). 첫 번째 종국에 접근하였을 때, 보낼 것이 없다면 부정 확인응답을 보내고 보낼 것이 있으면 데이터를 보낸다. 주국은 부정 확인응답(NAK 프레임)을 받으면 데이터를 보낼 종국을 찾을 때까지 다음 종국들에게 동일하게 묻는다. 확인응답이 긍정일 때(데이터 프레임이 올 때) 주국은 프레임을 받고 확인응답(ACK 프레임)을 보내어 받은 것을 확인해 준다.

12.2.3 토큰 패싱

토큰 패싱(token passing) 방식에서 네트워크 안의 지국들은 논리적인 링(ring) 형태로 구성된다. 다시 말하면 각 지국에는 선행자(predecessor)와 후행자(successor)가 있다. 선행자는 링형 접속형태에서 논리적으로 앞에 있는 지국이며 후행자는 링에서 바로 뒤에 있는 지국이다. 현행 지국은 채널을 접근 중에 있는 지국이다. 이렇게 접근할 권리는 선행자로부터 현행 지국으로 전해진 것이다. 현행 지국이 전송할 데이터가 없게 되면 후행자에게 넘겨질 것이다.

그러나 채널 접근 권한이 어떻게 한 지국으로부터 다른 지국으로 전해지는가? 이 방식에서는 **토큰**(token)이라는 특별한 패킷이 링을 따라서 순회한다. 토큰을 확보한 지국은 채널 접근 권한을 갖게 되고 데이터를 전송하게 된다. 지국이 보낼 데이터가 생기면 지국은 선행자로부터 토큰을 받을 때까지 기다린다. 이후에 토큰을 넘겨받아 데이터를 보낼 수 있게 된다. 지국이 더 이상 보낼 데이터가 없으면 토큰을 후행자에게 넘겨준다. 지국은 다음 순회에서 토큰을 받을 때까지는 데이터를 보내지 못하고 기다려야 한다. 이 과정에서 지국이 토큰을 받았는데 보낼 데이터가 없으면 토큰을 다음 지국에 그냥 전해준다.

이 접근 방법을 위해서는 토큰 관리가 필요하다. 지국이 토큰을 가지고 있는 시간에 제한을 두어야 한다. 토큰이 손실되거나 손상되지 않도록 감시해야 한다. 예를 들면 토큰을 가지고 있던 지국이 동작을 멈추면 토큰이 손실되게 된다. 토큰 관리의 다른 기능은 지국과 전송할 데이터의 종류에 우선순위를 부여하는 것이다. 그리고 끝으로 낮은 순위의 지국이 상위 순위의 지국에게 토큰을 양보하도록 하는 것이다.

논리 링

토큰 패싱 네트워크에서 각 지국이 물리적으로 링에 연결될 필요는 없고 링은 논리적으로 형성되면 된다. 그림 12.20에 1개의 논리적인 링으로 형성되는 4개의 서로 다른 물리적인 접속형태가 있다.

물리 링(physical ring) 접속형태에서 지국이 후행자에게 토큰을 전할 때 다른 지국은 토큰을 볼 수 없다. 후행자는 회선 상에 있는 다음 지국이다. 이는 토큰은 다음 후행자의 주소를 가질 필요가 없다는 것을 말한다. 이 접속형태에서 문제는 링크 중 하나라도 끊어지면 전체 시스템이 동작을 멈춘다.

이중 링(dual ring) 접속형태는 중심 링의 반대 방향으로 운영되는 2차 링을 가진다. 2차 링은 비상상태에만 사용한다. 중심 링의 링크가 망가지면 시스템은 자동으로 두 링을 합하여 새로운 임시 링을 형성한다. 망가진 링크가 복구되면 2차 링은 다시 휴면 상태에 있게 된다. 이 접속형태가 동

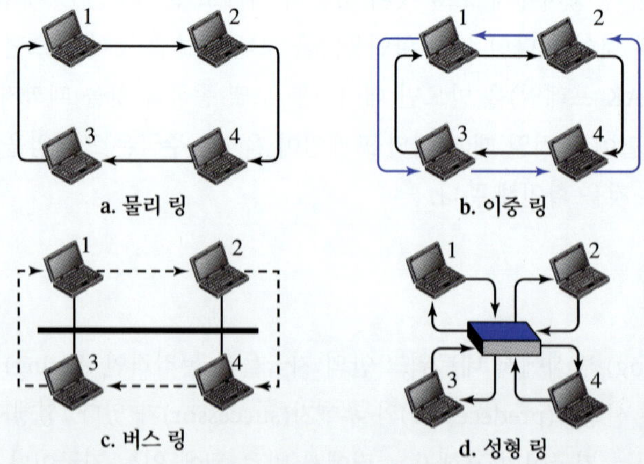

그림 12.20 토큰 패싱 접근 방법에서 논리 링과 물리적인 접속형태

작하려면 각 지국은 2개의 송신 및 수신 포트가 필요하다는 것에 유의하라. FDDI(Fiber Distributed Data Interface)라고 불리는 고속 토큰 링 네트워크와 CDDI(Copper Distributed Data Interface)가 이 접속형태를 사용한다.

버스 링(bus ring) 접속형태는 토큰 버스라고도 불리는데, 지국들은 버스(bus)라고 불리는 공유 케이블에 연결된다. 그러나 논리적으로는 링 구조를 만들게 되는데 이는 각 지국은 자신들의 후행자의 주소를(또한, 토큰 관리 목적으로 인해 선행자의 주소도) 알고 있기 때문이다. 지국이 데이터 전송을 마치면 토큰을 넘겨주는데 토큰 속에 후행자의 주소를 삽입한다. 토큰의 목적지 주소와 일치하는 주소를 가진 지국이 공유 매체에 접근할 권리를 갖는다. IEEE에 의해 표준으로 채택된 토큰 버스 LAN은 이러한 접속형태를 사용한다.

성형 링(star ring) 접속형태에서 물리적인 접속형태는 성형이다. 그러나 허브가 연결 장치 역할을 한다. 허브 내부의 연결로 인해 링 모양을 만든다. 지국은 2개의 회선을 통해 이 링에 연결된다. 이 접속형태는 네트워크가 잘 망가지지 않게 해주는데 링크가 망가지면 허브는 망가진 링크는 그냥 무시하고 나머지하고만 통신하기 때문이다. 이 접속형태의 링에서 지국을 더하거나 제거하는 것 또한 용이하다. 이 접속형태는 IBM에 의해 설계된 토큰 링 LAN에서 아직도 사용한다.

12.3 채널화

채널화[channelization, 또는 **채널 분할**(channel partition)이라고도 불림]는 링크의 가용 대역폭을 지국들 사이에서 시간적으로, 주파수 상으로 또는 코드를 통해 다중 접근하는 것이다. 이 절에서는 FDMA, TDMA, CDMA라는 3가지 채널화 프로토콜을 논의한다.

이 방법의 응용에 대해서는 휴대 전화를 설명한 16장에서 논의한다.

12.3.1 주파수 분할 다중 접근(FDMA)

주파수 분할 다중 접근(FDMA, frequency division multiple access)에서는 가용 대역폭을 주파수 대역으로 나눈다. 각 지국은 대역을 배정받아 데이터를 전송한다. 다시 말하면 각 대역은 지국에 할당되어 항상 해당 지국만 사용할 수 있다. 각 지국은 또한 통과 대역 필터를 사용하여 전송 주파수를 제한한다. 지국 사이의 방해를 방지하기 위하여 각 통과 대역은 작은 **보호 대역**(guard band)만큼 서로 떨어져 있게 된다. 그림 12.21은 FDMA이다.

FDMA에서는 공유 채널의 가용 대역폭을 보호 대역으로 분리된 대역들로 나누게 된다.

FDMA는 전체 통신하는 동안 미리 정한 주파수 대역을 규정한다. 이는 스트림 데이터가 쉽게 FDMA를 사용할 수 있다는 것을 말한다. 16장에서 이 기능이 휴대 전화에서 어떻게 사용되는지 보게 된다.

FDMA와 주파수 분할 다중화(FDM)는 개념적으로 유사하게 보이지만 둘 사이에 차이가 있음을 강조할 필요가 있다. 6장에서 본 것처럼 FDM은 낮은 대역폭의 채널들을 모아서 높은 대역폭 채널을 사용하여 전송하는 물리층 기술이다. 모아놓은 채널들은 모두 저대역 통과 채널이다. 다중화기가 신호들을 변조한 후에 합해서 특정 대역-통과 신호를 만든다. 각 채널의 대역폭은 다중화기에 의해 이동된다.

반면에 FDMA는 데이터 링크층의 접근 방법이다. 각 지국의 데이터 링크층이 물리층으로 하여금 자기에게 전달된 데이터로부터 특정 대역-통과 신호를 만들도록 한다. 이 신호는 할당된 대역에서 만들어져야 한다. 물리층에 다중화기는 없다. 각 지국에서 만들어진 신호는 특정 대역을 통과하게 되고, 공유 채널을 사용하여 합해져서 전송된다.

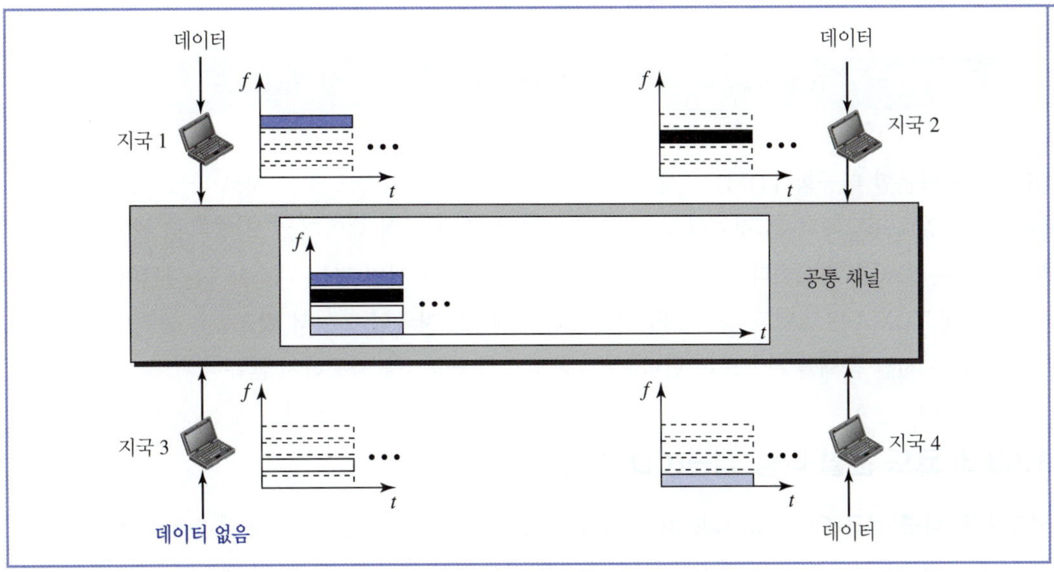

그림 12.21 주파수 분할 다중 접근(FDMA)

그림 12.22
시분할 다중 접근 (TDMA)

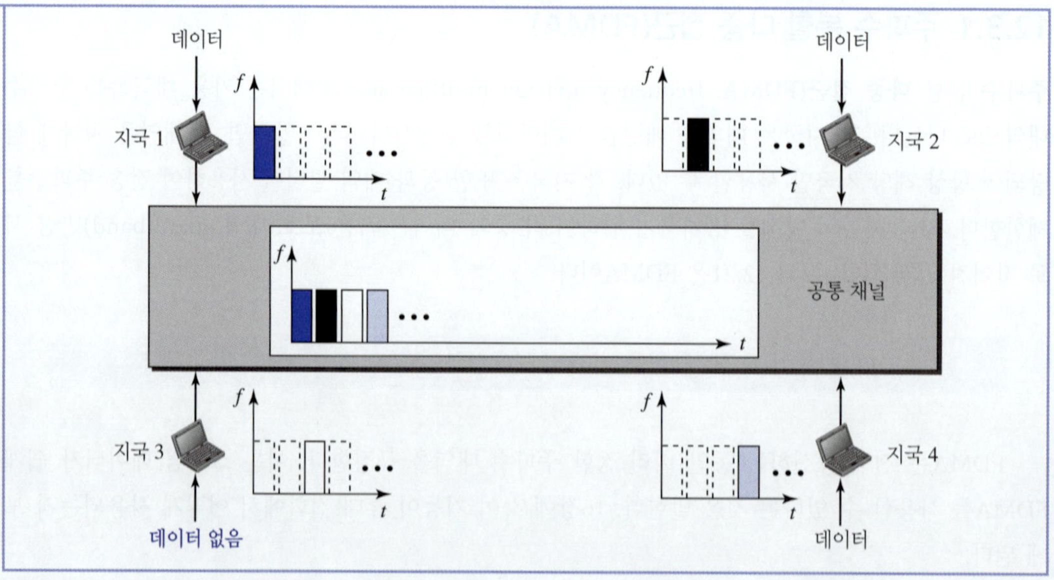

12.3.2 시간 분할 다중 접근(TDMA)

시간 분할 다중 접근(TDMA, time-division multiple access)에서는 지국들이 시간상에서 채널을 공유한다. 각 지국은 자신이 데이터를 전송할 수 있는 시간 틈새를 할당받는다. 각 지국은 할당받은 시간 틈새에 자신의 데이터를 전송한다. 그림 12.22는 TDMA의 아이디어를 보여준다.

TDMA의 주요 문제는 서로 다른 지국 사이에 동기화를 이루는 것이다. 각 지국은 언제 틈새가 시작되며, 언제 자신의 틈새를 사용할 수 있는지를 알아야 한다. 이는 지국들이 넓은 지역에 퍼져 있게 되면 전파 지연으로 인해 어렵게 된다. 지연을 보상하기 위해 보호 시간(guard time)을 삽입할 수 있다. 동기화는 보통 각 틈새가 시작할 때 동기화 비트[흔히 프리앰블 비트(preamble bit)라고 불리는]를 사용하여 달성한다.

> TDMA에서 대역폭은 여러 지국이 시간상 공유하는 단일 채널이다.

TDMA와 시분할 다중화(TDM)는 개념적으로 유사하게 보일지라도 둘은 서로 다르다는 것을 강조할 필요가 있다. 6장에서 본 것처럼 TDM은 속도가 느린 채널의 데이터를 모아 빠른 채널을 사용하여 전송하는 물리층 기술이다. 이 과정은 각 채널의 데이터를 끼워 넣는 다중화기를 사용한다.

반면에 TDMA는 데이터 링크층의 접근 방법이다. 각 지국의 데이터 링크층은 물리층으로 하여금 할당받은 시간 틈새를 사용토록 한다. 물리층에는 다중화기를 사용하지 않는다.

12.3.3 코드 분할 다중 접근(CDMA)

코드 분할 다중 접근(CDMA, code-division multiple access)은 수십 년 전에 알려졌다. 최근 전자공학 기술의 발전으로 인해 그 구현이 가능하게 되었다. CDMA는 오직 하나의 채널이 전체 대역을 다

차지한다는 점에서 FDMA와 다르다. 또한, 모든 지국에 동시에 전송한다는 점에서 TDMA와 다르며 시간상 공유하지 않는다.

> CDMA에서는 하나의 채널이 모든 전송을 동시에 보낸다.

비유

우선 비유를 하나 들어보자. CDMA는 간단히 말해 서로 다른 코드를 사용해 통신함을 말한다. 예를 들면 많은 사람이 가득 찬 방에서 다른 사람들은 영어를 하지 않고 두 사람만 영어로 말한다면 서로 이야기할 수 있다. 두 사람만이 사용한다면 중국어로도 통신할 수 있다. 다시 말해 이 경우에는 방이라는 공유 채널을 사용하여 서로 다른 말(코드)을 사용하는 몇몇 짝이 쉽게 통신할 수 있는 것이다.

아이디어

동일한 채널에 연결된 4개의 지국을 가정하자. 1번 지국의 데이터는 d_1, 2번 지국의 데이터는 d_2, 이런 식으로 하자. 1번 지국에 할당된 코드는 c_1, 2번 지국에는 c_2, 이런 식으로 하자. 할당된 코드는 두 가지 성질이 있다고 가정한다.

1. 각 코드를 다른 코드로 곱하면 0이 된다.
2. 각 코드를 자신의 코드에 곱하면 4(지국의 개수)가 된다.

두 가지 성질을 염두에 두고 어떻게 4개의 지국이 그림 12.23에 있는 것처럼 공유 채널을 사용하여 서로 통신할 수 있는지 보자.

1번 지국은 자기 데이터를 자기 코드로 곱하여(특별한 곱셈인데 뒤에서 논의한다) $d_1 \cdot c_1$을 얻는다. 2번 지국도 마찬가지로 하여 $d_2 \cdot c_2$를 얻으며 나머지도 마찬가지이다. 채널을 통과하는 데이터는 그림의 상자에 보인 것처럼 이 모든 것들의 합이다. 다른 3개의 지국 중 하나로부터 데이터를 받

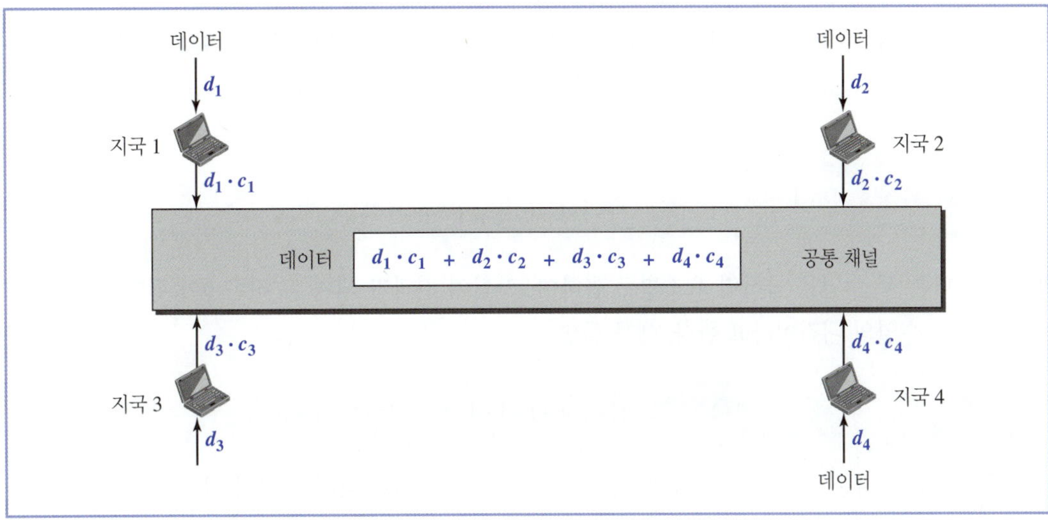

그림 12.23 코드를 사용한 통신의 간단한 이해

그림 12.24
칩 순열

C_1	C_2	C_3	C_4
[+1 +1 +1 +1]	[+1 −1 +1 −1]	[+1 +1 −1 −1]	[+1 −1 −1 +1]

고자 하는 지국은 채널의 데이터를 송신자의 코드로 곱한다. 예를 들면 1번 지국과 2번 지국이 서로 통신하고 있다고 하자. 2번 지국이 1번 지국이 뭐라고 말하는지 들으려 한다. 지국은 채널의 데이터를 1번 지국의 코드인 c_1으로 곱한다.

$$\begin{aligned} \text{data} &= (d_1 \cdot c_1 + d_2 \cdot c_2 + d_3 \cdot c_3 + d_4 \cdot c_4) \cdot c_1 \\ &= d_1 \cdot c_1 \cdot c_1 + d_2 \cdot c_2 \cdot c_1 + d_3 \cdot c_3 \cdot c_1 + d_4 \cdot c_4 \cdot c_1 = 4 \times d_1 \end{aligned}$$

$(c_1 \cdot c_1)$의 결과는 4이지만 $(c_2 \cdot c_1)$, $(c_3 \cdot c_1)$이나 $(c_4 \cdot c_1)$은 모두 0이므로 2번 지국은 1번 지국으로부터의 데이터를 구하기 위해서는 결괏값을 4로 나누면 된다.

칩스

CDMA는 코드 이론에 근거하고 있다. 각 지국은 코드를 할당받으며, 이 코드는 그림 12.24에 있는 것과 같은 **칩스**(chips)라고 불리는 일련의 숫자이다.

그림의 코드는 앞의 예에 사용한 것이다. 이 장의 뒤에서 어떻게 이 수열들을 구하는지 알아본다. 일단은 임의로 이 수열들을 선택한 것이 아니라 주의 깊게 선택된 것이라는 것을 알 필요가 있다. **직각 순열**(orthogonal sequence)이라고 불리며 다음과 같은 성질이 있다.

1. 각 수열은 N개의 요소로 되어 있으며 N은 지국의 수이다.
2. 수열을 어떤 수로 곱하면 수열의 각 요소는 그 수로 곱해진다. 이를 스칼라로 곱한다고 말한다. 예를 들면,

$$2 \bullet [+1\ +1\ -1\ -1] = [+2\ +2\ -2\ -2]$$

3. 서로 같은 두 수열을 곱하면 요소별로 곱하여 그 합이 결과가 되는데, 그 합은 N이 되며 N은 각 수열에 있는 요소의 개수이다. 이를 동일한 수열의 내적(inner product)이라고 부른다. 예를 들면,

$$[+1\ +1\ -1\ -1] \bullet [+1\ +1\ -1\ -1] = 1 + 1 + 1 + 1 = 4$$

4. 서로 다른 두 수열을 곱하면 요소별로 곱하여 그 합이 결과가 되며 그 값은 0이 된다. 이를 서로 다른 두 수열의 내적이라고 한다. 예를 들면,

$$[+1\ +1\ -1\ -1] \bullet [+1\ +1\ +1\ +1] = 1 + 1 - 1 - 1 = 0$$

5. 두 수열을 더하는 것은 해당 요소를 더하는 것이다. 그 결과는 다른 수열이 된다. 예를 들면,

$$[+1\ +1\ -1\ -1] + [+1\ +1\ +1\ +1] = [+2\ +2\ \ 0\ \ 0]$$

데이터 표현

다음의 규칙을 따른다. 지국이 0비트를 보낼 필요가 있으면 −1로 부호화하며 1비트를 보내려면 +1로 부호화한다. 지국이 휴지 상태이면 아무 신호도 보내지 않고 이는 0으로 해석된다. 그림 12.25에 나타내었다.

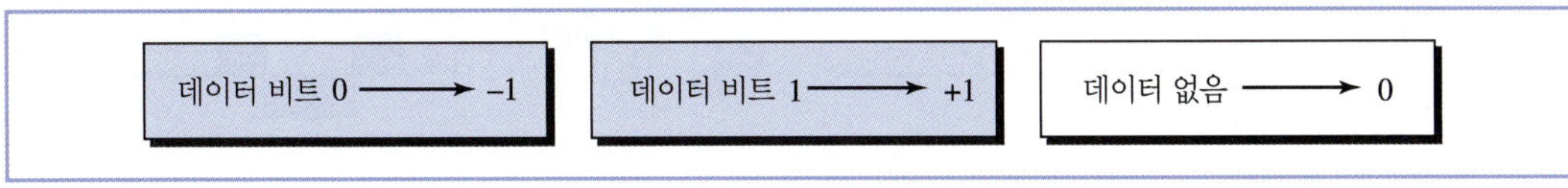

그림 12.25 CDMA에서 데이터 표현

부호화와 복호화

간단한 예로 어떻게 4개의 지국이 1비트 구간 동안 링크를 공유하는지 알아보자. 동일한 절차가 다른 구간에도 마찬가지로 반복될 수 있다. 1번과 2번 지국이 0비트를 전송하고 4번 지국은 1비트를 전송한다고 가정한다. 3번 지국은 휴지 상태이다. 송신 측의 데이터는 각각 −1, −1, 0, +1로 바뀐다. 각 지국은 이 데이터를 각 지국에 따라 유일한 자신의 칩(직각 수열)으로 곱한다. 그 결괏값은 새로운 수열이 되며 이 수열을 채널로 보낸다. 편의상 모든 지국이 이 결과 수열을 동시에 채널에 올린다고 하자. 채널에서 수열은 앞에서 정의한 네 수열의 전체 합이다. 그림 12.26은 이러한 상황을 보여준다.

이제 휴지 상태에 있는 3번 지국이 2번 지국의 소리를 들으려 한다고 하자. 3번 지국은 채널에 있는 전체 데이터를 2번 지국의 코드인 [+1 −1 +1 −1]로 곱하여 다음을 얻는다.

$$[-1\ -1\ -3\ +1] \bullet [+1\ -1\ +1\ -1] = -4/4 = -1 \quad \rightarrow \quad \text{bit 0}$$

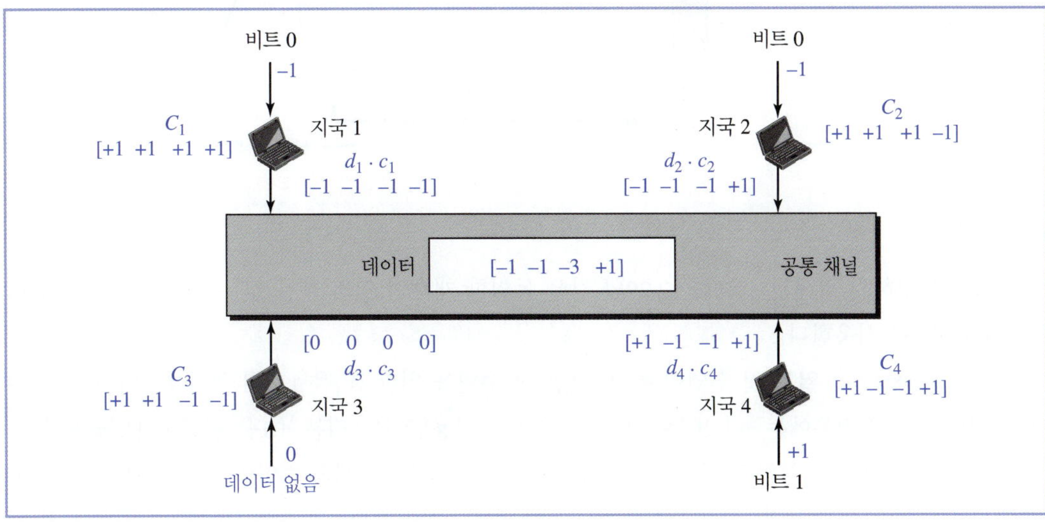

그림 12.26 CDMA에서 채널 공유

신호 준위

이 과정은 각 지국에 의해 만들어진 디지털 신호와 목적지에서 복구된 데이터를 보게 되면 더 쉽게 이해할 수 있다(그림 12.27 참조). 그림은 각 지국의 신호(편의상 NRZ-L을 사용)와 공유 채널의 신호이다.

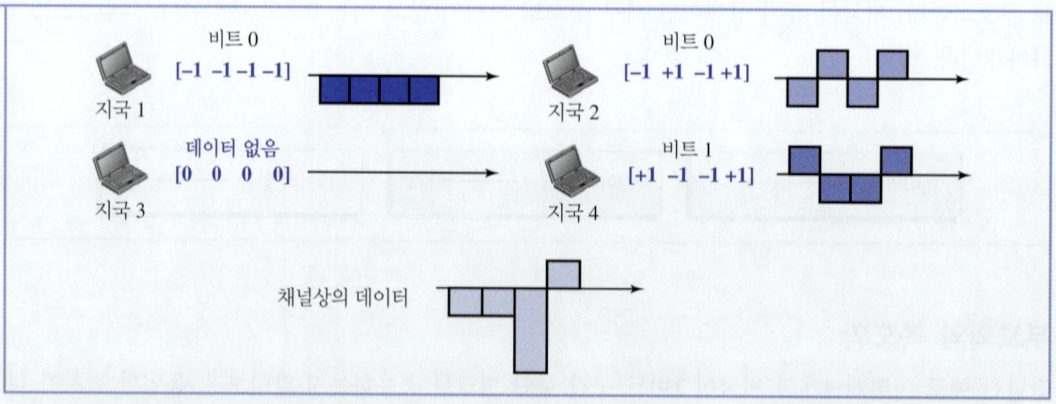

그림 12.27 CDMA에서 4개의 지국에 의해 생성된 디지털 신호

그림 12.28에는 어떻게 3번 지국이 2번 지국의 코드를 사용하여 2번 지국이 보낸 데이터를 감지해 내는지를 보여준다. 채널의 전체 데이터에 2번 지국의 칩 코드를 나타내는 신호가 곱해져 (내적 연산) 새로운 신호를 얻는다. 그런 다음 지국은 신호 아래 영역을 통합하고 더해서 값 −4를 얻는다. 이 값을 4로 나누고 비트 0인 것을 알아낸다.

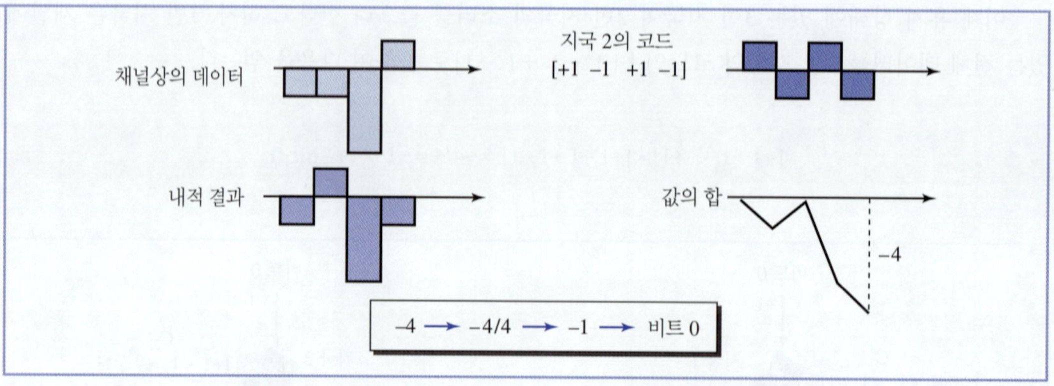

그림 12.28 CDMA에서 복합 신호의 복호화

수열 생성

칩 수열을 생성하기 위해서는 그림 12.29와 같은 동일한 개수의 열과 행을 갖는 2차원 표인 **월시 표**(Walsh table)를 사용한다.

월시 표에서는 각 열은 칩 수열이 된다. 단일 칩 수열을 위한 W_1은 1개의 열과 1개의 행을 갖는다. 이처럼 단순한 경우에는 −1 또는 +1을 칩 수열로 사용한다(우리는 +1을 선택하자). 월시에 따르면 N개의 수열인 W_N을 알고 있으면 그림 12.29와 같이 하여 $2N$개의 수열인 W_{2N}을 구할 수 있다.

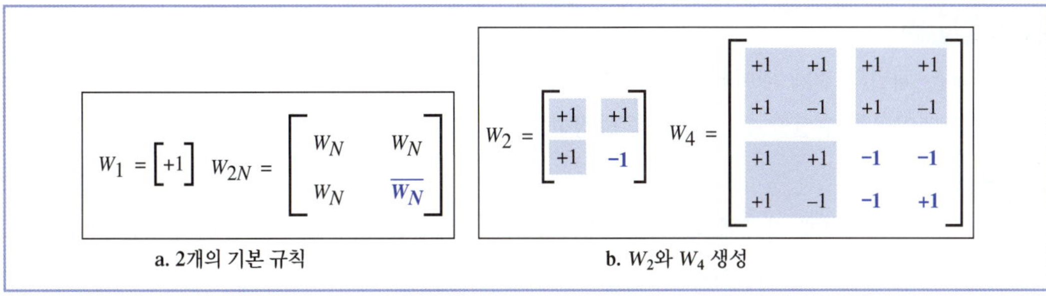

그림 12.29
월시 표의 생성에 대한 일반 법칙과 예

W_N 위에 바를 얹은 $\overline{W_N}$은 W_N의 보수로써 +1은 −1로 대신하고 −1은 +1로 대신한 것이다. 그림 12.29는 어떻게 W_1으로부터 W_2와 W_4를 얻는지도 보여준다. W_1을 선택한 후에 W_1을 4개를 사용하되 마지막 요소로는 W_1의 보수를 사용하여 W_2를 만들 수 있다. W_2를 만든 후에는 마찬가지로 하여 W_4를 만들 수 있다. 물론 W_8은 마찬가지로 하여 W_4로부터 만들 수 있다. W_N이 생성된 후에는 각 지국은 각 행을 각자의 칩 수열로 할당받는다.

강조해야 할 사항은 수열의 개수 N은 2의 지수승이 되어야 한다. 즉, $N = 2^m$이다.

월시 표의 수열의 개수는 $N = 2^m$이어야 한다.

예제 12.6

다음 네트워크에 대한 칩스를 구하라.

a. 2개의 지국을 갖는 네트워크
b. 4개의 지국을 갖는 네트워크

해답

그림 12.29의 W_2와 W_4의 행을 사용할 수 있다.

a. 2번 지국을 갖는 경우에는 [+1 +1]과 [+1 −1].
b. 4번 지국을 갖는 경우에는 [+1 +1 +1 +1]과 [+1 −1 +1 −1], [+1 +1 −1 −1] 및 [+1 −1 −1 +1].

예제 12.7

네트워크에 90개의 지국이 있을 때의 최소한 몇 개의 수열이 있어야 하는가?

해답

수열의 개수는 2^m이어야 한다. 여기서 $m = 7$로 잡으면 $N = 2^7$, 즉 128이다. 이 중 90개의 수열을 사용한다.

예제 12.8

수신 지국은 채널의 전체 데이터를 수신 지국의 칩스로 곱한 다음에 지국의 수로 나누면 특정 지국이 전송한 데이터를 수신할 수 있는 것을 증명하여라.

해답

여기서는 앞 예제의 4개 지국에 대해 1번 지국을 예로 들어 증명한다. 채널의 데이터 $D = (d_1 \cdot c_1 + d_2 \cdot c_2 + d_3 \cdot c_3 + d_4 \cdot c_4)$이다. 1번 지국이 전송한 데이터를 받고자 하는 수신자는 이 데이터에 c_1을 곱한다.

$$\begin{aligned} D \cdot c_1 &= (d_1 \cdot c_1 + d_2 \cdot c_2 + d_3 \cdot c_3 + d_4 \cdot c_4) \quad c_1 \\ &= d_1 \cdot c_1 \cdot c_1 + d_2 \cdot c_2 \cdot c_1 + d_3 \cdot c_3 \cdot c_1 + d_4 \cdot c_4 \cdot c_1 \\ &= d_1 \times N + d_2 \times 0 + d_3 \times 0 + d_4 \times 0 \\ &= d_1 \times N \end{aligned}$$

이 결괏값을 N으로 나누면 d_1을 얻는다.

12.4 추천 자료

12.4.1 추천 도서

이 장에서 논의한 주제들을 자세히 보기 위해서 다음 도서와 RFC를 추천한다. 괄호 안에 있는 내용은 교재 끝에 있는 참고문헌을 가리킨다.

참고문헌

여러 우수한 책은 링크층의 문제를 논의한다. 그 중에서도 [Ham 80], [Zar 02], [Ror 96], [Tan 03], [GW 04], [For 03], [KMK 04], [Sta 04], [Kes 02], [PD 03], [Kei 02], [Spu 00], [KCK 98], [Sau 98], [Izz 00], [Per 00], 그리고 [WV 00]을 추천한다.

RFC

인터넷에서 검사합 사용에 대한 내용은 RFC 1141에서 찾을 수 있다.

12.4.2 중요 용어

1-persistent method
ALOHA
binary exponential backoff
carrier sense multiple access(CSMA)
carrier sense multiple access with collision avoidance(CSMA/CA)
carrier sense multiple access with collision detection(CSMA/CD)
channelization
code-division multiple access(CDMA)
collision
contention
contention window
controlled access
DCF interframe space(DIFS)
frequency-division multiple access(FDMA)
inner product
interface space(IFS)
jamming signal
media access control(MAC)
multiple access(MA)
network allocation vector(NAV)
nonpersistent method
orthogonal sequence
p-persistent method
polling
primary station
propagation time
pure ALOHA
random access
reservation
secondary station
short interframe space(SIFS)
slotted ALOHA
time-division multiple access(TDMA)
token
token passing
vulnerable time
Walsh table

12.4.3 요약

- 대부분의 정규 프로토콜은 공유 링크에 대한 접근을 처리하기 위해 고안되었다. 우리는 이것을 임의 접근 프로토콜, 제어 접근 프로토콜, 채널화 프로토콜이라는 세 그룹으로 분류한다.
- 임의 접근 또는 경쟁 방식에서는 지국 간의 우선순위가 없으며, 어떤 지국도 다른 지국에 대해 제어할 수 없다. ALOHA는 공유 매체에 다중 접근하도록 되어 있다. 충돌의 기회를 최소화하면 성능을 증가시키기 위해 CSMA 방식이 개발되었다. 한 지국이 매체를 사용하기 전에 감지를 시도한다면 충돌의 가능성이 크게 줄어든다. 매체 감지 다중 접근에서는 각 지국이 전송 이전에 먼저 매체를 감지할 것이 요구된다. 충돌을 검출하는 반송파 감지 다중 접근(CSMA/CD)은 CSMA 알고리즘을 개선하여 충돌을 다룬다. 이 방식에서는 지국은 프레임을 전송한 후에 프레임이 성공적으로 전송되었는지 매체를 감시한다. 성공했다면 지국은 목표를 달성한 것이다. 그러나 충돌이 생기게 되면 프레임은 다시 전송된다. 무선 네트워크에서 충돌을 피하기 위해서 충돌 회피 반송파 감지 다중 접근(CSMA/CA)이 고안되었다. 충돌은 프레임간 공간, 경쟁 구간 및 확인응답이라는 세 가지 전략을 사용하여 피한다.
- 제어 접근에서 지국은 어느 지국이 전송할 권리가 있는지 상호 협의한다. 지국은 다른 지국들에 의해 승인될 때까지 전송할 수 없다. 예약, 폴링 및 토큰 패싱이라는 접근 제어 방식을 논의하였다. 예약 접근 방식에서는 지국은 데이터 전송 이전에 예약을 해야 한다. 시간은 구간으로 나누어지게 된다. 각 구간에서는 그 구간 동안 전송되는 데이터 프레임에 앞서서 예약 프레임이 선행된다. 폴링 방식에서는 최종 목적지가 종국인 경우에도 모든 데이터 교환은 주국 장치를 통해 이루어진다. 주국이 링크를 제어하며 종국 장치는 그 지시를 따른다. 토큰 패싱 방식에서는 네트워크의 지국들은 논리적인 링으로 구성되어 있다. 각 지국은 선행자와 후행자가 있다. 토큰이라 불리는 특별 프레임이 링을 따라 순환된다.

- 채널화는 링크의 가용 대역폭이 시간, 주파수 또는 코드를 통해 서로 다른 지국들 사이에서 공유되는 방식이다. FDMA, TDMA, CDMA라는 세 가지 채널화 방식을 논의하였다. 주파수 분할 다중 접근에서는 가용 대역폭이 주파수 대역으로 나뉜다. 각 지국은 자신의 데이터를 보낼 수 있는 주파수 대역을 할당받는다. 다시 말하면 각 대역은 특정 지국에 예약되며 항상 해당 지국이 속한다. 시간 분할 다중 접근에서는 각 지국은 채널의 대역폭을 시간별로 공유한다. 각 지국은 자신의 데이터를 전송할 수 있는 시간을 할당받는다. 각 지국은 할당된 시간 틈새에 데이터를 전송한다. 코드 분할 다중 접근에서는 지국은 다중 접근을 가능케 하기 위해 서로 다른 코드를 사용한다. CDMA는 코드 이론에 근거하여 칩스라 불리는 수열을 사용한다. 수열은 월시 코드와 같은 직각 코드를 사용하여 만들어진다.

12.5 연습문제

12.5.1 객관식

1. ____________ 임의 접근 방식은 충돌을 회피한다.
   a. CSMA/CD b. CSMA/CA
   c. ALOHA d. 토큰-패싱

2. 1-지속 방식에서 지국이 유휴 상태이면 데이터를 ____________.
   a. 즉시 전송한다
   b. 전송하기 전에 0.1초를 기다린다
   c. 전송하기 전에 1초를 기다린다
   d. 전송하기 전에 $1 - p$초와 동일한 시간을 기다린다

3. ____________은 하나의 주국과 하나 또는 그 이상의 종국을 요구한다.
   a. 토큰 링 b. 예약
   c. 폴링 d. CSMA

4. P-지속 방식에서 지국은 휴지 상태를 찾아내면, 데이터를 ____________.
   a. 즉시 전송한다
   b. 전송 전에 1초를 기다린다
   c. $1 - p$의 확률로 전송한다
   d. P의 확률로 전송한다

5. 1-지속 방법은 ____________와 동일한 p를 사용하는 P-지속 방법의 특별한 경우이다.
   a. 1.0 b. 2.0
   c. 0.1 d. 0.5

6. 예약 접근 방법에서 만약 10개의 지국이 네트워크에 있다면, 예약 프레임에는 ____________개의 예약 미니틈새가 있다.
   a. 10 b. 11
   c. 5 d. 9

7. ____________는 제어 접근 프로토콜이다.
   a. FDMA b. TDMA
   c. CSMA d. 예약

8. ____________는 채널화 프로토콜이다.
   a. FDMA b. TDMA
   c. CDMA d. 모두 정답

9. ____________ 임의 접근 방법에서 지국은 매체를 감지하지 않는다.
   a. CSMA/CA b. ALOHA
   c. CSMA/CD d. 이더넷

10. 다음 중 어떤 것이 임의 접근 프로토콜의 예인가?
    a. 폴링 b. FDMA
    c. 토큰 패싱 d. 정답 없음

11. 다음 중 어떤 것이 제어 접근 프로토콜의 예인가?
    a. CDMA b. FDMA
    c. 토큰 패싱 d. 정답 없음

12. 순수 ALOHA의 취약 시간은 틈새 ALOHA의 취약 시간보다 ______.
    a. 더 적다 b. 더 크다
    c. 같다 d. 정답 없음

13. CSMA의 취약 시간은 ______이다.
    a. Tp b. $2 \times Tp$
    c. $3 \times Tp$ d. 정답 없음

14. RTS와 CTS 패킷은 ______ 프로토콜에서 필요하다.
    a. CDMA/CA b. CDMA/CD
    c. 토큰 패싱 d. 정답 없음

15. FDMA에서 채널화를 위해 서로 다른 ______를 사용한다.
    a. 주파수 범위 b. 시간 틈새
    c. 코드 d. 정답 없음

16. CDMA에서 채널화를 위해 서로 다른 ______를 사용한다.
    a. 주파수 범위 b. 시간 틈새
    c. 코드 d. 정답 없음

17. TDMA에서 채널화를 위해 서로 다른 ______를 사용한다.
    a. 주파수 범위 b. 시간 틈새
    c. 코드 d. 정답 없음

18. 월시 테이블은 ______에서 사용된다.
    a. FDMA b. TDMA
    c. CDMA d. 정답 없음

12.5.2 주관식

Q-1 다음 중 어느 것이 임의 접근 프로토콜인가?
    a. CSMA/CD
    b. 폴링
    c. TDMA

Q-2 다음 중 어느 것이 제어 접근 프로토콜인가?
    a. 토큰 패싱
    b. 폴링
    c. FDMA

Q-3 다음 중 어느 것이 채널화 프로토콜인가?
    a. ALOHA
    b. 토큰 통과
    c. CDMA

Q-4 순수 ALOHA 네트워크에서 지국이 1,000비트 크기의 프레임을 1 Mbps의 속도로 전송한다. 이 네트워크의 취약 시간은 얼마인가?

Q-5 틈새 ALOHA 네트워크에서 지국이 1,000비트 크기의 프레임을 1 Mbps의 속도로 전송한다. 이 네트워크의 취약 시간은 얼마인가?

Q-6 G = 1/2인 순수 ALOHA 네트워크에서 다음 각각의 경우 처리량이 어떻게 영향을 받는가?

a. G가 1로 증가

b. G가 1/4로 감소

Q-7 G =1/2인 틈새 ALOHA 네트워크에서 다음 각각의 경우 처리량이 어떻게 영향을 받는가?

a. G가 1로 증가

b. G가 1/4로 감소

Q-8 그림 12.3의 K에 대해, 아래와 같은 상황 바로 직후에 전송할 수 있는 확률을 구하라.

a. 한 번 실패 후

b. 세 번 실패 후

Q-9 그림 12.13의 K에 대해, 아래와 같은 상황 바로 직후에 전송할 수 있는 확률을 구하라.

a. 한 번 실패 후

b. 네 번 실패 후

Q-10 그림 12.15의 K에 대해, 아래와 같은 상황 바로 직후에 전송할 수 있는 확률을 구하라.

a. 두 번 실패 후

b. 다섯 번 실패 후

Q-11 그림 12.13에서 CSMA/CD 네트워크의 성공을 어떻게 설명할 수 있는가?

Q-12 그림 12.3에서 ALOHA 네트워크의 성공을 어떻게 설명할 수 있는가?

Q-13 그림 12.15에서 CSMA/CA 네트워크의 성공을 어떻게 설명할 수 있는가?

Q-14 브로드캐스트 네트워크에서 전파 지연은 5 μs, 프레임 전송 시간은 10 μs로 가정한다.

a. 첫 번째 비트가 목적지에 도착하는 데 얼마나 걸리는가?

b. 첫 번째 비트가 도착 후 마지막 비트가 도달하는 데 얼마나 걸리는가?

c. 얼마 동안 네트워크가 이 프레임(충돌에 취약)에 관여하는가?

Q-15 브로드캐스트 네트워크에서 전파 지연은 3 μs, 그리고 프레임 전송 시간은 5 μs라 가정한다. 어디서 일어나는 것에 상관없이 충돌을 감지할 수 있을까?

Q-16 브로드캐스트 네트워크에서 전파 지연은 6 μs, 그리고 프레임 전송 시간은 4 μs라 가정한다. 어디서 일어나는 것에 상관없이 충돌을 감지할 수 있을까?

Q-17 충돌이 임의 접근 프로토콜에서는 중요한 문제이지만, 제어 접근 프로토콜에서는 문제가 아닌 이유를 설명하라.

Q-18 충돌이 임의 접근 프로토콜에서는 중요한 문제이지만, 채널화 프로토콜에서는 문제가 아닌 이유를 설명하라.

Q-19 브로드캐스트 네트워크에서 전파 지연은 5 μs, 프레임 전송 시간은 10 μs로 가정한다.

a. 첫 번째 비트가 목적지에 도착하는 데 얼마나 걸리는가?

b. 첫 번째 비트가 도착 후 마지막 비트가 도달하는 데 얼마나 걸리는가?

c. 얼마 동안 네트워크가 이 프레임(충돌에 취약)에 관여하는가?

Q-20 브로드캐스트 네트워크에서 전파 지연은 12 μs, 프레임 전송 시간은 8 μs로 가정한다.

a. 첫 번째 비트가 목적지에 도착하는 데 얼마나 걸리는가?

b. 첫 번째 비트가 도착 후 마지막 비트가 도달하는 데 얼마나 걸리는가?

c. 얼마 동안 네트워크가 이 프레임(충돌에 취약)에 관여하는가?

Q-21 충돌을 방지하는 데 사용되는 CSMA/CA 전략을 나열하라.

Q-22 무선 LAN에서 지국 A는 IFS = 5밀리초로 할당받고, 지국 B는 IFS = 7밀리초로 할당받았다. 어느 지국의 우선순위가 더 높은가? 설명하라.

Q-23 CSMA/CD에서는 확인응답 메커니즘이 없지만, CSMA/CA에서는 이 메커니즘이 필요하다. 이유를 설명하라.

Q-24 CSMA/CA에서 NAV의 용도는 무엇인가?

객관식 홀수 번 문제 정답

1. ⓑ 3. ⓒ 5. ⓐ 7. ⓓ 9. ⓑ 11. ⓒ 13. ⓑ 15. ⓐ 17. ⓑ

12.6 시뮬레이션

12.6.1 애플릿

이 장에서 논의된 주요 개념의 일부를 보여줄 자바 애플릿을 만들었다. 학생이 책의 웹 사이트에 있는 애플릿을 동작시키고 이 동작에서 프로토콜을 주의 깊게 조사해 보는 것을 강력하게 추천한다.

CHAPTER 13

유선 LAN: 이더넷(Ethernet)

9장에서 12장까지 데이터 링크층과 관련된 일반적인 문제에 대해 논의하였고, 이 장에서는 유선 LAN에 대해 논의한다. 과거에도 많은 유선 LAN 프로토콜이 존재해 왔지만, 오늘날 오직 이더넷 기술만이 남아 있다. 이것이 이 장에서 이더넷 기술과 이더넷의 진화를 설명하는 이유이다.

이 장은 다섯 개의 절로 나누어져 있다.

첫 번째 절은 일반적으로 이더넷 프로토콜에 대해 논의한다. IEEE 프로젝트 802에서 정의한 이더넷을 포함해서 모든 LAN을 위한 LLC와 MAC의 부계층을 설명한다. 또한, 이더넷의 4세대에 대해 살펴본다.

두 번째 절은 표준 이더넷에 관해 설명한다. 이 세대는 거의 관행에서 볼 수 없지만, 대부분의 특징은 다음 설명하는 세 가지 세대에 상속되었다. 이 절에는 먼저 표준 이더넷의 일부 특징을 설명한다. 그런 다음 모든 이더넷 세대에 동일한 주소 메커니즘을 설명한다. 그 후 12장에서 논의한 CSMA/CD 접근 방법에 대해 논의한다. 그 후 표준 이더넷의 효율성을 검토한다. 그런 다음 이 세대의 부호화 방식과 구현을 보여준다. 이 장을 끝내기 전에, 이 세대에서 다음 세대로 바뀐 결과를 설명하였다.

세 번째 절은 여전히 많은 곳에서 볼 수 있는 2세대 고속 이더넷을 설명한다. 이 절은 먼저 MAC 부계층의 변경 사항에 관해 설명한다. 그 후 이 세대의 물리층과 구현에 관해 설명한다.

네 번째 절은 초당 1기가비트의 속도를 갖는 기가비트 이더넷에 대해 설명한다. 이 절은 먼저 MAC 부계층에 대해 설명한다. 그런 다음 물리층 및 구현을 설명한다.

다섯 번째 절에서는 10기가비트 이더넷을 다룬다. 이것은 백본 LAN 또는 MAN(도시 통신망)에서 사용할 수 있는 새로운 기술이다. 이번 절은 10기가비트 이더넷이 필요한 근거와 구현에 대해 간단히 설명한다.

13.1 이더넷 프로토콜

1장에서 TCP/IP 프로토콜 그룹은 데이터 링크나 물리층에 대한 프로토콜을 정의하지 않았다고 언급했다. 다시 말하면, TCP/IP는 네트워크층에 서비스를 제공할 수 있는 두 개의 층에 있는 프로토콜을 허용한다. 데이터 링크층과 물리층은 실제로 근거리 및 광역 통신망의 영역이다. 이것은 이 두 계층을 논의할 때 이것을 사용하는 네트워크에 대해 다룬다는 것을 의미한다. 다음 2개 장에서 유선망과 무선망에 대해 살펴본다. 이번 장에서 유선망에 대해 논의하고, 무선망에 대한 논의는 15장에서 다룬다.

1장에서 근거리 통신망(LAN)이 빌딩이나 대학과 같은 지역적으로 제한된 곳을 위한 컴퓨터 네트워크라고 배웠다. LAN은 자원 공유라는 목적으로 임의의 기관에서 컴퓨터들을 연결하는 고립된 네트워크로 사용될 수 있지만, 오늘날의 LAN들은 광역 통신망(WAN)이나 인터넷에 연결되어 있다.

1980년대와 1990년대에 여러 종류의 LAN이 사용되었다. 이 모든 LAN은 매체 공유의 문제를 해결하기 위해 매체 접근 방법을 사용하였다. 이더넷은 CSMA/CD 방식을 사용하였다. 토큰 링, 토큰 버스, 그리고 FDDI(광섬유 분산 데이터 인터페이스)는 토큰 패싱 방식을 사용한다. 이 기간 동안 또 다른 LAN 기술이자, 고속 WAN 기술(ATM)을 효율적으로 사용하는 ATM LAN이 시장에 등장하게 된다.

이더넷을 제외한 대부분의 LAN은 시장에서 사장되었다. 이것은 이더넷이 시대의 흐름에 부응하여 지속적으로 개선할 수 있었기 때문이었다. 이 성공을 뒷받침하는 문헌에 언급된 몇 가지 사항으로, 우리는 이더넷 프로토콜이 더 높은 전송률에 대한 요구에 부응하도록 설계되었다는 것을 알고 있다. 이더넷 LAN을 사용해 오다가 더욱 높은 데이터율을 필요로 하는 기관에서, 다른 기술을 채용하여 높은 비용을 지출하기보다는 기존 기술의 새로운 세대를 적용하는 것은 당연한 일이다. 이것은 유선 LAN에 대한 논의를 이더넷에 대한 논의로 국한한다는 것을 의미한다.

13.1.1 IEEE 프로젝트 802

이더넷 프로토콜과 이의 모든 세대를 토론하기 전에, 우리는 잠시 문헌이나 실생활에서 자주 접하는 IEEE 표준에 대해 잠시 살펴볼 필요가 있다. 1985년에 IEEE 컴퓨터 학회에서는 다양한 제조업자가 생산한 장치들 사이에 상호 연결이 가능하도록 하는 표준을 만들기 위해 **프로젝트 802**(project 802)라고 부르는 프로젝트를 시작했다. 프로젝트 802는 OSI나 TCP/IP 프로토콜 그룹의 어떤 부분을 대치하려는 의도는 없었다. 다만 주요 LAN 프로토콜의 물리층과 데이터 링크층의 기능을 규격화하였다.

802 표준과 TCP/IP 프로토콜 그룹 사이의 관계는 그림 13.1에 나타나 있다. IEEE는 데이터 링크층을 **논리 링크 제어**(LLC, data link control)와 **매체 접근 제어**(MAC, media access control)라는 2개의 부계층으로 나누었다. IEEE는 또한 서로 다른 LAN 프로토콜을 위해 여러 물리층 표준도 만들었다.

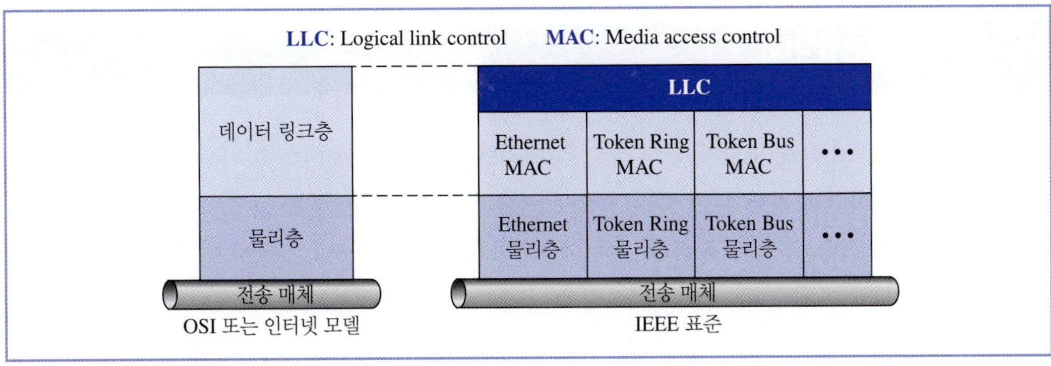

그림 13.1 LAN을 위한 IEEE 표준

논리 링크 제어(LLC)

앞에서 데이터 링크 제어(DLC)에 관해 설명했다. IEEE 프로젝트 802에서는 흐름 제어, 오류 제어와 프레임 짜기의 일부분에 대한 역할을 논리 링크 제어(logical link control)라는 부계층에서 처리한다. 즉, 프레임 짜기는 LLC 부계층과 MAC 부계층 양쪽에서 모두 처리된다.

LLC는 모든 IEEE LAN을 위해 하나의 데이터 링크 제어 프로토콜을 제공한다. LLC 프로토콜은 서로 다른 LAN 사이에 연결성을 제공할 수 있는데 이것은 LLC가 MAC 부계층을 투명하게 만들기 때문이다.

매체 접근 제어(MAC)

앞에서 우리는 임의 접근, 제어 접근, 채널화 방법의 다중 접근방식을 살펴보았다. IEEE 프로젝트 802는 각각의 LAN을 위해 특별한 접근 방법인 매체 접근 제어(MAC)라 불리는 부계층을 만들었다. 예를 들어, 이더넷 LAN을 위한 매체 접근 방식으로서 CSMA/CD를 정의하였고, 토큰 링이나 토큰 버스 LAN을 위해 토큰 패싱 방식을 정의하였다. 앞 절에서 언급했듯이 프레임 짜기 기능의 일부도 MAC 부계층에서 다루어진다.

13.1.2 이더넷 진화

이더넷 LAN은 메트컬프(Robert Metcalfe)와 보그스(David Boggs)에 의해 1970년대에 개발되었다. 그 이후로 그림 13.2에서 볼 수 있듯이 표준 이더넷(Standard Ethernet, 10 Mbps), 고속 이더넷(Fast Ethernet, 100 Mbps), 기가비트 이더넷(Gigabit Ethernet, 1 Gbps) 및 10기가비트 이더넷(10 Gigabit Ethernet, 10 Gbps)이라는 4세대로 발전하였다. 우리는 모든 세대를 간단히 논의한다.

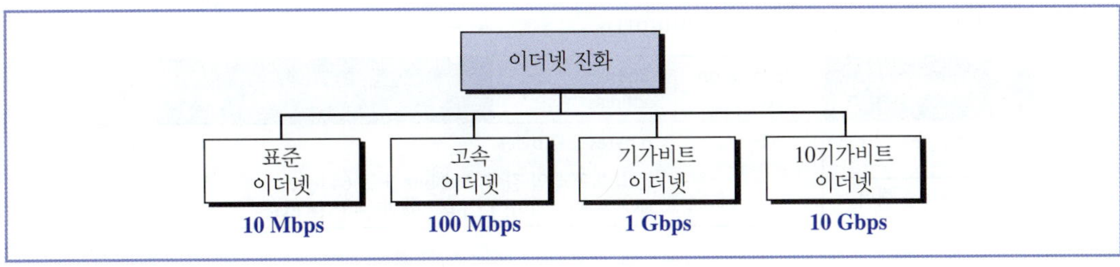

그림 13.2 4세대를 통한 이더넷의 발전

13.2 표준 이더넷

우리는 10 Mbps의 데이터 속도를 갖는 표준 이더넷과 같은 최초의 이더넷 기술을 참조한다. 비록 대부분의 구현이 이더넷 진화 후에 다른 기술도 변했지만, 진화하는 동안 변경되지 않은 표준 이더넷의 일부 기능이 있다. 우리는 표준에 대해 다룸으로써, 다른 세 가지 기술에 대한 이해를 도울 것이다.

13.2.1 특징

먼저 표준 이더넷의 특징에 대해 살펴보자.

비연결형과 신뢰성이 없는 서비스

이더넷은 비연결형 서비스를 제공한다. 이것은 각 프레임이 이전 혹은 다음 프레임과 독립적이라는 것을 의미한다. 이더넷은 연결 설정과 연결 종료 단계가 없다. 발신자는 수신자의 준비 여부에 상관없이 보낼 것이 있을 때마다 프레임을 전송한다. 발신자는 수신자의 능력 이상으로 프레임을 보낼 수 있고 따라서 프레임이 폐기될 수 있다. 프레임이 폐기되더라도 발신자는 알 수 없다. 이더넷 서비스를 사용하는 IP 또한 비연결형이기 때문에 이것 또한 알 수 없다. 전송층 또한 UDP와 같은 비연결형 프로토콜인 경우 프레임은 손실되며, 이에 대한 해결은 응용층에서만 이루어질 수 있다. 그러나 전송층이 TCP인 경우, 송신자 TCP가 세그먼트에 대한 확인응답을 받지 않았을 경우 다시 보낸다.

IP와 UDP처럼 이더넷은 신뢰성이 없다. 프레임이 전송 중에 손상이 되고 수신자가 이 손상을 발견(CRC-32로 인해)하면, 수신자는 자동으로 프레임을 폐기한다. 이를 발견하는 것은 상위 레벨 프로토콜의 임무이다.

프레임 형식

이더넷 프레임은 그림 13.3에서 볼 수 있듯이 7개의 필드로 구성된다.

- **프리앰블**(preamble) 이 필드는 0과 1을 반복하는 7바이트(56비트)의 크기를 갖는다. 프리앰블의 역할은 수신 시스템에게 프레임이 도착하는 것을 알려주며 이것은 동기화가 안 되어있을 때

그림 13.3
이더넷 프레임

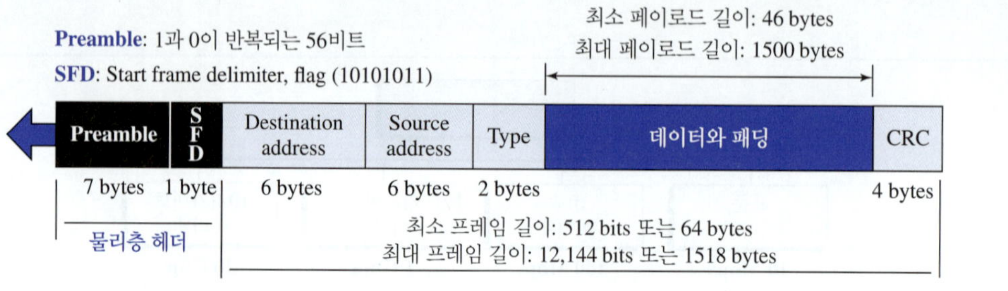

정확히 수신 시스템이 동기화할 수 있도록 해준다. 즉, 프리앰블의 패턴은 오직 경고와 타이밍 펄스만을 제공한다. 56비트의 패턴은 지국에게 프레임의 시작점에서 어느 정도 비트의 손실을 허용한다. 프리앰블은 실제로는 물리층에서 추가됐고, (공식적으로는) 프레임의 한 부분은 아니다.

- **SFD**(start frame delimiter) 이 필드(1바이트: 10101011)는 프레임의 시작을 알린다. SFD는 지국에게 동기를 위한 마지막 기회라는 것을 알린다. 마지막 2비트는 $(11)_2$이며 수신자에게 이 다음 필드가 목적지 주소임을 알려준다. 이 필드는 실제로 프레임의 시작을 정의하는 플래그이다. 이더넷 프레임이 가변 길이 프레임임을 기억할 필요가 있다. 이 프레임의 시작을 정의하는 플래그가 필요하다. 또한, SFD 필드는 물리층에 추가된다.
- **DA**(destination address) 이 필드는 6바이트(48비트)이고 목적지 지국이나 패킷을 수신하는 지국의 링크층 주소를 가지고 있다. 목적지 주소에 대해서는 곧 설명할 것이다. 수신자가 자신의 링크층 주소, 수신자가 속한 그룹에 대한 멀티캐스트 주소, 혹은 브로드캐스트 주소를 발견하게 되면, 프레임으로부터 데이터를 추출하여 유형 필드에 정의된 상위 계층 프로토콜로 전달한다.
- **SA**(source address) 이 필드도 6바이트이고 패킷을 보내는 송신자의 링크층 주소를 가지고 있다. 발신지 주소에 대해서는 나중에 상세히 설명할 것이다.
- **유형**(type) 이 필드는 프레임 내에 캡슐화된 패킷에 대한 상위 계층 프로토콜을 정의한다. 이 프로토콜에는 IR, ARP, OSPF 등이 있다. 즉, 이는 다이어그램 내의 프로토콜 필드와 세그먼트 혹은 사용자 데이터그램의 포트 번호와 같은 역할을 한다. 다중화와 역다중화에 사용된다.
- **데이터**(data) 이 필드는 상위층의 프로토콜로부터 캡슐화된 데이터를 전달한다. 데이터 필드는 최소 46에서 최대 1,500바이트의 크기를 가지고 있다. 이 최소 및 최댓값에 대한 이유를 바로 설명할 것이다. 상위층에서 오는 데이터가 1,500바이트 이상인 경우, 그것은 하나 이상의 프레임으로 단편화되고 캡슐화되어야 한다. 46바이트 미만인 경우, 여분의 공간에 0으로 패딩해야 한다. 패딩된 데이터 프레임은 상위 계층 프로토콜로 그대로(패딩을 제거하지 않은 채로) 전달되어도, 이는 상위 계층이 패딩을 제거하거나 (발신자의 경우) 추가해야 한다는 것을 의미한다. 상위층 프로토콜은 그 데이터의 길이를 알아야 한다. 예를 들어, 데이터그램은 데이터의 길이를 정의하는 필드가 있다.
- **순환 중복 검사**(CRC) 마지막 필드에는 CRC-32 형태의 오류 검출 정보가 들어있다. CRC는 주소, 유형, 데이터 필드에 대해 계산된다. 수신자가 CRC를 계산하고 결괏값이 0이 아니면(전송 중에 손상), 프레임을 폐기한다.

프레임 길이

이더넷은 프레임의 최소와 최대 길이가 제한되어 있다. 최솟값 제한은 CSMA/CD의 정확한 동작을 위해 요구된다. 이더넷 프레임은 최소 길이가 512비트, 즉 64바이트를 가져야만 한다. 이 길이의 일부분이 헤더와 트레일러이다. 헤더와 트레일러가 18바이트(6바이트의 발신지 주소, 6바이트의 목적지 주소, 2바이트의 유형, 그리고 4바이트의 CRC로 구성)이면, 상위층에서 전달되는 데이터의 최소 길이는 64 − 18 = 46바이트가 된다. 상위층의 패킷이 46바이트보다 작으면 채우기를 통해서 최솟

값을 만족시킨다.

표준에서는 프레임의 최대 길이를 1,518바이트로 정의한다(프리앰블이나 SFD 필드 제외). 만약 18바이트의 헤더와 트레일러를 빼면 페이로드의 최대 길이는 1,500바이트이다. 최대 길이 제한은 두 가지 역사적 사실에 기인한다. 첫 번째 사실은 이더넷이 설계되었을 때의 메모리 가격은 매우 높았다는 점이다. 최대 길이 제한을 통해 버퍼 크기를 줄임으로써 메모리 사용을 줄일 수 있었다. 두 번째로 최대 길이 제한은 하나의 지국이 너무 오랫동안 데이터를 송신함으로써 송신할 데이터를 가진 다른 지국을 방해하는 공유 매체의 독점을 방지할 수 있다.

최소 프레임 길이: 64바이트	최소 데이터 길이: 46바이트
최대 프레임 길이: 1,518바이트	최대 데이터 길이: 1,500바이트

13.2.2 주소지정

이더넷 네트워크에 있는 각 지국(PC나 워크스테이션, 프린터 같은)은 자신의 네트워크 인터페이스 카드(NIC, network interface card)를 가지고 있다. 각 NIC는 지국 내부에 설치되어 있고 6바이트의 링크층 주소를 지국에게 제공한다. 이더넷 주소는 6바이트(48비트)이며, 일반적으로 각 바이트를 콜론으로 분리한 16진법 표기법(hexadecimal notation)으로 쓰인다. 예를 들어, 다음에서 이더넷 MAC 주소를 확인할 수 있다.

4A:30:10:21:10:1A

주소 비트의 전송

주소가 온라인으로 전송되는 방법은 16진수로 쓴 방법과는 다르다. 전송은 왼쪽에서 오른쪽, 바이트 단위로 한다. 그러나 각 바이트에 대해 최하위 비트가 먼저 전송되고, 최상위 비트가 마지막에 전송된다. 이것은 유니캐스트 또는 멀티캐스트를 정의하는 비트가 가장 먼저 수신자에게 도착한다는 것을 의미한다. 패킷이 유니캐스트나 멀티캐스트인 경우 수신자가 즉시 알 수 있게 도와준다.

예제 13.1

주소 47:20:1B:2E:08:EE는 온라인에서 어떻게 전송되는지 보여라.

해답

주소는 왼쪽에서 오른쪽으로, 바이트별로 전송된다. 각 바이트에서는 아래에서 보는 바와 같이 오른쪽에서 왼쪽으로, 비트별로 전송된다.

16진수	**47**	**20**	**1B**	**2E**	**08**	**EE**
12진수	01000111	00100000	00011011	00101110	00001000	11101110
전송 ←	11100010	00000100	11011000	01110100	00010000	01110111

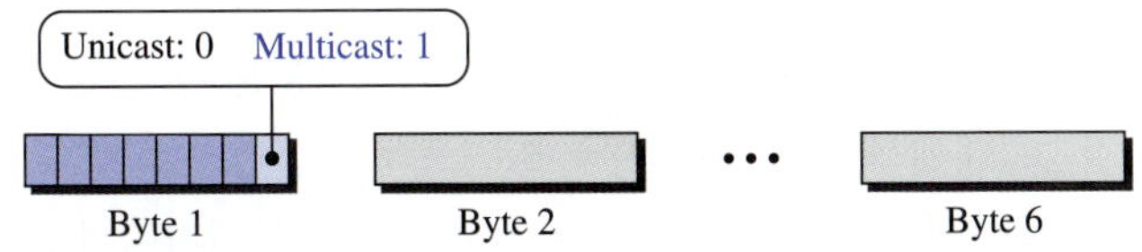

그림 13.4 유니캐스트 주소와 멀티캐스트 주소

유니캐스트, 멀티캐스트, 브로드캐스트 주소

발신지 주소는 항상 유니캐스트 주소(unicast address)이며 이것은 프레임이 오직 하나의 지국에서부터 송신됨을 의미한다. 그러나 목적지 주소는 유니캐스트(unicast), 멀티캐스트(multicast), 브로드캐스트(broadcast)가 될 수 있다. 그림 13.4는 어떻게 멀티캐스트 주소에서 유니캐스트 주소를 구분하는지를 보여준다. 만약 목적지 주소에 있는 첫 번째 바이트의 마지막 비트가 0이라면 이는 유니캐스트 주소를 의미하고 1이라면 멀티캐스트 주소를 의미한다.

이런 방법으로 비트가 전송되면, 유니캐스트/멀티캐스트 비트는 전송 또는 수신되는 첫 번째 비트임을 주목하라. 브로드캐스트 주소는 멀티캐스트의 특별한 경우인데 수신자는 네트워크에 있는 모든 지국이다. 목적지 브로드캐스트 주소는 48비트 모두 1의 값으로 구성된다.

예제 13.2

다음 목적지 주소의 유형을 정의하라.

a. 4A:30:10:21:10:1A
b. 47:20:1B:2E:08:EE
c. FF:FF:FF:FF:FF:FF

해답

주소의 유형을 찾기 위해 왼쪽으로부터 두 번째 16진수 자릿수를 주목할 필요가 있다. 만약 그 주소가 짝수이면 유니캐스트 주소이고 그 주소가 홀수이면 멀티캐스트 주소이다. 그리고 모든 자릿수가 F이면, 이 주소는 브로드캐스트이다. 따라서 풀이는 아래와 같다.

a. 값 A를 2진수로 풀면 1010(짝수)이므로 이 주소는 유니캐스트이다.
b. 값 7을 2진수로 풀면 0111(홀수)이므로 이 주소는 멀티캐스트이다.
c. 모든 자릿수가 F이므로 이 주소는 브로드캐스트이다.

유니캐스트, 멀티캐스트, 그리고 브로드캐스트 전송의 구분

표준 이더넷은 그림 13.5에서 나타난 것과 같이 동축 케이블(버스형 접속형태)이나 허브와 함께 꼬임쌍선(성형 접속형태)을 사용한다.

표준 이더넷에서 전송은 실제 유니캐스트, 멀티캐스트, 브로드캐스트에 상관없이 항상 브로드캐스트이다. 버스형 접속형태에서 지국 A가 지국 B로 프레임을 전송할 때, 모든 지국이 해당 프레임을 수신할 것이다. 성형 접속형태에서 지국 A가 지국 B로 프레임을 전송할 때, 허브가 해당 프레임을 수신할 것이다. 허브는 수동적인 개체 요소이기 때문에 프레임의 목적지 주소를 확인하지 않고(만약 약해진 것이 있다면) 해당 비트를 재생하여 지국 A를 제외한 모든 지국으로 전송한다. 사실, 허브는 네트워크에 프레임을 플러딩(flooding)한다.

여기서 궁금한 점은 실제 유니캐스트, 멀티캐스트, 브로드캐스트 전송이 서로 어떻게 다른지 확인하는 것이다. 정답은 프레임이 보관되거나 폐기되는 것이다.

- 유니캐스트 전송에서 모든 지국은 프레임을 수신하고 실제 수신자는 해당 프레임을 보관하며 나머지는 프레임을 폐기한다.
- 멀티캐스트 전송에서 모든 지국은 프레임을 수신하고 그룹의 소속원인 지국만 해당 프레임을 보관하며 나머지는 폐기한다.
- 브로드캐스트 전송에서 (송신자를 제외한) 모든 지국은 프레임을 수신하고 (송신자를 제외한) 모든 지국이 프레임을 보관한다.

13.2.3 접근 방법

표준 이더넷 프로토콜을 사용하는 네트워크는 브로드캐스트 네트워크이기 때문에, 공유 매체에 접근을 제어하기 위한 접근 방법이 필요하다. 표준 이더넷은 앞서 12장의 1.3절에서 설명한 1-지속 방법과 함께 CSMA/CD를 사용한다. 이 방법이 이더넷 프로토콜에서 어떻게 사용되는지 살펴보자.

- 그림 13.5에서 지국 A가 지국 D로 프레임을 전송한다고 가정하자. 먼저 지국 A는 다른 지국이

그림 13.5
표준 이더넷의 구현

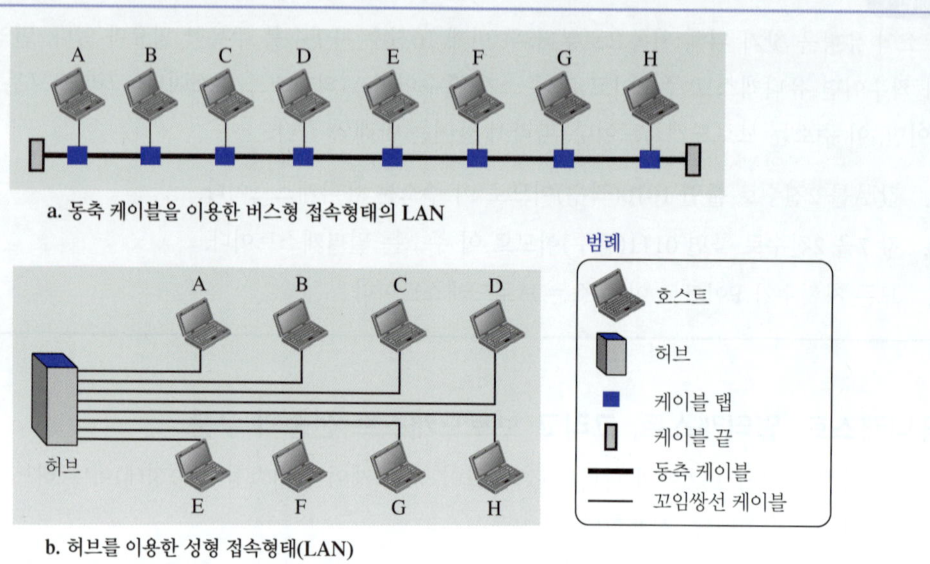

전송 중인지 확인(반송파 감지)을 한다. 지국 A는 (짧은 시간 동안, 보통 100 μs 이하) 매체의 에너지 준위를 측정한다. 매체에 신호 에너지가 없으면 이는 전송 중인 지국이 없다는 것이다(혹은 해당 신호가 지국 A에 도착하지 않는 것이다). 지국 A는 이 상황을 매체가 사용되지 않는 것으로 해석한다. 지국 A는 자신의 프레임을 전송하기 시작한다. 반면에 만약 신호 에너지 준위가 0이 아니라면 이는 다른 지국이 매체를 사용하고 있다는 것이다. 지국 A는 매체가 100 μs 동안 사용되지 않을 때까지 계속해서 매체를 감시한다. 그 이후 프레임 전송을 시작한다. 그러나 지국 A는 충돌이 없는 것이 확실할 때까지 프레임의 사본을 자신의 버퍼에 보관해야 한다. 지국 A가 이에 대해 확신하는 경우는 다음에 설명한다.

- 매체 감지는 지국 A가 프레임을 전송하기 시작한 이후에도 멈추지 않는다. 지국 A는 계속해서 송신과 수신을 해야 한다. 다음 두 가지 경우가 발생할 수 있다.

  a. A는 512비트를 전송하고 충돌이 감지되지 않으면 (에너지 준위가 보통 에너지 준위를 넘지 않을 경우) 지국은 프레임이 잘 전송된 것을 확신하고 매체 감지를 중단한다. 512비트라는 숫자는 어디에서 왔을까? 만약 이더넷의 전송 속도를 10 Mbps로 생각한다면 지국이 512비트를 전송하기 위해서는 512/(10 Mbps) = 51.2 μs의 시간이 필요하다는 것을 의미한다. (2×10^8미터) 케이블의 전파 속도를 고려하면, 10,240미터(단방향)를 가거나 5,120미터(왕복)를 간 첫 번째 비트는 케이블 상에 마지막 지국으로부터 나온 비트와 충돌하게 되고 돌아오게 된다. 즉, 만약 충돌이 발생하면 (최악의 경우) 전송자가 512비트를 전송하기 전에 발생해야 하고, 첫 번째 비트는 5,120미터를 왕복하게 된다. 만약 케이블 끝이 아닌 중간에서 충돌이 발생하게 되면 지국 A는 이를 더 일찍 알게 되고 전송을 취소한다. 이와는 다른 중요한 점이 더 있다. 위의 가정에서 케이블의 길이는 5,120미터이다. 표준 이더넷 설계자는 케이블의 길이를 2,500미터로 제한하였으며, 이는 데이터 전송 중 발생하는 지연을 고려한 결과이다. 즉, 최악의 경우를 고려한 것이다. 전체 아이디어는 만약 지국 A가 512비트를 전송하기 전에 충돌을 감지하지 못한다면 이 시간 동안 첫 번째 비트가 케이블의 끝까지 도착하게 되고 다른 모든 지국이 데이터 전송을 알게 되고 전송을 멈추기 때문에 절대 충돌이 없게 되는 것이다. 즉, 다른 지국(예를 들어 마지막 지국)이 지국 A의 첫 번째 비트가 도착하기 전에 전송을 시작하면 문제가 발생하는 것이다. 512비트 제한은 실제로 프레임을 전송하는 지국을 위한 것이며, 전송하는 지국은 첫 번째 512비트 동안 아무 신호도 없다면 충돌이 없는 것을 확신하고 버퍼의 프레임 사본을 폐기할 수 있다.

  b. 지국 A가 512비트를 전송하기 전에 충돌을 감지하였다. 이는 앞서 전송한 비트 중 하나가 다른 지국이 전송한 비트와 충돌한 것을 의미한다. 이 경우 두 지국은 전송을 멈추고 회선이 사용 가능할 때까지 재전송을 위해 프레임을 버퍼에 보관한다. 그리고 다른 지국에게 네트워크에 충돌이 발생한 것을 알리기 위해 지국은 48비트의 충돌 신호를 전송한다. 전파방해 신호는 충분한 신호를 발생하여 (비록 몇 비트 다음에 충돌이 발생하더라도) 다른 지국에게 충돌을 경고한다. 전파방해 신호를 전송한 뒤, 지국은 K 값(시도 횟수)을 증가시켜야 한다. K = 15로 증가하면 이는 경험상 네트워크가 굉장히 혼잡한 상태이기 때문에 지국은 재전송 시도를 멈춘다. 만약 $K < 15$이면 지국은 대기 시간(그림 12.13에서 T_B) 동안 기다린 뒤

과정을 재시작한다. 그림 12.13에서 볼 수 있듯이, 지국은 충돌이 발생할수록 발생하는 숫자가 지수적으로 증가하도록 0과 $2^K - 1$ 사이의 수 중 하나를 임의로 생성한다. 첫 번째 충돌($K = 1$) 후 임의 숫자 범위는 (0, 1)이다. 두 번째 충돌($K = 2$) 이후, 숫자의 범위는 (0, 1, 2, 3)이다. 세 번째 충돌($K = 3$) 후, 범위는 (0, 1, 2, 3, 4, 5, 6, 7)이다. 즉, 매 충돌 이후 대기 시간이 확률적으로 더 길어지게 한다. 이는 충돌이 세 번째 혹은 네 번째 시도에서도 발생한다면 네트워크가 매우 혼잡한 것이며, 더 긴 대기 시간이 필요하기 때문이다.

13.2.4 표준 이더넷의 효율

이더넷의 효율(efficiency)은 지국이 데이터를 전송하기 위해 매체를 점유한 시간의 비율로 정의된다. 실제 표준 이더넷의 측정은 파라미터 "a"가 매체에 적합한 프레임의 수일 때 다음과 같이 정의된다.

$$\text{효율} = 1 / (1 + 6.4 \times a)$$

전송 지연은 평균 길이의 프레임이 전송되는 데 걸리는 시간이고 전파 지연은 매체의 끝에 도달하는 데 걸리는 시간을 의미하기 때문에 a = (전파 지연)/(전송 지연)이다. 여기서 주목해야 할 점은 파라미터 a의 값이 감소할수록 효율은 증가한다는 것이다. 이는 매체의 길이가 짧거나 프레임이 길다면 효율이 증가한다는 뜻이다. $a = 0$일 때가 이상적인 경우이며 효율은 1이 된다. 이 장의 연습문제에 효율을 계산할 수 있는 문제가 있다.

예제 13.3

10 Mbps의 전송률을 가진 표준 이더넷에서 매체의 길이가 2,500미터이고 프레임의 길이가 512비트라고 가정하자. 케이블에서 신호의 전파 속도는 보통 2×10^8 m/s이다.

전파 지연 = $2{,}500/(2 \times 10^8) = 12.5\ \mu s$	**전송 지연 = $512/(10^7) = 51.2\ \mu s$**
$a = 12.5/51.2 = 0.24$	**효율 = 39%**

예제의 경우 $a = 0.24$인데 이는 프레임의 0.24만이 전체 매체를 점유하는 것을 의미한다. 효율은 39%인데 이는 61% 시간 동안 지국이 매체를 사용하지 않는 것을 의미한다.

13.2.5 구현

표준 이더넷은 여러 구현 기법이 제안되었지만, 그중 4가지만이 1980년대에 가장 많이 사용되었다. 표 13.1은 표준 이더넷의 구현을 보여준다.

10BaseX의 명명법에서 숫자는 데이터 전송률(10 Mbps)을 정의하고 베이스(Base)는 베이스밴드(디지털) 신호를 정의하며 X는 케이블의 대략적인 최대 길이를 100미터 단위(예를 들어 5는 500, 2는 185미터)로 정의하거나 케이블의 종류를 정의하며 T는 비차폐 꼬임쌍선(UTP), F는 광섬유를 의미한다. 표준 이더넷은 베이스밴드 신호를 사용하며 이는 비트가 디지털 신호로 변경되어 직접 회

표 13.1 표준 이더넷 구현의 요약

특성	매체	최대 길이	회선 부호화
10Base5	굵은 동축 케이블	500 m	Manchester
10Base2	얇은 동축 케이블	185 m	Manchester
10Base-T	2 UTP	100 m	Manchester
10Base-F	2 광섬유	2000 m	Manchester

선으로 전송되는 것을 의미한다.

부호화와 복호화

모든 표준 구현은 10 Mbps의 디지털 신호(기저대역)를 사용한다. 송신기에서 데이터는 맨체스터 방식을 사용하여 디지털 신호로 변환된다. 수신기에서, 신호는 맨체스터 방식에 의해 데이터로 복호화된다. 4장에서 보았듯이 맨체스터 부호화는 전송되는 각 비트마다 전이를 사용하여 스스로 동기화시키는 기능을 제공한다. 그림 13.6은 표준 이더넷에서 부호화 기법을 보여준다.

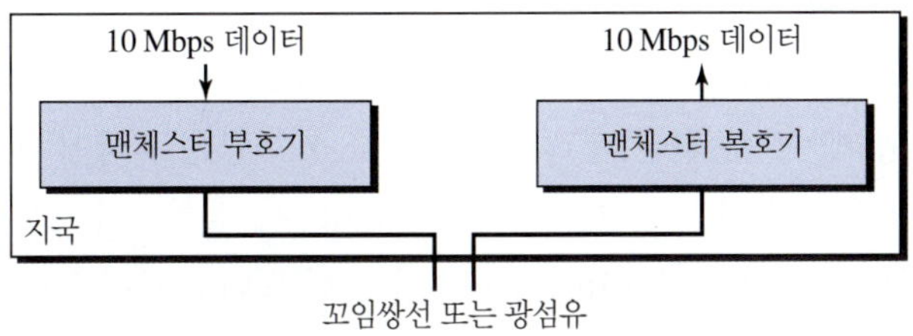

그림 13.6 표준 이더넷 구현상의 부호화

10Base5: 굵은 이더넷

첫 번째 구현은 10Base5, 굵은(Thick) 이더넷 혹은 Thicknet이다. 이 이름은 케이블의 굵기가 정원에서 사용하는 호스 정도이며 손으로 굽히기는 너무 딱딱하다는 데에서 유래한 것이다. 10Base5는 탭을 통해 굵은 동축 케이블에 연결된 외부 송수신기(transceiver, 송신기/수신기)를 가진 버스형 접속형태를 사용하기 위한 첫 번째 이더넷 구현 규격이다. 그림 13.7은 10Base5 구현을 그림 형태로 보여주고 있다.

송수신기는 송신과 수신 및 충돌 감지를 책임진다. 송수신기는 송신과 수신을 위한 분리된 경로

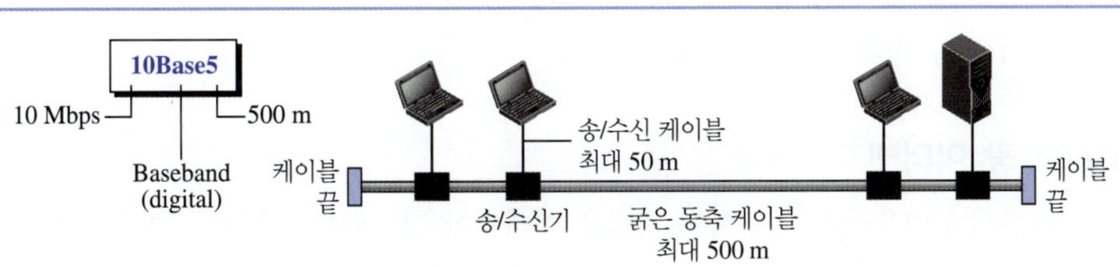

그림 13.7 10Base5 구현

그림 13.8
10Base2 구현

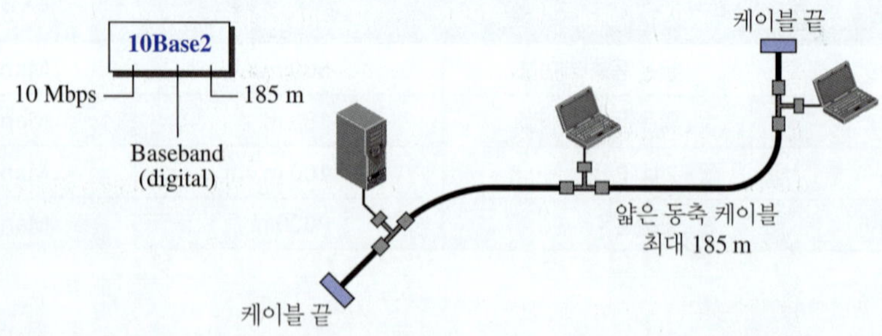

를 제공하는 송수신 케이블을 통해 지국과 연결되어 있다. 이것은 동축 케이블에서만 충돌이 발생할 수 있다는 것을 의미한다.

동축 케이블의 최대 길이는 500 m를 넘어서는 안 된다. 그렇지 않으면 신호의 과도한 감쇠가 발생한다. 만약 500 m보다 더 긴 길이가 필요하면, 중계기를 이용하여 연결될 수 있다. 중계기는 17장에서 설명할 것이다.

10Base2: 얇은 이더넷

두 번째 구현은 10Base2, 얇은(Thin) 이더넷 또는 Cheapernet이라 부른다. 10Base2도 역시 버스형 접속형태를 이용하지만, 케이블은 훨씬 얇고 더 유연하다. 케이블은 지국에 매우 가깝게 지나가도록 구부러질 수 있다. 이 경우 송수신기는 일반적으로 지국 내부에 설치되어 있는 네트워크 인터페이스 카드(NIC)의 일부분이다. 그림 13.8은 10Base2 구현을 그림 형태로 보여주고 있다.

얇은 동축 케이블 내부에서 충돌이 발생함을 주목하라. 이 구현은 T자형 연결을 이용하는 얇은 동축 케이블이 탭 연결을 이용하는 굵은 동축 케이블보다 싸기 때문에 비용 면에서 훨씬 효과적이다. 또한, 얇은 동축 케이블이 유연하기 때문에 설치하기도 쉽다. 그러나 얇은 동축 케이블의 높은 감쇠 정도 때문에 각 세그먼트의 길이는 185 m(거의 200 m)를 넘을 수 없다.

10Base-T: 꼬임쌍선 이더넷

세 번째 구현은 10Base-T 또는 꼬임쌍선(twist-pair) 이더넷이라 불린다. 10Base-T는 물리적인 성형 접속형태를 사용한다. 각 지국은 그림 13.9와 같이 두 쌍의 꼬임쌍선을 통해 허브와 연결되어 있다.

두 쌍의 꼬임쌍선은 지국과 허브 사이에 2개의 경로(송신용과 수신용)를 만든다. 모든 충돌은 허브 내부에서 발생한다. 10Base5나 10Base2와 비교해 보면, 충돌에 관한 한 허브가 실제로 동축 케이블을 대체한다는 것을 알 수 있다. 꼬임쌍선 케이블의 최대 길이는 유선 케이블에서 일그러짐 효과를 최소화하는 100 m 정도로 제한되어 있다.

10Base-F: 광 이더넷

여러 가지 종류의 10 Mbps를 지원하는 광섬유 이더넷이 정의되어 있지만, 가장 일반적인 것은 10Base-F이다. 10Base-F는 지국들을 허브에 연결하는 성형 접속형태를 사용한다. 지국들은 그림

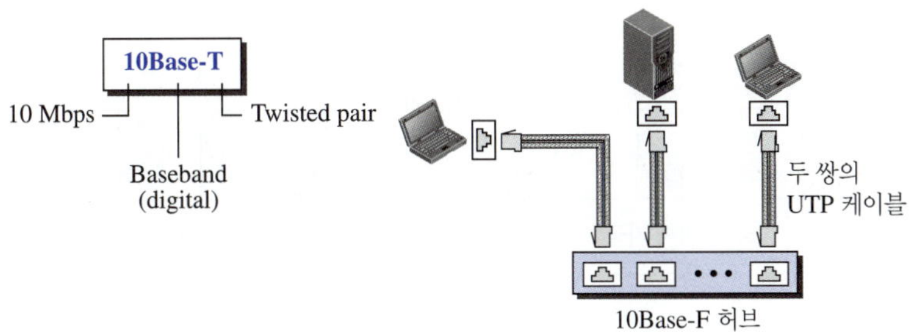

그림 13.9
10Base-T의 구현

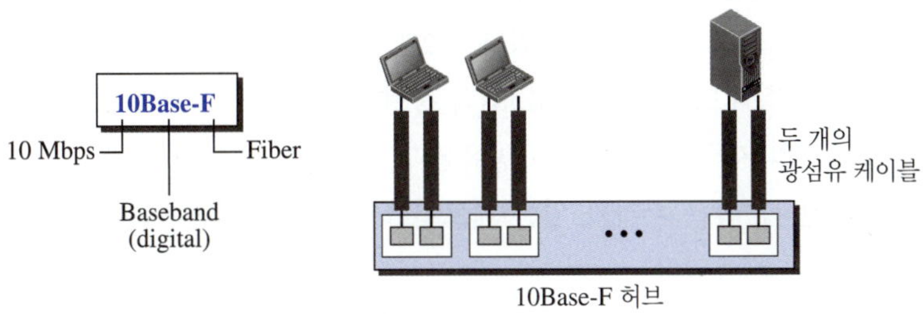

그림 13.10
10Base-F의 구현

13.10에 보이는 바와 같이 2개의 광섬유 케이블을 사용하는 허브에 연결되어 있다.

13.2.6 표준 변경

높은 속도의 이더넷 프로토콜을 논의하기 전에, 10 Mbps의 표준 이더넷에 발생한 변경사항을 논의할 필요가 있다. 이러한 변화는 실제 높은 데이터율의 LAN과 호환성을 가질 수 있도록 이더넷의 급격한 발전을 가져왔다.

브리지형 이더넷

이더넷 발전의 첫 번째 단계는 브리지(bridge)에 의한 LAN의 분할이다. 브리지들은 이더넷 LAN에서 두 가지 효과가 있는데 대역폭의 증가와 충돌 영역의 분리였다. 17장에서 브리지에 관해 설명한다.

대역폭의 증가

브리지형이 아닌 이더넷 네트워크에서 전체 용량(10 Mbps)은 송신할 프레임을 가진 모든 지국 사이에서 공유된다. 즉, 지국들은 네트워크의 대역폭을 서로 공유한다. 만약 오직 하나의 지국이 프레임을 송신한다면, 10 Mbps의 전체 용량을 모두 사용하는 효과를 가진다. 그러나 만약 하나 이상의 지국이 네트워크 사용을 필요로 하면 이 용량은 공유된다. 예를 들어, 2개의 지국이 송신할 프레임을 다수 가지고 있으면, 교대로 사용이 된다. 하나의 지국이 송신할 때 다른 지국은 송신을 자제한다. 이 경우 평균적으로 각 지국은 5 Mbps의 속도로 전송할 수 있다고 말할 수 있다. 그림 13.11에서 이러한 상황을 보여주고 있다.

그림 13.11
대역폭 공유

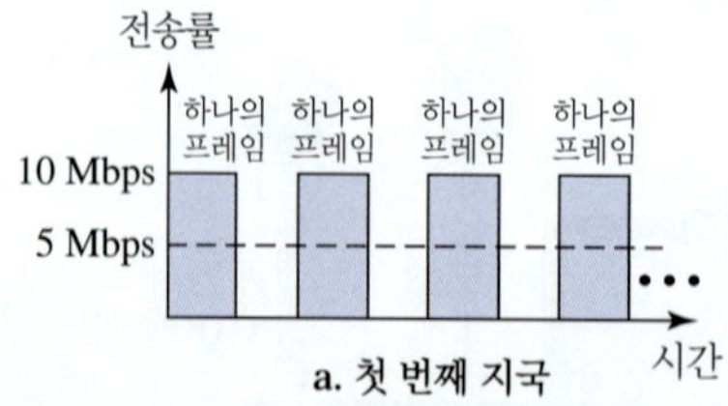

17장에서 배울 브리지는 이 상황에 대해 도움을 줄 수 있다. 브리지는 네트워크 하나를 2개 또는 그 이상의 네트워크로 나눈다. 대역폭 측면에서 각 네트워크는 서로 독립적이다. 예를 들어 그림 13.12에서 12개의 지국을 가진 하나의 네트워크가 2개의 네트워크로 나뉘고 각 네트워크는 6개의 지국을 가진다. 이 경우 각 네트워크는 10 Mbps의 용량을 가진다. 각 세그먼트의 10 Mbps 용량은 현재 12개가 아니고 6개의 지국에 의해 서로 공유된다(실제로는 브리지도 각 세그먼트에서 지국으로 동작하므로 7개가 된다). 높은 부하가 있는 네트워크에서 각 지국은 이론적으로 10/12 Mbps 대신에 10/7 Mbps의 속도가 제공된다.

네트워크를 더 많이 분리한다면, 각 세그먼트에 더 많은 대역폭을 얻을 수 있다. 예를 들어 4개 포트를 가진 브리지를 사용한다면 각 지국은 10/4 Mbps를 얻을 수 있고, 이것은 브리지가 없는 네트워크보다 3배만큼 큰 용량이다.

그림 13.12
브리지가 있는 네트워크와 브리지가 없는 네트워크

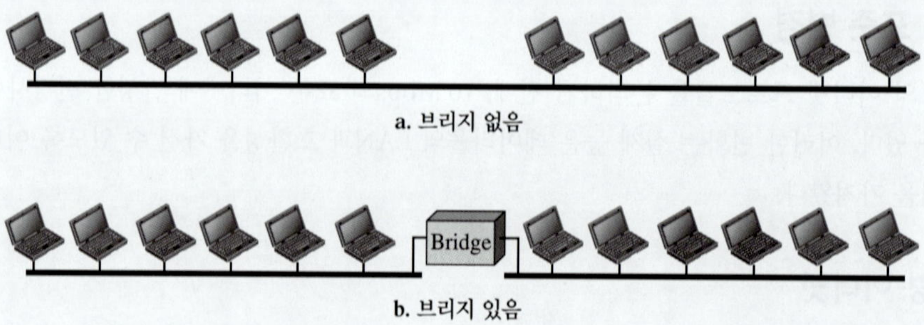

충돌 영역의 분리

다른 장점으로 브리지는 충돌 영역(collision domain)을 분리시킨다. 그림 13.13에서 브리지가 없는 네트워크와 브리지가 있는 네트워크에서 충돌 영역을 보여준다. 이 그림에서 볼 수 있듯이 충돌 영역은 매우 작게 되고, 충돌 확률은 획기적으로 줄어든다. 브리지를 사용하지 않으면, 12개의 지국이 매체에 접속하려고 경쟁하는 데 비해 브리지가 사용되면 3개의 지국이 매체에 접속하려고 경쟁한다.

교환형 이더넷

브리지형 LAN의 개념은 교환형 LAN으로 확장되었다. 2개 또는 4개의 네트워크를 가지는 대신에 LAN 상의 *N*개의 지국을 갖는 *N*개의 네트워크를 가질 수 없는가? 즉, 만약 다중 포트 브리지를 사용한다면 왜 N 포트 교환기를 사용할 수 없는가? 이 방법에서는 대역폭이 오직 지국과 교환기(각

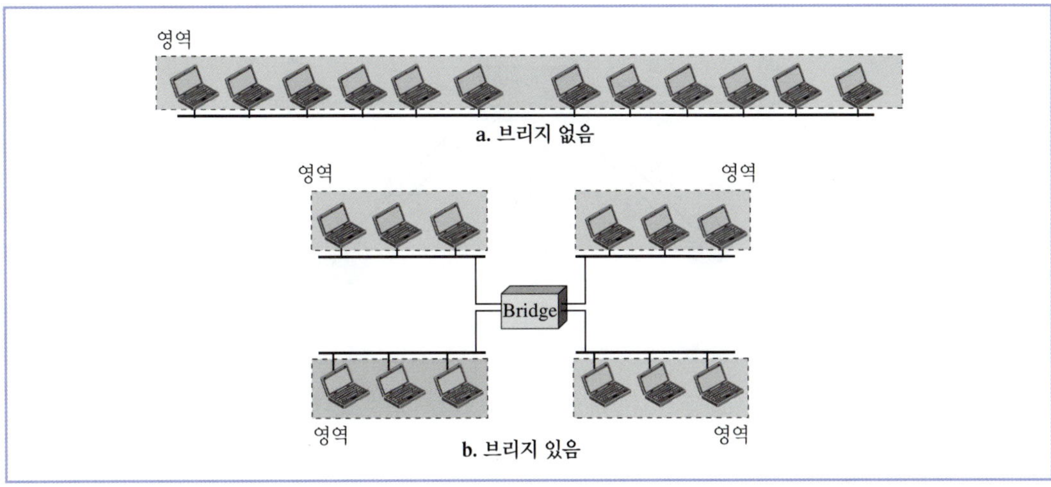

그림 13.13
브리지형 네트워크와 브리지형이 아닌 네트워크의 충돌 영역

5 Mbps) 사이에만 공유되며, 더 나아가 충돌 영역은 *N*개의 영역으로 나누어진다.

계층-2 교환기는 패킷을 좀 더 빠르게 다룰 수 있는 정교함이 더해진 N-포트 브리지이다.

브리지형 이더넷에서 **교환형 이더넷**(switched Ethernet)으로 발전은, 앞으로 설명하겠지만, 더 빠른 이더넷을 위한 한 걸음이었다. 그림 13.14는 교환형 LAN을 보여준다.

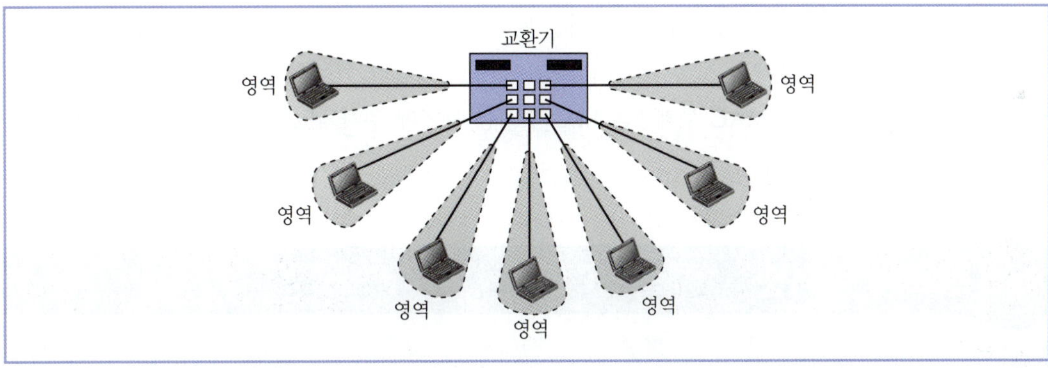

그림 13.14
교환형 이더넷

전이중 이더넷

10Base5와 10Base2의 제한점 하나가 반이중 통신이라는 것이다(10Base-T는 항상 전이중). 이 경우 지국은 송신을 하거나 수신을 할 수 있지만 동시에 하진 못한다. 교환형 이더넷의 발전 방향에서 다음 단계가 **전이중 교환형 이더넷**(full-duplex switched Ethernet)이다. 전이중 모드는 각 영역의 용량을 10 Mbps에서 20 Mbps로 증가시킨다. 그림 13.15에 전이중 모드의 교환형 이더넷을 보여주고 있다. 지국과 교환기 사이에 하나의 링크를 사용하는 대신에, 2개의 링크를 사용하도록 구성되어 하나는 송신을, 다른 하나는 수신을 위한 것임을 유념하라.

CSMA/CD의 불필요

전이중 교환형 이더넷에서 CSMA/CD 방법은 필요하지 않다. 전이중 교환형 이더넷에서는 각 지국

그림 13.15
전이중 양방향 교환형 이더넷

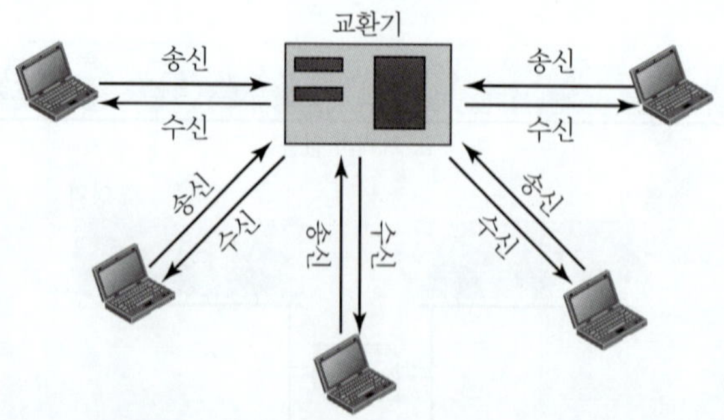

은 2개의 분리된 링크를 통해 교환기에 연결되어 있다. 각 지국이나 교환기는 충돌에 대한 걱정 없이 독립적으로 송신과 수신을 할 수 있다. 각 링크는 지국과 교환기 간에 점-대-점으로 연결된 전용 경로이다. 여기에는 더 이상 반송파를 감지할 필요가 없으며 충돌 탐지를 할 필요도 없다. MAC 계층의 작업은 매우 쉬워지고 MAC 부계층의 반송파 감지와 충돌 감지 기능을 사용하지 않을 수 있다.

MAC 제어층

전통적인 이더넷은 MAC 계층에서 비연결형 프로토콜로 설계되었다. 따라서 프레임이 오류 없이 목적지에 도달했다는 것을 수신자에게 알려주는 명시적인 흐름 제어나 오류 제어는 없다. 수신자가 프레임을 수신할 때 부정 확인응답이나 확인응답을 보내지 않는다.

전이중 교환형 이더넷에서 오류 제어와 흐름 제어를 제공하기 위하여, MAC 제어(MAC control)라는 새로운 부계층이 MAC 부계층과 LLC 부계층 사이에 추가되었다.

13.3 고속 이더넷

1990년대에 FDDI나 광섬유 채널과 같은, 10 Mbps 이상의 전송률을 제공하는 LAN 기술이 시장에 출시되었다. 만약 표준 이더넷이 존속하고자 하였다면, 이와 같은 기술들과 경쟁해야 했다. 이더넷은 전송률을 100 Mbps까지 끌어올림으로써 큰 변화를 이루어냈으며, 이 새로운 세대는 **고속 이더넷**(fast ethernet)이라 이름 지어졌다. 고속 이더넷의 설계자들은 이를 표준 이더넷과 호환되도록 해야 했다. MAC 부계층을 그대로 유지하였으며, 이것은 프레임 형식과 최소 프레임 길이 및 최대 프레임 길이가 변하지 않는 것을 의미하였다. 전송률이 높아짐에 따라 전송률, 접근 방법, 그리고 구현과 같은 표준 이더넷의 특징이 재고되어야 했다. 고속 이더넷의 목적은 다음과 같이 정리될 수 있다.

1. 데이터 전송률을 100 Mbps로 올리기
2. 표준 인터넷과의 호환성 구축
3. 동일한 48비트 주소체계 유지
4. 동일한 프레임 형식 유지

13.3.1 접근 방법

CSMA/CD의 정상적인 동작은 전송률과 최소 프레임 길이, 최대 프레임 길이에 달려 있다. 만약 최소 프레임 길이를 유지하고자 한다면, 네트워크의 최장 길이가 변경되어야 한다. 즉, 만약 최소 프레임 길이가 512비트이고 기존보다 10배 빠르게 전송된다면, 충돌은 10배 빠르게 검출되어야 하며, 이것은 네트워크의 최장 길이가 10배로 단축되어야 한다는 것이다(전파시간은 변하지 않는다). 따라서 표준 이더넷은 두 가지의 해결책을 마련하였다(어느 방법으로든 해결될 수 있다).

1. 첫 번째 해결책은, 버스형 접속형태를 배제하고 수동형 허브와 성형 접속형태를 사용하는 것이며 대신 네트워크의 최장 길이를 표준 이더넷의 2,500미터 대신 250미터로 하는 것이다. 이 방법은 표준 이더넷과의 호환성을 고려한 방법이다.
2. 두 번째 방법은, 프레임을 저장하기 위한 버퍼와 각 호스트에 대한 전송 매체를 각기 따로 만들기 위해 전이중 연결과 함께 링크 계층 교환기(이 장 뒷부분에 설명됨)를 사용하는 것이다. 이 경우 CSMA가 필요하지 않는데, 이것은 호스트 간에 서로 경쟁하지 않기 때문이다. 링크 계층 교환기는 발신지 호스트로부터 프레임을 받고 이것을 버퍼(큐)에 저장하여 처리되길 기다린다. 그러고 나서 목적지 주소를 확인하고 해당하는 인터페이스에 프레임을 전송한다. 교환기에 대한 연결이 전이중으로 이루어져 있기 때문에, 목적지 주소는 프레임을 수신하는 동시에 다른 지국으로 프레임을 전송할 수 있다. 즉, 공유된 매체가 다수의 점-대-점 매체로 변경되었고, 따라서 충돌의 여지는 없다.

자동협상

고속 이더넷에서 추가된 새로운 특징은 **자동협상**(autonegotiation)이다. 이것은 지국 또는 허브에게 기능의 범위를 허용하도록 해준다. 자동협상은 2개의 장치가 서로 동작 모드 또는 데이터 전송률을 협상할 수 있도록 해준다. 특히, 호환성이 없는 장치들을 서로 연결할 수 있도록 한다. 예를 들어, 100 Mbps의 최대 전송 용량을 가진 장치(그러나 낮은 속도로 동작할 수 있는)가 10 Mbps로 설계된 장치와 통신할 수 있도록 한다. 자동협상의 중요한 목적은 아래와 같이 정리할 수 있다.

- 호환성이 없는 장치들을 서로 연결할 수 있도록 한다. 예를 들어, 100 Mbps의 최대 전송량을 가진 장치(그러나 낮은 속도로 동작할 수 있는)가 10 Mbps로 설계된 장치와 통신할 수 있도록 한다.
- 하나의 장치가 다중 능력을 갖는 것을 허용한다.
- 지국이 허브의 능력을 확인할 수 있게 한다.

13.3.2 물리층

100 Mbps의 데이터 전송률을 지원하기 위하여, 물리층에서 몇 가지 사항이 변경되었다.

접속형태

고속 이더넷은 2개 이상의 지국이 연결되도록 구성되어 있다. 만약 2개의 지국만 있다면 점-대-점으로 연결될 수 있다. 3개 이상의 지국은 허브나 교환기를 중앙에 위치시킨 성형 접속형태로 연결되어야 한다.

부호화

맨체스터 부호화는 꼬임쌍선 케이블과 같은 매체에 대해서는 부적합한 100 Mbps의 데이터 전송률을 위한 200 Mbaud 대역폭이 필요하다. 이러한 이유로, 고속 이더넷 설계자는 교대로 부호화/복호화하는 방식을 찾았다. 그러나 세 가지 구현에 대해서 하나의 방식을 동일하게 적용시킬 수 없다는 사실을 알게 되었다. 그리하여 세 가지 서로 다른 부호 방식이 선택되었다(그림 13.16 참조).

100Base-TX는 두 쌍의 꼬임쌍선 케이블(범주 5 UTP나 STP)을 사용한다. 이 구현을 위해, LMT-3 방식이 좋은 대역 성능을 가졌기 때문에 LMT-3 방식을 선택하였다(4장 참조). 그러나 MLT-3이 자기동기화 회선 부호화 방식이 아니기 때문에, 4B/5B 블록 부호화가 0과 1의 긴 순서가 발생하는 것을 막기 위한 비트 동기를 제공하기 위하여 사용된다. 이것은 125 Mbps의 데이터 전송률을 만들고 부호화를 위해 MLT-3으로 입력된다.

그림 13.16
고속 이더넷 구현을 위한 부호화

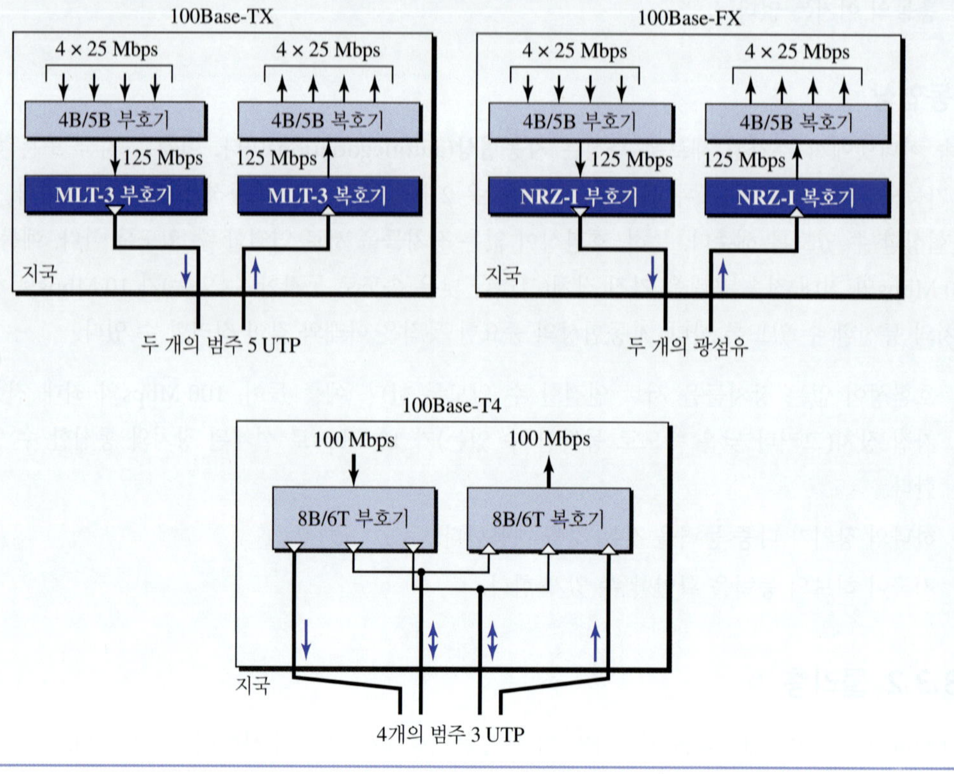

표 13.2 고속 이더넷 구현 요약

구현	매체	매체 길이	선	부호화
100Base-TX	UTP 또는 STP	100 m	2	4B5B + MLT-3
100Base-FX	Fiber	185 m	2	4B5B + NRZ-1
100Base-T4	UTP	100 m	4	두 개의 8B/6T

100Base-FX는 두 쌍의 광섬유 케이블을 사용한다. 광섬유는 간단한 부호화 구조를 사용하여 손쉽게 높은 대역폭에 대한 요구를 처리할 수 있다. 100Base-FX 설계자는 이 구현을 위해 NRZ-I 부호화 방식을 선택했다(4장 참조). 그러나 NRZ-I는 0(또는 1 부호화를 기본으로 하는)의 긴 순서에 대해 비트 동기 문제를 가지고 있다(4장 참조). 이 문제를 극복하기 위해 설계자는 4B/5B 블록 부호화를 사용한다. 블록 부호화는 비트 전송률을 100에서 125 Mbps로 증가시키고 광섬유 케이블에서 쉽게 다루어질 수 있다.

100Base-TX 네트워크는 100 Mbps의 데이터율을 제공할 수 있지만, 범주 5 UTP나 STP 케이블의 사용이 요구된다. 이것은 음성급 꼬임쌍선(범주 3)을 이미 설치했던 빌딩들에 대해서는 비용 면에서 비효율적이다. 새로운 표준인 100Base-T4는 범주 3이나 그 이상의 UTP를 사용하도록 설계되었다. 이 구현은 100 Mbps 전송을 위하여 4쌍의 UTP를 사용한다. 100Base-T4 부호화와 복호화 과정은 좀 더 복잡하다. 이 구현이 범주 3 UTP를 사용하므로, 각 꼬임쌍선은 25Mbaud보다 더 쉽게 다루어질 수 없다. 이 설계에서 한 쌍은 송신과 수신 사이에서 교환된다. 그러나 3쌍의 UTP 범주 3은 각각 75 Mbaud(25 Mbaud)만을 다룰 수 있다. 우리는 100 Mbps를 75 Mbaud 신호로 바꿔는 부호화 방식의 사용이 필요하다. 이를 위해 4장에서 보았듯이 8B/6T를 사용한다. 8B/6T에서, 8개의 데이터 요소는 6개의 신호 요소로 변경된다. 이것은 100 Mbps가 오직 (6/8) × 100 Mbps나 75 Mbaud로만 사용함을 의미한다.

요약

고속 이더넷의 물리층 구현은 2개 혹은 4개의 선으로 구분될 수 있다. 2개의 선으로 구현된 경우로, STP를 사용하는 100Base-TX와 광섬유 케이블을 사용하는 100Base-FX가 있다. 4개의 선을 사용한 구현은 UTP만을 사용하여 구현될 수 있으며, 이는 100Base-T4로 불린다. 표 13.2는 고속 이더넷 구현에 대한 요약이다. 부호화에 대해서는 4장에서 다루었다.

13.4 기가비트 이더넷

보다 높은 데이터율의 요구에 대한 결과로서 **기가비트 이더넷**(Gigabit Ethernet) 프로토콜(1,000 Mbps)이 설계되었다. IEEE 위원회에서는 802.3z 표준으로 정의한다. 기가비트 이더넷의 목표는 데이터 전송률을 1 Gbps로 끌어올리되, 주소 길이와 프레임 형식, 그리고 최소와 최대 프레임 길이를 유지하는 것이다. 기가비트 이더넷 설계의 목표는 아래와 같다.

1. 데이터 전송률 1 Gbps로 상향
2. 표준 또는 고속 이더넷과의 호환성 구축
3. 동일한 48비트 주소 사용
4. 동일한 프레임 형식 사용
5. 동일한 최소와 최대 프레임 길이 유지
6. 고속 이더넷에서 정의된 것과 동일한 자동협상의 지원

13.4.1 MAC 부계층

이더넷의 발전에서 전체적인 개념은 MAC 부계층을 그대로 유지하는 것이었다. 그러나 1 Gbps의 속도로 전송할 때 이것은 더 이상 가능하지 않았다. 기가비트 이더넷은 매체 접속을 위해 두 가지 서로 구별되는 방식을 가지고 있는데 그것은 반이중과 전이중이다. 기가비트 이더넷의 거의 모든 구현은 전이중 방식을 따른다. 따라서 대부분 반이중 모드는 무시한다.

전이중 모드

전이중 모드에서 모든 컴퓨터 또는 다른 교환기들에 연결된 중앙 교환기가 있다. 이 모드에서 각 입력 포트에 대하여, 각 교환기는 입력 포트에 전송될 때까지 각 입력 포트의 데이터를 저장하는 버퍼를 가지고 있다. 교환기는 프레임의 목적지 주소를 사용하고 특정 목적지를 향하는 포트로 프레임을 전송하기 때문에, 충돌은 발생하지 않는다. 이것은 CSMA/CD가 사용되지 않는다는 것을 의미한다. 충돌이 없다는 것은, 케이블의 최장 길이가 충돌 감지 프로세스에 의한 것이 아닌, 신호의 감쇠에 의해 결정된다는 것을 의미한다.

> 기가비트 이더넷의 전이중 모드에서 충돌은 없다.
> 케이블의 최대 길이는 케이블의 신호 감쇠에 의해서 결정된다.

반이중 모드

기가비트 이더넷은 반이중 모드도 사용할 수 있지만 거의 사용하지 않는다. 이 경우 교환기는 허브로 대치되고 공동 케이블에서 충돌이 발생할 수 있다. 반이중 모드는 CSMA/CD를 사용한다. 그러나 전에 보았듯이, 이 방식에서 최대 네트워크 길이는 최소 프레임 길이에 달려 있다. 전통적 방법, 반송파 확장, 프레임 버스팅이라는 세 가지 방법이 정의되었다.

전통적인 방법

전통적인(traditional) 방법에서는 전통적인 이더넷(512 bits)과 같은 최소 프레임 길이를 유지한다. 그러나 10-Mbps 이더넷보다 기가비트 이더넷에서 비트의 길이가 1/100 더 짧기 때문에 기가비트

이더넷의 틈새 시간은 512 bits × 1/1,000 ms, 즉 0.512 ms이다. 틈새 시간의 감소는 충돌이 100배 더 일찍 감지됨을 의미한다. 이것은 네트워크의 최대 길이가 25 m임을 의미한다. 이 길이는 모든 지국이 하나의 공간 안에 있다면 적용 가능할 것이다. 그러나 하나의 단일 사무실에 있는 컴퓨터들을 연결하기에는 충분히 길지 않을지도 모른다.

반송파 확장

최소 프레임 길이를 증가시킴으로써 네트워크를 더 확장시킬 수 있었다. 반송파 확장(carrier extension) 방식은 최소 프레임 길이를 512 바이트(4,096비트)로 정의한다. 이것은 최소 프레임 길이가 8배 더 길어진 것이다. 이 방법은 지국이 4,096비트보다 더 작은 프레임에 확장 비트(끼워넣기)를 추가해야 함을 의미한다. 이 방법에서 네트워크의 최대 길이는 기존 200 m보다 8배 증가시킬 수 있다. 허브에서 지국까지 100 m의 길이를 허용하는 것이다.

프레임 버스팅

반송파 확장은 전송 프레임이 짧다면 각 프레임마다 필요 없는 여분의 데이터가 추가되기 때문에 매우 비효율적이다. 이것을 개선하기 위하여, **프레임 버스팅**(frame bursting)이 제안되었다. 각 프레임의 확장 대신에 다수의 프레임을 송신한다. 그러나 다수의 프레임을 하나의 프레임처럼 보이게 만들기 위해 반송파 확장방식과 마찬가지로 프레임 사이에 끼워넣기가 더해진다. 즉, 이 방법은 다른 지국들이 매우 큰 프레임을 전송되는 것처럼 속이는 것이다.

13.4.2 물리층

기가비트 이더넷의 물리층은 표준 이더넷 또는 고속 이더넷보다 더 복잡하다. 물리층의 몇 가지 특성에 대하여 간단하게 설명한다.

접속형태

기가비트 이더넷은 2개 또는 그 이상의 지국을 연결하도록 설계되었다. 만약 2개의 지국만이 있다면, 점-대-점으로 연결될 수 있다. 셋 또는 그 이상의 지국은 중앙에 허브나 교환기가 연결된 성형 접속형태로 연결될 필요가 있다. 또 다른 가능한 구성은 여러 개의 성형 접속형태로 접속하거나 한 성형 접속형태가 다른 접속형태의 일부가 되도록 하는 것이다.

구현

기가비트 이더넷은 2선이나 4선의 구현으로 분류된다. 2선 형식은 광섬유 케이블(단파장 광섬유인 1000Base-SX, 장파장 광섬유인 1000Base-LX)을 사용하거나 STP(1000Base-CX)를 사용한다. 4선 형식은 범주 5 꼬임쌍선 케이블(1000Base-T)을 사용한다. 즉, 총 4가지 형식이 있다. 1000Base-T는 이미 선로를 고속 이더넷이나 전화 서비스와 같은 목적을 위해 설치한 사용자의 요청으로 설계되었다.

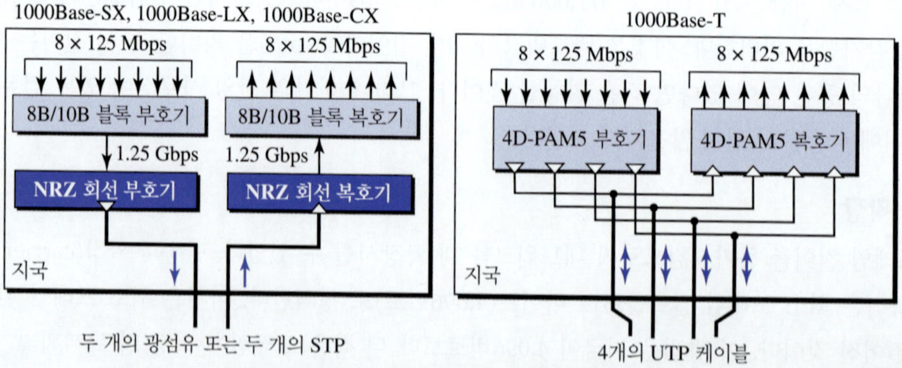

그림 13.17 기가비트 이더넷의 부호화

부호화

그림 13.17은 4가지 구현에 대한 부호화/복호화 그림을 보여주고 있다. 기가비트 이더넷은 매우 높은 대역폭(2 GBaud)을 필요로 하기 때문에 맨체스터 복호 기술을 사용할 수 없다. 꼬임쌍선을 사용하는 기가비트 이더넷은 NRZ 기술을 사용하지만 NRZ는 자체 동기화를 충분히 제공하지 않는다. 높은 데이터 전송률에서 비트 동기화를 위해, 4장에서 설명한 8B/10B블록 부호화가 사용된다.

이 블록 부호화는 스트림에서 0 또는 1의 긴 열이 나오지 않게 하지만 스트림은 1.25 Gbps이다. 이 기가비트 이더넷 형식에서 하나의 선(광섬유나 STP에서)이 송신용으로 사용되고 다른 선 하나가 수신용으로 사용된다.

4선 형식에서 입력을 위해 2선이, 출력을 위해 2선이 사용될 수는 없다. 왜냐하면, 각 선은 500 Mbps를 송신할 필요가 있고 이것은 범주 5 UTP의 기능을 상회하는 것이기 때문이다. 이에 대한 해결책으로, 대역폭을 줄이기 위해 4장에서 설명한 것처럼 4D-PAM5 부호화가 사용된다. 따라서 모든 4선 형식은 입출력 모두를 담당하며 각 선은 범주 5UTP 케이블의 송신 능력 이내인 250 Mbps를 송신한다.

구현 요약

표 13.3은 기가비트 이더넷 형식의 요약이다. S-W와 L-W는 각기 단파(short-wave)와 장파(long-wave)를 의미한다.

표 13.3 기가비트 이더넷 형식의 요약

구현	매체	매체 길이	선	부호화
1000Base-SX	Fiber S-W	550 m	2	8B10B + NRZ
1000Base-LX	Fiber L-W	5000 m	2	8B10B + NRZ
1000Base-CX	STP	250 m	2	8B10B + NRZ
1000Base-T4	UTP	100 m	4	4D-PAM5

13.5 10기가비트 이더넷

최근 몇 년간 도시권에서 이더넷 사용을 위한 또 다른 관점이 생겨났다. 이것은 기술과 데이터 전송률, 네트워크 길이를 확장하여, 이더넷을 LAN이나 MAN(도시 통신망)에서 사용할 수 있도록 하는 것이었다. 이를 위해 IEEE 위원회에서는 10기가비트를 만들었고 이것을 802.3ae 표준이라 불렀다. 10기가비트 이더넷 설계의 목표는 데이터 전송률의 10 Gbps로 상향하고, 동일한 프레임 길이와 형식을 유지하고, 도시 통신망(MAN)이나 광역 통신망(WAN)으로부터 LAN으로의 내부 연결을 허용하는 것이다. 이 데이터 전송률은 광섬유 케이블을 사용할 때에만 가능하다. 표준은 LAN PHY와 WAN PHY의 두 가지의 물리층을 정의한다. 전자는 기존의 LAN을 지원하도록 설계되었으며, 후자는 SONET OC-19로 연결된 WAN을 정의한다.

13.5.1 구현

10기가비트 이더넷은 경쟁이 필요 없는 전이중 모드로만 동작한다. 즉, 10기가비트 이더넷은 CSMA/CD가 필요 없다. 10GBase-SR, 10GBase-LR, 10GBase-EW, 10GBase-X4라는 4가지 형식이 모두 공통으로 사용한다. 표 13.4는 10기가비트 이더넷 형식을 요약한 것이다. 부호화에 관하여는 4장에서 다루었다.

표 13.4 10기가비트 이더넷 형식의 요약

구현	매체	매체 길이	선의 수	부호화
10GBase-SR	Fiber 850 nm	300 m	2	64B66B
10GBase-LR	Fiber 1310 nm	10 Km	2	64B66B
10GBase-EW	Fiber 1350 nm	40 Km	2	SONET
10GBase-X4	Fiber 1310 nm	300 m to 10 Km	2	8B10B

13.6 추천 자료

13.6.1 추천 도서

이 장에서 설명된 주제에 대해서 좀 더 자세한 내용은 다음의 책과 웹 사이트, 그리고 RFC를 참고하기 바란다. 괄호 안에 있는 항목은 책의 뒷부분의 참고문헌에 있다.

참고문헌

여러 도서가 이더넷에 대해 다루었지만, 그들 중 다음의 도서를 추천한다. [Ham 80], [Zar 02], [Ror 96], [Tan 03], [GW 04], [For 03], [KMK 04], [Sta 04], [Kes 02], [PD 03], [Kei 02], [Spu 00], [KCK 98], [Sau 98], [Izz 00], [Per 00], [WV 00].

RFC

인터넷상의 검사합 사용 방법은 RFC 1141에서 찾아볼 수 있다.

13.6.2 중요 용어

10 Gigabit Ethernet
1000Base-CX
1000Base-LX
1000Base-SX
1000Base-T
100Base-FX
100Base-T4
100Base-TX
10Base2
10Base5
10Base-F
10Base-T
10GBase-EW
10GBase-LR
10GBase-SR
10GBase-X4
autonegotiation
bridge
carrier extension
Cheapernet
collision domain
Fast Ethernet
frame bursting
full-duplex switched Ethernet
Gigabit Ethernet
hexadecimal notation
logical link control(LLC)
media access control(MAC)
network interface card(NIC)
Project 802
Standard Ethernet
switch
switched Ethernet
thick Ethernet
Thicknet
thin Ethernet
transceiver
twisted-pair Ethernet

13.6.3 요약

- 이더넷은 가장 광범하게 쓰이는 근거리 통신망 프로토콜이다. IEEE 802.3 표준은 1세대 10-Mbps 이더넷을 위한 접속방법으로 1-지속 CSMA/CD를 정의한다. 이더넷의 데이터 링크층은 LLC 부계층과 MAC의 부계층으로 이루어져 있다. MAC 부계층은 CSMA/CD 접속방식의 동작을 담당하고 있다. 이더넷 네트워크에 있는 각 지국은 각 네트워크 인터페이스 카드(NIC)에 부여된 유일한 48비트 주소를 가지고 있다. 10-Mbps 이더넷의 최소 프레임 길이는 64바이트이고 최대 길이는 1,518바이트이다.
- 10-Mbps 이더넷의 일반적인 형식들은 10Base5(굵은 이더넷), 10Base2(얇은 이더넷), 10Base-T(꼬임쌍선 이더넷), 그리고 10Base-F(광섬유 이더넷)이다. 이더넷의 10Base5 형식은 굵은 동축 케이블을 사용한다. 10Base2 이더넷의 형식은 얇은 동축 케이블을 이용한다. 10Base-T 이더넷의 형식은 꼬임쌍선 케이블을 이용하여 각 지국을 허브의 각 포트로 연결한다. 10Base-F 이더넷의 형식은 광섬유 케이블을 이용한다. 브리지는 이더넷 LAN에서 대역폭을 증가시킬 수 있고 충돌 영역을 분리할 수 있다. 교환기는 이더넷 LAN에 있는 각 지국이 네트워크 전체 용량을 스스로 가질 수 있도록 만든다. 전이중 모드는 각 영역의 용량을 두 배로 만들고 CSMA/CD 방법

의 필요성을 없앤다.

- 고속 이더넷은 데이터율이 100 Mbps이다. 고속 이더넷에서, 자동협상은 두 장치가 동작 모드나 데이터율을 협상하는 것을 허용한다. 일반적인 고속 이더넷 형식은 100Base-TX(두 쌍의 꼬임쌍선 케이블), 100Base-FX(두 개의 광섬유 케이블), 100Base-T4(음성급이나 고속의 4쌍의 꼬임쌍선 케이블)이다.
- 기가비트 이더넷은 데이터 전송률이 1,000 Mbps이다. 기가비트 이더넷 접속방법은 반이중을 사용하는 전통적인 CSMA/CD(일반적이지 않음)와 전이중 방식(가장 많이 쓰는 방법)을 포함한다. 기가비트 이더넷 형식은 1000-SX(두 광섬유와 짧은 파장 레이저 광원), 1000Base-LX(두 광섬유와, 긴 파장 레이저 광원), 1000Base-T(4쌍의 꼬임쌍선)이다.
- 이더넷 표준은 10 Gbps로 동작하는 10기가비트 이더넷이다. 10GBase-SR, 10GBase-LR, 10GBase- EW, 10GBase-X4라는 4가지 형식이 있으며, 이 형식들은 전이중 모드의 광섬유 케이블을 사용한다.

13.7 연습문제

13.7.1 객관식

1. 이더넷 주소가 2진수로 01011010 00010001 01010101 00011000 10101010 00001111이면, 이 주소는 16진수로 무엇인가?
   a. 5A:88:AA:18:55:F0 b. 5A:81:BA:81:AA:0F
   c. 5A:18:5A:18:55:0F d. 5A:11:55:18:AA:0F
2. 만약 이더넷 목적지 주소가 07:01:02:03:04:05이면, 이것은 ____________ 주소이다.
   a. 유니캐스트
   b. 멀티캐스트
   c. 브로드캐스트
   d. 멀티캐스트 또는 브로드캐스트
3. 만약 이더넷 목적지 주소가 08:07:06:05:44:33이면, 이것은 ____________ 주소이다
   a. 유니캐스트
   b. 멀티캐스트
   c. 브로드캐스트
   d. 멀티캐스트 또는 브로드캐스트
4. 다음 중 어떤 것이 이더넷의 멀티캐스트 목적지 주소로 사용될 수 없는가?
   a. 43:7B:6C:DE:10:00 b. 44:AA:C1:23:45:32
   c. 46:56:21:1A:DE:F4 d. 48:32:21:21:4D:34
5. 다음 중 어떤 것이 이더넷의 유니캐스트 목적지 주소로 사용될 수 없는가?
   a. B7:7B:6C:DE:10:00 b. 7B:AA:C1:23:45:32
   c. 7C:56:21:1A:DE:F4 d. 83:32:21:21:4D:34
6. 이더넷의 ____________ 계층은 LLC 부계층과 MAC 부계층로 구성되어 있다.
   a. 데이터 링크 b. 물리
   c. 네트워크 d. 정답 없음
7. ____________ 부계층은 CSMA/CD 접근 방식과 프레임 짜기의 동작을 담당하고 있다.
   a. LLC b. MII
   c. MAC d. 정답 없음

8. 이더넷 네트워크에 있는 각 지국은 NIC에 설정된 고유의 ___________ 주소를 가진다.
   a. 16비트 b. 32비트
   c. 64비트 d. 정답 없음

9. 이더넷의 최소 프레임 길이는 ___________이다.
   a. 32 b. 80
   c. 128 d. 정답 없음

10. 고속 이더넷은 ___________ Mbps의 데이터 전송률을 제공한다.
   a. 10 b. 100
   c. 1,000 d. 10,000

11. ___________에서 자동협상은 두 장치가 동작 모드 또는 데이터 전송률을 협상하도록 허용한다.
   a. 표준 b. 고속 이더넷
   c. 기가비트 이더넷 d. 10기가비트 이더넷

12. 기가비트 이더넷은 ___________ Mbps의 데이터 전송률을 제공한다.
   a. 10 b. 100
   c. 1,000 d. 10,000

13. 이더넷 주소에서, 만약 첫 번째 바이트의 최하위 비트가 0이면 이 주소는 ___________이다.
   a. 유니캐스트 b. 멀티캐스트
   c. 브로드캐스트 d. 정답 없음

14. 이더넷 주소에서, 만약 첫 번째 바이트의 최하위 비트가 1이면 이 주소는 ___________이다.
   a. 유니캐스트 b. 멀티캐스트
   c. 브로드캐스트 d. 정답 없음

15. 이더넷 주소에서, 만약 모든 비트가 1이면, 이 주소는 ___________이다.
   a. 유니캐스트 b. 멀티캐스트
   c. 브로드캐스트 d. 정답 없음

16. 이더넷에서, ___________ 필드는 실질적으로 물리층에서 추가되고 이것은 프레임의 한 부분이 아니다.
   a. CRC b. 프리앰블(preamble)
   c. 주소(address) d. SFD

17. 이더넷 프레임에서, ___________ 필드는 오류 검출 정보를 포함한다.
   a. CRC b. preamble
   c. address d. SFD

13.7.2 주관식

Q-1 전이중 이더넷 LAN에서 왜 CSMA/CD가 불필요한가?

Q-2 표준 이더넷, 고속 이더넷, 기가비트, 10기가비트 이더넷의 데이터 전송률을 비교하라.

Q-3 표준 이더넷의 공통적인 구현은 무엇인가?

Q-4 고속 이더넷의 공통적인 구현은 무엇인가?

Q-5 기가비트 이더넷의 공통적인 구현은 무엇인가?

Q-6 10기가비트 이더넷의 공통적인 구현은 무엇인가?

Q-7 어떻게 SFD 필드로부터 프리앰블 필드를 구별하는가?

Q-8 유니캐스트 주소, 멀티캐스트 주소, 브로드캐스트 주소의 차이점은 무엇인가?

Q-9 브리지를 사용하여 이더넷 LAN을 분리하면 어떤 장점이 있는가?

Q-10 교환기와 브리지 사이의 관계는 무엇인가?

13.8 시뮬레이션 실험

13.8.1 애플릿

이 장에서 다루었던 중요한 개념에 대해 보여주기 위한 자바 애플릿이 준비되어 있다. 웹 사이트에서 이 애플릿을 실행해 보고 동작하는 프로토콜을 유심히 살펴보길 권한다.

13.8.2 실습 과제

이 절에서는 Wireshark를 사용하여 이더넷과 ARP라는 두 개의 프로토콜을 실험한다.

실습 13-1 이 실험에서, 데이터 링크층에서 전송된 프레임의 내용을 검사할 필요가 있다. 목적지, 발신지 MAC 주소, CRC 값, (어떤 페이로드가 프레임으로 전송될 것인가에 대해 보여주는) 프로토콜 필드와 같은, 각기 다른 필드의 값을 확인하라.

13장 실습 과제

이 장의 실험-실습 과제인 Lab13-1을 만들었다. 각 실습이 별도의 양식으로 보고해야 하는 것을 의미하는 실습-보고서 양식도 포함되어 있다. 과제는 이더넷 프로토콜에 관한 것이다. 사용자는 와이어샤크 소프트웨어를 설치하고 사용하는 방법을 설명한 1장의 실습 과제를 수행해 본 것으로 간주한다.

13.1 이더넷

이 실습에서 데이터 링크층에서 보낸 이더넷 프레임의 내용을 살펴본다. 우리는 프레임에 의해 전달되는 것을 보여주는 목적지와 발신지 데이터 링크 주소, 프로토콜 필드 값 등과 같은 서로 다른 필드의 값을 찾게 될 것이다.

13.1.1 연구 과제

- 사용자의 웹 브라우저를 시작하고 브라우저의 캐시 메모리를 지운다. 하지만 아직 어떤 웹 사이트도 접속하지 않는다.
- 와이어샤크를 열고 캡처를 시작한다.
- 사용자의 브라우저로 가서 웹 사이트에 있는 어떤 파일을 검색한다. 와이어샤크는 패킷 캡처를 시작한다.

- 충분하게 패킷을 캡처한 후에 캡처를 멈추고 캡처된 파일을 저장한다.

Part I 프레임

와이어샤크 메인 화면의 packet list pane에서 원하는 패킷을 선택한다. packet detail pane에서 패킷을 확대한다(데이터 링크층 패킷).

문제

이더넷은 프리앰블과 SFD 필드는 필터된 것을 주목하라. 이것은 와이어샤크에 전달되지 않는다. 대부분의 이더넷 인터페이스는 와이어샤크에 CRC를 지원하지 않거나 그렇게 하도록 드라이버를 설정하지 않는다. 와이어샤크는 응답 메시지가 아닌 요청 메시지에 패딩된 바이트만 캡처할 수 있다는 것을 알아야 한다. 캡처된 정보를 이용하여 실험-실습 보고서에 있는 다음 질문에 답하라.

1. 프레임 길이는 얼마인가?
2. 페이로드 길이(데이터와 패딩)는 얼마인가?
3. 질문 2의 답으로부터 페이로드에 패딩이 되었다고 말할 수 있는가?
4. 정확하게 길이가 60바이트(CRC 바이트는 계산하지 않고)인 프레임을 찾아보라. 총 페이로드 길이를 이용하여 패딩된 바이트 수를 찾아라.

Part II

packet list pane에서 패킷을 선택한다. packet detail pane에서 Ethernet을 선택한다.

문제

캡처된 정보를 이용하여 실험-실습 보고서에 있는 다음 질문에 답하라.

1. hexadump로부터 다음을 기술하라.
   a. 목적지 링크층 주소
   b. 발신지 링크층 주소
   c. 상위 계층 프로토콜
2. packet detail pane을 이용하여 첫 번째 문제에 대한 답을 확인하라.
3. 목적지 링크층 주소가 유니캐스트인가 멀티캐스트인가?
4. 발신지 링크층 주소가 당신의 네트워크를 지정하는가? 설명하라.
5. 목적지 링크층 주소와 목적지 IP 주소가 서로 관계가 있는가?

13.1.2 제출할 문서

1. 문제에 대한 답이 들어 있는 실험-실습 보고서
2. 캡처된 정보 출력물

Lab13-1 보고서: 이더넷 프로토콜

성명:	학번:	날짜:

Part I	
1	프레임 길이(frame length):
2	페이로드 길이(데이터와 패딩):
3	페이로드에 패딩이 있다고 할 수 있는가?
4	60바이트 프레임에서 패딩 바이트 수:

Part II		
1	a. 목적지(Destination) 링크층 주소:	b. 발신지(Source) 링크층 주소:
	c. 상위 계층 프로토콜(type):	
2	문제 1에 대한 답을 packet detail pane에 있는 정보에서 확인했는가?	
3	목적지 링크층 주소는 유니캐스트인가? 브로드캐스트인가?	
4	발신지 링크층 주소는 사용자의 네트워크를 지정하고 있는가? 설명하라.	
5	목적지 링크층 주소와 목적지 IP 주소와 서로 관계가 있는가? 설명하라.	

객관식 홀수 번 문제 정답

1. ⓓ 3. ⓐ 5. ⓒ 7. ⓒ 9. ⓓ 11. ⓑ 13. ⓐ 15. ⓒ 17. ⓐ

CHAPTER 14

그 밖의 유선망들

앞장에서 유선 LAN에 대해 다루었고, 이어서 데이터 통신에 사용되는 유선망에 관해 이야기할 차례이다. 이들 네트워크는 액세스 망(access network, 접속망)과 광역 통신망이라는 두 가지 큰 범주로 나눌 수 있다.

작은 LAN(집안에서 호스트가 하나인 경우도 해당)들을 인터넷 서비스 사업자(ISP)에 연결하는 네트워크가 액세스 망의 한 예라 할 수 있다. 이 액세스 망은 데이터 전송을 위해 기존의 전화선 또는 케이블 선을 사용할 수 있다.

더 넓은 범위에서 사용되는 대부분 유선망은 광케이블의 높은 전송률을 활용한다. 이와 같은 유선 기술을 사용하여 장거리로 데이터를 전송하는 네트워크(인터넷 백본 등과 같은)를 광역 통신망(WAN, wide area network)이라 한다.

이 장은 네 개의 절로 나누어진다.

첫 번째 절은 전화망에 대해 다룬다. 이 부분은 음성 네트워크로서 전화망에 대해 짧게 기술하고, 그 후 음성 네트워크가 어떻게 다이얼-업 또는 DSL 서비스로 데이터를 전송하게 되었는가에 대해 보여준다.

두 번째 절은 케이블망에 대해 다룬다. 이 부분은 비디오 네트워크인 케이블망에 대해 짧게 기술하고, 그 후 비디오 네트워크가 어떻게 데이터를 전송할 수 있게 되었는가에 대해 보여준다.

세 번째 절은 광기술을 적용한 네트워크로서 SONET에 대해 다룬다. 이 부분은 데이터 전송을 위해 어떻게 이 기술이 고속 연결망으로 사용되었는가에 대해 보여주고, 그 후 이 기술을 통해 어떻게 선형 또는 그물형 접속형태로 네트워크를 구축할 수 있는가에 관해 기술한다.

네 번째 절은 ATM에 대해 다룬다. 이것은 SONET을 사용하여 고속 광역 통신망을 구축할 수 있으며, 데이터 전송 단위로써 고정된 길이의 프레임(셀)을 사용하는 셀-중계 네트워크이다.

14.1 전화망

전화망(telephone network)은 1800년대 후반에 시작되었다. 보통 전통 전화 시스템(POTS, plain old telephone system)으로 불리는 전체 네트워크는 원래는 음성을 전송하는 아날로그 신호를 사용하는 아날로그 시스템이었다. 컴퓨터의 시대가 되면서 1980년대에 들어서 네트워크는 음성과 함께 데이터를 전송하기 시작했다. 지난 10년 동안에 전화망은 많은 기술적인 변화를 거쳤다. 요즘에 전화망은 아날로그 방식이기도 하고 또한 디지털 방식이기도 하다.

14.1.1 주요 요소

그림 14.1과 같이 전화망은 가입자 회선과 중계선, 교환국이라는 세 가지 요소로 구성되어 있다. 전화망은 **종단국**(end offices), **중계국**(tandem offices), **지역국**(regional office)과 같은 몇 단계의 교환국을 가진다.

가입자 회선

전화망의 한 요소는 **가입자 회선**(local loop)으로써 가입자 전화와 가까운 종단국(end office) 또는 지역 센터를 연결하는 꼬임쌍선 케이블로 되어있다. 음성을 전송할 때에 가입자 회선은 4,000 Hz의 대역폭을 갖는다. 가입자 회선의 처음 세 숫자는 전화국을 결정하고 나머지 4개의 숫자는 가입자 회선의 번호를 결정한다.

중계선

중계선(trunk, **트렁크**라고도 함)은 전화국들 사이의 통신을 담당하는 전송 매체이다. 중계선은 보통 다중화를 이용하여 수백 또는 수천 개의 연결을 처리한다. 전송은 대개 광섬유나 위성 링크를 통하여 이루어진다.

교환국

두 가입자 사이에 영구적으로 물리 링크를 설치하는 대신에 전화 회사는 **교환국**(switching office)에

그림 14.1
전화 시스템

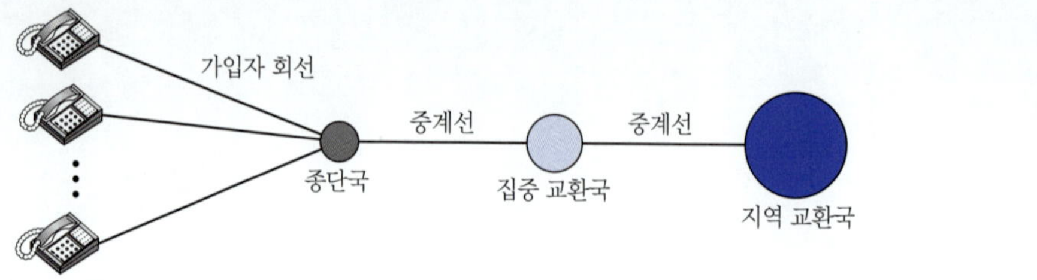

교환기를 두고 있다. 교환기는 여러 개의 가입자 회선 또는 중계선을 연결하며 서로 다른 가입자 간에 연결을 제공한다.

14.1.2 지역 교환 통신 사업자(LATA)

1984년의 기업분할(부록 H 참조) 이후에, 미국은 200개 이상의 **지역 교환 통신 사업자**(LATA, Local Access Transport Area)로 나뉘었다. 이후에 LATA의 수는 계속 늘어왔다. LATA 하나는 소규모 또는 대규모 도시권이 될 수 있다. 작은 주는 하나의 LATA로 될 수도 있고, 큰 주는 몇 개의 LATA를 갖게 될 수 있다. LATA의 경계는 주의 경계를 넘을 수 있다. 하나의 LATA의 일부는 어떤 주에 나머지는 다른 주에 걸쳐 있을 수 있다.

LATA 내 서비스

LATA 내에서 공중전기통신사업자의 서비스를 LATA 내(intra-LATA) 서비스라고 한다. 이 서비스를 담당하는 회사를 **지역 전화 사업자**(LEC, local exchange carrier)라고 한다. 1996년의 통신법 제정 이전에는 LATA 내 서비스 사업은 단일 사업자에게 인가되었다. 1996년 이전에는 LATA 사업자는 전화선(가입자 회선)을 소유하고 있었으며, **현업 지역 전화 사업자**(ILEC, incumbent local exchange carrier)라고 불렀다. 법령 이후에 서비스를 제공할 수 있는 새로운 사업자들을 **경쟁 지역 전화 사업자**(CLEC, competitive local exchange carrier)라고 한다. 전화선을 새로 매설하는 비용을 피하기 위해서 ILEC가 기존의 서비스를 계속 제공하고 CLEC는 이동 전화나 LATA 안에서 유료 전화 서비스같이 다른 서비스를 제공할 수 있도록 합의되었다. 그림 14.2는 LATA와 교환국을 보여준다.

> LATA 내 서비스는 지역 전화 사업자에 의해 제공된다.
> 1996년 이래 두 종류의 LEC가 생겼는데,
> 현업 지역 전화 사업자와 경쟁 지역 전화 사업자이다.

LATA 내에서 통신은 종단 교환기와 중계 교환기에 의해 처리된다. 하나의 종단 교환기에서 처리될 수 있는 통화는 무료 통화로 제공된다. 중계 교환기를 통해 처리되는 통화에는 요금이 부과된다.

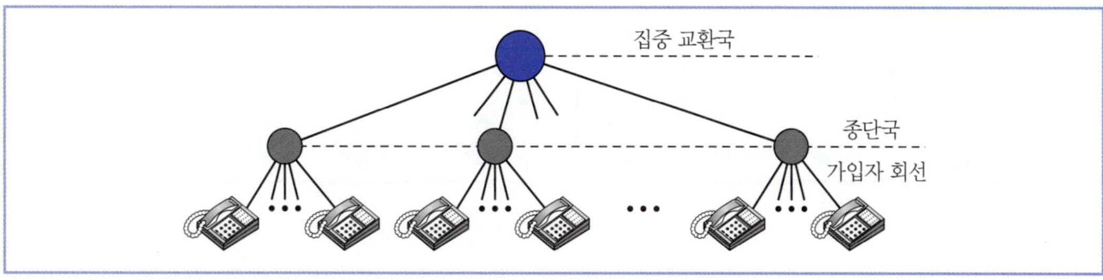

그림 14.2
LATA의 교환국

LATA 간 서비스

LATA 간의 서비스는 **장거리 전화 사업자**(IXC, interexchange carrier)에 의해 제공된다. 때로는 장거리 전화 회사(long-distance company)로도 불리는 이들은 다른 LATA 내에 있는 가입자들을 연결하는 서비스를 제공한다. 1996년 법 제정 이후에 이 사업은 LATA 내 서비스 사업자를 포함하여 누구든지 할 수 있게 되었다. 이 분야는 완전히 개방되어 있다. LATA 간 서비스를 제공하는 사업자 중에는 AT&T, MCI, WorldCom, Sprint, Verizon이 있다.

IXC는 전화 통화를 포함한 일반 통신 서비스업을 제공한다. IXC를 통과하는 전화 통화는 대개 디지털로 바뀌어 서비스를 제공하는 몇 가지 네트워크를 사용하여 연결된다.

상호 접속 위치(POP)

앞서 설명한 것처럼 LATA 내 서비스는 몇 개의 LEC(1개의 ILEC와 몇 개의 CLEC)에 의해 제공된다. LATA 간 서비스는 몇 개의 IXC에 의해 제공된다. 어떻게 이런 서비스 업자들을 상호 연결할 것인가? 해답은 **상호 접속 위치**(POP, Point Of Presence)라고 불리는 교환국이다. 각 LATA 간 서비스를 제공하려는 IXC는 해당 LATA 내에 POP를 가지고 있어야 한다. LATA 내에서 서비스를 제공하는 LEC는 모든 가입자가 POP에 접근할 수 있도록 연결할 수 있어야 한다. 그림 14.3은 그 개념도이다.

다른 가입자에게 연결하고자 하는 가입자는 먼저 종단 교환기에 연결하고, 그 이후에 중계 교환기를 통하거나 또는 직접 POP에 연결한다. 그 후에 발신자의 해당 IXC의 POP에서 수신자의 LATA에 있는 같은 회사 IXC의 POP으로 연결된다. 그 이후에 IXC의 시외전화국을 통하여 IXC에 의해 제공된 네트워크를 통해 연결된다.

그림 14.3
상호 접속 위치 (POP)

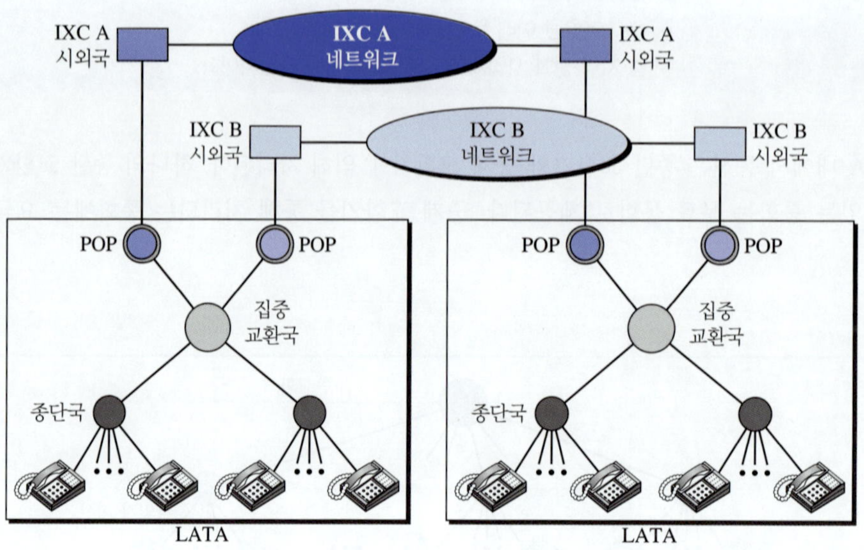

14.1.3 신호 방식

애초에는 전화망은 전용회선(다중화는 아직 발명되지 않았다)을 사용하는 회선 교환망을 사용하여 음성 통신을 하였다. 8장에서 본 것처럼 회선 교환망은 두 통신 주체간의 경로를 설정하거나 해제하기 위해 설정 및 해제 단계를 거친다. 처음에는 이 작업을 교환원이라는 사람이 하였다. 교환실은 모든 가입자가 연결된 센터이었다. 가입자가 다른 가입자에게 전화 통화를 하고 싶으면 수신 장치를 들어 교환원에게 벨을 울렸다. 교환원은 발신자의 말을 듣고 수신자의 번호를 받아 두 사람 사이를 회선으로 꽂아 연결해 주었다. 전용회선은 이러한 방식으로 이루어졌다. 통화가 끝나면 통화 당사자 중 하나가 회선을 끊을 것을 교환원에게 알렸다. 이런 종류의 신호(signaling, 통화 연결이라고도 함)를 동일한 회선이 통화 연결과 실제 통화에 같이 사용되므로 **대역-내 신호**(in-band signaling)이라고 한다.

나중에 통화 연결 시스템이 자동화되었다. 회전식 전화가 발명되어 전화번호를 돌리면 해당 디지털 신호를 전송하여 연결하게 되었다. 전화 회사의 교환기는 이 디지털 신호를 사용하여 발신자와 수신자 사이의 회선을 연결하게 되었다. 대역-내 신호와 **대역-외 신호**(out-of-band signaling)가 모두 사용되었다. 대역-내 신호는 통화 연결을 위해 4-kHz 음성 채널이 사용되었다. 대역-외 신호는 음성 채널의 일부를 할애하여 통화 연결에 사용하였는데 음성 대역과 통화 연결 대역은 분리되었다.

전화망이 복잡한 네트워크로 진화하면서 통화 연결이 제공하는 기능도 많아졌다. 통화 연결 시스템은 다음과 같은 사항을 지원하도록 요구되었다.

1. 다이얼 소리, 울림소리 및 통화 중 소리 제공
2. 교환국 간에 전화번호 전송
3. 연결을 유지하고 감시하기
4. 과금 정보 유지
5. 전화망 장비의 상태 유지 및 감시
6. 발신자 ID, 음성 사서함 등과 같은 기능

이러한 복잡한 기능으로 인해 통화 연결만을 위한 별도의 네트워크가 생기게 되었다. 이는 오늘날의 전화망은 통화 연결망과 데이터망이라는 두 가지 네트워크로 구성되어 있다는 것을 말한다.

> 현대 전화망에서 데이터 전송과 통화 연결의 임무는 서로 분리되어 있다.
> 데이터 전송은 한 네트워크에서 하고 통화 연결은 다른 네트워크에서 한다.

그러나 여기서 한 가지 주의할 것이 있다. 비록 두 네트워크가 분리되어 있지만, 어디에나 독립된 물리 링크가 설치되어 있는 것은 아니어서 두 네트워크는 동일 시스템에 있는 같은 링크의 서로 다른 채널을 사용할 수 있다.

데이터 전송망

오늘날 멀티미디어 정보를 전송할 수 있는 **데이터 전송망**(data transfer network)은 패킷-교환망으로 되어 있을 수도 있지만 대부분 회선-교환망이다. 이 네트워크는 이 책에서 논의된 다른 네트워크와 같은 종류의 프로토콜과 모델을 따른다.

통화 연결망

이 절의 주요 논점인 **통화 연결망**(signalling network)은 2장에서 논의한 OSI 모델이나 인터넷 모델과 유사한 계층 구조로 되어있는 패킷 교환망이다. 통화 연결의 특성상 여러 계층으로 구성된 패킷 교환망이 적절하다. 예를 들면 전화번호를 보내기 위한 정보는 다양한 오류 제어 및 주소 정보와 함께 패킷으로 보내기에 적절하다. 그림 14.4는 두 종류의 네트워크가 분리되어 있는 전화망의 단순화된 상황을 보여준다.

사용자 전화나 컴퓨터는 **통화 연결점**(SP, signaling point)에 연결되어 있다. 전화 장치와 통화 연결점 사이의 링크는 두 네트워크가 공유한다. 통화 연결망은 연결 메시지를 받아 전달하는 **통화 연결 전송 포트**(STP, signaling transport port) 노드를 사용한다. 통화 연결망은 또한 전체 네트워크의 운영을 제어하는 **서비스 제어점**(SCP, service control point)도 포함한다. 데이터베이스 센터와 같은 다른 시스템이 전체 통화 연결망에 관한 정보를 저장하기 위해 포함될 수 있다.

공통선 신호방식 7

통화 연결망에서 사용하는 프로토콜은 **공통선 신호방식** 7(SS7, Signaling System Seven)이라 부른다. 이는 2장에서 공부한 5계층 인터넷 프로토콜과 매우 유사하지만 그림 14.5에 보는 것처럼 계층들은 다른 이름을 사용한다.

물리층: MTP 레벨 1

메시지 전송부(MTP, message transport part) 레벨 1이라고 부르는 SS7의 물리층은 T-1 (1.544 Mbps)이나 DC0 (64 kbps)과 같은 여러 가지 물리층 규격을 사용한다.

그림 14.4
데이터 전송망과
통화 연결망

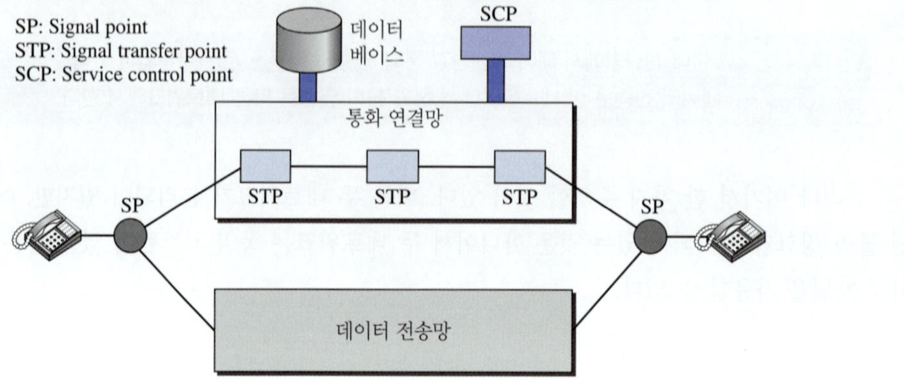

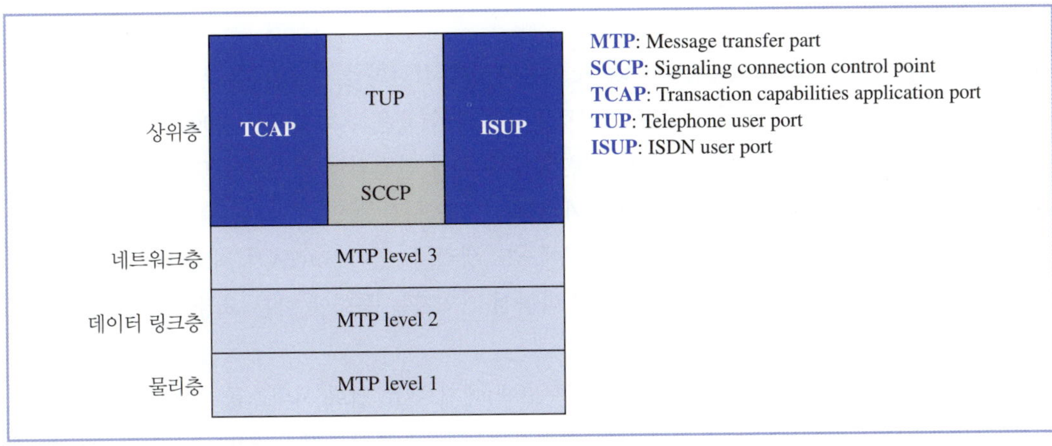

그림 14.5
SS7의 계층

데이터 링크층: MTP 레벨 2

MTP 레벨 2 계층은 패킷 헤더에 발신지와 목적지 주소를 넣고, 오류 검사를 위해 CRC를 넣어서 패킷으로 만드는 서비스를 제공하는 데이터 링크층이다.

네트워크층: MTP 레벨 3

MTP 레벨 3 계층은 데이터그램 방식을 사용하여 종단-대-종단을 연결하는 서비스를 제공한다. 라우터나 교환기는 발신지에서 목적지로 가는 신호 패킷의 경로를 찾아준다.

전송층: SCCP

통화 연결 제어점(SCCP, signaling connection control point)은 800 번호와 같은 특별한 서비스에 사용한다.

상위 계층들: TUP, TCAP, ISUP

상위 계층에는 3개의 프로토콜이 있다. 전화 사용자 포트(TUP, telephone user port)는 음성 전화 연결을 책임진다. 호출된 전화번호를 수신하여 전화 연결을 한다. 거래 용량 응용 포트(TCAP, transaction capabilities application port)는 컴퓨터의 응용 프로그램이 원격 컴퓨터의 프로그램을 실행할 수 있도록 원격 연결을 제공한다. ISDN 사용자 포트(ISUP, ISDN user port)는 ISDN 네트워크에서 TUP가 제공하는 것과 유사한 서비스를 제공한다.

14.1.4 전화망에서 제공되는 서비스

전화 회사는 아날로그와 디지털이라는 두 가지 서비스를 제공한다.

아날로그 서비스

애초에는 전화 회사는 가입자들에게 아날로그 서비스를 제공했다. 이 서비스는 지금까지도 계속되고 있다. 이러한 서비스는 아날로그 교환 서비스나 아날로그 임대 서비스 중 하나로 구분할 수 있다.

아날로그 교환 서비스

아날로그 교환 서비스(analog switched service)는 가정에서 전화를 사용할 때 흔히 통하게 되는 번호걸기 서비스이다. 가입자 회선 신호는 아날로그이며, 대역폭은 흔히 0에서 4,000 Hz이다. 발신자가 번호를 걸면 전화 통화는 교환국 또는 일련의 교환국에 연결되어 교환기에 다다른다. 교환기에서 발신자의 회선과 수신자의 회선이 연결되게 된다. 통화 시간 동안 두 회선은 연결되어 있다. 과금은 LATA 내에서도 생길 수 있고 LATA 사이에서도 생길 수 있다. LATA가 지역적으로 광역에 걸쳐 있다면 통화는 중계국을 통해 갈 수도 있고 따라서 가입자는 통화에 따른 요금을 지불할 것이다. LATA 간 통화는 장거리 통화로 요금을 낸다.

가입자(보통 어떤 기관)가 다른 가입자(보통 고객)에게 무료 전화 서비스를 제공할 필요가 있다면 800 서비스를 요청할 수 있다. 이 경우에 발신자는 요금을 부담하지 않으며 수신자가 부담한다. 기관은 고객들이 전화를 거는 것을 장려하기 위해 이 서비스를 이용한다. 통화료는 일반 장거리 요금보다 저렴하다.

광역 전화 서비스(WATS, wide area telephone service)는 800 서비스의 역이다. 800 서비스는 걸려오는 전화에 대한 요금을 기관이 내는 것이고, WATS는 기관이 고객에게 거는 통화 요금을 내는 것이다. 이 서비스를 사용하면 일반 전화 요금보다 저렴하게 고객에게 전화 통화를 할 수 있다. 요금은 통화 수에 대해 매겨진다. 같은 주 내의 통화 또는 몇 개 주 내의 통화 또는 국가 전체 구역 통화로 나뉠 수 있으며 해당 요금을 내게 된다.

900 서비스는 가입자에게 걸려오는 통화에 대한 것이라는 점에서 800 서비스와 유사하다. 그러나 800 서비스와는 달리, 요금은 고객에게 부과되고 일반 전화 요금보다 훨씬 비싸다. 고객은 두 가지 요금을 내는 것이다. 첫 번째는 장거리 통화 요금이고, 두 번째는 각 통화에 대해 수신자에게 요금을 내는 것이다. 이 서비스는 고객에게 서비스를 제공하고 요금을 청구하는 기관에 의해 사용된다. 예를 들면, 소프트웨어 회사는 기술 지원을 위해 고객에게 요금을 청구할 수가 있다.

아날로그 임대 서비스

아날로그 임대 서비스(analog leased service)는 고객들에게 다른 고객과 영구히 접속되는 회선을 임대할 수 있도록 해준다. 여전히 전화망의 교환기를 통과하지만, 교환기는 항상 연결되어 있으므로 따로 전화를 걸 필요가 없어서 가입자들은 마치 단일 회선을 쓰는 것처럼 느끼게 된다.

디지털 서비스

최근 들어 전화 회사들은 가입자들에게 디지털 서비스(digital service)를 제공하기 시작했다. 디지털 서비스는 아날로그 서비스보다 잡음이나 다른 형태의 간섭에 덜 민감하다. 가장 흔한 디지털 서비스는 교환식/56과 디지털 데이터 서비스이다. 우리는 이미 6장에서 고속 디지털 서비스인 T 회선에 대해 논의하였다. 이 장에서 그 밖의 서비스에 대해 논의한다.

교환식/56

교환식/56(switched/56) 서비스는 아날로그 교환 회선의 디지털 버전으로 56 kbps까지 데이터 속도를 제공하는 교환식 디지털 서비스이다. 이 서비스를 사용하여 통신하기 위해서는 통신하는 양방이 모두 서비스에 가입해야 한다. 일반 전화 서비스를 사용하는 통화자는 모뎀을 사용하더라도 교환식/56을 사용하는 전화나 컴퓨터에 접속할 수 없다. 전반적으로 디지털과 아날로그 서비스는 전화 회사의 완전히 다른 두 업무영역이다. 교환식/56 서비스 회선은 이미 디지털이기 때문에, 가입자는 디지털 데이터를 전송하기 위한 별도의 모뎀이 필요 없다. 대신 **디지털 서비스 장치**(DSU, digital service unit)라는 장치가 필요하다.

디지털 데이터 서비스

디지털 데이터 서비스(DDS, digital data service)는 아날로그 전용선의 디지털 버전으로 최대 데이터 전송률이 64 kbps인 디지털 전용선을 말한다.

14.1.5 전화 정보 서비스

통상적인 전화선은 300 Hz부터 3,300 Hz까지 주파수를 전달할 수 있어 대역폭은 3,000 Hz가 된다. 이 전체 대역이 음성을 전송하는 데 상당량의 전파방해와 일그러짐이 있어도 알아들을 수 있는 정도의 음질을 보낸다. 그러나 우리가 본 것처럼 데이터 신호는 무결성을 위해 더 높은 정확도를 요구한다. 따라서 안전성을 위해 이 대역폭의 가장자리 영역은 데이터 통신에 사용하지 않는다. 일반적으로 신호 대역폭은 케이블의 대역폭보다 작아야 한다고 말할 수 있다. 데이터 통신을 위해 사용할 수 있는 전화선의 유효 대역폭은 600 Hz에서 3,000 Hz에 걸치는 2,400 Hz이다. 오늘날 전화선은 전통적인 회선보다 더 넓은 대역폭을 충분히 감당할 수 있다는 것에 유의하라. 그러나 모뎀 설계는 여전히 전통적인 용량에 근거하고 있다(그림 14.6 참조).

모뎀(modem)이라는 용어는 신호 변조기와 복조기라는 모뎀 장치를 구성하는 두 가지 기능의 혼합어이다. 변조기(modulator)는 2진 데이터로부터 특정 대역 통과 아날로그 신호를 생성한다. 복조기(demodulator)는 변조된 신호로부터 2진 데이터를 복구해 낸다.

> 모뎀은 변조기/복조기를 뜻한다.

그림 14.7은 모뎀과 통신 회선과의 관계이다. 왼편의 컴퓨터가 모뎀의 변조기로 디지털 신호를 보내면 데이터는 전화선을 따라 아날로그 신호로 전송된다. 오른편 수신자의 모뎀은 아날로그 신호를 받아 복조기를 통해 복조한 후에 오른편의 컴퓨터로 보낸다. 통신은 양방향일 수 있으며, 이는 동

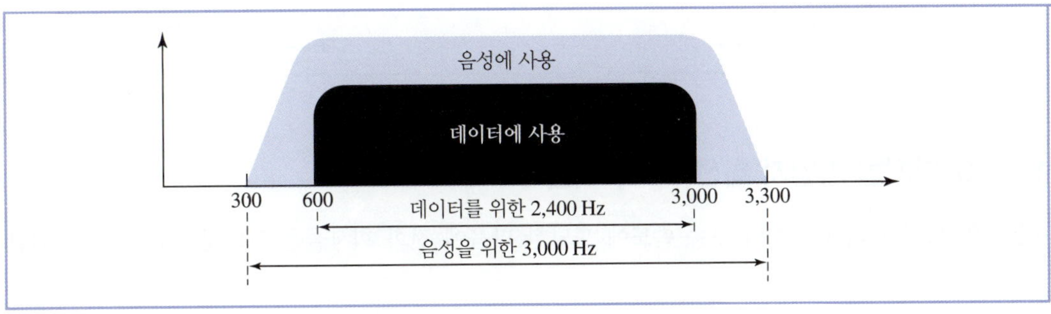

그림 14.6
전화 회선 대역폭

그림 14.7
변조/복조

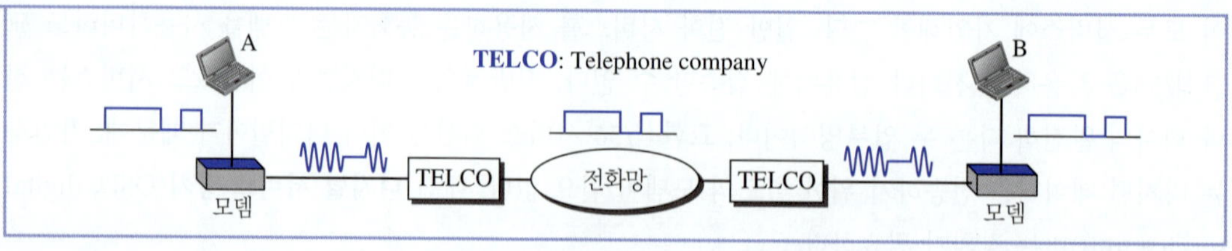

일한 변조/복조 과정을 통하여 오른편의 컴퓨터도 동시에 왼편 컴퓨터에게 데이터를 전송할 수 있다는 것을 의미한다.

56K 모뎀

전통적인 모뎀은 섀넌 용량(3장 참조)에 의해 정해진 33.6 kbps의 전송 속도가 한계이다. 그러나 새로운 모뎀은 56,000 bps로 전송할 수 있어서 56K 모뎀(56K modem)이라고 불린다. 이러한 모뎀들은 한쪽이 디지털 신호 보내기를 사용하는 경우에만 사용할 수 있다(인터넷 서비스 제공자를 통하는 경우가 예임). 이런 모뎀들은 다운로딩 전송 속도는 최대 56 kbps가 되며 업로딩 전송 속도는 최대 33.6 kbps가 된다는 점에서 비대칭적이다. 이런 모뎀은 섀넌 용량 원칙을 위배하는가? 그렇지 않다. 다운로딩 전송에는 계수화 오차가 없기 때문에 SNR 비가 더 높다(그림 14.8 참조).

업로딩(uploading)에서는 아날로그 신호가 여전히 교환국에서 표본 채집(sampling)되어야 한다. 이 방향으로는 계수화 오차(4장 참조)가 신호에 끼어들기 때문에 SNR 비가 나빠져서 전송 속도가 33.6 kbps로 제한된다.

그러나 **다운로딩**(downloading)에서는 표본 채집이 없다. 신호는 계수화에 의한 영향이 없으며, 따라서 섀넌 용량 제한에 구애받지 않는다. 업로딩 전송 속도는 여전히 33.6 kbps이지만 다운로딩 전송 속도는 56 kbps이다.

어떻게 56 kbps라는 숫자가 생겼을까? 전화 회사들은 매 표본 채집당 8비트를 사용하여 매초 8,000번 수행한다. 각 표본 채집마다 1비트를 제어 목적에 사용하므로 각 표본 채집당 7비트를 사용하는 셈이다. 그러므로 속도는 8,000 × 7, 즉 56 kbps가 된다.

그림 14.8
인터넷 접속을 제공하는 전화 접속망

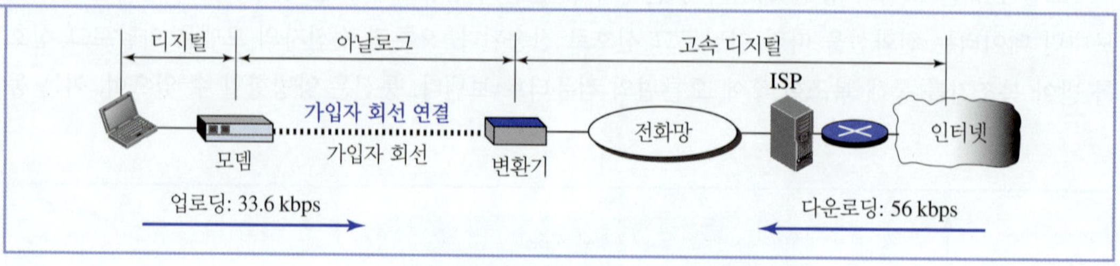

14.1.6 디지털 가입자 회선(DSL) 기술

전통적인 모뎀이 최고 데이터 전송 속도에 도달한 다음에 전화 회사들은 인터넷 고속 접속을 위한 기술인 DSL을 개발하였다. **디지털 가입자 회선**(DSL, digital subscriber line) 기술은 기존의 가입자 회선에서 고속 디지털 통신을 지원하는 가장 전망 높은 기술 중 하나이다. DSL 기술은 각각 앞 글자가 다른 몇 가지 기술의 집합체이다[ADSL, V(very high-bit-rate)DSL, H(high-bit-rate)DSL, S(symmetric)DSL]. 이 기술들은 종종 *x*DSL로 불리는데 *x*는 A, V, H 또는 S를 대신한다.

이들 중에서 첫 번째로 살펴볼 기술은 **비대칭 DSL**(ADSL, asymmetric DSL)이다. ADSL은 56K 모뎀과 같이 다운스트림(downstream, 인터넷에서 가정으로)의 속도가 업스트림(upstream, 가정에서 인터넷으로)보다 높은 속도를 제공한다. 그와 같은 이유에서 비대칭이라 불린다. 56K 모뎀에서 비대칭과는 달리 ADSL의 설계자들은 가정 사용자들에게 가입자 회선의 대역폭을 불균등하게 나누어 주었다. 이 서비스는 양방향으로 높은 대역폭이 필요한 직장 사용자들에게는 적절하지 않다.

기존의 가입자 회선 사용하기

한 가지 흥미로운 사실은 ADSL이 기존의 가입자 회선을 사용한다는 것이다. 그러나 어떻게 ADSL은 전통적인 모뎀은 달성할 수 없었던 전송 속도를 낼 수 있을까? 답은 가입자 회선에 사용되는 꼬임쌍선은 실제로는 1.1 MHz의 대역폭을 다룰 수 있으나 전선의 끝에 전화 회사가 달아 놓은 필터가 대역폭을 4 KHz(음성 신호 전송에는 충분)로 제한하기 때문이었다. 많은 수의 음성 채널을 다중화하여 사용해 온 것이었다. 하지만, 필터를 제거한다면 1.1 MHz의 전체 대역폭이 음성과 데이터 채널에 사용될 수 있다. 보통 1.104 MHz의 가용 대역폭은 그림 14.9와 같이 음성 채널, 업스트림 채널, 다운스트림 채널로 나뉘게 된다.

ADSL에서는 음성 채널과 데이터 채널을 동시에 사용할 수 있다. 업스트림 속도는 1.44 Mbps까지 올라갈 수 있다. 하지만, 데이터 전송률은 채널 내의 고수준의 잡음으로 인하여 500 kbps 이하에 그친다. 다운스트림 속도는 13.4 Mbps에 이를 수 있지만, 이 역시 채널 내의 잡음으로 인해 8 Mbps 이하의 속도를 제공한다. 흥미로운 사실은, 이 경우 전화 회사가 인터넷 서비스 제공자로서 임무를 수행하므로, 전자우편 또는 인터넷 서비스와 같은 것들이 전화 회사 자체로부터 제공된다는 것이다.

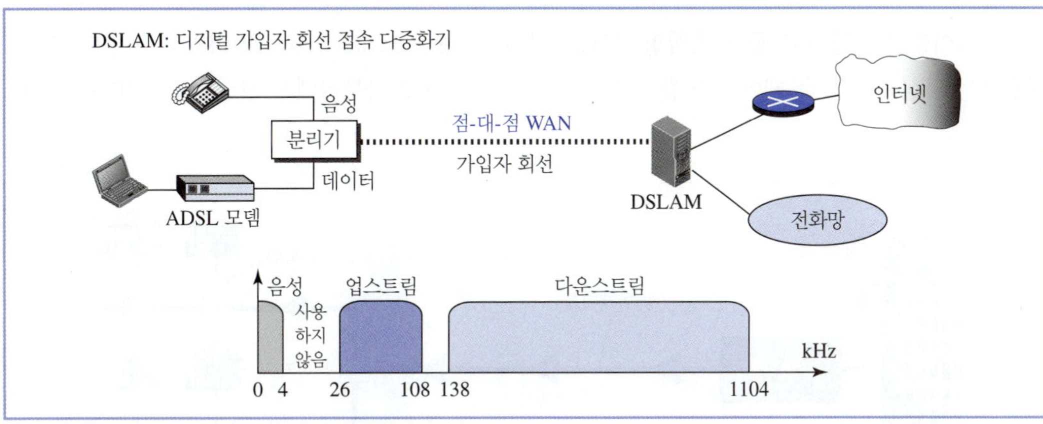

그림 14.9
ADSL 점-대-점 망

14.2 케이블 TV 망

케이블 TV 망(cable TV networks)은 산과 같은 자연적인 전파방해로 인하여 전파를 수신하지 못하는 가입자들에게 TV 프로그램을 제공하는 용도로 시작하였지만, 이후 더욱더 좋은 신호를 원하는 사람들에게 인기를 얻게 되었다. 게다가 케이블망은 마이크로웨이브 연결을 통해 먼 곳에서 방송국에 접근할 수 있도록 해주었다. 케이블 TV는 또한 비디오 채널의 일부를 인터넷 접속에 사용함으로써 시장을 만들어갈 수 있었다. 이 절에서는 케이블망에 대한 기본적인 구조를 소개한 후, 케이블 모뎀이 어떻게 고속 인터넷 접속환경을 제공할 수 있게 되었는가에 관해 설명한다.

14.2.1 전통적인 케이블 TV 망

케이블 TV는 1940년대에 각 지역에 영상 신호를 방송하기 시작했는데 수신 상태가 매우 조악하거나 수신하기 어려웠다. **공동시청 안테나** TV(CATV, community antenna TV)라고 불렸는데 동네 언덕배기나 빌딩 꼭대기에 있는 안테나가 TV 방송국의 신호를 수신하여 동축 케이블을 통해 공동체에 분배해 주기 때문이다. 그림 14.10은 전통적인 케이블 TV 망의 개략도를 보여준다.

전파 중계소(head end)는 케이블 TV 방송국이 보낸 영상 신호를 수신하여 동축 케이블로 신호들을 보낸다. 신호들은 점점 약해지기 때문에 신호를 증폭하기 위해 네트워크에 증폭기가 설치되었다. 전파 중계소에서 가입자 댁내까지 35개까지 증폭기가 있을 수 있다. 반대쪽에서는 **분리기**(splitter)가 케이블을 나누어서 각 가정에 연결해 준다.

전통적인 케이블 TV 시스템은 동축 케이블을 사용하였다. 신호의 감쇠와 많은 수의 증폭기로 인해 전통적인 네트워크에서 통신은 단방향(일방통행)이었다. 영상 신호가 전파 중계소에서 가입자 가정 방향으로 전송되었다.

14.2.2 광섬유-동축 혼합(HFC) 망

2세대 케이블망은 **광섬유-동축 혼합망**(HFC, hybrid fiber-coaxial network)이라고 불린다. 이 네트워크는 광섬유와 동축 케이블을 함께 사용한다. 케이블 TV 사무실에서 광섬유 노드(fiber node)

그림 14.10
전통적인 케이블 TV 망

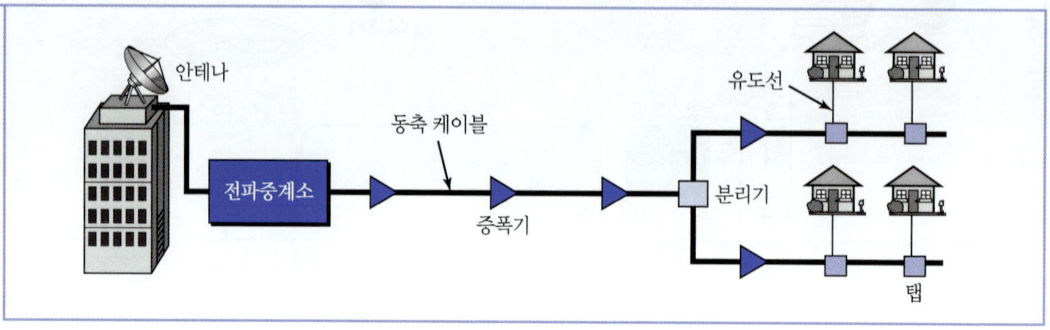

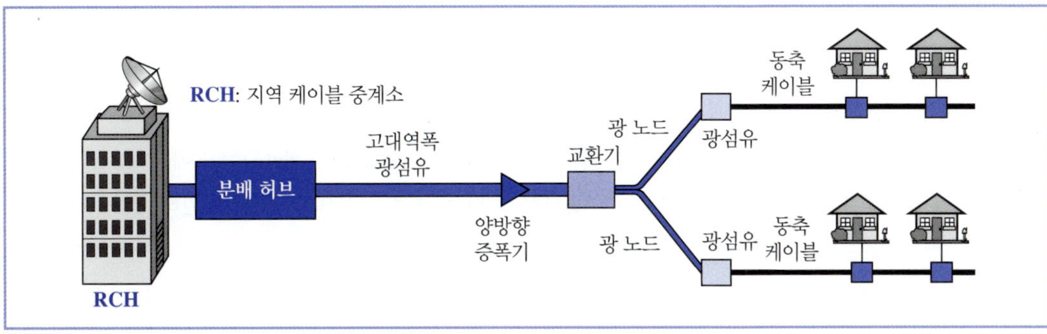

그림 14.11 광섬유-동축케이블 혼합망

까지 전송 매체는 광섬유이며 광섬유 노드에서 가정으로는 여전히 동축 케이블을 사용한다. 그림 14.11은 HFC 망의 개략도이다.

지역 케이블 중계소(RCH, regional cable head)는 통상 400,000 가입자까지 지원한다. RCH는 **배전 허브**(distribution hub)에 신호를 전달하는데 각 배전 허브는 40,000 가입자까지 지원한다. 배전 허브는 이 새로운 내부 구조에서 중요한 역할을 수행한다. 변조 및 신호의 배분이 여기에서 이루어져서 신호를 광섬유를 통해 광섬유 노드에 전해진다. 광섬유 노드는 아날로그 신호를 분할하여 각 동축 케이블로 같은 신호를 보낸다. 각 동축 케이블은 1,000명의 가입자까지 지원한다. 광섬유를 사용하여 증폭기를 8개 이하로 줄일 수 있게 되었다.

전통적인 방법에서 혼합형으로 바꾼 이유 중의 하나는 케이블망을 양방향으로 하기 위한 것도 있다.

14.2.3 데이터 전송을 위한 케이블 TV 망

케이블 회사는 이제 고속 인터넷 접속을 원하는 가정의 고객을 유치하기 위해 전화 회사와 경쟁하게 되었다. DSL 기술은 가입자 회선을 통하여 가정 가입자들에게 고속의 데이터 전송률을 제공한다. 그러나 DSL은 기존의 꼬임쌍선을 사용하는데 이는 방해전파에 매우 취약하다. 이로 인해 데이터 전송률에 제한을 갖는다. 다른 해결책은 케이블 TV 망을 이용하는 것이다. 이 절에서는 이 기술에 대해 간단히 알아본다.

HFC 시스템에서도 네트워크의 마지막 부분인 광섬유 노드에서 가입자까지는 여전히 동축 케이블이다. 이 동축 케이블은 대략 5 MHz에서 750 MHz의 대역폭을 가지고 있다. 인터넷 접속을 위해 케이블 회사는 이 대역폭을 그림 14.12에 있는 것처럼 다시 동영상, 다운스트림 데이터, 업스트림 데이터라는 3개의 대역으로 나눈다.

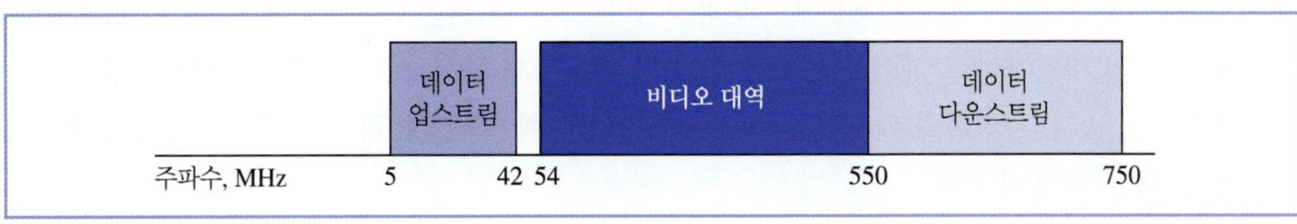

그림 14.12 CATV에 의한 동축 케이블 대역 분할

동영상 대역(video band)은 54에서 550 MHz의 주파수를 차지한다. TV 채널이 하나가 6 MHz를 차지하므로 모두 80개 이상의 채널을 전달할 수 있다. 인터넷에서 가입자로 가는 다운스트림 데이터(downstream data)는 550에서 750 MHz의 상위 대역을 사용한다. 이 대역은 역시 6 MHz 채널들로 나뉜다. 가입자에서 인터넷으로 가는 업스트림 데이터(upstream data)는 5에서 42 MHz까지 하위 대역을 차지한다. 이 대역 또한 6 MHz 채널들로 나뉜다. QPSK의 각 보오는 2비트를 나타낸다. 표준 규격에서 각 보오는 1 Hz를 규정하고 있으므로 이는 이론적으로 업스트림 데이터는 12 Mbps (2비트/Hz × 6 MHz)의 속도로 전송될 수 있다. 그러나 데이터는 보통 12 Mbps보다 낮은 속도로 전송된다.

공유

업스트림 및 다운스트림 대역은 가입자들이 공동으로 사용한다. 업스트림 데이터 대역폭은 37 MHz일 뿐이다. 이는 업스트림 데이터 전송에 오직 6개의 6 MHz 채널이 있다는 것을 말한다. 가입자가 업스트림으로 데이터를 전송하려면 채널 하나를 사용해야 한다. 그렇다면 질문은 "1,000, 2,000 또는 심지어 100,000의 가입자가 있는 지역에서 어떻게 6개의 채널을 공유할 것인가"이다. 해법은 시분할(time-sharing)이다. 대역은 채널로 나뉘어 있으며, 각 채널은 같은 공동체에 있는 가입자들 사이에서 나누어 써야 한다. 케이블 사업자는 정적으로나 또는 동적으로 1개의 채널을 가입자 그룹에 할당한다. 한 가입자가 데이터를 전송하려면 전송을 원하는 다른 가입자와 경쟁하는 것이다. 가입자는 채널이 빌 때까지 기다려야 한다.

다운스트림의 경우도 비슷한 처지이다. 다운스트림 대역에는 33개의 6 MHz 채널이 있다. 케이블 사업자에게는 틀림없이 33명 이상의 가입자가 있을 것이다. 따라서 각 채널은 가입자 그룹 사이에서 공유되어야 한다. 그러나 다운스트림의 경우에는 상황이 다르다. 여기에는 다중방송(multicasting)의 상황이 된다. 그룹에 속하는 어떠한 가입자에게 가는 데이터가 있다면 데이터는 그 채널로 보내진다. 각 가입자에게 데이터가 전해지는 것이다. 그러나 각 가입자는 서비스 사업자에게 등록된 주소가 있으며, 그룹의 케이블 모뎀은 서비스 사업자에 의해 할당된 주소와 데이터의 주소를 맞추어 본다. 주소가 일치하면 데이터를 받고 아니면 버린다.

케이블 모뎀과 케이블 모뎀 전송 시스템

데이터 전송을 위해 케이블망을 사용하기 위해서는 CM과 CMTS라는 두 가지 주요 장비가 필요하다. **케이블 모뎀**(CM, cable modem)은 각 가입자 가정에 설치된다. **케이블 모뎀 전송 시스템**(CMTS, cable modem transmission system)은 케이블 회사 내에 설치된다. 인터넷으로부터 데이터를 받아 혼합기에 보내고 혼합기는 다시 가입자에 데이터를 보낸다. CMTS 또한 가입자로부터 데이터를 받아서 인터넷으로 보낸다. 이는 ADSL 모뎀과 유사하다. 그림 14.13은 CM과 CMTS의 위치를 보여준다. DSL 기술과 마찬가지로, 케이블 회사는 인터넷 서비스 제공자로서 가입자에게 인터넷 서비스를 제공할 필요가 있다. 가입자의 위치에서, CM은 데이터와 비디오를 분리하고 이들을 각각 텔레비전 혹은 컴퓨터로 전송한다.

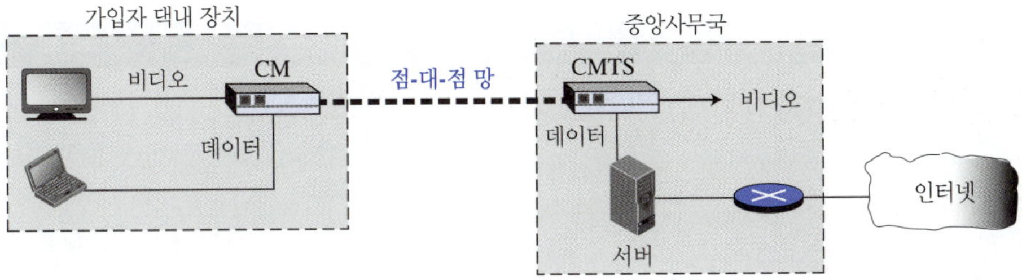

그림 14.13
케이블 모뎀 전송 시스템(CMTS)

14.3 SONET

이 절에서는 서로 다른 광역 통신망(WAN)에서 온 부하를 전달하기 위한 전송망으로 사용되는 광역 통신망인 SONET를 소개한다. 먼저 프로토콜로서 SONET을 설명하고 나서, SONET이 프로토콜에서 정의된 표준안으로 어떻게 만들어지는가를 보인다.

광섬유의 높은 대역폭은 오늘날의 높은 데이터율 기술(영상회의와 같은)과 낮은 데이터율 기술의 대량 전송에 적합하다. 이런 이유 때문에 광섬유의 중요성은 높은 데이터율이나 전송에 넓은 대역폭을 필요로 하는 기술의 발전과 맞물려 증가하고 있다. 많은 사용에 따른 표준화의 필요성이 나타났다. 미국(ANSI)과 유럽(ITU-T)이 표준을 정의하여 이런 요구에 반응하였으며, 표준안들은 서로 독립적이지만 기본적으로는 매우 비슷하며 궁극적으로는 호환성이 있다. ANSI 표준은 **동기식 광 통신망**(SONET, Synchronous Optical Network)이라고 하며, ITU-T 표준은 동기식 **디지털 계층구조**(SDH, Synchronous Digital Hierarchy)라고 한다.

SONET은 ANSI에 의해 만들어지고, SDH는 ITU-T에 의해 만들어졌다.

SONET/SDH는 동기식 TDM 다중화를 사용하는 동기식 네트워크이다. 이 시스템에서의 모든 클록은 마스터 클록에 맞춰져 있다.

14.3.1 구조

먼저 신호, 장치와 연결을 포함한 SONET 시스템의 구조를 소개한다.

신호

SONET은 **동기 전송 신호**(STS, synchronous transport signal)라고 부르는 전자기 신호 레벨의 계층을 정의한다. 각 STS 레벨(STS-1에서 STS-192)은 초당 메가비트로 표현되는 특정 데이터율을 지원한다(표 14.1 참조). 해당하는 광신호는 **광 반송파**(OC, optical carrier)라고 한다. SDH는 **동기 전송 모듈**(STM, synchronous transport module)이라고 하는 유사한 시스템을 정의한다. STM은 현

표 14.1 SONET/SDH 데이터율

STS	OC	데이터율(Mbps)	STM
STS-1	OC-1	51.840	
STS-3	OC-3	155.520	STM-1
STS-9	OC-9	466.560	STM-3
STS-12	OC-12	622.080	STM-4
STS-18	OC-18	933.120	STM-6
STS-24	OC-24	1244.160	STM-8
STS-36	OC-36	1866.230	STM-12
STS-48	OC-48	2488.320	STM-16
STS-96	OC-96	4976.640	STM-32
STS-192	OC-192	9953.280	STM-64

재 사용되는 E 회선과 같은 유럽식 계층구조와 STS 레벨과 호환성이 있도록 의도된 것이다. 이런 목적으로 가장 낮은 STM 레벨인 STM-1은 STS-3와 정확하게 일치하는 155.520 Mbps로 정의되었다.

표 14.1을 간단히 살펴보면 몇 가지 흥미로운 점이 발견된다. 먼저, 이 계층구조에서 가장 낮은 레벨이 데이터율 51.840 Mbps를 가지고 있어서 DS-3 서비스의 데이터율(44.736 Mbps)보다 크다. 실제로 STS-1은 DS-3의 데이터율과 동등한 데이터율을 수용하기 위하여 설계되었다. 용량의 차이는 광 시스템의 오버헤드를 처리하기 위하여 제공된다.

두 번째로, STS-3 데이터율은 정확하게 STS-1 데이터율의 3배이고, STS-9 데이터율은 STS-18 데이터율의 정확하게 절반이다. 이런 관계는 18개의 STS-1 채널이 하나의 STS-18에 다중화될 수 있으며, 6개의 STS-3 채널이 하나의 STS-18 채널에 다중화될 수 있다는 것을 의미한다.

SONET 장치

그림 14.14가 SONET 장치들을 사용한 간단한 링크를 보여주고 있다. SONET 전송은 기본 장치인 STS 다중화기/역다중화기, 재생기, 추가/삭제 다중화기와 단말기에 의존한다.

STS 다중화기/역다중화기

STS 다중화기/역다중화기는 SONET 링크의 시작점과 종단점을 나타낸다. 이들은 전자기적인 종속망과 광 네트워크 사이의 인터페이스를 제공한다. STS **다중화기**(multiplexer)는 여러 개의 발신지에서 온 신호를 다중화하여 해당하는 OC 신호를 만들어낸다. STS **역다중화기**(demultiplexer)는 광 OC 신호를 해당하는 전자기 신호들로 역다중화한다.

재생기

재생기는 링크 길이를 확장한다. **재생기**(regenerator)는 중계기(17장 참조)로 수신된 광신호(OC-*n*)를 받아서 전자기 신호로 재생한 다음 이 전자기 신호를 해당 OC-*n* 신호로 변조한다. SONET 재생기는 현재 들어 있는 오버헤드 정보의 일부를 새 정보로 대치한다.

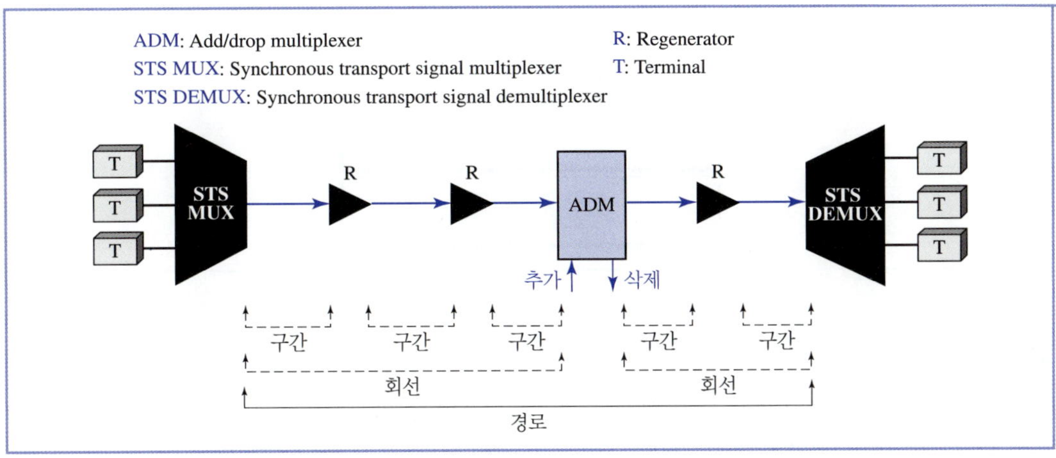

그림 14.14
SONET 장치를 사용한 간단한 네트워크

추가/삭제 다중화기

추가/삭제 다중화기는 신호의 삽입과 삭제를 허용한다. **추가/삭제 다중화기**(ADM, add/drop multi-plexer)는 다른 발신지에서 온 STS들을 주어진 경로에 추가할 수 있으며, 또한 한 경로에서 필요한 신호를 제거하여 전체 신호를 역다중화하지 않고도 새로운 방향으로 재설정할 수 있다. 추가/삭제 다중화기는 타이밍이나 비트 위치에 의존하는 대신 각 스트림을 구별하기 위해 주소와 포인터(이 절의 뒤에서 설명함)와 같은 헤더 정보를 사용한다.

그림 14.14의 간단한 구성에서 다수의 입력 전자기 신호들이 STS 다중화기로 들어가서 단 하나의 광신호로 결합된다. 이 광신호는 재생기로 전송되며 재생기에서는 도중에 발생한 잡음을 제거하고 재생된다. 그런 다음, 다수의 발신지에서 온 재생된 신호들은 추가/삭제 다중화기에 입력된다. 추가/삭제 다중화기는 필요할 경우 이 신호들을 식별하여 데이터 프레임의 정보에 지시된 대로 송신한다. 다시 이 다중화된 신호들은 또 다른 재생기로 보내지며, 여기에서 수신 STS 역다중화기로 보내져 수신 링크에서 사용 가능한 형식으로 바뀐다.

단말기

단말기(terminal)는 SONET 네트워크의 서비스를 사용하는 장치이다. 예를 들면, 인터넷에서 단말기는 라우터가 될 수 있는데, 이것은 SONET 네트워크의 건너편에 있는 다른 라우터에 패킷을 보내기 원하는 라우터이다.

연결

앞 절에서 정의한 장치들은 구간, 회선과 경로로 연결되어 있다.

구간

구간(section)은 다중화기에서 다중화기, 다중화기에서 재생기, 또는 재생기에서 재생기와 같이 2개의 이웃한 장치를 연결하는 광 링크이다.

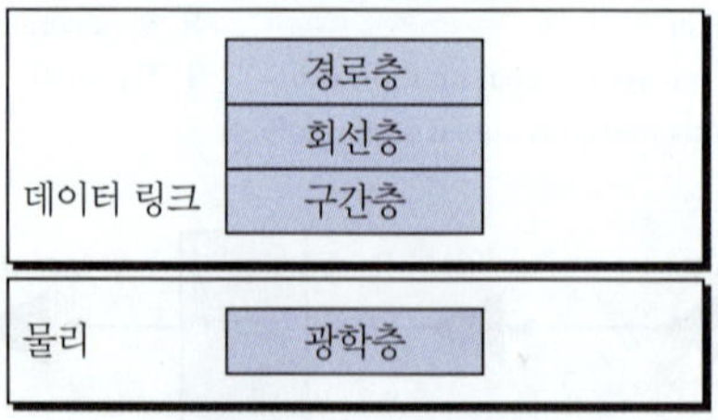

그림 14.15 OSI 또는 인터넷 계층과 비교된 SONET 계층

회선

회선(line)은 STS 다중화기에서 추가/삭제 다중화기, 2개의 추가/삭제 다중화기, 또는 2개의 STS 다중화기와 같이 2개의 다중화기 사이의 네트워크 부분이다.

경로

경로(path)는 2개의 STS 다중화기 사이의 종단-대-종단 네트워크 부분이다. 2개의 STS 다중화기가 서로 직접 연결된 간단한 SONET에서는 구간, 회선과 경로가 모두 같다.

14.3.2 SONET 계층

SONET 표준은 광학 계층, 구간 계층, 회선 계층과 경로 계층이라는 4가지 기능적인 계층을 포함하고 있다. 이 계층들은 물리층과 데이터 링크층에 해당한다(그림 14.15 참조). 다양한 계층에서 프레임에 추가된 헤더들이 이 장에서 설명된다.

SONET은 경로 계층, 회선 계층, 구간 계층과 광학 계층이라는 4개의 계층을 정의한다.

경로 계층

경로 계층(path layer)은 광 발신지에서 광 목적지까지 신호를 전달하는 책임을 가진다. 광 발신지에서 신호는 전자기적인 형태에서 광 형태로 변환되며, 다른 신호들과 다중화되고 하나의 프레임으로 캡슐화된다. 광 목적지에서 수신된 프레임은 역다중화되고 각각의 광신호는 원래의 전자기적인 형태로 다시 변환된다. 경로 계층 오버헤드는 이 계층에서 추가된다. STS 다중화기들은 경로 계층 기능을 제공한다.

회선 계층

회선 계층(line layer)은 물리적인 회선을 따라 신호가 이동하는 것을 책임진다. 회선 계층 오버헤드가 이 계층에서 헤더에 추가된다. STS 다중화기와 추가/삭제 다중화기가 회선 계층 기능을 제공한다.

구간 계층

구간 계층(section layer)은 물리적인 구간을 따라 신호의 이동을 책임진다. 프레임 짜기, 스크램블링,

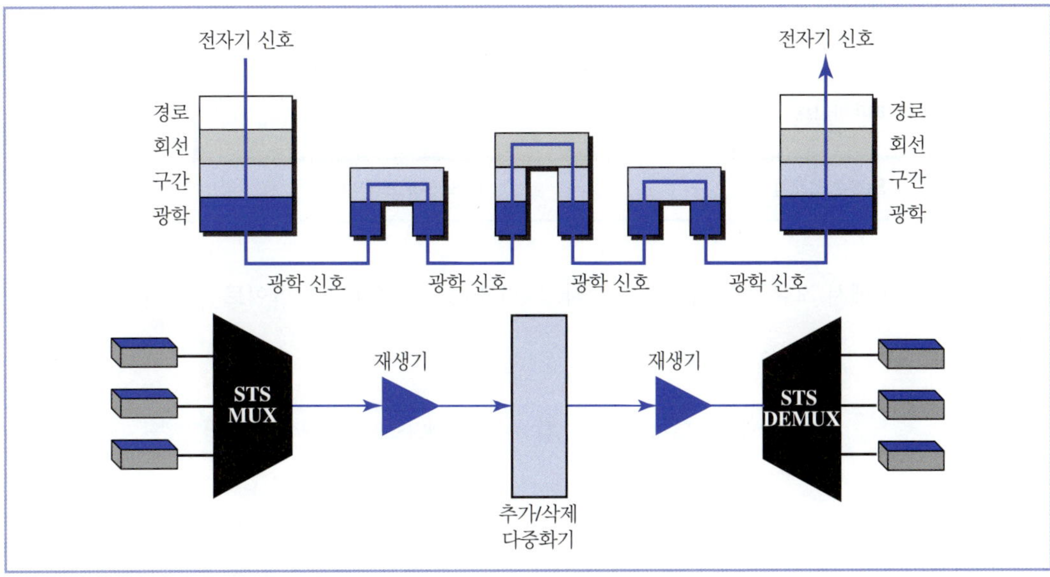

그림 14.16 SONET에서 장치와 계층 사이의 관계

오류 제어를 처리한다. 구간 계층 오버헤드는 이 계층의 프레임에 추가된다.

광학 계층

광학 계층(photonic layer)은 OSI 모델의 물리층에 대응되는 것으로 광섬유 채널의 규격, 수신기의 감도, 다중화 기능 등을 포함한다. SONET은 빛이 있는 경우 1을 나타내고, 빛이 없는 경우 0을 나타내는 NRZ 부호화를 사용한다.

장치와 계층 사이의 관계

그림 14.16은 SONET 전송에서 사용되는 장치와 표준의 4개의 계층 사이의 관계를 나타낸다. 여기에서 볼 수 있듯이 STS 다중화기는 4계층 장치이고, 추가/삭제 다중화기는 3계층 장치이며 재생기는 2계층 장치이다.

14.3.3 SONET 프레임

각 동기 전송 신호 STS-n은 8,000프레임으로 구성된다. 각 프레임은 9행과 90 × n열을 가진 2차원적인 바이트의 행렬이다. 예를 들면, STS-1 프레임은 9행과 90열(810바이트)이며, STS-3는 9행과 270열(2,430바이트)이다. 그림 14.17은 STS-1과 STS-n의 일반적인 형식을 보여주고 있다.

프레임, 바이트와 비트의 전송

SONET에 대한 흥미로운 점 하나는 각 STS-n 신호가 초당 8,000프레임의 고정된 비율로 전송된다는 것이다. 이것은 음성이 디지털화되는 비율이다(4장 참조). 각 프레임의 바이트들은 왼쪽에서 오른쪽으로, 맨 위쪽에서 맨 아래쪽으로 전송된다. 각 바이트의 비트들은 가장 상위 비트에서 가장 하위

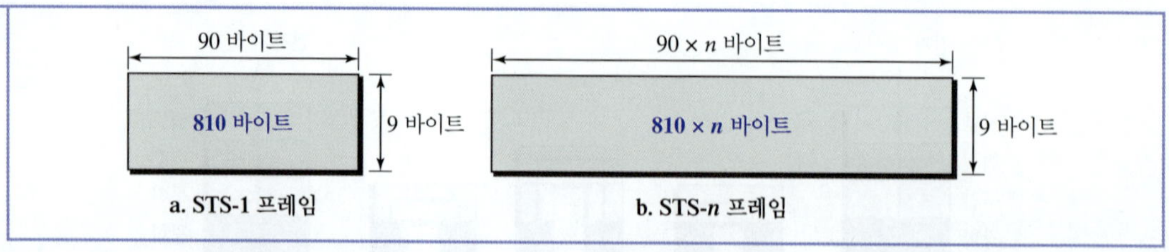

그림 14.17 STS-1과 STS-*n* 프레임

비트의 순서(왼쪽에서 오른쪽으로)로 전송된다. 그림 14.18이 프레임과 바이트 전송의 순서를 보여주고 있다.

> SONET STS-*n* 신호는 초당 8,000프레임으로 전송된다.

음성 신호를 표본 채집하고 각 표본당 8비트(1바이트)를 사용하면, SONET 프레임의 각 바이트가 디지털화된 음성 채널 하나에서 온 정보를 전달할 수 있다고 말할 수 있다. 다시 말하면, STS-1 신호 하나는 동시에 774 음성 채널(810에서 오버헤드에 필요한 바이트를 뺀 것)을 전달할 수 있다.

> SONET의 각 바이트는 디지털화된 음성 채널 하나를 전달할 수 있다.

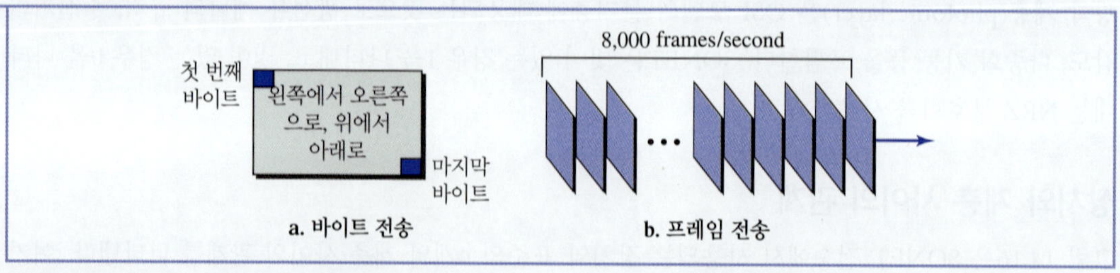

그림 14.18 전송 중인 STS 프레임

예제 14.1

STS-1 신호의 데이터율을 계산하라.

해답

다른 STS 신호와 마찬가지로 STS-1은 초당 8,000프레임을 보낸다. 각 STS-1 프레임은 9행과 (1 × 90) 열로 만들어지고 한 바이트는 8비트이므로 데이터율은 다음과 같다.

$$\text{STS-1 data rate} = 8{,}000 \times 9 \times (1 \times 90) \times 8 = 51.840 \text{ Mbps}$$

예제 14.2

STS-3 신호의 데이터율을 계산하라.

해답

다른 STS 신호와 마찬가지로 STS-3도 초당 8,000프레임을 송신한다. 각 STS-3 신호는 9행과 (3 × 90) 열로 만들어지고 한 바이트는 8비트이므로 데이터율은 다음과 같다.

$$\text{STS-3 data rate} = 8{,}000 \times 9 \times (3 \times 90) \times 8 = 155.52 \text{ Mbps}$$

SONET에서는 서로 다른 STS 신호의 데이터율 사이에는 정확한 관계가 있다는 것에 주의하라. STS-1의 데이터율을 사용하여 STS-3의 데이터율을 계산할 수도 있다(3으로 곱함).

SONET에서 STS-*n* 신호의 데이터율은 STS-1 신호의 데이터율의 *n*배이다.

예제 14.3

STS-1 프레임의 지속시간은 얼마인가? STS-3는? STS-*n*은?

해답

SONET에서는 초당 8,000 프레임이 송신되므로 STS-1, STS-3나 STS-*n* 프레임의 지속시간은 동일하며 1/8,000s 또는 125 μs이다.

SONET에서 모든 프레임의 지속시간은 125 μs이다.

STS-1 프레임 형식

STS-1 프레임의 기본 형식이 그림 14.19에 나타나 있다. 전에 언급했듯이 SONET 프레임은 90바이트(옥텟)짜리가 9행으로 된 행렬로서 총 810바이트이다.

프레임의 첫 세 열은 구간과 회선 오버헤드로 사용된다. 첫 세 열의 윗부분 세 행은 **구간 오버헤드**(SOH, section overhead)로 사용되며, 밑의 여섯 행은 **회선 오버헤드**(LOH, line overhead)로 사용된다. 프레임의 나머지 부분은 **SPE**(synchronous payload envelope)라고 부르며, 사용자 데이터와

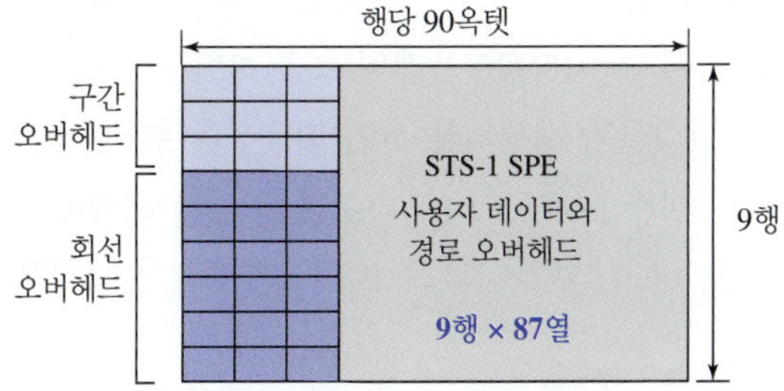

그림 14.19 STS-1 프레임 오버헤드

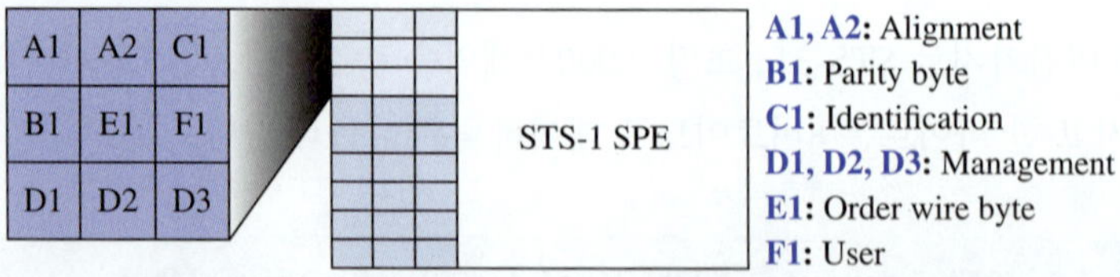

그림 14.20
STS-1 프레임: 구간 오버헤드

사용자 데이터 레벨에서 필요한 **경로 오버헤드**(POH, path overhead)를 포함한다. SPE의 형식은 조금 뒤에서 설명한다.

구간 오버헤드

구간(section) 오버헤드는 9옥텟으로 구성된다. 이 옥텟들의 이름, 기능과 구성이 그림 14.20에 나타나 있다.

- **정렬**(Alignment) **바이트(A1과 A2)** 바이트 A1과 A2는 프레임 생성과 동기화를 위해 사용되며 정렬 바이트라고 한다. 이 바이트들은 프레임이 도착하고 있다는 것을 수신기에게 경고하고 동기를 맞추기 위해 미리 결정된 비트 패턴을 수신기에 제공한다. 두 바이트의 비트 패턴은 16진법으로 0xF628이다.
- **구간 패리티**(Section parity) **바이트**(B1) 바이트 B1은 비트 끼워넣기 패리티(BIP-8, bit interleaved parity)를 위한 것이다. 이전 프레임의 모든 바이트에 대해 계산된 값이다. 다시 말하면, 이 바이트의 i번째 비트는 이전 STS-n 프레임의 모든 i번째 비트에 대해 계산된 패리티 비트이다. 이 바이트의 값은 STS-n 프레임 내의 첫 번째 STS-1에 대해서만 채워진다. 다시 말하면, STS-n 프레임에는 n개의 B1 바이트가 있지만, 나중에 다시 보게 되겠지만, 단지 첫 번째 바이트만 이 값을 가지며 나머지는 0으로 채워진다.
- **식별**(Identification) **바이트(C1)** 바이트 C1은 STS-1 프레임의 식별자를 운반한다. 이 바이트는 다수의 STS-1이 높은 전송률의 STS(STS-3, STS-9, STS-12 등)를 생성하도록 다중화될 때 필요하다. 이 바이트의 정보는 역다중화 시에 여러 가지 신호를 쉽게 인식되도록 해준다. 예를 들면, STS-3 신호에서 첫 STS-1의 C1 바이트 값은 1이며, 두 번째는 2이고 세 번째는 3이다.
- **관리**(Management) **바이트(D1, D2와 D3)** 바이트 D1, D2와 D3은 데이터 통신 채널이라고 불리는 192 kbps 채널(3 × 8000 × 8)을 함께 구성한다. 이 채널은 운용, 관리와 유지보수(OA&M, operation, admin-is-tration and maintenance) 신호를 위해 요구된다.
- **타합선**(Order wire) **바이트(E1)** 바이트 E1은 타합선 바이트(order wire byte)이다. 연속적인 프레임의 타합선 바이트는 64 kbps(8,000 프레임/초 × 8비트/프레임) 채널을 형성한다. 이 채널은 재생기들 사이 또는 단말기들과 재생기들 사이의 통신을 위해 사용된다.
- **사용자**(User) **바이트**(F1) 연속 프레임의 F1 바이트는 구간 레벨에서 사용자 필요성을 위해 예비 64 kbps의 채널을 형성한다.

구간 오버헤드는 각 SONET 장치(재생기와 다중화기)에서 다시 계산된다.

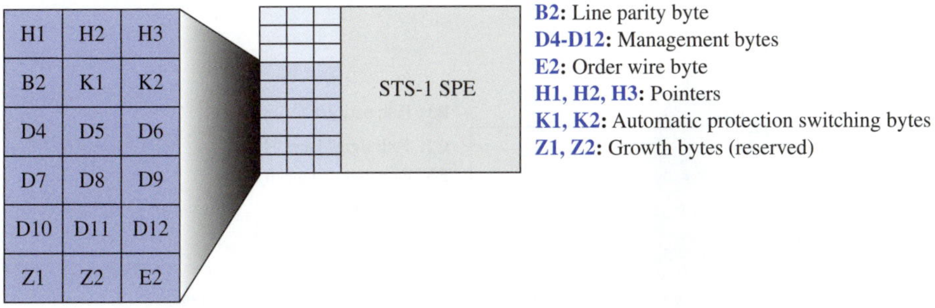

그림 14.21
STS-1 프레임: 회선 오버헤드

회선 오버헤드

회선(line) 오버헤드는 18바이트를 포함한다. 이 바이트들의 이름, 기능과 구성은 그림 14.21에 있다.

- **회선 패리티**(Line parity) **바이트(B2)** 바이트 B2는 비트 끼워넣기 패리티를 위한 것이다. 이것은 회선(두 다중화기 사이의)에서 프레임의 오류 검사를 위한 것이다. STS-*n* 프레임에서 B2는 이전 STS-1 프레임의 모든 바이트에 대해 계산되어 현 프레임의 B2 바이트에 삽입된다. 다시 말하면, STS-3 프레임에는 3개의 B2 바이트가 있으며, 각각은 하나의 STS-1 프레임을 위해 계산된다. 구간 오버헤드의 B1과 이 바이트를 대조하라.
- **데이터 통신 채널**(Data communication channel) **바이트(D4에서 D12까지)** 연속 프레임에서 회선 오버헤드 D 바이트(D4에서 D12까지)들은 구간이 아닌 회선(다중화기들 사이)에서 D1-D3 바이트들과 같은 서비스(OA&M)를 제공하는 576 kbps 채널을 형성한다.
- **타합선**(Order wire) **바이트(E2)** 연속 프레임에서 E2 바이트는 회선 레벨에서 E1 타합선 바이트와 동일한 기능을 제공하는 64 kbps 채널을 형성한다.
- **포인터**(Pointer) **바이트(H1, H2와 H3)** 바이트 H1, H2와 H3은 포인터들이다. 처음 두 바이트는 프레임 내의 SPE의 옵셋을 나타내기 위해 사용되며 세 번째는 자리맞춤용이다. 이 바이트들의 용도는 나중에 설명한다.
- **자동 보호 교환**(Automatic protection switching) **바이트(K1과 K2)** 연속 프레임에서 K1과 K2 바이트는 회선 종료 장비 내에서 문제의 자동적인 검출을 위해 사용되는 128 kbps 채널을 형성한다. 이 장의 뒷부분에서 자동 보호 교환(APS, automatic protection switching)을 설명한다.
- **성장**(Growth) **바이트(Z1과 Z2)** Z1과 Z2 바이트는 앞으로의 사용을 위한 예비용이다.

SPE

SPE(Synchronous Payload Envelope)는 사용자 데이터와 연관된 오버헤드(경로 오버헤드)를 포함하고 있다. 하나의 SPE가 하나의 STS-1 프레임에 맞출 필요는 없고, 바로 뒤에서 알 수 있듯이 두 프레임 사이가 분할될 수도 있다. 이것은 SPE의 가장 왼쪽 열인 경로 오버헤드가 구간이나 회선 오버헤드에 따라 정렬될 필요는 없다는 것을 의미한다. 경로 오버헤드는 SPE를 생성하기 위해서는 사용자 데이터에 먼저 추가되어야만 하며, 그런 다음 SPE가 하나 또는 두 프레임에 삽입될 수 있다. 경로 오버헤드는 9 바이트를 포함한다. 이 바이트들의 이름, 기능과 구성을 그림 14.22에 보여주고 있다.

그림 14.22
STS-1 프레임: 경로 오버헤드

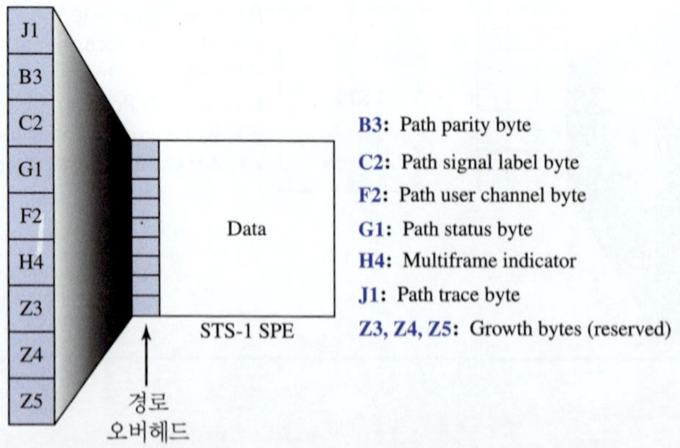

- **경로 패리티**(Path parity) **바이트(B3)** 바이트 B3은 바이트 B1과 B2와 같이 비트 끼워넣기 패리티를 위한 것이며, SPE 비트들에 대해 계산된다. 실제로는 스트림에서 이전 SPE에 대해 계산된다.
- **경로 신호 표지**(Path signal label) **바이트(C2)** 바이트 C2는 경로 식별 바이트이다. 이것은 SPE 안에 운반되는 데이터를 제공하는 서로 다른 상위 수준 프로토콜(IP 또는 ATM과 같은)을 식별하는 데 사용된다.
- **경로 사용자 채널**(Path user channel) **바이트(F2)** 연속 프레임에서 F2 바이트는 F1 바이트처럼 경로 레벨에서 사용자 요구를 위해 예비용 64 kbps 채널을 형성한다.
- **경로 상태**(Path status) **바이트(G1)** 바이트 G1은 송신기로 자신의 상태를 전달하기 위해 수신기가 보낸다. 이것은 통신이 양방향일 때 역방향 채널에 보내진다. 이 장에서 나중에 선형 또는 링 네트워크에서 이 바이트의 용도를 알게 된다.
- **다중프레임 지시자**(Multiframe indicator)**(H4)** 바이트 H4는 다중프레임 지시자(multiframe indicator)이다. 이것은 한 프레임 안에 수용될 수 없는 페이로드를 나타낸다. 예를 들면, 가상 종속(virtual tributary)들이 결합하여 하나의 SPE 프레임보다 큰 프레임을 형성할 수 있으며, 이 경우 서로 다른 프레임으로 나뉘어야 한다. 가상 종속은 3.6절에서 설명한다.
- **경로 추적**(Path trace) **바이트(J1)** 연속 프레임에서 J1 바이트는 경로를 추적하는데 사용되는 64 kbps 채널을 형성한다. J1 바이트는 연결을 입증하기 위해 연속적인 64바이트 스트링을 송신한다. 스트링의 선택은 응용 프로그램이 한다. 수신기는 경로 레벨에서 통신에 이상이 없다는 것을 보장하기 위해 각 패턴을 이전 패턴과 비교한다.
- **성장**(Growth) **바이트(Z3, Z4와 Z5)** 바이트 Z3, Z4와 Z5는 앞으로 사용하기 위해 예비용이다.

> 경로 오버헤드는 종단-대-종단(STS 다중화기에서)을 위해서만 계산된다.

오버헤드 요약

표 14.2는 구간, 회선과 경로에서 사용되는 오버헤드를 비교하고 요약하였다.

표 14.2 SONET/SDH 오버헤드 요약

바이트 기능	구간	회선	경로
Alignment	A1, A2		
Parity	B1	B2	B3
Identifier	C1		C2
OA&M	D1-D3	D4-D12	
Order wire	E1		
User	F1		F2
Status			G1
Pointers		H1-H3	H4
Trace			J1
Failure tolerance		K1, K2	
Growth(예비용)		Z1, Z2	Z3-Z5

예제 14.4

STS-1 프레임의 사용자 데이터율(오버헤드를 고려하지 않은)은 얼마인가?

해답

STS-1 프레임의 사용자 데이터 부분은 9행과 86열로 만들어진다.

$$\text{STS-1 사용자 데이터율} = 8{,}000 \times 9 \times (1 \times 86) \times 8 = 49.536 \text{ Mbps}$$

캡슐화

이전 설명에서 SPE는 STS-1 프레임에 캡슐화되어야 한다는 것을 알았다. 캡슐화는 두 가지 문제를 일으킬 수 있는데 포인터(H1에서 H3까지)를 이용한 SONET에 의해 무난하게 처리된다. 이 절에서는 이 바이트들의 용도를 설명한다.

옵셋 설정

SONET은 하나의 SPE가 일부분은 첫 프레임에 있고 일부분은 두 번째 프레임에 있는 두 프레임에 걸쳐 있는 것을 허용한다. 이 경우는 캡슐화될 SPE가 현재 지나가고 있는 동기화된 프레임과 시간적으로 정렬이 되지 않았을 때 발생한다. 그림 14.23이 이런 상황을 보여주고 있다. SPE 바이트들은 두 프레임으로 분할된다. 첫 바이트 집합은 첫 프레임에 캡슐화되고 두 번째 집합은 두 번째 프레임에 캡슐화된다. 이 그림은 어느 프레임의 구간/회선 오버헤드와 정렬이 된 경로 오버헤드도 보여준다. 의문점은 SONET 다중화기가 프레임에서 SPE가 어디에서 시작하거나 끝나는지를 어떻게 아느냐는 것이다. 해답은 SPE의 시작을 정의하는 포인터 H1과 H2를 사용하는 것이다. 끝은 각 SPE가 고정된

그림 14.23
프레임 경계와 연관된 SPE의 옵셋 설정

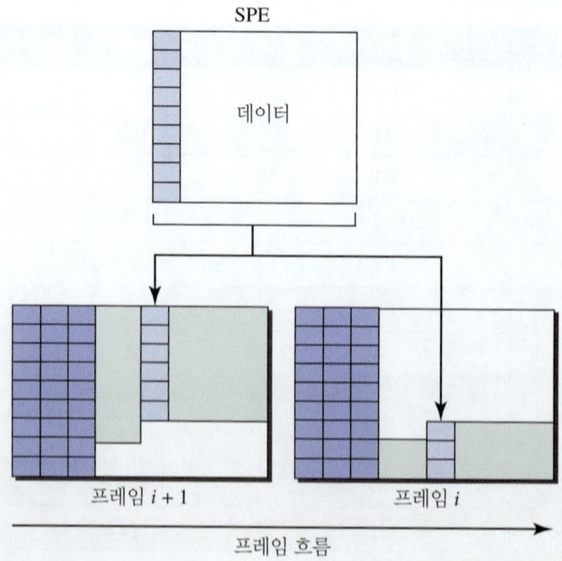

수의 바이트를 가지고 있으므로 찾을 수 있다. SONET은 STS-1 프레임에 대하여 상대적인 SPE의 옵셋 설정(offsetting)을 허용한다.

한 프레임에서 각 SPE의 시작을 찾으려면 회선 오버헤드에 있는 두 포인터 H1과 H2가 필요하다. 이 포인터들은 다중화기에서 캡슐화가 이루어지므로 회선 오버헤드가 있다는 것에 유의하라. 그림 14.24는 두 바이트가 SPE의 시작을 어떻게 가리키는가를 보여준다. 한 프레임에서 바이트의 위치를 정의하려면 두 바이트가 필요하다는 것에 유의하라. 하나의 프레임은 810바이트를 가지고 있으므로 1바이트로는 정의할 수 없다.

예제 14.5

SPE가 바이트 번호 650으로 시작하면 H1과 H2의 값은 무엇인가?

해답

번호 650은 4단위의 16진수 0x028A로 표현될 수 있으므로 H1의 값은 0x02이고, H2의 값은 0x8A이다.

그림 14.24
프레임에서 SPE의 시작을 나타내는 H1과 H2 포인터의 용도

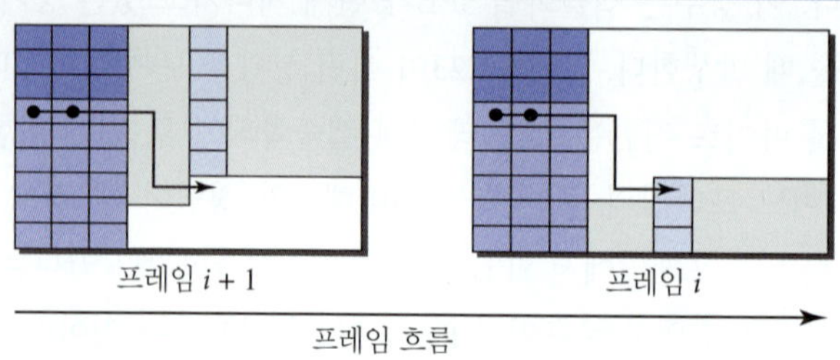

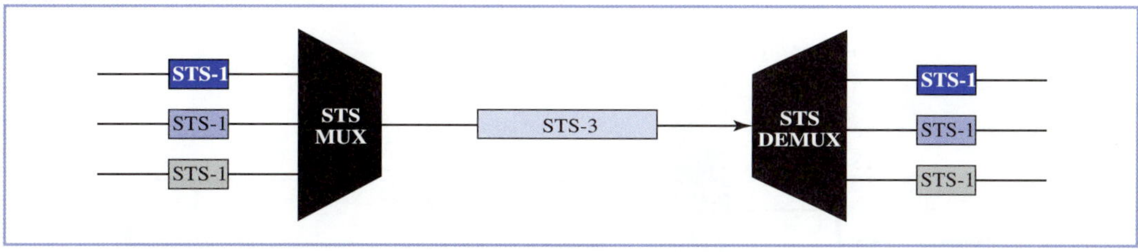

그림 14.25
STS 다중화/역다중화

자리맞춤(Justification)

이제 페이로드의 전송률이 SONET의 전송률과 아주 약간만 다르다고 가정하자. 먼저 페이로드의 전송률이 높다고 가정하자. 이 경우는 때때로 별도 바이트 하나가 프레임에 들어갈 수 없다는 것을 의미한다. 이런 경우에 SONET은 이 별도 바이트가 H3 바이트에 삽입되는 것을 허용한다. 이제는 페이로드의 전송률이 낮다고 가정하자. 이럴 경우는 때때로 프레임에 한 바이트가 빈 채로 남겨질 필요가 있다. SONET은 이 바이트를 H3 바이트의 다음 바이트가 되도록 한다.

14.3.4 STS 다중화

SONET에서 낮은 전송률의 프레임들은 더 높은 전송률의 프레임으로 동기적으로 시분할 다중화될 수 있다. 예를 들면, 그림 14.25에 보인 바와 같이 3개의 STS-1 신호(채널)들은 하나의 STS-3 신호(채널)로 결합될 수 있고, 4개의 STS-3는 하나의 STS-12로 다중화될 수 있다.

다중화는 동기적인 TDM이며 네트워크 내의 모든 클록이 동기화를 달성하기 위하여 하나의 마스터 클록에 맞춰져 있다.

SONET에서 네트워크의 모든 클록은 하나의 마스터 클록에 맞춰져 있다.

다중화는 더 높은 전송률에서도 일어날 수 있다는 것을 언급할 필요가 있다. 예를 들면, 4개의 STS-3 신호는 하나의 STS-12 신호로 다중화될 수 있다. 그러나 STS-3 신호는 먼저 12개의 STS-1 신호로 역다중화되어야 하며, 그런 다음 12개의 신호는 하나의 STS-12 신호로 다중화된다. 이 추가적인 일을 하는 이유는 바이트 끼워넣기를 설명하면 명확하게 된다.

바이트 끼워넣기

SONET에서 동기 TDM 다중화는 바이트 끼워넣기(byte interleaving)를 사용하여 달성된다. 예를 들면, 3개의 STS-1 신호가 하나의 STS-3 신호로 다중화될 때, STS-3 신호의 각 3바이트는 각각의 STS-1 신호에서 온 1바이트를 결합한 것이다. 그림 14.26은 끼워넣기를 나타내고 있다.

STS-1 프레임의 바이트는 행의 위치를 유지하지만, 다른 열로 이동된다는 것을 유의하라. 이유는 모든 프레임이 같은 수의 행(9)을 가진 반면에 열의 수는 변하기 때문이다. STS-*n* 프레임의 열의 수는 STS-1 프레임의 열의 수의 *n*배이다. 그러므로 STS-*n* 행 하나는 STS-1 프레임의 *n* 행을 모두 수용할 수 있다.

그림 14.26
바이트 끼워넣기

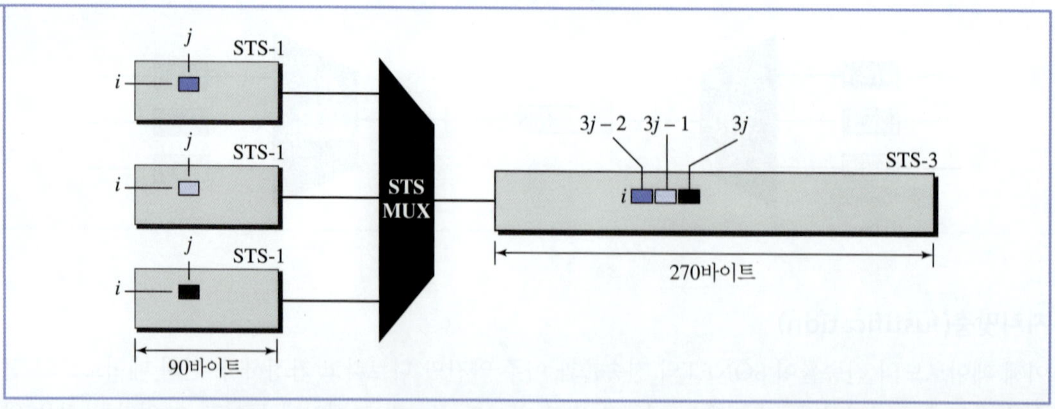

또한, 바이트 끼워넣기는 그림 14.27에 나타난 바와 같이 대응하는 구간과 회선 오버헤드를 유지한다. 그림에 보였듯이 3개의 STS-1 프레임에서의 구간 오버헤드들은 하나의 STS-3 프레임의 구간 오버헤드를 생성하기 위해 함께 끼워넣는다. 회선 오버헤드도 같은 방식을 사용한다. 그러나 각 채널은 그 채널을 제어하는 데 사용된 해당 바이트를 유지한다. 다른 말로 하면, 구간과 회선은 다중화된 각 채널을 위한 자체적인 제어 바이트를 유지한다. 바로 뒤에서 설명하듯이 이 흥미로운 특징이 추가/삭제 다중화기 사용을 허용한다. 그림에서 보듯이 세 개의 다중화된 신호 각각에 속한 3개의 A1 바이트가 있다. A2 바이트도 3개가 있으며, B1 바이트도 3개가 있다.

여기에서 역다중화는 6장에서 설명한 통계식 TDM에서 더 쉽다. 왜냐하면, 바이트의 가능에 대한 아무런 고려 없이 역다중화기는 첫 A1을 떼어내어 세 번째 STS-1에 할당하고, 두 번째 A1을 떼어내어 두 번째 STS-1에 할당하며, 세 번째 A1을 떼어내어 세 번째 STS-1에 할당한다. 다른 말로 하면, 역다중화기는 기능이 아닌 바이트의 위치만으로 일을 수행한다.

그림 14.27
STS-3 프레임

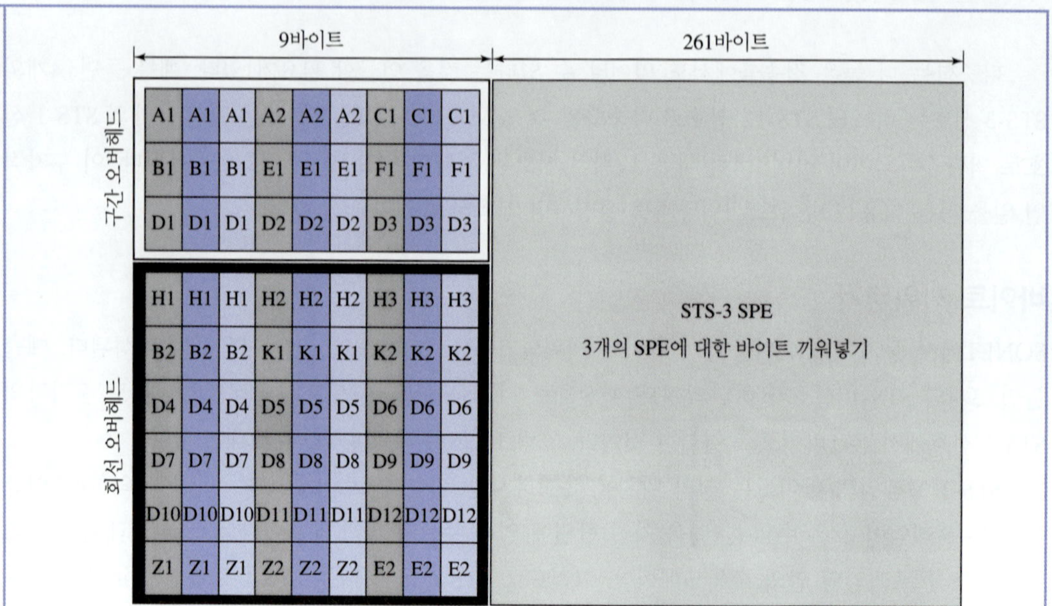

구간과 회선 오버헤드에서 설명한 것이 경로 오버헤드에 똑같이 적용되지는 않는다. 이유는 경로 오버헤드가 2개의 STS-1 프레임에 분할될 수 있는 SPE의 부분이기 때문이다. 그러나 바이트 끼워넣기는 SPE의 데이터 부분을 위하여 동일하다.

바이트 끼워넣기 처리 과정은 더 높은 데이터율의 다중화를 조금 더 복잡하게 만든다. 4개의 STS-3 신호를 어떻게 하나의 STS-12 신호로 다중화할 수 있는가? 이것은 두 단계로 이루어질 수 있다. 먼저, STS-3 신호는 12개의 STS-1 신호로 역다중화되어야 한다. 그런 다음 이 12개의 STS-1 신호는 STS-12 신호를 생성하기 위해 다중화된다.

연결된 신호

SONET의 정상적인 동작에서는 STS-*n* 신호가 *n*개의 STS-1 신호로 만들어진다. 때로는 STS-1이 전달할 수 있는 것보다 높은 데이터율을 가진 신호를 가지게 된다. 이 경우, SONET은 *n*개의 STS-1 신호로 간주되지 않는 STS-*n* 신호 생성을 허용한다. 이것은 STS-1 신호로 역다중화될 수 없는 하나의 STS-*n* 신호(채널)이다. 신호가 역다중화될 수 없다는 것을 정의하기 위하여 첨자 c(연결을 표시하는)가 신호의 이름에 추가된다. 예를 들면, STS-3c는 3개의 STS-1 신호로 역다중화될 수 없는 신호이다. 그러나 STS-3c 신호 내의 전체 페이로드가 하나의 SPE라는 것을 알아야 하며, 이것은 경로 오버헤드가 단지 한 열(9바이트)만 가진다는 것을 의미한다. 그림 14.28에 보인 바와 같이 이 경우에 사용되는 데이터는 260열을 차지한다.

ATM 셀을 전달하는 연결 신호

ATM과 ATM 셀에 대하여 14.4절에서 설명할 것이다. ATM 네트워크는 각 셀이 53바이트의 고정 길이를 가진 셀 네트워크이다. STS-3c 신호의 SPE는 ATM 셀들의 전달자가 될 수 있다. STS-3c의 SPE는 9 × 260 = 2,340바이트를 전달할 수 있으므로 각 53바이트인 ATM 셀을 대략 44개 수용할 수 있다.

> STS-3c 신호는 자체 SPE에 44개의 ATM 셀을 전달할 수 있다.

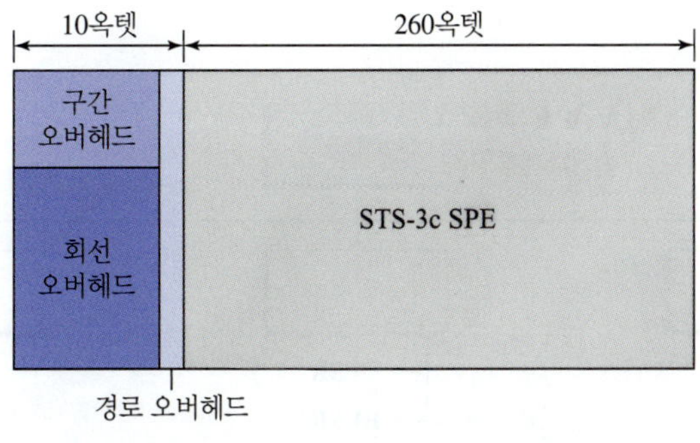

그림 14.28
연결된 STS-3 신호

그림 14.29
추가/삭제 다중화기에서 STS-1 프레임의 추가하기와 삭제하기

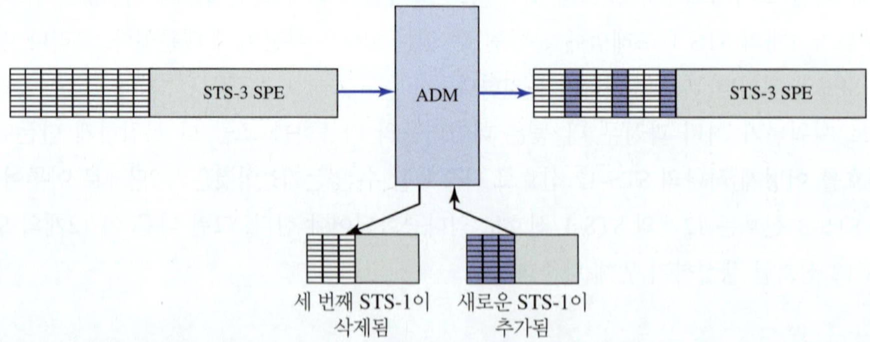

추가/삭제 다중화기

여러 STS-1 신호를 STS-*n* 신호로 다중화하는 것은 STS 다중화기(경로 계층에서)에서 이루어지며, STS-*n* 신호를 STS-1 신호로 역다중화하는 것은 STS 역다중화기에서 이루어진다. 그러나 이 사이에서 SONET은 한 신호를 다른 신호로 대치할 수 있는 추가/삭제 다중화기를 사용한다. 이는 종래 개념의 다중화/역다중화가 아니라는 것을 알아야 한다. 추가/삭제 다중화기는 구간 계층에서 동작하며 추가/삭제 다중화기는 구간, 회선이나 경로 오버헤드를 만들어내지 않는다. 거의 교환기처럼 동작하며 STS-1 신호 하나를 제거하고 다른 신호를 추가한다. 추가/삭제 다중화기의 입력과 출력의 신호 종류는 동일하다(예를 들면, 둘 다 STS-3이거나 둘 다 STS-12). 추가/삭제 다중화기(ADM, add/drop multiplexer)는 단지 해당 바이트들을 제거하고 새로운 바이트들로 대치한다(구간과 회선 오버헤드에 있는 바이트들 포함). 그림 14.29는 ADM의 동작을 보여주고 있다.

14.3.5 SONET 망

SONET 장치를 사용하여 SONET 망을 만들 수 있고, 이 네트워크는 ATM(14.4절)이나 IP와 같은 다른 네트워크로부터 온 데이터를 전달하는 고속 백본으로 사용될 수 있다. 그림 14.30과 같이 SONET 망을 선형 망(linear network), 링 망(ring network), 그물형 망(mesh network)이라는 세 종류로 분류할 수 있다.

그림 14.30
SONET 망의 분류

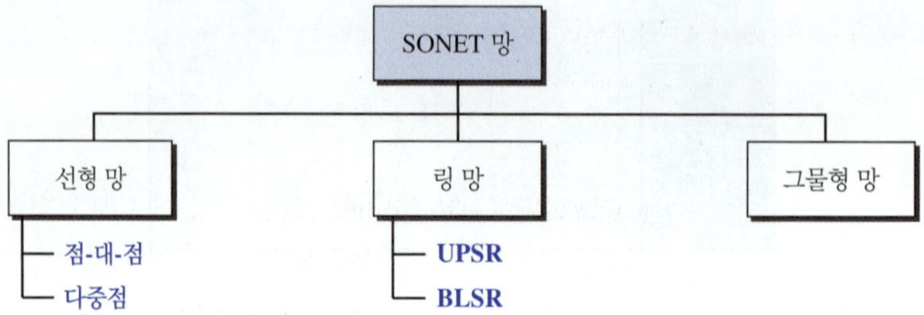

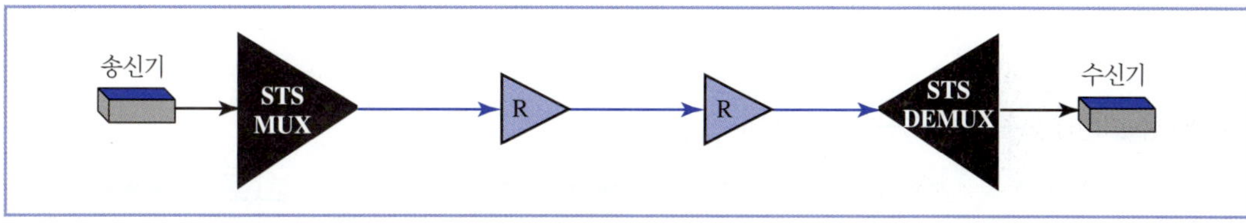

그림 14.31
점-대-점 SONET 망

선형 망

선형 SONET 망은 점-대-점이나 다중점이 될 수 있다.

점-대-점 망

그림 14.31과 같이 점-대-점 망(point-to-point network)은 정상적으로는 하나의 STS 다중화기와 하나의 STS 역다중화기로 만들어진다. 그림 14.31에서는 간단하게 표현하려고 단방향으로 하였지만, 신호 흐름은 단방향이거나 양방향이 될 수 있다.

다중점 망

다중점 망(multipoint network)은 여러 단말 간의 통신을 허용하기 위해 ADM을 사용한다. ADM은 연결된 단말에 속하는 신호를 제거하고 다른 단말에서 전송된 신호를 추가한다. 각 단말은 하나 또는 그 이상의 다운스트림 단말로 데이터를 송신할 수 있다. 그림 14.32는 각 단말이 다운스트림으로만 데이터를 보낼 수 있는 단방향 구성을 보여주고 있으나 다중점 망은 양방향도 가능하다.

그림 14.32에서 T1은 T2와 T3으로 동시에 데이터를 송신할 수 있다. 그러나 T2는 T3로만 데이터를 보낼 수 있다. 이 그림은 아주 간단한 구성을 보이지만, 정상적인 상황에서는 더 많은 ADM과 단말들이 있게 된다.

자동 보호 교환

선형 망에서 고장에 대비하는 보호를 만들기 위해 SONET은 **자동 보호 교환**(APS, automatic protection switching)을 정의한다. 선형 망에서 APS는 회선 계층에서 정의되므로, 2개의 ADM 또는 한 쌍의 STS 다중화기/역다중화기 사이에 보호가 있다. 이 개념은 중복성을 제공하기 위한 것으로 중복 회선(광섬유)은 주 회선이 고장 난 경우에 사용된다. 주 회선은 작업 회선(work line)을, 중복 회선은 보호 회선(protection line)을 나타낸다. 선형 채널에서는 보호를 위해 일-더하기-일(one-plus-one),

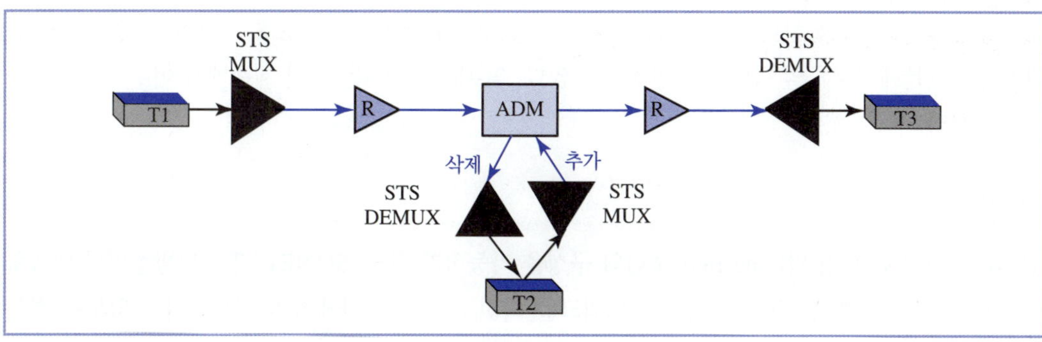

그림 14.32
다중점 SONET 망

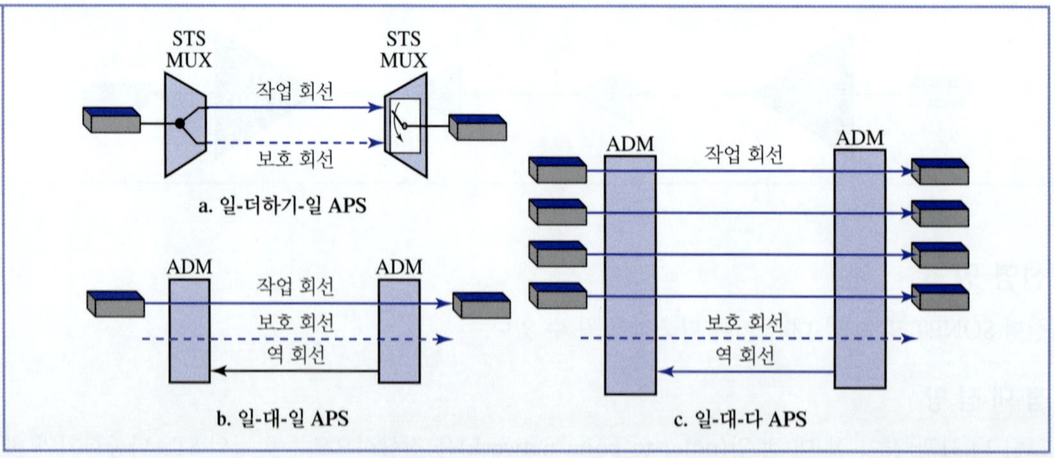

그림 14.33
선형 망에서 자동 보호 교환

일-대-일(one-to-one), 일-대-다(one-to-many)라는 3가지 방안이 일반적이다. 그림 14.33은 3가지 방안을 보여주고 있다.

일-더하기-일 APS 이 방안에는 보통 작업 회선과 보호 회선이라는 2개의 회선이 있다. 두 회선은 항상 활성화된다. 송신 다중화기는 양쪽 회선에 같은 데이터를 송신하고 수신기 다중화기는 회선을 관찰하여 더 좋은 품질을 가진 회선을 선택한다. 만약 회선 중 하나가 고장 나면 신호를 잃게 되고 물론 수신기에서 다른 회선이 선택된다. 이 방안의 고장 회복은 순간적이기는 하지만 이 방안은 두 배의 대역폭이 필요하므로 비효율적이다. 일-더하기-일 교환은 경로 계층에서 이루어진다는 것에 유의하라.

일-대-일 APS 일-더하기-일 방안처럼 보이는 이 방안에서도 작업 회선과 보호 회선이 하나씩 있다. 그러나 작업 회선이 고장 날 때까지 데이터는 보통 작업 회선으로 송신된다. 고장 시 수신기는 보호 회선을 대신 사용하도록 역방향 채널을 사용하여 송신기에 알려준다. 분명한 것은 고장 회복이 일-더하기-일 방안보다 느리기는 하나, 보호 회선이 작업 회선을 대치하는 데 사용되지 않을 때는 데이터 전송에 사용될 수 있으므로 더 효율적이다. 일-대-일 교환은 회선 계층에서 이루어진다는 것에 유의하라.

일-대-다 APS 이 방안은 많은 작업 회선을 위해 단 하나의 보호 회선이 있다는 것을 제외하면 일-대-일 방안과 비슷하다. 작업 회선 중 하나에 고장이 발생하면 고장 난 회선이 고쳐질 때까지 보호 회선이 책임진다. 만약 하나 이상의 작업 회선이 동시에 고장 날 경우 보호 회선이 그 중 하나만을 대치하기 때문에 일-대-일 방안만큼 안전하지 않다. 일-대-다 APS는 회선 계층에서 이루어진다는 것에 유의하라.

링 망

ADM들이 SONET 링 망(ring network)의 구성을 가능하게 한다. SONET 링은 단방향이나 양방향 구성을 사용할 수 있다. 각 경우에서 네트워크를 회선 고장에서 자체적인 회복능력이 있도록 하는

자가 복구를 위해 별도의 링을 추가할 수 있다.

단방향 경로 교환 링

단방향 경로 교환 링(UPSR, unidirectional path switching ring)은 2개의 링을 가진 단방향 네트워크이다. 링 하나는 작업 링으로 사용되고, 다른 하나는 보호 링으로 사용된다. 선형 망에서 설명한 일-더하기-일 APS 방안과 비슷한 개념이다. 동일한 신호가 두 링에 전달되며 하나는 시계방향이고 다른 하나는 반시계 방향이다. 경로 계층에서 감시가 이루어지기 때문에 UPSR이라고 불린다. 노드는 경로 계층에서 전자기적인 신호의 두 복사본을 수신하여 서로 비교하고, 더 좋은 품질을 가진 것을 선택한다. 2개의 ADM 사이의 링의 일부가 고장 나면, 다른 링이 데이터 흐름의 연속성을 여전히 보장할 수 있다. 일-더하기-일 방안과 마찬가지로 UPSR은 신속한 고장 회복을 하지만 하나의 일을 하는 데 2개의 링이 필요하기 때문에 비효율적이다. 대역폭의 절반이 낭비된다. 그림 14.34는 UPSR 망을 보여주고 있다.

그림에서는 하나의 송신기와 3개의 수신기를 가지도록 선택했지만, 많은 다른 구성이 가능하다. 송신기는 동시에 양쪽 링에 데이터를 보내기 위해 양방향 연결을 사용하고, 수신기는 더 좋은 신호 품질을 가진 링을 선택하기 위해 선택 교환기를 사용한다.

경로 계층에서 동작하는 노드를 강조하기 위해 하나의 STS 다중화기와 세 개의 STS 역다중화기를 사용하였다.

양방향 회선 교환 링

SONET 링 망의 다른 대안은 **양방향 회선 교환 링**(BLSR, bidirectional line switching ring)이다. 이 경우는 통신이 양방향이므로 작업 회선으로 2개의 링이 필요하다는 것을 의미한다. 또한, 보호 회선으로도 2개의 회선이 필요하다. 이것은 BLSR이 4개의 링을 사용한다는 것을 의미한다. 그러나 동작은 일-대-일 APS 방안과 유사하다. 만약 두 노드 사이의 한쪽 방향 작업 회선이 고장 나면 수신 노드

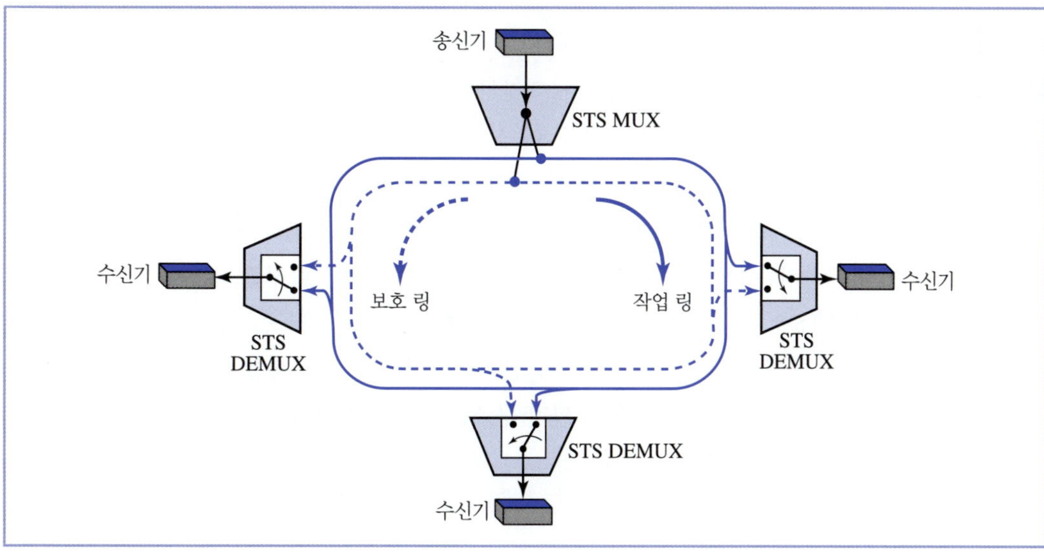

그림 14.34
단방향 경로 교환 링

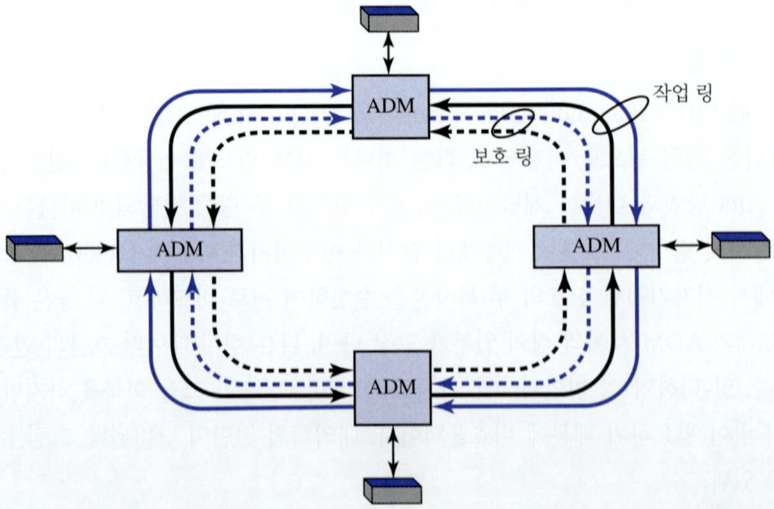

그림 14.35
양방향 회선 교환 링

는 고장 난 방향의 위에 있는 노드에 보호 링을 사용하는 것을 알려주기 위해 역방향 링을 사용할 수 있다. 네트워크는 여기서 설명하지는 않지만 여러 가지 고장 상황에서 회복할 수 있다. BLSR에서 고장 발견은 경로 계층이 아닌 회선 계층에서 이루어진다는 것을 유의하라. ADM들이 고장을 발견하고 보호 링을 사용하도록 인접한 노드에 알려준다. 그림 14.35는 BLSR 링을 보여주고 있다.

링의 조합

오늘날의 SONET 망은 넓은 지역의 서비스를 만들기 위해 상호 연결된 링들의 조합을 사용한다. 예를 들면, 한 SONET 망은 넓은 지역의 서비스를 제공하기 위해 전체 지역 링(regional ring) 하나와 여러 개의 로컬 링(local ring)과 다수의 사이트 링(site ring)을 가질 수 있다. 이런 링들은 UPSR, BLSR, 또는 두 가지 조합이 될 수 있다. 그림 14.36은 이러한 광대역 링 망의 개념을 보여주고 있다.

그물형 망

링 망의 문제점 중 하나는 확장성이 부족하다는 것이다. 링의 트래픽이 증가할 때는 회선을 갱신할 뿐만 아니라 ADM들도 갱신할 필요가 있다. 이 상황에서는 교환기를 가진 그물형 망(mesh networks)은 대개 더 높은 성능을 제공한다. 그물형 망의 교환기는 교차-연결(cross-connect)이라고 한다. 지금까지 보아온 다른 교환기와 같이 교차-연결은 입력과 출력 포트를 가지고 있다.

입력 포트에서 교환기는 OC-*n* 신호를 받아들여서 STS-*n* 신호로 바꾸고, 대응하는 STS-1 신호로 역다중화하여 각 STS-1 신호를 적절한 출력 포트로 보낸다. 출력 포트는 서로 다른 입력 포트에서 온 STS-1 신호들을 받아들여서 하나의 STS-*n* 신호로 다중화하고, 전송을 위해 OC-*n* 신호를 생성한다. 그림 14.37은 그물형 SONET 망의 교환기 구조를 보여주고 있다.

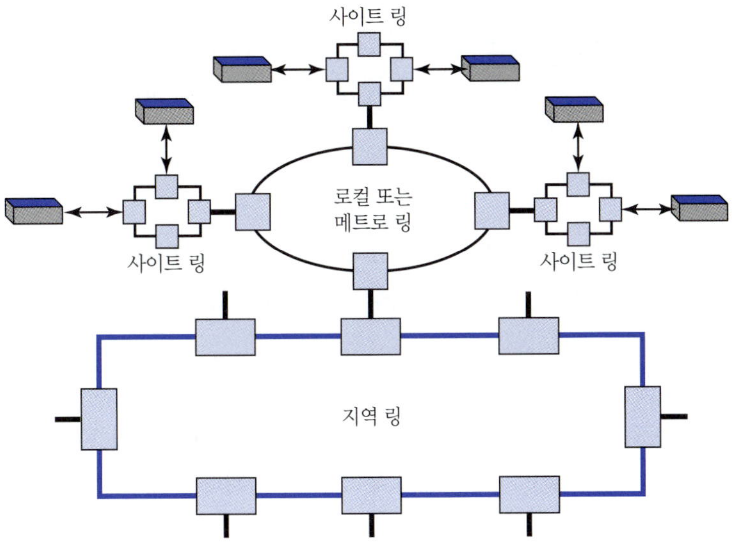

그림 14.36
SONET 망에서 링들의 조합

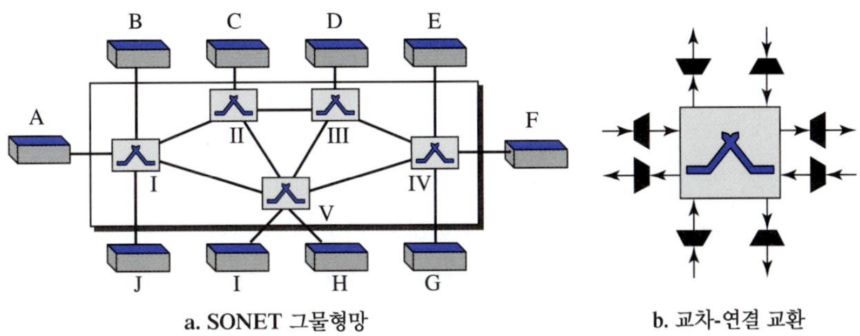

그림 14.37
그물형 SONET 망

14.3.6 가상 종속

SONET은 광대역 페이로드를 전달하도록 설계되었다. 그러나 현재의 디지털 계층구조 데이터율(DS-1에서 DS-3까지)은 STS-1보다 낮다. SONET을 현재의 계층구조와 거꾸로 호환성이 있도록 만들기 위해, 프레임 설계에 **가상 종속**(VT, virtual tributaries) 시스템이 포함된다(그림 14.38 참조). 가상 종속은 STS-1에 삽입될 수 있고 프레임을 채우기 위해 다른 부분 페이로드와 결합될 수도 있는

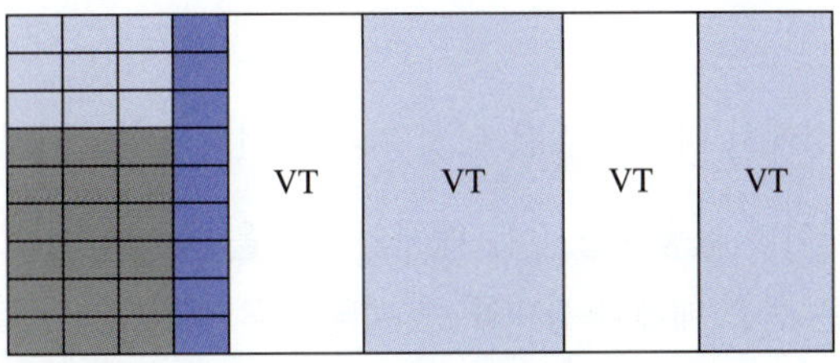

그림 14.38
가상 종속

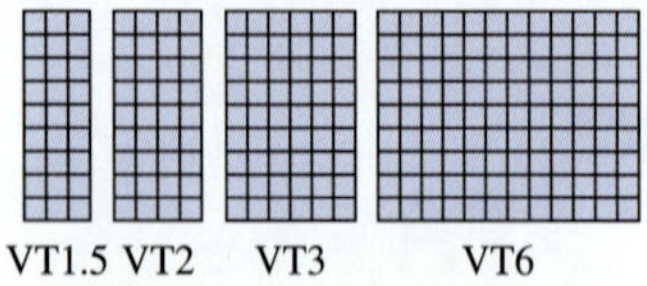

VT1.5	= 8000 frames/s	3 columns	9 rows	8 bits = 1.728 Mbps
VT2	= 8000 frames/s	4 columns	9 rows	8 bits = 2.304 Mbps
VT3	= 8000 frames/s	6 columns	9 rows	8 bits = 3.456 Mbps
VT6	= 8000 frames/s	12 columns	9 rows	8 bits = 6.912 Mbps

그림 14.39 가상 종속 유형

부분 페이로드이다. 한 발신지에서 온 데이터를 한 STS-1 프레임의 86개 페이로드 열을 다 사용하는 대신에 SPE를 세분화할 수 있으며, 그 각각을 가상 종속이라고 한다.

가상 종속의 유형

현재 있는 디지털 계층구조(그림 14.39 참조)를 수용하기 위해 4가지 유형 VT가 설계되었다. 각 유형의 VT에 허용된 열의 수는 유형 식별번호의 두 배로 결정된다는 것을 주목하라(VT1.5는 3열을 가지며 VT2는 4열을 갖는다).

- VT1.5는 미국식 DS-1 서비스(1.544 Mbps)를 수용한다.
- VT2는 유럽식 CEPT-1 서비스(2.048 Mbps)를 수용한다.
- VT3은 DS-1C 서비스(단편의 DS-1, 3.152 Mbps)를 수용한다.
- VT6은 DS-2 서비스(6.312 Mbps)를 수용한다.

둘 또는 그 이상의 가상 종속이 STS-1 프레임 하나에 삽입될 때는 열 단위로 끼워 넣어진다. SONET은 각 VT를 식별하고 전체 열을 역다중화하지 않고도 분리할 수 있는 기법을 제공한다. 이 기법과 기법에 관련된 제어 문제는 이 책의 범주를 벗어나므로 논외로 한다.

14.4 ATM

비동기 전송 방식(ATM, Asynchronous Transfer Mode)은 ATM 포럼에 의해 설계된 셀 중계 프로토콜이며, ITU-T(국제전기통신연합)에 의해 채택되었다. ATM과 SONET의 조합으로 전 세계의 네트워크를 초고속으로 상호 연결할 수 있게 될 것이다.

사실상 ATM은 정보 초고속도로의 고속도로로 생각될 수 있다.

14.4.1 설계 목표

ATM 설계자들은 설계 과정에서 다음과 같은 여섯 가지 도전적인 문제에 봉착하였다.

1. 광섬유와 같은 고속 데이터 전송률을 갖는 매체의 사용을 최적화할 수 있는 최상의 전송 시스템을 필요로 한다. 새로운 전송 매체와 장비를 큰 대역폭을 제공하면서 획기적으로 잡음에 덜 민감하다. 이러한 요소의 이점을 살려서 데이터율을 극대화하기 위한 기술을 필요로 한다.

2. 반드시 기존의 시스템과 연결할 수 있는 시스템이어야 하며, 그들의 유효성을 낮추거나 교체를 요구하지 않으면서 장거리 상호 연결성을 제공해야 한다.
3. 설계는 비용 때문에 채택이 어려워지지 않도록 저비용으로 구현되어야 한다. 만약 ATM이 의도한 대로 국제통신의 백본이 되려면 이것을 원하는 모든 사용자에게 저렴한 가격으로 사용할 수 있도록 해야만 한다.
4. 새로운 시스템은 반드시 기존의 전기통신 구조체계(가입자 네트워크, 지역 서비스 제공자, 장거리 네트워크 사업자 등)와 협업이 가능하고 또한 이를 지원해야 한다.
5. 새로운 시스템은 정확성과 예측 가능한 전달을 보장하기 위해 반드시 연결형이어야 한다.
6. 마지막으로 중요한 것으로 가능한 하드웨어에 많은 기능을 부여하고, 소프트웨어의 기능을 제거하여 속도를 높이는 것이다.

14.4.2 문제점

이러한 설계 요구사항의 해결책을 설명하기 전에 기존의 시스템에 연관된 문제를 점검해 보는 것이 유용하다.

프레임 망

ATM 이전의 데이터 링크층 통신은 프레임 교환과 프레임 망에 기반을 두고 있다. 서로 다른 프로토콜은 다양한 길이와 복잡도를 지닌 프레임을 사용하고 있다. 네트워크가 더욱 복잡해짐에 따라 헤더에 의해 전달해야 하는 정보는 더욱 커지고 있다. 그 결과 데이터 단위의 길이에 비해 헤더의 길이가 점점 커지고 있다. 어떤 프로토콜은 그 해결책으로 헤더를 효과적으로 사용하기 위해 데이터 단위의 길이를 크게 하고 있다(같은 크기의 헤더를 가진 많은 데이터를 송신). 그러나 불행하게도 큰 데이터 필드는 낭비를 유발한다. 만약 전송할 정보가 많지 않다면 필드의 많은 부분이 사용되지 않게 된다. 이용률을 향상시키기 위해 어떤 프로토콜은 사용자에게 가변적인 프레임 길이를 제공한다.

혼합된 네트워크 트래픽

여러분도 상상할 수 있듯이, 다양한 프레임 길이는 트래픽을 예측할 수 없게 한다. 교환기, 다중화기, 그리고 라우터는 다양한 길이의 프레임을 관리할 수 있도록 정교한 소프트웨어 시스템을 포함하고 있어야 한다. 헤더 정보의 대부분을 반드시 읽어야 하며, 모든 프레임의 무결성을 보장하기 위해 각각의 비트를 세고, 조사해야 한다.

서로 다른 프레임 망의 네트워크 간 연결은 느리며, 긍정적으로 보면 비용이 많이 든다는 것이고, 부정적으로 보면 불가능하다.

또 다른 문제는 프레임의 길이가 예측 불가능하며, 너무 크게 변해도 일관된 데이터 전송률을 지원해야 한다는 것이다. 광대역 기술을 최대한 이용하기 위해 트래픽은 공유된 경로상에서 시분할 다중화되어야 한다. 두 네트워크에서 온 서로 다른 요구사항을 가지고 있는 프레임들을 하나의 링크로 다중화했을 때의 결과를 상상해 보자(그림 14.40 참조). 회선 1이 데이터 프레임으로 큰 프레임을 사

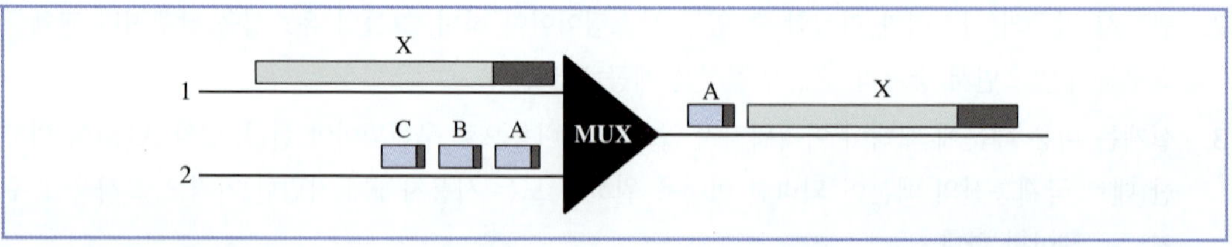

그림 14.40 서로 다른 프레임 길이를 사용한 다중화

용하는 반면, 회선 2가 오디오나 비디오 정보와 같은 매우 작은 패킷을 사용한다면 어떤 일이 발생하겠는가?

만약 회선 1의 길이가 긴 프레임 X가 회선 2의 프레임보다 더 빨리 다중화기에 도착한다면, 다중화기는 새로운 경로로 프레임 X를 먼저 보낸다. 결국, 회선 2의 프레임이 우선권을 가지고 있다 하더라도 다중화기는 그 프레임들을 기다려야 한다는 것을 알 수 있는 어떤 방법도 없으므로 도착된 프레임을 먼저 처리하게 된다. 그러므로 프레임 A가 X의 비트열을 뒤따라갈 수 있기 위해서는 X가 모두 전송될 때까지 기다려야 한다. 프레임 X의 긴 길이는 프레임 A의 관점에서 보면 불공평한 지연을 발생시킨다. 이와 같은 불균형은 회선 2의 모든 패킷에 영향을 미친다.

오디오나 비디오 프레임은 보통 작아서, 이 패킷들과 데이터 트래픽을 혼합한다는 것은 받아들이기 어려운 지연을 발생시키고 오디오나 비디오 정보에는 공유된 프레임 링크를 사용 불가능하게 만든다. 자동차와 기차의 트래픽이 그런 것처럼 트래픽은 서로 다른 경로를 따라 이동해야 한다. 그러나 광 대역폭의 링크를 완전히 사용하기 위해서, 우리는 동일한 링크를 통해 모든 종류의 트래픽을 보낼 수 있어야 한다.

셀 망

프레임 망간 연결과 관련된 많은 문제가 **셀 네트워킹**(cell networking)이라는 개념을 채택함으로써 해결되었다. **셀**(cell)은 고정된 크기의 작은 데이터 단위이다. 데이터 교환의 기본적인 단위로 셀을 이용하는 **셀 망**(cell network, 셀 네트워크)에서 모든 데이터는 완벽한 예측과 균일한 전송이 될 수 있는 동일한 셀에 적재된다. 연결된 다른 네트워크에서 셀 네트워크로 서로 다른 길이와 형태를 가진 프레임이 도착하면 패킷은 동일한 길이의 여러 개의 작은 데이터 단위로 분리되며 셀에 적재된다. 그런 다음 이 셀들은 다른 셀들과 다중화되며 셀 네트워크를 통해 경로가 지정된 후 전송된다. 각 셀이 같은 길이를 갖고 모두 작아서, 서로 다른 길이의 패킷을 다중화할 때 발생하는 문제들을 피하게 된다.

> 셀 망에서는 데이터 교환의 기본 단위로 셀을 사용한다.
> 셀은 작고 고정된 길이의 블록 정보로 정의된다.

그림 14.41은 그림 14.40에서 2개의 회선을 가지고 있는 다중화기가 프레임 대신에 셀을 전송하고 있는 것을 보여주고 있다. 프레임 X는 X, Y, Z의 3개 셀로 분리되었다. 회선 1의 첫 번째 셀만이 회선 2의 첫 번째 셀보다 먼저 링크에 전달되었다. 긴 지연 시간을 발생시키지 않기 위해 2개의 회선

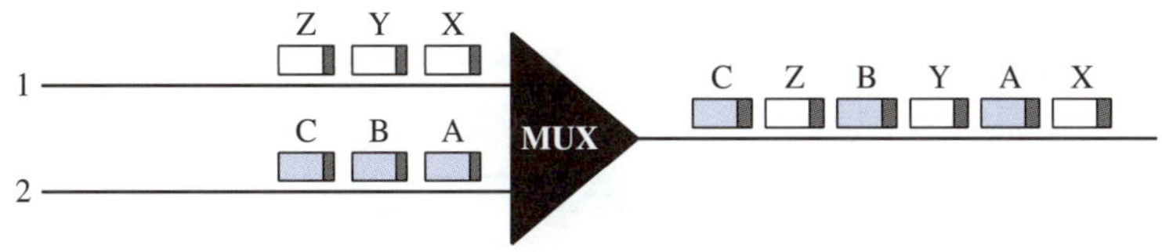

그림 14.41
셀을 이용한 다중화

에서 온 셀들은 끼워 넣어진다.

이와 같은 시나리오에서 두 번째 장점은 작은 크기의 셀과 결부한 링크의 높은 속도로, 이는 끼워넣기를 했음에도 불구하고 각 회선으로부터 온 셀들이 거의 연속적인 스트림으로 원하는 목적지에 도달한다는 것을 의미한다(마치 영화를 볼 때 우리의 눈은 일련의 개별적인 정지 화면을 보고 있지만, 뇌에는 연속적인 동작 화면으로 느껴지는 것과 같다). 이러한 방법으로 셀 네트워크는 당사자들이 분할이나 다중화를 알아차리지 못하게 하면서 전화와 같은 실시간 전송을 처리할 수 있다.

비동기식 TDM

ATM은 다른 채널로부터 들어오는 셀들을 다중화하기 위해 비동기식 시분할 다중화를 이용한다(이 때문에 ATM이라고 불리는 이유이다). 이것은 고정된 길이(셀의 길이)의 틈새를 이용한다. ATM 다중화기는 셀을 가진 입력 채널로부터 온 셀로 틈새를 채운다. 어떤 채널도 보낼 셀을 가지고 있지 않다면 틈새는 비워진 상태로 남는다. 그림 14.42는 세 개의 입력으로부터 온 셀들이 어떻게 다중화되는지를 보여주고 있다. 첫 번째 클록에서 채널 2는 셀을 가지고 있지 않다(빈 입력 틈새). 그래서 다중화기는 세 번째 채널로부터 온 셀로 틈새를 채우게 된다. 모든 채널의 모든 셀이 다중화되면 출력 채널은 빈 상태가 된다.

14.4.3 구조

ATM은 셀 교환망이다. **종단점**(end point)이라 부르는 사용자 접속장치는 네트워크 내 교환기에 **사용자-대-네트워크 인터페이스**(UNI, user-to-network interface)를 통해 연결된다. 교환기들 사이는 **네트워크-대-네트워크 인터페이스**(NNI, network-to-network interface)를 통해 연결된다. 그림 14.43은 ATM 망의 한 예를 보여주고 있다.

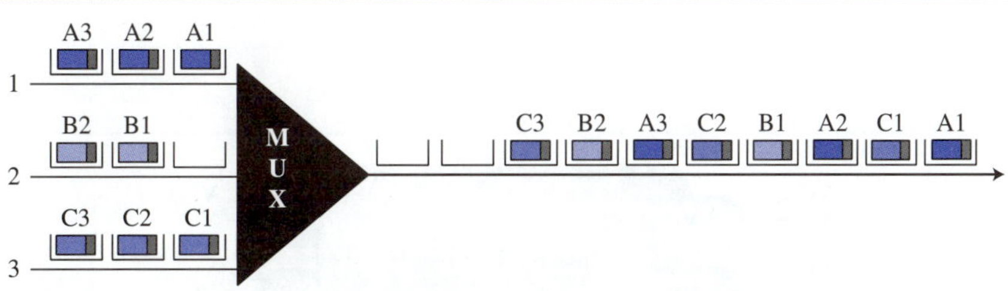

그림 14.42
ATM 다중화

그림 14.43
ATM 망 구조

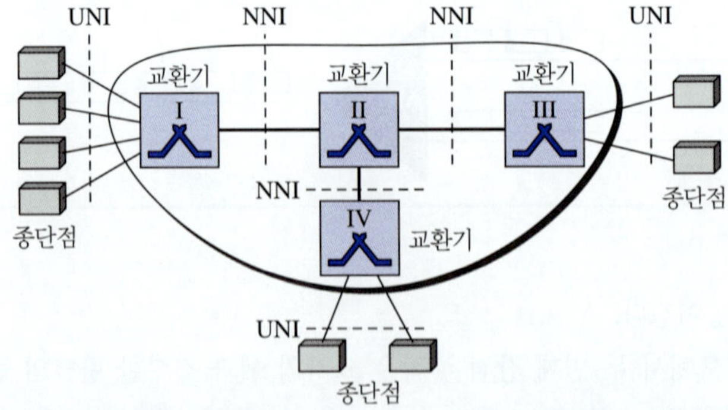

가상 연결

두 종단점 간의 연결은 전송 경로, 가상 경로와 가상 회선을 통해 달성된다. **전송 경로**(TP, transmission path)는 종단점과 교환기 사이 또는 두 교환기 간의 물리적 연결(전선, 케이블, 위성 등)이다. 두 교환기를 두 도시라고 생각해 보자. 전송 경로는 두 도시를 직접 연결하는 모든 고속도로의 집합을 의미한다.

전송 경로는 여러 가상 경로로 나누어진다. **가상 경로**(VP, virtual path)는 두 교환기 사이에 하나의 연결이나 연결들의 집합을 제공한다. 가상 경로를 두 도시를 연결하는 하나의 고속도로라고 생각해 보자. 각 고속도로는 가상 경로이고, 모든 고속도로의 집합은 전송 경로이다.

셀 네트워크는 **가상 회선**(VC, virtual circuit)을 기반으로 한다. 하나의 메시지에 속하는 모든 셀은 같은 가상 회선을 따라 움직이고 이들이 목적지에 도달할 때까지 이들의 원래의 순서는 그대로 유지된다. 가상 회선을 한 고속도로(가상 경로)의 한 차선이라고 생각해 보자. 그림 14.44는 전송 경로(물리적 연결), 가상 경로 일부(경로가 같기 때문에 함께 묶이는 가상 회선들의 조합)와 논리적으로 두 점을 연결하는 가상 회선을 보여주고 있다.

식별자

가상-회선망에서 한 종단점에서 다른 종단점으로 데이터의 경로를 전송하기 위해 가상 연결을 식별하는 것이 필요하다. 이러한 목적으로 ATM 설계자들은 **가상-경로 식별자**(VPI, virtual-path identifier)와 **가상-회선 식별자**(VCI, virtual-circuit identifier)라는 두 레벨을 갖는 계층적인 식별자를 만들었다. VPI는 특정한 VP를 정의하고 VCI는 VP 내의 특정한 VC를 정의한다.

VPI는 하나의 VP로 묶여 있는 논리적으로 모든 가상 회선과 같다.

그림 14.44
전송 경로(TP), 가상 경로(VP) 및 가상 회선(VC)

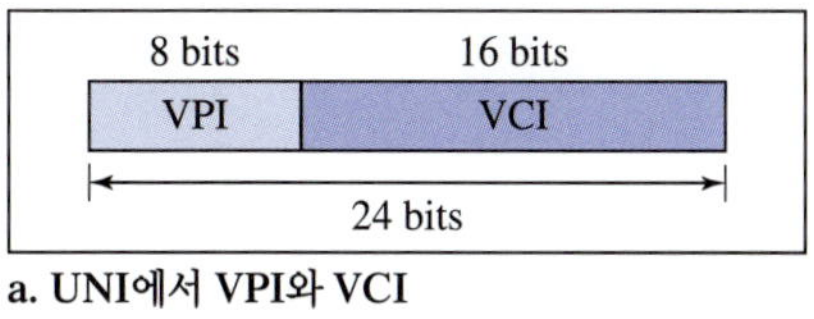

그림 14.45
UNI와 NNI에서 가상 연결 식별자

UNI와 NNI 인터페이스를 위한 VPI의 길이는 다르다. UNI 인터페이스에서 VPI는 8비트이고, NNI에서 VPI는 12비트이다. VCI의 길이는 16비트로 두 인터페이스에서 같다. 그러므로 가상 회선은 UNI 인터페이스에서는 24비트에 의해 식별되고 NNI 인터페이스에서는 28비트에 의해 식별된다(그림 14.45 참조).

가상 회선 식별자를 두 부분으로 나누게 된 것은 계층적인 경로지정을 허용하기 위해서이다. 일반적인 ATM 망에서 대부분 교환기는 VPI를 이용해서 경로지정을 하게 된다. 종단 장치와 직접 상호작용하는 네트워크 경계에 있는 교환기들은 VPI와 VCI를 둘 다 사용한다.

셀

ATM에서 기본적인 데이터 단위는 **셀**(cell)이라 부른다. 하나의 셀은 53바이트로 구성되며 이 중 5바이트가 헤더에 할당되고, 48바이트는 페이로드(사용자 데이터는 48바이트보다 적을 수 있다)를 전달한다. 헤더의 대부분이 VPI와 VCI로 채워진다. VPU와 VCI는 종단점에서 교환기까지 또는 교환기에서 또 다른 교환기까지 셀이 이동하는 가상 연결을 정의한다. 그림 14.46은 셀의 구조를 보여주고 있다.

연결 설정과 연결 해제

ATM은 연결로서 PVC와 SVC를 이용한다.

영구 가상-회선 연결

영구 가상-회선 연결(PVC, permanent virtual-circuit connection)은 네트워크 제공자에 의해 두 종단점 사이에 설정된다. VPI와 VCI는 영구적인 연결을 위해 정의되고, 그 값은 각 교환기의 테이블에 입력된다.

교환 가상-회선 연결

교환 가상-회선 연결(SVC, switched virtual-circuit connection)에서 한 종단점이 다른 종단점과 연결을 만들고자 할 때마다 새로운 가상 회선이 설정되어야 한다. ATM은 자체적으로 이 작업을 수행

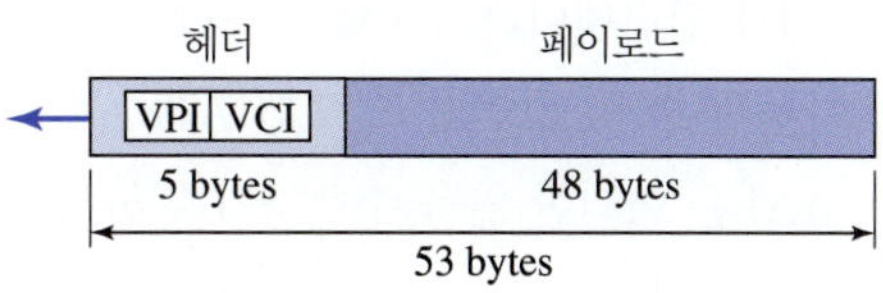

그림 14.46
ATM 셀

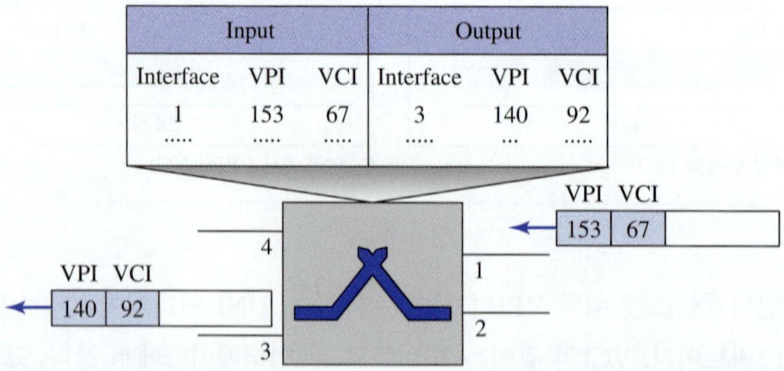

그림 14.47
교환기에서 경로지정

할 수 없고, IP와 같은 다른 프로토콜의 네트워크층 주소와 서비스를 필요로 한다. 이러한 다른 프로토콜의 신호 메커니즘은 두 종단점의 네트워크층 주소를 이용하여 연결 요청을 만든다. 실제 메커니즘은 네트워크층 프로토콜에 따라 다르다.

교환

ATM은 발신지 종단점에서 목적지 종단점까지 셀의 경로를 전송하기 위해 교환기를 이용한다. 교환기는 VPI와 VCI 둘 다 사용하여 셀을 경로에 따라 전송한다. 경로지정에는 전체 식별자를 요구한다. 그림 14.47은 VPI 교환기가 어떻게 셀을 경로 지정하는지를 보여주고 있다. 153번의 VPI와 67번의 VCI를 가진 셀이 교환기 인터페이스(포트) 1에 도착한다. 교환기는 교환 테이블을 검사한다. 교환 테이블은 각 행에 도착 인터페이스 번호, 입력 VPI, 입력 VCI, 해당 출력 인터페이스 번호, 새로운 VPI와 VCI의 여섯 가지 정보를 저장하고 있다. 교환기는 인터페이스 1, VPI 153과 VCI 37이라는 항목을 테이블에서 찾고, 이에 대응하는 출력 인터페이스 3과 VPI 140과 VPI 92를 찾아낸다. 셀 헤더에 있는 VPI와 VCI를 140과 92로 바꾸고 인터페이스 3을 통해 셀을 밖으로 내보낸다.

ATM 계층

ATM 표준은 위에서 아래로 응용 적응 계층, ATM 계층, 그리고 물리층이라는 세 계층으로 정의된다(그림 14.48 참조). 교환기에서는 아래의 두 계층만을 사용하는 반면 종단점에서는 세 계층 모두를 사용한다.

응용 적응 계층

응용 적응 계층(AAL, application adaptation layer)은 두 가지 ATM 개념을 가능하도록 설계되었다. 먼저 ATM은 데이터 프레임과 비트 스트림 같은 어떤 종류의 페이로드도 받아들여야 한다. 데이터 프레임은 ATM과 같은 전송 네트워크에 보내지는 프레임을 명백하게 정의하여 만드는 상위 계층 프로토콜로부터 올 수 있다. 좋은 예가 인터넷이다. ATM은 또한 멀티미디어 페이로드를 전송해야 한다. 연속되는 비트 스트림을 받아들일 수 있어야 하고, 또한 ATM 계층에서 셀로 캡슐화하기 위하여 단편으로 나눌 수 있어야 한다. AAL은 이러한 일을 수행하기 위하여 두 가지 부계층을 사용한다.

데이터의 형태가 데이터 프레임이거나 비트 스트림이라도 페이로드는 셀로 전송하기 위해서 48

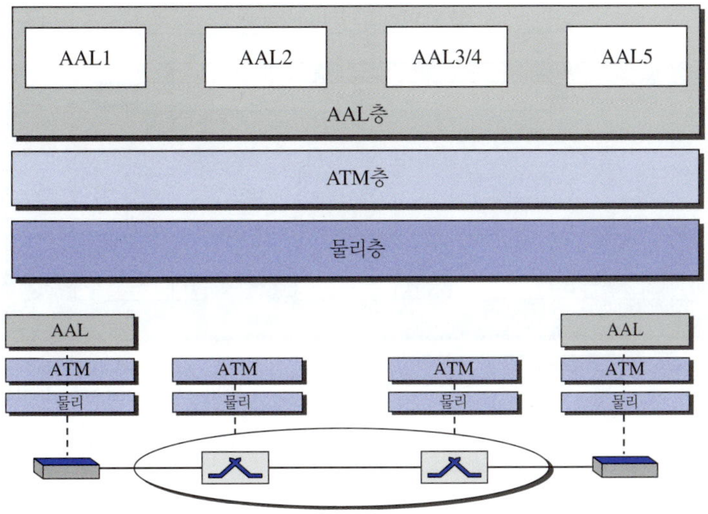

그림 14.48
ATM 계층

바이트 단편으로 분할되어야만 한다. 목적지에서 이 단편들은 원래 페이로드로 만들기 위해 재조립되어야 할 필요가 있다. AAL은 이러한 일을 하기 위해 **분할 및 재조립**(SAR, segmentation and reassembly) 부계층을 정의하고 있다. 발신지에서는 분할을 하고, 목적지에서는 재조립이 이루어진다.

데이터가 SAR에 의해 분할되기 전에, 데이터들은 데이터의 무결성을 보장하기 위해 준비되어야 한다. 이러한 일들은 **수렴 부계층**(CS, convergence sublayer)이라고 불리는 부계층에 의해 이루어진다.

ATM은 AAL1, AAL2, AAL3/4 및 AAL5라는 4가지 AAL 버전을 정의하고 있다. 여기서는 오늘날 인터넷에서 사용되고 있는 AAL5만을 설명한다.

인터넷 응용을 위해 AAL5 부계층이 설계되었다. 그리고 그것은 **간단하고 효과적인 응용층**(SEAL, simple and efficient adaptation layer)이라 불린다. AAL5는 하나의 메시지에 속하는 모든 셀이 순차적으로 전송되며, 제어 함수들은 송신하는 응용의 상위 계층에 포함된다고 가정한다. 그림 14.49는 AAL5 부계층을 보여주고 있다.

수렴부 계층에 있는 패킷은 4개의 필드를 가진 트레일러를 이용한다. UU는 종단 사용자의 식별자이다. CPI는 공통부분 식별자이다. L 필드는 본래 데이터의 길이를 알려준다. CRC 필드는 전체 데이터에 대한 오류 제어를 위해 사용된다.

ATM 계층

ATM 계층은 경로지정, 트래픽 관리, 교환 및 다중화 서비스를 제공한다. 이 계층은 AAL 부계층으로부터 48바이트의 세그먼트를 받아들여 이것에 5바이트 헤더를 추가하여 53바이트 셀로 변환시킴으로써 나가는 트래픽을 처리한다.

물리 계층

이더넷과 무선 LAN과 같이 ATM 셀은 어떠한 물리층 반송파에 의해 전송될 수 있다.

그림 14.49
AAL5

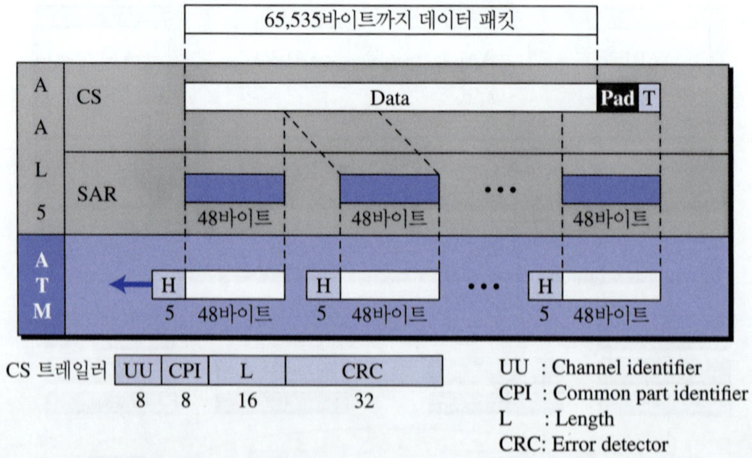

혼잡 제어 및 서비스 품질

ATM은 매우 발전된 혼잡 제어 및 서비스 품질을 가지고 있다.

14.5 추천 자료

14.5.1 추천 도서

이 장에서 공부한 내용에 관하여 좀 더 자세히 알고 싶으면 아래의 책들을 참고하라. 괄호 안의 것은 이 책 뒤에 있는 참고문헌을 나타낸다.

참고문헌

많은 자료가 링크 계층을 다룬다. 다음을 추천한다. [Ham 80], [Zar 02], [Ror 96], [Tan 03], [GW 04], [For 03], [KMK 04], [Sta 04], [Kes 02], [PD 03], [Kei 02], [Spu 00], [KCK 98], [Sau 98], [Izz 00], [Per 00], [WV 00].

14.5.2 중요 용어

56K modem
800 service
900 service
add/drop multiplexer(ADM)
analog leased service
analog switched service
application adaptation layer(AAL)
asymmetric DSL(ADSL)
Asynchronous Transfer Mode(ATM)
automatic protection switching(APS)
bidirectional line switching ring(BLSR)
byte interleaving
cable modem(CM)

cable modem transmission system(CMTS)
cable TV network
cell
cell network
common carrier
Community Antenna Television(CATV)
competitive local exchange carrier(CLEC)
convergence sublayer(CS)
demodulator
digital data service(DDS)
digital service
digital service unit(DSU)
digital subscriber line(DSL)
digital subscriber line access multiplexer(DSLAM)
distribution hub
downloading
downstream data band
end office
fiber node
head end
hybrid fiber-coaxial(HFC) network
in-band signaling
incumbent local exchange carrier(ILEC)
interexchange carrier(IXC)
ISDN user port(ISUP)
line
line layer
line overhead(LOH)
local access transport area(LATA)
local exchange carrier(LEC)
local loop
long-distance company
message transport part(MTP)
modem
modulator
network-to-network interface(NNI)
optical carrier(OC)
out-of-band signaling
path
path layer
path overhead(POH)
permanent virtual-circuit connection(PVC)
photonic layer
plain old telephone system(POTS)
point of presence(POP)
regenerator
regional cable head(RCH)
regional office
section
section layer
section overhead(SOH)
segmentation and reassembly(SAR)
service control point(SCP)
signal point(SP)
signal transport port(STP)
signaling connection control point(SCCP)
Signaling System Seven(SS7)
simple and efficient adaptation layer(SEAL)
STS multiplexer
STS demultiplexer
switched/56 service
switched virtual-circuit connection(SVC)
switching office
Synchronous Digital Hierarchy(SDH)
Synchronous Optical Network(SONET)
synchronous payload envelope(SPE)
synchronous transport module(STM)
synchronous transport signal(STS)
tandem office
telephone user port(TUP)
terminal
transaction capabilities application port(TCAP)
transmission path(TP)
trunk
unidirectional path switching ring(UPSR)
uploading
user-to-network interface(UNI)
video band
virtual circuit(VC)
virtual path(VP)
virtual tributary(VT)
wide-area telephone service(WATS)

14.5.3 요약

- 전화망은 원래 아날로그 시스템이었다. 지난 10년 동안 전화망은 많은 기술적 변화를 겪어 왔다. 그 네트워크는 아날로그일 뿐만 아니라 지금은 디지털이다. 전화망은 가입자 회선, 중계국, 교환국 등 세 가지 구성요소로 만들어진다. 전화 회사는 아날로그와 디지털의 두 가지 유형의 서비스를 제공한다. 아날로그 교환 서비스 또는 아날로그 임대 서비스와 같은 아날로그 서비스를 분류할 수 있다. 두 가지의 일반적인 디지털 서비스는 교환/56 서비스와 디지털 데이터 서비스(DDS, digital data service)이다. 전화의 지역 루프를 사용하는 데이터 전송은 통상 전화선 모뎀을 사용했다. 모뎀은 신호 변조와 신호 복조라는 장치의 두 가지 기능을 나타내는 복합어이다. 가장 인기 있는 모뎀은 56K 모뎀에 근거한 것들이다. 전화 회사들은 인터넷에 고속 접속할 수 있는

DSL 기술을 개발하였다. DSL 기술은 여러 기술을 일컫는 것인데 여기에서는 오직 ADSL만을 논의하였다.

- 공동시청 안테나 TV(CATV)는 원래 공동체에 화상 서비스를 제공하기 위해 설계되었다. 통상적인 케이블 TV 시스템은 동축 케이블을 사용해 왔다. 2세대 케이블망은 광섬유-동축 혼합(HFC) 망이라고 불린다. 이 네트워크는 광섬유와 동축 케이블이 혼합된 형태이다. 케이블 회사들은 고속 인터넷 접속을 원하는 가정 소비자를 위해 전화 회사와 경쟁하고 있다. 데이터 전송을 위해 케이블 TV 망을 이용하기 위해서는 케이블 모뎀(CM)과 케이블 모뎀 전송 시스템(CMTS)이라는 두 주요 장치가 필요하다.
- 동기식 광통신 망(SONET)은 광 통신망을 위해 ANSI에서 표준을 정의하였다. 동기식 디지털 계층(SDH)은 ITU-T에서 비슷하게 표준을 정의하였다. SONET은 동기 전송 신호(STS)라고 부르는 전자기적 신호방식 수준의 계층을 정의한다. SDH는 동기 전송 모듈(STM, synchronous transfer modules)이라고 하는 유사한 시스템을 정의한다. 광 반송자(OC)-*n* 신호는 STS-*n* 또는 STS-*n* 신호를 위한 광학적 모듈이다. SONET은 경로, 회선, 구간과 광학 등 4개 계층으로 정의한다. SONET은 동기식 TDM 다중화를 사용하는 동기 네트워크이다. 이 시스템에서 모든 클록은 마스터 클록에 맞춰져 있다. SONET 시스템은 STS 다중화기/역대중화기, 재생기, 추가/삭제 다중화기와 단말들을 사용한다. SONET은 초당 800개의 프레임을 보낸다. 각 프레임은 125 ms 동안 지속된다. STS-1 프레임은 9개의 행과 90개의 열로 만들어진다. STS-*n* 프레임은 9개의 행과 90 × *n*의 열로 만들어진다. STS는 높은 데이터율을 가진 새로운 STS를 얻기 위해 다중화될 수 있다. SONET 망은 선형, 링형 또는 그물형일 수 있다. 선형 SONET 망은 점-대-점이나 다중점이 될 수 있다. 링 SONET 망은 단방향이나 양방향 구성을 사용할 수 있다. SONET을 현재의 계층구조와 거꾸로 호환성이 있도록 만들기 위해, 프레임 설계에 가상 종속(VT) 시스템이 포함된다.
- 비동기 전송 모드(ATM)는 셀 중계 프로토콜로서 SONET과 결합하여 고속의 연결을 허용한다. 셀(cell)은 작고 고정된 길이의 정보 블록이다. ATM 데이터 패킷은 5바이트의 헤더와 48바이트의 페이로드로 구성된 53바이트의 셀이다. ATM은 서로 다른 길이의 패킷과 관련된 가변적인 지연 시간을 제거한다. ATM은 실시간 전송을 다룰 수 있다. 사용자-대-네트워크(UNI) 인터페이스는 사용자와 ATM 교환기 사이의 인터페이스이다. 네트워크-대-네트워크(NNI) 인터페이스는 ATM 교환기 간의 인터페이스이다. ATM에서 두 종단점 간의 연결은 전송 경로(TP), 가상 경로(VP)와 가상 회선(VC)을 통해 이루어진다. ATM에서 가상 경로 식별자(VPI)와 가상 회선 식별자(VCI)의 조합으로 가상 연결을 식별한다. ATM 표준은 세 계층 AAL, ATM과 물리층으로 정의한다.

14.6 연습문제

14.6.1 객관식

1. ADSL에서 대역폭의 대부분은 ___________을 전송하는 것이다.
   a. 음성 통신 b. 업스트림 데이터
   c. 다운스트림 데이터 d. 제어 데이터

2. 케이블 TV 방송국의 다른 이름은 ___________이다.
   a. 분리기(splitter) b. 광섬유 노드
   c. 결합기(combiner) d. 전파 중계소(head end)

3. 전통적인 케이블 TV 망에서 신호는 ___________으로 전송된다.
   a. 업스트림
   b. 다운스트림
   c. 업스트림과 다운스트림
   d. 정답 없음

4. 전화 시스템을 의미하는 기본 전화망은 ___________ 시스템이다.
   a. 디지털
   b. 아날로그
   c. 디지털과 아날로그
   d. 정답 없음

5. 전통적인 케이블 TV 시스템은 종단-대-종단을 연결하기 위해 ___________ 케이블을 사용한다.
   a. 꼬임쌍선 b. 동축
   c. 광섬유 d. 정답 없음

6. 2세대 케이블 TV 망은 ___________ 네트워크라 불린다.
   a. HFC b. HCF
   c. CFH d. 정답 없음

7. HFC 네트워크는 ___________ 케이블을 사용한다.
   a. 꼬임쌍선
   b. 동축
   c. 광섬유
   d. 광섬유와 동축 케이블의 조합

8. 데이터 전송에서 케이블 TV 망을 사용하기 위해, ___________와 ___________의 중요 장치가 필요하다.
   a. CM, CMS b. CT, CMTS
   c. CM, CMTS d. 정답 없음

9. ___________ 신호는 전기 신호 세기 STS-*n*의 광학 신호를 나타낸다.
   a. OC-*n* b. TDM-*n*
   c. FDM-*n* d. 정답 없음

10. SONET은 ___________ TDM 다중화를 사용한다.
    a. 비동기식 b. 동기식
    c. 통계식 d. 정답 없음

11. SONET 시스템은 ___________을 사용한다.
    a. STS 다중화기 b. 재생기
    c. 추가/삭제 다중화기 d. 모두 정답

12. SONET은 초당 ___________ 프레임을 전송한다.
    a. 1,000 b. 2,000
    c. 4,000 d. 8,000

13. SONET에서 ___________는 신호의 삽입과 추가를 가능하게 한다.
    a. 재생기
    b. ADM
    c. STS 다중화기/역다중화기
    d. 정답 없음

14. SONET에서 각 바이트에 대해 비트는 ___________ 전송된다.
    a. 최하위에서 최상위까지
    b. 최상위에서 최하위까지

c. 한 번에 2개
d. 한 번에 3개

15. ____________는 포럼에 의해 설계되고 ITU-T에 의해 채택된 셀 중계 프로토콜이다.
a. SONET b. ADM
c. ATM d. 정답 없음

16. ATM 표준은 ____________ 계층을 정의한다.
a. 2 b. 3
c. 4 d. 5

17. ATM 데이터 단위는 ____________ 바이트로 압축된 셀이다.
a. 40 b. 50
c. 52 d. 53

18. ATM에서 ____________는 사용자와 ATM 교환기 사이의 인터페이스이다.
a. UNI b. NNI
c. NUI d. 정답 없음

19. ATM에서 ____________는 두 ATM 교환기 사이의 인터페이스이다.
a. UNI b. NNI
c. NUI d. 정답 없음

20. ATM에서 ____________ 계층은 상위 계층 서비스로의 전송을 허용하고, 셀에 매핑한다.
a. 물리 b. ATM
c. AAL d. 정답 없음

21. ATM에서 ____________ 계층은 라우팅, 트래픽 관리, 교환과 다중화 서비스를 제공한다.
a. 물리 b. ATM
c. AAL d. 정답 없음

22. SONET에서 ____________는 중계기이다.
a. 재생기
b. ADM
c. STS 다중화기/역다중화기
d. 정답 없음

14.6.2 주관식

Q-1 전화망의 주요한 세 가지 구성요소는 무엇인가?

Q-2 LATA란 무엇인가? LATA 내 서비스와 LATA 간 서비스는 무엇인가?

Q-3 SS7 서비스를 기술하고 전화망과의 관계를 설명하라.

Q-4 미국에서 전화 회사가 제공하는 두 가지 주요 서비스는 무엇인가?

Q-5 전화선 모뎀 기술은 무엇인가? 이 장에서 논의한 많이 사용하는 모뎀 표준에 대해 나열하고, 그 데이터율을 기술하라.

Q-6 DSL 기술은 무엇인가? DSL을 사용하는 전화 회사가 제공하는 서비스는 무엇인가? DSL 모뎀과 DSLAM을 구분, 설명하라.

Q-7 전통적인 케이블 TV 망을 광-동축 혼합 망과 비교, 설명하라.

Q-8 CATV 채널을 사용하여 어떻게 데이터를 전송하는가?

Q-9 CM과 CMTS는 어떻게 구별하는가?

Q-10 SONET과 SDH의 관계를 설명하라.

Q-11 STS와 STM의 관계를 설명하라.

Q-12 추가/삭제 다중화기와 STS 다중화기가 모두 신호를 결합할 수 있다는 사실을 생각해 볼 때, 이들의 차이는 무엇인가?

Q-13 STS 신호와 OC 신호의 관계를 설명하라.

Q-14 회선 오버헤드에서 포인터의 목적은 무엇인가?

Q-15 SONET을 왜 동기식 네트워크라고 불리는가?

Q-16 SONET에서 재생기의 기능은 무엇인가?

Q-17 4개의 SONET 계층은 무엇인가?

Q-18 SONET의 각 계층의 기능을 설명하라.

Q-19 가상 종속이란 무엇인가?

Q-20 ATM에서 TP, VP, VC의 관계를 설명하라.

Q-21 모든 데이터 단위가 같은 길이라면 왜 다중화가 더 효율적인가?

Q-22 UNI와 NNI의 차이점은 무엇인가?

Q-23 TP, VP, VC의 관계를 설명하라.

Q-24 ATM 가상 연결을 어떻게 식별하는가?

Q-25 ATM 계층들의 이름과 그 기능을 기술하라.

Q-26 UNI에서 가상 연결은 얼마나 많이 지정할 수 있는가? NNI에서 얼마나 많은 가상 연결을 지정할 수 있는가?

객관식 홀수 번 문제 정답

1. ⓒ 3. ⓑ 5. ⓑ 7. ⓓ 9. ⓐ 11. ⓓ 13. ⓑ 15. ⓒ 17. ⓓ 19. ⓐ 21. ⓑ

CHAPTER 15

DATA COMMUNICATIONS

무선 LAN

이전 장에서 유선 LAN과 유선 WAN에 대하여 알아보았다. 이 장에서는 무선 LAN에 대하여 알아보고, 다음 장에서는 무선 WAN에 대하여 알아볼 것이다.

이번 장에서는 두 가지 유형의 무선 LAN을 다룬다. 첫 번째는 IEEE 802.11[때때로 무선 이더넷(wireless Ethernet)이라고 불림]이라 불리는 무선 LAN이고, 두 번째는 개인 통신망(personal area network) 또는 PAN이라고 불리는 개인 무선 LAN인 블루투스이다.

이 장은 3개의 절로 나누어진다.

첫 번째 절은 무선 LAN의 일반적인 이슈들을 소개하고, 유선과 무선 네트워크를 비교한다. 이 절은 무선 네트워크의 특성과 이 유형의 네트워크에서 접근을 제어하는 방법을 설명한다.

두 번째 절은 무선 이더넷이라고 불리기도 하는 IEEE 802.11 프로젝트에 의해 정의된 무선 LAN을 설명한다. 이 절은 이러한 유형의 LAN 구조를 정의하고, 12장에서 논의된 CSMA/CA 접근 방법을 사용하는 MAC 부계층을 설명한다. 그러고 나서 이 네트워크에서 사용된 주소체계를 보여주고, 데이터 링크층에서 사용된 서로 다른 패킷의 구조를 보여준다. 마지막으로 이러한 네트워크에서 사용되는 여러 가지 물리층 프로토콜을 설명한다.

세 번째 절에서는 개인 통신망인 블루투스(bluetooth)를 설명한다. 이 절은 네트워크의 구조, 주소체계, 패킷 구조를 설명한다. 또한, 이 프로토콜에서 사용된 서로 다른 계층들을 간단하게 소개하고, 다른 유선 무선 LAN과의 차이를 비교, 설명한다.

15.1 개요

무선 통신은 빠르게 성장하는 기술 중 하나이다. 케이블 없이 연결되는 장치에 대한 필요성은 어디에서나 증가하고 있다. 무선 LAN은 대학교나 사무실 빌딩, 공공장소에서 사용된다. 무선 LAN에 관련된 구체적인 프로토콜을 설명하기에 앞서 일반적인 사항들을 먼저 알아본다.

15.1.1 구조 비교

가장 먼저 무선과 유선 LAN을 서로 비교해 봄으로써 무선 LAN을 공부할 때 필요한 몇 가지 개념에 대해 알아본다.

매체

유선과 무선 LAN의 첫 번째 차이점은 **매체**(medium)이다. 유선 LAN에서 호스트를 연결하기 위해 유선을 사용한다. 7장에서 이더넷의 발전을 통하여 다중접속에서 점-대-점 접속으로 변화되는 과정을 설명하였다. 링크 계층 교환기를 통하여, 교환 LAN은 점-대-점 방식과 전이중(양방향) 방식을 사용하여 통신이 이루어진다. 무선 LAN에서 매체는 공기이고, 신호는 일반적으로 브로드캐스트이다. 무선 LAN에 있는 호스트들이 서로 통신할 때 호스트들은 같은 매체를 공유한다(다중접속). 매우 드문 상황에서 매우 제한된 대역폭과 두 방향의 안테나를 사용하면서 두 개의 무선 호스트들 사이에 점-대-점 통신을 생성한다. 그러나 이 장에서는 MAC 프로토콜을 사용할 필요가 있는 다중접속 매체에 관한 내용을 다룬다.

호스트

유선 LAN에서 **호스트**(host)는 네트워크 인터페이스 카드(NIC, network interface card)와 관련된 고정 링크층 주소를 갖는 지점이 네트워크와 연결된다. 물론 호스트는 인터넷의 한 지점에서 다른 지점으로 이동할 수 있다. 이 경우에 링크층 주소는 같게 되지만 네트워크 주소는 변할 것이다. 그러나 이 호스트가 인터넷 서비스를 사용하기 전에 먼저 인터넷에 물리적으로 연결될 필요가 있다. 무선 LAN에서 호스트는 물리적으로 네트워크에 연결되지 않는다. 이 호스트는 자유롭게 이동할 수 있고, 네트워크에서 제공하는 서비스를 사용할 수 있다. 그러므로 유선과 무선 네트워크에서 이동성은 완전히 다른 문제이다. 이 문제는 이번 장에서 명확하게 다뤄질 것이다.

격리된 LAN

유선의 격리된(isolated) LAN의 개념은 무선에서 격리된 LAN과는 다르다. 유선의 격리된 LAN은 (이더넷의 최근 세대에서) 링크층 교환기를 통하여 연결된 호스트의 집합이다. 무선 LAN의 용어인 **애드 혹 네트워크**(ad hoc network)이라고 불리는 무선의 격리된 LAN은 서로 자유롭게 통신하는 호스트의 집합이다. 링크 계층 교환의 개념은 무선에서는 존재하지 않는다. 그림 15.1은 유선과 무선의 격리된 LAN을 보여준다.

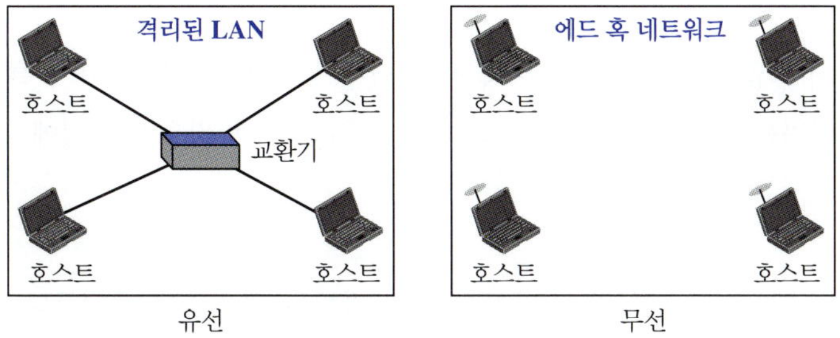

그림 15.1
격리된 LAN: 유선 대 무선

다른 네트워크와 연결

유선 LAN은 라우터를 사용하는 인터넷과 같이 또 다른 네트워크나 네트워크 간 네트워크에 접속될 수 있다. 무선 LAN은 유선 기반구조의 네트워크, 무선 기반구조의 네트워크, 또는 또 다른 무선 LAN과 접속될 수 있다. 무선 LAN과 유선 기반구조 네트워크의 접속은 이번 절에서 살펴볼 것이다. 그림 15.2는 두 가지 환경을 보여준다.

이 경우에서 무선 LAN은 **기반구조 네트워크**(infrastructure network)라고 언급되며, 인터넷과 같은 유선 기반구조와 연결은 **접속점**(AP, access point)이라고 불리는 장치에서 이루어진다. 접속점의 역할이 유선 환경에서 링크층 교환기의 역할과 완전히 다르다는 것에 유의하라. 접속점은 유선과 무선의 서로 다른 환경을 서로 연결한다. AP와 무선 호스트의 통신은 무선 환경에서 이루어지고, AP와 기반구조 사이의 통신은 유선 환경에서 이루어진다.

환경 간의 이동

이 논의는 2장과 9장에서 살펴본 것을 확인하는 것이다. 유선 LAN 또는 무선 LAN은 TCP/IP 프로토콜의 하위 두 계층에서만 동작한다. 만약 라우터나 모뎀 등을 통하여 인터넷에 연결된 유선 LAN이 건물 내에 설치되었다면, 이 유선 환경을 무선 환경으로 변환하는 데 필요한 것은, 유선 환경을 위해 설계된 네트워크 인터페이스 카드를 무선 환경을 위한 것으로 바꾸고, 링크 계층 교환기를 접속점으로 교체하는 것이다. 이 변화에서 네트워크 인터페이스 카드의 교체 때문에 링크 계층 주소는 변하지만, 네트워크층 주소(IP 주소)는 변하지 않을 것이다. 즉, 이 과정은 유선 링크를 무선 링크로 변화시키는 것이다.

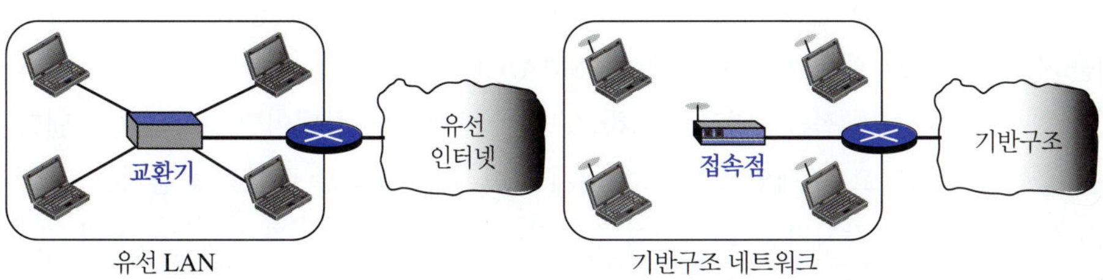

그림 15.2
유선 LAN과 무선 LAN의 다른 네트워크와 연결

15.1.2 특징

유선 LAN에 적용되지 않거나 사소하여 무시될 수 있는 무선 LAN의 몇 가지 특징이 있다. 여기서 이들 중의 일부를 살펴봄으로써 무선 LAN 프로토콜을 다루는 데 필요한 특징에 대해 생각해 본다.

감쇠

신호는 모든 방향으로 퍼지기 때문에 전자기 신호의 강도는 급격하게 줄어든다. 오직 신호의 작은 부분만이 수신자에게 도달한다. 이 상황은 일반적으로 배터리로 동작하는 작은 전원 공급 장치를 가진 모바일 송신자에게 더욱 좋지 않다.

간섭

또 다른 문제는 수신자가 의도된 송신자로부터 신호를 받을 뿐만 아니라 같은 주파수 대역을 사용하고 있는 다른 송신자의 신호도 받을 수 있다는 것이다.

다중경로 전파

전자기파는 벽이나 땅 또는 사물과 같은 장애물에 반사될 수 있기 때문에, 한 수신자는 같은 송신자에게서 하나 이상의 신호를 받을 수 있다. 그래서 수신자는 서로 다른 위상에 있는 신호를 받을 수 있다(신호들이 다른 경로로 갈 수 있기 때문에). 이것은 신호에 대한 인식이 낮게 되는 원인이 된다.

오류

무선 네트워크의 특성 중에 오류와 오류 검출은 유선에서보다 무선에서 더욱 심각한 문제들이다. **신호-대-잡음 비**(SNR, signal-to-noise ratio) 측정과 같은 오류 정도에 대해서 생각해 보면, 오류 검출과 오류 정정과 재전송이 왜 무선에서 더 중요한지 쉽게 이해할 수 있을 것이다. 이미 3장에서 SNR에 대해 자세히 살펴보았지만, 여기서 SNR은 좋은 신호와 나쁜 신호의 비율(신호-대-잡음 비)이라고만 정의해도 충분할 것이다. SNR이 높으면 신호가 잡음(원하지 않는 신호)보다 더 강해서 신호를 실제 데이터로 변환하기가 쉽다. 반면에 SNR이 낮으면, 신호가 잡음에 의해 나빠지고, 데이터는 복구될 수 없게 된다.

15.1.3 접근 제어

무선 LAN에서 가장 중요한 문제는 무선 호스트가 어떻게 공유된 매체(공기)에 접근할 수 있는가를 위한 접근 제어이다. 12장에서 표준 이더넷이 CSMA/CD 알고리즘을 사용한다고 설명하였다. 이 방법으로 각 호스트는 매체에 접근하려고 경쟁하고, 그 매체가 유휴 상태이면 프레임을 보낸다. 충돌이 발생하면, 충돌이 감지되고, 프레임을 다시 보내게 된다. CSMA/CD에서 충돌 감지는 두 가지 목적으로 서비스된다. 충돌이 감지되면, 프레임이 수신되지 않았고, 따라서 재전송할 필요가 있음을 의미한다. 충돌이 감지되지 않았다는 것은 프레임을 수신했다는 의미이다. CSMA/CD 알고리즘은 세 가지 이유로 무선 LAN에서 동작하지 않는다.

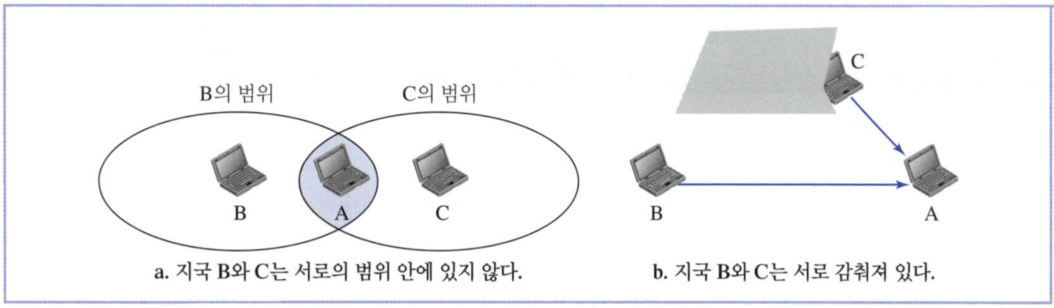

그림 15.3
숨겨진 지국 문제

1. 충돌을 감지하기 위해, 호스트는 송수신을 동시에 수신해야 한다(프레임의 송신과 충돌 신호를 수신). 이는 호스트가 양방향 모드로 동작해야 함을 의미한다. 하지만 무선 호스트는 그렇게 하기 위한 충분한 전력을 갖지 못한다(전력은 배터리에 의해 공급받기 때문에). 무선 호스트는 한 번에 송신하거나 혹은 수신할 수밖에 없다.
2. 한 지국이 어떤 장애물이나 범위 문제 때문에 또 다른 지국의 전송을 인지하지 못하는 **숨겨진 지국 문제**(hidden station problem) 때문에, 충돌이 발생하더라도 감지되지 않을 수 있다. 그림 15.3은 숨겨진 지국 문제의 예를 보여준다. 지국 B는 왼쪽의 타원형에 의해 보이는 전송 범위(공간에서는 원형 모양)를 가지고 있다. 이 범위에 있는 모든 지국은 지국 B로부터 전송되는 신호를 감지할 수 있다. 지국 C는 오른쪽의 타원형에 의해 보이는 전송범위(공간에서는 원형 모양)를 가지고 있다. 이 지역에 있는 모든 지국은 C로부터 전송되는 신호를 감지할 수 있다. 지국 C는 B의 전송범위 밖에 있다. 이처럼 지국 B도 C의 전송범위 밖에 있다. 하지만 지국 A는 B와 C의 범위 안에 있다. B 또는 C에 의해 전송된 모든 신호를 감지할 수 있다. 그림은 또한 숨겨진 지국 문제가 장애물 때문에 발생할 수 있다는 것을 보여준다. 지국 B가 지국 A에 데이터를 보내고 있다고 가정한다. 이 전송 중에 지국 C 또한 지국 A에 보낼 데이터를 가지고 있다. 그러나 지국 C는 B의 영역 밖에 있고, B가 보낸 전송이 C에 도달할 수 없다. 그러므로 C는 매체를 사용할 수 있다고 생각한다. 지국 C는 A로 데이터를 보내고, B와 C로부터 데이터를 받는 A에서 충돌이 발생한다. 이 경우에 지국 B와 C는 A에 대하여 서로 숨겨져 있다고 말할 수 있다. 숨겨진 지국은 충돌의 확률을 증가시키기 때문에 네트워크의 성능을 떨어뜨릴 수 있다.
3. 지국 간의 거리는 멀 수 있다. 거리로 인한 신호 감쇠는 다른 측에서 발생하는 충돌을 감지하지 못할 수도 있다.

위의 세 가지 문제를 극복하기 위해, **반송파 감지 다중 접근/충돌 회피**(CSMA/CA, Carrier Sense Multiple Access with Collision Avoidance)가 무선 LAN을 위해 사용되었다. 이는 12장에서 설명한 바 있다.

15.2 IEEE 802.11 프로젝트

IEEE에서는 IEEE 802.11이라 불리는 무선 LAN에 대한 자세한 사항을 정의했는데, 이는 물리층과 데이터 링크층을 포함하는 것이다. 이것은 **무선 이더넷**(wireless Ethernet)이라고 불리기도 한다. 미국을 포함한 몇몇 나라에서는 무선 LAN(wireless LAN)에 대한 동의어로 **WiFi(**wireless fidelity의 약자)가 대중적으로 사용된다. 그러나 WiFi는 무선 LAN의 성장을 도모하는 300개가 넘는 회사들의 세계적인 비영리기구인 와이파이 연합(WiFi Alliance)의 인증을 받은 무선 LAN이다.

15.2.1 구조

표준은 두 가지의 서비스를 정의한다. 하나는 기본 서비스 집합(BSS)이고, 다른 하나는 확장 서비스 집합(ESS)이다.

기본 서비스 집합

IEEE 802.11은 무선 LAN의 기본 블록으로서 **기본 서비스 집합**(BSS, basic service set)을 정의한다. 기본 서비스 집합은 고정 또는 이동하는 무선 지국과 접속점(AP, access point)이라는 중앙 기지국으로 구성되어 있다. 그림 15.4는 이 표준안의 두 집합을 보여주고 있다.

AP가 없는 BSS는 독립형(stand-alone) 네트워크이며, 다른 BSS로 데이터를 송신할 수 없다. 이것을 **애드 혹 구조**(ad hoc architecture)라고 한다. 이 구조에서 지국은 AP 없이 네트워크를 구성할 수 있다. 지국은 다른 지국의 위치를 알아낼 수 있으며, BSS에 참여하는 것에 대해 합의할 수 있다. AP를 가진 BSS는 때때로 기반구조(infrastructure) BSS라고 불린다.

확장 서비스 집합

확장 서비스 집합(ESS, extended service set)은 AP를 가진 2개 이상의 BSS로 구성된다. 이 경우 BSS들은 보통 유선 LAN인 분산 시스템(distribution system)을 통해 연결된다. 이 분산 시스템은 BSS의 AP들을 연결한다. IEEE 802.11은 분산 시스템을 제한하고 있지 않다. 이것은 이더넷 같은 어

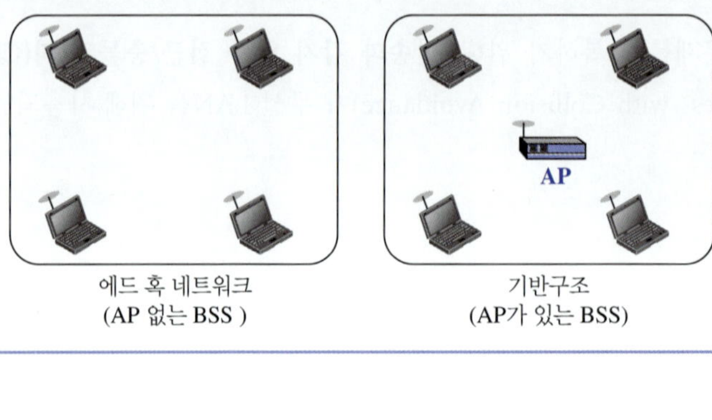

그림 15.4 기본 서비스 집합 (BSS)

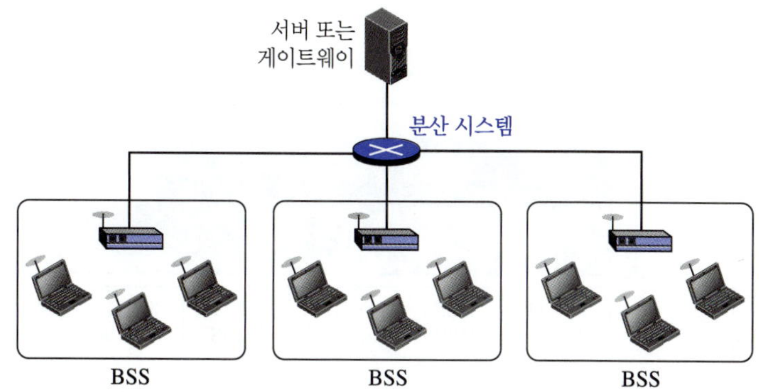

그림 15.5
확장 서비스 집합 (ESS)

떤 종류의 IEEE LAN이 될 수 있다. 확장 서비스 집합은 이동 또는 고정의 두 가지 형태 지국을 사용하고 있다. 이동 지국은 BSS 안의 통상적인 지국이다. 고정 지국은 유선 LAN의 한 부분인 AP 지국이다. 그림 15.5는 ESS를 보여주고 있다.

BSS들이 서로 연결될 때, 이 네트워크에서 도달 범위 내에 있는 지국들은 서로 AP 없이 통신할 수 있다. 그러나 서로 다른 BSS 안에 있는 지국 간의 통신은 AP를 통해서 이루어진다. 이 개념은 각 BSS를 하나의 셀로, AP를 기지국으로 바꿔 생각하면 셀 방식의 네트워크(16장 참조) 통신과 유사하다. 이동 지국은 동시에 하나 이상의 BSS에 속할 수 있음을 유념하라.

지국 유형

IEEE 802.11에서는 무선 LAN에서 이동성을 기반으로 하여 무-전이, BSS-전이, ESS-전이라는 세 가지 유형의 지국을 정의하고 있다. **무-전이 이동성**(no-transition mobility)을 가진 지국은 고정이거나 오직 하나의 BSS 안에서만 움직이는 경우이다. **BSS-전이 이동성**(BSS-transition mobility)을 가진 지국은 한 BSS에서 다른 BSS로 이동할 수 있지만, ESS 안으로 움직임이 한정된다. **ESS-전이 이동성**(ESS- transition mobility)을 가진 지국은 ESS에서 다른 ESS로 이동할 수 있다. 그러나 IEEE 802.11에서는 움직이는 동안 연속적인 통신을 보장하지 않는다.

15.2.2 MAC 부계층

IEEE 802.11은 분산 조정 함수(DCF)와 점 조정 함수(PCF)라는 두 가지 MAC 부계층을 정의한다. 그림 15.6은 2개의 MAC 부계층과 LLC 부계층, 그리고 물리층의 관계를 보여준다. 물리층 구현에 대해서는 이 장의 후반에 설명하며, 여기에서는 MAC 부계층에 대해서 자세히 설명한다.

분산 조정 함수

IEEE에 의해 정의된 MAC 부계층의 2개 프로토콜 중 하나는 **분산 조정 함수**(DCF, distributed coordination function)이다. DCF는 매체 접속에 CSMA/CA(12장 참조)를 사용한다.

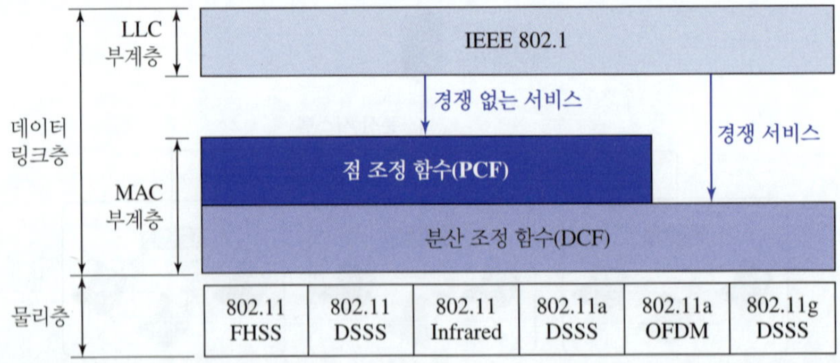

그림 15.6
IEEE 802.11 표준에서 MAC층

프레임 교환 시간선

그림 15.7은 시간 축에서 데이터 프레임과 제어 프레임을 교환하는 것을 보여주고 있다.

1. 프레임을 보내기 전에, 발신지 지국은 반송 주파수의 에너지 레벨을 검사함으로써 매체를 감시한다.
   a. 채널이 유휴 상태일 때까지 대기한 후 다시 검사하는 지속성 전략을 사용한다.
   b. 지국은 채널이 사용되지 않는다는 것을 알게 된 후, **분산 프레임 간 공간**(DIFS, distribute inter-frame space)이라 부르는 시간 동안 기다린 후, **RTS**(request to send)라 불리는 제어 프레임을 보낸다.
2. RTS 프레임을 수신한 후, **짧은 프레임간 공간**(SIFS, short interframe space)이라고 부르는 짧은 시간 동안 기다렸다가, 목적지 지국은 **CTS**(clear to send)라고 불리는 제어 프레임을 발신지 지국에 전송한다. 이 제어 프레임은 목적지 지국이 데이터를 받을 준비가 되었다는 것을 알려준다.
3. 발신지 지국은 SIFS와 동일한 시간을 기다린 후 데이터를 보낸다.
4. SIFS와 동일한 시간을 기다린 후, 목적지 지국은 프레임을 잘 받았다는 것을 알려주는 확인응답

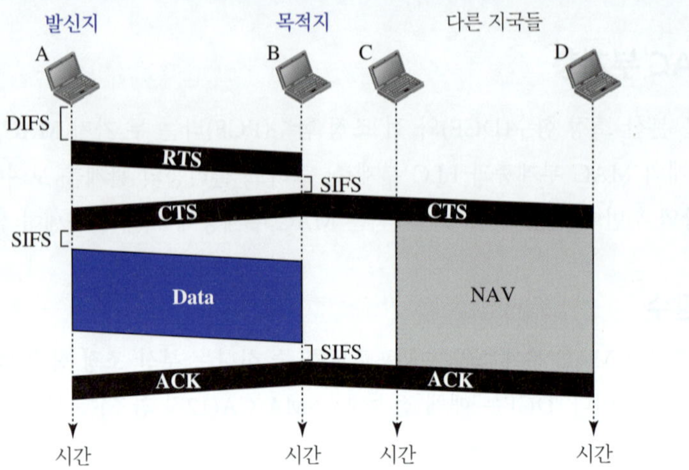

그림 15.7
CSMA/CA와 NAV

을 보낸다. 이 프로토콜에서 확인응답은 반드시 필요하며, 그 이유는 발신지 지국에서 목적지 지국에 데이터가 잘 도착했는지 알 수 있는 수단이 없기 때문이다. 반면에 CSMA/CD에서는 충돌이 없다는 것이 데이터가 잘 도착했다는 것을 발신지에 알려주는 일종의 표시가 된다.

네트워크 할당 벡터

만약 어느 한 지국이 접근 권한을 가지고 있다면 어떻게 다른 지국은 자신이 보낼 데이터를 뒤로 미루고 있을까? 즉, 이 프로토콜의 충돌 회피(collision avoidance)가 어떻게 이루어질까? 그 핵심은 NAV라고 하는 특징에 있다.

한 지국이 RTS 프레임을 보낼 때, 프레임은 채널 점유에 필요한 시간을 포함하고 있다. 이 전송에 영향을 받는 지국은 **네트워크 할당 벡터**(NAV, network allocation vector)라고 불리는 타이머를 갖는다. 이것은 다른 지국이 채널이 사용 중인지 확인하기 전에 얼마만큼 시간을 보내야 하는지를 알려준다. 매번 지국이 시스템에 접근하고 RTS를 보낼 때마다, 다른 지국은 NAV를 시작한다. 다시 말해, 각 지국은 채널이 사용 중인지 확인하기 위해 물리 매체를 감지하기 전에 우선 자신의 NAV 타이머가 끝났는지를 검사한다. 그림 15.7은 NAV의 개념을 보여주고 있다.

핸드셰이킹 동안의 충돌

종종 핸드셰이킹 기간(handshaking period)이라고 불리는 RTS 또는 CTS 제어 프레임이 전송되는 시간 동안에 충돌이 발생하면 어떤 일이 생길까? 동시에 2개 이상의 지국에서 RTS 프레임을 보낼 수도 있다. 이때 이 제어 프레임은 충돌할 것이다. 그러나 충돌을 감지할 수 있는 수단이 없으므로 수신자로부터 CTS 프레임을 받지 못하면, 송신자는 충돌이 발생했다고 가정한다. 백오프(backoff) 전략이 사용되며, 송신자는 재전송을 시도한다.

숨겨진 지국 문제

숨겨진 지국 문제의 해결은 RTS와 CTS 같은 핸드셰이크 프레임을 사용하는 것이다. 그림 15.7은 또한 B에서 A로는 전송되지만, C로는 전송되지 않는 RTS 프레임을 보여준다. 그러나 B와 C 모두 A의 영역 안에 있으므로, B에서 A로 전송되는 데이터의 기간을 포함한 CTS 메시지는 C까지 미친다. 지국 C는 채널을 사용 중인 숨겨진 지국(hidden station)이 있음을 알고 전송 기간이 끝날 때까지 전송을 미룬다.

점 조정 함수

점 조정 함수(PCF, Point coordination Function)는 애드 혹 네트워크가 아닌 기반구조 네트워크에 구현되는 선택적인 접근 방법이다. 이것은 DCF의 위에 구현되어 있으며, 일반적으로 시간에 민감한 전송에 사용된다.

PCF는 12장에서 설명한 것처럼 중앙 집중적이고 경쟁 없는(contention-free) 폴링 접근 방법이다. AP는 선택될 수 있는 지국을 위해 폴링을 수행한다. 지국은 하나씩 선택되어, AP에게 데이터를 전송한다.

DCF보다 먼저 PCF가 우선권을 얻기 위해, 또 다른 프레임 간 공간인 PIFS가 정의되었다.

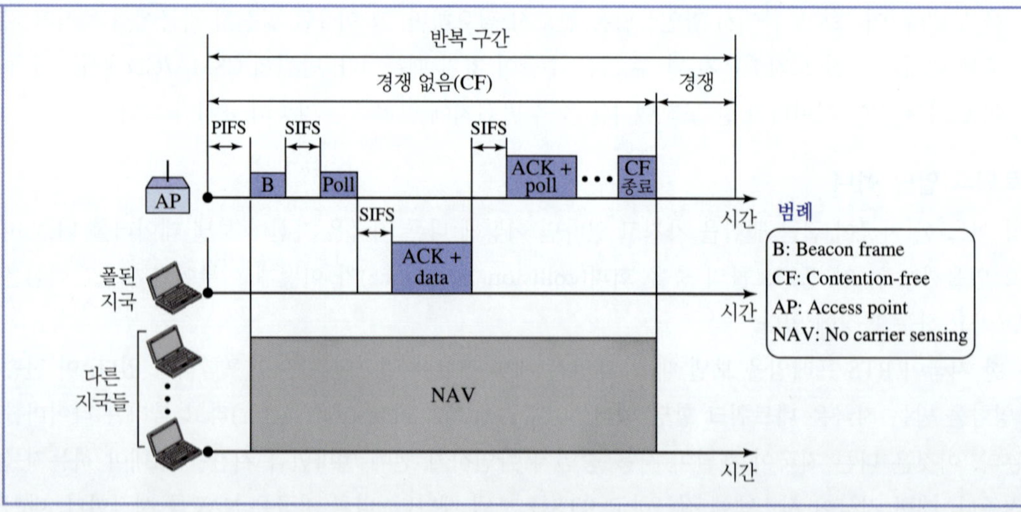

그림 15.8
반복 구간의 예

PIFS(PCF IFS)는 DIFS보다 짧다. 이것은 만약 지국이 오직 DCF를 사용하고 AP가 PCF를 사용할 때, AP에 우선권이 있다는 것을 의미한다.

DCF보다 PCF가 우선권이 있으므로, DCF만을 사용하는 지국은 매체에 접근할 권리를 얻지 못할 수도 있다. 이를 방지하기 위해 경쟁 없는 PCF와 경쟁기반의 DCF 트래픽을 모두 포함하는 반복 구간(repetition interval)이 설계되었다. 계속해서 반복되는 이 반복 구간은 **비콘 프레임**(beacon frame)이라는 특별한 제어 프레임에 의해 시작한다. 지국이 비콘 프레임을 감지하면, 반복 구간의 충돌 없는 기간을 위하여 NAV를 시작한다. 그림 15.8은 반복 구간의 예를 보여준다.

반복 구간 중, 점 제어기(Point Controller)는 폴 프레임을 보내거나, 데이터를 받거나, ACK를 보내거나, ACK를 받거나, 또는 이러한 일을 조합한 작업을 수행한다(802.11은 피기배킹을 한다). 경쟁 없는 기간이 끝나면, 점 제어기는 경쟁 없는 기간이 끝남을 의미하는 CF 종료 프레임을 송신하고, 경쟁기반 지국이 매체를 사용할 수 있도록 한다.

단편화

무선 환경은 잡음이 아주 많아서 프레임이 손상되는 경우가 많다. 손상된 프레임은 재전송되어야만 한다. 그러므로 프로토콜에서는 큰 프레임을 작은 프레임으로 나누는 단편화를 권고하고 있다. 큰 프레임보다는 작은 프레임으로 재전송하는 것이 더 효율적이기 때문이다.

프레임 형식

MAC 계층 프레임은 그림 15.9와 같이 9개의 필드로 구성되어 있다.

- **프레임 제어** FC(frame control) 필드는 2바이트 길이를 가지며, 프레임의 종류 및 일부 제어 정보를 정의하고 있다. 표 15.1은 부필드를 기술하고 있다. 이 장의 뒷부분에서 각 프레임 유형에 관해 설명할 것이다.

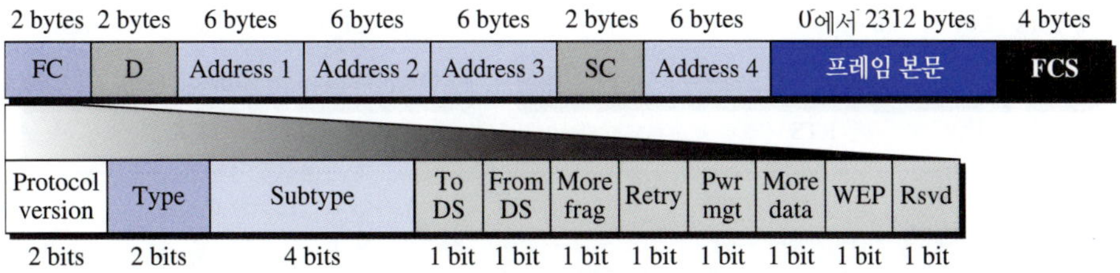

그림 15.9
프레임 형식

표 15.1 FC 필드의 부필드

필드	설명
Version	현재 버전은 0
Type	정보 유형: 관리(00), 제어(01), 데이터(10)
Subtype	각 유형의 부유형(표 15.2 참조)
To DS	나중에 규정됨
From DS	나중에 규정됨
More frag	1로 설정되면, 단편이 더 있음을 의미
Retry	1로 설정되면, 재전송된 프레임을 의미
Pwr mgt	1로 설정되면, 지국이 전원 관리 모드임을 의미
More data	1로 설정되면, 지국이 보낼 데이터가 더 있음을 의미
WEP	Wired equivalent privacy(구현된 암호화)
Rsvd	예비용

- **D** 이 필드는 NAV의 값을 설정할 때 사용되는 지속시간(duration)을 정의한다. 한 제어 프레임에서 이 필드는 프레임의 ID를 정의한다.
- **주소**(address) 각각 6바이트 길이의 주소 필드가 4개 있다. 각 주소는 *To DS*와 *From DS* 부필드의 값에 따라 의미가 달라진다. 이 부분은 나중에 설명한다.
- **순서 제어** SC(sequence control) 필드라고 불리는 이 필드는 16비트의 값을 갖는다. 처음 4비트는 단편 번호를 정의한다. 마지막 12비트는 순서 번호를 의미하고, 이 순서 번호는 모든 단편에서 같다.
- **프레임 본문**(frame body) 0에서 2,312바이트의 길이를 갖는 이 필드는 *FC* 필드에서 유형과 부유형에서 정의한 정보를 포함하고 있다.
- **FCS** FCS 필드는 4바이트의 길이를 가지고 있으며, CRC-32 오류 검출 순서를 포함하고 있다.

프레임 유형

IEEE 802.11에 정의된 무선 LAN은 관리 프레임, 제어 프레임과 데이터 프레임이라는 세 가지 프레임으로 분류하고 있다.

그림 15.10 제어 프레임

표 15.2 제어 프레임의 부유형 필드 값

부유형	의미
1011	Request To Send(RTS)
1100	Clear To Send(CTS)
1101	Acknowledgment(ACK)

관리 프레임

관리 프레임은 지국과 AP와의 통신 초기에 사용된다.

제어 프레임

제어 프레임은 채널에 접근할 때와 확인응답 프레임을 위하여 사용된다. 그림 15.10은 프레임 형식을 보여준다. 제어 프레임의 유형 필드 값은 01이다. 앞에서 설명한 프레임의 부유형 필드 값은 표 15.2에 있다.

데이터 프레임

데이터 프레임은 데이터 및 제어 정보를 전송할 때 사용된다.

15.2.3 주소 체계

IEEE 802.11 주소 체계는 FC 필드의 *To DS*와 *From DS* 플래그 값에 따라 4가지 경우가 정의된다. 각 플래그의 값이 0이거나 1이므로 4가지 서로 다른 상황을 정의할 수 있다. MAC 프레임에서 4가지 주소(주소 1부터 주소 4까지)의 해석은 표 15.3에 있는 것처럼 2개의 플래그의 값에 달려 있다.

주소 1은 항상 프레임이 도착할 다음 장치의 주소인 것을 유의하라. 주소 2는 항상 프레임이 지나온 이전 장치의 주소이다. 주소 3은 주소 1에 의해 정의되어 있지 않으면 최종 목적지 지국의 주소이고, 주소 2에 의해 정의되어 있지 않으면 처음의 발신지 지국의 주소이다. 주소 4는 분산 시스템이

표 15.3 주소

DS로	DS로부터	주소 1	주소 2	주소 3	주소 4
0	0	목적지	발신지	BSS ID	N/A
0	1	목적지	보내는 AP	발신지	N/A
1	0	수신하는 AP	발신지	목적지	N/A
1	1	수신하는 AP	보내는 AP	목적지	발신지

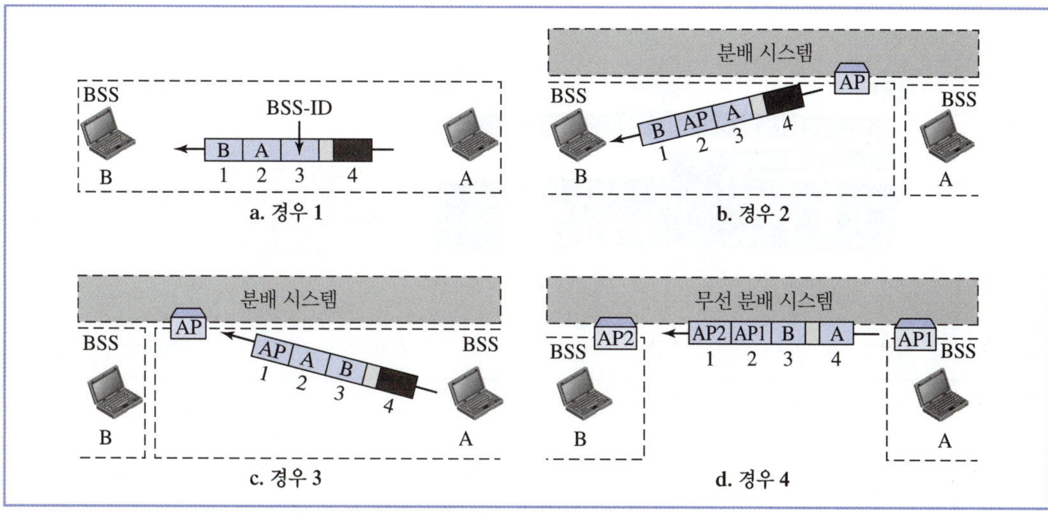

그림 15.11
주소 체계

무선일 때 원래 발신지 지국의 주소이다.

- **경우 1: 00** 이 경우에 *To DS*와 *From DS*는 0이다. 이것은 프레임이 분산 시스템으로 나가지 않는다는 것(*To DS* = 0)을 의미하고, 또한 분산 시스템으로부터 들어오지 않는다는 것(*From DS* = 0)을 의미한다. 프레임이 분산 시스템을 거치지 않고 BSS 안의 한 지국에서 다른 지국으로 보내진다. 주소는 그림 15.11과 같다.
- **경우 2: 01** 이 경우에 *To DS*는 0이며, *From DS*는 1이다. 이것은 분산 시스템으로부터 프레임이 오는 상황(*From DS* = 1)을 의미한다. 프레임은 AP를 거쳐 지국으로 전송된다. 그림 15.11에서 주소를 보여주고 있다. 주소 3이 프레임을 보낸 다른 BSS에 있는 원래의 송신기를 포함한다는 것에 유념하라.
- **경우 3: 10** 이 경우에 *To DS*는 1이며, *From DS*는 0이다. 이것은 프레임이 분산 시스템으로 나가는 상황(*To DS* = 1)을 의미한다. 프레임은 지국에서 AP로 나간다. ACK는 원래 지국으로 보내진다. 그림 15.11에서 주소를 보여주고 있다. 주소 3은 분산 시스템에서 최종 목적지를 포함한다는 것에 유념하라.
- **경우 4: 11** 이 경우에 *To DS*와 *From DS*는 모두 1이다. 이것은 분산 시스템 또한 무선인 경우이다. 프레임은 무선의 분산 시스템에서 한 AP에서 다른 AP로 나가는 것이다. 여기에서 원래 송신자, 최종 목적지와 중간의 두 AP를 정의하기 위한 4개의 주소가 필요하다. 그림 15.11은 이 상황을 보여준다.

노출된 지국 문제

앞서 숨겨진 지국 문제를 어떻게 해결하는지 살펴보았다. 비슷한 문제는 **노출된 지국 문제**(exposed station problem)라고 불린다. 이 문제에서 지국은 실제 사용할 수 있는 채널의 사용을 자제한다. 그림 15.12에서 지국 A는 지국 B에 전송 중이다. 지국 C는 A와 B 사이의 전송에 방해 없이 전송할 수 있는, 지국 D에 보낼 데이터를 가지고 있다. 그러나 지국 C는 A의 전송에 노출되어 있다. A가 전송

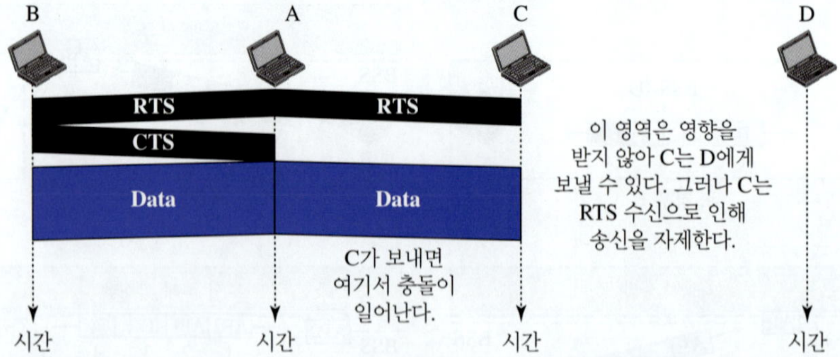

그림 15.12 노출된 지국 문제

한 것을 감지하고, 따라서 송신을 자제한다. 달리 말하면, C는 너무 신중하고 따라서 채널의 전송 용량을 낭비한다. RTS와 CTS 메시지 교환도 이 경우에는 도움이 안 된다. 지국 C는 A로부터 RTS를 감지하고, A와 C 사이의 구역에서 C와 D 사이의 통신이 충돌을 일으키지 않음에도 불구하고 송신을 자제한다. 지국 C는 지국 A의 전송이 C와 D 사이의 구역에 영향을 주지 않는다는 것을 알지 못한다.

15.2.4 물리층

표 15.4와 같이 여섯 가지 규격을 설명한다. 적외선을 제외한 모든 구현은 산업, 과학 및 의료(ISM, industrial, scientific and medical)를 위한 대역을 사용하며, 이것은 902~928 MHz, 2.400~4.835 GHz, 5.725~5.850 GHz의 3영역 3개의 무면허 대역으로 정의되어 있다.

IEEE 802.11 FHSS

IEEE 802.11 FHSS는 6장에서 설명한 **주파수 도약 대역 확산**(FHSS, frequency-hopping spread spectrum) 방법을 사용한다. FHSS는 2.400~4.835 GHz ISM 대역을 사용한다. 이 대역은 1 MHz(그리고 약간의 보호대역)의 대역폭으로 79개 부대역으로 나뉜다. 의사난수 생성기는 도약 순서를 선택

표 15.4 규격

IEEE	기술	대역	변조	전송률(Mbps)
802.11	FHSS	2.400~4.835 GHz	FSK	1과 2
	DSSS	2.400~4.835 GHz	PSK	1과 2
	없음	Infrared	PPM	1과 2
802.11a	OFDM	5.725~5.850 GHz	PSK 또는 QAM	6에서 54까지
802.11b	DSSS	2.400~4.835 GHz	PSK	5.5와 11
802.11g	OFDM	2.400~4.835 GHz	Different	22와 54
802.11n	OFDM	5.725~5.850 GHz	Different	600

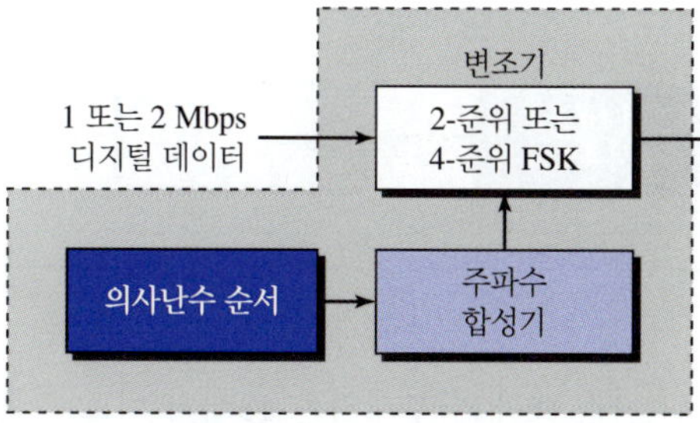

그림 15.13
IEEE 802.11 FHSS 의 물리층

한다. 이 규격에서 변조 기술은 1 또는 2 bits/baud를 가진 2-레벨 FSK 또는 4-레벨 FSK이며, 그림 15.13과 같이 1 또는 2 Mbps의 데이터율을 갖는다.

IEEE 802.11 DSSS

IEEE 802.11 DSSS는 6장에서 설명한 **직접 순서 대역 확산**(DSSS, direct sequence spread spectrum) 방법을 사용한다. FHSS는 2.400~4.835 GHz ISM 대역을 이용한다. 이 규격에서 변조 기술은 1 Mbaud/s에서 PSK이다. 시스템은 1 또는 2 bits/baud(BPSK 또는 QPSK)를 허용하여, 그림 15.14와 같이 1 또는 2 Mbps의 데이터율을 갖는다.

그림 15.14
IEEE 802.11 DSSS 의 물리층

IEEE 802.11 적외선

IEEE 802.11 적외선(infrared)은 800~950 nm의 적외선을 사용한다. 변조 기술은 **펄스 위치 변조**(PPM, pulse position modulation)라 부른다. 1 Mbps 데이터 전송률에는, 4비트 순서가 오직 하나의 비트가 1로 설정되어 있고, 나머지는 0으로 설정된 16비트 순서로 처음에 매핑된다. 2 Mbps 데이터 전송률에는, 2비트 순서가 오직 하나의 비트가 1로 설정되어 있고, 나머지는 0으로 설정된 4비트 순서로 처음에 대치된다. 대치된 순서들은 그림 15.15와 같이 밝은 부분은 1이며, 어두운 부분은 0인 광신호로 변환된다.

IEEE 802.11a OFDM

IEEE 802.11a OFDM은 5.725~5.850 GHz ISM 대역에서 신호 생성을 위해 **직교 주파수 분할 다중화**(OFDM, orthogonal frequency-division multiplexing) 방식을 기술하고 있다. 6장에서 설명한 OFDM은 FDM과 같지만 한 가지 중요한 차이점이 있다. 모든 부대역은 주어진 시간 동안 한 송신자에 의해 사용된다는 것이다. 송신자는 접근을 위해 데이터 링크층에서 다른 송신자와 경쟁한다.

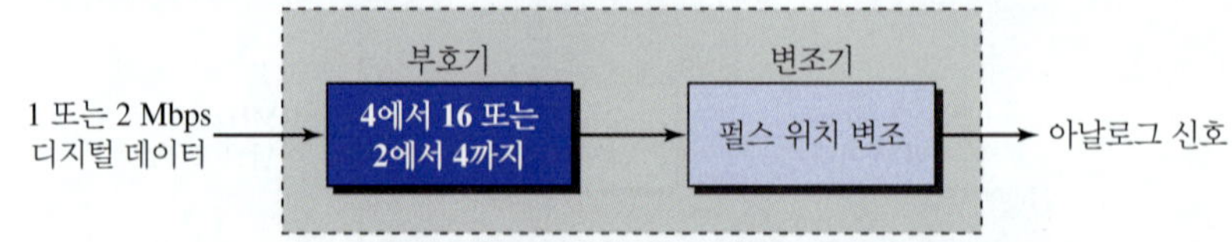

그림 15.15 IEEE 802.11 적외선의 물리층

대역은 52개의 부대역으로 나뉘는데, 48개의 부대역은 48개의 비트 그룹을 송신하기 위해서 사용되고, 4개의 부대역은 제어 정보를 송신하기 위해 사용된다. 한 대역을 부대역으로 나누는 것은 간섭 효과를 줄인다. 부대역이 임의로 사용된다면, 보안성 또한 증가될 수 있다. OFDM은 변조를 위해 PSK와 QAM을 사용한다. 일반적인 데이터율은 PSK에서 18 Mbps, QAM에서는 54 Mbps이다.

IEEE 802.11b DSSS

IEEE 802.11b DSSS는 2.400~4.835 GHz ISM 대역에서 **고속 직접 순서 대역 확산**(HR-DSSS, high-rate direct-sequence spread spectrum) 방법을 기술하고 있다. HR-DSSS는 CCK(complementary code keying)라는 부호화 방법을 제외하고는 DSSS와 유사하다. CCK는 4 또는 8비트를 하나의 CCK 기호로 부호화한다. DSS와 하위호환이 될 수 있도록, HR-DSSS는 1, 2, 5.5, 11 Mbps의 네 가지 데이터 전송률을 정의한다. 첫 2개는 DSSS와 같은 변조 방식을 사용한다. 5.5 Mbps에서는 BPSK를 사용하며, 4비트 CCK 부호화를 사용하여 1.375 Mbaud/s로 전송한다. 11 Mbps에서는 QPSK를 사용하며, 8비트 CCK 부호화를 사용하여 1.375 Mbaud/s로 전송한다. 그림 15.16은 이 표준의 변조 기술을 보여준다.

IEEE 802.11g

이 새로운 규격은 오류 정정과 2.400~4.835 GHz ISM 대역을 사용하는 OFDM으로 정의된다. 변조 기술은 22나 54 Mbps 전송률을 이루었다. 802.11b와 하위호환이지만, 변조 기술은 OFDM이다.

IEEE 802.11n

802.11의 개정판은 802.11n(무선 LAN의 다음 세대)이라고 불린다. 목적은 802.11 무선 LAN의 처리량을 증가시키는 것이다. 새로운 표준안은 높은 비트율뿐만 아니라 불필요한 오버헤드를 제거하

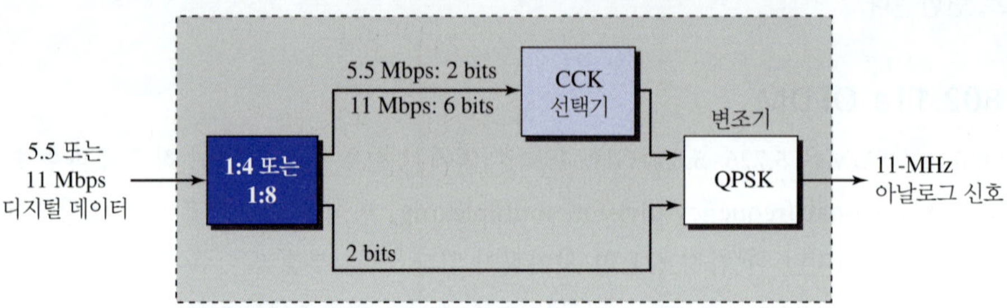

그림 15.16 IEEE 802.11b의 물리층

는 데 중점을 두고 있다. 이 표준안은 무선 LAN에서 잡음 문제를 해결하기 위해 **다중-입력 다중-출력 안테나**(MIMO, multiple-input multiple-output antenna)라고 불리는 기술을 사용한다. 이 개념은 여러 개의 출력 신호를 전송하고 여러 개의 입력 신호를 받을 수 있으면 잡음을 없애기 더 좋은 지점에 있는 것이다. 이 프로젝트의 몇몇 구현은 600 Mbps 데이터율에 도달했다.

15.3 블루투스

블루투스(bluetooth)는 서로 짧은 거리에 있을 때, 전화기, 노트북, 컴퓨터(데스크톱과 랩톱), 카메라, 프린터, 커피메이커 등과 같은 서로 다른 기능을 가진 장치를 연결하기 위해 설계된 무선 LAN 기술이다. 블루투스 LAN은 네트워크가 자발적으로 형성되는 애드 혹 네트워크이다. 때때로 **가젯**(gadget)이라고 불리는 이 장치들은 서로를 발견하여 **피코넷**(piconet)이라는 네트워크를 만든다. 블루투스 LAN에서 이 장치 중 하나가 연결 기능이 있다면 인터넷에 연결될 수 있다. 따라서 연결하려는 장치들이 많으면 혼란상태가 된다.

블루투스 기술은 몇 가지 응용을 가진다. 마우스나 키보드 같은 컴퓨터의 주변 장치들은 이 기술을 통해서 컴퓨터와 통신할 수 있다. 작은 규모의 보건소에서 감시 장치는 센서(sensor) 장치들과 통신할 수 있다. 가정 내 보안 장치에서는 이 기술을 사용하여 다른 센서와 연결해 메인 보안 제어기와 통신할 수도 있다. 또한, 회의장에서 회의 참석자들은 자신들의 노트북 컴퓨터들을 동기화할 수 있다.

블루투스는 본래 에릭슨(Ericsson) 회사에 의해 프로젝트로 시작했다. 이것은 덴마크와 노르웨이를 통일했던 덴마크의 왕(940~981) 블란탄드(Harald Blaatand)에서 이름을 가져왔다. Blaatand가 영어로 Bluetooth라고 번역된 것이다.

현재, 블루투스 기술은 IEEE 802.15 표준안으로 정의된 프로토콜의 구현이다. 표준안은 방이나 거실 규모의 지역에서 동작하는 무선의 **개인 통신망**(PAN, personal-area network)으로 정의하고 있다.

15.3.1 구조

블루투스는 피코넷과 스캐터넷이라는 두 가지 네트워크 유형을 정의하고 있다.

피코넷

블루투스 네트워크는 **피코넷**(piconet) 또는 작은 네트워크라고 불린다. 피코넷은 지국을 8개까지 가질 수 있으며, 그 중 하나는 주국(primary)이라고 하며, 나머지는 종국(secondary)이라고 부른다. 모든 종국은 클록과 도약 주파수를 주국과 동기화시킨다. 피코넷은 오직 하나의 주국만 가질 수 있다는 것에 유의하라. 주국과 종국의 통신은 일-대-일 또는 일-대-다로 이루어질 수 있다. 그림 15.17은 피코넷을 보여준다.

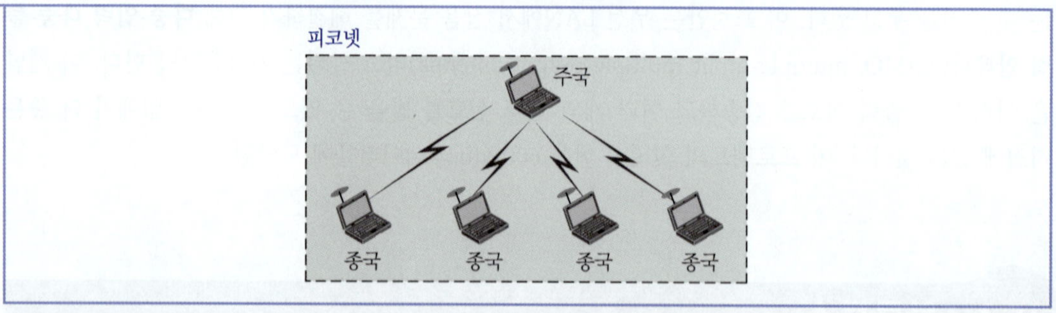

그림 15.17
피코넷

비록 피코넷이 최대 7개의 종국을 가지고 있을지라도, 추가적으로 8개의 종국이 머무르는 상태(parked state)에 있을 수 있다. 머무르는 상태에 있는 종국은 주국과 동기화되지만, 머무르는 상태에서 활성화 상태로 변경되기 전까지는 통신에 참여할 수는 없다. 오직 8개의 지국만이 피코넷에서 활동할 수 있기 때문에, 머무르는 상태에서 활성화 상태로 변경하려는 지국이 있다면 활동 중인 지국은 반드시 머무르는 상태로 가야 한다.

스캐터넷

피코넷은 **스캐터넷**(scatternet)이라는 것을 형성하기 위해 합쳐질 수 있다. 한 피코넷 안에 종국은 다른 피코넷에서 주국이 될 수 있다. 이 지국은 첫 번째 피코넷에서 종국으로서 주국으로부터 메시지를 받을 수 있으며, 두 번째 피코넷에서는 주국으로 동작함으로써 종국에게 그 메시지를 전달할 수 있다. 한 지국은 두 피코넷에 참가할 수 있다. 그림 15.18은 스캐터넷을 보여주고 있다.

블루투스 장치

블루투스 장치는 내부에 장착된 짧은 영역을 가진 무선 전송기를 가지고 있다. 현재 데이터율은 2.4 GHz 대역에서 1 Mbps이다. 이것은 IEEE 802.11b 무선 LAN과 블루투스 LAN 사이에 간섭이 생길 가능성이 있다는 것을 의미한다.

15.3.2 블루투스 계층

블루투스는 몇 개의 계층을 가지고 있으며, 이 책에서 정의한 인터넷 모델과 정확하게 맞지 않는다.

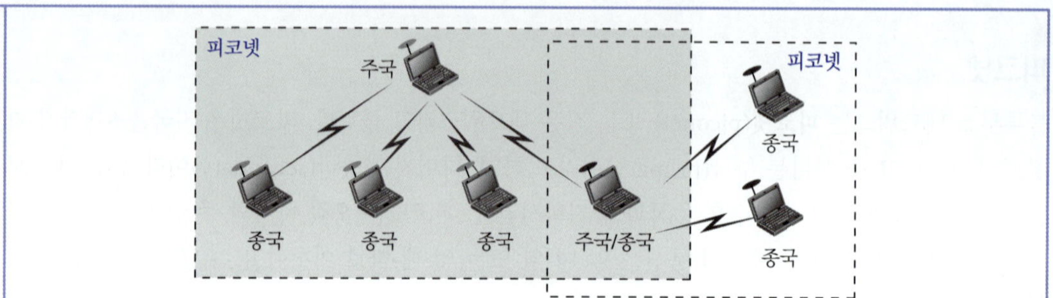

그림 15.18
스캐터넷

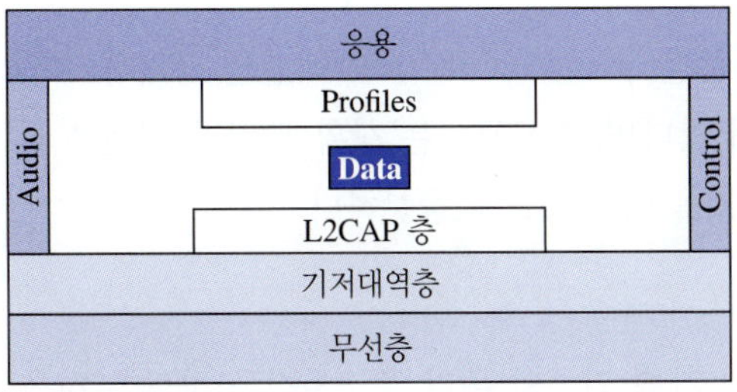

그림 15.19
블루투스 계층

그림 15.19는 이 계층을 보여주고 있다.

L2CAP

논리 링크 제어 및 적응 프로토콜(logical link control and adaptation protocol) 또는 L2CAP(L2는 LL을 의미한다)은 LAN에서 LLC 부계층과 대략적으로 유사하다. 이것은 ACL 링크에서 데이터를 교환하는 데 사용된다.

SCO 채널은 L2CAP을 사용하지 않는다. 그림 15.20은 이 레벨에서 데이터 패킷의 형식을 보여주고 있다.

16비트 길이 필드는 상위층에서 넘어오는 데이터 길이를 바이트 단위로 나타낸다. 데이터는 최대 65,536바이트가 될 수 있다. Channel ID(CID)는 이 레벨에서 가상 채널을 만들기 위해 유일한 식별자를 정의한다(그림 12.20 참조).

L2CAP은 다중화, 분할 및 재조립, 서비스 품질과 그룹 관리 같은 여러 가지 기능을 가지고 있다.

그림 15.20
L2CAP 데이터 패킷 형식

다중화

L2CAP은 다중화를 할 수 있다. 송신자 측에서는 상위 계층 프로토콜 중 하나로부터 데이터를 받아들인 후 프레임 형태로 만들고, 전달을 위해 기저대역 층으로 보낸다. 수신자 측에서는 기저대역 층으로부터 프레임을 받아들여, 데이터를 추출하고, 적합한 프로토콜 계층으로 보낸다. 이것은 가상 채널의 한 종류를 만드는데, 상위 레벨 프로토콜을 설명하는 뒷장에서 설명할 것이다.

분할 및 재조립

기저대역의 페이로드 필드의 최대 길이는 2,774비트 또는 343바이트이다. 이것은 패킷과 패킷 길이를 정의하기 위해 4바이트를 가진다. 그러므로 상위 계층에서 오는 패킷의 길이는 오직 339바이트이다. 그러나 응용층에서는 때때로 인터넷 패킷과 같은 65,535바이트 길이의 데이터 패킷을 보낼 수 있다. L2CAP은 길이가 긴 패킷을 단편으로 나누어 원래 패킷에서 단편의 위치를 정의하기 위한 별도의 정보를 추가한다. 이 L2CAP은 패킷을 발신지에서 분할하고 목적지에서 재조립한다.

서비스 품질(QoS)

블루투스는 지국의 서비스 품질(quality of service) 레벨을 정의하도록 허용하고 있다. 만약 서비스 품질 레벨이 정의되어 있지 않다면, 블루투스는 상황에 따라 최선을 다하는 최선 노력(best-effort) 서비스를 기본으로 한다는 것을 아는 것으로 충분하다.

그룹 관리

L2CAP의 다른 기능은 장치 간에 일종의 논리 주소지정을 하도록 허용하는 것이다. 이것은 멀티캐스팅과 유사하다. 예를 들어 2개 또는 3개의 종국 장치는 주국으로부터 데이터를 받기 위해 멀티캐스트 그룹이 될 수 있다.

기저대역 계층

기저대역 계층은 LAN의 MAC 부계층과 대략 비슷하다. 접근 방식은 TDMA(나중에 설명)이다. 주국과 종국은 서로 시간 틈새(time slot)를 사용하여 통신한다. 시간 틈새의 길이는 정확하게 체류 시간, 625 μs와 같다. 이것은 한 주파수를 사용하는 시간 동안 송신자는 종국에 프레임을 전송하거나 종국이 주국에 프레임을 전송한다는 것을 의미한다. 통신은 오직 주국과 종국 사이에만 이루어진다는 것에 유의하라. 종국은 다른 종국과 직접 통신할 수 없다.

TDMA

블루투스는 TDD-TDMA(time division duplex TDMA)라고 불리는 TDMA 종류를 사용한다. TDD- TDMA는 종국에서 반이중 양방향 통신의 한 종류로서 송신자와 수신자가 데이터를 송신하고 수신할 수 있지만, 동시에 이루어지지 않는다(반이중). 그러나 각 방향에 대한 통신은 서로 다른 도약을 사용한다. 이것은 서로 다른 반송 주파수를 사용하는 워키토키와 유사하다.

- **단일 종국 통신** 만약 피코넷에 하나의 종국만 있다면, TDMA는 매우 단순하게 동작한다. 시간을 625 μs의 틈새로 나누어, 주국은 짝수 틈새(0, 2, 4, …)를 사용하고 종국은 홀수 틈새(1, 3, 5, …)를 사용한다. TDD-TDMA는 주국과 종국이 반이중 방식으로 통신하도록 한다. 틈새 0에서 주국이 전송하고 종국은 수신한다. 틈새 1에서는 종국이 전송하고 주국이 수신한다. 이 주기가 반복된다. 그림 15.21에서 이 개념을 보여주고 있다.

그림 15.21
단일 종국 통신

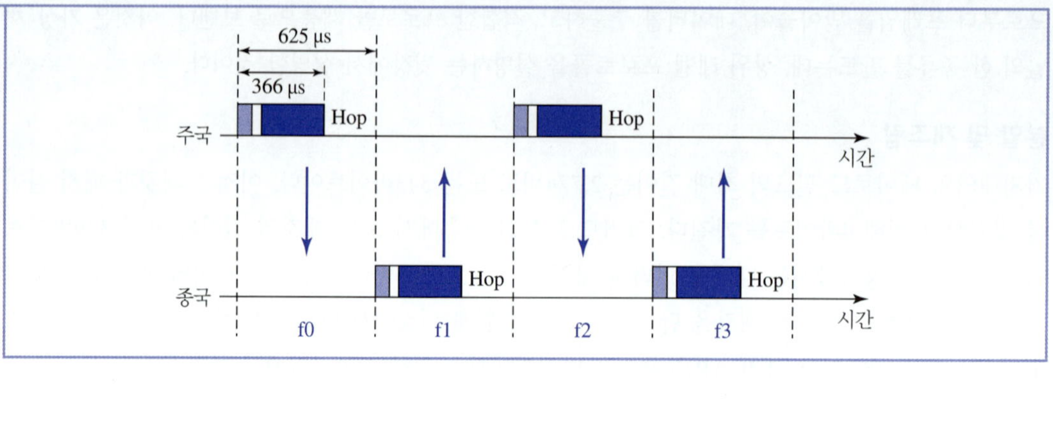

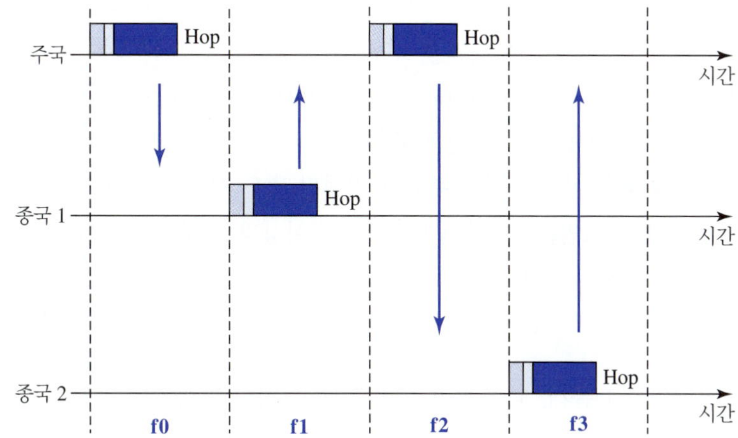

그림 15.22
다중 종국 통신

- **다중 종국 통신** 피코넷에 하나 이상의 종국이 있는 경우 조금 더 복잡해진다. 앞에서처럼 주국은 짝수 틈새를 사용하지만, 한 종국이 이전 틈새(주국이 보낸 틈새)의 패킷에 의해 지정되었다면, 그 종국이 다음 홀수 틈새에 전송한다. 모든 종국은 짝수 틈새를 수신할 수 있지만, 오직 한 종국만 이 홀수 틈새에 전송할 수 있다. 그림 15.22에서 이 시나리오를 보여준다.

  그림에 있는 내용을 자세히 살펴보자.

1. 틈새 0에서 주국은 종국 1에 프레임을 송신한다.
2. 틈새 1에서 오직 종국 1만 주국으로 프레임을 송신한다. 왜냐하면, 이전 프레임에 종국 1이 지정되었기 때문이며, 다른 종국은 기다린다.
3. 틈새 2에서 주국은 종국 2에 프레임을 송신한다.
4. 틈새 3에서 이전 프레임에서 종국 2를 지정했기 때문에 오직 종국 2만 주국에 프레임을 보내고, 다른 종국은 기다린다.
5. 이 주기가 계속된다.

이 접근 방식이 예약기능이 있는 폴/선택(poll/select)과 유사하다는 것을 알 수 있다. 주국이 종국을 선택했을 때, 주국은 종국을 폴링한다. 다음 시간 틈새는 이전에 폴된 지국이 프레임을 보낼 수 있도록 예약된다. 만약 폴된 종국이 전송할 프레임이 없다면 채널은 사용하지 않는 상태가 된다.

링크

주국과 종국 간에 SCO 링크와 ACL 링크의 두 가지 유형이 만들어질 수 있다.

- **SCO 동기 연결형**(SCO, synchronous connection-oriented) **링크**는 대기 시간(데이터 전송 시의 지연)을 피하는 것이 무결성(오류 없는 전송)보다 중요할 때 사용된다. SCO에서 물리 링크는 주국과 종국 간에 규칙적인 간격에서 특정한 틈새를 예약하는 것으로 만들어진다. 연결의 기본 단위는 각 방향당 1개씩, 2개의 틈새이다. SCO에서 패킷이 손상되면, 절대 재전송하지 않는다.

SCO는 지연을 피하는 것이 가장 중요한 실시간 오디오에 사용된다. 종국은 주국과 최대 3개의 SCO 링크를 만들 수 있으며, 각 링크당 64 kbps의 디지털화된 오디오(PCM)를 보낼 수 있다.

- **ACL 비동기 비연결형**(ACL, asynchronous connectionless) **링크**는 데이터 무결성이 지연을 피하는 것보다 중요할 때 사용된다. 이 링크 유형은 프레임에 캡슐화된 페이로드가 손상되면 프레임을 재전송한다. 종국은 이전 틈새에 주소가 지정된 경우 사용 가능한 홀수 틈새에 ACL 프레임을 반환한다. ACL 프레임은 1개나 3개, 또는 그 이상의 틈새를 사용할 수 있고, 데이터율은 최대 721 kbps까지 이를 수 있다.

프레임 형식

기저대역 층에서 프레임은 1-틈새, 3-틈새, 또는 5-틈새 중 하나의 형태를 가진다. 이전에 말한 것처럼 한 틈새는 625 μs이다. 그러나 1-틈새 프레임 교환에는 도약과 제어 절차를 위해 259 μs가 필요하다. 이것은 1-틈새 프레임은 625 − 259, 즉 366 μs만큼 지속될 수 있다는 것을 의미한다. 1 MHz의 대역폭과 1 bit/Hz를 가진다면, 1-틈새의 크기는 366비트이다.

3-틈새 프레임은 3개의 틈새를 차지한다. 그러나 259 μs가 도약에 사용되기 때문에, 프레임의 길이는 3 × 625 − 259 = 16,167 μs 또는 1,616비트이다. 3-틈새 프레임을 사용하는 장치는 3개의 틈새 동안 같은 반송 주파수에 머물러 있어야 한다. 단지 하나의 도약 숫자가 사용되더라도, 3개의 도약 숫자가 소비된다. 이는 각 프레임의 도약 숫자가 프레임의 첫 번째 틈새와 같다는 것을 의미한다.

5-틈새 프레임 또한 도약하는 데 259비트를 사용하므로 프레임의 길이는 5 × 625 − 259 = 2,866비트이다.

그림 15.23에서 세 가지 프레임 형식의 유형을 보여준다.

각 필드의 세부적인 내용은 다음과 같다.

- **접속 코드**(access code) 이 72비트의 필드는 일반적으로 동기 비트와 한 피코넷의 프레임을 다른 피코넷과 구별하기 위한 주국의 식별자를 포함한다.
- **헤더**(header) 54비트의 필드는 18비트의 형태가 반복된다. 각 형태는 아래의 부필드를 가지고 있다.
  a. **주소**(address) 3비트의 주소 부필드는 종국을 7개(1~7)까지 정의할 수 있다. 주소 값이 0인 경우, 브로드캐스트 통신, 즉 주국에서 모든 종국으로 전송하는 경우에 사용된다.

그림 15.23
프레임 형식의 유형

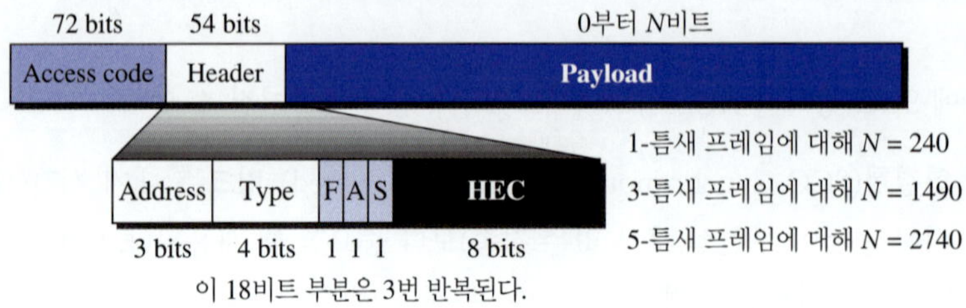

b. **유형**(type) 이 4비트의 부필드는 상위 계층에서 오는 데이터의 유형을 정의한다. 이 유형은 나중에 설명한다.

c. **F** 이 1비트의 부필드는 흐름 제어를 위한 것이다. 1로 설정되면, 이것은 장치가 더 이상 프레임을 수신할 수 없다(버퍼가 꽉 찬 경우)는 것을 나타낸다.

d. **A** 이 1비트의 부필드는 확인응답을 위한 것이다. 블루투스는 정지-후-대기 ARQ를 사용하기 때문에 확인응답을 위해서 1비트로 충분하다.

e. **S** 이 1비트의 부필드는 순서 번호를 가지고 있다. 블루투스는 정지-후-대기 ARQ를 사용하기 때문에 순서 번호를 붙이는 데 1비트로 충분하다.

f. **HEC** 8비트의 헤더 오류 정정 부필드는 각 18비트의 헤더 영역에 대한 오류 검출을 위한 검사합이다. 헤더는 동일한 3개의 18비트 영역을 가지고 있다. 수신자는 3개의 영역을 비트 대 비트로 비교한다. 만약 각 3개의 비트(각 영역별 같은 위치의 비트)가 일치하면, 그 비트는 받아들이고, 그렇지 않다면 같은 값을 가진 비트가 많은 쪽을 받아들인다. 이것은 헤더만을 위한 전방향 오류 정정(FEC, forward error correction)의 한 형태이다. 이런 이중의 오류 제어는 공기를 통한 통신 자체가 잡음이 많기 때문에 필요하다. 이 부계층에서 재전송이 없음에 유의하라.

- **페이로드**(payload) 이 부필드는 0~2,740비트의 길이를 갖는다. 여기에는 상위 계층에서 오는 데이터나 제어 정보가 포함된다.

무선 계층

무선 계층(radio layer)은 대체적으로 인터넷 모델의 물리층과 비슷하다. 블루투스 장치는 적은 전력을 사용하며 10 m의 반경 범위를 가지고 있다.

대역

블루투스는 79개의 채널로 나뉜 2.4 GHz ISM 대역을 사용하며, 한 채널당 1 MHz씩 할당된다.

FHSS

블루투스는 다른 장치나 네트워크의 간섭을 피하기 위해 물리층의 **주파수 도약 대역 확산**(FHSS, frequency-hopping spread spectrum) 방식을 사용한다. 블루투스는 초당 1,600번 도약을 하는데, 이것은 각 장치가 초당 1,600번 변조 주파수를 바꾼다는 것을 의미한다. 어느 한 장치가 다른 주파수로 도약하기 전에 오직 625 μs(1/1,600 s) 동안 한 주파수를 사용하며 체류시간은 625 μs이다.

변조

비트를 신호로 바꾸기 위해, 블루투스는 GFSK(가우시안 대역폭 필터를 가진 FSK, 이 주제의 설명은 책의 범위를 넘는 것으로 제외한다)라고 부르는 복잡한 FSK를 사용한다. FSK는 반송 주파수를 가지고 있다. 비트 1은 반송 주파수보다 높은 값으로 표현되며, 비트 0은 반송 주파수보다 낮은 수치로 표현된다. MHz 단위의 반송 주파수는 각 채널에서 아래의 식으로 표현된다.

$$f_c = 2{,}402 + n \text{ MHz} \qquad n = 0, 1, 2, 3, \ldots, 78$$

예를 들어, 첫 번째 채널은 2,402 MHz(2.402 GHz)의 반송 주파수를 사용하며, 두 번째 채널에서는 2,403 MHz(2.403 GHz)의 반송 주파수를 사용한다.

15.4 추천 자료

15.4.1 추천 도서

이 장에서 설명된 주제에 대해서 좀 더 자세한 내용은 다음의 책을 참고하기 바란다. 괄호 안에 들어가 있는 항목은 책의 뒷부분의 참고문헌에 있다.

참고문헌

이 장에서 다룬 개요 내용에 대해서는 [Sch 03], [Gas 02], [For 03], [Sta 04], [Sta 02], [Kei 02], [Jam 03], [AZ 03], [Tan 03], [Cou 01], [Com 06], [GW 04], [PD 03]에서 찾을 수 있다.

15.4.2 중요 용어

access point(AP)
ad hoc network
asynchronous connectionless link(ACL)
basic service set(BSS)
beacon frame
Bluetooth
BSS-transition mobility
complementary code keying(CCK)
direct sequence spread spectrum(DSSS)
distributed coordination function(DCF)
distributed interframe space(DIFS)
ESS-transition mobility
extended service set(ESS)
frequency-hopping spread spectrum(FHSS)
high-rate direct-sequence spread spectrum(HR-DSSS)
Logical Link Control and Adaptation Protocol(L2CAP)
multiple-input multiple-output(MIMO)
antenna
network allocation vector (NAV)
no transition mobility
orthogonal frequency-division multiplexing(OFDM)
piconet
point coordination function(PCF)
pulse position modulation (PPM)
scatternet
short interframe space(SIFS)
signal to noise ration(SNR)
synchronous connection-oriented(SCO) link
TDD-TDMA(time-division duplex TDMA)

15.4.3 요약

- 무선망의 종류와 특성은 유선망과 다르다. 유선망에서 무시해도 좋은 것들이 무선망에서는 문제가 된다. 숨겨진 지국 문제와 같은 여러 문제 때문에 무선 LAN에서 접속 제어 또한 유선 LAN과 다르다.

- 무선 LAN의 IEEE 802.11 표준안은 기본 서비스 집합(BSS)과 확장 서비스 집합(ESS)이라는 두 가지 서비스를 정의하고 있다. 분산 조정 함수 MAC 부계층에서 사용하는 매체 접근 방식은 CSMA/CA이다. 점 조정 함수 MAC 부계층에서 사용하는 매체 접근 방식은 폴링이다. 네트워크 프레임은 발신지, 이전 노드, 현재 노드, 목적지의 4개의 주소를 포함한다. 이 네트워크에는 접속 제어와 데이터 전송을 다루는 프레임도 있다.
- 블루투스는 작은 지역에서 장치(가젯이라 부르는)들을 연결하는 무선 LAN 기술이다. 블루투스 네트워크는 피코넷(piconet)이라고 하며, 다중의 피코넷은 스캐터넷(scatternet)을 형성한다. 블루투스는 이 책에서 설명한 인터넷 모델과는 일치하지 않는 계층들을 사용한다. L2CAP은 LAN의 LLC 부계층과 거의 비슷하다. 기저대역 계층은 LAN의 MAC 부계층과 유사하다. 이 연결 방법을 TDMA라 한다.

15.5 연습문제

15.5.1 객관식

1. 다음 유선과 무선 LAN의 설명 중 옳은 것은?
   - a. 둘 다 TCP/IP 프로토콜 그룹의 하위 두 계층에서 동작한다.
   - b. 유선 LAN은 TCP/IP 프로토콜 그룹의 하위 두 계층에서 동작하고, 무선 LAN은 하위 세 계층에서 동작한다.
   - c. 유선 LAN은 TCP/IP 프로토콜 그룹의 하위 세 계층에서 동작하고, 무선 LAN은 하위 두 계층에서 동작한다.
   - d. 둘 다 TCP/IP 프로토콜 그룹의 하위 세 계층에서 동작한다.

2. IEEE는 ____________으로 불리는 물리층과 데이터 링크층을 포함하는 무선 LAN의 세부사항을 정의하였다.
   - a. IEEE 802.3
   - b. IEEE 802.5
   - c. IEEE 802.11
   - d. IEEE 802.2

3. CSMA/CD 알고리즘은 무선 LAN에서 사용되지 않는데 그 이유는?
   - a. 무선 호스트가 전이중 모드로 작동하기 위한 충분한 전력을 가지고 있지 않아서
   - b. 숨겨진 지국 문제 때문에
   - c. 신호 감쇠로 한 지국이 반대편에서 발생한 충돌을 감지할 수 없어서
   - d. 모두 정답

4. IEEE 802.11에서 ____________은 정지한 혹은 이동 무선 지국과 선택적으로 접속점(AP)으로 알려진 중앙 기지국을 포함한다.
   - a. ESS
   - b. BSS
   - c. CSS
   - d. 정답 없음

5. IEEE 802.11에서 AP를 제외한 BSS를 ____________(이)라고 한다.
   - a. 애드 혹 구조
   - b. 기반구조 네트워크
   - c. 애드 혹 구조나 기반구조 네트워크
   - d. 정답 없음

6. IEEE 802.11에서 AP를 포함한 BSS를 종종 ____________으로 나타낸다.
   a. 애드 혹 구조
   b. 기반구조 네트워크
   c. 애드 혹 구조나 기반구조 네트워크
   d. 정답 없음

7. IEEE 802.11에서 2개의 다른 BSS의 두 지국 간의 통신은 종종 2개의 ____________을 통해 이루어진다.
   a. BSS　　b. ESS
   c. AP　　d. 정답 없음

8. IEEE 802.11에서 ____________ 이동이 가능한 지국은 정적(움직이지 않음)이거나 BSS 내에서만 이동한다.
   a. 무-전이　　b. BSS-전이
   c. ESS-전이　　d. 정답 없음

9. IEEE 802.11에서 ____________ 이동이 가능한 지국은 하나의 BSS에서 다른 BSS로 이동이 가능하지만 이동은 하나의 ESS 내로만 제한된다.
   a. 무-전이　　b. BSS-전이
   c. ESS-전이　　d. 정답 없음

10. IEEE 802.11에서 ____________ 이동이 가능한 지국은 ESS간의 이동이 가능하다.
   a. 무-전이　　b. BSS-전이
   c. ESS-전이　　d. 정답 없음

11. IEEE 802.11에서 분산 조정 함수(DCF)는 접속 기법으로 ____________을 사용한다.
   a. CSMA/CA　　b. CSMA/CD
   c. ALOHA　　d. 정답 없음

12. IEEE 802.11에서 한 BSS의 지국에서 다른 BSS의 지국으로 프레임이 전달될 때 주소 플래그는 ____________이다.
   a. 00　　b. 01
   c. 10　　d. 11

13. IEEE 802.11에서 AP에서 지국으로 전달되는 프레임의 주소 플래그는 ____________이다.
   a. 00　　b. 01
   c. 10　　d. 11

14. IEEE 802.11에서 지국에서 AP로 전달되는 프레임의 주소 플래그는 ____________이다.
   a. 00　　b. 01
   c. 10　　d. 11

15. IEEE 802.11에서 프레임이 무선 분산 시스템의 한 AP에서 다른 AP로 이동할 때 주소 플래그는 ____________이다.
   a. 00　　b. 01
   c. 10　　d. 11

16. IEEE 802.11에서 PCF 부계층에서 사용하는 접속 기법은 ____________이다.
   a. 경쟁　　b. 제어
   c. 폴링　　d. 정답 없음

17. IEEE 802.11에서 ____________은 충돌 회피에 사용되는 시간이다.
   a. NAV　　b. BSS
   c. ESS　　d. 정답 없음

18. IEEE 802.11에서 주소 기법은 최대 ____________개의 주소를 포함할 수 있다.
   a. 4　　b. 5
   c. 6　　d. 정답 없음

19. 본래의 IEEE 802.11은 ____________(을)를 사용한다.
   a. FHSS　　b. DSSS
   c. OFDM　　d. FHSS나 DSSS

20. IEEE 802.11a는 ____________(을)를 사용한다.
   a. FHSS　　b. DSSS
   c. OFDM　　d. FHSS나 DSSS

21. IEEE 802.11b는 ____________(을)를 사용한다.
   a. FHSS　　b. DSSS
   c. OFDM　　d. FHSS나 DSSS

22. IEEE 802.11g는 ____________(을)를 사용한다.
   a. FHSS　　b. DSSS
   c. OFDM　　d. FHSS나 DSSS

23. IEEE 802.11 FHSS는 ____________ 변조를 사용한다.
   a. ASK   b. FSK
   c. PSK   d. 정답 없음

24. IEEE 802.11나 IEEE 802.11b DSSS는 ____________ 변조를 사용한다.
   a. ASK   b. FSK
   c. PSK   d. 정답 없음

25. IEEE 802.11a, IEEE 802.11g, 혹은 IEEE 802.11n OFDM은 ____________ 변조를 사용한다.
   a. ASK   b. FSK
   c. PSK   d. 정답 없음

26. 블루투스는 작은 지역에서 장치(가젯이라 불리는)를 연결하기 위한 ____________ 기술이다.
   a. 유선 LAN   b. 무선 LAN
   c. VLAN   d. 정답 없음

27. 블루투스에서 다중 ____________은 ____________으로 불리는 네트워크를 형성한다.
   a. 스캐터넷, 피코넷   b. 피코넷, 스캐터넷
   c. 피코넷, 블루넷   d. 블루넷, 스캐터넷

28. 블루투스 네트워크는 ____________개의 주국과 최대 ____________개의 종국으로 구성된다.
   a. 1, 5   b. 5, 3
   c. 2, 6   d. 1, 7

29. 블루투스에서 현재 데이터율은 ____________Mbps이다.
   a. 2   b. 5
   c. 11   d. 정답 없음

30. 블루투스의 접속 기법은 ____________이다.
   a. FDMA   b. TDD-TDMA
   c. CDMA   d. 정답 없음

31. 블루투스의 ____________ 링크는 지연을 줄이는 것보다 데이터의 무결성이 더 중요할 때 사용된다.
   a. SCO   b. ACL
   c. ACO   d. SCL

32. 블루투스는 다른 장치나 다른 네트워크로부터 간섭을 회피하기 위해 물리층에서 ____________을 사용한다.
   a. DSSS   b. FHSS
   c. FDMA   d. 정답 없음

15.5.2 주관식

Q-1 오늘날의 통신 환경에서 유선 LAN과 무선 LAN을 비교, 설명하라.

Q-2 유선 LAN에서보다 무선 LAN에서 MAC 프로토콜이 더 중요한 이유를 설명하라.

Q-3 잡음과 전파방해를 제외하고 유선 LAN보다 무선 LAN에서 감쇠가 더 많이 생기는 이유를 설명하라.

Q-4 왜 유선 LAN의 SNR보다 무선 LAN의 SNR이 더 작은가?

Q-5 다중경로 전파는 무엇인가? 무선망에서 효과는 무엇인가?

Q-6 무선 LAN에서 CSMA/CD를 사용하지 않는 이유는 무엇인가?

Q-7 무선 LAN에서 단편화가 왜 권고되는지 설명하라.

Q-8 유선 LAN에서는 프레임이 하나지만 무선 LAN에서 프레임이 4개인 이유를 설명하라.

Q-9 802.3의 MAC 주소(유선 이더넷)와 802.11의 MAC 주소(무선 이더넷)는 서로 다른 주소 공간을 사용하는가?

Q-10 AP가 무선망을 유선망에 연결하려고 한다. 이 경우에 AP는 2개의 MAC 주소가 필요한가?

Q-11 무선망의 AP는 유선망의 연결 계층의 교환기와 같은 역할을 한다. 하지만 연결 계층의 교환기는 MAC 주소가 없지만, 일반적으로 AP는 필요하다. 이유를 설명하라.

Q-12 블루투스를 무선 근거리 통신망(WLAN)보다 무선 개인망(WPAN)이라고 부르는 이유는 무엇인가?

Q-13 블루투스 네트워크에서 피코넷과 스캐터넷을 비교, 설명하라.

Q-14 피코넷은 8개 이상의 지국을 가질 수 있는가? 설명하라.

Q-15 블루투스 네트워크에서 통신에 사용하는 실제 대역폭은 무엇인가?

Q-16 블루투스에서 무선 계층의 역할은 무엇인가?

Q-17 빈 칸을 채워라. 블루투스의 83.5 MHz 대역은 각 ______________ MHz인 ______________개 채널에 분배된다.

Q-18 블루투스가 사용하는 확산 대역 기술은 무엇인가?

Q-19 블루투스에서 무선 계층의 변조 기술은 무엇인가? 다시 말해서 어떻게 아날로그 신호를 디지털 신호로 변경하는가?

Q-20 블루투스의 기저대역 계층에서는 어떤 MAC 프로토콜을 사용하는가?

Q-21 블루투스에서 L2CAP 계층의 역할은 무엇인가?

15.6 시뮬레이션 실험

15.6.1 애플릿

이번 장의 주요 개념을 보여주기 위해 자바 애플릿을 만들었다. 이는 학생들이 이 책의 웹 사이트에서 다운받아 실행하고 프로토콜을 실험해 보는 것을 강력하게 추천한다.

15.6.2 실습 과제

이 책의 웹 사이트를 사용해 무선 LAN의 시뮬레이터를 어떻게 사용하는지를 찾아라.

실습 15-1 실습실에서 무선 호스트와 AP 사이에 교환되는 무선 프레임을 캡처하고 분석하라.

15장 실습 과제

이 장의 실험-실습 과제를 하나만 만들었다. 그렇지만 뒤에 설명하겠지만 무선 패킷을 캡처하려면 추가적인 소프트웨어가 필요하다. 실습-보고서 양식도 포함되어 있다. 당신은 와이어샤크 소프트웨어를 설치하고 사용하는 방법을 설명한 1장의 실습 과제를 수행해 본 것으로 간주한다.

15.1 LAB15-1: 무선 네트워크

IEEE 프로젝트 802.11은 무선 LAN의 표준이다. 이 실습에서 IEEE 802.11 프레임을 캡처해서 살펴본다. 불행하게도 무선파에서는 동작하지 않기 때문에 무선 트래픽을 캡처할 수 없다. 무선 패킷을 캡처하기 위해서는 와이어샤크에서 효과적으로 동작하도록 설계된 USB-기반 802.11 radio인 AirPcap을 구입해야 한다. AirPcap에는 외부 안테나도 포함되어 있는데, 이는 신호를 수신하는 능력을 증가시킨다. 또 다른 대안으로 여러 웹 사이트에서 캡처된 무선 패킷을 다운로드 받을 수 있다. 여러 가지 와이어샤크 캡처 파일을 제공하는 웹 사이트 중 하나는 다음과 같다.

http://wiki.wireshark.org/SampleCaptures.

와이어샤크와 AirPcap이 장착된 무선 노트북을 이용하여 무선 패킷을 캡처한다. 노트북은 반드시 접속점(AP)에 연결되어 있어야 한다. 위치에 따라 캡처된 패킷을 많이 가질 수 있다. 802.11 표준은 지국들이 무선 링크를 관리하고 제어하기 위해 사용하는 여러 가지 프레임 유형을 지정한다. 모든 프레임은 802.11 프로토콜 버전, 프레임 유형, 그 밖의 여러 가지 지시자 등을 나타내는 제어 필드를 갖는다. 추가하여 모든 프레임은 링크층 주소, 프레임 순서 번호, 프레임 본문, 프레임 확인 순서(그림 15.9 참조)가 들어 있다.

Part I 서로 다른 프레임 유형과 기능들

캡처된 추적 정보에는 많은 무선 프레임이 있다. 이 프레임 중 일부는 관리 프레임이고, 일부는 제어 프레임, 나머지는 데이터 프레임이다.

문제

캡처된 정보를 이용하여 실험-실습 보고서에 있는 다음 질문에 답하라.

1. 추적 정보에 있는 관리 프레임을 나열하라.
2. 추적 정보에 있는 제어 프레임을 나열하라.
3. 추적 정보에 있는 데이터 프레임을 나열하라.

4. 어떤 캡처된 프레임이 연관(association) 프레임인가(연관 프레임을 알려면 인터넷을 이용하라)?
5. 어떤 캡처된 프레임이 표지(beacon, 비컨) 프레임인가(표지 프레임을 알려면 인터넷을 이용하라)?
6. 어떤 캡처된 프레임이 탐침(probe) 프레임인가(탐침 프레임을 알려면 인터넷을 이용하라)?
7. 어떤 캡처된 프레임이 RTS 프레임인가?
8. 어떤 캡처된 프레임이 CTS 프레임인가?
9. 어떤 캡처된 프레임이 ACK 프레임인가?

Part II Beacon 프레임

문제

캡처된 정보를 이용하여 실험-실습 보고서 양식에 있는 질문에 답하라.

1. Hexadump로부터 다음을 답하라.
   a. FC의 16진 값은? 이 16진 값의 서로 다른 비트들의 의미를 해석하라.
   b. 이 프레임의 주기
   c. 이 프레임에서 주소의 개수. 각 주소는 어떤 개체를 지정하는가?
   d. FCS의 16진 값은?
2. Packet detail pane을 이용하여 문제 1에 대한 답을 확인하라.

Part III 확인응답(acknowledgement) 프레임

문제

캡처된 정보를 이용하여 실험-실습 보고서에 있는 다음 질문에 답하라.

1. Hexadump로부터 다음을 기술하라.
   a. FC의 16진 값은? 이 16진 값의 서로 다른 비트들의 의미를 해석하라.
   b. 이 프레임의 주기
   c. 이 프레임에서 주소의 개수는? 각 주소는 어떤 개체를 지정하는가?
   d. FCS의 16진 값은?
2. Packet detail pane을 이용하여 문제 1에 대한 답을 확인하라.

Part IV 탐침(probe) 프레임

문제

캡처된 정보를 이용하여 실험-실습 보고서에 있는 다음 질문에 답하라.

1. Hexadump로부터 다음을 기술하라.
   a. FC의 16진 값은? 이 16진 값의 서로 다른 비트들의 의미를 해석하라.
   b. 이 프레임의 주기
   c. 이 프레임에서 주소의 개수는? 각 주소는 어떤 개체를 지정하는가?
   d. FCS의 16진 값은?
2. Packet detail pane을 이용하여 문제 1에 대한 답을 확인하라.

15.1.1 제출할 문서

1. 문제에 대한 답이 들어 있는 Lab15-1 실험-실습 보고서
2. 캡처된 정보 출력물

Lab15-1 실험-실습 보고서: 무선

성명:	학번:	날짜:
Part I		
1	캡처된 관리 프레임:	
2	캡처된 제어 프레임:	
3	캡처된 데이터 프레임:	
4	프레임 중 연관(association) 프레임 개수:	
5	프레임 중 비컨(beacon) 프레임 개수:	
6	프레임 중 탐침(probe) 프레임 개수:	
7	프레임 중 RTS 프레임 개수:	
8	프레임 중 CTS 프레임 개수:	
9	프레임 중 ACK 프레임 개수:	

Part II	
1	a. FC의 16진 값: 서로 다른 비트들의 의미:
	b. 프레임의 주기
	c. 프레임에 있는 주소의 수 각 주소는 어떤 개체를 지정하는가?
	d. FCS 필드의 16진 값
2	detail packet pane에 있는 정보를 이용하여 질문 1에 있는 답을 확인하라.

Part III	
1	a. FC의 16진 값: 서로 다른 비트의 의미:
	b. 프레임의 주기
	c. 프레임에 있는 주소의 수 각 주소는 어떤 개체를 지정하는가?
	d. FCS 필드의 16진 값
2	detail packet pane에 있는 정보를 이용하여 질문 1에 있는 답을 확인하라.

Part IV	
1	a. FC의 16진 값: 서로 다른 비트들의 의미:
	b. 프레임의 주기
	c. 프레임에 있는 주소의 수 각 주소는 어떤 개체를 지정하는가?
	d. FCS 필드의 16진 값
2	detail packet pane에 있는 정보를 이용하여 질문 1에 있는 답을 확인하라.

객관식 홀수 번 문제 정답

1. ⓐ 3. ⓓ 5. ⓐ 7. ⓒ 9. ⓑ 11. ⓐ 13. ⓑ 15. ⓓ 17. ⓐ 19. ⓓ 21. ⓑ 23. ⓑ 25. ⓓ 27. ⓑ 29. ⓓ 31. ⓑ

CHAPTER 16

그 밖의 무선망들

13장에서 유선 LAN과 14장에서 그 밖의 유선망(연결망과 광역 통신망)에 대해서 알아보았다. 15장에서는 무선망에 대해 알아보았다. 이 장에서는 다른 무선망(접속망과 광역 통신망)에 대해서 알아볼 것이다.

이 장은 3개의 절로 나뉜다.

첫 번째 절은 14장에서 설명했던 유선망을 대체할 수 있는 무선망인 WiMAX에 대해 논의한다. 처음에는 네트워크가 제공하는 서비스에 관해 설명한다. 이후에는 IEEE 802.16 프로젝트를 설명한다. 마지막엔 WiMAX의 링크 계층과 물리층을 정의한다.

두 번째 절은 휴대 전화망에 관해 설명한다. 이어서 주파수 재사용 원칙을 설명한다. 그런 다음 이 네트워크의 일반적인 동작에 관해 설명하고, 이어지는 5개의 소절은 각각 휴대 전화망 세대를 하나씩 설명한다.

세 번째 절은 위성망에 관해 설명한다. 처음에는 위성의 모든 유형의 동작을 설명한다. 이후 GEO 위성의 특성을 설명하고 MEO 위성과 그 응용을 설명한다. 마지막에서는 LEO 위성의 기능과 응용에 관해 설명한다.

16.1 WiMAX

먼저 무선망에 대해 살펴보자. 14장에서 전화와 케이블 회사들이 집과 사무실에서 인터넷에 접속하기 위해 유선망을 제공한다는 것을 알았다. 오늘날 최신 경향은 인터넷 접속을 위한 무선 기술로 옮겨가고 있다. 이러한 경향에는 두 가지 이유가 있다. 첫 번째로 사람들은 인터넷에 접속하기 쉽고 비용이 적게 드는 유선 접속을 사용하는 집이나 사무실에서 인터넷에 접속하기 원한다. 두 번째로 사람들은 휴대폰을 이용하면서 인터넷에 접속하기를 원한다. **WiMAX**(Worldwide Interoperability for Microwave Access)는 이러한 응용의 유형을 위해 설계되었다. 이는 "라스트 마일(last mile, 1마일 내외의 비교적 짧은 구간에 적용되는 통신 기술)" 광대역 무선 접속을 제공한다.

16.1.1 서비스

WiMAX는 고정식(fixed)과 이동식(mobile)이라는 두 가지 서비스를 제공한다.

고정식 WiMAX

그림 16.1은 고정식 서비스의 배경 아이디어를 보여준다. 기지국은 성능의 최적화를 위해 서로 다른 형태의 안테나를 사용할 수 있다. WiMAX는 빔스티어링(beemsteering) **적응형 안테나 시스템**(AAS, Adaptive Antenna System)을 사용한다. 전송하는 동안 가입자 방향으로 에너지를 집중할 수 있고, 수신하는 동안 가입자가 보내는 최대 전력을 받기 위해 가입자 기기 방향으로 에너지를 집중할 수 있다.

고정식 서비스는 전화와 유선 접속을 사용하는 네트워크 회사들에 의해 제공된 서비스를 비교할 수 있다. 또한, WiMAX는 송신과 수신을 동시에 제공하는 MIMO(multi-input, multi-output) 안테나 시스템을 사용한다.

그림 16.1
고정식 WiMAX

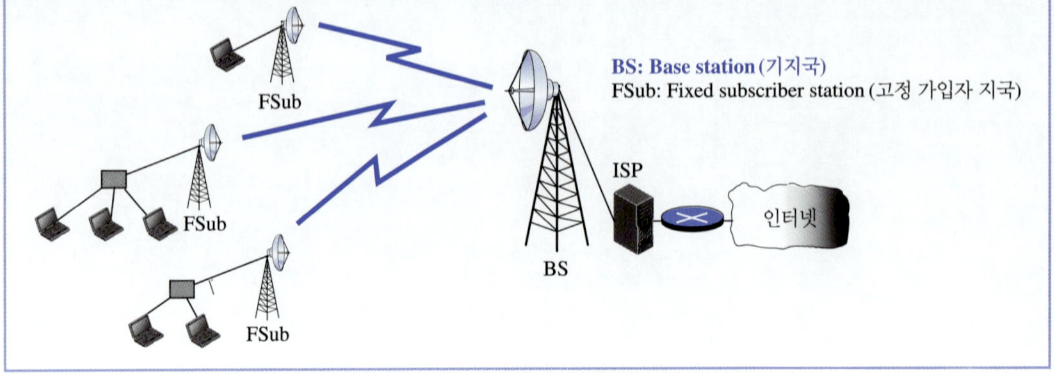

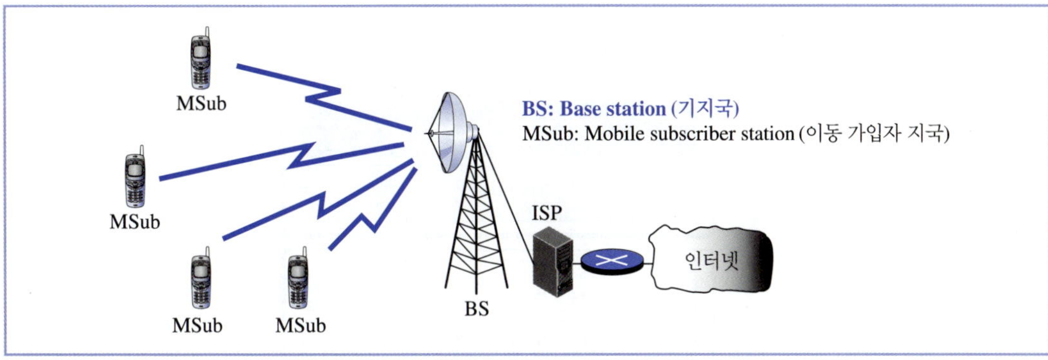

그림 16.2
이동식 WiMAX

이동식 WiMAX

그림 16.2는 이동식 서비스의 배경 아이디어를 보여준다. 가입자들이 한 장소에서 다른 장소로 이동하는 이동 지국이라는 것을 제외하고는 고정식 서비스와 동일하다. **로밍**(roaming)과 같은 셀 방식 전화 시스템과 동일한 문제를 여기에서 설명한다.

16.1.2 IEEE 프로젝트 802.16

WiMAX는 2002년에 독자적인 광대역 무선 시스템을 표준화하기 위한 노력의 일환인 IEEE 802.16 프로젝트의 결과이다. 이 표준은 유선 가입자 회선(다이얼-업, DLS, 케이블)과는 대조되는 무선 가입자 회선(wireless local loop)으로 언급된다. 이 표준에 관해 설명하기 전에 802.16과 802.11 프로젝트에 대해서 비교해 보자. 우선 802.11은 무선 LAN에 대한 표준이고 802.16은 무선 WAN(또는 MAN)에 대한 표준이다. 802.11에서 기지국과 호스트 사이의 거리는 매우 짧지만 802.16에서는 기지국과 가입자 지국 사이의 거리가 10킬로미터나 된다. 802.11은 비연결형 통신을 정의하고 802.16은 연결형 통신을 정의한다.

최근 IEEE 802.16은 고정식 WiMAX에 초점을 맞춘 IEEE 802.16d와 이동식 WiMAX에 초점을 맞춘 IEEE 802.16e라는 2개의 새로운 표준을 작성했다. 2개의 새로운 표준은 기존 802.16의 배경 아이디어를 바꾸지 않고 두 가지 서비스에 대해서만 초점을 맞추었다.

16.1.3 프로젝트 802.16 계층 구조

그림 16.3은 802.16 프로젝트에서 계층 구조를 보여준다. IEEE는 3개의 부계층을 가진 데이터 링크층과 2개의 부계층을 가진 물리층으로 나누었다.

서비스 지정 수렴 부계층

서비스 지정 수렴 부계층(service specific convergence sublayer)는 광대역 무선 통신을 위해 개정된 DLC 부계층이다. 이것은 각 연결이 특정 QoS로부터 이점을 얻을 수 있는 연결형 서비스를 위해 고안되었다.

그림 16.3
데이터 링크층과 물리층

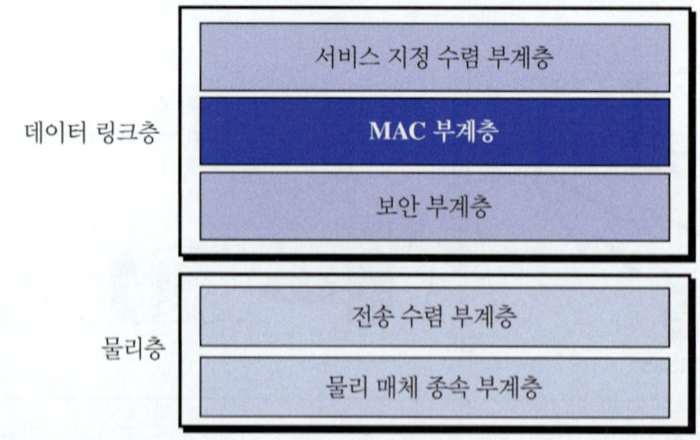

MAC 부계층

MAC 부계층은 접속 방법과 프레임의 형식을 정의한다. 이는 연결형 서비스에 대해 설계되었다. 패킷들은 동일한 통신 시간을 가진 접속 식별자를 사용하여 기지국에서 가입자 지국까지 라우팅된다. 좀 더 연결형 통신에 대해 알고 싶으면 8장을 참고하라.

접속 방법

WiMAX는 12장(그림 12.18)에서 논의했던 예약된(스케줄링된) 접속 방법을 사용한다. 기지국은 가입자 지국에게 데이터 틈새 길이를 보내기 전에 틈새를 예약해야 하고 각 가입자 지국은 기지국에게 데이터의 틈새 길이를 보내기 전에 예약해야 한다.

프레임 구조

그림 16.4에 프레임 형식이 나타나 있다. 프레임의 유형에는 일반과 제어가 있다. 일반은 송신과 수신 페이로드에 사용되고, 제어는 연결을 설정할 때에만 사용된다. 2개의 프레임 유형 모두 6바이트

그림 16.4
WiMAX MAC 프레임 형식

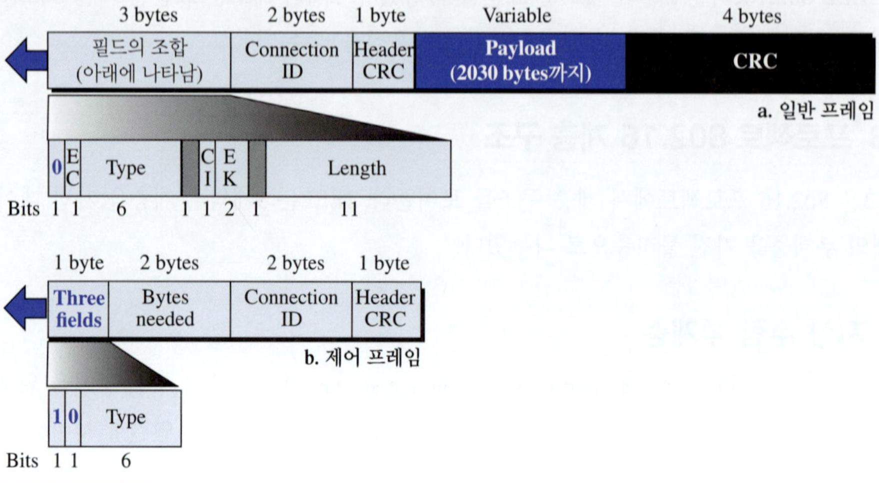

의 일반 헤더를 사용한다. 하지만 몇 개의 바이트는 서로 다른 의미를 갖는다.

아래에 각 필드의 목적이 간단히 나타나 있다.

- 프레임의 맨 처음 비트는 프레임 식별자이다. 비트가 0이면 프레임은 일반 프레임이고, 비트가 1이면 프레임은 제어 프레임이다.
- **EC** Encryption Control 필드는 보안을 목적으로 암호화 여부를 나타내는 하나의 비트를 사용한다. 비트가 0이면 암호화가 필요 없고, 비트가 1이면 나중에 설명할 보안 부계층에서 프레임이 암호화되어야 한다.
- **Type** Type 필드는 프레임의 유형을 정의하는 6개의 비트를 사용한다. 이 필드는 일반 프레임에서만 사용되고 일반적으로 페이로드의 유형을 정의하는 데 사용된다. 페이로드는 패킷, 단편 등이 될 수 있다.
- **CI** Checksum ID 필드는 프레임 검사합 필드를 사용 여부를 결정한다. 페이로드가 멀티미디어라면 전향 오류 정정을 프레임에 적용하고 검사합은 필요 없다.
- **EK** Encryption Key 필드는 암호화가 필요할 때(EC 필드를 확인하라.) 암호화를 위한 4개의 키 중 하나를 정의하는 2개의 비트를 사용한다.
- **Length** Length 필드는 프레임의 전체 길이를 정의하는 11개의 비트를 사용한다. 이 필드가 일반 프레임에서 나타나고 제어 프레임의 필요한 바이트 필드에 의해 변경될 수 있다.
- **Bytes Needed** Byte Needed 필드는 물리층에 할당된 틈새가 필요한 바이트의 수를 정의하는 16개의 비트를 사용한다.
- **Connection ID** Connection ID 필드는 현재 연결에 대한 접속 식별자를 정의하는 16개의 비트를 사용한다. IEEE 802.16과 WiMAX는 이전에 논의했던 연결형 접속을 나타낸다.
- **Header CRC** 프레임의 두 가지 유형 모두 8비트의 Header CRC 필드를 가져야 한다. 헤더 CRC는 헤더가 손상됐는지를 확인하는 데 사용된다. 다항식 $(x^8 + x^2 + x + 1)$을 제수로 사용한다.
- **Payload** 가변 길이 필드로서 서비스 특정 수렴(service specific convergence) 부계층으로부터 프레임에 캡슐화된 데이터인 페이로드를 정의한다. 이 필드는 제어 프레임에는 필요 없다.
- **CRC** 가장 마지막 필드인 *CRC*는 전체 프레임의 오류 검출을 위해 사용된다. 이더넷에 대해 논의된 동일한 제수를 사용한다.

주소지정

글로벌 인터넷에서 각 지국은 노드로 표현되기 때문에 9장(링크 계층 주소지정)에서 정의된 것처럼 각 가입자와 기지국은 일반적으로 48비트의 MAC 주소를 가진다. 하지만 그림 16.4에는 발신지나 목적지 주소 필드가 없다. 이유는 발신지와 목적지 주소의 결합은 처음 연결을 설정하는 동안 연결 식별자(connection identifier)에 매핑되기 때문이다. 이 프로토콜은 8장에서 논의한 접속 식별자나 가상 연결 식별자(VCI, virtual connection identifier)와 같은 연결형 프로토콜이다. 각 프레임은 데이터 전송 시간 동안 동일한 연결 식별자를 사용한다.

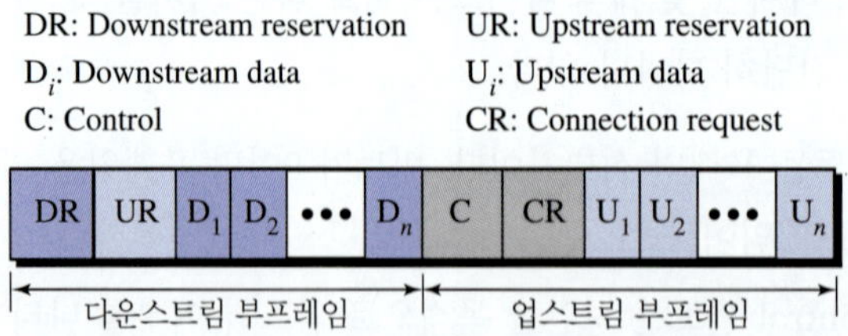

그림 16.5
물리층의 WiMAX 프레임 구조

보안 부계층

데이터 링크층의 마지막 부계층은 WiMAX를 사용하는 통신에 보안(security)을 제공한다. 광대역 무선 통신의 특성은 가입자 지국과 기지국 간의 정보 교환을 위해 암호화를 통해 보안을 제공한다.

전송 수렴 부계층

전송 수렴 부계층(transmission convergence sublayer)은 6장에서 살펴봤던 전이중 통신을 위해 설계된 시분할 다중화를 나타내는 TDD(Time-Division Duplex)를 사용한다. 물리층은 데이터 링크층으로부터 받은 프레임을 물리층의 두 가지 부계층 안에 캡슐화한다. 하지만 물리층의 프레임(frame)과 데이터 링크층의 프레임을 구별해야 한다. 네트워크층에서 데이터 링크층 프레임은 물리층의 부프레임에 대응되는 여러 개의 틈새에 캡슐화가 될 것이다.

물리층의 각 프레임은 기지국에서 가입자까지(다운스트림), 또는 가입자에서 기지국까지(업스트림) 데이터를 전달하기 위해 2개의 부프레임을 사용한다. 그림 16.5를 보면 각 부프레임은 틈새 안에 나뉘어 있다.

물리 매체 종속 부계층

물리 매체 종속 부계층(physical medium dependent sublayer)은 지금도 개정 중이다. 원래 802.16은 10~66 GHz 대역과 기지국으로부터 원거리, 중거리, 단거리 통신을 위해 변조 방식 QPSK(2 bits/baud), QAM-16(4 bits/baud), QAM-64(6 bits/baud)를 정의한다. 후에 IEEE는 직교 주파수 분할 다중화(OFDM, Orthogonal Frequency-Division Multiplexing)를 사용하는 2~11GHz 대역(무선 LAN과 호환되는)이 추가된 802.16d(고정식 WiMAX)를 정의했다. 후에 IEEE는 802.16e(이동식 WiMAX)를 정의하고 확장된 직교 주파수 분할 다중화(SOFDM, Scalable Orthogonal, Frequency-Division Multiplexing)를 추가하였다.

16.2 휴대 전화

휴대 전화(cellular telephony, 휴대폰, 이동 전화라고도 함)는 **이동 지국**(MS, mobile station)이라 부르는 두 이동 단위 사이, 또는 하나의 이동 단위와 육상 단위(land unit)로 부르는 고정 단위 사이에

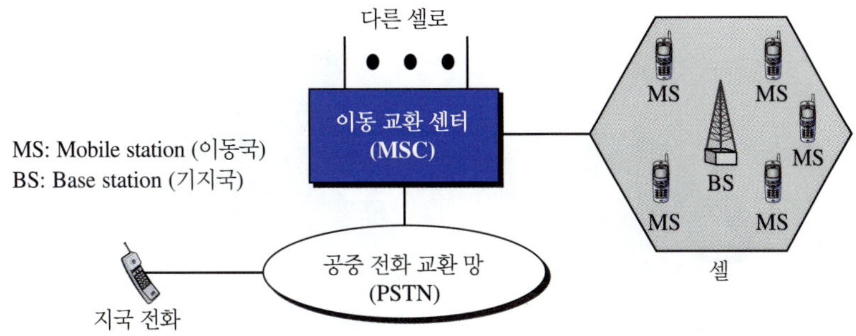

그림 16.6
셀 방식 시스템

통신을 제공하도록 만들어졌다. 서비스 제공자는 반드시 호출자의 위치를 파악하고 추적해야 하며, 호출에 대한 채널 할당을, 호출자가 영역 밖으로 이동할 때 한 기지국에서 다른 기지국으로 채널을 이전해야 한다.

이 추적을 가능하게 하려고 각 셀 방식 서비스 영역을 **셀**(cell)이라는 작은 지역으로 나눈다. 각 셀은 하나의 안테나를 포함하는 작은 **기지국**(BS, base station)에 의해 제어된다. 그리고 각 기지국은 다시 교환국인 **이동 교환 센터**(MSC, mobile switching center)에 의해 제어된다. MSC는 모든 기지국과 전화 중앙교환국 간의 통신을 조정한다. MSC는 컴퓨터화된 센터로서 전화 호출을 연결하고, 호출 정보를 기록하며, 과금한다(그림 16.6 참조).

셀 크기는 고정되어 있지 않으며 지역의 인구에 따라서 증가하거나 감소할 수 있다. 보통 셀의 반지름은 1에서 12마일이다. 인구밀도가 높은 지역은 낮은 인구밀도의 지역보다 많은 통화량 요구를 만족하기 위해 지리적으로 더 작은 셀이 필요하다. 한번 결정되는 셀 크기는 이웃한 셀의 신호에 대한 간섭을 막기 위해 최적화된다. 각 셀의 전송 전력은 자체 신호가 다른 셀의 신호를 간섭하는 것을 방지하기 위해 낮게 유지된다.

16.2.1 동작

휴대 전화의 동작에 대해 간단히 살펴보자.

주파수 재사용 원칙

일반적으로 이웃하는 셀들은 셀 경계에 있는 사용자들에게 간섭을 만들어낼 수 있으므로 통신에 같은 주파수를 사용할 수 없다. 그러나 사용 가능한 주파수 집합은 한정되어 있으므로 주파수는 재사용되어야 한다. 주파수 재사용 패턴은 각 셀이 유일한 주파수 집합을 사용하는 N 셀 구성이다. N은 **재사용 인자**(reuse factor)이다. 이 패턴이 반복될 때 주파수는 재사용될 수 있다. 여러 가지 패턴이 있는데 그림 16.7에 두 가지를 보여주고 있다.

셀 안의 숫자는 패턴을 정의한다. 한 패턴에서 같은 번호를 가진 셀들은 같은 주파수 집합을 사용할 수 있다. 이러한 셀들을 **재사용 셀**(reusing cell)이라고 한다. 그림과 같이 재사용 인자가 4인 패턴에서, 단지 한 셀이 같은 주파수 집합을 사용하는 셀들을 분리한다. 재사용 인자가 7인 패턴에서는 2개의 셀이 재사용 셀들을 분리한다.

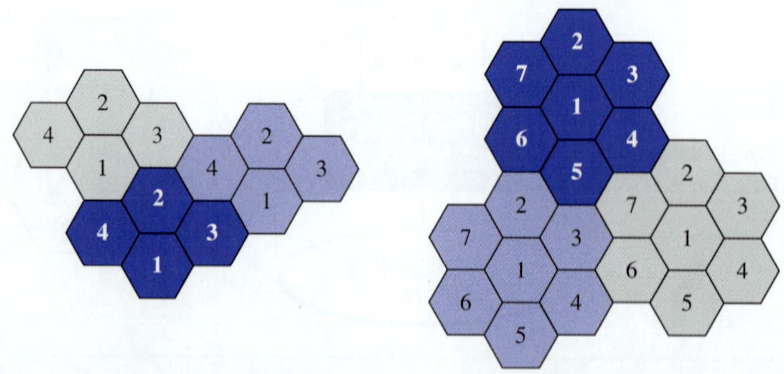

그림 16.7
주파수 재사용 패턴

전송

이동 지국에서 전화 호출을 하려면, 호출자는 7개 또는 10개의 숫자인 전화번호를 입력하고 전송 버튼을 누른다. 그러면 이동 지국은 대역을 조사하여 강한 신호를 가진 설정 채널을 찾고, 이 채널을 이용하여 가장 가까운 기지국에 데이터(전화번호)를 보낸다. 그 기지국은 데이터를 MSC로 중계하고 MSC는 데이터를 전화 중앙교환국으로 송신한다. 만약 피호출자가 전화를 받을 수 있으면 연결이 만들어지고 그 결과가 MSC로 역으로 중계된다. 이 시점에서 MSC가 사용하지 않는 음성 채널을 할당하면 연결이 설정된다. 이동 지국이 자동으로 새로운 채널로 주파수 조정을 하면 통신이 시작될 수 있다.

수신

이동 지국이 호출될 때는 전화 중앙교환국(telephone central office)이 MSC로 번호를 전송한다. MSC는 **페이징**(paging)이라는 과정에서 각 셀에 조회 신호를 전송하여 이동 지국의 위치를 찾는다. 일단 이동 지국이 발견되면 MSC는 벨소리 신호를 전송하고, 이동 지국이 응답할 때 이 호출에 대한 음성 채널을 할당하여 음성 통신이 시작되게 한다.

핸드오프

통화 중에 이동 지국이 한 셀에서 다른 셀로 이동할 수가 있다. 이 경우 신호가 약해질 수 있다. 이 문제를 해결하기 위해서 MSC는 몇 초마다 신호 레벨을 감시하여, 신호 세기가 약해지면 MSC는 더 좋은 통신을 제공하는 새로운 셀을 찾는다. 그리고 MSC는 이 호출을 담당하는 채널로 변경한다(신호를 이전 채널에서 새로운 채널로 넘겨준다).

하드 핸드오프

초기 시스템은 **하드 핸드오프**(hard handoff)를 사용하였다. 하드 핸드오프에서는 이동 지국이 단 하나의 기지국과 통신을 한다. MS가 한 셀에서 다른 셀로 이동할 때, 새로운 기지국과 통신이 설정되기 전에 이전 기지국과의 통신이 먼저 끊어져야 한다. 이런 경우에는 거친 전환이 일어난다.

소프트 핸드오프

새로운 시스템은 **소프트 핸드오프**(soft handoff)를 사용한다. 이 경우 이동 지국이 두 기지국과 동시에 통신할 수 있다. 이것은 핸드오프 중에 지국이 이전 기지국과 통신을 단절하기 전에 새로운 기지국과 계속 통신할 수 있다는 것을 의미한다.

로밍

셀 방식 전화에는 **로밍**(roaming)이라는 특징이 있다. 원칙적으로 로밍은 사용자가 통신 접속이 가능하거나 유효 도달 범위 내에서는 통신할 수 있다는 것을 의미한다. 서비스 제공자마다 보통 제한된 유효 도달 범위를 가진다. 이웃 서비스 제공자들 사이에는 로밍 계약을 통해 확장된 유효 도달 범위를 제공할 수 있다. 이 경우는 국가 간의 우편 시스템과 유사하다. 두 국가 사이의 편지 전달 요금은 두 국가의 합의에 따라 나누어진다.

16.2.2 1세대(1G)

휴대 전화는 지금 5세대에 와 있다. 1세대(First Generation)는 아날로그 신호를 이용하여 음성 통신을 하도록 만들어졌다. 북미에서 사용되는 1세대 휴대 전화 시스템인 AMPS에 대하여 설명한다.

AMPS

AMPS(advanced mobile phone system)는 북미에서 선도하는 아날로그 휴대 전화 시스템의 하나이다. 이 방식은 한 링크를 채널들로 나누기 위하여 FDMA(12장 참조)를 사용한다.

> AMPS는 FDMA를 사용하는 아날로그 휴대 전화 시스템이다.

대역

AMPS는 ISM 800-MHz 대역에서 동작한다. 이 시스템은 전방향(기지국에서 이동 지국으로)과 역방향(이동 지국에서 기지국으로) 통신을 위해 2개의 아날로그 채널을 사용한다. 824 MHz에서 849 MHz 대역은 역방향 통신을 담당하고 869 MHz에서 894 MHz 대역은 전방향 통신을 담당한다(그림 16.8 참조).

각 대역은 832개의 채널로 분할된다. 그러나 두 제공자가 한 영역을 공유할 수 있으며, 이 경우

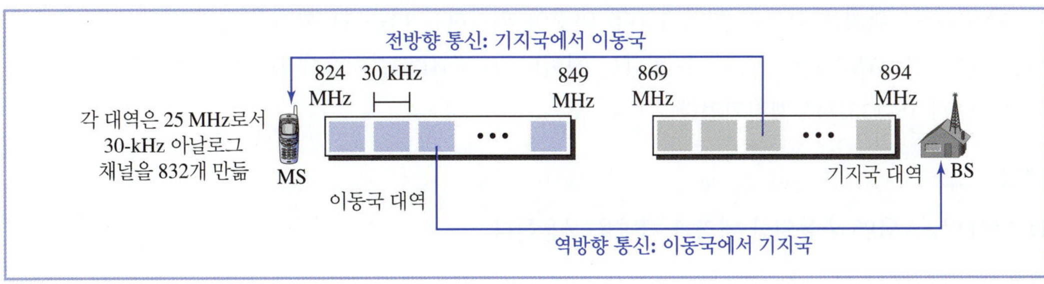

그림 16.8
AMPS의 통신 대역

그림 16.9
AMPS 역방향 통신 대역

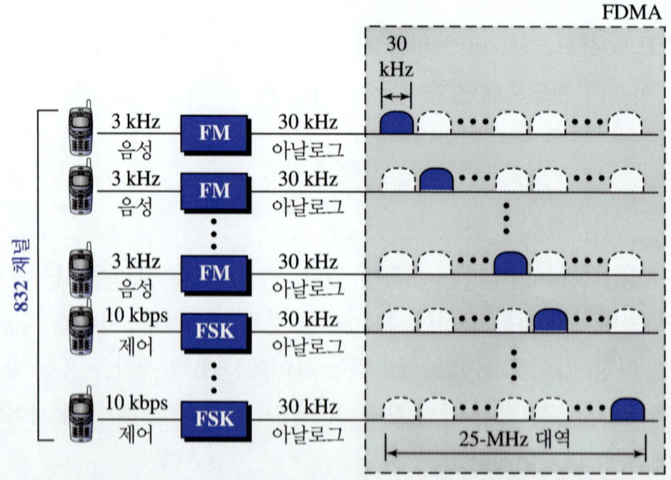

각 제공자의 매 셀마다 416개의 채널이 있게 된다. 416개의 채널 중에 21개의 채널이 제어용으로 사용되며 나머지는 395개의 채널이 된다. AMPS는 주파수 재사용 인자 7을 사용하므로 실제로는 이 395개 채널 중에 단지 1/7만이 한 셀에서 사용할 수 있다.

전송

AMPS는 FM과 FSK 변조를 사용한다. 그림 16.9에서는 역방향 전송을 보여주고 있다. 음성 채널은 FM으로 변조되었으며 제어 채널은 30-kHz 아날로그 신호를 생성하기 위해 FSK를 사용한다. AMPS는 각 25-MHz 대역을 30-kHz 채널들로 분할하기 위해 FDMA를 사용한다.

16.2.3 2세대(2G)

더 좋은(잡음이 더 적은) 품질의 이동 음성 통신을 제공하기 위하여 휴대 전화망의 2세대(Second Generation, 2G)가 개발되었다. 1세대가 아날로그 음성 통신을 위해 만들어졌다면 2세대는 주로 디지털화된 음성을 위해 만들어졌다. 2세대에서는 D-AMPS, GSM, IS-95라는 세 가지 주요 시스템이 진화되었다.

D-AMPS

아날로그 AMPS가 디지털 시스템으로 진화된 산물이 **디지털** AMPS(Digital-AMPS)이다. D-AMPS는 AMPS와 호환성을 갖도록 설계되었다. 이것이 의미하는 바는 한 셀에서 전화 하나는 AMPS를, 다른 전화는 D-AMPS를 사용할 수 있다는 것이다. D-AMPS는 처음에 IS-54(잠정표준 54)로 정의되고 나중에 IS-136으로 개정되었다.

대역

D-AMPS는 AMPS와 동일한 대역과 채널을 사용한다.

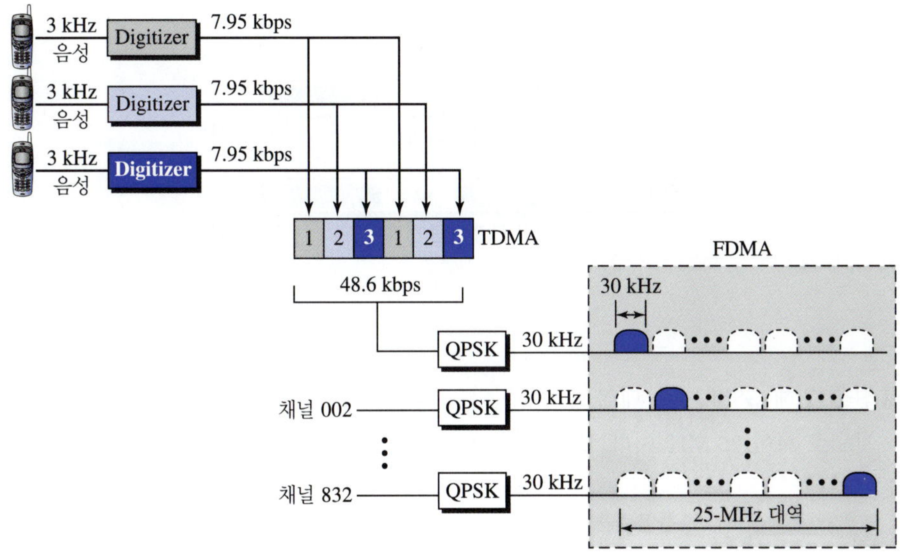

그림 16.10
D-AMPS

전송

각 음성 채널은 매우 복잡한 PCM과 압축 기술로 디지털화된다. 한 음성 채널은 7.95 kbps로 디지털화되며 3개의 7.95 kbps 디지털 음성 채널이 TDMA를 이용하여 결합한다. 그 결과는 48.6 kbps 디지털 데이터이며, 많은 부분이 오버헤드이다. 그림 16.10에서 볼 수 있듯이 시스템은 한 프레임에 1,944비트씩 매초 25개의 프레임을 송신한다. 각 프레임은 40 ms(1/25초) 동안 유지되며, 세 개의 디지털 채널에 의해 공유되는 6개의 틈새(slot)로 나누어진다. 즉, 각 채널에 두 개의 틈새가 할당된다.

각 틈새는 324비트를 포함하지만 159비트만이 디지털화된 음성에서 온 것이고, 64비트는 제어용이며, 101비트는 오류 정정에 사용된다. 다시 말하면, 할당된 두 채널에 각각 159비트씩 데이터를 넣는다. 시스템은 64 제어 비트와 101 오류 정정 비트를 추가한다.

결과로써 나오는 48.6 kbps 디지털 데이터는 QPSK를 사용하는 반송파를 변조하며, 그 결과는 30 kHz의 아날로그 신호이다. 마지막으로 30-kHz 아날로그 신호는 25-MHz 대역에서 주파수 다중화된다. D-AMPS는 주파수 재사용 인자 7을 가진다.

> D-AMPS, 즉 IS-136은 TDMA와 FDMA를 사용하는 디지털 휴대전화 시스템이다.

GSM

이동 통신용 글로벌 시스템(GSM, Global System for Mobile Communication)은 유럽 전체를 대상으로 공통의 2세대 기술을 제공하기 위해 개발된 유럽 표준안이다. 개발 목적은 호환성이 없는 다수의 1세대 기술을 대체하는 것이다.

그림 16.11
GSM 대역

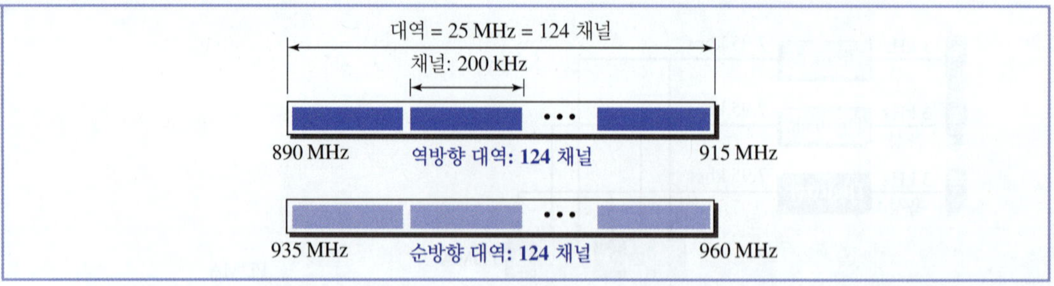

대역

양방향 통신을 위해 GSM은 두 대역을 사용한다. 그림 16.11과 같이 각 대역은 900 MHz 방향으로 이동되는 것으로 폭이 25 MHz이다. 각 대역은 보호 대역으로 분리된 124개의 200 kHz짜리 채널로 분할된다.

전송

그림 16.12는 GSM 시스템을 보여주고 있다. 각 음성 채널은 디지털화되며 13 kbps 디지털 신호로 압축된다. 각 틈새는 156.25비트를 전달한다. 8개의 틈새가 다중화되어 하나의 TDMA 프레임을 만들며, 26개의 프레임이 하나의 다중프레임으로 묶여진다.

각 채널의 비트율은 다음과 같이 계산할 수 있다.

채널 데이터 전송률 = (1/120 ms) × 26 × 8 × 156.25 = 270.8 kbps

그림 16.12
GSM

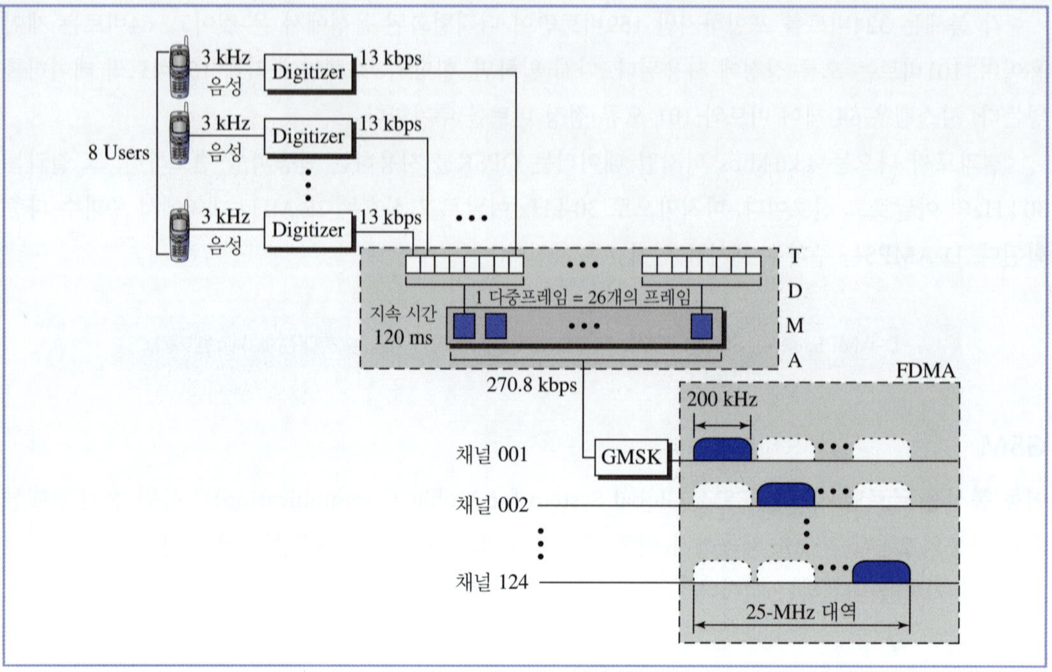

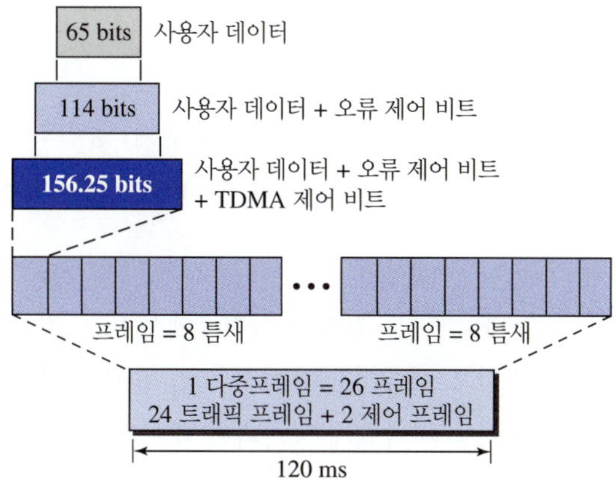

그림 16.13
다중프레임 구성요소

각 270.8 kbps 디지털 채널은 GMSK(유럽형 시스템에서 주로 사용되는 FSK의 한 방식)를 이용하여 반송파를 변조하여 200 kHz의 아날로그 신호가 된다. 마지막으로 124개의 200 kHz 아날로그 채널은 FDMA를 이용하여 다중화된다. 그림 16.13은 다중프레임에서 사용자 데이터와 오버헤드를 보여주고 있다.

독자들은 아마도 TDMA에서 많은 양의 오버헤드가 있는 것을 알 수 있을 것이다. 한 틈새당 사용자 데이터는 단지 65비트이다. 시스템이 오류 정정을 위해 별도의 비트를 추가해서 한 틈새당 114 비트가 된다. 여기에 제어 비트가 추가되어 156.25비트까지 도달하게 된다. 8개의 틈새가 한 프레임으로 캡슐화된다. 24개의 트래픽 프레임과 추가로 2개의 제어 프레임을 합쳐 하나의 다중프레임을 만든다. 다중프레임 하나는 120 ms의 지속시간을 가진다. GSM 구조에서는 오버헤드를 추가하지 않는 슈퍼프레임(superframe)과 하이퍼프레임(hyperframe)을 정의하고 있으나 이 책에서는 설명하지 않는다.

재사용 인자

복잡한 오류 정정 방식 때문에 GSM은 재사용 인자 3의 낮은 값을 사용한다.

> GSM은 TDMA와 FDMA를 사용하는 디지털 휴대 전화 시스템이다.

IS-95

북미에서 주도적인 2세대 표준 중의 하나가 **잠정 표준 95**(IS-95, Interim Standard 95)이다. 이 표준은 CDMA와 DSSS를 기반으로 한다.

대역과 채널

IS-95는 양방향 통신을 위해 두 대역을 사용한다. 두 대역은 전통적인 ISM 800-MHz 또는 ISM 1900 MHz이다. 각 대역은 보호 대역으로 분리된 1.228 MHz짜리 20개의 채널로 분할된다. 각 서비스 제공자에게 10개의 채널이 할당된다. IS-95는 AMPS와 병행하여 사용될 수 있다. 각 IS-95 채널은 41개의 AMPS 채널과 동등하다(41 × 30 kHz = 1.23 MHz).

동기화

모든 기지국 채널은 CDMA를 사용하기 위해 동기화되어야 한다. 동기화를 제공하려면 기지국은 다음 절에서 설명하는 위성 시스템의 하나인 GPS(Global Positioning System) 서비스를 사용한다.

전방향 통신

IS-95는 두 가지 전송 기술을 갖는다. 하나는 전방향(기지국에서 이동 지국으로)에서 사용하며, 다른 하나는 역방향(이동 지국에서 기지국으로)에서 사용된다. 전방향에서 기지국과 모든 이동 지국 간의 통신은 동기화되어 기지국은 모든 이동 지국에게 동기화된 데이터를 송신한다. 그림 16.14는 전방향 통신에 대한 단순화된 그림을 보여주고 있다.

각 음성 채널은 디지털화되어 기본 데이터율 9.6 kbps 데이터를 만들어낸다. 오류 정정과 반복 비트를 추가하고, 중간에 끼워넣기를 하면 19.2-ksps(kilo signals per second)의 신호가 된다. 이 출력은 19.2 ksps 신호를 이용하여 스크램블된다. 스크램블된 신호는 이동국의 전자 일련 번호(ESN, electronic serial number)를 사용하며, 각 칩이 42비트인 2^{42} 의사랜덤 칩을 만드는 긴 코드 생성기로부터 만들어진다. 칩들은 패턴이 자체적으로 반복하기 때문에 의사랜덤으로 생성되며 랜덤하게 생성되지 않는다는 것에 주목해야 한다. 긴 코드 생성기의 출력은 64비트 중에서 한 비트를 선택하는 데시메이터(decimater)로 입력되며, 데시메이터의 출력이 스크램블에 사용된다. 스크램블은 각 지국의 ESN이 유일한 것이기 때문에 보안성을 갖게 된다.

스크램블러의 출력은 CDMA 다중화기로 입력된다. 각 트래픽 채널에 하나의 월시(Walsh) 64 × 64행으로 구성된 칩이 선택되어 1.228 Mcps(megachips per second)의 신호가 된다.

19.2 ksps × 64 cps = 1.228 Mcps

CDMA로 다중화된 신호는 1.228 MHz의 신호를 만들기 위해 QPSK 변조기에 입력되며, 결과

그림 16.14
IS-95 전방향 통신

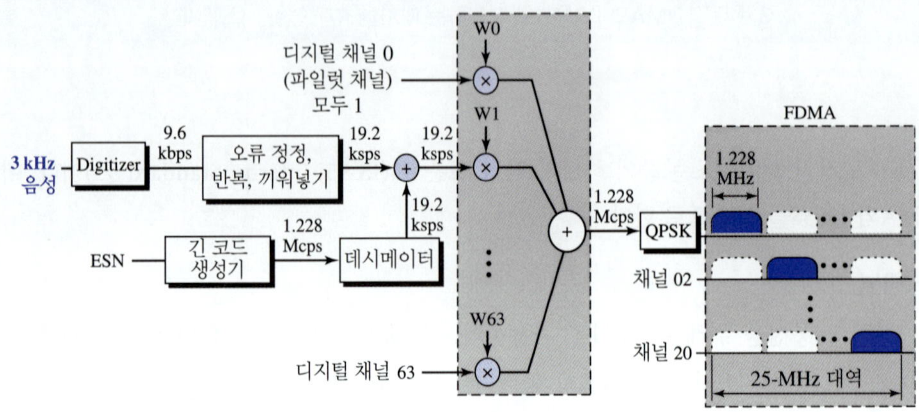

로 나타나는 대역은 FDMA를 이용하여 적절하게 이동된다. 아날로그 채널 하나가 64개의 디지털 채널을 만들며, 이 중 55개의 채널은 트래픽 채널(디지털화된 음성 전송)이다. 나머지 9개의 채널은 제어와 동기화용으로 사용된다.

a. 채널 0은 파일럿 채널이다. 이 채널은 모든 이동 지국에게 계속적인 1의 행렬을 보낸다. 이 행렬은 비트 동기화를 제공하며, 복조를 위한 위상 참조로서 역할을 하고, 이동 지국이 핸드오프 결정을 할 때 이웃한 기지국들과 신호 강도 비교를 허용한다.
b. 채널 32는 이동 지국에게 시스템에 관한 정보를 제공한다.
c. 채널 1에서 7은 하나 이상의 이동 지국으로 메시지를 송신하기 위한 페이징 용도로 사용된다.
d. 채널 8에서 31과 33에서 63은 트래픽 채널로서 기지국에서 상대편 이동 지국으로 디지털화된 음성을 전달한다.

역방향 통신

전방향에서 CDMA의 사용이 가능한 것은 파일럿 채널이 전송을 동기화하기 위해 연속적인 1의 행렬을 송신하기 때문이다. 이런 일을 담당해야 하는 부분이 필요하지만 만들기가 어려우므로 역방향에서는 동기화가 사용되지 않는다. 역방향 채널은 CDMA 대신에 6장에서 설명한 DSSS(direct sequence spread spectrum)을 사용한다. 그림 16.15는 역방향 전송에 대한 단순화된 그림을 보여주고 있다.

음성 채널은 디지털화되어 9.6 kbps의 데이터를 생산한다. 그러나 오류 정정과 반복 비트를 추가하고 끼워넣기를 한 후에는 28.8 ksps의 신호가 된다. 이 출력은 6/64 기호 변조기를 통과한다. 이 기호들은 6 기호 묶음(chunk, 청크)으로 나뉘고 각 묶음은 2진 숫자(0에서 63까지)로 해석된다. 2진 숫자는 칩들의 행 선택을 위한 64 × 64 월시 행렬의 색인으로 사용된다. 각 비트가 한 행에 있는 칩에 의해 곱해지지 않는 이 과정이 CDMA가 아니라는 것을 주목하자. 각 6 기호 묶음은 64 칩 코드로 대체된다. 이것은 일종의 직교성을 제공하기 위한 것이며, 서로 다른 이동 지국들로부터 오는 칩

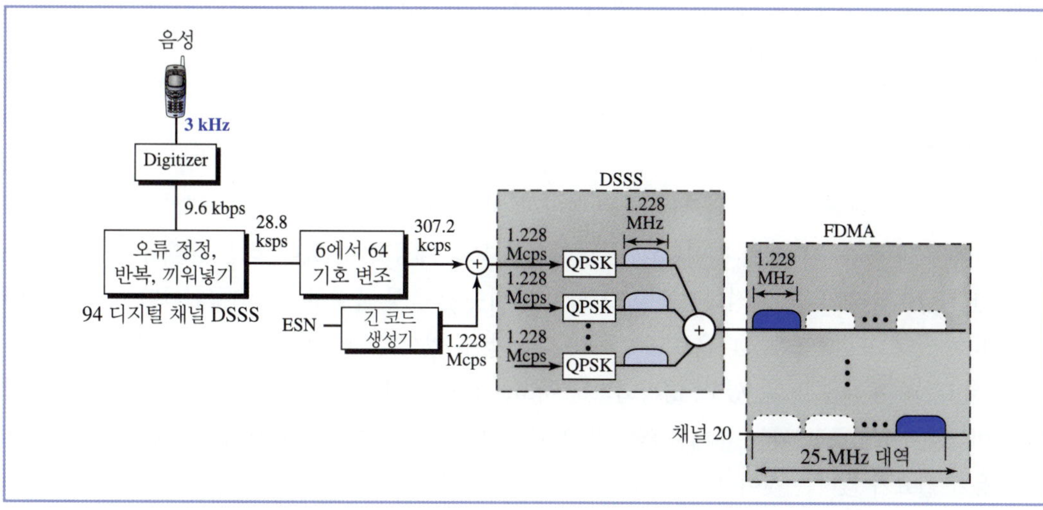

그림 16.15
IS-95 역방향 통신

의 행렬을 구분한다. 이 결과로 307.2 kcps 또는 (28.8/6) × 64의 신호를 만들어낸다.

각 칩을 4로 확산하는 확산이 다음 단계이다. 다시 이동 지국의 ESN이 307.2의 4배인 1.228 Mcps의 비율로 42비트의 긴 코드를 만든다. 확산 후에 각 신호는 QPSK 변조가 된다. 이 변조는 전방향에서 사용되었던 것과는 약간의 차이가 있으나 여기서는 상세히 설명하지 않는다. 여기에는 다중 접속 방식이 없으며 모든 역방향 채널은 공기 중으로 자체의 아날로그 신호를 송신한다. 그러나 확산 때문에 정확한 칩이 기지국에서 수신된다.

역방향에서 $2^{42} - 1$ 디지털 채널(긴 코드 생성기 때문에)을 만들어내지만, 보통 94개의 채널이 사용된다. 62개는 트래픽 채널이며 32개의 채널이 기지국 접속을 획득하는 데 사용된다.

IS-95는 CDMA/DSSS와 FDMA를 사용하는 디지털 휴대 전화 시스템이다.

2개의 데이터율 집합

IS-95에는 각 집합에 4개의 서로 다른 데이터율을 갖는 2개의 데이터율 집합을 정의하고 있다. 첫 번째 집합에는 9,600, 4,800, 2,400과 1,200 bps를 정의하였다. 예를 들어 만약 1,200 bps가 선택된 데이터율이라면 9,600 bps의 데이터율을 제공하기 위해 각 비트는 여덟 번 반복된다. 두 번째 집합은 14,400, 7,200, 3,600과 1,800 bps를 정의한다. 이것은 오류 정정에 사용되는 비트 수를 감소하여 가능하다. 한 집합 내에서 비트율은 채널의 움직임과 관계가 있다. 만약 채널이 침묵하고 있을 때는 단지 1,200비트만이 전송 가능하며, 이것은 각 비트를 여덟 번 반복하여 확산을 향상시킨다.

주파수 재사용 인자

IS-95 시스템에서는 이웃 셀에서 오는 간섭이 CDMA나 DSSS 전송에 영향이 미치지 않기 때문에 주파수 재사용 인자가 정상적으로 1이다.

소프트 핸드오프

각 기지국은 파일럿 채널을 이용하여 신호를 계속 브로드캐스트한다. 이것은 한 이동 지국이 자체의 셀과 이웃 셀들에서 파일럿 신호를 감지할 수 있다는 것을 의미한다. 이렇게 되면 이동국은 하드 핸드오프와 대비되는 소프트 핸드오프를 할 수 있게 된다.

16.2.4 3세대(3G)

3세대(Third Generation, 3G) 휴대 전화는 다양한 서비스를 제공하는 기술의 조합이라고 할 수 있다. 3세대 휴대 전화는 디지털 데이터와 음성 통신을 모두 제공할 수 있다. 작은 휴대용 장치를 이용하여 한 사람이 현재의 고정 전화망 서비스 품질과 비슷한 음성 품질로 전 세계의 어떤 사람과도 이야기할 수 있다. 또한, 영화를 다운로드 받아서 감상할 수 있으며, 음악도 다운로드 받아서 감상하고, 인터넷 서핑과 게임을 할 수 있고, 영상회의를 하고, 그 밖의 여러 가지를 할 수 있다. 3세대 시스템의 흥미 있는 특징 중 하나는 휴대용 장치가 언제나 연결되어 있어서 인터넷에 연결하기 위해 번호를 사용할 필요가 없다는 것이다.

3세대 개념은 ITU가 2000년을 위한 **인터넷 이동 통신**(IMT-2000, Internet Mobile Communication for year 2000)이라는 청사진을 만들어내면서 1992년에 시작되었다. 이 청사진에서 다음과 같이 3세대 기술의 몇 가지 평가지표를 정의하였다.

a. 현재 사용하는 공중 전화망의 품질보다 우수한 음성 품질
b. 이동하는 차량에서 144 kbps, 보행자에게는 384 kbps, 그리고 고정 위치 사용자(집 또는 사무실)에게는 2 Mbps의 데이터율 제공
c. 패킷 교환과 회선 교환 데이터 서비스 지원
d. 2 GHz 대역
e. 2 MHz 대역폭
f. 인터넷 인터페이스

> 3세대 휴대 전화의 주요 목표는 보편적인 개인 통신을 제공하는 것이다.

IMT-2000 무선 인터페이스

그림 16.16은 IMT-2000에 적용된 무선 인터페이스(무선 표준)를 보여주고 있다. 다섯 가지 모두 2세대 기술로부터 개발되었다. 처음 둘은 CDMA 기술에서, 세 번째는 CDMA와 TDMA의 조합으로부터, 그리고 마지막은 FDMA와 TDMA 양쪽 모두에서 진화되었다.

IMT-DS

이 방식은 CDMA의 한 변형으로 W-CDMA(wideband CDMA)라고 한다. W-CDMA는 5-MHz 대역폭을 사용한다. 유럽에서 개발되었으며 IS-95에서 사용된 CDMA와 호환성이 있다.

IMT-MC

이 방식은 북미에서 개발되었으며 CDMA 2000으로 알려져 있다. 이것은 IS-95 채널에서 사용된 CDMA 기술의 진화된 형태로서 새로운 광대역(15-MHz) 대역 확산을 IS-95의 협대역(1.25-MHz) CDMA와 조합한 것이다. IS-95와 역호환성이 있으며, 15 MHz까지 다중의 1.25-MHz 채널들(1, 3, 6, 9, 12배)로 통신하는 것을 허용한다. 더 넓은 채널을 사용하여 3세대에 정의된 2-Mbps 데이터율에 이를 수 있도록 만든다.

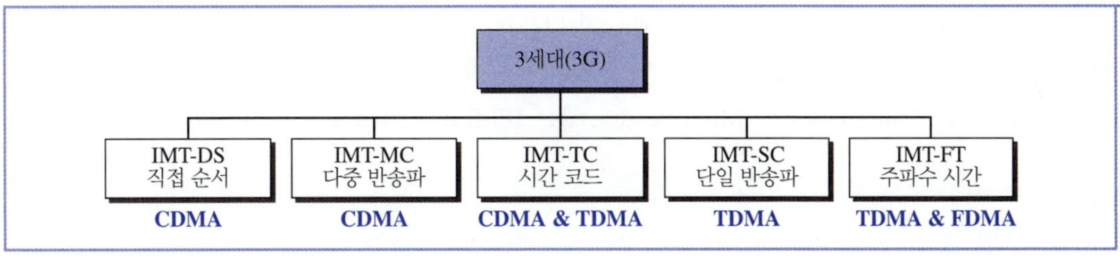

그림 16.16 IMT-2000 무선 인터페이스

IMT-TC

이 표준은 W-CDMA와 TDMA의 조합을 사용한다. 이 표준은 W-CDMA에 TDMA 다중화를 추가하여 IMT-2000의 목표를 달성하고자 한다.

IMT-SC

이 표준은 TDMA만을 사용한다.

IMT-FT

이 표준은 FDMA와 TDMA의 조합을 사용한다.

16.2.5 4세대(4G)

4세대(Forth Generation) 휴대 전화는 무선 통신에서 사용자들의 요구를 충족시키기 위해서 다양한 통신 기술의 융합이 가능하게 되었다. ITU는 4세대 이동 통신 서비스를 IMT-Advanced로 정의하였고 2011년 2월에 표준화를 완료하였다. ITU 4G 작업반에 의해 규정한 목표 중 일부는 다음과 같다.

a. 높은 네트워크 용량
b. 인터넷에 접속하기 위해 움직이는 차 안에서는 100 Mbit/s, 움직이지 않는 상태에서는 1 Gbit/s의 속도
c. 전 세계 어느 곳이든 두 곳 사이의 데이터 속도는 최소 100 Mbps
d. 다른 네트워크로 이동 시 소프트 핸드오프
e. 완벽한 연결 및 다중 네트워크에서 국제 로밍
f. 차세대 멀티미디어를 지원하기 위한 고품질 서비스
g. 현존하는 무선 표준과 상호 운용성
h. All IP, 패킷 교환망

4세대는 3세대와 달리 패킷 기반으로 IPv6를 제공한다. 이는 더 나은 멀티캐스트, 보안, 라우팅 최적화 기능을 제공한다.

접속 기법

4세대에서 능률, 용량, 확장성을 증가시키기 위해 새로운 접속 기술이 개발되었다. 예를 들어 **OFDMA**(orthogonal FDMA)와 **IFDMA**(interleaved FDMA)는 차세대 **UMTS**(Universal Mobile Telecommunications System)의 상향 링크와 하향 링크에 대해 각각 고려하고 있다. 유사하게 **MC-CDMA**(Multicarrier Code Division Multiple access)는 IEEE 802.20 표준에 대해 제안되었다.

변조

보다 효과적인 64-QAM(Quadrature Amplitude Modulation)은 LTE(Long Term Evolution) 표준으로 제안되었다.

라디오 시스템

4세대는 **SDR**(Software Defined Radio) 시스템을 사용한다. 하드웨어를 사용하는 일반적인 라디오와는 달리 SDR 요소들은 소프트웨어 모음으로 이루어져 있어서 유연하다. SDR은 주파수 인터페이스 완화를 위해 주파수를 이동하는 프로그램을 변경할 수 있다.

안테나

4세대에서는 지능형 안테나인 **MIMO**(Multiple Input Multiple Output)과 **MU-MIMO**(MultiUser MIMO) 안테나 시스템을 사용하였다. 이 안테나 시스템과 특별한 멀티플렉싱을 함께 사용하는 4세대는 데이터 속도를 증가시키기 위해 안테나로부터 다중 폴드로 동시에 전송하는 독립적인 스트림을 허용한다. MIMO는 방해전파가 발생했을 때 다른 주파수로 움직이기 위해 송신기와 수신기를 동등하게 허용한다.

응용

4세대는 15~30 Mbps 속도로 고품질의 텔레비전 스트리밍을 사용자에게 제공한다. 100 Mbps 속도에서 DVD-5 컨텐츠는 5분 안에 다운로드 받을 수 있다.

16.2.6 5세대(5G)

2019년 4월 국내 최초 상용화를 기점으로 5세대(Fifth Generation, 5G) 이동 통신 시대가 시작되었다. 5세대 이동 통신의 가장 큰 특징은 초고속, 저지연, 초연결을 제공하는 통신 기술로서 스마트시티, 자율주행 자동차, 지능형 CCTV, 3D 영상과 홀로그램과 같은 초고속 서비스, 사물 인터넷의 센서 네트워크와 같은 대규모 단말 서비스, 원격 의료 서비스 등 다양한 서비스 제공이 가능해졌다.

ITU에서 규정한 IMT-2020 서비스의 핵심 성능 지표는 다음과 같다.

a. 단말기에 제공할 수 있는 최대 전송 데이터 속도(20 Gbps)
b. 단말기에서 이용할 수 있는 데이터 전송 속도(100 Mbps)
c. 무선망의 단방향 전송 지연 시간(1 ms)
d. 요구 QoS를 만족하며 데이터를 전송할 수 있는 이동속도(500 km/h)
e. 단위 면적당 접속 가능한 단말 수(100만 개 이상)
f. 단위 에너지당 전송 데이터(4세대에 비해 100배)
g. 셀의 단위 주파수당 전송 데이터(4세대에 비해 3배)
h. 단위 면적당 전송 데이터(1 TB − 10 TB/s/km^2)

이러한 서비스를 제공하기 위한 네트워크 기반구조는 고밀도 네트워크(Ultra Density Network)를 구축하고 다양한 네트워크에 대해 유연한 대응을 위해 서비스에 맞는 네트워크 구성을 제어하는 SDN/NFV(Software Defined Network/Network Function Virtualization) 기능을 구현하고 네트워크의 운용을 위해 서비스와 통신 자원을 효율적으로 관리하는 UML(Universal Reasource Management) 기능을 구현한다.

접속 기법

NR(New Radio) 시스템의 동기 및 초기 접속은 다중빔 전송 및 광대역 주파수 이용을 기준으로 이루어지고 있다. NR 기지국은 다수의 빔을 사용하여 동기 및 시스템 정보를 반복 전송하고 NR 단말은 랜덤 접속 과정 중에 셀의 특정 빔을 획득한다.

변조 기술

링크 및 네트워크 자원의 활용을 극대화하기 위한 NR 변조는 전파 환경에 따라 256 QAM 고효율 변조 방식을 사용한다. NR 채널 부호화는 선형 블록 코드인 LDPC(Low Density Parity Code)을 사용한다.

라디오 시스템

5세대 라디오 시스템은 크게 세 가지로 나눌 수 있는데 첫째는 새로운 서비스가 기존의 서비스와 주파수를 공유하는 방식인 CR(Cognitive Radio) 기술이다. 이는 스펙트럼 환경을 인지하여 통신 가능한 주파수를 지능적으로 찾아내고 이를 이용하여 기존 서비스에 간섭을 주지않고 통신하는 방법으로 잔파 자원 이용 효율을 극대화하는 지능형 무선 통신 기술이 사용한다. 둘째는 SDR(Software Defined Radio) 기술은 다양한 방식의 무선통신 서비스를 하나의 하드웨어에서 소프트웨어 변경만으로 통합, 수용하는 기술이다. 셋째는 MEMS(Micro Electro Mechanical System)로서 RF 회로의 동작 주파수가 상승함에 따라 회로 소자의 크기가 줄어드는 마이크로머쉬닝 기술을 적용하는 것이다.

진화된 안테나 시스템

1개의 기지국에서 대규모 안테나 시스템을 이용하여 다양한 서비스 환경을 제공하고 각 서비스 환경 사이의 간섭을 최소화한다. AAS(Active Antenna System)는 트랜시버와 증폭기를 안테나와 직접 결합하여 중간 손실을 줄이고 에너지 및 공간의 효율성을 높이는 대규모 배열 안테나 시스템의 핵심 기술이다. 그리고 Massive MIMO는 대규모 안테나를 이용하여 여러 단말에 다중화된 메시지를 송신하고 간섭을 최소화하도록 원하는 링크로 전파를 집중한다. 또, 3D 빔포밍 기술을 이용하여 고층 빌딩과 같은 3차원 환경의 서비스를 제공할 수 있다.

응용

5G 응용에는 다양한 분야에 대해 개발되고 있는데 대표적인 것은 가상현실/증강현실(Virtual Reality/Augmented Reality), 초고용량 영상 콘텐츠 스트리밍 서비스를 제공하는 대용량 콘텐츠 스트리밍(Massive Contents Streaming), 사용자 중심 컴퓨팅(User-Centric Computing), 밀집 공간 서비스(Crowded Area Services), 사물 인터넷(Internet of Things), 스마트 교통(Smart Transportation),

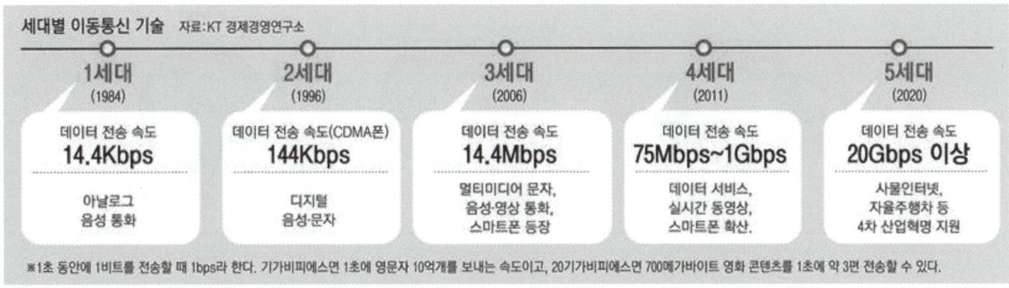

그림 16.17 세대별 이동 통신 기술의 변화

드론(Drone), 로봇(Robot), 재난 재해 감시(Disaster Monitoring), 사설 보안/공공안전(Private Security/Public Safety), 응급 서비스(Emergency Services) 등을 들 수 있다.

지금까지 설명한 세대별 기술 발전의 변화를 종합하면 그림 16.17로 나타낼 수 있다. 물론 현재는 세계 각국은 5세대 기술 개발과 구축을 진행하고 있다.

16.3 위성망

위성망(satellite network)은 지구상의 한 지점에서 다른 지점으로 통신을 제공하는 노드들의 조합이다. 망에서 노드는 위성, 지구 기지국, 또는 사용자 단말이나 전화기가 될 수 있다. 달과 같은 실제 위성이 네트워크에서 중계 노드로 사용될 수 있지만, 신호 이동 중에 감소되는 에너지를 재생하는 전자 장치 설치가 가능한 인공위성의 사용을 생각할 수 있다. 자연적인 위성을 사용하는 또 다른 제약은 통신에서 긴 지연을 초래하는 지구까지의 거리이다.

위성망은 지구를 큰 셀로 나눈다는 관점에서 휴대 전화망과 유사하다. 위성은 아무리 멀리 떨어져 있어도 지구상의 어떤 지점에서 다른 어떤 지점까지 전송 능력을 제공한다. 이 장점은 지상 기반 구조에 막대한 투자 없이도 전 세계의 저개발 지역에 고품질 통신을 가능하게 한다.

16.3.1 동작

위성의 운영과 관련된 몇 가지 일반적인 문제들을 살펴보자.

궤도

인공위성은 지구를 따라 움직이는 경로인 **궤도**(orbit)를 가져야 한다. 궤도에는 그림 16.18과 같이 적도(equatorial) 궤도, 경사(inclined) 궤도와 극(polar) 궤도가 있다.

위성이 지구를 완전히 한 바퀴 도는 데 필요한 시간인 위성 주기는 지구 중심에서 위성까지 거리의 함수로, 주기를 정의하는 케플러의 법칙(Kepler's law)에 의해 결정된다.

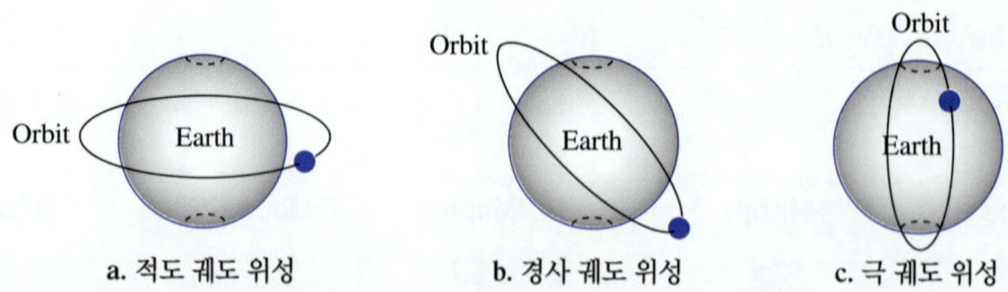

그림 16.18
위성 궤도

예제 16.1

케플러의 법칙에 따르면 달의 주기(period)는 얼마인가?

$$\text{주기} = C \times \text{거리}^{1.5}$$

이 식에서 C는 약 1/100에 해당하는 상수이다. 주기는 초 단위이며, 거리(distance)는 킬로미터 단위이다.

해답

달은 지구 위 약 384,000 km에 위치하고, 지구의 반경은 6,378 km이다. 공식에 적용하면,

$$\text{주기} = (1/100) \times (384{,}000 + 6{,}378)^{1.5} = 2{,}439{,}090\ \text{s} = 1\ \text{달(month)}$$

예제 16.2

케플러의 법칙에 따르면 지구 위 약 35,786 km 궤도에 있는 위성의 주기는 얼마인가?

해답

공식을 적용하여 다음을 계산할 수 있다.

$$\text{주기} = (1/100) \times (35{,}786 + 6{,}378)^{1.5} = 86{,}579\ \text{s} = 24\ \text{시간}$$

이것은 35,786 km에 위치한 위성의 주기가 24시간이며 지구의 자전 주기와 같다는 것을 의미한다. 이와 같은 위성을 지구에 대해 고정적(stationary)이라고 하며, 이 궤도를 **정지궤도**(geo-stationary orbit)라고 한다.

영향예상지역

위성은 양방향 안테나(가시선)로 마이크로파를 처리한다. 그러므로 위성에서 나오는 신호는 **영향예**

표 16.1 위성 주파수 대역

대역	다운링크, GHz	업링크, GHz	대역폭, MHz
L	1.5	1.6	15
S	1.9	2.2	70
C	4.0	6.0	500
Ku	11.0	14.0	500
Ka	20.0	30.0	3500

상지역(footprint, 또는 **조사범위**)이라고 부르는 특별한 지역을 정상적인 목표로 한다. 영향예상지역의 중심에서 신호 전력이 최대치가 되며 중심에서 멀어짐에 따라 전력이 감소한다. 영향예상지역의 경계는 전력이 규정된 임계치에 이르는 지역이다.

위성 통신을 위한 주파수 대역

위성 마이크로파 통신용으로 예약된 주파수는 GHz 대역이다. 각 위성은 서로 다른 두 주파수 대역에 송신과 수신을 한다. 지구에서 위성으로 전송하는 것을 업링크(uplink)라고 하며 위성에서 지구로 전송하는 것을 다운링크(downlink)라고 한다. 표 16.1은 각 대역에 대한 명칭과 주파수를 나타낸다.

세 종류의 위성

궤도의 위치에 따라 위성은 GEO(Geostationary Earth Orbit), LEO(Low Earth Orbit)와 MEO(-Medium Earth Orbit)라는 세 종류로 분류된다.

그림 16.19는 지구 표면에 대해 위성의 고도를 보인다. GEO 위성을 위해서는 35,786 km 고도의 궤도가 하나만 있다. MEO 위성은 5,000에서 15,000 km 사이의 고도에 위치한다. LEO 위성은 보통 2,000 km 이하에 있다.

서로 다른 궤도를 갖는 이유 중 하나는 밴 앨런 방사대(Van Allen belt)가 두 군데 있기 때문이다. 밴 앨런 방사대는 충전된 입자를 포함하는 층이다. 두 방사대 중 하나에 위치하는 위성은 에너지로 충전된 입자에 의해 완전히 파괴된다. MEO 궤도는 두 방사대 사이에 위치한다.

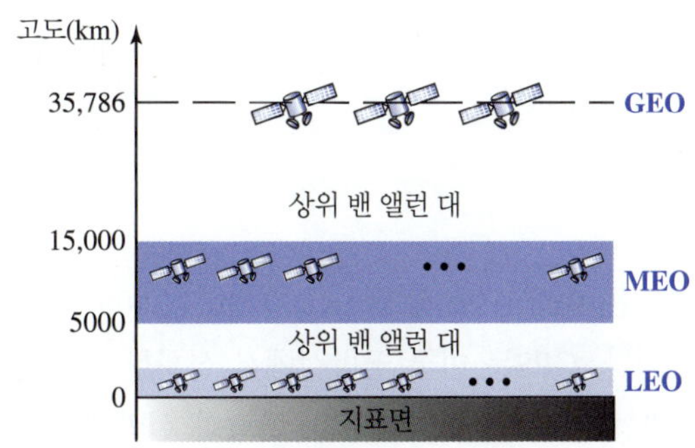

그림 16.19
위성 궤도의 고도

그림 16.20
정지궤도상의 위성

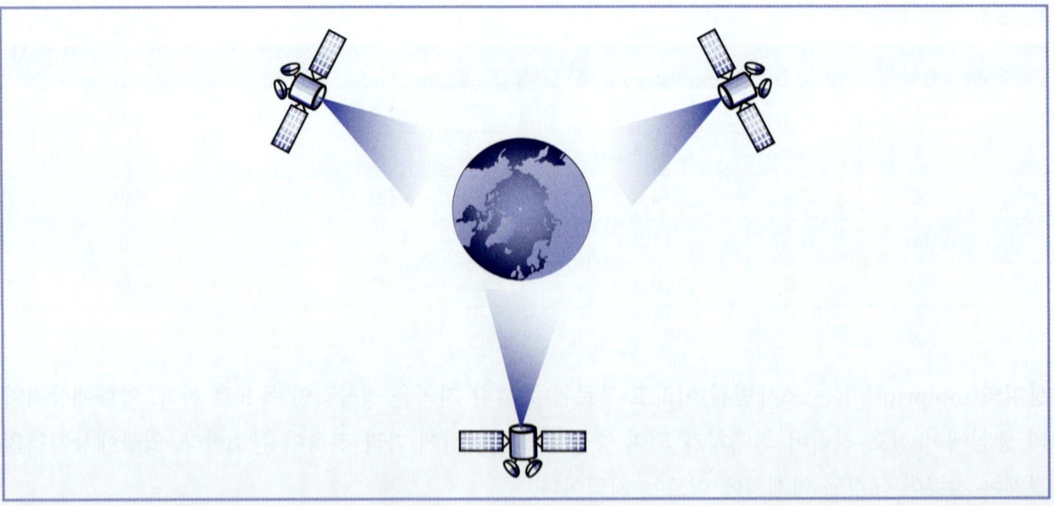

16.3.2 GEO 위성

가시선 전파는 송신 안테나와 수신 안테나가 한 위치에 고정되어 있어야 한다(한 안테나의 가시권에 반드시 다른 안테나가 있어야 한다). 이런 이유로 지구의 자전 속도보다 빠르거나 느린 위성은 단지 짧은 시간 동안만 쓸모가 있다. 계속적인 통신을 보장하기 위해서는 위성이 어떤 지점에 고정되어 있는 것처럼 여겨지도록 위성은 반드시 지구와 같은 속도로 움직여야 한다. 이런 위성을 **정지궤도**(geostationary) **위성**이라고 한다.

궤도 속도는 행성과의 거리에 근거하므로 단 한 궤도만이 정지궤도가 된다. 이 궤도는 적도면에 있으며, 지구 표면에서 대략 22,000 마일 상공에 위치한다.

그러나 정지궤도 위성 하나로는 전체 지구를 감당할 수 없다. 궤도상에 있는 위성 하나는 다수의 지국과 가시선 접속을 하지만 지구의 많은 부분은 지구 곡률 때문에 여전히 가시권 밖에 있게 된다. 전 세계적인 전송을 위해서는 정지궤도 상에서 서로 같은 거리만큼 떨어져 있는 최소 3개의 위성이 필요하다. 그림 16.20은 적도 주변의 정지궤도 상에서 서로에 대해 각각 120° 각도를 가진 3개의 위성을 보여준다. 관찰은 북극에서 했을 경우이다.

16.3.3 MEO 위성

중궤도(MEO, Medium-Earth orbit) 위성은 두 밴 앨런 방사대 사이에 위치한다. 이 궤도의 위성은 지구를 도는 데 대략 6~8시간이 걸린다.

위치정보시스템(GPS)

MEO 위성 시스템의 예제 하나는 대략 지구 상공 18,000 km(11,000 마일) 고도에서 움직이는 GPS (Global Positioning System)이다. GPS는 미국 국방성에서 설치한 시스템이지만 지금은 공공 시스템이다. 이 시스템은 24개의 위성으로 구성되어 있으며 차량과 선박에 시간과 위치를 제공하여 육상

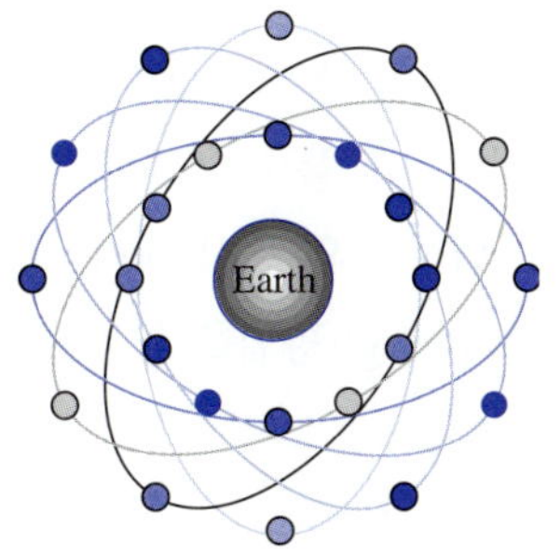

그림 16.21
GPS 궤도

과 해상 항해 시스템으로 사용된다. GPS는 통신용으로 사용되지 않는다. GPS는 그림 16.21과 같이 여섯 궤도에 있는 24개의 위성을 이용한다. 궤도와 각 궤도에 있는 위성의 위치는 어느 시간에도 지구상의 어느 점에서도 4개의 위성이 보일 수 있도록 설계되었다. GPS 수신기는 위성의 현재 위치를 알려주는 연감(almanac)을 가지고 있다.

삼변측량법

GPS는 삼변측량법에 근거한다. 삼변측량법과 삼각측량법은 자주 혼용되어 왔다. 이 책에서는 3개의 각을 사용하는 **삼각측량법**(triangulation)보다 3개의 변을 사용하는 **삼변측량법**(trilateration)을 사용할 것이다. 평면상의 세 점에서 우리가 있는 곳까지의 거리를 알면 우리의 위치를 정확히 알 수 있다. 가령 우리는 점 A로부터 10마일 떨어져 있으며, 점 B로부터 12마일, 그리고 점 C로부터는 15마일 떨어져 있다고 가정하자. 점 A, B, C를 중심으로 원을 그리면 반드시 세 원 위의 어딘가에 위치하게 된다. 만약 측정된 거리가 정확하다면, 세 원이 만나는 점이 우리가 있는 위치이다. 그림 16.22a는 평면상에서 삼변측량법의 원리를 보여주고 있다.

그러나 3차원 공간에서는 상황이 달라진다. 그림 16.22b와 같이 3개의 구(sphere)는 두 점에서 만난다. 경도, 위도, 고도를 갖는 공간상에서 정확한 위치를 알기 위해서는 4개의 구가 필요하다. 그러나 우리 위치에 대하여 추가적인 사실을 가지고 있다면(예를 들어 바다나 우주 공간에 있지 않다는 것을 안다), 3개의 구로도 충분하다. 그 이유는 구가 만나는 두 지점 중의 하나는 절대로 일어날 수 없기 때문에 의심할 여지 없이 다른 것이 선택된다.

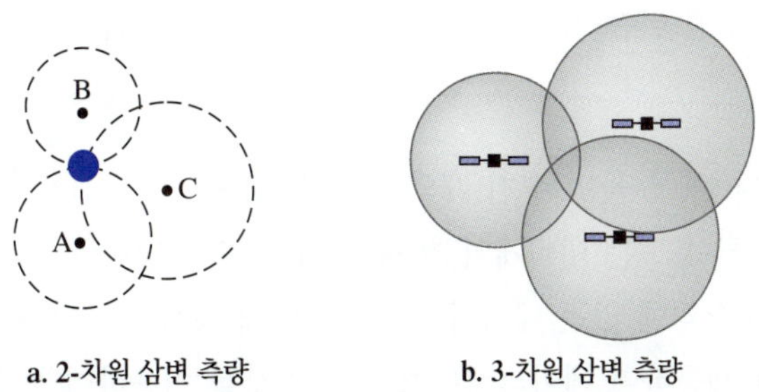

그림 16.22
평면에서 삼변측량법

거리 측정

만약 각 위성에서 우리가 있는 곳까지 거리와 각 위성의 위치를 알고 있으면 삼변측량법으로 우리의 위치를 찾을 수 있다. 미리 정의된 위성의 경로를 이용하여 GPS 수신기는 각 위성의 위치를 계산할 수 있다. 그런 다음 적어도 3개의 GPS 위성(구의 중심)에서 GPS 수신기까지의 거리를 알아야 한다. 거리 측정은 편도 거리 측정(one-way ranging) 방법을 사용한다. 모든 GPS 위성과 지구상의 수신기가 동기화되었다고 가정하자. 24개의 위성은 동기화되어 각각 고유한 패턴을 갖는 복합 신호를 전송한다. 수신기의 컴퓨터는 위성에서 온 신호와 수신기의 복사된 신호 간의 지연을 측정하여 위성과의 거리를 계산한다.

동기화

이전 설명에서 모든 위성과 수신기의 시간이 모두 동기화되어 있다고 가정하였다. 위성은 매우 정확하고 다른 위성과 동기화 기능이 있는 원자 시계(atomic clock)를 사용한다. 원자 시계의 가격은 보통 5만 달러 이상이기 때문에 수신기는 가격이 저렴한 일반 수정 시계를 사용한다. 거리를 계산하는데 옵셋을 만들어내는 위성 시계와 수신기 시계 사이에 알려지지 않은 옵셋이 존재한다. 이 옵셋 때문에 측정된 거리 값을 의사거리(pseudorange)라고 한다.

GPS는 시계 옵셋 문제를 풀기 위해 좋은 방법을 사용한다. 이 문제를 해결하기 위해 모든 위성에서 사용되는 같은 옵셋 값을 인식한다. 위치 계산은 4개의 미지수를 찾아서 행해진다. 4개의 미지수는 수신기의 좌표 x_r, y_r, z_r과 공통 시간 옵셋 dt이다. 4개의 미지수를 구하기 위해 최소 4개의 수식이 필요하다. 이는 4개의 위성에서 의사거리 측정을 해야 함을 의미한다. 측정된 의사거리를 PR_1, PR_2, PR_3, PR_4라 하고 각 위성의 위치를 x_i, y_i, z_i(i는 1부터 4까지)라 하면 다음 수식을 통해 4개의 미지수 값을 구할 수 있다.

$$\begin{aligned}
\mathbf{PR_1} &= [(x_1 - \mathrm{x}_r)^2 + (y_1 - \mathrm{y}_r)^2 + (z_1 - \mathrm{z}_r)^2]^{1/2} + \mathrm{c} \times \mathrm{dt} \\
\mathbf{PR_2} &= [(x_2 - \mathrm{x}_r)^2 + (y_2 - \mathrm{y}_r)^2 + (z_2 - \mathrm{z}_r)^2]^{1/2} + \mathrm{c} \times \mathrm{dt} \\
\mathbf{PR_3} &= [(x_3 - \mathrm{x}_r)^2 + (y_3 - \mathrm{y}_r)^2 + (z_3 - \mathrm{z}_r)^2]^{1/2} + \mathrm{c} \times \mathrm{dt} \\
\mathbf{PR_4} &= [(x_4 - \mathrm{x}_r)^2 + (y_4 - \mathrm{y}_r)^2 + (z_4 - \mathrm{z}_r)^2]^{1/2} + \mathrm{c} \times \mathrm{dt}
\end{aligned}$$

위 수식에 사용된 좌표는 지구-중심 지구-고정 좌표계(Earth-Centered Earth-Fixed[ECEF] reference frame)를 사용한다. 좌표의 공간 중심은 지구의 중심이고, 좌표 공간은 지구와 함께 회전한다. 이는 ECEF 좌표의 고정된 점은 지구의 표면상에서 변하지 않음을 의미한다.

응용

GPS는 군에서 사용되었다. 예를 들면 수천 개의 휴대용 GPS가 걸프전에서 보병, 차량, 헬리콥터에 사용되었다. GPS의 또 다른 용도는 내비게이션(navigation) 시스템이다. 운전자는 차의 현재 위치를 찾을 수 있으며, 차량의 메모리에 있는 데이터베이스에 의해 목적지로 방향을 잡을 수 있다. 다시 말해서 GPS는 차의 위치를 제공하며 데이터베이스는 이 정보를 이용하여 목적지로 가는 경로를 알아낼 수 있다. 앞에서 언급한 바와 같이 IS-95 셀 방식 전화 시스템은 GPS를 이용하여 기지국 간의 동기화를 달성한다.

16.3.4 LEO 위성

저궤도(LEO, Low-Earth orbit) 위성은 극궤도를 가진다. 고도는 500에서 2,000킬로미터이며, 회전 주기는 90분에서 120분이다. 위성의 속도는 시간당 20,000에서 25,000킬로미터이다. LEO 시스템은 보통 셀 방식 전화 시스템과 유사한 셀 방식의 접속을 한다. 정상적인 영향예상지역(footprint)의 지름은 8,000킬로미터이다. LEO 위성은 지구에 가깝기 때문에 왕복 시간 전파 지연은 정상적으로는 20 ms 이하이며, 오디오 통신에서 사용할 수 있다.

LEO 시스템은 위성군으로 하나의 네트워크로 동작하며, 각 위성이 하나의 교환기로 동작한다. 서로 인접하는 위성은 위성 간 링크(ISL, intersatellite link)로 연결된다. 이동 시스템은 사용자 이동 링크(UML, user mobile link)를 통해 위성과 통신을 한다. 위성은 또한 지구국(게이트웨이)과 게이트웨이 링크(GWL, gateway link)를 통해 통신한다. 그림 16.23은 전형적인 LEO 위성망을 보여주고 있다.

LEO 위성은 작은(little) LEO, 큰(big) LEO와 광대역(broadband) LEO라는 세 종류로 분류될 수 있다. 작은 LEO는 1 GHz 이하에서 동작하며 대부분 낮은 데이터율의 메시지 전달에 사용된다. 큰 LEO는 1에서 3 GHz 사이에서 동작한다. 글로벌스타(Globalstar)는 큰 LEO 위성 시스템의 한 예이다. 이 시스템은 6개의 극궤도에 48개의 위성을 사용하며, 각 궤도에 8개의 위성을 갖고 있다. 궤도는 거의 1,400 km 고도에 위치하고 있다. 이리듐 시스템 또한 큰 LEO의 예이다. 이리듐(Iridium) 시스템은 여섯 궤도에 66개의 위성을 가지고 있으며 각 궤도에는 11개의 위성이 있다. 궤도는 750 km 고도에 있으며 각 궤도의 위성은 대략 위도가 32도만큼 서로 떨어져 있다. 광대역 LEO는 광 네트워크와 유사한 통신을 제공한다. 첫 광대역 LEO 시스템은 텔레데식(Teledesic)이었다. 텔레데식은 광섬유 통신(광대역 채널, 낮은 오류율, 그리고 낮은 지연)과 같은 서비스를 제공하는 위성 시스템이다. 주요 목적은 전 세계의 모든 사용자에게 광대역 인터넷 접속을 제공하는 것이다. 때로는 "하늘의 인터넷"이라고 부른다. 이 프로젝트는 크레이그 맥코우(Craig McCaw)와 빌 게이츠에 의해 1990년에 시작되었고, 나중에 이 컨소시엄에 다른 투자자들이 참여하였다. 이 프로젝트는 가까운 미래에 완전히 실행될 것이다.

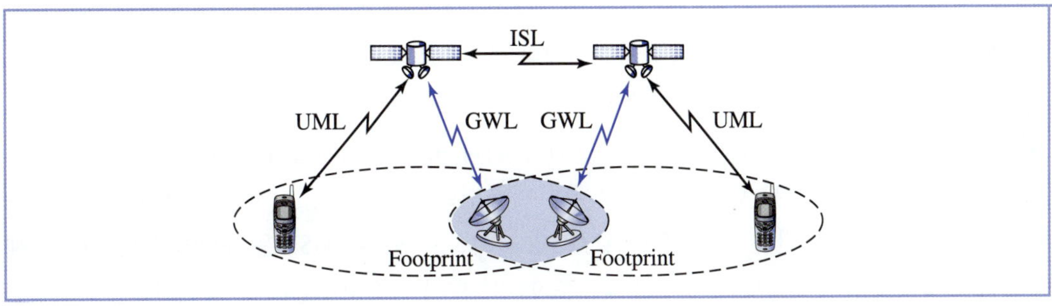

그림 16.23
LEO 위성 시스템

16.4 추천 자료

16.4.1 추천 도서

이 장에서 설명된 주제에 대해서 좀 더 자세한 내용은 다음의 책을 참고하기 바란다. 괄호 안에 들어가 있는 항목은 책 뒷부분의 참고문헌에 있다.

참고문헌

이 장에서 다룬 개요 내용에 대해서는 [Sch 03], [Gas 02], [For 03], [Sta 04], [Sta 02], [Kei 02], [Jam 03], [AZ 03], [Tan 03], [Cou 01], [Com 06], [GW 04], [PD 03]에서 찾을 수 있다.

16.4.2 중요 용어

adaptive antenna system (AAS)
Advanced Mobile Phone System(AMPS)
cellular telephony
digital AMPS(D-AMPS)
footprint
geostationary Earth orbit (GEO)
Global Positioning System (GPS)
Global System for Mobile Communication(GSM)
Globalstar
handoff
Interim Standard 95 (IS-95)
interleaved FDMA(IFDMA)
Internet Mobile Communication 2000 (IMT-2000)
Iridium
low-Earth-orbit(LEO)
medium-Earth-orbit(MEO)
mobile switching center (MSC)
multicarrier code division multiple access(MC-CDMA)
multiple-input multiple-output(MIMO)
multiuser MIMO (MU-MIMO)
orthogonal FDMA(OFDMA)
reuse factor
roaming
Software Defined Radio(SDR)
Teledesic
triangulation
trilateration
Universal Mobile Telecom-mu-ni-cations System (UMTS)
Worldwide Interoperability for Microwave Access (WiMAX)

16.4.3 요약

- WiMAX는 14장에서 설명한 유선망의 무선 버전이다. WiMAX는 고정식과 이동식이라는 두 가지 서비스가 제공된다. WiMAX는 무선 연결형 프로토콜을 정의하는 IEEE 프로젝트 802.16 기반이다. Wi-MAX에서 데이터 링크층은 3개의 부계층으로 구분되고, 물리층은 2개의 부계층으로 구분된다. WiMAX는 12장에서 설명한 예약 접속 방식을 사용한다.
- 셀 방식 전화는 두 장치 간의 통신을 제공한다. 하나 또는 두 장치 모두 이동 전화이다. 셀 방식 서비스 지역은 셀로 나뉜다. AMPS는 1세대 이동 전화 시스템이다. 디지털 AMPS(D-AMPS)는 2세대 셀 방식 이동 전화 시스템으로 AMPS의 디지털 버전이다. GSM은 유럽에서 사용되는 2세대 셀 방식 이동 전화 시스템이다. 잠정표준 95 (IS-95)는 CDMA와 DSSS에 근거하는 2세대 셀

방식 전화 시스템이다. 3세대 이동 전화 시스템은 만능 개인 통신을 제공하게 된다. 4세대는 셀 방식 전화의 완벽한 진화를 시도한 것이다. 5세대 이동 통신의 가장 큰 특징은 초고속, 저지연, 초연결을 제공하는 통신 기술로서 스마트시티, 자율주행차, 지능형 CCTV, 3D 영상과 홀로그램과 같은 초고속 서비스, 사물 인터넷의 센서 네트워크와 같은 대규모 단말 서비스, 원격 의료 서비스 등 다양한 서비스 제공이 가능해졌다.

- 위성망은 위성을 이용하여 지구상의 임의의 위치에서도 통신을 제공한다. 고정궤도(GEO) 위성은 적도면에 있으며 지구와 같은 위상으로 회전한다. GPS 위성은 차량과 선박에 시간과 위치 정보를 제공하는 중궤도(MEO) 위성이다. 이리듐 위성은 저궤도(LEO) 위성으로 손으로 휴대 가능한 단말기 간에 직접 전 세계적인 음성과 데이터 통신을 제공한다. 텔레데식 위성은 저궤도 위성으로 전 세계적인 광대역 인터넷 접속을 제공하게 될 것이다.

16.5 연습문제

16.5.1 객관식

1. ____________은 1세대 셀 방식 이동 전화 시스템이다.
   a. AMPS　b. D-AMPS
   c. GSM　d. 정답 없음

2. ____________은 2세대 셀 방식 이동 전화 시스템이다.
   a. AMPS　b. D-AMPS
   c. GSM　d. 정답 없음

3. ____________은 AMPS의 디지털 버전이다.
   a. GSM　b. D-AMPS
   c. IS-95　d. 정답 없음

4. ____________은 유럽에서 사용된 2세대 셀 방식 이동 전화 시스템이다.
   a. GSM　b. D-AMPS
   c. IS-95　d. 정답 없음

5. ____________은 CDMA와 DSSS 기반의 2세대 셀 방식 이동 전화 시스템이다.
   a. GSM　b. D-AMPS
   c. IS-95　d. 정답 없음

6. ____________ 셀 방식 이동 전화 시스템은 대중적인 개인 통신을 가능하게 하였다.
   a. 1세대　b. 2세대
   c. 3세대　d. 정답 없음

7. ____________ 핸드오프에서 이동 지국은 오직 하나의 기지국과 통신한다.
   a. 하드　b. 소프트
   c. 매체　d. 정답 없음

8. ____________ 핸드오프에서 이동 지국은 동시에 2개의 기지국과 통신할 수 있다.
   a. 하드　b. 소프트
   c. 매체　d. 정답 없음

9. AMPS에서 각 대역은 ____________개의 채널로 나누어진다.
   a. 800　b. 900
   c. 1,000　d. 정답 없음

10. AMPS는 ____________개의 주파수 재사용 인자를 가진다.

a. 1 b. 3
c. 5 d. 7

11. AMPS는 각 25 MHz 대역을 채널로 나누기 위해 ____________을 사용한다.
a. FDMA b. TDMA
c. CDMA d. 정답 없음

12. GSM은 ____________개의 재사용 인자를 허용한다.
a. 1 b. 3
c. 5 d. 7

13. IS-95는 ISM ____________ 대역을 사용한다.
a. 800 MHz
b. 900 MHz
c. 1,900 MHz
d. 800 MHz이나 1,900 MHz 중 하나

14. IS-95는 동기화를 위해 ____________ 위성 시스템을 사용한다.
a. GPS b. 텔레데식
c. 이리듐 d. 정답 없음

15. IS-95 시스템에서, 주파수 재사용 인자는 보통 ________개이다.
a. 1 b. 3
c. 5 d. 7

16. 3세대 셀 방식 이동 전화에서 __________은 W-CDMA를 사용한다.
a. IMT-DS b. IMT-MC
c. IMT-TC d. IMT-SC

17. 3세대 셀 방식 이동 전화에서 __________은 W-CDMA와 TDMA의 조합을 사용한다.
a. IMT-DS b. IMT-MC
c. IMT-TC d. IMT-SC

18. 3세대 셀 방식 이동 전화에서 ____________은 오직 TDMA만을 사용한다.
a. IMT-DS b. IMT-MC
c. IMT-TC d. IMT-SC

19. 효율성과 용량, 그리고 확장성을 증가시키기 위해서 ____________와 같은 새로운 접근 기법이 4G 셀 방식 이동 전화에서 고려되고 있다.
a. OFDMA b. IFDMA
c. MC-CDMA d. 모두 정답

20. 4세대 셀 방식 이동 전화는 ____________을 사용한다.
a. HDR(hardware defined radio)
b. SDR(software defined radio)
c. HDR과 SDR
d. 정답 없음

21. 4세대 셀 방식 이동 전화는 ____________ 안테나를 사용한다.
a. MIMO
b. MU-MIMO
c. MIMO와 MU-MIMO
d. 정답 없음

22. WiMax는 ____________ 무선 시스템을 위한 IEEE의 표준이다.
a. 고정 b. 이동
c. 고정과 이동 d. 정답 없음

23. WiMax는 ____________을 목표로 한다.
a. WiFi 대체
b. WiFi와 호환
c. 케이블과 DSL을 대체하여 "라스트 마일" 광대역 무선 연결을 제공
d. 정답 없음

24. 위성이 지구를 한 바퀴 돌기 위한 시간인 위성의 주기는 ____________의 법칙에 의해 결정된다.
a. 케플러 b. 뉴턴
c. 옴 d. 정답 없음

25. 위성으로부터 온 신호는 보통 ____________으로 불리는 특정 지역을 목표로 한다.
a. 경로 b. 효과
c. 영향예상지역 d. 정답 없음

26. GEO 위성을 위한 ____________개의 궤도가 있다.
   a. 1 b. 2
   c. 3 d. 정답 없음

27. ____________은 삼변측량법의 원리에 기반을 둔다.
   a. GPS b. 텔레데식
   c. 이리듐 d. 정답 없음

28. 저궤도(LEO) 위성은 ____________ 궤도를 가진다.
   a. 적도 b. 극(polar)
   c. 경사 d. 정답 없음

29. GEO는 ____________ 궤도를 가지며 지구와 같은 속도로 움직인다.
   a. 적도 b. 극(polar)
   c. 경사 d. 정답 없음

30. GPS 위성은 ____________ 위성이다.
   a. GEO b. MEO
   c. LEO d. 정답 없음

31. ____________ 위성은 차량과 선박에 시간과 위치 정보를 제공한다.
   a. GPS b. 이리듐
   c. 텔레데식 d. 정답 없음

16.5.2 주관식

Q-1 고정식 WiMAX와 이동식 WiMAX의 차이점은 무엇인가?

Q-2 고정식이나 이동식 WiMAX를 사용할 때 집에 있는 데스크톱으로부터 무선 인터넷 연결이 언제 일어나는가?

Q-3 고정식이나 이동식 WiMAX를 사용할 때, 휴대 전화로부터 무선 인터넷 연결이 언제 일어나는가?

Q-4 기지국과 이동 교환 센터의 관계는 무엇인가?

Q-5 이동 교환 센터의 기능은 무엇인가?

Q-6 낮은 재사용 인자와 높은 재사용 인자 중 어느 것이 좋은가? 답에 대해 설명하라.

Q-7 하드 핸드오프와 소프트 핸드오프의 차이점은 무엇인가?

Q-8 AMPS는 무엇인가?

Q-9 D-AMPS와 AMPS의 관계는 무엇인가?

Q-10 GSM은 무엇인가?

Q-11 IS-95에서 CDMA의 기능은 무엇인가?

Q-12 궤도의 세 가지 종류는 무엇인가?

Q-13 GEO 위성은 어느 종류의 궤도를 가지는가? 답에 대해 설명하라.

Q-14 영향예상지역(footprint)은 무엇인가?

Q-15 밴 앨런 방사대와 위성 간의 관계는 무엇인가?

Q-16 업링크와 다운링크를 비교, 설명하라.

Q-17 GPS의 목적은 무엇인가?

Q-18 이리듐과 글로벌스타의 주요 차이점은 무엇인가?

Q-19 다음과 같은 셀 방식 전화 시스템을 사용하는 세대는 무엇인가?

a. AMPS

b. D-AMPS

c. IS-95

객관식 홀수 번 문제 정답

1. ⓐ 3. ⓑ 5. ⓒ 7. ⓐ 9. ⓓ 11. ⓐ 13. ⓓ 15. ⓐ 17. ⓒ 19. ⓓ 21. ⓒ 23. ⓒ 25. ⓒ 27. ⓐ 29. ⓐ 31. ⓐ

CHAPTER 17

연결 장치와 가상 LAN

일반적으로 호스트나 LAN은 독립적으로 동작하지 않는다. LAN들은 서로 연결되어 있거나 인터넷에 연결되어 있다. LAN이나 LAN 세그먼트를 연결하기 위해서는 연결 장치를 사용한다. 연결 장치들은 인터넷 모델의 여러 계층에서 동작할 수 있다. 여러 연결 장치를 설명한 다음 이들이 어떻게 가상 근거리 통신망(VLAN)을 만드는지 설명한다.

이 장은 2개의 절로 구성되어 있다.

첫 번째 절은 연결 장치를 설명한다. 우선 허브와 허브의 특징을 설명할 것이다. 그런 다음 링크 계층 교환기[혹은 쉽게 교환기(switch)라 부른다]를 설명하고, 허브가 브로드캐스트 도메인과 함께 LAN을 연결하였을 때 어떻게 루프를 형성하는지 설명한다.

두 번째 절에서는 가상 LAN 혹은 VLAN을 설명한다. 우선 VLAN 내의 멤버십 정의를 설명할 것이다. 그 뒤, VLAN의 설정을 설명한다. 그런 다음 교환기가 VLAN 내에서 어떻게 통신을 하는지 설명한다. 마지막으로 VLAN의 장점에 관해 설명한다.

17.1 연결 장치

호스트와 네트워크는 일반적으로 독립된 형태로 운영되지 않는다. 네트워크를 만들기 위해 **연결 장치**(connecting device)를 사용하여 호스트를 연결하거나 인터넷을 구성하기 위해 네트워크를 서로 연결한다. 연결 장치는 인터넷 모델의 서로 다른 계층에서 동작할 수 있다. 여기서는 허브, 링크 계층 교환기, 그리고 라우터라는 세 종류의 연결 장치를 설명한다. 허브는 오늘날 인터넷 모델의 첫 번째 계층에서 동작한다. 링크 계층 교환기는 처음 두 계층에서 동작한다. 라우터는 처음 세 계층에서 동작한다(그림 17.1 참조).

그림 17.1
연결 장치의 세 분류

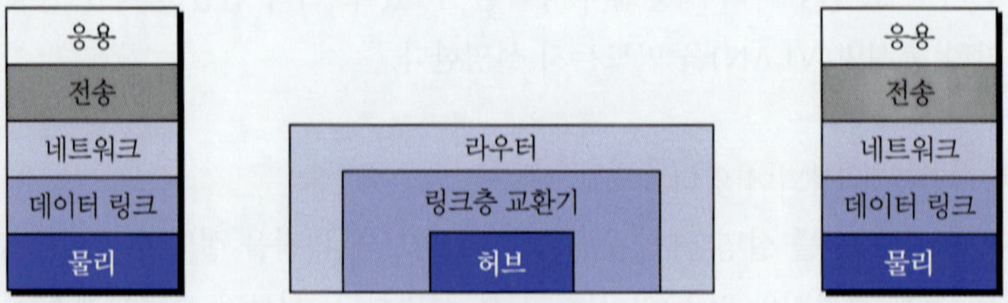

17.1.1 허브

허브(hub)는 오직 물리층에서만 동작하는 장치이다. 네트워크 내에서 정보를 전달하는 신호는 신호 감쇠가 데이터 무결성을 훼손하기 전까지 고정된 거리를 이동할 수 있다. 중계기(repeater, 리피터라고도 함)는 신호가 너무 약하거나 훼손되기 전에 신호를 수신하여 원래의 비트 형태로 재생(regenerate)하고 증폭(retime)한다. 그런 다음 중계기는 새롭게 생성된 신호를 전송한다. 이더넷 LAN이 버스형 접속형태를 사용하던 과거에는 동축 케이블의 거리 제한을 극복하기 위해 LAN의 두 세그먼트를 연결할 때 중계기를 사용하였다. 그러나 오늘날 이더넷 LAN은 성형 접속형태를 사용한다. 성형 접속형태에서 중계기는 보통 허브라 부르는 다중 포트 장치이며, 중계기의 역할을 수행하는 동시에 연결지점으로도 동작한다. 그림 17.2는 지국 A에서 지국 B로 향하는 패킷이 허브에 도착하였을 때, 모든 경우의 잡음을 제거하기 위해 프레임을 나타내는 신호는 재생되어 패킷이 도착한 포트를

그림 17.2
허브

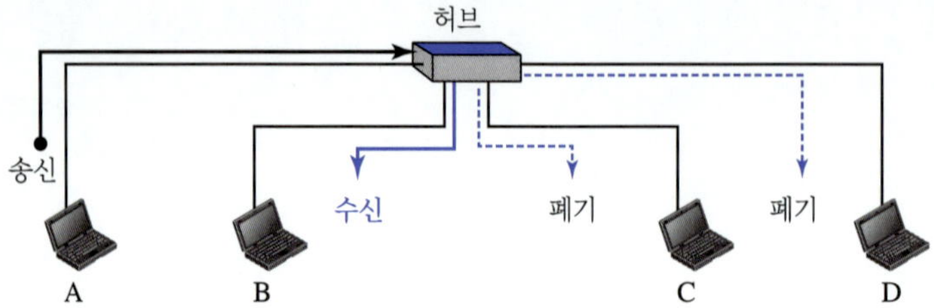

제외한 모든 포트로 패킷을 전달한다. 즉, 프레임은 브로드캐스트된다. LAN 내의 모든 지국은 프레임을 수신하지만, 오직 지국 B만이 해당 패킷을 보관한다. 다른 지국은 모두 해당 패킷을 폐기한다. 그림 17.2는 교환기로 연결된 LAN에서 중계기나 허브의 역할을 보여준다.

그림에서 분명히 허브는 필터링 기능이 없으며, 어느 포트로 프레임을 전달해야 할지 결정하는 기능이 없다.

> 중계기는 필터링 기능이 없다.

허브나 중계기는 물리층 장치이다. 이런 장치에는 링크 계층의 주소가 없으며 수신된 프레임의 링크 계층 주소를 검사하지 않는다. 단지 훼손된 비트를 재생하고 모든 포트로 전달한다.

17.1.2 링크 계층 교환기

링크 계층 교환기(link-layer switch, 혹은 **교환기**)는 물리층과 데이터 링크층에서 동작한다. 물리층 장치로서는 수신한 신호를 재생한다. 링크 계층 장치로서 링크 계층 교환기는 프레임에 포함된 MAC 주소(발신지와 목적지)를 확인할 수 있다.

필터링

교환기와 허브 사이의 기능상 차이점에 대해 궁금할 수 있다. 링크 계층 교환기는 필터링(filtering) 기능이 있다. 프레임의 목적지 주소를 확인하여 프레임이 전달되어야 할 포트를 결정할 수 있다.

> 링크 계층 교환기는 필터링 결정에 사용되는 테이블을 가지고 있다.

예제를 살펴보자. 그림 17.3에서 링크 계층의 교환기에 연결된 4개의 지국으로 구성된 LAN이 있다. 만약 지국 71:2B:13:45:61:42를 목적지로 하는 프레임이 1번 포트로 도착하면, 링크 계층 교환기는 목적지 포트를 찾기 위해 자신의 테이블을 확인한다. 자신의 테이블에 따라 71:2B:13:45:61:42로 향하는 프레임은 오직 2번 포트로만 전달된다. 따라서 다른 포트로는 프레임을 전달할 필요가 없다.

> 링크 계층 교환기는 프레임의 링크 계층 주소(MAC)를 변경하지 않는다.

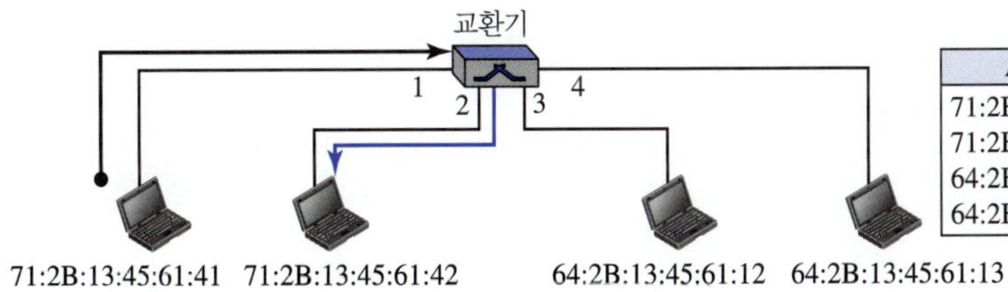

교환 테이블

Address	Port
71:2B:13:45:61:41	1
71:2B:13:45:61:42	2
64:2B:13:45:61:12	3
64:2B:13:45:61:13	4

그림 17.3
링크 계층 교환기

투명 교환기

투명 교환기(transparent switch)는 교환기의 존재 여부를 각 지국이 전혀 모르게 만드는 교환기이다. 만약 시스템에 교환기 하나가 추가되거나 없어지더라도 지국을 재구성할 필요가 없다. IEEE 802.1d 규격에 따르면 투명 교환기를 설치한 시스템은 반드시 다음 세 가지 조건을 만족해야 한다.

- 모든 프레임은 한 지국에서 다른 지국으로 전달되어야 한다.
- 전달 테이블은 네트워크에서 프레임 이동을 학습함으로써 자동으로 만들어진다.
- 시스템 내 루프는 반드시 방지되어야 한다.

전달

앞 절에서 설명한 것과 같이 투명 교환기는 프레임을 정확하게 전달(forwarding, 포워딩)해야 한다.

학습

초창기 교환기는 정적인 전달 테이블을 가지고 있었다. 시스템 운영자가 교환기를 설치할 때 각 테이블의 항목을 직접 입력하였다. 과정은 간단하지만 실용적이지 않다. 새로운 단말기가 추가되거나 단말기 하나가 제거될 때에 테이블은 다시 운영자가 직접 변경해야 한다. 만약 한 단말기의 MAC 주소가 변경되면 마찬가지 상황이 되며 MAC 주소의 변경은 드문 일이 아니다. 예를 들어 새로운 네트워크 카드를 장착하게 되면 새로운 MAC 주소를 갖게 된다.

정적 테이블보다 더 좋은 해결 방법은 주소를 포트(인터페이스)로 자동으로 변환해주는 동적 테이블이다. 테이블을 동적으로 만들려면 프레임의 이동을 보고 스스로 알아가는(learning) 브리지가 필요하다. 이 일을 수행하기 위해 브리지는 목적지와 발신지 주소를 모두 조사해야 한다. 목적지 주소는 테이블 검색을 이용하여 프레임 전달 방향을 결정하는 데 사용되며, 발신지 주소는 테이블에 새로운 항목을 추가하거나 변경하는 데 사용된다. 그림 17.4를 이용하여 이 과정을 상세히 살펴보자.

1. 지국 A가 프레임을 지국 D로 전송할 때, 교환기는 D나 A 항목을 가지고 있지 않다. 이 프레임은 세 개의 포트로 모두 전송되어 네트워크에 플러딩(flooding)된다. 그러나 발신지 주소를 확인하여 교환기는 지국 A가 포트 1에 연결되어 있는 것을 학습한다. 이것이 의미하는 것은 A로 향하는 프레임은 이 후에는 포트 1을 통해서 전송된다는 것이다. 교환기는 이 항목을 테이블에 저장하여 첫 번째 항목을 가지게 된다.
2. 지국 D가 지국 B로 프레임을 전송할 때, 교환기는 B를 위한 항목이 없으므로 교환기는 다시 한 번 이 프레임을 네트워크에 플러딩한다. 그러나 이번에는 지국 D에 관한 하나의 항목을 테이블에 추가한다.
3. 학습 과정은 교환기가 모든 포트의 정보를 가지게 될 때까지 계속된다. 그러나 학습 단계는 긴 시간이 걸릴 수 있다. 예를 들어, 만약 한 지국이 프레임을 전송하지 않는다면(드문 경우임), 해당 지국은 테이블 내에 항목을 가지지 않을 것이다.

루프 문제

투명 교환기는 시스템 내에 중복되는 교환기가 없을 경우에는 잘 동작한다. 그러나 시스템 관리자는

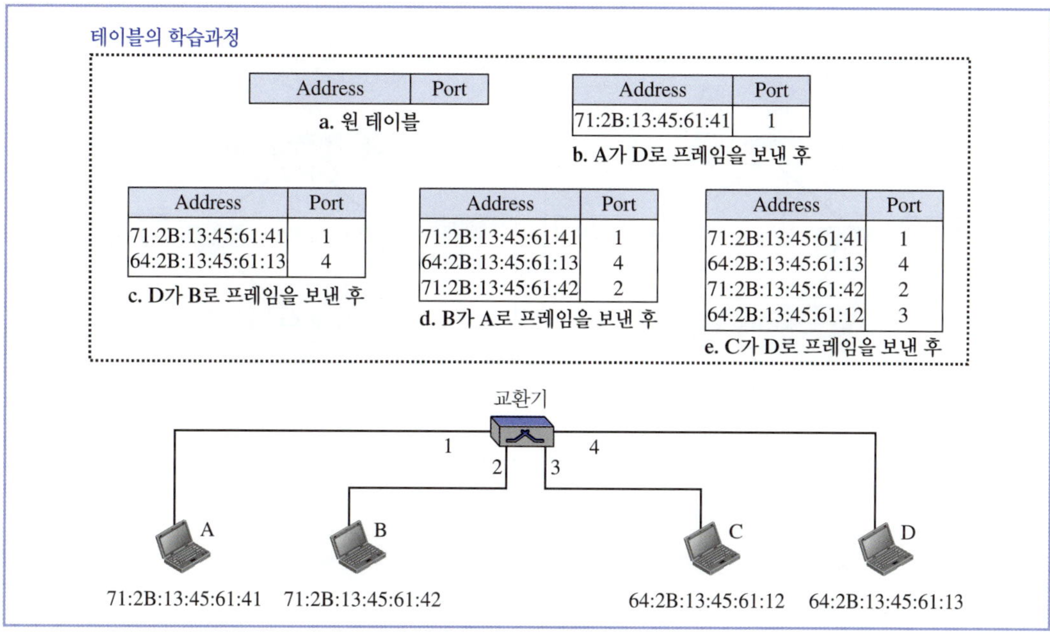

그림 17.4
학습 교환기

시스템을 신뢰성 있게 만들기 위해 한 쌍의 LAN에 하나 이상의 교환기를 설치하여 중복된 교환기를 갖기를 좋아한다. 만약 한 교환기가 고장 나면 수리가 되거나 이 교환기를 교체할 때까지 다른 교환기가 시스템을 담당하게 된다. 중복성은 시스템에 매우 바람직하지 못한 **루프**(loop, **순환**)를 형성할 수 있다. 루프는 오직 둘 혹은 그 이상의 브로드캐스팅 LAN(예를 들어 허브를 사용하는)이 하나 이상의 교환기로 연결될 때 형성된다.

그림 17.5는 2개의 교환기로 2개의 LAN을 연결한 시스템에서 만들어진 루프 문제를 보여주는 간단한 예제이다.

1. 지국 A가 지국 D로 프레임 하나를 전송한다. 두 교환기의 테이블은 비어 있다. 두 교환기는 프레임을 전달하고 발신지 주소를 기반으로 테이블을 갱신한다.
2. 이제 LAN 2에는 그 프레임의 복사본이 2개 있게 된다. 왼쪽 교환기가 전송한 복사본은 오른쪽 교환기가 수신하는데, 오른쪽 교환기는 목적지 주소 D에 관한 정보를 가지고 있지 않으므로 이 프레임을 전달한다. 오른쪽 교환기가 보낸 복사본은 왼쪽 교환기가 수신하며 지국 D에 대한 정보가 없어서 내보내게 된다. CSMA/CD와 같은 접근 방식을 사용하여 매체를 공유하는 네트워크의 두 노드인 교환기는 각 프레임이 따로따로 다룬다는 것에 주목해야 한다. 두 교환기는 테이블을 갱신하지만, 아직도 목적지 D에 대한 정보는 가지고 있지 않다.
3. 이제 LAN 1에 프레임의 복사본이 2개 있게 된다. 2번의 단계가 반복되며, 두 복사본은 LAN2에 보내게 된다.
4. 이 과정이 계속 반복된다. 교환기들은 중계기이기도 하며 프레임을 재생한다는 것에 주목해야 한다. 매번 반복할 때마다 프레임들의 새로운 복사본이 만들어진다.

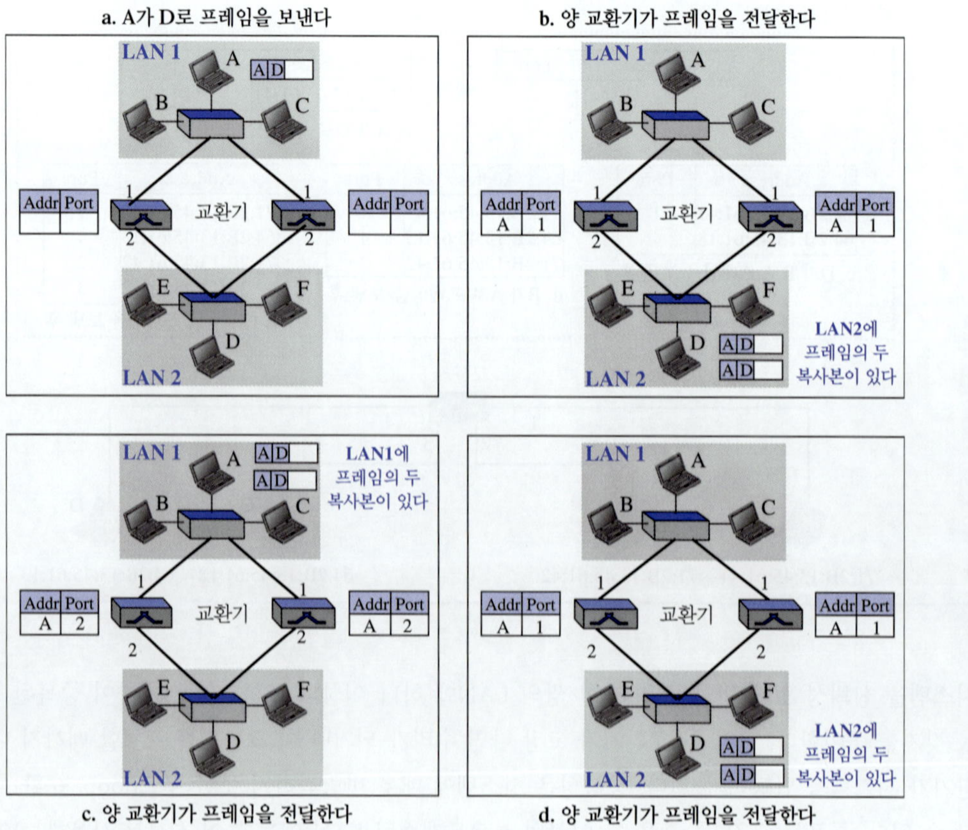

그림 17.5 학습 교환기에서 루프 문제

스패닝 트리 알고리즘

이 루프 문제를 해결하기 위해서 IEEE 규격에서는 교환기에 루프가 없는 접속형태를 만드는 스패닝 트리 알고리즘을 사용하도록 권고하고 있다. 그래프 이론에서 **스패닝 트리**(spanning tree)는 루프가 없는 그래프이다. 교환기로 연결된 LAN에서 스패닝 트리는 각 LAN에서 루프 없이 다른 LAN에 도달할 수 있는, 단지 하나의 경로만 있는 접속형태를 의미한다. 케이블과 교환기 사이의 물리적인 연결 때문에 물리적인 접속형태를 변경할 수는 없으나 물리적인 접속형태 위에 논리적인 접속형태를 만들 수는 있다. 그림 17.6은 4개의 LAN을 5개의 교환기로 구성한 시스템을 보여주고 있으며, 물리적인 시스템과 그래프 이론을 적용한 표현법으로 나타내었다. 일부 책에서 LAN은 노드로, 교환기는 연결 호로 표현한다. 하지만 이 책에서는 LAN과 교환기 모두 노드로 표현하고, 연결 호는 LAN과 교환기의 연결을 표현하는 데 사용한다. 스패닝 트리를 찾기 위해서 각 호에 비용을 할당해야 한다. 비용의 해석은 시스템 관리자의 몫으로 남겨둔다. 비용이란 경로의 최소 홉 수, 최소 지연 또는 최대 대역폭을 의미한다. 만약 두 포트의 최소 비용이 같다면, 시스템 관리자는 임의의 포트를 선택하면 된다. 이 책에서는 최소 홉 수를 사용한다. 홉 수는 교환기에서 LAN으로 가는 경우 1을 할당하고, 그 반대 방향은 0을 할당한다.

스패닝 트리를 찾기 위한 과정은 세 단계로 구성된다.

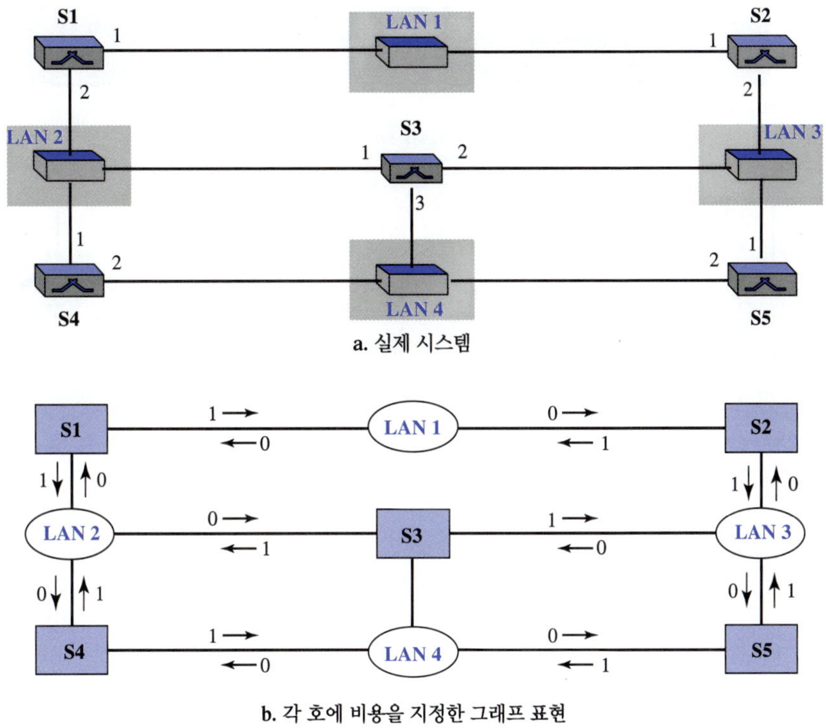

그림 17.6
연결된 LAN의 시스템 구성과 그래프 표현

1. 모든 교환기는 내장된 ID를 갖는다(보통은 일련 번호이고 유일한 값이다). 각 교환기는 가장 작은 ID를 갖는 교환기를 찾기 위해 자신의 ID를 브로드캐스트한다. 그 후에 가장 작은 ID를 가진 교환기는 트리의 루트 교환기(root switch)로 선택된다. 교환기 S1이 가장 작은 ID 값을 갖는다고 가정한다. 따라서 루트 교환기로 선택이 된다.
2. 스패닝 트리 알고리즘은 루트 교환기에서 다른 교환기나 LAN까지의 최소 경로(가장 적은 비용이 드는 경로)를 탐색한다. 최소 경로는 루트 교환기에서 목적지까지 전체 비용을 평가해서 찾을 수 있다. 그림 17.7은 최소 경로를 보여준다. 여기서는 딕스트라(Dijkstra) 알고리즘을 사용한다.

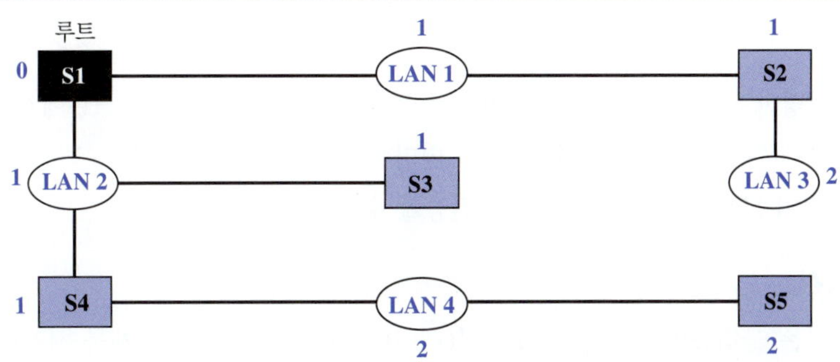

그림 17.7
교환기 시스템에서 최소 비용 경로 탐색과 스패닝 트리 구하기

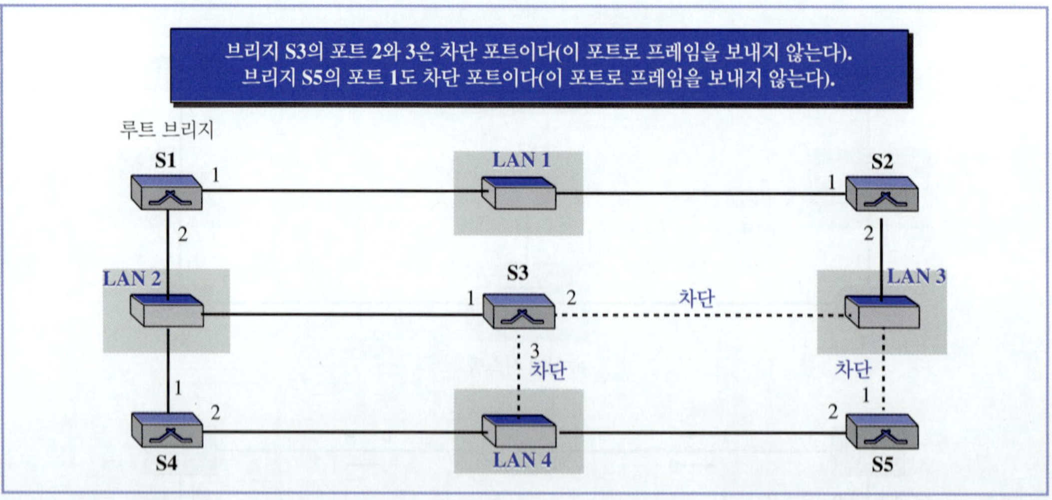

그림 17.8 스패닝 트리 알고리즘 적용 후 전송 포트와 차단 포트

3. 또한, 그림 17.7에서 알 수 있듯이 최소 경로의 조합으로 최소 경로 트리를 만들 수 있다.
4. 스패닝 트리를 기초로 하여 교환기가 수신하는 프레임을 전송하는 전송 포트(forwarding port)는 스패닝 트리의 일부분으로 표시한다. 교환기에 의해 수신된 프레임을 막는 차단 포트(blocking port)는 스패닝 트리의 일부분이 아닌 포트로 표시한다. 그림 17.8은 전송 포트(실선)와 차단 포트(점선)를 갖는 LAN의 물리적인 시스템을 보여준다.

스패닝 트리 시스템에서는 한 LAN에서 다른 LAN으로 가는 경로가 단지 하나밖에 없다는 것에 주목하라. 이것은 한 LAN에서 다른 LAN까지 단일 경로만 있다는 것을 의미하며 루프가 만들어지지 않는다는 것을 의미한다. 독자 스스로 LAN 1에서 LAN 2, LAN 3이나 LAN 4까지 하나의 경로만 있다는 것을 증명할 수 있다. LAN 2에서 LAN 1, LAN 3, LAN 4까지도 하나의 경로만 있으며, LAN 3과 LAN 4에서도 같다는 것을 알 수 있다.

손으로 직접 입력해야 하는 항목들이 있는 것처럼 스패닝 트리 알고리즘을 설명하였으나 실제는 다르다. 각 교환기는 이 과정을 동적으로 수행하는 소프트웨어 패키지를 갖추고 있다.

교환기의 장점

링크 계층 교환기는 허브보다 나은 많은 장점이 있다. 여기서는 이 중 두 가지만 설명한다.

충돌 제거

앞서 13장에서 설명한 것처럼 링크 계층 교환기는 충돌을 제거한다. 이는 호스트에게 네트워크 내의 이용가능한 평균 대역폭을 증가시켜 주는 것을 의미한다. 교환형 LAN에서는 반송파 감지 및 충돌 탐지를 할 필요 없이 모든 호스트가 언제든지 전송할 수 있다.

다양한 연결 장치

링크 계층 교환기는 물리층에서 다른 프로토콜(데이터 전송률)과 전송 매체를 사용하는 장치를 연결할 수 있다. 데이터 링크층의 프레임 형식이 변경되지 않는 한 교환기는 꼬임쌍선 케이블을 사용하여 10 Mbps 속도로 데이터를 전송하는 장치로부터 프레임을 수신하여 광섬유 케이블을 사용하여 100 Mbps 속도로 데이터를 수신하는 장치로 프레임을 전달할 수 있다.

17.1.3 라우터

이 절에서는 2계층 교환기, 허브와 비교를 위해 라우터를 설명한다. **라우터**(router)는 3계층 장치로 물리, 데이터 링크, 네트워크층에서 동작한다. 물리층 장치로서 라우터는 수신한 신호를 재생한다. 링크 계층 장치로서 라우터는 패킷에 포함된 물리 주소(발신지와 목적지)를 확인한다. 네트워크층 장치로서 라우터는 네트워크층 주소를 확인한다.

> 라우터는 3계층(물리, 데이터 링크, 네트워크) 장치이다.

라우터는 네트워크를 연결할 수 있다. 즉, 라우터는 독립적인 네트워크를 서로 연결하는 네트워크 간 연결 장치이다. 이 정의에 따르면, 라우터로 연결된 네트워크는 네트워크 간 연결 혹은 인터넷이 된다.

라우터와 중계기, 혹은 교환기 사이에는 세 가지 큰 차이점이 있다.

1. 라우터는 각 인터페이스를 위한 물리 주소와 논리 주소(IP)를 가진다.
2. 라우터는 링크 계층 목적지 주소가 패킷이 도착한 인터페이스 주소와 일치하는 패킷만 처리한다.
3. 라우터는 패킷을 전달할 때 해당 패킷의 링크 계층의 주소(발신지와 목적지 모두)를 변경한다.

하나의 예를 들어보자. 그림 17.9에서는 2개의 분리된 건물에 각각 기가비트 이더넷 LAN이 설치된 기관이 있는 것으로 가정한다. 이 기관은 각 LAN에 교환기를 사용한다. 두 LAN은 기관 서버와 이더넷의 연결 속도를 향상시키는 10기가비트 이더넷 기술을 사용하여 더 큰 LAN을 형성한다. 라우터는 전체 시스템을 인터넷에 연결할 수 있다.

라우터는 MAC 주소가 로컬에서만 유효하기 때문에 수신한 패킷의 MAC 주소를 변경한다.

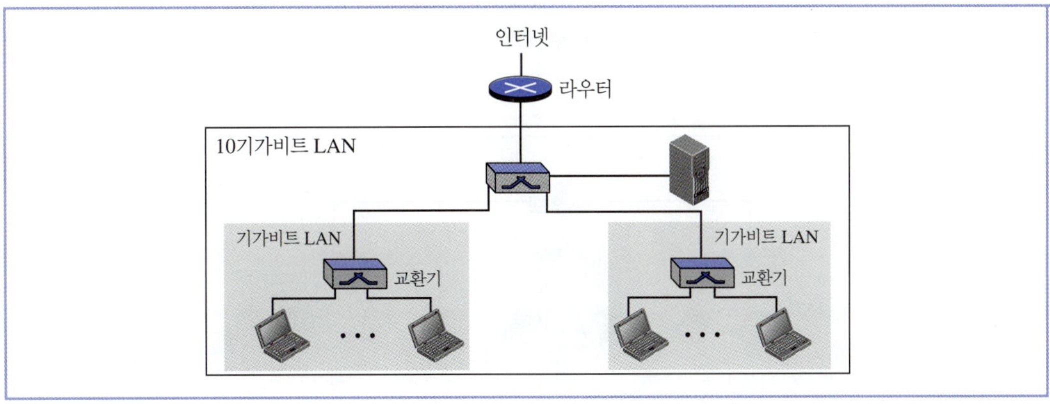

그림 17.9
라우팅의 예

라우터는 패킷의 링크 계층 주소를 변경한다.

17.2 가상 LAN

만약 한 지국이 물리적으로 하나의 LAN에 연결되어 있으면 그 지국은 이 LAN의 일부로 간주한다. 소속 여부의 평가는 지리적이다. 만약 2개의 서로 다른 물리적인 LAN에 속해 있는 두 지국 사이에 가상 연결이 필요하면 어떻게 되는가? 우리는 **가상 근거리 통신망**(VLAN, virtual local area network)을 물리적인 선에 의한 것이 아닌 소프트웨어에 의해 구성된 근거리 통신망으로 정의할 수 있다.

이 정의를 좀 더 설명하기 위해 예를 들어보자. 그림 17.10은 10개의 지국이 하나의 교환기로 연결된 3개의 LAN으로 그룹화된 어느 기술 회사의 교환형 LAN을 보여주고 있다.

처음엔 세 명의 기술자가 첫 번째 그룹으로 함께 일을 하며, 다음 두 명의 기술자가 두 번째 그룹으로 함께 일하고, 마지막엔 네 명의 기술자가 세 번째 그룹으로 함께 일을 한다. LAN은 이런 형태로 구성되었다.

그러나 만약 경영진이 첫 번째 그룹에서 두 명의 기술자를 세 번째 그룹으로 이동하여 세 번째 그룹이 수행하는 프로젝트를 빨리 진행하게 하고자 하면 어떤 일이 일어날까? LAN 구성이 변화되어야 하므로 네트워크 기술자가 새롭게 선을 다시 배치해야만 한다. 이 문제는 다음 주에 두 기술자가 원래 그룹으로 돌아갈 때 반복된다. 교환형 LAN에서는 일하는 그룹의 변화는 네트워크 구성에서 물리적인 변화를 의미한다.

그림 17.11은 VLAN으로 분할된 같은 교환형 LAN을 보여주고 있다. VLAN 기술의 전체 개념은 LAN을 물리적인 세그먼트가 아닌 논리적인 세그먼트로 분할하는 것이다. 하나의 LAN은 여러 개의 논리적인 LAN으로 분할될 수 있는데, 이 논리적인 LAN을 가상 근거리 통신망(VLAN)이라고 한다. 각 VLAN은 조직 내의 작업그룹이다. 만약 한 사람이 한 그룹에서 다른 그룹으로 이동하더라도 물리적인 구성을 바꿀 필요가 없다. VLAN의 그룹 소속원 자격은 하드웨어가 아닌 소프트웨어로 정의된다. 어느 지국이든 다른 VLAN으로 논리적인 이동을 할 수 있다. 하나의 VLAN에 속하는 모든 소속원은 이 특정한 VLAN으로 전송된 브로드캐스트 메시지를 수신할 수 있다. 이것은 만약 한

그림 17.10
세 LAN을 연결한 교환기

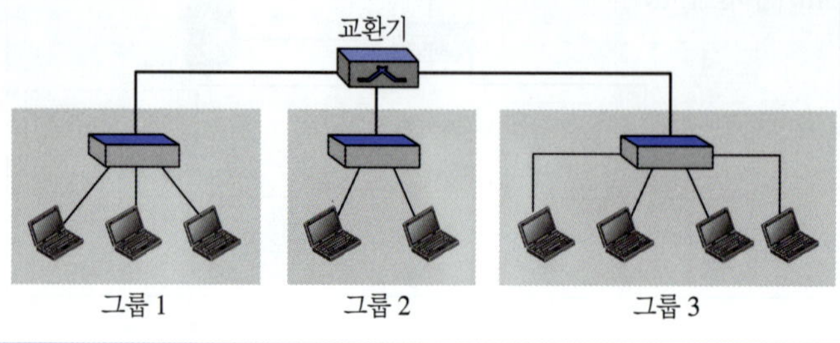

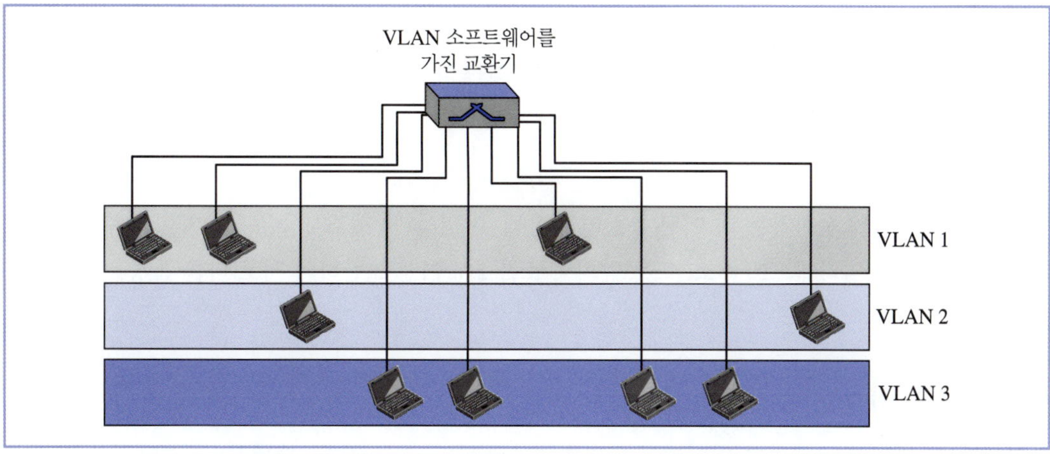

그림 17.11
VLAN 소프트웨어를 사용하는 교환기

지국이 VLAN 1에서 VLAN 2로 이동하면, 이 지국은 VLAN 2로 전송된 브로드캐스트 메시지는 수신하고 VLAN 1으로 전송된 브로드캐스트 메시지는 이제는 수신할 수 없다는 것을 의미한다.

앞에 본 예제의 문제점은 VLAN을 사용하여 쉽게 해결될 수 있다는 것은 분명하다. 소프트웨어를 통해 기술자를 한 그룹에서 다른 그룹으로 이동하는 것은 물리적인 네트워크 구성을 변경하는 것보다 간단하다.

VLAN 기술은 하나의 VLAN에 서로 다른 교환기에 연결된 지국들을 그룹으로 만드는 것도 허용한다. 그림 17.12는 2개의 교환기와 3개의 VLAN을 가진 백본 근거리 통신망을 보여주고 있다. 교환기 A와 B에 연결된 지국들이 각 VLAN에 속해 있다.

이것은 서로 떨어져 있는 두 건물을 가진 회사로서는 좋은 구성이다. 각 건물은 백본에 연결된 별도의 교환형 LAN을 가진다. 첫 건물에 있는 사람들과 두 번째 건물에 있는 사람들이 서로 다른 물리적인 LAN에 연결되어 있지만 같은 작업그룹에 소속될 수 있다.

앞의 세 가지 예제로부터 VLAN은 브로드캐스트 도메인을 정의하는 것을 알 수 있다. VLAN은

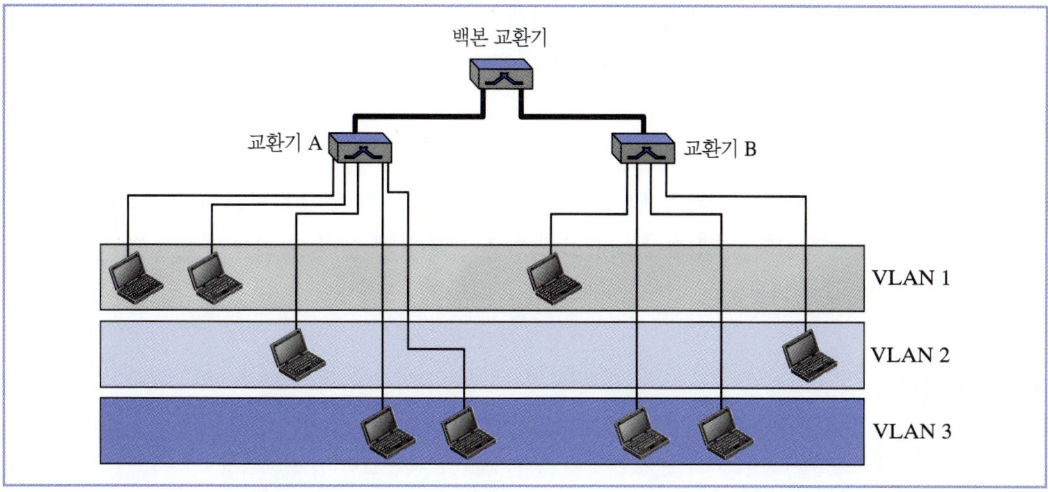

그림 17.12
백본에서 VLAN 소프트웨어를 이용한 2개의 교환기

하나 이상의 물리적인 LAN에 속하는 지국들을 브로드캐스트 영역으로 그룹화한다. 한 VLAN 내의 지국들은 하나의 물리적인 세그먼트에 속한 것처럼 서로 통신한다.

17.2.1 소속원

VLAN 내 지국을 그룹화하는 데 어떤 특징이 사용될 수 있을까? 제조사들은 인터페이스 주소, MAC 주소, IP 주소, IP 멀티캐스트 주소, 또는 앞의 주소를 2개 이상 조합하여 서로 다른 특징을 사용하고 있다.

인터페이스 번호

일부 VLAN 제조사는 교환기 인터페이스 번호를 **소속원**(membership, **멤버십**) 자격의 특징으로 사용하고 있다. 예를 들면, 관리자는 포트 1, 2, 3과 7에 연결된 지국을 VLAN 1에 속하는 것으로 정의할 수 있으며, 포트 4, 10과 12에 연결하는 지국을 VLAN 2에 속하는 것으로 정의할 수 있다.

MAC 주소

일부 VLAN 제조사는 소속원 자격 특징으로 48비트 MAC 주소를 사용한다. 예를 들면, 관리자는 MAC 주소 E2:13:42:A1:23:34와 F2:A1:23:BC:D3:41을 가진 지국은 VLAN 1에 속하는 것으로 정의할 수 있다.

IP 주소

일부 VLAN 제조사는 소속원 자격 특징으로 32비트 IP 주소를 사용하고 있다. 예를 들면, 관리자는 IP 주소 181.34.23.67, 181.34.23.72, 181.34.23.98과 181.34.23.112를 가진 지국은 VLAN 1에 속하는 것으로 정의할 수 있다.

멀티캐스트 IP 주소

일부 VLAN 제조사는 소속원 자격 특징으로 멀티캐스트 IP 주소를 사용하고 있다. IP층에서 멀티캐스팅은 이제 데이터 링크층에서 멀티캐스팅으로 변환된다.

조합

최근에 일부 제조사에서 제공되는 소프트웨어는 이러한 모든 특징을 조합하는 것을 허용하고 있다. 관리자는 소프트웨어를 설치할 때 하나 이상의 특징을 선택할 수 있다. 추가로 소프트웨어는 설정을 바꾸기 위하여 재구성이 가능하다.

17.2.2 구성

지국들은 어떻게 서로 다른 VLAN으로 그룹화하는가? 지국들은 수동식, 반자동식, 자동식이라는 세 가지 중 하나로 구성된다.

수동식 구성

수동식(manually) 구성에서는 네트워크 관리자가 설치 단계에서 VLAN 소프트웨어를 사용하여 지국들을 서로 다른 VLAN에 수동으로 할당한다. 이후에 한 VLAN에서 다른 VLAN으로 이동하는 것도 역시 수동으로 수행된다. 이 일이 물리적인 구성이 아닌 논리적인 구성이라는 점에 주목해야 한다. 여기에서 수동이라는 말은 관리자가 포트 번호, IP 주소나 그 밖의 특징을 VLAN 소프트웨어를 이용하여 직접 입력한다는 것을 의미한다.

자동식 구성

자동식(automatically) 구성에서는 지국들이 관리자에 의해 지정된 평가기준을 이용하여 VLAN에 자동으로 연결되거나 분리된다. 예를 들면, 관리자는 한 그룹의 소속원이 되기 위한 평가기준으로 프로젝트 번호를 지정할 수 있다. 사용자의 프로젝트가 변경되면 사용자는 자동으로 새로운 VLAN으로 이동하게 된다.

반자동식 구성

반자동식(semiautomatically) 구성은 수동식 구성과 자동식 구성 사이에 존재한다. 보통 초기화는 수동으로 하고 이동은 자동으로 한다.

17.2.3 교환기 간 통신

다중-교환형 백본에서 각 교환기는 어떤 VLAN에 어떤 지국이 속해 있는가를 알아야 하고, 동시에 다른 교환기들에 연결된 지국들의 소속원 자격을 알아야 한다. 예를 들면, 그림 17.12에서 교환기 A는 교환기 B에 연결된 지국의 소속원 상태를 알아야 하며, 교환기 B는 교환기 A에 대해 같은 정보를 알아야 한다. 이런 목적으로 테이블 유지관리(table maintenance), 프레임 태깅(frame tagging), 시분할 다중화(time-division multiplexing)라는 세 가지 방법이 만들어졌다.

테이블 유지관리

이 방법에서는 한 지국이 브로드캐스트 프레임을 그룹 소속원에게 전송할 때, 교환기가 테이블에 항목을 새로 만들고 지국의 소속원을 기록한다. 교환기들은 갱신하기 위하여 테이블을 주기적으로 서로 주고받는다.

프레임 태깅

이 방법에서는 프레임이 교환기 사이에서 이동할 때 목적지 VLAN을 정의하는 별도의 헤더가 MAC 헤더에 추가된다. 프레임 태그는 수신 교환기가 브로드캐스트 메시지를 수신하는 VLAN을 결정하기 위하여 사용한다.

시분할 다중화

이 방법에서는 교환기 사이의 연결(트렁크)이 시분할 채널로 나뉜다(6장의 TDM 참조). 예를 들면, 백본의 VLAN 수가 다섯 개일 때, 각 트렁크(trunk)는 5개의 채널로 분할된다. VLAN 1로 향하는 트래픽은 채널 1로 이동하며, VLAN 2로 향하는 트래픽은 채널 2로 이동하는 등 차례로 각 채널을 통해 이동한다. 수신 교환기는 프레임이 도착하는 채널을 확인하여 목적지 VLAN을 결정한다.

IEEE 표준

1996년 IEEE 802.1 부위원회는 프레임 태깅을 위한 프레임 형식을 정의하는 802.1Q 표준을 통과시켰다. 이 표준은 다중-교환형 백본에서 사용되는 형식을 정의하고, VLAN에서 여러 제조사의 장치를 사용하도록 하였다. IEEE 802.1Q는 VLAN과 관련된 다른 문제들을 계속 표준화할 수 있는 길을 열었다. 대부분의 제조사는 이미 이 표준을 받아들이고 있다.

17.2.4 장점

VLAN을 이용하면 여러 장점이 있다.

경비와 시간 절약

VLAN은 한 그룹에서 다른 그룹으로 이동하는 경비를 줄일 수 있다. 물리적인 재구성은 시간이 걸리며 경비도 많이 든다. 한 지국을 다른 세그먼트나 교환기로 물리적으로 이동하는 것보다 소프트웨어를 이용하여 이동하는 것이 훨씬 쉬우며 빠르다.

가상 작업반 생성

VLAN은 가상 작업반을 만드는 데 사용할 수 있다. 예를 들어 학교 환경에서 같은 프로젝트에서 일하는 교수들은 같은 과에 속하지 않더라도 서로 브로드캐스트 메시지를 주고받을 수 있다. 만약 IP의 멀티캐스팅 기능이 이전에 사용되었다면 VLAN은 트래픽을 감소시킬 수 있다.

보안

VLAN은 특별한 보안을 제공한다. 같은 그룹에 속하는 사람들은 다른 그룹의 사용자들이 메시지를 수신하지 않는다는 확실한 보장 하에 브로드캐스트 메시지를 송신할 수 있다.

17.3 추천 자료

17.3.1 추천 도서

이번 장에서 논의된 주제들에 대해 자세히 알고 싶은 독자를 위해 다음 책과 사이트를 추천한다. 괄호 안의 표시는 이 책 끝에 있는 참고문헌을 나타낸다.

참고문헌

링크 계층의 문제를 설명한 책 중에서 다음을 추천한다. [Ham 80], [Zar 02], [Ror 96], [Tan 03], [GW 04], [For 03], [KMK 04], [Sta 04], [Kes 02], [PD 03], [Kei 02], [Spu 00], [KCK 98], [Sau 98], [Izz 00], [Per 00], [WV 00].

17.3.2 중요 용어

blocking port
connecting device
filtering
forwarding port
hub
link-layer switch
repeater
router
spanning tree
switch
transparent switch
virtual local area network (VLAN)

17.3.3 요약

- 중계기는 인터넷 모델의 물리층에서 동작하는 연결 장치이다. 중계기는 신호를 재생하고, LAN의 세그먼트들을 연결하며, 필터링 기능은 갖고 있지 않다. 링크 계층 교환기는 인터넷 모델의 물리층과 데이터 링크층에서 동작하는 연결 장치이다. 투명 교환기는 프레임을 전송하고 필터링할 수 있으며, 자동으로 전송 테이블을 만들 수 있다. 교환기는 루프가 없는 접속형태를 만들기 위해 스패닝 트리 알고리즘을 사용할 수 있다.
- 가상 근거리 통신망(VLAN)은 물리적인 회선 연결이 아닌 소프트웨어에 의해 구성된다. VLAN에 소속원 자격은 포트 번호, MAC 주소, IP 주소, IP 멀티캐스트 주소 또는 이들의 조합에 근거한다. VLAN은 경비와 시간 측면에서 효율적이고, 네트워크 트래픽을 감소시킬 수 있으며, 특별한 보안을 제공한다.

17.4 연습문제

17.4.1 객관식

1. VLAN은 ______________으로 구성된 근거리 통신망 이다.
   a. 소프트웨어
   b. 물리적 회선
   c. 소프트웨어나 물리적 회선
   d. 정답 없음

2. 중계기는 ____________ 계층에서 동작하는 연결 장치 이다.
   a. 물리
   b. 물리와 데이터 링크
   c. 데이터 링크와 네트워크
   d. 물리, 데이터 링크와 네트워크

3. 링크 계층 교환기는 ____________ 계층에서 동작하는 연결 장치이다.
   a. 물리
   b. 물리와 데이터 링크
   c. 데이터 링크와 네트워크
   d. 물리, 데이터 링크와 네트워크

4. 라우터는 ____________ 계층에서 동작하는 연결 장치 이다.
   a. 물리
   b. 물리와 데이터 링크
   c. 데이터 링크와 네트워크
   d. 물리, 데이터 링크와 네트워크

5. ____________은 필터링 기능이 없다.
   a. 중계기 b. 링크 계층 교환기
   c. 라우터 d. 정답 없음

6. 3계층 교환기는 ____________ 이다.
   a. 중계기 b. 링크 계층 교환기
   c. 라우터 d. 정답 없음

7. 라우터는 ____________의 목적지 주소에 따라 패킷을 구분한다.
   a. 데이터 링크층 b. 네트워크층
   c. 전송층 d. 정답 없음

8. 링크 계층 교환기는 ____________의 목적지 주소에 따라 패킷을 구분한다.
   a. 데이터 링크층 b. 네트워크층
   c. 전송층 d. 정답 없음

9. 여러 교환기에서 루프 문제는 ____________ 알고리즘을 사용하여 제거할 수 있다.
   a. 라우팅 b. 스패닝 트리
   c. 전달 d. 정답 없음

10. VLAN의 소속원은 ______________을 기반으로 할 수 있다.
    a. 인터페이스 번호 b. MAC 주소
    c. IP 주소 d. 정답 없음

17.4.2 주관식

Q-1 중계기는 증폭기와 어떻게 다른가?

Q-2 교환기가 트래픽을 필터링할 수 있다는 것의 의미는? 그리고 왜 필터링이 중요한가?

Q-3 투명 교환기란 무엇인가?

Q-4 허브는 중계기와 어떻게 관련되어 있는가?

Q-5 전달 포트와 차단 포트의 차이점은 무엇인가?

Q-6 VLAN이 어떻게 기업의 비용과 시간을 절약하는가?

Q-7 VLAN이 어떻게 네트워크에 추가적인 보안을 제공하는가?

Q-8 VLAN이 어떻게 네트워크 트래픽을 줄여주는가?

Q-9 VLAN에서 소속원의 근거는 무엇인가?

Q-10 링크 계층 교환기가 트래픽을 필터링할 수 있다는 것의 의미는? 그리고 왜 필터링이 중요한가?

Q-11 교환기와 라우터 중 어느 것의 오버헤드가 더 큰가? 그 이유를 설명하라.

Q-12 허브와 교환기 중 어느 것의 오버헤드가 더 큰가? 그 이유를 설명하라.

객관식 홀수 번 문제 정답

1. ⓐ 3. ⓑ 5. ⓐ 7. ⓑ 9. ⓑ

APPENDIX

DATA COMMUNICATIONS

부록

DATA COMMUNICATIONS

APPENDIX A 유니코드

컴퓨터는 숫자를 사용한다. 컴퓨터는 각 문자 하나에 숫자를 할당하여 저장한다. 원래의 코딩 시스템은 미국 정보 교환 표준 코드(ASCII, American Standard Code for Infor-mation Inter-change)라고 불리었으며, 각각 7비트 숫자로 저장되는 128(0에서 127)가지(표현할 수 있는 문자의 수) 기호를 가지고 있었다. ASCII는 영어의 소문자와 대문자, 숫자, 구두 문자 그리고 일부 제어 문자를 충분하게 처리할 수 있었다. 또한 ASCII를 8비트로 구성하여 ASCII 문자를 확장하려는 시도가 있었다. 새로운 코드는 확장된 ASCII(Extended ASCII)라고 불리었으나, 국제 표준화는 되지 않았다.

ASCII와 확장된 ASCII가 가지고 있는 본질적인 문제점을 해결하기 위해 유니코드 협회(Uni-code Consortium, 다국어 소프트웨어 제작자 그룹)가 포괄적인 문자 집합을 제공하기 위해 유니코드(Unicode)라는 만국 공통의 부호화 시스템을 만들었다.

유니코드는 원래 2바이트 문자 집합이었다. 그러나 유니코드 버전 3은 4바이트 코드이며, ASCII 및 확장된 ASCII와 완전하게 호환이 된다. ASCII 집합은 이제 기본 라틴어(Basic Latin)라고 불리며, 상위 25비트가 0으로 구성된(나머지 7비트로 표현) 유니코드이다. 그리고 확장된 ASCII는 이제 라틴어-1 (Latin-1)이라 불리며, 상위 24비트가 0으로 구성된(나머지 8비트로 표현) 유니코드이다. 그림 A.1은 서로 다른 시스템에서 어떻게 호환되는지를 보여주고 있다.

유니코드에서 각 문자나 기호는 32비트 숫자로 정의된다. 코드는 2^{32}(4,294,967,296)개까지 문자나 기호를 정의할 수 있다. 표기법은 아래의 형식으로 16진수(hexadecimal) 숫자를 사용한다.

U-XXXXXXXX

각 X는 16진수 숫자이며, 따라서 유니코드의 표현 범위는 U-00000000에서 U-FFFFFFFF이다.

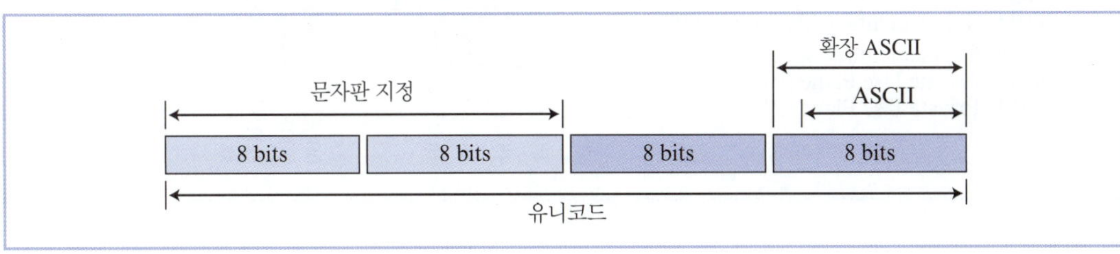

그림 A.1
유니코드 바이트

A.1 문자판

유니코드는 문자판(plane)으로 사용 가능한 공간 코드를 나눈다. 최상위 16비트가 문자판을 나타내며, 이는 65,536개의 문자판을 가지고 있다는 것을 의미한다. 각 문자판은 65,536개까지 문자나 기호를 정의할 수 있다. 그림 A.2는 유니코드 공간과 문자판의 구조를 보여주고 있다.

A.1.1 기본 다국어 문자판(BMP)

문자판이 $(0000)_{16}$인 기본 다국어 문자판(BMP, Basic Multilingual Plane)은 이전 16비트 유니코드와 호환성을 갖도록 설계되었다. 이 문자판에서 최상위 16비트는 모두 0이다. 코드는 보통 U+XXXX로 표현하는데, 이는 XXXX가 단지 최하위 16비트에 한정된다는 사실을 명심해야 한다. 이 문자판은 주로 다른 특수문자 또는 제어를 위해 사용되도록 일부 코드의 예외를 갖는 서로 다른 언어에서 문자 집합을 정의한다.

A.1.2 그 밖의 문자판

여기에 간략하게 설명된 그 밖의 다른 문자판이 있다.

추가 다국어 문자판(SMP)

문자판이 $(0001)_{16}$인 추가 다국어 문자판(SMP, Supplementary Multilingual Plane)은 BMP에 포함되지 않은 다국어 문자들에 대한 추가 코드들을 제공하기 위해 설계되었다.

추가 상형문자 문자판(SIP)

문자판이 $(0002)_{16}$인 추가 상형문자 문자판(SIP, Supplementary Ideographic Plane)은 상형문자(한자) 기호들 그리고 주로 어음(또는 발음)과 대조를 이루는 개념(또는 의미)을 표시하기 위한 기호들에 대한 코드를 제공하기 위해 설계되었다.

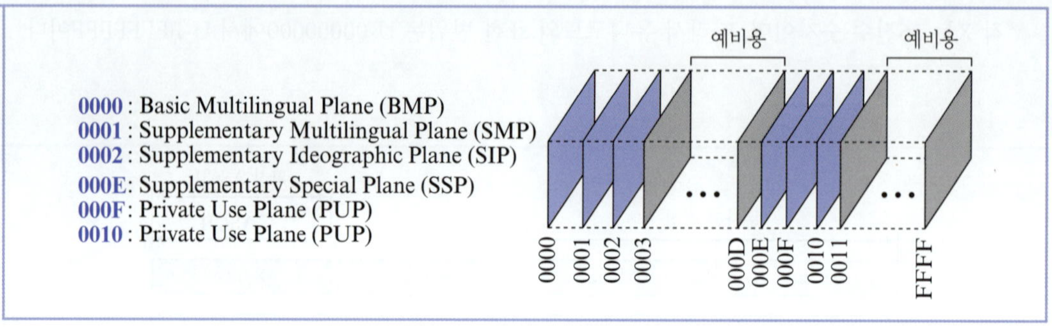

그림 A.2
유니코드 문자판

추가 특수 목적 문자판(SSP)

문자판이 $(000E)_{16}$인 추가 특수문자판(SSP, Supplementary Special Plane)은 특수문자들을 위해 설계되었다.

사용자 영역 문자판(PUP)

문자판이 (000F)와 $(0010)_{16}$인 사용자 영역 문자판(PUP, Private Use Plane)은 사용자가 개인적인 용도로 사용할 수 있는 문자판이다.

A.2 ASCII

미국 정보 교환 표준 코드(ASCII, American Standard Code for Information Interchange)는 대부분 미국 영어의 128개 기호들에 대한 코드를 제공하기 위해 설계된 7비트 코드이다. 오늘날, ASCII 또는 기본 라틴어는 유니코드의 일부분이다. 이것은 유니코드에서 첫 번째 128개의 코드(00000000에서 0000007F까지)를 차지하고 있다. 표 A.1은 16진수(hexadecimal)와 그래픽 코드(기호)가 들어 있다. 16진수 코드는 단지 유니코드에서 최하위 2비트만을 나타낸다. 이는 실제 코드를 알기 위해 코드에서 16진수 000000을 고의로 표현하지 않았다.

A.2.1 ASCII의 몇 가지 속성

ASCII는 다음에 열거한 몇 가지 흥미 있는 속성을 가지고 있다.

1. 공백(space) 문자 $(20)_{16}$는 출력 가능한 문자이며, 공백(blank space)을 출력한다.
2. 영어의 대문자는 $(41)_{16}$에서 시작하며, 소문자는 $(61)_{16}$에서 시작한다. 이 둘을 비교해 보면, 대문자가 소문자보다 숫자 값이 작다. 이것은 ASCII 값을 기준으로 하여 목록을 저장한다는 것을 의미하며, 대문자를 소문자보다 먼저 표시한다.
3. 대문자와 소문자는 7비트 코드에서 오직 한 비트만 다르다. 예를 들어, 대문자 A의 값은 $(1000001)_2$이며, 소문자 a의 값은 $(1100001)_2$이다. 차이는 6번째 비트가 대문자는 0인 반면, 소문자는 1이다. 만약 한쪽에 대한 코드를 알고 있다면, $(20)_{16}$를 빼거나 또는 더하거나, 아니면 6번째 비트를 변경(0에서 1로 또는 1에서 0으로)함으로써 동일한 대소문자에 대하여 다른 한쪽의 코드 값을 쉽게 알 수 있다.
4. 대문자에 이어서 소문자가 곧바로 위치하지 않는다. 이것은 대문자와 소문자 사이에 일부 구두 문자가 위치하기 때문이다.
5. 숫자(0에서 9)는 $(30)_{16}$에서 시작한다. 이것은 코드 값을 실제 정수로 바꾸고자 하는 경우 단지 $(30)_{16} = 48$을 빼면 된다는 것을 의미한다.

표 A.1 ASCII 코드

기호	16진수	기호	16진수	기호	16진수	기호	16진수
NULL	00	SP	20	@	40	`	60
SOH	01	!	21	A	41	a	61
STX	02	"	22	B	42	b	62
ETX	03	#	23	C	43	c	63
EOT	04	$	24	D	44	d	64
ENQ	05	%	25	E	45	e	65
ACK	06	&	26	F	46	f	66
BEL	07	'	27	G	47	g	67
BS	08	(	28	H	48	h	68
HT	09	)	29	I	49	i	69
LF	0A	*	2A	J	4A	j	6A
VT	0B	+	2B	K	4B	k	6B
FF	0C	,	2C	L	4C	l	6C
CR	0D	-	2D	M	4D	m	6D
SO	0E	.	2E	N	4E	n	6E
SI	0F	/	2F	O	4F	o	6F
DLE	10	0	30	P	50	p	70
DC1	11	1	31	Q	51	q	71
DC2	12	2	32	R	52	r	72
DC3	13	3	33	S	53	s	73
DC4	14	4	34	T	54	t	74
NAK	15	5	35	U	55	u	75
SYN	16	6	36	V	56	v	76
ETB	17	7	37	W	57	w	77
CAN	18	8	38	X	58	x	78
EM	19	9	39	Y	59	y	79
SUB	1A	:	3A	Z	5A	z	7A
ESC	1B	;	3B	[	5B	{	7B
FS	1C	<	3C	\	5C	|	7C
GS	1D	=	3D	]	5D	}	7D
RS	1E	>	3E	^	5E	~	7E
US	1F	?	3F	_	5F	DEL	7F

표 A.2 ASCII 코드

기호	의미	기호	의미
SOH	Start of heading	DC1	Device control 1
STX	Start of text	DC2	Device control 2
ETX	End of text	DC3	Device control 3
EOT	End of transmission	DC4	Device control 4
ENQ	Enquiry	NAK	Negative acknowledgment
ACK	Acknowledgment	SYN	Synchronous idle
BEL	Ring bell	ETB	End of transmission block
BS	Backstage	CAN	Cancel
HT	Horizontal tab	EM	End of medium
LF	Line feed	SUB	Substitute
VT	Vertical tab	ESC	Escape
FF	From feed	FS	File separator
CR	Carriage return	GS	Group separator
SO	Shift out	RS	Record separator
SI	Shift in	US	Unit separator
DLE	Data link escape		

6. 처음 32개 문자는 $(00)_{16}$부터 $(1F)_{16}$이고 마지막 문자는 $(7F)_{16}$인데, 출력할 수 없는 문자이다. 문자 $(00)_{16}$은 문자 스트링의 끝을 나타내는 구분자로 사용된다. 문자 $(7F)_{16}$는 앞 문자를 삭제하기 위해 일부 프로그래밍 언어에서 사용하는 삭제 문자이다. 출력할 수 없는 나머지 문자들은 제어 문자(control character)인데, 데이터 통신에 사용된다. 표 A.2에는 이들 문자의 설명이 나와 있다.

APPENDIX B

숫자 시스템

숫자 시스템(positional numbering system)은 일련의 기호를 사용한다. 그렇지만, 각 기호가 나타내는 값은 기호의 액면 값(face value)과 위치 값(place value)에 따라 다르다. 여기서 위치 값은 숫자에 포함된 기호의 위치와 관련이 있다. 다른 말로 표현하면 다음과 같다.

$$\text{기호 값} = \text{액면 값} \times \text{위치 값}$$
$$\text{숫자 값} = \text{기호 값들의 합}$$

이 부록에서는 소수점 이하의 수가 없는 정수만 설명한다. 가수 부분이 있는 실수에 대한 논의도 유사하다.

B.1 여러 가지 숫자 시스템

먼저 어떻게 정수가 기수 10, 기수 2, 기수 16, 기수 256 등 4개의 서로 다른 시스템으로 표현할 수 있는지 살펴보자.

B.1.1 기수 10: 10진수

첫 번째 위치 시스템은 10진 시스템(decimal system)이다. 10진(decimal)이라는 용어는 10이라는 의미를 가진 decem(10을 의미)으로부터 유래된 것이다. 10진 시스템은 기호로서 같은 액면 값을 갖는 10개의 기호(0, 1, 2, 3, 4, 5, 6, 7, 8, 9)를 이용한다. 10진 시스템에서 위치 값은 10의 누승이다. 그림 B.1은 정수 4,782의 위치 값과 기호 값을 보여준다.

10진 시스템은 위치 값이 10의 누승인 10개의 기호를 사용한다.

그림 B.1
10진수의 예

10^3	10^2	10^1	10^0	위치 값(Place values)
4	7	8	2	기호(Symbols)
4,000 +	700 +	80 +	2	기호 값(Symbol values)
4,782				숫자 값(Number values)

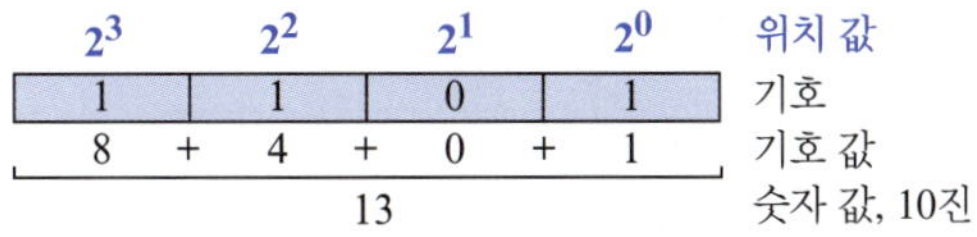

그림 B.2
2진수 예

B.1.2 기수 2: 2진수

두 번째 위치 시스템은 2진 시스템(binary system)이다. 2진(binary)이라는 용어는 2를 의미하는 라틴어인 bi(2를 의미)로부터 유래한 것이다. 2진 시스템은 기호로서 같은 액면 값을 갖는 2개의 기호(0과 1)를 사용한다. 2진 시스템에서 위치 값은 2의 누승이다. 그림 B.2는 2진수 $(1101)_2$에서 위치 값과 기호 값을 보여준다. 수가 2진수라는 것을 나타내기 위해 첨자 2를 사용한 것을 주목하라.

> 2진수는 위치 값이 2의 누승인 2개의 기호를 사용한다.

B.1.3 기수 16: 16진수

설명하고자 하는 세 번째 위치 시스템은 16진수 시스템(hexadecimal system)이다. 16진(hexadecimal)이라는 용어는 그리스어 hex(6을 의미)와 라틴어 decem(10을 의미)에서 유래한 것이다. 16진수 시스템은 16개의 기호, 즉 0, 1, 2, 3, 4, 5, 6, 7, 8, 9, A, B, C, D, E, F를 사용한다. 16진수 시스템에서 처음 10개의 기호는 10진수와 동일하게 사용되지만, 10, 11, 12, 13, 14, 15 대신에 A, B, C, D, E, F를 사용한다. 16진수 시스템에서 위치 값은 16의 누승이다. 그림 B.3은 16진수 $(A20E)_{16}$에서 위치 값과 기호 값을 보여준다. 첨자 16은 숫자가 16진수임을 나타낸다는 것을 주목하라.

> 16진수 시스템은 위치 값이 16의 누승인 16가지 기호를 사용한다.

B.1.4 기수 256: 점-10진 표현

설명하고자 하는 네 번째 위치 시스템은 점-10진 표현(dotted-decimal notation)이라 부르는 기수 256이다. 이 시스템은 IPv4 주소를 표현하는 데 사용된다. 이 시스템에서 위치 값은 256의 누승이다. 그렇지만 256개의 기호를 사용하는 것은 거의 불가능하기 때문에 이 시스템에서 기호는 기호로서 같은 액면 값을 갖는 0부터 255 사이의 10진수이다. 이들 숫자를 서로 구분하기 위하여 4장에서

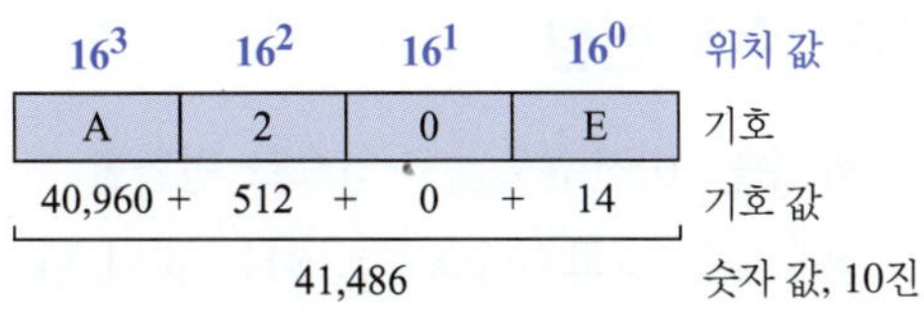

그림 B.3
16진수 숫자 예

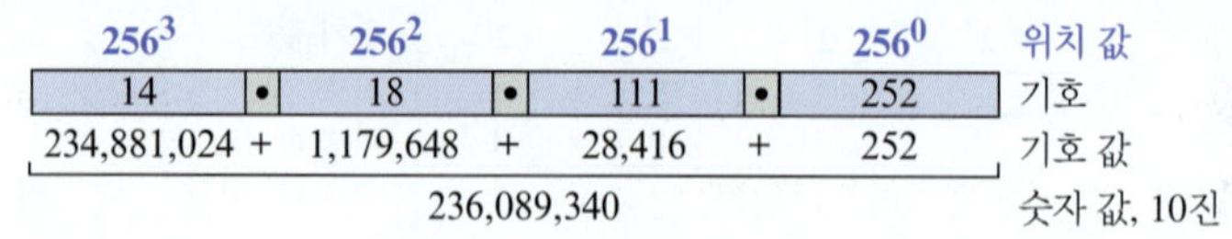

그림 B.4 점-10진 표현 예

표 B.1 세 가지 시스템의 비교

10진수	2진수	16진수	10진수	2진수	16진수
0	0000	0	8	1000	8
1	0001	1	9	1001	9
2	0010	2	10	1010	A
3	0011	3	11	1011	B
4	0100	4	12	1100	C
5	0101	5	13	1101	D
6	0110	6	14	1110	E
7	0111	7	15	1111	F

설명한 것처럼 점(.)을 사용한다. 그림 B.4는 주소 (14.18.111.252)의 위치 값과 기호 값을 보여준다. IPv4 주소는 4개의 기호 이상을 결코 사용하지 않는다는 것을 주목하라.

> 점-10진 표현은 기호로서 10진수(0~255)를 사용하는데, 각 기호 사이에 점(.)을 삽입한다.

B.1.5 비교

표 B.1은 10진수 0부터 15까지를 표현하는 3가지 서로 다른 시스템을 보여준다. 예를 들면, 10진수 13은 2진수 $(1101)_2$와 같고, 16진수 D와 같다.

B.2 변환

우리는 한 시스템에서 수를 다른 시스템의 같은 수로 변환하는 방법을 알 필요가 있다.

B.2.1 어떤 기수 값을 10진수로 변환

그림 B.2~B.4까지는 어떤 기수의 수를 10진수로 수작업으로 변환할 수 있는 실제적인 방법을 보여준다. 그렇지만 이것은 그림 B.5에 있는 알고리즘을 사용하는 것이 더 쉽다. 알고리즘은 다음 위치

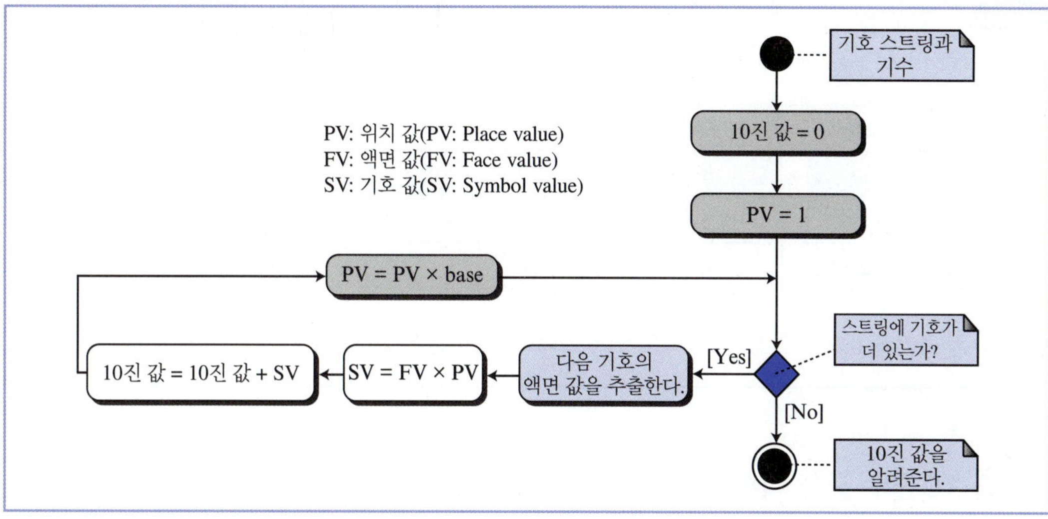

그림 B.5
어떤 기수 값을 10진 값으로 변환하는 알고리즘

값은 이전의 값을 기수(2, 16 또는 256)로 곱한 것이라는 사실을 사용한다. 알고리즘은 주어진 기수의 기호 스트링을 10진수로 변환하는 데 사용할 수 있다는 것이다. 알고리즘에서 유일한 구분은 각 기수를 스트링에서 다음 기호를 추출해서 그 액면 값을 찾는 방법이 다르다는 것이다. 기수 2인 경우 이것은 간단하다. 액면 값은 기호를 수치 값으로 변경하면 찾을 수 있다. 기수 16인 경우 기호 A의 액면 값이 10이고 기호 B의 액면 값이 11, 등등인 경우를 생각해 볼 필요가 있다. 기수 256인 경우 점으로 구분된 각 스트링을 추출하고, 스트링을 수치 값으로 변경하는 것이 필요하다.

작은 수에 대해서 위의 알고리즘을 수작업으로 행한 간단한 예를 보여줄 수 있다.

예제 B.1

2진수 $(1110011)_2$를 10진 값으로 보여라.

해답

알고리즘을 아래에 보여준 것과 같이 따른다.

128		64		32		16		8		4		2		1	위치 값(Place values)
1		1		1		0		0		1		1		1	액면 값(Face values)
128		64		32		0		0		4		2		1	기호 값(Symbol values)
231		103		39		7		7		7		3		1	Decimal = 0(10진)

10진 값은 초기에 0으로 설정된다. 순환이 종료될 때 10진 값은 231이다.

예제 B.2

IPv4 주소 12.14.67.24를 10진 값으로 보여라.

해답

알고리즘을 다음에 보여준 것과 같이 따른다.

16,777,216		65,536		256		1	위치 값
12	•	14	•	67	•	24	액면 값
201,326,592		917,504		17,152		24	기호 값
202,261,272		934,680		17,176		24	Decimal = 0(10진)

10진 값은 초기에 0으로 설정된다. 루프가 종료되면 10진 값은 202,261,272가 된다.

B.2.2 10진수 값을 다른 기수 값으로 변환

10진 값을 어떤 기수 값으로 변환하는 것은 몫과 나머지를 구하기 위해 10진 값을 기수로 계속해서 나눔으로써 얻을 수 있다. 나머지는 다음 기호의 액면 값이고, 몫은 다음 반복에 사용되는 10진 값이다. 역변환의 경우에서처럼, 해당 기수에서 기호의 액면 값을 실제 기호로 바꾸고, 변환된 수를 나타내는 스트링에 이를 삽입하는 별도의 알고리즘이 필요하다.

간단한 예에서 알고리즘을 수작업으로 행하는 것으로 보여줄 수 있다.

예제 B.3

10진수 25를 2진 값으로 변환하라.

해답

몫이 0이 될 때까지 10진 값으로 2(2진 시스템의 기수)로 계속해서 나눈다. 각 나눗셈에서 16진수 스트링에 삽입되는 다음 기호로써 나머지 값을 해석한다. 아래 화살표는 나머지를 나타내고, 왼쪽 화살표는 몫을 나타낸다. 10진 값이 0이 될 때 멈춘다. 결과는 2진 스트링 $(11001)_2$이다.

그림 B.6
10진 값을 다른 기수로 변환

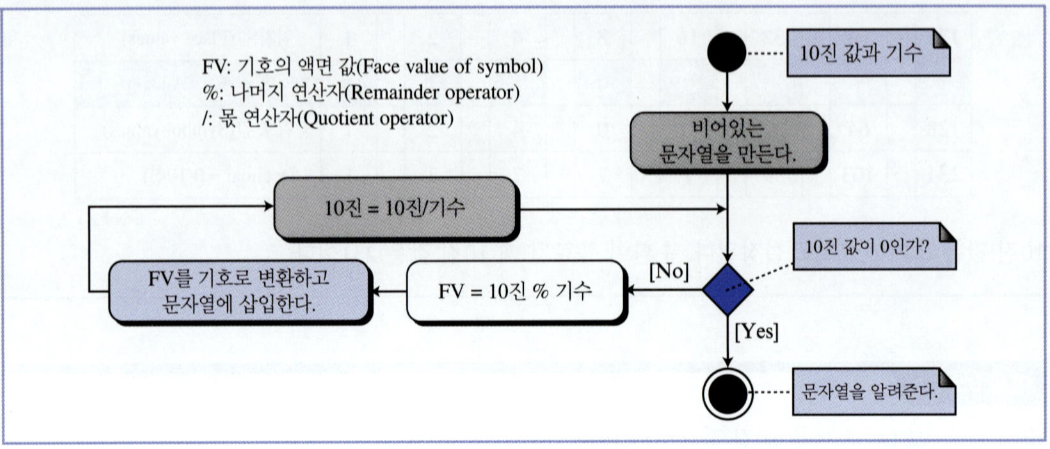

0	←	1	←	3	←	6	←	12	←	**25**	10진
		↓		↓		↓		↓		↓	
		1		1		0		0		1	2진

예제 B.4

10진수 21,432를 16진 값으로 변환하라.

해답

몫이 0이 될 때까지 10진 값을 16(16진 시스템의 기수)으로 계속해서 나눈다. 각 나눗셈에서 나머지 값은 16진 스트링에 삽입되는 다음 기호로 해석한다. 결과는 16진 스트링 $(53B8)_{16}$이다.

0	←	5	←	83	←	1339	←	**21432**	10진
		↓		↓		↓		↓	
		5		3		B		8	16진

예제 B.5

10진수 73,234,122를 기수 256(IPv4 주소)으로 변환하라.

해답

몫이 0이 될 때까지 10진 값을 256(기수)으로 계속해서 나눈다. 각 나눗셈에서 나머지 값은 IPv4 주소에 삽입되는 다음 기호로 해석한다. 또 요구하는 점-10진 표기법을 위해 점을 삽입한다. 결과는 IPv4 주소 4.93.118.202이다.

0	←	4	←	1,117	←	286,070	←	**73,234,122**	10진
		↓		↓		↓		↓	
		4	•	93	•	118	•	202	IPv4 주소

B.2.3 그 밖의 변환

10진수가 아닌 시스템에서 또 다른 10진수가 아닌 시스템으로 변환은 훨씬 쉽다. 2진수를 16진으로 변환은 4비트를 하나의 그룹으로 바꿈으로써 쉽게 할 수 있다. 또 16진 값을 4비트 그룹으로 변환할 수 있다. 처리 과정을 보기 위하여 간단한 예제를 살펴보자.

예제 B.6

2진수 $(1001111101)_2$를 16진 값으로 변환하라.

해답

오른쪽부터 4비트씩 그룹으로 만든다. 각 그룹을 대응하는 16진 값으로 바꾼다. 마지막 그룹에 추가로 2개의 0을 더하는 것이 필요하다.

0010	**0111**	**1101**	10진
↓	↓	↓	
2	7	D	2진

결과는 $(27D)_{16}$이다.

예제 B.7

16진 값 $(3A2B)_{16}$를 2진 값으로 변환하라.

해답

각 16진 값을 4비트 2진 값으로 바꾼다.

3	**A**	**2**	**B**	16진
↓	↓	↓	↓	
0011	1010	0010	1011	2진

결과는 $(0011\ 1010\ 0010\ 1011)_2$이다.

예제 B.8

IPv4 주소 112.23.78.201을 2진 형식으로 변환하라.

해답

각 기호를 8비트 2진 값으로 바꾼다.

112	•	**23**	•	**78**	•	**201**	IPv4 주소
↓		↓		↓		↓	
01110000		00010111		01001110		11001001	2진

결과는 $(01110000\ 00010111\ 01001110\ 11001001)_2$이다.

APPENDIX C

기초 확률론

확률론은 데이터 통신에 있어서 매우 중요한 역할을 하고 있는데 그 이유는 불확실성을 정량화하는 가장 좋은 방법이고 데이터 통신 분야는 불확실성으로 꽉 차 있기 때문이다. 예를 들면, 우리가 프레임을 보낼 때, 목적지에 깨지지 않고 도착한다는 확신이 없다. 또, 지국이 네트워크에 접속하고자 할 때, 그것이 성공할 것이라는 확신이 없다.

이 부록에서는 이 책에서 논의되었던 여러 가지 주제를 이해하는 데 필요한 확률론의 기본 개념을 살펴보기로 한다.

C.1 정의

일단 정의, 공리와 성질에 대해서 알아보기로 하자.

정의

확률 실험

실험(experiment)이란 입력을 출력으로 변환시키는 절차라고 정의한다. 확률 실험(random experiment)은 동일한 입력이 두 개의 다른 출력으로 될 수 있는 실험을 의미한다. 다시 말해서 출력은 입력에 대한 정보로부터 유일하게 정의되지 않는다는 말이다. 예를 들면 동전을 두 번 던진다고 할 때 입력(동전)은 동일하지만 출력(앞면과 뒷면)은 다를 수 있다.

결과

확률 실험의 각 출력을 결과(outcome)라고 부른다. 예를 들면, 주사위를 굴렸을 때 가능한 결과는 1, 2, 3, 4, 5와 6이다.

표본 공간

표본 공간(sample space) S는 확률 실험의 가능한 모든 결과들을 모두 모아 놓은 집합이다. 하나의 동전을 던진다고 한다면 표본 공간 S = {앞면, 뒷면}이 된다. 하나의 주사위를 굴린다고 한다면 표본 공간은 6개의 원소로 이루어지는 S = {1, 2, 3, 4, 5, 6}이다. 표본공간은 종종 확률 공간, 랜덤 공간이나 모집단이라고도 불린다.

사건

한 확률 실험을 할 경우에 단순한 단독적인 결과뿐만 아니라 표본공간의 부분집합들에 대해 관심을 가지게 된다. 예를 들면, 하나의 주사위를 굴렸을 때 2라는 숫자가 표면에 나오는 데 관심이 있을 수도 있고, 짝수가 표면에 나타나는 데 관심이 있을 수도 있으며, 4보다 작은 숫자가 나오는 데에도 관심이 있을 수 있다. 이런 각각의 가능한 결과가 사건(event)으로 간주될 수 있다. 하나의 사건 A는 표본공간의 부분집합이다. 이런 의미에서 살펴보면 위에 언급한 사건들은 다음과 같이 표현될 수 있다.

a. 표면의 수가 2인 사건(단순 결과): $A_1 = \{2\}$
b. 표면의 수가 짝수인 사건: $A_2 = \{2, 4, 6\}$
c. 표면의 수가 4보다 작은 수인 사건: $A_3 = \{1, 2, 3\}$

확률 지정

확률론의 주요한 아이디어는 사건에 대한 아이디어이다. 그러면 주어진 사건에 대한 확률은 무엇인가? 이 문제에 대해서는 수 세기동안 논의되어 왔다. 최근에 수학자들은 3가지 방법으로 사건에 대해 확률을 지정할 수 있을 것이라고 동의하였다. 이 3가지 방법은 전통적인 방법, 통계적인 방법, 그리고 계산적인 방법이다.

전통적 확률 지정

전통적 확률 지정(Classical Probability Assignment) 방법에서는 한 사건 A에 대한 확률은 $P(A) = n_A/n$으로 표시되는 숫자이다. 여기서 n은 가능한 결과의 총 수이고 n_A는 사건 A와 연관된 가능한 결과의 수이다. 이 정의는 각 결과가 동등하게 발생될 경우에만 유용한 방법이다.

예제 C.1

하나의 동전을 던진다고 할 때, 결과가 앞면이 될 확률은 무엇인가?

해답

가능한 결과의 총 수는 2이다(앞면과 뒷면). 이 사건과 관련된 가능한 결과의 수는 1(오직 앞면)이다. 따라서 $P(\text{앞면}) = n_{\text{앞면}}/n = 1/2$이다.

예제 C.2

하나의 주사위를 굴린다고 할 때, 표면이 5가 될 확률은 무엇인가?

해답

가능한 결과의 총 수는 6이고, S = {1, 2, 3, 4, 5, 6}이다. 이 사건과 관련된 가능한 결과의 수는 1이다(오직 5). 따라서 $P(5) = n_5/n = 1/6$이다.

예제 C.3

두 개의 동전을 던졌을 때, 앞면이 2개 나올 확률은 무엇인가?

해답

가능한 결과의 총 수는 4(앞면–앞면, 앞면–뒷면, 뒷면–앞면, 뒷면–뒷면)이다. 이 사건과 관련된 가능한 결과는 1이다. 따라서,

$\mathrm{P}[\text{앞면–앞면}] = \mathrm{N}_{\text{앞면–앞면}}/\mathrm{N} = 1/4$이다

C.2 공리와 성질

확률 이론을 이용할 수 있기 위해서는 공리와 성질이 필요하다.

C.2.1 공리

사건의 확률을 알기 위해서는 몇 가지 공리를 알아야 한다. 공리(axioms)는 증명할 수 없지만 확률론을 활용할 때 가정되는 것이다. 다음과 같은 확률론의 기초가 되는 3가지 공리이다.

공리 1

한 사건의 확률은 음이 아닌 수이다.

$$P(A) \geq 0$$

공리 2

확률공간의 확률은 1이다. 다시 말하면 가능한 결과 중의 하나는 항상 발생한다.

$$P(S) = 1$$

공리 3

만약 $A_1, A_2, A_3, \ldots$가 쌍별 서로소인 사건이라면,

$$P(A_1 \text{ 또는 } A_2 \text{ 또는 } A_3 \text{ 또는 } ...) = P(A_1) + P(A_2) + P(A_3) + \cdots$$

이다. 사건 A_1, A_2, A_3, ...가 쌍별 서로소라는 말은 한 사건의 발생이 다른 사건의 발생 확률에 영향을 주지 않는 경우를 말한다.

C.2.2 성질

위의 공리를 수용한다면 다음과 같은 성질(properties)들을 증명할 수 있다. 다음 성질들은 이 책의 주제와 연관된 내용을 이해하는 데 필요한 최소한의 성질이다(증명은 확률론에 관련된 책을 참조하기 바란다).

성질 1

만약 $\bar{A}$가 A의 여집합이라고 한다면, $P(\bar{A}) = 1 - P(A)$이다. 예를 들면, 만약 하나의 주사위를 굴렸을 때 2가 나올 확률이 1/6이라고 한다면 2가 나오지 않을 확률은 $1 - 1/6 = 5/6$이다.

성질 2

결과가 없을 확률은 0이다: $P(\bar{S}) = 0$. 다시 말해서 하나의 주사위를 굴렸을 때 어느 수도 나타나지 않을 확률은 0이라는 말이다(불가능한 사건).

성질 3

만약 A가 B의 부분집합이라면, $P(A) \leq P(A)$이다. 예를 들면, 하나의 주사위를 굴렸을 때 $P(2$ 또는 $3)$은 $P(2$ 또는 3 또는 $4)$보다 작거나 같다.

성질 4

한 사건의 확률은 항상 0과 1 사이의 수이다: $0 \leq P(A) \leq 1$.

성질 5

만약 사건 A, B, C, ...가 서로 독립이라면,

$$P(A \text{ and } B \text{ and } C \text{ and } ...) = P(A) \times P(B) \times P(C) \times \cdots$$

이다. 만약 사건이 독립이라면(하나의 사건의 발생은 다른 사건에 영향을 주지 않는다), 모두 함께 사건이 일어날 확률은 이들 확률의 곱이 된다.

C.3 반복 시도

지금까지 동전던지기와 같은 단일 시도에서 일어나는 확률에 대해 중점적으로 살펴보았다. 이제 한 번 이상의 시도에 대한 사건의 확률에 관심을 가져보자. 예를 들면, 동전을 10번 던졌을 때 앞면이 한 번 나올 확률은 얼마인가? 동전을 20번 던졌을 때 앞면이 5번 나올 확률은 얼마인가?

예제 C.4

균형 잡히지 않은 동전을 3번 던졌을 때 정확하게 한 번의 앞면이 나올 확률을 구해보자. 앞면이 나올 확률을 p라고 하자. 이것은 앞면이 나오지 않을 확률(뒷면이 나올 확률)이 1 − p임을 의미한다.

해답

첫 번째 시도, 두 번째 시도, 세 번째 시도에서든 하나의 앞면을 얻을 수 있다. 그렇지만 시도 중 한 번에서 앞면이 나오면 나머지 두 번의 시도에서는 앞면이 나오지 않아야 한다. 그러면 이렇게 표현할 수 있다.

P[세 번의 시도 중 한 번만 앞면] =
P[첫 번째 시도에서 앞면] × P[두 번째 시도에서 뒷면] × P[세 번째 시도에서 뒷면] +
P[두 번째 시도에서 앞면] × P[첫 번째 시도에서 뒷면] × P[세 번째 시도에서 뒷면] +
P[세 번째 시도에서 앞면] × P[첫 번째 시도에서 뒷면] × P[두 번째 시도에서 뒷면]

확률을 이용하면 다음과 같이 표현할 수 있다.

P[세 번의 시도에서 한 번만 앞면] =
$p \times (1 - p) \times (1 - p) + p \times (1 - p) \times (1 - p) + p \times (1 - p) \times (1 - p)$

또는 이렇게 요약할 수 있다.

$$P[\text{세 번의 시도에서 한 번만 앞면}] = 3p \times (1 - p)^2$$

예제 C.5

3비트의 작은 프레임을 보내려고 한다. 전송 중에 각 비트가 바뀔 수 있는 확률은 0.10이고 각 비트는 독립적이라면, 정확하게 1비트가 바뀌는 확률은 얼마인가?

$$p[\text{정확하게 1비트가 바뀜}] = 3p \times (1 - p)^2 = 3(0.1)(1 - 0.1)^2 = 0.243$$

C.3.1 베르누이 시행

베르누이는 n번의 시행에서 사건의 성공 횟수인 확률 k를 찾아낸다. 성공할 확률을 p라고 하고, 실패할 확률을 q(또는 1 − p)라고 하면

$$P[n\text{번의 시행에서 } k\text{번 성공}] = C(n, k)\ p^{k}\ q^{n-k}$$

여기서 C(n, k)는 k개에서 n개가 택해질 조합이다. 이의 값은

$$C(n, k) = (n!)/[k!(n-k)!]$$

예제 1과 2는 n = 3이고 k = 1인 베르누이 시행의 경우이다.

예제 C.6

10개의 비트로 구성된 작은 프레임을 보내려고 한다. 전송 중에 1비트가 변경될 확률은 10%(0.1)이고 각 비트는 독립적이라면 정확하게 3개의 비트가 변경될 확률은 얼마인가?

해답

베르누이 시행의 결과를 이용하면 3비트가 변경될 확률은 다음과 같다는 것을 알 수 있다.

$$P[\text{정확하게 3비트가 변경}] = C(10, 3)\ p^{3} * (1 - p)^{7} = 0.057$$

또는 5.7%이고 1비트가 변경될 확률보다 훨씬 더 적다.

예제 C.7

예제 C.6에서 비트가 변경되지 않을 확률은 얼마인가?

해답

비트가 변경되지 않을 확률은 다음과 같이 구할 수 있다.

$$P[\text{변경 없음}] = C(10, 0)\ p^{0} * (1 - p)^{10} = 0.346$$

또는 34.6%이고 여기서 C(10, 0)은 1이다.

예제 C.8

n개의 지국을 가진 CSMA/CD 네트워크를 생각해 보자. 어떤 시간 틈새에 대해 지국이 보내고자 하는 프레임을 가질 확률은 p이다. 이제 질문은 시간 틈새를 성공적으로 가질 확률(충돌이 없음)은 얼마인가?이다. 이 확률은 네트워크의 효율성을 계산하는 데 있어서 매우 중요하다.

해답

성공적인 시간 틈새에 대해 단지 하나의 지국만 프레임을 보내고 나머지는 보내지 않는다. 그렇지만 이 지국은 n개의 지국 중 하나일 수 있다. 이 문제는 동전던지기에서 n의 시도에서 앞면과 뒷면을 얻는 것과 비슷하다. 각 지국을 뒷면, 성공적인 틈새를 앞면으로 생각할 수 있다. 확률은 첫 번째 지국이 프레임을 보낼 확률과 다른 지국은 프레임을 보내지 않을 확률 $p(1-p)^{n-1}$을 더하거나 두 번째 지국은 프레임을 보내고 다른 지국들은 프레임을 보내지 않을 확률을 더하는 식으로 하면 된다. n번의 시행에서 1번 성공을 계산하기 위해 베르누이 공식을 이용할 수 있다.

$$P[\text{성공적인 틈새}] = C(n, 1)\ p(1-p)^{n-1} = n\ P(1-p)^{n-1}$$

APPENDIX D 수학적인 개념 고찰

이 부록에서는, 본 교재에서 다루었던 주제들을 보다 쉽게 이해할 수 있도록 도와주기 위해 일부 수학적인 개념들을 고찰한다. 아마도 데이터 통신에서 가장 중요한 개념은 신호(signal)와 신호에 대한 표현일 것이다. 우선 일반적인 Precalculus(미적분학을 배우기 위한 준비과정) 교재에서 논의되는 삼각법(trigonometric)을 간단하게 살펴본다. 그 다음 시간(time)과 주파수 영역(frequency domain) 사이의 변환을 위한 수단을 제공하는 푸리에 해석(Fourier analysis)을 간단히 살펴본다. 마지막으로 지수(exponential)의 표현법과 로그 함수(logarithmic function)에 대하여 간단히 살펴본다.

D.1 삼각 함수

본 교재에서 사용되었던 삼각 함수(trigonometric function)의 일부 특성들을 간단히 살펴본다.

D.1.1 정현파

정현파(sine wave)는 다음과 같이 수학적으로 기술할 수 있다.

$$s(t) = A\sin(2\pi ft) = A\sin\left(\frac{2\pi}{T}t\right)$$

여기에서 s는 순간 진폭(instantaneous amplitude)이며, A는 최대 진폭(peak amplitude), f는 주파수(frequency), 그리고 T는 주기(period)이다(위상은 이후에 살펴볼 것이다). 그림 D.1은 정현파를 보여주고 있다.

$2\pi f$의 값은 라디안(radian) 주파수라고 불리며 ω(오메가)라고 표현하는데, 이것은 $s(t) = A\sin(\omega t)$라고 표현할 수 있으며 사인 함수(sine function)를 의미한다.

예제 D.1

다음 정현파에서 최대 진폭, 주파수, 그리고 주기를 구하라.

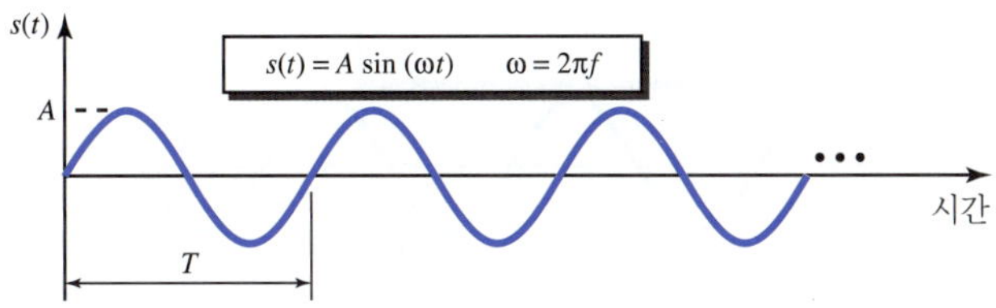

그림 D.1
정현파(sine wave)

a. $s(t) = 5 \sin(10\pi t)$

b. $s(t) = \sin(10t)$

해답

a. 최대 진폭 : $A = 5$

주파수 : $10\pi = 2\pi f$, 따라서 $= 5$

주기 : $T = 1/f = 1/5$ s

b. 최대 진폭 : $A = 1$

주파수 : $10 = 2\pi f$, 따라서 $f = 10/(2\pi) = 1.60$

주기 : $T = 1/f = 1/1.60 = 0.628$ s

예제 D.2

최대 진폭이 2이며 주파수가 1,000 Hz인 정현파의 수학적 표현을 보여라.

해답

수학적 표현은 $s(t) = 2 \sin (2000\pi t)$이다.

수평 이동(위상)

지금까지 살펴보았던 모든 사인 함수는 원점(origin)에서 진폭 값은 대략 0이다. 그러면 신호를 왼쪽 또는 오른쪽으로 이동한다면 어떻게 될까? 그림 D.2는 두 가지 간단한 정현파를 보여주는데, 하나는 오른쪽으로 이동한 것이며 다른 하나는 왼쪽으로 이동한 것이다.

신호가 왼쪽이나 오른쪽으로 이동할 때, 첫 번째 부호 변환점(zero crossing)은 원래와는 다른 시간에서의 지점이 될 것이다. 이를 나타내기 위해, 그림 D.2에서 보는 바와 같이 ωt에서 다른 상수(constant)를 더하거나 뺐다.

> 왼쪽이나 오른쪽으로 정현파를 이동하는 것은 각각 신호의 준위가 양(positive)이나 음(negative)으로 이동하는 것이다.

그림 D.2
두 개의 수평으로 이동(horizontal shifting)한 정현파

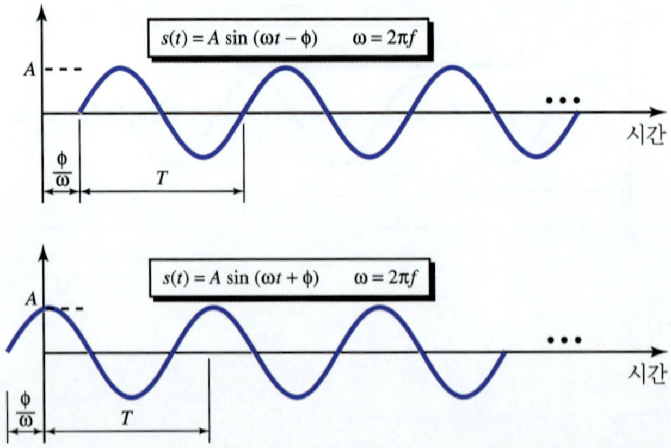

수직 이동

정현파가 수직으로 이동하는 경우, 상수에는 신호의 순간 진폭이 추가된다. 예를 들어, 정현파가 위쪽으로 진폭이 2만큼 이동하였다면, 신호는 $s(t) = 2 + \sin(\omega t)$가 된다. 반면 정편파가 아래쪽으로 진폭이 2만큼 이동하였다면, 신호는 $s(t) = -2 + \sin(\omega t)$가 된다. 그림 D.3은 이러한 개념을 보여주고 있다.

코사인파

만약 정편파가 $T/2$만큼 왼쪽으로 이동한다면, 코사인파(cosine wave)를 얻을 수 있다.

$$A\sin(\omega t + \pi/2) = A\cos(\omega t)$$

그림 D.4는 코사인파를 보여주고 있다.

그림 D.3
정현파의 수직 이동 (vertical shifting)

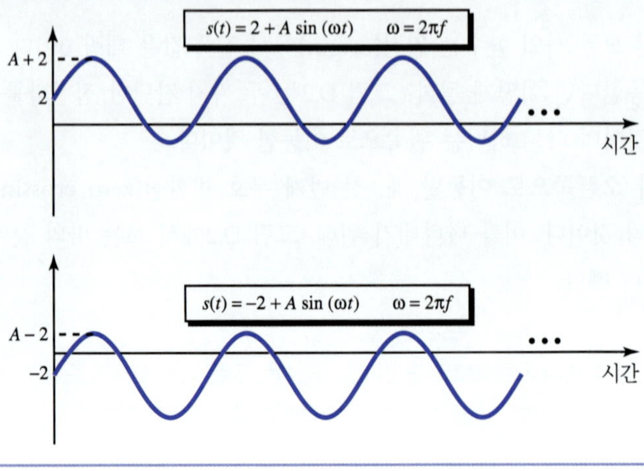

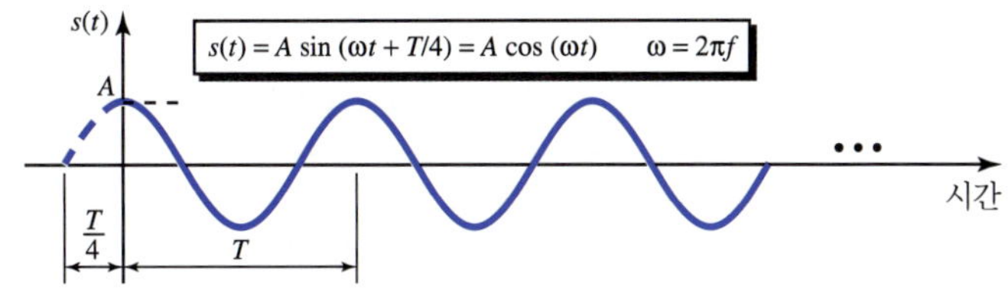

그림 D.4 코사인파(cosine wave)

표 D.1 삼각 함수 항등식

이름	공식
Pythagorean	$\sin^2 x + \cos^2 x = 1$
Even/odd	$\sin(-x) = -\sin(x) \quad \cos(-x) = \cos(x)$
Sum	$\sin(x+y) = \sin(x)\cos(y) + \cos(x)\sin(y)$ $\cos(x+y) = \cos(x)\cos(y) - \sin(x)\sin(y)$
Difference	$\sin(x-y) = \sin(x)\cos(y) - \cos(x)\sin(y)$ $\cos(x-y) = \cos(x)\cos(y) + \sin(x)\sin(y)$
Product to sum	$\sin(x)\sin(y) = 1/2\,[\cos(x-y) - \cos(x+y)]$ $\cos(x)\cos(y) = 1/2\,[\cos(x-y) + \cos(x+y)]$ $\sin(x)\cos(y) = 1/2\,[\sin(x+y) + \sin(x-y)]$ $\cos(x)\sin(y) = 1/2\,[\sin(x+y) - \sin(x-y)]$

기타 삼각 함수

여기에서는 $\tan(\omega i)$와 $\cot(\omega i)$라는 보다 일반적인 두 가지 삼각 함수(trigonometric function)를 설명하고 있다. 이 두 개의 삼각 함수는 $\tan(\omega i) = \sin(\omega i)/\cos(\omega i)$와 $\cot(\omega i) = \cos(\omega i)/\sin(\omega i)$로 정의된다. tan와 cot는 서로 역이라는 점을 유념해야 한다.

삼각 함수 항등식

여기에서는 사람들이 가끔씩 알기를 원하는 삼각 함수 간의 항등식을 설명하고 있다. 표 D.1은 참조할 만한 삼각 함수 항등식(trigonometric identity)을 나열하고 있다. 다른 항등식들은 여기에서 쉽게 유도할 수 있다.

D.2 푸리에 해석

푸리에 해석(Fourier analysis)은 시간 영역(time domain) 신호를 주파수 영역(frequency domain) 신호로 변환 및 그 역변환을 위한 수단을 제공한다.

그림 D.5
푸리에 급수와 계수

푸리에 급수

$$s(t) = A_0 + \sum_{n=1}^{\infty} A_n \sin(2\pi nft) + \sum_{n=1}^{\infty} B_n \cos(2\pi nft)$$

$$A_0 = \frac{1}{T}\int_0^T s(t)\,dt \qquad A_n = \frac{2}{T}\int_0^T s(t)\cos(2\pi nft)\,dt$$

$$B_n = \frac{2}{T}\int_0^T s(t)\sin(2\pi nft)\,dt$$

계수

D.2.1 푸리에 급수

푸리에는 복합 신호(composite signal)에 대한 기본 주파수(fundamental frequency) f의 적분 조파(integral harmonic)인 각각의 함수가 사인 함수와 코사인 함수의 급수(수열)로 분해할 수 있는 주기 T(주파수 f)를 가지는 복합 주기 신호(composite periodic signal)라는 것을 증명하였다. 이러한 결과를 푸리에 급수(Fourier series)라고 한다. 다른 말로 하면, 그림 D.5에서 알 수 있듯이 복합 신호를 생성할 수 있다. 급수를 사용하여 조파들로 주기 신호를 분해할 수 있다. A_0는 한 주기 이상 동안 신호의 평균값이며, A_n은 n번째 코사인 요소에 대한 계수(coefficient)이고 B_n는 n번째 사인 요소에 대한 계수이다.

푸리에 급수
시간 영역 : 주기적 　　주파수 영역 : 불연속적

예제 D.3

그림 D.6은 직각파(square wave) 신호의 구성요소를 보여주고 있다. 그림 D.6은 또한 시간 영역과 주파수 영역을 보여준다. 그림에서 보이는 직각파는 오직 A_n 계수를 갖는다. 또한 $A_0 = 0$인 것은 신호의 평균값이 0이기 때문이며, 이것은 시간축(time axis) 위와 아래의 진동(oscillating)이라는 점을 유념해야 한다. 신호의 주파수 영역은 불연속적인데, 오직 홀수 조파들만을 나타내었으며 진폭들은 양이나 음 중에 하나이다. 여기서 가장 중요한 점은 무한대(infinity)로 이동함에 따라 조파의 진폭이 0에 가까워진다는 것이다. 때때로 위상이 그림 D.6과 다를 수도 있다. 그러나 모든 구성요소들은 코사인파라는 것을 알 수 있으며, 이것은 각각 90°의 위상을 가지고 있음을 의미한다.

예제 D.4

그림 D.7은 톱니 신호(sawtooth signal)의 구성요소를 보여주고 있다. 이번에는 오직 B_n 요소(정현파)만을 갖는다. 그러나 주파수 스펙트럼(frequency spectrum)은 조밀하며, 모든 조파(f, $2f$, $3f$, …)들을 가지고 있다. 다이어그램에서 분명하지 않은 점은 위상이다. 모든 구성요소는 정현파이며, 이것은 각각 0°의 위상을 가지고 있음을 의미한다.

시간 영역

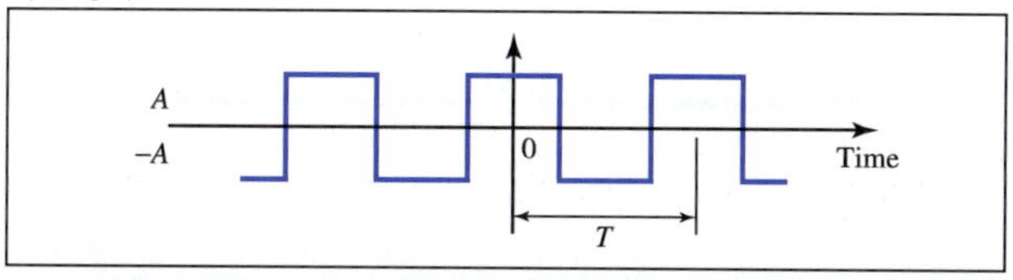

$$A_0 = 0 \qquad A_n = \begin{cases} \dfrac{4A}{n\pi} & \text{for } n = 1, 5, 9, \ldots \\ -\dfrac{4A}{n\pi} & \text{for } n = 3, 7, 11, \ldots \end{cases} \qquad B_n = 0$$

$$s(t) = \frac{4A}{\pi}\cos(2\pi ft) - \frac{4A}{3\pi}\cos(2\pi 3ft) + \frac{4A}{5\pi}\cos(2\pi 5ft) - \frac{4A}{7\pi}\cos(2\pi 7ft) + \cdots$$

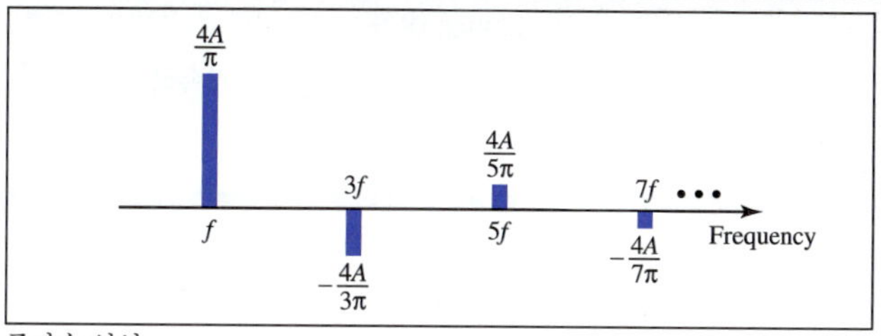

주파수 영역

그림 D.6
주기적인 직각 함수의 푸리에 급수 구성요소

시간 영역

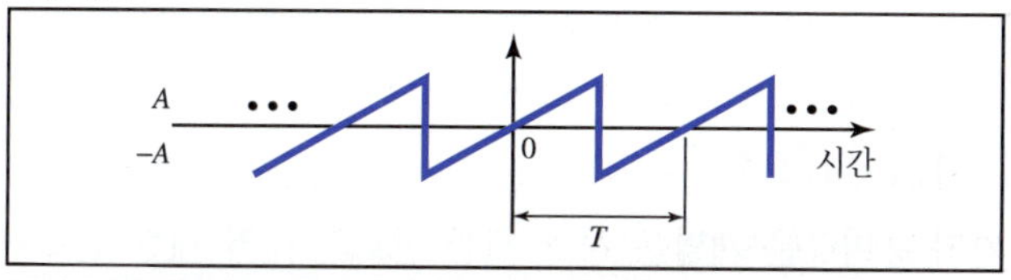

$$A_0 = 0 \qquad A_n = 0 \qquad B_n = \begin{cases} \dfrac{2A}{n\pi} & \text{for } n \text{ odd} \\ -\dfrac{2A}{n\pi} & \text{for } n \text{ even} \end{cases}$$

$$s(t) = \frac{2A}{\pi}\sin(2\pi ft) - \frac{2A}{2\pi}\sin(2\pi 2ft) + \frac{2A}{3\pi}\sin(2\pi 3ft) - \frac{2A}{4\pi}\sin(2\pi 4ft) + \cdots$$

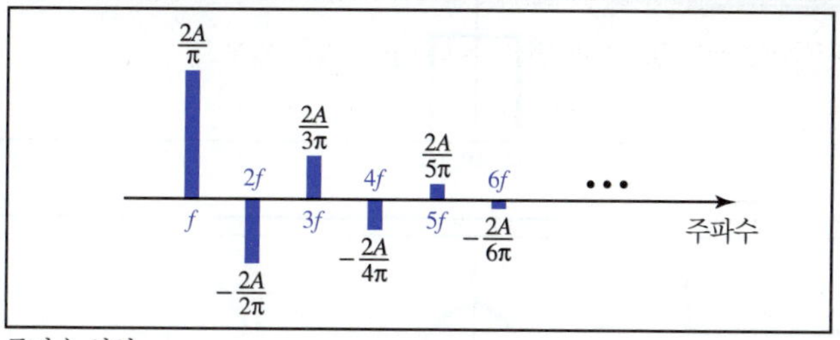

주파수 영역

그림 D.7
톱니 신호의 푸리에 급수 구성요소

D.2.2 푸리에 변환

푸리에 급수는 주기 신호(periodic signal)의 불연속적 주파수 영역을 제공하는 반면, 푸리에 변환

그림 D.8
푸리에 변환과
역 푸리에 변환

$$S(f) = \int_{-\infty}^{\infty} s(t)e^{-j2\pi ft}\, dt$$

푸리에 변환

$$s(t) = \int_{-\infty}^{\infty} S(f)e^{j2\pi ft}\, dt$$

역 푸리에 변환

(Fourier transform)은 비주기 신호(nonperiodic signal)의 연속적인 주파수 영역을 제공한다. 그림 D.8은 비주기 시간 영역 함수로부터 어떻게 연속적인 주파수 영역을 생성하고, 또 그 역에 대해서 어떻게 생성하는지를 보여주고 있다.

푸리에 변환
시간 영역 : 비주기적　　주파수 영역 : 연속적

예제 D.5

그림 D.9는 하나의 단일 직각 펄스(square pulse)에 대한 시간 영역과 주파수 영역을 보여주고 있다. 시간 영역은 $-\tau/2$과 $\tau/2$ 사이인 반면, 주파수 영역은 음의 무한대에서 양의 무한대로 확장하는 연속적인 함수이다. 이전 예제를 제외하고, 주파수 영역은 연속적이며, 모든 주파수가 여기에 위치하나, 다만 적분 중의 하나가 아닐 뿐이다.

시간 제한 신호와 대역 제한 신호

푸리에 변환에서 두 가지 흥미로운 개념은 시간 제한 신호와 대역 제한 신호이다. 시간 제한(time-

그림 D.9
직각 펄스의 푸리에
변환 구성요소

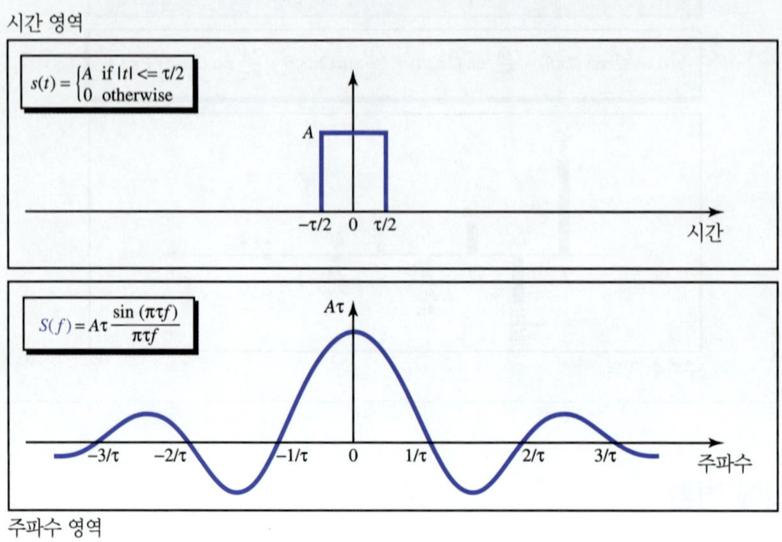

limited) 신호는 단지 일정 주기 동안만 $s(t)$의 진폭이 0이 아니며(nonzero), 진폭은 항상 0이다. 반면 대역 제한(band-limited) 신호는 단지 주파수 범위에서만 $s(f)$의 진폭이 0이 아니며, 진폭은 항상 0이다. 대역 제한 신호는 상응하는 시간 영역이 표본(sample)의 급수를 의미하기 때문에, 채집(sampling) 이론과 나이퀴스트 주파수(Nyquist frequency)에서 매우 중요한 역할을 수행한다.

시간 제한 신호 : $s(t) = 0$ $(|t| \leq T)$
대역 제한 신호 : $s(f) = 0$ $(|f| \leq B)$

D.3 지수와 로그

네트워킹 문제의 해결에서 종종 지수 함수와 로그 함수를 어떻게 처리하는지 알 필요가 있다. 이 절에서는 이 두 가지 개념을 간단히 살펴본다.

D.3.1 지수 함수

기수(base) a를 가지는 지수 함수(exponential function)는 다음과 같이 정의된다.

$$y = a^x$$

만약 x가 정수(적분 값)이면, a의 값 자체를 x번 곱함으로써 y의 값을 쉽게 계산할 수 있다.

예제 D.6

다음 지수 함수의 값을 계산하라.

a. $y = 3^2$
b. $y = 5.2^{6.3}$

해답

a. $y = 3 \times 3 = 9$
b. $5.2 \times 5.2 \times 5.2 \times 5.2 \times 5.2 \times 5.2 = 19{,}770.609664$

만약 x가 정수가 아닌 경우에는 계산기를 사용한다.

예제 D.7

다음 지수 함수의 값을 계산하라.

a. $y = 3^{2.2}$

b. $y = 5.2^{6.3}$

해답

a. $y = 11.212$ (대략)

b. $y = 32{,}424.60$ (대략)

예제 D.8

자연 기수(초월수)

과학과 수학에서 사용되는 공통적인 기수는 자연 기수 *e*(natural base *e*)로서 값은 2.71828183⋯이다. 대부분의 계산기가 e^x와 같은 함수로 나타내며, 단지 지수의 값을 입력함으로써 쉽게 계산할 수 있다.

예제 D.9

다음 지수 함수의 값을 계산하라.

a. $y = e^4$

b. $y = e^{6.3}$

해답

a. $y = 54.56$ (대략)

b. $y = 544.57$ (대략)

지수 함수의 속성

지수 함수는 몇 가지 속성을 가지고 있으며 일부 유용한 속성들은 다음과 같다.

First:	$y = a^0 = 1$
Second:	$y = a^1 = a$
Third:	$y = a^{-x} = \frac{1}{a^x}$

예제 D.10

세 번째 속성은 음의 값을 가지는 지수 함수의 값을 계산하는 데 매우 유용하다. 우선 양의 값으로 계산한 다음, 결과의 역(inverse)을 구한다.

a. $y = e^{-4}$

b. $y = e^{-6.3}$

해답

a. $y = 1/54.56 = 0.0183$

b. $y = 1/544.57 = 0.00183$

D.3.2 로그 함수

다음에서 보는 바와 같이, 로그 함수(logarithmic function)는 지수 함수의 역이다. 단지 지수 함수에서처럼, a를 로그 함수의 기수라고 한다.

$$y = a^x \longleftrightarrow x = \log_a y$$

다른 말로 하면 만약 x가 주어지면 지수 함수를 사용하여 계산할 수 있으며 y가 주어지면 로그 함수를 사용하여 x를 계산할 수 있다.

지수 함수와 로그 함수는 서로에 대한 역(inverse)이다.

예제 D.11

다음 로그 함수의 값을 계산하라.

a. $x = \log_3 9$

b. $x = \log_2 16$

해답

서로 다른 기수를 가지는 로그 함수를 계산하는 방법을 아직 설명하지 않았다. 그러나 직관에 의해 이 문제를 해결할 수 있다.

a. $3^2 = 9$이므로, 두 함수가 서로에 대한 역이라는 사실을 이용하면, $\log_3 9 = 2$이다.

b. $2^4 = 16$이므로, 이전의 사실을 이용하면, $\log_2 16 = 4$이다.

두 가지 공통적인 기수

로그 함수를 위한 두 가지 공통적인 기수는 계산기로 처리할 수 있으며, 기수 e와 기수 10이다. 기수가 e인 로그는 일반적으로 ln(자연 로그)으로 나타내며, 기수가 10인 로그는 log(기수를 생략)이다.

예제 D.12

다음 로그 함수의 값을 계산하라.

a. $x = \log 233$

b. $x = \ln 45$

해답

이들 두 기수는 계산기를 사용하여 계산할 수 있다.

a. $x = \log 233 = 2.367$

b. $x = \ln 45 = 3.81$

기수 변환

종종 e나 10이 아닌 기수를 갖는 로그 함수의 값을 구할 때가 있다. 만약 사용가능한 계산기가 요구하는 기수의 결과를 제공하지 않는다면, 다음과 같이 로그의 매우 기본적인 속성을 사용하여 기수를 변환한다.

$$\log_a y = \frac{\log_b y}{\log_b a}$$

오른쪽에 있는 두 개의 로그 함수는 기수가 b이며, 왼쪽에 있는 a와 다르다는 점을 유념해야 한다. 이것은 계산기에서 이용이 가능한 기수를 선택할 수 있다는 것(기수 b)과 이용이 불가능한 기수의 로그라는 것(기수 a)을 의미한다.

예제 D.13

다음 로그 함수의 값을 계산하라.

a. $x = \log_3 810$

b. $x = \log_5 600$

해답

이들 두 기수, 3과 5는 계산기에서 사용할 수 없지만, 기수 10은 이용이 가능하다.

a. $x = \log_3 810 = \dfrac{\log_{10} 810}{\log_{10} 3} = \dfrac{2.908}{0.477} = 6.095$

b. $x = \log_5 600 = \dfrac{\log_{10} 600}{\log_{10} 5} = \dfrac{2.778}{0.699} = 3.975$

로그 함수의 속성

지수 함수와 마찬가지로, 로그 함수는 로그 계산을 간편화할 수 있는 유용한 일부 속성들을 가지고 있다.

First:	$\log_a 1 = 0$	**Fourth:**	$\log_a (x \times y) = \log_a x + \log_a y$
Second:	$\log_a a = 1$	**Fifth:**	$\log_a \frac{x}{y} = \log_a x - \log_a y$
Third:	$\log_a \frac{1}{x} = -\log_a x$	**Sixth:**	$\log_a x^y = y \times \log_a x$

예제 D.14

다음 로그 함수를 계산하라.

a. $x = \log_3 1$

b. $x = \log_3 3$

c. $x = \log_{10} (1/10)$

d. 만약 $\log_a x = 2$와 $\log_a y = 3$을 알고 있을 때의 $\log_a(x \times y)$

e. 계산기를 사용하지 않을 때 $\log_2 (1024)$

해답

문제를 해결하기 위해 로그 함수의 속성을 사용한다.

a. $x = \log_3 1 = 0$

b. $x = \log_3 3 = 1$

c. $x = \log_{10} (1/10) = \log_{10} 10^{-1} = -\log_{10} 10 = -1$

d. $\log_a (x \times y) = \log_a x + \log_a y = 2 + 3 = 5$

e. $\log_2 (1024) = \log_2 (2^{10}) = 10 \log_2 2 = 10 \times 1 = 10$

D.4 모듈러 연산

정수 연산에서 a를 n으로 나눈다면, q와 r을 얻을 수 있다. 이 4개의 정수 간에 관계는 다음과 같다.

$$a = q \times n + r$$

이 관계에서, a를 피젯수라 하고, q를 몫, n을 제수, r을 나머지라 한다.

예제 D.15

a = 255이고 n = 11일 때, q와 r 값을 구하라.

해답

연산에서 배웠던 나눗셈 알고리즘을 이용하면 q = 23이고 r = 2임을 알 수 있다.

D.4.1 모듈러 연산자

모듈러 연산에서 우리는 나머지 r에 대해서만 관심이 있다. 몫 q는 상관하지 않는다. 다시 말하면, a를 n으로 나눌 때 r의 값에 대해 알기를 원한다. 이것은 두 개의 입력 a와 n, 한 개의 출력 r을 2진 연산자로 위의 관계를 바꿀 수 있다는 것을 의미한다. 위에서 언급한 2진 연산자를 모듈러 연산자(modulo operator)라 하고, mod로 표시한다.

예제 D.16

다음 연산의 결과를 찾아라.

a. 27 mod 5
b. 36 mod 12
c. −18 mod 14
d. −7 mod 10

해답

우리는 나머지 r을 찾는 것이다. a를 n으로 나누어 q와 r을 구할 수 있다. 그러면 q를 무시하고 r을 취한다.

a. 27을 5로 나누면 r = 2가 된다. 이것은 27 mod 5 = 2를 의미한다.
b. 36을 12로 나누면 r = 0이 된다. 이것은 36 mod 12 = 0을 의미한다.
c. −18을 14로 나누면 r = −4가 된다. 그렇지만 우리는 양수로 만들기 위해 modulus(14)를 더한다. 그러면 r = −4 + 14 = 10이 된다. 이것은 −18 mod 15 = 10을 의미한다.
d. −7을 10으로 나누면 r = −7이 된다. 법(modulus) −7에 더하면 r = 3이 된다. 이것은 −7 mod 10 = 3을 의미한다.

D.4.2 잉여류

모듈러 n을 이용하는 모듈러 연산의 결과는 항상 0과 n − 1 사이의 정수값이다. 즉, a mod n의 결과값은 항상 n보다 작은 음이 아닌 정수값이다. 모듈러 연산자는 하나의 집합을 생성하는데, 모듈러 연산에서 이 집합을 모듈러 n의 최소 잉여 집합 또는 Z_n이라 한다. 정수 집합 Z는 하나만이 존재

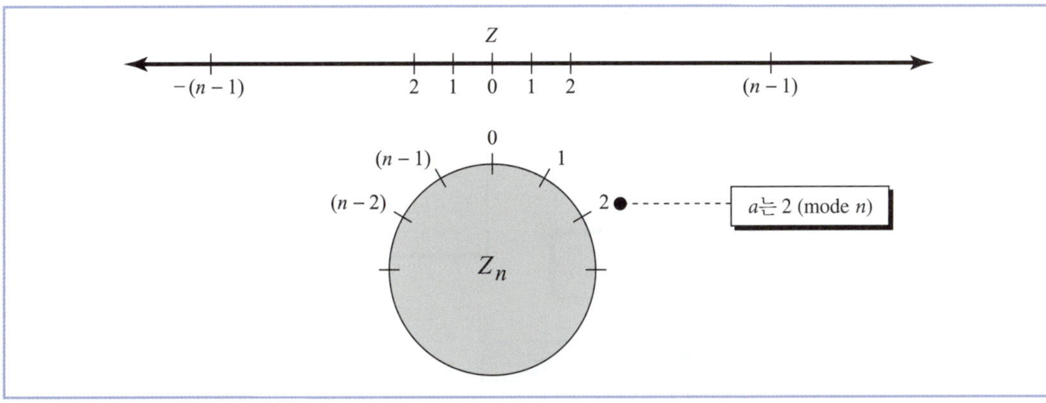

그림 D.10
그래프를 이용한 Z와 Z_n의 비교

하지만, 각각의 n에 대해서 하나씩, 무한한 잉여류 Z_n이 존재한다는 것을 염두에 두어야 한다. 그림 D.10은 집합 Z_n과 세 가지 예 Z_2, Z_6, Z_{11}를 나타낸다.

D.4.3 순환 표기(Circular Notation)

합동(congruence)의 개념은 원을 이용하여 잘 이해될 수 있다. Z에 속한 정수의 분포를 나타내기 위하여 직선을 사용한 것처럼, Z_n에 속한 정수의 분포를 살펴보기 위하여 원을 사용한다. 0에서 $n - 1$까지의 정수들이 원 주위에 고르게 분포되어 있고, Z의 양수와 음수는 대칭적으로 원에 대응된다.

예제 D.17

일상생활에서 모듈러 연산을 사용하는 예로 시계를 들 수 있다. 이것은 모듈러 12를 이용하고 0 대신에 12를 사용한다. 따라서 시계 시스템은 0(또는 12)으로 시작하여 11까지 간다. 하루가 24시간이기 때문에, 원을 2번 돌리고, 첫 번째 회전을 A.M으로 두 번째를 P.M으로 표시한다.

D.4.4 Z_n에서의 연산

집합 Z에서 논의했던 세 개의 2진 연산자(덧셈, 뺄셈, 곱셈) 역시 집합 Z_n에 정의될 수 있다. 그림 D.11에 표현된 mod 연산자를 사용하여 결과 값을 Z_n에 대응시켜야 한다.

실질적으로, 여기에서는 연산자의 두 집합을 사용한다. 첫 번째 집합은 2진 연산자(+, −, ×) 중의 하나를 사용하는 것이고, 두 번째 연산자는 mod 연산자를 사용하는 것이다. 연산자의 순서를 강조하기 위하여 괄호를 사용한다. 그림 D.11에서처럼, 입력값 a와 b는 Z_n이나 Z의 원소가 된다.

예제 D.18

다음 연산을 수행하라. (입력 값은 Z_n에서 선택됨)

a. Z_{15}에서 7에 14를 더하라.

그림 D.11
Z_n에서의 2진 연산

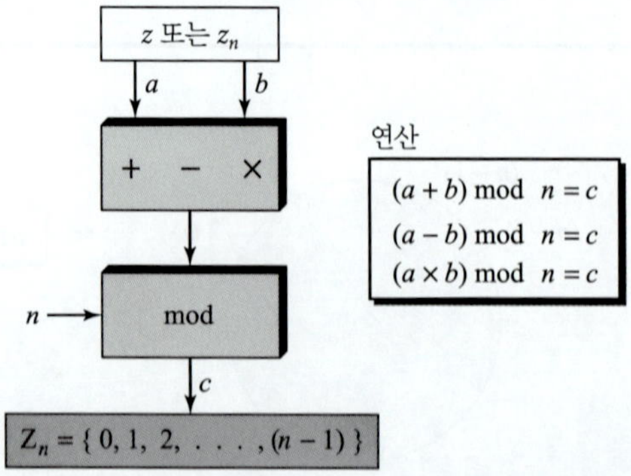

b. $\mathbf{Z}_{13}$에서 7에서 11을 빼라.

c. $\mathbf{Z}_{20}$에서 7에 11을 곱하라.

해답

다음은 각각의 경우에서 사용한 두 단계를 나타낸다.

$$(14 + 7) \bmod 15 \rightarrow (21) \bmod 15 = 6$$
$$(7 - 11) \bmod 15 \rightarrow (-4) \bmod 15 = 9$$
$$(7 \times 11) \bmod 15 \rightarrow (77) \bmod 15 = 17$$

예제 D.19

다음 연산을 수행하라. (입력 값은 $\mathbf{Z}$나 $\mathbf{Z}_n$에서 선택됨)

a. $\mathbf{Z}_{14}$에서 17에 27를 더하라.

b. $\mathbf{Z}_{13}$에서 12에서 43을 빼라.

c. $\mathbf{Z}_{19}$에서 123에 −10을 곱하라.

해답

다음은 각각의 경우에서 사용한 두 단계를 나타낸다.

$$(17 + 27) \bmod 14 \rightarrow (44) \bmod 14 = 2$$
$$(12 - 43) \bmod 13 \rightarrow (-31) \bmod 13 = 8$$
$$(123 \times (-10)) \bmod 19 \rightarrow (-1230) \bmod 19 = 5$$

APPENDIX

E

8B/6T Code

이 부록은 8B/6T 코드 쌍의 도표이다. 8비트 데이터는 16진수 형태로 보여준다. 6T 코드는 +(양의 신호), −(음의 신호), 그리고 0(신호 없음) 표기로 보여준다.

표 E.1 8B/6T 코드

데이터	코드	데이터	코드	데이터	코드	데이터	코드
00	**−+00−+**	20	**−++−00**	40	**−00+0+**	60	**0++0−0**
01	**0−+−+0**	21	**+00+−−**	41	**0−00++**	61	**+0+−00**
02	**0−+0−+**	22	**−+0−++**	42	**0−0+0+**	62	**+0+0−0**
03	**0−++0−**	23	**+−0−++**	43	**0−0++0**	63	**+0+00−**
04	**−+0+0−**	24	**+−0+00**	44	**−00++0**	64	**0++00−**
05	**+0−−+0**	25	**−+0+00**	45	**00−0++**	65	**++0−00**
06	**+0−0−+**	26	**+00−00**	46	**00−+0+**	66	**++00−0**
07	**+0−+0−**	27	**−+++−−**	47	**00−++0**	67	**++000−**
08	**−+00+−**	28	**0++−0−**	48	**00+000**	68	**0++−+−**
09	**0−++−0**	29	**+0+0−−**	49	**++−000**	69	**+0++−−**
0A	**0−+0+−**	2A	**+0+−0−**	4A	**+−+000**	6A	**+0+−+−**
0B	**0−+−0+**	2B	**+0+−−0**	4B	**−++000**	6B	**+0+−−+**
0C	**−+0−0+**	2C	**0++−−0**	4C	**0+−000**	6C	**0++−−+**
0D	**+0−+−0**	2D	**++00−−**	4D	**+0−000**	6D	**++0+−−**
0E	**+0−0+−**	2E	**++0−0−**	4E	**0−+000**	6E	**++0−+−**
0F	**+0−−0+**	2F	**++0−−0**	4F	**−0+000**	6F	**++0−−+**
10	**0−−+0+**	30	**+−00−+**	50	**+−−+0+**	70	**000++−**
11	**−0−0++**	31	**0+−−+0**	51	**−+−0++**	71	**000+−+**
12	**−0−+0+**	32	**0+−0−+**	52	**−+−+0+**	72	**000−++**
13	**−0−++0**	33	**0+−+0−**	53	**−+−++0**	73	**000+00**
14	**0−−++0**	34	**+−0+0−**	54	**+−−++0**	74	**000+0−**
15	**−−00++**	35	**−0+−+0**	55	**−−+0++**	75	**000+−0**
16	**−−0+0+**	36	**−0+0−+**	56	**−−++0+**	76	**000−0+**
17	**−−0++0**	37	**−0++0−**	57	**−−+++0**	77	**000−+0**
18	**−+0−+0**	38	**+−00+−**	58	**−−0+++**	78	**+++−−0**
19	**+−0−+0**	39	**0+−+−0**	59	**−0−+++**	79	**+++−0−**
1A	**−++−+0**	3A	**0+−0+−**	5A	**0−−+++**	7A	**+++0− −**

표 E.1 8B/6T 코드(계속)

데이터	코드	데이터	코드	데이터	코드	데이터	코드
1B	+00-+0	3B	0+--0+	5B	0--0++	7B	0++0--
1C	+00+-0	3C	+-0-0+	5C	+--0++	7C	-00-++
1D	-+++-0	3D	-0++-0	5D	-000++	7D	-00+00
1E	+-0+-0	3E	-0+0+-	5E	0+++--	7E	+---++
1F	-+0+-0	3F	-0+-0+	5F	0++-00	7F	+--+00
80	-00+-+	A0	-++0-0	C0	-+0+-+	E0	-++0-+
81	0-0-++	A1	+-+-00	C1	0-+-++	E1	+-++0
82	0-0+-+	A2	+-+0-0	C2	0-++-+	E2	+-+0-+
83	0-0++-	A3	+-+00-	C3	0-+++-	E3	+-++0-
84	-00++-	A4	-++00-	C4	-+0++-	E4	-+++0-
85	00--++	A5	++--00	C5	+0--++	E5	++--+0
86	00-+-+	A6	++-0-0	C6	+0-+-+	E6	++-0-+
87	00-++-	A7	++-00-	C7	+0-++-	E7	++-+0-
88	-000+0	A8	-++-+-	C8	-+00+0	E8	-++0+-
89	0-0+00	A9	+-++--	C9	0-++00	E9	+-++-0
8A	0-00+0	AA	+-+-+-	CA	0-+0+0	EA	+-+0+-
8B	0-000+	AB	+-+--+	CB	0-+00+	EB	+-+-0+
8C	-0000+	AC	-++--+	CC	-+000+	EC	-++-0+
8D	00-+00	AD	++-+--	CD	+0-+00	ED	++-+-0
8E	00-0+0	AE	++--+-	CE	+0-0+0	EE	++-0+-
8F	00-00+	AF	++---+	CF	+0-00+	EF	++--0+
90	+--+-+	B0	+000-0	D0	+-0+-+	F0	+000-+
91	-+--++	B1	0+0-00	D1	0+--++	F1	0+0-+0
92	-+-+-+	B2	0+00-0	D2	0+-+-+	F2	0+00-+
93	-+-++-	B3	0+000-	D3	0+-++-	F3	0+0+0-
94	+--++-	B4	+0000-	D4	+-0++-	F4	+00+0-
95	--+-++	B5	00+-00	D5	-0+-++	F5	00+-+0
96	--++-+	B6	00+0-0	D6	-0++-+	F6	00+0-+
97	--+++-	B7	00+00-	D7	-0+++-	F7	00++0-
98	+--0+0	B8	+00-+-	D8	+-00+0	F8	+000+-
99	-+-+00	B9	0+0+--	D9	0+-+00	F9	0+0+-0
9A	-+-0+0	BA	0+0-+-	DA	0+-0+0	FA	0+00+-
9B	-+-00+	BB	0+0--+	DB	0+-00+	FB	0+0-0+
9C	+--00+	BC	+00--+	DC	+-000+	FC	+00-0+
9D	--++00	BD	00++--	DD	-0++00	FD	00++-0
9E	--+0+0	BE	00+-+-	DE	-0+0+0	FE	00+0+-
9F	--+00+	BF	00+--+	DF	-0+00+	FF	00+-0+

APPENDIX F

그 밖의 정보

F.1 포트 번호

표 F.1은 이 책에서 언급된 모든 포트 번호를 나열한 것이다.

표 F.1 포트 번호 프로토콜

Port Number	*UDP or TCP*	*Protocol*
7	*TCP/UDP*	ECHO
13	*UDP/TCP*	DAYTIME
19	*UDP/TCP*	CHARACTER GENERATOR
20	*TCP*	FTP-DATA
21	*TCP*	FTP-CONTROL
22	*TCP*	SSH
23	*TCP*	TELNET
25	*TCP*	SMTP
37	*UDP/TCP*	TIME
67	*UDP*	DHCP-SERVER
68	*UDP*	DHCP-CLIENT
69	*UDP*	TFTP
70	*TCP*	GOPHER
79	*TCP*	FINGER
80	*TCP*	HTTP
110	*TCP*	POP-3
111	*UDP/TCP*	RPC
143	*TCP*	IMAP
161	*UDP*	SNMP
162	*UDP*	SNMP-TRAP
179	*TCP*	BGP
443	*TCP*	HTTPS
520	*UDP*	RIP

F.2 RFC

표 F.2는 이 교재에 있는 자료와 직접적인 관련이 있는 RFC를 나열한 것이다. 보다 자세한 정보는 http://www.rfc-editor.org에서 찾을 수 있다.

표 F.2 각 프로토콜별 RFC

Protocol	*RFC*
ARP	826, 1029, 1166, and 1981
BGP	1654, 1771, 1773, 1997, 2439, 2918, and 3392
DHCP	3342 and 3396
DNS	1034, 1035, 1996, 2535, 3008, 3658, 3755, 3757, and 3845
Forwarding	1812, 1971, and 1980
FTP	959, 2577, and 2585
HTTP	2068 and 2109
ICMP	792, 950, 956, 957, 1016, 1122, 1256, 1305, and 1987
IPMPv6	2461, 2894, 3122, 3810, 4443, and 4620
IPv4 Addressing	917, 927, 930, 932, 940, 950, 1122, and 1519
IPv4	760, 781, 791, 815, 1025, 1063, 1071, 1141, 1190, 1191, 1624, and 2113
IPv6	1365, 1550, 1678, 1680, 1682, 1683, 1686, 1688, 1726, 1752, 1826, 1883, 1884, 1886, 1887, 1955, 2080, 2373, 2452, 2460, 2461, 2462, 2463, 2465, 2466, 2472, 2492, 2545, and 2590
IPv6 Addressing	2375, 2526, 3513, 3587, 3789, and 4291
MIB	2578, 2579, and 2580
MIME	2046, 2047, 2048, and 2049
Mobile IP	1701, 2003, 2004, 3024, 3344, and 3775
MPLS	3031, 3032, 3036, and 3212
Multicast Routing	1584, 1585, 2117, and 2362
Multimedia	2198, 2250, 2326, 2475, 3246, 3550, and 3551
OSPF	1583 and 2328
POP3	1939
RIP	1058 and 2453
SCTP	4820, 4895, 4960, 5043, 5061, and 5062
SMTP	2821 and 2822
SNMP	3410, 3412, 3415, and 3418
SSH	4250, 4251, 4252, 4253, 4254, and 4344
TCP	793, 813, 879, 889, 896, 1122, 1975, 1987, 1988, 1993, 2018, 2581, 3168, and 3782
TELNET	854, 855, 856, 1041, 1091, 1372, and 1572
TFTP	906, 1350, 2347, 2348, and 2349
UDP	768
WWW	1614, 1630, 1737, and 1738

F.3 연락 주소

표 F.3은 이 책에서 언급된 기관들의 연락 주소를 보여주고 있다.

표 F.3 연락 주소

ATM Forum Presidio of San Francisco P.O. Box 29920 572B Ruger Street San Francisco, CA 94129-0920 www.atmforum.com	**International Telecommunication Union** Place des Nations CH-1211 Geneva 20 Switzerland www.itu.int/home
Federal Communications Commission 445 12th Street S.W. Washington, DC 20554 www.fcc.gov	**Internet Corporation for Assigned Names and Numbers (ICANN)** 4676 Admiralty Way, Suite 330 Marina del Rey, CA 90292-6601 www.icann.org
Institute of Electrical and Electronics Engineers (IEEE) Operations Center 445 Hoes Lane Piscataway, NJ 08855 www.ieee.org	**Internet Engineering Task Force (IETF)** E-mail: ietf-infor@ietf.org www.ietf.org
International Organization for Standardization (ISO) 1, rue de Varembé Case postale 56 CH-1211 Geneva 20 Switzerland www.iso.org	**Internet Society (ISOC)** 1775 Wiehle Avenue, Suite 201 Reston, VA 20190-5108 www.isoc.org

전화의 역사

9장에서 전화 네트워크를 살펴보았다. 이 부록에서는 전화 네트워크의 역사를 간단히 살펴본다. 미국에서 전화의 역사는 1984년 이전, 1984년과 1996년 사이, 그리고 1996년 이후라는 세 개의 시기로 나뉜다.

1984년 이전

1984년 이전에는 거의 모든 지역(local) 및 장거리(long-distance) 전화 서비스가 AT&T 벨 시스템(AT&T Bell System)에 의해 제공되었다. 1970년에 미국 정부는 전화 서비스 산업을 벨 시스템이 독점을 하고 있다고 믿고, 회사를 고소하였다. 판결은 정부의 편을 들어 주었으며, 최종 수정 판결(MFJ, Modified Final Judgment)이라는 문서가 만들어졌다. 1984년 1월 1일, 새해의 시작과 더불어 AT&T는 AT&T 장거리 라인(AT&T Long Line), 23개의 벨 운영 회사(BOC, Bell Operating Company), 그리고 기타 다른 여러 회사들로 분리되었다. 23개의 BOC는 몇몇 지역 벨 운영 회사(RBOC, Reginal Bell Operating Company)로 만들기 위해 그룹화되었다. 1984년의 이 획기적인 AT&T 기업 분할 사건은 전화 서비스를 사용하는 고객에게 이익을 제공하였다. 전화 요금이 낮아진 것이다.

1984년에서 1996년

기업의 분할은 200 LATA 이상으로 지역을 분할하였다. 일부 회사는 LATA(LEC) 안에서 서비스를 제공하도록 허용되었으며, 다른 회사들은 LATA(IXC) 사이의 서비스를 제공하도록 허용되었다. 특히 장거리 사업자들 사이의 경쟁은 새로운 회사의 창립으로 증가하였다. 그러나 LEC는 장거리 서비스를 제공할 수 없었으며, IXC는 지역 서비스를 제공할 수 없었다.

1996년 이후

정보통신(telecommunication)에서 다른 중요한 변화가 1996년에 발생하였다. 1996년의 정보통신법(Telecommunication Act)이 정보통신 서비스의 보호라는 명목하에 서로 다른 회사들에 의해 제공되었던 서로 다른 서비스들이 통합되었다. 이것은 지역 서비스, 장거리 음성 및 데이터 서비스, 비디오 서비스 등등을 포함한다. 더불어, 법은 지역과 장거리 계층에서 어떠한 회사라도 이들 서비스를 제공하도록 허용되었다. 다른 말로 하면, 공통적인 사업자 회사가 LATA 내부와 LATA들 사이 양쪽 모두에 모든 서비스를 제공할 수 있다. 그러나 거주자의 재설정 공사(recabling)를 예방하기 위해, 사업자가 주요 서비스 제공을 지속하도록 인트라-LATA(intra-LATA) 서비스(IELC)가 주어졌다. 새로운 경쟁자(CLEC)들은 다른 서비스를 제공하였다.

약어

2B1Q	two-binary, one quaternary
4B/5B	four binary/five binary
4D-PAM5	four dimensional, five-level pulse amplitude modulation
8B6T	eight-binary, six-ternary
8B/10B	eight binary/ten binary
AAL	Application adaptation layer
ABM	Asynchronous balanced mode
ACK	acknowledgment
ACL	asynchronous connectionless link
ADM	add/drop multiplexer
ADSL	asymmetric DSL
AM	Amplitude modulation
AMI	Alternate mark inversion
AMPS	Advanced Mobile Phone System
ANSI	American National Standards Institute
ANSNET	Advanced Network Services Network
AP	access point
APS	automatic protection switching
ARPA	Advanced Research Projects Agency
ARPANET	Advanced Research Projects Agency Network
ARQ	Automatic repeat request.
ASCII	American Standard Code for Information Interchange
ASK	Amplitude shift keying
ASN.I	Abstract syntax notation 1
ATM	Asynchronous transfer mode
B8ZS	Bipolar 8-zero substitution
BCC	Block check count
BECN	backward explicit congestion notification

BLSR	bidirectional line switching ring
BNC	Bayone-Neil-Concelman
BPS	bits per second
BSS	basic service set
BUS	broadcast/unknown server
CATV	Community antenna television
CCITT	Consultative Committee for International Telegraphy and Telephony
CCK	complementary code keying
CDMA	code-division multiple access
CLEC	competitive local exchange carrier
CM	cable modem
CMTS	cable modem transmission system
CRC	Cyclic redundancy check
CS	Convergence sublayer
CSMA	Carrier sense multiple access
CSMA/CA	carrier sense multiple access with collision avoidance
CSMA/CD	Carrier sense multiple access with collision detection
CSNET	Computer Science Network
CSU	Channel service unit
DAC	Dual attachment concentrator
DAS	Dual attachment station
D-AMPS	digital AMPS
DCF	distributed coordination function
DDS	Digital data service
DIFS	distributed interframe space
DLCI	data link connection identifier
DM	delta modulation
DMT	discrete multitone technique
DPSK	Differential phase shift keying
DQDB	Distributed queue dual bus
DSAP	destination service access point
DSL	digital subscriber line
DSLAM	digital subscriber line access multiplexer
DSSS	direct sequence spread spectrum
DSU	Data service unit
EBCDIC	Extended binary coded decimal interchange code

EHF	Extremely high frequency
EIA	Electronics Industries Association
EMI	Electromagnetic interference
EOT	End of transmission
ESC	escape character
ESS	extended service set
FCC	Federal Communications Commission
FCS	Frame check sequence
FDDI	Fiber distributed data interface
FDM	Frequency division multiplexing
FDMA	frequency-division multiple access
FECN	forward explicit congestion notification
FHSS	frequency hopping spread spectrum
FM	Frequency modulation
FRAD	Frame Relay assembler/disassembler
FSK	Frequency shift keying
GEO	geostationary Earth orbit
GPS	Global Positioning System
GSM	Global System for Mobile Communication
HDB3	High-density bipolar 3
HDLC	High-level data link control
HDSL	high-bit-rate DSL
HFC	hybrid fiber-coaxial
HR-DSSS	high-rate direct sequence spread spectrum
Hz	Hertz
HF	High frequency
IAB	Internet Architecture Board
IEEE	Institute of Electrical and Electronics Engineers.
IETF	Internet Engineering Task Force
IFS	interframe space
ILEC	incumbent local exchange carrier
IMT-2000	Internet Mobile Communication 2000
IP	Internetworking protocol
IPX	Internetwork packet exchange
IRTF	Internet Research Task Force
IS-95	Interim Standard 95

ISO	International Standards Organization
ISOC	Internet Society
ISP	Internet Service Provider
ITU-T	International Telecommunication Union-Telecommunication standardization Sector
IXC	interexchange carrier
L2CAP	Logical Link Control and Adaptation Protocol
LAN	Local area network
LANE	local-area network emulation
LATA	local access transport area
LCP	Link Control Protocol
LEC	local exchange carrier
LECS	LAN emulation configuration server
LED	Light-emitting diode
LEO	low-Earth-orbit
LES	LAN emulation server
LF	Low frequency
LLC	Logical link control
LMI	Local Management Information
LOH	line overhead
LRC	Longitudinal redundancy check
MA	Multiple access
MAC	Medium access control
MAN	Metropolitan area network
MEO	medium-Earth-orbit
MF	Middle frequency
MIC	Media interface connector
MILNET	Military Network
MLT-3	multiline transmission, three-level
MSC	mobile switching center
NSFNET	National Science Foundation Network
MTSO	Mobile telephone switching office
MTU	Maximum transfer unit
NAK	Negative acknowledgment
NAV	network allocation vector
NIC	Network interface card

NNI	Network-to-network interface
NRM	Normal response mode
NRZ	Non-return to zero
NRZ-I	Non-return to zero, invert
NRZ-L	Non-return to zero, level
OC	Optical carrier
OFDM	orthogonal frequency-division multiplexing
OSI	Open systems interconnection
PAM	Pulse amplitude modulation
PCF	point coordination function
PCM	Pulse code modulation
PCS	personal communications system
PDU	Protocol data unit
PLP	Packet layer protocol
PM	Phase modulation
PN	pseudorandom noise
POH	path overhead
POP	point of presence
POTS	plain old telephone system
PPM	pulse position modulation
PPP	Point-to-Point Protocol
PSK	Phase shift keying
PVC	permanent virtual circuit
RCH	regional cable head
RFC	Request for Comment
RG	Radio Government
QAM	Quadrature amplitude modulation
QoS	quality of service
RZ	Return to zero
SAR	Segmentation and reassembly
SAS	Single attachment station
SCO	synchronous connection-oriented
SCP	server control point
SDH	Synchronous Digital Hierarchy
SDSL	symmetric DSL
SEAL	Simple and efficient adaptation layer

SFD	start frame delimiter
SHF	Superhigh frequency
SIFS	short interframe space
SMDS	Switched multimegabit data service
SNR	signal-to-noise ratio
SOH	section overhead
SONET	Synchronous Optical Network
SP	signal point
SPE	synchronous payload envelope
SS	spread spectrum
SS7	Signaling System Seven
SSAP	source service access point
STM	synchronous transport module
STP	Shielded twisted-pair
STP	signal transport port
STS	synchronous transport signal
SVC	switched virtual circuit
TCP/IP	Transmission control protocol/internetworking protocol
TDD-TDMA	time-division duplex TDMA
TDM	Time-division multiplexing
TDMA	time-division multiple access
TP	transmission path
TSI	Time-slot interchange
TST	time-space-time
TUP	telephone user port
TCAP	transaction capabilities application port
UHF	Ultrahigh frequency
UNI	User network interface
UPSR	unidirectional path switching ring
UTP	unshielded twisted-pair
VC	virtual circuit
VCI	virtual-circuit identifier
VDSL	very-high-bit-rate DSL
VHF	Very high frequency
VLAN	virtual local area network
VLF	Very low frequency

VP	virtual path
VPI	virtual path identifier
VOFR	Voice Over Frame Relay
VRC	Vertical redundancy check
VT	virtual tributary
WAN	Wide area network
WATS	wide-area telephone service
WDM	wavelength-division multiplexing

용어 해설

1-persistent method(1-지속 방법) 회선이 유휴 상태일 때 지국에서 프레임을 즉시 전송하는 CSMA 지속 전략.

4-dimensional, 5-level pulse amplitude modulation(4D-PAM5, 4-차원, 5-준위 펄스 진폭 변조) 1000Base-T에서 사용하는 부호화 기법.

10 Gigabit Ethernet(10기가비트 이더넷) 10 Gbps로 동작하는 새로운 이더넷 구현.

56K modem(모뎀) 인터넷에서 업로딩과 다운로딩 데이터 전송속도가 서로 다른 모뎀 기술.

Abstract Syntax Notation 1(ASN.1, 추상 구문 표현 1) 프로토콜 데이터 단위(PDU) 구조를 규정하기 위해 추상 구문을 이용한 형식 언어.

access point(접속점) BSS에서 중앙 기지국.

acknowledgment(ACK, 확인응답) 데이터의 성공적인 수신을 나타내는 수신자가 보내는 응답.

acknowledgement number(확인응답 번호) TCP에서 예상되는 다음 바이트의 순서번호를 나타내는 확인응답 필드에 있는 숫자.

ad hoc network(애드 혹 네트워크) 무선 링크에 연결된 자체 구성 네트워크.

adaptive antenna system(AAS, 적응 안테나 시스템) 성능을 높이기 위하여 기지국과 단말에서 다중 안테나를 사용하는 시스템.

adaptive delta modulation(적응적 델타 변조) 델타 값이 각 단계에서 적용되는 델타 변조 기술.

adaptive DPCM(적응적 DPCM, ADPCM) 델타 값이 각 단계에서 적용되는 DPCM 방법.

add/drop multiplexer(다중화기) 역다중화와 재다중화를 하지 않고 경로에 신호를 제거하거나 삽입하는 SONET 장치.

address space(주소 공간) 프로토콜에서 사용되는 주소의 총 수.

Advanced Mobile Phone System(AMPS, 고급 이동 전화 시스템) FDMA를 사용하는 북미 아날로그 휴대 전화 시스템.

Advanced Network and Services NET(고급 네트워크와 서비스 넷, ANSNET) ANS에 의해 만들어진 네트워크.

Advanced Research Project Agency(ARPA, 미국방성 고등 연구 계획국) ARPANET을 지원하는 정부 기관으로 후에 글로벌 인터넷을 후원하였다.

Advanced Research Project Agency Network(ARPANET, ARPA 네트워크) ARPA의 지원으로 개발된 패킷 교환 네트워크. 네트워크 상호 접속 연구에 사용되었다.

ALOHA(Addictive Links Online Hawaii Area) 지국에서 임의의 시간에 하나의 프레임을 전달하여 프레임을 전송하는 원래의 임의 다중 접근 방법.

alternate mark inversion(AMI, 교대 표시 반전) 양과 음의 전압이 교대로 1을 나타내는 디지털-대-디지털 양극형 부호화 방법.

American National Standards Institute(ANSI, 미국 국립 표준 협회) 미국의 표준을 제정하는 국립 표준 기관.

American Standard Code for Information Interchange(ASCII, 미국 정보 교환 표준 코드) ANSI에서 개발한 문자 코드로서 데이터 통신에 광범위하게 사용된다.

amplitude(진폭) 전압이나 암페어로 측정하는 신호 세기의 강도.

amplitude modulation(AM, 진폭 변조) 반송 신호의 진폭을 변조하는 신호의 진폭에 따라 변화시키는 아날로그-대-아날로그 부호화 방법.

amplitude shift keying(ASK, 진폭 편이 변조) 반송 신호의 진폭으로 0과 1을 나타내는 디지털-대-아날로그 부호화 방법.

analog data(아날로그 데이터) 연속적으로 변화하는 데이터.

analog signal(아날로그 신호) 시간에 따라 연속적으로 변화하는 신호.

analog-to-analog modulation(아날로그-대-아날로그 변조) 아날로그 신호를 이용한 아날로그 정보의 표현.

analog-to-digital conversion(아날로그-대-디지털 변환) 디지털 신호를 이용한 아날로그 정보의 표현.

angle of incidence(입사각) 광통신에서 두 매체 간 인터페이스에 접근하는 광선과 인터페이스에 대한 수직선에 의해 형성되는 각.

aperiodic signal(비주기 신호) 반복되는 패턴이 없는 신호.

application adaption layer(AAL, 응용 적응 계층) 사용자 데이터를 셀 구성에 적합한 48바이트 길이로 나누는 ATM 프로토콜에 포함되는 계층.

application layer(응용층) OSI 모델의 7계층으로 네트워크 자원에 대한 접속을 제공한다.

asynchronous balanced mode(ABM, 비동기 균형 모드) HDLC에서 각 지국이 주국이나 종국이 될 수 있는 통신 모드.

asynchronous connectionless link(ACL, 비동기 비연결형 링크) 손상된 페이로드를 재전송하는 블루투스(Bluetooth) 마스터와 슬레이브 간의 링크.

asynchronous transfer mode(ATM, 비동기 전송 방식) 고속 데이터 전송속도, 같은 길이의 패킷(셀) 등의 특성을 갖는 광역망 프로토콜로서 문자, 음성, 비디오 데이터 전송에 적합하다.

ATM adaption layer(ATM 적응 계층, AAL) 사용자 데이터를 캡슐화하는 ATM 프로토콜에 있는 계층.

ATM layer(ATM 계층) 라우팅, 트래픽 관리, 교환, 다중화 서비스를 제공하는 ATM 상의 계층.

attenuation(감쇠) 신호가 매체를 통해 전달되는 동안에 일어나는 신호 세기의 손실.

audio(오디오) 레코딩하거나 전송되는 음성이나 음악.

automatic repeat request(ARQ, 자동 반복 요청) 데이터 재전송을 통해 오류를 교정하는 오류 제어 방식.

autonegotiation(자동협상) 2개의 장치간에 모드나 데이터 전송률을 협상하게 하는 고속 이더넷 형태.

band-pass channel(특정대역-통과 채널) 주파수의 범위를 통과할 수 있는 채널.

bandwidth(대역폭) 복합 신호의 최고 주파수와 최저 주파수 간의 차이. 네트워크나 통신 회선의 정보 전송 용량을 나타내는 척도이다.

bandwidth-delay product(대역폭-지연 곱) 송신자로부터 새로운 데이터를 기다리는 동안 전송할 수 있는 비트 수 측정.

banyan switch(반얀 교환기) 2진 스트링으로 표현되는 출력 포트를 기반으로 패킷의 경로를 지정하는 각 단계에서 소형 교환 기능을 이용한 다중 단계 교환기.

Barker sequence(바커 순서) 확장에 사용하는 11비트의 순서.

baseband transmission(베이스밴드 전송) 저대역-통과 채널을 이용하여 변조 없이 아날로그나 디지털 신호 전송.

baseline wandering(기준선 흔들림) 디지털 복호화에서 수신기가 수신된 신호 세기의 평균을 계산하는 것. 이 평균을 기준선이라고 부른다. 0이나 1의 긴 스트링은 기준선을 벗어나는 원인이 되고(기준선 흔들림) 수신기가 정확하게 복호하기가 어렵게 만든다.

basic service set(BSS, 기본 서비스 집합) IEEE 802.11 표준에 의해 정의된 무선 LAN의 설정 기능 그룹.

Barcher-Banyan switch(배처-밴얀 교환기) 목적지 포트를 기반으로 도착하는 패킷을 분류하는 반얀 교환기.

baud rate(보오율) 신호의 전송 속도 단위로서 초당 전송되는 신호 요소의 수. 신호 요소는 하나 또는 여러 개의 비트로 구성된다.

Bayone-Neill-Concelman connector(BNC 연결기) 일반 동축 케이블 연결기.

Beacon frame(비콘 프레임) 프로젝트 802.11의 포인트 조정 함수에서 반복 간격을 시작하는 프레임.

bipolar encoding(양극형 부호화) 양과 음의 전압을 반전해서 2진수 1을 표현하는 디지털-대-디지털 부호화 방법.

bipolar n-zero substitution(BnZS, 양극형 n영 대입) 연속적인 0을 이용하여 동기화를 제공하는 방법으로 북미에서 사용하는 디지털-대-디지털 부호화 방법.

bit(비트) binary digit의 약어. 정보의 최소 단위로서 0 또는 1을 나타낸다.

bit length(비트 길이) 미터 단위로 전송되는 비트 길이.

bit rate(비트 전송률) 초당 전송되는 비트의 수.

bit stuffing(비트 채우기) HDLC에서 데이터의 투명성을 제공하기 위하여 비트(0)를 추가하는 것. 동기 TDM에서는 서로 다른 데이터 전송률을 같게 만들기 위하여 비트를 추가하기도 한다.

bit-oriented protocol(비트-중심 프로토콜) 데이터 프레임을 비트 순서로서 해석하는 프로토콜.

block coding(블록 부호화) $m > n$에서 n비트 블록을 m비트 블록으로 부호화하는 방법.

Bluetooth(블루투스) 실내처럼 규모가 작은 지역에서 노트북이나 전화와 같은 서로 다른 기능을 갖는 장치를 연결하기 위해 설계된 무선 LAN 기술.

bridge(브리지) 필터링과 포워딩 기능을 갖는 OSI 모델의 처음 두 계층(물리층, 데이터 링크층)의 역할을 수행하는 네트워크 장치.

broadband transmission(광대역 전송) 보다 높은 주파수 신호의 변조를 이용한 신호의 전송. 용어는 서로 다른 소스로부터 결합된 광대역 데이터를 의미한다.

broadcast address(브로드캐스트 주소) 네트워크에 있는 모든 노드로 메시지 전송이 허용되는 주소.

broadcast link(브로드캐스트 링크) 각 지국이 보낸 패킷을 받는 링크.

broadcasting(브로드캐스팅) 네트워크에 연결된 모든 노드에게 메시지를 전송하는 방법.

BSS-transition mobility(BSS-전이 이동성) 무선 LAN에서, 하나의 BSS에서 한정된 하나의 ESS 내부가 아닌

다른 곳으로 이동할 수 있는 지국.

buffer(버퍼) 임시 저장소로 사용되는 내부 메모리.

burst error(폭주 오류) 데이터 단위에서 2개 이상의 연속되는 비트가 변경된 오류.

bursty data(버스티 데이터) 순간적으로 데이터 전송 속도가 변화하는 데이터.

byte(바이트) 8비트 그룹, 옥텟.

byte stuffing(바이트 채우기) 바이트 중심 프로토콜에서 바이트가 플래그로 보이지 않도록 하기 위해 프레임의 데이터 섹션에 추가 바이트를 더하는 처리 과정.

byte-oriented protocol(바이트-중심 프로토콜) 프레임의 데이터 섹션을 바이트의 순서(문자)로 해석하는 프로토콜.

cable modem(케이블 모뎀) TV 케이블을 통하여 인터넷 접속을 제공하는 기술.

cable modem transmission system(CMTS, 케이블 모뎀 전송 시스템) 인터넷에서 데이터를 수신하고 조합기로 데이터를 전달하기 위해 분산 허브 내부에 설치된 장치.

cable TV network(케이블 TV 망) 집에서 비디오 프로그램의 다양한 채널을 볼 수 있도록 동축 케이블을 사용하는 시스템.

carrier extension(반송파 확장) 케이블 길이를 더 얻기 위해 프레임의 최소 길이를 증가시키는 기가비트 이더넷 기술.

carrier sense multiple access(CSMA, 반송파 감지 다중 접속) 각 지국이 데이터를 전송하기 전에 회선의 상태를 확인하는 매체 접근 방법.

carrier sense multiple access with collision avoidance(CSMA/CA, 반송파 감지 다중 접속/충돌 회피) 충돌을 회피하기 위한 접근 방법.

carrier sense multiple access with collision detection(CSMA/CD, 반송파 감지 다중 접속/충돌 검출) 각 지국이 전송 매체를 사용할 수 있으면 전송하고, 충돌이 발생하면 재송하는 접근 방법.

carrier signal(반송파 신호) 디지털-대-아날로그 또는 아날로그-대-아날로그 변조에 사용되는 고주파수 신호. 반송 신호(진폭, 주파수, 위상)의 특징 중에 하나는 변조하는 데이터에 따라 변경.

cell(셀) 작고, 고정 길이를 갖는 데이터 단위. 혹은 휴대 전화에서 셀 교환국이 서비스를 제공하는 지리적인 영역의 단위.

cell network(셀 네트워크) 기본 데이터 단위로 셀을 이용하는 네트워크.

cellular telephony(휴대 전화) 지역을 셀 단위로 나누어 서비스를 제공하는 무선 통신기술. 셀은 송신기에 의해 제공된다.

Challenge Handshake Authentication Protocol(CHAP, 챌린지 핸드셰이크 인증 프로토콜) PPP에서 인증에 이용되는 3-방향 핸드셰이킹 프로토콜.

challenge-response authentication(시도-응답 인증) 요구자가 비밀을 보내지 않고도 알고 있다는 것을 증명하는 인증 방법.

channel(채널) 통신 경로.

channelization(채널화) 공유되는 시간동안 링크의 이용 가능한 대역폭에 대한 다중 접근 방법.

character-oriented protocol(문자-중심 프로토콜) byte-oriented protocol(바이트-중심 프로토콜)을 보라.

checksum(검사합) 오류 검출을 위한 필드. 비트 스트림을 1의 보수 연산을 이용하여 덧셈을 한 다음, 다시 그 결과의 보수를 취함으로써 구한다.

chip(칩) CDMA 상에서, 지국에 할당된 코드 번호.

circuit switching(회선 교환) 전용 경로를 이용하여 지국간의 전자적인 연결을 설정하는 교환 기술.

circuit-switched network(회선-교환망) 회선교환 기술을 이용한 망. 좋은 예는 오래된 전화 음성망이다.

cladding(피복) 광섬유의 코어를 둘러싸고 있는 유리나 플라스틱으로, 피복의 광학 밀도는 코어의 광학 밀도보다 낮아야 한다.

coaxial cable(동축 케이블) 내부의 단일 도체와 이를 감싸고 있는 외부 도체로 구성된 전송매체.

code division multiple access(CDMA, 코드 분할 다중 접속) 하나의 채널로 모든 전송을 수행하는 다중 접속 방법.

codeword(코드워드) 부호화된 데이터워드.

collision(충돌) 한 번에 하나의 전송만 가능한 채널에 2개의 전송장치가 같은 시간에 데이터를 보낼 때 일어나는 사건.

colon hexadecimal notation(콜론 16진수 표현법) IPv6에서 매 4자리 숫자를 콜론으로 구분한 32개의 16진수로 구성되는 주소 표현법.

committed burst size(Bc, 위임 버스트 크기) 프레임 중계망에서 특정 시간 주기 내에 프레임을 폐기하지 않고 전달해야 하는 최대 비트의 수.

committed information rate(CIR, 위임 정보율) 위임 버스트 크기를 시간으로 나눈 값.

common carrier(공공 전기통신사업자) 전기통신설비를 설치하여 타인의 통신을 중계하는 통신사업자.

community antenna TV(CATV, 공통 안테나 TV) 수신이 되지 않거나 장애가 있는 지역에 브로드캐스트 비디오 신호를 제공하기 위한 케이블 네트워크 서비스.

competitive local exchange carrier(CLEC, 경쟁적 지역 교환 통신 사업자) 주요 전화 서비스를 제공하지 않는 통신 회사로 대신에 모바일 전화 서비스나 LATA 내부의 통화만 요금을 징수하는 서비스를 제공한다.

complementary code keying(CCK, 보완적인 코드 입력) 4비트나 8비트를 하나의 부호로 부호화하는 HR-DSSS 부호화 방법.

composite signal(복합 신호) 1개 이상의 정현파로 조합된 신호.

Computer Science Network(CSNET, 컴퓨터과학망) 미국 국립과학재단이 대학들을 위해 후원하여 만든 망.

connecting device(연결 장치) 컴퓨터나 네트워크를 연결하는 장치.

connection establishment(연결 설정) 데이터를 전송하기 전에 논리적인 연결을 위해 필요한 기본적인 설정.

connectionless service(비연결형 서비스) 연결 설정과 연결 종료가 필요 없는 데이터 전송 서비스.

constant bit rate(CBR, 고정 비트율) 실시간 오디오나 비디오 서비스를 요구하는 고객용으로 지정된 ATM 서비스 클래스의 데이터 전송속도.

constellation diagram(성운 다이어그램) 디지털 대 아날로그 변조에서 서로 다른 비트 조합의 위상과 진폭에 대한 그림을 이용한 표현.

Consultative Committee for International Telegraphy and Telephony(CCITT, 국제전신전화 자문위원회) 현재 ITU-T의 전신인 국제 표준화 그룹.

contention(경쟁) 동일 채널을 같은 시간에 2개 이상의 장치들이 전송하려고 할 때 발생하는 현상.

contention window(경쟁 창) CSMA/CD에서 틈새로 나누어진 총 시간. 각 틈새는 전송하는 지국에 의해 무작위로 선택된다.

controlled access(제어 접근) 정당한 사용자로의 전송을 정의하기 위해 협상하는 지국에 대한 다중 접근 방법.

convergence sublayer(CS, 수렴 부계층) ATM 프로토콜에서 사용자 데이터에 헤더와 트레일러를 추가하는 AAL 상위의 부계층.

core(코어) 동축 케이블의 유리 또는 플라스틱 중심부.

crossbar switch(크로스바 교환기) 수직과 수평 경로가 격자 모양으로 구성된 교환기. 수직과 수평 경로의 각 교점이 입력과 출력을 연결하는 교차점.

crosspoint(교차점) 크로스바 교환기에서 입력과 출력의 연결.

crosstalk(혼선) 다른 회선을 따라 전달되는 신호에 의해 생기는 회선상의 잡음.

cyclic code(순환 코드) 각 코드 워드의 환형 이동(회전)이 다른 코드 워드를 생성하는 선형 코드.

cyclic redundancy check(CRC, 순환 중복 검사) 비트 패턴을 다항식으로 표현하는 오류 검출 방법.

data element(데이터 요소) 정보를 표현할 수 있는 가장 작은 단위, 비트.

data rate(데이터 전송속도) 1초 동안 보내지는 데이터 요소의 수.

data transparency(데이터 투명성) 제어 비트로 해석되지 않고 데이터로써 비트 패턴을 보내는 능력.

data link control(DLC, 데이터 링크 제어) 데이터링크층의 역할. 즉, 흐름 제어와 오류 제어.

data link layer(데이터 링크층) OSI 모델의 제2계층으로 노드-대-노드 전달을 담당한다.

data transfer phase(데이터 전송 단계) 데이터 전송이 일어나는 회선 교환망이나 가상 회선망에서 일어나는 중간 단계.

datagram(데이터그램) 패킷 교환에서 전송되는 독립된 데이터 단위.

datagram network(데이터그램 망) 패킷들이 서로 독립적인 패킷 교환망.

dataword(데이터워드) 블록 부호화에서 데이터의 가장 작은 블록.

decapsulation(역캡슐화) 패킷의 페이로드를 추출하는 캡슐화의 역처리과정.

decibel(dB, 데시빌) 두 신호점의 상대적인 세기를 나타내는 단위.

Defense Advanced Research Projects Agency(DARPA, 미국 국방부 고등 연구 계획국) ARPA의 이름으로 ARPANET과 인터넷에 지원을 하는 미국 정부 기관.

delta modulation(델타 변조) 디지털 신호의 값을 현재와 이전 표본 값의 차이를 기반으로 한 아날로그-대-디지털 변환 기술.

demodulator(복조기) 복조를 수행하는 장치.

demultiplexing(역다중화) 다중화된 신호나 데이터를 원래의 신호나 데이터로 바꾸는 다중화의 역.

dense wave-division multiplexing(DWDM, 고밀도 파형 분할 다중화) 인접해 있는 채널 간격에 의해 매우 광대한 범위의 채널을 다중화할 수 있는 WDM 기술.

destination address(목적지 주소) 데이터 단위의 수신자 주소.

differential Manchester encoding(차분 맨체스터 부호화) 디지털-대-디지털 단극 부호화 방법으로 비트 중간에 전이가 일어나며, 0인 경우는 비트 시작에서 전이가 일어나고, 1인 경우는 전이가 일어나지 않는다.

differential PCM(차분 PCM) DPCM은 정확하게 재구성된 채집이 예측에 사용되는 델타 변조의 법칙화.

digital AMPS(D-AMPS) 2세대 휴대 전화 시스템으로 AMPS의 디지털 버전임.

digital data(디지털 데이터) 이산적인 값 혹은 상태로 표현된 데이터.

digital data service(DDS, 디지털 데이터 서비스) 64kbps 속도를 제공하는 아날로그 전용선의 디지털 버전.

digital signal(디지털 신호) 제한된 숫자 값을 갖는 이산 신호.

digital signal(DS) service(디지털 신호 서비스) 디지털 신호를 계층적으로 구성하는 통신 회사 서비스.

digital subscriber line(DSL, 디지털 가입자 회선) 데이터, 음성, 비디오, 멀티미디어 등의 고속 전달을 제공하기 위하여 기존 통신 네트워크를 이용한 기술.

digital subscriber line access multiplexer(DSLAM, 디지털 가입자 회선 접근 다중화기) ADSL 모뎀과 같은 기능을 제공하는 통신 회사 측 장비.

digital-to-analog conversion(디지털-대-아날로그 변환) 디지털 정보를 아날로그 신호로 변환하는 것.

digital-to-digital conversion(디지털-대-디지털 변환) 디지털 정보를 디지털 신호로 변환하는 것.

direct broadcast address(직접 브로드캐스트 주소) 블록 또는 서브블록에 있는 주소(접미어가 모두 1로 설정). 주소는 블록에 있는 모든 호스트에 메시지를 보내는 라우터에 의해 사용된다.

direct current(DC, 직류) 일정한 진폭을 가진 0 주파수 신호.

direct sequence spread spectrum(DSSS, 직접 순서 대역 확산) 송신자에 의해 전송되는 각 비트가 칩(chip) 코드에서 호출된 비트의 순서로 대체되는 무선 전송 방법.

discard eligibility(DE, 폐기 적격성) 네트워크가 혼잡하면 패킷을 폐기할 수 있음을 나타내는 비트.

discrete cosine transform(DCT, 이산 코사인 변환) 데이터의 신호 표현을 시간 또는 공간 영역에서 주파수 영역으로 바꾸는 압축 기술.

discrete multitone technique(DMT, 이산 다중톤 기술) QAM과 FDM 요소를 조합하는 변조 방법.

distortion(일그러짐) 잡음, 감쇠, 또는 그 밖의 영향으로 인한 신호의 변화.

distributed coordination function(DCF, 분산 조정 함수) 무선 LAN에서 기본 접근 방법으로 지국들이 채널에 대한 접근을 얻기 위해 서로 경쟁한다.

distributed interframe space(DIFS, 분산 프레임 간 공간) 무선 LAN에서 지국이 제어 프레임을 전송하기 전에 기다리는 시간의 주기.

downlink(하향링크) 인공위성에서 지구로 보내는 전송.

downloading(다운로딩) 원격 사이트로부터 데이터나 파일을 가져온다.

E lines(E-회선) T-회선의 변형인 유럽 표준.

eight-binary, six-ternary encoding(8B6T 부호화) 8비트 블록을 6개의 3진 펄스 신호로 부호화하는 3 레벨 회선 부호화 구조.

eight-binary, ten-binary encoding(8B/10B 부호화) 8비트를 10비트 코드로 부호화하는 블록 부호화 기술.

electromagnetic spectrum(전자기 스펙트럼) 전자기 에너지가 차지하는 주파수 범위.

Electronics Industries Association(EIA, 전자산업협회) 전자 산업을 증진하기 위해 설립된 기관으로 EIA-232, EIA-449, EIA-530과 같은 인터페이스 표준을 개발하였다.

encapsulation(캡슐화) 프로토콜 데이터 단위를 다른 프로토콜 데이터 단위의 데이터 필드 부분에 위치시키는 기술.

end office(종단국) 교환국으로 가입자 회선을 위한 종단이다.

end system(종단 시스템) 데이터의 송신자나 수신자.

error control(오류 제어) 데이터 전송 중에 변경된 비트를 정정하는 처리 과정.

escape character(탈출 문자) 다음 문자의 의미를 변경하기 위해 사용되는 문자.

ESS transition mobility(ESS 전이 이동성) 하나의 ESS에서 다른 ESS로 무선 지국의 이동.

Ethernet(이더넷) CSMA/CD 접근 방법을 이용한 근거리 통신망. IEEE 802.3 참조.

excess burst size(Be, 초과 버스트 길이) 프레임 중계에서 사용자가 미리 정해진 시간 동안에 보낼 수 있는 Be를 초과하는 최대 비트 수.

extended binary coded decimal interchange code(EBCDIC, 확장 2진화 10진 코드) IBM에서 개발한 8비트 문자 코드.

Extended Service Set(ESS, 확장 서비스 집합) IEEE 802.11 표준에서 정의된 것과 같이 AP를 갖는 2개 이상의 BSS로 구성된 무선 LAN 서비스.

Fast Ethernet(고속 이더넷) 100 Mbps 데이터 속도를 갖는 이더넷.

Federal Communications Commission(FCC, 미국 연방통신위원회) 라디오, 텔레비전 등의 전기통신 시스템을 관장하는 정부 기관.

fiber-optic cable(광케이블) 데이터 신호를 빛 파장 형태로 전달하는 높은 대역폭을 가진 전송매체. 광케이블은 유리나 플라스틱으로 된 피복과 그것이 둘러싸고 있는 코어(core)라는 유리나 플라스틱의 얇은 실린더로 구성된다.

filtering(필터링) 포워딩 결정을 생성하는 브리지의 처리과정.

finite state machine(FSM, 유한 상태 기계) 제한된 상태의 수를 통하여 진행하는 기계.

flag(플래그) 프레임을 구분하기 위해 프레임의 시작이나 끝에 더해지는 비트 패턴이나 문자.

flooding(플러딩) 경로 배정 방법의 하나로 노드에서 하나의 패킷이 들어오면 입력된 회선을 제외한 모든 회선으로 패킷의 복사본을 전송하는 방법.

flow control(흐름 제어) 프레임(패킷 또는 메시지) 흐름 속도를 제어하는 기술.

footprint(예상영향지점) 특정 시간에서 인공위성에 의해 영향이 미치는 지구의 지역.

forward error correction(FEC, 전향 오류 정정) 재전송 없이 이루어지는 수신측의 오류 정정.

forwarding(포워딩) 패킷을 목적지로 가는 경로에 위치시키는 것.

four-binary, five-binary encoding(4B/5B 부호화) 4비트 블록을 5비트 코드로 부호화하는 블록 부호화 기술.

Fourier analysis(푸리에 분석) 시간영역 값이 주어졌을 때 신호의 주파수 스펙트럼을 알아내는 기술.

fragmentation(단편화) 길이가 긴 데이터그램을 MTU(최대 데이터 전송길이)로 분할하는 IP의 기능.

frame(프레임) 데이터 블록을 나타내는 비트의 그룹.

frame bursting(프레임 버스팅) 다중 프레임이 보다 긴 프레임으로 재조립하기 위하여 논리적으로 연결되는 CSMA/CD 기가비트 이더넷 기술.

framing(프레임 짜기) 비트의 집합이나 바이트의 집합을 한 단위로 그룹짓는 것.

frequency(주파수) 주기 신호가 1초 동안 이루어지는 사이클의 수.

frequency modulation(FM, 주파수 변조) 반송파의 주파수가 변조파의 진폭 기능을 갖는 아날로그-대-아날로그 부호화 방법.

frequency shift keying(FSK, 주파수 편이 변조) 반송 신호의 주파수가 디지털 정보를 나타내는 디지털-대-아날로그 부호화 방법.

frequency-division multiple access(FDMA, 주파수 분할 다중 접근) 다중 소스가 데이터 통신 대역에서 지정된 대역폭을 사용하는 접근 방법 기술.

frequency division multiplexing(FDM, 주파수 분할 다중화) 아날로그 신호를 단일 신호로 조합하는 방법.

frequency-domain plot(주파수 영역 도면) 신호의 주파수 구성요소의 그래픽적인 표현.

frequency hopping spread spectrum(FHSS, 주파수 도약 대역 확산) 송신자가 짧은 시간 동안 반송 주파수를 전송한 다음 동일한 시간 동안 다른 반송 주파수에게 도약하고, 다시 동일한 시간 동안 도약하며, N번 도약한 후, 사이클이 반복되는 무선 전송 방법.

full-duplex mode(전이중 방식) 동시에 양방향으로 통신할 수 있는 통신 방식.

full-duplex switched Ethernet(전이중 교환 이더넷) 각 지국이 충돌 도메인을 분리하여 전송과 수신이 가능한 각 지국의 이더넷.

fundamental frequency(기본 주파수) 복합 신호에서 주요 정현파의 주파수.

geosynchronous Earth orbit(GEO, 지구 정지궤도) 지구에서 22,287.83마일 떨어진 적도면 상공에 있는 고정 궤도.

Gigabit Ethernet(기가비트 이더넷) 1000 Mbps의 전송률을 갖는 이더넷.

Global Positioning System(GPS, 위성 위치 확인 시스템) 24개의 인공위성으로 구성된 MEO 공용 인공위성으로 육지나 바다에서 항해를 돕기 위해 사용된다. GPS는 통신을 위해 사용되지는 않는다.

Global System for Mobile Communication(GSM, 글로벌 이동 통신 시스템) 유럽에서 사용되는 2세대 휴대전화 시스템.

Globalstar(글로벌스타) 8개의 인공위성이 각 궤도 호스팅을 하는 6개의 극 궤도를 도는 48개의 인공위성으로 구성된 LEO 인공위성.

Go-Back-N ARQ(N 복귀 ARQ) 오류가 있는 프레임과 그 뒤의 모든 프레임을 재전송하는 오류 제어 방법.

ground propagation(대지 전파) 대기권의 가장 낮은 부분을 통하여 무선파(radio wave)를 전파(propagation).

guard band(보호 대역) 2개의 채널을 분리하는 대역폭.

guided media(유도매체) 물리적인 경계를 갖는 전송매체.

half-duplex mode(반이중 방식) 양방향 전송은 가능하지만 동시 전송은 불가능한 전송방식.

Hamming code(해밍 코드) 미리 정해진 위치에 추가 비트를 삽입하여 오류 검출 및 정정이 가능한 코드.

Hamming distance(해밍 거리) 2개의 데이터워드에서 대응되는 비트 간 차이의 개수.

handoff(핸드오프) 하나의 셀로부터 다른 곳으로 이동하는 모바일 장치를 새로운 채널로 변경.

handshake protocol(핸드셰이크 프로토콜) 연결을 설정하거나 종료하기 위한 프로토콜.

harmonics(조파) 각각 서로 다른 진폭, 주파수, 위상을 갖는 디지털 신호의 구성 요소.

header(헤더) 데이터 패킷의 시작 부분에 추가되는 제어 정보. 또한, 전자우편에서 송신자와 수신자, 그리고 메시지의 제목과 그 외의 부가 정보를 정의하는 메시지 부분.

hertz(헤르츠) 주파수 측정 단위.

hexadecimal colon notation(16진 콜론 표기) IPv6에서 4개의 숫자마다 콜론으로 구분된 32개의 16진수로 구성되는 주소 표현 방법.

high-density bipolar 3-zero(HDB3, 고밀도 양극형 3-영) 4개의 연속적인 0 레벨 전압을 미리 정해진 순서중 하나로 교체하는 스크램블링 기술.

High-level Data Link Control(HDLC, 고급 데이터 링크 제어) ISO에서 제정한 비트 중심 데이터 링크 프로토콜로서 X.25 프로토콜에서 사용되고 있으며. 이 외에도 다른 프로토콜에서 사용되는 LAP(link access procedure)도 있다. 이것은 LAN에서 사용되는 데이터 링크의 기본 프로토콜이다.

High Rate Direct Sequence Spread Spectrum(HR-DSSS, 고속 직접 순서 대역 확산) 부호화 방법(CCK)을 제외하고는 DSSS와 유사한 신호 생성 방법.

horn antenna(혼 안테나) 지상 마이크로파 통신에 이용되는 주걱 모양의 안테나.

host(호스트) 네트워크상의 노드나 지국.

hub(허브) 노드간의 공통 연결을 제공하는 성형 접속형태의 중앙 장치.

hybrid network(혼합망, 하이브리드망) 개인 인터넷을 이용하여 전역 인터넷을 접속하는 네트워크.

hybrid-fiber-coaxial(HFC) network(광-동축-혼합망) 2세대 케이블망으로, 광섬유와 동축 케이블을 사용한다.

inband signaling(대역내 신호) 데이터와 제어 전송을 위해 같은 채널 이용.

infrared wave(적외선 파장) 300 GHz와 400 THz 사이의 주파수를 갖는 파장으로서, 보통 짧은 범위의 통신에 사용된다.

inner product(내적) 요소(element)의 곱에 대한 합으로, 두 순서의 곱에 의해 얻어지는 값.

Institute of Electrical and Electronics Engineers(IEEE, 전기전자공학자협회) 전기, 전자, 통신 분야의 과학자 및 공학자들로 구성된 그룹.

interactive audio/video(대화형 오디오/비디오) 사운드와 이미지를 갖는 실시간 통신.

interface(인터페이스) 2개의 시스템 또는 2개의 장치 사이의 경계 부분으로, 연결에 대한 기계적, 전자적, 기능적 특성을 말하기도 한다. 네트워크 프로그래밍에서 하위 계층의 서비스를 이용하기 위한 상위 계층에서 이용 가능한 프로시저의 집합.

interference(간섭) 신호를 간섭하는 원하지 않는 에너지.

interframe space(IFS, 프레임 간 공간) 무선 LAN에서 채널의 제어 접근을 위한 2개의 프레임간 시간 간격.

Interim Standard 95(IS-95) 북아메리카에서 사용되는 2세대 셀룰러 통신 표준 중의 하나.

interleaved FDMA(끼워넣는 FDMA) UMTS(Universal Mobile Telecommunication System, 전 세계 이동통신 시스템)에서 사용되는 매우 효율적인 FDMA.

interleaving(끼워넣기) 각 장치에서 규칙적인 순서로 데이터의 양을 만드는 기능.

International Standards Organization(ISO, 국제표준화기구) 여러 가지 주제에 대한 표준을 규정하고 개발하는 범세계적인 기구.

International Telecommunication Union-Telecommunication Standardization Sector(ITU-T, 국제통신연합 통신표준영역) CCITT의 후신인 정보통신 표준화 기구.

internet(인터넷) 라우터나 게이트웨이와 같은 네트워크간 연결 장치로 연결된 네트워크들의 집합.

Internet(인터넷) TCP/IP 프로토콜을 사용하는 전역 인터넷.

Internet address(인터넷 주소) TCP/IP 프로토콜을 사용해서 인터넷의 호스트를 유일하게 정의하기 위해 사용되는 32비트 혹은 128비트의 네트워크층 주소.

Internet Architecture Board(IAB, 인터넷 구조 위원회) TCP/IP 프로토콜의 지속적인 발전을 감독하는 ISOC의 기술적 고문.

Internet Assigned Numbers Authority(IANA, 인터넷 할당 번호 관리 기관) 미국 정부에서 지원하는 기관으로 1998년 10월까지 인터넷 도메인 이름과 주소의 관리를 담당하는 기관.

Internet Corporation for Assigned Names and Numbers(ICANN, 인터넷 도메인 이름과 주소 관리 기관) IANA의 운영을 맡은 국제 이사회에 의해 운영되는 비영리 사설 기관.

Internet draft(인터넷 초안) 표준화 상태는 아니지만 6개월 동안 유효한 작업 중인 인터넷 문서.

Internet Engineering Steering Group(IESG, 인터넷 기술 관리 그룹) IETF의 활동을 감독하는 그룹.

Internet Engineering Task Force(IETF, 인터넷 공학 전문팀) 인터넷과 TCP/IP 프로토콜에 대한 설계와 개발 작업을 수행하는 그룹.

Internet Mobile Communication for year 2000(ITM-2000, 인터넷 이동 통신 2000) ITU에서 블루프린트(blueprint)로 제출한 3세대 휴대전화 통신을 위한 기준을 정의하였다.

Internet Model(인터넷 모델) 오늘날 데이터통신과 네트워킹을 지배하는 5계층으로 구성된 프로토콜 스택.

Internet Network Information Center(INTERNIC, 인터넷망 관리 센터) TCP/IP에 관한 정보를 배포하고 모으는 기관.

Internet Protocol(IP, 인터넷 프로토콜) 패킷 교환망을 통하여 비연결형 전송을 제공하는 TCP/IP 프로토콜의 네트워크층 프로토콜. 현재 IPv4와 IPv6라는 2개의 버전을 사용하고 있다.

internetwork packet control protocol(IPCP, 네트워크 간 패킷 제어 프로토콜) PPP에서 IP 패킷에 대한 네트워크층 연결을 설정하고 종료하는 프로토콜의 집합.

Internet Research Task Force(IRTF, 인터넷 연구 전문팀) 인터넷에 관련된 장기 연구 주제들을 연구하는 워킹 그룹의 포럼.

Internet Service Provider(ISP, 인터넷 서비스 사업자) 인터넷 서비스들을 제공하는 회사.

Internet Society(ISOC, 인터넷 협회) 인터넷 번영을 위해 설립된 비영리 기관.

Internet standard(인터넷 표준) 인터넷과 관련된 사람들에게 유용하고 그들에 의해 지지되어 지속적으로 테스트된 명세서이며, 지속성이 있어야만 하는 공식화된 규약.

internetwork(인터네트워크) 네트워크들의 네트워크.

internetworking(네트워크 간 연결) 라우터와 게이트웨이와 같은 네트워크 연결장치를 이용한 네트워크들의 연결.

intracoded frame(I-frame) 다른 프레임에 연관되어 있지 않고, 규칙적인 간격을 나타내는 독립적인 프레임.

IP datagram(IP 데이터그램) 네트워크간 상호 접속 프로토콜 데이터 단위.

IrDA port(적외선 통신 포트) PC와 통신하기 위해 무선 키보드를 허용하는 포트.

Iridium(이리듐) 지구에서 다른 지역으로 통신을 제공하기 위한 66개의 인공위성 망.

ITU Standardization Sector(ITU-T, ITU 표준 영역) 이전에 CCITT로 알려진 표준화 기구.

jamming signal(전파방해 신호) CSMA/CD에서 충돌을 감지한 첫 번째 지국이 상황을 다른 모든 지국에게 알리기 위해 보내지는 신호.

jitter(지터) 수신측에서 연속하는 패킷 사이의 간격에 의해 발생하는 실시간 트래픽 현상.

line coding(회선 부호화) 2진 데이터를 신호로 변환하는 것.

line-of-sight propagation(가시선 전파) 안테나에서 안테나로 직접 직선으로 고주파 신호를 전송.

linear block code(선형 블록 코드) 또 다른 코드워드를 생성하기 위해 2개의 코드워드를 더하는 블록 코드.

link(링크) 데이터를 하나의 장치에서 다른 장치로 전송하는 물리적인 회선 경로.

Link Control Protocol(LCP, 링크 제어 프로토콜) 링크를 설정하고, 유지, 구성, 종료하는 기능을 처리하는 PPP 프로토콜.

link local address(링크 로컬 주소) 사설 LAN에서 사용하는 IPv6 주소.

link-layer address(링크-계층 주소) 데이터링크층에서 사용되는 장치의 주소(MAC 주소).

local area network(LAN, 근거리 통신망) 단일 빌딩이나 서로 가까이 있는 빌딩 내부에서 장치들을 연결한 네트워크.

local loging(로컬 로그인) 호스트에 직접 연결된 단말을 이용한 호스트 로그인.

local loop(가입자 회선) 가입자를 전화국에 연결하는 링크.

logical address(논리 주소) **네트워크층**에서 정의된 주소.

logical link control(LLC, 논리 링크 제어) IEEE 프로젝트 802.2에서 정의된 데이터링크층내에서 상위계층에 속하는 계층.

Logical Link Control and Adaptation Protocol(L2CAP, 논리 링크 제어와 적응 프로토콜) ACL 링크에서 데이터 교환에 사용되는 블루투스 계층.

low Earth orbit(LEO, 저궤도) 500~2,000 km 사이의 남극 위성 궤도. 이 궤도에 있는 위성은 60~120분의 회전(rotation) 주기를 갖는다.

low-pass channel(저대역-통과 채널) 0~f 사이의 주파수가 통과하는 채널.

Manchester encoding(맨체스터 부호화) 디지털-대-디지털 극성 부호화 방식으로 동기화의 목적으로 각 비트 간격의 중간에 전이가 발생한다.

maximum transfer unit(MTU, 최대 전송 단위) 특정한 네트워크가 처리할 수 있는 가장 큰 데이터 단위.

medium access control(MAC) sublayer(매체 접근 제어 부계층) IEEE 802 프로젝트에 의해 정의된 데이터 링크층에서의 하위계층. 다른 LAN 프로토콜에서 접근 방법과 접근 제어를 정의한다.

medium Earth orbit(MEO, 중궤도) 두 밴 앨런(Van Allen) 벨트 사이에 위치한 위성의 궤도. 이 궤도에서 위성은 지구를 도는 데 6시간이 소요된다.

mesh topology(그물형 접속형태) 각 장치가 다른 모든 장치와 점-대-점 링크를 갖는 네트워크 구성.

metropolitan area network(MAN, 도시 통신망) 도시 크기 정도의 지리적인 영역까지 넓힐 수 있는 네트워크.

microwave(마이크로파) 2 GHz~40 GHz의 범위를 갖는 전자기파.

minimum Hamming distance(최소 해밍 거리) 워드의 집합에서 모든 가능한 쌍 중에서 가장 작은 해밍 거리.

mobile switching center(MSC, 이동 교환국) 휴대 전화에서 모든 기지국과 전화국 사이의 통신을 조정하는 교환국.

mobile telephone switching office(MTSO, 이동 전화 교환국) 모든 셀 지국과 전화국 사이의 통신을 제어하고 조정하는 지국.

modem(변/복조기) 변조기(modulator)와 복조기(demodulator)로 구성된 장치. 디지털 신호를 아날로그 신호(변조)로 변환하고 그 반대(복조)로도 변환한다.

modular arithmetic(모듈러 연산) 정수의 제한된 범위(0에서 $n-1$)를 사용하는 연산.

modulation(변조) 정보 베어링(bearing) 신호에 의한 하나 이상의 반송파(carrier wave) 문자의 수정.

modulator(변조기) 신호를 다른 신호로 생성하기 위해 변조하는 장치.

modulus(모듈러스) 모듈러 연산(n)에서 상한 제한.

multi-carrier CDMA(다중-반송파 CDMA) 4G 무선망을 위해 제안된 접근 방법.

multu-user MIMO(MU-MIMO, 다중-사용자 MIMO) 여러 사용자가 동시에 통신할 수 있는 MIMO의 개선된 버전.

multilevel multiplexing(다중레벨 다중화) 입력 회선의 데이터 전송률이 다른 형태로 다중화될 때 사용되는 다중화 기술.

multiline transmission, 3-level(MLT-3) encoding(다중회선 전송, 3-준위 부호화) 1비트의 시작에서 3단계 신호와 변이를 특징으로 하는 회선 부호화 기술.

multimode graded-index fiber(다중모드 등급화된 광섬유) 굴절률이 등급화된 지표를 갖는 코어를 이용한 광섬유.

multimode step-index fiber(다중모드 단계-색인 광섬유) 굴절률이 일정한 지표를 갖는 코어를 이용하는 광섬유. 굴절률 지표는 코어/클레딩(cladding) 한계에서 갑자기 변한다.

multiple access(MA, 다중 접근) 모든 지국이 자유롭게 회선에 접근할 수 있는 회선 접근 방법.

multiple-input and multiple-output antenna(MIMO, 다중-입력, 다중-출력 안테나) 데이터 전송율을 높이기 위해 모든 안테나에서 다중 층으로 동시에 전송되도록 독립적인 스트림을 허용하는 4G 무선 시스템에서 제안된 지능형 안테나의 한 종류.

multiple-slot allocation(복수 틈새 할당) 출력에 하나의 틈새보다 많은 입력을 갖도록 허용하는 다중화 기술.

multiplexer(MUX, 다중화기) 다중화에 사용되는 장치.

multiplexing(다중화) 단일 데이터 링크로 전송하기 위해 여러 발신지로부터 신호를 결합하는 과정.

multistage switch(다단계 교환기) 교차점의 수를 줄이기 위해 설계된 교환기들의 배열.

National Science Foundation Network(미국 국립과학재단망) 국립과학재단에서 후원한 망.

network(네트워크) 데이터 및 하드웨어, 소프트웨어를 공유하기 위해 만들어진 노드들의 연결로 구성된 시스템.

network access point(NAP, 네트워크 접속점) 백본 네트워크에 연결하는 복잡한 교환 지국.

network address(네트워크 주소) 인터넷의 나머지 부분에 대해 네트워크를 식별하는 주소로서 주소 영역 중 앞에 나타난다.

network allocation vector(NAV, 네트워크 가상 터미널) CSMA/CA에서 지국이 휴지 시간(idle) 동안 회선을 검사할 수 있기 전에 지나야 하는 시간의 총 양.

Network Control Protocol(NCP, 네트워크 제어 프로토콜) PPP에서 사용되는 네트워크층 프로토콜에서 오는 데이터를 캡슐화할 수 있도록 하는 일단의 제어 프로그램.

network interface card(NIC, 네트워크 인터페이스 카드) 장비를 네트워크에 연결할 수 있도록 하는 회로를 갖고 있는 전자 장치로서 내장형 또는 외장형이 있다.

network layer(네트워크층) 인터넷 모델의 세 번째 계층으로 최종 목적지까지의 패킷 전달을 책임진다.

no-transition mobility(비전이 이동성) transition mobility 참조.

node(노드) 네트워크에서 주소를 지정할 수 있는 통신 장치(즉, 컴퓨터 또는 라우터).

node-to-node delivery(노드-대-노드 전달) 데이터를 한 노드에서 다른 노드로 전달하는 것.

noise(잡음) 전송 매체에 의해 얻을 수 있는 임의의 전기 신호로 일그러짐을 초래한다.

noiseless channel(잡음 없는 채널) 오류 없는 채널.

noisy channel(잡음 있는 채널) 데이터 전송에서 오류가 있을 수 있는 채널.

nonperiodic(aperiodic) signal(비주기 신호) 주기가 없는 신호. 신호는 반복된 사이클이나 패턴이 없다.

nonpersistent connection(비지속 연결) 각 요청/응답에 대해 하나씩의 TCP 연결이 만들어지는 연결.

nonpersistent method(비지속 방법) 충돌이 감지된 후에 지국이 임의의 시간 주기를 기다리는 임의 다중 접근 방법.

nonreturn to zero(NRZ, 영비복귀) 신호 레벨이 항상 양이거나 음인 디지털-대-디지털 극성 부호화 방법.

nonreturn to zero, invert(NRZ-I) 신호 레벨이 1을 접할 때마다 역으로 바뀌는 NRZ 부호화 방법.

nonreturn to zero, level(NRZ-L) 신호 레벨이 비트 값과 직접적으로 관련되는 NRZ 부호화 방법.

normal response mode(NRM, 정규 응답 모드) HDLC에서, 2차(secondary) 지국이 전송을 시작하기 전에 1차(primary) 지국으로부터 허가를 얻어야 하는 통신 방법.

Nyquist bite rate(나이퀴스트 비트 전송률) 나이퀴스트 이론을 기반으로 한 데이터 전송률.

Nyquist theorem(나이퀴스트 이론) 아날로그 신호를 적절하게 표현하기 위해 필요한 채집 수는 가장 높은 신호 주파수의 두 배와 동일하다는 이론.

omnidirectional antenna(전방향 안테나) 모든 방향으로 신호를 송신하고 수신하는 안테나.

one's complement(1의 보수) 한 숫자의 보수를 모든 비트의 보수를 취하도록 하는 2진수 표현.

Open System Interconnection(OSI) model(개방 시스템 상호연결) 데이터 통신을 위해 ISO가 규정한 7계층 모델.

optical carrier(OC, 광 반송파) SONET에서 규정되는 광 섬유 반송파의 체계로서 각각 다른 데이터 전송률을 갖는 10개의 서로 다른 반송파(OC-1, OC-3, OC-12, …, OC-192)까지 규정한다.

optical fiber(광섬유) 빛 빔을 전달하기 위한 유리나 투명한 물질로 이루어진 얇은 스레드.

orbit(궤도) 지구 주위를 회전하는 위성의 경로.

Orthogonal Frequency Division Multiplexing(OFDM, 직교 주파수 분할 다중화) 주어진 시간에 한 발신처에 의해 사용되는 모든 하위밴드(subband)를 가지는 FDM과 유사한 다중화 방법.

orthogonal sequence(직교 순서) 요소들 간에 특별한 성질을 갖는 순서.

out-of-band signaling(대역-외 신호) 데이터와 제어를 위해 2개의 분리된 채널 이용.

P-persistent method(P-지속 방법) 회선이 휴지상태이면 지국이 확률 p로 보내는 CSMA 영속 전략.

packet(패킷) 주로 네트워크층에서 사용하는 데이터 단위의 동의어.

packet switching(패킷 교환) 패킷-교환 네트워크를 사용하는 데이터 전송.

packet-switched network(패킷-교환망) 데이터가 패킷이라는 독립적인 단위로 전송되는 네트워크.

parallel transmission(병렬 전송) 비트들을 동시에 묶어서 전송하는 기법으로 각 비트는 분리된 링크를 사용한다.

parity check code(패리티 검사 코드) 패리티 비트를 사용하는 오류 검출 방법.

Password Authentication Protocol(PAP, 패스워드 인증 프로토콜) PPP에서 사용되는 간단한 두 단계 인증 프로토콜.

peak amplitude(최대 진폭) 정현파의 최대 신호 값.

peer-to-peer process(대등-대-대등 프로세스) 송수신 장치들에서 해당 계층에서 통신하는 프로세스.

period(주기) 완전한 한 사이클이 요구되는 시간의 총량.

periodic signal(주기 신호) 표현 패턴을 나타내는 신호.

permanent virtual circuit(PVC, 영구 가상 회선) 발신지와 목적지 사이에서 동일한 가상회선이 계속 사용되는 가상 회선 전송 방식.

persistent timer(지속 타이머) 데드록을 예방하기 위해 TCP에서 사용되는 타이머.

persistent connection(지속 연결) 서버가 응답을 보낸 후에 추가적인 요청을 위해 연결을 알려진 상태로 유지하는 연결.

Personal Communication System(PCS, 개인 통신 시스템) 몇 가지 통신 서비스를 제공하는 상업적 휴대 전화 시스템에 대한 일반적 용어.

phase(위상) 시간에 대한 신호의 상대적인 위치.

phase modulation(PM, 위상 변조) 반송파 신호의 위상(phase)이 신호를 변조하는 진폭에 따라 변하는 아날로그-대-아날로그 변조 방법.

phase shift keying(PSK, 위상 편이 변조) 반송파 신호의 위상이 특정 비트 패턴에 따라 변하는 디지털-대-아날로그 변조.

PHY sublayer(PHY 부계층) 고속 이더넷에서 송수신기.

physical address(물리 주소) 데이터 링크층에서 사용되는 장치의 주소(MAC 주소).

physical layer(물리층) 인터넷 모델의 첫 번째 계층으로, 매체의 기계적 그리고 전기적인 특성에 대한 책임을 진다.

piconet(피코넷) 블루투스 네트워크.

piggybacking(피기백킹) 데이터 프레임에서 확인응답을 포함시키는 기술.

pipelining(파이프라이닝) Go-Back-N ARQ에서 새로운 프레임이 이전 프레임과 관련된 것이 수신되기 전에 몇 개의 프레임을 보내는 것.

plain old telephone system(POTS, 전통적인 전화 시스템) 음성 통신을 이용한 전통적인 전화망.

playback buffer(재생 버퍼) 데이터가 재생될 때까지 저장하는 버퍼.

point coordination function(PCF, 포인트 조정 함수) 무선 LAN에서 기반구조 네트워크에서 구현된 선택적이고 복잡한 접근 방법.

point of presence(POP, 상호 접속점) 반송 신호들을 전달하는 교환국.

point-to-point link(점-대-점 링크) 두 장치 사이의 전용 전송 링크.

Point-to-Point Protocol(PPP, 점-대-점 프로토콜) 직렬회선을 통해 데이터를 전송하기 위한 프로토콜.

polar encoding(극형 부호화) 진폭의 두 단계(음 또는 양)를 사용하는 디지털-대-아날로그 부호화 방법.

poll(폴) 1차(primary)/2차(secondary) 접근 방법에서 1차 지국이 임의의 데이터를 전송하기 싶다면 1차 지국이 2차 지국에게 묻는 절차.

poll/final(P/F) bit(폴/최종 비트) HDLC 제어 필드의 한 비트, 1차 지국이 보내면 폴 비트가 될 수 있고, 2차 지국이 보내면 최종 비트가 될 수 있다.

poll/select(폴/선택) 폴과 선택 절차를 사용하는 접근 방법 프로토콜. poll 참조. select 참조.

polling(폴링) 하나의 장치가 주국으로 지정되고 다른 장치들은 종국이 되는 접근 방법. 접근은 주국에 의해 제어된다.

polynomial(다항식) CRC 제수를 나타낼 수 있는 대수학적 용어.

port address(포트 주소) TCP/IP 프로토콜에서 프로세스를 식별하는 정수.

port number(포트 번호) 호스트에서 실행되는 프로세스를 정의하는 정수 값.

preamble(프리엠블) IEEE 802.3에 규정된 7바이트의 필드로 수신 측에 경고하여 동기를 맞추도록 하기 위한 1과 0이 반복되는 형태.

predicted frame(P-frame, 예고 프레임) 예고 프레임은 선행하는 I-프레임과 B-프레임과 관련이 있다. 다시 말하면, 각 P-프레임은 선행되는 프레임에서 변경된 것만 들어 있다.

presentation layer(표현층) 변환, 암호화 인증 및 데이터 압축을 담당하는 인터넷 모델의 6번째 계층.

primary station(주국) 1차/2차 접근 방법에서 2차 지국에 명령을 보내는 지국.

private network(사설망) 인터넷에서 분리된 네트워크.

process-to-process delivery(프로세스-대-프로세스 전달) 송신 프로세스에서 목적 프로세스까지 패킷의 전달.

Project 802(프로젝트 802) LAN 호환성을 해결하기 위해 IEEE에 의해 시작된 프로젝트, IEEE Project 802 참조.

propagation delay(전파 지연) propagation time.

propagation speed(전파 속도) 신호 또는 비트 이동 속도. 거리/초로 측정된다.

propagation time(전파 시간) 한 지점에서 다른 지점으로 이동하는 데 걸리는 시간.

protocol(프로토콜) 통신을 위한 규칙.

protocol layering(프로토콜 계층화) 서로 다른 임무를 처리하기 위한 규칙을 만들기 위해 프로토콜의 집합을 이용하는 개념.

protocol suite(프로토콜 그룹) 복잡한 통신 시스템을 위해 정의된 프로토콜 스택이나 군(family).

pseudorandom noise(PN, 의사랜덤 잡음) FHSS에서 사용하는 의사랜덤 코드 생성기.

pseudoternary(의사3진) 비트 1은 영 전압으로 비트 0은 양과 음 전압이 교대로 부호화되는 AM 부호화의 한 종류.

pulse amplitude modulation(PAM, 펄스 진폭 변조) 아날로그가 표본채집되는 기법. 결과는 표본채집된 데이터를 기반으로 하는 펄스의 연속이다.

pulse code modulation(PCM, 펄스 코드 변조) 디지털 신호를 생성하기 위해 PAM 펄스를 수정하는 기술.

pulse position modulation(PPM, 펄스 위치 변조) 적외선 신호를 변조하기 위해 사용되는 변조 기술.

pulse stuffing(펄스 끼워넣기) TDM에서 보다 낮은 속도를 이용하여 입력선에 가짜 비트를 더하는 기술.

pure(순수) ALOHA 틈새를 사용하지 않는 오리지널 ALOHA.

quadrature amplitude modulation(QAM, 직교 진폭 변조) 반송파 신호의 위상과 진폭 변조하는 신호에 따라 변하는 디지털-대-아날로그 변조 방법.

quantization(계수화) 신호 진폭에 대한 특정 값의 범위 할당.

quantization error(계수화 오류) 계수화 과정(아날로그-대-디지털 변환)에 시스템에 나타난 오류.

queue(큐) 대기 목록.

quoted-printable 데이터가 대부분 ASCII 문자로 구성될 때 사용되는 부호화 체계.

Radio Government(RG) rating 동축 케이블에 대한 규격을 지정하는 정부 평가등급.

radio wave(라디오 파) 3 kHz~300 GHz 범위의 전자기 에너지.

random access(임의 접근) 각 지국이 다른 지국에 의해 제어되지 않고 매체에 접근할 수 있는 매체 접근 범주.

ranging(거리재기) HFC 네트워크에서, CM과 CMTS 사이의 거리를 결정하는 처리.

rate adaptive asymmetrical digital subscriber line(RADSL, 전송율 적응형 비대칭 디지털 가입자 회선) 통신의 유형에 따라 서로 다른 데이터 전송율의 특징을 가지는 DSL 기반 기술.

read-only memory(ROM) 변경되지 않는 내용을 가지는 영구 메모리.

redundancy(중복) 오류 제어를 위한 메시지에 비트 추가.

Reed-Solomon code(리드-솔로몬 코드) 복잡하지만 효율적인 순환 코드.

reflection(반사) 두 매체의 경계에서 빛이 다시 튀는 현상.

refraction(굴절) 빛이 한 매체에서 다른 매체로 이동할 때 빛의 구부러짐 현상.

remote bridge(원격 브리지) LAN과 점-대-점 네트워크를 연결하는 장치. 종종 백본 네트워크에 사용된다.

repeater(재생기) 신호를 재생성하여 전달할 수 있어 전송거리를 확장하는 장치.

Request for Comment(RFC) 인터넷 이슈에 대한 공식적인 인터넷 문서.

retransmission time-out(재전송 타임아웃) 패킷의 재전송을 제어하는 타이머 완료.

return to zero(RZ, 영복귀) 신호의 전압이 비트 간격의 절반이 0인 디지털-대-디지털 부호화 기법.

reuse factor(재사용 인자) 휴대 전화에서 다른 주파수의 집합을 갖는 셀의 수.

ring topology(링형 접속형태) 장치들이 링으로 연결된 접속형태, 링에 있는 각 장치는 이전 장치로부터 데이터 단위를 받아서 재생한 다음, 다음 장치로 전달해 줌.

RJ45 동축 케이블 커넥터.

roming(로밍) 휴대 전화에서 자신의 서비스 제공자의 지역의 외부와 통신하기 위한 사용자의 능력.

round-trip time(RTT, 왕복시간) 패킷이 발신지를 떠나서 목적지에 도착하고, 확인 응답될 때까지 걸리는 시간.

route(경로) 패킷이 이동된 경로.

router(라우터) OSI의 처음 세 계층에서 동작하는 네트워크 연결 장치로서 2개 이상의 네트워크에 연결되면, 패킷을 한 라우터에서 다른 라우터로 전달.

routing(라우팅) 데이터그램에 대한 다음 홉을 찾는 라우터에 의해 수행되는 처리 과정.

routing table(라우팅 표) 패킷을 경로를 지정하는데 필요한 정보가 들어 있는 표. 정보는 네트워크 주소, 비용, 다음 홉의 주소 등이 포함.

sample and hold(채집과 유지) 아날로그 신호의 진폭을 표본 채집하고 다음 채집까지 값을 유지하는 표본채집 방법.

sampling(표본채집) 규칙적인 간격으로 신호의 진폭을 얻는 처리 과정.

sampling rate(표본채집율) 표본채집 처리에서 초당 얻어지는 채집의 수.

satellite network(위성망) 지구의 한 지점에서 다른 지점까지 통신을 제공하는 노드의 조합(combination).

scatternet(스캐터넷) 피코넷의 조합.

scrambling(뒤섞기) 디지털-대-디지털 변환에서 비트 동기를 생성하기 위해 회선 부호화 구조에서 규칙들을 수정하는 부분.

secondary station(2차 지국) 폴/선택 접근 방법에서 1차 지국으로부터 명령에 대해 대답으로 응답을 보내는 지국.

segment(세그먼트) TCP 계층의 패킷.

segmentation(단편화) 메시지를 다중 패킷으로 분할하는 것으로 보통 전송층에서 수행.

segmentation and reassembly(SAR, 단편화와 재조립) 헤더 그리고/또는 트레일러가 48바이트 요소를 생성하기 위해 추가될 수 있는 ATM 프로토콜의 AAL 하위계층.

select(선택) 폴/선택 접근 방법에서, 1차 지국이 데이터를 수신할 준비가 되었는지 2차 지국에게 묻는 절차.

selective-repeat ARQ(선택적 반복 ARQ) 오류가 있는 프레임만 재송신하는 오류-제어 방법.

self-synchronization(자가-동기화) 코딩 방법을 통해 1과 0의 긴 문자열의 동기화.

sequence number(순서 번호) 메시지에서 패킷이나 프레임의 위치를 나타내는 숫자.

serial transmission(직렬 전송) 단일 링크만을 사용하여 한 번에 데이터를 한 비트씩 전송.

session layer(세션층) 두 종단 사용자 간에 논리적인 연결을 설정, 관리, 종료를 담당하는 OSI 모델의 다섯 번째 계층.

setup phase(설정 구문) 가상 회선 교환에서 발신지와 목적지가 연결에 대해 테이블 엔트리를 만들어 교환을 돕기 위해 광역 주소를 사용하는 구문.

Shannon capacity(샤논 용량) 채널에서 이론적으로 가장 높은 데이터 전송률.

shielded twisted-pair(STP, 차폐 꼬임쌍선) 전자기적 인터페이스에 대항해 보호하는 금속 호일이나 메시 실드(mesh shield)에 둘러싸여 있는 꼬임쌍선.

shift register(이동 레지스터) 시간 클릭에서 입력 포트에서 비트를 받아들이고, 새로운 비트를 저장하고, 출력 포트에 디스플레이하는 각 메모리 위치에 있는 레지스터.

short interframe space(SIFS, 단순 프레임 간 공간) CSMA/CA상에서, 목적지에서 RTS를 수신한 후, 기다리는 시간주기.

signal element(신호 요소) 데이터 요소를 표현하는 신호의 가장 짧은 섹션(시간에 따라).

signal rate(신호율) 1초 동안 보내지는 신호 요소의 수.

signal-to-noise ratio(SNR, 신호-대-잡음 비율) 데시벨로, 잡음에 의해 분리된 신호의 강도.

simple and efficient adaptation layer(SEAL, 단순 효율 적응계층) 인터넷용으로 설계된 AAL 계층(AAL5).

simple bridge(단순 브리지) 두 세그먼트를 연결하는 네트워크 장치. 즉, 수동적인 유지와 갱신이 요구된다.

simple protocol(단순 프로토콜) 흐름과 오류 제어 없는 접근 방법에 사용되는 단순 프로토콜.

simplex mode(단방향 모드) 한 방향으로만 통신이 가능한 전송 모드.

sine wave(정현파) 순환(rotating) 벡터의 진폭-대-시간 표현.

single-bit error(단일 비트 오류) 하나의 단일 비트가 변경되었을 때만 생기는 데이터 단위의 오류.

single-mode fiber(단일 모드 섬유) 거의 수평적인 광선이 되는 작은 각도에서 광선을 제한하는 극도로 작은 지름을 가지는 광섬유.

sky propagation(공중 전파) 전리층에서 지구로 다시 돌아오는 라디오파의 전달.

sliding window protocol(미닫이 창 프로토콜) 확인응답을 받기 전에 여러 개의 데이터 단위 전송이 가능한 프로토콜.

slotted ALOHA(틈새 ALOHA) 시간을 틈새로 나누고 각 지국은 틈새의 시작에서 반드시 데이터 보내기를 시작해야 하는 수정된 ALOHA 접근 방법.

socket(소켓) 프로세스를 위한 종단 점. 2개의 소켓이 통신을 위해 필요하다.

socket address(소켓 주소) IP 주소와 포트 번호를 갖는 구조.

socket interface(소켓 인터페이스) 클라이언트-서버 패러다임에서 사용되는 시스템 호출의 집합.

space propagation(공간 전파) 전리층을 통과할 수 있는 전달의 유형.

space-division switching(공간 분할 교환) 경로가 서로의 공간으로부터 분리되는 교환.

spanning tree(스패닝 트리) 발신지를 루트로 하고 그룹 멤버를 리프(leaf)로 하는 트리로 모든 노드들을 연결하는 트리.

spectrum(스펙트럼) 신호 주파수 범위.

spread spectrum(SS, 대역 확산) 원래 대역폭의 몇 배의 대역폭을 요구하는 무선 전송 기술.

Standard Ethernet(표준 이더넷) 10 Mbps로 동작하는 전통적인 이더넷.

star topology(성형 접속형태) 모든 지국들이 중앙 장치(허브)에 연결된 접속형태.

start bit(시작 비트) 비동기 전송에서 전송의 시작을 지시하는 비트.

statistical TDM(통계적 시분할) 효율성을 개선하기 위해 틈새를 기반으로 할당하는 TDM 기술.

stop bit(정비 비트) 비동기 전송에서 전송의 끝을 지시하는 하나 이상의 비트.

stop-and-Wait protocol(정지-후-대기 프로토콜) 송신자가 하나의 프레임을 보내고, 수신자로부터 확인을 받을 때까지 멈추었다가 그런 다음 프레임을 보내는 프로토콜.

store-and-forward switch(저장/전송 교환기) 전체 패킷이 도착할 때까지 입력 버퍼에 프레임을 저장하는 교환기.

straight tip connector(직선 정점 연결구) 강제(bayounet) 잠금(locking) 시스템을 사용하는 광섬유 케이블 연결구의 유형.

STS multiplexer/demultiplexer(STS 다중화기/역다중화기) 신호를 다중화하고 역다중화하는 SONET 장치.

supergroup(슈퍼그룹) 다중화된 그룹으로 구성된 신호.

switch(교환기) 다중 통신 회선을 같이 연결하는 장치.

switched Ethernet(교환 이더넷) 허브를 대신하여 교환기가 목적지로 직접 메시지를 보내는 이더넷.

switched virtual circuit(SVC, 교환 가상 회선) 가상 회선이 생성되고 난 후 교환이 이루어지는 동안만 존재하는 가상회선 전송방법.

switching office(교환국) 전화 교환기가 위치한 장소.

synchronous connection oriented(SCO) link (동기식 연결형 링크) 블루투스 네트워크에서 정규 간격의 특정 틈새를 예약하는 마스터와 슬레이브 사이에 생성된 물리적 링크.

Synchronous Digital Hierarchy(SDH, 동기식 디지털 계층구조) ITU-T에서의 SONET.

Synchronous Optical Network(SONET, 동기식 광통신망) ANSI에서 개발된 표준으로 광섬유를 이용하여 고속 데이터 전송이 가능한 네트워크임. 문자, 음성, 영상을 전송하는 데 사용됨.

synchronous TDM(동기 TDM) 각 입력이 데이터를 보내지 않을 때도 출력에서 할당을 갖는 TDM 기술.

synchronous transmission(동기식 전송) 송신자와 수신자 사이의 일정한 타이밍 관계를 요구하는 전송 방법.

synchronous transport signal(STS, 동기 전송 신호) SONET 계층 구조의 신호.

syndrome(신드롬) 오류 확인 함수를 코드워드에 적용할 때 생기는 비트의 순서.

T-line(T-회선) 디지털 형태로 음성과 다른 신호를 전달하도록 설계된 디지털 회선의 계층구조.

TCP/IP protocol suite(TCP/IP 프로토콜 그룹) 인터넷에서 사용되는 계층적 프로토콜의 그룹.

teardown phase(분해 구문) 가상 회선 교환에서 발신지와 목적지가 그들의 엔트리를 지우기 위해 교환기에게 알리는 구문.

telecommunications(원격통신) 전자 장치를 사용하는 원거리상의 정보 교환.

teleconferencing(원격회의) 원거리에 떨어져 있는 사용자 간의 음성 및 화상 통신.

Teledesic(텔레데식) 광섬유 통신을 제공하는 위성 시스템(광대역 채널, 낮은 오류율, 그리고 낮은 지연).

three-way handshake(3-방향 핸드셰이크) 요청, 요청에 대한 응답, 응답에 대한 확인으로 구성되고 연결의 설정이나 종료에 사용되는 사건의 순서.

throughput(처리율) 1초에 한 지점을 통해 통과할 수 있는 비트의 수.

time division duplexing TDMA(시분할 다중화-TDMA) 블루투스 네트워크에서 슬레이브와 수신자가 데이터를 보내고 받지만 동시에는 하지 못하는 반이중 통신의 한 종류.

time-division multiple access(TDMA, 시분할 다중 접근) 대역폭이 시분할 채널뿐인 다중 접근 방법.

time-division multiplexing(TDM, 시분할 다중화) 고속 경로 상에서 시간을 공유하기 위해 저속 채널로부터 들어오는 신호를 조합하기 위한 기술.

time-division switching(시분할 교환) 시분할 다중화에서 교환을 이루기 위해 사용되는 회선 교환 기법.

time-domain plot(시간 영역 도면) 신호의 진폭-대-시간의 시각적 표현.

time-space-time(TST) switch(시간-공간-시간 교환기) 보다 더 나은 성능을 얻기 위하여 공간 분할과 시간 분할을 조합한 교환기.

timestamp(타임스탬프) 패킷이 생성된 절대 또는 상대 시간과 관련된 패킷에 있는 필드.

token(토큰) 토큰 패싱 접근 방법에서 사용하는 작은 패킷.

token bucket(토큰 버킷) 유휴 호스트가 차후에 토큰 형태로 신용을 모으는 것을 허용하는 알고리즘.

token passing(토큰 전달) 네트워크 상에서 토큰이 순환되게 하는 접근방법으로 토큰을 갖는 지국만이 데이터를 전송할 수 있다.

topology(**접속형태**) 장치들의 물리적 배열을 포함하는 네트워크 구조.

traffic control(**트래픽 제어**) 광역 통신망에서 트래픽을 형성하거나 제어하는 방법.

trailer(**트레일러**) 데이터 단위에 뒤에 추가되는 제어 정보.

transceiver(**송수신기**) 송신하고 수신하는 장치.

transition mobility(**전이 이동성**) IEEE 802.11에서, BSS-전이 이동성을 갖는 지국은 하나의 BSS에서 다른 BSS로 이동할 수 있지만, 이동은 ESS내로 제한된다. 전이-이동성이 없는 지국은 정지되거나(이동 없음) BSS 내에서만 이동한다.

Transmission Control Protocol/Internetworking Protocol(TCP/IP, **전송 제어 프로토콜/인터넷 프로토콜**) 인터넷을 통한 전송의 교환을 정의하는 5계층 프로토콜 모음.

transmission medium(**전송 매체**) 두 통신 장치를 연결하는 물리적 경로.

transmission path(TP, **전송 경로**) ATM에서 두 교환기 사이 또는 종단점과 교환기 사이의 물리적 연결.

transmission rate(**전송률**) 초당 전송된 비트수.

transparency(**투명성**) 제어 비트로 오인되지 않으면서도 어떠한 비트 패턴이라도 데이터로 보낼 수 있도록 하는 방법.

transport layer(**전송층**) OSI 모델의 네 번째 계층, 신뢰할 수 있는 종단-대-종단 전달과 오류 복구를 담당.

triangulation(**삼각측량**) 삼각측량과 같지만 3개의 거리 대신에 3개의 각을 이용.

trilateration(**삼변측량**) 3개의 다른 지점으로부터 거리가 주어지고 한 위치를 찾는 2차원적 방법.

trunk(**트렁크**) 지국 사이의 통신을 처리하는 전송 매체.

twisted-pair cable(**꼬임쌍선**) 꼬인 2개의 고립된 도체로 구성된 전송 매체.

two-binary, one quaternary encoding(**2B1Q 부호화**) 각 펄스가 2비트를 나타내는 회선 부호화 기술.

two-dimensional parity check(**2차원 패리티 검사**) 2차원 배열에서 오류 검출 방법.

unbalanced configuration(**불균형 구성**) 한 장치가 1차이고, 다른 것이 2차인 HDLC 설정.

unguided medium(**비유도 매체**) 물리적 제한가 없는 전송 매체.

Unicode(**유니코드**) 컴퓨터 과학에서 필요한 문자를 규정한 국제적인 문지 집합.

unidirectional antenna(**단방향 안테나**) 한 방향으로 신호를 송신하거나 수신하는 안테나.

unipolar encoding(**단극형 부호화**) 0이 아닌 값(nonzero)이 1 또는 0으로 표현되고, 나머지 비트는 0 값으로 표현되는 디지털-대-디지털 부호화 방법.

Universal Mobile Telecommunication System(UMTS, **범세계적인 이동 통신 시스템**) 직접 순서 광대역(DS-WCDMA)이라 부르는 CDMA 버전을 이용하는 가장 많이 사용하는 3G 기술 중 하나.

unshielded twisted-pair(UTP, **비차폐 꼬임쌍선**) 잡음과 혼선을 줄이기 위해 모아서 꼬은 선을 가지는 케이블. twisted-pair cable과 shielded twisted-pair 참조.

unspecified bit rate(UBR, **비지정 비트 전송률**) 최선의 노력 전달만을 정의하는 ATM 서비스 종류의 데이터 전송률.

uplink(**업링크**) 지구 지국에서 위성까지의 전송.

uploading(**업로딩**) 로컬 파일 또는 데이터를 원격 사이트에 전송하는 것.

user datagram(사용자 데이터그램) UDP 프로토콜에서 패킷의 이름.

User Datagram Protocol(UDP, 사용자 데이터그램 프로토콜) 비연결형 TCP/IP 전송층 프로토콜.

variable bit rate(VBR, 가변 비트율) 변하는 비트율이 필요한 사용자를 위한 ATM 서비스 종류의 데이터 전송률.

virtual circuit(VC, 가상 회선) 송수신 컴퓨터 간에 만들어지는 논리 회선, 연결은 컴퓨터 간의 핸드셰이크 후에 이루어지고 그 후에 전송되는 모든 패킷은 같은 경로를 통하여 순차적으로 도착한다.

virtual circuit switching(가상 회선 교환) 교환 WAN에서 사용되는 교환 기법.

virtual local area network(VLAN, 가상 LAN) 소프트웨어적 방법을 통해 물리적 LAN에서 가상 작업그룹을 분할하는 기술.

virtual path(VP, 가상 경로) ATM에서 두 교환기 사이의 연결 또는 연결의 집합.

virtual private network(VPN, 가상 사설망) 물리적으로 공공 네트워크이지만 가상적으로는 사설 네트워크를 형성하는 기술.

virtual tributary(VT, 가상 속성) SONET 프레임에서 관련되거나 프레임을 채우기 위해 다른 부분적 페이로드와 결합될 수 있는 부분적 페이로드.

vulnerable time(취약 시간) 네트워크에서 패킷들이 전달되는 동안 충돌가능성이 있는 시간.

Walsh table(월시 표) CDMA에서 직각의 순서를 생성하기 위해 사용되는 2차원적 테이블.

wavelength(파장) 단순한 신호가 한 주기 동안 이동할 수 있는 거리.

wave-division multiplexing(WDM, 파형 분할 다중화) 변조된 빛의 신호와 한 신호의 조합.

wide area network(WAN, 광역 통신망) 지역적으로 넓은 범위의 거리에 적용할 수 있는 기술을 사용한 네트워크.

working group(작업반) 특정 인터넷 주제에 집중하는 IETF 위원회.

World Wide Web(WWW, 월드 와이드 웹) 하나의 문서에서 연결된 링크를 사용하여 다른 문서로 이동함으로써 인터넷을 항해할 수 있도록 하는 멀티미디어 인터넷 서비스.

찾아보기

ㄴ

ㄷ

ㅅ

ㅊ

ㅋ

ㅌ

ㅍ

ㅎ